HANDBUCH DER PFLANZENERNÄHRUNG UND DÜNGUNG

BEGRÜNDET VON

KARL SCHARRER UND HANS LINSER

HERAUSGEGEBEN VON

DR. PHIL. HANS LINSER

O. UNIVERSITÄTSPROFESSOR FÜR PFLANZENERNÄHRUNG
DIREKTOR DES INSTITUTS FÜR PFLANZENERNÄHRUNG
DER JUSTUS-LIEBIG-UNIVERSITÄT IN GIESSEN

IN DREI BÄNDEN

DRITTER BAND

DÜNGUNG DER KULTURPFLANZEN

ERSTE HÄLFTE

1965
SPRINGER-VERLAG
WIEN · NEW YORK

DÜNGUNG DER KULTURPFLANZEN

BEARBEITET VON

N. ATANASIU · W. BADEN · F. BALTIN · L. D. BAVER · A. BLAMAUER
E. v. BOGUSLAWSKI · K. BRÄUNLICH · D. BRÜNING · Y. COÏC
L. FORCHTHAMMER · W. FROHNER · A. FRUHSTORFER · L. GISIGER
M. GÖKGÖL · W. GRUPPE · C. HEINEMANN · W. JAHN-DEESBACH · J. JUNG
E. KLAPP · L. M. KOPETZ · H. KRAUT · P. W. KÜRTEN · H. LINSER
H. LÖCKER · H. LÜDECKE · F. MAPPES · A. v. MÜLLER · W. MÜLLER
K. NEHRING · K.-H. NEUMANN · F. PENNINGSFELD · E. PRIMOST
H. RÜTHER · K. SCHMID · H. SCHRÖDER · W. SCHUSTER · O. SIEGEL
O. STEINECK · R. STEINER · V. TAYŞI · H. WILL · W. WIRTHS · F. ZATTLER

ERSTE HÄLFTE

MIT 191 ABBILDUNGEN

1965
SPRINGER-VERLAG
WIEN · NEW YORK

ISBN-13: 978-3-7091-8122-5 e-ISBN-13: 978-3-7091-8121-8
DOI: 10.1007/978-3-7091-8121-8

Softcover reprint of the hardcover 1st edition 1965

Titel-Nr. 8325

Vorwort

Seit dem Erscheinen des zweibändigen Standardwerkes von F. HONCAMP, „Handbuch der Pflanzenernährung und Düngerlehre", sind mehr als dreißig Jahre vergangen. Bei den stürmischen Fortschritten auf allen Gebieten der Naturwissenschaften, insbesondere der Chemie, Pflanzenphysiologie, Biochemie, Bodenkunde und Technologie, ist dieses zur Zeit seines Erscheinens so ausgezeichnete Handbuch natürlich längst veraltet.

Zweifellos besteht heute ein dringendes Bedürfnis nach einem ähnlichen Werk. Wenn wir von dem ursprünglichen Plan abgekommen sind, das HONCAMPsche Handbuch in neuer Auflage zu bearbeiten, so vor allem deswegen, weil die tiefgreifende Entwicklung auf diesem Gebiet eine völlig neue Gestaltung des Werkes geboten erscheinen ließ. Es gliedert sich nun in drei Bände.

Band I behandelt im wesentlichen die physiologischen Grundlagen der Pflanzenernährung. Er enthält eine ausführliche und systematische Darstellung der eigentlichen Ernährungsphysiologie. Auf eine Erörterung der allgemeinen pflanzenphysiologischen Grundlagen konnte dabei verzichtet werden, weil im RUHLANDschen „Handbuch der Pflanzenphysiologie" ein umfassendes und modernes Nachschlagewerk zur Verfügung steht.

Band II beschäftigt sich mit dem Boden und den Düngemitteln. Unter Berücksichtigung der modernen Agrikulturchemie haben wir das heutige Wissen über den Boden als Standort und Nährstoffquelle der Pflanze unter den Verhältnissen der landwirtschaftlichen Praxis und des Gartenbaues bzw. des Forstwesens systematisch zusammengefaßt. Die folgenden Kapitel befassen sich mit der Beschreibung und Herstellung der verschiedenen Wirtschafts- und Handelsdüngemittel. Gerade auf diesem Gebiet bestehen in der wissenschaftlichen Literatur erhebliche Lücken, da keine größeren Lehr- oder Handbücher vorhanden sind, die sich eingehender mit der Technologie der Düngemittel und der Düngung beschäftigen.

Band III behandelt schließlich die Ausbringungsverfahren für Düngemittel sowie die Düngung aller wichtigen landwirtschaftlichen, gärtnerischen und forstlichen Kulturpflanzen einschließlich wichtiger tropischer Arten. Sondergebiete, wie die Düngung von Moor und Anmoor und die Düngung von Teichen, sind in eigenen Abschnitten behandelt. Besonderes Augenmerk ist in ausführlichen Kapiteln der Rentabilität und der wirtschaftlichen Bedeutung der Düngung wie auch ihren ernährungsphysiologischen Auswirkungen gewidmet. Ein Anhang gibt einen Überblick über die während der letzten Jahre in verschiedenen Ländern hauptsächlich verwendeten Nährstoffverhältnisse in Düngemitteln.

Das vorliegende Werk soll der agrikulturchemischen Forschung einen Überblick über den heutigen Entwicklungsstand auf dem Gebiet der Pflanzenernährung und Düngung vermitteln. Ist uns dies gelungen, so war die dabei aufgewandte Mühe nicht vergeblich. Die Erfordernisse der praktischen Landwirtschaft bringen es mit sich, daß einzelne Fragen recht unterschiedliches Gewicht haben. Die Gliederung des Stoffes konnte daher nicht nur nach logischen und theoretisch-sachlichen Gesichtspunkten vorgenommen werden. Wir hielten es auch für richtig, einzelne Gegenstände unter verschiedenen Gesichtspunkten darzustellen, wie sie sich aus den unterschiedlichen Betrachtungsweisen verschiedener Forscher und Autoren ergeben. Wenn dadurch gewisse Überschneidungen verursacht wurden, so halten wir dies nicht für einen Nachteil.

Professor Dr. Dr. h. c. Dr. h. c. KARL SCHARRER, der langjährige Direktor des agrikulturchemischen Instituts der Justus-Liebig-Universität in Gießen, gab den Anstoß zum Entstehen dieses Werkes, mit dem er seinen grundlegenden Arbeiten auf dem Gebiete der Agrikulturchemie und insbesondere auf dem des Düngungswesens einen zusammenfassenden Abschluß geben wollte. Seine letzten Bemühungen vom Krankenbett aus galten diesem Buch. Sein früher Tod ließ ihn das Entstehen des Gesamtwerkes nicht mehr erleben. Der Herausgeber hofft, es in seinem Sinne weitergeführt zu haben.

Über hundert Wissenschaftler und Techniker aus aller Welt haben an dem Werk mitgearbeitet. Ihnen allen sei an dieser Stelle besonders gedankt. Zu danken ist aber auch jenen, die bei der umfangreichen redaktionellen Arbeit tatkräftig mitgewirkt haben, vor allem Frau Dr. ELFRIEDE PRESOLY (Linz), Herrn Dr. KARL-HERMANN NEUMANN (Gießen), der auch die Register angefertigt hat, sowie Frau EDITH HARNDT, Frau CHRISTEL FRIEDRICH und Frau IRENE BRÜCKNER (Gießen).

Dem Springer-Verlag in Wien, der sich dem Plan von Anfang an aufgeschlossen gezeigt hat, gebührt Dank für alle die Sorgfalt, die er dem Werk hat angedeihen lassen.

Gießen, im Herbst 1964

Hans Linser

Inhaltsverzeichnis der ersten Hälfte

Seite

Einleitung. Von Professor Dr. H. LINSER ... 1
Literatur ... 9

I. Die Ausbringung von Düngemitteln ... 11

A. Allgemeines. Von Professor Dr. A. FRUHSTORFER ... 11
a) Einleitung ... 11
b) Die einzelnen Düngemittel, ihre Form und Ausbringungsart ... 14
1. Stickstoff ... 14
A. Der Salpeterstickstoff ... 14
B. Der Ammoniakstickstoff ... 15
C. Die amidhaltigen Stickstoffdünger ... 15
2. Die Kalisalze ... 16
3. Kalk ... 16
4. Phosphorsäure ... 17
A. Das Wasser ... 18
B. Die Kohlensäure ... 18
C. Die Bodenreaktion ... 18
5. Stallmist ... 20
6. Die technischen Möglichkeiten ... 21
A. Die Granulierung ... 22
B. Die Schichtdüngung ... 28
C. Die Placierung ... 29
D. Die Vorratsdüngung ... 31
Literatur ... 33

B. Ausbringungsgeräte. Von Professor Dr. F. BALTIN ... 35
a) Ortsfeste Geräte ... 35
1. Gülleanlagen ... 35
A. Technologische Aufgabe ... 35
B. Die Gülleanlage ... 36
C. Bedienung und Wartung der Gülleanlage ... 38
Literatur ... 38
2. Beregnungsdüngung ... 39
Literatur ... 40
b) Tragbare Geräte ... 40
1. Tragbare Mineraldüngerstreuer ... 40
2. Düngelanzen ... 41
Literatur ... 42
c) Fahrbare Geräte ... 43
1. Stalldungstreuer ... 43
A. Technologische Aufgabe ... 43
B. Teilmechanisiertes Stalldungstreuen ... 43
C. Vollmechanisiertes Stalldungstreuen ... 44
Fördereinrichtungen 45. — Streuvorrichtungen 47. — Ein- und Mehrzweckgeräte 48. — Betrieb des Stalldungstreuers 48.
Literatur ... 50

Seite

2. Geräte zum Ausbringen von Jauche ... 50
A. Technologische Aufgabe ... 50
B. Jauchepumpen ... 51
C. Jauchefässer ... 54
D. Jaucheverteiler ... 55
Literatur ... 57

3. Fahrbare Mineraldüngerstreuer ... 57
A. Technologische Aufgabe ... 57
B. Die Grundformen des Düngerstreuers ... 58
C. Streuvorrichtungen von Kastenstreuern ... 59
Wurfwalzenstreuer 59. — Schlitzstreuer 59. — Kettenstreuer 60. — Schiebegitterstreuer 61. — Walzenmuldenstreuer 61. — Tellerstreuer 62. — Wanderbodenstreuer 62. — Allgemeines 62.
D. Die Streuvorrichtung des Schleuderstreuers ... 63
E. Bauarten von Düngerstreuern ... 64
F. Betrieb und Wartung der Düngerstreuer ... 69
G. Wartung und Instandhaltung ... 72
Literatur ... 73

4. Geräte zur Düngung mit flüssigem Ammoniak bzw. konzentrierten, stickstoffhaltigen Lösungen ... 73

d) Düngung mit Flugzeugen ... 73

1. Allgemeines ... 73
2. Einige Flugzeugtypen ... 74
3. Die technische Ausrüstung von Flugzeugen zum Ausbringen von Düngemitteln ... 75
A. Spritzausrüstung ... 75
B. Streuausrüstung ... 77
4. Beladegeräte ... 82
5. Signalisierung ... 85
6. Arbeitsverfahren des aviotechnischen Düngens ... 86
7. Qualität der Streuarbeit ... 88
8. Ökonomische Gesichtspunkte ... 90
Literatur ... 95

C. Spezielle Düngungsverfahren ... 96

a) Düngung mit flüssigem Ammoniak bzw. konzentrierten, stickstoffhaltigen Lösungen. Von Diplomlandwirt Dr. K. Bräunlich. Mit einem Beitrag von Professor Dr. F. Baltin ... 96
1. Ausbreitung des „Nitrojection“-Verfahrens in USA und Erprobung in Europa ... 96
2. Physikalische und chemische Eigenschaften des Ammoniaks ... 98
3. Transportmittel und Injektionsgeräte ... 100
4. Verhalten des Ammoniaks im Boden ... 105
5. Die Anwendung zu Ackerkulturen ... 108
6. Die Anwendung von wasserfreiem Ammoniak auf humusreichen Böden ... 110
Literatur ... 114

b) Die Lanzendüngung im Obst- und Weinbau. Von Ing. W. Frohner 115
Literatur ... 127

c) Die Technik der Blattdüngung. Von Ing. W. Frohner ... 128
1. Allgemeines ... 128
2. Applikationstechnik ... 129
A. Salzform ... 130
B. Konzentration, Spritz- bzw. Sprühverfahren ... 133

Seite

3. Den Erfolg einer Blattdüngung beeinflussende Faktoren 140
   A. Das Entwicklungsstadium des Pflanzenmaterials 140
   B. Der Verabreichungsort 142
   C. Die Umweltsbedingungen 143
4. Die Blattdüngung in den einzelnen Kulturen 146
Literatur 151

d) Die Beregnungsdüngung. Von Professor Dr. L. M. KOPETZ 154
1. Allgemeine Grundlagen der Beregnungstechnik 154
2. Beregnung und Düngung 158
3. Beregnung und Qualität 161
4. Die Beregnungsdüngung 163
5. Die Nährstoffwirkung der Beregnungsdüngung 167
6. Zusammenfassung 171
Literatur 172

II. Die Düngung im Getreidebau 174

A. Weizen *(Triticum L.)*. Von Dozent Dipl.-Ing. Dr. EDITH PRIMOST ... 174
a) Entwicklung und Wachstumsverlauf 174
b) Nährstoffaufnahme in Abhängigkeit vom Wachstumsverlauf 178
c) Durchschnittliche Erträge und Nährstoffentzüge 180
d) Wasserbedarf (Wasserhaushalt) 182
e) Lichtansprüche 184
f) Zeitverlauf des Anbaues, des Wachstums und Erntedaten verschiedener Länder 187
g) Qualitätsanforderungen, Methoden und ihre Grenzzahlen 191
h) Düngung und Ertrag 195
1. Die Stickstoffdüngung 196
2. Die Phosphorsäuredüngung 204
3. Die Kalidüngung 207
4. Die Kalkdüngung 209
5. Die Wirkung der übrigen Nährstoffe 209
6. Die organische Düngung 210
i) Düngung und Qualität 211
k) Düngungsmethoden 223
Literatur 229

B. Roggen *(Secale cereale L.)*. Von Dozent Dipl.-Ing. Dr. EDITH PRIMOST 239
a) Entwicklung und Wachstumsverlauf 239
b) Nährstoffaufnahme in Abhängigkeit vom Wachstumsverlauf 242
c) Durchschnittliche Erträge und Nährstoffentzüge 243
d) Wasserbedarf (Wasserhaushalt) 246
e) Lichtansprüche 247
f) Zeitverlauf des Anbaues, des Wachstums und Erntedaten verschiedener Länder 248
g) Qualitätsanforderungen, Methoden und ihre Grenzzahlen 251
h) Düngung und Ertrag 253
1. Die Stickstoffdüngung 253
2. Die Phosphorsäuredüngung 258
3. Die Kalidüngung 259
4. Die Wirkung der übrigen Nährstoffe 261
5. Die organische Düngung 261
i) Düngung und Qualität 262
k) Düngungsmethoden 265
Literatur 266

C. L'Orge *(Hordeum L.)*. Par Professeur Dr. Y. COÏC 269
a) Croissance et développement 269
b) L'absorption des éléments nutritifs en rapport avec le cycle végétatif 270

Seite
c) Besoin en eau ... 271
d) Normes concernant la qualité ... 271
e) Les méthodes de fertilisation ... 272
1. Le fumier, l'enfouissement des pailles ... 272
2. Les oligo-éléments ... 272
3. La fertilisation phospho-potassique ... 272
4. Fertilisation azotée ... 273
f) Fertilisation, rendement et qualité ... 274
1. Fertilisation azotée et variété ... 274
2. Fertilisation azotée et climat ... 276
3. Fertilisation azotée et conditions du sol ... 276
4. Fertilisation azotée, techniques culturales, rendement et qualité 278
g) Fertilisation ... 279
Conclusions ... 281
Bibliographie ... 281
D. Hafer *(Avena sativa L.)*. Von Dozent Dipl.-Ing. Dr. EDITH PRIMOST 283
a) Entwicklung und Wachstumsverlauf ... 283
b) Nährstoffaufnahme und Nährstoffverlagerungen in Abhängigkeit vom Wachstumsverlauf ... 285
c) Durchschnittliche Erträge und Nährstoffentzüge ... 287
d) Wasserbedarf (Wasserhaushalt) ... 289
e) Lichtansprüche ... 291
f) Zeitverlauf des Anbaues, des Wachstums und Erntedaten verschiedener Länder ... 292
g) Qualitätsanforderungen, Methoden und ihre Grenzzahlen ... 294
h) Düngung und Ertrag ... 295
1. Die Stickstoffdüngung ... 295
2. Die Phosphorsäuredüngung ... 301
3. Die Kalidüngung ... 302
4. Die Wirkung der übrigen Nährstoffe ... 303
5. Die organische Düngung ... 305
i) Düngung und Qualität ... 305
k) Düngungsmethoden ... 310
Literatur ... 312
E. Reis *(Oryza sativa L.)*. Von Dr. P. W. KÜRTEN ... 316
a) Wachstumsbedingungen ... 316
1. Entwicklung und Wachstumsverlauf ... 316
2. Ansprüche an die Lichtperiodik ... 317
3. Wasserbedarf und Bewässerungsmethoden ... 317
A. Trockenreiskultur ... 318
B. Semi dry rice, Gogo-rantja-Kultur ... 318
C. Bewässerter Reisbau, Sawah-Kultur ... 319
D. Besondere Formen der Sawah-Kulturen in Ostasien ... 320
E. Maschineller Reisbau ... 320
b) Nährstoffbedarf ... 321
1. Nährstoffaufnahme und Abhängigkeit vom Wachstumsverlauf ... 321
2. Nährstoffentzug und Ertrag ... 321
c) Düngungsmethoden ... 322
1. Nährstoffversorgung aus Boden und Wasser ... 322
2. Organische Düngung ... 323
A. Gründüngung ... 323
B. Stallmist ... 326
C. Reisstroh ... 326
D. Kompost ... 327
E. Organische Abfälle: Ölkuchen, Hornmehl, Fischmehl u. a. ... 328
3. Mineraldüngung ... 328

Seite

d) Düngung und Ertrag 329
1. Stickstoffdüngung 329
2. Phosphatdüngung 331
3. Kalidüngung 332
4. Kalkdüngung 333
5. Magnesiadüngung 333
6. Düngung mit Spurenelementen 333

Literatur 334

F. Mais *(Zea mays L.)*. Von Dr. P. W. Kürten 335

a) Wachstumsbedingungen 335
1. Entwicklung und Wachstumsverlauf 335
2. Wasserbedarf und Bewässerung 336
3. Ansprüche an die Lichtperiodik 338

b) Nährstoffbedarf 338
1. Nährstoffaufnahme in Abhängigkeit vom Wachstumsverlauf 338
2. Nährstoffentzug und Ertrag 339

c) Düngungsmethoden 340
1. Organische Düngung 341
2. Mineraldüngung 341
A. Die tiefere Unterbringung des gesamten dem Mais zugedachten Misch- oder Volldüngers in die zu durchwurzelnden Bodenschichten 342
B. Die geteilte Start- und Kopfdüngung 343

d) Düngung und Ertrag 343
1. Stickstoffdüngung 343
2. Kalidüngung 346
3. Phosphatdüngung 347
4. Kalkdüngung 348
5. Magnesiumdüngung 348
6. Düngung mit Spurenelementen 349

e) Düngung und Qualität 349

Literatur 351

G. Hirse (*Panicum, Setaria, Sorgum* usw.). Von Professor Dr. V. Tayşi 353

a) Allgemeines: Verbreitung und wirtschaftliche Bedeutung 353

b) Systematik und Nomenklatur 364

c) Agroökologie der Hirse 365
1. Feuchte- und Wärmebedingungen 365
2. Boden 367
3. Besonderheiten 367

d) Anbautechnik 368

e) Şorgum-Müdigkeit 371

f) Düngung 372
1. Einfluß der Düngung auf Ertrag, Nährstoffaufnahme und Nährstoffverhältnisse 372
2. Die praktische Durchführung der Düngungsmaßnahmen 379
A. Organische Düngung 379
B. Mineraldüngung 379

Literatur 380

III. Die Düngung von Hackfrüchten 382

A. Zuckerrübe *(Beta vulgaris L. subspec. esculenta var. altissima)*. Von Professor Dr. H. Lüdecke und Dr. A. v. Müller 382

a) Entwicklung und zeitlicher Wachstumsverlauf 383

b) Nährstoffaufnahme in Abhängigkeit vom Wachstumsverlauf 385

c) Durchschnittliche Erträge und Nährstoffentzugszahlen 386

d) Wasserbedarf 387

e) Ansprüche an Lichtperiodik 389

Seite

f) Zeitpunkt des Anbaues und charakteristische Wachstumsstadien sowie Erntedaten in verschiedenen Ländern 390
g) Qualitätsanforderungen 391
h) Düngungsmethoden 392
1. Erfahrungen mit verschiedenen Düngemitteln (Form und Menge) 392
2. Zweckmäßige Düngungsweisen (Zeit und Placierung) 398
i) Düngung und Ertrag 401
k) Düngung und Qualität 402
Literatur 404

B. Futterrübe *(Beta vulgaris L. subspec. esculenta var. alba, var. lutea, var. rosea).* Von Professor Dr. H. Lüdecke und Dr. A. v. Müller ... 410
a) Durchschnittliche Erträge und Nährstoffentzugszahlen 410
b) Wasserbedarf 412
c) Zeitpunkte des Anbaues und charakteristische Wachstumsstadien sowie Erntedaten in verschiedenen Ländern 412
d) Düngungsmethoden 412
1. Erfahrungen mit verschiedenen Düngemitteln (Form und Menge) 412
2. Zweckmäßige Düngungsweisen (Zeit und Placierung) 413
e) Düngung und Ertrag 414
f) Düngung und Qualität 414
Literatur 414

C. Kartoffel. Von Professor Dr. O. Steineck 415
a) Wachstum und zeitlicher Verlauf der Ertragsbildung 415
1. Keimung und Anbau 415
2. Die Staudenentwicklung 416
3. Die Knollenbildung 416
4. Die Reife 417
5. Die Zusammensetzung der Kartoffelknolle 417
b) Nährstoffaufnahme in Abhängigkeit vom Entwicklungsverlauf ... 418
c) Ansprüche an die Lichtperiodik 419
d) Wasserbedarf der Kartoffelkultur 420
e) Anbauflächen und Durchschnittshektarerträge der wichtigsten Staaten 421
f) Die Düngung der Kartoffel 423
1. Nährstoffentzug und durchschnittliche Ertragsleistungen 423
2. Grundlagen der Düngerbemessung 423
3. Düngemittel 424
A. Wirtschaftsdünger und Gründüngung 424
B. Mineraldünger 425
4. Düngung und Ertrag 426
A. Hauptnährstoffe 426
B. Spurenelemente 428
5. Düngung und Qualität 429
A. Düngung und Qualität im Konsumkartoffelbau 429
B. Düngung und Qualität im Saatkartoffelbau 432
6. Düngungsmethoden und Düngermengen 433
A. Feste Düngung 433
B. Flüssige Düngung 436
Literatur 437

D. Brassica-Rüben. Von Professor Dr. E. v. Boguslawski und Dr. W. Schuster 441
a) Die Kohlrübe *(Brassica napus L. var. rapifera)* 442
b) Die Wasserrübe *(Brassica rapa L. var. rapifera)* 448
Literatur 453

Seite

IV. Die Düngung im Futterbau. Von Direktor Dr. L. Gisiger 457

A. Formen des Futterbaues 457

B. Der Rotklee *(Trifolium pratense L.)* 458

a) Über den Anbau 458
b) Die Photoperiode 459
c) Der Einfluß der Schnittzahl 459
d) Der Mineralstoffgehalt im Klee 460
e) Klee und Kalk 464
f) Düngung und Karotingehalt 465
g) Der Nährstoff-Entzug und -Ersatz 466
h) Die Düngung der Kleeäcker und Kleegraswiesen 469

Literatur 471

C. Die übrigen Kleearten bzw. Futterleguminosen 472

a) Der Bastard-(Schweden-)Klee *(Trifolium hybridum)* 472
b) Der Weißklee (Ladinoklee) *(Trifolium repens)* 472
c) Der Alexandrinerklee *(Trifolium alexandrinum)* 473
d) Der Inkarnatklee *(Trifolium incarnatum)* 474
e) Der Hopfenklee *(Medicago lupolina)* 474
f) Der Schotenklee *(Lotus corniculatus)* 474
g) Lupine und Serradella (*Lupinus L.* und *Ornithopus sativus*) 474
h) Lespedeza *(Lespedeza L.)* 475
i) Esparsette *(Onobrychis sativa)* 475

Literatur 475

D. Die Luzerne *(Medicago sativa)* 476

a) Die Sortenfrage 476
b) Schnittzeit und Schnittzahl 476
c) Die Erträge 479
d) Düngung und Ertrag 479
e) Nährstoffgehalt und Nährstoffentzug 480
f) Die Empfehlung für die Düngung 487

Literatur 488

E. Ackerfutterbau 489

a) Allgemeines 489
b) Raps und Rübsen (*Brassica napus* und *Brassica rapa*) 489
c) Ölrettich *(Raphanus oleiferus)* 492
d) Der weiße Senf *(Sinapis alba)* 492
e) Buchweizen *(Fagopyrum sagittatum)* 492
f) Wasserrübe (weiße Rübe, Turnips) *(Brassica rapa)* 493
g) Futterroggen *(Secale cereale)* 493
h) Mais *(Zea mays)* 494
i) Die Sonnenblume *(Helianthus annum)* 495
k) Italienisches Raygras *(Lolium multiflorum)* 495
l) Futter-Sorghum 497
m) Der Riesenspörgel *(Spergula arvensis)* 497
n) Markstammkohl *(Brassica oleracea medullosa)* 498
o) Gemenge 498
A. Landsbergergemenge 498
B. Leguminosen-Getreidegemenge ohne und mit Raps für die Herbstnutzung 500
p) Die Silierbarkeit des Futters 502

Literatur 503

V. Die Düngung der Hülsenfrüchte. Von Professor Dr. H. Rüther 504

A. Entwicklung und zeitlicher Wachstumsverlauf 504
B. Nährstoffaufnahme in Abhängigkeit vom Wachstumsverlauf 507
C. Durchschnittliche Erträge und Nährstoffentzugszahlen 508
D. Wasserbedarf 510
E. Ansprüche an die Lichtperiodik 512

Seite

F. Zeitpunkte des Anbaues, charakteristische Wachstumsstadien, Erntedaten 512
G. Düngung und Ertrag 514
Literatur 518

VI. Die Düngung industrieller Nutzpflanzen 519

A. Faserpflanzen 519

a) Die Baumwolle *(Gossypium)*. Von Dr. C. HEINEMANN 519
1. Bedeutung der Baumwollerzeugung 519
2. Entwicklung und Wachstumsverlauf 519
3. Wasserbedarf 524
4. Ansprüche an den Boden 524
5. Ansprüche an die Lichtperiodik 525
6. Durchschnittliche Erträge und Nährstoffentzugszahlen 526
7. Nährstoffaufnahme in Abhängigkeit vom Wachstumsverlauf 528
8. Düngungsmethoden 529
9. Düngung und Ertrag 532
10. Düngung und Qualität 542
Literatur 543

b) Sisal *(Agave sisalana)*. Von Dr. C. HEINEMANN 544
1. Bedeutung der Sisalerzeugung 544
2. Heimat und Verbreitung 545
3. Entwicklung und Wachstumsverlauf 546
4. Klima und Boden 547
5. Durchschnittliche Erträge und Nährstoffentzugszahlen 548
6. Düngungsmethoden 552
7. Düngung und Ertrag 557
8. Düngung und Qualität 561
Literatur 562

c) Lein und Hanf. Von Dozent Dr. W. JAHN-DEESBACH 562
1. Die Düngung des Leines *(Linum usitatissimum L.)* 562
A. Die Düngung des Faserleines 563
Faserleinqualität 564. — Nährstoffaufnahme 564. — Stickstoff 565. — Phosphor 569. — Kalium 570. — Magnesium 573. — Natrium 573. — Calcium 573. — Bodenreaktion 573. — Mikronährstoffe 574. — Nährstoffverhältnis 575. — Organische Düngung 576. — Anmerkung zur praktischen Düngung 577.
B. Die Düngung der Kombinationsleine (Ölfaserleine) 578
C. Die Düngung des Ölleines 579
Allgemeines zur Düngung und zur Leinölqualität 579. — Nährstoffaufnahme 580. — Stickstoff 581. — Phosphor 583. — Kalium 584. — Magnesium und Natrium 585. — Calcium 585. — Bodenreaktion 585. — Mikronährstoffe 586. — Nährstoffverhältnis 586. — Organische Düngung 587. — Anmerkung zur praktischen Düngung 588.
2. Die Düngung des Hanfes *(Cannabis sativa L.)* 588
Nährstoffaufnahme 590. — Die Wirkung der einzelnen Nährstoffe und Düngemittel auf Ertrag und Qualität des Hanfes 591. — Anmerkung zur praktischen Düngung 594.
Literatur 595

B. Kautschukpflanzen. Von Dr. C. HEINEMANN 599
a) Die wichtigsten Kautschuk liefernden Pflanzen 599
b) Heimat und Verbreitung 600
c) Entwicklung und Wachstumsverlauf 602
d) Klima und Boden 605
e) Durchschnittliche Erträge und Nährstoffentzugszahlen 608
f) Düngungsmethoden 612
g) Düngung und Ertrag 622
Literatur 624

Seite

C. Ölpflanzen ... 625

a) Die Ölpalme *(Elaeis guineensis)*. Von Dr. C. HEINEMANN ... 625
1. Heimat und Verbreitung ... 625
2. Entwicklung und zeitlicher Wachstumsverlauf ... 625
3. Klima und Boden ... 628
4. Durchschnittliche Erträge und Nährstoffentzugszahlen ... 630
5. Düngungsmethoden ... 633
6. Düngung und Ertrag ... 637

Literatur ... 644

b) Die Kokospalme *(Cocos nucifera)*. Von Dr. C. HEINEMANN ... 645
1. Heimat und Verbreitung ... 646
2. Entwicklung und zeitlicher Wachstumsverlauf ... 646
3. Klima und Boden ... 649
4. Durchschnittliche Erträge und Nährstoffentzugszahlen ... 652
5. Düngungsmethoden ... 656
6. Düngung und Ertrag ... 661
7. Düngung und Qualität ... 664

Literatur ... 664

c) Der Ölbaum *(Olea europaea L.)*. Von Dr. C. HEINEMANN ... 665
1. Heimat und Verbreitung ... 665
2. Entwicklung und zeitlicher Wachstumsverlauf ... 665
3. Klima und Boden ... 668
4. Durchschnittliche Erträge und Nährstoffentzugszahlen ... 669
5. Düngungsmethoden ... 672
6. Düngung und Ertrag ... 675
7. Düngung und Qualität ... 677

Literatur ... 677

d) Raps und Rübsen (*Brassica napus L. ssp. oleifera* und *Brassica campestris L. ssp. oleifera*). Von Dr. W. SCHUSTER ... 678
1. Winterraps ... 678
   A. Winterraps zur Korngewinnung ... 678
   B. Winterraps als Grünfutterpflanze ... 694
2. Sommerraps ... 695
   A. Sommerraps als Ölpflanze ... 695
   B. Sommerraps zur Futtergewinnung ... 697
3. Winterrübsen ... 699
   A. Winterrübsen als Ölpflanze ... 699
   B. Winterrübsen als Grünfutterpflanze ... 701
4. Sommerrübsen ... 703

Literatur ... 704

e) Ölrettich *(Raphanus sativus L. var. oleiferus)*. Von Professor Dr. E. v. BOGUSLAWSKI ... 708

Literatur ... 715

f) Ölkürbis *(Cucurbita pepo L.)*. Von Professor Dr. E. v. BOGUSLAWSKI 716

g) Erdnuß *(Arachis hypogea L.)*. Von Dr. M. GÖKGÖL ... 720
1. Allgemeines ... 720
2. Entwicklung und zeitlicher Wachstumsverlauf ... 721
3. Durchschnittliche Erträge und Nährstoffentzugszahlen ... 726
4. Wasserbedarf der Erdnußkultur ... 727
5. Ansprüche an die Lichtperiodik ... 729
6. Zeitpunkt des Anbaus und charakteristische Wachstumsstadien sowie Erntedaten in verschiedenen Ländern ... 730
7. Düngungsmethoden ... 732
8. Düngung und Ertrag ... 734
9. Düngung und Qualität ... 738

Literatur ... 739

Seite

D. Zucker und Stärke produzierende Pflanzen ... 740
a) Sugar Cane *(Saccharum officinarum Linn.)*. By Dr. L. D. BAVER ... 740
1. Development and Pattern of Growth ... 740
2. Nutrient Absorption in Relation to the Growth Curve ... 742
3. Average Yields and Nutrient Extraction ... 743
4. Water Requirements of the Cane Plant ... 744
5. Light Requirements ... 745
6. Sugar-Cane Production in Different Lands ... 745
7. Quality Requirements ... 746
8. Methods of Fertilization ... 746
A. Type of Fertilizer ... 746
B. Fertilizing the Plant Crop ... 747
C. Fertilizing the Ratoon Crop ... 748
9. Fertilization and Yields ... 748
10. Fertilizers and Quality ... 752

b) Maniok und Batate (*Manihot esculenta* und *Ipomoea batatas*). Von Professor Dr. H. LÜDECKE und Dr. A. v. MÜLLER ... 752
1. Entwicklung und zeitlicher Wachstumsverlauf ... 752
2. Die Nährstoffaufnahme in Abhängigkeit vom Wachstumsverlauf 753
3. Durchschnittliche Erträge und Nährstoffentzugszahlen ... 753
4. Der Wasserbedarf ... 753
5. Ansprüche an die Lichtperiodik ... 753
6. Zeitpunkte des Anbaues und charakteristische Wachstumsstadien sowie Erntedaten der verschiedenen Länder ... 754
7. Qualitätsanforderungen ... 754
8. Düngungsmethoden ... 754
9. Düngung und Ertrag ... 755
10. Düngung und Qualität ... 755
Literatur ... 756

c) Topinambur *(Helianthus tuberosus L.)*. Von Professor Dr. H. LÜDECKE und Dr. A. v. MÜLLER ... 757
1. Entwicklung und zeitlicher Wachstumsverlauf ... 757
2. Die Nährstoffaufnahme in Abhängigkeit vom Wachstumsverlauf 758
3. Durchschnittliche Erträge und Nährstoffentzugszahlen ... 758
4. Wasserbedarf ... 759
5. Lichtperiodik ... 759
6. Zeitpunkt des Anbaues und charakteristische Wachstumsstadien sowie Erntedaten in verschiedenen Ländern ... 760
7. Qualitätsanforderungen ... 760
8. Düngungsmethoden, Düngung und Ertrag ... 761
9. Düngung und Qualität ... 762
Literatur ... 762

VII. **Die Düngung der Wiesen und Weiden.** Von Professor Dr. Dr. h. c. E. KLAPP 764

A. Allgemeines ... 764
a) Ertrag, Nutzungsweise, Nährstoffentzug und Düngebedürfnis ... 764
b) Botanische Zusammensetzung der Grasnarbe ... 766
c) Die Dauer der Grasnarbe ... 767
d) Düngung als Meliorationsmaßnahme ... 768

B. Die Handels-(Mineral-)Dünger ... 768
a) Kalkdüngung ... 768
1. Bodenwirkungen ... 769
2. Ertragsleistung ... 769
3. Kalkung und Pflanzenbestand ... 770
4. Kalkung und Kalkgehalt des Aufwuchses ... 770
5. Mengen, Formen, Zeitpunkt der Kalkung ... 770
b) Phosphorsäuredüngung ... 771
1. P und Ertrag ... 771
2. P-Düngung und P-Gehalt des Futters ... 772
3. Mengen, Formen, Zeitpunkt der P-Düngung ... 772

Seite

c) Kalidüngung ... 773
1. Ertragsleistung ... 774
2. K-Düngung und Pflanzenbestand ... 774
3. K-Düngung und Stoffgehalt der Ernte ... 774
4. Mengen, Formen, Zeitpunkt der K-Düngung ... 774

d) Phosphat-Kali-Düngung ... 775

e) Stickstoffdüngung ... 776
1. N in der Wiesendüngung ... 776
2. N in der Weidedüngung ... 777
3. Allgemeine Voraussetzungen der N-Wirkung ... 778
A. Nutzungsweise und N-Bedarf ... 778
B. Wachstumsrhythmus und N-Zuteilung ... 778
C. Boden und N-Wirkung ... 779
D. N und Begleitdüngung ... 779
E. N-Düngerformen ... 780

f) Allgemeines zur mineralischen (NPKCa-)Volldüngung ... 780
Zur Praxis der Düngung ... 781
A. Düngung der Mähewiesen ... 781
B. Düngung der Weiden ... 782

g) Spuren-(Mikro-)Elemente ... 782

h) Feststellung des Düngebedürfnisses ... 783

C. Die Wirtschaftsdünger ... 784
a) Stallmistdüngung ... 784
b) Pferchdüngung ... 786
c) Kompostdüngung ... 787
d) Deckstoffe ... 787
e) Jauchedüngung ... 788
f) Gülledüngung ... 788
g) Abwässer als Düngemittel ... 790
Literatur ... 791

VIII. Die Düngung im Gemüsebau. Von Direktor F. MAPPES und Dr. H. WILL ... 796
A. Nährstoffentzug und Nährstoffbedarf ... 796
B. Bodenreaktion und Kalkbedarf ... 801
C. Beurteilung der Bodenuntersuchungsergebnisse ... 804
D. Die organische Düngung ... 806
E. Die Düngung mit Stickstoff ... 811
F. Die Düngung mit Phosphorsäure ... 816
G. Die Düngung mit Kali ... 819
H. Die Düngung mit Magnesium ... 823
J. Die Düngung mit Spurennährstoffen ... 824
K. Die Düngung mit Volldünger ... 827
L. Jungpflanzen- und Startdüngung ... 828
M. Die Blattdüngung ... 830
N. Düngung und Beregnung ... 831
O. Einfluß der Düngung auf die Qualität ... 833
Literatur ... 838

Inhaltsübersicht der zweiten Hälfte

IX. Die Düngung im Obstbau. Von Professor Dr. W. GRUPPE

X. Die Düngung im Weinbau. Von Direktor Priv.-Doz. Dr. habil. O. SIEGEL

XI. Die Düngung im Blumen- und Zierpflanzenbau. Von Professor Dr. F. PENNINGSFELD und Diplomgärtnerin LISELOTTE FORCHTHAMMER

XII. Die Düngung der Forstpflanzen. Von Dr. J. JUNG

XIII. Die Düngung von Sonderkulturen

A. Die Düngung von Arznei- und Gewürzpflanzen. Von Dr. H. SCHRÖDER

B. Weitere Sonderkulturen

a) Tabak *(Nicotiana tabacum, N. rustica)*. Von Professor Dr. H. LINSER und Professor Dr. K. SCHMID

b) Hopfen *(Humulus lupulus L.)*. Von Professor Dr. F. ZATTLER

C. Subtropische und tropische Kulturpflanzen

a) Kaffee *(Coffea arabica L.)*. Von Dr. C. HEINEMANN

b) Kakao. Von Dr. C. HEINEMANN

c) Tee *(Camellia spec.)*. Von Dr. C. HEINEMANN

d) Citrus. Von Dr. K.-H. NEUMANN

e) Ananas *(Ananas sativus)*. Von Professor Dr. N. ATANASIU

f) Banane *(Musa sapientum L.)*. Von Dr. K.-H. NEUMANN

XIV. Düngung, Qualität und Futterwert. Von Professor Dr. Dr. h. c. K. NEHRING

XV. Die Bedeutung der Düngung für die menschliche Ernährung. Von Professor Dr. H. KRAUT und Priv.-Doz. Dr. W. WIRTHS

XVI. Die Wirkung der Mineraldüngung auf die Nachkommenschaft der Pflanzen. Von Dozent Dipl.-Ing. Dr. EDITH PRIMOST

XVII. Die Rentabilität und wirtschaftliche Bedeutung der Düngung. Von Professor Dr. H. LINSER

XVIII. Die Kalkung und Düngung von Moor und Anmoor. Von Professor Dr. W. BADEN

XIX. Die Düngung der Teiche. Von Diplomlandwirt Dr. D. BRÜNING und Dr. W. MÜLLER

XX. Düngungsplan und Fruchtfolge. Von Professor Dr. E. v. BOGUSLAWSKI

XXI. Der derzeitige Stand und die potentielle Kapazität der Düngemittelverwendung in den verschiedenen Ländern der Erde. Von Dipl.-Ing. A. BLAMAUER und Dipl.-Ing. R. STEINER

Anhang: Tabellen über Zusammensetzung, Eigenschaften, Erzeugung und Verbrauch von Düngemitteln. Von Dr.-Ing. H. LÖCKER

Namenverzeichnis

Sachverzeichnis

Mitarbeiter von Band III

Atanasiu, Professor Dr. N., Leiter der Abteilung Pflanzenbau und Pflanzenzüchtung des Instituts für Landwirtschaft, Veterinärmedizin und Ernährung in den Tropen und Subtropen der Justus-Liebig-Universität, Schottstraße 2—4, *Gießen*, Bundesrepublik Deutschland.

Baden, Professor Dr. W., Direktor der Staatlichen Moor-Versuchsstation, Friedrich-Mißler-Straße 46—48, *Bremen-Horn*, Bundesrepublik Deutschland.

Baltin, Professor Dr.-Ing. Dr. agr. habil. F., Leo-Sachse-Straße 25, *Jena*, DDR.

Baver, Dr. L. D., Director of the Experiment Station of the Hawaiian Sugar Planters' Association, *Honolulu* 14, Hawaii, U. S. A.

Blamauer †, Dipl.-Ing. A., Österreichische Stickstoffwerke A. G., St. Peter 224, *Linz*, Österreich.

Boguslawski, Professor Dr. E. v., Direktor des Instituts für Pflanzenbau und Pflanzenzüchtung der Justus-Liebig-Universität, Ludwigstraße 23, *Gießen*, Bundesrepublik Deutschland.

Bräunlich, Diplomlandwirt Dr. K., Baslerstraße 31, *Binningen-Basel*, Schweiz.

Brüning, Diplomlandwirt Dr. D., Seestraße 8, *Stendal*, DDR.

Coïc, Professeur Dr. Y., Directeur de la Station Centrale de Physiologie Végétale, Etoile de Choisy, Route de Saint-Cyr, *Versailles* (Seine-et-Oise), France.

Forchthammer, Diplomgärtnerin Liselotte, Institut für Bodenkunde und Pflanzenernährung, Staatliche Lehr- und Forschungsanstalt für Gartenbau, *Weihenstephan*, Post Freising bei München, Bundesrepublik Deutschland.

Frohner, Ing. W., Haag 19, *Linz*, Österreich.

Fruhstorfer, Professor Dr. A., Landwirtschaftliche Versuchsstation Annen-Hof des Vereins Deutscher Dünger-Fabrikanten, Saselbergweg 29, *Hamburg-Sasel*, Bundesrepublik Deutschland.

Gisiger, Direktor Dr. L., Eidgenössische Agrikulturchemische Anstalt, *Liebefeld-Bern*, Schweiz.

Gökgöl, Dr. M., Kabataş, Gence Ap. 2, *Istanbul*, Türkei.

Gruppe, Professor Dr. W., Direktor des Instituts für Obstbau der Justus-Liebig-Universität, Ludwigstraße 37 II, *Gießen*, Bundesrepublik Deutschland.

Heinemann, Dr. C., Ruhr-Stickstoff A. G., Ruperti-Haus, Königsallee 21, *Bochum*, Bundesrepublik Deutschland.

Jahn-Deesbach, Dozent Dr. W., Institut für Pflanzenbau und Pflanzenzüchtung der Justus-Liebig-Universität, Ludwigstraße 23, *Gießen*, Bundesrepublik Deutschland.

Jung, Dr. J., Parkstraße 10, *Limburgerhof/Pfalz*, Bundesrepublik Deutschland.

Klapp, Professor Dr. Dr. h. c. E., Direktor des Instituts für Pflanzenbau der Rheinischen Friedrich-Wilhelms-Universität, Katzenburgweg 5, *Bonn*, Bundesrepublik Deutschland.

Kopetz, Professor Dr. L. M., Vorstand des Institutes für Pflanzenbau und Pflanzenzüchtung der Hochschule für Bodenkultur, Gregor-Mendel-Straße 33, *Wien* XVIII, Österreich.

Kraut, Professor Dr. H., Max-Planck-Institut für Ernährungsphysiologie, Rheinlanddamm 201, *Dortmund*, Bundesrepublik Deutschland.

Kürten, Dr. P. W., Ruhr-Stickstoff A. G., Landwirtschaftliche Forschung „Hanninghof", Hanninghof 35, *Dülmen in Westfalen*, Bundesrepublik Deutschland.

Linser, Professor Dr. H., Direktor des Institutes für Pflanzenernährung der Justus-Liebig-Universität, Braugasse 7, *Gießen*, Bundesrepublik Deutschland.

Löcker, Dr.-Ing. H., Carl-Bosch-Weg 3, *Linz*, Österreich.

LÜDECKE, Professor Dr. H., Direktor des Instituts für Zuckerrübenforschung, Holtenser Landstraße 77, *Göttingen*, Bundesrepublik Deutschland.

MAPPES, Direktor F., Staatliche Lehr- und Forschungsanstalt für Gartenbau, *Weihenstephan*, Post Freising bei München, Bundesrepublik Deutschland.

MÜLLER, Dr. A. v., Institut für Zuckerrübenforschung, Holtenser Landstraße 77, *Göttingen*, Bundesrepublik Deutschland.

MÜLLER, Dr. W., Leiter der Zweigstelle für Karpfenteichwirtschaft Königswartha des Instituts für Binnenfischerei der Deutschen Akademie der Landwirtschaftswissenschaften zu Berlin, *Königswartha* (Kreis Bautzen), DDR.

NEHRING, Professor Dr. Dr. h. c. K., Direktor des Instituts für landwirtschaftliches Versuchs- und Untersuchungswesen, Graf-Lippe-Straße 1, *Rostock*, DDR.

NEUMANN, Dr. K.-H., Institut für Pflanzenernährung der Justus-Liebig-Universität, Braugasse 7, *Gießen*, Bundesrepublik Deutschland.

PENNINGSFELD, Professor Dr. F., Leiter des Instituts für Bodenkunde und Pflanzenernährung, Staatliche Lehr- und Forschungsanstalt für Gartenbau, *Weihenstephan*, Post Freising bei München, Bundesrepublik Deutschland.

PRIMOST, Dozent Dipl.-Ing. Dr. EDITH, Landstraße 70/72, *Linz*, Österreich.

RÜTHER, Professor Dr. habil. H., Direktor des Instituts für Saatgut und Ackerbau Halle-Lauchstädt, *Bad Lauchstädt* (Kreis Merseburg), DDR.

SCHMID, Professor Dr. K., Bundesanstalt für Tabakforschung, *Forchheim über Karlsruhe*, Baden, Bundesrepublik Deutschland.

SCHRÖDER, Dr. H., Institut für Gartenbau der Hochschule für Landwirtschaft, Mitschurinstraße, *Bernburg/Saale*, DDR.

SCHUSTER, Dr. W., Institut für Pflanzenbau und Pflanzenzüchtung der Justus-Liebig-Universität, Ludwigstraße 23, *Gießen*, Bundesrepublik Deutschland.

SIEGEL, Direktor Priv.-Doz. Dr. habil. O., Leiter der Pfälzischen Landwirtschaftlichen Untersuchungs- und Forschungsanstalt, Obere Langgasse 40, *Speyer am Rhein*, Bundesrepublik Deutschland.

STEINECK, Professor Dr. O., Institut für Pflanzenbau und Pflanzenzüchtung der Hochschule für Bodenkultur, Gregor-Mendel-Straße 33, *Wien* XVIII, Österreich.

STEINER, Dipl.-Ing. R., Österreichische Stickstoffwerke A. G., Landwirtschaftliche Abteilung, St. Peter 224, *Linz*, Österreich.

TAYŞI, Professor Dr. V., Institut für Landwirtschaft, Veterinärmedizin und Ernährung in den Tropen und Subtropen der Justus-Liebig-Universität, Schottstraße 2—4, *Gießen*, Bundesrepublik Deutschland.

WILL, Dr. H., Staatliche Lehr- und Forschungsanstalt für Gartenbau, *Weihenstephan*, Post Freising bei München, Bundesrepublik Deutschland.

WIRTHS, Priv.-Doz. Dr. W., Max-Planck-Institut für Ernährungsphysiologie, Rheinlanddamm 201, *Dortmund*, Bundesrepublik Deutschland.

ZATTLER, Professor Dr. F., Bayerische Landesanstalt für Bodenkultur, Pflanzenbau und Pflanzenschutz, Menzingerstraße 54, *München*, Bundesrepublik Deutschland.

Einleitung

Von

H. Linser

Wenn man darangehen will, Kulturpflanzen zu düngen, sieht man sich vor eine Reihe von Fragen gestellt, die zu beantworten nicht leicht fällt. Sicherlich besitzen wir einen relativ großen Schatz an praktischer Erfahrung, aus dem manche empirisch gefundene Regel über Höhe und Art der zweckmäßigen Düngung zu einer bestimmten Feldfrucht oder sonstigen Nutzpflanze abgeleitet werden kann. Über alle Empirie hinweg aber erhebt sich immer wieder die Frage, welche Kenntnisse und Methoden uns zur Verfügung stehen, um aus den gegebenen, sachlichen Voraussetzungen, unter welchen wir einen Anbau vornehmen, die zweckmäßigste Art und Höhe der Düngung ableiten zu können.

Wenn wir von „zweckmäßiger" Düngung sprechen, so sagen wir bereits mit diesem Wort, daß wir eine Düngung meinen, welche einem *bestimmten* Zweck gemäß gestaltet sein soll, wobei jedoch offen bleibt, *welchem* bestimmten Zweck die Düngung im einzelnen Falle dienen soll.

Es sind oft sehr viele verschiedenartige Anforderungen, welche wir an den erwarteten Erfolg einer Düngung stellen. Es sei zunächst versucht, eine ordnende Übersicht über diese Anforderungen herzustellen.

Düngungsmaßnahmen werden getroffen, um

1. mehr Produkt zu erzeugen,
2. ein qualitativ besseres Produkt zu erhalten,
3. die Produktion wirtschaftlicher zu gestalten.

Die beiden ersten Ziele lassen die Pflanze selbst in den Vordergrund treten, das dritte dagegen den erzeugenden Betrieb.

Da die Erhaltung des erzeugenden Betriebes und seiner Produktionsbasis — die Fruchtbarkeit des Bodens — mindestens ebensolche Bedeutung besitzt wie die Quantität und Qualität der Produkte selbst, wäre es falsch, eine Düngungsmaßnahme nur im Sinne der Produktion selbst auszurichten.

Düngung muß daher so erfolgen, daß die Pflanze zu optimalem Ertrag kommt und der Boden nach der Ernte im Zustand optimaler Fruchtbarkeit für spätere weitere Produktion zur Verfügung steht.

Es sind somit zwei Hauptgesichtspunkte, unter denen jede Düngungsmaßnahme zu betrachten bzw. zu beurteilen ist:

1. ihre Auswirkung auf das erzeugte Produkt selbst (Düngung der *Pflanze*);
2. ihre Auswirkung auf den „Fruchtbarkeitszustand" des Bodens (Düngung des *Bodens*).

Hierzu kommt als dritter Gesichtspunkt die Rentabilität der Düngung, welche die betriebswirtschaftliche Voraussetzung für den Einsatz der Düngung als Betriebsmittel überhaupt bildet. Auf die mit der Rentabilität der Düngung zusammenhängenden Fragen ist in einem besonderen Kapitel dieses Bandes näher eingegangen worden.

Im Hinblick auf die *Düngung der Pflanze* sind bei der Wahl der Düngemittel, ihrer Menge und ihrer Ausbringungsweise bestimmte Umstände zu berücksichtigen, welche durch die Kulturpflanze selbst vorgegeben werden:

Die Pflanze muß im Verlauf ihres Wachstums jene Mengen an Bauelementen bzw. Pflanzennährstoffen in aufnehmbarer Form zur Verfügung gestellt erhalten, welche sie im erntefähigen Zustand enthält.

Jede Pflanze enthält im erntefähigen Zustand (bei bestimmter Qualität der Ernteprodukte) die einzelnen Bauelemente in bestimmten, für sie charakteristischen Mengenverhältnissen. Diese Mengenverhältnisse schwanken innerhalb bestimmter Grenzen und sind als das Ergebnis der Aufnahmetätigkeit der Pflanze während ihrer Entwicklung einerseits und des tatsächlich vorhanden gewesenen Angebots an Pflanzennährstoffen (aus Boden und Düngung) andererseits aufzufassen. Sie repräsentieren nicht ohne weiteres die „optimalen" Verhältnisse der Qualitätsanforderung. Stoffe, welche weder für das Leben bzw. die Ernährung der Pflanze selbst wichtig sind, können trotzdem an die Pflanze herangebracht und von ihr aufgenommen worden sein. Je nach der Art der sie ernährenden bzw. mit Stoffen beliefernden Umwelt werden die Relationen der Elemente in der Zusammensetzung des geernteten Materials abgewandelt. Es ist daher nicht ohne weiteres möglich, eine „normale" Relation festzustellen, weil keine „normale" Umwelt angegeben werden kann, es sei denn, man setze den statistischen Durchschnitt als Norm.

Die entsprechenden Pflanzennährstoffe müssen der Pflanze im Verlauf ihres Wachstums in der zeitlichen Aufeinanderfolge ihrer Entwicklungsstadien in den für die Aufnahme in diesen einzelnen Stadien jeweils notwendigen Mengen zur Verfügung stehen.

Die Anforderungen, welche die Pflanze an das mengenmäßige Angebot der Ernährungsfaktoren stellt, sind leider nicht genügend bekannt; sie können als konstant, sie können aber auch als variabel und sich mit den durchlaufenen Entwicklungsstadien verändernd betrachtet werden. So wurde gelegentlich die Ansicht vertreten, daß die Pflanze während der Zeit ihrer Entwicklung ein konstantes Angebot an den notwendigen Nährstoffen fordere und daß dieses Angebot etwa mit der Spannung des elektrischen Stromes verglichen werden könne, die für bestimmt gebaute Elektrogeräte eine ganz bestimmte Höhe haben müsse, damit eine normale bzw. optimale Funktion erfolgen könne (vgl. z. B. Kopetz 1957), gleichgültig, ob in einer bestimmten Zeitspanne viel oder wenig Energie entnommen und verbraucht würde. Dies würde bedeuten, daß z. B. eine bestimmte Konzentration an N, eine andere aber ebenfalls bestimmte Konzentration an verfügbaren Phosphationen sowie jeweils eine bestimmte Konzentration der übrigen Nährstoffe in der Bodenlösung als optimal gelten könne und am besten während der gesamten Vegetationsperiode der Pflanze geboten werden sollte.

Andererseits entnimmt die Pflanze dem Boden (oder der Nährlösung, in welcher sie wächst) in verschiedenen Entwicklungsstadien sehr verschieden große *Mengen* an Pflanzennährstoffen. Sie entnimmt diese Mengen im Laufe ihrer Entwicklung nicht nach konstanten Relationen. Wie Ergebnisse von Wagner (1932) zeigen, wurde in die oberirdischen Organe von Hafer Phosphor um den 50., Kalium um den 60. Entwicklungstag, Stickstoff um den 65. und Kalzium vom 95. Entwicklungstag an in maximaler Geschwindigkeit (Menge pro Tag) eingelagert, während die Trockensubstanzbildung ihr Maximum um den 85. Tag zeigte. Während somit die Einlagerung von P, K und N der Trockensubstanzbildung vorauseilte, blieb die Einlagerung von Kalzium zeitlich hinter der Trockensubstanzbildung zurück (vgl. Abb. 1).

Der mengenmäßige Bedarf der Pflanze an einem bestimmten Nährstoff ist also weitgehend bestimmt durch das Entwicklungsstadium, in welchem die Pflanze sich befindet, und hat, im Zusammenhang mit diesem, ein Maximum in einer ganz bestimmten Zeitspanne.

Nehmen wir den Gehalt des Mediums (Boden), in dem die Pflanze wächst, an Nährstoff als eine während der Vegetationsperiode (im theoretischen Ideal-

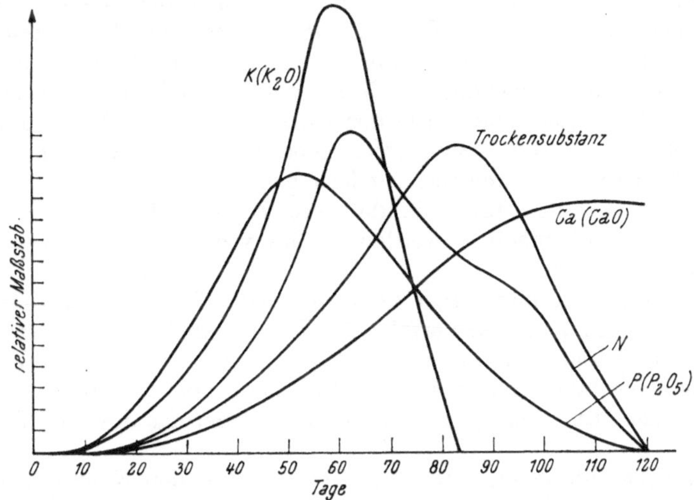

Abb. 1. Die Einlagerung von N, P, K, Ca und Trockensubstanz pro Zeiteinheit in die oberirdischen Organe von Hafer (normale Einsaat, volle N-Düngung; nach Ergebnissen von WAGNER [1932])

fall, abgesehen von allen in der Tat dies verhindernden Faktoren, wie Auswaschung, Festlegung, Nährstoffnachlieferung, Nährstoffmobilisierung durch Bodenorganismen u. dgl.) konstante Größe an, so würde diese Menge um die

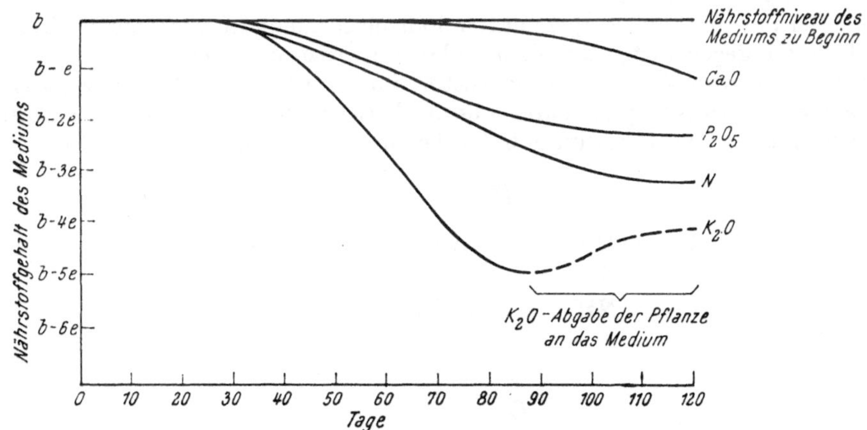

Abb. 2. Abnahme des Nährstoffgehalts des Mediums (b) infolge des Entzuges E (e = Entzugseinheiten) von Nährstoffen durch die Pflanze im Verlauf der Entwicklung (Vegetationsperiode)

von der Pflanze aufgenommenen Nährstoffmengen im Verlauf der Zeit vermindert, etwa in der Weise, wie Abb. 2 dies an einem Beispiel (analog zu Abb. 1) veranschaulicht.

Solange der Entzug E wesentlich kleiner ist als der Bodenvorrat b und dessen Größe gegenüber vernachlässigt werden kann, wird das Nährstoffangebot durch die Entzüge praktisch nicht verändert. In vielen Fällen aber ist die verfügbare Nährstoffmenge b im Vergleich zu E von etwa gleicher Größenordnung, so daß durch den Entzug eine beträchtliche Minderung des Nährstoffangebots im Verlauf der Vegetationsperiode eintritt.

Hier soll die Düngung einsetzen und das durch die Nährstoffaufnahme der Pflanze entstandene Defizit an Nährstoffen des Mediums wieder ausgleichen. Will man daher tatsächlich eine Konstanz des Nährstoffangebots erreichen (oder aber den natürlichen Verlauf des Nährstoffangebots im Medium ungestät beibehalten), so muß die Ergänzung der Nährstoffe im Medium in zeitlich gleicher Weise (Folge) vonstatten gehen, wie der Entzug durch die Nährstoffaufnahme der Pflanze erfolgt. (LIEBIG, 1855: „Man gebe dem Felde, was ihm genommen wurde, weder mehr noch weniger, sondern genau so viel".)

Das bedeutet für den Idealfall, daß pro Zeiteinheit ebensoviel pflanzenverfügbarer Nährstoff zugefügt werden müßte wie die Pflanze dem Medium durch Aufnahme entzieht.

Da die Nährstoffaufnahme aber kontinuierlich erfolgt, müßte (im Idealfall) auch die Düngung kontinuierlich erfolgen. Dies ist freilich aus arbeitstechnischen und technischen Gründen kaum zu ermöglichen und kann in der landwirtschaftlichen Praxis keinesfalls erreicht werden. Man kann von zweierlei Möglichkeiten Gebrauch machen, um sich in der Praxis der Forderung des Idealfalles anzunähern:

1. Durch Verwendung eines Düngemittels, welches den Nährstoff (die Nährstoffe) in einer unmittelbar nicht pflanzenverfügbaren Form enthält, aber im Verlauf der Zeit unter Umsetzung mit dem Medium pro Zeiteinheit ebensoviel Nährstoff (Nährstoffe) in verfügbarer Form überführt, als gleichzeitig von der Pflanze aufgenommen wird (Prinzip des „langsamwirkenden" Düngemittels).

2. Durch zeitliche Aufteilung der für den gesamten Anbau vorgesehenen Düngergaben auf mehrere Einzelgaben, welche in ihrer Höhe annähernd dem jeweilig zu erwartenden Bedarf (Entzug) der Pflanze angepaßt werden (Prinzip der „geteilten" Düngergaben).

Als Beispiel für den erstgenannten Fall eines „langsamwirkenden" Düngemittels kann gegenwärtig der Crotonylidendiharnstoff gelten, ein durch Umsetzung von Crotonaldehyd mit Harnstoff im Molverhältnis 1:2 in wässeriger oder alkoholisch-wässeriger, saurer Lösung hergestelltes Kondensationsprodukt, wahrscheinlich 2-Oxo-4-methyl-6-ureido-hexohydropyrimidin (JUNG 1961):

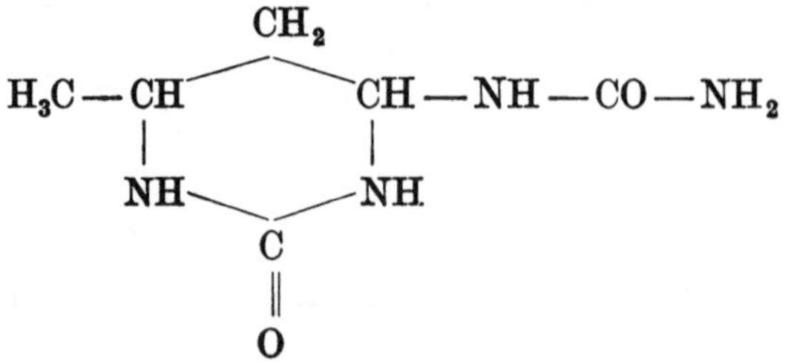

```
                 CH2
              /      \
H3C — CH              CH — NH — CO — NH2
      |               |
      NH              NH
        \            /
              C
              ‖
              O
```

(im Handel mit einem Gehalt von 10% des N-Gehaltes an mineralischem Stickstoff als „Floranid" mit 28% Gesamt-N erhältlich).

Dieses Produkt gibt seinen Stickstoff in pflanzenverfügbarer Form nicht sofort, sondern im Verlauf der Vegetationsperiode in Mengen ab, welche in ihrer zeitlichen Verteilung dem Bedarf der Pflanze sehr nahe kommen (vgl. Abb. 3).

Infolge des relativ hohen Preises des Stickstoffs in der vorliegenden Form kommt jedoch diese Verbindung vorläufig für den Gebrauch als N-Düngemittel in der Landwirtschaft nicht in Betracht, wenngleich sie für Spezialkulturen (z. B. Rasenflächen u. a. gärtnerische Kulturen) praktische Bedeutung erlangen kann.

Die Abgabe des Stickstoffs in pflanzenverfügbarer Form wird durch Zersetzungsvorgänge verursacht, welche in ihrem Ausmaß von den herrschenden Bodentemperaturen abhängig sind. Tiefere Temperaturen verschieben den Schwerpunkt der in Abb. 3 skizzierten, von der Differentialkurve umschlossenen

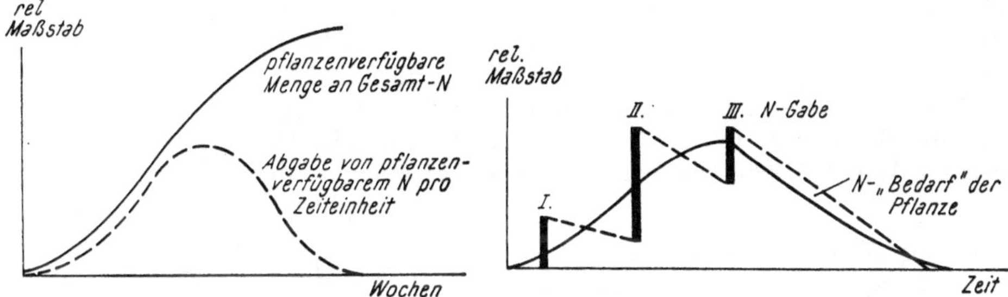

Abb. 3. Verlauf der Abgabe von pflanzenverfügbarem Stickstoff aus Crotonylidendiharnstoff im Verlauf der Zeit (vgl. JUNG 1961)

Abb. 4. Dreigeteilte N-Gaben. Die strichlierten Linien deuten den Abfall des N-Gehaltes im Boden durch Auswaschung, Festlegung, Entzug an. (Nach LINSER 1960)

Fläche nach rechts. Analog dazu liegt auch der Schwerpunkt der Differentialkurve für das Pflanzenwachstum bei tieferer Temperatur weiter rechts, so daß sich ein „langsamwirkendes" Düngemittel solcher Art auch im Hinblick auf seine Reaktionsweise der Temperatur gegenüber dem Verhalten der Pflanze gut anpaßt.

Im zweiten Fall, dem der Anwendung geteilter Gaben, erfolgt im Gegensatz zum ersten Fall die Versorgung des Mediums mit pflanzenverfügbarem Nährstoff nicht kontinuierlich (bei Variation der jeweils freiwerdenden Menge nach der Zeit), sondern diskontinuierlich mit den einzelnen Teilgaben. Die Anpassung an den „Bedarf" der Pflanze ist somit keine vollständige, sondern nur eine näherungsweise, bei welcher Abweichungen zwischen Versorgung und Bedarf unvermeidbar bleiben. Abb. 4 stellt diese Verhältnisse schematisch für eine Dreiteilung der Gaben an Stickstoff (z. B. Winterweizen im Frühling) dar.

Eine solche Anpassung der N-Gaben an den zeitlich verschieden hohen Bedarf der Kulturpflanze (hier des Weizens) hat tatsächlich eine Verminderung des Schädigungsfaktors (im Ertragsgesetz) zur Folge (vgl. LINSER und PELIKAN 1952, LINSER und PRIMOST 1953, 1959, LINSER 1960) und wirkt sich in der Rentabilität der Erzeugung des Ertragsgutes positiv aus (LINSER und PRIMOST 1958).

Eine diskontinuierliche Verabreichung von Düngemitteln ist aus arbeitstechnischen und technischen Gründen ebenso erstrebenswert wie unvermeidbar. Sie soll jedoch möglichst eine kontinuierliche Abgabe der Nährstoffe nach Maßgabe des Bedarfes zur Folge haben. Einmalige (bzw. diskontinuierliche) Gaben an sofort verfügbaren Nährstoffen machen sich durch eine Erhöhung des osmotischen Druckes der Bodenlösung bemerkbar, der seinerseits die Aufnahme der Nährstoffe durch die Pflanze herabsetzt (LINSER, MAYR und CHWALA 1961) und den Schädigungsfaktor k im MITSCHERLICHschen Ertragsgesetz (zweite Nährung) für den betreffenden Nährstoff vergrößert.

Aus diesem Grunde ist auch die Menge an osmotisch wirksamen Begleitstoffen, welche ein Düngemittel enthält und welche nicht zugleich eine notwendigerweise zu verabreichende Nährstoffmenge darstellt, von Bedeutung: je größer diese ist, desto größer ist die Gefahr einer Erhöhung des Schädigungsfaktors für das betreffende Düngemittel. Man hat den Einfluß eines Düngemittels auf den osmotischen Wert der Bodenlösung durch den sogenannten „Salzfaktor" zum Ausdruck gebracht (RADER, WHITE und WHITTAKER 1943), der einen relativen Vergleich der osmotischen Wirksamkeit verschiedener Düngemittel bezogen auf gleiche Nährstoffmengen gestattet. Die hochprozentig Nährstoffe enthaltenden Düngemittel haben dennoch den kleinsten Salzfaktor, solche mit hohen Gehalten an löslichen Nichtnährstoffen einen sehr hohen Salzfaktor (z. B. NH_3-flüssig = 0,572; Harnstoff = 1,618; Ammonnitrat = 2,990; Natriumnitrat = = 6,060. Es sind dies Relativwerte, die sich auf gleiche Mengen N beziehen.). Eine Rangordnung der handelsüblichen Düngemittel nach ansteigender Stärke ihres Einflusses auf die Salzkonzentration der Bodenlösung, bezogen auf die verabreichte Einheit an Gesamt-Pflanzennährstoffen, gibt COLLINGS (1955) nach ROSS und WHITE (1939) wie folgt: Doppelsuperphosphat, Monokalziumphosphat, Superphosphat, freies Ammoniak, Kalziumsulfat, Kaliumnitrat, Harnstoff, Kaliumchlorid, Ammoniumnitrat, Ammoniumsulfat, Natriumnitrat.

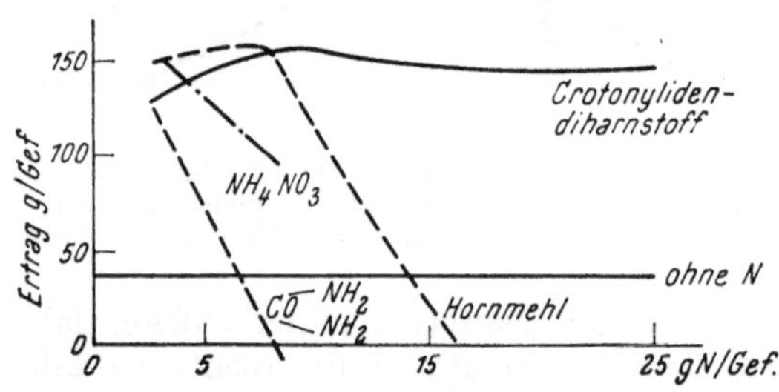

Abb. 5. Konzentrationsschädigung durch hohe N-Gaben in verschiedenen Formen bei Weizen auf leichtem Sandboden. (Nach JUNG 1961)

Einmalige oder seltene Gaben von relativ hohen Mengen löslicher Nährstoffe (bzw. besonders von Düngemitteln mit hohem Salzfaktor) verursachen somit ein plötzliches Ansteigen der Salzkonzentration im Medium, wodurch eine schädliche „Stoßwirkung" ausgeübt wird (KOPETZ [1951), die nicht nur im osmotischen Insult der Pflanze gegenüber besteht, sondern sich vermutlich auch durch eine stoßartige Umstellung der Nährstoffversorgung auf den pflanzlichen Stoffwechsel ungünstig auswirken kann.

Wie sich verschiedene Stickstofformen im Hinblick auf die Höhe der Schädigung durch Salzkonzentration unterschiedlich in der Ertragsbildung auswirken, zeigen Ergebnisse von JUNG (1961), die in Abb. 5 wiedergegeben sind.

Wenn kurzzeitige Einwirkungen höherer Salzkonzentrationen auch keine so hohen Schädigungen befürchten lassen wie langfristige (welche wie im vorliegenden Versuch außerdem auch noch das Nährstoffverhältnis in einen extremen Bereich verschieben), so sind sie doch nicht von günstigem Einfluß und sollten nach Möglichkeit vermieden werden. Leider liegen bisher keine Untersuchungen über die „Salzfaktoren" verschiedener Böden, beispielsweise über die Höhe der osmotischen Wirksamkeit der verschiedenen Bodenlösungen, bezogen auf gleiche Mengen an Pflanzennährstoffen, vor. Wahrscheinlich sind diese Werte bei verschiedenen Böden verschieden groß und ein bei der analytischen Aufgliederung der Ertragsfähigkeit eines Bodens zu berücksichtigender Faktor.

Paßt man sich mit der Zufuhr der Nährstoffe zum Boden möglichst genau dem zeitlichen Verlauf des Nährstoffentzuges an, so läßt man sozusagen den Boden als ein System für sich unbehelligt von den Nährstoffansprüchen, welche die Pflanze an ihn stellt.

Es kann prinzipiell die Frage aufgeworfen werden, ob man hiermit dem Boden als selbständigem, in sich abgeschlossenem System förderlich oder schädigend gegenübertritt, ob man den Boden (einschließlich seiner Bodenlebewelt) als ein abgeschlossenes System für sich betrachten darf, welches seine Stoffwechselbilanzen im Laufe des Jahres für sich allein ausgleicht (und dabei die Pflanze sozusagen als einen Parasiten bezeichnen muß) oder ob die wachsende Kulturpflanze mitsamt ihren Ansprüchen und abgegebenen Stoffen mit zum Gesamtsystem des Bodens gerechnet werden soll; ferner ob die Nährstoffansprüche der Kulturpflanze zur natürlichen Entwicklung der Ertragsfähigkeit eines Bodens im Verlauf der Vegetationsperiode gehören oder ob sie diese Entwicklung stören oder beeinträchtigen. Es ist wahrscheinlich nicht möglich, diese Frage prinzipiell zu beantworten, weil es vom gegebenen Zustand eines Bodens (bzw. seines Nährstoffgehaltes) abhängig ist, ob der Entzug durch die Pflanze einen günstigen oder einen ungünstigen Einfluß auf die Entwicklung der Bodenfruchtbarkeit ausübt. Der Entzug führt zu einer Verschiebung des Nährstoffverhältnisses, welches den Lebewesen im Boden geboten wird, und es ist von dessen Ausgangssituation abhängig, ob es durch den Entzug durch die Kulturpflanze verschlechtert oder aber verbessert wird. Auch hierüber fehlt bisher ausreichende Kenntnis.

Da die Kulturpflanze mit den Bodenmikroorganismen (und dem Unkraut) um die im Boden vorhandenen Nährstoff*mengen* konkurriert, ist eine Hemmung der Bodenlebewelt durch die Kulturpflanze während der Zeit ihres Wachstums gegeben, die nur zum Teil vielleicht durch von ihr ausgeschiedene Wirkstoffe oder durch den Verlust absterbender Teile (Wurzeln) aus dem Boden wettgemacht werden kann. Erst nach der Ernte bietet das im Boden zurückgelassene organische Material (Stoppel, Wurzelrückstände) bedeutendere Mengen an zersetzbarem Nahrungsmaterial für die Bodenorganismen, die in ihrer Gesamtentwicklung an den (regelmäßigen) Anfall dieses Nahrungsmaterials angepaßt und darauf angewiesen sind. Außer dem Entzug durch die Pflanze sind die Veränderungen der in bestimmten Bodenschichten vorliegenden Nährstoffmengen sowie die Schwankungen der Konzentration löslichen Nährstoffe in der Bodenlösung zu beachten, die unmittelbar durch die jeweils einfallenden Niederschläge verursacht werden und mit diesen in fast unvorhersehbarer Weise schwanken. Sie machen eine exakte Konstanz des Nährstoffangebots an die Pflanze im Verlauf der Vegetationsperiode von vornherein unmöglich.

Der Entzug an Nährstoffen, den die Pflanze bewirkt, wie auch die von Niederschlägen ausgewaschene Menge, geht dem Boden als biologischem System verloren, und wenn wir durch Düngung zum Ersatz des Entzuges bzw. der Nährstoffauswaschung Nährstoffe zuführen, so geben wir diese zugleich der Pflanze *und* dem Boden; d. h. wir düngen nicht nur die Pflanze, sondern *wir düngen auch den Boden*. Der Boden verwendet zugeführte Nährstoffe, indem er sie der Bodenlösung, seinem Sorptionsystem, seinem Mineralsystem oder seinem biologischen System einverleibt und dadurch in verschiedenartige Bindungen von recht differenter Pflanzenverfügbarkeit bringt. Die Art und Weise, wie diese zugeführten Nährstoffe verarbeitet, gebunden und wiederum den wachsenden Pflanzen zur Verfügung gestellt werden, ist von Boden zu Boden recht verschieden. Verschiedene Böden verarbeiten zugeführte Nährstoffe in Formen mehr oder minder großer Pflanzenproduktivität.

Scheffer (1962) spricht im Zusammenhang mit der Charakterisierung von Böden vom sogenannten „Transformationsvermögen" eines Bodens, womit diejenigen Eigenschaften des Bodens zusammengefaßt sind, welche für die Relation Ertrag je kg gedüngtem Nährstoff ausschlaggebend sind. Böden mit hohem Transformationsvermögen entnehmen dem Düngernährstoff für den eigenen Bedarf des Bodens nur geringe Mengen und lassen die Hauptmenge der Pflanzenproduktion zufließen. Auf Böden hohen Transformationsvermögens düngen wir somit vorwiegend die Pflanze, während wir auf Böden mit niedrigem Transformationsvermögen daneben mit wesentlichen Anteilen den Boden düngen. Daher reagiert der Boden nicht nur mit seinen unmittelbaren chemischen Eigenschaften, seinem Festlegungsvermögen und seinem Austauschvermögen, sondern auch mit seinem organischen Anteil. Die Pflanze braucht Nährstoffe, weil sie ein Lebewesen *ist*, der Boden braucht Nährstoffe, weil er Lebewesen *enthält*. Es ist daher stets nicht nur an die Nährstoffversorgung der Pflanze selbst, sondern auch an die Nährstoffversorgung des Bodens zu denken, wenn wir Düngungsmaßnahmen planen. Freilich kann festgestellt werden, daß durch den durch die Ernte gegebenen Entzug auf die Seite der Pflanze stets ein Defizit an Nährstoffen gesetzt wird, welches ersetzt werden muß, daß andererseits aber der Boden die in seinen Lebewesen investierten Nährstoffe stets durch Mineralisation wieder erhält und zudem aus Wurzelrückständen Zuflüsse erfolgen, welche erlittene Auswaschungsverluste wenigstens zum Teil wieder ausgleichen können. Muß so die pflanzliche Seite eines Feldbestandes als offenes System mit hohem Nährstoffbedarf bezeichnet werden, so kann (allerdings nur in erster Näherung) der Boden als geschlossenes System mit umlaufenden Nährstoffkapital gelten. Es darf jedoch nicht übersehen werden, daß die Lebewelt des Bodens keine Konstanz der Menge besitzt, sondern daß diese (da es sich eben prinzipiell doch um ein offenes System handelt) durch verschiedene Größen von Wachstum und Mineralisation recht verschiedene Größen (vor allem auch in Abhängigkeit von äußeren Wachstumfaktoren) annehmen kann. So kann auch eine für die Nährstoffversorgung der Pflanzen vorgenommene Düngungsmaßnahme einen Wachstumsfaktor für die Bodenlebewelt bilden und deren Nährstoffbedarf erhöhen oder erniedrigen. Wenngleich wir somit die Nährstoffversorgung der Pflanze (die wir für sich allein in Wasser- oder Sandkulturversuchen oder auf synthetischen, kunststoffartigen Kultursubstraten studieren können) zwar prinzipiell von der Nährstoffversorgung des Bodens trennen können und getrennt betrachten müssen, so sind in der Praxis des Anbaus auf Böden beide doch so unlösbar miteinander verwirkt, daß keine der beiden Maßnahmen getrennt voneinander durchgeführt oder betrachtet werden kann. Der Anteil der verabreichten Düngermenge, welcher der Pflanze und jener welcher dem Boden zufällt, ist von zahlreichen Faktoren abhängig bzw. mitbestimmt. Nicht nur Art und Typus des Bodens sowie Art bzw. Sorte der Kulturpflanze (und des Unkrautbestandes) bestimmen über die Aufteilung des Düngernährstoffes zwischen Boden und Pflanze, sondern auch die klimatischen Faktoren, die aktuellen Witterungsbedingungen und — ganz abgesehen von der chemischen und morphologischen Beschaffenheit der Düngemittel — vor allem die Art ihrer Ausbringung bzw. ihrer Placierung.

Nach der Form, in welcher Düngemittel ausgebracht werden, können wir Festkörperdüngung (unterteilbar in Staubdüngung, Kristallisatdüngung, Granulatdüngung, organische Düngung), Flüssigdüngung und Lösungsdüngung (Blattdüngung, Beregnungsdüngung, Lanzendüngung, Hydroponik) unterscheiden.

Nach der Verteilung über die Anbaufläche kann man unterscheiden zwischen Flächendüngung (Breitdüngung), Banddüngung (Streifendüngung) und Nestdüngung (Punktdüngung).

Nach der Tiefe der Ein- bzw. Unterbringung unterscheiden sich Blattdüngung, Oberflächendüngung, Furchendüngung, Tiefendüngung.

Nach der Verteilung der Düngung im Hinblick auf die Zeit kann man unterscheiden: Herbstdüngung, Frühjahrsdüngung; im Hinblick auf das Entwicklungsstadium zur Zeit der Gabe Grunddüngung und Kopfdüngung oder aber nach der Häufigkeit der Düngung: Stadiendüngung (LINSER und PRIMOST 1953), langsamwirkende Düngung, jährliche Düngung, Vorratsdüngung.

Nach der Bemessungsgrundlage unterscheiden sich Ersatzdüngung und

Leistungsdüngung, nach dem Ertragsziel dagegen Ertragsdüngung und Qualitätsdüngung (KOPETZ 1959).

Nach dem Einfluß auf den Boden kann man unterscheiden zwischen Erhaltungsdüngung und Ergänzungsdüngung (Verbesserungsdüngung).

Nach der Zusammensetzung des Düngemittels kann man unterscheiden: Einzeldüngung (Stickstoffdüngung, Phosphatdüngung, Kalidüngung, Kalkdüngung, Magnesiumdüngung usw.), Mehrnährstoffdüngung, z. B. Verwendung von PK-, NPK-Mischdüngern (hierher gehört auch Spurenelementdüngung mit mehreren Spurenelementen).

Die Art der Ausbringung selbst schließlich läßt unterscheiden: Handdüngung, Traggerätdüngung, Fahrgerätdüngung und Fluggerätdüngung, wozu vor allem bei der Ausbringung von Düngemitteln in Lösung oder von Gülle die Standgerätdüngung kommt[1].

Ziele und Methoden der Düngung sind sehr verschiedenartige und bieten zahlreiche Möglichkeiten ihrer Kombination. Welche dieser Möglichkeiten oder Kombinationen gewählt werden soll, ist von der Art der Kultur, der gewählten Pflanze, der Fruchtfolge, dem gegebenen Boden, vom Klima und von der Witterung, von arbeitswirtschaftlichen Faktoren, von marktwirtschaftlichen Überlegungen, vom Preis der Düngemittel, von den Kosten der Ausbringung bzw. der dazu benötigten Geräte, von der Organisation der Verteilung von Düngemitteln und von weiteren, hier nicht im einzelnen zu nennenden Faktoren ab. Die physiologischen und anatomischen Eigenarten der verschiedenen Kulturgewächse, die Verschiedenheiten ihrer Wachstums- und Entwicklungsphasen sowie ihrer Abhängigkeiten von veränderlichen Außenbedingungen machen für jede Pflanzenart, mitunter sogar für jede Sorte eine besondere Anpassung der Düngungsmethoden notwendig, die nur in experimenteller Arbeit empirisch erprobt bzw. herausgefunden werden kann. Sie muß zudem für spezielle Böden und spezielle Klimabereiche gesondert, ebenfalls experimentell, geprüft werden. So einfach es zunächst anmuten mag, dem Boden durch Düngung „einfach" das wiederzugeben, was ihm entzogen wurde, so schwierig ist es zuletzt, für jeden Einzelfall die optimale Düngungsweise (Methode und Dosierung) anzugeben, umsomehr, als ein Teil der mitwirkenden Faktoren (z. B. die Witterung) ja unvorhersehbar erst in der Zukunft (des vorgeplanten Anbaujahres) ausgebildet werden.

So muß sich die Düngung einzelner Kulturpflanzen in bestimmten Anbaugebieten ebensosehr der allgemeinen Kenntnisse auf dem Gebiet der Pflanzenernährung und Bodenkunde bedienen und mit ihrer Hilfe den speziellen Fall vorplanen, wie sie andererseits die im Speziellen gemachten experimentellen Erfahrungen berücksichtigen muß. Deduktives Wissen und Empirie bilden zusammen die Grundlage für Düngungsempfehlungen, deren Befolgung in jedem Fall aber prinzipiell nicht mit Sicherheit, sondern bloß mit hoher Wahrscheinlichkeit den gewünschten Erfolg bringen kann.

Literatur

COLLINGS, G. H.: Commercial fertilizers, 5th ed., S. 550. New York: Mac Graw Hill. 1955.

JUNG, J.: Über langsam wirkende Stickstoffverbindungen, insbesondere Crotonylidendiharnstoff. Z. Pflanzenernähr., Düng., Bodenkde. **94** (139), 39–47 (1961). — Floranid — ein Stickstoffdünger mit langanhaltender Wirkung. Süddtsch. Erwerbsgärtner Nr. 10 vom 11. März 1961, S. 253. — Über eine organische Stickstoffverbin-

[1] Eine systematische Ordnung der verschiedenen Düngungsarten wurde unlängst auch von ULRICH (1962) versucht.

dung mit langanhaltender Düngerwirkung. Allg. Forstz. Nr. 31 vom 5. August 1961, S. 448.

KOPETZ, L.: Die Gemüsefibel, kurzgefaßte Darstellung des Freilandgemüsebaues für Landwirte und Kleingärtner, 5. Aufl. Wien: Österreichischer Agrarverlag. 1957. — Die Bedeutung der Stickstoffdüngung. Bodenkultur **5**, 37–42 (1951). — Der Einfluß pflanzenbaulicher und züchterischer Maßnahmen auf die Qualität. Bodenkultur **10**, 373–378 (1959).

LIEBIG, J. v.: Die Grundsätze der Agricultur-Chemie mit Rücksicht auf die in England angestellten Untersuchungen (107 S.), S. 49. Braunschweig: Vieweg. 1855. — LINSER, H.: Einige Arbeiten auf dem Gebiete der Beeinflussung der Weizenqualität durch Düngung. Getreide u. Mehl **10** (9), 97–102 (1960). — LINSER, H., H. H. MAYR und C. CHWALA: Der Einfluß des osmotischen Drucks einer Nährlösung auf die Phosphataufnahme durch Wurzeln von *Lycopericum esculentum*. Atompraxis **8** (1), 4–6 (1962). — LINSER, H., und W. PELIKAN: Stickstoffdüngung mit hohen, geteilten Gaben, I, Gefäßversuche. Z. Pflanzenernähr., Düng., Bodenkde. **58** (103) (2), 107–120 (1952). — LINSER, H., und E. PRIMOST: Stickstoffdüngung mit hohen, geteilten Gaben, III, Feldversuche zu Winterroggen. Z. Pflanzenernähr., Düng., Bodenkde. **86** (131) (2), 97–111 (1959). — Stickstoffdüngung mit hohen, geteilten Gaben, II, Feldversuche zu Winterweizen. Z. Pflanzenernähr., Düng., Bodenkde. **63** (108) (1), 18–30 (1953). — Zur Frage der Wirtschaftlichkeit verschieden hoher Stickstoffgaben im Getreidebau. Bodenkultur **10** (1), 53–70 (1958).

RADER, L. F., L. M. WHITE und C. W. WHITTAKER: Soil Sci. **55**, 201–218 (1943). — ROSS, W. H., und L. M. WHITE: How to prevent fertilizer turn. Better Crops with Plant Food **23**, 21 (1939).

SCHEFFER, F.: Das Transformationsvermögen der Böden als Grundlage ihrer Bewertung. Vortrag bei der Jahreshauptversammlung des Verbandes Deutscher Landwirtschaftlicher Untersuchungs- und Forschungsanstalten, Trier, 28. September 1962.

TISDALE, S. L., und W. L. NELSON: Soil fertility and fertilizers, 3rd ed., S. 323–334. New York: Macmillan. 1960.

ULRICH, B.: Möglichkeiten und Grenzen einer Phosphat-Vorratsdüngung. Vortrag bei der Jahreshauptversammlung des Verbandes Deutscher Landwirtschaftlicher Untersuchungs- und Forschungsanstalten, Trier, 28. September 1962.

WAGNER, H.: Zum Wachstumsverlauf verschiedener Getreidearten, insbesondere von Hafer. Z. Pflanzenernähr., Düng., Bodenkde. A **25**, 48–102 (1932).

I. Die Ausbringung von Düngemitteln

A. Allgemeines

Von

A. Fruhstorfer

a) Einleitung

In der älteren und neueren Literatur wird stets die Forderung aufgestellt, die Düngemittel so gründlich wie möglich mit dem Boden zu vermengen. So finden wir bei Honcamp (1931) die Sätze: „Man wird einen Dünger, der sich langsam löst oder im Boden langsam umsetzt, so früh wie möglich vor dem Zeitpunkt des Gebrauchtwerdens in den Boden bringen. Dann hat man die Gewähr, daß er sich im Boden durch die Niederschläge gut verteilt, und daß er bei den Bestellarbeiten schon gründlich mit dem Boden vermengt ist. Die feinste Verteilung birgt die beste Garantie für die hervorragende Wirkung."

Es finden sich jedoch nur wenige Ansätze im Schrifttum dafür, Behauptungen dieser Art zu beweisen. Es liegt nämlich auf der Hand, daß eine wirklich gleichmäßige Durchmischung der bearbeiteten Krume mit einem Düngemittel nahezu unmöglich ist. Unsere Bodenbearbeitungsgeräte leisten in dieser Hinsicht nur eine sehr unvollkommene Arbeit, unvollkommen im Sinne der theoretisch angestrebten gründlichen Vermischung der Bodenteilchen miteinander und der Düngemittel mit diesen.

Die Wirkung der Egge wird gewöhnlich stark überschätzt. Auch eine schwere Egge rührt den Boden nur oberflächlich durch, und die Wirkung geht kaum tiefer als 5 cm. Dabei werden die Bodenteilchen mehr oder weniger seitlich verschoben und nur in geringfügiger Weise miteinander vermischt. In der Zeit, in der der Bauer noch mit dem Sätuch über das Feld ging und die Samenkörner mit der Hand streute, war die Egge das einzige Gerät, das der Einbringung und Vermischung des Saatgutes mit dem Boden diente. Wir wissen, wie unvollkommen diese Arbeit geschah, so daß es notwendig war, einen erheblichen Überschuß an Saatgut zu geben, weil höchstens die Hälfte der Körner genügend Erde zum Keimen vorfand. Daraus entstand der Zwang, eine Maschine zu schaffen, die das Saatgut genügend tief in den Boden brachte, so daß es Anschluß an die wasserführende Bodenschicht erhielt und die genügende Feuchtigkeit zum Keimen finden konnte.

Obwohl man nun bei der Düngung die Forderung erhebt, die Düngesalze müßten so innig mit dem Boden wie möglich vermischt werden, damit sie zur besten Wirkung kommen, hat man doch nicht die gleiche Konsequenz beschritten. Man begnügt sich auch heute noch damit, die Düngesalze von Hand oder mittels Düngerstreumaschinen oberflächlich aufzustreuen und sie meist oberflächlich mit dem Boden zu vermischen. Entweder ist diese Anwendungsweise falsch, oder es besteht die Forderung zu Unrecht, daß die Düngemittel so innig wie möglich mit dem Boden vermischt werden müssen. Es ist daher sicherlich berechtigt, die Frage, ob die innige Vermischung erforderlich ist oder nicht, an den Anfang eines Kapitels zu stellen, ehe man die Einbringung der Düngemittel selbst behandelt.

Die Einwirkung verschiedener Bodenbearbeitungsgeräte auf die Verteilung der Düngemittel im Boden wurde schon 1931 ausführlich durch L. TINNEFELD (1931) studiert. Es wurden verschiedene Geräte, nämlich leichte und schwere Eggen, Kultivatoren, Untergrundpacker, Fräse, Pflüge mit verschiedenen Pflugkörpern sowie Untergrunddüngepflüge geprüft. Man versah dabei die Düngemittel mit einem fluoreszierenden Überzug aus Anthrazen und machte sie damit im Ultraviolett-Licht sichtbar. 5 g Anthrazen wurden in 1 l Benzol gelöst und mit 3 l dieser Lösung wurden 100 kg Dünger besprüht. Die Düngerkörnchen leuchten dann im Licht der Quarzlampe auf, und die Düngerverteilung kann gut studiert und photographiert werden.

Die Leistungen der einzelnen Geräte auf die Düngerverteilung seien nachstehend aufgeführt; die Wirkung der Egge wird aus den folgenden Zahlen ersichtlich:

	In der obersten Schicht von 4 cm verblieben
Leichte Egge:	
rauhe Furche, einfacher Strich	83,7%
rauhe Furche, doppelter Strich	73,5%
abgeschleppte Furche, einfacher Strich	84,3%
abgeschleppte Furche, doppelter Strich	60,1%
Schwere Egge:	
rauhe Furche, einfacher Strich	75,7%
abgeschleppte Furche, einfacher Strich	70,5%
abgeschleppte Furche, doppelter Strich	59,2%

Diese Ergebnisse zeigen, daß bei der Eggenarbeit in jedem Fall zwei Drittel des Düngers und mehr in den oberen 4 cm der Krume verbleiben.

Bei gekörnten Düngern war festzustellen, daß sie der Tiefeinbringung noch stärkeren Widerstand entgegenstellten.

Bei den Versuchen mit Kultivatoren, deren Zinken auf 15 cm Tiefgang eingestellt waren, ergab sich, daß 40% des Düngers in der oberen Schicht von 4 cm verblieben und 94,5% in der Schicht bis 6 cm. Bei doppeltem Strich des Kultivators verblieben immer noch 73% in der 6-cm-Schicht. Auf abgeschleppter Furche war die Verteilung etwas besser.

Sehr gut wurden die Dünger durch die Fräse in den Boden gebracht. Das Ergebnis der Fräsenarbeit war eine völlig gleichmäßige Vermischung des Düngers mit der Krume bis auf 24 cm Tiefe. Auch der Untergrundpacker, auf gefrästem Boden angewandt, brachte eine gute Verteilung bis auf 16 cm Tiefe hinunter.

Der Pflug dagegen legte den Dünger vorwiegend in den unteren Schichten ab, und die räumliche Verteilung war keineswegs gut. In der Oberkrume fehlten die Düngerteilchen ganz.

Auf der Landwirtschaftlichen Versuchsstation *Limburgerhof* wurden vor dem Krieg ebenfalls umfangreiche Arbeiten durchgeführt, die sich mit der Verteilung der Düngemittel im Boden befaßten. Hierbei wurden die Düngemittel ganz ähnlich wie in der Arbeit von TINNEFELD (1931) mit einem fluoreszierenden Überzug aus Anthrazen versehen und im Ultraviolett-Licht sichtbar gemacht. Die Verteilung der Düngemittel im Bodenprofil wurde durch photographische Aufnahmen festgelegt, so daß ein guter Einblick in die Verteilung der Düngemittel durch die Bodenbearbeitung gewonnen werden konnte. Die Ergebnisse waren die gleichen wie bei TINNEFELD (1931). Der weitaus größte Teil der Düngemittel verblieb in den oberen Zentimetern der Krume, also derjenigen Schicht, die erfahrungsgemäß am wenigsten durchwurzelt ist und die zudem während der Wachstumsperiode oft so trocken liegt, daß auch der lösende und bewegende Eindruck des Wassers ausfällt. Handelt es sich gar noch um Düngemittel, die nicht von Haus aus wasserlöslich sind, so bleiben sie in dieser Schicht während der Vegetationszeit liegen, wenn nicht weitere Bearbeitungsmaßnahmen dafür sorgen, daß eine zusätzliche Vermischung und Vertiefung der gedüngten Schicht eintritt.

Demgegenüber hat das Einpflügen der Düngemittel mindestens den Vorteil, daß sie in tiefere Schichten kommen, die mit größerer Sicherheit Wasser führen und durchwurzelt werden. Jedoch kann beim Einpflügen noch weniger davon die Rede sein, daß die Düngemittel innig mit dem Boden vermischt werden. Der Pflugbalken wendet entweder vollständig und kippt die Düngerlage in eine Ebene auf der Pflugsohle, oder bei höherer Geschwindigkeit der Pflugschar wie auch bei schwererem, weniger krümelndem Boden wird der Erdbalken an die vorhergehende Furche angelehnt und es entstehen schräg liegende Horizonte, praktisch ohne jede Vermischung mit dem Boden.

Die Kenntlichmachung der Düngemittel durch Besprühen mit Anthrazen ist in neuerer Zeit überholt worden durch die Markierung der Düngemittel mit Isotopen. Hierzu eignet sich, wie HERBST (1953, 1955) mitteilt, ganz besonders das Isotop P^{32}, da es genügend langlebig ist, um während einiger Monate das Studium der Verteilung zu gestatten, und da die wasserlösliche Phosphorsäure außerdem im Boden nur beschränkt wandern kann, so daß die mechanische Verteilung des Düngemittels über einen längeren Zeitraum nahezu unverändert erhalten bleibt. RID und SÜSS (1958, 1959) studierten auf diese Weise den Mischeffekt verschiedener Bodenbearbeitungsgeräte unter Anwendung von Zinkeneggen, Scheibeneggen, Grubber, Löffeleggen, Sterndrahtwalzen (Kombikrümler), Pflügen und Fräsen. Die Ergebnisse der Verteilung wurden optisch durch Einlegen von Röntgenfilmen in das Bodenprofil dargestellt.

„Es zeigte sich, daß unsere Vorstellungen von der Gerätearbeit nicht in allen Fällen der Wirklichkeit entsprechen. Eine ideale Düngerverteilung bringt die Fräse. Durch die Kombination Löffelegge-Kombikrümler wird die Düngung nur in die obersten Zentimeter eingearbeitet. Die Egge verteilt die Düngung ungleichmäßig und nur an der Ackeroberfläche. Durch die Werkzeuge der Scheibenegge kommt der Dünger in Furchen zur Ablage, zwischen denen sich düngerfreie Räume befinden. Die Löffelegge erzielte einen besseren Mischeffekt als der Grubber mit halbstarren Zinken, der überraschenderweise die Düngung nicht tief verteilt, sondern nur unvollständig und krumennah in Rillen ablegt. Durch den Pflug ohne Vorschäler wird die Düngung mit Pflugbalken in schrägen Streifen eingebracht. Der Pflug mit Vorschäler kann geradezu zur Ausbringung einer Schichtdüngung verwendet werden!

Es ließen sich weiter die wirksamen Arbeitstiefen der untersuchten Geräte sowie die Verschleppungswege des Düngers bestimmen. Letztere liegen zwischen 50 und 150 cm. Die Düngervertragung ist am Mischeffekt in hohem Maße beteiligt."

Diese wenigen, aber umfangreichen und sorgfältig durchgeführten Arbeiten vermitteln uns die Erkenntnis, daß eine gründliche mechanische Verteilung der Düngemittel in der bearbeiteten Ackerkrume praktisch unmöglich ist, wenn man von der Fräse absieht, die in der landwirtschaftlichen Praxis kaum eine Rolle spielt.

Betrachten wir das älteste Düngemittel überhaupt, den Stallmist, und fragen wir uns, wie hier der Forderung nach inniger Vermischung mit dem Boden nachgekommen werden soll. Es ist einfach nicht möglich, sie beim Stallmist zu erfüllen; denn von jeher wird der Mist mit dem Pflug eingepflügt oder mit dem Spaten eingegraben, und er liegt dann immer in Streifen oder Horizonten ohne jegliche Vermischung mit der Erde. Trotzdem kennt man die gute Wirkung des Stallmistes und rühmt ihm nicht nur seinen günstigen Einfluß auf die Ernährung der Pflanzen nach, sondern betont ebenso sehr die physikalischen Wirkungen einer Mistdüngung auf die Bodenstruktur (GERICKE 1948, 1949, SCHACHTSCHABEL 1956, SCHEFFER und KLOKE 1956, SCHEFFER und ULRICH 1960).

Kurz nach dem ersten Weltkrieg wurde der Versuch gemacht, ein neues Bodenbearbeitungsgerät in die Landwirtschaft einzuführen, das der Forderung nach inniger Durchmischung des Bodens in der Bearbeitungstiefe weitgehend nachkam. Es war dies die Bodenfräse. Es wurden große, schwere Maschinen mit erheblicher Arbeitsbreite und genügender Arbeitstiefe gebaut und auf Versuchsgütern eingesetzt. Sie konnten sich nicht behaupten und verschwanden nach wenigen Jahren. Dagegen hat sich die kleine einachsige Bodenfräse im Gartenbau einführen und durchsetzen können. Jedoch stellte man auch hier sehr bald fest, daß es nicht zweckdienlich sein konnte, den Boden zu gründlich zu durchlüften und zu durchmischen. Man erkannte, daß nur vorübergehend ein lockerer Boden geschaffen wurde, der überdies viel zu locker war und kein günstiges Saatbeet darbot. Außerdem wurde durch diese gründliche Vermischung der Boden zu sehr mit Luft durchsetzt, was den Humusabbau beschleunigte. Man ist daher längst von den ursprünglichen Fräsorganen abgekommen und verwendet heute langsam laufende Fräsmesser, die den Boden nicht so vollständig zerschlagen wie die alten, schnell laufenden Federzinken.

Nachstehend sollen nun Betrachtungen über das Verhalten der einzelnen Pflanzennährstoffe bzw. Düngesalze beim Einbringen auf oder in den Boden angestellt werden.

b) Die einzelnen Düngemittel, ihre Form und Ausbringungsart

1. Stickstoff

Den Stickstoff verabreichen wir größtenteils in der Form von Verbindungen des Ammoniaks und des Salpeters, in geringerem Umfang in Form von Amid- oder Eiweiß-Stickstoff.

A. Der Salpeterstickstoff

Es ist bekannt (SCHMALFUSS 1951, SELKE 1955, LINSER, MAYR und UNZEITIG 1959), daß der Salpeterstickstoff vom Bodenkomplex nicht sorbiert werden kann. Daher ist er befähigt, mit dem Wasser schnell im Boden zu wandern, ja sich sogar ohne Wasserbewegung durch Diffusion auszubreiten. Es wird sich daher in den Frühjahrsmonaten schnell in der Krumentiefe verteilen. In den Sommermonaten, wenn der Boden gelegentlich austrocknet, wird er mit den aufsteigenden Feuchtigkeitsströmen wieder nach oben geführt werden. In jedem Fall bewegt er sich in der Zone der Saugwurzeln der Pflanzen und steht zur Aufnahme bereit. Auf dem *Limburgerhof* wurden Untersuchungen über die Umsetzung und Wanderung von Stickstoffdüngemitteln im Boden angestellt. Hierbei zeigte es sich, daß Kalksalpeter, Anfang Mai gegeben, schon drei Wochen nach der oberflächlichen Aufbringung bis in eine Tiefe von 10 cm gewandert war. Im Laufe des Juni, als Feuchtigkeit und Trockenheit abwechselten, verteilte er sich in der ganzen Bearbeitungsschicht ziemlich gleichmäßig, um im Juli wieder in tiefere Krumenschichten abzusinken. Auf jeden Fall stand er den Pflanzen in der ganzen durchwurzelten Schicht zu Verfügung, obwohl er als Kopfdüngung gestreut worden war.

B. Der Ammoniakstickstoff

Es wird im allgemeinen angenommen (SCHULTZE-GROBLEBEN 1949, SCHEFFER und SCHACHTSCHABEL 1956, JACOB 1957), daß dieser Vorgang der Verteilung bei den ammoniakenthaltenden Stickstoffdüngern langsamer vor sich geht. Die erwähnten Versuche auf dem *Limburgerhof* ergaben indessen, daß auch hier eine genügend schnelle Wanderung des Stickstoffes eintritt. Zwar werden die Ammoniakanteile bei kühler Witterung wegen der Hemmung der Nitratbildung langsamer wandern, da sie vom Bodenkomplex sorbiert werden. Immerhin zeigte es sich bei den erwähnten Versuchen, daß auch das Ammoniak schon 14 Tage nach der Anwendung bis in 6 cm Tiefe gedrungen war, und vier Wochen nach der Anwendung war es schon gleichmäßig in der wurzelführenden Krumentiefe verteilt, wobei auch die Nitrifizierung praktisch beendet war. Ähnliche Verhältnisse wurden mit Kalkammonsalpeter angetroffen.

In einem gärtnerischen Versuch mit Tontöpfen konnte gezeigt werden, daß die Aufnahme des Ammoniaks schon in den oberen Schichten verhältnismäßig schnell vor sich geht und daß ihm mindestens unter den günstigen Bedingungen im Blumentopf- und Gewächshausklima, trotz der starken Wasserbewegung nach unten, gar keine Zeit bleibt, die tieferen Schichten zu erreichen. Bei diesem Versuch mit *Fuchsia hybr. hort.* stellte es sich nämlich heraus, daß die versauernde Wirkung des schwefelsauren Ammoniaks auf die obere Topfhälfte beschränkt blieb und daß am Ende des Versuches das pH von oben bis unten ziemlich gleichmäßig abnahm. Dieser Versuch zeigt uns auch, daß bei normalen Stickstoffgaben mit Auswaschungsverlusten während der Vegetationsperiode kaum zu rechnen ist.

C. Die amidhaltigen Stickstoffdünger

Harnstoff und Kalkstickstoff setzen sich verhältnismäßig schnell in die Ammoniakform und später in die Nitratform um (SCHMALFUSS 1951, SCHARRER 1953) und dementsprechend verteilen sie sich im Boden.

Nach dieser Betrachtung kann gesagt werden, daß die Anwendungsweise bei Stickstoffdüngemitteln nur von recht untergeordneter Bedeutung für ihre Wirkung ist. Es ist selbstverständlich, daß Stickstoffsalze, bei sehr trockenem Wetter oberflächlich gegeben, nicht voll zur Wirkung kommen können, und daß es besser gewesen wäre, sie in tiefere Bodenschichten einzubringen. Gibt es nasse Jahreswitterung, dann wäre die tiefere Einbringung falsch, und es wäre besser gewesen, man hätte die Salze oben gelassen. Da das Wetter nicht vorausgesehen werden kann, unterbleibt die Aufstellung fester Regeln, und man wendet die Stickstoffdüngemittel meistens oberflächlich an, wenn auch gelegentlich das Einbringen in tiefere Schichten, etwa durch Einpflügen, empfohlen wird. Es soll die Wurzelbildung in diesen Schichten anregen und auf diese Weise die Pflanzen befähigen, Trockenperioden leichter zu überstehen. Allgemein bekannt ist die günstige Wirkung von Stickstoffdüngemitteln als Kopfdüngung auf die wachsenden Pflanzen gegeben, z. B. bei Getreide und erst recht auf Grünland

(Linser und Pelikan 1951, Scheffer 1952, Selke 1955, Primost 1960). Hier zeigt es sich am besten, daß wir bei der Anwendung der Düngemittel weitgehend von der Verteilung im Boden unabhängig sind, und daß die Forderung, sie möglichst innig mit dem Boden zu vermischen, nicht nur undurchführbar, sondern auch unbegründet ist.

2. Die Kalisalze

Etwas schwieriger liegt der Fall bei den Kalisalzen. Zwar kommen sie durchweg in wasserlöslicher Form zur Anwendung; jedoch spielt die Sorptionskraft des Bodens hier eine größere Rolle. Auch liegen keine so eingehenden Untersuchungen vor, wie sie sich bei Stickstoff finden. Wir dürfen indessen annehmen, daß die Kalisalze bei ihrer Wanderung im Boden durch dessen Sorptionskraft fühlbar abgebremst werden. Keineswegs ist aber diese Hemmung der Wanderungsgeschwindigkeit so stark, daß für die geringere Wirkung der Kalisalze etwas befürchtet werden müßte. Es ist ja bekannt, daß Kali aus dem Boden ausgewaschen wird, und dieses setzt voraus, daß die Kaliumionen eine entsprechende Wanderungsgeschwindigkeit trotz der Sorption an dem Bodenkomplex besitzen müssen (Pfaff 1950, Schmalfuss 1951, Selke 1955, Scheffer und Schachtschabel 1956, Scheffer und Ulrich 1960, Mengel 1961).

Die Kalisalze werden entweder als Chlorid oder als Sulfat verabreicht. In jedem Fall setzen sich die Kaliverbindungen im Boden sehr schnell mit dem Komplex um, wobei das Kalzium des Komplexes gegen das Kalium der Düngung umgetauscht wird (Schmalfuss 1951). Es entsteht leicht lösliches Kalziumchlorid, das mit den absinkenden Bodenströmen nach dem Untergrund strebt, allerdings auch bei Trockenheit mit der aufsteigenden Bodenfeuchtigkeit in die oberen Lagen zurückgebracht werden kann. Die Kaliumionen selbst werden mit weiteren Umtauschvorgängen langsam wandern und sich in der Krume ausbreiten, im Winter teilweise auch der Auswaschung verfallen.

Bei der Sulfatform des Kalis sind die Vorgänge ähnlich. Das durch Umtausch entstandene Kalziumsulfat ist jedoch nur schwach im Wasser löslich. Somit erhöht es die Salzkonzentration des Bodens nicht fühlbar und wird im Laufe des Sommers nicht ausgewaschen. Bei Wasserüberschuß in der kalten Jahreszeit wandert natürlich auch Kalziumsulfat in den Untergrund, wie der hohe Gehalt der Sicker- und Quellwässer an dieser Verbindung beweist. Dieser Vorgang geht so vollständig vor sich, daß es zu Anreicherungen nicht kommt.

Es darf auf jeden Fall der Schluß gezogen werden, daß auch beim Kalium die Einbringung des Düngemittels in den Boden von untergeordneter Bedeutung ist. Es wird keine ausschlaggebende Rolle spielen, zu welchem Zeitpunkt das Düngemittel angewandt wird und in welche Tiefe es eingebracht wird, wenn auch die Verhältnisse hier nicht so günstig liegen wie beim Stickstoff.

3. Kalk

Das Kalzium zählt zu denjenigen Ionen, die im Boden nur wenig sorbiert werden. Es wird in allen Bindungen ausgewaschen und findet sich in den Quell- und Sickerwässern teils als Bicarbonat, teils als Sulfat wieder (Pfaff 1959, Mengel 1961). Man kann die Wanderungstiefe des Kalziums leicht durch die Veränderung des pH-Wertes im Bodenprofil nachweisen. Werden stark saure Böden durch Kalkdüngung melioriert, dann macht sich die Einwirkung des Kalkes in wenigen Jahren schon auf den Untergrund bemerkbar und reicht, besonders bei leichten Böden, bis in Tiefen von 30 bis 40 cm.

So ist es verständlich, daß für Kalk die Forderung, ihn in dem oberen Teil der Krume zu lassen, in noch stärkerem Maße zutrifft als etwa für Stickstoff, und keinesfalls ist es notwendig oder auch nur empfehlenswert, die Kalkdüngemittel in der ganzen Bearbeitungstiefe möglichst gründlich mit dem Boden zu mischen. Da die Kalkwirkung gewöhnlich auch nicht auf den Augenblick berechnet ist, sondern sich auf einen Zeitraum von mehreren Jahren erstrecken soll, so ist es um so eher verständlich, daß die gründliche Vermischung keineswegs erforderlich ist.

Nur am Rande sei vermerkt, daß es von dieser Regel Ausnahmen gibt, etwa wenn ein saurer Boden möglichst schnell für den Anbau kalkbedürftiger Früchte, wie Luzerne, vorbereitet werden soll. Dann kann es natürlich zweckmäßig sein, einen Teil des Kalkes bis in die Pflugsohle zu bringen und ihn dort, wenn irgend möglich, durch Untergrundlockerer noch einige Zentimeter tiefer zu bringen, während ein anderer Teil obenauf gebracht wird und die Bearbeitungsvorgänge mitmacht. Es soll ja erreicht werden, daß eine möglichst große Bodenschicht schnell entsäuert wird, und da kann die Forderung nach inniger Vermischung mit dem Boden nur unterstrichen werden. Aber wie gesagt, sind das Ausnahmefälle und keineswegs die Regel.

4. Phosphorsäure

Die Düngung mit Phosphaten wird bei dieser Behandlung an den Schluß gestellt, da sie die meisten Probleme aufgibt. Die Phosphate sind in ihrer Natur außerordentlich verschieden, allein schon, wenn man den Herstellungsvorgang betrachtet. Entweder handelt es sich um feinstgemahlenes Rohphosphat, das zu den am schwersten löslichen Stoffen der Erde gehört. Oder das Rohphosphat wird durch mineralische Säuren aufgeschlossen und umgewandelt, so daß es wasserlösliche Produkte ergibt. Dazwischen liegen die Glühphosphate, die durch einen Glühprozeß verändert wurden. Dadurch sind sie zwar nicht wasserlöslich geworden; ihre Angreifbarkeit im Boden durch Wasser, Kohlensäure und die sauren Ausscheidungen der Pflanzenwurzeln ist jedoch erheblich gesteigert worden, so daß sie auch unter weniger günstigen Verhältnissen pflanzenaufnehmbare Phosphationen liefern (Trömel 1955, Schmitt 1958).

Es ist jedoch nicht so, daß wir die wasserlöslichen Phosphate in ihrer Beziehung zum Boden ähnlich behandeln dürfen wie die Stickstoff- oder Kalisalze. Auch die wasserlöslichen Phosphate setzen sich nämlich im Boden sehr schnell mit den Kationen um, die sie in der Bodenlösung vorfinden, wobei unlösliche Produkte gebildet werden. Es kann infolgedessen gesagt werden, daß bei jeglicher Phosphatdüngung im Boden wasserunlösliche Produkte entstehen, deren Wanderungsfähigkeit entweder sehr beschränkt oder überhaupt nicht vorhanden ist und deren Aufnahmbarkeit stark wechselt. Dementsprechend ergeben sich ganz verschiedene Forderungen bezüglich der Einbringung dieser Düngemittel, und die Sache wird noch dadurch kompliziert, daß die Aufnehmbarkeit der Phosphate durch die Bodenreaktion stark beeinflußt wird. Je nach der ursprünglichen Löslichkeit der Düngerphosphate wirkt die saure Reaktion fördernd oder hemmend auf die Aufnehmbarkeit der Phosphationen ein. Es ist daher nicht leicht, für die Anwendung der Phosphate allgemein gültige Regeln zu finden und aufzustellen (Gericke 1952, Lundblad 1957, Schachtschabel 1960, Mengel 1961, Reichenbach 1961).

Bei der Behandlung dieser Düngemittel müssen wir uns infolgedessen mit allen Faktoren, die die Aufnehmbarkeit der Phosphationen fördern oder hemmen, auseinandersetzen.

A. Das Wasser

Das Wasser als Lösungsmittel spielt immer eine besondere Rolle, wenn es sich um Verbindungen mit schwacher Löslichkeit handelt. Je mehr Lösungsmittel, um so mehr Salz kann in Lösung gehen. Alle Phosphate werden daher nach der Umsetzung mit dem Boden in ihrer Aufnehmbarkeit durch reichliche Bodenfeuchtigkeit begünstigt, dies um so mehr, je geringer ihre Löslichkeit ist. Es kann infolgedessen gesagt werden, daß insbesondere feinstgemahlenes Rohphosphat ausreichend Feuchtigkeit zur Auflösung braucht und daher auf Trockenböden nichts zu suchen hat. Ursprünglich war dieses Düngemittel nur für Moorböden zugelassen, die ja immer feucht sind, normalerweise selbst in trockenen Jahren.

Aber auch die Glühphosphate haben Vorteil von reichlich vorhandener Bodenfeuchtigkeit. Man wendet sie selbstverständlich auf Wiesen und Weiden oberflächlich an, weil es keinen anderen Weg gibt. Ihre gute Wirkung hängt hier aber häufig damit zusammen, daß Wiesen und Weiden in der Regel feuchter sind als Ackerflächen, und daher sollte man die guten Ergebnisse, die man mit der Phosphatkopfdüngung auf Grünlandflächen macht, nicht bedenkenlos auf das Ackerland übertragen.

Die wasserlöslichen Phosphate erfahren ihrer Natur entsprechend bei der Anwendung einen gewissen Transport durch das Wasser, ehe sie sich mit den Kationen des Bodens verbinden und in ihrer Löslichkeit zurückgehen. Infolgedessen tritt hier eine gewisse Verteilung im Boden ein, die zwar mit derjenigen der Stickstoff- und Kalisalze nicht vergleichbar ist, dennoch aber eine günstige Wirkung auf die Aufnehmbarkeit hat.

B. Die Kohlensäure

Alle Phosphate im Boden, sowohl der natürliche Phosphatgehalt wie die Düngerphosphate, werden durch den Kohlensäuregehalt des Bodenwassers in ihrem Auflösungsprozeß gefördert. Dies ist der Grund dafür, weshalb auf tätigen Böden die festgelegten Phosphate leichter wurzellöslich werden als auf untätigen Böden. Es mag dies auch die Ursache für die günstige Wirkung der Phosphatdüngung auf Wiesen und Weiden sein; denn im Grünland, dessen Boden nicht bearbeitet wird, sammeln sich leicht zersetzliche Wurzelrückstände und auch Rückstände von oberirdischen Pflanzenteilen an, die abgebaut werden und Kohlensäure liefern. Diese kann im Gegensatz zum Ackerland weniger leicht entweichen und findet sich in der Bodenluft stets in höherer Konzentration. Die Phosphate finden daher auf Grünland auch an der Oberfläche verhältnismäßig günstige Lösungsbedingungen. Es wird häufig darauf hingewiesen, daß besonders die Rohphosphate in ihrer Ausnutzbarkeit auf die Bodenkohlensäure angewiesen sind und daß mit ihrer Wirkung um so eher gerechnet werden kann, je tätiger die Böden sind (SCHACHTSCHABEL 1956). Umgekehrt bedarf Superphosphat infolge seiner Wasserlöslichkeit weniger der lösenden Wirkung der Bodenkohlensäure, da es schon vor dem Ausfällen durch die löslichen Kationen des Bodens eine gewisse Wanderung durchgemacht hat und dann in feinstverteilter Form vorliegt.

C. Die Bodenreaktion

Sie ist nicht nur von entscheidendem Einfluß auf die Aufnehmbarkeit und Wirkung der Phosphate im allgemeinen, sie steht auch in direktem Zusammenhang mit der Wirkung, die die Verteilung der Phosphate im Boden ausübt.

In einem sauren Boden, in dem Aluminium- und Eisenionen aktiv sind, werden lösliche Phosphate erfahrungsgemäß in besonders schwerlösliche Eisen- und Aluminiumverbindungen übergeführt (DÖRING 1956, MENGEL 1961). Nichtwasserlösliche Phosphate dagegen werden durch die saure Reaktion eines Bodens begünstigt, da die Wasserstoffionen die Auflösung der Düngerphosphate fördern. Es ist klar, daß hierzu eine gute Verteilung nützlich ist. Sie ist aber nicht ausschlaggebend, da in solchen Böden weniger gut lösliche Phosphate auch dann zur Wirkung kommen, wenn sie eingepflügt, also schlecht verteilt sind. Die Hauptsache ist, daß sie in feuchten Bodenschichten liegen, so daß ein chemischer Aufschluß erfolgen kann.

Umgekehrt tritt bei saurer Reaktion die Festlegung der wasserlöslichen Phosphate und deren Überführung in sehr schwerlösliche und aufnehmbare Verbindungen am ehesten dann ein, wenn sie gut mit dem Boden vermengt sind. Denn man muß bedenken, daß auch die Wanderungsfähigkeit von Eisen- und Aluminiumionen selbst in einem stärker sauren Boden beschränkt ist. Da diese Ionen nur verhältnismäßig langsam an die Phosphationen heranwandern können, unterstützt man die Fixierung der Phosphate unbewußt, indem man sie durch gute Vermischung im Boden an die fällenden Ionen heranbringt (SCHMITT 1958).

Wasserlösliche Phosphate wirken daher im sauren Boden ganz auffällig besser, wenn ihre Verteilung mangelhaft ist, wenn sie also in Schichten, Bändern oder Nestern angehäuft sind. In diesem Fall erreichen und übertreffen sie die Wirkung der nichtwasserlöslichen Phosphate, während sie sonst unter diesen Bedingungen unterlegen sind (SCHMITT 1955).

Die Verhältnisse ändern sich in einem Boden, dessen Reaktion um den Neutralpunkt liegt, grundlegend (SCHACHTSCHABEL 1960). Hier fehlen die Wasserstoffionen, und es wirken nur noch die wesentlich schwächer angreifende Kohlensäure und die Pflanzenwurzeln selbst. Sollen daher nichtwasserlösliche Phosphate in einem neutralen Boden gut zur Wirkung kommen, so ist die gute Vermischung mit dem Boden Voraussetzung, und jede Anhäufung in Schichten oder Nestern ist vom Übel. Dies ist auch der Grund dafür, daß man nichtwasserlösliche Phosphate nicht granulieren sollte (SCHWARZ 1951). Die wasserlöslichen Phosphate wirken in einem solchen Boden auch in der Verteilung gut, da sie nicht anders als als Dikalziumphosphat gefällt werden können. Man kann sagen, daß bei entsprechender Verteilung in einem neutralen Boden die Wirkung der wasserlöslichen und nichtwasserlöslichen Phosphate gleich ist. Zum Unterschied von diesen können jedoch die wasserlöslichen Phosphate auch granuliert in Schichten und Bändern, also ungenügend verteilt, angewandt werden, und ihre Wirkung nimmt auch in diesem Fall zu. Das ist der Grund dafür, weswegen wasserlösliche Phosphate granuliert werden können und sollen und dann sowohl auf sauren wie auf neutralen Böden von guter Wirkung sind (DÖRING und GERMAR 1955, SELKE und ORTLEPP 1958).

Auf die Praxis der Einbringung angewandt, kann aus diesen Überlegungen folgendes geschlossen werden:

Es ist in jedem Fall anzustreben, Phosphate tiefer einzubringen, damit sie Kontakt mit der feuchten Bodenzone haben. Hierbei soll bei nichtwasserlöslichen Phosphaten trotzdem darauf geachtet werden, daß sie mit dem Boden verrührt werden, und auf schwach sauren, neutralen und alkalischen Böden ist dies sogar Voraussetzung für ihre Wirkung. Auf stärker sauren Böden dagegen ist bloßes Einpflügen ohne Bodenvermischung angängig.

Wasserlösliche Phosphate sollten in jedem Fall in granulierter Form angewandt werden und in keinem Fall ist die Verrührung mit dem Boden zweckdienlich, wenn sie auf neutralen Böden auch nicht schadet. Immer bleibt die

Anwendung in Schichten, Bändern nützlich (Selke 1951, 1953, Engel 1951). Zur Kopfdüngung auf Ackerböden eignen sich besonders die wasserlöslichen Phosphate, diese um so mehr, als sie auch einen schnellen Angriff auf die Bodenstruktur gewährleisten (Schmitt 1958). Nichtwasserlösliche Phosphate werden auf feuchten und sauren Böden auch in Form der Kopfdüngung nützlich sein, wogegen man auf neutralen und trockeneren Böden mit dieser Anwendungsart vorsichtig sein muß.

Verteilung der Phosphate im Boden

		saure Böden	neutrale Böden
Wasserlösliche Phosphate	Gute Verteilung	nicht ratsam	unnötig
	Körnung	nötig	erwünscht
	Kopfdüngung	möglich	nützlich
Nicht-wasserlösliche Phosphate	Gute Verteilung	nicht nötig bei tiefer Einbringung	erforderlich
	Körnung	nicht ratsam	unbrauchbar
	Kopfdüngung	möglich	nicht ratsam

Diese Angaben finden natürlich keine Anwendung auf Wiesen und Weiden, da das Grünland, wie schon ausgeführt, infolge seiner hohen Kohlensäureproduktion und der meist feuchteren Bodenverhältnisse günstigere Bedingungen für die Auflösung aller Phosphate bieten.

5. Stallmist

Stallmist ist ein Universaldünger, der alle Makronährstoffe und viele Mikronährstoffe enthält, der Kohlensäure im Boden bildet, und der überdies die Struktur des Bodens günstig beeinflußt (Kretscher 1948, Gericke 1948, 1949, Schachtschabel 1956, Scheffer und Ulrich 1960).

Den Stickstoff enthält Stallmist nur zu einem geringen Teil, etwa einem Viertel oder einem Fünftel in der Form des Ammoniaks, dessen Wirkung und Beweglichkeit der der mineralischen Stickstofform gleichkommt. Der größte Stickstoffanteil liegt jedoch in gebundener organischer Form vor, als Eiweiß- oder Amidstickstoff. Wir wissen, daß sich dieser Stickstoffanteil nur langsam umsetzt und daß sich seine Wirkung auf mehrere Jahre verteilt. Solange er nicht mineralisiert ist, liegt er im Boden fest, und ist weder für die Pflanzenwurzeln erreichbar, noch kann er ausgewaschen werden (Schmalfuss 1951). Mit der Überführung in Ammoniak und später in Salpeter wird er beweglich und durchdringt die Krume.

Der Kalianteil des Stallmistes ist größtenteils wasserlöslich, teilweise aber auch in die organische Substanz des Mistes eingeschlossen. Die Wirkung des Kalianteiles kann derjenigen der mineralischen Kalidünger gleichgesetzt werden (Schmalfuss 1951, Scharrer 1953).

Die Phosphorsäure im Stallmist ist zwar nichtwasserlöslich und daher auch nicht ohne weiteres beweglich. Durch die Verbindung mit organischer Substanz nimmt sie jedoch bezüglich der Aufnehmbarkeit eine Sonderstellung ein (Schmalfuss 1951, Scheffer 1952). Einesteils sorgt die intensive Kohlensäureatmosphäre im Mist dafür, daß die gebundene Phosphorsäure von den Pflanzenwurzeln schnell aufgelöst werden kann, andererseits stimulieren die Stallmistteilchen und -schichten das Wurzelwachstum der Pflanzen, so daß sich in der Zone des Stallmistes eine erhöhte Wurzeltätigkeit findet, die der Auflösung der Phosphorsäure ebenfalls dienlich ist. Weiter muß auf den sogenannten Humateffekt hingewiesen werden, der darin besteht, daß unter dem Einfluß der Humatsuspension, die in der Stallmistschicht längere Zeit ungestört, d. h. ungefällt bleibt, die Umsetzungsvorgänge der Phosphorsäure rascher verlaufen (Flieg 1935, Kappen 1936).

Ohne Zweifel wird die Mobilisierung der Phosphorsäure auch dadurch begünstigt, daß die fällenden Kationen des Bodens, insbesondere Eisen und Aluminium, in die Stallmistschicht nicht eindringen können, da sie sofort durch freies Ammoniak gefällt werden. Somit bleibt die Phosphorsäure vor der Umsetzung in die am schwersten löslichen Verbindungen bewahrt. Wenn sich dennoch Eisenphosphat bilden sollte, so kommt es infolge der in der Stallmistschicht herrschenden Reduktionssphäre zur Bildung von Eisen-II-Phosphat, dessen Aufnehmbarkeit befriedigend ist (Svenson, Cole und Sieling 1949, Struthers und Sieling 1950, Barbier, Marage und Gachon 1951, Scheffer und Ulrich 1960).

Man kann somit auch beim Stallmist feststellen, daß durch die übliche Anwendung, wie sie durch das Einpflügen entsteht, die Aufnehmbarkeit des Stickstoffs und des Kalis nicht gestört wird, während die der Phosphorsäure verbessert wird. Da es ohnehin nicht möglich ist, beim Stallmist eine gründliche Vermischung mit dem Boden herbeizuführen, könnten weitere Betrachtungen über diese Fragen müßig sein. Es soll dennoch festgestellt werden, daß eine so gründliche Vermischung, wie sie etwa die Fräse bewerkstelligen würde, keineswegs zweckentsprechend sein kann. Denn durch die gute Durchlüftung, die ein solches Gerät zwangsläufig bewirkt, wird der Abbau der organischen Substanz über Gebühr beschleunigt (Selke 1955). Dadurch würden zwar Stickstoff und Kali schneller mobilisiert werden, die Wirkung dieser Nährstoffe wäre aber in kurzer Zeit erschöpft. Noch stärker fällt ins Gewicht, daß die schnelle Zerstörung der organischen Substanz keineswegs im Sinne der Strukturverbesserung des Bodens liegt.

Es wird davor gewarnt, den Mist zu tief einzubringen, da dadurch seine Zersetzung gehemmt und die organische Substanz vertorft wird (Selke 1955, Schmitt 1958). Für schwere Böden ist diese Mahnung ohne Zweifel beherzigenswert. Man kann auf Hackfruchtfeldern oft im Herbst die Stallmistschicht anpflügen und vertorfte Reste an die Oberfläche schaffen. Es fragt sich nur, ob dieser Vorgang wirklich so störend und wertmindernd ist, wie er dargestellt wird. Wenn man die Zielsetzung, daß der Stallmist im Boden langsam abgebaut werden soll und nachhaltend wirken soll, bejaht, dann sollte der Ausdruck Vertorfung nichts Nachteiliges darstellen. Die dunklen Rückstände sind humifizierte Substanzen, die den Boden auch weiterhin bereichern.

Auf leichten, von Natur aus stark tätigen Böden ist die tiefere Einbringung des Mistes sicherlich eher nützlich als schädlich. Sie beugt der allzu schnellen Mineralisierung der organischen Substanz vor und bietet den Pflanzenwurzeln die Nährstoffe in einer Schicht, die auch bei Sommertrockenheit noch einigermaßen feucht ist.

6. Die technischen Möglichkeiten

Aus den bisherigen Betrachtungen ist zu schließen, daß die innige Vermischung der Düngemittel in der ganzen Krumentiefe oder auch nur in einem Teil davon schwierig und in der Praxis kaum durchführbar ist.

Wenn von beschränkter Verteilung der Düngemittel die Rede ist, so muß auch der Einfluß der Granulierung auf die Wirkung der Düngemittel betrachtet werden, da die Zusammenballung der Düngemittel in Körner von mehreren Millimetern Durchmesser zwangsläufig eine eingeschränkte Verteilung im Boden mit sich bringt.

Granulierte Dünger anwenden, bedeutet letzten Endes nichts anderes, als die Düngemittel schlecht im Boden verteilen. 1 g granulierter Dünger enthält bei mittlerer Korngröße 20 bis 30 Granalien, eine Düngung mit 500 kg Düngemittel je ha ergibt demnach 10 Millionen Granalien pro ha oder 5 Granalien pro Liter Erde. Von einer guten Verteilung kann da nicht gesprochen werden. Die Prüfung der Wirkung der Granalien war daher zugleich auch ein Test für die Frage, ob die Düngemittel innig mit dem Boden zu vermischen sind oder nicht.

Die größte Häufigkeit bei der Einbringung kommt zweifellos der Schichtdüngung zu. Wir verstehen darunter die Einbringung der Düngemittel in einer Schicht, z. B. durch Einpflügen, wobei die Schicht in eine Tiefe zwischen 10 bis 20 cm zu liegen kommt. Aber auch die oberflächliche Aufbringung der Düngemittel und das nachträgliche Eineggen gehört zur Schichtdüngung, da nur eine sehr unvollkommene Vermischung der Düngemittel mit dem Boden stattfindet. Auch die Kopfdüngung muß in diesem Zusammenhang genannt werden, bei der überhaupt keine Vermischung mit dem Boden geplant ist. Die Düngemittel werden meist auf wachsende Pflanzen gestreut und dringen von der Oberfläche aus mehr oder weniger tief in den Boden ein.

Die dritte Einbringungsart, die zu erwägen ist, ist die Reihen- oder Banddüngung. Die Reihendüngerstreuer strebten zunächst nur an, die Düngemittel nicht in der ganzen Breite fallen zu lassen, sondern sie streifenweise oberflächlich zu beiden Seiten einer Saat- oder Pflanzreihe abzulegen. Unter Banddüngung versteht man heute in der Regel eine tiefere Einbringung der Düngemittel durch geeignete Drillgeräte und Ablage in Bandform (Jung 1957).

A. Die Granulierung

In Deutschland wurde die Körnung zuerst von der Stickstoffindustrie aufgenommen, wobei ursprünglich lediglich der Zweck verfolgt wurde, die Hygroskopizität, insbesondere von Kalksalpeter und Kalkammonsalpeter, herabzusetzen, ferner aber auch die Streufähigkeit der Düngemittel zu verbessern und die Staubbelästigung wie auch die Düngerverluste durch Windverwehung zu verhindern. Schon 1925 brachte die Stickstoffindustrie auch einen Mehrnährstoffdünger in gekörnter Form heraus (Krügel, Dreyspring, Heinz und Doerell 1949).

Zahlreiche Versuche mit feingemahlenen und granulierten Produkten, die in diesen Jahren von der Stickstoffindustrie durchgeführt wurden, zeigten übereinstimmend, daß die Stickstoffdüngemittel durch die Körnung in ihrer pflanzenphysiologischen Wirkung in keiner Weise beeinträchtigt wurden, sondern ebenso gut wirkten wie die staubförmigen (Scheffer, Kloke und Grummer 1957). Eine Prüfung der Mehrnährstoffdünger fand zunächst nicht statt. Wo in Gefäßen Mehrnährstoffdünger mit Einzeldüngern verglichen wurden, wurden jene stets in vermahlener Form angewandt. Aus diesem Grunde wurde das Problem der Wirkung der Mehrnährstoffdünger in granulierter Form erst viel später aufgeworfen, nämlich nach dem zweiten Weltkrieg.

Es lag auf der Hand, daß bei den Phosphaten die Frage, ob granuliert oder nicht granuliert werden sollte, schwieriger zu beantworten war, so daß entsprechende Forschungen erst in den dreißiger Jahren einsetzten. Das erste gekörnte Superphosphat wurde in Nordamerika hergestellt (Patent der Oberphos Company, Baltimore 1937). In Deutschland hat man mit der Granulierung von Superphosphat zur gleichen Zeit begonnen und orientierende Versuche über die Wirksamkeit der Granalien durchgeführt. Dabei ergab sich, daß für das Superphosphat nicht nur die Vorteile der Granulierung in vollem Umfang zutrafen, sondern daß darüber hinaus seine Lagerfähigkeit und die Aufnehmbarkeit der Phosphorsäure deutlich verbessert werden konnten. Die Ergebnisse dieser Versuche, die bereits vor dem Krieg an der Landwirtschaftlichen Versuchsstation des Vereins Deutscher Dünger-Fabrikanten in Hamburg-Horn durchgeführt worden sind, konnten erst nach dem Krieg veröffentlicht werden. Sie zeigten, daß granuliertes Superphosphat zu Sommerroggen und Inkarnatklee auf einem sauren, die Düngerphosphorsäure stark festlegenden Boden dem pulverförmigen Superphosphat überlegen war, und Ertragssteigerungen von 7% bei Roggen und 11% bei Inkarnatklee zu erzielen waren (Krügel, Dreyspring, Heinz und Doerell 1949).

Durch den Kriegsausbruch blieb die Herstellung von gekörntem Superphosphat in der Entwicklung stecken, und erst 1952 kam bei uns das erste gekörnte Superphosphat auf den Markt. Inzwischen hatte man auch in Schweden die Produktion von granuliertem Superphosphat aufgenommen, und zahlreiche Vergleichsversuche schwedischer Forscher zeigten die pflanzenphysiologische Überlegenheit des granulierten Superphosphats gegenüber der pulverförmigen Ware (Frank 1935, 1937, Torstensson und Eriksson 1939).

Sehr interessante Versuchsergebnisse erzielten auch russische Forscher, welche mit granuliertem Superphosphat einen bedeutend höheren Düngungseffekt erreichten als mit feingemahlenem. Bei der Beurteilung dieser Ergebnisse ist jedoch zu berücksichtigen, daß die Düngermengen, die zur Anwendung kamen, sehr gering waren und nur etwa 20% der Mengen betrugen, die bei uns als Norm gelten. Da die Düngergaben von der optimalen Dosis sehr weit entfernt waren, so war natürlich der Ausschlag der Granulierung sehr stark, und es ist nicht selten berichtet worden, daß der Nutzeffekt doppelt so hoch war als beim feingemahlenen Dünger (Gyarfas 1910, Prjanischnikow 1926, Burk 1927, Poprow 1948, Samoiloff und Mitarbeiter 1950, Solovava 1952).

Es ist bei uns unmöglich, derartige Düngerwirkungen durch die Granulierung zu erzielen, einesteils weil wir mit den feldmäßigen Düngergaben vielfach bereits an die optimalen Grenzen herankommen, andererseits weil unsere Böden durch die jahrzehntelange Düngung im Durchschnitt bereits einen guten Versorgungsgrad erreicht haben. Es ist infolgedessen in Felddüngungsversuchen mit der normalen Versuchstechnik meist nicht möglich, die bessere Wirkung der granulierten Phosphatdünger mit wasserlöslicher Phosphorsäure zu erkennen (Selke und Ortlepp 1958). Wenn der Nutzeffekt der Granulierung 5% Mehrertrag bringt, so bedeutet das für die Wirtschaftlichkeit der Anwendung sehr viel; denn die Kosten der ganzen Phosphatdüngung machen gewöhnlich weniger aus als 5% Mehrertrag. Es gelingt indessen nur selten, den mittleren Fehler bei normaler Versuchstechnik unter 5% zu drücken, so daß derartige Mehrerträge fehlerkritisch nicht gesichert sind. Das mag der Grund dafür sein, daß wir in Deutschland in Feldversuchen nur selten die Überlegenheit des granulierten Superphosphats gegenüber dem feingemahlenen beweisen können, wie Versuche von Michael und Schmalfuss (1953) gezeigt haben.

Dagegen ist es leicht möglich, in Gefäßversuchen mit nährstoffarmen Böden die Tendenz in der pflanzenphysiologischen Wirksamkeit des granulierten Superphosphats nachzuweisen.

Seit 1953 wurden an der Landwirtschaftlichen Versuchsstation Annen-Hof des Vereins Deutscher Dünger-Fabrikanten zahlreiche Gefäßversuche dieser Art durchgeführt, und sie zeigten mit großer Regelmäßigkeit, daß die Aufnehmbarkeit der Phosphorsäure durch die Granulierung nur günstig beeinflußt wird. Bei diesen Versuchen wurden teils saure Böden verwendet, die die Phosphorsäure stärker festlegen, teils wurden sie durch Aufkalkung in den neutralen Zustand gebracht, so daß die Umwandlung des Düngerphosphats in sehr schwer lösliche Aluminium- und Eisenverbindungen vermieden und dafür die Fixierung als unlösliches Dicalciumphosphat erreicht wurde.

Im Feldbau kann man, wie wir gesehen haben, damit rechnen, daß etwa fünf Düngergranalien auf einen Liter Erde treffen. Die kugelförmigen Zonen von Phosphorsäure, die aus den Granalien austreten und dann fixiert werden, erreichen sich gegenseitig nicht, so daß zwischen Nestern überdüngter Zonen stets ein größeres Quantum Boden ungedüngt bleibt.

In Gefäßversuchen wendet man gewöhnlich größere Mengen von Düngemitteln an und selbst bei den geringsten Gaben ist die Dosis schon doppelt so hoch wie bei der genannten feldmäßigen Gabe. Es treffen aber immer noch nicht mehr als zehn Granalien auf den Liter Erde, so daß selbst in diesenFällen von einer homogenen Vermischung mit dem Boden nicht gesprochen werden kann. Nachstehend wird ein typischer Versuch dieser Art zu Hafer angeführt.

Gefäßversuch zu Hafer 1954

Boden: Stark saurer lehmiger Sand
Düngung je Gefäß: 1 g Stickstoff
1,2 g Kali
0,45 g Phosphorsäure

	Erträge an Trockensubstanz in g			
	Korn	Stroh	Gesamt	Relativ
NK-Grunddüngung	1,8	7,4	9,2	31
NK+Thomasphosphat, verteilt	13,1	16,2	29,3	100
NK+Superphosphat, verteilt	12,6	15,2	27,7	95
NK+Superphosphat gran., verteilt	18,1	22,7	40,8	139

Die Wirkung des granulierten Superphosphats gegenüber der feingemahlenen Form ist hier ganz erstaunlich. Am meisten fällt auf, daß das Thomasphosphat, nach der herrschenden Schulmeinung der gegebenen Dünger auf Böden dieser Art, in seiner Wirkung zwar das gemahlene Superphosphat übertrifft, aber hinter der granulierten Form nicht unwesentlich zurückbleibt.

An der Landwirtschaftlichen Versuchsstation Annen-Hof, Hamburg-Sasel, wurden in den Jahren 1953 bis 1959 zahlreiche Gefäßversuche durchgeführt, bei denen feingemahlenes und granuliertes Superphosphat verglichen wurden. Die Ergebnisse der insgesamt 46 Gefäßversuche zeigten, daß der granulierte Dünger bei der kleinen und mittleren Gabe im Durchschnitt um 7% wirkungsvoller war als der feingemahlene Dünger. Sobald die optimale Düngergabe annähernd erreicht ist, verwischen sich auch die Unterschiede zwischen der granulierten und feingemahlenen Form.

Der höhere Nutzeffekt des granulierten Superphosphats ist damit zu erklären daß die Berührungsfläche des gekörnten Materials mit dem Boden kleiner und somit die Reaktionsmöglichkeit des im Superphosphat enthaltenen Monocalciumphosphats mit den fällenden Bodensubstanzen geringer ist. Es werden gleichsam überdüngte Zonen von Kugelform geschaffen, in denen die fällenden Substanzen nicht ausreichen, um unlösliche, schwer aufnehmbare Verbindungen herzustellen. Die wasserlösliche Phosphorsäure dringt schon bei geringer Feuchtigkeit des Bodens aus dem Korn heraus in die das Korn umgebende Bodenzone und wird dort zum Teil von freien Aluminium-, Eisen- und Calciumionen gefällt. Man muß sich vorstellen, daß an der Peripherie der mit Phosphat übersättigten Bodenkugel die Fällung vollständig ist, nach dem Inneren zu aber laufend abnimmt. So bilden sich mit Phosphorsäure überdüngte Bodennester, aus denen die Pflanzenwurzeln laufend ihren Bedarf an Phosphorsäure zu decken in der Lage sind. Wurzelstudien haben auch gezeigt, daß in den überdüngten Zonen verstärktes Wurzelwachstum auftritt.

Bei den obenerwähnten Versuchen wurde auch die Ausnutzung der Phosphorsäure durch die Pflanzen ermittelt, und es wurde gefunden, daß der granulierte Dünger im Mittel aller Versuche eine um 17% bessere Ausnutzung ergab als der feingemahlene.

Die Verwendung des Phosphorisotops P^{32} gestattet es, besonders gute Einblicke in den Vorgang der Diffusion der Phosphorsäure aus den Granalien und in die Beschleunigung der Aufnahme durch die Pflanzenwurzeln zu gewinnen. Die Abb. 6 (Teilbilder a bis e) zeigt den kugelförmigen Austritt der Phosphorsäure aus den Düngergranalien in natürlicher Größe (Aufnahmen Landwirtschaftliche Versuchsstation Annen-Hof).

Scharrer und Kühn (1955, 1956) führten Versuche mit P^{32} durch, bei denen die Aufnahme der Phosphorsäure durch Maispflanzen und der Ertrag an diesen jede Woche festgestellt wurde. Es ergab sich bei diesen Versuchen, daß die Aufnahme der Phosphorsäure aus dem granulierten Dünger während der Zeit des stärksten Wachstums diejenige aus dem feingemahlenen Dünger bei weitem übertraf, im besten Fall um 76%. Gegen Ende der vegetativen Phase des Wachstums schwächten sich die Unterschiede ab; der Vorsprung, den der Mais durch die bessere Aufnahme der Phosphorsäure erhalten hatte, blieb jedoch bestehen.

In ähnlicher Weise konnte der Verfasser an einem Isotopenversuch zeigen, daß granuliertes Superphosphat vier Wochen nach der Saat um

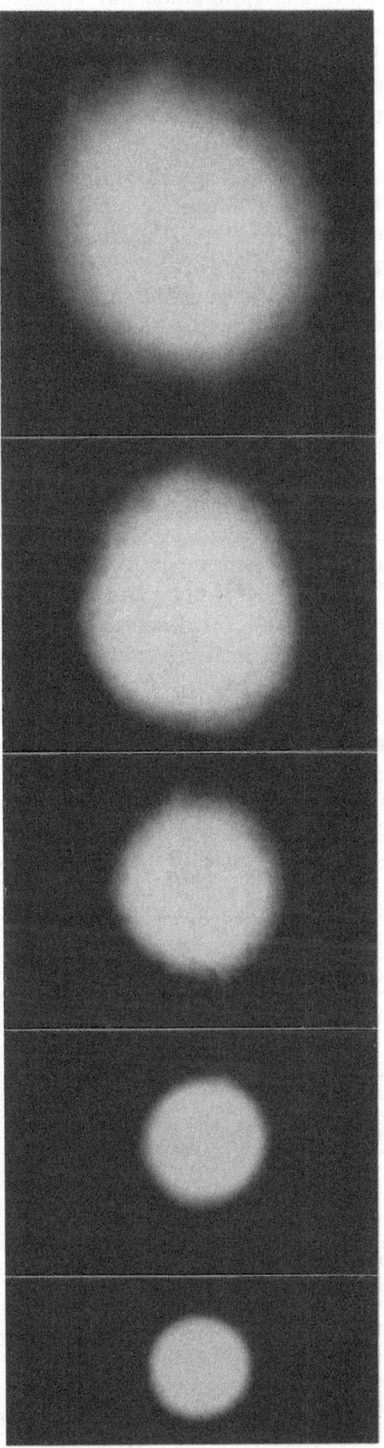

Abb. 6. Austritt der wasserlöslichen Phosphorsäure aus einem Superphosphatkorn (natürliche Größe). a) Nach 40 Minuten, b) nach 2 Stunden 20 Minuten, c) nach 8 Stunden 20 Minuten, d) nach 12 Stunden 20 Minuten, e) nach 21 Stunden 20 Minuten

43,8% mehr Phosphorsäure an Hafer abgegeben hatte als gemahlenes Superphosphat. Die Überlegenheit der granulierten Form blieb hier während des ganzen Vegetationsversuches bestehen.

Mehrnährstoffdüngemittel, die Stickstoff, Phosphorsäure und Kali enthalten, und die heute in allen Ländern in steigendem Maße verbraucht werden, werden fast ausschließlich in der granulierten Form geliefert und verwendet. Sie enthalten jedoch die Phosphorsäure nur zum Teil in wasserlöslicher Form, in überwiegendem Maße als Dicalciumphosphat. SCHMITT und JUNGERMANN (1954) waren die ersten, die darauf hinwiesen, daß durch die Granulierung der Wirkungswert dieser Dünger nicht unerheblich beeinflußt wird. Sie verglichen die granulierten Düngemittel mit der gemahlenen Form, indem sie die Düngergranalien für die Versuche fein zerrieben. Es ergab sich, daß die geprüften Dünger durch die Feinmahlung in ihrer Wirkung teils gefördert, teils verschlechtert wurden, und es stellte sich heraus, daß die Granulierung um so günstiger war, je mehr wasserlösliche Phosphorsäure die Dünger enthielten.

Über eine größere Versuchsreihe berichtet JUNGERMANN (1957), wobei er zu dem Ergebnis kommt, daß Mehrnährstoffdünger, wenn sie gekörnt werden, mindestens einen Teil ihrer Phosphorsäure in wasserlöslicher Form enthalten müssen. Zu demselben Ergebnis kommen KLOKE und PRZEMECK (1959).

Auch auf dem Annen-Hof wurden zahlreiche Versuche dieser Art angelegt, wobei Mehrnährstoffdünger ausgewählt wurden, deren Phosphorsäurelöslichkeit in Wasser von 0 bis 50% schwankte. Die Dünger wurden sowohl in zerriebener als auch in granulierter Form angewandt und mit der Wirkung von Superphosphat, mit mindestens 90 Anteilen wasserlöslicher Phosphorsäure, verglichen.

Die folgende Übersicht zeigt, in Relativzahlen ausgedrückt, die Summe der Erträge aller Gefäßversuche, welche vom Verfasser und Mitarbeitern in den Jahren 1957 bis 1959 auf annähernd neutralen Böden nach demselben Plan durchgeführt worden sind.

Erträge an Trockensubstanz und P_2O_5-Ausnutzung
Superphosphat granuliert = 100

Düngung	Trockensubstanz	P_2O_5-Ausnutzung
NK-Grunddüngung	72	—
NK + Superphosphat zerr., mit 90 Ant. H_2O-lösl. P_2O_5	99	92
NK + Superphosphat gran., mit 90 Ant. H_2O-lösl. P_2O_5	100	100
MND. zerr., mit 50 Ant. H_2O-lösl. P_2O_5	104	90
MND. gran., mit 50 Ant. H_2O-lösl. P_2O_5	107	90
MND. zerr., mit 35 Ant. H_2O-lösl. P_2O_5	105	95
MND. gran., mit 35 Ant. H_2O-lösl. P_2O_5	102	66
MND. zerr., mit 15 Ant. H_2O-lösl. P_2O_5	98	71
MND. gran., mit 15 Ant. H_2O-lösl. P_2O_5	96	57
MND. zerr., mit 0 Ant. H_2O-lösl. P_2O_5	101	71
MND. gran., mit 0 Ant. H_2O-lösl. P_2O_5	80	22

Diese Versuche, die nach demselben Plan auch auf sauren Böden durchgeführt worden sind, haben in besonders überzeugender Weise dargelegt, wie stark die Wirkung der Phosphate nicht nur vom Verteilungsgrad, sondern auch von der Bodenreaktion abhängig ist. Auf Böden, deren Reaktionsgrad in der Nähe des

Neutralpunktes liegt, wirken, wie die Tabelle zeigt, nur diejenigen Düngemittel in granulierter Form besser als in zerriebener, welche mehr als 50 Anteile wasserlösliche Phosphorsäure enthalten.

Auf stärker sauren Böden bleibt die Überlegenheit der granulierten Form bestehen, soweit es sich um Düngemittel handelt, die überhaupt noch wasserlösliche Phosphorsäure enthalten. Nur solche Dünger, welche gar keine wasserlösliche Phosphorsäure besitzen, wirken auf sauren Böden in granulierter Form schlechter als in zerriebener. Auf diesen Böden ist auch der Abfall der granulierten Düngemittel mit weniger wasserlöslicher Phosphorsäure nicht so deutlich wie in neutralen.

Aus diesen Versuchen geht die Forderung hervor, daß granulierte Mehrnährstoffdünger einen entsprechenden Prozentsatz an wasserlöslicher Phosphorsäure enthalten müssen, wenn ihre Wirkung gegenüber der feingemahlenen Form nicht beeinträchtigt werden soll. Auf sauren Böden genügt es, wenn dieser Prozentsatz 35% beträgt. Auf Böden, die um den Neutralpunkt herum liegen, ist dagegen zu fordern, daß über 50% der Phosphorsäure in wasserlöslicher Form vorliegen.

Die Erkenntnis, daß die Wirkung der Düngerphosphate in entscheidendem Maße sowohl vom Verteilungsgrad wie von der Bodenreaktion abhängig ist, hat nicht wenig Bedeutung auch für die Beurteilung älterer Düngungsversuche mit verschiedenen Phosphaten, insbesondere älterer Gefäßversuche. Es wird nämlich aus diesen Versuchen immer wieder der Schluß gezogen, daß für die pflanzenphysiologische Wirkung der Düngemittel die chemische Löslichkeit der Phosphatform gleichgültig sei. Scheffer hat eine große Anzahl von Gefäßversuchen und Feldversuchen mit Superphosphat und Thomasphosphat verglichen, insgesamt 998 Versuche, davon 427 Gefäßversuche und 571 Feldversuche. Er kommt zu folgendem Ergebnis: „Es ist damit eindeutig erwiesen, daß von einer besseren Wirkung der wasserlöslichen Phosphorsäure gegenüber der zitronensäurelöslichen Phosphorsäure keine Rede sein kann. Nicht auf die Löslichkeit der Phosphorsäure im Laboratorium kommt es an, sondern nur auf ihre Wirksamkeit im Boden und auf die Aufnehmbarkeit durch die Pflanze.“

Der größte Teil der zur Beurteilung herangezogenen Düngungsversuche stammt aus der Zeit vor dem zweiten Weltkrieg, und es wurde daher beim Superphosphat nur der gemahlene Dünger verwendet. Bei der Anwendung der Düngemittel im Gefäßversuch werden die feingemahlenen Düngemittel mit der ganzen Bodenmasse des Gefäßes innig vermischt. Es wird dabei so gearbeitet, daß Boden und Dünger in eine Schüssel kommen und längere Zeit mit den Händen innig verrührt werden, damit die Masse so homogen wie möglich wird. Dabei geht man also gänzlich praxisfremd vor, da in der Praxis die innige Vermischung mit dem Boden, wie wir gesehen haben, gar nicht möglich ist. Durch die homogene Vermischung wurde in diesen Versuchen die Auflösung des Thomasphosphats begünstigt, die Wirksamkeit des Superphosphats dagegen benachteiligt. Infolgedessen kann gesagt werden, daß das Ergebnis aller älteren Gefäßversuche zur Beantwortung der Frage, welche Phosphatform günstiger wirkt, wertlos ist. Da überdies vorwiegend saure Böden verwendet wurden, auf denen feingemahlenes Superphosphat gegenüber Thomasphosphat keine Chance hat, während granuliertes Superphosphat dem Thomasphosphat gleichwertig oder überlegen ist, so können solche Versuche erst recht nicht verallgemeinert werden.

Selbst in den Feldversuchen weicht die Versuchstechnik von der praxismäßigen Anwendung der Düngemittel nicht unerheblich ab. Immer ist der Versuchsansteller bisher bemüht gewesen, die Düngemittel gut mit dem Boden zu vermischen. Da auf den Feldparzellen gewöhnlich Pflug und Egge zur Einbringung der Düngemittel nicht eingesetzt werden können, wird die Vermischung mit dem Ziehkultivator vorgenommen und in jedem Fall gründlicher durchgeführt, als sie in der Praxis mit dem Pflug oder Egge möglich wäre. Infolgedessen sind selbst Feldversuche zur Beurteilung der Wirksamkeit einer Phosphatform nur mit Vorsicht heranzuziehen.

B. Die Schichtdüngung

Eine weitere Form unvollkommener Verteilung der Düngung im Boden ist die sogenannte Schichtdüngung. In der Literatur wird sie auch als Horizontdüngung bezeichnet. Sie liegt dann vor, wenn ein Düngemittel in irgendeinen Horizont der bearbeiteten Krume in Form einer Schicht eingebracht wird. Dies geschieht fast immer beim Einpflügen der Düngemittel, wobei diese entweder auf die Pflugsohle gekippt oder in schrägen Ebenen an die vorhergehende Pflugfurche angelehnt werden. Bei leichten Böden, die vom Pflugbalken rieseln, findet eine geringfügige Durchmischung mit dem Bodenhorizont statt, der nach unten kommt. Bei schweren Böden, die während der Pflugarbeit nur wenig brechen, unterbleibt jegliche Vermischung.

Streng genommen können wir von Schichtdüngung auch dann reden, wenn der Dünger oberflächlich eingebracht und mit der Egge nur im oberen Horizont von etwa 4 bis 5 cm verteilt wird. Selbst schwere Eggen verrühren nämlich den Dünger, wie wir gesehen haben, nicht tiefer als 5 cm, so daß nur eine Schicht von 25% der ganzen Krume eine Vermischung mit dem Dünger erfährt, wobei diese noch unvollkommen bleibt. Auch bei der Kopfdüngung ohne nachträgliche Anwendung von Geräten bleibt der Dünger ganz an der Oberfläche und ist darauf angewiesen, von den Niederschlägen gelöst und im feuchten Boden verteilt zu werden. Wir haben bereits betrachtet, daß bei Stickstoff- und Kalisalzen eine Verteilung des Düngers in jedem Fall eintritt, gleichgültig in welchen Horizont er bei der Anwendung eingebracht wird. Es muß höchstens die Einschränkung gemacht werden, daß es nicht in jedem Fall günstig sein kann, Stickstoff- und Kalidüngemittel einzupflügen. Auf feuchten Böden und in Gebieten mit hohen Niederschlägen ist die Auswaschungsgefahr zu groß. In Trockengebieten dagegen kann die tiefe Einbringung auch bei Stickstoff- und Kalisalzen nur von Nutzen sein, zumal Versuche gezeigt haben, daß diese Düngemittel mit den aufsteigenden Bodenströmen selbst nach oben in der Krume verteilt werden.

Aber auch hier machen die Phosphate eine Ausnahme, wobei bezüglich des Grundsätzlichen auf das Vorhergesagte verwiesen werden kann. Die tiefere Einbringung ist an sich bei den Phosphaten wirkungsvoll, da sie mehr Feuchtigkeit zur Auflösung vorfinden. Die reine Schichtdüngung kann jedoch für schwerer lösliche Phosphate nur auf saurem Boden empfohlen werden, während sie bei wasserlöslichen Phosphaten in jedem Fall von Vorteil ist.

Auf dem Annen-Hof werden seit 1953 alljährlich zahlreiche Gefäß- und Betonkastenversuche mit Schichtdüngung angelegt, und es werden übereinstimmend günstigere Ergebnisse erzielt, wenn die wasserlöslichen Phosphate nicht mit dem Boden vermischt werden. Bei den Gefäßversuchen wird dabei so vorgegangen, daß die Hälfte des Gefäßes mit dem Versuchsboden gefüllt, und dieser dann eingeebnet wird. Darauf wird das Superphosphat ohne jede Vermischung mit dem Boden gestreut und darüber kommt die andere Hälfte des Versuchsbodens. Es hat sich stets herausgestellt, daß dadurch die Aufnahme der Phosphorsäure verbessert und meist der Ertrag gesteigert wurde. Ein typischer Versuch mit dieser Art der Einbringung ist der folgende:

Gefäßversuch zu Hafer 1957

Boden: stark saurer Sand, pH 4,4
Düngung je Gefäß: 1,0 g N
1,2 g K_2O
0,45 g P_2O_5

Erträge in g Trockensubstanz und P_2O_5-Ausnutzung in %

Düngung	Stroh		Korn		Gesamt		P_2O_5-Ausnutzung
	abs.	rel.	abs.	rel.	abs.	rel.	
NK	15,8	43	9,4	35	25,2	39	—
Superph. zerr. Krume	36,8	100	27,0	100	63,8	100	19
Superph. zerr. Schicht	44,0	120	29,9	111	73,9	116	26
Superph. gran. Krume	41,1	112	28,4	105	69,5	109	24
Superph. gran. Schicht	43,9	119	31,2	116	75,1	118	25
Thomasph. Krume	34,5	94	28,7	106	63,2	99	22

Es muß hier darauf hingewiesen werden, daß die Schichtdüngung mit wasserlöslichen Phosphaten einen ähnlichen Effekt ausübt wie die Granulierung (Scharrer, Schreiber und Kühn 1961). Wird daher granulierter Dünger schichtförmig angewandt, dann wird in der Regel der Effekt der besseren Ausnutzung nicht mehr erhöht, aber auch nicht verschlechtert.

Eine besondere Bedeutung kommt der Schichtdüngung beim Stallmist zu, da dieser Dünger kaum anders angewandt wird als durch Einpflügen. Stets kommt er also waagrecht oder in schrägen Streifen oder Horizonten in den Boden. Es ist bereits darauf hingewiesen worden, daß die Ausnutzung der Phosphorsäure bei dieser Einbringung auch beim Stallmist erheblich verbessert wird (Guljakin und Mitarbeiter 1955). Wenn es überhaupt möglich wäre, Stallmist homogen mit dem Boden zu verteilen, so könnte diese Anwendungsart nur eine Verschlechterung der Phosphorsäureausnutzung bedeuten. Vielfach wird Superphosphat bereits im Stall angewandt, wo es vielseitige Aufgaben bezüglich der Sauberkeit im Stall und der Verbesserung der hygienischen Verhältnisse zu erfüllen hat (Mannes 1955, Siegel 1955). Für die Düngerwirkung ist es wesentlich, daß die Aufnahmefähigkeit der Phosphorsäure, die in den Stallmist eingebettet wurde, erhöht wird. Im übrigen wird durch diese Art der Superphosphatanwendung die Stallmiststruktur selbst verbessert; er wird krümeliger und damit leichter streubar, was seine Verteilung und Anwendung wesentlich erleichtert.

C. Die Placierung

Unter Placierung verstehen wir die Einbringung der Düngemittel in Streifen oder Bändern in flache oder auch tiefere Schichten. Auch die Reihendüngung zu Hackfrüchten, die mitunter in Form der Kopfdüngung angewandt wird, zählt hierzu (Bucher 1952 und 1956, Wallner 1953, Laske 1955). Diese Art der Düngung wurde zuerst in Amerika angewandt, wo die Reihenkulturen größere Abstände haben als bei uns und wo im Durchschnitt geringere Düngermengen zur Anwendung kommen als bei uns. Man war bestrebt, die Düngemittel in die Nähe der Pflanzen zu bringen und die Zwischenräume düngerfrei zu lassen, um den Unkrautwuchs durch Nahrungsmangel zu stören.

Das System der Düngerplacierung wurde während des Krieges von England,

Holland und den skandinavischen Ländern übernommen, in der Absicht, Dünger zu sparen. Es liegt auf der Hand, daß die Vorteile der Reihendüngung um so geringer werden, je enger die Reihenabstände der Pflanzen werden. Trotzdem wird in England der Dünger sogar zu Getreide bandförmig zugeführt (CHURCH 1952). 90% aller in England neu abgesetzten Drillmaschinen sind mit Düngerdrillgeräten ausgerüstet (nach Angaben der landwirtschaftlichen Versuchsstation Rothamsted, LEWIS 1941, HANLEY 1947, COOKE 1949, PRÜMMEL 1953, STEWART 1952). In England, Holland und Schweden wurden eingehende Düngungsversuche zu dem Zweck unternommen, die Ausnutzung der Nährstoffe durch Banddüngung zu ermitteln. Es wurde festgestellt, daß bei enger stehenden Kulturen die Ausnutzung von Stickstoff und Kali durch die Banddüngung weder gestört noch gefördert wird, wie zu erwarten war, daß dagegen bei der Phosphorsäure die Placierung einen wechselnden Einfluß auf die Ausnutzbarkeit des Nährstoffs hat, je nach der Löslichkeitsform des verwendeten Düngers. Wasserlösliche Phosphate werden wiederum durch die Placierung begünstigt, nichtwasserlösliche Phosphate verhalten sich verschieden. Sie können begünstigt werden, wenn sie in tiefere, feuchte Schichten gelangen. Bei trockener Witterung werden sie durch die Einbringung in Bandform benachteiligt.

Unter unseren Bewirtschaftungsverhältnissen kann bei eng stehenden Pflanzen, nämlich Getreide und Futterpflanzen, von der Banddüngung nicht erwartet werden, daß sie über die durch die Granulierung und Schichtdüngung erzielbaren Vorteile hinaus einen höheren Ertrag bringt und damit den größeren Aufwand für Geräte und Arbeit rechtfertigt. Eine Ausnahme machen dagegen die Hackfrüchte, und von diesen wiederum jene mit höheren Wärmeansprüchen.

Die Hackfrüchte mit einer Reihenweite von 50, 62,5 und neuerdings sogar 75 cm können eine Banddüngung mit wasserlöslichen Phosphaten lohnen. Bei Kartoffeln ist jedoch zu berücksichtigen, daß eine Art Banddüngung auch dann erfolgt, wenn keine besonderen Geräte zur Tiefeinbringung des Düngers zur Anwendung kommen. Streut man nämlich das Superphosphat auf den saatfertig gemachten Acker vor dem Markieren oder auch nachher, so wird das Superphosphat beim nachfolgenden Zudecken der Kartoffeln und beim Bearbeiten an die Saatknollen und wachsenden Pflanzen herangeführt, wobei es in konzentrierter Form in Streifen, etwa in Höhe der Saatknollen liegt. In englischen Versuchen (Rothamsted) ist festgestellt worden, daß diese Anwendung wirkungsvoller ist als die frühzeitige Anwendung des Superphosphats, wobei durch die Bestellungsvorgänge eine stärkere Vermischung mit dem Boden nicht zu vermeiden ist.

Die Vollmechanisierung des Kartoffelbaus geht auch an der Banddüngung nicht vorüber. Viele ausländische und einige inländische Kartoffellegemaschinen haben brauchbare Zusätze zur Verabfolgung der Banddüngung in Reihen oder Bändern, wobei diese seitlich und etwas tiefer als die Kartoffelknollen abgelegt werden. Diese Maschinen haben sich in Düngungsversuchen gut bewährt. Ihre Vorteile kommen besonders in trockenen Jahren zur Geltung.

Bei Rüben, deren Reihenweite sich zwischen 40 und 50 cm bewegt, kann die Banddüngung auf bedürftigen Böden von Vorteil sein. Sie stößt aber technisch auf Schwierigkeiten, da es entsprechende Maschinen nicht gibt. Mit granulierten Düngemitteln wird unter unseren Verhältnissen der gleiche Effekt erzielt werden können.

Es wurde bereits darauf hingewiesen, daß wärmebedürftige Pflanzen die Banddüngung mit Superphosphat ganz besonders lohnen. Dazu gehören Kartoffeln, besonders Frühkartoffeln, Mais, Tabak und Gemüsepflanzen. Alle diese Pflanzen haben im Frühjahr, solange der Boden noch kalt ist, Schwierigkeit, die Bodenphosphorsäure aufzunehmen. Dies zeigt sich daran, daß Jungpflanzen, z. B. von Mais, Tomaten, Blumenkohl, Kopfsalat unter dem Einfluß kalter Witterung rote Blätter bekommen. Die gleiche Verfärbung kann erzielt werden, wenn diese Pflanzen bei Wärme extrem phosphorsäurearm ernährt werden (MENGEL 1961). Sie brauchen also im Jugendstadium gerade bei kalter Witterung schnell aufnehmbare Phosphorsäure, um über diese gefährliche Zeit hinwegzukommen. Die Banddüngung mit leicht löslichen Phosphaten macht sich daher bei diesen Pflanzen in jedem Fall bezahlt, selbst auf besser versorgten Böden. Auffallend ist dies bei Tabak, der immer auf ärmeren Böden angebaut wird, aber auch bei Mais. Wenn es bei Gemüsepflanzen weniger in Erscheinung tritt, so ist dies meist darauf zurückzuführen, daß der Gemüsebau in Böden mit alter Kultur betrieben wird, die gewöhnlich durch häufige Düngung mit hohen Stallmistgaben gut mit Phosphorsäure versorgt sind.

Es bleibt noch die Reihen- oder Banddüngung mit Mehrnährstoffdüngern zu betrachten, zumal diese Düngerformen in steigendem Maße von der Landwirtschaft begehrt werden. Die Kombination von Saat und Volldüngung spart viel Arbeit, da es möglich ist, sämtliche Arbeiten in einem Vorgang zu vereinigen. Infolgedessen ist die Anwendung der Volldünger mit kombinierten Saat- und Düngerdrilleinrichtungen gerade bei Hackfrüchten zukunftsreich. Aber selbst bei enger gedrillten Pflanzen werden diese Maschinen im Ausland in starkem Maße eingesetzt.

Bei der Anwendung von Mehrnährstoffdüngern in Bandform werden gute Erfolge erzielt, wenn der Dünger in tiefere, feuchte Schichten gelangt. Da diese Mehrnährstoffdünger stets einen größeren Teil ihrer Phosphorsäure in nichtwasserlöslicher Form enthalten, und da sie weiter immer granuliert angeboten werden, so ist ihre Wirkung vom Anteil der wasserlöslichen Phosphorsäure abhängig, besonders auf neutralen und trockeneren Böden. Auf sauren Böden, in feuchteren Jahrgängen und in tieferer Lage verwischen sich die Unterschiede. Die Kombination der Banddüngung mit leichtlöslichen Stickstoff- und insbesondere Kalisalzen bringt aber stets ein gewisses Risiko mit sich, da Zonen mit hoher Salzkonzentration entstehen, die unter Umständen einen schädigenden Einfluß auf die Keimung haben. Die meisten Feldfrüchte sind dagegen glücklicherweise nicht sehr empfindlich. Es sei jedoch davor gewarnt, Buschbohnen mit Banddüngung anzusäen. Die keimenden Samen sind so konzentrationsempfindlich, daß sie selbst durch Superphosphatbänder Keimschäden erleiden, obwohl Superphosphat die Konzentration der Bodenlösung nur ganz vorübergehend beeinflussen kann. Manche Pflanzen, z. B. auch Mais, erleiden durch die Banddüngung eine geringfügige Keimverzögerung, die aber später durch flotteres Wachstum aufgeholt wird. Kartoffeln sind in dieser Beziehung ganz unempfindlich und auch bei Getreide spielt eine vorübergehend erhöhte Nährsalzkonzentration keine Rolle.

D. Die Vorratsdüngung

Die Vorratsdüngung hat in den betriebswirtschaftlichen Überlegungen schon immer eine Rolle gespielt. Wenn es möglich wäre, in den Böden einen gewissen Nährstoffvorrat zu schaffen, der pflanzenverfügbar bleibt und vor Auswaschung weitgehend geschützt ist, so würde das für die Arbeit bei der Einbringung der Düngemittel und für die Bodenfruchtbarkeit sehr viel bedeuten. Man kann geradezu den Begriff der Bodenfruchtbarkeit dahingehend definieren, daß er einen Bodenzustand bezeichnet, bei dem das Wachstum von der direkten Zufuhr von Nährstoffen und Wasser weitgehend unabhängig ist.

Aber in dieser Hinsicht gibt es sehr große Schwierigkeiten, die meist mit zeitlich begrenzten Düngungsmaßnahmen, wenn sie wirtschaftlich sein sollen, nicht überbrückt werden können.

Stickstoffvorrat im Boden ist nur in der Bindung an organische Substanz möglich. Mit der mineralischen Düngung läßt sich kein Vorrat schaffen, da die von den Pflanzen nicht verbrauchten Reserven im Winter nach der Düngung ausgewaschen werden. Nur der in organischer Form vorliegende Stickstoff bildet eine wirkliche Bereicherung, und wenn er auch für die Pflanzen zunächst unverwertbar ist, so bildet er doch durch die langsame und ständige Mineralisierung eine wesentliche Stickstoffquelle. Die Anreicherung des Bodens mit organischer Substanz, sei es mit Stallmist, sei es mit Gründüngung, ist daher auch aus diesem Grund sehr wichtig.

Auch beim Kali ist eine Anreicherung des Bodens mit mineralischen Düngerformen nicht möglich. Die Reserven des Bodens an Kali liegen im Bodenmaterial selbst, teils im unverwitterten Gestein, teils in den aus der Muttersubstanz gebildeten Tonmineralien.

Ähnliche Verhältnisse herrschen beim Kalk. Er wird vom Boden nicht festgehalten und verfällt über kurz oder lang der Auswaschung. Eine gewisse Auffüllung des Kalkdefizits ist möglich und erforderlich, eine Bevorratung für längere Zeit verbietet sich nicht nur wegen der Gefahr der Auswaschung, sondern auch wegen der Nachteile, die eine Überkalkung des Bodens für manche Früchte zur Folge haben kann.

Es ist in diesem Zusammenhang interessant, einen Blick auf den Schwefelvorrat des Bodens zu werfen. Auch der Schwefel wird im Boden nur in der Bindung an die organische Substanz gespeichert, weswegen humusreiche Böden in der Regel schwefelreicher zu sein pflegen als humusarme; doch kommt es noch sehr auf die Form des Humus an, und es ist verständlich, daß humusreichere Heideböden weniger verwertbaren Schwefel enthalten als Acker- und Wiesenböden mit einem höheren Gehalt an mildem Humus. In bezug auf den Schwefel lebt die Pflanze von der Hand in den Mund. Die jährlich durch die Düngung mit Ammonsulfat, Kali- und Magnesiumsulfat, Superphosphat und Dolomitkalk, nicht zuletzt auch durch die Niederschläge in den Boden gebrachten Mengen dienen der Ernährung der Pflanze. Eine Bevorratung ist mit Hilfe der Sulfate nicht möglich.

Am schwierigsten liegt der Fall auch hier bei der Phosphatdüngung. Da Phosphorsäure nur zu etwa 15% im Mittel ausgenutzt wird und da eine Auswaschung, von wenigen Ausnahmefällen abgesehen, nicht möglich ist, so hat die Frage, ob man die Phosphate nicht für eine Reihe von Jahren auf Vorrat geben kann, ihre Berechtigung. Der von den Pflanzen nicht ausgenutzte Teil der Phosphatdüngung verbleibt ja im Boden und trägt zu seinem Vorrat bei. Es ist durch zahlreiche Düngungsversuche bewiesen worden, daß die Nachwirkung dieses Phosphatteiles im Durchschnitt der Jahre weniger als 1% beträgt. Nicht anders ergeht es den Phosphatreserven, die man durch absichtlich überhöhte Gaben für eine Reihe von Jahren verabfolgt. Die Ausnutzung sinkt derartig, daß eine solche Vorratsdüngung, verglichen mit der Wirkung der jährlichen Anwendung, unwirtschaftlich ist. Schmitt (1958) hat jedoch gezeigt, daß die Anhäufung der Phosphate, die mit der üblichen jährlichen Düngung zwangsweise erfolgt, im Laufe der Jahre ihren Nutzen bringt, indem sie den Bodenvorrat langsam und stetig erhöht und so die Bodenfruchtbarkeit steigert.

Zusammenfassend kann gesagt werden, daß die Einbringung größerer Düngermengen, zu dem Zweck eine Vorratsbildung im Boden zu bewirken und dann dafür die Düngung eine Reihe von Jahren auszusetzen, bei keinem Nährstoff wirtschaftlich ist. Eine gewisse Vorratsbildung an Stickstoff, Phosphorsäure und Schwefel erfolgt durch die Düngung mit organischer Substanz, bei Phosphorsäure auch mit Hilfe der normalerweise jährlich angewandten Phosphatmengen.

Literatur

BARBIER, G., M. MARAGE und L. GACHON: Ann. Agr. **1951**, 317–333; zit. in: SCHEFFER, F., und B. ULRICH: Lehrbuch der Agrikulturchemie und Bodenkunde, III, Humus und Humusdüngung, 2. Aufl., Bd. 1. Stuttgart: Enke. 1960. — BUCHER, R.: Beitrag zur Reihenkopfdüngung von Zuckerrüben. Zucker 8, 175–179 (1952). — Zur Reihendüngung der Zuckerrübe. Zucker **6**, 119–125 (1956). — Ergebnisse von Reihendüngungsversuchen im Zuckerrübenbau. Mitt. Dtsch. Landwirtsch. Ges. **16**, 385–387 (1956). — BURK, H.: Der gegenwärtige Stand der Reihendüngung. Z. Pflanzenernähr., Düng., Bodenkde. **6**, 145–162 (1927).

CHURCH, B. M.: Recent trends in fertilizer practice in England and Wales, II, The use of fertilizers on cereals root crops and grassland. Empire Exper. Agriculture **20**, 257–270 (1952). — COOKE, G. W.: Fertilizer placement in England. Amer. Fertilizer **110** (1949). — Recent developments in fertilizer placement. Farming **3**, 231–234 und 248 (1949).

DÖRING, H.: Untersuchungen über die Phosphorsäure-Löslichkeit an Bodenbestandteilen. Z. Chemie d. Erde **18**, 31–46 (1956). — DÖRING, H., und R. GERMAR: Feldversuche mit granuliertem Superphosphat. Z. landwirtsch. Vers. Wesen **1**, 291–299 (1955).

ENGEL, H.: Erhöhte Ausnützung der Phosphorsäure durch Granulierung von Superphosphat. Z. Dtsch. Landwirtsch. **2**, 456–457 (1951).

FLIEG, O.: Über den Einfluß von Humaten auf die Beweglichkeit der Phosphorsäure im Boden. Z. Pflanzenernähr., Düng., Bodenkde. **38**, 222–238 (1935). — FRANK, O.: Undersökningar rörande den lättlösliga fosforsyran in vara odlingsmarker, Stockholm, 1935. — Undersökningar rörande fosforsyrans fastläggning i marken samt därmed samman körande gödslings och kalkeningspörsual Stockholm 1937. Meddelande Nr. 456 un 483 fran Centralanstalten för försöksväsendet pa jordbruksomrandet, Jordbruksavdelningen Nr. 91 un 106. — Reihendüngungsversuche in Schweden. Växt-Nährings-Nytt Nr. 2, 1946.

GERICKE, S.: „Problem der Humuswirtschaft" aus: Probleme der Wissenschaft in Vergangenheit und Gegenwart, S. 49–187. Berlin, 1948. — Humusfragen. Z. Pflanzenernähr., Düng., Bodenkde. **43**, 55–67 (1949). — Phosphorsäuredüngung und Bodenfruchtbarkeit. Phosphorsäure **12**, 39–51 (1952). — GULJAKIN, I. W., P. M. SMIRNOW, B. P. PLESCHKOW und T. W. SCHMYREWA: Der Einfluß der Einbringungsverfahren von Superphosphat und Nebendüngern auf die Verwertung des Phosphors durch die Pflanze. Bodenkde. **7**, 23–36 (1955). Moskau: Landw. Timirjasew-Akad. — GYARFAS, J.: Der gegenwärtige Stand der Drilldüngung in Rußland. Dtsch. landwirtsch. Presse **76** (1910).

HANLEY, F.: Fertilizer for combined drilling. Agriculture, Ministry of Agric. 8, 354–357 (1947). — HERBST, W.: Radiophosphor in der landwirtschaftlichen Forschung. Phosphorsäure **13**, 232–256 (1953). — Radioaktiver Phosphor hilft zu neuen Erkenntnissen. Z. Kartoffelbau **6**, 50 (1955). — HONCAMP, F.: Handbuch der Pflanzenernährung und Düngerlehre, Teil II, S. 698, 1931.

JACOB, A.: Illustrierte Düngerlehre, S. 46. Neuwied/Rh.: Raiffeisendruckerei. 1957. — JUNG, F.: Die Reihendüngung in Vergangenheit und Gegenwart. Landwirtsch. Forsch. Sonderheft 10, 74–81 (1957). — JUNGERMANN, K.: Vortrag, gehalten auf der Tagung des Verbandes der landwirtschaftlichen Untersuchungs- und Forschungsanstalten, Heidelberg 1957.

KAPPEN, H.: Über die Humatlöslichkeit der Phosphate. Forschungsdienst, Sonderheft 1/2, 83 (1936). — KLOKE, A., und E. PRZEMECK: Untersuchungen über die P_2O_5-Düngewirkung von Mikronährstoffdüngern. Landwirtsch. Forsch. **12**, 21–29 (1959). — KRETSCHER, F.: Humuswirtschaft und Bodenaufbau. Z. Dtsch. Landwirtsch. **2**, 135–136 (1948). — KRÜGEL, C., C. DREYSPRING, W. HEINZ und E. G. DOERELL: Die Granulierung von Düngemitteln, insbesondere von Superphosphat und die Wirkung von granulierten P-Düngern verschiedener Korngröße. Z. Pflanzenernähr., Düng., Bodenkde. **46** (91), 169–175 (1949).

LASKE, P.: Reihendüngung mit Stickstoff. Mitt. D.L.G. **70**, 6–7 (1955). — Reihendüngungsversuche mit Stickstoff zu Zuckerrüben und Getreide. Z. Pflanzenernähr., Düng., Bodenkde. **71** (116), 1–9 (1955). — LEWIS, A. H.: The placement of fertilizers. J. Agric. Sci. **31**, 295–307 (1941). — *Limburgerhof*: Arbeiten der Landwirtschaftlichen

Versuchsstation Limburgerhof (Pfalz) 1914–1939, S. 144–146, 146–150, 151–156. — LINSER, H., und W. PELIKAN: Stickstoffdüngung mit hohen, geteilten Gaben. Z. Pflanzenernähr., Düng., Bodenkde. **58** (103), 107–120 (1952.) — LINSER, H., H. MAYR und H. UNZEITIG: Untersuchungen über die Wanderung von Ionen in Bodensäulen. Z. Pflanzenernähr., Düng., Bodenkde. **80**, 57–65 (1959). — LUNDBLAD, K.: Vergleichende Düngungsversuche mit Rohphosphaten und anderen Phosphorsäuredüngemitteln auf organischen Böden. Kungl. Landbrukshögskolan Statens Landbruksförsök, Statens Jordbruksförsök, Medd. Nr. 80, 1–52 (1957).

MANNES: Superphosphateinstreu im Stall. Mitt. D.L.G. **70**, 975–976 (1955). — MENGEL, K.: Ernährung und Stoffwechsel der Pflanze, S. 215–229, 229–230, 240–246. Jena: Fischer. 1961. — MICHAEL, G., K. SCHMALFUSS, K. LENZ und E. WILBERG: Gefäßversuche mit granuliertem Superphosphat. Z. Pflanzenernähr., Düng., Bodenkde. **62** (107), 41–50 (1953).

Patent der Oberphos Company, Baltimore 14. I. 1936 Nr. 19825; Anmeldung 27. II. 1931: Granulation reduces phosphate fixetur by soils. Amer. Fertilizer 20. II. 1937, Nr. 4, 8. — PFAFF, C.: Lysimeterversuche (Makronährstoffe). Z. Pflanzenernähr., Düng., Bodenkde. **48** (93), 93–108 (1950). — POPOW, N. W.: Das Einbringen granulierten Superphosphates in Drillreihen bei der Aussaat. Sowjet-Agronomie **4** (1948.) Übersetzung: Blick in die Sowjet-Landwirtschaft II, 69–73 (1950). — PRIMOST, E.: Z. Acker- u. Pflanzenbau **110**, 205–215 (1960). — PRJANISCHNIKOW, D. N.: Die Düngerlehre. Herausgegeben von M. WRANGELL. Berlin, 1926. — PRUMMEL, J.: Resultaten van rijenbemestingsproeven in ons land. Landbouwvoorlichting **10**, 313–318 (1953).

RID, H., und A. SÜSS: Die Verteilung von P^{32} im Boden und dessen Aufnahme von Sommergerste bei verschiedener Bodenbearbeitung. Landwirtsch. Forsch. **11**, 40–44 (1958). — Der Mischeffekt verschiedener Bodenbearbeitungsgeräte und sein Einfluß auf die Phosphataufnahme von Sommergerste und Sommerraps, nachgewiesen durch P^{32}. Z. Acker- u. Pflanzenbau **109**, 229–254 (1959). — REICHENBACH, H., Graf v.: Neuere Erkenntnisse über den Einsatz der verschiedenen Phosphatdünger. Mitt. Dtsch. Landwirtsch. Ges. **76**, Nr. 9, 1218–1222 (1961).

SAMOILOFF, I. J., MOTKIN, NESTEROWA und KOSLOWA: Wirksamkeit und Anwendungsbedingungen mineralischer granulierter Dünger. Ber. Lenin-Akad. Landwirtsch. Wiss. **3**, 14–25 (1950). — SCHACHTSCHABEL, P.: Bodenstruktur und Bodenfruchtbarkeit. Landwirtsch. Forsch. 8, Sonderheft 7, 40–46 (1956). — Umwandlung der Düngerphosphate im Boden und Verfügbarkeit des Bodenphosphors. Landwirtsch. Forsch. **13**, Sonderheft 14, 30–37 (1960). — SCHARRER, K.: Agrikulturchemie I (Pflanzenernährung), S. 20–30 und 33–37. Berlin: de Gruyter. 1953. — SCHARRER, K., und H. KÜHN: Studien über die Aufnahme der Phosphorsäure aus markiertem Superphosphat. Landwirtsch. Forsch. **7**, 163–169 (1955). — Vergleichende Versuche über die Aufnahme der Phosphorsäure aus markierten Phosphatdüngemitteln. Landwirtsch. Forsch. **9**, 1–19 (1956). — SCHARRER, K., R. SCHREIBER und H. KÜHN: Einfluß von Granulierung und Art der Einbringung auf die Wirkung der Phosphorsäure des Superphosphats. Landwirtsch. Forsch. **14**, 238–246 (1961). — SCHEFFER, F.: Handbuch der Landwirtschaft, 2. Aufl., Bd. 1, S. 414–419 und 449–453 (1952). — SCHEFFER, F., und A. KLOKE: Problem der Humusforschung. Landwirtsch. Forsch. **8**, Sonderheft 7, 47–54 (1956). — SCHEFFER, F., A. KLOKE und H. J. GRUMMER: Gefäß- und Feldversuche mit gekörnten Stickstoffdüngern. Z. Pflanzenernähr., Düng., Bodenkde. **78** (123), 97–107 (1957). — SCHEFFER, F., und P. SCHACHTSCHABEL: Lehrbuch der Agrikulturchemie und Bodenkunde, I, Bodenkunde, 4. Aufl., S. 93–103 und 162. Stuttgart: Enke. 1956. — SCHEFFER, F., und B. ULRICH: Lehrbuch der Agrikulturchemie und Bodenkunde, III, Humus und Humusdüngung, 2. Aufl., Bd. 1, S. 69–70, 70–81 und 204–223. Stuttgart: Enke. 1960. — SCHMALFUSS, K.: Pflanzenernährung und Bodenkunde, S. 44–45, 55–59, 74–79, 185–186, 207–226 und 238–242. Leipzig: Hirzel. 1951. — SCHMITT, L.: Festschrift „100 Jahre Superphosphat", „75 Jahre Verein Deutscher Dünger-Fabrikanten", S. 20–36. Hamburg, 1955. — Vom Segen der Düngung, 2. Aufl., S. 21–22 und 64–80. Frankfurt/M.: D.L.G. Verlags-G.m.b.H. 1958. — SCHMITT, L., und K. JUNGERMANN: Zur Wirkung verschiedener NPK-Dünger im Gefäßversuch bei Anwendung in granulierter und zerriebener Form, 1. Mitt. Landwirtsch. Forsch. **6**, 119–120 (1954). — SCHULTZE-GROBLEBEN, W.: Mineraldüngung und Bodenfruchtbarkeit, S. 64–68, Lüneburg: Metta-Kinau. 1949. — SCHWARZ, J. R.: Lagerung und die verschiedenen Formen der Verteilung der Dünger. 11ième Congrès Mondial des Engrais Chimiques, Rome, 22–25 Octobre 1951, S. 1–14. — SELKE, W.: Die Granulierung von Superphosphat und die Reihendüngung. Z. Dtsch. Landwirtsch. 570–578 (1951). — Die Anwendung granulierten Superphosphates. Z. Dtsch. Landwirtsch. **4**, 200–201 (1953). — Die

Düngung, 2. Aufl., S. 34–37, 67–73, 162–170 und 269–277. Berlin: Deutscher Bauernverlag. 1955. — Selke, W., und H. Ortlepp: Die Wirkung von Superphosphat in Abhängigkeit von der Form seiner Anwendung (Granulierung, Reihen- und Kontaktdüngung). Z. Landwirtsch. Vers.wesen 4, 448–472 (1958). — Siegel, O.: Einstreuversuch mit Superphosphat zu Stallmist der Landwirtschaftlichen Versuchsstation Speyer. Aus: Festschrift „100 Jahre Superphosphat"; „75 Jahre Verein Deutscher Dünger-Fabrikanten", S. 90–93. Hamburg, 1955. — Solavava, I. I.: Concerning the placement of fertilizers and granular fertilizers on chernosem soil. Sowjet-Agronomie 7, 85–87; Ref. Soil and Fert. 1, XV (1952). — Stewart, R.: Résumé de renseignements sur la localisation des engrais dans les divers pays. Bull. Documentation 12, 33–44 (1952). — Struthers, P. H., und D. H. Sieling: Soil Sci. 69, 205–213 (1950); zit. nach Scheffer, F., und B. Ulrich: Lehrbuch der Agrikulturchemie und Bodenkunde, III, Humus- und Humusdüngung, 2. Aufl., Bd. 1. Stuttgart: Enke. 1960. — Svenson, R. M., C. V. Cole und D. H. Sieling: Soil Sci. 67, 3–22 (1949); zit. nach Scheffer, F., und B. Ulrich: Lehrbuch der Agrikulturchemie und Bodenkunde, III, Humus- und Humusdüngung, 2. Aufl., Bd. 1. Stuttgart: Enke. 1960.

Tinnefeld, L.: Die Düngerverteilung im Boden durch die verschiedenen Ackergeräte. Wiss. Arch. Landwirtsch. Berlin, Abt. Pflanzenbau 7, 1–38 (1931). — Torstensson, G., und S. Eriksson: Studien über die Festlegung der Phosphorsäure in Gyttjaböden. Landbrukshögskolans Ann. 6, 89–107 (1938); Ref. Chem. Zbl. 110, 203 (1939). — Trömel, G.: Phosphatdüngung (Rohstoffe, Aufschlüsse, Herstellung), Ullmanns Encyklopädie der technischen Chemie, 3. Aufl., Bd. 6, S. 122–155. München-Berlin: Urban u. Schwarzenberg. 1955.

B. Ausbringungsgeräte

Von

F. Baltin

a) Ortsfeste Geräte

1. Gülleanlagen

A. Technologische Aufgabe

Im bergigen Gelände ist das Ausfahren von Stalldung und Jauche mit einem erheblichen Arbeits- und Zeitaufwand verbunden, nicht allein wegen der zu überwindenden Steigungen, sondern häufig auch weil geeignete Fahrwege fehlen. In vielen Betrieben ist es außerdem wegen des Mangels an Einstreu gar nicht möglich, einen verlade- und streufähigen Stallmist zu gewinnen. Als wirtschaftlich brauchbares Düngeverfahren hat sich in der Berg-Landwirtschaft die Verflüssigung des Tierkotes durch Mischen mit Jauche bzw. Wasser und die Beförderung des Gemisches durch Rohrleitungen auf die Felder erwiesen. Das Gemisch der festen und flüssigen Ausscheidungen der Stalltiere mit Wasser, gegebenenfalls auch menschlichen Fäkalien und oft auch einem gewissen Anteil von Einstreu wird als „Gülle" bezeichnet. Das Verdünnungsverhältnis kann zwischen 1:1 und 1:20 liegen, je nach Bodenart, Kulturart, Klima und Jahreszeit.

Eine Gülleanlage hat im wesentlichen drei Aufgaben zu erfüllen:

1. *Mischen* von Kot, Harn und Wasser, so daß eine pumpfähige Flüssigkeit entsteht. Strohhaltiger Kot, d. h. Stallmist, kann vergüllt werden, wenn man ihn vorher zerkleinert.

2. *Fördern* der Gülle mittels einer Pumpe durch Rohrleitungen auf die zu düngenden Flächen. Der Pumpendruck richtet sich nach dem zu überwindenden Höhenunterschied und dem Strömungswiderstand der Rohrleitung; es kommen

Förderhöhen bis zu 200 m vor. Die Pumpe, die Rohrleitung und die Armaturen müssen unempfindlich sein gegen Verstopfung durch dickflüssige Bestandteile. Wenn natürliches Gefälle verfügbar ist, kann man dieses für den Gülletransport ausnutzen.

3. *Verspritzen* (Verrregnen) der Gülle mit einer Aufwandmenge, die etwa bei 50m^3/ha liegt, jedoch je nach ackerbaulichen Verhältnissen erheblich größer oder kleiner sein kann.

B. Die Gülleanlage

Eine Gülleanlage besteht aus einer Misch- und Sammelgrube, einer Hochdruckpumpe, dem Rohrleitungsnetz und den Vorrichtungen zum Verspritzen bzw. Verregnen der Gülle. Gegebenenfalls ist noch eine Zerkleinerungsmaschine („Mistmühle") notwendig.

Die *Mischgrube* ist ein in die Erde eingebauter betonierter Behälter, in welchem die Gülle hergestellt wird. In die Grube ist ein mechanisches oder hydraulisches Rührwerk eingebaut, das für eine gute Durchmischung der festen und flüssigen Bestandteile sorgt. Das Rührwerk sollte einen von der Pumpe unabhängigen Antrieb haben, damit die Gülle vor dem Anlassen der Pumpe gemischt werden kann. Größere Anlagen, die kontinuierlich arbeiten sollen, haben zwei Mischgruben, die abwechselnd beschickt und leergepumpt werden.

Abb. 7. Dreizylinder-Güllepumpe mit umschaltbarem Getriebe für zwei verschiedene Mengenleistungen. $q_1 = 500$ Liter/Minute bei 150 m Förderhöhe; $q_2 = 750$ Liter/Minute bei 100 m Förderhöhe; Leistung des Antriebsmotors: 25 kW

Als *Güllepumpen* können entweder Zentrifugalpumpen oder Kolbenpumpen verwendet werden. Beide Pumpenarten müssen so konstruiert sein, daß keine Verstopfungen durch feste Bestandteile auftreten. Die zum Güllefördern bestimmten Zentrifugalpumpen haben schlechte Wirkungsgrade, die bei etwa 30 % liegen, ihre maximalen Förderhöhen liegen bei 50 m. Kolbenpumpen sind zwar teurer als Zentrifugalpumpen, ihr Wirkungsgrad ist jedoch mit 60 bis 75 % wesentlich besser. Sie werden entweder als doppeltwirkende Einzylinderpumpen in liegender Bauart oder als Zwei- bzw. Dreizylinderpumpen mit stehenden Zylindern hergestellt. Für größere Leistungen werden vorwiegend stehende Dreizylinderpumpen verwendet (Abb. 7). Die Mengenleistungen liegen zwischen 200 und 750 Liter pro Minute, die maximalen Förderhöhen bei 200 m und darüber.

Die Arbeitsweise einer Dreizylinder-Gülle-Kolbenpumpe ist aus der schematischen Darstellung Abb. 8 ersichtlich. Die oben liegende Kurbelwelle *1* treibt den Tauchkolben (Plunger) *2*. Die Gülle strömt beim Aufwärtsgang des Kolbens (Saughub) aus der von der Mischgrube kommenden Saugleitung *3* durch das Saugventil *4* in den Pumpenraum. Beim Abwärtsgang (Druckhub) verläßt sie die Pumpe durch das Druckventil *5* und den Absperrschieber *6*. Von hier aus fließt sie durch die angeschlossene Rohrleitung zu den Feldern. Wird der Flüssigkeitsdruck aus irgendeinem Grunde zu hoch, z. B. wenn der Schieber *6* geschlossen wird, dann kann die Gülle über das gewichtsbelastete Sicherheitsventil *7* in die Grube zurücklaufen, ohne daß durch den Überdruck Schäden an der Anlage entstehen. Zwecks gleichmäßiger Verteilung der Pumparbeit auf jede volle Umdrehung der Kurbelwelle sind die drei Kurbeln um 120° gegeneinander versetzt angeordnet. Zum weiteren Ausgleich der Kolbenstöße dient der Saugwindkessel *8* und der Druckwindkessel *9*.

Die *Rohrleitungen*, durch welche die Gülle zu den Feldern gelangt, werden zum Teil fest in den Boden verlegt. Sie bestehen aus Gußeisen, Stahlbeton oder anderen druck- und korrosionsfesten Werkstoffen. Festverlegte Rohrleitungen erhalten Gefälle, damit man sie leerlaufen lassen kann. Mittels besonderer Hydranten werden an geeigneten Stellen fliegende Rohrleitungen nach Art von Regnerleitungen angeschlossen, die schließlich zu den Verteilungsgeräten führen. Die etwa 6 m langen Rohrstücke der fliegenden Leitungen besitzen gelenkige Schnellkupplungen, so daß sich die Rohrleitung den Bodenunebenheiten anpassen kann.

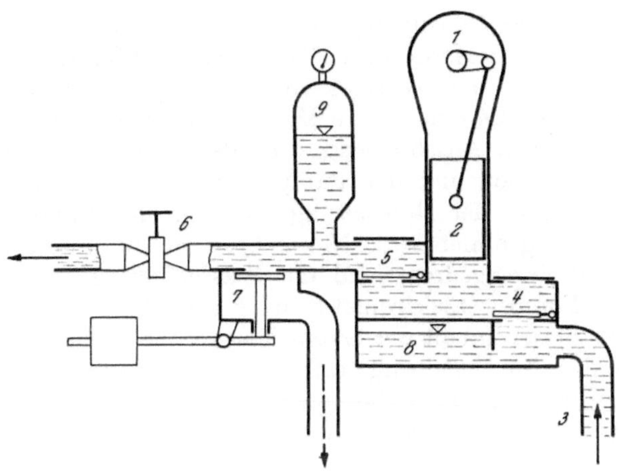

Abb. 8. Schnitt durch eine Dreizylinder-Güllepumpe

a

b

Abb. 9. Güllewerfer für automatische Kreisberegnung; a) Güllewerfer (Weitstrahlkreisregner) mit Absperrschieber, Fuß und Rohrstutzen zum Einschalten des Werfers in einen Rohrstoß der fliegenden Gülleleitung; b) Strahlrohr des Güllewerfers mit Antriebsturbine für die Kreisberegnung

Zum Verteilen der Gülle auf die Felder dienen entweder Schläuche mit Spritzmundstücken oder *Güllewerfer*. Ein Güllewerfer besteht aus einem tragbaren oder fahrbaren Gestell mit einem von Hand allseitig schwenkbaren Strahlrohr. Auf größeren Flächen, die nur geringfügige Höhenunterschiede aufweisen, läßt sich der automatische Weitstrahlkreisregner verwenden, dessen Strahlrohr mittels eines Turbinenantriebes durch die strömende Flüssigkeit bewegt wird (Abb. 9).

C. Bedienung und Wartung der Gülleanlage

Nachdem die bewegliche Rohrleitung auf die zu beregnende Fläche verlegt ist und die erforderlichen Güllewerfer aufgestellt sind, wird das Rührwerk der Güllegrube eingeschaltet und gegebenenfalls die erforderliche Wassermenge zugesetzt. Ist eine zweite Mischgrube vorhanden, so wird diese in gleicher Weise vorbereitet. Anschließend wird der Deckel der Saugventilkammer der Pumpe abgenommen und der Pumpenraum mit Wasser gefüllt. Die Absperrschieber, die sich in der Rohrleitung zwischen der Pumpe und den Regnern befinden, müssen geöffnet sein. Nunmehr wird die Pumpe an der Riemenscheibe von Hand durchgedreht und die Wasserfüllung wiederholt. Die Antriebsmaschine der Pumpe (Elektromotor oder Dieselmotor) kann jetzt angelassen werden. Sobald der Inhalt der ersten Mischgrube verbraucht ist, wird der Dreiwegehahn in der Ansaugleitung auf die zweite Grube umgestellt. Während diese leergepumpt wird, kann die erste Grube erneut gefüllt werden. Die Rührwerke bleiben während der gesamten Arbeitszeit im Betrieb.

Die Güllewerfer lassen sich umsetzen, ohne daß die Pumpe stillgesetzt wird. Man läßt die Anlage unverändert laufen, während auf dem neu in Angriff zu nehmenden Feld zusätzliche Werfer mit fliegender Rohrleitung aufgestellt und angeschlossen werden. Die entsprechenden Schieber werden jetzt geöffnet bzw. geschlossen, und die Umsetzung weiterer Werfer kann vorbereitet werden. Druckstöße, die hierbei auftreten können, werden durch das Sicherheitsventil unschädlich gemacht. Falls die Regner für längere Zeit abgeschaltet werden, ist die Pumpe stillzusetzen.

Nach Beendigung der Gülleberegnung ist die gesamte Anlage gründlich mit Wasser durchzuspülen. Die Schnellkupplungen der fliegenden Rohrleitungen sind auf Dichtheit zu prüfen. Die Rührwerke sind zu reinigen, und die Staufferbüchsen sind neu mit Fett zu füllen. Gummischläuche sind nach dem Auswaschen auf Beschädigungen zu kontrollieren. Sie sind in gestreckter Lage in einem kühlen, trockenen Raum aufzubewahren. In gleicher Weise sind die Gummidichtungen der fliegenden Rohrleitungen und die Keilriemen des Pumpenantriebes zu behandeln. Die Packungen der Stopfbüchsen von Schiebern und Ventilen sind gegebenenfalls zu erneuern. Die Pumpe und die Rohrleitungen sind bei Frostgefahr zu entwässern. Sämtliche Schmierstellen der Pumpe und des Motors sind zu kontrollieren, Öl bzw. Fett sind gegebenenfalls zu ergänzen. Alle Stahlteile der Anlage, die nicht durch Farbanstrich geschützt sind, werden mit Öl konserviert.

Literatur

Anonym: Mistverflüssigungswagen „Dungwunder". Schlepper u. Landmaschine **1961**, 338. — Rührkombination „EMKO M 3". (Prüfbericht IMA/Brugg Nr. 1013.) Schweiz. Inst. Landmaschinenwes. u. Landarbeitstechn. Brugg (Aargau) 1958. — AMSCHLER, L.: Die moderne Güllerei. München: Bayerischer Landwirtschaftsverlag. 1952.

GILLING, T.: Neuigkeit aus England: Gülleverregnung. Implement and Tractor Farm Implement News **1958**, H. 19, S. 36.

HEIM, M.: Vereinfachte Düngerwirtschaft. Landtechnik **1959**, 549.

POELMA, H. R.: Die Mechanisierung der Güllewirtschaft. Landbouwmechanisatie **1958**, 111, Inst. voor Landbouwtechn. en Rationalisatie.

2. Beregnungsdüngung

In Betrieben, die über Beregnungsanlagen verfügen, können wasserlösliche Düngemittel wie z. B. Kalisalpeter, schwefelsaures Ammoniak, Kalkammonsalpeter usw. ohne Aufwand an Streuarbeit ausgebracht werden, wenn man sie dem Beregnungswasser zusetzt. Den Pflanzen wird auf diese Weise gleichzeitig Wasser und Nährstoff geboten. Die Beregnungsdüngung dient vorzugsweise zur Kopfdüngung.

Das zu verwendende Düngemittel wird mittels eines Düngerlösegerätes (Abb. 10) kontinuierlich in die Regnerleitung eingebracht. Das Gerät besteht aus dem Düngerbehälter *1*, dem Siebkorb *2*, den Absperrschiebern *3* und *4*, dem Entleerungshahn *5* und dem Rohrzwischenstück *6* mit der Stauscheibe *7*. Das Düngerlösegerät kann mittels der üblichen Schnellkupplungen an jeder beliebigen Stelle der Rohrleitung — vor den Regnern — eingeschaltet werden. Die Anlage wird in Gang gesetzt, während der Entleerungshahn *5* und die Absperrschieber *3* und *4* geschlossen sind. Dann öffnet man den Behälterdeckel *8* und läßt durch den Zulaufschieber *3* den Behälter halb voll Wasser laufen. Anschließend wird der Behälter mit Dünger gefüllt und der Zulaufschieber *3* nochmals langsam solange geöffnet, bis der Wasserspiegel die Einfüllöffnung erreicht. Der Deckel *8* wird jetzt druckdicht geschlossen, und die Schieber *3* und *4* werden voll geöffnet.

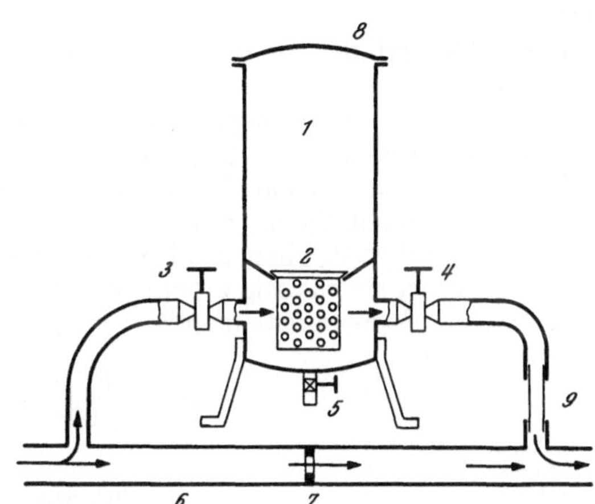

Abb. 10. Düngerlösegerät, an eine Beregnungsanlage angeschlossen

Ein Teil des Wassers strömt geradeaus durch das Rohrzwischenstück *6*, ein anderer durch das Lösegerät. Der im Siebkorb befindliche Dünger wird allmählich gelöst und gelangt über den Auslaufschieber *4* in die Regnerleitung, mischt sich mit dem Klarwasser und wird verregnet. In demselben Maße, wie der Dünger aus dem Siebkorb herausgelöst wird, sinkt der Düngervorrat im Behälter nach unten, so daß der Siebkorb stets gefüllt ist. Das Plexiglasrohrstück *9* im Ablaufschlauch ermöglicht die Beobachtung des Lösungsvorganges. Das Gerät läßt sich nach Verbrauch einer Charge, ohne daß die Anlage außer Betrieb gesetzt wird, wieder mit Dünger füllen. Zu beachten ist hierbei, daß der Behälterdeckel erst geöffnet werden darf, nachdem die Schieber *3* und *4* geschlossen worden sind und der Entleerungshahn solange geöffnet wurde, bis kein Wasser mehr ausfließt. Das Gerät wird nun, wie oben beschrieben, neu mit Dünger gefüllt.

Die Konzentration der verregneten Düngerlösung wird in kg Dünger pro m^3 Wasser angegeben. Angaben über die Konzentration, die sich mit einem Gerät erzielen läßt, enthält die Betriebsanleitung. Die praktisch erreichbare Konzentration (nach Angabe eines Herstellerwerkes 4 bis 6 kg/m^3) hängt ab von der Löslichkeit des Düngers und, bei gegebener Pumpenleistung (Mengenleistung der Pumpe m^3/min), von der Konstruktion des Gerätes.

Die für das Verregnen einer gegebenen Düngermenge Q_a (kg) erforderliche Zeit t_a (min) hängt von folgenden Faktoren ab:
1. Von der Konzentration der Lösung, k (kg/m³),
2. von der Mengenleistung der Pumpe, q (m³/min).
Die Verregnungszeit ist

$$t_a = \frac{Q_a}{k\,q} \text{ (min)}.$$

Die Düngermenge, die entsprechend der pro ha auszubringenden Reinnährstoffgabe und dem Reinnährstoffgehalt des Düngers zu verregnen ist, errechnet sich unter Zugrundelegung der von einem Regner beaufschlagten Feldfläche. Ist

a der Abstand der an demselben Rohrstrang befindlichen Regner voneinander (m),
b der Zwischenraum zwischen zwei Regnerreihen, bzw. die Strecke, um die eine Regnerreihe jeweils weitergerückt wird,
$F = a \cdot b$ die von einem Regner beaufschlagte Feldfläche (m²),
R die Reinnährstoffgabe je ha (kg/ha),
r der Reinnährstoffgehalt des Düngers (%),
z die Zahl der gleichzeitig arbeitenden Regner,

dann ist die je Regneraufstellung zu verregnende Düngermenge

$$Q_a = \frac{F\,z\,R}{100\,r} \text{ (kg)}.$$

Literatur

Brunner, W.: Anwendung und Technik der Beregnungsdüngung. Wasser u. Boden **1957**, 198.

Solowjew, Je.: Düngerlöser für Beregnungsdüngung. Hydrotechnik u. Melioration, Moskau **1960**, H. 7, S. 26.

Zakrzewski, Z.: Interessante Lösungen von Beregnungsanlagen. Mechanizacja Rolnictwa **1957**, H. 10, S. 9.

b) Tragbare Geräte

1. Tragbare Mineraldüngerstreuer

Das Mineraldüngerstreuen als reine Handarbeit erfordert, insbesondere beim Streuen kleinster Mengen, eine gewisse Übung, wenn der Dünger genügend gleichmäßig verteilt werden soll. Häufig muß bei der Streuarbeit eine Belästigung durch staubförmige Bestandteile des Streugutes in Kauf genommen werden, oder es machen sich sogar gesundheitsschädigende Einflüsse bemerkbar. Durch Benutzung tragbarer, mechanischer Geräte lassen sich diese Nachteile weitgehend vermindern. Ein praktisch brauchbares, tragbares Streugerät soll möglichst geringes Eigengewicht haben, ohne besondere Anstrengung bedienbar sein, mindestens dieselbe Arbeitsbreite erreichen, die auch bei reiner Handarbeit erzielt wird, eine Einrichtung zur Dosierung der Aufwandmenge (kg/ha) besitzen und den Dünger möglichst gleichmäßig verteilen.

Das in Abb. 11 dargestellte Streugerät wird mittels Schultergurte auf der Brust getragen. Unterhalb des Vorratsbehälters *1* liegt die Hauptantriebswelle, auf der links und rechts je eine Handkurbel *2* sitzt. Mittels Schneckenrad und Schnecke wird das Laufrad des an der Vorderseite des Behälters angebrachten

Gebläses *3* angetrieben. Das Streugut gelangt durch eine in der vorderen Behälterwand befindliche einstellbare Öffnung in das Gebläse und wird von diesem durch zwei große Öffnungen seitlich aus dem Gebläsegehäuse herausgeschleudert. Das Gehäuse ist schwenkbar, so daß wahlweise nach rechts oder links gestreut werden kann. Mit dem Hebel *4* wird die Mengenleistung der Dosiervorrichtung eingestellt. Nach Angabe des Herstellers erreicht das Gerät eine Arbeitsbreite (Streubreite) bis zu 6 m, es lassen sich Aufwandmengen von 5 bis 300 kg/ha ausbringen.

Die effektiv erzielte Aufwandmenge Q (kg/ha) ist abhängig von der Arbeitsbreite b (m), der Mengenleistung q (kg/s), auf welche die Dosiervorrichtung eingestellt ist, und von der Schrittgeschwindigkeit v (m/s) des Arbeiters. Sie wird errechnet nach der Beziehung:

$$Q = \frac{q\,10^4}{b\,v}\ \text{(kg/ha)}.$$

Abb. 11. Tragbares Streu- und Stäubegerät (Werkbild Fa. Paul Schubach u. Söhne, Karl-Marx-Stadt)

Das Gerät kann in der vorstehend beschriebenen Form auch zum Breitsäen benutzt werden. Nach Austausch der zum Streuen notwendigen Gebläsehaube gegen eine Haube mit einem tangential angesetzten Blasrohr ist es als Stäubegerät zur Schädlingsbekämpfung verwendbar. Sein Gewicht beträgt 8 kg, das Behältervolumen 14 Liter.

2. Düngelanzen

Zur Untergrunddüngung mit flüssigem Dünger, z. B. in Obstanlagen, verwendet man die „Düngelanze", auch „Bodenlanze" genannt, mit der man Düngerlösungen etwa 10 bis 40 cm tief unter Druck in den Boden bringt.

Eine Düngelanze (Abb. 12) besteht aus einem Stahlrohrschaft *1*, der am unteren Ende eine auswechselbare Spitze *2* hat, die ebenfalls aus Stahlrohr hergestellt ist. Im unteren Teil des Spitzenrohres befindet sich eine Anzahl kleiner Löcher. Oben am Schaft sitzt ein doppelseitiger Handgriff *3* mit einem Momentventil *4* und einem Gewinde *5* zum Anschluß eines Druckschlauches.

Die Düngelanze kann als Einmanngerät beispielsweise in Verbindung mit einer rückentragbaren Baumspritze verwendet werden, deren Druckschlauch an den Handgriff der Lanze angeschlossen wird. Die Düngerlösung, etwa 10 bis 18 Liter, befindet sich im Behälter der Rückenspritze und steht hier wie üblich unter dem Druck der eingepumpten Luft. Die Lanze wird mit beiden Händen in den Boden gestoßen, gegebenenfalls tritt der Arbeiter gleichzeitig auf eine unten am Schaft angebrachte Fußraste (in Abb. 12 nicht dargestellt). Das Momentventil wird nun geöffnet, und die Düngerlösung gelangt durch den Schaft und die Düsenlöcher der Lanzenspitze unter Druck in den Boden.

Anstatt der Rückenspritze kann auch eine Karrenspritze verwendet werden (Abb. 13). Die Arbeit wird hierdurch erleichtert, jedoch ist eine zweite Arbeitskraft erforderlich. Demgegenüber lassen sich in der Karrenspritze etwa 100 Liter Düngerlösung mitführen.

Die Düngelanze kann auch als Handpumpe ausgebildet werden. Die Düngerlösung wird in diesem Falle drucklos in einem tragbaren oder fahrbaren Behälter mitgeführt. Durch einen oder mehrere Pumpenstöße wird an jeder Einstichstelle die erforderliche Flüssigkeitsmenge in den Boden gedrückt (Abb. 14).

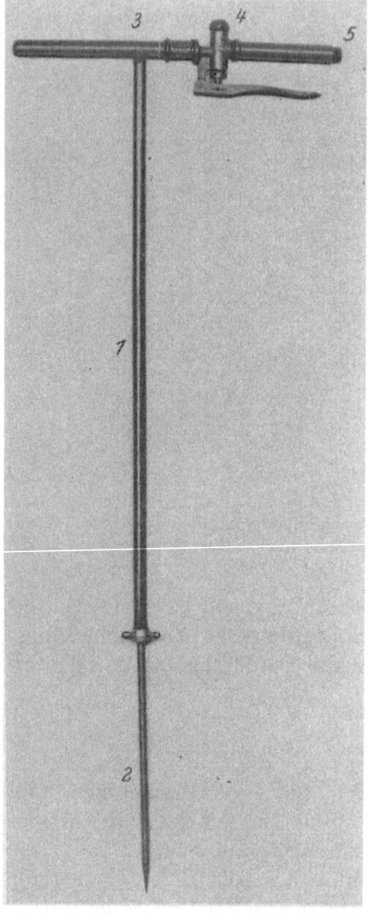

Abb. 13. Düngelanze in Verbindung mit Karrenspritze (Werkbild Fa. Gustav Drescher, Halle)

Abb. 12. Düngelanze (Werkbild VEB Berliner Spezialgeräte)

Abb. 14. Düngelanze, als Handpumpe ausgebildet, in Verbindung mit tragbarem Düngerlösungsbehälter (Werkbild Fa. Gustav Drescher, Halle)

In Verbindung mit einer Motorspritze läßt sich die Arbeit des Lanzendüngungsverfahrens erleichtern und beschleunigen, wie aus der Schweiz berichtet wird (Fritzsche, Leuenberger). Zur Bekämpfung der Alternanz der Obstbäume in großen Anlagen wurde mit Erfolg eine neu entwickelte mit vier Lanzen ausgerüstete Lanzendüngungsmaschine eingesetzt.

Literatur

Fritzsche, R.: Die zweite Maßnahme zur Bekämpfung der Alternanz. Schweiz. Z. Obst- u. Weinbau **1958**, 60.

Leuenberger, Chr.: Die neue Lanzendüngungsmaschine als Hilfsmittel zur Brechung der Alternanz. Rhein. Mschr. Gemüse-, Obst- u. Gartenbau **1958**, Febr., S. 38.

c) Fahrbare Geräte

1. Stalldungstreuer

A. Technologische Aufgabe

Stalldung wird im allgemeinen in Aufwandmengen von 50 bis 400 dt/ha und mehr ausgebracht. Er wird entweder nach dem Streuen sofort untergepflügt oder er dient — z. B. auf Grünland- oder Getreideflächen — als Kopfdünger. Die größeren Stallmistgaben von etwa 300 dt/ha und darüber sind notwendig, wenn die Felder nur alle 3 bis 4 Jahre mit Mist gedüngt werden. Wird zwecks Erzielung einer besseren biologischen Wirkung der Stalldung jährlich und in geringerer Menge ausgebracht, so streut man nur etwa 100 dt/ha. Bei der Grünland-Kopfdüngung geht man bis auf 40 dt/ha herunter.

Die Streubarkeit des Stallmistes kann sehr unterschiedlich sein. Sie hängt ab von seiner Herkunft, der Menge der Einstreu, der Art der Einstreu (Langstroh, Kurzstroh, Häcksel), dem Grad der Verrottung usw. Stalldung muß beim Streuen möglichst gleichmäßig und fladenfrei auf das Feld gebracht werden, damit ein Optimum an Wirksamkeit erreicht wird. Das Streuen von Hand weist folgende Mängel auf:

a) Der Arbeitsaufwand ist sehr hoch, er beträgt bei einer Aufwandmenge von 400 dt/ha etwa 20 AKh/ha (Arbeitskraftstunden je ha);

b) Langstrohmist und Fladen werden nicht genügend zerkleinert, hierdurch wird das Unterpflügen erschwert und die Ausnutzung verschlechtert;

c) Aufwandmengen unterhalb etwa 150 dt/ha lassen sich mit der Mistgabel nicht mehr gleichmäßig genug verteilen.

Das mechanisierte Stalldungstreuen hat somit folgende Forderungen zu erfüllen:

a) Gute Zerkleinerung sämtlicher Mistarten;

b) Gleichmäßige Verteilung auch bei niedrigen Aufwandmengen;

c) Gleichmäßige Dosierung innerhalb der Grenzen etwa 50 bis 400 dt/ha und mehr;

d) Niedriger Arbeitsaufwand.

B. Teilmechanisiertes Stalldungstreuen

Das Stalldungstreuen läßt sich teilweise dadurch mechanisieren, daß der von Hand in Schwaden oder Haufen vom Wagen abgezogene Mist durch Schleppergeräte breitgestreut wird. Der in Abb. 15 dargestellte zapfwellengetriebene Anbau-Mistzetter ist mit einer Reißertrommel *1* und einer Verteilerschnecke *2* ausgerüstet. Die Gleichmäßigkeit der Verteilung ist unvollkommen. Sie läßt sich verbessern, wenn der Mist in zwei Arbeitsgängen mit gekreuzten Fahrtrichtungen ausgebreitet wird. Die pro ha ausgebrachte Aufwandmenge ist abhängig vom Geschick und der Aufmerksamkeit der Arbeiter, die den Stalldung vom Wagen abziehen (Heidenreich 1952a).

Ein weiteres, teilmechanisiertes Streuverfahren ist dadurch gekennzeichnet, daß an den schleppergezogenen Stallmist-Transportwagen ein Schleuderstreuer seitlich oder hinten angehängt wird (Abb. 16), im vorliegenden Falle ein einachsiges Gerät, dessen Fahrräder eine horizontal umlaufende, mit Schaufeln besetzte

Schleuderscheibe antreiben (s. Abschn. „Fahrbare Mineraldüngerstreuer“, Abb. 47, S. 68). Der Schleuderstreuer wird von zwei Arbeitern beschickt, die auf der Mistladung stehen. Wegen der erschwerten Arbeitsbedingungen können zwei Mann höchstens 2 bis 3 kg Mist pro Sekunde in den Trichter des Streuers einwerfen (Heidenreich 1952a). Hierdurch wird die nach diesem Verfahren erreichbare Leistung begrenzt. Die Streubreite und die Streuqualität sind unterschiedlich, weil die Drehzahl der Schleuderscheibe abhängig ist vom Schlupf der Fahrräder des Gerätes.

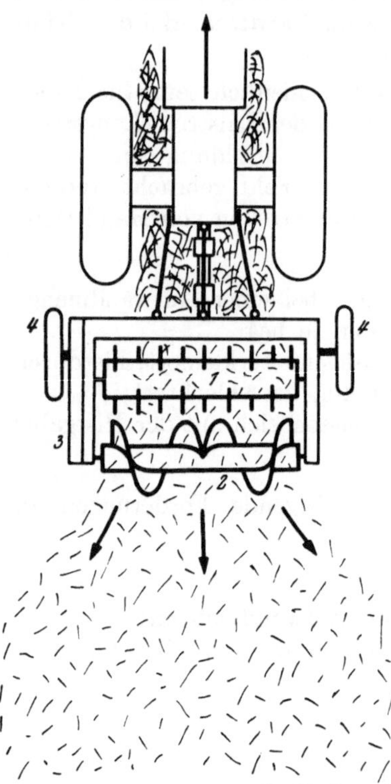

Abb. 15. Anbau-Mistzetter beim Breitstreuen eines auf dem Acker liegenden Mistschwades (*1* Reißerwalze, *2* Verteilerschnecke, *3* Getriebekasten). Das Gerät kann mittels der Dreipunkthydraulik angehoben werden. Während der Arbeit ist die Hydraulik auf „Schwimmstellung“ geschaltet, so daß die Reißerwalze und die Verteilerschnecke von den Laufrädern *4* dicht über dem Boden geführt werden

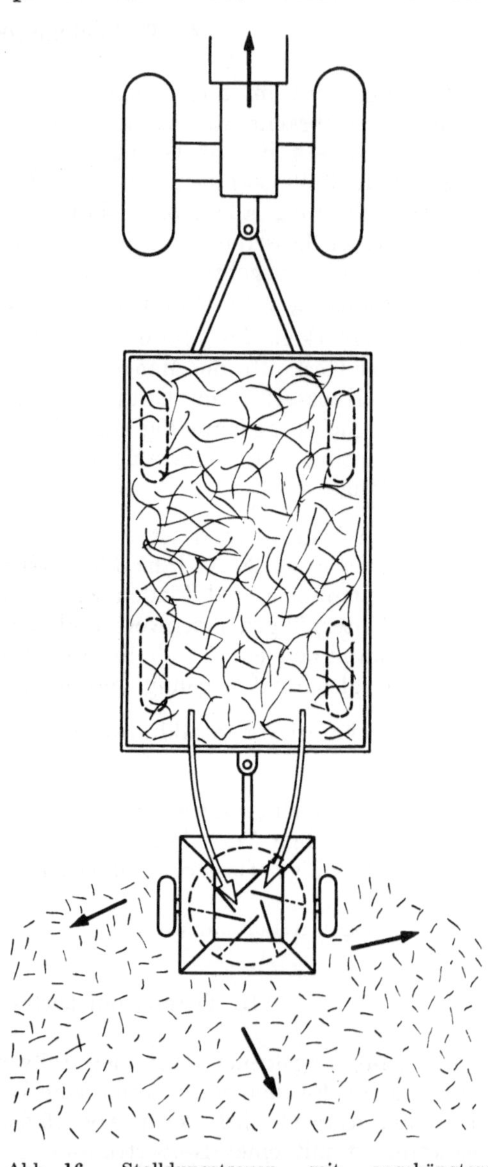

Abb. 16. Stalldungstreuen mit angehängtem Schleuderstreuer. Zum Beschicken des Schleuderstreuers sind zwei Arbeitskräfte nötig

C. Vollmechanisiertes Stalldungstreuen

Der automatisch arbeitende Stalldungstreuer ist ein schleppergezogenes, kombiniertes Transport- und Streugerät, bestehend aus einem ein- oder zweiachsigen Anhänger mit einer Fördereinrichtung, welche die Mistladung gegen die hinten oder seitlich, seltener vorn angeordneten, schnell umlaufenden Streuwalzen schiebt (Abb. 17). Die Streuwalzen sind mit Reißerzinken besetzt, die den Stalldung zerkleinern und auf das Feld streuen. An manchen Geräten befindet sich hinter den Streuwalzen noch eine Verteilerschnecke, welche die Aufgabe hat, die Arbeitsbreite zu vergrößern, entsprechend der Funktion der Schnecke des in Abb. 15 dargestellten Mistzetters.

Anstelle der Streuwalzen werden auch umlaufende, mit Zinken besetzte Fräsketten verwendet.

Die Vorschubgeschwindigkeit, mit der die Mistladung durch die Fördereinrichtung gegen die Streuwalzen geschoben wird, ist regulierbar. Von der eingestellten Fördermenge je Minute, der Arbeitsbreite und der Fahrgeschwindigkeit wird die ausgebrachte Aufwandmenge (dt/ha) bestimmt. Als Antrieb für den Vorschub- und für den Streumechanismus dient vorwiegend die Normzapfwelle des ziehenden Schleppers, auch Bodenantrieb durch die Fahrräder des Gerätes ist möglich. Besonders gute Fahreigenschaften haben Stalldungstreuer, die mit einer Triebachse ausgerüstet sind. Das Aggregat Schlepper-Triebachshänger bewährt sich besonders gut im bergigen Gelände und auf weichem, nassem Boden, weil der Radschlupf des ziehenden Schleppers weitgehend ausgeschaltet und die Motorleistung besser ausgenutzt wird. Mit diesen Vorzügen ist auch eine präzise Streuarbeit verbunden.

Abb. 17. Stalldungstreuer bei der Arbeit auf dem Felde

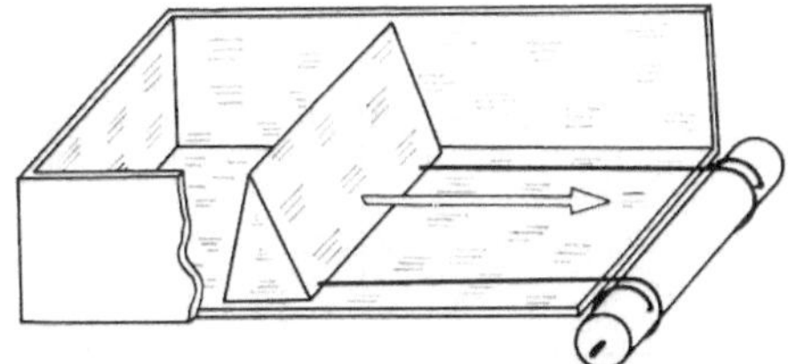

Abb. 18. Schiebewand mit Seilzugantrieb

Fördereinrichtungen. Die einfachste Fördereinrichtung für den Mistvorschub ist die Schiebewand (Abb. 18), die auch „Abziehschild“, „Fördermulde“ oder „Vorschubwand“ genannt wird. Sie wird beim Streuen maschinell in Richtung auf die Streuwalzen gezogen, so daß sie die gesamte Ladung vor sich herschiebt. Die Schiebewand wird nach der Entleerung des Streuers mittels einer kleinen Seilwinde von Hand wieder in die Ausgangsstellung zurückgeholt, und der Wagenkasten kann neu beladen werden. Es gibt auch Stalldungstreuer mit Zapfwellenantrieb für den Vorlauf und den Rücklauf der Schiebewand.

Während des Streuens ist die Pressung des Mistes infolge der Reibung am Wagenboden und an den Seitenwänden um so größer, je näher er der Schiebewand liegt. Zu Beginn des Streuens ist also die wirklich ausgebrachte Aufwandmenge etwas kleiner als am Ende. Dieser Fehler läßt sich durch folgende Maßnahmen vermindern:

a) Ausführung des Wagenbodens aus Blech zwecks Verminderung der Reibung;

b) Schräglegen des Wagenkastens in Richtung auf die Streuwalzen, so daß die Ladung auf einer schiefen Ebene zu gleiten bestrebt ist;

c) Beladen des Wagenkastens derart, daß die Ladehöhe unmittelbar vor den Streuwalzen am größten ist und in Richtung auf die Schiebewand gleichmäßig etwas niedriger wird.

Eine bessere, aber auch teurere Fördereinrichtung als die Schiebewand ist der Rollboden, ein endloses Band aus Holzstäben, das über zwei Rollen läuft. Die an der Abwurfseite, meist also am hinteren Ende des Wagenkastens liegende Rolle wird mit regelbarer Drehzahl angetrieben (Abb. 19).

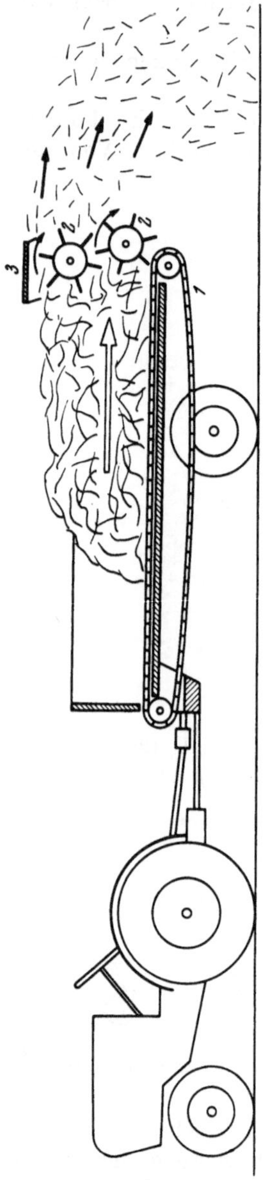

Abb. 19. Aufsattel-Stallmiststreuer. *1* Rollboden, *2* horizontal liegende Streuwalzen, *3* Spritzbrett

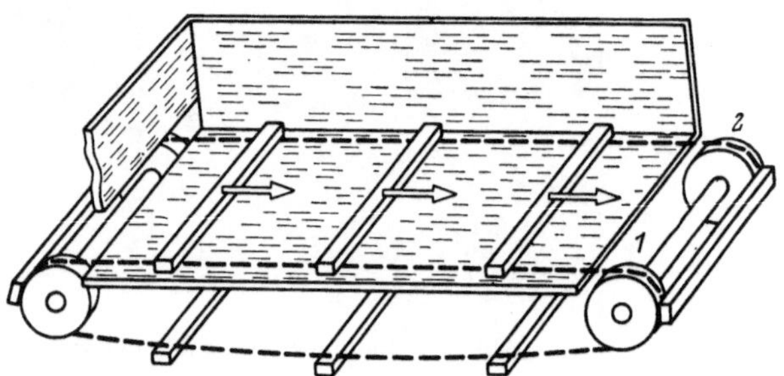

Abb. 20. Umlaufende Kratzerkette. Die beiden Teile der Kratzerkette werden durch die Kettenräder *1* und *2* angetrieben, entsprechend der auszubringenden Stalldungmenge

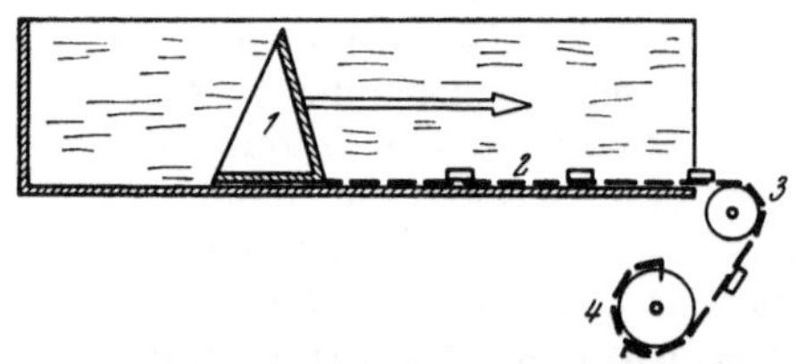

Abb. 21. Kratzerkette mit Schiebewand (*1* Schiebewand, *2* Kratzerkette, *3* Kettenrad, *4* Kettentrommel). Jeder der beiden Teile der Kratzerkette wird durch ein Kettenrad *3* angetrieben, entsprechend der auszubringenden Stalldungmenge. Die Kettentrommel *4*, die zum Aufwickeln des abgelaufenen Kettentrums dient, wird über eine Rutschkupplung angetrieben, da sie mit abnehmender Drehzahl laufen muß

Ähnlich wie der Rollboden arbeitet die Kratzerkette. Sie besteht aus zwei parallel über den Wagenboden laufenden Ketten, die durch Kratzleisten miteinander verbunden sind (Abb. 20). Eine Kratzerketten-Fördereinrichtung kann entweder als endloses, umlaufendes Band ausgeführt werden, wie Abb. 20 zeigt, oder als offenes Band in Verbindung mit einer Schiebewand (Abb. 21).

Streuvorrichtungen. Je nach der Abwurfrichtung des Stallmistes, bedingt durch die Anordnung der Streuorgane, unterscheidet man Längsstreuer und Querstreuer. Beim Längsstreuer liegen die Streuwalzen winkelrecht zur Fahrtrichtung an der hinteren Stirnseite des Wagenkastens. Sie streuen den

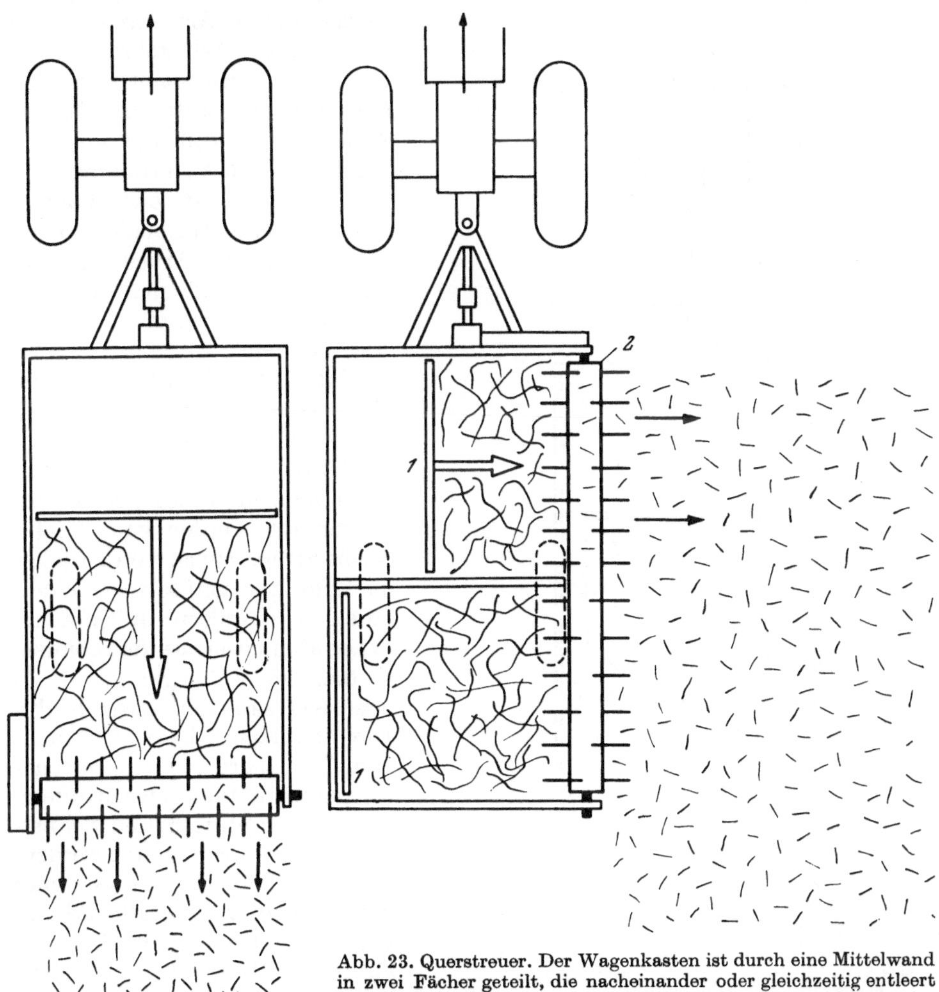

Abb. 22. Längsstreuer mit horizontal liegender Streuwalze

Abb. 23. Querstreuer. Der Wagenkasten ist durch eine Mittelwand in zwei Fächer geteilt, die nacheinander oder gleichzeitig entleert werden können. Wenn die Anhängerlast zur Vergrößerung des Adhäsionsgewichtes der Hinterachse des Schleppers ausgenutzt werden soll, wird zuerst aus dem hinteren Fach gestreut. *1* Schiebewand, *2* Streuwalze

Stalldung in Richtung der Längsachse des Fahrzeuges (Abb. 19 und 22). Es gibt Geräte, die mit einer, zwei oder drei Streuwalzen ausgerüstet sind. Die Streubreite (Arbeitsbreite) ist etwa gleich der Wagenbreite, also 1,80 bis 2,00 m, die Gleichmäßigkeit der Verteilung des Mistes auf dem Acker ist sehr gut. Längsstreuer mit zusätzlicher Verteilerschnecke können bis zu 4,00 m Arbeitsbreite erreichen. Querstreuer (Abb. 23) besitzen an einer Längsseite des Wagenkastens eine lange Streuwalze, die den Dung quer zur Fahrtrichtung streut. Der Wagenkasten ist durch eine Mittelwand in zwei Fächer geteilt, in denen sich je eine Schiebewand befindet. Entsprechend der geforderten Aufwandmenge können beide Wagenhälften gleichzeitig oder nacheinander entleert werden. Die Arbeitsbreite beträgt etwa 3,00 m, die Streudichte nimmt in Wurfrichtung ab.

Eine Sonderform des Längsstreuers, in der Praxis als „Breitstreuer" bezeichnet, ist gekennzeichnet durch vertikale Anordnung der Streuwalzen (Abb. 24). Geräte dieser Art erreichen im allgemeinen Arbeitsbreiten bis zu 4,5 m. Breitstreuer werden auch mit abgestuft einstellbarer Arbeitsbreite von 3,5 bis 8 m hergestellt. Die Vergrößerung der Arbeitsbreite hat den Vorzug, daß größere Flächenleistungen bei gleichem Arbeitsaufwand erzielt werden können und daß weniger Fahrspuren auf dem Feld entstehen.

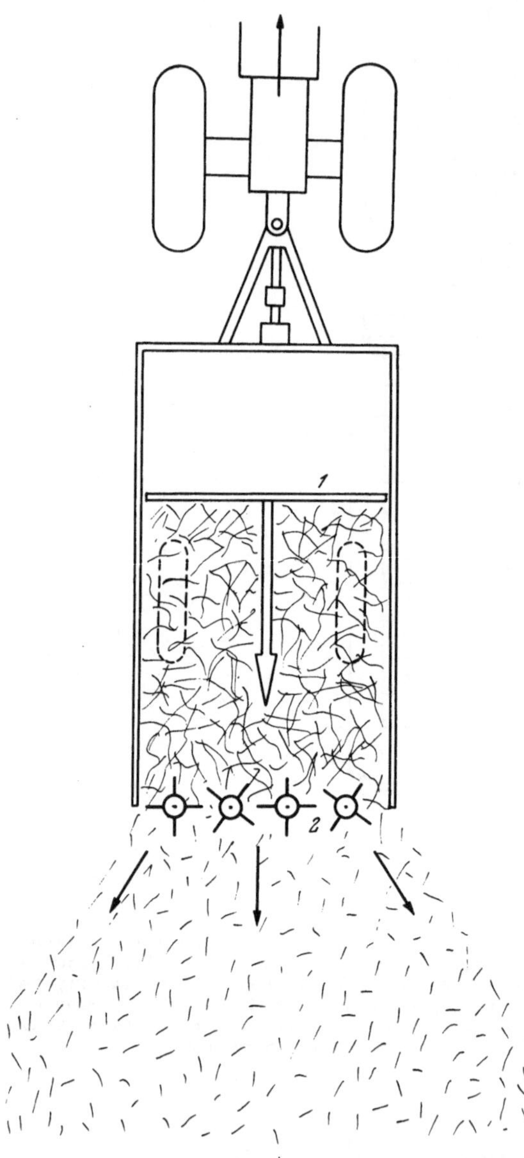

Abb. 24. Längsstreuer mit vertikal angeordneten Streuwalzen („Breitstreuer"). *1* Schiebewand, *2* Streuwalzen

Ein- und Mehrzweckgeräte. Der Spezial-Dungstreuer als Einzweckgerät ist im Betrieb relativ teuer, weil er nur während eines kleinen Teiles des Jahres ausgenutzt werden kann. Zahlreiche Streuertypen werden daher als Mehrzweckgeräte ausgebildet, deren Streuwalzen in einfacher Weise abmontiert werden können, so daß ein Anhänger mit Roll- oder Kratzerboden übrig bleibt. Das Fahrzeug kann nunmehr zum Transport und zum mechanisierten Entladen von Kartoffeln, Rüben, Grünfutter und Schüttgütern aller Art benutzt werden. Der gewöhnliche Längsstreuer kann auch zur Stallmistkompostierung benutzt werden. Die auf dem Streuer liegende Mistladung wird mit einer Schicht Erde bedeckt, das Gerät fährt auf den Mietenplatz und streut unter langsamem Vorrücken die Ladung mit den Streuwalzen nach hinten ab. Auf diese Weise entsteht eine Kompostmiete aus gut gemischtem, zerkleinertem Material.

Förder- und Streueinrichtungen werden auch als Aufbau-Aggregate hergestellt, mittels welcher man einen gewöhnlichen Anhänger zu einem Stalldungstreuer bzw. zu einem Wagen mit mechanischer Entladevorrichtung umbauen kann.

Betrieb des Stalldungstreuers. Stalldungstreuer werden für Nutzlasten von 2,00 bis 4,00 t hergestellt, die Ladevolumina liegen vorwiegend zwischen 3,00

und 5,00 m³. Je nach der Größe des Gerätes und der Gestaltung des Geländes, in dem es eingesetzt wird, beträgt die erforderliche Schlepperleistung 11 bis 25 PS, maximal bis 40 PS.

Die Tragfähigkeit des Streuers läßt sich nicht immer voll ausnutzen, denn die Raumgewichte der verschiedenen Stalldungarten können sehr unterschiedlich sein. CORDS-PARCHIM gibt folgende Raumgewichte an:

Frischer, loser Mist	700 bis 1000 kg/m³
Verrotteter Stapelmist	1500 bis 1800 kg/m³

Praktisch ist das Raumgewicht des im Wagenkasten liegenden Mistes stets kleiner wegen der Auflockerung beim Laden.

Beim Beladen des Streuers ist zu beachten, daß die Oberfläche der Ladung nicht höher liegen soll als die Zinken der obersten Streuwalze (Abb. 19), weil andernfalls die Streuwalzen nicht ordnungsmäßig arbeiten.

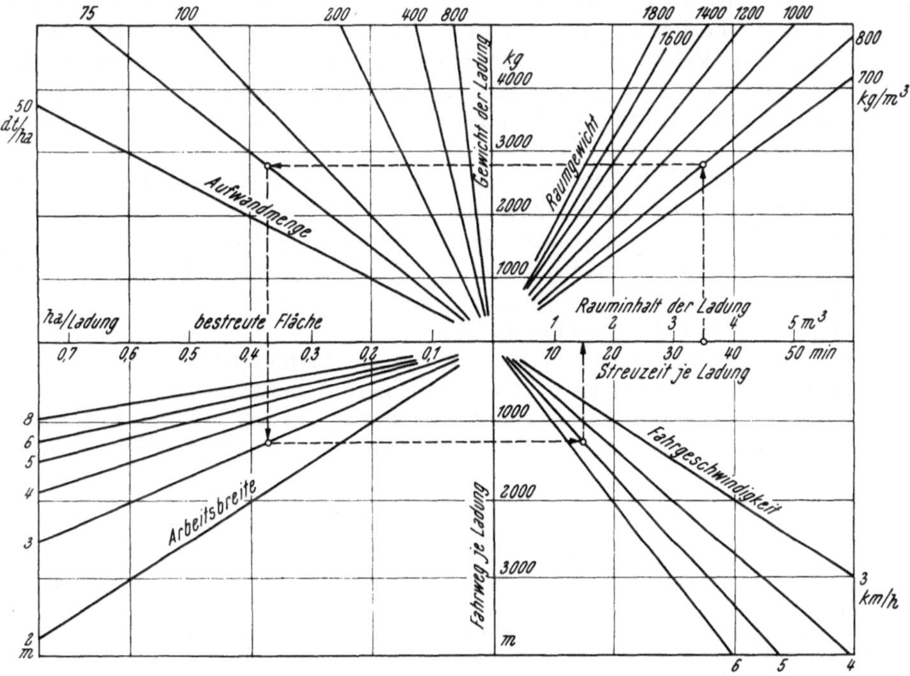

Abb. 25. Ermittlung der Einstellung von Stalldungstreuern

Einstellungsbeispiel:

Gegeben sei: Rauminhalt der Ladung $R = 3{,}5$ m³
Raumgewicht des Mistes $\gamma = 800$ kg/m³
Aufwandmenge $Q = 75$ dt/ha
Arbeitsbreite $b = 3$ m
Fahrgeschwindigkeit $v = 5$ km/h

Gesucht: Streuzeit für eine Ladung, d. h. die einzustellende Vorschubzeit T

Ergebnis: Streuzeit $T = 15$ min

Zum Zwecke der Einstellung der geforderten Aufwandmenge läßt sich die Vorschubgeschwindigkeit der Fördereinrichtung (Schiebewand usw.), mithin die *Streuzeit* für eine Ladung, verändern. Die Streuzeit ist entweder stufenlos oder in 6 bis 12 Stufen einstellbar. Durch Anwendung verschieden großer Fahrgeschwindigkeiten lassen sich die Aufwandmengen zusätzlich verändern. In der Praxis ermittelt man die einzustellende Streuzeit pro Ladung und die dazugehörige Schalthebelstellung nach der Streutabelle, die in der Betriebsanleitung enthalten ist. Allgemein läßt sich die Streuzeit wie folgt errechnen:

Es sei Q die auszubringende Aufwandmenge (dt/ha)
R der Rauminhalt der Ladung (m^3)
γ das Raumgewicht des Mistes (kg/m^3)
b die Arbeitsbreite (m)
v die gewählte Fahrgeschwindigkeit (km/h)

Die Streuzeit je Ladung ist

$$T = \frac{6\,R\,\gamma}{b\,v\,Q}\ (\text{min}).$$

Aus der graphischen Darstellung dieser Beziehung (Abb. 25) läßt sich außer der am Schalthebel des Gerätes einzustellenden Streuzeit noch das Gewicht der Ladung, die bestreute Fläche pro Ladung und der Fahrweg je Ladung, d. h. die Länge des bestreuten Feldstreifens ablesen. Man sollte die Streuarbeit so einrichten, daß eine Ladung verbraucht ist, wenn der Streuer am Feldrande ankommt. Auf diese Weise werden Zeitverluste und unnötige Fahrspuren vermieden. Die Feldlänge dürfte also höchstens gleich dem Fahrweg je Ladung sein.

Wie die Graphik zeigt, bestehen bei gegebener Aufwandmenge Q folgende Zusammenhänge:

a) Je größer die Feldlänge ist, um so größer muß bei gegebener Arbeitsbreite die Ladekapazität des Gerätes sein.

b) Durch eine (ökonomisch günstige!) Vergrößerung der Arbeitsbreite wird der Fahrweg je Ladung verkürzt. Eine Vergrößerung der Arbeitsbreite bietet daher um so weniger Vorteile, je länger die Felder sind.

Ferner ist aus dem Diagramm ersichtlich:

a) Große Aufwandmengen erfordern große Ladekapazität des Streuers und — insbesondere auf langen Feldern — kleinere Arbeitsbreiten.

b) Niedrige Aufwandmengen können auch auf langen Feldern mit relativ großen Arbeitsbreiten und Geräten von kleinerer Ladekapazität ohne unnötige Leerfahrten auf dem Acker ausgebracht werden.

Literatur

CORDS-PARCHIM: Das Handbuch des Landbaumeisters. Radebeul und Berlin: Neumann. 1953.

GAUS, H.: Wie steht es um die Stallmiststreuer? Landtechnik **1959**, H. 5, S. 134. — Bewährtes und Neues bei Stalldungstreuern. Landtechnik **1959**, H. 12, S. 400.

HEIDENREICH, H.: Erleichterte und verbesserte Stallmistverteilung. Landtechnik **1952**, H. 5, S. 134 (a). — Die Mechanisierung des Stallmiststreuens. Landtechn. Forsch. **1952**, H. 4, S. 109 (b).

VICTOR, B.: Erläuterungen zur Typentafel der Stallmiststreuer. Landtechnik **1959**, H. 5. S. 136.

2. Geräte zum Ausbringen von Jauche

A. Technologische Aufgabe

Jauche besteht aus dem Urin der Stalltiere, meistens vermischt mit dem Sickersaft aus dem Stalldungstapel. Sie enthält fallweise auch Abwasser und Abortausfluß, außerdem feste und schlammige Beimengungen in Form von Strohteilchen, Kot usw. Zum Zwecke der Düngung wird die Jauche in Transportfässern auf den Acker oder das Grünland gefahren und in Aufwandmengen von 10000 bis 20000 l/ha gleichmäßig auf die Oberfläche verteilt. Sie soll möglichst wenig mit Luft in Berührung kommen, damit Stickstoffverluste vermieden werden. Aus diesem Grunde kann man Jauche mit besonderen Geräten unmittelbar in den Boden einbringen. Jauche besteht zu etwa 98% aus Wasser, der Umfang der Transportarbeit bei der Jauchedüngung ist daher im Verhältnis zum Düngewert sehr groß.

Jauche wird in betonierten Gruben gesammelt, deren Rauminhalt je GVE 2 bis 4 m³ betragen soll. Aus der Sammelgrube wird die Jauche mittels einer

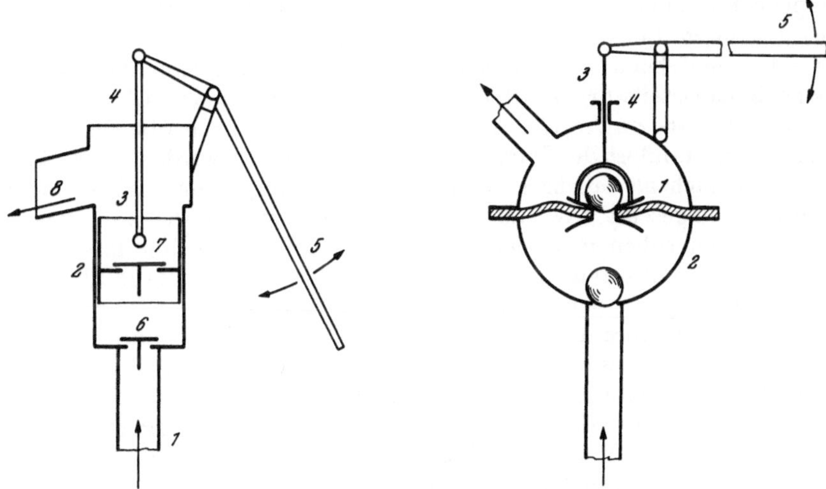

Abb. 26. Steh-Jauchepumpe

Abb. 27. Membranpumpe

Jauchepumpe in das auf dem Wagen liegende Jauchefaß gefördert. Die Förderhöhe beträgt, vom Boden der Jauchegrube gerechnet, bis zur Einfüllöffnung des Jauchefasses etwa 3 bis 5 m.

B. Jauchepumpen

Handpumpen werden entweder als Kolbenpumpen oder als Membranpumpen ausgeführt. Die gebräuchlichste Form der Kolbenpumpe ist die Steh-Jauchepumpe (Abb. 26), bestehend aus dem Saugrohr *1*, dem Pumpenzylinder *2*, dem Kolben *3*, der Kolbenstange *4* und dem Handhebel *5*. Im Zylinderboden befindet sich das Saugventil *6*, im Kolben das Überströmventil *7*. Beim Abwärtsgang des Kolbens bleibt das Saugventil *6* geschlossen, das Überströmventil *7* öffnet sich, und die unterhalb des Kolbens befindliche Flüssigkeit strömt in den Raum oberhalb des Kolbens (Überströmhub). Beim Aufwärtsgang des Kolbens schließt sich das Überströmventil *7*, und das Saugventil *6* öffnet sich. Der Kolben saugt jetzt Jauche aus der Grube nach oben und befördert gleichzeitig die über dem Kolben befindliche Flüssigkeit durch den Auslaufstutzen *8* der Pumpe in die Jaucherinne (Tab. 1 a) und in das Jauchefaß (Förderhub). Die Ventile, meist Tellerventile mit Gummidichtung, sind durch eine Kette oder eine Schiebestange miteinander verbunden, so daß man sie bei Frostgefahr anheben bzw. herausnehmen und auf diese Weise die Pumpe entleeren kann. Es gibt auch Kolbenpumpen, bei denen die Ventile durch eine extreme Stellung des Handhebels geöffnet werden. Kolben-Jauchepumpen sind wegen ihrer einfachen Bauweise billig und wenig störungsanfällig.

Eine andersartige Handpumpe ist die Membranpumpe (Abb. 27). Sie unterscheidet sich von der Kolbenpumpe grundsätzlich dadurch, daß anstelle des

Kolbens eine gewölbte Gewebegummimembran *1* verwendet wird, die das kugelförmige Pumpengehäuse *2* in zwei Kammern teilt. Die Kolbenstange *3* wird durch eine Stopfbüchse *4* luftdicht nach außen geführt. Als Ventile dienen vorzugsweise gummiüberzogene Eisenkugeln. Beim Betätigen des Handhebels *5* wird die Membran abwechselnd nach oben und unten durchgedrückt, so daß die Flüssigkeit in ähnlicher Weise gefördert wird wie bei der Kolbenpumpe.

Es gibt auch Membranpumpen mit seitlich liegender Ventilkammer. Bei diesen kommt nur die Unterseite der Membran mit der Flüssigkeit in Berührung. Die Stopfbüchse im Gehäuseoberteil ist also hier entbehrlich. Die obere Gehäusekammer ist durch Luftlöcher mit der Außenluft verbunden.

Bei den vorstehend beschriebenen Membranpumpen sind die flüssigkeitsführenden Gehäuseteile druckdicht nach außen abgeschlossen. Die Jauche kann also — im Gegensatz zur Arbeitsweise der Kolbenpumpe nach Abb. 26 — mehrere Meter über den Standort der Pumpe nach oben gedrückt werden. Diese Pumpen können daher auch als fahrbare Geräte (Tab. 1 b) ausgeführt und an mehreren Jauchegruben eingesetzt bzw. auch zu anderen Zwecken wie z. B. zum Entwässern von Baugruben usw. benutzt werden. Bei Frostgefahr lassen sie sich in ähnlicher Weise entleeren wie Kolbenpumpen. Gegen sandhaltige Flüssigkeiten sind Membranpumpen unempfindlicher als Kolbenpumpen.

Kolben- und Membranpumpen lassen sich auch elektrisch antreiben, jedoch wird von dieser Antriebsart nur selten Gebrauch gemacht, weil zusätzlich ein Getriebe oder Riemenvorgelege mit Kurbeltrieb erforderlich ist. Als mechanisch angetriebene Pumpe ist am besten die Zentrifugalpumpe geeignet.

Zentrifugalpumpen. Eine zum Jauchefördern bestimmte Zentrifugal- oder Schleuderpumpe unterscheidet sich von der üblichen Zentrifugal-Wasserpumpe dadurch, daß das Laufrad nur zwei bis drei Schaufeln, manchmal auch nur eine Schaufel hat, weil die Verstopfungsgefahr um so geringer ist, je weniger Schaufeln das Laufrad besitzt. Außerdem werden Jauchepumpen nur einstufig, d. h. mit nur einem Laufrad ausgeführt. Zum Antrieb dient vorwiegend ein Elektromotor oder — unter Verwendung eines Vorgeleges zur Erhöhung der Drehzahl — die Zapfwelle des Schleppers. Die Mengenleistung einer Zentrifugal-Jauchepumpe ist etwa fünf- bis siebenmal größer als die einer Handpumpe, so daß ein großes Jauchefaß in etwa vier Minuten gefüllt werden kann. Die Arbeit des Jauchedüngens wird dadurch beschleunigt und erleichtert.

Zentrifugal-Jauchepumpen werden vorwiegend in drei verschiedenen Bauarten hergestellt. Die fahrbare Pumpe besteht aus einem Motor-Pumpen-Aggregat mit horizontaler Welle, das auf einer zweirädrigen Karre montiert ist (Tab. 1 c). Als Saugleitung bzw. Druckleitung werden Spiralschläuche von 65 bis 75 mm lichter Weite benutzt. Da eine gewöhnliche Zentrifugalpumpe für Flüssigkeiten nicht in der Lage ist, die Flüssigkeit aus einem tiefer liegenden Reservoir anzusaugen, solange sich Luft im Pumpengehäuse befindet, muß die Pumpe vor dem Anlassen mit Flüssigkeit gefüllt werden. Als Füllöffnung dient entweder eine am höchsten Punkt des Pumpengehäuses befindliche verschließbare Öffnung oder, nach Abnahme des Druckschlauches, der Druckstutzen der Pumpe. Ein im Saugkorb des Ansaugschlauches untergebrachtes Rückschlagventil hält die eingefüllte Flüssigkeit zurück. Beim Anlassen der Pumpe wird das Rückschlagventil selbsttätig durch die einströmende Jauche geöffnet.

Ein zweiter Zentrifugalpumpentyp (Tab. 1 d) ähnelt der Stehkolbenpumpe. Das Pumpengehäuse *1* befindet sich jedoch am unteren Ende des Standrohres in der Jauchegrube. Die vertikal stehende Pumpenwelle führt zu dem oben und außerhalb der Grube liegenden Elektromotor *3*. Die Pumpe ist also stets mit Jauche gefüllt, so daß sie beim Einschalten des Motors sofort fördert. Die

Tabelle 1. *Jauchepumpen*

Pumpentyp	Bezeichnung	Mengenleistung, Leistungsbedarf bei 3 bis 6 m Gesamtförderhöhe	Bemerkungen
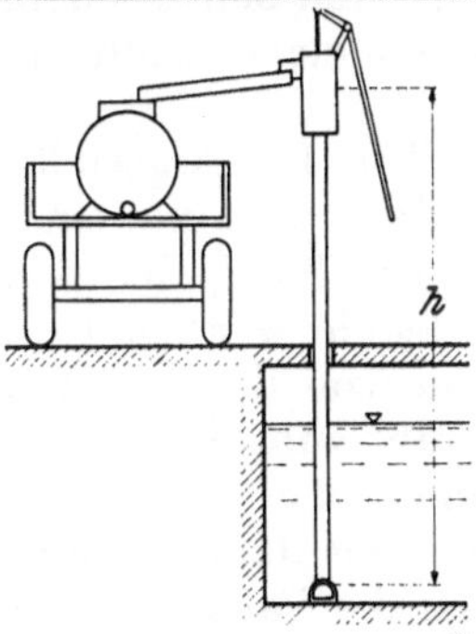 a	Steh-Kolben-jauchepumpe	4 bis 7 l pro Doppelhub, 25 bis 30 Doppelhübe pro Min., 100 bis 175 l pro Min. 1 Mann.	Entleerung bei Frostgefahr durch Anheben oder Ausbauen der Ventile
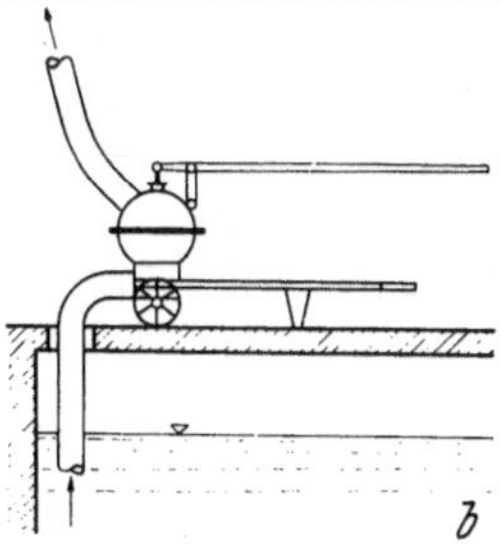 b	Fahrbare Membranpumpe	4 bis 8 l pro Doppelhub, 75 bis 200 l pro Min., 1 Mann	desgleichen
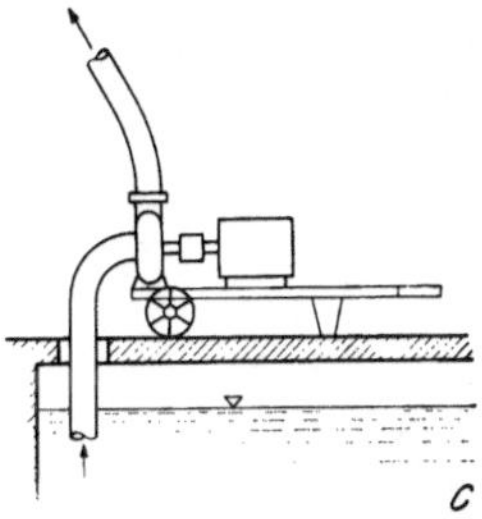 c	Fahrbare Elektrozentrifugalpumpe	400 bis 800 l pro Min., 1,5 bis 3,0 PS	Pumpe vor dem Anlassen mit Flüssigkeit füllen, Rückschlagventil am unteren Ende der Saugleitung
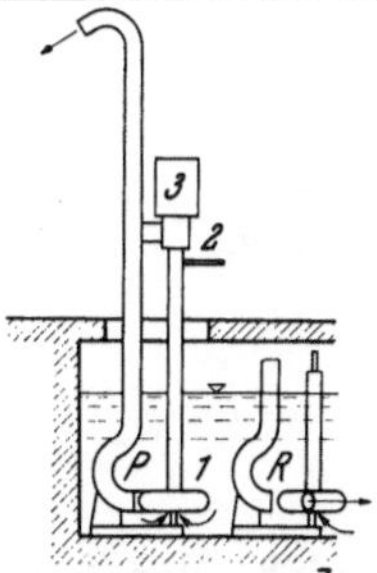 d	Steh-Zentrifugal-jauchepumpe Stellung *P*: Pumpen Stellung *R*: Rühren	400 bis 800 l pro Min., 1,5 bis 3,0 PS	Pumpengehäuse liegt unten, Pumpe ist stets mit Jauche gefüllt, Angießen nicht notwendig. Beim Schwenken des Pumpengehäuses *1* mittels des Hebels *2* wird die Jauche durch den Pumpenstrahl umgerührt
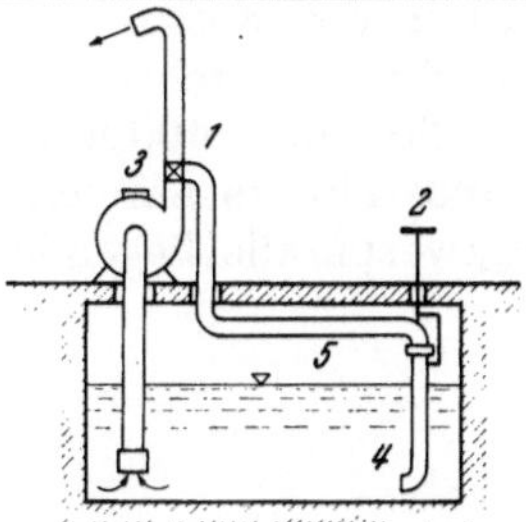 e	Elektro-Zentrifugalpumpe mit horizontaler Welle und hydraulischem Rührwerk	400 bis 800 l pro Min., 1,5 bis 3,0 PS	Vor dem Anlassen Pumpe angießen wie unter c). Mittels des Dreiwegehahnes *1* und des Drehgriffes *2* kann auf Umrühren geschaltet werden

Jauche läuft von selbst in die nach unten gerichtete Ansaugöffnung der Pumpe. Die Pumpe arbeitet also ausschließlich als Druckpumpe. Das Pumpengehäuse ist mittels des Handgriffes *2* um seine vertikale Achse drehbar. Man kann das Gehäuse während des Betriebes von der Druckleitung trennen und den aus dem Gehäuse austretenden Flüssigkeitsstrahl zum Umrühren der Jauche benutzen, so daß der Bodensatz aus der Grube herausgepumpt wird.

Eine ebenfalls stationär eingebaute Pumpenanlage ist in Tab. 1 e dargestellt. Sie besteht aus einer zu ebener Erde aufgestellten Zentrifugalpumpe *3* und einer besonderen Rührwerksleitung *5*. Diese ist an einen Dreiwegehahn *1*, der sich in der Druckleitung befindet, angeschlossen. Das Rührwerksrohr *4* ist mittels des Drehgriffes *2* um seine Längsachse schwenkbar, so daß der aus dem unteren Krümmer des Rührwerksrohres austretende Flüssigkeitsstrahl zum Umrühren der in der Grube befindlichen Jauche benutzt werden kann.

Man versucht neuerdings, Jauchefässer ohne Zuhilfenahme einer Jauchepumpe durch Absaugen der Luft zu füllen, ähnlich wie seit langem die Fäkalienfässer beim Entleeren von Klärgruben gefüllt werden. Das Jauchefaß muß so konstruiert sein, daß es dem Druck der Außenluft standhält. An der höchsten Stelle des Fasses befindet sich eine Spezialarmatur, die durch einen Saugschlauch mit der Luftansaugeleitung des Schlepper-Dieselmotors verbunden wird. Ein zweiter Saugschlauch verbindet das Faß mit der Jauchegrube. Der Schleppermotor saugt die Luft aus dem Jauchefaß ab, so daß der atmosphärische Luftdruck die Jauche aus der Grube in das Faß drücken kann.

C. Jauchefässer

Zum Transport der Jauche auf die Felder dienen Jauchefässer aus verzinktem Stahlblech (Abb. 28) oder aus imprägniertem Holz[1]. Sie haben vorwiegend zylindrische Form. An der tiefsten Stelle des hinteren Faßbodens befindet sich ein

Abb. 28. Jauchefaß mit Pralltellerverteiler

Absperrschieber oder -hahn und eine Vorrichtung zur Breitverteilung der Jauche. Die Einfüllöffnung liegt meistens ebenfalls am hinteren Ende des Fasses. Sie kann rund, oval oder — bei Holzfässern — rechteckig sein und ist durch einen Deckel verschließbar. Ihr Durchmesser liegt zwischen 220 und 400 mm. Holzfässer werden durch nachspannbare Reifen aus Rundstahl zusammengehalten. An der Unterseite des zylindrischen Faßmantels sind zwei parallel liegende

[1] Neuerdings auch aus glasfaserarmierten Kunststoffen.

Holzbalken (Lagerkufen) angebracht, die eine sichere Lage des Fasses auf dem — möglichst luftbereiften — Wagen gewährleisten. Jauchefässer werden mit Rauminhalten von etwa 175 bis 2000 Litern hergestellt, die Faßdurchmesser liegen zwischen 500 und 800 mm, die Längen zwischen 1000 und 3500 mm.

D. Jaucheverteiler

Eine möglichst gleichmäßige Verteilung und Dosierung der Jauche ist die Voraussetzung für eine gleichmäßige Entwicklung der Pflanzen und für optimale Erträge. Grundsätzlich besteht jeder Jaucheverteiler aus einem Absperrorgan und einem Verteilerorgan. Das Absperrorgan (Flachschieber, Rundschieber, Kükenhahn) sollte vom Fahrersitz des Traktors aus während der Fahrt bedienbar sein, nicht nur, um dem Fahrer das Ab- und Aufsteigen zu ersparen, sondern auch um eine Überdosierung beim Beginn der Arbeit zu vermeiden.

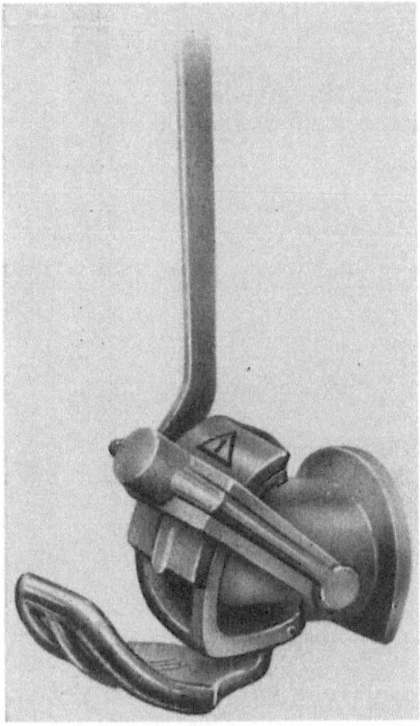

Abb. 29. Bogenschieber mit Pralltellег

Abb. 30. Schleuderrad-Jaucheverteiler

Der einfachste Jaucheverteiler ist der *Pralltellerverteiler* (Abb. 29, Tab. 2 a). Der aus dem geöffneten Auslaufstutzen austretende Flüssigkeitsstrahl wird beim Aufprall auf den Prallteller zu einem 1,5 bis 3 m breiten Fächer ausgebreitet. Eine bessere Verteilung wird durch den *Rinnenverteiler* (Tab. 2 b) und durch den *Düsenrohrverteiler* (Tab. 2 c) erzielt. Letzterer ist indessen empfindlich gegen grobe Bestandteile. Der *Schleuderradverteiler* (Abb. 30, Tab. 2 d) wird vorwiegend als Aufsattelgerät verwendet. Seine Arbeitsbreite liegt zwischen 4 und 10 m, sie ist abhängig von der Drehzahl des Schleuderrades, also von der Fahrgeschwindigkeit, weil das Gerät Bodenantrieb hat. Abschließend sei noch das *Jauchedrillgerät* erwähnt, das eine gewisse Ähnlichkeit mit einem Hackgerät hat (Tab. 2 e). An einem hinter dem Jauchefaß quer zur Fahrtrichtung liegenden Werkzeugbalken *1* sitzen mehrere Gänsefuß-Hackschare *2*, deren Stiele aus Stahlrohr sind. Aus einem am Absperrhahn *4* des Jauchefasses angebrachten Verteilerstück wird die Jauche durch Schläuche *3* in die Scharstiele geleitet. Sie tritt unterhalb der Gänsefußschare aus und gelangt ohne unnötige Berührung mit der Luft unter die von den Hackscharen abgeschnittene Bodenschicht.

Tabelle 2. *Jaucheverteiler*

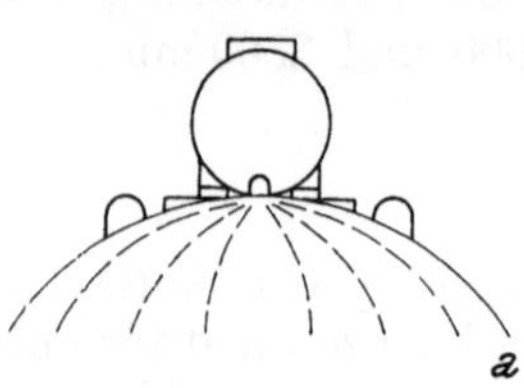 a	Pralltellerverteiler Arbeitsbreite $b = 1{,}5$ bis $3{,}00$ m
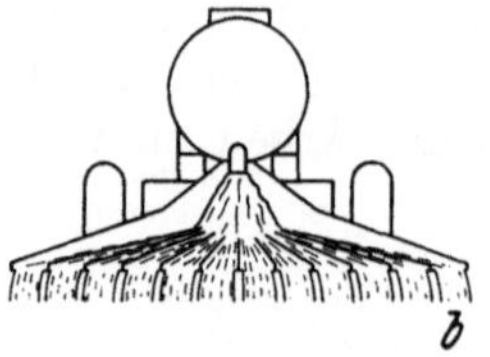 b	Rinnenverteiler Arbeitsbreite b etwa 3,00 m
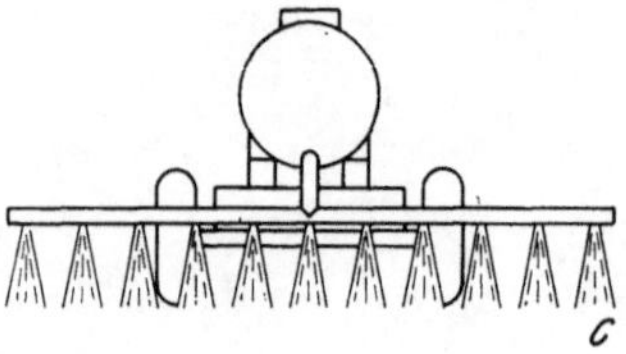 c	Düsenrohrverteiler Arbeitsbreite $b = 3{,}5$ bis $4{,}0$ m
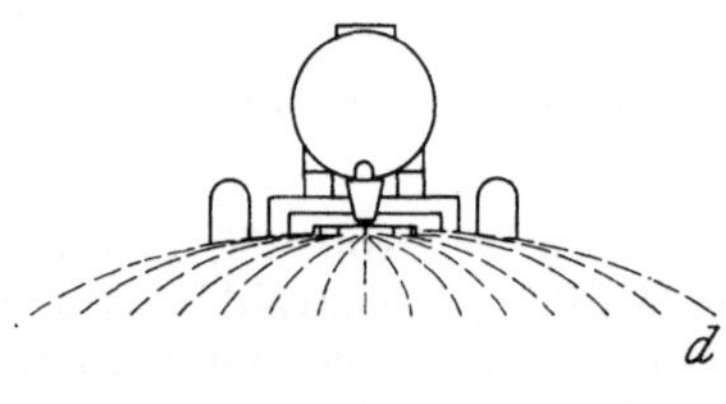 d	Schleuderradverteiler Arbeitsbreite $b = 4{,}0$ bis $10{,}0$ m
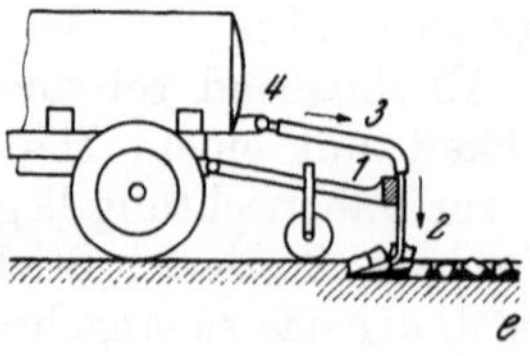 e (1, 2, 3, 4)	Jauchedrillgerät 6 bis 8 Drillschare

Die Arbeitsqualität der vorstehend beschriebenen Jaucheverteiler wird mehr oder weniger beeinträchtigt durch die Tatsache, daß die Höhe des Flüssigkeitsspiegels im Faß während der Arbeit ständig abnimmt. Die in der Zeiteinheit ausgebrachte Flüssigkeitsmenge ist am größten, wenn das Faß voll ist. Kurz vor der Entleerung ist sie nach FISCHER-SCHLEMM um etwa 45% geringer. Beim Pralltellerverteiler wird gleichzeitig die Arbeitsbreite um 35% kleiner. Ein Ausgleich ist dadurch möglich, daß die Einstellung des Absperrschiebers laufend nachreguliert wird oder daß automatisch wirkende Vorrichtungen benutzt werden. Beispielsweise kann das Jauchefaß als Mariottesches Gefäß ausgebildet werden, in das ein oben und unten offenes Tauchrohr eingebaut ist, dessen untere Öffnung dicht über der Faßwandung liegt (Abb. 31). Wenn das Faß im übrigen dicht ist, steht die ausfließende Jauche unter einem statischen Druck h, welcher der Höhendifferenz zwischen dem unteren Ende des Tauchrohres und der Ausflußöffnung entspricht. Die Ausflußgeschwindigkeit, also auch die Menge pro Zeiteinheit ist nunmehr während der gesamten Entleerungszeit des Fasses konstant.

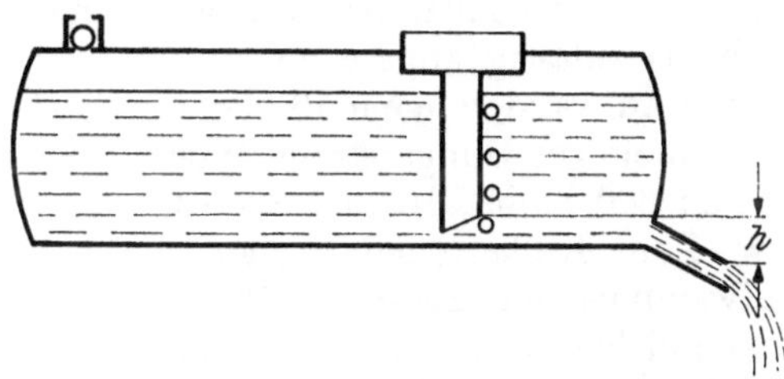

Abb. 31. Jauchefaß mit Druckausgleich (h = wirksame Druckröhre, oben links Entlüftungs-Kugelventil)

Literatur

BURNS, G.: Pumpe verringert die Ammoniakverluste bei der Überleitung von Jauche. Mississippi Farm Res. **1959**, Nr. 6.

FISCHER-SCHLEMM: Die Maschine in der Landwirtschaft, Teil E_1. Stuttgart: Hirzel, 1950.

HUPFAUER, M.: Jauchefässer und Pumpen. Mitt. Dtsch. Landwirtsch. Ges. **1958**, 395.

KAPLUNOW, M.: Schlepper-Anhängejaucheverteiler „RSh-1,7". Düngung u. Ernte **1957**, H. 7, S. 38.

3. Fahrbare Mineraldüngerstreuer

A. Technologische Aufgabe

Die technologische Aufgabe des Mineraldüngerstreuers besteht darin, den Dünger in der jeweils vorgeschriebenen Aufwandmenge (kg/ha) entweder gleichmäßig breit verteilt oder in Streifen auf den Acker zu bringen. In überwiegendem Umfange wird in der Landwirtschaft das „Breitstreuen" angewandt. Das „Reihenstreuen", bei dem der Dünger entweder dicht neben die Pflanzen oder unmittelbar in die Pflanzenreihen gestreut wird, hat den Zweck, den Pflanzen im Stadium des Jugendwachstums sofort die notwendigen Düngermengen zu bieten bzw. den ausgebrachten Dünger besser auszunutzen. Das Reihenstreuverfahren wird gelegentlich angewandt in Hackkulturen mit größeren Reihenabständen wie Kartoffeln, Mais, Gemüse usw.

Mineraldünger wird vorwiegend auf die Oberfläche des Ackers gestreut. Durch anschließende Bearbeitung mit der Egge oder der Hackmaschine kann er in den Boden eingearbeitet werden. Ein besonderer Arbeitsgang ist hierzu nicht unbedingt erforderlich, man kann z. B. die Egge unmittelbar an den Düngerstreuer hängen oder das Streugerät und das Hackgerät an denselben Geräteträger anbauen. Will man den Dünger gleichzeitig mit dem Saatgut in die Drillreihen bringen, so benutzt man eine kombinierte Düngerstreu- und Drillmaschine. Ein spezielles Düngeverfahren im Kartoffelbau besteht darin, gleichzeitig mit der Pflanzkartoffel (oder mehreren Pflanzkartoffeln) eine bestimmte Düngermenge in demselben „Nest" abzulegen (Quadratnestpflanzverfahren).

Über die zu fordernde Gleichmäßigkeit der Verteilung des Düngers auf die Ackerfläche besteht zur Zeit noch keine allgemein gültige Norm. Abweichungen von $\pm 50\%$ der mittleren Aufwandmenge auf Flächenstücken von 4 dm^2 werden noch als zulässig angesehen.

Die Aufwandmenge muß in gewissen Grenzen regulierbar sein. Die Dosierungsgrenzen einiger Düngerstreuertypen liegen nach Angaben der Hersteller zwischen 10 und 600 kg/ha, 10 und 3200 kg/ha, 70 und 2500 kg/ha, 50 und 5000 kg/ha usw. Zum Kalkstreuen werden meist Spezialmaschinen verwendet, weil hier Aufwandmengen zwischen 200 und 6000 kg/ha notwendig sind, die von gewöhnlichen Düngerstreuern im allgemeinen nicht erreicht werden. Mitunter benutzt man zum Kalkstreuen auch die üblichen Handelsdüngerstreuer mit Aufsatzkästen zur Vergrößerung der Ladekapazität.

Als weitere technologische Forderung, die der Mineraldüngerstreuer zu erfüllen hat, ist schließlich noch die Unabhängigkeit der Arbeitsqualität von den physikalischen Eigenschaften des Düngers zu nennen. Der Zustand der verschiedenen Düngersorten kann sehr unterschiedlich sein. Der Dünger kann grobkörnig, feinkörnig oder staubförmig sein, kristallinisch oder granuliert, trocken oder feucht, klumpig oder gleichmäßig gekörnt, klebend oder rieselnd. Ein Dünger, der mit großen, harten Klumpen durchsetzt ist, muß vor dem Streuen mit einer Düngermühle zerkleinert werden.

Die Anforderungen, die ein ordnungsgemäß arbeitender Mineraldüngerstreuer erfüllen sollte, sind somit:

a) Einstellbarkeit der Aufwandmenge mittels genau arbeitender Dosiervorrichtung;

b) Gleichmäßige Verteilung des Düngers über die Arbeitsbreite und in Fahrtrichtung;

c) Unabhängigkeit der Arbeitsqualität von der Streufähigkeit des Düngers;

d) Unabhängigkeit der Arbeitsqualität von der Geländeneigung;

e) Unabhängigkeit der Arbeitsqualität von der Fahrgeschwindigkeit;

f) Bequeme Entleerungsmöglichkeit des Vorratsbehälters;

g) Gute Reinigungsmöglichkeit, Demontage möglichst ohne Werkzeug;

h) Unempfindlichkeit gegen Korrosion und Verschleiß.

B. Die Grundformen des Düngerstreuers

Es gibt zwei Grundformen des Mineraldüngerstreuers. Die konventionelle, auch heute noch in überwiegendem Maße angewandte Bauweise ist gekennzeichnet durch einen fahrbaren, langen, quer zur Fahrtrichtung angeordneten Holzkasten, der als Vorratsbehälter für den Dünger dient, im folgenden „Kastenstreuer" genannt (Abb. 36 und 41 bis 46). Am Kastenboden befindet sich die Streuvorrichtung, die den Dünger auf der ganzen Länge des Vorratskastens in der gewünschten Menge austrägt. Die Streuvorrichtung wird mechanisch entsprechend dem Fahrweg der Maschine angetrieben, also entweder von den Fahrrädern aus, oder, bei Schlepperstreuern, vorwiegend von der wegebezogenen Zapfwelle bzw. einem Schleppertriebrad oder -laufrad. Der von einem auf dem Boden laufenden Rad abgeleitete Antrieb wird als „Bodenantrieb" bezeichnet. Die Arbeitsbreite, d. h. die Breite des bestreuten Feldstreifens, ist gleich der Länge des Vorratskastens. Der Dünger wird somit bereits beim Füllen des Kastens auf die Arbeitsbreite verteilt.

Die zweite Grundform ist der „Schleuderstreuer“. Sein Vorratsbehälter hat meistens die Form eines Kegels, der auf der Spitze steht. Die unten am Behälter befindliche Streuvorrichtung hat im Gegensatz zum Kastenstreuer zwei Aufgaben zu erfüllen. Sie muß, während der Streuer über das Feld fährt, den Dünger in der gewünschten Dosierung aus dem Behälter entnehmen und anschließend vorzugsweise nach rechts und links schleudern, so daß ein Feldstreifen von bestimmter Breite gleichmäßig bestreut wird.

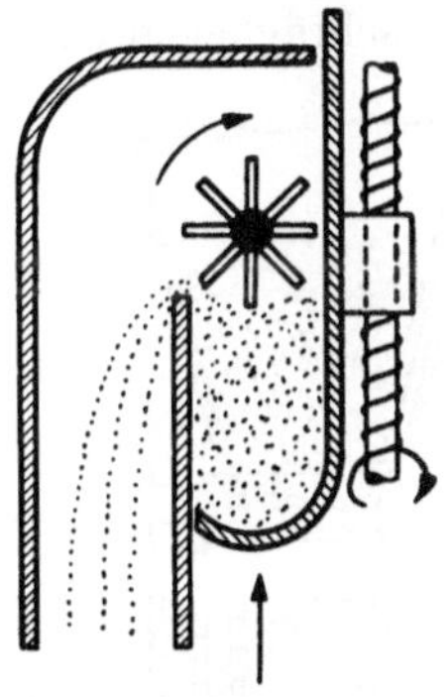

C. Streuvorrichtungen von Kastenstreuern

Die Streuvorrichtung hat die Aufgabe, in Abhängigkeit vom Fahrweg des Gerätes eine bestimmte, einstellbare Düngermenge aus dem Vorratsbehälter zu entnehmen und gleichmäßig auf das Feld zu verteilen. Eine Standardausführung der Düngerstreuvorrichtung — entsprechend etwa dem Mähwerk von Halmfruchterntemaschinen — hat sich bis heute nicht herausgebildet. Dies dürfte in erster Linie durch die sehr unterschiedlichen physikalischen Eigenschaften der Düngemittel bedingt sein. Es gibt daher zur Zeit noch eine Reihe verschiedenartig ausgebildeter Streuvorrichtungen, deren Arbeitsqualität mehr oder weniger durch die Streubarkeit der verschiedenen Düngersorten beeinflußt wird. Die einfacheren und billigeren Ausführungen erfüllen nur einen Teil der im Abschn. A, a bis h, genannten Forderungen.

Abb. 32. Wurfwalzenstreuer. Querschnitt durch den Vorratskasten; Regulierung der Streumenge durch Veränderung der Hubgeschwindigkeit des Kastenbodens

Wurfwalzenstreuer. Die Funktion dieser seit langem bekannten Streuvorrichtung weicht insofern von der heute allgemein üblichen ab, als der Dünger nicht unten aus dem Kasten entnommen wird, sondern oben (Abb. 32). Der Kastenboden wird mitsamt dem Düngervorrat entsprechend dem Fahrweg gleichmäßig gehoben, so daß die oben befindliche Wurfwalze zwangsläufig pro Flächeneinheit dieselbe Düngermenge ausbringt, ohne daß die Präzision der Streuarbeit durch die Streufähigkeit des Düngers beeinflußt wird. Technologisch gesehen ist es grundsätzlich richtig, den Dünger von oben aus dem Kasten zu entnehmen, weil in diesem Falle seine physikalisch ungünstigen Eigenschaften nur in beschränktem Umfange zu Störungen führen können. Z. B. sind Brückenbildungen und Verstopfungen nicht möglich. Der Wurfwalzen-Mechanismus hat sich trotzdem nicht in größerem Umfange in der Praxis durchgesetzt, weil gewisse technische Mängel, wie z. B. Undichtwerden des langen Streukastens, sich bis jetzt praktisch nicht beseitigen ließen.

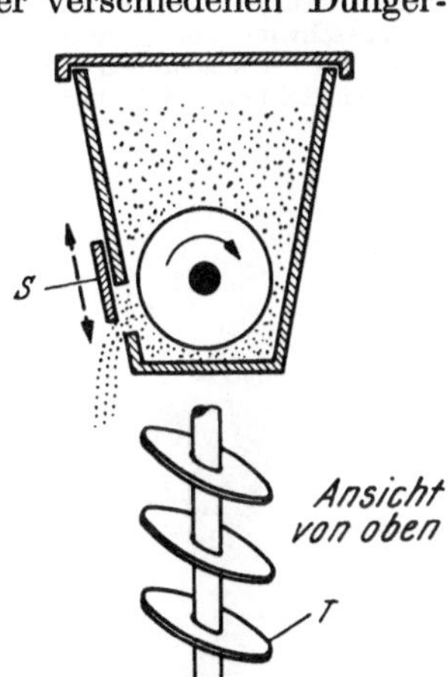

Abb. 33. Schlitzstreuer. Querschnitt durch den Vorratskasten und Ansicht von oben; Regulierung der Streumenge durch Einstellung des Schiebers S, d. h. durch Veränderung der Breite des Streuschlitzes. T Taumelscheiben

Schlitzstreuer. Eine der einfachsten Streuvorrichtungen ist der Schlitzstreuer (Abb. 33). Dicht über dem Boden des Vorratskastens befindet sich eine Welle mit schräggestellten Scheiben, genannt „Taumelscheiben“. Hinter der Taumelscheibenwelle hat der Kasten auf der ganzen Länge einen Schlitz, durch den die umlaufenden Taumelscheiben den Dünger herausschieben. Zwecks Veränderung der Streumenge läßt sich die Breite des Streuschlitzes mittels eines Schiebers verstellen. Schlitzstreuer sind einfach, billig und leichtzügig, eignen sich jedoch nur für gut streubare Düngersorten.

Kettenstreuer. Dieser besitzt eine umlaufende, endlose Kette, die mit schrägliegenden Streufingern ausgestattet ist (Abb. 34). Die Streufinger des oberen Kettentrums laufen in je einem Schlitz in der Vorder- und in der Rückwand des Streukastens, so daß der Dünger durch den hinteren Schlitz aus dem Kasten herausgeschoben wird.

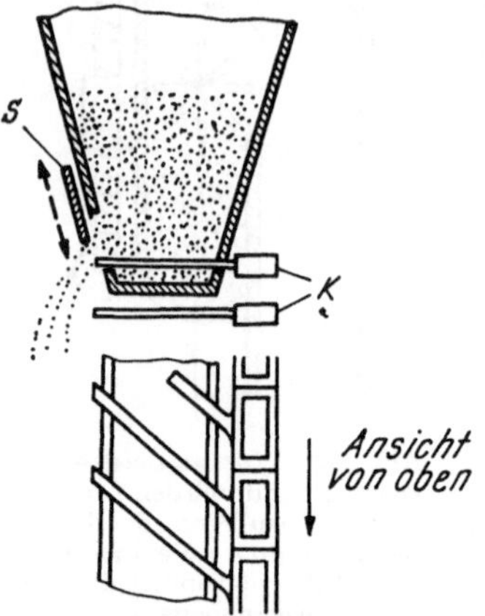

Abb. 34. Kettenstreuer. Querschnitt durch den Vorratskasten und Ansicht von oben; Regulierung der Streumenge durch Veränderung der Kettengeschwindigkeit und der Breite des Streuschlitzes mittels des einstellbaren Schiebers S

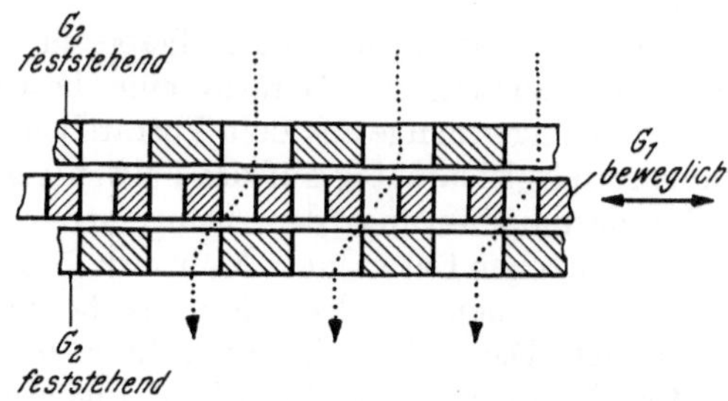

Abb. 35. Schiebegitterstreuer. Längsschnitt durch den Boden des Streuers; Einstellung der Streumenge durch Hubveränderung des Gitters G_1, das sich zwischen den beiden feststehenden Gittern G_2 hin- und herbewegt, ferner durch Auswechseln des beweglichen Gitters gegen ein anderes mit größeren oder kleineren Öffnungen

Abb. 36. Einspänniger Schiebegitter-Düngerstreuer. Links der Kurbeltrieb mit Kulisse und Schalthebel zum Antrieb und zur Hubverstellung des hinteren Schiebegitters. Zum Antrieb des vorderen Schiebegitters befindet sich ein gleichartiger Mechanismus an der Vorderwand des Vorratskastens. Beide Antriebe werden durch denselben Schalthebel eingestellt (Werkbild International Harvester Comp., Neuss a. Rh.)

Die Schlitzbreite ist zwecks Einstellung der Aufwandmenge mittels eines Schiebers verstellbar. Eine weitere Dosiermöglichkeit besteht in der Veränderung der Kettengeschwindigkeit durch Auswechseln von Zahnrädern des Antriebs-Wechselgetriebes. Klebender, klumpiger Dünger wird mit breit gestelltem

Streuschlitz und niedriger Kettengeschwindigkeit gestreut, trockener, rieselnder dagegen mit schmalem Schlitz und höherer Kettengeschwindigkeit.

Schiebegitterstreuer. Schiebegitterstreuer werden in mehreren verschiedenartigen Ausführungen hergestellt. Abb. 35 zeigt im Prinzip die Wirkungsweise eines in Amerika entwickelten Gerätes. Der Kastenboden besteht aus zwei übereinanderliegenden, feststehenden, gitterartig gelochten Blechen. Zwischen diesen sind zwei nebeneinanderliegende, gelochte Blechstreifen („Schiebegitter") quer zur Fahrtrichtung hin- und herbeweglich angeordnet. Die Durchgangsöffnungen des unteren und des oberen Bodenbleches liegen gegeneinander versetzt. Der Dünger, der durch die oberen Gitteröffnungen fällt, wird von den beweglichen Schiebegittern den unteren zugeschoben. Die Schiebegitter werden von Kurbeltrieben mit verstellbarem Hub angetrieben (Abb. 36, links). Entsprechend der eingestellten Größe

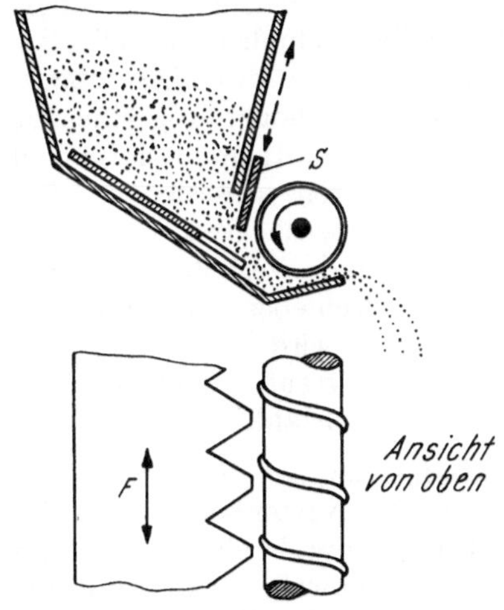

Abb. 37. Walzenmuldenstreuer. Querschnitt durch den Vorratskasten und Ansicht von oben; Regulierung der Streumenge durch Veränderung des Hubes des hin- und herbeweglichen Förderschiebers *F* bzw. durch Einstellung der Schlitzbreite mittels des Durchlaßschiebers *S*

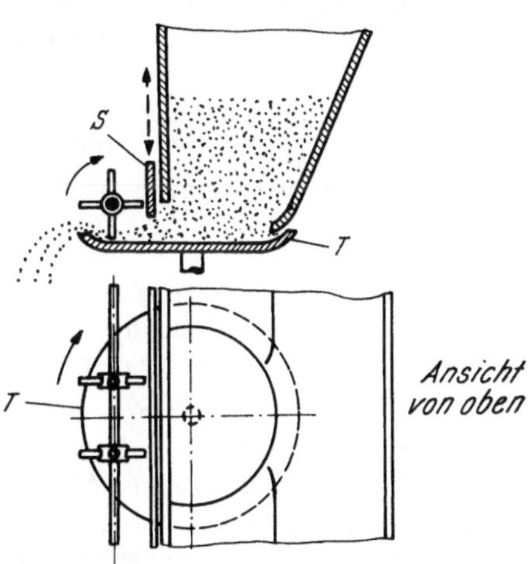

Abb. 38. Tellerstreuer. Querschnitt durch den Vorratskasten und Ansicht von oben; Regulierung der Streumenge durch Einstellung des Schiebers *S* und durch Veränderung der Drehzahl des Streutellers *T*

des Gitterhubes wird viel oder wenig Dünger aus dem Kasten gefördert. Die Antriebskurbeln der beiden Gitter sind um 90° gegeneinander versetzt, so daß niemals beide Gitter gleichzeitig in den Totpunkten stehen und Fehlstellen vermieden werden. Zum Streuen besonders kleiner Düngermengen lassen sich die normalen Schiebegitter gegen solche mit kleinerer Lochung austauschen.

Bei einer anderen nach dem Schieberprinzip arbeitenden Streuvorrichtung führt das bewegliche Gitter eine kreisende Bewegung aus. Es gibt ferner noch Schieberstreuer, bei denen die Durchlaßöffnungen des Kastenbodens verstellbar sind. Auf dem Gitterboden liegt eine hin- und herbewegliche Schieberstange mit horizontalen, winkelrecht angesetzten Fingern, die den Dünger durch die Bodenöffnungen austrägt. Der Hub der Schieberstange ist verstellbar.

Walzenmuldenstreuer. Auf dem schräggestellten Kastenboden (Abb. 37) liegt ein hin- und herbeweglicher Förderschieber aus Stahlblech, der den Dünger durch einen Schlitz in die dahinter liegende Mulde fördert. In der Mulde läuft eine Walze mit schraubenförmiger Oberfläche, die den Dünger aus der Mulde auf das Feld streut. Die Streumenge läßt sich regulieren mit dem Durchlaßschieber, der zwischen Förderschieber und Streuwalze angeordnet ist, und durch Verändern des Hubes des Förderschiebers. Die Walzenmulden-Streuvorrichtung bringt in hängigem Gelände bei der Bergfahrt mehr Dünger aus als bei der Talfahrt. Das Gerät wird daher in einer anderen Ausführung auch mit zwei Streuvorrichtungen hergestellt, von denen die eine, wie üblich, nach hinten, die andere nach vorn streut, so daß sich am Hang die Dosierungsfehler aufheben. Dieses Zwillingsgerät läßt sich auch als Zweisorten-Düngerstreuer verwenden, wenn in den Streukasten eine Mittelwand eingesetzt wird.

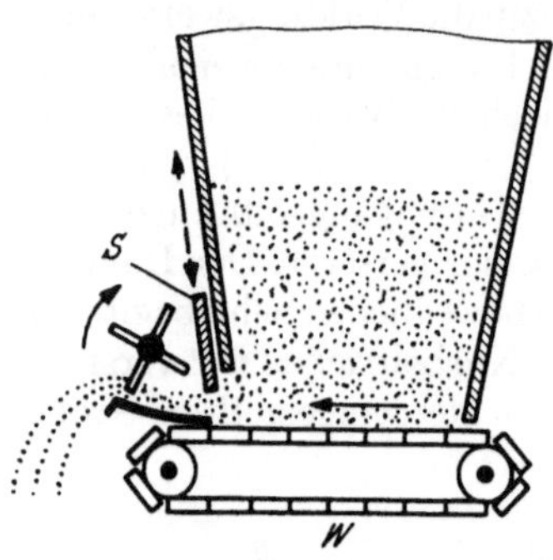

Abb. 39. Wanderbodenstreuer. Querschnitt durch den Vorratskasten; Einstellung der Streumenge durch Veränderung der Streuschlitzbreite mittels des Schiebers *S* bzw. durch die Geschwindigkeit des Wanderbodens *W*

Tellerstreuer. Der Tellerstreuer (Abb. 38) ist ein Streusystem, das in den letzten Jahren größere Verbreitung gefunden hat. Der Kastenboden hat über seine gesamte Länge große, halbrunde Öffnungen, unter denen sich langsam umlaufende „Streuteller" befinden. Die Teller liegen etwa zur Hälfte außerhalb des Kastenbodens, unmittelbar darüber läuft hochtourig eine Welle mit Streufingern oder -sternen. Der von den Tellern aus dem Kasten geförderte Dünger wird durch die Streusterne von den Tellerflächen abgeworfen und verteilt. Die Streumenge wird reguliert mittels verstellbarer Durchlaßschieber und durch Veränderung der Tellerdrehzahl. Rieselnder Dünger wird mit enggestellen Durchlaßöffnungen und großer Tellerdrehzahl gestreut, backender mit größereren Durchlaßöffnungen und kleiner Tellerdrehzahl.

Wanderbodenstreuer. Als letzter Streumechanismus der Kastenstreuer sei noch der Wanderbodenstreuer (Abb. 39) genannt. Der Kastenboden wird durch ein endloses Förderband gebildet, das den Dünger durch einen einstellbaren Schlitz in den Bereich einer schnell umlaufenden Streuwelle bringt, die ihn in ähnlicher Weise abwirft, wie es beim Tellerstreuer geschieht. Die Aufwandmenge wird durch Veränderung der Geschwindigkeit des Förderbandes und durch Einstellung des Durchlaßschiebers reguliert.

Allgemeines. Es gibt noch eine Reihe von Zusatzeinrichtungen, die zur Verbesserung der Streuarbeit und der Betriebssicherheit dienen und in gleicher oder geringfügig unterschiedlicher Ausführung an mehreren verschiedenartigen Streuvorrichtungen vorkommen. Die meisten Kastenstreuer sind mit einem Rührwerk ausgerüstet, das die sogenannte „Brückenbildung", die zur Unterbrechung des Streuvorganges führt, verhindern soll. Das Rührwerk kann aus einem Rührschieber, einem Rührrechen oder einer Rührwelle bestehen. Durch Sicherheitskupplungen (Rutschkupplungen) wird verhindert, daß die Antriebszahnräder und sonstige Antriebsorgane überlastet werden, wenn der Streuapparat durch Düngerklumpen oder Fremdkörper blockiert ist. Bei Kastenstreuern von größerer Arbeitsbreite, insbesondere bei Großflächenstreuern, ist die Streuvorrichtung häufig in der Mitte geteilt, und jede Hälfte wird von einem Fahrrade angetrieben. Hierdurch wird der Antriebsmechanismus entlastet und die Streuarbeit beim Kurvenfahren verbessert. Durch Windschutzbretter, die fallweise am Streukasten befestigt werden können, läßt sich die Einwirkung des Windes insbesondere auf staubförmige Düngersorten weitgehend vermindern. Wenn der Dünger in Reihen gestreut werden soll, wird zusätzlich ein Leitapparat aus Blech oder Holz, eine sogenannte Reihenstreuvorrichtung, verwendet.

D. Die Streuvorrichtung des Schleuderstreuers

Es gibt zwei Arten von Schleuder-Streuvorrichtungen. Der sogenannte „Pendelstreuer“ ist mit einem nach hinten gerichteten, etwa horizontal liegenden Rohr ausgerüstet, das schnell hin- und herpendelt. Der durch dieses „Wurfrohr“ laufende Dünger wird infolge der Pendelbewegung seitwärts und nach hinten ausgestreut. Pendelstreuer werden zur Zeit nur selten verwendet.

Die zweite, allgemein verbreitete Schleuderstreuvorrichtung ist die Schleuderscheibe. Der Schleuderscheibenstreuer — in der Praxis meist „Schleuderstreuer“ genannt — besteht aus einem kegelförmigen Vorratsbehälter (Abb. 40), der unten eine mittels eines Schiebers einstellbare Durchlaßöffnung hat. Durch diese gelangt der Dünger auf eine horizontal liegende, schnell umlaufende, meist ebene Schleuderscheibe, auf deren Oberseite sich zwei bis zwölf etwa radial liegende Schaufeln (Wurfleisten) befinden. Durch ein, in Fahrtrichtung gesehen, vorn angebrachtes Prallblech wird erreicht, daß der von den Schaufeln fortgeschleuderte Dünger halbkreisförmig nach hinten gestreut wird. Die Durchlaßöffnung kann zentral oder exzentrisch über der Schleuderscheibe liegen. Der Scheibendurchmesser beträgt 300 bis 800 mm, die Umfangsgeschwindigkeit 9 bis 17 m/s.

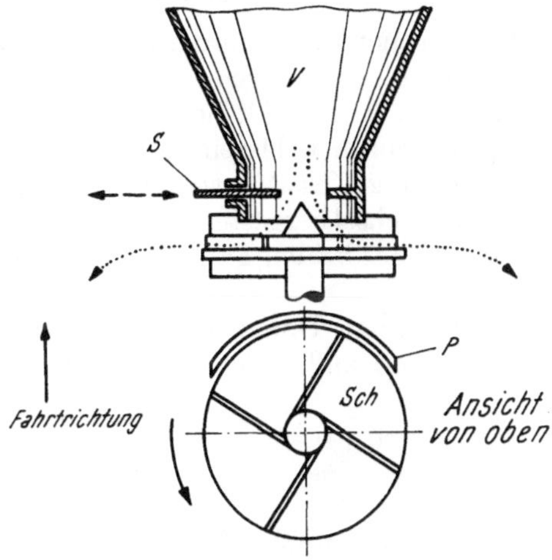

Abb. 40. Schleuderstreuer. Querschnitt durch den Vorratsbehälter *V* und Ansicht von oben; Regulierung der Streumenge durch Einstellung des Schiebers *S*. *P* Prallblech, *Sch* Schleuderscheibe

Im Vorratsbehälter befindet sich ein Rührwerk, welches verhindern soll, daß infolge „Brückenbildung“, die bei besonders feinkörnigem oder feuchtem Dünger sehr leicht eintritt, die Mengenleistung des Gerätes ungleichmäßig wird. Die Mengenleistung (kg/min) ist nach Hollmann (1963) abhängig von der Korngröße des Düngers und vom Querschnitt der Durchgangsöffnung. Bei ein und demselben Durchgangsquerschnitt ist die Mengenleistung um so größer, je kleiner die Korngröße ist.

Die Wurfweite, d. h. die halbe Streubreite, richtet sich nach der kinetischen Energie, mit welcher die Düngerteilchen von der Scheibe abgeschleudert werden, ferner nach dem Widerstand, den ihnen die Luft entgegensetzt und nach der Höhenlage der Schleuderscheibe über dem Boden. Die je Flächeneinheit auf dem Felde abgelagerte Düngermenge nimmt nach den Seiten des bestreuten Streifens ab. Zum Zwecke einer möglichst gleichmäßigen Düngerverteilung ist also beim Fahren darauf zu achten, daß die Streustreifen sich an den Rändern überdecken. Der Abstand zwischen zwei nebeneinander liegenden Durchfahrten, gemessen quer zur Fahrtrichtung von Schleppermitte zu Schleppermitte, ist die „Arbeitsbreite“, auch „optimale Streubreite“ genannt.

Nach Untersuchungen von Hollmann (1963) hängt die Arbeitsbreite ab von der Umfangsgeschwindigkeit der Schleuderscheibe, von der eingestellten Mengenleistung und von der Korngröße des Düngers. Die Höhenlage der Schleuderscheibe ist nur bei grobkörnigen Düngersorten von Bedeutung. Die Arbeitsbreite beim Streuen feinkörnigen Düngers (unter 0,5 mm Korngröße) ist nur etwa halb so groß wie beim Streuen grobkörnigen Düngers (über 1,5 mm Korngröße). Praktisch werden Streubreiten von 14 m und darüber erreicht, aus denen sich Arbeitsbreiten bis zu 10 m ergeben. Durch Verwendung von Spurreißern kann auf dem Felde das Fahren in der richtigen Arbeitsbreite erleichtert werden.

Zum Ausbringen staubförmiger Düngemittel ist der Schleuderstreuer nur bedingt geeignet. Die Arbeitsbreite ist kleiner, und die Gleichmäßigkeit der Verteilung kann durch Windeinwirkung erheblich verschlechtert werden.

Grobkörnige Düngerteilchen von geringer Kornfestigkeit können von den Wurfschaufeln des Schleuderrades teilweise zerschlagen und zerstäubt werden. Hierdurch entstehen ähnliche Nachteile wie beim Streuen staubförmiger Düngersorten.

E. Bauarten von Düngerstreuern

Entsprechend den Forderungen der landwirtschaftlichen Praxis, die in erster Linie bedingt sind durch die Größe der Betriebe und den Stand der Mechanisierung, gibt es eine Reihe typischer Düngerstreuerbauarten, die sich in sieben Gruppen einordnen lassen (Tab. 3).

Einspännige Kastenstreuer (Tab. 3, Nr. 1) werden als einachsige Geräte mit Gabeldeichsel hergestellt für Arbeitsbreiten von 1,75, 2,00 und 2,50 m (Abb. 36). Die Achsen der beiden Fahrräder befinden sich an den Giebelwänden des Vorratskastens.

Zweispännige Düngerstreuer und Schlepper-Anhängestreuer (Tab. 3, Nr. 2 und 3) haben außer den beiden Haupträdern, die den Vorratskasten tragen,

Abb. 41. Gespann-Düngerstreuer mit Vorderwagen. Streuvorrichtung: Walzenmuldenstreuer, s. Abb. 37 (Werkbild Amazonenwerk H. Dreyer, Gaste, Kr. Osnabrück)

noch einen Vorderwagen, der zum Abstützen und zum Lenken des Gerätes dient (Abb. 41). Der Vorderwagen ist entweder mit einer Zweispännerdeichsel oder — für den Schlepperbetrieb — mit einer Zugstange ausgerüstet.

Schlepper-Aufsattelstreuer (Tab. 3, Nr. 4) unterscheiden sich von Schlepper-Anhängestreuern dadurch, daß sie keinen Vorderwagen besitzen. Sie werden mittels einer am Gerät befindlichen Zugstange an die Zugvorrichtung des Schleppers gehängt (Abb. 42).

Schlepper-Aufsattelstreuer sowie zweispännige Düngerstreuer und Schlepper-Anhängestreuer werden mit Arbeitsbreiten von etwa 2,8 bis 5,4 m hergestellt. Für den Straßentransport müssen sie daher auf „Langfahrt" umgestellt werden. Dies kann auf zweierlei Art geschehen: Liegen die Haupträder rechts und links neben dem Vorratskasten, so werden sie von den Achsen abgezogen und an eine quer unter dem Kasten angebrachte Hilfsachse gesteckt (Abb. 42 und 43). Der Vorratskasten wird mit einem Ende an der Zugvorrichtung des Schleppers

Abb. 42. Schlepper-Aufsattelstreuer. Streuvorrichtung: Tellerstreuer, s. Abb. 38. Hinter dem Vorratskasten ist die Hilfsachse sichtbar, die zum Umstellen der Maschine auf „Langfahrt" benötigt wird (Werkbild de Saint Hubert, Orp le Grand, Belgien)

Abb. 43. Schlepper-Aufsattelstreuer (Tellerstreuer). Die in Abb. 42 dargestellte Maschine ist durch Umstecken der Fahrräder auf die Hilfsachse umgerüstet worden zur Straßenfahrt (Langfahrstellung) (Werkbild de Saint Hubert, Orp le Grand, Belgien)

Abb. 44. Schlepper-Aufsattelstreuer in Arbeitsstellung. Die Fahrräder liegen unter dem Vorratskasten. Streuvorrichtung: Tellerstreuer. Der Vorratskasten ist für die Großflächenarbeit mit zusätzlicher Ladepritsche ausgerüstet

befestigt, bei zweispännigen Düngerstreuern bzw. Schlepper-Anhängestreuern an dem Vorderwagen. Einfacher ist die Umstellung auf Langfahrt bei einem Kastenstreuer, dessen Fahrräder *unterhalb* des Kastens liegen (Abb. 44 und 45).

Abb. 45. Schlepper-Aufsattelstreuer in Langfahrstellung. Die in Abb. 44 dargestellte Maschine ist zur Straßenfahrt umgerüstet worden. Der auf dem Fahrgestell drehbar angeordnete Vorratskasten wurde um 90° geschwenkt

Der Vorratskasten ist bei diesem Gerät auf dem Fahrgestell drehbar gelagert um seine senkrechte Mittelachse, so daß er lediglich um 90° zu schwenken und in der neuen Lage zu arretieren ist.

Abb. 46. Tellerdüngerstreuer als Front-Anbaugerät an einem Geräteträger. Die Streuvorrichtung wird wegegebunden durch die vordere Zapfwelle angetrieben (Werkbild VEB Landmaschinenbau Barth)

Anbau-Düngerstreuer für Schlepper oder Geräteträger (Abb. 46) haben gewöhnlich eine Arbeitsbreite von nur 2,5 m (Tab. 3, Nr. 5). Trotzdem kann man mit ihnen beachtliche Leistungen erzielen, da die Fahrgeschwindigkeit größer ist als beim Pferdezug. Die relativ geringe Arbeitsbreite verursacht etwas mehr Zeitverlust pro ha bestreuter Fläche wegen des häufigeren Nachfüllens des Streukastens. Man benutzt daher vorteilhaft einen Geräteträger mit Ladepritsche, auf der sich ein größerer Düngervorrat mitnehmen läßt. Auf diese Weise wird gleichzeitig eine arbeitswirtschaftlich günstige Düngung längerer Felder ermöglicht.

Tabelle 3. *Düngerstreuer-Typenübersicht*

Nr.	Energiequelle	Bauweise	Antrieb der Streuvorrichtung	Arbeitsbreite etwa	Bemerkungen
1	Zugtier, einspännig	Kastenstreuer, zwei Laufräder, Gabeldeichsel	Bodenantrieb	bis 2,50 m	
2	Zugtier, zweispännig	Kastenstreuer, zwei Laufräder und Vorderwagen	Bodenantrieb	bis 4,00 m	Für Straßentransport umstellbar auf Langfahrt
3	Schlepper	Kastenstreuer, Anhängegerät, zwei Laufräder und Vorderwagen	Bodenantrieb	bis 5,40 m	Für Straßentransport umstellbar auf Langfahrt, eventuell Zusatzkasten oder Ladepritsche für vergrößerte Ladung (Großflächenstreuer, Kalkstreuer)
4	desgleichen	Kastenstreuer, Aufsattelgerät, zwei Laufräder, Zugstange	Bodenantrieb	bis 5,40 m	
5	Schlepper oder Geräteträger	Kastenstreuer, Anbaugerät	Wege-Zapfwelle oder Schleppertriebrad oder Schlepperlaufrad	bis 2,50 m	
6	desgleichen	Schleuderstreuer, Anbaugerät	Normzapfwelle	bis 10 m; mit Streuhaube bis 4 m	Ältere Bauweise: Aufsattelgerät mit Bodenantrieb
7	desgleichen	Schleuderstreuer, Aufsattelgerät	Bodenantrieb für Dosiervorrichtung, Normzapfwelle für Schleuderscheibe, oder Normzapfwelle für beides	desgleichen	Mit großem Laderaum auch als Kalkstreuer geeignet

Schleuderstreuer werden grundsätzlich in zwei verschiedenen Bauarten hergestellt (Tab. 3, Nr. 6 und 7):

1. Aufsattelstreuer,
2. Anbaustreuer.

Die ältere Bauart ist der (einachsige) Aufsattelstreuer mit Bodenantrieb (Abb. 47), der außer zum Mineraldüngerstreuen auch zum Kalkstreuen, zum Stallmiststreuen (Abb. 16) und zum Jaucheverteilen (Abb. 30) benutzt werden kann.

Abb. 47. Aufsattel-Schleuderstreuer mit Bodenantrieb. Das Gerät kann auch zum Stallmiststreuen oder zur Jaucheverteilung (Abb. 30, S. 55) benutzt werden

Die Arbeitsbreite des bodengetriebenen Schleuderstreuers ist abhängig von der Fahrgeschwindigkeit, da die Drehzahl der Schleuderscheibe sich mit der Fahrgeschwindigkeit ändert. Wenn sich bei der Streuarbeit der Schlupf der Antriebsräder infolge größerer Glätte der Bodenoberfläche oder stärkerer Belastung der Schleuderscheibe vergrößert, so sinkt die Drehzahl der Scheibe, und die Arbeitsbreite wird kleiner.

Bodengetriebene Streuer werden meist hinter den Ackerwagen gehängt und von dort aus von Hand mit Streugut beschickt, ähnlich wie in Abb. 16 dargestellt ist. Die pro Flächeneinheit ausgebrachte Menge (Aufwandmenge) ist also weitgehend von der Handbeschickung abhängig. Der bodengetriebene Schleuderstreuer kann somit keine hohen Ansprüche an die Gleichmäßigkeit der Düngerverteilung erfüllen. Er wird heute teilweise noch zum Kalkstreuen verwendet.

Der Aufsattel-Schleuderstreuer mit Zapfwellenantrieb (Tab. 3, Nr. 7) erfüllt die technologischen Forderungen wesentlich besser. Er wird mit zwei verschiedenen Antriebsarten hergestellt. In jedem Falle wird die Schleuderscheibe über ein Zahnradvorgelege von der Normzapfwelle des Schleppers angetrieben. Hierdurch wird eine gleichmäßige Arbeitsbreite gewährleistet.

Die Dosiervorrichtung (bzw. das Rührwerk) kann entweder ebenfalls von der Normzapfwelle angetrieben werden oder man verwendet einen Bodenantrieb, ausgehend von den Laufrädern des Gerätes. Im ersteren Falle ist die Aufwandmenge sowohl von der Einstellung des Dosierschiebers als auch von der Fahrgeschwindigkeit abhängig, im letzteren wirkt sich die Fahrgeschwindigkeit weniger auf die Aufwandmenge aus. Die Dosier- oder Rührvorrichtung kann gleichzeitig als Mahl- und Mischwerk ausgebildet werden, so daß zwei Düngersorten gleichzeitig gemischt und gestreut werden können.

In zunehmendem Umfange werden die Schleuderstreuer heute als Schlepper-Anbaugeräte mit Anschluß an die Dreipunkthydraulik verwendet (Abb. 48; Tab. 3, Nr. 6). Sowohl das Dosier- und Rührwerk als auch die Schleuderscheibe

Abb. 48. Anbau-Schleuderstreuer an der Dreipunkthydraulik eines Schleppers. Das Gerät wird durch die Normzapfwelle angetrieben (Werkbild Fr. Burkert & Co., Gerabronn, Württ.)

werden bei diesen Geräten von der Normzapfwelle angetrieben. Die Fahrgeschwindigkeit ist also bei der Einstellung der Aufwandmenge zu berücksichtigen.

Zwecks Verbesserung der Düngerverteilung über die Arbeitsbreite kann man eine „Streuhaube" verwenden (Abb. 49), welche die Arbeitsbreite auf etwa 4 m begrenzt. Sie dient gleichzeitig als Windschutz. Streuhauben werden vielfach zum Kalkstreuen benutzt.

Die Aufwandmengen, die von den üblichen Schleuderstreuern ausgebracht werden können, sind einstellbar zwischen 50 und 900 kg/ha, die Fahrgeschwindigkeiten liegen zwischen 5 und 10 km/h.

Abb. 49. Anbau-Schleuderstreuer mit Streuhaube. Die Seitenteile der Streuhaube können bei der Berührung von Hindernissen federnd nachgeben

F. Betrieb und Wartung der Düngerstreuer

Die Aufwandmenge des auszubringenden Düngers (kg/ha) wird an der Maschine grundsätzlich nach der Streutabelle eingestellt, die in der Betriebsanleitung enthalten ist. Da die Streueigenschaften ein und derselben Düngersorte unterschiedlich und veränderlich sind, stimmt die wirklich ausgebrachte Düngermenge meistens nicht mit der nach der Tabelle eingestellten überein. Die Einstellung läßt sich durch einen Streuversuch im Stand (Abdrehversuch) korrigieren. Der Abdrehversuch wird — beispielsweise mit einem bodenangetriebenen Kastenstreuer — wie folgt durchgeführt:

a) Einstellen der Maschine nach Tabelle;

b) Aufbocken des Düngerstreuers an der Triebradseite, so daß das Triebrad (Fahrrad) frei drehbar ist;

c) Füllen des Vorratskastens mit Dünger;

d) Abdrehen des Triebrades mit einer bestimmten Zahl von Umdrehungen und derselben Geschwindigkeit, mit der es auch auf dem Acker laufen würde;

e) Wiegen der beim Abdrehen ausgebrachten Düngermenge.

Es sei

D = Durchmesser des Fahrrades (m),
b = Arbeitsbreite der Maschine (m),
z = Zahl der Radumdrehungen beim Abdrehversuch,
f = Feldfläche, die bei einer Umdrehung überfahren werden würde (ha),
F = Feldfläche, die bei z Fahrradumdrehungen überfahren werden würde (ha),
G = Gewicht (Masse) des beim Abdrehen ausgebrachten Düngers (kg),
Q = Aufwandmenge (kg/ha).

Bei einer Fahrradumdrehung würde eine Feldfläche f = Radumfang mal Arbeitsbreite, geteilt durch 10000, überfahren und bestreut werden, also bei z Umdrehungen die Fläche

$$F = z\,f$$

$$F = \frac{z\,D\,\pi\,b}{10000}\ \text{(ha)}.$$

Auf diese Fläche würden G kg Dünger gestreut werden. Die pro ha ausgebrachte Aufwandmenge würde somit

$$Q = \frac{\text{Düngermenge}}{\text{bestreute Fläche}}\ \text{oder}$$

$$Q = \frac{G\,10000}{z\,D\,\pi\,b}\ \text{(kg/ha) betragen.}$$

Die Zahl der auszuführenden Radumdrehungen z kann beliebig gewählt werden, darf jedoch im Interesse der Zuverlässigkeit des Abdrehversuches nicht zu klein sein. Sie sollte etwa 15 bis 50 Umdrehungen betragen. Die Umfangsgeschwindigkeit des Fahrrades muß beim Versuch möglichst genau so groß sein wie bei der Feldarbeit, also etwa gleich der Fahrgeschwindigkeit. Es sei

v = Fahrgeschwindigkeit (km/h)

t = Zeit für eine Fahrradumdrehung (s)

Der pro Radumdrehung zurückgelegte Fahrweg der Maschine ist etwa gleich dem Radumfang. Es ist also

$$v = \frac{D\,\pi\,3600}{t\,1000}\ \text{(km/h)},$$

mithin die Zeit für eine Fahrradumdrehung

$$t = \frac{D\,\pi\,3{,}6}{v}\ \text{(s)}.$$

Je nach Abweichung der beim Abdrehversuch festgestellten Aufwandmenge von der Sollmenge ist die Einstellung der Maschine zu berichtigen. Größere Düngerstreuer sind mitunter so konstruiert, daß man sie mit einer Handkurbel abdrehen kann, ohne das Fahrrad zu benutzen. Die Zahl der Kurbelumdrehungen, die einer bestimmten Feldfläche entspricht, z. B. F=0,01, 0,05, 0,1 usw. ha,

ist in der Betriebsanleitung angegeben. Die Umrechnung der beim Versuch ausgebrachten Düngermenge G (kg) in die Aufwandmenge Q (kg/ha) erfolgt grundsätzlich in gleicher Weise wie vorher. Sie ist

$$Q = \frac{G}{F} \text{ (kg/ha)}.$$

Will man die von einem zapfwellengetriebenen Düngerstreuer ausgebrachte Aufwandmenge durch einen Streuversuch im Stand feststellen, so ist die Zeit zu messen, während der G kg Dünger ausgebracht werden. Die Zapfwellendrehzahl muß die gleiche sein wie bei der Feldarbeit, desgleichen ist in die Rechnung die für die Arbeit auf dem Acker vorgesehene Fahrgeschwindigkeit einzusetzen. Ist

T = Zeitaufwand (s) zum Ausbringen von G kg Dünger
v = Fahrgeschwindigkeit, die für die Feldarbeit vorgesehen ist (km/h),

so ist die Aufwandmenge

$$Q = \frac{36000\,G}{b\,v\,T} \text{ (kg/ha)}.$$

Am genauesten läßt sich die Einstellung der Aufwandmenge durch eine Probefahrt auf dem Felde nachprüfen. Der Vorratsbehälter wird bis zum Rande gefüllt, anschließend wird ein Feldstreifen von bekannter Länge L (m) bestreut und das Gewicht G (kg) der Düngermenge bestimmt, mit welcher der Vorratsbehälter wieder aufzufüllen ist. Die ausgebrachte Aufwandmenge ist

$$Q = \frac{G\,10000}{L\,b} \text{ (kg/ha)}.$$

Beim Einsatz des Düngerstreuers auf größeren Feldern bzw. beim Ausbringen großer Aufwandmengen ist zu berücksichtigen, daß eine Kastenfüllung mindestens zu einer Hin- und Rückfahrt reichen muß, damit die Maschine stets an derselben Seite des Feldes nachgefüllt werden kann. Die größtzulässige Länge des Feldes läßt sich unter dieser Voraussetzung wie folgt berechnen:

Es sei R = Rauminhalt des Vorratskastens (dm^3)
L_m = maximale Feldlänge (m)
γ = Raumgewicht des Düngers (kg/dm^3).

Wenn bei einer Hin- und Rückfahrt der gesamte Düngervorrat verbraucht wird, d. h. wenn ein Feld von der maximalen Länge L_m bestreut wird, dann ist

$$Q = \frac{\text{Gewicht des Düngervorrates mal 10000}}{\text{bestreute Feldfläche}}$$

oder

$$Q = \frac{R\,\gamma\,10000}{2\,b\,L_m}$$

mithin

$$L_m = \frac{R\,\gamma\,5000}{b\,Q} \text{ (m)}.$$

Die Raumgewichte der üblichen Düngersorten sind in Tab. 4 zusammengestellt.

Tabelle 4. *Raumgewichte von Düngemitteln*
(nach Brockhaus, ABC der Landwirtschaft. Leipzig: Brockhaus. 1958)

Düngersorte	Raumgewicht kg/dm³	Düngersorte	Raumgewicht kg/dm³
Schwefelsaures Ammoniak.	0,90	Kalidüngesalze	1,10
Natronsalpeter...........	1,10	Superphosphat.........	0,80
Leunasalpeter	0,90	Thomasmehl	2,10
Kalkstickstoff	0,95	Kalk, gebrannt	1,60
Kaliammonsalpeter.......	0,95	Kalk, gelöscht	1,10
Kalkammonsalpeter	1,05		

Das Fassungsvermögen der Vorratsbehälter von Kastenstreuern liegt etwa zwischen 60 und 100 Litern pro Meter Streubreite.

Die Flächenleistung der Düngerstreuer ist in erster Linie von folgenden Faktoren abhängig:

a) Aufwandmenge
b) Arbeitsbreite
c) Fassungsvermögen des Vorratsbehälters
d) Fahrgeschwindigkeit
e) Wendezeit am Feldrand
f) Beladezeit
g) Feldlänge
h) Form des Feldes
i) Störungen

Während jeder der Faktoren a) bis f) eine bestimmte Größe hat bzw. willkürlich gewählt werden kann, sind die Faktoren g) und h) agronomisch bedingt, ihre Größe wechselt von Fall zu Fall. Der Faktor i) ist nur schätzungsweise erfaßbar. Eine genaue Vorausberechnung der Flächenleistung ist nur möglich, wenn die Größe aller Faktoren bekannt ist. Näherungsweise kann man annehmen, daß die Flächenleistung eines Gespanndüngerstreuers von 2,5 m Arbeitsbreite etwa 0,5 bis 0,6 ha/h beträgt. Ein Schlepper-Anhängestreuer von 5 m Arbeitsbreite leistet im Durchschnitt 1,2 ha/h, ein Schleuderstreuer je nach Düngerart und Fahrgeschwindigkeit 1 bis 4 ha/h.

G. Wartung und Instandhaltung

Während der Einsatzzeit ist die Maschine täglich zu entleeren und grob zu reinigen, die beweglichen Teile sind nach Schmierplan abzuschmieren. Bei der Straßenfahrt soll der Vorratskasten leer sein, weil andernfalls der im Kasten befindliche Dünger fest zusammengerüttelt werden würde. Dies könnte zu Beschädigungen der Streuvorrichtung oder der Antriebsorgane führen. Der normale Düngerstreuer soll nicht als Transportmittel für gefüllte Düngersäcke benutzt werden, weil das Fahrgestell überlastet werden würde und der Streukasten sich verziehen könnte.

Nach Abschluß der Streukampagne ist der Streumechanismus, soweit es in der Betriebsanleitung empfohlen wird, zu zerlegen. Die Einzelteile sind in heißem Wasser, dem ein Reinigungsmittel zugesetzt ist, zu reinigen und nach dem Trocknen am besten in Altöl aufzubewahren, um nachträgliches Rosten zu verhindern. Vorratskasten und Fahrgestell werden zweckmäßig mit Wasser abgespritzt und nach dem Trocknen nötigenfalls mit einem neuen Farbanstrich versehen. Verhärtete Düngerreste müssen gegebenenfalls mittels Spachtels oder Drahtbürste restlos entfernt werden. Alle Metallteile, die keinen Farbanstrich erhalten, sind mit Öl oder Fett zu konservieren. Abgenutzte Maschinenteile sind zu ersetzen, verzogene können eventuell wieder gerichtet werden. Die Maschine bleibt bis zur nächsten Streuzeit am besten in zerlegtem Zustande.

Literatur

BUCHNER, A.: Zur Streufähigkeit gekörnter Düngemittel. Mitt. Dtsch. Landwirtsch. Ges. **1961**, 61.

CROWTHER, A. J.: Verteilung von granuliertem Dünger durch eine Schleuderscheibe. J. Agric. Engng. Res. **1958**, 288.

KAMES, K.: Mineraldüngerstreuer — Großflächenstreuer. Dtsch. Agrartechn. **1958**, 76, 227. — KÖHLER, H. J.: Schleuderstreuer-Konstruktionen. Landtechn. Forsch. **1960**, 22.

RID, H.: Kastenstreuer oder Schleuderstreuer. Dtsch. Landtechn. Z. **1960**, 457.

HOLLMANN, W., und A. MATHES: Untersuchungen an Schleuder-Düngerstreuern. Landtechn. Forsch. **1962**, 179, und **1963**, 17.

4. Geräte zur Düngung mit flüssigem Ammoniak bzw. konzentrierten, stickstoffhaltigen Lösungen

Siehe Abschnitt C, a, S. 96 bis 115

d) Düngung mit Flugzeugen

1. Allgemeines

Die Verwendung von Flugzeugen zum Ausbringen von Mineraldünger bietet gegenüber dem Einsatz von Bodengeräten im wesentlichen folgende Vorteile:

a) Der Arbeitsaufwand, ausgedrückt in Arbeitskraftstunden pro ha gedüngter Fläche (AKh/ha), beträgt etwa nur ein Drittel bis ein Viertel des Arbeitsaufwandes beim Bodengeräteeinsatz.

b) Es können weder Bodendruckschäden noch Pflanzenbeschädigungen durch Fahrspuren entstehen.

c) Das Flugzeug läßt sich einsetzen auf Flächen, die aus bestimmten Gründen für Bodengeräte nur schwer oder überhaupt nicht zugänglich sind, wie z. B. Felder oder Wiesen bei zu großer Bodenfeuchtigkeit, Flächen in Gebirgslagen, Felder mit zu hohem Pflanzenbestand, abgelassene Teiche usw.

d) Fallweise kann auch die Schlagkraft des aviotechnischen Verfahrens eine wesentliche Rolle spielen, z. B. wenn es sich darum handelt, bestimmte agrotechnische Termine einzuhalten.

Eine gewisse Schwäche des Flugzeugeinsatzes, mit der man z. B. bei der Schädlingsbekämpfung zu rechnen hat, nämlich die Windempfindlichkeit, macht sich beim Düngerstreuen weniger bemerkbar. Bei Windgeschwindigkeiten von 8 m/s ist das aviotechnische Düngerstreuen noch möglich (BITKOW 1956), bei 6 m/s liegt praktisch im allgemeinen die obere Grenze. Im übrigen dürften die witterungsbedingten Einsatzmöglichkeiten des Flugzeuges beim Düngerstreuen keinesfalls enger begrenzt sein als die des Bodengerätes.

Von entscheidender Bedeutung für die praktische Anwendung des aviotechnischen Düngerstreuens ist der Kostenaufwand. Ähnlich wie die Kosten des Bodengeräteeinsatzes auf der Basis der pro ha aufzuwendenden Schlepper- und Gerätestunden einschließlich der Bedienungspersonalstunden errechnet werden, stellt man die Kosten des Flugzeug-Düngerstreuens entsprechend der pro ha notwendigen Gesamtflugzeit fest.

Nach dem derzeitigen Stande der Technik kostet die Arbeitsstunde eines Landwirtschaftsflugzeuges mittlerer Größe einschließlich der personellen Kosten (Flugzeugführer und Bordmechaniker) d. h. eine „Flugstunde“, etwa 35- bis 40mal soviel wie die Arbeitsstunde eines Geräteträgers mit Anbaudüngerstreuer einschließlich des Traktoristenlohnes. Die ökonomische Konkurrenzfähigkeit des Düngeflugzeuges mit dem Bodengerät muß also durch besonders hohe Flächenleistung des ersteren herbeigeführt werden. Dies ist möglich, denn die Arbeitsgeschwindigkeit des Flugzeuges (100 bis 140 km/h) ist etwa 15- bis 20mal größer als die des Bodengerätes, die Arbeitsbreite, d. h. die Streubreite, je nach Größe der Maschine, 4- bis 8mal größer. Daraus würde sich eine 60- bis 160mal größere Flächenleistung ergeben, mit der die ökonomische Überlegenheit des Flugzeuges gesichert wäre.

Es besteht jedoch in wirtschaftlicher Hinsicht ein grundsätzlicher Unterschied zwischen Flugzeug und Bodengerät. Dieser liegt darin, daß die unproduktiven Arbeitszeitabschnitte des Flugzeugeinsatzes, d. h. die Zeiten für das Wenden am Feldrande und die Zeiten für den Hin- und Rückflug zwischen Beladeplatz und Feld verhältnismäßig viel größer sind als die entsprechenden Zeitanteile beim Bodengeräteeinsatz. Der Aufwand an unproduktiven Flugzeiten ist variabel je nach den vorliegenden technischen und agronomischen Bedingungen. Es kann also für einen ökonomischen Vergleich zwischen Flugzeug und Bodengerät keinen allgemein gültigen Maßstab geben. Indessen ist es möglich, für jeden speziellen Fall die Kosten des aviotechnischen Düngerstreuens im voraus rechnerisch zu ermitteln (s. Abschn. 8). Unabhängig vom Kostenaufwand ist stets mindestens einer der eingangs erwähnten betriebswirtschaftlichen Vorzüge des Flugzeugeinsatzes wirksam. In der Praxis wird daher das aviotechnische Düngerstreuen häufig auch dann angewandt, wenn die reinen Arbeitskosten höher liegen als beim Bodengeräteeinsatz.

Mineraldünger kann von Flugzeugen nicht nur in fester Form gestreut werden, sondern er läßt sich auch als Flüssigkeit verspritzen. Bitkow (1956) empfiehlt z. B. als Norm für die Kopfdüngung von Zuckerrüben eine 15%ige „Lösung von Chlorkalium und doppeltem Superphosphat", die in einer Aufwandmenge von 200 l/ha auszubringen ist, für Kartoffeln 180 l/ha eines 10%igen „Aufgusses" von Superphosphat. Vorwiegend wird beim aviotechnischen Düngen heute jedoch mit festen, streufähigen Düngemitteln gearbeitet.

2. Einige Flugzeugtypen

Ein Flugzeug, das zum Einsatz in der Land- bzw. Forstwirtschaft vorgesehen ist, soll folgenden Anforderungen genügen:

a) Geringe Start- und Landegeschwindigkeit
b) Kurze Start- und Landestrecke, maximal bis etwa 300 m
c) Große Sicherheit gegen Abrutschen in der Kurve und geringe Wendezeit
d) Gute Sicht vom Führersitz aus
e) Möglichst hohe Sicherheit für den Piloten bei Notlandungen
f) Gute Einbaumöglichkeit für die Spritz- bzw. Streuanlage
g) Einfache Wartung und Bedienung
h) Große Ladekapazität für Dünger bzw. Schädlingsbekämpfungsmittel, gute Voraussetzungen für mechanisiertes Beladen
i) Niedriger Flugstundenpreis.

In der Praxis werden für land- und forstwirtschaftliche Zwecke sowohl Starrflügel-Flugzeuge („Starrflügler") als auch Hubschrauber verwendet. Beide Flugzeugtypen unterscheiden sich grundsätzlich in mehrfacher Hinsicht. Der *Starrflügler* kann, bezogen auf die Motorleistung, eine größere Nutzlast befördern als der Hubschrauber, seine Wartung und Bedienung ist einfacher, seine Betriebskosten sind niedriger. Der besondere Vorzug des *Hubschraubers* liegt in seiner größeren Wendigkeit und in der Entbehrlichkeit einer Start- und Landebahn. Die Start- und Landefläche braucht maximal nur 50 mal 50 m groß zu sein, die Maschine kann unmittelbar auf dem Beladeplatz starten und landen. Der Hubschrauber ist also speziell zum Befliegen kleinerer Felder geeignet. Er wird bei der Arbeit kaum behindert durch Lufthindernisse wie z. B. Freileitungen, Baumreihen, Waldränder usw., im bergigen Gelände ist er flugtechnisch dem Starrflügler überlegen. Sein Einsatz ist nach dem derzeitigen Stande der Technik im Vergleich zum Starrflügler ökonomisch ungünstiger, wenn größere Mengen von Chemikalien auszubringen sind. Hubschrauber werden daher heute fast ausschließlich zur Schädlingsbekämpfung mit niedrigen Aufwandmengen benutzt. Starrflügler verwendet man sowohl zur Schädlingsbekämpfung als auch zum Düngerstreuen.

Einige charakteristische Starrflüglertypen, die zur Zeit zur aviotechnischen Düngung benutzt werden, sind in Tab. 5 zusammengestellt.

Tabelle 5

Nr.	Typenbezeichnung	Abb.	Hersteller	Motorleistung PS	Chemikalienladung	Bemerkungen
1	Agricola	63	Auster	240	650 (761)	Landwirtschaftliches Spezialflugzeug
2	An-2	68	UdSSR	850	1400	
3	Beaver	62	de Havilland	450	900	
4	Do 27	52 bis 55	Dornier	274	440 (590)	
5	L-60	58 bis 60	Avia	210	350	
6	Workmaster	56 und 57	Auster	180	455	

Obwohl zur Zeit noch viele ältere Flugzeugtypen, die ursprünglich nicht für landwirtschaftliche Zwecke entwickelt worden sind, in der Agrarluftfahrt verwendet werden und auch heute zum Teil noch solche Baumuster in der Serienfabrikation sind, die sowohl als Reiseflugzeuge als auch zum Düngen und zur Schädlingsbekämpfung dienen können, scheint sich der Schwerpunkt der Entwicklung in Richtung auf das Spezialflugzeug zu verlagern, denn die unter a) bis i) zusammengestellten Anforderungen sind nur teilweise vereinbar mit anderen als landwirtschaftlichen Einsatzbedingungen.

3. Die technische Ausrüstung von Flugzeugen zum Ausbringen von Düngemitteln

A. Spritzausrüstung

Die Spritzanlage eines Landwirtschaftsflugzeuges hat in der Hauptsache drei Aufgaben zu erfüllen:

1. Gleichmäßige Dosierung der in der Zeiteinheit ausgebrachten Flüssigkeitsmenge.

2. Verstellbarkeit der Dosierung innerhalb bestimmter Grenzen, die zur Zeit etwa zwischen 5 und 200 l/ha liegen.

3. Gleichmäßige Verteilung der verspritzten Flüssigkeit über die Flugstreifenbreite (im folgenden „Arbeitsbreite" genannt).

Eine Flugzeug-Spritzanlage besteht aus einem im Flugzeugrumpf untergebrachten Vorratsbehälter, einer Pumpe, den notwendigen Armaturen zum Absperren und Dosieren der Flüssigkeit und dem Spritzbalken mit den Spritzdüsen. Ferner ist eine Einrichtung vorhanden, die zum dauernden Umrühren des Behälterinhaltes dient, damit Suspensionen (Flüssigkeiten mit festen Schwebstoffen) sich nicht entmischen. Dies läßt sich in einfachster Weise dadurch erreichen, daß aus der Druckleitung der Pumpe ein kleiner Flüssigkeitsstrom in den Behälter zurückgeleitet wird (hydraulisches Rührwerk). Meist ist auch noch eine Schnellablaßvorrichtung vorhanden, mittels der man im Gefahrenfalle, z. B. vor einer Notlandung, den gesamten Behälterinhalt in kürzester Frist abwerfen kann (Abb. 50).

Abb. 50. Der Pilot einer Auster „Workmaster" betätigt die Schnellablaßvorrichtung

Spritzanlagen für Düngemittel lassen sich auch zum Verspritzen oder Versprühen von Schädlingsbekämpfungsmitteln verwenden, wenn der Spritzdruck und die Mengenleistung regelbar und die Spritzdüsen auswechselbar sind. Die Flughöhe beim Spritzen beträgt 1 bis 10 m.

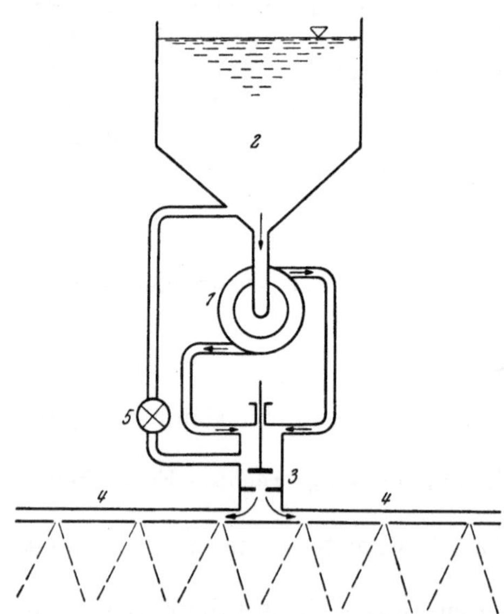

Abb. 51. Schematische Darstellung der Spritzanlage des Flugzeuges An-2

Eine in der Sowjetunion zum Ausbringen flüssigen Düngers bewährte Spritzeinrichtung, die an dem Doppeldecker Typ An-2 verwendet wird, ist schematisch in Abb. 51 dargestellt. Als Druckpumpe wird eine Zentrifugalpumpe (*1*) mit Luftschraubenantrieb verwendet. Diese fördert die Flüssigkeit aus dem im Flugzeugrumpf befindlichen Vorratsbehälter (*2*) über ein mittels Druckluft von der Führerkabine aus gesteuertes Absperrventil (*3*) in den Spritzbalken (*4*). Letzterer kann mit insgesamt 80 Spritzdüsen ausgestattet werden. Die Mündungen der Spritzdüsen haben rechteckige Form, sie lassen sich entsprechend der auszubringenden Flüssigkeitsmenge auswechseln (Tab. 6).

Der Dosierschieber (*5*) ist beim Verspritzen von Aufwandmengen, die größer als 50 l/ha sind, geschlossen. Wird mit niedrigen Aufwandmengen gearbeitet (Schädlingsbekämpfung), öffnet man ihn teilweise, so daß die von der Pumpe überschüssig geförderte Flüssigkeitsmenge in den Vorratsbehälter zurückfließt. Die wirksame Arbeitsbreite dieser Anlage beträgt etwa 30 m.

Tabelle 6. *Tabelle zur Auswahl der Spritzdüsen entsprechend den Aufwandmengen* (Wyschenkow 1955)

Mengenleistung der gesamten Spritzanlage l/min	Düsenmündung mm	Mengenleistung der gesamten Spritzanlage l/min	Düsenmündung mm
480	1 × 5	1080	4 × 5
720	2 × 5	1200	5 × 5
960	3 × 5		

Unter Zugrundelegung der in Tab. 6 zusammengestellten Werte läßt sich die Art der zu verwendenden Düsenmündungen wie folgt ermitteln:

Es sei

Q die Aufwandmenge an Düngerlösung (l/ha)

q die Mengenleistung der gesamten Spritzanlage (l/min)

b die Breite des pro Durchflug gespritzten Feldstreifens (Arbeitsbreite) (m)

v die Fluggeschwindigkeit (km/h).

Nach der Beziehung

$$q = \frac{Q\,b\,v}{600} \text{ (l/min)}$$

wird die Mengenleistung q errechnet und aus der Tabelle die dazugehörige Düsenmündung abgelesen.

Beispiel: Es sollen 120 l/ha Düngerlösung ausgebracht werden bei einer Arbeitsbreite von 30 m und einer Fluggeschwindigkeit von 150 km/h. Welcher Düsensatz ist zu verwenden?

$$q = \frac{120 \cdot 30 \cdot 150}{600}$$

$$q = 900 \text{ l/min.}$$

Gemäß Tab. 6 könnte der Düsensatz mit dem Mündungsquerschnitt 3 × 5 verwendet werden, der eine Mengenleistung von 960 l/min und eine Aufwandmenge von 128 l/ha ergibt. Die Differenz von 8 l/ha läßt sich beseitigen, wenn mit einer etwas größeren Geschwindigkeit, 160 km/h statt 150 km/h, geflogen wird oder die Konzentration der Düngerlösung entsprechend schwächer angesetzt wird.

B. Streuausrüstung

Die Einrichtung zum Streuen fester Düngemittel hat sinngemäß die gleichen Aufgaben wie die Spritzanlage zu erfüllen, d. h. die Ausbringmenge pro Zeiteinheit (Mengenleistung) muß gleichmäßig sein, die Aufwandmenge verstellbar (etwa zwischen 50 und 400 kg/ha), und der Dünger muß gleichmäßig über die Arbeitsbreite verteilt werden.

Die Streudichte des ausgebrachten Düngerstreifens nimmt in Richtung auf die beiden Ränder ab. Die Streifen müssen also, damit keine ungedüngten oder zu schwach gedüngten Flächenteile entstehen, mit Überdeckung an den Rändern geflogen werden. Die Arbeitsbreite richtet sich zum Teil nach der Flughöhe, die beim Streuen vorwiegend zwischen 5 und 20 m liegt.

Als Vorratsbehälter der Streuausrüstung dient vielfach derselbe Behälter, der auch zur Aufnahme der Flüssigkeit benutzt wird, wenn das Flugzeug zur Spritzarbeit verwendet wird. Manche Flugzeuge sind mit je einem Behälter für Streu-

Abb. 52. Dornier Do 27 mit Streuausrüstung

Abb. 53. Streuvorrichtung Do 27 (Vorderansicht)

Abb. 54. Streuvorrichtung Do 27 (Seitenansicht)

Abb. 55. Dornier Do 27 beim Streuflug

Abb. 56. Auster „Workmaster“ mit Streuausrüstung

Abb. 57. Auster „Workmaster“ beim Streuflug

material bzw. für Flüssigkeit ausgestattet, die gegeneinander austauschbar sind. Der Streumittelbehälter hat oben eine verschließbare Einfüllöffnung, die möglichst groß sein soll. Im Boden des Behälters befindet sich eine verschließbare Auslaßöffnung mit Dosiervorrichtung und unterhalb des Flugzeugrumpfes meistens noch

Abb. 58. Avia L-60 mit Streuausrüstung (alte Bauweise)

eine fächerförmige Düse, „Deflektor" genannt, welche vom Fahrtwind durchströmt wird. Der Deflektor verteilt den aus der Dosiervorrichtung austretenden Dünger nach beiden Seiten, so daß ein breiter Streuschleier entsteht. In den

Abb. 59. Neue Streuvorrichtung L-60 mit Zapfwellenantrieb des Rührwerkes (Vorderansicht)

Innenraum des Behälters ist eine Rührvorrichtung eingebaut, durch welche „Brückenbildungen" verhindert werden sollen, die den gleichmäßigen Nachschub des Düngers zur Dosiervorrichtung verhindern würden. Jede Streuanlage sollte außerdem mit einer Schnellabwurfeinrichtung ausgerüstet sein.

Eine Streuanlage (Versuchsmuster) des Dornier-Flugzeuges Do 27 (Tab. 5, Nr. 4) ist in den Abb. 52 bis 55 dargestellt. Das Rührwerk wird durch eine im

Fahrtwind liegende Luftschraube angetrieben (Abb. 53, rechts). Das oberhalb der Deflektor-Einströmöffnung liegende Gestänge dient zum Öffnen und Schließen des Behälters und zur Einstellung der Dosierung.

Die Abb. 56 bis 62 zeigen drei weitere Flugzeuge mit Streuvorrichtungen.

Die Streueinrichtung der de Havilland „Beaver" (Abb. 61) besitzt keinen Deflektor. Sie ist nicht geeignet zu präziser Streuarbeit

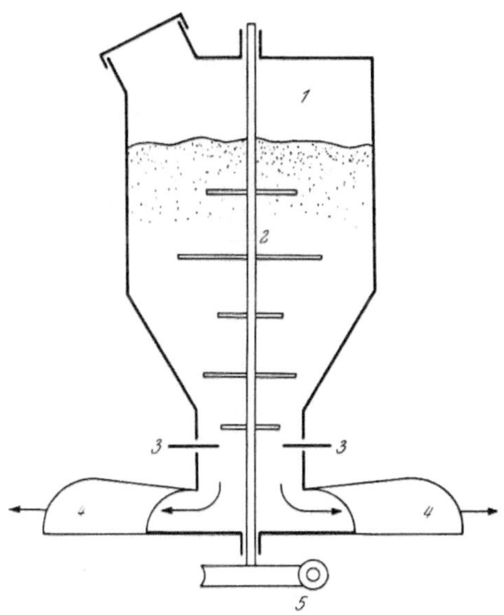

Abb. 60. Neue Streuvorrichtung L-60. *1* Düngerbehälter, *2* Rührwerk, *3* Dosierschieber, *4* Streufächer (Deflektor), *5* Schneckentrieb

a

b

c

Abb. 61. Streuvorrichtung De Havilland „Beaver". a) Geschlossen, b) zum Streuen geöffnet, c) zum Schnellabwurf geöffnet (Werkbild The De Havilland Aircraft of Canada Ltd.)

Abb. 62. De Havilland „Beaver" beim Düngerstreuen auf Bergweiden in Neuseeland (Werkbild The De Havilland Aircraft of Canada Ltd.)

im Ackerbau, weil aus niedriger Flughöhe kein genügend breiter und gleichmäßiger Streuschleier erzielt werden kann. Der Vorteil der Beaver-Streuvorrichtung liegt in ihrer einfachen Bauweise und dem geringen Luftwiderstand.

Die in Abb. 63 dargestellte Maschine ist das landwirtschaftliche Spezialflugzeug „Agricola“ der Auster Aircraft Ltd. Das Flugzeug ist als Spezialmaschine besonders dadurch gekennzeichnet, daß die Kabine weitestgehend bruchsicher konstruiert ist und an der höchsten Stelle des Rumpfes oberhalb des Düngemittel-Vorratsbehälters liegt. Für den Piloten ist also gute Sicht und größtmögliche Sicherheit gewährleistet. Die Kabine ist gegen das Eindringen von Düngerstaub

Abb. 63. Auster „Agricola“ mit Spritzausrüstung

abgedichtet. Das Fahrgestell hat eine ungewöhnlich große Spurweite (4,3 m) und große Räder (56 cm Durchmesser). Letztere sollen Schutz bieten gegen das Eindringen in weichen Boden.

4. Beladegeräte

Die Arbeitszeit, welche pro Tag für die aviotechnische Arbeit zur Verfügung steht, wird häufig durch die Witterungsverhältnisse, vorwiegend durch Wind, erheblich eingeschränkt. Im Durchschnitt kann man mit etwa 6 Einsatzstunden pro Tag rechnen. Aus wirtschaftlichen Gründen, d. h. in diesem Falle im Interesse einer möglichst guten Auslastung der eingesetzten Geräte und Arbeitskräfte, ist es notwendig, die verfügbare Arbeitszeit weitestgehend als operative Flugzeit auszunutzen. Die Stehzeiten am Boden müssen also klein gehalten werden. In erster Linie ist hier der Zeitaufwand für das Beladen zu beachten, weil gerade beim Düngerstreuen wegen der relativ großen Aufwandmengen das Flugzeug sehr häufig, etwa 30- bis 50mal pro Tag, beladen werden muß. Landwirtschaftsflugzeuge werden daher fast ausschließlich mechanisch beladen, sowohl mit streu- oder stäubefähigem Gut als auch mit Flüssigkeiten.

Das Beladen mit Flüssigkeiten ist verhältnismäßig einfach durchzuführen. Man verwendet heute hierzu kleine Pumpenaggregate, bestehend aus einem Benzinmotor und einer Zentrifugalpumpe, mit denen die Flüssigkeit aus einem Mischbehälter bzw. unmittelbar aus den Transportfässern in den Vorratsbehälter des Flugzeuges gepumpt wird (Abb. 64). Die Beladezeit beträgt 15 bis 45 s pro 100 l. Ein nicht zu großes Pumpenaggregat kann in das Flugzeug verladen und von einem „Arbeitsflugplatz“ zum anderen mitgenommen werden.

Zum Beladen werden auch Kesselkraftwagen mit eingebauter Zentrifugalpumpe benutzt, die gleichzeitig zur Wasseranfuhr dienen, und deren Pumpe sowohl zum

Abb. 64. Beladen eines Flugzeuges („Fieseler Storch“) mittels eines Belade-Pumpenaggregates

Füllen des Flugzeugbehälters als auch zum Umpumpen der Flüssigkeit im Kreislauf dient, wenn die Entmischung einer Suspension verhindert werden soll.

Das mechanische Beladen von Flugzeugen mit Streumitteln ist wegen der physikalischen Beschaffenheit des Düngers schwieriger als das Beladen mit

Abb. 65. Hydraulischer Frontlader „Jena 57“ beim Beladen einer L-60

Flüssigkeiten. Schneckenförderer haben sich nicht allgemein bewährt, weil manche Düngersorten Verstopfungen verursachen. Förderbänder arbeiten zuverlässiger. Beide haben grundsätzlich den Nachteil, daß sie kontinuierlich arbeiten und von Hand beschickt werden müssen. Die Beladung eines Flugzeuges durch einen Schneckenförderer mit etwa 1200 kg Dünger erfordert 4 bis 5 Arbeitskräfte und dauert etwa 5 min (Popow 1956).

Wesentlich bessere Ergebnisse werden mit fahrbaren Vorratsladern erzielt, die mit einem Ladebehälter vom Fassungsvermögen des Flugzeug-Düngerbehälters ausgerüstet sind. Der Ladebehälter wird gefüllt, während das Flugzeug

Abb. 66. Beladen einer „Fletcher F.U. 24" mit einem Spezial-Hecklader der Robertson Air Service Ltd., Hamilton (Werkbild Robertson Air Service Ltd., Hamilton)

Abb. 67. Füllen der Ladeschaufel des Robertson-Laders (Werkbild Robertson Air Service Ltd., Hamilton)

seine Streuarbeit verrichtet. Zum Beladen fährt das Ladegerät an das gelandete Flugzeug heran und entleert seinen Ladebehälter in wenigen Sekunden in den Düngerbehälter.

Mit dem in Abb. 65 dargestellten Frontlader, der an einen 44-PS-Schlepper montiert ist, läßt sich ein kleines Flugzeug in etwa 45 bis 50 s, einschließlich der Fahrzeiten, mit 350 kg Dünger beladen. Der Ladebehälter wird vom Traktoristen mit der Schaufel gefüllt, während das Flugzeug in der Luft ist. An Arbeitskräften wird auf dem Beladeplatz nur der Traktorist und der Bordmechaniker benötigt.

Zum Beladen mittelgroßer und großer Flugzeuge benutzt man sehr schwere Ladegeräte. Abb.66 zeigt einen Spezial-Hecklader, dessen Ladeschaufel 760 kg Dünger faßt.

Der Beladevorgang, gerechnet vom Landen des Flugzeuges bis zum Abheben beim anschließenden Start, dauert nach Angabe des Unternehmers nur 50 s. Abb. 67 zeigt, wie die schwenkbare Ladeschaufel dadurch gefüllt wird, daß der Traktorist sie einfach in den Düngerstapel hineinstößt und dann hydraulisch nach oben schwenkt. Das Gerät ist auch verwendbar, wenn mehrere Flugzeuge auf demselben Arbeitsflugplatz eingesetzt sind.

Von besonderem Vorteil ist es, wenn man zum Beladen von Landwirtschaftsflugzeugen zurückgreifen kann auf Geräte, die in den landwirtschaftlichen Betrieben bereits vorhanden sind. In der DDR wird beispielsweise der Dung-Ladekran T 170, über den fast alle Betriebe verfügen und der eine Tragfähigkeit von 800 kg hat, mit gutem Erfolg zum Beladen des Flugzeuges An-2 (Tab. 5, Abb. 68)

Abb. 68. Selbstfahrender Dungladekran T 170 beim Beladen des Doppeldeckers An-2

benutzt. Da diese Maschine etwa 1000 bis 1400 kg Dünger tragen kann, der Ladekran jedoch nur 800 kg maximal faßt, müssen am Beladeplatz zwei gefüllte Behälter vorhanden sein, die nacheinander in den Düngertank des Flugzeuges entleert werden.

Zum Beladen eines Flugzeuges vom Typ L 60 (Abb. 58) mit 350 kg Dünger ist nach Britt (1960) folgender Arbeitsaufwand notwendig:

Fahrbarer Ladekran T 170: 2 Arbeitskräfte, 1 min 58 s
Manuelle Beladung: 6 Arbeitskräfte, 3 min 50 s.

Der Arbeitsaufwand (Arbeitskraftsekunden), den die Beladung mittels des Ladekranes erfordert, beträgt also nur 17% des Arbeitsaufwandes, der zur manuellen Beladung notwendig ist, gleichzeitig werden während des ganzen Arbeitstages 4 Arbeitskräfte weniger benötigt.

5. Signalisierung

Beim Düngerstreuen mit dem Bodengerät fährt das Gerät auf dem Felde hin und her, so daß ein Feldstreifen nach dem andern bestreut wird. Der Schlepperfahrer findet bei jeder Durchfahrt entsprechend der Fahrspur einen genauen Anschluß an den vorher bestreuten Streifen. Ein Streuflugzeug hinterläßt keine Spur auf dem Acker; der auf das Feld gestreute Dünger ist aus der Luft nicht erkennbar. Auf Feldern, die nur etwa 30 bis 50 m breit sind, kann der Flugzeugführer die Lage der nacheinander zu befliegenden Feldstreifen noch schätzen.

Im allgemeinen sind die Felder jedoch breiter, so daß eine Flugstreifensignalisierung notwendig ist. Man hat bis jetzt erfolglos versucht, vom Streuflugzeug aus die Lage des bestreuten Streifens zu markieren, entweder durch Verspritzen gefärbter Flüssigkeit, durch Abwerfen von Rauchpatronen (Schumacher und Haronska 1954) oder durch Abwerfen von Papierzeichen (Haronska 1959). Keine dieser Methoden hat sich bis jetzt allgemein durchsetzen können. In der

Abb. 69. Markierungsfähnchen für feststehende Signalisierung. Fahnentuch 35×40 cm groß, Holzstab 150 cm lang

Abb. 70. Rotweiße Sonnenschirme als Signalmittel

Praxis werden heute vorwiegend zwei Verfahren zur Flugstreifenmarkierung angewandt. Entweder werden vor dem Befliegen Markierungsfähnchen (Abb. 20) an zwei gegenüberliegenden Feldrändern im Abstande der doppelten Flugstreifenbreite aufgestellt (feststehende Signalisierung) oder man arbeitet mit „beweglicher Signalisierung".

In diesem Falle steht an jedem Ende des Feldes ein Mann mit einer Fahne oder einem ähnlichen Signalmittel (Abb. 70).

Beide Signalmänner bewegen sich nach dem Durchflug der Maschine um eine Flugstreifenbreite seitwärts und zeigen nunmehr dem Flugzeugführer die Lage des nächsten Flugstreifens an. Die bewegliche Signalisierung erfordert weniger Arbeitsaufwand als die feststehende, und die Signalmänner können, sofern bei Seitenwind gearbeitet wird, durch ihre Aufstellung die Abtrift des Streuschleiers kompensieren.

6. Arbeitsverfahren des aviotechnischen Düngens

Das Arbeitsverfahren des aviotechnischen Düngerstreuens ist dadurch gekennzeichnet, daß mehrere Felder von einem möglichst zentral gelegenen „Arbeitsflugplatz" aus beflogen werden. Als Arbeitsflugplätze sind in erster Linie Stoppelfelder, Wiesen, Koppeln usw. geeignet. Der auf dem Arbeitsflugplatz liegende Beladeplatz soll so liegen, daß er mit dem Lkw von der nächsten Straße aus leicht erreichbar ist und den Flugbetrieb nicht behindert. Je nach den Flugeigenschaften der Maschine soll die Startbahn etwa 300 bis 600 m lang und 60 bis 120 m breit sein. Die Felder werden grundsätzlich nach der Karte beflogen, um unnötigen Flugzeitaufwand zu vermeiden. Als bestes Kartenmaterial haben sich in der

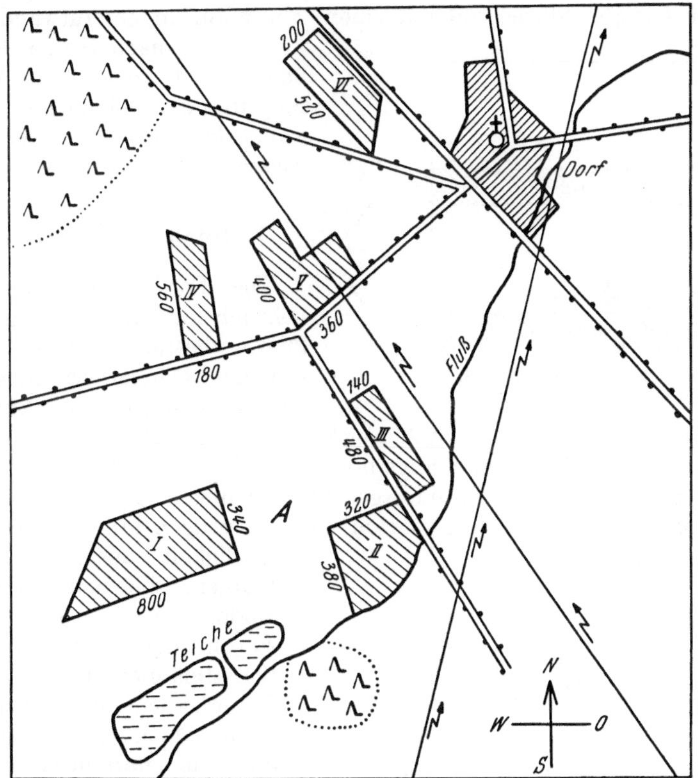

Abb. 71. Orientierungsskizze für aviotechnisches Düngerstreuen. → Freileitung, *A* Arbeitsflugplatz

Praxis des aviotechnischen Düngerstreuens Orientierungsskizzen (Abb. 71) vom Maßstab 1:10000 bis 1:20000 bewährt, die im Rahmen der Flugvorbereitung nach geeigneten Landkarten angefertigt werden können (Britt 1960).

In diese Skizzen werden die zu düngenden Felder eingezeichnet und mit römischen Zahlen versehen. Sehr zweckmäßig ist es auch, die Hauptabmessungen der Felder und — zur Kontrolle der Düngeraufwandmengen — auch die Feldgrößen einzutragen. Lufthindernisse wie z. B. Freileitungen, Einzelbäume und alle sonstigen Hindernisse, die höher als 5 m sind, werden in der Orientierungsskizze rot gekennzeichnet.

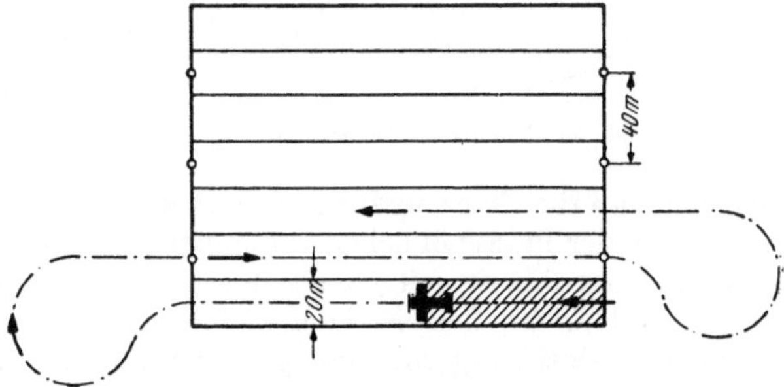

Abb. 72. Die Webschützenmethode

Die einzelnen Felder können nach verschiedenen Methoden beflogen werden. Auf kleinen oder schmalen Feldern wird meistens die „Webschützenmethode“ angewandt (Abb. 72).

Es gibt noch eine Reihe weiterer Verfahren des Befliegens der Felder wie z.B. die „Kreismethode" (Abb. 73), die „Großkreismethode" (Abb. 74) und andere.

Das gemeinsame Ziel aller Verfahren ist in erster Linie Zeitersparnis, d. h. eine möglichst große Fläche soll mit einem Minimum an Zeitaufwand beflogen werden. Je nach Größe, Form und Lage der Parzellen, der Windrichtung und der Geländebeschaffenheit wählt der Flugzeugführer die günstigste Arbeitsmethode aus.

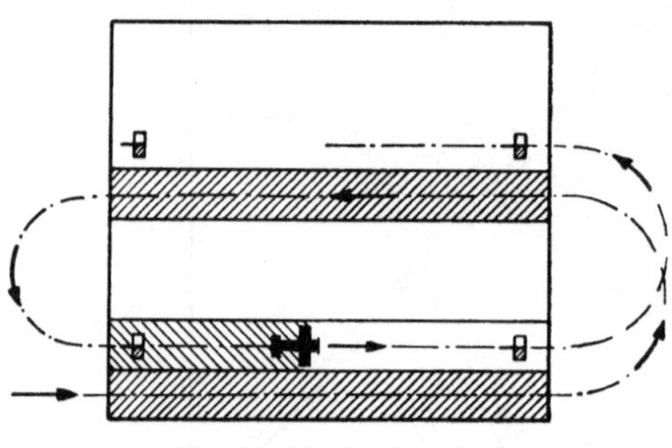

Abb. 73. Die Kreismethode

7. Qualität der Streuarbeit

Die Forderungen, welche hinsichtlich der Auswirkung auf den Pflanzenbestand an die Gleichmäßigkeit der Düngerverteilung gestellt werden, sind nicht sonderlich hoch. Nach Heyde (s. Kames 1961) sind Abweichungen von $\pm 50\%$ auf quadratischen Flächenstücken von 20 cm Seitenlänge noch zulässig. Aus Untersuchungen über die Verteilung von granuliertem oder geprilltem Dünger zog Powell (1959) die Schlußfolgerung, daß diese Düngersorten von Flugzeugen mit derselben Gleichmäßigkeit ausgebracht werden können, die heute von vielen Bodengeräten erzielt wird, wenn sowohl der Pilot als auch die Signalmänner mit genügender Geschicklichkeit arbeiten. Er stellt jedoch fest, daß das Gebiet des Düngerstreuens forschungsmäßig noch weiter zu bearbeiten ist.

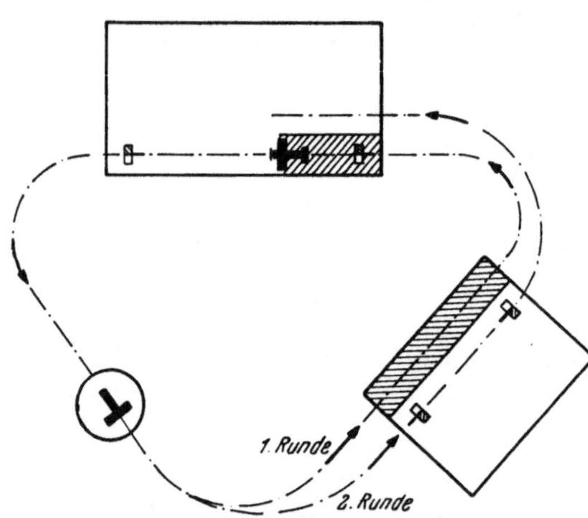

Abb. 74. Die Großkreismethode

Eingehende Untersuchungen über die Verteilung des Düngers über die Arbeitsbreite der Maschine und deren Kontrolle wurden von Linser und Mitarbeitern (1961) durchgeführt. Bei der Auswertung ihrer sogenannten Streudiagramme (Abb. 75) konnten sie zeigen, daß die Flugzeugdüngung mit keinem größeren Fehler behaftet ist als die bisher in der Praxis üblichen Düngungsmethoden, und daß die Überlappungen der Einzelflugbahnen weitgehend durch die auszubringende Düngermenge bestimmt werden. Als Beispiel können folgende Zahlen dienen:

Bei einer Dosierung von 200 kg/ha Kalkammonsalpeter muß mit etwa 10 bis 12 m und bei 30 bis 50 kg Kalkammonsalpeter mit etwa 20 bis 22 m gerechnet werden.

Linser und Mitarbeiter (1961) unterzogen den Einfluß der physikalischen Beschaffenheit der auszubringenden Düngemittel auf die Verteilung einer Überprüfung. Wie Abb. 76 zeigt, ergibt das Streudiagramm mit Kalkammonsalpeter bei einer Siebgröße von 2 mm eine gleichmäßigere Verteilung als ungesiebter Kalkammonsalpeter. Größere Korngrößen als 2 bis 3 mm erbrachten dagegen

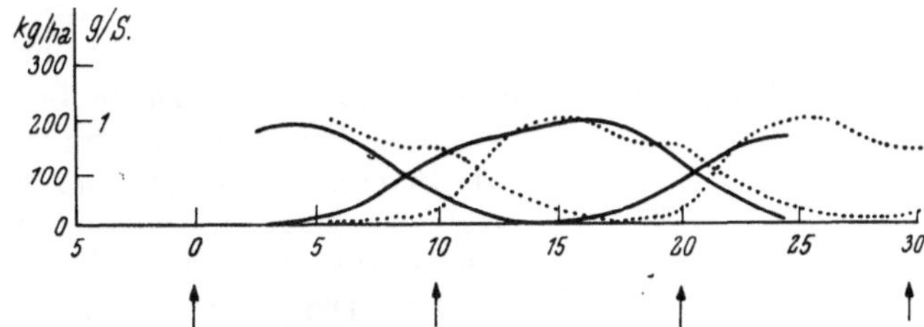

Abb. 75. Streudiagramme mit überlappten Dosierungskurven (Streubreite) in Abhängigkeit von der Korngröße des auszubringenden Düngemittels. Durchgezogene Linie = gesiebter Kalkammonsalpeter (= 2 mm Korngröße); punktierte Linie = ungesiebter Kalkammonsalpeter

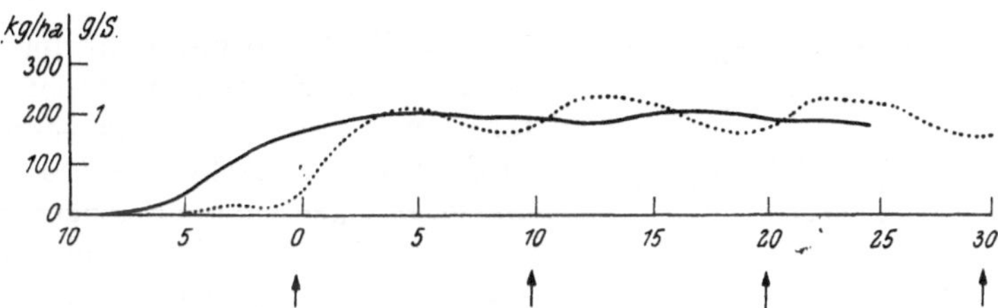

Abb. 76. Streudiagramme über die Verteilung des Düngemittels bei Flugzeugdüngung in Abhängigkeit der Korngröße. Durchgezogene Linie = gesiebter Kalkammonsalpeter (= 2 mm Korngröße); punktierte Linie = ungesiebter Kalkammonsalpeter

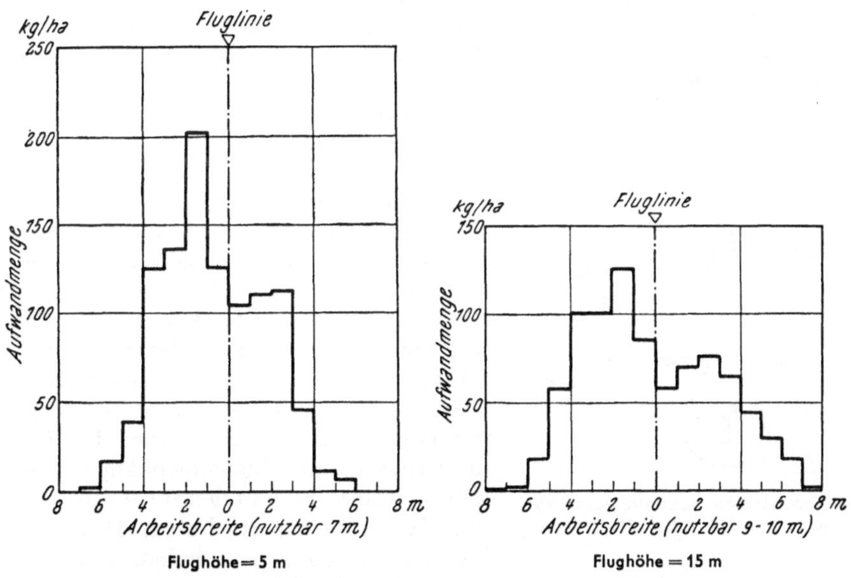

Abb. 77. Vergrößerung der Streubreite durch Vergrößerung der Flughöhe (Kalkammonsalpeter)

ungünstigere Streudiagramme als ungesiebter Kalkammonsalpeter. Diese Beobachtungen konnten von obigen Autoren auch bei anderen Düngemitteln gemacht werden.

Aus Untersuchungen des Landmaschinen-Institutes der Universität Jena (BALTIN 1960) hat sich ergeben, daß sowohl durch Verbesserung der Streuapparatur des Flugzeuges als auch durch Vergrößerung der Flughöhe die Gleichmäßigkeit der Düngerverteilung verbessert und die Streubreite vergrößert werden kann. Abb. 77 zeigt je eine Verteilungskurve aus 5 bzw. 15 m Flughöhe.

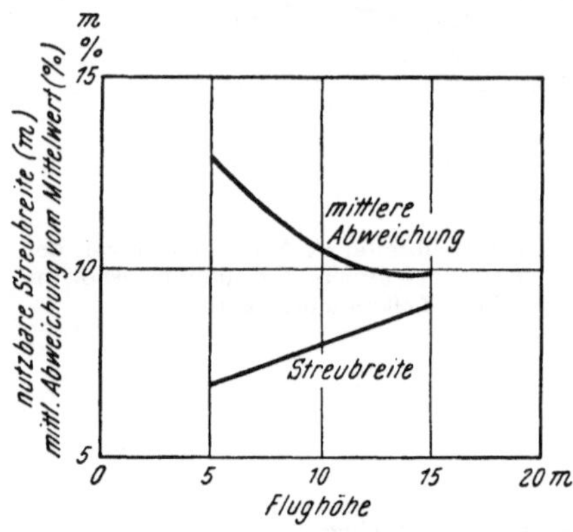

Abb. 78. Zusammenhang zwischen Flughöhe, Streubreite und Gleichmäßigkeit der Breitenverteilung

Das Diagramm in Abb. 78 zeigt, in welcher Weise sich die Streubreite und die Gleichmäßigkeit der Breitenverteilung mit der Flughöhe ändern.

8. Ökonomische Gesichtspunkte

Der Kostenaufwand für das Düngerstreuen mit Flugzeugen hängt in erster Linie von den Flugzeugkosten ab. Er wird, wie bei Ackerarbeiten allgemein üblich, bezogen auf die Flächeneinheit 1 ha ausgedrückt. Da die Flugzeugkosten grundsätzlich von der Zeit abhängen, während der das Flugzeug geflogen ist, um eine bestimmte Ackerfläche zu bestreuen, ist der Zeitaufwand die Grundlage der Flugzeugkostenberechnung. Die Faktoren, von denen dieser Zeitaufwand abhängt, sind:

1. die Fluggeschwindigkeit v (m/s),
2. die Dünger-Lademenge je Flug (Lademenge) Q_f (kg),
3. die Dünger-Aufwandmenge je Flächeneinheit (Aufwandmenge) Q (kg/m²),
4. die Flugstreifenbreite (Arbeitsbreite) b (m),
5. die Zeit für das Wenden am Feldrand (Wendezeit) T_w (s),
6. der Zeitaufwand für das Tanken, Beladen und Rollen am Boden (Rüstzeit) je Flug T_r (s),
7. die Entfernung der Felder vom Arbeitsflugplatz (Feldentfernung) (m),
8. der Abstand der Felder voneinander (Feldabstand) (m),
9. die Feldlänge (m),
10. die Feldgröße (m²).

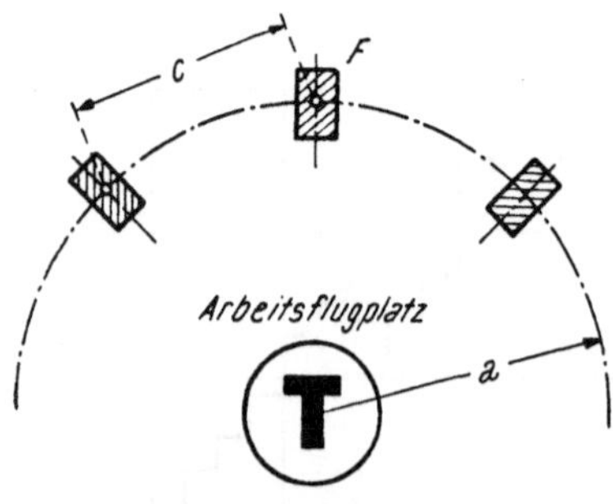

Abb. 79. Vereinfachte Darstellung der Lage der Felder und des Arbeitsflugplatzes

Die Faktoren 1 bis 6 sind als bekannt vorauszusetzen, sie sind gegeben durch die technischen Eigenschaften des Flugzeuges, durch das angewandte Beladeverfahren und die gewählte Dünger-Aufwandmenge. Die Faktoren 7 bis 10 sind entsprechend den ackerbaulichen Verhältnissen in der Praxis unterschiedlich. Hierdurch wird der Einblick in gesetzmäßige Zusammenhänge zwischen dem Zeitaufwand und den für ihn maßgebenden 10 Faktoren erschwert. Das Problem läßt sich vereinfachen, indem man für die vier letztgenannten Faktoren je einen bestimmten Wert einsetzt, der als Mittelwert eines praktischen Falles gelten kann.

Aus den verschieden großen Entfernungen der Felder vom Arbeitsflugplatz läßt sich eine „mittlere Feldentfernung“ a errechnen (Abb. 79).

Die unterschiedlichen Abstände der Felder voneinander kann man ersetzen durch einen „mittleren Feldabstand“ c. Aus der verschiedenartigen Größe der einzelnen Felder läßt sich die „mittlere Feldgröße“ F bestimmen. Setzt man schließlich noch voraus, daß die Felder die Form von Rechtecken mit einem bestimmten Seitenverhältnis haben, so ergibt sich eine „mittlere Feldlänge“ L. Nunmehr läßt sich für diesen vereinfachten Fall leicht eine Beziehung ableiten (BALTIN), nach der sich der Gesamtzeitaufwand sowohl für das aviotechnische Düngerstreuen als auch für die Schädlingsbekämpfung errechnen läßt, sofern nach der Webschützen- oder der Kreismethode geflogen wird. Der Gesamtzeitaufwand für das Befliegen einer 1 ha großen Fläche sei bezeichnet als „spezifische Arbeitszeit“ t (s/ha). Sie setzt sich zusammen aus

der „spezifischen Rüstzeit“ t_r (s/ha),
der „spezifischen Streu- oder Spritzzeit“ t_s (s/ha),
der „spezifischen Wendezeit“ t_w (s/ha),
der „spezifischen Anflugzeit“ t_a (s/ha) und
der „spezifischen Feldwechselzeit“ t_c (s/ha).

Die spezifische Arbeitszeit errechnet sich nach der Beziehung (BALTIN)

$$t = 10^4\left(\frac{T_r Q}{Q_f} + \frac{1}{b\,v} + \frac{T_w}{b\,L} + \frac{2\,a\,Q}{v\,Q_f} + \frac{c}{v\,F}\right)(\text{s/ha})$$

worin

$$t_r = \frac{10^4\,T_r Q}{Q_f}\,;\quad t_s = \frac{10^4}{b\,v}\,;\quad t_w = \frac{10^4\,T_w}{bL}$$

$$t_a = \frac{10^4\,2\,a\,Q}{v\,Q_f}\ \text{und}\ t_c = \frac{10^4\,c}{v\,F}\ \text{ist.}$$

Setzt man für T_r, Q, Q_f, b, v, T_w, L, a, c und F praktisch begründete Werte bzw. Mittelwerte ein, so läßt sich nicht nur die spezifische (Gesamt-) Arbeitszeit berechnen, sondern auch die für die Kostenermittlung maßgebende spezifische Flugzeit t_f, denn es ist

$$t_f = t_s + t_w + t_a + t_c\ (\text{s/ha}).$$

Während bei der Schädlingsbekämpfung mit niedrigen Aufwandmengen (etwa 5 bis 30 kg/ha) gewöhnlich mehrere Felder während eines Fluges behandelt werden, muß beim Düngerstreuen das Flugzeug mehrere Male zu ein und demselben Feld fliegen, weil die Aufwandmengen erheblich größer sind. Sie betragen 50 bis 400 kg/ha oder mehr. Ein Flugzeug von 400 kg Tragfähigkeit, das ein Feld von 8 ha Größe mit 200 kg Mineraldünger pro ha zu düngen hat, muß das Feld viermal anfliegen. In der Arbeitszeitformel fällt also der Summand $\frac{c}{v\,F}$ weg. Die reine Flugzeit, die maßgebend ist für die Flugzeugkosten pro ha gedüngter Fläche ist also

$$t_f = 10^4\left(\frac{1}{b\,v} + \frac{T_w}{b\,L} + \frac{2\,a\,Q}{v\,Q_f}\right)(\text{s/ha}).$$

Die Ermittlung der Gesamtkosten des aviotechnischen Düngerstreuens sei an folgendem Beispiel dargestellt:

Auf mehrere Felder von 450 m mittlerer Länge sollen 400 kg Dünger pro ha (0,04 kg/m²) gestreut werden von einem Flugzeug, das $Q_f = 800$ kg Dünger laden kann. Es sei

die Fluggeschwindigkeit	$v = 35$ m/s
die Arbeitsbreite	$b = 13$ m
die Wendezeit	$T_w = 45$ s
der mittlere Feldabstand	$a = 300$ m
der Flugstundenpreis	$P_f = 450$ DM/h [1]

[1] Die in diesem Abschnitt angegebenen Kostensätze gelten zur Zeit in der DDR.

Es ist $t_f = 10^4 \left(\frac{1}{13 \cdot 35} + \frac{45}{13 \cdot 450} + \frac{2 \cdot 300 \cdot 0{,}04}{35 \cdot 800} \right)$

$t_f = 108$ *s/ha.*

Die Flugzeugkosten betragen somit

$$\frac{450 \cdot 108}{3600} = 13{,}50 \ DM/ha.$$

Wenn die Maschine pro Arbeitstag 4 Stunden fliegt, dann werden insgesamt

$$\frac{3600 \cdot 4}{108} = 133 \ ha/Tag \text{ bestreut.}$$

Als Hilfsgeräte werden benötigt 1 Ladekran, 2 Motorräder (für die Signalmänner), als Hilfspersonal 2 Signalisatoren, 1 Kranführer, 1 Arbeiter. Es kosten:

ein Ladekran etwa		=80,00 DM/Tag
2 Motorräder einschließlich Kraftstoff		=14,18 DM/Tag
Lohn für 2 Signalmänner	2·8·2,35	=37,60 DM/Tag
Lohn für 1 Arbeiter	8·2,35	=18,80 DM/Tag
Lohn für 1 Kranführer	8·3,68	=29,44 DM/Tag
		180,02 DM/Tag

Je ha entfallen davon

$$\frac{180{,}02}{133} = 1{,}35 \text{ DM.}$$

Die Gesamtkosten für das aviotechnische Düngestreuen betragen also ohne Düngeranfuhr

$$13{,}50 + 1{,}35 = 14{,}85 \ DM/ha$$

Unter gleichen Verhältnissen würden die Streukosten mittels Bodengerätes etwa *16,00 DM/ha* betragen.

Abschließend sei noch hingewiesen auf die ökonomische Bedeutung der Feldgröße, der Aufwandmenge und der Größe des Flugzeuges, ferner sei die Frage erörtert, welches ökonomische Ergebnis zu erwarten ist, wenn ein und derselbe Flugzeugtyp sowohl zum Düngerstreuen als auch zur Schädlingsbekämpfung benutzt wird.

Zur rechnerischen Untersuchung dieser Probleme sollen vier verschieden große Flugzeugtypen herangezogen werden, deren technische Daten aus Tab. 7 ersichtlich sind.

Tabelle 7. *Technische Daten von vier Flugzeugtypen*

Flugzeugtyp	Nutzlast kg	b_{st} m	b_{sp} m	v m/s	T_w s	P_f DM/h
A	400	10	20	32	40	350
B	800	13	24	35	45	450
C	1200	17	27	39	51	555
D	1500	20	30	42	55	633

b_{st} Streubreite, b_{sp} Spritzbreite, P_f Flugstundenpreis (angenommen nach Angaben der Deutschen Lufthansa, Betriebsteil Wirtschaftsflug, Berlin-Schönefeld)

Die agronomischen Annahmen, die sich auf Erfahrungswerte aus der aviotechnischen Praxis stützen, sind in Tab. 8 zusammengestellt.

Tabelle 8. *Agronomische Annahmen*

a 1000 m (Düngerstreuen)
5000 m (Schädlingsbekämpfung mit 5 kg/ha)
c 500 m

F	4	8	16	32 ha
L	283	400	566	800 m

Q 5; 50; 100; 200; 400 kg/ha

Unter Zugrundelegung der vorstehend genannten Daten lassen sich folgende Zusammenhänge errechnen:

1. Abhängigkeit der spezifischen Flugzeit t_f von der mittleren Größe der zu behandelnden Felder, der Größe des Flugzeuges und der auf die Flächeneinheit auszubringenden Düngermenge bzw. Schädlingsbekämpfungsmittelmenge.

Die graphische Darstellung (Abb. 80) enthält zwecks besserer Übersicht nur die

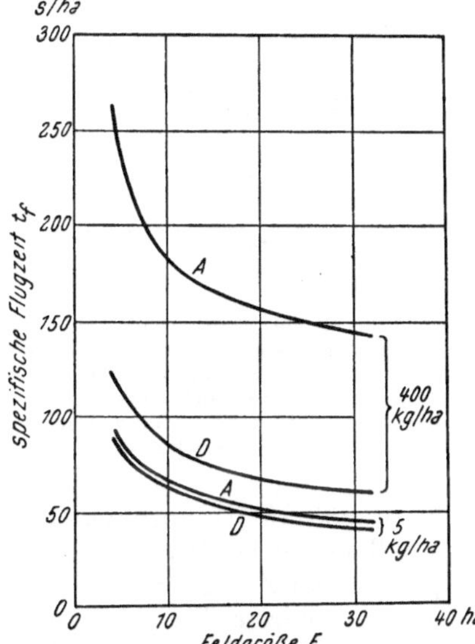

Abb. 80. Zusammenhang zwischen Feldgröße, Aufwandmenge, Flugzeuggröße und spezifischer Flugzeit

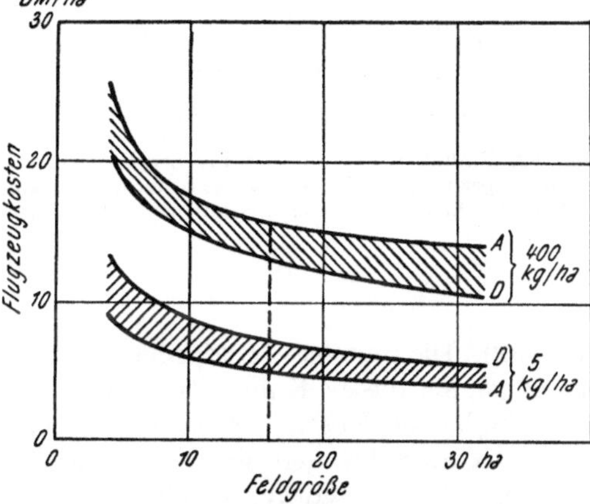

Abb. 81. Zusammenhang zwischen Feldgröße, Aufwandmenge, Flugzeuggröße und Flugzeugkosten

Extremwerte der Nutzlasten (400 kg und 1500 kg) und die Extremwerte der Aufwandmengen (5 kg/ha und 400 kg/ha). Wie die Lage der Kurven anzeigt, ist der Zeitaufwand einer großen Maschine (*D*) von dem Zeitaufwand einer kleinen Maschine (*A*) nicht sehr verschieden, wenn nur 5 kg pro ha auszubringen sind. Das kleinere Flugzeug ist gegenüber dem großen in diesem Falle wirtschaftlich vorteilhafter, weil sein Flugstundenpreis erheblich niedriger liegt. Beim Ausbringen von 400 kg/ha ist die Differenz des Flugzeitaufwandes beider Maschinen, zugunsten der schwereren Maschine, erheblich größer.

2. Abhängigkeit der Flugzeugkosten je ha behandelter Fläche von der mittleren Feldgröße, der Größe des Flugzeuges und der Aufwandmenge je ha (Abb. 81). Auch in diesem Diagramm sind lediglich die Extremwerte der Nutzlasten der

Flugzeuge und der Aufwandmengen einander gegenübergestellt. Aus dem Diagramm ist ersichtlich, daß bei niedrigen Aufwandmengen das kleinste Flugzeug ökonomisch günstiger arbeitet als das größte. Bei großen Aufwandmengen ist die Kostenrelation umgekehrt.

3. Einfluß der Größe des Flugzeuges, d. h. der Nutzlast auf die Flugzeugkosten je ha behandelter Fläche bei Aufwandmengen von 5 bis 400 kg/ha

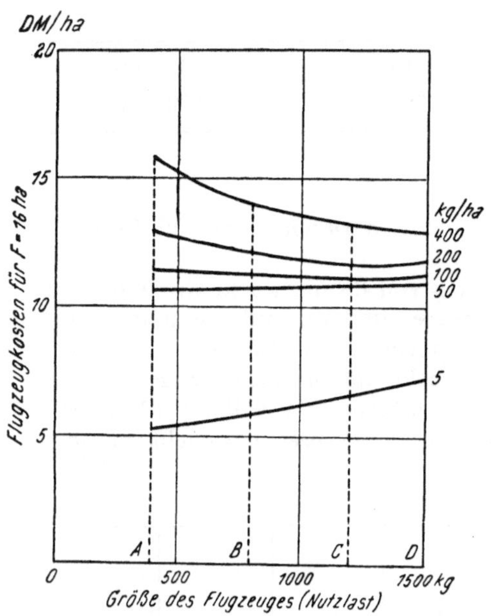

Abb. 82. Einfluß der Größe des Flugzeuges auf die spezifischen Flugzeugkosten unter Berücksichtigung der Aufwandmenge

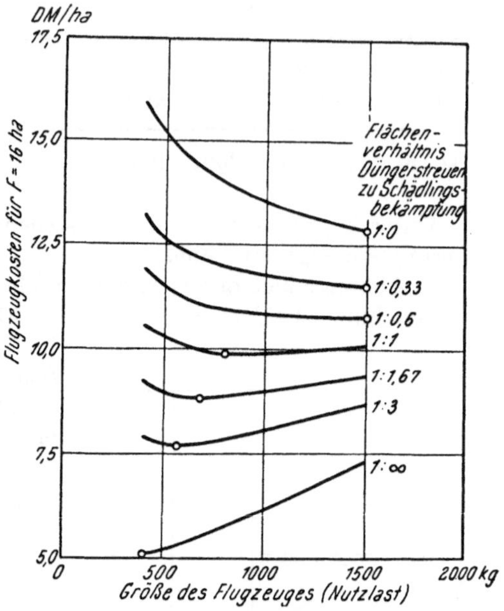

Abb. 83. Einfluß der Größe des Flugzeuges und der auszuführenden aviotechnischen Arbeit (Flächenverhältnis Düngerstreuen zu Schädlingsbekämpfung) auf die Flugzeugkosten. Aufwandmenge bei der Schädlingsbekämpfung 5 kg/ha. Aufwandmenge beim Düngerstreuen 400 kg/ha

(Abb. 82). Die mittlere Feldgröße wurde einheitlich mit 16 ha angenommen. Das Ergebnis dieser Kalkulation läßt erkennen, daß bei einer Aufwandmenge von 5 kg/ha die Kosten um so höher liegen, je größer das Flugzeug ist. Wenn 400 kg/ha auszubringen sind, sind die Kosten um so niedriger, je größer das Flugzeug ist. Die Kurve, welche für 200 kg/ha gilt, hat ein Minimum. Diese Aufwandmenge erfordert für den ökonomisch günstigsten Fall eine Maschine von etwa 1400 kg Nutzlast. Die Kurve für 5 kg/ha bezieht sich auf die Schädlingsbekämpfung, weil hier im allgemeinen mit dieser Aufwandmenge gearbeitet wird. Die darüber liegenden vier Kurven beziehen sich auf das Düngerstreuen.

Wenn man nun feststellen will, wie groß die durchschnittlichen spezifischen Flugzeugkosten sein werden, wenn ein und dieselbe Maschine sowohl zur Schädlingsbekämpfung als auch zum Düngerstreuen verwendet werden soll, so muß man eine Annahme machen über die Größe der Gesamtfläche des aviotechnischen Düngerstreuens und über die Größe der Gesamtfläche, welche für die aviotechnische Schädlingsbekämpfung vorgesehen ist. Mit anderen Worten: Das Verhältnis dieser beiden Flächenkategorien zueinander muß bekannt sein.

Abb. 83 zeigt die Abhängigkeit der Flugzeugkosten je ha von der Größe des Flugzeuges und dem Flächenverhältnis Düngerstreuen zu Schädlingsbekämpfung. Diese Flugzeugkosten gelten weder für das Düngerstreuen allein noch für die Schädlingsbekämpfung allein. Sie stellen die durchschnittlichen Kosten für beide Arbeiten dar. Sie haben sowohl betriebs- als auch volkswirtschaftliche Bedeutung.

Der Errechnung dieses Diagramms wurden wiederum zum Zwecke der besseren Übersichtlichkeit folgende Extremwerte zugrunde gelegt:

a) Aufwandmenge in der Schädlingsbekämpfung 5 kg/ha,
b) Aufwandmenge beim Düngerstreuen 400 kg/ha,
c) Nutzlast des kleinsten Flugzeuges 400 kg,
d) Nutzlast des größten Flugzeuges 1500 kg,
e) Flächenverhältnis Düngerstreuen zu Schädlingsbekämpfung 1:0 bis 1:∞.

Das Diagramm (Abb. 83) gilt wieder für eine mittlere Feldgröße von 16 ha. Die wirtschaftlich günstigste Größe des Flugzeuges für das jeweils angenommene Flächenverhältnis Düngerstreuen zu Schädlingsbekämpfung wird durch die Minima der verschiedenen Kurven angezeigt. Wenn ausschließlich Schädlingsbekämpfungsarbeit in Frage kommt, arbeitet das Flugzeug von 400 kg Nutzlast am günstigsten; wenn lediglich Düngerstreuarbeit mit 400 kg/ha zu verrichten ist, muß aus ökonomischen Gründen das größte Flugzeug eingesetzt werden. Verhalten sich die Flächen für das Düngerstreuen und die Schädlingsbekämpfung wie 1:1, würde eine Maschine mit rund 800 kg Nutzlast einzusetzen sein.

Zum Schluß sei noch eine Bemerkung zur Kostenfrage gestattet:

Die Flugzeugkosten lassen sich nach den vorliegenden Untersuchungen beim Düngerstreuen auf rund 13 DM/ha senken. Trotz einer gewissen Kostenerhöhung, mit der beim Flugzeugeinsatz durch das Signalisieren und Beladen noch zu rechnen ist, kann schon jetzt festgestellt werden, daß die Arbeit des Düngerstreuens mit Flugzeugen in Zukunft in einem erheblich größeren Umfange ausgeführt werden wird als bisher. Dies ist dadurch begründet, daß das Flugzeug gegenüber dem Bodengerät eine erheblich größere Schlagkraft und die sonstigen am Anfang dieses Abschnittes genannten Vorzüge besitzt.

Literatur

Anonym: Aircraft and equipment. Agricult. Aviation **1959**, Nr. 3, 72.

Baltin, F.: Beitrag zur Problematik der Rationalisierung der aviochemischen Schädlingsbekämpfung. Wiss. Z. Friedrich-Schiller-Univ. Jena 8, Math.-Nat. Reihe, H. 1. — Technische und ökonomische Probleme des Streuens von Mineraldünger mit Flugzeugen. Arch. Landtechnik **1960**, H. 1. — Bitkow, P. J.: Ergebnisse wissenschaftlicher Forschungsarbeiten bei spezieller Anwendung des Flugwesens in den Jahren 1954–1955. Werke des Staatl. Wiss. Forsch. Inst. f. Z. F. W., Bd. 10, Redaktionsabteilung für Flugwesen, Moskau 1956. — Britt, W.: Flugzeuge in der Land- und Forstwirtschaft, Berlin: Deutscher Landwirtschaftsverlag. 1960.

Dencker, C. H.: Handbuch der Landtechnik. Hamburg u. Berlin: Parey. 1961.

Haronska, G.: First International Aviation Conference. International Aviation Centre, The Hague, 1959.

Kames, K.: Teller- oder Schleuderdüngerstreuer? Dtsch. Agrartechnik **1961**, H. 2.

Linser, H., H. Mayr, E. Primost und G. Rittmeyer: Vergleichende Untersuchung zur Düngemittelausbringung mit Flugzeug und Bodengeräten. Z. Acker- u. Pflanzenbau **112**, 432–448 (1961).

Popow, D. D.: Werke des Staatl. Wiss. Forsch. Inst. f. Z. F. W., Bd. 10, Moskau 1956. — Powell, R. A.: The distribution of different physical forms of nitrogenous fertilizer when applied from the air. First International Agricultural Aviation Conference, The Hague, 1959, International Agricultural Aviation Centre.

Schumacher, G., und G. Haronska: Starrflügelflugzeug gegen Kartoffelkäfer. Bundesministerium für Ernährung, Landwirtschaft und Forsten, Frankfurt a. M., 1954.

Wyschenkow: Organisation der Arbeiten des Flugwesens und der Chemie, Hauptverwaltung für Zivilflugwesen beim Ministerrat der UdSSR, Moskau 1955.

C. Spezielle Düngungsverfahren

a) Düngung mit flüssigem Ammoniak bzw. konzentrierten, stickstoffhaltigen Lösungen

Von

K. Bräunlich*

1. Ausbreitung des „Nitrojection"-Verfahrens in USA und Erprobung in Europa

Stickstoffdüngemittel werden heute in der Welt zum weitaus überwiegenden Teil in der Weise hergestellt, daß man zunächst aus Luftstickstoff und Wasserstoff das Ammoniak synthetisiert und dann dieses Ammoniak in einen streufähigen Dünger verwandelt. Dabei entfällt etwa die Hälfte der Produktionskosten auf den ersten Teil des Produktionsprozesses, die Herstellung des Ammoniaks, die andere Hälfte auf den zweiten Teil, seine Umwandlung in streufähigen Dünger.

Diese hohen Kosten zur Erreichung der Streufähigkeit des Materials legten den Gedanken nahe, nach praktischen Verfahren für eine Direktanwendung des bisherigen Zwischenproduktes Ammoniak zu suchen, um Produktionskosten zu sparen und der Landwirtschaft dadurch eine billigere Stickstoffquelle zu erschließen. Versuche haben gezeigt, daß die ertragssteigernde Wirkung einer Ammoniakdüngung der Wirkung salzartiger Produkte nicht nachsteht. Damit war die wichtigste Voraussetzung für eine technische Entwicklung des Verfahrens gegeben. Sie ist in den Vereinigten Staaten überraschend schnell erfolgt, weil dort bei Bewirtschaftung großer Flächen und großzügiger Verkehrsplanung günstige Voraussetzungen für den Einsatz der Geräte und den Transport des Ammoniaks gegeben sind. Seit über 20 Jahren wird dort die Düngung mit wasserfreiem Ammoniak („anhydrous ammonia" oder auch „agricultural ammonia") praktiziert, wobei die Verbrauchsmengen der letzten zwölf Jahre eine sprunghafte Ausbreitung dieser Anwendungsform anzeigen.

Tabelle 9. *Verbrauch von wasserfreiem Ammoniak in den USA*[1] *zur Direktanwendung als Düngemittel*

Düngejahr	in 1000 t N	in % des Gesamt-N-Verbrauchs der Landwirtschaft
1947/48	33	4
1948/49	49	5
1949/50	64	7
1950/51	89	8
1951/52	127	10
1952/53	161	11
1953/54	261	15
1954/55	263	15
1955/56	321	18
1956/57	338	17
1957/58	430	21

[1] Stat. Ber. des U.S. Dep. of Agr.

* Mit einem Beitrag von F. Baltin (S. 102—104).

Der Verbrauch von wasserfreiem Ammoniak steht damit mengenmäßig an erster Stelle unter allen Stickstoffdüngemitteln in USA und beträgt etwa ein Drittel des N-Verbrauchs in Einzeldüngern (ohne Mischdünger).

Vier Methoden sind für die Anwendung von Ammoniak zur Direktdüngung bisher in den USA entwickelt worden (BAADE 1955):

1. Zusatz von NH_3 zum Bewässerungswasser (Nitrogation),
2. Injektion von NH_3 in den Boden (Nitrojection),
3. Düngung mit aqua ammonia,
4. Zusatz von NH_3 zu flüssigen Schädlingsbekämpfungsmitteln.

Der Zusatz von Ammoniak zum Bewässerungswasser ist die älteste Methode und wurde zuerst in Kalifornien versucht. Von dort aus hat sie als heute wichtigste Düngungsform ihre weitere Verbreitung besonders im Westen der Vereinigten Staaten gefunden.

Vor etwa 15 Jahren kam die Methode der Injektion von wasserfreiem Ammoniak in den Boden hinzu, und auch sie findet seit etwa 1947 breite Anwendung in der landwirtschaftlichen Praxis. Die jüngsten Anwendungsformen sind die Anwendung als aqua ammonia und ebenso die Verwendung von Ammoniak als Zusatz zu flüssigen Pflanzenschutzmitteln. Ammoniakwasser wurde 1958 nur im Umfang von etwa einem Sechstel des Verbrauchs an wasserfreiem Ammoniak angewendet, da naturgemäß die Transportkosten höher sind. Der Zusatz zu flüssigen Pflanzenschutzmitteln scheint zunächst von ganz untergeordneter Bedeutung zu sein.

Die ersten Feldversuche mit wasserfreiem Ammoniak unternahm J. O. SMITH an der Mississippi Delta Branch Experiment Station in Stoneville (ANDREWS 1951). Er montierte einen kleinen Ammoniakzylinder auf einen von Maultieren gezogenen Pflug und leitete das Ammoniak hinter der Pflugschar in den Boden.

In den frühen dreißiger Jahren begann die Shell Development Company in Kalifornien mit der Verwendung von wasserfreiem Ammoniak im Bewässerungswasser. Ende der dreißiger Jahre untersuchte sie auch die Möglichkeit einer Direktanwendung von wasserfreiem Ammoniak im Boden und ließ dieses Verfahren patentieren.

1943 begann die landwirtschaftliche Versuchsanstalt des Staates Mississippi wasserfreies Ammoniak feldmäßig anzuwenden, und schon im nächsten Jahr konnte gemeinsam mit der Tennessee Valley Authority der Einsatz in größerem Umfang in der Praxis erfolgen. Von da an entwickelte sich der Verbrauch von wasserfreiem Ammoniak als Düngemittel rapid weiter.

Einen besonderen Aufschwung erfuhr das Nitrojection-Verfahren nach Beendigung des Zweiten Weltkrieges vor allem durch die Notwendigkeit, überflüssig erzeugtes Ammoniak der Kriegsindustrie unterzubringen.

Nach dem erfolgreichen Anlaufen des Nitrojection-Verfahrens in USA war die amerikanische Shell-Gesellschaft in der Nachkriegszeit bestrebt, diese neue Düngetechnik auch in einer Reihe europäischer Länder, darunter auch Deutschland, einzuführen.

Die ersten Nitrojection-Versuche in Deutschland wurden bereits im Jahre 1949 von der Bergbau A.G. Ewald König Ludwig durchgeführt. Sie rüstete — ähnlich wie in den ersten amerikanischen Versuchen — einfach einen pferdegezogenen Grubber mit einer Ammoniakflasche und Rohrleitungen aus. Die Dosierung erfolgte in Anlehnung an das amerikanische Verfahren mittels verschiedener Düsengrößen. Die Versuche wurden auf der Gutsverwaltung Horneburg in Westfalen zu Hafer, Runkeln und Dahlien durchgeführt und brachten gute Ergebnisse.

Im Sommer 1950 unternahm der Deutsche Ammoniak-Vertrieb auf Anregung der Deutschen Shell Aktiengesellschaft die ersten Nitrojection-Versuche im Gebiet Weser-Ems. Es wurde eine Reihe von Geräten entwickelt, die im Laufe der nächsten Jahre versuchsmäßig für die verschiedensten Zwecke eingesetzt wurden. Sie haben sich recht gut bewährt, so daß das Problem vom technischen Standpunkt aus nahezu als gelöst angesehen werden kann. Die Einführung in die Praxis hängt jedoch hauptsächlich von wirtschaftlichen Überlegungen ab. Die Frage der Verteilerorganisation spielt dabei die größte Rolle, weil der Aufbau einer solchen Organisation mit all ihren Transportmitteln, Tanks und Geräten unter den grundsätzlich verschiedenen Verhältnissen in der Bundesrepublik gegenüber den USA ungleich schwieriger ist. Dazu kommt noch, daß eine Herbstdüngung wegen der Auswaschungsgefahr in unserem Klima nicht in Frage kommt, so daß die Verteilerorganisation bestenfalls im Frühjahr und Sommer zum Einsatz kommen könnte. Damit wären einerseits schwer zu bewältigende Arbeitsspitzen, andererseits eine arbeitsarme Zwischenzeit gegeben, in der die Transport- und Lagertanks kaum für andere Zwecke zu verwenden sind.

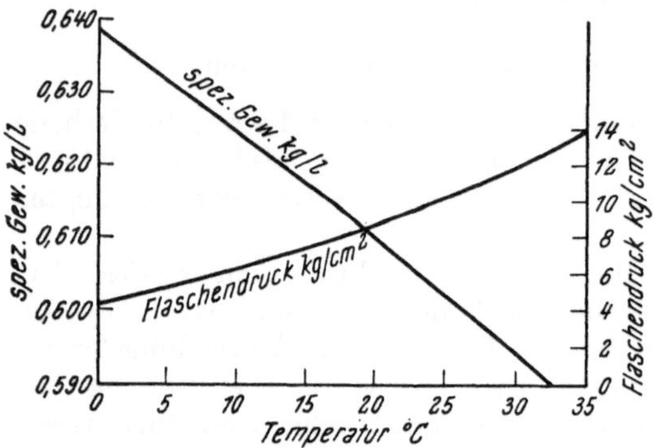

Abb. 84. Flaschendruck und spezifisches Gewicht von Ammoniak flüssig in Abhängigkeit von der Temperatur

In anderen europäischen Ländern, vor allen Dingen in Frankreich (Gros 1951), Belgien (Van Maercke 1955), Holland (De Geus 1956), Großbritannien und Dänemark (Olesen 1955) — auch in osteuropäischen Ländern — wurde das Verfahren ebenfalls versuchsweise geprüft, ist aber nirgends über das Versuchsstadium hinausgekommen. Als Ursache hierfür werden von den genannten Autoren fast durchweg ähnliche Erwägungen angegeben: Die Belastung des Ammoniakpreises durch die Verteilerorganisation dürfte überall der ausschlaggebende Faktor sein, der schließlich entscheiden wird, ob dem Verfahren in Europa eine Zukunft beschieden ist.

In den letzten beiden Jahren hat das Verfahren jedoch in Dänemark größeres Interesse gefunden.

2. Physikalische und chemische Eigenschaften des Ammoniaks

Ammoniak (chemisches Kennzeichen: NH_3) ist bei normaler Temperatur und normalem Druck ein stechend riechendes, farbloses Gas, leichter als Luft, und enthält 82,4% Stickstoff. Es läßt sich durch Druck von etwa 6 Atü bei einer Temperatur von etwa +10° C zu einer wasserhellen Flüssigkeit (Ammoniak flüssig) verdichten. Der Siedepunkt bei atmosphärischem Druck liegt bei —33,35° C. Das spezifische Gewicht des verdichteten flüssigen Ammoniaks ist von der Temperatur abhängig.

Bei 10° C beträgt es 0,625, d. h. ein Liter flüssiges Ammoniak wiegt bei 10° C 0,625 kg. Ammoniak wird begierig vom Wasser aufgenommen, und es entsteht dabei unter geringer Wärmeentwicklung Ammoniakwasser. Ein Teil des NH_3 geht direkt in Lösung, ein Teil verbindet sich mit H_2O zu NH_4OH.

Während Ammoniak bei normaler Temperatur und normalem Druck ein Gas ist, hat flüssiges Ammoniak einen bestimmten Dampfdruck, welcher sich mit der Temperatur ändert. Wird flüssiges Ammoniak in einem Zylinder erhitzt, dann verändert sich seine Dichte. Bei hohen Temperaturen (Lagern der Behälter in der Sonne) besteht deshalb die Gefahr, daß die Behälter platzen, sofern kein Überdruckventil vorhanden ist.

Unter normalen Bedingungen ist Ammoniak eine sehr stabile Verbindung. Sehr hohe Temperaturen von 900 bis 1000° sind notwendig, um es allmählich in Stickstoff und Wasserstoff zu spalten. Gasförmiges Ammoniak brennt nicht und fördert auch nicht die Verbrennung. Nur bei einem Gehalt zwischen 16 und 27% Ammoniak in der Luft kann das Gemisch durch einen Funken zur Explosion kommen.

Die gemeinen Metalle werden durch wasserfreies Ammoniak nicht angegriffen. Eisen und Stahl korrodieren nicht; aber Kupfer, Messing, Zink, Aluminium und viele Legierungen, besonders solche, die Kupfer enthalten, werden leicht angegriffen. Diese Metalle dürfen deshalb beim Bau von Ammoniakbehältern, Leitungen und Pumpen keine Verwendung finden.

Ammoniak ist zwar nicht giftig, aber infolge seiner hohen Löslichkeit in Wasser greift es sehr stark die Schleimhäute der Augen, Nase, Rachen und Lunge an. Zum Glück gilt der scharfe, stechende Geruch als Warnsignal. Schon sehr kleine Konzentrationen von Ammoniak in der Luft werden leicht bemerkt.

Tabelle 10. *Eigenschaften des wasserfreien Ammoniaks (NH_3)*
(WINNACKER-KÜCHLER 1959)

Mol.-Gew.	17,032
Dichte: NH_3-Gas Normal-Litergewicht	0,7714 g
Mol.-Volumen	22,075 l
NH_3-flüssig (—33,35° C)	0,6818 g
(+15° C)	0,6175 g
Kritische Temperatur	132,4° C
Kritischer Druck	115 at
Siedepunkt	—33,35° C
Schmelzpunkt	—77,7° C
Dampfdruck, NH_3 flüssig (—33,35° C)	1,00 at
(—14° C)	2,33
(— 5° C)	3,50
(0° C)	4,23
(+ 5° C)	5,09
(+15° C)	7,19
(+35° C)	13,32
Gew.-% NH_3 in gesättigten wässerigen Lösungen (10° C)	40,0
(20° C)	34,2
(30° C)	28,5
Entflammungstemperatur: je nach Zusammensetzung des NH_3-Luft-Gemisches (23 bis 57 Vol.-%)	917 bis 1000° C
Explosionsgrenzen: abhängig von Raum und Zündquelle für NH_3-O_2-Gemische: (1 at, Raumtemperatur)	13,5 bis 82 Vol.-%
für NH_3-Luftgemische: (1 at, Raumtemperatur)	15,5 bis 28 Vol.-%
(1 at, 100° C)	14,5 bis 29,5 Vol.-%
Physiologische Eigenschaften:	
im Gemisch mit Luft wirken tödlich, nach 1/2 bis 1 Stunde:	1,5 bis 2,7 g/m³
mit lebensgefährlicher Erkrankung, nach 1/2 bis 1 Stunde:	1,5 bis 2,5 g/m³
erträglich ohne Folgen:	0,18 g/m³

Toxizitätsgrenze (MAK-Wert): 100 ml N/m³ Luft.

3. Transportmittel und Injektionsgeräte

Um größere Gewichtsmengen wasserfreies Ammoniak transportieren zu können, muß es unter Druck verflüssigt und in druckfeste Behälter abgefüllt werden. In den USA wurde deshalb eine lückenlose Kette von Lagertanks und Transportfahrzeugen aufgebaut, die von der Fabrik bis auf den Acker reicht.

Das verflüssigte Ammoniak wird zunächst in großen Hochdruck-Tankfahrzeugen auf Schiene oder Straße oder auch per Schiff von den Herstellerwerken zu zentral gelegenen Tankstellen transportiert. Für diesen Zweck sind nur bestimmte Typen von Behältern, Tankwagen und Lagerzylindern behördlicherseits zugelassen und auch von seiten des Verbandes der amerikanischen Eisenbahnen anerkannt.

In den Lagerstationen selbst wird das flüssige Ammoniak entweder in kugelförmigen „Horton"-Tanks mit einem Fassungsvermögen bis 2000 t oder häufiger auch in liegenden zylindrischen Tanks mit rund 110.000 Litern gespeichert. Da diese gegen Sonnenlicht nicht geschützt werden können, werden sie vielfach mit Wasser gekühlt. Die Investitionskosten für solche Lagerstationen sind in Anbetracht der an Aufbewahrung und Material gestellten Anforderungen sehr hoch.

Die Tankwagen ähneln äußerlich den für Öltransport gebräuchlichen Fahrzeugen. Der Druck in den Tanks variiert von 3,5 bis 10,5 kg/cm^2 und richtet sich nach der Zeitspanne, in der sich das Ammoniak im Tank befindet. Das höchste zugelassene Ladegewicht beträgt 57% des Wassergewichts eines mit Wasser gefüllten Tanks. Bei den üblichen Tanks sind dies 26 t wasserfreies Ammoniak. Aus Sicherheitsgründen werden aber in der Regel nur 24 t geladen. Der Letztverteilung dienen kleinere Fahrzeuge mit etwa 4000 l Tankinhalt.

Die Transporttanks sind mit einer vierfachen Korkschicht isoliert oder zumindest weiß gestrichen, um Erwärmungen und Druckanstieg zu vermeiden. Trotzdem steigt der Druck, wenn die Tankwagen mehrere Tage der Sonne ausgesetzt sind. Deshalb ist auch eine gewisse Vorsicht bei der Lagerung der kleineren Gasbehälter erforderlich. Sie sollen an einem kühlen, trockenen Platz aufbewahrt und möglichst keinen Stößen oder höheren Temperaturen ausgesetzt werden. Lagerräume müssen gut zu lüften sein.

Als kleinste Behältereinheit für Transport und Lagerung dienen röhren- oder flaschenförmige Zylinder von sehr unterschiedlicher Größe.

Von der Tankstelle wird die benötigte Menge entweder von den Farmern selbst in eigenen Behältern abgeholt und mit eigenen Geräten ausgebracht, oder die Verteilung wird von besonderen Unternehmern vorgenommen, die den Farmern nicht nur den Dünger liefern, sondern gleichzeitig unter Verwendung eigener Geräte und Leute eine bestimmte Fläche mit der vereinbarten Stickstoffmenge abdüngen. Nur für sehr große Betriebe, wie sie z. B. in den Baumwollgebieten des Mississippideltas vorkommen, besteht die Neigung zur Einrichtung eigener Aufbewahrungstanks.

Das Einbringen des Ammoniaks in den Boden geschieht mit Hilfe besonders für diesen Zweck konstruierter Geräte. Es lassen sich dabei mehrere Typen unterscheiden, die wieder in den verschiedensten Ausführungen hergestellt werden. Am häufigsten sind Grubber- oder Kultivator-ähnliche Geräte, die entweder aufgesattelt oder als Anhängegeräte von einem Schlepper gezogen werden. Die Ammoniakbehälter und die dazu gehörige Ausrüstung (Verbindungsrohre, Ventile und Meßinstrumente) sind entweder auf dem Schlepper selbst oder auf einem Anhänger befestigt.

Je nach der Größe dieser amerikanischen Geräte beträgt die Arbeitsbreite bis zu 12 m. Das in den Druckbehältern befindliche flüssige Ammoniak wird durch Rohr- und Schlauchleitungen an der Rückseite des Injektionsschares in den Boden geführt. Die Schare sind an starren oder gefederten Zinken befestigt. Zum Teil sind auch die Schneiden selbst gefedert, mit einem vorgeschalteten sternförmigen Schneideblatt. Auch Druckrollen zum Schließen des Bodens werden gelegentlich verwendet. Das Ammoniak wird mit 4 bis 5 Atm. in den Boden gedrückt. Die Arbeitstiefe beträgt 10 bis 15 cm; die Dosierung des Ammoniaks erfolgt mit Hilfe von Standarddüsen (Reduzierventile), deren Größe je nach der Geschwindigkeit des Traktors, der Temperatur des Ammoniaks im Druckzylinder

Abb. 85. Versuchsgerät für Düngung mit wasserfreiem Ammoniak (Photo: Ruhr-Stickstoff AG.)

und der Höhe der Stickstoffgabe bestimmt wird. Die Fehlergrenze bei der Dosierung soll amerikanischen Berichten zufolge 2% nicht überschreiten. Doch erfordert die Einstellung jedenfalls eine sehr große Erfahrung, da zweifellos auch die Bodenverhältnisse eine wesentliche Rolle spielen.

Die Entwicklung der Geräte für das Nitrojectionverfahren durch den DAV[1] erfolgte zunächst in Anlehnung an das amerikanische Verfahren.

Als Versuchsgerät stand ein Nitrojectiongerät der Shell Nederland zur Verfügung. Es handelt sich dabei um einen einfachen Grubberrahmen mit zehn starren Zinken, auf dem zwei Ammoniakflaschen aufmontiert waren. Die Dosierung des Ammoniaks erfolgte bei diesem Gerät ebenfalls durch Einsatz bestimmter Düsen, deren Größe anhand von Fluchtlinien-Tafeln in Abhängigkeit von der Fahrgeschwindigkeit des Traktors, Temperatur des Ammoniaks und Höhe der Stickstoffgabe bestimmt wurde.

Kurz darauf wurde mit der Entwicklung eines eigenen Versuchsgerätes begonnen, wobei sich als Hauptproblem die Konstruktion einer Regelanlage erwies. Die Dosierung des Ammoniaks durch Einsatz unterschiedlicher Düsen hatte sich nämlich als zu ungenau herausgestellt. Die mit diesen Düsen ausgebrachte Ammoniakmenge ist zu sehr von der Temperatur abhängig, da diese den Dampfdruck im Behälter sehr wesentlich beeinflußt. Als Nachteil erschien ferner, daß für eine gleichmäßige Ausbringung des Ammoniaks eine gleichbleibende Geschwindigkeit des Traktors notwendig war, eine Forderung, die sich in der Praxis nie erfüllen läßt. Diese Aufgabe wurde schließlich durch Konstruk-

[1] Deutscher Ammoniak-Vertrieb.

tion einer ölgesteuerten Membran-Förderpumpe gelöst, die vom Fahrwerk des Düngegerätes aus angetrieben wird und eine Volumenmessung des Ammoniaks in der Flüssigphase in Abhängigkeit von der Fahrgeschwindigkeit vornimmt.

Mit Hilfe dieser Dosierungseinrichtung konnte die Abweichung der tatsächlich ausgebrachten Stickstoffmenge von der Sollmenge bis auf 3% reduziert werden.

In Anlehnung an das holländische Nitrojection-Gerät wurde ferner ein neunzinkiger Federzahngrubber mit 2 m Arbeitsbreite für die Ammoniakgasdüngung hergerichtet. Er zeichnet sich gegenüber dem holländischen Grubber mit starren Zinken durch gefederte Zinken mit breiten Gänsefußscharen aus, die den Boden

Abb. 86. Vielfachgerät mit Ausrüstung für Ammoniakgasdüngung (Photo: Ruhr-Stickstoff AG.)

auf der gesamten Fläche aufschneiden und damit eine gleichmäßigere Verteilung des Ammoniaks im Boden ermöglichen. Dieses Gerät ist jedoch nur zur Flächendüngung von unbebauten Ackerflächen verwendbar. Um auch wachsende Kulturen im Nitrojection-Verfahren düngen zu können, wurde ein steuerbares Aufsattelgerät mit Hackscharen gebaut. Als Grundlage hierfür diente ein Vielfachgerät, das für drei Reihen Kartoffeln und sechs Reihen Rüben (3 m Arbeitsbreite) verwendet wird. Als Zugmaschine diente ein 28-PS-Hanomag-Schlepper mit Kraftheber und Dreipunktaufhängung. Gegenüber dem grubberartigen Gerät ist das Aufsattelgerät insofern weiterentwickelt, als es mit Turboverteilern ausgestattet ist, die eine gleichmäßige Verteilung des Ammoniaks auf die einzelnen Hackschare bewirkt. Ein Nachteil ist noch, daß für die Feinsteuerung ein zweiter Bedienungsmann erforderlich ist.

In der ČSSR wird seit dem Jahre 1957 ein Ammoniak-Düngegerät („Amin $^4/_2$") serienmäßig hergestellt, das von Mikes und Havelec beschrieben wird (Abb. 87). Das Gerät kann sowohl zur Breitdüngung als auch zur Reihendüngung verwendet werden. An der Dreipunkt-Aufhängung eines 25-PS-Schleppers (Zetor 25 K) ist der Werkzeugträger *2* befestigt, der mit sechs oder weniger Düngescharen ausgerüstet werden kann. Die Arbeitstiefe der Düngeschare kann mittels der Stützräder *3* eingestellt werden. Das flüssige Ammoniak befindet sich in dem Druckbehälter *4*, der als einachsiger Aufsattelhänger mitgeführt wird. Der Druckbehälter wird im Betrieb bis zu 85% seines Fassungsvermögens gefüllt. Die wichtigsten technischen Daten der Maschine sind:

Größte Arbeitsbreite	2800 mm
Bodenfreiheit unter dem Werkzeugträger	390 mm
Zulässige Behälterfüllung	263 kg
Spurweite des Behälterwagens	1200 bis 1400 mm
Betriebsdruck im Behälter	16 at

Bei der Düngearbeit fördert der im Behälter herrschende Dampfdruck von etwa 16 at, der vom Manometer *5* angezeigt wird, das flüssige Ammoniak durch das Tauchrohr *6* zum Entnahme- und Füllventil *7*. Von hier aus fließt es durch einen gepanzerten Gummischlauch über den Absperrhahn *8* zum Druckregler *9*.

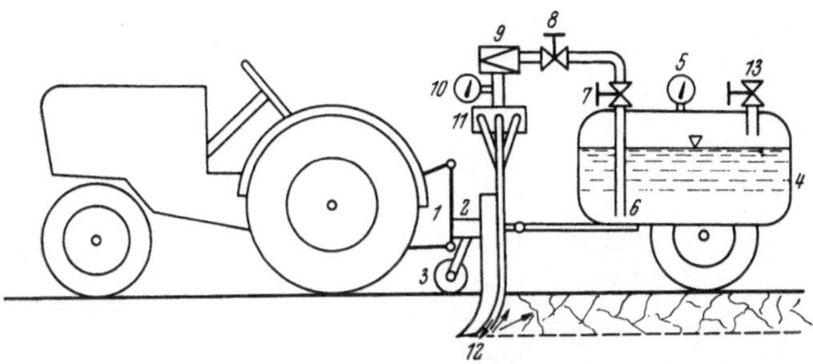

Abb. 87. Ammoniak-Düngemaschine. An der Dreipunkthydraulik (*1*) ist der Werkzeugträger (*2*), ein etwa 3 m langer, horizontal liegender Stahlträger, befestigt, an dem bis zu 6 Düngeschare (*12*) angebracht werden können. Durch die an den Düngescharen befindlichen, unten offenen Rohre tritt das Ammoniak aus und gelangt in den aufgelockerten Boden

Mittels des Druckreglers wird der Druck entsprechend der geforderten Aufwandmenge herabgesetzt. Der reduzierte Druck wird durch das Manometer *10* angezeigt. Hinter dem Druckregler verdampft das Ammoniak teilweise, so daß ein Gemisch von flüssigem und dampfförmigem Ammoniak zum Verteiler *11* gelangt. Am Verteiler befinden sich 6 Anschlüsse für die zu den Düngescharen *12* führenden Schlauchleitungen. Der Verteiler ist so konstruiert, daß flüssiges und dampfförmiges Ammoniak sich nicht entmischen können. Im Verteiler ist für jeden Anschluß eine Düse mit 1,2-mm-Bohrungsdurchmesser vorgesehen. Ein im Verteilergehäuse untergebrachtes Schmutzfangsieb hält grobe Verunreinigungen zurück. Das Gemisch von flüssigem und dampfförmigem Ammoniak wird durch Gummischläuche zu den Düngescharen *12* geleitet und von diesen in den Boden gebracht.

Füllen des Gerätes: Das Entnahme- und Füllventil *7* wird mittels eines Druckschlauches an den Straßenkesselwagen, der das flüssige Ammoniak unter einem Betriebsdruck von 16 at auf das Feld bringt, angeschlossen. Während des Füllens wird das Entlüftungs- und Kontrollventil *13* etwas geöffnet. Sobald der Flüssigkeitsspiegel im Behälter das kurze Tauchrohr des Ventils *13* erreicht hat, strömt weißer Dampf aus. Der Füllvorgang ist jetzt beendet, der Druckbehälter ist zu 85% gefüllt.

Bedienung des Gerätes beim Düngen. Wenn das Gerät gefüllt ist, wird das Entnahmeventil *7* und der Absperrhahn *8* geöffnet, dann wird der Druckregler auf den vorgeschriebenen Verteilerdruck eingestellt, von dem im Zusammenhang mit der Fahrgeschwingigkeit die auszubringende Aufwandmenge abhängt. Sobald das Manometer *10* den gewünschten Verteilerdruck anzeigt, schließt man den Absperrhahn *8*. Der Traktorist fährt jetzt auf das Feld, setzt den Werkzeugträger hydraulisch ein und öffnet beim Anfahren den Absperrhahn *8*. Während der Arbeit muß das Manometer *10* von Zeit zu Zeit kontrolliert und gegebenenfalls der Druckregler nachgestellt werden. Etwa 5 m vor dem jenseitigen Ende des Feldes wird der Absperrhahn *8* während der Fahrt geschlossen und anschließend am Feldrande das Gerät ausgehoben.

Das Ammoniak kühlt sich während der Expansion hinter dem Druckregler so stark ab, daß sich an den Verteilerschläuchen Reif ansetzt. Wenn infolge einer Verstopfung der Ammoniakstrom in einem Schlauch aussetzt, verschwindet der Reifansatz. Der Traktorist sieht daran, welche Leitung zu reinigen ist.

Mikes und Havelec teilen mit, daß Ammoniak zum Zwecke der Düngung

Abb. 88. Kleinschlepper mit Ammoniak-Düngewalze der Ruhr-Stickstoff AG. (Photo: Ruhr-Stickstoff AG.)

in flüssigem, verdampfendem Zustande in Aufwandmengen von 10 bis 100 kg/ha etwa 10 bis 15 cm tief in den Boden gebracht wird. Innerhalb von 24 Stunden wird es hier physikalisch und chemisch so fest gebunden, daß es auch bei Berührung mit der Luft, z.B. bei anschließender Bodenbearbeitung, nicht wieder entweicht. Die Einbringungstiefe soll bei leichten, trockenen Böden 15 cm, bei schweren, feuchten dagegen 10 bis 12 cm betragen. Die günstigste Bodenfeuchtigkeit liegt zwischen 15 und 16%.

Da sich dem Nitrojectionverfahren vor allem im Zwischenfruchtbau Einsatzmöglichkeiten bieten und hier der Schälpflug eine große Rolle spielt, wurde ferner von seiten des DAV ein kombinierter Ammoniakgas-Düngungspflug entwickelt. Hierfür diente ein vierschariger Schälwühlpflug mit 1 m Arbeitsbreite.

Als spezielle Variante der Nitrojection im Obstbau wurde schließlich eine Düngelanze verwendet, mit der in Obstanlagen eine Einzeldüngung der Bäume möglich ist. Für diesen Zweck ist eine Ammoniakflasche mit einem Füllgewicht von 42 kg NH_3 auswechselbar auf einem zweirädrigen, gummibereiften Fahrgestell mit Deichsel für Handzug angebracht. Von der Flaschenöffnung führt eine Schlauchverbindung zur Düngelanze (mit Dosierungseinrichtung), mit der die Injektion erfolgt.

Bei Anwendung des Nitrojectionverfahrens auf Grünland unter Verwendung von Messerscharen besteht die Gefahr, daß durch Schädigung der Grasnarbe Ertragseinbußen entstehen. Nach einem Konstruktionsvorschlag von Zarnack wurde daher eine Düngewalze gebaut, die das Gas ähnlich wie die Düngelanze in den Boden bringt. Es handelt sich dabei um eine Walze mit sechs Ringen von 56 cm Durchmesser. Auf jedem Ring sind im gleichen Abstand neun Dorne angebracht, in denen sich die Gasdüsen befinden. Beim Abrollen der Walze dringen die Dorne hintereinander in den Boden ein. Durch eine in der Walze befindliche Nockenwelle werden die jeweils nicht im Boden befindlichen Düsen geschlossen, während aus den im Boden befindlichen das Gas austreten kann. Das Gerät hat eine Arbeitsbreite von 1 m. Je m^2 werden 22 Einstichstellen geschaffen. Diese Walze wird durch eine Kleinraupe gezogen. Sie hat sich besonders in der Forstwirtschaft bewährt. Die Arbeitsbreite von 1 m gestattet ein bequemes und leichtes Arbeiten in den Beständen. Es können je Tag etwa 3 bis 4 ha befahren werden, wobei unter Berücksichtigung der notwendigen Aussparung der Bäume und sonstiger Hindernisse 80 bis 85% der Fläche begast werden.

Für Transport und Lagerung des Ammoniaks dienen druckfeste Stahlflaschen mit einem Inhalt von 42 kg Ammoniak flüssig, entsprechend 34,5 kg N. Das Leergewicht einer Flasche beträgt etwa 40 kg, so daß eine volle Ammoniakflasche etwa 82 kg wiegt.

4. Verhalten des Ammoniaks im Boden

Mit Hilfe der beschriebenen Geräte wird das wasserfreie Ammoniak in den Boden gebracht.

In dem Moment, in dem das Ammoniak die Düse verläßt, entspannt es sich und geht in den gasförmigen Zustand über. Dies ist naturgemäß mit einer starken Kälteentwicklung verbunden. Versuche, diesen Kälteschock zur Bekämpfung von Bodenschädlingen (Nematoden) auszunützen, haben bisher trotz Anwendung höchster Gaben (1500 kg N/ha) — die im Falle des Kartoffelälchens im Saatkartoffelbau durchaus rentabel wären — keinen befriedigenden Erfolg gebracht.

Im Boden wird das Ammoniak begierig vom Bodenwasser aufgenommen und löst sich sofort unter Bildung von Ammoniumhydroxyd. Trotzdem muß die Einbringungstiefe 10 bis 15 cm betragen, da sonst ein Teil des Gases in die Luft entweicht. Bei ungenügender Arbeitstiefe sind die weißen Ammoniakdämpfe über der Erdoberfläche sichtbar. Außerdem macht sich der Geruch deutlich bemerkbar. Wenn an der Injektionsstelle kein Geruch zu bemerken ist, kann man sicher sein, daß der Boden das Ammoniak ohne Verluste aufgenommen hat. In den meisten Fällen verschwindet der Geruch innerhalb von 24 Stunden nach der Injektion (Andrews 1956).

Eine große Rolle für die richtige Wahl der Arbeitstiefe und für eine verlustlose Ausbringung überhaupt spielen die Bodenart und der augenblickliche Feuchtigkeitszustand. Auf leichten Böden ist die Gefahr eines Entweichens durch Diffusion im allgemeinen größer. Sie nimmt aber mit zunehmender Feuchtigkeit und zunehmender Arbeitstiefe ab. Mit zunehmendem Tongehalt spielt das Wasser eine geringere Rolle, weil das Ammoniak von kolloidalen Bestandteilen adsorbiert wird. Auf schweren Böden besteht dagegen besonders bei höherer Feuchtigkeit wiederum die Gefahr, daß sich der Boden hinter dem Schar nicht sofort schließt, so daß das Ammoniak aus der Furche wieder an die Oberfläche gelangt. Bei normaler Feuchtigkeit wird jedoch der Stickstoff in Lehm- und besonders in Tonböden bereits in den obersten 5 cm vollständig festgehalten (van Maercke 1955.)

Das Bindungsvermögen der Böden ändert sich auch mit der Höhe der Düngergabe. Bei einer Gabe von 65 kg/ha N wurde kein Ammoniakverlust beobachtet.

Bei höheren Gaben (130 bis 290 kg/ha N) stiegen jedoch die Verluste deutlich an (Blue und Eno 1954).

Die direkte Bindung von Ammoniak an Bodenkolloide wird von einigen Forschern für so bedeutend gehalten, daß sie glauben, den Einfluß des Wassers auf kolloidreichen Böden vernachlässigen zu können (Jackson und Chang 1947). Das Ammoniakion wird als Kation naturgemäß vom Bodenkomplex festgehalten. Lediglich für überschüssige, in Lösung gebliebene NH_4-Ionen besteht dann die Gefahr, mit dem Verdunsten des Bodenwassers in die Atmosphäre zu gelangen.

Zusammenhänge zwischen Bodentemperatur und Stickstoffverlusten bestehen nur indirekt. Immerhin muß bei höherer Bodentemperatur mit einem höheren Stickstoffverlust gerechnet werden, weil Wasserverdunstung und Ammoniakverflüchtigung besonders auf leichteren Böden gleichmäßig verlaufen (Martin und Chapman 1951).

Auch die Verteilung des Ammoniaks im Boden hängt vom Wassergehalt ab. Nach Untersuchungen von Blue und Eno (1954) auf Sandböden konzentrierte sich das Ammoniak bei einer Injektionstiefe von etwa 12,5 cm in einem 5 bis 20 cm breiten Streifen beiderseits der Injektionsfurche. Die Breite des Streifens war vom Wassergehalt des Bodens abhängig. Bei einem Feuchtigkeitsgehalt des Bodens von 2,4% breitete sich das Ammoniak je 10 cm nach rechts und links aus; bei einer Feuchtigkeit von 16,1% nur je 2,5 cm.

Einen großen Einfluß auf die Verflüchtigung des NH_3 als Gas hat der Gehalt des Bodens an kohlensaurem Kalk. Martin und Chapman (1951) stellten in Laboratoriumsversuchen fest, daß mit Ausnahme sehr stark abgepufferter Böden der Stickstoffverlust aus Ammoniumhydroxyd in allen Fällen größer war als bei Zugabe von Ammonsulfat. Jedoch scheint der Einfluß der Bodentextur noch größer zu sein als der Einfluß des pH-Wertes, da der Stickstoffverlust in einem sandigen Lehmboden mit pH 6,7 größer war als in einem tonigen Lehmboden mit pH 8. Zu ähnlichen Ergebnissen kam auch Dorph-Petersen (1952), der mit Gaben bis zu 500 kg N/ha arbeitete.

Über den Einfluß des Ammoniaks selbst auf die Bodenreaktion bestehen noch erhebliche Meinungsverschiedenheiten. Einerseits bringt das wasserfreie Ammoniak keine Anionen mit, die als Säurereste im Boden zurückbleiben und die Bodenreaktion beeinflussen könnten, andererseits wird das Ammoniak in den meisten Böden nitrifiziert, wodurch der pH-Wert der Bodenlösung absinkt. Das Ammoniak als Base bewirkt naturgemäß zunächst im Boden einen Anstieg des pH-Wertes. Nach Anderson und Purvis (1935) stieg der Säuregrad eines sandigen Lehmbodens nach Düngung mit wasserfreiem Ammoniak in der engsten Umgebung der Einstichstelle von pH 6,5 auf pH 10 an, regulierte sich dann am zweiten Tag auf pH 8 ein und blieb so etwa zwei Wochen. Dann begann er zu fallen und erreichte am 27. Tag ein pH von 5,7. Hunter und Jarvis (1953) halten den Einfluß von NH_3-Gas auf die Bodenreaktion für unbedeutend. Im Gegensatz dazu weist Nicol (1953) darauf hin, daß als Folge von Nitrifikation die Bildung von Kalziumnitrat möglich ist und damit durch Kalkauswaschung die Gefahr eines bedeutenden Kalkverlustes besteht.

Der Einfluß des Ammoniaks auf die Bodenreaktion wird jedenfalls davon abhängen, wie rasch die Nitrifikation erfolgt und ob ein Teil des Stickstoffes von den Pflanzen noch in der Ammoniakform aufgenommen wird. Jedenfalls wird bisher aus den USA über keine nachteiligen Wirkungen hinsichtlich der Kalkversorgung des Bodens bei Ammoniakbegasung berichtet. Die Anwendung erfolgt dort in erster Linie zu Pflanzen, die das Ammoniak leicht direkt aufnehmen können (Baumwolle, Mais). Außerdem muß man berücksichtigen, daß wasserfreies Ammoniak hauptsächlich in den westlichen und südlichen Staaten der USA Anwendung findet, wo im allgemeinen die Böden über einen ausreichenden natürlichen Vorrat an Kalk und anderen Basen verfügen.

Die Intensität der Nitrifikation spielt ferner eine bedeutende Rolle für die Stickstoffverluste durch Auswaschung. Nur der Nitratstickstoff wird in nennenswerten Mengen ausgewaschen. Bei warmem Wetter und auf Böden mit guter Kalkversorgung und geordneter Wasserführung erfolgt die Umwandlung in Nitrat in wenigen Wochen. Deshalb kann auch in den USA nicht überall das Ammoniak schon im Herbst gegeben werden. Versuche von ANDREWS (1951) zu Hafer auf kalkreichen Böden zeigen, daß bei der Anwendung zwischen Oktober und Dezember erhebliche Stickstoffverluste in Kauf genommen werden müssen. Auf kalkarmen Böden dagegen wurde das Ammoniak bis zum Frühjahr festgehalten.

Die Dauer der Nitrifizierung des Ammoniaks hängt im allgemeinen von den gleichen Bedingungen ab, wie bei der Düngung mit Ammoniumsalzen, jedoch ist beobachtet worden (ENO und BLUE 1954), daß Ammoniak in saurem Boden schneller nitrifiziert wurde als Ammonsulfat. Dies ist jedenfalls darauf zurückzuführen, daß mit dem Sulfat eine zusätzliche saure Komponente in den Boden kommt, welche die Nitrifikation hemmt, während das Ammoniak selbst durch seine basische Eigenschaft in der entgegengesetzten Richtung wirkt.

Über den Einfluß der Ammoniakbegasung auf die Löslichkeit anderer Nährstoffe ist zu erwähnen, daß der plötzliche Anstieg des pH-Wertes eine Ausfällung verschiedener Elemente zur Folge haben kann, die durch das nachfolgende Verschwinden der alkalischen Reaktion eventuell nicht wieder rückgängig zu machen ist (JENNY, AYERS und HOSKING 1945). Für Kupfer, Mangan, Zink und Eisen und auch für Phosphorsäure darf man jedoch erwarten, daß diese nachteilige Wirkung nach der Nitrifikation wieder verschwindet. Andererseits besteht jedoch die Möglichkeit, daß durch die Zufuhr von flüssigem Ammoniak auch wieder Nährstoffmengen verfügbar werden; beispielsweise kann durch die Zufuhr von NH_4-Ionen austauschbares Kali aus den Tonteilchen verdrängt werden.

Der Einfluß der Ammoniakinjektion (112 bis 280 kg N/ha) auf die Mikroflora verschiedener Böden wurde von ENO und BLUE (1954) untersucht. Während einerseits die Zahl der Pilze, Bakterien und Actinomyceten zunächst stark abnahm, folgte nach einigen Tagen ein rascher Anstieg besonders der Bakterienpopulation, was jedenfalls wiederum auf den Anstieg des pH-Wertes zurückzuführen ist.

Ähnliche Beobachtungen machten auch POSCHENRIEDER und BECK (1958), auf Hoch- und Niedermoor sowie in Waldböden. Sie stellten nach einer Ammoniakbegasung eine starke Zunahme der Bakterienzahl, dagegen Abnahme der Pilzpopulation fest; die CO_2-Produktion als Maßstab für die mikrobiologische Aktivität war ebenfalls wesentlich gesteigert.

Einen günstigen Einfluß auf die Kleinfauna beobachtete RONDE (1958) auf Waldböden. Besonders bemerkenswert ist dabei das Auftreten von Regenwürmern auf Standorten, auf denen vor der Ammoniakbegasung keine Regenwürmer festgestellt worden waren.

Eine Schädigung höherer Pflanzen oder Beeinflussung der Keimung wurde nicht beobachtet, wenn das Ammoniak nicht in abnormal hohen Gaben verabreicht wurde (MAC INTIRE 1943, GROS 1952). Selbstverständlich darf das Ammoniak nicht in unmittelbaren Kontakt mit der Saat kommen.

ANDREWS (1956) empfiehlt, das Ammoniak 3 Zoll (7 bis 8 cm) unter oder neben die Saat zu placieren. Bei Anwendung in wachsenden Kulturen ist auf eine verlustlose Injizierung in den Boden zu achten, da die konzentrierten Ammoniakdämpfe Verbrennungen an den Blättern verursachen können.

5. Die Anwendung zu Ackerkulturen

In den USA wurde die Düngung mit wasserfreiem Ammoniak zuerst auf den *Baumwollfeldern* im Staate Mississippi angewendet. Andrews und Mitarbeiter (1951) unternahmen langjährige Versuche, um die geeignete Anwendungszeit für diese Kultur zu ermitteln. Vergleiche mit Ammonnitrat erbrachten in den meisten Fällen eine Überlegenheit des wasserfreien Ammoniaks. Während sich aber die Anwendung von Ammonnitrat in späterer Gabe zur wachsenden Pflanze als vorteilhaft erwies, konnte mit wasserfreiem Ammoniak eindeutig das Gegenteil festgestellt werden. Die Anwendung von Ammoniak vor dem Pflanzen war der Methode des „side dressing", also der Anwendung zur wachsenden Kultur beiderseits der Pflanzreihen, weit überlegen. Die Verfasser empfehlen deshalb, das Ammoniak in der Höhe des voraussichtlichen Bedarfs unmittelbar vor dem Pflanzen anzuwenden und eine etwaige zusätzliche Stickstoffgabe im Juni zu geben, wenn die Baumwolle offensichtlich noch Stickstoff brauchen sollte.

Weitere Ausbreitung fand die Düngung mit wasserfreiem Ammoniak auf den großen Bewässerungsfeldern des *Reisanbaugebietes*. Dort wird das zunächst noch trockene Land mit Scheibeneggen saatfertig gemacht. Danach erfolgt die Injektion des Ammoniaks in den Boden. Anschließend wird das Feld schwach überflutet und das Bewässerungswasser mit einer leichten Scheibenegge mit dem Boden zu Schlamm vermengt. In diesen Schlamm wird der vorher angequollene Reis eingesät (Baade 1955). Als wirtschaftlichste Stickstoffgabe hierfür werden in Texas 80 kg N/ha angesehen. Die Düngewirkung soll der des Ammonsulfats gleichkommen. Als besonders geeignet hat sich das wasserfreie Ammoniak sowohl für *Zuckerrohr* als auch für *Zuckerrüben* erwiesen. Besonders bei letzteren wird die Methode des „side dressing" gern und mit Erfolg angewandt. Sehr hohe Mehrerträge werden durch Ammoniakdüngung bei Getreide erzielt, natürlich nur in denjenigen Gebieten der USA, in denen durch ausreichenden und rechtzeitigen Regenfall die Auswirkung des Stickstoffes gesichert ist.

Besonders stark hat sich die Anwendung von wasserfreiem Ammoniak bei *Mais* eingeführt, weil sie auch bei dieser Kultur hohe Ertragssteigerungen bringt. Mais ist neben Baumwolle diejenige Frucht, die den höchsten Anteil der Ammoniakmengen zur Direktanwendung beansprucht. Vor allem fördert die Ammoniakinjektion die bakterielle Zersetzung der gewöhnlich untergepflügten Maisstengel und -wurzeln. Der Abbau dieser kohlehydratreichen Substanzen erfordert ähnlich wie eine Strohdüngung reichliche Stickstoffzufuhr, für die das Ammoniak eine sehr geeignete Form darstellt. Praktische Anwendung findet die Ammoniakdüngung ferner bei *Gemüse*.

Versuche mit allen genannten Kulturen sind an der landwirtschaftlichen Versuchsstation des Staates Mississippi (Andrews 1951) unternommen worden. Die häufig festgestellte Überlegenheit von NH_3 über Ammonnitrat als Vergleichsdünger wird darauf zurückgeführt, daß infolge Trockenheit die salzartigen Dünger nicht in die Wurzelzone gelangten, während das Ammoniak immer in eine Tiefe von 10 cm gebracht werden muß.

Um das Nitrojectionverfahren unter westdeutschen Verhältnissen zu prüfen, führte die Ruhr-Stickstoff AG. in den Jahren 1950 bis 1958 ein umfangreiches Versuchsprogramm mit etwa fünfzig Einzelversuchen auf Ackerland durch. Insgesamt wurden dabei Flächen von mehreren tausend Hektar mit Ammoniakgas abgedüngt. Die Arbeiten erfolgten in enger Zusammenarbeit mit der Landwirtschaftlichen Versuchsanstalt Oldenburg. Dabei konnten folgende Ergebnisse festgestellt werden:

Eine Düngung mit wasserfreiem Ammoniak im Herbst, wie sie in den Trockengebieten der USA mit Erfolg praktiziert wird, ist unter unseren Verhältnissen nicht möglich, da bei den milden, feuchten Klimabedingungen Westdeutschlands der im Herbst verabreichte Stickstoff im Laufe des Winters größtenteils in Salpeter umgewandelt und als solcher ausgewaschen wird. Auch im Frühjahr ist eine Düngung des Wintergetreides mit Ammoniak nicht empfehlenswert, weil die jungen, wachsenden Saaten sehr empfindlich gegen mechanische Verletzungen sind, die sich bei dem engen Reihenabstand des Getreides und den schweren, von Schleppern gezogenen Injektionsgeräten nicht vermeiden lassen. Eine Schädigung der Pflanzen im Frühjahr wirkt sich um so nachteiliger auf den Ertrag aus, je ungünstiger die Witterungsverhältnisse sind (Kälte, Spätfröste). Die Wintergetreideflächen, die etwa 30% der Ackerfläche des Bundesgebietes ausmachen, fallen also praktisch für den Nitrojection-Einsatz aus.

Die Anwendung von Ammoniak zu *Sommergetreide* ist unter bestimmten Voraussetzungen möglich, dann nämlich, wenn die Böden im Frühjahr infolge günstiger Witterungsverhältnisse so früh abtrocknen, daß die Düngung *rechtzeitig* (8 bis 14 Tage) vor der Saat verabreicht werden kann. Erfolgt die Begasung unmittelbar vor der Saat, dann besteht insbesondere bei weniger tätigen Böden die Gefahr, daß die jungen Keimpflanzen nicht genügend Salpeterstickstoff im Boden vorfinden und durch Aufnahme zu großer Mengen Ammoniakstickstoff unter Entwicklungsstörungen leiden. Trockenheit und Säure im Boden verlangsamen die Nitrifikation. Trockene und saure Böden bedürfen demnach einer besonders frühen Darbietung des Ammoniaks, während der gare und gut angefeuchtete Boden unbedenklich auch kurz vor der Saat mit Ammoniakstickstoff gedüngt werden kann (Nieschlag 1955). Der Erfolg einer Ammoniakdüngung zu Sommergetreide hängt also in starkem Maße von der Einhaltung des richtigen Düngungszeitpunktes ab. Leider sind die Witterungsverhältnisse in Deutschland so, daß eine zeitgerechte Anwendung von Ammoniak zu Sommergetreide nicht immer möglich ist.

Bei *Kartoffeln* ist die Anwendung des Ammoniaks vor der Saat möglich. Da die Kartoffel bevorzugt Ammoniakstickstoff aufnimmt, kann die Begasung auch unmittelbar vor der Aussaat erfolgen.

Bei *Rüben* kann Ammoniak sowohl im Frühjahr zur Saat als auch im Sommer als Kopfdünger mit Erfolg angewendet werden. Rüben bieten daher die größten Anwendungsmöglichkeiten für wasserfreies Ammoniak. Bei der Frühjahrsdüngung ist allerdings zu beachten, daß das Ammoniak rechtzeitig, d. h. 8 bis 14 Tage vor der Saat, ausgebracht wird, was nur bei günstigen Witterungsverhältnissen möglich ist.

Auch zu *Zwischenfrüchten* ist eine erfolgreiche Anwendung von Ammoniak möglich. Es zeigte sich sogar, daß eine Ammoniakdüngung im Sommer zu Zwischenfrüchten einer Anwendung von Düngesalzen überlegen sein kann. Die Nitratbildung geht im Sommer besonders stürmisch vor sich, während eine Salzdüngung in ihrer Wirkung durch die Trockenheit leicht behindert wird.

Wenn die Ackerkrume sehr stark austrocknet, kann die tiefe Einbringung von Ammoniakstickstoff in den Boden von sehr großer Bedeutung für die Ertragsbildung sein. Wenn nämlich die Pflanzenwurzeln den N-Vorräten im Boden nachwandern, stoßen sie damit in Bodenschichten vor, die sich länger feucht halten (Nieschlag 1955).

6. Die Anwendung von wasserfreiem Ammoniak auf humusreichen Böden

Eine interessante Aufgabe hat die Anwendung von wasserfreiem Ammoniak auf Böden mit hohem Anteil organischer Substanz gefunden. Sowohl in den Hochmoorböden als auch in Waldböden, die zur Rohhumusbildung neigen, schreitet die Zersetzung der organischen Masse und die Bildung stickstoffreicher Grauhuminsäuren nur sehr langsam vorwärts. Ursache ist in erster Linie der Mangel an Stickstoff, der die Entwicklung der Mikroorganismentätigkeit stark einschränkt.

Besonders im Forst hat man sich in den letzten Jahren mit der Frage einer Humusmelioration durch Stickstoffzufuhr näher befaßt. Die in unseren Nadelwäldern weit verbreitete Auflage von saurem Rohhumus bietet den Mikroorganismen sehr geringe Angriffsmöglichkeiten und „hungert geradezu nach Stickstoff" (Themlitz 1954). Bei reichlicher Stickstoffzufuhr wird dieser einerseits rasch in die organische Substanz eingebaut und ermöglicht andererseits eine stürmische Entwicklung des Mikroorganismenlebens. Nach Wittich (1951) eignet sich hierzu die Ammoniakform am besten, weil keine Säurereste zurückbleiben. Untersuchungen Wittichs haben gezeigt, daß man auf diese Weise „durch Behandlung mit Ammoniakgas einen schlechten Rohhumus in wenigen Tagen in hochwertigen dunklen Humus umwandeln kann". Das Ammoniak löst durch die alkalische Reaktion, die es schafft, eine spontane Autooxydation des Lignins aus und liefert gleichzeitig den Stickstoff für den Einbau in die neu entstehenden Huminsäuremoleküle. Diese Umwandlung von Rohhumus in dunklen, hochwertigen Humus erfolgt rasch, während nach einer Kalkung hierfür oft Jahre benötigt werden. Die nachstehende Übersicht über die von Wittich durchgeführten Versuche zeigt, daß es möglich ist, den Stickstoffgehalt von Rohhumus durch die Zufuhr von Ammoniakgas auf das fast Vierfache zu steigern.

Tabelle 11

Art der Melioration	Ges.-N % in der org. Substanz	NH_3-N % in der org. Substanz
1. Unbehandelter Rohhumus	1,53	0,016
2. Gekalkt		
a) ohne Leguminosen	1,73	0,026
b) mit Leguminosen	2,33	0,052
3. Mit N_3H-Gas		
a) Rohhumus	6,88	3,800
b) gekalkt, ohne Leguminosen	5,87	2,790
c) gekalkt, mit Leguminosen	6,48	2,670

Zu den gleichen Ergebnissen kam Themlitz (1954), der ebenfalls Fichtenrohhumus mit NH_3-Gas behandelte und in der Lage war, den Stickstoffgehalt von 1,96% auf 8,54% zu steigern, wodurch er die Untersuchungsbefunde von Wittich vollauf bestätigt. Einzelheiten gehen aus Tab. 12 hervor.

Demnach war nach 110 Tagen noch keine wesentliche Abnahme des Gehalts an Gesamtstickstoff eingetreten.

Bei diesen Versuchen war es im wesentlichen darauf angekommen, festzustellen, welche Ammoniakmengen überhaupt von einem Rohhumus aufgenommen werden können. In der Praxis ist eine ähnliche Anreicherung auf 7 oder 8% Stickstoff nicht zu erwarten. Es war deshalb notwendig, festzustellen, bis zu welcher wirtschaftlich tragbaren Gabe man gehen muß, um dem Humus so viel Stickstoff zuzuführen, daß damit der Umwandlungsprozeß ausgelöst wird. Eine Anreicherung auf etwa 3,5 bis 5% Gesamtstickstoff erwies sich hierfür als völlig ausreichend. Die geeignete und wirtschaftliche Stickstoffgabe zur Erreichung dieses Zieles liegt um 200 kg/ha N. Dadurch erhalten einerseits die abbauenden Mikroorganismen neue Lebensmöglichkeiten, andererseits wird ein erheblicher Anteil des Stickstoffs direkt als Ammonhumat gebunden und bleibt so über längere Zeiträume verfügbar.

Tabelle 12

Art der Melioration	Untersuchung nach Tagen	N-Gehalt in der org. Substanz in %		
		N-Gesamt	N-gebunden	N-flüchtig als NH_3
Unbehandelt	—	1,96	—	0,10
NH_3-Gas	1	8,54	1,80	4,78
NH_3-Gas	24	7,46	1,92	3,58
NH_3-Gas	60	7,57	2,21	3,40
NH_3-Gas	110	7,91	2,66	3,29

Die völlige Umwandlung und Neubildung der Humusstoffe verändert die gesamten Bodenverhältnisse so einschneidend und wirkt so lange nach, daß die Ammoniakbegasung nicht als Düngung, sondern nur als Meliorationmaßnahme bezeichnet werden kann. Der Stickstoff kommt zwar nicht so rasch zur Wirkung wie in salzartiger Form, sondern erst im Laufe mehrerer Jahre, er leitet aber gleichzeitig durch die Umwandlung des Rohhumus eine Bodenverbesserung ein.

Die nachstehenden Untersuchungsbefunde zeigen die Verhältnisse vor und nach der Behandlung einer Rohhumusauflage aus Fichtenhumus über Buchenhumus von durchschnittlich 25 bis 30 cm. Die Zahlen stammen aus einem Versuch, der im Forstamt Eutin (Revierförsterei Kellenhusen) durchgeführt und im Institut für Forstliche Bodenkunde Hann.-Münden ausgewertet wurde (Mayer-Krapoll 1956).

Tabelle 13

Art der Melioration	pH-Wert in H_2O	pH-Wert in KCl	N-Gehalt in der org. Substanz in %		
			N-Gesamt	N-gebunden	N-flüchtig als NH_3
Unbehandelte Fichtenhumusstoffschicht	3,29	2,31	1,516	1,463	0,053
Unbehandelte Buchenhumusstoffschicht	3,61	2,46	1,610	1,573	0,037
Mit NH_3-Gas behandelte Fichten- und Buchenhumusstoffschicht	6,44	5,30	3,372	1,925	1,447

Bei diesen und ähnlichen Versuchen konnte man in Übereinstimmung mit der Auffassung von Wittich schon rein optisch feststellen, daß auch in der Praxis die Umwandlung spontan einsetzt und rasch fortschreitet.

Nachdem nun festgestellt war, daß durch Ammoniakgasbehandlung eine Umwandlung von Rohhumus in echte Humusstoffe möglich ist, konzentrierten sich die praktischen Versuche weiter auf solche Böden, auf denen sich nach Einstellung der Streunutzung vor rund 40 Jahren eine Streuschicht gebildet hatte, die mangels jeder biologischen Tätigkeit unzersetzt geblieben war und heute eine Auflage von 6 bis 8 cm bildet. Es handelt sich also um Böden, die vor allen Dingen im süddeutschen Raum häufig vorkommen, und auf welchen nur ein sehr mangelhaftes Wachstum der auf ihnen stockenden Kulturen festzustellen ist. „Anreicherungen des Mineralbodens mit echten Humusstoffen ist“ — nach WITTICH (1951) — „auf solchen Böden unumgänglich notwendig, wobei die Bereitstellung von Stickstoff eine ausschlaggebende Rolle spielt“. Bei diesen Böden ist daher das Ziel der Stickstoffmelioration nicht nur die Herbeiführung der Streuumwandlung in echte Humusstoffe, sondern auch die Anreicherung des Mineralbodens mit solchen.

Bei einer Behandlung dieser Böden mit Ammoniakgas mußte erwartet werden, daß nicht nur durch die Bildung von stickstoffreichen Huminsäuren auch im Mineralboden ein Nährstoffdepot gebildet wird, sondern auch eine Umwandlung der Streu in echte Humusstoffe erfolgt.

Eine Bestätigung dieser Wirkung auf ehemals streugenutzte Böden durch Umwandlung des Auflagehumus bei starker Stickstoffanreicherung auch der Bleichsandzone erbrachte WITTICH (1954). Tab. 14 gibt einen Auszug aus seinen Ergebnissen.

Tabelle 14

Standort	Art der Melioration	von 100 g aschefreier organischer Substanz entfallen auf:			
		N total g	NH_3-N mg	NO_3-N mg	lösl. N mg
F.A. Etzenricht					
Kiefer 80 j.	nicht melioriert	1,32	11	28	18
Kiefer 80 j.	Lupine	1,99	10	11	27
Kiefer 80 j.	Ginster	2,01	6	12	26
Kiefer 80 j.	NH_3-Gas	5,87	2920	28	280
F.A. Etzenricht					
Kiefer 99 j.	nicht melioriert	1,22	1	20	22
Kiefer 99 j.	Lupine	1,72	1	13	20
Kiefer 99 j.	NH_3-Gas	6,44	2770	20	200
Kiefer 99 j.	Lupine und NH_3-Gas	5,46	2440	13	20
F.A. Schnabelwaid					
Kahlschlag 2 j.	nicht melioriert	1,48	2	20	18
Kahlschlag 2 j.	NH_3-Gas	5,70	2520	20	100

Diese Befunde WITTICHS sind insofern von besonderer Bedeutung, als sie erkennen lassen, daß eine Stickstoffmelioration in Zukunft „dort eine entscheidende Rolle spielen wird, wo es nicht gelingt, die Streunutzung abzustellen oder es aus anderen Gründen nicht möglich ist, Leguminosen anzubauen“. Für eine Stickstoffmelioration empfiehlt WITTICH vor allem gasförmiges Ammoniak, das „von den Humusresten der streugenutzten Böden gierig und in großer Menge aufgenommen und in geeigneter Weise eingebaut“ wird.

Um diese beachtlichen Erfolge mit der NH_3-Gasbehandlung von Rohhumus und streugenutzten Böden in die Praxis umsetzen zu können, wurde die Ruhr-Stickstoff-Forstwalze geschaffen, die bereits unter 3. beschrieben wurde. In Revieren, in denen die Bodengestaltung die Anwendung der Forstwalze nicht gestattet, kann auch eine Meliorationslanze Verwendung finden, die mit vier Einstichdornen und einer Dosierungsvorrichtung ausgestattet ist.

Eine rasche Umformung des Auflagehumus ist deshalb von besonderer Bedeutung, weil hierdurch kurzfristig die Voraussetzungen für die Förderung der Naturverjüngung geschaffen werden. Mit Hilfe von Kalkung und Bodenverwundung versucht der Praktiker, den Boden für die Aufnahme der Saat vorzubereiten, wobei vor allen Dingen auch die Absicht besteht, durch die Kalkung den Benetzungswiderstand des Rohhumus zu beseitigen und eine bessere Wasserführung zu schaffen. Oft wird aber trotz dieser Maßnahmen das gesteckte Ziel nicht erreicht. Bei einer Stickstoff-Melioration tritt dagegen die Umformung sehr rasch ein, und der Benetzungswiderstand des Rohhumus wird spontan aufgehoben bei gleichzeitiger Bereitstellung ausreichender Mengen eines leicht aufnehmbaren Stickstoffs. Der Praktiker ist daher in der Lage, durch eine Stickstoffmelioration im Mastjahr selbst kurzfristig seine Vorbereitungen zu treffen. Durch die Arbeitsweise der „Ruhr-Stickstoff-Forstwalze“ erfolgt in vielen Fällen gleichzeitig eine Verwundung des Bodens, die sehr wesentlich zu einer Vermischung des Mineralbodens mit der organischen Substanz beiträgt.

Untersuchungen haben gezeigt, daß ein mit Ammoniak behandelter Rohhumus nach längeren Trockenzeiten etwa 13% mehr Wasser enthält und in der Lage ist, innerhalb von fünf Tagen allein aus der Luftfeuchtigkeit 40% mehr Wasser aufzunehmen als ein unbehandelter Rohhumus. Das bedeutet bei einer Rohhumusauflage von 10 cm eine Wasseraufnahme aus der Luft von rund 49 000 Liter je ha innerhalb von fünf Tagen gegenüber einer Wasseraufnahme von rund 35 000 Litern je ha beim unbehandelten Rohhumus. Ebenso interessant ist die Feststellung, daß der behandelte Rohhumus bei einer Wassergabe von rund 27 000 Litern je ha an die auf der Fläche stockenden Pflanzen innerhalb von fünf Tagen einen Vorrat von 23 000 Litern behält, während der unbehandelte Rohhumus von 35 000 Litern nur 22 000 Liter abgibt und auf einen Vorrat von 13 000 Litern absinkt. Auch bei Niederschlagsmessungen hat sich ergeben, daß ein mit Ammoniak behandelter Rohhumus 125% mehr Wasser zu speichern vermag als ein unbehandelter Rohhumus und sogar 150% mehr als ein mit Kalk behandelter. Diese günstige Beeinflussung der Wasserführung durch eine Ammonisierung von Rohhumus muß sich daher auch pflanzenphysiologisch auswirken. In der Praxis führte diese Art der Melioration dazu, daß mit bestem Erfolg Kulturen in ammonisiertem Rohhumus begründet werden konnten, weil im Gegensatz zu unbehandeltem Rohhumus Trockenschäden nicht zu erwarten waren.

Verschiedene Versuchsflächen wurden auch daraufhin untersucht, ob durch eine Stickstoff-Melioration mit NH_3-Gas oder Stickstoffsalzen die CO_2-Produktion gefördert wurde oder nicht. Eine hohe CO_2-Produktion läßt nämlich auf einen Verlust an organischer Substanz schließen, der nach Möglichkeit weitgehend zu vermeiden ist. Geringe CO_2-Produktion ist wiederum ein Zeichen geringer biologischer Tätigkeit, die ebenfalls nicht erwünscht ist. Im Durchschnitt aller Versuche wurde die CO_2-Erzeugung bei Anwendung einer reinen Kalkdüngung um 55% erhöht, bei NH_3-Gas um 21% und bei Salzen um 9%. Diese zwar erhöhte CO_2-Produktion bei der Stickstoff-Melioration ist ein Beweis für einen geringeren Substanzverlust als nach einer Kalkung und für einen kontinuierlichen Ablauf der Umwandlungsvorgänge. Diese erhöhte biologische Tätigkeit, die zweifellos bei der erhöhten CO_2-Erzeugung vorhanden war, mußte auch in einer Vermehrung der Regenwürmer zum Ausdruck kommen, die, worauf Wittich besonders hinweist, für die Durchmischung des Mineralbodens mit dem Humus von ausschlaggebender Bedeutung sind.

Es wurde bereits darauf hingewiesen, daß die für Meliorationszwecke benötigten Stickstoffmengen normalerweise 200 kg Reinstickstoff je ha betragen. Nach den bisherigen Feststellungen kann angenommen werden, daß eine Erhöhung dieser Stickstoffgaben nur dort notwendig ist, wo es sich um eine extrem hohe Rohhumusauflage handelt. Die Wiederholung der Stickstoffmelioration dürfte, soweit sich dies heute überblicken läßt, frühestens nach zehn Jahren notwendig sein, falls bis dahin keine restlose Umwandlung selbst der stärksten Auflagehumusflächen eingetreten ist.

Nach den Erfolgen im Forst lag es nahe, in ähnlicher Weise auch Hochmoorflächen mit Ammoniak zu behandeln, um die gleichen Effekte zu erzielen. Versuche in dieser Richtung laufen seit einigen Jahren und lassen auch positive Tendenzen erkennen. Sie sind jedoch noch nicht abgeschlossen. Auf diesen meist unter Grünland liegenden Flächen wird ebenfalls mit Erfolg die Forstwalze eingesetzt.

Literatur

Anderson, O. E., und E. R. Purvis: Forschung über Ammoniak flüssig in New Jersey. Agricult. Ammonia News, Nr. 2 (1954). — Andrews, W. B.: Anhydrous ammonia as a nitrogenous fertilizer. Adv. Agronomy **8**, 62–125 (1956). — Andrews, W. B., J. R. Neely und F. E. Edwards: Anhydrous ammonia as a source of nitrogen. Mississippi State College, Agric. Exper. Stat. Bull. 482 (1951).

Baade, F.: Die Direktanwendung von Ammoniak (NH_3) zur Stickstoffdüngung. Manuskript. Kiel 1955. — Blue, W. G., und C. F. Eno: Distribution and retention of anhydrous ammonia in sandy soils. Soil Sci. Soc. Amer. Proc. **18**, 420–424 (1954).

De Geus, J. G.: Over het gebruik van vloeibare ammoniak en stikstofoplossingen in de Verenigde Staten en de mogelijkheden voor deze stikstofvormen in Nederland. Stikstof **1956**, H. 9, 290–300. — Dorph-Petersen, K.: Field experiments with anhydrous ammonia as a nitrogenous fertilizer. Tideskr. Planteavl. **55**, 645–657 (1952).

Eno, E. F., und W. G. Blue: The effect of anhydrous ammonia on nitrification and the microbiological population in sandy soils. Soil Sci. Soc. Amer. Proc. **18**, 178 (1954).

Gros, A.: Essais d'utilisation de l'Ammoniac anhydre comme engrais azoté en France. Vortrag 11. Internat. Düngemittelkongreß, Rom, Okt. 1951. — Essais d'utilisation de l'ammoniac anhydre comme engrais azoté en France. Ind. Chim. **39**, 199 (1952).

Hunter, F., und G. F. Jarvis: Ammonia gas as a fertilizer. Agriculture, J. Ministry of Agriculture **60**, 275–277 (1953).

Jackson, M. L., und S. C. Chang: Anhydrous ammonia retention by soils as influenced by depth of application, soil texture, moisture, content, pH-value, and tilth. J. Amer. Soc. Agr. **39**, 623–633 (1947). — Jacob, A., und K. Wiegand: Umsetzungen des mineralischen Stickstoffs der Düngemittel im Boden. Z. Pflanzenernähr., Düng., Bodenkde. **59** (104), 48–60 (1953). — Jenny, H., A. D. Ayers und J. S. Hosking: Comparative behavior of ammonia and ammoniumsalts in soils. Hilgardia **16**, 429–457 (1945).

MacIntire, W. H., S. H. Winterberg, H. W. Dunham und L. B. Clements: Response of sudan grass to ammonium hydroxide in pot cultures. Soil Sci. Soc. Amer. Proc. **8**, 205 (1943). — Maercke, D. van: Landbouwscheikundige Problemen in verband met het gebruik van vloeibare Ammoniak als Stickstoffmeststoff. Ind. Chim. Belge **1955**, 751–758. — Martin, J. P., und H. D. Chapmann: Volatilization of ammonia from surface-fertilized soils. Soil Sci. **71**, 25–34 (1951). — Mayer-Krapoll, H.: Die Anwendung von Handelsdüngemitteln, insbesondere von Stickstoff, in der Forstwirtschaft. Bochum: Ruhr-Stickstoff AG. 1956. — Mikes, K., und S. Havelec: Anwendung und Ausbringung flüssiger Düngemittel in der ČSSR. Dtsch. Agrartechn. H. 10 (1961).

Nicol, H.: Liquid ammonia as a fertilizer. Fertiliser und Feeding Stuffs J. **39**, 643–649 (1953). — Nieschlag, F.: Unveröffentlichte Mitteilungen 1955.

OLESEN, J.: Flydende, vandfri ammoniak som kvaelstofgødning. Tolvmandsbladet 27, 366–370 (1955).

POSCHENRIEDER, H., und TH. BECK: Untersuchungen über die Wirkung von Stickstoffdüngemaßnahmen auf die Mikroflora kultivierter Moorböden. Mitt. Landkultur, Moor- u. Torfwirtsch. 6, 68–76 (1958).

RONDE, G.: Bodenzoologische Untersuchungen von Stickstoff-Meliorationsflächen im Bayerischen Staatsforstamt Schwabach (Mittelfranken). In: Auswertung von Düngungs- und Meliorationsversuchen in der Forstwirtschaft. Bochum: Ruhr-Stickstoff AG. 1958. — Ruhr-Stickstoff AG.: Unveröffentlichte Versuchsberichte, Bochum. 1950–1958. — Anweisungen für den Umgang mit Ammoniakflaschen. Bochum 1954.

SCHOLL, W., M. DAVIS, A. WOODARD und E. FOX: Consumption of commercial fertilizers and primary plant nutrients in the United States (Berichte 1947/48 bis 1957/58), U.S. Dep. of Agr.

THEMLITZ, R.: Die Anwendung von Kalkstickstoff zur Rohhumusumwandlung und Ertragssteigerung im Walde. Z. Pflanzenernähr., Düng., Bodenkde. 64 (109), 54–66 (1954). — TUCKER, P. W., und A. F. DYER: Anhydrous ammonia safety. Agricultural Ammonia Institute Spec. Bull., Memphis, Tenn.

WINNACKER, K., und KÜCHLER: Chemische Technologie, Bd. II, S. 166. München: Hanser. 1959. — WITTICH, W.: Der Einfluß der Streunutzung auf den Boden. Forstwiss. Cbl. 70, H. 2 (1951). — Die Melioration streugenutzter Böden. Forstwiss. Cbl. 73, 193–256 (1954). — WITTICH, W., S. RONDE und K. HAUSSER: Auswertung von Düngungs- und Meliorationsversuchen in der Forstwirtschaft. Bochum: Ruhr-Stickstoff AG. 1958.

ZÖTTL, H.: Ein Vergleich zwischen Ammoniakgas- und Stickstoffsalzdüngung in Kiefern- und Fichtenbeständen. Bayer. Forstw. Cbl. 77, 1–64 (1958).

b) Die Lanzendüngung im Obst- und Weinbau

Von

W. Frohner

Seit einer Reihe von Jahren steht im Intensivobstbau (KOBEL 1931) und neuerdings auch im Weinbau (GÄRTEL 1957) die Methode der Lanzendüngung zur Debatte. Bei der Lanzendüngung werden Düngemittel in wässeriger Lösung mit Hilfe dazu konstruierter Düngelanzen in tiefere Bodenschichten gebracht. Da dieses Verfahren im Vergleich zur üblichen Oberflächendüngung wesentliche Erschwernisse mit sich bringt, erheben sich damit im Zusammenhang folgende Fragen:

a) Welche Vorteile bietet die Lanzendüngung gegenüber den anderen gebräuchlichen Düngemethoden?

b) Welche technischen Voraussetzungen müssen erfüllt sein, um sie durchführen zu können?

c) Welche Kosten verursacht sie, sind diese Kosten erheblich größer als bei anderen Düngeverfahren und können sie unter Umständen durch Rationalisierung gesenkt werden?

d) Kann die Methode als wirtschaftlich tragbares Verfahren angesehen werden?

Wenden wir uns zunächst der Frage zu, ob die Lanzendüngung gegenüber anderen Düngemethoden Vorteile bietet. Es sprechen vor allem zwei Gründe für die Lanzendüngung: Zunächst steht auch heute noch eine große Zahl von wertvollen Ertragsbäumen im Grasland. Fallweise wird auf die Nutzung des Grases verzichtet und gemulcht, in vielen Fällen aber will und kann man auf die Grasnutzung nicht verzichten. Bei der Mulchwirtschaft werden die vom Gras entzogenen Nährstoffe regelmäßig durch die Verrottung des liegenbleibenden Schnittmaterials der Anlage neuerlich zugeführt und somit neben der physikalischen Beschaffenheit auch der Nährstoffzustand des Bodens günstig beeinflußt. Bei der Grasnutzung bildet jedoch das Gras einen dichten Wurzelfilz, der die durch die Oberflächendüngung zugeführten Nährstoffe abfängt und so für die in tieferen Bodenschichten wurzelnden Obstbäume eine ernste Konkurrenz bildet. Ein Großteil der verfügbaren Nährstoffe wird durch das Gras verbraucht und die Folge ist, daß bei den Obstbäumen Nährstoffmangelerscheinungen wie z. B. Spitzendürre, Chlorose und Ertragsminderungen auftreten. Neben dieser allgemeinen Nährstoffkonkurrenz durch das Gras ist aber noch eine zweite entscheidende Tatsache nicht zu übersehen. Aus vielen Arbeiten ist bekannt, daß die Hauptwurzelmasse der Obstbäume in einer Schicht zur Entwicklung kommt, die unter der Hauptwurzelmasse der Gräser liegt. Sehen wir von der Konkurrenz durch die Gräser ab, so erhebt sich trotzdem die Frage, ob die durch Oberflächendüngung verabreichten Nährstoffe zu den Obstbaumwurzeln gelangen. Vor allem werden wir uns diese Frage im Zusammenhang mit der im Boden nur schwer beweglichen Phosphorsäure zu stellen haben. R. M. SMOCK und J. H. GOURLEY (1931) haben den Phosphorsäuregehalt verschiedener Bodenschichten von Obstgärten unter dem Einfluß der Düngung untersucht. In Tab. 15 sind ihre Ergebnisse gegliedert nach verschiedenen Bodentiefen zusammengefaßt. Sie zeigen, daß die Phosphorsäure kaum nennenswert zu den unteren Bodenschichten gelangte und eine Anreicherung nur in den obersten Zentimetern erfolgte. In einem zweiten Beispiel konnten die genannten Autoren nachweisen, daß auch 14 Jahre nach erfolgter Düngung eine ähnliche Fixierung der Phosphorsäure in den obersten Bodenschichten vorhanden war.

Tabelle 15. *Phosphorsäuregehalt des Bodens unter dem Einfluß einer Düngung Superphosphat*
(nach SMOCK und GOURLEY 1931)

Tiefe cm	kg aufnehmbare Phosphorsäure		
	ungedüngt	PK	NK
0—2,5	52,7	109,9	53,8
2,5—5,1	44,9	68,4	44,9
5,1—7,6	33,6	50,5	32,5
7,6—10,2	30,3	50,5	28,0
10,2—15,2	25,8	41,5	25,8
15,2—20,3	20,2	28,0	22,4
20,3—25,4	15,7	20,1	17,9

Kali gilt im allgemeinen als beweglicher im Boden als die Phosphorsäure. W. GRUPPE (1960) berichtet aber neuerdings von einem langjährig durchgeführten Kalidüngungsversuch, bei dem trotz hoher Kalidüngung noch nach zehn Jahren Bodenuntersuchung und Blattanalysen darauf hinweisen, daß das Kali nicht in die tieferen Bodenschichten gewandert ist. Es ist demnach anzunehmen, daß oft auch Kali nur in unzureichendem Ausmaß für die Obstbäume zur Verfügung steht. Diese Annahme wird gestützt durch eine große Zahl von Bodenuntersuchungsergebnissen.

In einer Arbeit von FRITZSCHE (1958) wurde darauf hingewiesen, daß viele obstbaulich genutzte Flächen seit Generationen nicht mehr gepflügt worden sind und daß sich deswegen die erwähnte Unbeweglichkeit der Phosphorsäure, aber auch des Kalis in einem extremen Abfall des Vorrates an diesen beiden Nährstoffen in den unteren Bodenhorizonten äußert (Tab. 16):

Tabelle 16. *Nährstoffgehalt verschiedener Bodenhorizonte obstbaulich genutzter Grundstücke* (nach FRITZSCHE 1958)

Standort	P_2O_5			K_2O		
	Bodenhorizonte			Bodenhorizonte		
	0—10	10—20	20—30	0—10	10—20	20—30
Alchenstorf	19	4,5	2,5	2,5	1,1	1,2
Burgdorf	3	1	1	4,8	2,7	2,6
Hellsau	27	5	2	5,4	2,1	2,0
Höchstetten	14	2	0,5	2,5	0,6	0,4
Lyss	58	5,5	0,5	7,8	1,9	1,1
Lyss	18	1,5	0,5	1,9	0,8	0,5
Rudswil	50	4,5	1,0	2,6	0,9	0,2
Rüdtlingen	33	2,5	0,5	3,2	1,2	0,8
Rüdtlingen	38	4,5	0,5	2,8	1,3	1,1
Flaach	51	3,5	—	5,1	0,6	—
Zwillikon	9	3	1	0,5	0,4	0,2
Bischoffszell	5	0,5	0	0,7	0,6	0,5
Rüeterswill	2	0,5	0	0,8	0,6	0,4
Braunau	5	1,5	—	1,5	0,6	—
Güttingen	7	1	0	1,2	0,6	—
Malans	8,5	1	0	0,7	0,1	0
Malans	29	0,5	0	1,0	0	0
Malans	6,5	0,5	—	2,0	0,5	—

PESSERL (1956) und LUDWIG (1950) haben für Bayern und Württemberg in ähnlicher Weise eine überwiegend unzureichende Versorgung der Böden und vor allem des Untergrundes mit Phosphorsäure und Kali festgestellt. Auch LINDEMANN (1957) erhielt bei der Untersuchung von insgesamt 2500 Baumgrundstücken in den Jahren 1950 bis 1955 ähnliche Resultate (Tab. 17):

Tabelle 17. *Durchschnittswerte der Ergebnisse von Bodenuntersuchungen von Kern- und Steinobstböden* (nach LINDEMANN 1957)

Jahr	mg/100 g Boden			mg/100 g Boden		
	pH	P_2O_5	K_2O	pH	P_2O_5	K_2O
	Krumenboden (bis 20 cm)			Unterboden (20—40 cm)		
1950	6,7	9	24	6,2	3	12
1951	6,6	10	18	6,5	4,5	13
1952	6,6	12	20	6,4	4	14
1953	6,5	11	22	6,4	5	14
1954	6,6	14	26	6,3	4,5	12
1955	6,7	22	29	6,4	11,0	16

Bei einem Vergleich der von FRITZSCHE (1958), PESSERL (1956), LUDWIG (1950) und LINDEMANN (1957) ermittelten Nährstoffvorräte vor allem der unteren Bodenhorizonte wird ersichtlich, daß offenbar der Untergrund der meisten obstbaulich genutzten Flächen nur ungenügend mit Nährstoffen versehen ist. LINDEMANN (1957) stellt diesen Durchschnittswerten die Ergebnisse der Bodenuntersuchung in einigen Spitzenbetrieben gegenüber und kommt auf Grund dieser Untersuchungen zu folgenden Gruppengrenzwerten für mittlere bis schwere Böden:

Tabelle 18. *Gruppengrenzwerte für Phosphorsäure und Kali* (nach LINDEMANN 1957)

je 100 g Boden	Krumenboden			Unterboden		
	schlecht	gut	sehr gut	schlecht	gut	sehr gut
mg P_2O_5	0—15	16—35	36—60	0—10	11—30	31—45
mg K_2O	0—20	21—40	41—70	0—15	16—35	36—55

Vergleicht man diese Gruppengrenzwerte mit den aus Tab. 16 und Tab. 17 ersichtlichen, tatsächlich vorhandenen Nährstoffreserven, so wird klar, daß besonders die tieferen Bodenhorizonte nahezu allgemein an Nährstoffen arm sind. Gerade sie sind aber für die Versorgung der Obstbäume mit Nährstoffen von erheblicher Bedeutung. KAINDL und FROHNER (1956) konnten nachweisen, daß die Obstbäume nicht in der Lage sind, sich gegen die Konkurrenz der Gräser durchzusetzen, und daher bei der Oberflächendüngung im Vergleich zur Lanzendüngung erheblich weniger Phosphorsäure aufnehmen. Durch Düngungsversuche mit P^{32} markiertem Mischdünger haben sie festgestellt, daß die Grasnarbe bei beiderseits gleichen Düngergaben bei Oberflächendüngung rund zwei Zehnerpotenzen mehr P_2O_5 an sich zieht als die Bäume. Bei Lanzendüngung enthielten die Blätter der Bäume pro Gramm Trockensubstanz etwa die doppelte bis dreifache Menge an P_2O_5. Die bessere P_2O_5-Versorgung zeigte sich noch deutlicher bei der Untersuchung der Blüten, Fruchtknoten und Früchte, die einen drei- bis vierfachen Gehalt an P_2O_5 bei den lanzengedüngten Bäumen aufwiesen. Auch bei einer Erhöhung der Düngermenge für die Oberflächendüngung um etwa das Dreifache blieb die Überlegenheit der Lanzendüngung erhalten (1961).

Wenn die bisher angeführten Untersuchungen zu beweisen scheinen, daß es notwendig ist, die Phosphatversorgung der tieferen Bodenschichten und damit indirekt auch die der Obstbäume zu verbessern, so erhebt sich damit die Frage, ob durch diese bessere Phosphatversorgung auch der Ertrag der Obstbäume verbessert werden kann. Viele Autoren behaupten, daß die Obstbäume wenig Phosphorsäure brauchen bzw. ein großes Aneignungsvermögen für Phosphorsäure haben, und begründen diese Ansicht mit dem verhältnismäßig seltenen Auftreten von P-Mangelsymptomen und mit der oft nur geringen oder überhaupt fehlenden Wirkung einer Phosphatdüngung. Nach G. REINKEN (1956) sind aber diese Erscheinungen damit zu erklären, daß die Bäume Phosphat besonders haushälterisch verwenden. Er kommt zu dem Schluß, daß eine Unterlassung der Phosphatdüngung einem Entnahmeanbau gleich käme und auch deswegen nachteilig wäre, weil der Phosphatdüngung Bedeutung für die Gesunderhaltung des Bodens zukommt. Wenn wir die bei REINKEN (1956) und anderen Autoren geschilderten Schwierigkeiten bei der Feststellung einer Phosphatwirkung bei Obstbäumen berücksichtigen, wird es verständlich, daß ähnliche Schwierigkeiten bei Vergleichsversuchen zwischen Lanzendüngung und Oberflächendüngung zu erwarten sind. Tatsächlich fehlen entsprechende Angaben in der Literatur fast ganz.

EICHHOLTZ (1955) berichtet von einem Versuch mit „Weißer Klarapfel" auf Sämling ohne Unterkultur. Bei diesem Versuch wurde nach vorhergehender regelmäßiger Düngung mit einheitlich 6 bis 7 kg Volldünger pro Baum ab 1952 ein Versuch mit folgenden Versuchsgruppen angelegt:

a) Düngung wie bisher.
b) Lanzung jeweils im Winter.
c) Lanzung im Winter und zusätzlich Ende Mai.

Jede Parzelle enthielt 6 Bäume und erhielt 150 l 5%ige Düngerlösung. Später wurde die Konzentration der Düngerlösung für die Lanzung auf 8% erhöht. 1954 betrug der Ertrag bei

a) 20 kg.
b) 27,5 kg.
c) 32,5 kg.

Mappes, Will und Buchner berichten von einem Versuch zu Süßkirschen, bei dem nach einer durch vier Jahre hindurch durchgeführten Düngung 60jähriger Bäume mit jeweils 12 kg Nitrophoska blau pro Ar und Jahr folgende Erträge erzielt wurden:

	Erträge pro Baum in kg		
	gelanzt	oberflächig	ohne Düngung
1952	137	84	78
1953	203	111	69
1954	189	159	98

Die bisherigen Überlegungen beweisen offensichtlich, daß die Lanzendüngung gegenüber der üblichen Oberflächendüngung Vorteile bietet, und es kann somit zum nächsten Punkt Stellung genommen werden, der Frage, welche technischen Voraussetzungen erfüllt sein müssen und welche Rationalisierungsmaßnahmen durchgeführt werden können, um die Lanzendüngung in wirtschaftlicher Form vornehmen zu können.

In ihrer ursprünglichen Form war die Lanzung mit verhältnismäßig wenig technischem Aufwand verbunden, erforderte dafür aber beachtlichen Zeitaufwand. Man verwendete eine einfache Düngerlanze, die im wesentlichen aus

Abb. 89. Durchführung der Lanzendüngung in der einfachsten Form

einem Rohr bestand, das unten in eine Spitze ausläuft. Diese Spitze ist seitlich mit drei oder vier Düsen versehen. Von einer Hochdruckspritze kommt die Düngerlösung über eine Schlauchleitung zur Lanze, tritt über einen Anschluß mit Momentverschluß in die Lanze ein und wird beim Öffnen des Verschlusses durch die Düsen an der Lanzenspitze herausgedrückt. Ist die Lanze in den Boden eingestochen, so verteilt sich die aus den Düsen austretende Düngerlösung rund um die Lanze im Erdreich. Je nach angewendetem Druck und nach Beschaffenheit des Erdmaterials, in das die Lanze eingestochen wird, kann damit gerechnet werden, daß sich die Düngerlösung etwa in einem Umkreis von 50 cm um die Lanze im Boden verteilt.

Nach Fritzsche (1958) können mit solchen einfachen Apparaturen bei geschickter Durchführung der Arbeit einschließlich aller Leerläufe, wie Nachfüllen, Fahrt in die Anlage usw. pro Stunde etwa 500 l Düngerlösung ausgebracht werden. Unter der Voraussetzung, daß pro Quadratmeter ein Einstich erfolgt und daß pro Einstich 1 l Düngerlösung in den Boden gebracht wird, können mit 500 l Düngerlösung je nach Baumgröße 5 bis 10 Bäume gedüngt werden. Das Maß für die Dosierung ergibt sich nach Fritzsche (1958) durch Messung des Stammumfanges in Brusthöhe. Pro cm des halben Stammumfanges wird 1 l Düngerlösung empfohlen. Andere Autoren gehen von der durch die Baumkrone bedeckten Bodenfläche aus und bemessen die notwendige Menge an Düngerlösung nach der durch die Baumkrone bedeckten Fläche. Die Einstiche müssen jedoch über die Kronentraufe hinausgehen und man nimmt als Düngungsfläche etwa einen Kreis mit dem eineinhalbfachen Durchmesser der Baumkrone an. Bei einem voll entwickelten Apfelhochstamm mit einer Baumstandfläche von 100 Qudratmeter würde das bei 5%iger Lösung einem Düngeraufwand von 5 kg, bei 10%iger Lösung einem Düngeraufwand von 10 kg entsprechen.

Die für die Lanzung zulässige Konzentration der Düngerlösung ist abhängig vom Zeitpunkt, zu dem die Lanzung zur Durchführung kommt. Zu Winterausgang, solange noch genügend Bodenfeuchtigkeit vorhanden ist, können konzentriertere Lösungen verwendet werden, im späten Frühjahr und im Frühsommer ist dagegen 5% als höchstzulässige Konzentration anzusehen.

Aus dem bisher Gesagten geht bereits hervor, daß die Lanzung auch in ihrer einfachsten Form mit einem verhältnismäßig hohen Kostenaufwand verbunden ist. Fritzsche (1958) schätzt die Kosten einschließlich Arbeit, Spritzenmiete, Zugkraft und Düngerkosten auf etwa 6% des Rohertrages. Diese Angabe sagt zunächst über die tatsächlichen Kosten wenig aus, da der Rohertrag eine in weiten Grenzen variable Größe ist, die außer von der Düngung noch von einer großen Reihe anderer Faktoren abhängig ist. Trotzdem wird uns damit eine Vorstellung über die ungefähre Größenordnung der bei der Lanzung anfallenden Kosten vermittelt.

Ein Vergleich mit den Kosten anderer Düngungsverfahren findet sich bei Hilkenbäumer (1958, Tab. 19). Dieser Vergleich zeigt, daß die Lanzung erheblich höhere Kosten verursacht als alle anderen Düngemethoden, da alle die Kosten beeinflussenden Faktoren wie Gerätemiete, Düngemittelkosten und Arbeitslöhne bei der Lanzendüngung höher zu bewerten sind.

Vergleicht man diese Zahlen mit den von Hilkenbäumer (1958) an anderer Stelle genannten Gesamtkosten pro Jahr für 1 Hektar Apfel- oder Birnenhochstammanlagen (3180 DM), so wird ersichtlich, daß sich bei der Lanzendüngung im Vergleich zur Oberflächendüngung die Gesamtkosten um etwa 10 bis 20% erhöhen. Eine solche Erhöhung der Gesamtkosten wird in den meisten Fällen nicht tragbar erscheinen, und es erhebt sich somit die Frage, ob durch eine weitgehende Rationalisierung eine wesentliche Kostenverminderung erreicht werden kann.

Untersucht man zu diesem Zweck die einzelnen Kostenfaktoren, so ist zunächst festzustellen, daß sich die Kosten für die Düngemittel kaum vermindern lassen. Die Industrie hat für die Zwecke der Lanzendüngung vollwasserlösliche Dünge-

Tabelle 19. *Arbeitsaufwand und Kosten in DM je ha bei verschiedenen Düngungsverfahren* (nach HILKENBÄUMER 1958)

Düngermenge und -form	Stalldung 100 dz/ha	Mineraldüngung 10 dz/ha				
		fest			flüssig	
Reinnährstoffe		N: 100 P_2O_5: 80 K_2O: 180			N: 80 P_2O_5: 140 K_2O: 180	
Art der Ausbringung	Hand-str.	Hand-str.	Masch.-str.	Unterflur-düngung	Lanzendüngung 5%	20%
		Arbeitsstunden				
Handarbeit ...	22,3	5,6	2,0	7,7	82,8	20,7
Zugarbeit	7,6	0,5	2,0	2,6	27,6	6,9
		Kosten				
Arbeit	67,52	11,95	9,04	21,44	229,63	57,41
Düngemittel ..	160,00	278,80	278,80	278,80	616,00	616,00
Geräte	—	—	4,50	3,00	79,49	19,87
Insgesamt	227,52	290,75	292,34	303,24	925,12	693,28

mittel entwickelt. Die meisten dieser Düngemittel wurden so abgestimmt, daß mit ihnen die Düngung der Obstbäume ohne weitere zusätzliche Verwendung von Einzeldüngern durchgeführt werden kann. Häufig enthalten sie die Nährstoffe in der ungefähren Relation von $N:P_2O_5:K_2O$ so wie 2:1:3. Dieses Nährstoffverhältnis entspricht etwa dem Entzug durch die Obstbäume unter Berücksichtigung der Auswaschung und Festlegung. Zum Beweis dafür sei in Tab. 20 eine Angabe von SLYKE, THAYLOR und ANDREWS (1905) über den Nährstoffentzug durch Obstbäume je Jahr und Hektar wiedergegeben:

Tabelle 20. *Nährstoffentzug durch Obstbäume je Jahr und Hektar in kg* (nach SLYKE, THAYLOR und ANDREWS 1905)

Frucht	N	K_2O	P_2O_5
Apfel	57,7	61,6	15,7
Birne	33,0	37,0	7,8
Quitte	50,4	63,8	17,4
Pflaume	33,0	42,6	9,5
Pfirsich	83,5	80,7	20,2

Aus Tab. 20 ergibt sich ein durchschnittlicher Nährstoffentzug je Jahr und ha in kg wie folgt:

$$N:P_2O_5:K_2O = 51{,}5:14{,}15:57{,}1$$

Zur Berechnung des Nährstoffverhältnisses eines Düngers müssen neben dem Nährstoffentzug jedoch auch Nährstoffauswaschung und Festlegung berücksichtigt werden. Aus Lysimeterversuchen ist die Nährstoffauswaschung annähernd bekannt. Sie beträgt bei Düngerstickstoff etwa 10% der Düngergabe und absolut in g/qm/Jahr für die einzelnen Nährstoffe durchschnittlich:

$$N:P_2O_5:K_2O = 6{,}25:0{,}5:12.$$

Während eine Festlegung von N und K_2O praktisch nicht stattfindet, muß man bei der Phosphorsäure nach Gericke (1948) mit einer Festlegung von etwa 50% rechnen. Aus diesen Angaben ergibt sich im Durchschnitt pro ha für eine im Vollertrag stehende Obstanlage eine Düngermenge von

57 kg N, 30 kg P_2O_5 und 90 kg K_2O

zum Ersatz des durch Nährstoffentzug, Auswaschung und Festlegung verlorengegangenen Nährstoffkapitals. Selbstverständlich ist mit diesen Nährstoffmengen der Nährstoffentzug durch das Gras nicht berücksichtigt, er wird durch zusätzliche Oberflächendüngung zu decken sein.

Wenn somit festgestellt wurde, daß das Nährstoffverhältnis 2:1:3 den Bedürfnissen der Obstbäume entspricht, so ist noch die Frage zu untersuchen, ob die Verwendung voll wasserlöslicher Dünger, die im Vergleich zu anderen Düngemitteln, welche nicht voll wasserlöslich sind, wesentlich teurer sind, unbedingt notwendig ist. Außer Frage steht, daß die Verwendung nicht voll wasserlöslicher Dünger zu einer Verteuerung durch umständlichere Handhabung und dadurch bedingte Zeitverluste führt und damit kaum zu einer echten Verbilligung beitragen kann. Wenn, wie im folgenden nachzuweisen sein wird, eine Reihe von Rationalisierungsmaßnahmen zur Beschleunigung der Lanzung und zur Verminderung des Arbeitskräftebedarfes als wesentliche Voraussetzungen für die Rentabilität der Lanzung anzusehen sind, so müssen selbstverständlich alle Maßnahmen ausgeschaltet werden, die gegenteilige Wirkung haben können. Die zur Lanzung verwendeten Dünger müssen demnach auch in kaltem und hartem Wasser rasch und ohne Rückstände löslich sein.

Da sich somit eine Kostenminderung durch Verwendung anderer, bzw. billigerer Düngemittel kaum erreichen läßt, kommen für eine solche Kostenminderung nur Maßnahmen in Frage, die zu einer Verbesserung der maschinellen Einrichtung, bzw. zu einer Einsparung an Arbeitsaufwand führen. Untersucht man in diesem Zusammenhang den Vorgang der Lanzung, so läßt dieser sich in folgende drei Arbeitsabläufe zerlegen:

1. Die Herstellung der Düngerlösung,
2. den Transport der Düngerlösung an den Verbrauchsort, und
3. die eigentliche Lanzung.

Betrachtet man diese drei Arbeitsabläufe im einzelnen und überlegt man die Möglichkeiten, die sich für eine Rationalisierung dieser Arbeiten anbieten, so ist zunächst zur *Herstellung der Düngerlösung* bereits erwähnt worden, daß nur voll wasserlösliche Düngemittel Verwendung finden sollten. Auch bei diesen Düngemitteln erfordert der Lösungsvorgang einige Zeit. Freistetter (1955) berichtet über eine Methode, die geeignet erscheint, den Lösungsvorgang zu beschleunigen. Er schüttet die notwendige Düngermenge in einen Jutesack, den er so weit öffnet, daß gerade die Mündung einer Spritzpistole eingeführt werden kann. Mit einer Hand wird dabei die Sacköffnung um die Mündung der Spritzpistole festgehalten, während mit der anderen Hand die Spritzpistole betätigt wird. Durch den hohen Druck des aus der Spritzpistole austretenden Wassers (30 bis 40 Atü) kann das im Sack befindliche Düngemittel rasch gelöst, bzw. in einen Spritzbottich herausgespritzt werden. Man benötigt für dieses Verfahren eine Hochdruckspritze, in den meisten Fällen also die für die Lanzung verwendete Spritze, die demnach während des Lösungsvorganges die Lanzung unterbricht. Darüber hinaus sind zusätzliche Rüstarbeiten (Auswechseln von Lanze und Spritzpistole) erforderlich, die weitere Arbeitszeit kosten. Die Verwendung eines Bottichs mit Rührwerk ist daher unter Umständen vorzuziehen. Gut wasserlösliche Düngemittel können in einem solchen

Bottich während der Ausbringung der vorhergehenden Füllung ohne weiteres zur Lösung gebracht werden, und die bereits fertige Lösung muß dann nur mehr in das Pumpenfaß befördert werden. Dazu können Injektoren verwendet werden, bzw. bei neueren Spritzentypen die Füllstrahlpumpen, mit deren Hilfe die Lösung über einen Saugschlauch mit Saugkopf in das Spritzenfaß gepumpt wird. Die Füllzeit beträgt bei derartigen Geräten für einen Faßinhalt von 250 l je nach Saughöhe etwa 4 bis 6 Minuten. Bei entsprechender Aufstellung des Lösungsbottichs können nach dieser Arbeitsweise die zur Aufnahme der Düngerlösung in das Spritzenfaß notwendigen Rüstzeiten und die für die Leerwege notwendigen Unterbrechungen der eigentlichen Lanzung möglichst kurz gehalten und eine kontinuierliche Arbeitsweise erreicht werden. Zu erstreben ist eine Einteilung der eingesetzten Arbeitskräfte, die einerseits die Herstellung der frischen Düngerlösung und andererseits den Transport an den Verbrauchsort und die eigentliche Lanzung möglichst ohne unproduktive Arbeitspausen erlaubt.

Für die *Lanzung* stehen neuerdings eine Reihe von Geräten zur Verfügung, mit deren Hilfe viel zur Rationalisierung des Arbeitsvorganges beigetragen werden kann. Die Leistung der verwendeten Pumpe kann durch richtige Abstimmung von Überdruckventil und Drehzahl oft wesentlich verbessert werden. Das mögliche Arbeitstempo ist abhängig von der Fördermenge oder Schöpfleistung der Pumpe. Diese ist bei einer Kolbenpumpe durch den Zylinderinhalt und die Drehzahl gegeben und kann über eine bestimmte Grenze nicht erhöht werden. Bei allen diesen Geräten kann lediglich durch Verringerung der Motordrehzahl, bzw. bei traktorangetriebenen Geräten durch Verringerung der Zapfwellendrehzahl die Leistung der Pumpe vermindert, keinesfalls aber erhöht werden, wobei der verwendete Druck gleichgültig ist. Durch die Einstellung auf einen bestimmten Druck soll lediglich, wie bereits oben erwähnt, eine Abstimmung des Überdruckventiles auf die Drehzahl erreicht werden. Im allgemeinen ist ein Druck von 20 Atü ausreichend. Eine Ausnahme machen hier nur die später noch zu besprechenden Hochdruckdüngelanzen, die einen Betriebsdruck von 40 bis 50 Atü erfordern.

Wie bereits erwähnt, ist das Arbeitstempo von der Minutenleistung der Pumpe abhängig. Freistetter (1955) arbeitet mit Hochdruckspritzen mit 100 l Minutenleistung, mit denen er 1000 l Düngerlösung praktisch in 10 Minuten ausbringen kann (Voraussetzung ist allerdings eine möglichst kontinuierliche Lanzung). In der gleichen Zeit kann ein Mann die neue Düngerlösung vorbereiten. Auf diese Weise könnte man hohe Tagesleistungen erzielen und somit die Kosten der Arbeitszeiten niedriger halten. Eine wesentliche Voraussetzung für kontinuierliches Lanzen ist allerdings die Verwendung einer zweiten Lanze, die wieder von der Leistung der verwendeten Pumpe abhängig ist. Bei kleinen oder mittelgroßen Pumpenmodellen wird die Schöpfleistung der Pumpe bereits von einer Lanze aufgebraucht, so daß durch die Verwendung einer zweiten Lanze die Leistung nicht mehr erhöht werden kann. Bei Pumpenmodellen mit über 40 l Minutenleistung wird die Flächenleistung bei gleichzeitigem Betrieb zweier Lanzen etwa um ein Drittel erhöht. Auch bei Verwendung kleinerer Pumpen kann die Lanzung durch eine zweite Lanze beschleunigt werden, wenn die Lanzen so umgebaut werden, daß der Verschluß bei losgelassenem Hebel geöffnet ist. Ein einzelner Mann ist dann in der Lage, in der Zeit, in der die Lanze geöffnet ist und die Düngerlösung in den Boden eindringt, die zweite Lanze umzustellen und damit einen kontinuierlichen Betrieb aufrechtzuerhalten. Damit kann die Schöpfleistung der Pumpe und die Arbeitskraft des die Lanzung durchführenden Mannes weitestgehend ausgenützt werden. Allerdings ist dieser Ausnutzung der Arbeitskraft eine Begrenzung durch die körperliche Beanspruchung gesetzt,

Tabelle 21. *Vergleich der Kosten für Lanzendüngung und Oberflächendüngung in Abhängigkeit von den verwendeten Arbeitsmethoden*
(in Schilling nach dem Stand im Sommer 1960)

Nach beiden Methoden sollen ausgebracht werden: 120 kg N
60 kg P_2O_5
180 kg K_2O

	Durchführung der Lanzung mit		
	a) einfachster Anordnung	b) verbesserter Anordnung	c) Lanzendüngemaschine
A. Lanzendüngung			
Notwendige Maschinen und Geräte	1 Karrenspritze mit einer Leistung/m von 15 bis 20 l 1 Düngelanze	1 Traktor 15 PS 1 Zapfwellenanhängerspritze mit einer Leistung von 45 bis 50 l/m und Füllinjektor 2 Düngelanzen	1 Traktor 18 PS 1 Traktoranbauspritze 1 Lanzendüngemaschine
Notwendige Arbeitskräfte	2[1]	4[2]	2[3]
Einstiche pro m²	1	1	2
Flächenleistung pro Stunde einschließlich Rüstzeiten	400 m²	1500 m²	1800 m²
Arbeitszeitbedarf pro ha	2 mal 25 Stunden = = 50 Stunden	4 mal 6,6 Stunden = = 26,4 Stunden	2 mal 5,5 Stunden = = 11 Stunden
Kosten der Arbeitskräfte pro ha	600,—	316,80	132,—
Kosten der Maschinen pro ha (Kostenanteil für Betrieb, Instandhaltung und Amortisation	62,50	178,20	236,50
Düngerkosten pro ha	2440,—	2440,—	2440,—
Gesamtkosten ohne Berücksichtigung des Antransportes von Wasser, Düngemitteln und Maschinen in die zu düngende Anlage	3102,50	2935,—	2808,50

	Durchführung der Oberflächendüngung	
	a) von Hand aus	b) mit Düngerstreuer
B. Oberflächendüngung		
Arbeitszeitbedarf pro ha	7 Stunden	1,3 Stunden (einschließlich Rüstzeiten)
Notwendige Macshinen	—	1 Traktor 12 bis 15 PS 1 Düngerstreuer
Kosten der Arbeitskräfte pro ha	84,—	15,60
Kosten der Maschinen pro ha	—	33,15
Düngerkosten (Nitramoncal, Superphosphat, Thomasmehl)	1561,55	1561,55
Gesamtkosten ohne Berücksichtigung des Antransportes von Düngemitteln und Maschinen in die zu düngende Anlage	1645,55	1610,30

[1] Ein Mann bedient die Lanze und führt die notwendigen Ortsveränderungen der Karrenspritze durch. Ein Mann bereitet die Lösungen und sorgt für die Füllung des Spritzenfasses.

[2] Ein Mann führt Traktor mit Zapfwellenanhängerspritze.
Zwei Mann bedienen die Lanzen.
Ein Mann bereitet die Lösungen vor.

[3] Ein Mann führt Traktor mit Anbauspritze und Lanzendüngemaschine.
Ein Mann bereitet die Lösungen vor.

da besonders bei hartem, schwerem Boden das Einstechen der Lanze mit einem verhältnismäßig hohen Kraftaufwand verbunden ist. In diesem Zusammenhang sollte beachtet werden, daß Einstichtiefen über 15 cm nicht mehr sinnvoll sind, da es nur darauf ankommt, den Dünger in Bodenschichten zu bringen, die nicht mehr fast ausschließlich von den Graswurzeln in Anspruch genommen werden. Größere Einstichtiefen vermindern das Arbeitstempo stark, ohne den Erfolg der Lanzung verbessern zu können. Auch bei Beachtung dieser Grundsätze bleibt das Einstechen der Lanze eine mühevolle Arbeit, und man war daher bemüht, diesen Arbeitsvorgang zu erleichtern und damit auch zu beschleunigen. Eine Lösung dieses Problems wurde erreicht, indem man Lanzen konstruierte, bei denen nach Öffnung des Hahnes zunächst nur ein Spritzstrahl aus einer Düse an der unteren Spitze der Lanze austritt (Fritzsche 1958). Durch diesen Spritzstrahl wird die Einstichstelle aufgeweicht und das Einstechen der Lanze wesentlich erleichtert. Befindet sich die Lanze in der gewünschten Tiefe, kann durch einen Griff der Austritt der Düngerlösung bei der unteren Düse beendet werden und die Lösung tritt dann wie bei gewöhnlichen Lanzen bei vier seitlichen Düsen aus. Bei einem anderen Lanzentyp verzichtet man auf seitliche Düsen überhaupt. Durch einen Spezialhahn mit extragroßem Durchgang tritt über die Lanze die Düngerlösung an einer oder zwei Lanzenspitzen aus, die einfach auf den Boden aufgesetzt und nur einige Zentimeter tief eingestoßen werden. Durch die Verwendung eines hohen Betriebsdruckes (40 bis 50 Atü) wird erreicht, daß der an der Lanzenspitze austretende scharfe Strahl ohne weiteres Einstoßen der Lanze in die gewünschte Tiefe des Bodens eindringt. Es bildet sich ein kleiner Krater von ungefähr 15 bis 18 cm Tiefe. Als Tiefenbegrenzung und zum Schutz gegen seitliches Hochspritzen des Spritzstrahles durch Auftreffen auf Hindernisse befinden sich oberhalb der Austrittsdüsen Abschirmglocken. Die seitliche Verteilung der Düngerlösung soll zufriedenstellend sein, das Arbeiten mit diesem Lanzentyp wesentlich erleichtert und beschleunigt. Neben Pumpe und Lanze ist für die mögliche Arbeitsleistung auch die Länge und lichte Weite des von der Pumpe zur Lanze führenden Schlauches von erheblicher Bedeutung. Zu enge Schläuche vermindern die Leistung. Kobel, Fritzsche und Spreng empfehlen Schläuche von 10 bis 16 mm lichter Weite.

Die weitestgehende Mechanisierung der Lanzendüngung konnte durch die Konstruktion einer Lanzendüngemaschine in der Schweiz (Patent Leuenberger) erreicht werden. Bei dieser Maschine werden durch zwei Fahrräder jeweils zwei unabhängig voneinander drehbar gelagerte Kurbelwellen betrieben, an deren Enden sich je ein Hebelarm mit einer Lanze befindet. Das Gerät wird durch ein selbstfahrendes Spritzgerät oder hinter einer Zapfwellenspritze gezogen. Durch die Fortbewegung der Fahrräder und die damit verbundene Drehung der Kurbelwellen werden die Lanzen, die teleskopartig in einem Führungsrohr montiert sind, in den Boden eingestochen, und durch eine Ventilsteuerung wird im gleichen Augenblick die Düngerlösung in den Boden eingespritzt. Durch flexible Haltung des Führungsrohres wird immer ein senkrechter Einstich in den Boden erreicht. Einstichzahl und Einstichtiefe können in gewissen Grenzen reguliert werden, normalerweise erfolgen jedoch zwei Einstiche pro Quadratmeter. Die Ausbringungsmenge hängt von der Einstellung an der Lanze und vom Pumpendruck, bzw. von der Pumpenleistung ab. Sie liegt etwa bei 600 l in etwa 20 Minuten. Notwendig zum Betrieb dieser Maschine sind ein Zugschlepper mit 18 PS als Minimum und Pumpen mit einer Literleistung von 40 bis 50 l/min, bzw. einem Druck von 40 Atü. Bei entsprechenden Bodenverhältnissen kann von der geschilderten Maschine durchaus ein befriedigendes und störungsfreies Arbeiten erwartet werden. Schwierigkeiten können sich bei einem hohen Steingehalt des Bodens ergeben. Besonders bei niedrigeren Kulturen können dann durch die nach Auftreffen einer Lanze auf einen Stein seitlich wegspritzende Düngerlösung Schäden am Laubwerk der Kulturen (z. B. im Weingarten) verursacht werden. Zum Schutz gegen solche Laubschäden könnte man jedoch seitlich an der Maschine Schutzschilder anbringen, die die geschilderten Gefahren beseitigen.

Nach Untersuchung aller Möglichkeiten für eine Rationalisierung der Lanzung erhebt sich nun die Frage, ob durch die geschilderten Maßnahmen tatsächlich eine Verbilligung des Verfahrens erreicht werden kann. Tab. 21 zeigt einen Kostenvergleich zwischen den verschiedenen Verfahren der Lanzendüngung und Oberflächendüngung. Die angegebenen Kosten bzw. Arbeitslöhne beziehen sich auf die Verhältnisse in Österreich, Stand 1960. Verschiebungen durch geänderte Lohn- und Preisverhältnisse sind durchaus möglich. Aus Tab. 21 geht hervor, daß durch Rationalisierung der Lanzendüngung etwa eine Verbilligung von 10% der Gesamtkosten der Lanzung zu erreichen ist. Vergleichen wir die Kosten der Lanzendüngung mit denen der Oberflächendüngung, so ergibt sich für die Lanzendüngung im ungünstigsten Fall eine Kostensteigerung um nahezu 100%, aber auch nach einer Rationalisierung beider Arbeitsmethoden immer noch eine Vermehrung der Kosten um 75%. Auch die notwendigen Arbeitszeiten sind bei der Lanzendüngung erheblich größer. Sind bei der Lanzendüngung im ungünstigsten Fall 11 Arbeitsstunden pro ha aufzuwenden, so erfordert die Oberflächendüngung pro ha 7 Stunden, bzw. bei Einsatz von Maschinenstreuern nur mehr 1,3 Stunden.

Unter diesen Umständen erhebt sich natürlich die Frage, ob die Lanzendüngung als rentable Maßnahme angesehen werden kann. Legen wir der Beurteilung dieser Frage die Ertragssteigerungen zugrunde, die in den bereits angeführten Düngungsversuchen von Eichholtz (1955), bzw. von Mappes, Will und Buchner erzielt wurden, dann kann die Lanzung als rentable Maßnahme angesehen werden. Mappes und Buchner berichten von einem Mehrertrag pro Baum und Jahr von 30 bis 92 kg Kirschen. Die durch diesen Mehrertrag erzielten Mehreinnahmen würden die für die Lanzung aufgewendeten Kosten weit übersteigen. Es muß in diesem Zusammenhang allerdings berücksichtigt werden, daß solche Mehrerträge durchaus nicht immer erreicht werden können. Für die Beurteilung einer möglichen Ertragssteigerung durch Lanzendüngung ist die Nährstoffversorgung des Untergrundes bzw. dessen Nährstoffnachlieferungsvermögen von größter Bedeutung. Ist die Nährstoffversorgung durch den Untergrund nicht gegeben, so wird sicherlich nahezu in allen Fällen durch die Lanzendüngung ein entsprechender Mehrertrag zu erzielen sein, der dann die Kosten der Lanzung deckt. Eine andere Frage ist es freilich, ob nicht durch modernere Betriebsmethoden als die des Obstbaues im Grasland die Bedeutung der Lanzendüngung erheblich vermindert wird.

Literatur

Arbeiten der landwirtschaftlichen Versuchsstation Limburgerhof. Hannover 1939.

Eichholtz, G.: Düngung im Obst- und Weinbau. Der badische Obst- u. Gartenbauer 8, 4, 89 (1955).

Freistetter, L.: Lanzendüngung im Obstbau. Der badische Obst- u. Gartenbauer **12**, 288 (1955). — Fritzsche, R.: Die zweite Maßnahme zur Bekämpfung der Alternanz, die Düngung der Obstbäume, muß gründlich und in allen Beständen mit wertvollen Bäumen durchgeführt werden! Schweiz. Z. Obst- u. Weinbau **3**, 60–66 (1958).

Gärtel, W.: Die Lanzendüngung im Weinbau. Dtsch. Weinbau **3**, 61–62 (1957). — Gericke, S.: Düngemittel und Düngung in der deutschen Landwirtschaft. Berlin:

Cronbach. 1948. — GRUPPE, W.: Die Bedeutung der Blattanalyse für die Düngung im Obstbau. Erwerbsobstbau **11**, 218 (1960).

HILKENBÄUMER, F.: Kalkulationen im Erwerbsobstbau. Berlin: Parey. 1958.

KAINDL, K., und W. FROHNER: Versuche über die Wirksamkeit von Lanzendüngung und Oberflächendüngung mit Hilfe von P^{32}. Mitt. (Klosterneuburg), Ser. B, **6** (3), 3–11 (1956). — KAINDL, K., W. FROHNER und CHR. CHWALA: Versuche über die Wirksamkeit von Lanzendüngung und Oberflächendüngung mit Hilfe von P^{32}. II. (Im Druck, 1961.) — KOBEL, F.: Lehrbuch des Obstbaues auf physiologischer Grundlage, 2. Aufl. Berlin-Göttingen-Heidelberg 1954. — KOBEL, F., R. FRITZSCHE und H. SPRENG: Neuzeitliche Obstbautechnik. Bern: Buchverlag Verbandsdruckerei A.G.

LINDEMANN, A.: Richtige Düngung durch Bodenuntersuchung. Berlin: Parey. 1957. — LUDWIG, A.: Ein tieferer Blick in den Nährstoffvorrat unserer Obstböden. Obstbau **9**, 134 (1950).

MAPPES, F., H. WILL und A. BUCHNER: Bodenpflege im Obstbau. München: Obst- und Gartenbauverlag.

PESSERL, G.: Untersuchungen über den Nährstoffgehalt der Böden im ober- und niederbayrischen Obstbau. Phosphorsäure **16**, 5/6, 266 (1956).

REINKEN, G.: Studien über den Phosphorhaushalt bei Apfelbäumen unter Verwendung von P^{32}. Phosphorsäure **16**, 5/6, 276–297 (1956).

SLYKEL, L. L., O. M. THAYLOR und W. H. ANDREWS: Plant food constituents used by bearing fruit trees. Genova Agr. Exper. Stat. Bull. 265 (1905). — SMOCK, R. M., und J. H. GOURLEY: A survey of residua applications on orchard soils. Proc. Soc. Hort. Sci. **28** (1931).

c) Die Technik der Blattdüngung

Von

W. Frohner

1. Allgemeines

Obwohl die ersten Arbeiten über die Aufnahme von Nährstoffen über das Blatt bereits im vergangenen Jahrhundert erschienen sind, gewannen diese Erkenntnisse erst in der letzten Zeit an praktischer Bedeutung. Besonders amerikanische Versuche über die Düngung von N-Verbindungen über die Blätter von Apfelbäumen trugen dazu bei, daß die Blattdüngung zu einer mancherorts bereits in der breiten Praxis geübten Düngemethode geworden ist. Die Physiologie der Aufnahme von Nährstoffen über das Blatt wird in Band I dieses Handbuches ausführlich behandelt. Im Rahmen dieser Arbeit sollen vor allem die technischen Aspekte dieser Applikationsmethode untersucht werden, der günstigste Düngetermin, die Kombination mit Pflanzenschutz- und Unkrautbekämpfungsmitteln usw.

Zunächst zur Frage, in welchen Kulturen Blattdüngung durchgeführt werden kann, bzw. in welchen Kulturen sie bisher bei wissenschaftlichen Versuchen und in der Düngepraxis schon verwendet worden ist:

In der Literatur liegt eine Reihe von Berichten über die Blattdüngung vor; ohne Anspruch auf Vollständigkeit sollen in Tab. 22 einige zitiert werden.

Eine kurze Durchsicht der Tab. 22 zeigt, daß die Blattdüngung offensichtlich vor allem in Spezialkulturen mit höherer Rentabilität angewendet wird, kaum dagegen zur Düngung der üblichen Feldfrüchte in der breiten Landwirtschaft. Blattdüngung in normalen landwirtschaftlichen Kulturen findet man in der Hauptsache dann, wenn diese Kulturen zwecks Unkraut- oder Schädlingsbekämpfung üblicherweise gespritzt werden und die Blattdüngung mit diesen Maßnahmen kombiniert werden kann.

Tabelle 22. *Berichte über Blattdüngung in verschiedenen Kulturen*

Kultur:	*Autoren:*
Obstbau	Allen (1960a), Allen (1960b), Allen (1959), Baxter (1958), Benson und Mitarbeiter (1951), Blasberg (1953), Buchner (1956a), Bullock und Mitarbeiter (1952), Cook und Mitarbeiter (1952), Eckert und Mitarbeiter (1954), Eggert und Mitarbeiter (1952), Fisher und Mitarbeiter (1950), Golikowa (1958), Golikowa (1959), Gruppe (1960a), Gruppe (1960b), Haas und Mitarbeiter (1954), Haas und Mitarbeiter (1959), Hagler und Mitarbeiter (1959), Hamilton und Mitarbeiter (1943), Holubowicz (1958), Howard (1951), Indenko (1957), Jonkers (1959), Krzysch (1958a), Nowikow (1958), Oland und Mitarbeiter (1956), Oland (1960), Pfaff und Mitarbeiter (1958), Reinken (1954), Reinken (1956), Rodney (1952), Schkolnik und Mitarbeiter (1959), Stolle (1955), Walker und Mitarbeiter (1955), Walker und Mitarbeiter (1957), Weissenborn (1957), Weissenborn (1960)
Weinbau	Asriev (1955), Ciferri (1954), Cook (1958), Dobrojubski (1959), Fleming und Mitarbeiter (1949), Gärtel (1960a), Gärtel (1960b), Gärtel (1959), Gerber und Mitarbeiter (1959), Hagler (1957), Krzysch (1958a), Lafon und Mitarbeiter (1953), Magnin (1955), Nowoshilowa (1959), Protjanko (1955), Sandulescu (1960) Schanderl (1955), Scott und Mitarbeiter (1954), Snyder und Mitarbeiter (1954), Wilhelm (1958), Winkler (1960), Wittwer und Mitarbeiter (1957)
Gemüsebau	Anonym (1958), Geissler (1954), Geissler (1955), Krzysch (1958a), Mayberry und Mitarbeiter (1952), Montelaro und Mitarbeiter (1952), Sirokman (1956), Swanson und Mitarbeiter (1953), Tjulenew (1959), Veress und Mitarbeiter (1958)
Zuckerrüben	Buchner (1957), Bucholski (1959), Krzysch (1958a), Thorne und Mitarbeiter (1956), Thorne und Mitarbeiter (1955), Wilberg und Mitarbeiter (1955)
Getreidebau	Boguslawski und Mitarbeiter (1957), Bovay (1960), Buchner (1956b), Buchner (1957), Frohner (1961), Frohner (1958), Iwannikow (1958), Kaindl (1956), Krzysch (1958a), Patil und Mitarbeiter (1959), Thorne (1957), Thorne und Mitarbeiter (1955)
Mais	Foy und Mitarbeiter (1953), Iwanow (1959), Krzysch (1958a)
Tabak	Chinkow (1959), Rammuni (1958), Volk und Mitarbeiter (1951)

Zunächst soll jedoch die Feststellung genügen, daß Blattdüngung offensichtlich zu einer großen Zahl von Feldkulturen und im Obst- und Weinbau möglich ist und zumindest in Versuchen bereits mannigfach eingesetzt worden ist.

2. Applikationstechnik

Zur Frage, welche Nährstoffe in Form einer Blattdüngung zugeführt werden können, ergibt sich aus den bisher erschienenen Arbeiten, daß sich praktisch alle Hauptnährstoffe und die Spurenelemente dazu eignen. Die Tab. 23 und 24 zeigen, welche Nährstoffe verabreicht werden können, bzw. bereits verabreicht worden sind. Rein theoretisch wäre eine ausschließliche Ernährung über das Blatt durchaus möglich. Dieser theoretischen Möglichkeit kommt allerdings keine praktische Bedeutung zu, da zu ihrer Realisierung eine sehr große Zahl von Spritzungen benötigt würde. Eine Reihe von Autoren betonen, daß durch die Blattdüngung daher nur eine begrenzte Menge an Nährstoffen zugeführt werden kann. Das gilt besonders für die Hauptnährstoffe. Spurenelemente werden dagegen nur in begrenztem Ausmaß gebraucht, und eine Deckung des Bedarfes an Spurenelementen ist daher eher möglich.

A. Salzform

Ob, wann und welche Nährstoffe in der breiten Praxis vorteilhaft über das Blatt zugeführt werden, soll behandelt werden, sobald die technischen Voraussetzungen für die Blattdüngung untersucht worden sind. Zunächst erhebt sich die Frage, in welcher Form die Hauptnährstoffe bzw. Spurenelemente zur Blattdüngung angewendet werden können. Für die praktische Anwendung der Blattdüngung haben die in verschiedenen Versuchen verwendeten, chemisch oder technisch reinen Salze kaum Bedeutung, da ihr Preis zu hoch ist.

Um so größere Bedeutung besitzen daher alle Ergebnisse, die mit Handelsdüngemitteln erzielt wurden, also z. B. mit Harnstoff (GRUPPE 1959, BAXTER 1958, PATIL und Mitarbeiter 1959, BAR AKIVA und Mitarbeiter 1959, HAGLER und Mitarbeiter 1959, KRZYSCH 1958 b), Superphosphat, (CHINKOW 1959, TJULENEW 1959, IWANNIKOW 1958, JELAGIN 1959, KRZYSCH 1958b, NOWIKOW 1958, GEISSLER 1955), Kaliumchlorid (TJULENEW 1959, IWANNIKOW 1958, THORNE 1954) usw. Wesentlich für die Wahl eines Düngemittels zur Blattdüngung ist dessen möglichst rückstandsfreie Lösung in Wasser, da jedes Abfiltern unlöslicher Bestandteile eine unerwünschte Verzögerung mit sich bringt. Von den Stickstoffdüngern kommt somit Kalkammonsalpeter (Nitramoncal) als Blattdünger nicht in Frage. Ammonsulfat ist zwar gut löslich, von GEISSLER (1959) wird aber darauf hingewiesen, daß mit diesem Düngemittel behandelte Pflanzen Plasmolyseerscheinungen geringeren Ausmaßes an den Blatträndern aufgewiesen haben. Auch KRZYSCH (1958b) berichtet von mehr oder weniger starken Blattverbrennungen bei Hafer durch Ammonsulfat. Das Gleiche gilt für Ammoniumchlorid und Natriumnitrat. Diese Düngemittel scheiden somit für die Verwendung als Blattdüngemittel ebenfalls aus. Wegen des hohen Preises kommen auch Kaliumnitrat, das primäre und das sekundäre Ammoniumphosphat kaum in Frage. Das gleiche gilt auch für Diammonphosphat. Die Kombination der beiden Hauptnährstoffe N und P in den verschiedenen Ammonphosphaten läßt diese Düngemittel allerdings trotzdem dann erwägenswert erscheinen, wenn das Verhältnis von N zu P in diesen Düngemitteln den Erfordernissen der zu düngenden Kultur gerecht wird. Von den gebräuchlichen N-Handelsdüngemitteln verbleiben noch Ammonnitrat und Harnstoff. Beide Düngemittel lösen sich gut und haben in Blattdüngungsversuchen gute Ergebnisse erbracht. Welches von beiden Düngemitteln vorzuziehen ist, darüber bestehen unterschiedliche Ansichten. Harnstoff wurde vielfach angewendet, FOY (1953) hat aber darauf hingewiesen, daß bei Verwendung dieses Düngemittels Gefahr von Blattverbrennungen durch zu hohes Amidangebot besteht. Darüber hinaus wird vielfach von Schäden nach Harnstoffspritzung durch hohen Biuretgehalt des verwendeten Harnstoffes berichtet (BARBIER 1958, HAAS und Mitarbeiter 1954). Andererseits ist Harnstoff durch seinen hohen Gehalt an N und durch seine Nichtdissoziierbarkeit für die Blattdüngung besonders gut geeignet. Die von FOY (1953) erwähnte Gefahr einer Blattschädigung durch zu hohes Amidangebot dürfte von diesem Autor überschätzt worden sein, da Harnstoff in der breiten Praxis mit gutem Erfolg angewendet wird, ohne daß die befürchteten Schäden in nennenswertem Ausmaß aufgetreten wären.

Schädliche Auswirkungen eines zu hohen Biuretgehaltes im Harnstoff werden vor allem von Versuchen aus Übersee berichtet (BARBIER 1958, BARBIER 1960). Man ist in diesen Gebieten daher bemüht für die Blattdüngung vor allem von Ananas, Citrus, Kaffee, Bananen und Orangen nur Harnstoff zu verwenden, der einen niedrigen Biuretgehalt besitzt (0,5% und darunter). Bei einer kritischen Durchsicht der zitierten Arbeiten fällt allerdings auf, daß es den Versuchsanstellern sehr oft offensichtlich nur darauf angekommen ist, Biuretschäden hervorzurufen, um sie beschreiben zu können. So führt z. B. BARBIER (1958) an, daß in Versuchen von HAAS und BRUSCA (1954) Nährlösungen verwendet worden sind, die so viel Biuret enthielten, daß bei Verwendung von Harnstoff zur Herstellung solcher Nährlösungen dieser etwa zu 50% aus Biuret bestehen müßte. Die meisten Berichte über schädliche Auswirkungen eines höheren Biuretgehaltes stammen aus den Tropen und es hat den Anschein, daß offenbar das Klima in dieser Beziehung von wesentlicher Bedeutung ist. In der Arbeit von BARBIER (1958) konnte gezeigt werden, daß unter mitteleuropäischen Klimabedingungen in Gefäßversuchen mit Tabak, Sonnenblume, Sojabohne und Baumwolle eine Erhöhung der Harnstoffkonzentration (von 0,5 auf 2,0%) stärkere Spritzschäden verursachte als die Steigung des Biuretgehaltes. Handelsüblicher Harnstoff mit einem Biuretgehalt von 0,1 bis 1,0% verursachte darüber hinaus bei Pfirsich und Birne keine Blattschäden. Schadsymptome bei höheren Harnstoff- bzw. Biuretkonzentrationen waren nicht unbedingt mit Ertragsminderungen verbunden.

Zur Blattdüngung mit Phosphorsäure wurden eine Reihe von Phosphaten verwendet. EGGERT und Mitarbeiter (1952), GEISSLER (1959) und KRZYSCH (1958a) berichten von einer besonders guten Aufnahme des sekundären Ammoniumphosphates, aber auch Superphosphat, Natriumphosphat, Kaliumphosphat und Magnesiumphosphat (KRZYSCH 1958b, THORNE 1955, RAMMUNI 1958) wurden erfolgreich zur Blattdüngung eingesetzt. Wegen des geringeren Preises wird dem Superphosphat oft der Vorzug gegeben, obwohl es einen hohen Prozentsatz unlöslicher Bestandteile enthält, die vor der Spritzung abgefiltert werden müssen, um Düsenverstopfungen und Beeinträchtigungen der Pflanzen durch den Spritzbelag zu vermeiden. KRZYSCH (1958b) berichtet von Blattverbrennungen bei Hafer durch das sec. Kaliumphosphat und tert. Kaliumphosphat und durch prim. Natriumphosphat und Calciumphosphat bei Buschbohne. Wie bereits erwähnt, kann zur Blattdüngung mit gutem Erfolg auch Diammonphosphat und Monoammonphosphat eingesetzt werden; der Preis der beiden Düngemittel ist aber zu hoch, da es keine in der breiten Düngepraxis üblichen Handelsprodukte sind.

Besonders GEISSLER (1959) empfiehlt daher die Verwendung von Superphosphat ungeachtet der oben angeführten Nachteile.

Zur Blattdüngung mit Kali wurden, wie aus der Literatur ersichtlich ist, chlorid- und magnesiahaltige Handelsdüngemittel, Kaliumsulfat, Kaliumnitrat, Trikaliumcitrat und Kaliumphosphat (CHINKOW 1959, KIRJUCHIN 1959, TJULENEW 1959, THORNE 1955, RAMMUNI 1958, KRZYSCH 1958b, IWANNIKOW 1958) verwendet. KRZYSCH (1958b) berichtet, daß bei Bohnen von den vier von ihm geprüften K-Verbindungen, Kaliumnitrat, Kaliumchlorid, Kaliumsulfat und prim. Kaliumphosphat, das Kaliumnitrat am besten wirkte. BOGUSLAWSKY und VÖMEL (1957) erzielten bei Hafer mit Kaliumchlorid bessere Wirkung als mit Kaliumsulfat. GEISSLER (1959) berichtet, daß sich die chlorid- und magnesiahaltigen Handelsdüngemittel bei der Blattdüngung zu Gemüse dem Kaliumsulfat überlegen erwiesen haben, und begründet dies durch besseres Diffusionsvermögen dieser Düngemittel gegenüber dem Sulfat. Superphosphat war in seinen Versuchen durch den hohen Anteil an unlöslichen Bestandteilen dem reinen Calciummonophosphat etwas unterlegen. Weiters erwähnt er den Vorteil der gleichzeitigen Magnesiumzufuhr bei der Verwendung magnesiahaltiger Handelsdüngemittel.

Spritzlösungen mit allen drei Hauptnährstoffen wurden von einer Reihe von Autoren verwendet (BUCHNER 1957, BOGUSLAWSKI und Mitarbeiter,

Veress und Mitarbeiter 1958, Chinkow 1959, Geissler 1959). Boguslawski und Mitarbeiter (1957) konnten zeigen, daß aus solchen Lösungen alle drei Elemente aufgenommen werden, allerdings nicht proportional der Spritzlösungszusammensetzung. In ihren Versuchen wirkte sich die Blattvolldüngung auf das Nährstoffverhältnis in der Pflanze günstiger aus als die Düngung mit Einzelnährstoffen. In diesem Zusammenhang ist allerdings zu berücksichtigen, daß die Durchführung der Blattdüngung mit einer Volldüngerlösung die Gabenhöhe der einzelnen Elemente automatisch beschränkt, da diese Gabenhöhe durch die vorhandene Laubmasse, ihr Aufnahmevermögen und ihre Empfindlichkeit gegen höhere Konzentrationen begrenzt ist. Auch im günstigsten Fall ist nur eine verhältnismäßig geringe Nährstoffzufuhr pro Flächeneinheit möglich, und daher wird die Verwendung von Volldüngerlösungen wahrscheinlich auf Einzelfälle beschränkt bleiben.

Nach Geissler (1959) beruhen die besseren Ergebnisse zahlreicher Versuche mit Einzelnährstofflösungen nicht auf einer negativen gegenseitigen Beeinflussung bei der Nährstoffaufnahme aus Volldüngerlösungen, sondern können durch die Beschränkung der auf diesem Weg resorbierbaren Menge an Einzelnährstoffen erklärt werden.

Es wurde bereits erwähnt, daß der Verabreichung der Spurenelemente in Form von Blattdüngung Bedeutung zukommt, vor allem deswegen, weil der Bedarf der Pflanzen an Spurenelementen gering ist und somit leicht durch eine oder mehrere Spritzungen annähernd gedeckt werden kann. Spurenelemente wurden in der verschiedensten Form verabreicht und die Tab. 23 zeigt einen Überblick über die verschiedenen Möglichkeiten:

Tabelle 23. *Blattdüngung mit Spurenelementen*

Nährstoff	verabreicht als	Literatur bei
Bor	Borsäure	Skriptschenko (1959)
	Borax	Anonym (1958), Gärtel (1960b)
Magnesium	Nitrat	Allen (1960b), Allen (1959), Fisher und Mitarbeiter (1950), Hagler (1957)
	Sulfat	Allen (1960b), Allen (1959), Gruppe (1960a), Reinken (1954), Schanderl (1955), Walker und Mitarbeiter (1957), Wilhelm (1958)
	Chlorid	Allen (1960b), Allen (1959)
	Chelat	Hagler (1957), Walker und Mitarbeiter (1957)
	Phosphat	Hagler (1957)
	Oxyd	Hagler (1957), Wilhelm (1958)
Mangan	Sulfat	Gärtel (1960b), Reinken (1954), Skriptschenko (1959)
Eisen	Sulfat	Withee und Mitarbeiter (1959)
	Zitrat	Withee und Mitarbeiter (1959)
	Chelat	Withee und Mitarbeiter (1959)
Zink	Sulfat	Reinken (1954), Schanderl (1955), Skriptschenko (1959)
Molybdän	Ammoniummolybdad	Timaschow (1959)
Kobalt	Sulfat	Dobrojubski (1959)

Vergleichende Untersuchungen über die Aufnahme von Spurenelementen in Form verschiedener Verbindungen liegen erst wenige vor.

Allen (1960b) konnte z. B. zeigen, daß Mg von Worcesterparmänen auf

EM II bei gleicher Molarität der Lösungen in Form des Sulfates, Nitrates und Chlorides in gleichem Ausmaß aufgenommen wurde, die Aufnahme der Chloride und Nitrate erfolgte allerdings rascher. Er begründet diese Erscheinung mit der größeren Hygroskopizität der Chloride und Nitrate, die bewirkt, daß diese Verbindungen länger in Lösung bleiben und damit rascher in das Blatt eindringen können. Leider lassen die bisher vorliegenden Ergebnisse keine abschließenden Schlüsse zu, in welcher Form die einzelnen Nährstoffe bei den verschiedenen Kulturpflanzen am besten verabreicht werden können. Es ist damit zu rechnen, daß in diesem Zusammenhang eine Reihe von Faktoren, wie Boden, Klima usw., mitbestimmend sind. Aus diesem Grund wird es daher notwendig sein, in jedem Einzelfall auf bereits bekannte Ergebnisse zurückzugreifen bzw. durch kleinere Versuche die für die jeweilige Situation beste Lösung zu finden.

Die Entscheidung für ein bestimmtes Düngemittel wird natürlich vor allem davon beeinflußt sein, welche Düngemittel leicht zugänglich sind und verhältnismäßig billig und somit wirtschaftlich eingesetzt werden können.

GEISSLER (1959) betont, daß man bei richtiger Auswahl und Handhabung die Blattdüngung durchaus mit den im Handel befindlichen Mineraldüngern durchführen kann und nicht auf teure technische Salze angewiesen ist.

B. Konzentration, Spritz- bzw. Sprühverfahren

Die Blattdüngung kann mit den verschiedensten „Spritz“- bzw. „Sprühgeräten“ durchgeführt werden. Entscheidend ist die richtige, auf die Eigenart des verwendeten Gerätes zugeschnittene Anwendung unter möglichster Vermeidung des Abtropfens, der Abtrift und des Verschwebens. Bei der Untersuchung der diesen angestrebten Effekt beeinflussenden Faktoren ist zunächst festzustellen, daß der Erfolg einer Blattdüngung offensichtlich davon abhängig ist, daß eine möglichst optimale spezifische Düngermenge auf den Blättern haftet und über das Blatt in die Pflanze eindringen kann. Diese spezifische Düngermenge kann nach WEINMEISTER (1953) „Nettobelagsdichte“ genannt werden. Sie ist gleich dem pro Blatt-Flächeneinheit tatsächlich vorhandenen Wirkstoffgewicht und kann in Gramm pro Quadratmeter oder Gamma pro Quadratzentimeter angegeben werden. Als „Bruttobelagsdichte“ hingegen bezeichnet WEINMEISTER (1953) das pro Flächeneinheit verwendete (versprühte, verspritzte, verstäubte) Wirkstoffgewicht in Gramm pro Quadratmeter Laubwand, wogegen man unter „Aufwandmenge“ das verwendete Wirkstoffgewicht je ha Kulturfläche versteht.

Bei der Festlegung der optimalen Belagsdichte ist allerdings die spezifische Empfindlichkeit des Pflanzengewebes, die von Pflanzenart zu Pflanzenart verschieden ist, zu beachten.

In der Literatur schwanken die Angaben über die möglichen Konzentrationen zum Teil sehr stark, offensichtlich weil die diesbezüglichen Untersuchungen durch die verschiedensten Faktoren mit beeinflußt worden sind.

So scheint unter anderem auch das Pflanzenalter dafür bestimmend zu sein, welche Konzentration von den Pflanzen vertragen wird. KEFFORD (1953) beobachtete bei Versuchen mit Salat eine Zunahme der Empfindlichkeit gegen höhere Konzentrationen der Spritzlösung mit zunehmendem Alter. Da die Ursachen für das Auftreten von Verbrennungen im wesentlichen noch unbekannt sind, läßt sich eine Erklärung für diese Unterschiede in der Empfindlichkeit kaum geben.

In Tab. 24 finden sich eine Reihe der Literatur entnommene Angaben über Konzentrationen der Spritzlösung bei Blattdüngung zu verschiedenen Pflanzen-

Tabelle 24. *Konzentration der Spritzlösung bei Blattdüngung*

Düngemittel	Verwendete Konzentration	Kulturpflanze	Autor
Harnstoff	1,0	Apfel	WEISSENBORN (1957)
	0,5—1,0	Apfel	GRUPPE (1960b), JONKERS (1959), REINKEN (1954)
	4,0 (später Termin)	Apfel	OLAND (1960)
	0,5	Apfel, Birne	JONKERS (1959)
	3,0 (Nebeln)	Apfel, Birne	JONKERS (1959)
	1,0	Tomaten	MATZKOW und Mitarbeiter (1958)
	1,0—0,5	Sonnenblume	BARBIER (1958)
	3,0	Weizen	PATIL und Mitarbeiter (1959)
	10,0—15,0	Getreide	BUCHNER (1956b), FROHNER und Mitarbeiter (1958)
	1,0	Erdbeeren	NOWIKOW (1958)
	0,5—1,0	Gemüse, Blumen	REINKEN (1954)
	0,5	Baumwolle	BARBIER (1958)
	0,5	Sojabohne	BARBIER (1958)
	0,5	Kohlrabi	BARBIER (1960)
	0,5—0,7	Weinreben	FLEMING und Mitarbeiter (1949)
	1,0—1,5	Pfirsich	BULLOCK und Mitarbeiter (1952), ECKERT und Mitarbeiter (1954)
	0,8—1,5	Kartoffel	BUCHNER (1957)
Ammonsalpeter	0,5	Tomaten	TJULENEW (1959)
	3,0	Zuckerrüben	BUCHOLSKI (1959)
Superphosphat	3,0	Erdbeeren	NOWIKOW (1958)
	2,0	Erdbeeren	GOLIKOWA (1958)
Kaliumchlorid	0,5	Tomaten	TJULENEW (1959)
	1,0	Kartoffel	LAUGHLIN (1960)
	1,0	Erdbeeren	COLIKOWA (1958)
Kaliumsulfat	2,0	Reben	GERBER und Mitarbeiter (1959)
	1,0	Obstgewächse	REINKEN (1954)
Volldünger	2,0	Reben	WNUKOWA und Mitarbeiter (1958)
	0,3—0,6	Gemüse	GEISSLER (1959)
Borax	0,5	Obstgewächse	REINKEN (1954)
	0,5	Gemüse, Blumen	REINKEN (1954)
	0,25—0,5	Rüben	Anonym (1961)
Magnesiumsulfat	1,0—2,0	Apfel	GRUPPE (1960a)
	2,0	Apfel	Anonym (1961)
Zinksulfat	0,5	Obst, Gemüse, Blumen	REINKEN (1954)
	0,2	Wein	GÄRTEL (1960b)
Mangansulfat	0,2—0,3	Obst, Gemüse, Blumen	REINKEN (1954)
	1,0—2,0	Wein	GÄRTEL (1960b)
	2,0—4,0	Getreide	Anonym (1961)
Kupfersulfat	0,5—1,0 Cu	Getreide	Anonym (1961)
Eisenzitrat	0,5	Obst, Gemüse, Blumen	REINKEN (1954)

arten. In vielen Fällen stellen sie offensichtlich ein Optimum mit gewissen Sicherheiten bei Spritzung nach dem „Überschußverfahren" dar.

Beim „Überschußverfahren" wird pro Flächeneinheit so viel Spritzbrühe verspritzt, daß ein Überschuß abläuft.

Die vorhandene Blattmasse und ihre Benetzungsfähigkeit bestimmt die Menge der haftenbleibenden Brühe und diese mit die Konzentration der Nettobelagsdichte. Pflanzen mit einer geringeren Benetzungsfähigkeit der Blätter und einer für das Haften der Spritzlösung ungünstigen Blattstellung, wie z. B. die verschiedenen Getreidearten, können bei diesem Verfahren mit stärkeren Konzentrationen gespritzt werden als solche, bei denen die Spritzlösung besser haftet. Eine Reihe von Parallelen mit der Schädlingsbekämpfung im Obstbau weisen jedoch darauf hin, daß die Konzentration von Spritzlösungen für die Vermeidung von Spritzschäden offensichtlich weniger entscheidend ist als die Verteilung der Wirkstoffe auf die Laubmasse und die letzten Endes erreichte Nettobelagsdichte. KAINDL (1953) spricht zwar von einem optimalen Verdünnungsgrad der Nährlösung, bei dem schon während der Eintrocknung der größte Teil der Nährlösung aufgenommen wird, stellt aber andererseits durch Tauchversuche fest, daß bei kurzen Tauchzeiten die Intrabilität der Nährstoffe nicht von der Konzentration der Nährlösung, sondern von der an den Blättern haftenden Quantität abhängt.

Diese Zusammenhänge werden klar, wenn man bedenkt, wie rasch unter Umständen ein Spritzbelag auf den Pflanzen eintrocknet. Während des Eintrocknens werden kurzfristig nacheinander alle möglichen Konzentrationen bis 100% im Spritzbelag erreicht, ohne daß damit Spritzschäden verursacht werden. Wenn KAINDL (1953) feststellt, daß nach dem Tauchen von Blättern schon bei geringen Konzentrationen, die etwa bis 10% der maximal unter Vermeidung von Plasmolyse möglichen Dosis reichen, die Nährstoffaufnahme ungefähr proportional der verabreichten Dosis ist, darüber hinaus aber stark abzusinken beginnt, so wird klar, daß bei Spritzung im Überschußverfahren, das dem Tauchen sehr nahe kommt, nur verhältnismäßig geringe Konzentrationen möglich sind. Die Netto-Belagsdichte, auf die es letzten Endes ankommt, wird dann, wie bereits erwähnt, durch die Benetzungsfähigkeit der Blattoberfläche und die Konzentration der Spritzlösung geregelt. Im Feldbau benötigt man dazu, um die für Pflanzenschutzmaßnahmen wirksame Dosis aufzubringen, je nach Art des Pflanzenbestandes Wassermengen von 400 bis 1000 l, in der Regel etwa 600 l pro ha.

GOSSEN und EUE (1955) stellten fest, daß bei Spritzung von Kartoffelbeständen eine optimale Wirkstoffablagerung nach diesem Verfahren mit 600 l Brühe pro ha erreicht wird. Eine Erhöhung des Flüssigkeitsaufwandes auf 800 l pro ha führte zu spürbaren Verlusten durch Abtropfen. Nach Untersuchungen von WEINMEISTER (1956) kann bei Brühmengen von 400 l pro ha bereits ein gewisser Teil des Belages von den exponierten Blättern abfließen. Bereits mit Brühmengen von 150 bis 250 l/ha konnte er im Feldbau bei Verwendung geeigneter Düsen, Düsenanordnungen für beste Querverteilung und Geräten, welche eine genau einstellbare und von der Änderung der Fahrgeschwindigkeit unabhängige Brühenmenge pro Flächeneinheit ausbringen, einen befriedigenden Belag erzielen.

Er stellte fest, daß die durchschnittliche Tröpfchengroße eines Spritzbelages in erster Linie durch die auf die Einheitsfläche aufgespritzte Brühmenge bestimmt wird und daß dabei Druck und Düsengröße schon von relativ kleinen Brühmengen pro ha (100 l/ha) an in gewissen Grenzen eine untergeordnete Rolle spielen. Nach GOSSEN und EUE (1955) wird beim Spritzen die Spritzbrühe unter Druck verdüst und dabei Tropfengrößen von 150 μ erzeugt, beim Sprühen dagegen wird die Spritzbrühe mittels einen durch Ventilator oder Kompressor erzeugten Luftstrom zerteilt und Tröpfchengrößen von 50 bis 150 μ Durchmesser erreicht.

WEINMEISTER (1951) dagegen konnte zeigen, daß beim „Spritzen“ mit einer Brühenmenge von 200 l/ha genügend Tröpfchen in einer Größenordnung von etwa 100 μ Durchmesser entstehen, die einen brauchbaren Spritzbelag bilden. Tröpfchen dieser Größe werden auch bei leichtem Wind nicht weit verweht. Eine Erhöhung der Brühmenge führt zu einem Zusammenfließen der Tropfen, und die Größe der Tropfen, welche auf den Blättern beobachtet werden kann, ist in erster Linie eine Funktion der aufgespritzen Brühmenge. So entsprechen nach WEINMEISTER (1953) einer Brühenmenge von 270 l/ha Tröpfchen, welche, als Kugel in der Luft fliegend, 100 bis 250 μ Durchmesser haben.

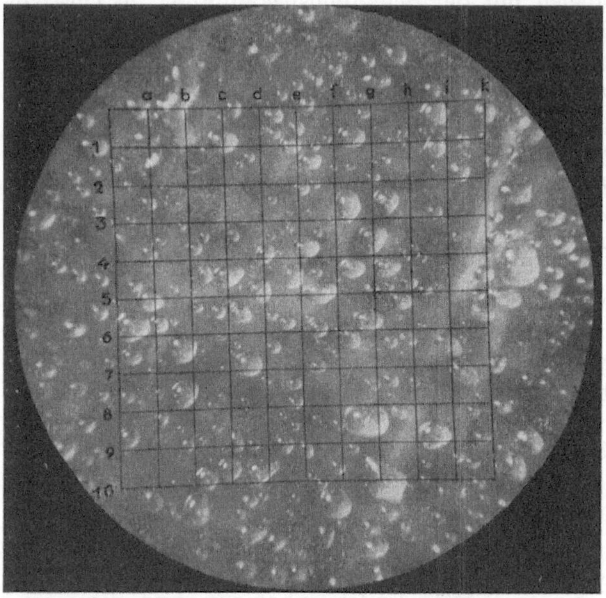

Abb. 90. Spritzbeläge auf Birnenblättern. Die Tröpfchengrößen sind bei Verwendung des gleichen Gerätes eine Funktion der aufgebrachten Brühenmenge, die bei a) 97 l/ha, bei b) 190 l/ha und bei c) 366 l/ha betrug (Aufnahme: WEINMEISTER)

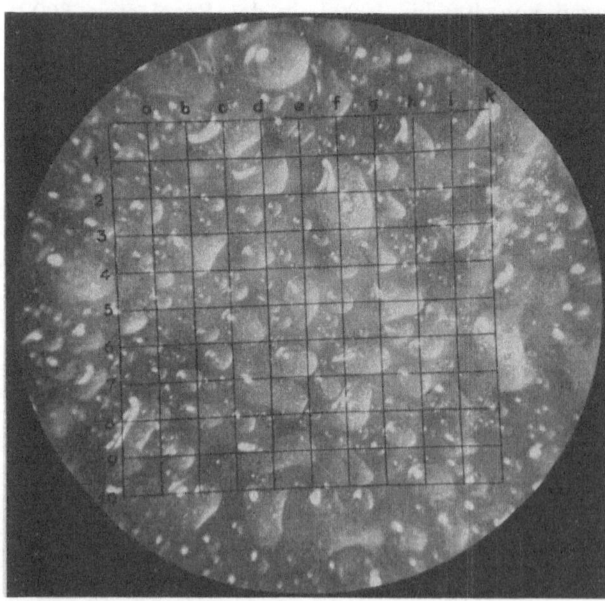

Abb. 90b

Unter diesen Umständen kann offenbar die übliche Unterscheidung zwischen Spritzen und Sprühen auf Grund der Größe der in der Luft schwebenden Tröpfchen nicht mehr aufrechterhalten werden. Nach WEINMEISTER (1953) würde man daher besser zwischen „Spritz“- und „Sprühblasegeräten“ unterscheiden, weil das entscheidende Merkmal der letzteren der die Sprühtröpfchen tragende, von einem Gebläse erzeugte Luftstrom ist. Auch mit „Spritzgeräten“ wird die Brühe meist mittels Spiraldralldüsen in sehr feine Tropfen „versprüht“.

Ein Abtropfen der Spritzlösung entspricht bei der Blattdüngung offensichtlich nicht dem mit dieser Maßnahme angestrebten Effekt. Die abtropfenden Düngermengen kommen über den Boden der Pflanze nur zum Teil und vor allem nicht zum angestrebten Termin zugute. Eine Düngung über den Boden kann außerdem in der üblichen Weise rentabler verabreicht werden. Mit Verlusten ist natürlich bei der Blattdüngung auf alle Fälle zu rechnen.

GOSSEN (1958) gibt an, daß z. B. bei Rüben der Wirkstoffverlust bei „Spritzung“ sofort nach dem Vereinzeln oft 90% und mehr beträgt. KAINDL

(1956) berechnet, daß im Frühstadium des Getreidewachstums 10% der Bodenfläche durch Blätter bedeckt sind und daß dann über Blatt und Boden zusammen innerhalb von zwei Tagen etwa 3,3% einer Blattdüngung mit KH_2PO_4 von den Pflanzen aufgenommen werden können.

Im Vier-Wochen-Stadium und zum Zeitpunkt des Vitalitätsmaximums des Getreides steigern sich diese Prozentsätze auf 12,1% des verabreichten Nährstoffes. Im Obstbau und Weinbau, bei stärker entwickeltem Laubapparat liegen die Verhältnisse zwar wesentlich günstiger, in allen Fällen aber wird es darauf ankommen, die verabreichte Düngermenge unter möglichst geringen Verlusten auf die Blattoberfläche zu bringen. Wie bereits erwähnt, ist dazu, neben der Wahl geeigneter Düsengrößen und eines entsprechenden Drucks zur Erzielung geeigneter Tröpfchengrößen (GOSSEN 1958 gibt an, daß Tropfen von einer Größe von mehr als 400 μ auch bei gut benetzbaren Blattoberflächen zum Abtropfen neigen), vor allem der Flüssigkeitsaufwand pro Flächeneinheit so weit zu reduzieren, daß Abtropfverluste durch Zusammenrinnen des Spritzbelages verhindert werden.

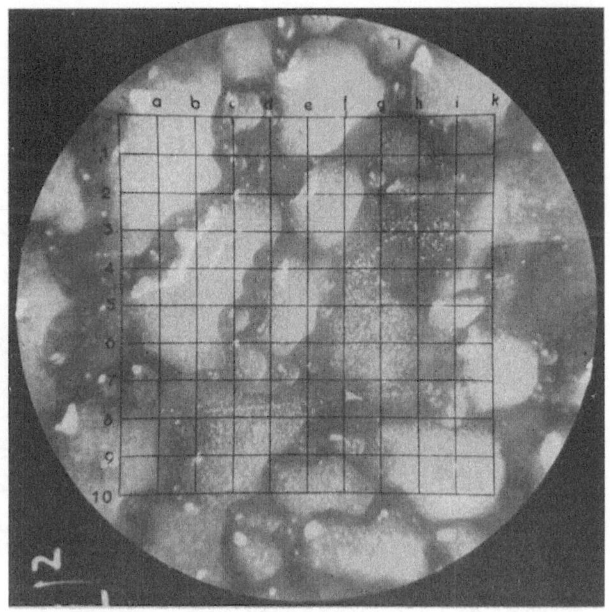

Abb. 90c

Die in Tab. 24 angegebenen Spritzlösungskonzentrationen beziehen sich offensichtlich in fast allen Fällen, wie bereits erwähnt, auf Spritzungen nach dem Überschußverfahren. Für solche Spritzungen benötigt man nach WEINMEISTER (1953) im Feldbau 600 bis 1000 l Spritzbrühe pro ha, im Weinbau bei Normalkultur pro m² Laubwand 0,06 bis 0,1 l von einer Seite her aufgetragen, im Obstbau pro m² Kronenfläche (Kronenfläche=Kronenbreite mal Kronenhöhe) 0,05 bis 0,1 l Spritzbrühe von einer Seite her aufgetragen. Im Weinbau wird aber von zwei Seiten, im Obstbau mindestens von zwei, besser aber von vier Seiten her behandelt, pro m² Laubwand also tatsächlich die doppelte Menge, das ist 0,2 l/m² in Normalkonzentration verspritzt.

Da es in der Praxis offensichtlich nur darauf ankommt, eine bestimmte Belagsdichte zu erreichen, und Angaben über die optimale Belagsdichte zunächst noch fehlen, haben wir nur die Möglichkeit, aus den bisher bekannt gewordenen, mit Erfolg angewendeten Spritzbrühkonzentrationen die anzustrebende Belagsdichte zu errechnen. Als Bezugsfläche verwendet man im Obstbau 1 m² Kronenfläche. Für eine ausreichende Benetzung dieser Bezugsfläche genügen nach WEINMEISTER (1953) 15 bis 20 cm³ Flüssigkeit, entsprechend einer Brühmenge pro ha von 150 bis 200 l bei Feldspritzung, also ein Drittel bis ein Fünftel der Brühmenge, die normalerweise beim Spritzen angewendet wird, vorausgesetzt allerdings, daß durch entsprechende Tröpfchengröße und Düsenanordnung bei Feldspritzung bzw. entsprechend dosierten Luftstrom im Obst- und Weinbau die angestrebte Verteilung auf der Blattoberfläche erreicht wird. Nehmen wir als Beispiel einen Kernobstbaum mit 20 m² Kronenfläche an: Beim Spritzen im Überschußverfahren wird auf diesen Baum 4 l 0,5%ige Harnstofflösung gespritzt. Wird nun die Spritzlösungskonzentration auf das Fünffache gesteigert, also auf 2,5%, so muß gleichzeitig die Brühenmenge für die zu behandelnde Krone auf ein Fünftel vermindert werden, also auf 0,8 l für den als Beispiel gewählten Baum. Unter Berücksichtigung der für eine Behandlung notwendigen Zeit kann daraus

Abb. 91. Blattdüngung zu Rüben mit einem Spritzgerät auf Traktor (Konzentrator II der Firma Rosenbauer; Aufnahme: ZIFFERER)

die notwendige Liefermenge des Gerätes (welches einstellbar sein muß) errechnet werden. Die Behandlungszeit ist eine Funktion der Breite des Sprühfächers, hängt also auch wiederum von der Art der Konstruktion des Gerätes ab. Das „Sprühen", besser „Sprühblasen", ist bei Verwendung geringerer Brühmengen dem „Spritzen" vor allem durch den von den Sprühgeräten erzeugten Luftstrom überlegen, weniger durch die geringere Tröpfchengröße.

GOOSSEN (1958) betont, daß man durch den Luftstrom eine Durchspülung des Pflanzenbestandes erreicht, und WEINMEISTER (1953) erwähnt, daß die Blätter im Luftstrom bewegt und damit beiderseits benetzt werden, bei der Blattdüngung ein Vorteil, wie später noch zu beweisen sein wird. Die Verwendung von Sprühblasegeräten zur Blattdüngung wäre darüber hinaus auch durch die größere Arbeitsintensität vorteilhaft. Die umständliche Manipulation mit den Schläuchen und deren Pflege fällt weg. Es soll aber nicht unerwähnt bleiben, daß dem Einsatz von Sprühgeräten auch Grenzen gesetzt sind. GOOSSEN (1958) gibt an, daß die Tröpfchen des Sprühnebels die nötige Geschwindigkeit zum Eindringen in den Pflanzenbestand und zur Vermeidung der Abtrift und des Verschwebens auf ausreichend lange Strecken nur beibehalten, wenn sie in eine genügend große Luftmenge mit entsprechender Geschwindigkeit eingebettet sind. Der Erzeugung eines solchen Luftstromes stehen aber die anwachsenden Gerätekosten und die begrenzte Widerstandsfähigkeit des zu behandelnden Pflanzenbestandes gegen mechanische Beeinträchtigungen gegenüber.

Eine Reihe von erfolgreich im praktischen Einsatz stehenden Gerätetypen zeigt allerdings, daß diese technischen Schwierigkeiten zu meistern sind.

Versuche zum Einsatz von Sprühgeräten zur Blattdüngung liegen erst wenige vor. JONKERS (1959) konnte zeigen, daß eine Verwendung konzentrierter Lösungen durchaus möglich ist, wenn geeignete Applikationsmethoden gewählt werden. Bei mehreren Apfel- und Birnensorten wurden durch Harnstoff kaum Blattschäden hervorgerufen, wenn die Konzentration der Düngerlösung beim Spritzen 0,5% und beim Sprühen 3,0% nicht überschritt. FROHNER (1961) verwendete kombinierte Brühen mit 1,5% 2,4-D-Na und 25,0% Harnstoff zur Unkraut-

Abb. 92. Blattdüngung einer Wein-Hochkultur mit Sprühgerät auf Traktor (Konzentrator II der Firma Rosenbauer; Aufnahme: ZIFFERER)

bekämpfung in Hafer mit einem rückentragbaren Sprühgerät, ohne daß Verbrennungsschäden aufgetreten sind. Weder die herbizide Wirksamkeit noch der Düngereffekt waren beeinträchtigt.

Auf Grund der vorliegenden Untersuchungen kann somit angenommen werden, daß die Blattdüngung sowohl mit Spritz- als auch mit Sprühblasegeräten durchgeführt werden kann. Diese Tatsache erscheint wichtig, da für die Blattdüngung allein kaum ein Gerät angeschafft werden wird, und daher in erster Linie die vorhandenen Geräte ausgenützt werden müssen. Nach den heute vorliegenden Erfahrungen kommt man im Feldbau in den meisten Fällen mit dem Spritzen, das ist mit dem Versprühen der Brühe ohne zusätzlichen Trägerluftstrom, aus. In Reihenkulturen, wie beispielsweise in Weinhochkulturen, in Obsthecken, in Spindelbuschanlagen usw. hat sich das Sprühen, oder besser „Sprühblasen", als weit wirtschaftlicher erwiesen, weil die Behandlung insbesondere mit Traktor-, Anbau- und Anhängergeräten in einem Bruchteil der bisher benötigten Zeit möglich ist. Sowohl bei reinen Spritzgeräten ohne Gebläse als auch bei Sprühblasegeräten mit Trägerluftstrom muß die auf jedem Flächenanteil quer und längs der Fahrtrichtung aufgebrachte spezifische Brühmenge möglichst gleichmäßig verteilt werden. Diese Bedingungen werden am leichtesten unter Verwendung traktorangetriebener Geräte erreicht, bei denen der Arbeitsgang weitgehend automatisiert ist. Sehr zweckmäßig ist es, wenn die pro lfm ausgebrachte Brühmenge dabei von der Fahrgeschwindigkeit unabhängig bleibt und in weiten Grenzen veränderlich ist. Die Breite des Sprühfächers muß bei Reihenkulturen der Höhe der Laubwand angepaßt werden können. Grundsätzlich ist es natürlich auch möglich, mit tragbaren Spritz- oder Sprühgeräten eine bestimmte spezifische Brühmenge auf die Einheitsfläche zu verteilen, wenn die Liefermenge des Gerätes einstellbar ist und auf die Gehgeschwindigkeit und Behandlungszeit abgestimmt wird. Da die spezifische Brühenmenge in Verbindung mit der Konzentration die Belagsdichte, also die pro m² Laubwand aufgebrachte Düngermenge bestimmt, ist diese bei diesem einfachen Verfahren regelbar, da der Mensch wie beim Tanz oder beim Säen eine große Gleichmäßigkeit einzuhalten vermag, wenn er entsprechend geschult wird.

3. Den Erfolg einer Blattdüngung beeinflussende Faktoren

A. Das Entwicklungsstadium des Pflanzenmaterials

Nach der Behandlung der technischen Voraussetzungen für die Blattdüngung ist zu untersuchen welche sonstige Faktoren den Erfolg einer Blattdüngung positiv oder negativ beeinflussen können. Kaindl (1953) nennt in diesem Zusammenhang eine Reihe von Parametern:

a) Rein biologische Voraussetzungen:
   1. Das Pflanzenmaterial
   2. Das Entwicklungsstadium des Pflanzenmaterials
   3. Die Jahresrhythmik des Pflanzenwachstums

b) Wechselwirkung zwischen Nährsalz und Pflanze:
   4. Die der Pflanze verabreichte Nährsalzmenge
   5. Einwirkungsdauer des Nährsalzes auf die Pflanze
   6. Verabreichungsart des Nährsalzes am Blatt

c) Umweltsbedingungen:
   7. Luftfeuchtigkeit bzw. Taubildung
   8. Temperatur
   9. Tageszeit
   10. Bodenbeschaffenheit

Die von Kaindl (1953) in diesem Zusammenhang ebenfalls genannten Parameter der Nährstoffaufnahme durch das Blatt, das verwendete Nährsalz bzw. die Konzentration des Nährsalzes, wurden bereits behandelt. Von den oben genannten Faktoren sollen somit zunächst die durch das Pflanzenmaterial gegebenen Voraussetzungen besprochen werden. Erbliche Faktoren, wie Struktur und Differenzierung des Gewebes, der spezifische Chemismus der einzelnen Pflanzenarten usw., können nicht beeinflußt werden und brauchen daher im Rahmen dieser Abhandlung nicht berücksichtigt werden. Von wesentlicher Bedeutung ist dagegen der Entwicklungszustand der Pflanzen. Es liegt auf der Hand, daß die Pflanzen im Frühstadium ihrer Entwicklung durch den Mangel an aufnahmefähigem Blattmaterial die Voraussetzungen für eine Blattdüngung nicht erfüllen. Für den Erfolg einer Blattdüngung ist daher nach Geissler (1959) das Vorhandensein einer Startnährstoffmenge zur Entwicklung eines aufnahmefähigen Blatt- und Sproßsystems notwendig.

Allerdings kommt er andererseits zu dem Ergebnis, daß diese Voraussetzungen vor allem für Stickstoff und Kali gelten, während bei Phosphorsäure zumindest bei den von ihm zu den Versuchen herangezogenen Gemüsearten (Spinat, Tomate und Gurke) relativ frühzeitige Gaben günstig sind. Iwannikow (1958) empfiehlt

N-Blattdüngung vor allem bei schwacher Entwicklung der vegetativen Organe zu Beginn des Wachstums. Die von ihm gegebenen Empfehlungen decken sich für dieses frühe Stadium mit den Angaben von KAINDL (1953), der ebenfalls bei Versuchen mit Weizen zu dem Schluß kommt, daß eine Verabreichung im Frühstadium gute Blattdüngungseffekte erwarten läßt. Darüber hinaus empfiehlt KAINDL (1953) Blattdüngung etwa vier Wochen nach dem Anbau und zum Vitalitätsmaximum, dem Wendepunkt der Wachstumsfunktion. Er spricht die Vermutung aus, daß sich dabei zwei verschiedene Effekte überlagern; einmal die abnehmende Permeabilität der Cuticula mit zunehmendem Pflanzenalter, zum anderen die zunehmende Stoffwechseltätigkeit bis zum Vitalitätsmaximum hin. Ähnliche Resultate erhielt er mit dem schwarzen Nachtschatten (Solanum nigrum) und mit dem Franzosenkraut (Galinsoga parviflora).

Nach IDENKO (1957) sind die Blätter der schwarzen Johannisbeere im Jugendstadium sowohl an der Oberseite als auch an der Unterseite gut aufnahmefähig. Mit zunehmendem Alter verringert sich jedoch die Aufnahmefähigkeit der Oberseite, also offensichtlich auch insgesamt.

SOSA-BORDOUIL und LECAT (1957) betonen, daß jüngere Blätter hinsichtlich der Absorption wirksamer sind als ältere Blätter, und erklären diese Tatsache durch die direkte Wirkung struktureller Modifikationen. Die gleichen Autoren geben allerdings zu bedenken, daß Frucht- und Gemüsekulturen während ihrer normalen Entwicklung kritische, mit der Blüte- und Fruchtentwicklung in Zusammenhang stehende Zeitabschnitte durchschreiten, während derer ihr Nahrungsbedarf groß ist und über den Boden nur unvollkommen gedeckt werden kann. Mit Hilfe radioaktiv markierter Elemente haben sie nachgewiesen, daß während dieser kritischen Perioden mehr als 25% des für die Entwicklung der Früchte notwendigen Phosphates durch die Blätter absorbiert werden können. CHINKOW (1959) erklärt, daß einseitige Blattdüngung mit N zu Tabak nur bis zu einem Wachstumsstadium von fünf Blättern erfolgreich ist, während später die besten Ergebnisse mit kombinierter PK-Düngung erzielt wurden.

Bei Tomaten konnte TJULENEW (1959) die besten Ergebnisse mit dreimaliger Spritzung beginnend mit der Fruchtperiode, und im Abstand von 6 bis 7 Tagen, erreichen.

Spritzungen mit Borax zu Kohlrüben (Anonym) hatten im Juni gute Wirkung, Mitte Juli nur geringe Wirkung und blieben Mitte August völlig wirkungslos.

WALKER und FISHER (1957) berichten, daß nach Spritzungen mit Mg-Sulfat Anfang bis Mitte Juli im September mehr Mg in den Blättern von Apfelbäumen war als bei Behandlung im Juli kurz nach der Blüte.

Bei Versuchen mit Erbsen konnte SIROKMAN (1956) mit Blattdüngung zu Blühbeginn Ertragssteigerungen erhalten, mit Spritzungen zur Zeit der Vollblüte jedoch nicht mehr.

WEISSENBORN (1960) schlägt Blattdüngung mit Harnstoff zu Apfel im Spätsommer des Ertragsjahres vor, da dann besonders an sehr volltragenden altem Holz Stickstoffmangel auftritt und eine zusätzliche Gabe über den Boden nicht mehr zur Wirkung kommt. Durch mehrmalige Harnstoffspritzung soll daher der N-Bedarf der Blätter der Fruchttriebe gedeckt werden. Diese Forderung stimmt überein mit einer Forderung von KOBEL (1958), der auf Grund eines Versuchsergebnisses von HOOKER (1925) annimmt, daß es vorteilhafter wäre, die Düngung alternierender Obstbäume nur im Herbst des Tragjahres oder im Frühjahr des Ausfallsjahres vorzunehmen.

OLAND (1960) steigerte durch eine 4%ige Harnstoffspritzung, die er noch am 17. Oktober durchführte, den Gehalt an organischem N in den Blättern beträchtlich und damit in der weiteren Folge den N-Gehalt in den Knospen und Trieben.

Die angeführten Beispiele zeigen deutlich, daß die durch die Blattdüngung zu deckenden Bedarfsspitzen je nach Pflanzenart und zu verabreichendem Nährstoff zu sehr verschiedenen Zeitpunkten auftreten. Es ist nach den bisherigen Kenntnissen nicht möglich, *allgemein* gültige Empfehlungen zu geben. Über günstige Spritzzeitpunkte in bestimmten Kulturen soll später noch berichtet werden.

B. Der Verabreichungsort

Eine Reihe von Arbeiten befassen sich mit dem Einfluß des Verabreichungsortes auf die Wirksamkeit der Blattdüngung. So wurden Unterschiede in der Aufnahmeintensität der Ober- und Unterseiten der Blätter von mehreren Autoren beobachtet. KAINDL (1953) vermutet in Übereinstimmung mit LÜDICKE (1953), daß für diesen Unterschied Adhäsionskräfte verantwortlich sind. Wie bereits erwähnt, sind dagegen nach IDENKO (1957) bei schwarzer Johannisbeere im Jugendstadium Unterschiede in der Aufnahmefähigkeit der beiden Blattseiten nicht vorhanden und erst mit zunehmendem Alter verringert sich die der Blattoberseiten. Nach WITTWER und Mitarbeiter (1957) nehmen dagegen beide Blattseiten und im besonderem Maße der Blattstiel die Blattdüngung auf.

COOK UND BOYNTON (1952) haben festgestellt, daß bei Apfel durch die Blattunterseiten größere Anteile an Harnstoff aufgenommen werden als durch die Blattoberseiten. Diese Aussage gilt allerdings nur für den der Spritzung unmittelbar folgenden Zeitraum. In zwei Stunden sind nach diesen Autoren 42% des an die unteren Blattflächen verabreichten Stickstoffs absorbiert, während die oberen Blattflächen die gleiche Menge erst nach zwei Tagen absorbiert haben. Das Verhältnis der Aufnahme von Blattunter- und Blattoberseiten verschiebt sich dann allerdings immer mehr und nach sieben Tagen erreichen beide Blattflächen die gleiche Absorption. Auch TUKEY (1952) berichtet, daß die Stellen der Verabreichung keinen Einfluß haben, wenn die Messung der Aufnahme nach einem für die Absorption genügend langem Zeitraum durchgeführt wird. WITTWER und Mitarbeiter (1957) stellten darüber hinaus noch fest, daß sogar Zweige, Stiele, Blüten und Früchte die Blattdüngung aufnehmen können. Für die praktische Anwendung der Blattdüngung sind diese Ergebnisse bedeutungsvoll. Da festzustehen scheint, daß jüngere Blätter die Blattdüngung besser absorbieren als ältere, die Blattunterseiten zumindestens rascher als die Oberseiten, wird man daher bei der Durchführung der Blattdüngung darauf zu achten haben, daß vor allem die jungen, noch im Wachstum befindlichen Pflanzenteile und womöglich die Blattunterseiten von der Blattdüngung getroffen werden. Da jedoch auch die Blattoberseiten offensichtlich, wenn auch etwas langsamer, Nährstoffe absorbieren können, ist das Maximum an Absorption zu erreichen, wenn sowohl Blattunter- als auch Blattoberseiten möglichst vollständig benetzt werden.

Aus den vorhergehenden Ausführungen über die Technik der Applikation geht hervor, daß diese Forderung am ehesten erreicht wird, wenn man für die Applikation Sprühblasegeräte verwendet, da bei diesen Geräten durch den für den Transport des Sprühnebels benötigten Luftstrom eine optimale Benetzung der Blätter auf beiden Seiten erreicht werden kann. Die Absorption der Nährlösung über das Holz, die Stiele usw., ist besonders bedeutungsvoll für die Spritzung während des Stadiums der Winterruhe. Zur raschen Behebung von Mangelerscheinungen im Obstbau werden von REINKEN (1954) Spritzungen mit Magnesium, Bor, Mangan und Zink in erhöhten Konzentrationen während der Winterruhe vorgeschlagen.

C. Die Umweltsbedingungen

Zum Schluß der Behandlung der für die Aufnahme der Blattdüngung maßgebenden Faktoren sollen die Umweltsbedingungen besprochen werden, also die örtlich und zeitlich bedingten Klimabedingungen und die Bodenbeschaffenheit.

Das Klima und in diesem Zusammenhang besonders die Temperatur und Luftfeuchtigkeit sind für die Aufnahme der Nährlösung durch das Blatt von erheblicher Bedeutung. Eine Reihe von Autoren weist darauf hin, daß die Eintrocknungsgeschwindigkeit die Aufnahme in großem Ausmaß beeinflußt.

KAINDL (1953), SOSA-BOURDOUIL und LECAT (1957), CHINKOW (1959), ALLEN (1960a, b), VOLK und AUCLIFFE (1951) u. a. finden bessere Eindringung bei Vorhandensein genügender Feuchtigkeit. Solchen Ergebnissen stehen allerdings auch solche gegenüber, die auch eine Festdiffusion vermuten lassen, so z. B. die Untersuchungen von COOK und BOYNTON (1952). Für das Eindringen der Nährstoffe nach dem erstmaligen Eintrocknen ist die nächtliche Taubildung wesentlich. KAINDL (1953) stellte nach dem Eintrocknen der Nährlösung keine wesentliche Aufnahme von P^{32} mehr fest, jedoch eine 20fache Steigerung der Nährstoffaufnahme nach Betauung.

ALLEN (1960a, b) führte wie bereits erwähnt Versuche mit Mg-Nitrat, Mg-Sulfat und Mg-Chlorid durch. Die Aufnahme von Mg-Sulfat blieb zunächst gegen die Aufnahme von Mg-Nitrat und Mg-Chlorid zurück, am nächsten Morgen waren aber die Aufnahmen bei allen drei Salzen gleich. Nach ALLEN (1960a, b) erklären sich diese Unterschiede durch die verschiedene Löslichkeit der verwendeten Salze. Die Chloride und Nitrate blieben auch bei geringer relativer Luftfeuchtigkeit in Lösung, während die Sulfate zunächst auskristallisierten und erst nach Ansteigen der relativen Luftfeuchtigkeit während der Nacht wieder in Lösung gingen und damit aufgenommen werden konnten. Die rasche und damit sichere Wirkung einer Blattdüngung hängt offensichtlich davon ab, ob es gelingt, den Spritzbelag auf den Blättern möglichst lang in Lösung zu halten.

KAINDL (1953) empfiehlt daher Spritzung erst in den Abendstunden, CHINKOW (1959) Blattdüngung von Tabak nur in den Morgenstunden oder an bewölkten Tagen, weil dann die Resorption der Düngemittel bei 30 bis 50% liegt, während sie in den Mittagsstunden nur 5 bis 8% beträgt. Diese Ergebnisse sprechen scheinbar sehr gegen die Verwendung von geringen spezifischen Brühenmengen, da ja durch die geringere Tröpfchengröße des Spritzbelages das Eintrocknen wesentlich rascher vor sich geht. Allerdings muß in diesem Zusammenhang bedacht werden, daß auch bei größeren Brühenmengen unter Umständen der Spritzbelag sehr rasch antrocknet.

Die neuerliche Lösung durch den Tau wird daher auch bei Anwendung der Überschußmethode erst die volle Wirkung einer Blattdüngung garantieren können. Von wesentlicher Bedeutung scheint es zu sein, die Behandlung erst in den Abendstunden vorzunehmen. Durch das nächtliche Absinken der Temperatur erhöht sich der relative Feuchtigkeitsgehalt der Luft und nach Erreichen des Taupunktes schlägt sich die Luftfeuchtigkeit in Tröpfchenform auf den Pflanzenteilen nieder, bringt die auskristallisierten Düngerteilchen neuerlich in Lösung und gewährleistet damit ihre Aufnehmbarkeit.

Aus den vorangegangenen Ausführungen geht außerdem hervor, daß Blattdüngung bei zu hohen Temperaturen wenig Erfolg verspricht.

Für die Praxis ergibt sich daher, daß die Blattdüngung möglichst in die Abendstunden zu verlegen ist, oder, falls dies nicht möglich ist, nur an Tagen zu arbeiten, an denen durch niedrige Temperaturen und hohe relative Luftfeuchtigkeit das Eintrocknen der Spritzflüssigkeit verlangsamt wird. Die Durchführung der Blattdüngung am Abend wird vor allem dann von besonderer Bedeutung sein, wenn für die Applikation ein Sprühblasegerät verwendet wird, das keine großen spezifischen Brühenmengen aufzubringen gestattet. Ein gutes Sprühblasegerät wird aber immer auch die Anwendung der Überschußmethode ermöglichen.

Das Eindringen der Düngesalze in das Blatt kann neben diesen klimatisch bedingten Voraussetzungen auch durch Zusätze anorganischer und organischer Stoffe beeinflußt werden. Die Verwendung von Netzmitteln erhöht die Benetzbarkeit schwer benetzbarer Blattoberflächen und damit die auf den Pflanzen haften bleibende Spritzlösung durch die Herabsetzung der Grenzflächenspannung schon bei Zusätzen in geringen Konzentrationen.

Eine Tropfenbildung wird weitestgehend vermieden und damit auch die Möglichkeit einer Schädigung durch Konzentrierung der Salzlösung auf einer verhältnismäßig kleinen Fläche.

Swanson und Withney (1953) warnen allerdings vor der Verwendung von Netzmitteln, da nach ihren Untersuchungen Reaktionen zwischen Netzmitteln und Nährstoffen auftreten können. Andere Zusätze in Form hygroskopischer Salze und Verbindungen, wie Glycerin und Zucker, sollen nach den Angaben von Wittwer und Mitarbeiter (1957) das Eintrocknen der Düngelösung verlangsamen. Eine Zuckerzugabe soll auch durch Verminderung der Harnstoff-Absorption eine Erhöhung der Konzentration der Spritzlösung gestatten Cook und Boynton (1952).

Wie aus den vorangegangenen Ausführungen über die Konzentration der Spritzlösung bei verschiedenen Spritz- und Sprühverfahren zu entnehmen ist, besteht die Möglichkeit, die Konzentration der Spritzlösung zu erhöhen, ohne solche Zusätze verwenden zu müssen. Es gibt keinen Hinweis dafür, daß durch Sprühen konzentrierter Lösungen zusammen mit Substanzen, die die Absorption der Nährlösung vermindern, der Blattdüngungseffekt verbessert werden kann.

Die schon erwähnten Untersuchungen von Kaindl (1953) betreffend einen relativ starken Aufnahmeabfall bei höheren Konzentrationen zeigen deutlich die Grenzen für Konzentrationserhöhungen bzw. wie wahrscheinlich besser zu definieren ist, die Grenzen für die Überschreitung der optimalen Belagsdichte, die unabhängig von der verwendeten Konzentration der Spritzlösung verschieden hoch sein kann.

Die Bodenverhältnisse können für den Erfolg der Blattdüngung von entscheidender Bedeutung sein. Nach Kaindl (1953) wird P-Blattdüngung nur dann effektiv, wenn sie auf P-Mangelböden erfolgt, da es bei gut mit P versorgten Böden zu Fehlanlagerungen kommt. In amerikanischen Versuchen wurden höhere Harnstoffaufnahmen bei stärkerer N-Bodenversorgung beobachtet. Nach Forshey (1959) ist die Mg-Aufnahme vom N-Haushalt abhängig, und eine Bittersalzspritzung wirkt sich nur bei ausreichender N-Versorgung aus. Schon diese wenigen Beispiele zeigen die umfangreichen Wechselbeziehungen zwischen Bodenversorgung und Nährstoffaufnahme nach Blattspritzung. Diese Zusammenhänge sind von außerordentlicher Bedeutung, besonders deswegen, weil eine ausschließliche Zufuhr der Hauptnährstoffe über das Blatt in der Praxis nicht in Frage kommt und die Blattdüngung immer nur als zusätzliche Nährstoffgabe erfolgen kann. Wechselwirkungen zwischen dem Bodenvorrat an Nährstoffen und den durch die Blattdüngung zugeführten Nährstoffen sind daher zu beachten. Geissler (1959) untersuchte sie im Gefäßversuch mit Spinat. Bei ausreichender Versorgung über den Boden wurde in diesen Versuchen mit geringen N-Gaben gegen das Wachstumsende zu Ertragssteigerungen bewirkt, während mit Phosphaten auch bei höheren Gaben während der ganzen Wachstumsperiode Ertragssteigerungen hervorgerufen wurden.

TAKAHASHI und YOSHIDA (1958) stellten bei Versuchen mit Tabak fest, daß infolge Blattabsorption die Aufnahme von anorganischem P durch die Wurzeln abnahm. Bei P-Mangelpflanzen mit geringem Gehalt an anorganischem P nahm die Absorption prozentual zu. Nach BOGUSLAWSKI und VÖMEL (1957) wirken die über das Blatt aufgenommenen Nährstoffe hemmend für die Wurzelaufnahme besonders von N, weniger stark von K und P. Die beiden Autoren kommen zu dem Schluß, daß nach Blattdüngung mit Einzelnährstoffen die übrigen Nährstoffe durch die Wurzeln stärker aufgenommen werden.

Eine genaue Kenntnis aller dieser Zusammenhänge würde wahrscheinlich die Möglichkeit eröffnen, in einem wesentlichen Ausmaß steuernd in die Nährstoffsorption einzugreifen. Solange jedoch dazu die notwendigen Kenntnisse fehlen, wird die Blattdüngung vor allem dann mit Erfolg eingesetzt werden können, wenn bei sonstiger optimaler Versorgung durch Festlegung oder plötzlichen Spitzenbedarf ein bestimmtes Element ins Minimum geraten ist. Hinweise für den Anwendungstermin und für die Natur des fehlenden Elementes geben auftretende Mangelsymptome und neuerdings die Ergebnisse von Blattanalysen. Gerade der Blattanalyse kommt in diesem Zusammenhang wesentliche Bedeutung zu, da Mangelsymptome oft sehr verspätet auftreten und erst zu einem Zeitpunkt beobachtet werden können, zu dem die Behebung der Mangelsituation keinen oder keinen ausreichenden Einfluß mehr auf den Ertrag und die Qualität der Ernteprodukte hat. Untersuchungen von GRUPPE (1960b) ergaben allerdings auch, daß die Ergebnisse von Blattanalysen vorsichtig interpretiert werden müssen, da der Gehalt der Blätter an Nährstoffen, z. B. von Sorte, Unterlage, Bodenpflegesystem, Versorgung des Bodens mit organischer Düngung, Klimafaktoren usw. abhängig ist. Neben der absoluten Höhe des Gehaltes an einem bestimmten Element ist auch das Gleichgewicht der Elemente entscheidend. GRUPPE unterscheidet nach MACY (1936) drei Konzentrationsbereiche im Nährstoffgehalt der Blätter, den Minimumbereich, den Anpassungsbereich und den Luxusbereich. Blattdüngung verspricht besonders guten Erfolg, wenn ein Nährstoff in den Minimumbereich geraten ist. Für N lassen sich zur Abgrenzung dieser Bereiche keine einheitlichen Werte angeben. Außer Sortenunterschieden wirken sich auf den N-Gehalt der Blätter auch der Wechsel von Tragjahr und Ausfallsjahr aus. Für die Phosphorsäure leitet GRUPPE (1960b) aus Arbeiten von PFAFF und WILL (1958) und KOBEL (1958) als Grenzwert einen Gehalt von 0,24 bis 0,27% P_2O_5 ab.

Bei Kali sind unabhängig von der Sorte unterhalb von 1% K_2O in der Blatt-Trockenmasse K-Mangelerscheinungen zu erwarten, latenter K-Mangel je nach Sorte in den Bereichen zwischen 1,0 und 1,8% K_2O. Diese Werte gelten jedoch nur für das Wachstum und die Ertragshöhe, nicht aber für die optimale Fruchtqualität. Die Optimalwerte für die Fruchtqualität liegen höher und betragen für Goldparmäne etwa 2%, für Cox rund 2,5% K_2O.

Magnesium-Mangelerscheinungen kommen bei Werten unter 0,15% Mg zustande. Bei hoher Kaliversorgung treten Mg-Mangelerscheinungen auch noch bei 0,25% Mg auf.

In Trockenjahren liegen meist höhere Werte vor. Wie bereits erwähnt, sind diese Zahlen nur mit Vorbehalt als Grundlage für Düngungsmaßnahmen zu verwenden. Die Kenntnis der Bodenvorräte und vor allem der Vergleich der Gehalte offensichtlich ausreichend versorgter Bäume mit solchen von Bäumen mit Mangelsymptomen können für den einzelnen Standort und die vorhandenen Obstsorten, bzw. sortenmaßgebliche Beurteilungsmöglichkeiten geben.

Wenn bisher vom Nährstoffgehalt des Bodens gesprochen wurde, so ist weiters darauf hinzuweisen, daß der Erfolg der Blattdüngung auch vom Feuchtigkeitsgehalt des Bodens abhängig ist. In der Literatur liegen auch darüber die verschiedensten Ergebnisse vor. Nach Nowikow (1958) war Blattdüngung zu Erdbeeren nur dann erfolgreich, wenn der Boden normal feucht war. Iwanow (1959) erzielte bei Blattdüngung zu Mais bei 35% der maximalen Wasserkapazität negative Ergebnisse, während sich bei 70% der maximalen Wasserkapazität eine ökonomische Verwertung des Bodenwassers, eine Erhöhung des Gehaltes an organischer Substanz, eine Vergrößerung der Blattflächen und eine Intensivierung der Photosynthese ergaben.

Schkolnik und Asimow (1959) dagegen bekamen bei Erdbeeren durch Düngung mit Spurenelementen über das Blatt besonders große Ertragssteigerungen dann, wenn die Blütenknospen unter extremer Trockenheit gebildet wurden. Allerdings erzielten sie auch unter normalen Witterungsbedingungen noch Ertragssteigerungen von 21 bis 33%.

Diese unterschiedlichen Ergebnisse hinsichtlich der Zusammenhänge der Bodenfeuchtigkeit und der Wirksamkeit der Blattdüngung werden klarer, wenn man zur Erklärung der beobachteten Erscheinungen das Gesetz der Wachstumsfaktoren heranzieht. Bei extremer Trockenheit wird durch die Blattdüngung der den Ertrag begrenzende Faktor Wasser durch die Blattdüngung nicht angehoben.

Unter solchen Bedingungen kann daher die Blattdüngung nicht zur Wirkung kommen bzw. nur in gewissen Grenzen wirksam werden, da der Ertrag nicht nur durch den bestehenden Nährstoffmangel, sondern auch durch das Fehlen des Wachstumsfaktors Wasser begrenzt ist.

Für den Erfolg einer Blattdüngung ist demnach offensichtlich ein bestimmtes Minimum an Bodenfeuchtigkeit erforderlich, und es besteht keine Möglichkeit durch Blattdüngung bei länger andauernder Trockenheit den Ertrag positiv zu beeinflussen. Bei kurzfristigen Trockenperioden gerade während kritischer Wachstumsphasen kann demgegenüber der Blattdüngung erhebliche Bedeutung zukommen.

4. Die Blattdüngung in den einzelnen Kulturen

Nach der Darstellung der Technik der Blattdüngung und der Faktoren, die ihre Wirksamkeit beeinflussen, erhebt sich die Frage, bei welchen Kulturen sie mit Erfolg eingesetzt werden kann. Größere Bedeutung scheint sie vor allem im *Obstbau* zu haben. Besonders bei Apfelbäumen wurde die Wirkung der Blattdüngung durch amerikanische Arbeiten, aber auch durch europäische Autoren, untersucht. Stolle (1955) hält die Blattdüngung für einen Schlüssel für weitere Ertragssteigerungen im Obstbau, da man durch sie in der Lage ist, sich dem Baum und seinen individuellen Bedürfnissen anzupassen.

„Termindüngungen", wie sie Hilkenbäumer (1953) und andere Autoren verlangen, können über den Boden nur unzureichend verabreicht werden, die Blattdüngung gibt uns dagegen dazu ein brauchbares Hilfsmittel. Da gerade im Obstbau die technischen Voraussetzungen für die Spritzung und die notwendigen Erfahrungen mit der Spritzarbeit gegeben sind, kann die Blattdüngung im Obstbaubetrieb leicht eingebaut werden, ohne wesentliche, zusätzliche Kosten zu verursachen. Eine weitere Erleichterung ergibt sich dadurch, daß die Blattdüngung mit der Schädlingsbekämpfung kombiniert werden kann und damit die Durchführung der Einzelmaßnahme rentabler gestaltet wird. In erster Linie wird für die Blattdüngung im Obstbau die Spritzung mit Harnstoff, daneben aber auch mit Spurenelementen, vor allem mit Bor und Magnesium in Frage kommen. Nach

Buchner (1955) wird in der Schweiz die Zumischung von 0,1 bis 0,15% Borsäure zur ersten und zweiten Nachblütenspritzung empfohlen. Die damit verabreichten Bormengen genügen nicht, um den Entzug an Bor zu decken, sie können aber eine bestehende Mangelsituation kurzfristig beheben. Für die endgültige Behebung müssen erheblich größere Mengen verabreicht werden. Nach Refatati (1956) ergaben in Norditalien in Apfel- und Birnenanlagen erst 100 kg Borax pro ha gute Wirkung bei der Beseitigung des Bormangels. Ähnlich liegen die Verhältnisse in bezug auf Magnesium. Nach Haas und Gruppe (1959) hat sich der Magnesiummangel im europäischen Obstbau zu einem echten Problem entwickelt. Die beiden Autoren empfehlen als Sofortmaßnahme die Durchführung von Spritzungen mit Magnesiumsulfat, betonen aber darüber hinaus, daß anhaltende Behebung des Mangels nur durch planmäßige Düngung mit Mg-haltigen Düngemitteln zu erwarten ist.

Blattspritzungen sollen am besten mit einer 2%igen Magnesiumsulfatlösung erfolgen, knapp nach der Blüte einsetzen und je nach Stärke des Mangels in Abständen von etwa zehn Tagen sieben bis zehnmal wiederholt werden.

Angaben über die Blattdüngung im Obstbau mit Harnstoff wurden in dieser Arbeit bereits mehrfach gemacht. Offensichtlich sollte gerade die Harnstoffblattdüngung als „Termindüngung“ angesehen werden. Im Abschnitt über den richtigen Zeitpunkt für Blattdüngungsmaßnahmen wurde bereits auf derartige Möglichkeiten hingewiesen. Besonders eine Veröffentlichung von Weissenborn (1957) zeigte auf, daß Termindüngungen mit Harnstoff auch in gut mit N versorgten Anlagen bedeutungsvoll werden könnte. Die gute Wirksamkeit einer Blattdüngung mit Harnstoff zu Äpfeln zeigte sich in einem Gefäßversuch von Gruppe (1959) mit vier Apfelsorten. Bei diesem Versuch erbrachte eine sechsmalige 1,0%ige Harnstoffspritzung mit 0,7 g N und einer Bodengabe von 1,4 g N pro Gefäß einen stärkeren Anstieg der mittleren Trieblänge, des Blatttrockengewichtes und der Blattzahl als eine Düngung mit 1,4 bis 2,8 g N ohne Harnstoffspritzung. Im Feldversuch unter ungünstigen Bodenverhältnissen war diese Wirkung allerdings weniger signifikant und brachte eine Ertragszunahme nur bei schwachwachsenden Sorten.

Im *Weinbau* liegen die Verhältnisse ähnlich wie im Obstbau. Eine Reihe von Autoren (s. Tab. 22) befaßten sich mit den Möglichkeiten der Blattdüngung im Weinbau. Gärtel (1959) z. B. betont, daß Blattdüngung im Weinbau um so weniger Erfolg verspricht, als die Rebe durch Krumendüngung in ausreichender Weise versorgt ist, führt aber weiter aus, daß bei Auftreten von Mangelerscheinungen die Blattdüngung sich bewährt hat. Die Kenntnis der kritischen Gehalte an Mineralstoffen im Blatt der verschiedenen Rebsorten wird vielleicht auch im Weinbau die Möglichkeit eröffnen, die gezielte Blattdüngung einzuführen, besonders in Kombination mit der Schädlingsbekämpfung. Noch zu untersuchen ist, ob es während der Entwicklung der Rebe kritische Phasen gibt, während der auch bei ausreichender Krumendüngung die zusätzliche Versorgung mit Nährstoffen über das Blatt Erfolg verspricht.

Im *Beerenobstbau* sind offenbar Möglichkeiten für die Anwendung der Blattdüngung gegeben. So berichteten Hagler und Turner (1959), daß Harnstoff-Blattdüngung zu Erdbeeren auf Fruchtansatz und Pflanzenwachstum besser wirkten als jede andere Stickstoffart und -anwendung. Von entscheidender Wichtigkeit für die Wirksamkeit der Blattdüngung bei Erdbeeren ist offenbar der Düngetermin.

Golikowa (1958) stellte fest, daß Blattdüngung mit K zur Blütenknospenbildung den Ertrag steigerte, Blattdüngung mit NPK in der gleichen Phase aber den Ertrag senkte. Während der Differenzierung der Blütenknospen erhöhte dagegen NPK-Düngung den Ertrag. Nowikow (1958) erhielt durch eine Lösung aus 1% Harnstoff, 3% Superphosphat und 1% Bordeauxbrühe, die während der Fruchtbildung gegeben wurde, Mehrerträge bis zu 33%. Diese Ergebnisse zeigen deutlich, daß der Düngetermin für Blattdüngung zu Erdbeeren offensichtlich recht entscheidend ist, ohne daß aus den vorhandenen Ergebnissen zunächst allgemeingültige Empfehlungen abgeleitet werden können. Auch hier liegt offensichtlich die Bedeutung der Blattdüngung in der möglichen „Termindüngung", ohne daß sie die üblichen Düngeverfahren ersetzen könnte.

Versuche über die Anwendung der Blattdüngung im *Gemüsebau* wurden unter anderem von Mayberry und Wittwer (1952), Swanson (1953), Geissler (1959), Veres und Mitarbeiter (1958) und Tjulenew (1959) durchgeführt. Geissler (1959) zieht aus seinen Versuchen den Schluß, daß die praktische Anwendung der Blattdüngung auf einzelne Fälle beschränkt bleiben wird, da die geringe Nährstoffmenge, die durch Blattdüngung verabreicht werden kann, ein begrenzender Faktor ist. Er sieht die Bedeutung der Blattdüngung im Gemüsebau vor allem in der Zufuhr von Spurenelementen, in einer P-Startdüngung auf stark P_2O_5-festlegenden Böden und in einer N-Kopfdüngung im letzten Vegetationsabschnitt. Bedeutung kommt offensichtlich der Blattdüngung im Gemüsebau unter Glas zu. Geissler (1959) erwähnt in diesem Zusammenhang die Blattdüngung der Treibgurke, da bei dieser Kultur das schwache Wurzelsystem vielfach auch bei genügendem Nährstoffangebot im Boden Nährstoffe nicht in ausreichendem Maße aufnehmen kann. Blattdüngung zu Tomaten unter Glas war nach Veres und Mitarbeiter (1958) besonders dann erfolgreich, wenn bei Herbstkultur die Erde nicht erneuert wurde und das Licht schwächer war. Ergebnisse von Silberstein und Wittwer (1951), wonach zusätzliche P-Düngung bei Tomaten eine Ernteverfrühung ergaben, bestätigen die oben erwähnten Folgerungen von Geissler (1959), wonach einer P-Startdüngung fallweise Bedeutung zukommt.

Anwendungsmöglichkeiten für die Blattdüngung ergeben sich auch im Feldbau, so besonders im *Getreidebau.* Da sich die Herbizidanwendung im Getreidebau immer mehr ausweitet, lag der Gedanke nahe, diese Herbizidanwendung mit einer Blattdüngung zu kombinieren und damit neben dem herbiziden Effekt auf das Unkraut auch eine Düngewirkung auf das Getreide zu erreichen. Buchner (1956b, 1957) vor allem beschäftigte sich mit der Frage der Blattdüngung in Verbindung mit der Herbizidanwendung. Er verwendete für seine Versuche Harnstoff, den er in Kombination mit Herbiziden vom Typ der Phenoxyessigsäuren spritzte. In diesen Versuchen stellte er zunächst fest, daß das Getreide mit 10- bis 15%igen Harnstofflösungen gespritzt werden kann, ohne daß Verätzungen größeren Ausmaßes auftreten. Damit können dem Getreide bei einer solchen Spritzung pro ha 30 bis 35 kg/ha zugeführt werden, eine Gabe, die zunächst gering erscheint. Durch die Arbeiten von Linser und Pelikan (1952) und Linser und Primost (1953) wissen wir, daß durch hohe geteilte N-Gaben der Getreideertrag gesteigert werden kann. Durch die Teilung der N-Gaben wird der Einfluß des Schädigungsfaktors für N vermieden und der Kornertrag und die Kornqualität gesteigert. Linser und Primost (1953) konnten zeigen, daß bei einer Teilung der Gabe bis zu 160 kg/ha N zu Winterweizen verabreicht werden können, und sie empfehlen für die Praxis eine Gabe von 120 kg/ha in drei Teilmengen, die im zeitlichen Frühjahr, zum Halmschieben und zum Ährenschieben gegeben werden sollen. Die hormonale Unkrautbekämpfung im Getreidebau wird normalerweise zwischen Bestockung und Ährenschieben durchgeführt, also zu einem Zeitpunkt, der etwa dem zweiten Termin entspricht. Der Stickstoffbedarf zu Blattbildung hat dann seinen Höhepunkt bereits überschritten, während der Stickstoffbedarf für die

Körnerausbildung in steilem Anstieg ist. Durch die Kombination der zweiten Teilgabe mit der Herbizidanwendung steigt die Rentabilität beider Maßnahmen und die Blattdüngung erhält ihre zusätzliche Berechtigung. In diesem Zusammenhang ist noch zu erwähnen, daß neben der Düngerwirkung und der damit verbundenen Steigerung des Kornertrages und der Kornqualität die Blattdüngung in diesem Fall auch zu einer Überbrückung der immer vorhandenen, normalerweise aber durch die Ausschaltung der Unkrautkonkurrenz nicht spürbaren, Schockwirkung der Herbizidanwendung beiträgt. FROHNER und BARBIER (1958) stellten fest, daß in Gefäßversuchen der Ertrag von mit normalen Aufwandmengen von 2,4-D und NCPA behandelnden Hafer geringer wird, daß dieser Ertragsabfall aber vermieden werden kann, wenn die Herbizidanwendung mit einer Blattdüngung kombiniert wird.

Im Feldbau führt die Herbizidanwendung durch die Ausschaltung der Unkrautkonkurrenz im allgemeinen zu Ertragssteigerungen von etwa 10 bis 15%, da diese Ausschaltung offensichtlich wesentlicher ist als die etwa vorhandene Schockwirkung des Herbizides. Die zusätzliche Blattdüngung bringt darüber hinaus, wie BUCHNER (1957) mitteilt, noch andere Vorteile mit sich. So soll die herbizide Wirksamkeit gegen das Unkraut gesteigert werden. Als besonders arbeitswirtschaftliche Vorteile des Verfahrens stellt er die Tatsache heraus, daß die N-Kopfdüngung keine zusätzliche Arbeit und Kosten verursacht, der Stickstoff sehr gleichmäßig verteilt wird und die Düngung im Lohnverfahren durchgeführt werden kann.

Ähnlich ist offenbar auch eine Blattdüngung zu *Mais* zu beurteilen, um so mehr, als nach KALINKEWITSCH (1954) die Harnstoff-Blattdüngung zu Mais höhere Erträge brachte als entsprechende Bodendüngung. Auch IWANOW (1959) berichtete von guten Ergebnissen der Blattdüngung zu dieser Frucht. Natürlich kommt auch bei Mais der Blattdüngung nur der Charakter einer zusätzlichen Maßnahme zu, vor allem deswegen, weil höhere Konzentrationen nach FOY und Mitarbeiter (1953) starke Nekrosen verursachen können und damit die Höhe der Düngungsgabe begrenzt ist.

BUCHNER (1957) führt weitere Möglichkeiten für eine Blattdüngung im Feldbau an. So schlägt er gleichzeitige Stickstoffdüngung und Bekämpfung der Krautfäule bei *Kartoffeln* vor. Durch diese Blattdüngung soll ein Kartoffelmehrertrag erreicht werden, der bei Düngung über den Boden zum gleichen Zeitpunkt nicht erzielt werden kann. Die von ihm vorgeschlagene Gabe von 10 bis 20 kg/ha Harnstoff hat damit einen außerordentlich hohen Wirkungswert. Gleichzeitig soll die Wirkung der Cu-Spritzung erhöht werden.

Eine ähnliche Kombination ergibt sich nach BUCHNER (1957) bei der Bekämpfung der Rübenfliege, der Blattläuse und der Cersospora bei *Rüben*.

10 bis 20 kg/ha Harnstoff werden vertragen. Die Auswirkung der empfohlenen Mengen auf den Ertrag ist gegeben, die N-Wirkung bei effektivem N-Mangel auch bei viermaliger Spritzung allerdings noch gering. Letztere Tatsache dürfte entscheidend dafür sein, daß Blattdüngung zu Rüben sich in der Praxis bisher nicht durchgesetzt hat, obwohl eine Reihe von Arbeiten auf diesem Gebiet vorhanden ist (BUCHNER 1957, BUCHOLSKI 1959, KRZYSCH 1958a, THORNE und Mitarbeiter 1955, 1956). Kombiniert mit der Bekämpfung des Rapsglanzkäfers empfiehlt BUCHNER (1957) Blattdüngung zu *Raps* mit Harnstoff in einer Aufwandmenge von 40 bis höchstens 85 kg/ha. Da Raps eine wasserabweisende Wachsschicht hat, soll ein Netzmittel verwendet werden.

Eine Reihe von Arbeiten befaßt sich mit der Blattdüngung zu *Tabak*, so z. B. solche von DOBROLJUBSKI (1959), CHINKOW (1959) und RAMMUNI (1958).

Chinkow (1959) stellt fest, daß durch Blattdüngung mit Kali die Klimmfähigkeit und der Gehalt an Kohlehydraten erhöht wird, der Eiweißgehalt dagegen reduziert. Mit kombinierter PK-Blattdüngung erreichte er frühere Reife, bessere Klimmfähigkeit, Verminderung des Nikotingehaltes und schnellere Trocknung und Fermentation. Bei schlecht wachsenden Tabaksetzlingen empfiehlt er Zusatzernährung mit 0,5% Ammonnitrat, 1% Superphosphat und 0,5% Kaliumsulfat. Einseitige N-Düngung zeigte günstige Wirkung nur bis zu den ersten fünf Blättern, später wirkten kombinierte Spritzungen besser.

Die vorstehenden Angaben über Blattdüngung zu verschiedenen Obstarten, Feldfrüchten usw. zeigen, daß die Blattdüngung offensichtlich bei vielen Kulturen als erfolgversprechende Maßnahme betrachtet werden kann. Wenn zum Teil keine genaueren Angaben über Art der verabreichten Nährstoffe, Konzentration der Spritzlösung, Düngetermin usw. gemacht werden konnten, so deshalb, weil die bisher vorhandenen Unterlagen solche Empfehlungen noch kaum zulassen. Die vorliegenden Ergebnisse lassen es aber wünschenswert erscheinen, daß durch weitere Untersuchungen Klarheit darüber geschaffen wird, wann und wo eine Blattdüngung mit Erfolg eingesetzt werden kann. Mit ein entscheidender Faktor für die Zweckmäßigkeit einer Blattdüngung sind ihre Kosten bzw. ihre Rentabilität. Da, wie bereits erwähnt, die zur Blattdüngung benötigten Geräte kaum für die Blattdüngung allein eingesetzt werden können, werden die Kosten der Blattdüngung wesentlich mitbestimmt durch den Einsatz der Geräte für andere Zwecke.

Sie schwanken überdies je nach den örtlichen Verhältnissen außerordentlich stark, so daß allgemeingültige Zahlen kaum anzugeben sind. Der einzelne Betriebsführer wird dagegen die für seine eigenen Verhältnisse zu erwartenden Kosten leicht errechnen können, da entsprechende Richtwerte durch die durchwegs geübte Schädlings- oder Unkrautbekämpfung bereits vorliegen. Selbstverständlich vermindern sich die Kosten bei kombinierter Anwendung der Blattdüngung mit der Schädlingsbekämpfung oder Unkrautbekämpfung wesentlich und eine kombinierte Applikation wird daher die Vornahme einer Blattdüngung am ehesten erlauben. Ausgenommen von solchen Überlegungen sind natürlich alle Fälle, bei denen ein akuter Mangel nur durch eine Blattdüngung in möglichst kurzer Frist beseitigt werden kann. Die Rentabilität einer solchen Sonderspritzung ergibt sich durch den Ertragsausfall bei Andauern der Mangelsituation.

Wie an anderer Stelle bereits gezeigt werden konnte, trifft dies besonders bei der Behebung von Spurenelementmangelerscheinungen zu. Da ein entsprechender Erfolg bei der Behebung solcher Mangelerscheinungen vor allem durch sehr frühzeitig angesetzte Spritzungen zu erreichen ist, ergibt sich jedoch auch in diesem Zusammenhang meist die Möglichkeit zu einer kombinierten Spritzung, da die Schädlings- bzw. Unkrautbekämpfung vorzugsweise auch in den früheren Wachstumsstadien eingesetzt wird.

Zusammenfassend kann daher noch einmal festgestellt werden, daß die Blattdüngung mit Hauptnährstoffen und Spurenelementen möglich ist, daß sie bei den verschiedensten Kulturen angewendet werden kann, und daß sie schließlich am ehesten in den Betrieben einzuführen ist, wenn sie in Kombination mit einer Schädlingsbekämpfung oder Unkrautbekämpfung durchgeführt wird. Alle bisher in der breiten Praxis üblichen Blattdüngungsmaßnahmen erfahren letzten Endes ihre Berechtigung durch kombinierte Applikation, da selbst die des öfteren festgestellte größere Effektivität der Blattdüngung nicht ausreicht, um den höheren Einsatz an Kapital und Arbeitszeit, der durch die Blattdüngung verursacht wird, zu rechtfertigen.

Literatur

Anonym: Versuch zum Bestreuen und Besprühen der Kohlrüben mit Borax. Tidsskr. Planteavl. **62**, 339–340 (1958). — Pflanzenschutzmittelverzeichnis 1961. Biologische Bundesanstalt für Land- und Forstwirtschaft in Braunschweig. — ALLEN, M.: Die Aufnahme von Metallionen durch die Blätter von Apfelbäumen, 1. Mitt., Der Magnesiumgehalt unbehandelter Blätter. J. Hort. Sci. **35**, 118 (1960a). — Die Aufnahme von Metallionen durch die Blätter von Apfelbäumen, 2. Mitt., Der Einfluß bestimmter Anionen auf die Aufnahme von Magnesiumsalzen. J. Hort. Sci. **35**, 127 (1960b). — Die Rolle des Anions bei der Magnesiumaufnahme nach Zufuhr dieser Salze über die Blätter von Äpfeln. Nature **184**, Nr. 13, 995 (1959). — ASRIEV, E. A.: Foliar nutrition of vines. Hort. Abstr. **25** (1955).

BAR-AKIVA, A., und E. J. HEWITT: The effects of trijodbenzoic acid and urea on the response of chlorotic lemon (Citrus limonia) trees to foliar application of iron compounds. Plant Physiol. **34**, 641–642 (1959). — BARBIER, S.: Erfassung der Schädlichkeitsgrenze von Biuret im Harnstoff bei Boden- und Blattdüngung. ÖSW-Werksber. **176** (1958). — Blattdüngungsversuche mit einigen grobkristallinen Harnstoffproben. ÖSW-Werksber. **219** (1960). — BAXTER, P.: Urea in apple and pear orchards. J. Agric. (Melbourne) **56**, 721–723 (1958). — BENSON, N. R., und R. M. BULLOCK: Urea sprays for fruit tree fertilization. Proc. Wash. Sta. Hort. Ass. **47**, 113 (1951). — BLASBERG, C. H.: Response of mature McIntosh apple trees to urea foliar sprays in 1950 and 1951. Proc. Amer. Soc. Hort. Sci. **62**, 147–153 (1953). — BOGUSLAWSKI, E. v., und A. VÖMEL: Über Blattdüngung mit Einzelnährstoffen und Volldüngung bei Hafer: Landwirtsch. Forsch. 9. Sonderh., Stand und Leistung agrikulturchemischer Forschung IV (1957). — BOVAY, E.: Versuche mit Harnstoff-Blattdüngung bei Wintergetreide. Rev. romande, Vitic. Arboricult. **16** (1960). — BUCHNER, A.: Zur Heilung der Kalkchlorose im Obstbau. Gartenbauwirtsch. **3** (1956a). — Zur Blattdüngung des Getreides mit Stickstoff. Mitt. Dtsch. Landwirtsch.-Ges. Nr. 7 (1956b). — Neuere Erfahrungen über Blattdüngung mit Stickstoff, Phosphorsäure und Kali. Pflanzenschutz **7**, 20–22 (1955). — Neue Wege der Düngung im Intensivbetrieb. DLG-Verlag GmbH. 1957. — BUCHOLSKI, O.: Expériences russes sur la pulvérisation de solutions potassiques et phosphates sur feuilles de betterave à sucre. Rev. Inst. int. potasse berne, Nov. Sect. 11, pt. 3. Bull. Docum. Assoc. int. Fabr. Superph. No. 15 (96) (1959). — BULLOCK, R. M., N. R. BENSON und BETTY K. W. TSAI: Absorption of urea sprays on peach trees. Proc. Amer. Soc. Hort. Sci. **60**, 71 (1952).

CHINKOW, T.: Blattdüngung des Tabaks. Bulg. Tabak **4**, 250–252 (1959). — CIFERRI, F.: Carenza di potassio della vite curata per via fogliare. Notiziario Ma. Piante **26**, 11–14 (1954). — COOK, J. A.: Field trials with foliar sprays of Zn-EDTA to control Zinc deficiency in California vineyards. Proc. Amer. Soc. Hort. Sci. **72**, 158–164 (1958). — COOK, J. A., und D. BOYNTON: Some factors affecting the absorption of urea by the McIntosh apple leaves. Proc. Amer. Soc. Hort. Sci. **59**, 89–90 (1952).

DOBROJUBSKI, O. K.: Das Spritzen der Weintrauben mit dem Spurenelement Kobalt. Düngung u. Ernte (russ.) **4**, 10 (1959).

ECKERT, J. W., und N. F. CHILDERS: Effect of urea sprays of leaf nitrogen and growth of Elberta peach. Proc. Amer. Soc. Hort. Sci. **63**, 19 (1954). — EGGERT, R., L. T. KARDOS und R. T. SMITH: The relative absorption of phosphorus by apple trees and fruits from foliar sprays and from soil applications of fertilizer, using radioactive phosphorus as a tracer. Proc. Amer. Soc. Hort. Sci. **60**, 75 (1952).

FISHER, E. G., und J. A. COOK: Nitrogen fertilization of the McIntosh apple with leaf sprays of urea, II. Proc. Amer. Soc. Hort. Sci. **55**, 35–44 (1950). — FLEMING, H. K., und R. B. ALDERFER: The effects of urea and oilwax emulsion sprays on the performance of the concord grapevine under cultivation and in Ladino clover sod. Proc. Amer. Soc. Hort. Sci. **54**, 171–176 (1949). — FORSHEY, C. G.: Der Einfluß des Stickstoffhaushaltes auf die Reaktion magnesiummangelkranker McIntosh-Apfelbäume bei Bittersalzspritzung. Proc. Amer. Soc. Hort. Sci. **73**, 40 (1959). — FOY, C. D., und Mitarbeiter: Foliar feeding of corn with nitrogen. Proc. Amer. Soc. Hort. Sci. **71**, 387 (1953). — FROHNER, W.: Versuch zur Blattdüngung und Herbizidanwendung mit dem Solo-Sprühgerät. Noch nicht veröffentlicht. — FROHNER, W., und S. BARBIER: Versuche zur kombinierten Verwendung von Wuchsstoffherbiziden und Harnstoff. ÖSW-Werksber. **161** (1958).

GÄRTEL, W.: Zinkmangel bei Reben. Weinberg u. Keller H. 8 (1960a). — Die Bedeutung der Spurennährstoffe im Weinbau. Deutscher Weinbaukalender 1960b. — Einige aktuelle Fragen der Rebenernährung und Düngung. Rebe u. Wein H. 6 (1959). — GEISSLER, TH.: Ein Beitrag zur Frage der Nährstoffaufnahme von Spinat über die

Blätter. Arch. Gartenbau **2**, 311–318 (1954). — Weitere Untersuchungen über die Nährstoffaufnahme von Spinat über die Blätter. Arch. Gartenbau **3**, 219–226 (1955). — Die Nährstoffaufnahme der Gemüsepflanzen über die Blätter. Mineraldünger im Gemüsebau. Verlag Bergbau-Handel. 1959. — GERBER, H.: Feststellung von Ernährungsstörungen bei Obstbäumen durch Analyse der Blätter. Schweiz. Z. Obst- u. Weinbau **67**, 269 (1958). — GERBER, H., E. PEYER und J. NAEF: Blattspritzung gegen Kalimangel bei Reben der Sorte „Blauer Burgunder" in der Bündner Herrschaft. Schweiz. Z. Obst- u. Weinbau **68**, 463 (1959). — GOLIKOWA, N. A.: Die Wirkung der Blattdüngung auf den Ertrag der Erdbeeren. Düngung u. Ernte (russ.) **2**, 30–32 (1958). — Die Wirkung der Blattdüngung auf die physiologischen und chemischen Prozesse bei Erdbeerpflanzen. Nachr. landw. Timirjasew-Akad. Nr. 3, 57–68 (1959). — GOOSSEN, H.: Abtropfen, Abtrift und Verschweben von Flüssigkeitstropfen. Nachrichtenbl. dtsch. Pflanzenschutzdienst **10**, H. 1 (1958). — GOOSSEN, H., und L. EUE: Verteilung, Regenbeständigkeit und Umlagerung von Spritz- und Sprühbelägen im Kartoffelbestand. Höfchenbriefe Nr. 2 (1955). — GRUPPE, W.: Zur Beurteilung und Behebung von Magnesiummangel beim Apfel. Erwerbsobstbau **2**, 51–53 (1960a). — Versuche mit Harnstoffspritzungen an Apfelbäumen. Gartenbauwiss. **23**, 5, 494–506 (1959). — Die Bedeutung der Blattanalyse im Obstbau. Erwerbsobstbau **2**, H. 10 (1960b).

HAAS, A. R. C., und J. N. BRUSCA: Biuret, a form of nitrogen toxic to citrus and leaves. Citrus leaves **34**, 11 (1954). — HAAS, P. G. DE, und W. GRUPPE: Die Bedeutung des Magnesiums für die Ernährung der Obstgehölze. Landwirtsch. Forsch. 13. Sonderh., 37 (1959). — HAGLER, T. B.: Effect of magnesium sprays on muscadine grapes. Proc. Amer. Soc. Hort. Sci. **70**, 178, 82 (1957). — HAGLER, T. B., und J. TURNER: Sources and rates of nitrogen for strawberries. Agric. Exper. Sta. Alabama Polytechn. Inst. Leafl. **61** (1959). — HAMILTON, J. M., D. H. PALMITER und L. C. ANDERSON: Preliminary tests with uramon in foliage sprays as a means of regulating the nitrogen supply of apple trees. Proc. Amer. Soc. Hort. Sci. **42**, 123 (1943). — HILKENBÄUMER, F.: Obstbau. Berlin: Parey. 1953. — HOLUBOWICZ, T.: Die Blattdüngung der Obstgehölze. Przegl. Ogrodniczna **35**, 13–15 (1958). — HOOKER, H. D.: Annual and biennial bearing in York apples. Miss. Sta. Res. Bull. **75**, 3 (1925). — HOWARD, J.: Nitrogen foliage spraye (for apple). Amer. Fruit Grower **71**, 2, 24, 4 (1951).

INDENKO, I. P.: Phosphoraufnahme bei Blattdüngung von schwarzen Johannisbeeren. Bull. wiss. techn. Inform. wiss. Mitschurin-Forsch. Inst. Gtb. 1957, 3. — IWANNIKOW, W. F.: Blattdüngung des Weizens. Arb. bjeloruss. landw. Akad. **27**, Nr. 2 (1958). — IWANOW, P.: Einfluß von Blattdüngung und Bodenfeuchtigkeit auf Wuchs und Entwicklung von Mais. Pflanzenphysiol. (russ.) **6**, 358 (1959).

JELAGIN, I. N.: Die wurzelunabhängige Ernährung des Buchweizens. Ber. Allunions landw. Lenin-Akad. **24**, Nr. 3, 23–26 (1959). — JONKERS, H.: Vergelijking van ureum van Nederlandse en Engelse herkomst bij bladbespuiting in de fruittelt. Fruittelt. **49**, 11 (1959).

KAINDL, K.: Untersuchung über die Aufnahme von P^{32}-markiertem primärem Kaliumphosphat durch die Blattoberfläche. Bodenkultur **7**, H. 4 (1953). — Untersuchungen über die Aufnahme von P^{32}-markiertem primärem Kaliumphosphat durch die Oberfläche von Weizenblättern. Bodenkultur **9**, H. 1 (1956). — KALINKEWITSCH, A. F.: Formen der Stickstoffdünger bei Kopfdüngung der Pflanzen. Ber. Akad. Wiss. UdSSR (N. S.) **96**, 129–131 (1954). — KEFFORD, R. P.: Urea as a vegetable fertilizer. J. Dep. Agric. Victoria **51**, 269–270 (1953). — KIRJUCHIN, W. P.: Die Wirksamkeit der Blattdüngung von Kartoffeln bei verschiedener Grunddüngung. Kartoffel (russ.) **4**, Nr. 4 (1959). — KOBEL, F.: Lehrbuch des Obstbaus auf physiologischer Grundlage. Berlin: Springer. 1931. — Die Versorgung der Obstbäume mit Mineralstoffen. Gartenbauwiss. **23** (5), 43 (1958). — KRZYSCH, C.: Blattdüngung mit Mineralsalzen. Z. Pflanzenernähr., Düng., Bodenkde. **80**, H. 1 (1958a). — Die Wirkungen verschiedener N-, P- und K-Verbindungen bei Anwendung als Blattdüngemittel. Z. Pflanzenernähr., Düng., Bodenkde. **82**, H. 2/3 (1958b).

LAFON, J., und F. CONILLAND: Essais d'alimentation foliaire de la vigne (cas de la potasse). C. R. Acad. Agric. Paris **39**, 725–728 (1953). — LAUGHLIN, W. M., und C. H. DEARBORN: Beseitigung von Blattnekrosen bei Kartoffeln mit Hilfe von Kaliumgaben über die Blätter und den Boden. Amer. Potato J. **37**, 1–2 (1960). — LINSER, H., und W. PELIKAN: Stickstoffdüngung mit hohen geteilten Gaben, I, Gefäßversuch. Z. Pflanzenernähr., Düng., Bodenkde. **58**, (107), (1952). — LINSER, H., und E. PRIMOST: Stickstoffdüngung mit hohen geteilten Gaben, II, Feldversuche zu Winterweizen. Z. Pflanzenernähr., Düng., Bodenkde. **63**, (108) (1953). — LÜDICKE, M.: Über die Aufnahme radioaktiver Kontaktinsektizide bei Pflanzen und Tieren. Symposium „Über die Verwendung von Isotopen in der Chemie und Biochemie". Tübingen 1953.

MACY, P.: The quantitative mineral nutrient requirements of plants. Plant Physiol. **11**, 740 (1936). — MAGNIN, M. G. DE: L'alimentation foliare de la vigne. Algérie Agr. Viticole **5** (1955). — MATZKOW, F. F., und T. K. IKONENKO: Über gegenseitige Beziehung zwischen der Blatternährung, der Photosynthese und der Wurzelernährung bei den Pflanzen. Ber. Akad. Wiss. UdSSR **118**, 601 (1958). — MAYBERRY, B. D., und S. H. WITTWER: Urea nitrogen applied to the leaves of certain vegetable crops. Michigan Agric. Exper. Sta. Quart. Bull. **34** (1952). — MONTELARO, J., C. B. HALL und F. S. JAMISON: Studies on the nitrogen nutrition of tomatoes with foliar sprays. Proc. Amer. Soc. Hort. Sci. **59** (1952).

NOWIKOW, A. A.: Blattdüngung zu Erdbeeren. Bull. wiss. techn. Inform. wiss. Mitschurin-Forsch. Inst. Gartenbau II, **3** (1958). — NOWOSHILOWA, N. D.: Die Wirksamkeit der Blattdüngung bei Weinstöcken. Obst- u. Gemüsegarten (russ.) **97**, Nr. 6 (1959).

OLAND, K., und T. B. OPLAND: Die Aufnahme von Mg durch die Apfelblätter. Physiol. Plant. **9**, 401–411 (1956). — OLAND, K.: Stickstoffernährung von Apfelbäumen durch Harnstoffspritzungen. Nature **185**, 857 (1960).

PATIL, N. D., und H. G. PANDYA: Foliar application of urea on wheat. Poona Agric. Coll. Mag. **50** (1959). — PFAFF, C., und H. WILL: Düngungsversuche mit Apfelbäumen in Gefäßen. Gartenbauwiss. **23** (5), 182 (1958). — PRIMOST, E.: Zur Anwendung des Konzentratsprühverfahrens mit „Dicopur" (2,4-D) bei Hafer. Pflanzenschutzber. 8, 44–49 (1952). — PROTJANKO, V. F.: A trial on foliar nutrition of vines. Ref. Hort. Abstr. **25** (1955).

RAMMUNI, A.: Prove di assorbomento per via fogliare del potassio sotto forma di sali diversi in Nicotiana tabacum. Tabacco **62**, 245 (1958). — RAUTERBERG, E.: Untersuchungen über die Brauchbarkeit verschiedener Salze zur Blattdüngung. Landwirtsch. Forsch. 9. Sonderh. IV (1957). — REFATATI, E.: Der Bormangel der Apfel- und Birnbäume im nördlichen Italien. Ann. Sperim. agr. **10**, 5, 1763 (1956). — REINKEN, G.: Das Entstehen, Erkennen und Beheben der Nährstoffmangelerscheinungen im Obstbau. Obstbau H. 12 (1954). — Untersuchungen über die Aufnahme verschiedener Phosphatverbindungen und Phosphorverteilung bei Apfelbäumen. Gartenbauwiss. **21** (3) (1956). — RODNEY, R. D.: The entrance of nitrogen compounds through the epidermis of apple leaves. Proc. Amer. Soc. Hort. Sci. **59**, 99–102 (1952).

SANDULESCU, GH.: Aplicarea ingrasmintelor extraradiculare la via per rod. Gradina, via so livada **9**, H. 5, 23–26 (1960). — SCHANDERL, H.: Zur Frage der Blattdüngung bei Reben. Weinberg u. Keller 445–449 (1955). — SCHKOLNIK, N. JA., und R. A. ASIMOW: Blattdüngung mit Mikroelementen als Mittel zur Ertragssteigerung und Qualitätsverbesserung von Erdbeeren. Pflanzenphysiol. (russ.) **6**, 107–111 (1959). — SCOTT, E., und D. H. SCOTT: Further observations of the response of grape vines to soil and spray applications of magnesium sulphate. Proc. Amer. Soc. Hort. Sci. **63** (1954). — SILBERSTEIN, O., und S. H. WITTWER: Foliar application of phosphatic nutrients of vegetable crops. Proc. Amer. Soc. Hort. Sci. 58, 179–190 (1951). — SIROKMAN, K.: Über die Wirkung der Blattdüngung bei Erbsen und Bohnen. Agrokemia es Talajtan (ung.) **5**, 367 (1956). — SKRIPTSCHENKO, A.: Blattdüngung der Wiesen mit Mikroelementen. Wiss. fortschr. Erfahr. Land. (russ.) **9**, Nr. 5 (1959). — SNYDER, E., und F. N. HARMON: Some responses of vinifera grapes to zinc sulphate. Proc. Amer. Soc. Hort. Sci. **63** (1954). — SOSA-BOURDOUIL, C., und P. LECAT: Verwendung markierter Elemente in der Pflanzenphysiologie, II, Tatsachen und Probleme der Ernährung der Pflanze über das Blatt. Année Biol. **32**, 9–10, 341 (1957). — STOLLE, G.: Blattdüngung im Obstbau. Dtsch. Gartenbau H. 8 (1955). — SWANSON, C. A., und J. B. WITHNEY: Studies on the translocation of foliar applied P^{32} and other radioisotopes in bean plants. Amer. J. Bot. **40**, 816–823 (1953).

TAKAHASHI, T., und D. YOSHIDA: Fractination of foliar absorbed phosphorus by paper electro-phoresis. Soil a. Plant Food **4**, 32 (1958). — THORNE, G. N.: The effect of applying a nutrient in leaf spray on the absorption of the same nutrient by the roots. J. exper. Bot. 8, 401 (1958). — Absorption of nitrogen, phosphorus and potassium from nutrient sprays by leaves. J. exper. Bot. **5** (1954). — Interactions of nitrogen, phosphorus and potassium supplied in leaf sprays or in fertilizer added to the soil. J. exper. Bot. **6** (1955). — Application of an april top-dressing of nitrogen to winter wheat in a spray with 2,4-Dichlorhenoxyacetic acid. J. Agric. Sci. **48**, 3 (1957). — THORNE, G. N., und D. J. WATSON: Field experiments on uptake of nitrogen from leaf sprays by sugar beet. J. Agric. Sci. **47**, 1, 12 (1956). — The effect on yield and leaf area of wheat of applying nitrogen as a top-dressing in april in sprays at ear emergence. J. Agric. Sci. **46**, 4, 449 (1955). — TIMASCHOW, N. D.: Der Einfluß der Mo- und Ni-Blattdüngung auf einige Stoffwechselprozesse der Kartoffel. Pflanzenphysiol. (russ.) **6**, 354 (1959). — TJULENEW, R.: Blattdüngung bei Tomaten vor der

Ernteperiode. Obst- u. Gemüsegarten (russ.) **97**, Nr. 7 (1959). — TUKEY, H. B.: The uptake of nutrients from solutions sprayed on leaves. Rep. XIII. Int. Hort. Congress, London 297–306 (1952).

VERESS, ST., V. NILCA, E. ALBU und D. INDREA: Beitrag zum Studium von Blattdüngung in Gewächshäusern. Lucrari Stiint. **14**, 217–227 (1958). — VOLK, R., und C. MCAUCLIFFE: Factors affecting the foliar absorption of N^{15} labeled urea by tobacco. Proc. Soil Sci. Amer. **18**, 308 (1951).

WALKER, D. R., und E. G. FISHER: Foliar sprays of urea on sour cherry trees. Proc. Amer. Soc. Hort. Sci. **66** (1955). — The use of chelated magnesium sulfate in correcting magnesium deficiency in apple orchards. Proc. Amer. Soc. Hort. Sci. **70** (1957). — WEINMEISTER, B.: Über die Rationalisierung der Schädlingsbekämpfung im Obstbau. Vortr. v. d. O.-Ö. Landw.-Kammer 1956. — Sparsame Schädlingsbekämpfung im Feldbau. Pflanzenarzt **4**, H. 1, 3 (1951). — Beitrag zur Beurteilung von Spritzbelägen. Ref. v. d. Bundesanst. f. Pflanzenschutz Wien 1953. — WEISSENBORN, K.: Ist es zweckmäßig, bei zu erwartender starker Blüte viel N zu geben? Mitt. OVR Jork **15**, 64–66 (1960). — Harnstoffspritzungen auf das Blatt. Mitt. OVR Jork **12**, 44–46 (1957). — WILBERG, E., und G. MÖLLER: Ein Beitrag zur Naßkopfdüngung. Z. landw. Vers. Unters.-Wesen **1**, 3 (1955). — WILHELM, A. F.: Die Düngung im Weinbau. Ruhr-Stickstoff A. G. Bochum. 1958. — WINKLER, E.: Richtige Rebdüngung sichert den Ertrag. Dtsch. Weinbau **15**, H. 8 (1960). — WITHEE, L. V., und C. W. CARLSON: Foliar and soil applications of iron compounds to control iron chlorosis of grain sorghum. Agronomy J. **51**, 474–476 (1959). — WITTWER, S. H., H. B. TUKEY, G. C. TEUBNER und W. G. LONG: Current status of nutrition spraying as revealed by radioactive isotopes. Atompraxis **3**, H. 7, 243 (1957). — WNUKOWA, A., und W. K. RYSHA: Einfluß von Molybdän auf Weinreben. Arb. Odessaer landw. Inst. (russ.) **13**, 129–132 (1958).

d) Die Beregnungsdüngung

Von

L. M. Kopetz

Als *Beregnungsdüngung* oder *düngende Beregnung* bezeichnen wir die Kombination von Beregnung *plus* Nährstoffzufuhr unter Verwendung mineralischer Dünger (KOPETZ 1957). Damit ist auch eine gewisse sprachliche Abgrenzung gegenüber anderen Formen der flüssigen Nährstoffaufbringung, wie *flüssige Düngung* oder *Flüssigdüngung*, *Blattdüngung*, *düngende Bewässerung*, *Abwasserverregnung*, *Güllerei* usw. gegeben. Derartige Maßnahmen dienen entweder nur der Düngung (Flüssigdüngung, Blattdüngung) oder sind durch Berieselung oder Überstauung mit organischen oder anorganischen Stoffen wirksam (düngende Bewässerung) oder bezwecken die Verteilung vorwiegend organischer Stoffe in flüssiger Form (Abwasserverregnung, Güllerei, Jaucherei usw.).

Im Hinblick auf die Tatsache, daß die Beregnungsdüngung einen bedeutenden *Entwicklungsschritt* in der Beregnung darstellt und daher auf einer Beregnungstechnik aufbauen muß, welche den biologischen Forderungen der Pflanzen angepaßt ist, sei zunächst auf das Wesentliche dieser Technik kurz eingegangen.

1. Allgemeine Grundlagen der Beregnungstechnik

Die Beregnung als modernes Produktionsmittel kann nur dann ihre Aufgabe erfüllen, wenn sie nicht allein als Rückversicherung gegen abnormale Trockenperioden angesehen wird, sondern einen solchen Einsatz findet, daß sie auch unter normalen Verhältnissen, und zwar *unter Wahrung der Rentabilität* zur Ertragssteigerung führt. Freilich sind normale Verhältnisse nicht allein durch die Höhe der Jahresniederschläge zu charakterisieren, sondern auch durch Angaben über ihre zeitliche Verteilung, über das Klima, die Lage, den Boden und über die Art der Pflanzendecke zu ergänzen. Derart können auch noch Gebiete mit höheren Jahresniederschlägen als beregnungsbedürftig angesprochen werden, vorausgesetzt, daß diese Beregnungsbedürftigkeit nach den Grundsätzen einer modernen Beregnungstechnik Beurteilung findet.

Es ist bekannt, daß das Wachstum unserer Kulturpflanzen verschieden verläuft, je nachdem, ob es an Wasser mangelt oder Wasser in hinreichender Menge zur Verfügung steht. Bei Wasserknappheit wird im allgemeinen die Wurzelausbildung gefördert. Ist hingegen genügend Wasser vorhanden, dann wird der Wurzelanteil im Verhältnis zum oberirdischen Aufwuchs absinken. So zeigen z. B. die Untersuchungen, welche bei einem verschiedenen Feuchtigkeitsgehalt des Bodens (20%, 40%, 60%, 80% der vollen Wasserkapazität) angezogen wurden, folgendes Verhalten (KOPETZ 1956).

Ergebnisse der Frisch- und Trockengewichtsbestimmungen von Salatjungpflanzen

Wassersättigung in %	Organteil	Frischgewicht in mg	Wurzelgewicht in %	Trockengewicht in mg	Wurzelgewicht in %
20%	Sproß	2460 ± 44		207 ± 9	
	Wurzel	439 ± 8	15	41 ± 6	16,6
40%	Sproß	3220 ± 19		260 ± 18	
	Wurzel	539 ± 11	14,2	43 ± 5	14,2
60%	Sproß	3608 ± 16		292 ± 8	
	Wurzel	502 ± 7	12,0	45 ± 4	13,2
80%	Sproß	4819 ± 14		328 ± 8	
	Wurzel	646 ± 9	11,8	47 ± 5	12,4

Aus dieser Zusammenstellung ist nicht nur der gesteigerte absolute Ertrag (Wurzel und Sproß) bei einer verbesserten Wasserversorgung zu ersehen, sondern auch der rückgängige Wurzelgewichtsanteil. Treten aber in dieser Wasserversorgung größere Schwankungen auf, dann wird dieser Wachstumsrhythmus gestört. Die Pflanzen werden besonders leiden, wenn auf eine Zeit reichlicher Wasserversorgung Wassermangel folgt. Auch diesbezüglich liegen sehr aufschlußreiche Modellversuche mit Kohlrabi als Versuchspflanze vor (EBERDORFER 1955).

Bewässerungsversuche mit Kohlrabi

Wassersättigung in %	Frischgewicht in g		Trockengewicht in g		
	Blatt	Knolle	Blatt	Knolle	Wurzel
25 % ungedüngt .	13,8	—	2,5	—	2,3
25 % gedüngt . . .	30,8	—	4,8	—	2,9
50 % ungedüngt .	90,7	79,3	16,0	8,7	17,1
50 % gedüngt . . .	256,2	257,3	38,9	26,0	27,5
75 % ungedüngt .	82,0	76,2	14,2	8,0	15,4
75 % gedüngt . . .	172,3	234,3	26,5	25,1	23,2
25/75 % gedüngt .	167,2	155,3	25,6	15,4	17,2
75/25 % gedüngt .	48,4	103,0	8,9	11,7	13,0

Auch aus dieser Zusammenstellung geht hervor, daß nicht nur die absolut zur Verfügung stehende Wassermenge und der Ernährungszustand (gedüngt, ungedüngt) den Ertrag ausschlaggebend beeinflussen, sondern auch die Verteilung dieser Wasserdarbietung. Dies zeigen vor allem die letzten zwei Versuchsglieder (25/75% und 75/25%), bei welchen etwa in der Hälfte der Vegetationszeit ein Wechsel in der Wasserversorgung durchgeführt wurde. Alle Organteile entwickelten sich bei einer zuerst schwächeren und später reichlichen Wasserdarbietung besser als bei reichlicher Wasserversorgung in der ersten Wachstumszeit und anschließender Wasserknappheit.

Auch durch Feldversuche können diese Wechselbeziehungen zwischen Höhe und Zeitpunkt der Wasserknappheit einerseits und Ertragsbildung andererseits nachgewiesen werden. So erbrachten auf der Versuchswirtschaft der Wiener Hochschule für Bodenkultur in Groß-Enzersdorf, N.-Ö., durchgeführte Kartoffelberegnungsversuche (KOPETZ 1956, PFLEGER 1958) folgende Ergebnisse:

Kartoffel-Beregnungsversuch 1953

Versuchssorte: *Holländische Erstling*

Ernte am 1. Juli 1953

Art der Beregnung[1]	*Ertrag in kg/100 m²*	*m %*	*in % St*
St: unberegnet	148,0	—	100
1: 75% Wassersättigung	195,5 ± 3,5	1,8	131
2: 50% Wassersättigung	209,0 ± 4,4	2,1	141
3: 25% Wassersättigung	172,4 ± 4,9	2,9	116

Versuchssorte: *Jakobi*

Ernte am 13. August 1953

Art der Beregnung[1]	*Ertrag in kg/100 m²*	*m %*	in % *St*
St: unberegnet	374,0	—	100
1: 75% Wassersättigung	469,0 ± 25,5	5,4	125
2: 50% Wassersättigung	511,0 ± 9,1	1,8	136
3: 25% Wassersättigung	454,0 ± 11,2	2,5	121

Kartoffel-Beregnungsversuch 1957

Versuchssorte: Sieglinde

Beregnungsart	Ernte am 10. Juli		Ernte am 24. Juli	
	dz/ha	% unberegnet	dz/ha	% unberegnet
unberegnet	80,0	100	111	100
2 × 40 mm = 80 mm	126,0	158	166	150
3 × 40 mm = 120 mm	162,0	203	224	202

Versuchssorte: Bintje

Beregnungsart	Ernte am 26. Juli		Ernte am 18. September	
	dz/ha	% unberegnet	dz/ha	% unberegnet
unberegnet	70	100	286	100
2 × 20 mm = 40 mm	168	240	330	115
2 × 40 mm = 80 mm	192	270	364	127
2 × 60 mm = 120 mm	208	295	390	136
3 × 40 mm + 20 mm = 140 mm	251	360	394	138

[1] Art der Beregnung: Auf Grund von laufenden Bestimmungen der Bodenfeuchte wurden bei Unterschreitung des geforderten Sättigungswertes jeweils 30 mm verregnet. Insgesamt erhielten die Sorten „*Holländische Erstling*" zur Konstanthaltung eines 50% Sättigungswertes 3 Gaben, die Sorte „*Jakobi*" 7 Regengaben.

Daß aber nicht nur Kartoffeln, sondern auch andere Feldfrüchte auf diese Beregnungstechnik, und zwar in der gleichen Weise, reagieren, zeigt ein Beregnungsversuch mit Futterrüben (BROUWER 1959).

Abwasserberegnungsversuch mit Futterrüben
Versuchssorte: Eckendorfer

Art der Beregnung	dz/ha	% unberegnet	Trockensubstanz	Trockensubstanz Ertrag dz/ha
unberegnet	383	100	14,2	54,38
4 × 30 mm = 120 mm vom 1. bis 15. Juli ...	471	122	13,9	65,47
8 × 30 mm = 240 mm vom 1. bis 30. Juli	733	190	11,6	85,03
12 × 30 mm = 360 mm vom 1. bis 15. Juli ...	908	236	9,6	87,16

Auch diese Versuche führen, ohne auf Fragen der Rentabilität einzugehen, die gleiche Tendenz vor Augen: Steigerung der Ertragsleistungen durch Erhöhung der Regenmengen und Zahl der Regengaben.

Damit decken sich auch die Ergebnisse praktischer Erfahrungen. So ist es z. B. eine im Zuckerrübenbau bekannte Tatsache, daß Jahre mit feuchter Frühjahrswitterung und trockenem Sommerwetter im allgemeinen wesentlich schlechtere Rübenernten zur Folge haben, als dies bei trockenem Frühjahr und normalen Sommerniederschlägen zu beobachten ist. Es ist auch des weiteren bekannt, daß das Beregnen von Zuckerrüben eine Maßnahme ist, welche, einmal begonnen, ständig weitergeführt werden muß, sollen Ertragsausfälle vermieden werden.

Ähnliche Beobachtungen liegen auch aus dem Frühkartoffelbau vor. Auch bei der Frühkartoffel muß für eine konstante Wasserdarbietung (STEINECK 1959) Sorge getragen werden, soll der Produktionsfaktor Wasser zur höchsten Leistung gelangen. Wird hingegen mit der Wasserversorgung zugewartet, bis sichtbare Wassermangelschäden eintreten (Welkeerscheinungen, Abschluß des Knollenwachstums usw.), dann wirken zu diesem Zeitpunkt verabreichte Wassergaben als sogenannte „Wasserstöße" mit allen ihren nachteiligen Folgen (Verzögerung der Ernte, Kindelbildung, schlechte Sortierung usw.).

Es fällt also dem richtigen Beregnungszeitpunkt eine ausschlaggebende Rolle zu, wobei es naturgemäß eine Fülle von Faktoren sind, welche diesen Zeitpunkt beeinflussen. Eine sehr übersichtliche Darstellung dieses Problemkomplexes gibt BROUWER (1959).

Fast alle Autoren sind sich einig, daß eine optimale Wasserdarbietung, wie sie schon MITSCHERLICH (1957) vorschlägt, theoretisch durchaus berechtigt wäre, wenngleich nicht die Schwierigkeiten verhehlt werden sollen, welche sich einer derartigen Forderung entgegenstellen. Daraus resultieren auch die verschiedenen Vorschläge zur Beurteilung dieser Beregnungsbedürftigkeit vor allem auf Grund klimatischer Daten (ACHTNICH 1957, ATANASIU 1957, BROUWER 1959) sowie von Bodenfeuchtigkeitsbestimmungen. Sie bieten innerhalb gewisser Grenzen zweifellos die Möglichkeit, die Wasserdarbietungen an die Pflanzen so zu regulieren, daß eine weitestgehende Konstanz des Anbotes (KOPETZ 1953) gesichert erscheint. Dadurch kann die vielfach geübte Bewässerung „nach Gefühl" durch eine Beregnungstechnik abgelöst werden, welche mit relativ leicht feststellbaren Meßgrößen arbeitet und unabhängig von äußeren, normalerweise zu spät erkennbaren Eindrücken (Welkeerscheinungen, Trockenschäden verschiedenen Ausmaßes) den richtigen Zeitpunkt der Bewässerung objektiv vermittelt. Diese Meßgrößen oder Meßzahlen stellen in gewissem Sinne Komplexwerte dar, weil sie verschiedenste Außenfaktoren, wie Bodenart, Pflanzenart, Wachstumszustand, Witterungslage usw. erfassen. Nach bisherigen Erfahrungen dürfte die Bewässerungsbedürftigkeit gegeben sein, wenn der Wassergehalt des Bodens etwa 40 bis 60% der vollen Kapazität beträgt (KOPEZ 1957, BROUWER 1959), so daß diese Werte als *Schwellwertgrenzen* anzusehen sind.

Zur Bestimmung der Bodenfeuchte liegen zahlreiche Vorschläge und ausgearbeitete Methoden vor (KOPETZ 1953, BAUMANN 1949, CZERATZKI und KORK 1955, CZERATZKI 1958, EHRENDORFER 1955, TAYLOR, STERLING 1955, BROUWER 1959).

Sehr beachtlich erscheint das *Irrometer*, ein Bodenfeuchtemesser nach dem Tensiometerprinzip (EHRENDORFER 1959), der ein für praktische Beregnungszwecke durchaus einsatzfähiges Instrument zur Bestimmung der Komplexgröße Meßzahl darstellt und die Möglichkeit bietet, die geforderte Konstanz des Wasseranbotes zu gewährleisten.

2. Beregnung und Düngung

Jede Beregnung wird nur dann zu Höchstleistungen führen können, wenn ihr Einsatz im richtigen Zusammenspiel mit anderen Maßnahmen erfolgt und dem Wirken der übrigen Wachstumsfaktoren angepaßt erscheint. Erkennen wir, daß die Höhe des Ertrages durch jenen Faktor beeinflußt wird, der sich im relativen Minimum befindet, dann heißt dies, auf den Wachstumsfaktor Wasser bezogen, daß sich Maßnahmen anderer Art, wie z. B. eine Düngung, nur beschränkt auszuwirken vermögen, wenn es an Wasser mangelt. Wird aber dessen Minimumstellung behoben, d. h. Wasser reichlich zugeführt, dann steigt auch der ertragsfördernde Einfluß von Düngungsmaßnahmen.

Allerdings wird diese Ertragssteigerung nicht immer voll in Erscheinung treten können, weil sehr häufig die Nährstoffversorgung ungenügend ist. Wohl steht dann Wasser in ausreichender Menge zur Verfügung, seine ertragssteigernde Wirkung wird aber nunmehr durch den im relativen Minimum stehenden Faktor Ernährung beschränkt. Im allgemeinen dürfen wir daher feststellen:

Beregnung ohne entsprechende Steigerung der Düngergaben ist nur eine unvollständige Maßnahme und kann nicht zur vollen Rentabilität dieses so wichtigen Produktionsmittels führen.

Es ist wohl richtig, daß durch die Beregnung die Effektivität der Nährstoffwirkung und der Ausnutzung der Bodennährstoffe zunehmen, trotzdem wird aber diese gesteigerte Nährstoffdarbietung, welche auf Komplexwirkungen verschiedenster Art beruht, nicht genügen, um den Effekt einer gesteigerten Düngung zu ersetzen.

So gibt KRÜGER (FRECKMANN 1949) für die Ausnützung von Handelsdüngernährstoffen durch Kartoffeln folgende Prozentwerte für „beregnet“ und „unberegnet“ an:

mit Beregnung	für N 96%, K_2O 48%, P_2O_5 24%
ohne Beregnung	für N 29%, K_2O 4%, P_2O_5 7%

Auch FRECKMANN (1949) weist auf ähnliche Feststellungen hin. So wurden nach einem langjährigen, auf dem gleichen Feldstück durchgeführten Düngungsversuch folgende Versorgungszahlen gefunden:

	bei unberegnet		*bei beregnet*	
Bodentiefe	an P_2O_5	an K_2O	an P_2O_5	an K_2O
10 bis 15 cm	7,19 mg	11,43 mg	4,97 mg	6,41 mg
15 bis 30 cm	8,17 mg	9,81 mg	4,77 mg	6,06 mg
30 bis 45 cm	7,28 mg	5,85 mg	3,26 mg	7,23 mg

Ein Vergleich beider Zahlenreihen führt deutlich sichtbar vor Augen, daß der Nährstoffentzug durch die Beregnung wesentlich angestiegen ist und dementsprechend weniger Nährstoffe im Boden zurückbleiben, als dies bei den unberegneten Parzellen der Fall ist.

Kann somit durch die Beregnung zusätzlich pflanzenverfügbares Nährstoffkapital erschlossen werden, so zeigen Feldversuche, daß diese Mengen dennoch nicht genügen, um den ertragssteigernden Effekt einer Beregnung voll in Erscheinung treten zu lassen. Es ist vielmehr immer wieder zu beobachten, daß erst eine Erhöhung der Düngergaben in Verbindung mit Beregnung zu gesicherten Mehrleistungen führt. Im folgenden seien einige solcher Versuche wiedergegeben.

Zuckerrüben-Beregnungsversuch 1953

(Versuchsansteller: Dipl.-Ing. R. Radl, Wien XXII)

Ertragsleistungen (Rübe ohne Blatt)

Beregnungsart	dz/ha	in %	Reinnährstoffe in kg/ha		
			N	P_2O_5	K_2O
unbewässert	403	100	90	106	200
schwach bewässert	424	104	90	106	200
stark bewässert	565	130	90	106	200
schwach bewässert	469	117	150	150	225
stark bewässert	762	189	150	150	225
stark bewässert	1032	255	200	200	300

Zweifellos wird auch bei diesem Versuch mit einer nährstoffmobilisierenden Wirkung gerechnet werden können. Dessenungeachtet sind aber die Ertragsanstiege durch eine verstärkte Düngung so eindeutig, daß in diesem Versuch an der Bedeutung dieser Maßnahme, im Sinne der früher gestellten Forderung nicht gezweifelt werden kann.

Allerdings muß in diesem Zusammenhang auch auf die besondere Bedeutung der *Beregnungstechnik* hingewiesen werden. Erst die Konstanz einer optimalen Wasserdarbietung, in diesem Versuch als „stark bewässert" bezeichnet, führt in Verbindung mit einer gesteigerten Nährstoffversorgung zu jenen Mehrerträgen, wie sie diesen Versuch auszeichnen. So erbrachte eine verstärkte Düngung (150 kg N, 150 kg P_2O_5, 225 kg K_2O) bei „schwacher Bewässerung" gegenüber der Ausgangsdüngung (90 kg N, 106 kg P_2O_5, 200 kg K_2O) und „schwach bewässert" lediglich einen Mehrertrag von 13%, während sich die verstärkte Düngung „schwach bewässert" gegenüber der Ausgangsdüngung und „stark bewässert" sogar in einem Minderertrag von 13% äußert.

Das gleiche Bild zeigen auch die folgenden Versuchsergebnisse (Chaminade 1959), wobei sowohl der Einfluß der Düngung als auch der Zahl der Wassergaben nachgewiesen werden soll.

Kartoffel-Beregnungs- und Düngungsversuch
(Kornjakov)

Versuchsfrage	dz/ha		in % unberegnet	
	1942	1943	1942	1943
unberegnet und ungedüngt	171	163	100	100
unberegnet + 250 dz/ha Stallmist	234	242	136	148
beregnet und ungedüngt	345	295	202	181
beregnet + 250 dz/ha Stallmist	458	354	267	217
beregnet + 250 dz/ha Stallmist + $N_{40}P_{75}K_{60}$	498	412	291	253

Sommerweizen-Beregnungs- und Düngungsversuch mit variierenden Nährstoff- und Wassergaben
(Chizhoo)

Düngung			dz/ha in % 3 Regengaben		dz/ha in % 5 Regengaben	
N	P_2O_5	K_2O				
50	75	50	31,5	100	39,5	125
80	110	50	32,4	102	43,0	136
110	150	70	32,5	102	47,9	150
140	190	90	33,5	106	53,5	168

Nur sozusagen als Ergänzung sollen noch die Ergebnisse eines Versuches gebracht werden, welcher die Welchselbeziehungen zwischen Düngung, Bewässerung und Saatdichte darstellt. Damit soll ein Hinweis auf die Tatsache verknüpft sein, daß gerade die Beregnung auch die Standweite und Saatdichtefrage außerordentlich berührt und durch die richtige Festlegung der Pflanzenzahl je Flächeneinheit wertvolle Ertragsreserven zu mobilisieren sind.

Wechselbeziehungen zwischen Düngung, Beregnung und Saatdichte bei Sommerweizen
(Chizhoo)

Saatdichte/1 m²	Ertragsleistungen in dz/ha		
	3 Regengaben	5 Regengaben	
	$N_{55}P_{80}K_{50}$	$N_{80}P_{100}K_{70}$	$N_{100}P_{100}K_{120}$
350 Korn/m²	34,5	38,9	45,5
500 Korn/m²	31,2	39,4	49,1
650 Korn/m²	30,8	42,2	—

Bestätigen diese Versuchsergebnisse die eingangs dieses Abschnittes gestellte Forderung nach Erhöhung der Düngermengen bei Beregnung, so soll in den folgenden Ausführungen diese Forderung auch vom Standpunkt der Qualitätsbeeinflussung aus betrachtet werden.

3. Beregnung und Qualität

Die Möglichkeit, durch eine richtige Beregnungstechnik die Ertragsleistungen zu steigern, wirft die Frage auf, wie sich diese Ertragssteigerungen auf die Qualität der Erzeugnisse auswirken. Es ist doch eine bekannte Erscheinung, daß hohe Ernten im allgemeinen die Qualität drücken, während bei normalen Durchschnittsernten das Qualitätsniveau erhalten werden kann. Dies gilt sowohl für besonders günstige Erntejahre, für den Vergleich von ertragreichen Zuchtsorten mit ertrags-

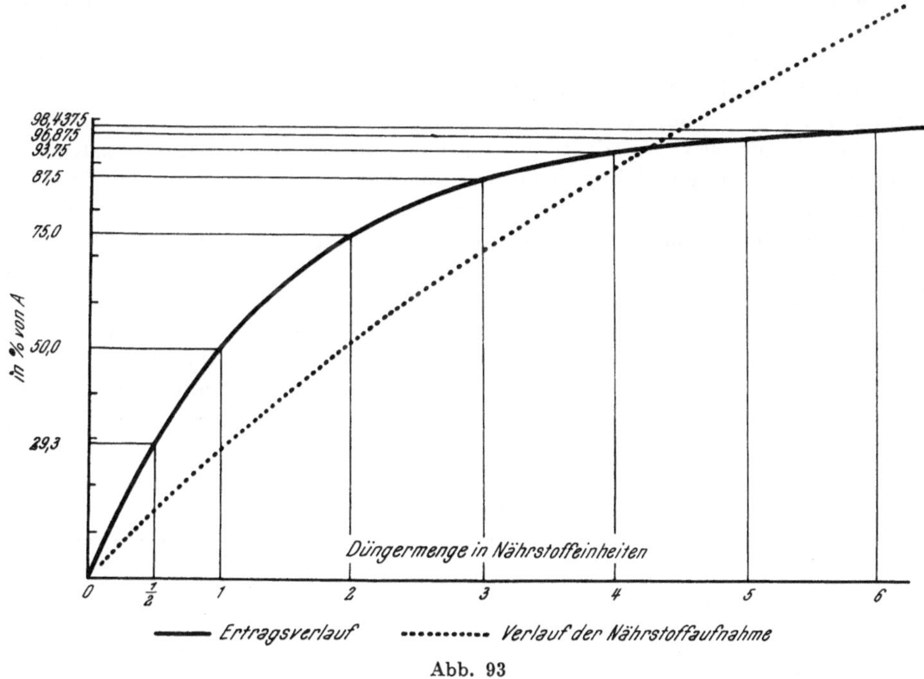

Abb. 93

schwachen Landsorten wie auch für die Beregnung. Ist nun die Annahme berechtigt, daß eine negative Korrelation zwischen Ertrag und Qualität besteht, oder kann wenigstens innerhalb gewisser Grenzen Qualität auch mit Quantität vereinigt werden.

Um zu dieser Frage Stellung nehmen zu können, sei zunächst festgehalten, daß Ertragszuwachs und Nährstoffaufnahme nicht parallel verlaufen (Abb. 93). Während für das Ertragsgeschehen das Gesetz vom abnehmenden Ertragszuwachs gilt und die Ertragskurve eine logarithmische Gestaltung zeigt, verläuft die Nährstoffaufnahme mehr oder weniger linear. Es erscheint daher verständlich, daß bei steigender Nährstoffzufuhr, also bei einem höheren Nährstoffanbot, eine um so größere Anreicherung an Inhaltsstoffen stattfinden muß, je geringer der Ertragszuwachs ist. Eine biologisch richtig durchgeführte Bewässerung kann daher zu so beträchtlichen Ertragszunahmen führen, daß bei einer zu geringen Nährstoffdarbietung der Gehalt an Inhaltsstoffen nicht ansteigt, sondern abfällt — die Beregnung wirkt sich qualitätsverschlechternd aus.

Diese auch jederzeit experimentell nachweisbaren Tatsachen haben nun zu den Begriffen der *Ertragsdüngung* und der *Qualitätsdüngung* (Kopetz 1959) geführt. Wohl wurden damit keine streng definierbaren Ausdrücke geprägt, sondern nur gedankliche Schwerpunkte markiert, welche die Höhe des Nährstoffanbotes und den dadurch erzielten Effekt etwa in folgender Weise darstellen sollen:

Ertragsdüngung ist jene Düngung, welche vorwiegend dem Ertragsgeschehen, also sozusagen der Schaffung des Ertragsrahmens dient und durch relativ kleine Anbotsmengen charakterisiert ist, welche noch zu bedeutenden Ertragszuwächsen führen.

Qualitätsdüngung ist der Einsatz hoher Düngergaben, deren Effekt nicht nur durch den Ertragszuwachs, sondern vielmehr durch eine beträchtliche Steigerung des Gehaltes an Inhaltsstoffen gekennzeichnet erscheint.

Eine Qualitätsdüngung müßte daher nach diesen Darlegungen immer auch die Ertragsdüngung involvieren, eine Ertragsdüngung muß aber nicht den Charakter einer Qualitätsdüngung besitzen. Sehr schnell wird jener „ökonomische Schwellwert" erreicht, bei dem die aufgewendeten Mehrdüngungskosten nicht mehr ihre wirtschaftliche Deckung finden, soferne nur der Ertrag und nicht die Qualität die Grundlage der Rentabilitätsbeurteilung bildet.

Freilich lassen sich für diese gedankliche Differenzierung des Ausdruckes „Düngung" keine fixen Nährstoffnormen angeben, weil es immer von der Gestaltung aller Wachstumsfaktoren abhängt, welches Niveau das Höchstertragsgebiet erreicht. Wenn daher bei Einsatz der Beregnung eine zusätzliche Düngung verlangt wird, dann aus der Überlegung heraus, daß die optimale Gestaltung des Wachstumsfaktors Wasser, vor allem in niederschlagsarmen Gebieten, das Ertragsniveau so zu heben imstande ist, daß unter Umständen eine bis dahin als Qualitätsdüngung wirkende Nährstoffversorgung zur Ertragsdüngung wird. Ein Winterweizenversuch, in trockenen und feuchten Jahren durchgeführt (HUPPERT und BUCHNER 1951), möge diese Wechselbeziehungen zahlenmäßig beleuchten.

Vergleich von Ertragsleistungen je 1 kg Stickstoff und Rohproteingehalt bei verschiedener Witterung

N-Gabe	Trockenes Jahr			Feuchtes Jahr		
	dz/ha	Rohprotein in %	N-Leistung in kg Körner	dz/ha	Rohprotein in %	N-Leistung in kg Körner
0	15,0	15,0	—	23,4	9,7	—
40	17,4	17,1	6,0	32,3	10,2	22,2
80	17,9	17,1	3,6	30,1	12,2	8,4

Während also in Trockenjahren durch die Minimumstellung des Wachstumsfaktors Wasser die Effektivität der anderen Faktoren so gedrückt wird, daß durch die Stickstoffdüngung nur ein geringer Ertragszuwachs, aber eine hohe Qualität erzielt wird, wirkt die gleiche Stickstoffmenge in feuchten Jahren außerordentlich ertragssteigernd, jedoch qualitätsverschlechternd. Diese Wechselbeziehung ist durchaus verständlich, wenn man sich den Verlauf der Ertragszuwachskurve vergegenwärtigt und bedenkt, daß der gleichen Stickstoffmenge gänzlich verschiedene Ertragsleistungen gegenüberstehen. Wohl ist es richtig, und dies geht auch bei einer entsprechenden Umrechnung aus diesem Versuch hervor, daß, durch die höheren Ernten in feuchten Jahren bedingt, der Flächenertrag an Rohprotein eine Steigerung erfahren hat, für die Qualitätsbeurteilung ist aber letzten Endes doch nur der prozentuelle Gehalt maßgebend, der auch in diesem Falle bei der höheren Ernte wesentlich niedriger liegt.

Auch andere Versuche bestätigen diese Wechselbeziehungen zwischen Ertrag und Qualität. So sei das Ergebnis eines Abwasserberegnungsversuches mit Futterrüben, allerdings ohne Steigerung der Düngergaben, wiedergegeben (BROUWER 1959).

Versuchssorte: Eckendorfer Futterrübe

Art der Beregnung	dz/ha	Trockensubstanz in %	Trockensubstanz-Ertrag dz/ha
unberegnet	383,0	14,2	54,38
4 × 30 mm vom 1. bis 15. Juli	471,0	13,9	65,47
8 × 30 mm vom 1. bis 30. Juli	733,0	11,6	85,03
12 × 30 mm vom 1. Juli bis 15. August	908,0	9,6	87,16

Auch in diesem Versuchsbeispiel vermittelt der Trockensubstanzertrag je 1 ha kein richtiges Bild, wohl aber der Prozentgehalt an Trockensubstanz, welcher mit zunehmendem Ertragsanstieg einen starken Rückgang aufweist. Die Notwendigkeit einer Erhöhung des Nährstoffanbotes durch gesteigerte Düngung erscheint daher als die einzige Möglichkeit, in dieses Geschehen aktiv einzugreifen (Pfaff 1958), soll dieses so wertvolle Produktionsmittel „Beregnung" nicht zu einer allgemeinen Qualitätsverschlechterung führen. Dieser Gedankengang war auch maßgeblich an der Entwicklung der Beregnungsdüngung beteiligt.

4. Die Beregnungsdüngung

Die Beregnungsdüngung oder düngende Beregnung als *Kombination von Beregnung plus Nährstoffzufuhr unter Verwendung mineralischer Düngemittel* stellt zweifellos einen bedeutsamen Entwicklungsschritt dar. Erst die Kombination einer richtigen Beregnungstechnik mit der Düngung erfüllt die Forderung nach einer Konstanz des Anbotes, sowohl von Wasser als auch von Nährstoffen. Wasser in dieser Kombination stellt dann nicht nur einen unentbehrlichen Wachstumsfaktor, sondern auch einen Nährstoffträger dar und es bietet sich die Möglichkeit, viele unserer Kulturpflanzen zu einem Zeitpunkt mit Nährstoffen zu versorgen, zu dem die Bestände bereits geschlossen sind. Die Möglichkeit einer Spätdüngung, und das ist vor allem der Sinn der düngenden Beregnung, wird geboten.

Damit soll nicht gegen die Düngung in *fester Form* Stellung genommen werden. Im Gegenteil, als Grunddüngung oder als Kopfdüngung wird sie überall dort ihre Bedeutung beibehalten, wo die Bestände eine solche Düngung ermöglichen, d. h. ein Durchfahren oder ein Überfahren mit dem Düngerstreuer ermöglichen. Ist aber dieser Weg durch das zu weit fortgeschrittene Pflanzenwachstum versperrt, dann kann nur durch die Beregnungsdüngung die geforderte Konstanz des Anbotes gesichert werden, vor allem auch im Hinblick auf die *absolute Wirksamkeit der Düngerwirkung*. Denn jede Phasendüngung, Staffeldüngung oder gezielte Düngung kann nur dann unmittelbar wirken, wenn die zugeführten Nährstoffe den Pflanzen sofort zugänglich gemacht werden, d. h. wenn Wasser zur Verfügung steht. Die *Befreiung von den Unsicherheiten der Niederschlagsverteilung durch die Beregnungsdüngung* muß daher als weiteres, und zwar gewichtiges Argument für diese Maßnahme angeführt werden.

Damit erscheinen auch Vergleiche zwischen fester Düngung und Beregnungsdüngung nicht gerechtfertigt, wenn die Fragestellung fest *oder* flüssig lautet, da die Beregnungsdüngung eine Düngung in fester Form nicht ersetzen, sondern nur ergänzen will. Nach wie vor wird die feste Düngung, vor allem als Grunddüngung verabreicht, ihre Bedeutung beibehalten und durch die Beregnungsdüngung nicht zu vertreten sein, ebenso naheliegend erscheint es aber auch eine Maßnahme, nämlich die Beregnung, mit einer zweiten Maßnahme, nämlich der

Düngung, zu koppeln, wenn dafür biologische Gründe (Konstanz des Anbotes) und praktische Überlegungen (keine wesentliche Arbeitsvermehrung) sprechen.

Ein besonderes Problem, welches durch die Beregnungsdüngung angeschnitten wird, ist die *Einbringung der Nährstoffe in das Rohrsystem.* Prinzipiell stehen dafür zwei Möglichkeiten offen, nämlich die Einbringung der Nährlösung *vor* der Pumpe oder durch Verwendung von Injektoren *nach* der Pumpe. Während im zweiten

Abb. 94. Nährstoffventil an der Pumpe

Fall zweifelsohne mit Druckverlusten gerechnet werden muß und auch die Installierungs- und Anschaffungskosten höher sind, hat sich der erste Weg in der Praxis sehr gangbar erwiesen. Bei Verwendung von Druckwasser, welches durch Pumpenbetrieb in die Rohrleitung gedrückt wird, geht man am einfachsten in der Weise vor, daß der Sauger vor der Pumpe angebohrt und mit einem Ventil versehen wird, von welchem eine Leitung zum Nährstoffbehälter abzweigt (Abb. 94 und 95). Damit ist die Möglichkeit geboten, jede vorhandene Anlage mit den geringsten Kosten und in einer durchaus brauchbaren Weise auf die Beregnungsdüngung umzustellen.

In diesem Zusammenhang sei auch der Frage des *Nährstoffbehälters* oder *Nährstofftanks* gedacht. Es ist durchaus nicht notwendig, wie vielfach als Argument gegen die Beregnungsdüngung angeführt wird, daß für *jede* Wasserentnahmestelle ein *eigener* Nährstofftank zur Verfügung stehen muß. Im Hinblick auf die hohe Konzentrationsfähigkeit der Stammlösung (etwa 1:10) und den dadurch relativ bescheidenen Tankraumanspruch (1 bis 2 m³) kann auch anstelle eines

Abb. 95. Nährstofftank mit Schlauchverbindung zur Pumpe

stationären Behälters ein Jauche- oder Wasserwagen Verwendung finden, welcher neben der Wasserentnahmestelle steht und durch einen kurzen Schlauch mit dem Pumpenventil verbunden wird (Abb. 96).

Von grundlegender Bedeutung für das System der Beregnungsdüngung ist die *Konzentration der verwendeten Nährlösung*. Wenn es im Wesen der Beregnungsdüngung liegt, Wasser- und Nährstoffzufuhr zu kombinieren, dann kann auch mit geringen Konzentrationen das Auslangen gefunden werden, da die lange Beregnungszeit auch bei schwachen Nährlösungen eine namhafte Nährstoffzufuhr sichert. So gelten als Richtwerte Konzentrationen von 1‰ bis 3‰, d. h. die ungefähr 10%ige Stammlösung ist mit der 30- bis 100fachen Wassermenge zu verdünnen. Durch eine entsprechende Ventileinstellung ist dies durchaus möglich. Wird also bei einer Regengabe von 20 mm und einer Regendichte (Regenleistung je eine Stunde) von 10 mm zwei Stunden beregnet, dann erscheint es zweckmäßig, folgenden Beregnungsplan einzuhalten: 50 Minuten Verregnung von reinem Wasser + 60 Minuten Verregnung der Nährlösung + 10 Minuten Verregnung von reinem Wasser. Bei Langsamregnern mit einer Beregnungsdichte von 4 bis 5 mm erhöht sich dementsprechend auch die Zeitdauer für die düngende Beregnung.

Diese Verteilung bringt verschiedene Vorteile. Einmal die *gründliche Durchfeuchtung* des Bodens vor der Düngeraufbringung und damit die Beseitigung des

Benetzungswiderstandes nach Trockenperioden und des weiteren eine *gleichmäßigere Verteilung* der Nährlösung, wie sie durch den längeren Beregnungsbetrieb bedingt wird. Gleichzeitig wird aber auch ein weitgehender *Rohrschutz* und *Pumpenschutz* gewährleistet, da bei diesen geringen Konzentrationen keinerlei Korrosionsschäden zu befürchten sind.

Die *Berechnung* der zu verregnenden Nährstoffmengen fällt nicht schwer, wenn die Regendichte der Anlage bekannt ist. Sollen also, um ein Beispiel an-

Abb. 96. Wasserwagen als Nährstofftank

zuführen, 200 kg/ha Ammonsulfat verregnet werden und beträgt die beregnete Fläche bei einer Aufstellung 5000 m², die Regendichte 10 mm, dann ergibt sich bei Einhaltung des geschilderten Regenplanes, der in diesem Fall eine Beregnungszeit von einer Stunde für die düngende Beregnung vorsieht, eine Konzentration von $2^0/_{00}$, da 100 kg des Düngers mit 50000 l Wasser verregnet werden. Wird diese Berechnung über die Stammlösung durchgeführt, dann werden 1000 l Stammlösung (bei einer Konzentration von 1:10) mit der 50fachen Wassermenge verdünnt, eine Forderung, welche durch eine entsprechende Ventileinstellung unschwer zu erfüllen ist. Stehen dieser Verteilung und dieser Konzentration die genannten Vorteile gegenüber, so erscheint es unverständlich, wenn der Faktor Zeit bei der Düngeraufbringung unbeachtet bleibt. Es können daher auch Systeme der Beregnungsdüngung *nicht* gutgeheißen werden, bei welchen die gesamte, zur Düngung verwendete Nährstoffmenge in kürzester Frist verregnet wird, wie dies durch Einschaltung von Mischgefäßen vorgeschlagen und auch gehandhabt wird.

Eine unter Umständen wertvolle *Verbesserung* dieses Systems der Beregnungsdüngung wäre die Verregnung von *gefärbten* Nährlösungen, die durch einen dosierten Zusatz zum Dünger oder zur Stammlösung zu erreichen ist. Dadurch wäre nicht nur eine visuelle Kontrolle der Verregnungszeit von Nährlösungen möglich, sondern unter gewissen Voraussetzungen auch eine Kontrolle der Konzentration der Beregnungsflüssigkeit. Eigene Versuche haben die Möglichkeit aufgezeigt, durch Ausnutzung des Komplementäreffektes, etwa rot gefärbte Flüssigkeit und grün gefärbtes gläsernes Auffanggerät, Konzentrationsunterschiede innerhalb engster Grenzen zu halten. In der Praxis dieser Versuche wurde so vorgegangen, daß das kleine Glasgefäß zu Beginn der Düngerverregnung mit verregneter Nährflüssigkeit gefüllt wurde und sich bei richtiger Abstimmung der beiden Farbtöne (rot der Flüssigkeit und grün des Glasgefäßes) bei auffallendem Licht Farblosigkeit ergab. Diese einfache Kontrolle des Konzentrationsgrades hat zweifellos eine gewisse Bedeutung, da sie in einer rein visuellen Weise Über- oder Unterdosierungen zu verhüten vermag und auch die Zeit der Nährlösungsaufbringung in diese Beobachtungen einschließt.

5. Die Nährstoffwirkung der Beregnungsdüngung

Wenn das Wesen der Beregnungsdüngung sowohl in der Bewässerung als auch in der Nährstoffaufbringung liegt, dann hat sie, unter letzterem Gesichtspunkt betrachtet, den Charakter einer *Spätdüngung*. Werden daher voll wasserlösliche Dünger verwendet, dann können als Hauptnährstoffe sowohl *Stickstoff* als auch *Phosphorsäure* und *Kali* verregnet werden. Für ihren Einsatz gelten im Prinzip die gleichen Grundsätze wie für eine Kopfdüngung in fester Form, nur mit dem Zusatz, daß Wirkungsschnelligkeit und auch Effektivität durch die Verwendung von Wasser als Nährstoffträger wesentlich größer sind und auch eine Nährstoffaufnahme zum Teil durch das Blatt möglich erscheint.

Im Hinblick auf die Sonderstellung, welche der Nährstoff Stickstoff einnimmt, mögen zuerst die Nährstoffe Phosphorsäure und Kali eine kurze Besprechung finden.

Die Notwendigkeit und Zweckmäßigkeit, *Phosphorsäure* zu verregnen, wird sich vor allem dann ergeben, wenn die Versorgung mit diesem Nährstoff unzureichend ist. In diesen Fällen kann zweifelsohne mit nachweisbaren Wirkungen gerechnet werden, die sich nicht nur quantitativ, sondern auch qualitativ feststellen lassen.

In gleicher Weise bietet auch die unmittelbare Aufbringung von *Kali* auf wachsende Pflanzenbestände Vorteile, vor allem dann, wenn Böden zur Kalifestlegung neigen. Allerdings scheint der Zeitpunkt dieser Aufbringung eine maßgebliche Rolle zu spielen, da der Kalihöchstbedarf mit der Periode des größten Wachstums zusammenfällt, eine verspätete Kaliverregnung daher kaum mehr Erfolge erwarten läßt. Auch bei der Kaliverregnung ist der Versorgungsgrad des Bodens von ausschlaggebender Bedeutung, und zwar in dem Sinne, daß bei hohen Versorgungszahlen weder quantitative noch qualitative Wirkungen nachzuweisen sind (FEITZELMAIER 1959). Im Hinblick auf den im allgemeinen mäßigen Versorgungsgrad der meisten Böden kann aber einer *Kali-Frühverregnung* zweifelsohne das Wort gesprochen werden.

Eine *Sonderstellung* nimmt der Nährstoff *Stickstoff* ein. Er ist wohl jener Nährstoff, welcher in erster Linie für die Verregnung in Frage kommt und auch die besten Wirkungen erwarten läßt. Die Begründung hierfür liegt in mehreren Ursachen: Einerseits in der Unmöglichkeit Vorratsdüngungen mit Stickstoff durchzuführen, andererseits in dem ständigen Stickstoffbedarf der Pflanzen nahezu während der ganzen Wachstumszeit.

Liegt es im Wesen der Stickstoff-Handelsdünger, daß sie eine sogenannte *Stoßwirkung* zeigen, d. h. bei Eintritt günstiger Außenbedingungen (Temperatur, Feuchtigkeit) sehr schnell zur Wirkung gelangen und sich dadurch schnell verausgaben, dann fällt der wiederholten Stickstoffdüngung (Stufendüngung, Phasendüngung, gezielte Düngung usw.) eine besondere Bedeutung zu. Diesbezüglich liegen umfangreiche Versuchsergebnisse vor, bei welchen Stickstoff nicht in flüssiger, also verregneter Form, sondern in fester Form dargeboten wurde (LINSER und PRIMOST 1959, SELKE 1959). Allerdings kann diese relativ leicht provozierende Stickstoffwirkung in Form der Verregnung unter Umständen zu Überdosierungen führen, so daß dann die Gefahr einer Wachstumsbeeinflussung oder sonstiger nachteiliger Folgen besteht. Dies zeigen z. B. die nachstehenden Zuckerrübenversuche, bei welchen sich, durch den Zeitpunkt und die Höhe der Stickstoffgabe bedingt, eine zu starke Blattentwicklung einstellte, welche an und für sich schon durch die Beregnung begünstigt erschien.

Zuckerrüben-Beregnungsdüngungsversuch 1954

(Versuchswirtschaft der Hochschule für Bodenkultur Groß-Enzersdorf)

Versuchssorte: Beta 242/35; *Aussaat:* 22. März; *Ernte:* 27. Oktober bis 3. November

Grunddüngung: 50 N + 130 P_2O_5 + 100 K_2O
Kopfdüngung fest:
(Parz. St und 1) 60 N + 17 P_2O_5 + 28 K_2O
Kopfdüngung verregnet:
(Parz. 2) 131 N + 65 P_2O_5 + 44 K_5O

Ertragsleistungen (kg/100 m²)

Rübenkörper

	M ± m	m %	in % St
St (unbewässert)	470 ± 12,4	2,6	100
1 (bewässert)	664 ± 12,3	1,8	141
2 (düngend beregnet)	685 ± 10,0	1,5	147

Rübenblätter

	M ± m	m %	in % St
St (unbewässert)	208 ± 11,2	5,4	100
1 (bewässert)	414 ± 25	6,0	199
2 (düngend beregnet)	493 ± 16	3,2	237

Rübenkörper + Blatt

	M ± m	m %	in % St
St (unbewässert)	678 ± 23	3,4	100
1 (bewässert)	1080 ± 30	2,8	159
2 (düngend beregnet)	1177 ± 24	2,0	173

Ein zweiter Zuckerrübenversuch (FARROKH DARWICHE 1958) mit wechselnden Stickstoff- und Kaligaben läßt wohl erkennen, daß eine gelenkte Nährstoffzufuhr die Qualität positiv zu beeinflussen vermag, den Ertrag aber gegenüber den Beregnungsparzellen mit reinem Wasser nur unwesentlich steigert.

Zuckerrüben-Beregnungsdüngungsversuch 1958

(Versuchswirtschaft der Hochschule für Bodenkultur Groß-Enzersdorf)

Versuchssorte: Beta 242/35; *Aussaat:* 23. März; *Ernte:* 20. bis 30. Oktober

Düngungsschema

(in kg Reinnährstoffe/ha)

Grunddüngung

		N	P_2O_5	K_2O
für St_1	P_1 bis P_4:	50	100	150

Kopfdüngung

Kali	verregnet am 1. Juli, 8. August, 1. September
Stickstoff	verregnet am 2. Juni, 1. Juli

	N	P_2O_5	K_2O
St (düngend beregnet)	150	—	300
P_1 (beregnet)	75	—	—
P_2 (nicht beregnet)	75	—	—
P_3 (düngend beregnet)	75	—	300
P_4 (düngend beregnet)	150	—	—

Rübenkörper

(dz/ha)

	M ± m	m%	in % P_2	Kopfdüngung N	P_2O_5	K_2O
St (d. b.)	767,5 ± —	—	138	150	—	300
P_1 (b.)	729,0 ± 6,9	0,9	132	75	—	—
P_2 (n. b.)	559,0 ± 7,5	1,3	100	75	—	—
P_3 (d. b.)	738,0 ± 6,1	0,8	133	75	—	300
P_4 (d. b.)	723,0 ± 8,3	1,1	129	150	—	—

Rübenblatt

(dz/ha)

	M ± m	m%	in % P_2	Kopfdüngung N	P_2O_5	K_2O
St (d. b.)	437 ± —	—	172	150	—	300
P_1 (b.)	353 ± 20,0	5,8	140	75	—	—
P_2 (n. b.)	251 ± 12,5	5,0	100	75	—	—
P_3 (d. b.)	364 ± 10,0	2,9	145	75	—	300
P_4 (d. b.)	417 ± 19,0	4,7	165	150	—	—

Zuckerertrag

	Rübenertrag dz/ha	Polarisation in %	schädlicher Stickstoff	Zuckerertrag in dz/ha absolut	bereinigt[1]
St (d. b.)	767,5	18,0	45,4	138,0	129,4
P_1 (b.)	729,0	18,8	40,0	138,0	128,8
P_2 (n. b.)	559,0	21,0	22,8	117,0	114,8
P_3 (d. b.)	738,0	18,6	31,6	137,0	131,4
P_4 (d. b.)	723,0	18,2	52,1	131,0	122,2

[1] Zuckerausbeute nach Abzug der Verluste durch schädlichen Stickstoff.

Zur Erklärung dieses Versuchsergebnisses muß festgestellt werden, daß der Versorgungsgrad des Bodens so hoch gelegen war, daß eine verregnete Zusatzdüngung (gegenüber einer Reinberegnung) keine Ertragssteigerungen mehr bringen konnte und auch der Zeitpunkt der Nährstoffaufbringung, trotzdem sie in verregneter Form durchgeführt wurde, zu spät erfolgte.

Auch weitere Versuche, welche nach den gleichen Gesichtspunkten, wenn auch in variierter Fragestellung durchgeführt wurden, erbrachten ähnliche Ergebnisse, nämlich Steigerung der Erträge durch reine Beregnung bei gleichzeitiger Verminderung des Zuckergehaltes. Wohl zeigten sich Tendenzen einer Qualitätsverbesserung, vor allem durch Verregnung von Kali, doch stellen diese Maßnahmen noch keine befriedigende Lösung dar. Zum Teil liegen diese Schwierigkeiten in der Eigenart der Zuckerrübenkultur, da die Ernte zu einem Zeitpunkt einsetzt, der auf den Reifezustand der Rübe keine Rücksicht nimmt, sondern nur durch den Beginn der Verarbeitungskampagne und die Sorge um eine möglichst reibungslose Abfuhr vor Eintritt der schlechten Herbstwitterung bestimmt wird. Daß aber zweifellos die Pflanze und ihre Kultur im Rahmen von Beregnungsdüngungsmaßnahmen funktionell eine maßgebliche Rolle spielen, beweisen die Ergebnisse eines Beregnungsdüngungsversuches mit Weizen, welche im folgenden Darstellung finden sollen.

W. Weizen-Beregnungsdüngungsversuch 1955

(Versuchsaußenstelle des Instituts für Pflanzenbau und Pflanzenzüchtung, Wien XIX).

Versuchssorten: Stamm 101; Austro Bankut; Heine VII
Anbau: 14. Oktober 1954; *Ernte:* 2. August bis 5. August 1955
Grunddüngung/ha: 500 kg Superphosphat + 300 kg 40% Kali
Beregnungsdüngung/ha: 400 kg Volldünger (28—9—14) in zwei Gaben am 9. Juni und 1. Juli mit je 15 mm Wasser.

Ernteleistungen in kg/100 m²

	Austro Bankut		Stamm 101		Heine VII	
	kg	% St	kg	% St	kg	% St
St (unberegnet)	27,1	100	38,1	100	37,1	100
1 (beregnet)	24,6	91	37,3	98	38,2	103
2 (düngend beregnet)	40,7	150	52,7	138	49,8	134

Ergebnisse der morphologischen Ertragsanalysen

		Bestandesdichte		Kornzahl/Ähre		1000 Korn-Gewicht	
		absolut	in % St	absolut	in % St	absolut	in % St
	St	226	100	24,4	100	49,4	100
Austro Bankut	1	222	98	23,3	96	47,1	96
	2	404	179	21,3	86	47,5	98
	St	291	100	28,0	100	46,8	100
Stamm 101	1	299	103	28,1	100	45,5	97
	2	470	162	24,6	88	46,3	98
	St	199	100	37,2	100	50,3	100
Heine VII	1	207	104	35,9	96	47,1	93
	2	315	158	34,6	93	46,2	92

Ergebnisse der Qualitätsuntersuchung

	Austro Bankut	Stamm 101	Heine VII
	Zeleny-Test		
St	53	35,5	15
1	56	44	15
2	58,5	59,5	16
	Klebermengen		
St	36,9	22,0	13,9
1	32,4	20,1	14,5
2	44,2	35,0	14,1

Im Gegensatz zu den Zuckerrübenversuchen zeigt dieser Weizenversuch einen durch die Beregnungsdüngung bedingten starken Ertrags- und Qualitätsausschlag, eine Tatsache, welche nicht nur der besonderen Reaktion der Pflanze Weizen zuzuschreiben ist, sondern zweifelsohne auch in der wesentlich geringeren

Grunddüngung ihre Ursache findet. Dessenungeachtet darf aber gerade bei Getreide, und dafür sprechen auch die bisherigen Erfahrungen mit der Spätstickstoffdüngung in fester Form, ein besonderes Ansprechen auf eine Beregnungsdüngung angenommen werden, wobei es nicht so sehr die unmittelbar ertragssteigernde Wirkung des Faktors Wasser ist, als vielmehr die schnell einsetzende Wirkung der verregneten Nährlösung.

Freilich können auch diese Versuche nur als Tastversuche gewertet werden, und es wird noch vieler versuchstechnischer Kleinarbeit bedürfen, um die Beregnungsdüngung so zu gestalten, daß sie auch wirtschaftlich gerechtfertigt erscheint.

In diesem Zusammenhang verdienen es auch die bisherigen zahlreichen Arbeiten (KRYZSCH 1958) über die *Blattdüngung mit Mineralsalzen* betrachtet zu werden. Die Verwendung von Pflanzenschutzgeräten, also Feldspritzen zur Nährstoffapplikation direkt über das Blatt, findet in steigendem Maße Beachtung, wobei es sich nicht um die Aufbringung von Stickstoff, meist in Form von Harnstoff, sondern auch von den Nährstoffen Phosphorsäure und Kali handelt. Allerdings wird fast ohne Ausnahme darauf hingewiesen, daß die Konzentrationsgrenzen für die Spritzlösungen relativ niedrig gehalten werden müssen und Erhöhungen über 1% hinaus bei nitrathaltigen Lösungen schon zu schweren Blattverbrennungen führen können. Wohl verhalten sich diesbezüglich die einzelnen Pflanzenarten verschieden und insbesondere das Getreide scheint vor allem gegenüber Stickstoff einen hohen Verträglichkeitsgrad zu besitzen, dessenungeachtet müssen aber die aufgebrachten Mengen so gering gehalten werden, daß ihnen nur ein sehr bescheidener Düngungseffekt zugesprochen werden kann. Eine wiederholte Blattdüngung zur Sicherung einer befriedigenden Nährstoffversorgung verbieten aber wirtschaftliche Überlegungen.

Auch bei der Blattdüngung konnten ähnliche Beziehungen zum Nährstoffversorgungsgrad bzw. zur Höhe der Grunddüngung festgestellt werden, wie dies bei der Beregnungsdüngung hinsichtlich der Nährstoffe Phosphorsäure und Kali zu beobachten war. Dadurch wird aber bei einem hohen Nährstoffanbot durch den Boden der Effekt dieser Maßnahme, der im Gegensatz zur Beregnungsdüngung nur in einer besonderen Form der Nährstoffaufbringung liegt, noch weiter herabgesetzt. Die Blattdüngung erscheint daher für Makronährstoffe (Kernnährstoffe) wirtschaftlich kaum tragbar und kann der Beregnungsdüngung, die das Wirken *zweier Faktorengruppen*, nämlich Wasser plus Nährstoffe, umfaßt, nicht gleichgestellt werden.

6. Zusammenfassung

Die Beregnungsdüngung oder düngende Beregnung als Kombination von Beregnung und Nährstoffzufuhr unter Verwendung mineralischer Dünger stellt einen weiteren Entwicklungsschritt in der Beregnung dar. Sie muß daher auf einer Beregnungstechnik aufbauen, welche den biologischen Forderungen der Pflanzen hinsichtlich der Wasserdarbietung angepaßt erscheint, soll die Doppelwirkung der Faktoren Wasser und Nährstoffe im Sinne von Beregnung und Düngung gesichert werden.

Unter dem Gesichtspunkt der Düngung gesehen, bietet die Verwendung von Wasser als Nährstoffträger Vorteile, welche vor allem in der schnellen Wirksamkeit derartiger Maßnahmen liegen und zum Unterschied von der Blattdüngung die Aufbringung großer Nährstoffmengen gestatten, ohne nachteilige Folgen für die Pflanzen und für die Regengeräte (Pumpe, Rohrleitungen) befürchten zu müssen, da die Konzentrationen sehr gering gehalten werden können.

Der Düngung in fester Form gegenübergestellt, soll sie dieselbe nicht ersetzen, sondern nur ergänzen, so daß die Fragestellung nicht feste Düngung oder Beregnungsdüngung, sondern nur feste Düngung *und* Beregnungsdüngung lauten kann.

Da die Beregnung normalerweise eine ertragssteigernde Funktion besitzt, aber nicht befähigt ist, solche Mehrnährstoffmengen zu mobilisieren, daß der durch die höheren Pflanzenerträge bedingte Mehrverbrauch an Nährstoffen gedeckt wird, erscheint die Forderung berechtigt, Beregnungsmaßnahmen mit einer gesteigerten Düngung zu kombinieren. Diese Aufgabe kann zum Teil die Beregnungsdüngung übernehmen, wobei primär nicht an einen Ersatz für eine mangelhafte Grunddüngung gedacht ist, sondern vielmehr an Kopfdüngungsmaßnahmen in dieser besonderen Form. Für diese Spätdüngung wachsender Pflanzenbestände kommen neben Phosphorsäure- und Kalidüngern vor allem Stickstoffdünger in Frage. Warum gerade letztere Düngergruppe in den Vordergrund gestellt wird, ergibt sich aus der Tatsache, daß Stickstoff nicht auf Vorrat gedüngt werden kann und eine ständige Stickstoffdarbietung im Hinblick auf die bekannte Stoßwirkung der mineralischen Stickstoffdünger daher nur auf diesem Wege zu sichern ist. Damit wird nicht nur dem Ertragsgeschehen eines Pflanzenbestandes Rechnung getragen, sondern auch das Qualitätsgeschehen weitgehend berücksichtigt.

Schon die bisherigen Versuchsergebnisse haben in Übereinstimmung mit den Erfahrungen bei fester Düngung gezeigt, daß die Nährstoffwirkung der Beregnungsdüngung vor allem bei den Nährstoffen Phosphorsäure und Kali weitgehend durch das pflanzenaufnehmbare Nährstoffkapital des Bodens bzw. durch die Höhe der Grunddüngung bestimmt werden, und zwar in dem Sinne, daß hohe Nährstoffversorgungszahlen die Notwendigkeit einer Phosphorsäure- und Kalidüngung in Frage stellen. Andererseits bietet die Beregnungsdüngung gerade bei diesen Nährstoffen die Möglichkeit, bei einem Unteranbot kompensierend einzugreifen und einen wirksamen Nährstoffausgleich zu schaffen.

Von Bedeutung für den Düngungseffekt der Beregnungsdüngung ist zweifellos auch der Zeitpunkt der Nährstoffaufbringung sowie der Funktionsapparat der behandelten Pflanzenarten. So werden z. B. Zuckerrüben auf eine Beregnungsdüngung anders reagieren als dies bei Pflanzenarten der Fall ist, deren Reproduktionsorgane (Früchte, Samen) geerntet werden.

Da sich gerade bei der Beregnungsdüngung zwei Effekte, nämlich der Wassereffekt und der Nährstoffeffekt, überdecken, bedarf es noch eingehender Untersuchungen, um festzustellen, unter welchen Voraussetzungen ein Gleichklang dieser Wirkungen, bedingt durch Beregnung und durch Düngung im Hinblick auf höchsten Ertrag *und* Qualität zu erzielen sind. Diese Aufgabe ist aber nicht nur eine rein pflanzenbauliche, sondern auch eine wirtschaftliche, da die Beregnungsdüngung erst dann als Instrument der Produktionsförderung eingesetzt werden kann, wenn die Rentabilität dieser Maßnahme gesichert ist. Die Aussichten hierfür sind durchaus günstige.

Literatur

ACHTNICH, W.: Eine Methode zur Berechnung des Wasserverbrauches der Pflanzen mit Hilfe klimatologischer Daten. Z. Pflanzenernähr., Düng., Bodenkde. **79**, 97–101 (1957). — ATANASIU, N.: Zur Frage der künstlichen Beregnung in Beziehung zum Klima. Z. Acker- u. Pflanzenbau **104**, 137–144 (1957).

BAUMANN, H.: Zur Kenntnis des Wasserhaushaltes eines lehmigen Sandbodens bei künstlicher und natürlicher Beregnung, II. Z. Pflanzenernähr., Düng., Bodenkde. **43**, 28–36 (1949). — BROUWER, W.: Die Feldberegnung. Frankfurt/Main: DLG-Verlag. 1959.

CHAMINADE, R.: La fumère minérale en terre irriguée. Résumé de la communication. Circulaire d'informations et de documentation, Mulhouse, No. 169, 276–282 (1959). — CZERATZKI, W., und W. KORTE: Rationelle Steuerung der Feldberegnung. Landbauforschung Völkenrode 5, 75–78 (1955). — CZERATZKI, W.: Bodenphysikalische Probleme des Bodenwasserhaushaltes und der Feldberegnung. Landbauforschung Völkenrode 8, 85–89 (1958).

DARVICHE, F.: Ertrag und Qualität der Zuckerrübe in Abhängigkeit von Bewässerung, Stickstoff- und Kaliumdüngung. Diss. Hochschule für Bodenkultur, Wien 1958.

EBERDORFER, S.: Der Einfluß von Wasser- und Nährstoffanbot auf den Gesamtertrag und die Ertragsbildung von Pflanzen. Diss. Hochschule für Bodenkultur, Wien 1955. — EHRENDORFER, K.: Schnellmethoden zur näherungsweisen Bestimmung der Bodenfeuchte. Bodenkultur 8, 215–229 (1955). — Das Irrometer, ein Bodenfeuchtemesser des Tensiometertypes. Bodenkultur 10, 177–186 (1959).

FEITZELMAYR, E.: Untersuchungen über die Erhaltung der Qualität beregneter Zuckerrüben, unter besonderer Berücksichtigung der Kaliumwirkung. Diss. Hochschule für Bodenkultur, Wien 1959. — FRECKMANN, W.: Die bodenkundlichen Voraussetzungen und Folgen der künstlichen Beregnung. Z. Pflanzenernähr., Düng., Bodenkde. 44, 101–107 (1949). — FRESE, H.. W. CZERATZKI und H. SCHLADERBUSCH: Krümelzerstörung unter dem Einfluß verschiedener Beregnungsweisen. Z. Pflanzenernähr., Düng., Bodenkde. 73, 210–223 (1956).

HUPPERT, V., und A. BUCHNER: Stickstoffdüngung und Eiweißgehalt beim Getreide. Z. Pflanzenbau u. Pflanzenschutz 2, 115 (1951).

KOPETZ, L. M.: Die Beregnung im Dienste des Pflanzenbaues. Bodenkultur 7, 199–208 (1953). — Das Wesen der Beregnungsdüngung. Kali-Briefe 2, Fachgebiet 8, 2. Folge, Hannover (1954). — Untersuchungen über die Anzucht von Jungpflanzen. Bodenkultur 8, 333–348 (1956). — Probleme der Beregnungsdüngung. Kalium-Symposium 1957, 59–73, Internat. Kali-Institut Bern. — KRZYSCH, G.: Blattdüngung mit Mineralsalzen. Z. Pflanzenernähr., Düng., Bodenkde. 80, 42–55 (1958). — Die Wirkungen verschiedener N-, P- und K-Verbindungen bei Anwendung als Blattdüngemittel. Z. Pflanzenernähr., Düng., Bodenkde. 82, 107–120 (1958). — Der Einfluß steigender Salzkonzentrationen und der Spritztermine auf den Erfolg einer Blattdüngung. Z. Pflanzenernähr., Düng., Bodenkde. 83, 214–224 (1958).

LINSER, H., und E. PRIMOST: Zur Frage der Wirtschaftlichkeit verschieden hoher Stickstoffgaben im Getreidebau. Bodenkultur 10, 53–70 (1959).

MITSCHERLICH, E. A.: Über den Einfluß des Regens auf die Höhe der Pflanzenerträge. Z. Pflanzenernähr., Düng., Bodenkde. 42, 5–11 (1948). — Bodenkde, 7. Aufl. Berlin 1954.

PFAFF, C.: Einfluß der Beregnung auf die Nährstoffauswaschung bei mehrjährigem Gemüseanbau. Z. Pflanzenernähr., Düng., Bodenkde. 80, 93–108 (1958). — PFLEGER, E.: Feldberegnungsversuche 1957–1958. Diss. Hochschule für Bodenkultur, Wien 1959.

SCHENDEL, U.: Die Wirkung künstlicher Beregnung in Sortenversuchen bei Winterweizen, Wintergerste, Erbsen und Kartoffeln. Z. Pflanzenernähr., Düng., Bodenkde. 59, 27–48 (1952). — SELKE, W.: Die zusätzliche späte Stickstoffdüngung — ein Mittel zur weiteren Steigerung von Ertrag und Qualität des Getreides. Dtsch. Landwirtsch. 10, 191–197 (1959). — STEINECK, O.: Der Ertragsaufbau der Kartoffel. Bodenkultur 10, 231–245 (1959). — STERLING, A.: Use of mean soil moisture tension to evaluate the effect of soil moisture on crop yields. Soil Sci. 74, 217–226 (1952).

II. Die Düngung im Getreidebau

A. Weizen

(Triticum L.)

Von

Edith Primost

a) Entwicklung und Wachstumsverlauf

Der Weizen (*Triticum sativum L.*) zählt zu den ältesten Getreidearten und alle Weizen haben ihren Ursprung in europäischen Formen. Der Weizenstammbaum gliedert sich wie folgt (PELSHENKE 1954):

A. Spelzreihe
1. *Triticum vulgare Vill.* (neuerdings *Tr. aestivum L.*) Gewöhnlicher Weizen
2. *Triticum compactum Holst.*, Zwerg-, Dinkel- oder Igelweizen
3. *Triticum spelta L.* Spelz, Dinkel

B. Emmerreihe
4. *Triticum durum* DESF., Durum- oder Glasweizen
5. *Triticum polonicum L.*, Polnischer Weizen
6. *Triticum turgidum L.*, Bart- oder englischer Weizen
7. *Triticum dicoccum* SCHRANK, Emmer

C. Einkornreihe
8. *Triticum monococcum L.*, Einkorn

Der Weizen hat von allen Getreidearten die weiteste Verbreitung; dies zeigt, daß er bezüglich Klima und Boden sehr anpassungsfähig ist. Von den Temperaturen während der Jugendentwicklung hängt die Ausbildung der Winter- und Sommerformen des Weizens ab. Während der Sommerweizen immer zur Reproduktion gelangt, wenn zur Zeit des Anbaues nicht außergewöhnlich hohe Temperaturen herrschen, hat der Winterweizen ein ausgeprägtes Kältebedürfnis und tritt erst nach Durchlaufen einer Kälteperiode in die reproduktive Phase ein. Außer den Temperaturverhältnissen ist für die Entwicklung des Weizens auch die Tageslänge maßgebend. Von LYSSENKO und seiner Schule wurde das Verfahren der Jarowisation entwickelt (KURTH 1955). Unter Jarowisation oder Vernalisation versteht man eine Behandlung des Saatgutes vor der Aussaat, die auf eine Beschleunigung in der Entwicklung der Pflanzen und auf eine Ertragssteigerung gerichtet ist. Durch die Jarowisation erfolgt nach Ansicht der russischen Forscher (KURTH 1955) eine Verkürzung der Vegetationsperiode, der Zuckergehalt wird erhöht, ferner nehmen die freien Aminogruppen zu und es erfolgt eine Verschiebung des isoelektrischen Punktes der Plasmakolloide nach der sauren Seite.

Nach LYSSENKO (KRESS 1953) haben alle Wintersorten ein mehr oder minder langes Jarowisationsstadium, während die Sommerweizen ein sehr kurzes Jarowisationsstadium besitzen. Andere Autoren (TAMM und PREISSLER 1938, FEEKES 1941, HÄNSEL 1953, SPECHT 1956) fanden, daß das Verfahren der Jarowisation für westeuropäische Verhältnisse keine praktische Bedeutung besitzt. Der Wachstumsverlauf von Winter- und Sommerweizen ist in den wichtigsten Phasen derselbe, nur vollzieht sich die Entwicklung bei der Sommerform rascher und ist auf eine kürzere Vegetationsdauer zusammengedrängt.

Der im Herbst angebaute Winterweizen bestockt sich im Gegensatz zu Roggen im Herbst nur schwach. Als optimale Keimtemperatur gibt MANDY (1958) nach Versuchen in Ungarn eine Bodentemperatur von 10 bis 15° C an. Die eigentliche Entwicklung des Winterweizens setzt erst im Frühjahr mit Beginn der Vegetation ein. Das Überwinterungsvermögen des Weizens ist unter anderem sortenbedingt. BUHLERT (1906) fand, daß die winterfesten Weizensorten eine geringere Wurzelmasse entwickelt hatten als die weniger winterharten, auch war die Ausdehnung des Wurzelsystems geringer. Bei Einwirken des Frostes liegt auch ein verschiedenes plasmolytisches Verhalten vor.

GAWRILOWA (1954) stellte Zusammenhänge zwischen Winterhärte und der Aktivität der Fermente fest. SCHULYNDIN (1957) konnte zeigen, daß winterharte Weizen zu Beginn der Winterperiode weniger Stickstoff enthielten als die wenig winterfesten Sorten. Dagegen war die Kohlenhydratspeicherung bei winterfesten Weizen höher. Das Verhältnis Stickstoff zu Kohlenhydraten ermöglicht daher eine gewisse Schlußfolgerung über die Winterfestigkeit.

Nach Anbau im Herbst steht der Winterweizen fast ausschließlich auf den Keimwurzeln. Die Kälteresistenz der Keimwurzeln betrachtet HÄNSEL (1952) als wichtigen Faktor für die Winterhärte. Auch der pH-Wert des Bodens ist nach KOSSA (1956) für die Winterfestigkeit von Einfluß. Je extremer der pH-Wert, um so größer sind die Auswinterungsschäden.

Für den Entwicklungsverlauf des Weizens hat FEEKES (1941) folgendes Schema ausgearbeitet:

Schema zur Feststellung der Entwicklung von Weizenpflanzen
(nach FEEKES 1941)

1. bis 5. Periode der Bestockung
1. Ein Sproß
2. Anfang der Bestockung
3. Die Pflanze ist noch kriechend oder liegend
4. Der Pseudostengel fängt an emporzuwachsen
5. Der Pseudostengel ist stark aufgerichtet

6. bis 10. Periode der Halmentwicklung
6. Der erste Halmknoten hat sich gebildet
7. Der zweite Halmknoten hat sich gebildet. Dies ist der eigentliche Anfang des Schossens
8. Das letzte Blatt ist sichtbar, die Ähre fängt an zu schwellen
9. Die Ligula des letzten Blattes ist eben sichtbar
10. Die Scheide des letzten Blattes ist eben ausgewachsen. Die Ähre ist sehr geschwollen

10,1 bis 10,5 — Periode des Ährenschiebens
10,1 Die ersten Ähren sind eben sichtbar
10,2 Ähren zu einem Viertel geschoben
10,3 Ähren zur Hälfte geschoben
10,4 Ähren zu drei Viertel geschoben
10,5 Alle Ähren sind aus der Scheide

10,5,1 bis 10,5,3 — Periode der Blüte
10,5,1 Anfang der Blüte
10,5,2 Ganze Ähre blühend
10,5,3 Der untere Teil der Ähre ist verblüht und die Ähre ist völlig ausgeblüht

I. bis IV. Periode des Reifungsvorganges (Reifestadium)
I. Milchreife des Kornes, Korn noch grün und von milchiger Beschaffenheit
II. Gelbreife des Kornes. Das Innere des Kornes ist fest geworden
III. Vollreife des Kornes. Korn hart und schwierig über den Nagel zu brechen
IV. Totreife des Kornes, auch das Stroh ist tot

In entwicklungsphysiologischen Untersuchungen von HÄNSEL (1947) zeigten verschiedene Weizensorten, je nach der Reifegruppe, nach 14 bzw. 18 Tagen Unterschiede in der Größe des Vegetationskegels, die in Abb. 97 dargestellt sind. Im zeitigen Frühjahr setzt der Weizen mit der Bestockung ein. Diesem Stadium

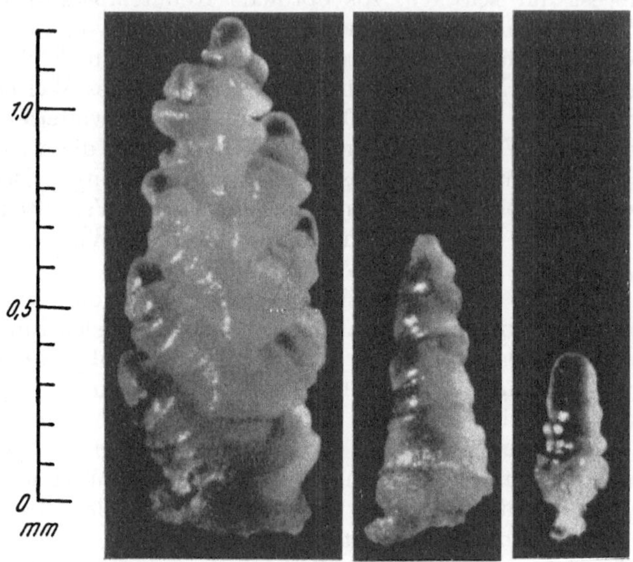

Abb. 97. Unterschiede in der Größe der Vegetationskegel von Weizen verschiedenen Reifetyps, 18 Tage nach Anzucht in Dauerbelichtung (nach HÄNSEL 1947)

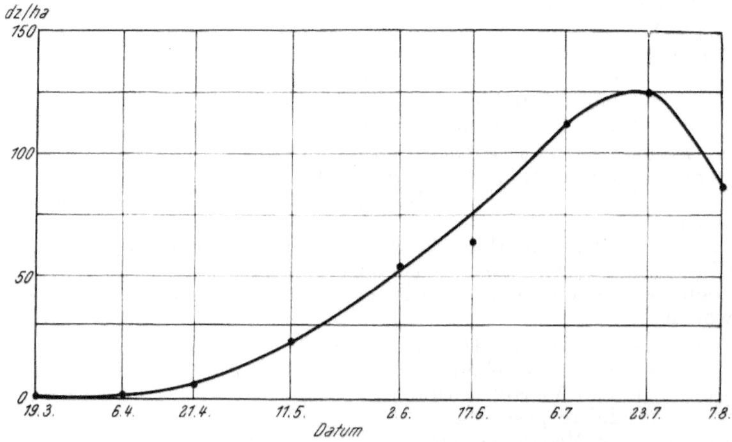

Abb. 98. Verlauf der Trockensubstanzbildung bei Weizen

folgt dann die Reduktion der gebildeten Bestockungstriebe auf die Zahl der ährentragenden Halme pro Flächeneinheit. Dieser Reduktionsvorgang kann mehr oder minder kraß in Erscheinung treten und ist unter anderem auch von dem zur Verfügung stehenden Nährstoffvorrat des Bodens abhängig.

Die Zahl der ährentragenden Halme je Flächeneinheit (Bestandesdichte) ist bei den maritimen Weizensorten wesentlich geringer als bei den Kontinentalsorten In den Zeitraum der Halmstreckung fällt auch die optimale vegetative Entwicklung, welche knapp vor dem Ährenschieben ihren Höhepunkt erreicht (Abb. 98). In Abb. 99 sind die wichtigsten entwicklungsphysiologischen Stadien der Weizenpflanze, Bestockung, Halmstreckung und Ährenschieben festgehalten. Im weiteren Verlauf erfolgt die Ausbildung der Ähre und des Kornes. Nach dem Ährenschieben, wenn der Weizenhalm voll ausgebildet ist und seine volle Länge

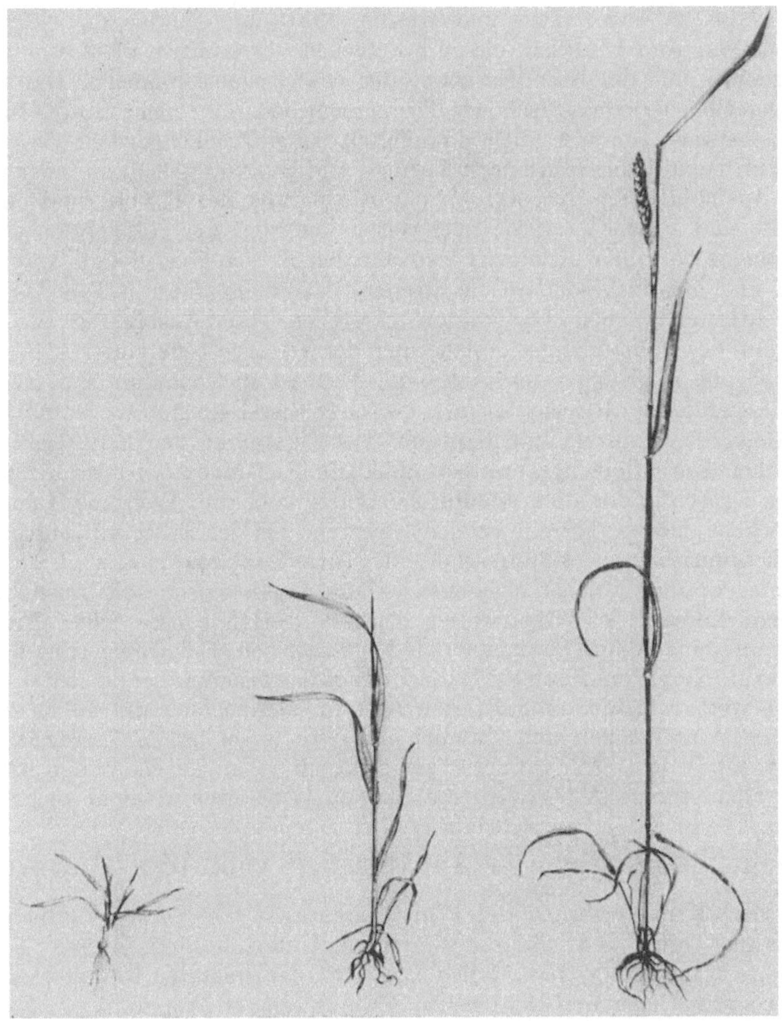

Abb. 99. Entwicklungsstadien der Weizenpflanze. Links Bestockung, Mitte Halmstreckung, rechts Ährenschieben

erreicht hat, kann infolge ungünstiger Witterungsverhältnisse (Sturm, Regen, Hagel), oder einseitiger, überhoher Nährstoffgaben, insbesondere Stickstoff, Krankheitsbefall (Fußkrankheiten) als Folgeerscheinung Lagerung eintreten. Die Lagerung ist nicht nur umwelts-, sondern auch sortenbedingt und kann zu großen Ernteverlusten führen. RODGER (1956) schätzt den Schaden durch Lagerfrucht in Holland auf 50%, in der UdSSR auf 25 bis 30%. Zusammenhänge zwischen der Ausbildung des Festigkeitsgewebes des Halmes und der Standfestigkeit wurden von ILJINSKAYA-ZENTILOWITSCH und GURJEW (1957) festgestellt. Wurzelentwicklung, Verankerung im Boden, der sortentypische Entwicklungsrhythmus der Halme sind nach SCHLUMBERGER und SPAHR (1957) für die Lagerung von größter Bedeutung. Die Fähigkeit der Wiederaufrichtung des Halmes hängt nach diesen Autoren von dem Alter der Halme und dem Gewicht der Ähren ab. Bei Lagerung in der Zeit des Ährenschiebens benötigt der Weizen 2 bis 5 Tage bis zur Wiederaufrichtung, bei Lagerung in der Zeit der Blüte hingegen 12 bis 22 Tage. HESS und MRKOS (1951) fanden, daß die Neigung der Keimpflanzen zum Umfallen bis zum Schieben des zweiten Blattes in Parallele zu setzen ist mit der Standfestigkeit der erwachsenen Pflanzen. Die während der Vegetationsperiode herrschende Temperatur bestimmt nicht nur die Intensität des Wachstums, sondern auch das Frisch- und Trockengewicht des Kornes. Hohe Luftfeuchtigkeit führt nach CHINOY und SHARMA (1958) zu einer mangelhaften Ausbildung des Kornes. An der Ausbildung des Kornes sind auch, wie PETINOW und PAWLOW (1957) nachweisen konnten, die Hüllspelzen stark beteiligt, da sie vor allem Kohlenhydrate für den Kornaufbau liefern, während die Blätter und hier insbesondere die älteren Blätter am unteren Teil des Halmes die wichtigsten Stickstofflieferanten darstellen. Die Ausbildung des Kornes findet mit der vollständigen Ablagerung der Reservestoffe unter gleichzeitiger Wasserabgabe im Korn ihren Abschluß. Dies ist das Stadium der Reife. Wie bereits angeführt, unterscheidet man zwischen vier Reifestadien, nämlich Milchreife, Gelbreife, Vollreife und Totreife. Der Zeitpunkt der Ernte ist von der technischen Durchführung derselben abhängig. Die Mahd wird bei nicht gleichzeitigem Drusch in der Gelbreife durchgeführt, wobei der Weizen auf dem Felde nachtrocknet und die Totreife erreicht, während bei der Ernte mit vollautomatischen Erntemaschinen (Mähdrescher) die Totreife abgewartet wird.

Sommerweizen, welcher sich entwicklungsphysiologisch mit Ausnahme des Kältebedürfnisses wie Winterweizen verhält, verlangt eine frühe Frühjahrsaussaat und eine höhere Saatstärke als Winterweizen. Eine Steigerung der Saatstärke kann nach POLLMER (1957) die Ertragsdepressionen bei zu später Aussaat teilweise wettmachen. Sommerweizen reift im allgemeinen um 10 bis 14 Tage später als Winterweizen und ist auch nicht zu jenen hohen Ertragsleistungen befähigt. Ein Anbau von Sommerweizen erfolgt in jenen Gegenden und Klimaten, wo der allzu strenge Winter den Anbau von Winterweizen nicht mehr zuläßt.

b) Nährstoffaufnahme in Abhängigkeit vom Wachstumsverlauf

Im Herbst und während der Wintermonate ist die Nährstoffaufnahme des Weizens nur gering und ruht im Winter bei Unterschreiten gewisser Temperaturen ganz. Nach REMY (1939) fallen etwa 10% der gesamten Nährstoffaufnahme in die vorwinterliche und winterliche Periode. Der Höhepunkt der Nährstoffaufnahme erfolgt in der Zeit des größten vegetativen Wachstums vom Beginn des Schossens bis zum Ährenschieben. Nach eigenen Untersuchungen zeigt der Verlauf der Nährstoffaufnahme für N, P_2O_5 und K_2O durch den Winterweizen die in Abb. 100 dargestellten Kurven. Daraus geht hervor, daß die Aufnahme von N und P_2O_5 der Trockensubstanzbildung folgt, während der Nährstoff K_2O bereits zu einem früheren Termin seinen Optimalwert erreicht und daher die K_2O-Aufnahme sehr deutlich der Bildung an Trockensubstanz vorauseilt.

Mit Abschluß der vegetativen Entwicklung, vor Eintritt in die reproduktive Phase werden die höchsten K_2O-Mengen im Weizen vorgefunden. Die nach Ausbildung der Ähren erfolgte Abwanderung der Nährstoffe vom Stroh ins

Korn geht aus den Kurven für die Ähren hervor. Die optimale Aufnahme des Kornes von N und P_2O_5 liegt bei Weizen mit beginnender Gelbreife vor. Bis zur Vollreife erfolgt übereinstimmend mit anderen Autoren (Remy 1939) eine teilweise Rückwanderung der Nährstoffe in den Boden. Nach Untersuchungen von Gros (1954) verbraucht der Weizen bis zur Ernte 140 kg/ha N, davon 41% vom Anfang bis zum Ende der Bestockung, vom Ende der Bestockung bis zum Schossen weitere 18%, vom Schossen bis zum 1. Juli 12% und vom 1. Juli

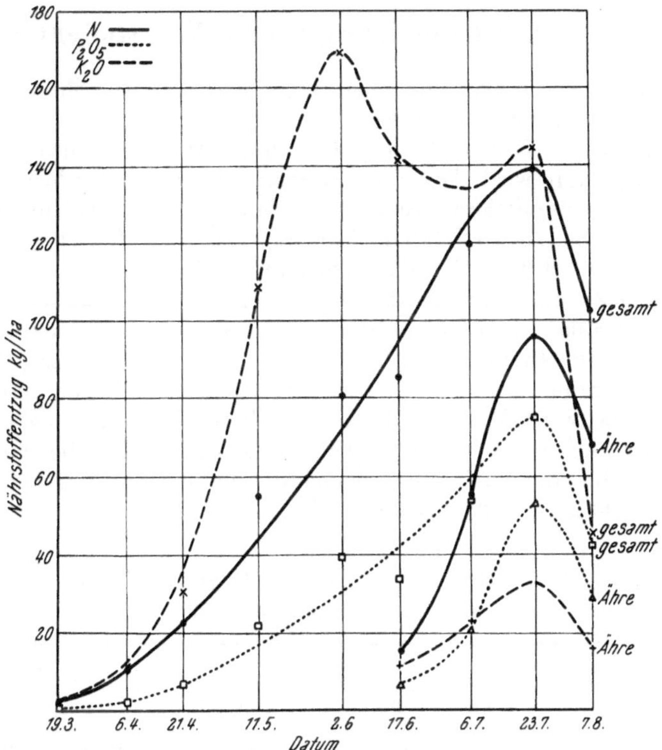

Abb. 100. N-, P_2O_5- und K_2O-Aufnahme des Weizens während der Vegetation

bis zur Ernte noch 29%. Nach Schrader (1929) bestehen enge Beziehungen zwischen Nährstoffaufnahme und Vegetationsverlauf bei Weizen dahingehend, daß Sorten mit langsamer Entwicklung einen langsameren Verlauf der Nährstoffaufnahme zeigen als Sorten mit schneller Entwicklung. Auf die Gesamtmenge der aufgenommenen Nährstoffe hat die Dauer der vegetativen Entwicklung jedoch keinen Einfluß. Auch Schrader (1929) konnte feststellen, daß K_2O vom Weizen in einem früheren Stadium aufgenommen wird als P_2O_5.

Die geringe Bedeutung der Nährstoffversorgung des Weizens im Herbst und Winter wird auch von Charles, Soubiès und Gadet (1954) hervorgehoben, welche zeigen konnten, daß bis zur Bestockung des Weizens vor allem die Erbanlagen der Halme für die Entwicklung maßgebend sind, während für die weiteren wichtigen Stadien der Vegetation der Nährstoffvorrat des Bodens bestimmend wirkt. Bezüglich der Abhängigkeit der Nährstoffaufnahme vom Vegetationsverlauf ergaben Blattanalysen von Weizen während der gesamten Vegetationszeit (Hasegawa und Owa 1958), daß das Nährstoffverhältnis N:P:K in den obersten Blättern der Weizenpflanze während der gesamten Vegetationszeit konstant blieb, bei verschiedenen Düngungen jedoch variierte. Carpenter,

HAAS und MILES (1952) fanden eine enge Korrelation zwischen dem Kornertrag und der N-Menge in der Weizenpflanze zu allen Entwicklungsstadien. Die beste Übereinstimmung war zum Zeitpunkt des Schossens gegeben. Zu ähnlichen Ergebnissen kamen auch ACHARYA und JADAV (1957), welche gleichfalls die enge Korrelation zwischen N-Gehalt der oberirdischen Teile der Weizenpflanze in einem frühen Wachstumsstadium bestätigten. P_2O_5-, K_2O- und CaO-Gehalt zeigten in diesen Versuchen keine Korrelationen zu den Erträgen.

c) Durchschnittliche Erträge und Nährstoffentzüge

Eine Angabe der durchschnittlichen Weizenerträge ist sehr schwierig, da der Weizen infolge seiner weiten Verbreitung unter den verschiedensten Bedingungen hinsichtlich Klima, Boden, Düngung, Art der Kultur, Wasserversorgung usw. angebaut wird. Der Weltdurchschnittsertrag des Weizens beträgt 11,6 dz/ha, wobei die mittleren Erträge in den einzelnen Anbaugebieten von 8,2 dz/ha (Afrika) bis zu 15,8 dz/ha (Europa) variieren. Den höchsten durchschnittlichen Weizenertrag weist Dänemark mit 40,3 dz/ha auf (*FAO-Jahrbuch* 1958). In diesem Zusammenhang ist jedoch auch die Entwicklung der Weizenerträge in Westeuropa von Interesse und es zeigt sich, daß die Hauptbedingung, von der die mittlere Ertragshöhe in verschiedenen Epochen des Ackerbaues abhing, der Versorgungsgrad der landwirtschaftlichen Kulturen mit Stickstoff war (PRJANISCHNIKOW 1952). Wie Tab. 25 zeigt, betrugen die Erträge im 18. Jahrhundert etwa 7 dz/ha, durch Einführung des Kleebaues stiegen die Weizenerträge auf 15 bis 16 dz/ha an. Nach 1918 erreichten die Erträge durch Anwendung intensiver Mineraldüngung 25 bis 30 dz/ha.

Tabelle 25. *Bewegung der Weizenerträge in Holland, Belgien und Deutschland (in dz/ha)* (nach PRJANISCHNIKOW 1952)

Länder	I Periode der Dreifelderwirtschaft Mittelalter	II Periode des Fruchtwechsels		III Einfluß der mineralischen Düngemittel		
		1840–1870	1880	1891–1900	1909–1913	1936–1938
Holland	7	15,5	17,7	19,4	22,5	31,8
Belgien	7	15,0	15,3	19,3	25,3	28,5
Deutschland	7	13,0	14,0	17,4	22,7	24,3

In den Jahren 1951 bis 1959 durchgeführte Versuche von PRIMOST (1959) ergaben einen durchschnittlichen Weizenertrag von 31,78 dz/ha Korn. GERICKE (1945, 1954) erhält bei mittlerer Düngung einen durchschnittlichen Kornertrag von 27,9 dz/ha.

Ebenso schwer zu erfassen wie der Durchschnittsertrag ist der Nährstoffentzug des Weizens. Auch dieser wird von sämtlichen Umweltsfaktoren beeinflußt, da er von Nährstoffaufnahme und Ertrag direkt abhängig ist.

Daher sind alle angegebenen Durchschnittsentzüge nur als Annäherung zu betrachten. Aus dem nachstehend angeführten Zahlenmaterial ist zu entnehmen, daß nach der Menge der aufgenommenen Nährstoffe betrachtet, N und K_2O an der Spitze stehen, gefolgt von P_2O_5, CaO und MgO. Nach WOLFF (ROEMER und SCHEFFER 1959) werden durch eine Ernte von 10 dz/ha Korn und 18 dz/ha Stroh folgende Nährstoffmengen in kg dem Boden entzogen:

	N	P_2O_5	K_2O	CaO
Korn	16,0	9,0	5,0	1,0
Stroh	9,0	4,0	17,0	5,0
gesamt	25,0	13,0	22,0	6,0

Nach Becker-dillingen (Sessous 1943) beträgt der Nährstoffentzug einer mittleren Weizenernte von 20 dz/ha Korn und 40 dz Stroh in kg:

	N	P	K
Korn	32,0	17,0	10,0
Stroh	18,0	8,0	36,0
gesamt	50,0	25,0	46,0

Von Ignatieff und Page (1958) werden folgende durchschnittliche Nährstoffentzüge für Weizen bei einem Kornertrag von 20 dz/ha in kg angegeben:

	N	P	K	Ca	Mg	S
gesamt	56,0	22,0	34,0	10,0	4,0	4,0

Von Köhnlein und Knauer (1957) werden außer eigenen ermittelten Entzugszahlen für P_2O_5 und K_2O noch die von anderen Autoren errechneten Entzüge angeführt. Die in kg angegebenen Zahlen beziehen sich auf eine Ernte von 10 dz Korn.

	P_2O_5	K_2O
Köhnlein und Knauer	10,2	15,8
von Boguslawski	12,8	24,7
Hansen und Neubauer	13,5	20,5
Rheinwald	11,5	19,1
Ritter	9,4	20,8
Wagner	13,0	26,0

Für tropische Verhältnisse gibt Joret (1953) folgende Entzüge einer Weizenernte von 13,5 dz/ha Korn an:

N	P_2O_5	K_2O
38 kg/ha	17 kg/ha	50 kg/ha

In Versuchen von Primost (1959) konnten als Durchschnittswerte für den Entzug von 20 dz Korn und 44 dz Stroh nachstehende Zahlen ermittelt werden (kg):

	N	P_2O_5	K_2O
Korn	37,0	16,6	8,2
Stroh	19,9	7,9	34,3
gesamt	56,9	24,5	42,5

Wie die angeführten Zahlen zeigen, stimmen die Entzüge an N, P_2O_5 und K_2O des Weizens im wesentlichen überein, obwohl die Ergebnisse unter den verschiedensten Bedingungen in klimatisch stark unterschiedlichen Gebieten gewonnen wurden. Nur bezüglich P_2O_5 bestehen gewisse Divergenzen.

Welte (1956) gibt für eine mittlere Weizenernte einen K_2O-Entzug von 65 kg/ha an und Gericke (1945) erhält bei Umrechnung der Ernteerträge auf 20 dz Korn und 40 dz Stroh einen P_2O_5-Entzug von 17,1 kg des Korns und 8,0 kg des Strohs, dies ergibt einen Gesamtentzug von 25,1 kg. Es muß jedoch berücksichtigt werden, daß die hier angeführten Entzugszahlen auf eine gleiche, theoretisch angenommene Ertragshöhe (10, bzw. 20 dz Korn) bezogen wurden.

Die sehr unterschiedlichen und stark voneinander abweichenden Weizenerträge in den verschiedenen Gebieten bedingen jedoch, daß die tatsächlichen Nährstoffentzüge wesentlich größere Schwankungen zeigen.

d) Wasserbedarf (Wasserhaushalt)

Jede Pflanze benötigt nach MITSCHERLICH eine bestimmte, von der Bodenart abhängige Wassermenge im Boden (MÜNDEL 1942). Auch für die Beziehungen zwischen erzeugter Trockensubstanz und verarbeiteter Wassermenge ist das Wirkungsgesetz von MITSCHERLICH maßgebend. Der Wirkungsfaktor ist konstant, soferne die Pflanzen zu gleicher Zeit und am selben Ort gewachsen sind (SCHULZ 1927). Jede Kulturpflanze besitzt einen optimalen Feuchtigkeitsbereich, in dem sie ihr optimales Wachstum erreichen kann. Ein Überschreiten des optimalen Wasserbereiches führt zu Störungen des Pflanzenlebens und wirkt schädlich. Bei Weizen beträgt der optimale Wasserbereich 70 bis 71% der Wasserkapazität (FÉHER und PALITSCHEK 1939). Die größten Weizenanbaugebiete der Erde weisen trockenes Klima auf, Rußland 300 bis 500 mm, Westkanada 330 bis 550 mm (JASNY 1926), und in gewissen Ländern wird der Weizen bewässert (Indien, Ägypten).

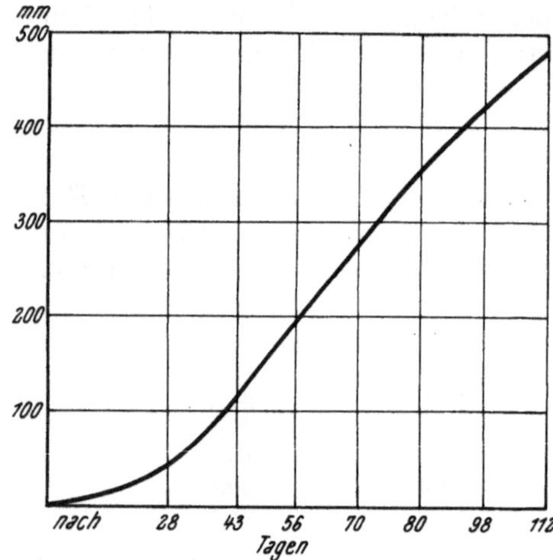

Abb. 101. Zeitlicher Wasserverbrauch des Sommerweizens (nach ATANASIU 1948)

In anderen Gebieten (z. B. Australien, teilweise USA) hängt das Wachstum des Weizens mehr von der gespeicherten Feuchtigkeit als vom Regenfall während des Wachstums ab. Eine derartige Speicherung der Feuchtigkeit erfordert eine mehrere Monate währende Brache, wie sie im Dry-Farming-System eingehalten wird (MILES 1957). Nach KASERER (ROEMER und SCHEFFER 1959) beträgt die Mindestniederschlagsmenge für das Dry-Farming-System 300 mm.

Für den Wasserbedarf des Weizens ist auch die Fruchtfolge entscheidend, da insbesondere im kontinentalen Klima der Winter zeitig einsetzt und infolge des Frostes die Winterniederschläge nicht genügend ausgenützt werden können (ROEMER und SCHEFFER 1959). Im maritimen Klima sind diese Unterschiede weniger entscheidend. DE FERRIÈRE (1958) fand, daß bei steigenden Regenmengen der Weizenertrag nach Rüben unbeeinflußt blieb, nach Kartoffeln abnahm und nach Luzerne anstieg. Zur Erzeugung von 1 kg Trockensubstanz benötigt Sommerweizen (ROEMER und SCHEFFER 1959) auf Grund von Versuchen verschiedener Autoren folgende Mengen Wasser:

338 kg nach HELLRIEGEL
450 kg nach SORAUER
390 kg nach SCHRÖDER
491 kg nach SHANTZ
415 kg nach TULAIKOV

Abb. 101 zeigt den zeitlichen Wasserverbrauch des Sommerweizens nach ATANASIU (1948) und Tab. 26 zeigt den Wasserverbrauch des Sommerweizens in Versuchen von ATANASIU (1948) auf verschiedenen Bodenarten. Der Wasserverbrauch kann aus dem MITSCHERLICHschen Wachstumsgesetz durch die Gleichung

$$\log (A - W) = \log A - cT$$

ausgedrückt werden, wobei A den absoluten Wasserverbrauch und W den zeitlichen Wasserverbrauch in der Zeit T bedeuten.

Zur Keimung und in der frühesten Jugendentwicklung benötigt der Weizen nach STREBEYKO und DAMANSKA (1955) nur einen Bodenfeuchtigkeitsgehalt, der noch unter dem Welkekoeffizienten liegt. Der Feuchtigkeitsgehalt des Bodens soll für die Keimung des Weizens 15 bis 18% betragen (RYSHENKO 1958). In Abhängigkeit von der Bodenbearbeitung wurden in russischen Versuchen (RODIONOWSKI 1957) unter Sommerweizen die höchsten Frühjahrsfeuchtigkeitswerte nach tiefer Herbstfurche ermittelt.

Tabelle 26. *Wasserverbrauch des Sommerweizens auf verschiedenen Böden in mm* (nach ATANASIU 1948)

Bodenart	28	43	56	70	84	98	112 Tagen
lehm. Sand	26	102	213	266	382	432	498
Sand	26	97	184	242	362	412	465
N-Moor	26	142	201	287	409	442	504
Lehm	26	93	186	255	372	427	498
Ton	26	110	194	240	379	438	490
S-Lehm	26	103	211	271	393	438	470
Mittelwert	26	111	198	260	383	431	487
berechnete Werte	46	121	196	276	350	420	484

Der Wasserbedarf des Weizens ist höher als jener des Roggens und daher beansprucht der Weizen den Wasservorrat des Bodens stärker. Angepaßt an den Entwicklungsverlauf des Weizens sollen nach BROUWER (1926) im Winter nicht mehr als 150 bis 170 mm Niederschlag fallen, 200 mm wirken sich bereits schädlich aus. Regenfälle während der Blüte sind sehr ungünstig und für einen guten Ertrag soll es in den 15 Tagen der Blüte nicht mehr als 35 mm regnen. Zwischen den Niederschlägen vor und während der Blüte und dem Kornertrag besteht eine negative Korrelation. Zur Zeit des Ährenschiebens und der Blüte benötigt der Weizen die höchsten Wassermengen (SCHULZE und SCHULZE-GEMEN 1957, SESSOUS 1943, KLAPP 1951, ROEMER und SCHEFFER 1959, VON SEELHORST 1911). Nach ROEMER und SCHEFFER (1959) führt reichliche Wasserversorgung während der gesamten Vegetationsperiode des Weizens zu Reifeverzögerungen; Dürreperioden hingegen führen zur Notreife. In Gefäßversuchen zeigte Sommerweizen keinen gesicherten Ertragsunterschied im Korn zwischen schwacher Wasserversorgung in der entscheidenden Jugendentwicklung und maximaler Wasserversorgung während der ganzen Vegetationsperiode (BAUMANN 1949). BAUMANN (1938) stellte ferner fest, daß unter natürlichen Verhältnissen, wo das große Wasserreservoir des Bodens zur Verfügung steht, keine eindeutigen Beziehungen zwischen zugeführter Wassermenge und Trockensubstanzbildung bestehen. SASSO (1957) erhielt durch Bewässerung des Weizens zur Zeit des Schossens Ertragssteigerungen, während in den Weizenanbaugebieten der Südukraine eine Bewässerung der Weizenflächen 8 bis 10 Tage vor dem Anbau wesentlich höhere Ertragssteigerungen brachte als die gleichen Wassergaben während der Vegetation (SADONZEW, SSOBKO und ZYMBAL 1956). Durch diese Bewässerung vor der Aussaat wurde vor allem die Zahl der ährentragenden Halme pro m² von 283 auf 798 und der Kornertrag von 21 auf 39 dz/ha erhöht. NIGHAWAN und DHINGRA (1946) fanden eine Korrelation zwischen der Höhe der Winterniederschläge und dem Weizenertrag. Bezüglich des Wasserbedarfes des Weizens in einem späten Wachstumsstadium zeigte es sich (KONOVALOV 1959), daß eine Trockenperiode im Stadium der Milchreife zu einem niedrigeren 1000-Korngewicht führte und der Wassergehalt des Strohs stärker sank als jener der Körner.

Der N-Gehalt der Körner wurde durch die Trockenperiode erhöht. Wenn das Korn bereits druschreif ist, weist das Stroh noch immer einen Wassergehalt von 40 bis 60% auf (Hoffmann 1957). Nach Untersuchungen von Pool und Patterson (1958) ist der Wasserhaushalt des Weizens auch sortenabhängig, und zwar weisen begrannte Sorten während der Reifeperiode einen geringeren Wassergehalt auf als nicht begrannte Formen und erstere besitzen auch eine höhere Trocknungsgeschwindigkeit. Bezüglich der Abhängigkeit des Wasserhaushaltes von der Düngung kommt Gliemeroth (1951) zu der Schlußfolgerung, daß intensive Düngung zu höheren Erträgen und zu stärkerem Wasserentzug führt. Trotz dieses absolut höheren Wasserentzuges ist jedoch der relative Wasserverbrauch je Einheit erzeugter Trockensubstanz geringer, so daß durch Düngung die Wasserausnützung produktiver gestaltet wird.

e) Lichtansprüche

Die Ausnützung der Sonnenenergie durch die Photosynthese ist bei allen Feldfrüchten sehr gering und beträgt 2 bis 4% (Roemer und Scheffer 1959). Nach Klapp (1951) werden nur 0,6 bis 0,8% der Sonneneinstrahlung in chemische Energie umgewandelt. Der Winterweizen stellt eine Langtagspflanze dar, er benötigt für seine Entwicklung mehr als 14 Stunden Licht pro Tag und zeigt dabei typische Sortenunterschiede. Die Kurztagseinwirkung im Herbst bewirkt bei Winterweizen eine Hemmung der Entwicklung, die Pflanzen bleiben kurz, bestocken sich und schaffen die Voraussetzung für eine gute Winterfestigkeit. Im Frühjahr setzt je nach der Höhe der kritischen Tageslänge früher oder später die Langtagswirkung ein und beschleunigt die weitere Entwicklung (Krug 1958). Es bestehen eindeutige Beziehungen zwischen dem photoperiodischen Reaktionsvermögen und der Winterfestigkeit, der Bestockungsstärke und der Entwicklungsgeschwindigkeit nach der Überwinterung. Auch nach Rudorf (1938) wird bei Heranzucht des Winterweizens im Langtag (16 Stunden) die Frosthärte gegenüber der Behandlung im Kurztag stark herabgesetzt. Die enge Beziehung zwischen dem photoperiodischen Verhalten und der Frosthärte wurde auch von Schmalz (1953) gefunden, welcher feststellen konnte, daß mit zunehmendem Langtagscharakter einer Weizensorte die Entwicklungsgeschwindigkeit geringer wird und die Zahl der Ährchen zunimmt, da jede Entwicklungsbeschleunigung auf die Ährenzahl reduzierend wirkt. Wird Winterweizen im Frühjahr gebaut, so wird der Grad der sortentypischen Schoßzeit durch den Kältebedarf und die Tageslängenreaktion bestimmt (Hänsel 1956).

Die deutlichen Zusammenhänge zwischen dem Temperatur- oder Jarowisationsstadium und dem Lichtstadium des Weizens wurden von Lyssenko (Junges 1957) besonders hervorgehoben, welcher den Standpunkt vertrat, daß die Pflanzen das Lichtstadium erst zu durchlaufen vermögen, wenn das Temperaturstadium abgeschlossen ist. Junges (1957) widerlegte diese Ansicht und zeigte, daß thermische und photoperiodische Angepaßtheit von Beginn der Entwicklung an sehr eng miteinander verbunden sind. Nach Dolguschin (1958) hängt die Dauer des Jarowisationsprozesses stark von den Bedingungen der Photosynthese ab. Weizenkeimlinge durchlaufen bei gleichen Temperaturbedingungen im neunstündigen Lichttag das Jarowisationsstadium schneller als im Dunkeln angekeimte Samen. Am kürzesten ist das Jarowisationsstadium bei ununterbrochener Beleuchtung. Während van der Paauw (1956) keine Abhängigkeit der Photosynthese von der Lichtintensität, Temperatur, Wasserversorgung und Düngung feststellen konnte, fanden SHIMIZU und TSUNO (1957), daß Sommerweizen eine Abhängigkeit der Photosynthese von der Lichtintensität zeigte, wenn diese Abhängigkeit auch schwächer ausgeprägt war als bei Reis. Die Aktivität der Photosynthese erreichte während der Vegetation des Sommerweizens zwei Maxima (Halmstreckung und Milchreife) und bis zur Totreife wurde ein kontinuierlicher Abfall verzeichnet. Lang- und Kurztagsbehandlung des Weizens während des Wachstums (18, bzw. 6 Stunden Lichteinfall) führte gegenüber Normaltag (12 Stunden) in Versuchen von NANDA und CHINOY (1957 a) zu erheblichen Minderungen des Korn- und Strohertrages. Im Kurztag wird diese Ertragsdepression auf verminderte Assimilationstätigkeit, im Langtag auf Beeinflussung von Wachstumsregulatoren zurückgeführt. Das Korn-Strohverhältnis war unter Langtagsbedingungen am engsten und unter Normaltag am weitesten. Bestandesdichte, Länge der Ähre, Ährchenzahl und Kornzahl/Ähre werden im Langtag und Kurztag gegenüber dem Normaltag im geringeren Ausmaße entwickelt und auch die Temperatur während der Reifezeit ist für die Ertragsleistung des Weizens ein besonders wichtiger Faktor (NANDA und CHINOY 1957 b). Die Saatzeit des Winterweizens im Herbst ist für die Entwicklung im Frühjahr von Bedeutung und nach KOROSSTELEW (1958) hängt die Zahl der Tage vom Beginn der Frühjahrsvegetation bis zum Beginn des Ährenschiebens von der Summe der Lichtstunden ab, die der Weizen im Herbst nach der Aussaat erhalten hat. Bei zeitiger Aussaat erzeugt und speichert der Weizen die erforderlichen morphogenetisch wirksamen Stoffe und beschleunigt somit die Frühjahrsentwicklung. Auch bei Sommerweizen ist die zeitliche Aussaat im Frühjahr photoperiodisch bedingt und eine Verzögerung des Anbaues führt, wie Tab. 27 zeigt, zu deutlichen Ertragsdepressionen (KLITSCH und SEIFFERT 1953).

WEIBEL (1958) gelang es durch Vernalisation, den Comanche-Winterweizen im Frühjahr unter Langtagsbedingungen anzubauen und zur Reproduktion zu bringen. Unter Kurztagsbedingungen kam der Weizen nicht zum Ährenschieben.

Tabelle 27. *Einfluß des Saattermines auf den Kornertrag von Sommerweizen* (nach KLITSCH und SEIFFERT 1953)

Saattermin	Kornertrag/dz/ha	relativ
23. März	45,20	100
31. März	41,37	91
10. April	38,30	87
15. April	36,64	81
5. Mai	23,85	53

Eine zunehmende Belichtungsdauer vermag in gewissen Grenzen Lichtintensität zu ersetzen. In Nordeuropa erfolgt, bedingt durch die langen Tage, eine um 10 bis 12 Tage schnellere Reife als in Mitteleuropa (KLAPP 1951). Die Entwicklung der Getreidepflanzen verläuft im hohen Norden (Halbinsel Kola) in einer sehr kurzen frostfreien Periode bei niedrigen Temperaturen im 24stündigen Sommertag des Polargebietes sehr rasch, die frühreifen Sorten benötigen zu ihrer Entwicklung 85 bis 90 Tage (SCHACHOW 1957). Dies bestätigen auch die Versuche von POHJAKALLIO (1957) in Lappland, wo der Sommerweizen in 90 bis 100 Tagen reift. Wird aber der 24-stündige Tag (vom 22. Mai bis 24. Juni) auf 10 Stunden Lichteinfall reduziert, so tritt der Weizen nicht in die reproduktive Phase ein. Weitere Versuche von POHJAKALLIO und ANTILA (1957) zeigen, daß der Einfluß der Tageslänge auf die Entwicklung von Sommerweizen auf die Phase von Aufgang bis Halmenstreckung beschränkt ist (Tab. 28).

Versuche mit Weizen an zwei Orten mit verschiedener nördlicher Breite, in Wisconsin und Alberta (43 bzw. 55 Grad n. B.), ergaben nach CARDER (1957), daß die Einstrahlung an beiden Orten gleich war, die Wärmesumme des Ortes mit hoher nördlicher Breite jedoch nur 60% der Wärmesumme von Wisconin betrug. Der Weizen entwickelte sich an beiden Orten sehr gut, der Kornertrag wurde im Hohen Norden mit jedoch wesentlich geringerem vegetativem Wachstum erzielt.

Die für Winterweizen erforderliche Wärmesumme beträgt nach SESSOUS (1943) ohne Wintermonate 2563 bis 3087° C, während Sommerweizen 1887 bis 2275° C verlangt.

Für die Entwicklung des Weizens ist neben der Dauer der Belichtung auch die Zusammensetzung des Lichtes von Bedeutung (STROUN 1958). Besonders wichtig ist die Zusammensetzung des Lichtes nach der Differenzierung der Ährchen. Nach STOY (1955) liegt das Maximum für die CO_2- und NO_3-Assimilation bei abgetrennten Weizenblättern bei 4300 und 6150 Å.

Tabelle 28. *Einfluß der Tageslänge auf die Entwicklung von Sommerweizen in Lappland* (nach POLJAKALLIO und ANTILA 1957)

Kurztagsbehandlung begonnen:	Ährenschieben	Reife	Trockensubstanz Korn, unbeh. = 100 %
1954			
unbehandelt, Normaltag	12. Juli	31. Aug.	100,0
Beginn Ährenschieben	12. Juli	5. Sept.	87,5
Halmstreckung................	12. Juli	4. Sept.	85,0
20 Tage nach Aufgang	30. Juli	7. Sept.	15,3
1955			
unbehandelt, Normaltag	18. Juli	25. Aug.	100,0
Beginn Ährenschieben	18. Juli	27. Aug.	65,7
Halmstreckung................	19. Juli	29. Aug.	53,1
20 Tage nach Aufgang	15. Aug.	keine Reife	0,9
nach Aufgang	18. Sept.	keine Reife	0,2
1956			
unbehandelt, Normaltag	15. Juli	14. Sept.	100,0
Beginn Ährenschieben	17. Juli	10. Sept.	68,9
Halmstreckung................	17. Juli	11. Sept.	56,6
20 Tage nach Aufgang	27. Juli	keine Reife	20,0
nach Aufgang	kein Ährenschieben	keine Reife	0,0

Das Maximum der CO_2-Assimilation findet bei 4700 Å statt, für NO_3 werden 5200 Å angegeben. Weißes und langwelliges Licht hat dieselbe Wirkung, während kurzwelliges Licht die NO_3-Assimilation stärker förderte. Die Aufnahme von NH_4-N durch Winterweizen wurde nach TOKIMASA und SUETOMI (1959) bei Beschattung und Verringerung des Tageslichtes verzögert. Bei voller Lichteinwirkung nach der Beschattung konnte die Wirkung teilweise aufgehoben werden. RATSCHINSKI und SSUNJUCHINA (1956) konnten feststellen, daß während des Jugendstadiums des Sommerweizens kein wesentlicher Einfluß der Lichtintensität auf die Nährstoffaufnahme (markierter S^{35}) vorlag, während zur Zeit des intensivsten Wachstums (Schossen bis Blüte) ein starke Abhängigkeit von der Lichtintensität gegeben war.

f) Zeitverlauf des Anbaues, des Wachstums und Erntedaten verschiedener Länder

Weizen hat die größte Anbaufläche von allen Kulturpflanzen und wird in den verschiedenartigsten Klimaten gebaut. Der Weizenanbau erstreckt sich bis zum 60. Grad n. B. und auf der südlichen Erdhälfte wird Weizen zwischen dem 27. bis 40. Grad s. B. kultiviert (Aufhammer 1959). Als nördlichste Grenze des Anbaues von Sommerweizen wird von Pohjakallio (1957) der 66. Grad n. B. angegeben. Auf dem europäischen Kontinent überschreitet Weizen meist nicht die Vegetationslinie von Buche, Eibe und Efeu. Normal gedeiht Weizen bis zu 640 m Meereshöhe, im Himalayagebiet wird er bis zu 3000 m angebaut (Sessous 1943). Die weite Verbreitung des Weizens auf der Welt geht aus Tab. 29 hervor. Hinsichtlich der Anbaufläche führen die USA mit 20 Millionen ha, gefolgt von Indien und Kanada. In Europa steht Italien an der Spitze vor Spanien und Frankreich. Die wichtigsten Weizenausfuhrländer sind USA, Kanada, Argentinien, Australien und die UdSSR (Pelshenke 1954). Nach Jasny (1949) beträgt die Weizenanbaufläche der Sowjetunion 40% der gesamten Getreidefläche und verteilt sich wie folgt:

Nicht-Tschernosem-Zone:	1.050,5 tausend ha	Winterweizen
	1.679,5 tausend ha	Sommerweizen
	2.730,0 tausend ha	Weizen
Tschernosem-Zone:	1.937 tausend ha	Winterweizen
	4.641 tausend ha	Sommerweizen
	6.578 tausend ha	Weizen
Südkaukasus:	814 tausend ha	Winterweizen
Zentralasien:	1.993 tausend ha	Weizen

Der durchschnittliche Ertrag des Sommerweizens betrug 1937 nach Jasny (1949) 9,4 dz/ha, jener des Winterweizens 13,3 dz/ha.

Vor dem Ersten Weltkrieg erzeugte Rußland 21% der Weltproduktion, und zwar 22 Millionen t. Der russische Weizen ist ein Hartweizen und qualitativ ist nur der kanadische Weizen dem russischen ebenbürtig (Jasny 1926).

Wegen der strengen Winter wird in der UdSSR vor allem Sommerweizen gebaut, wie dies auch in Kanada der Fall ist. Das kanadische Hauptanbaugebiet des Weizens liegt in den Prärieprovinzen Manitoba, Saskatchewan und Alberta und ferner in Süd-Ontario. Die Hauptsorte Kanadas ist der Harte Rote Sommerweizen (Hard Red Spring Wheat), weiters der weltberühmte Marquisweizen und Thatcher. Nur in Süd-Alberta wird auch Winterweizen angebaut (Hard Red Winter Wheat), doch erreicht die Erzeugung von Winterweizen nur 1% der kanadischen Weizenproduktion (Peterson 1958). Im Gegensatz zur UdSSR und zu Kanada wird in Australien hauptsächlich Winterweizen gebaut, da dieser zuverlässigere Ernten bringt (Miles 1951).

In Indien ist das wichtigste Weizenanbaugebiet der Punjab, der durchschnittliche Weizenertrag beträgt dort nach Nijhawan (1958) 6,18 dz/ha.

Nordafrika erzeugt 2 Millionen t Hartweizen, so daß dieses Gebiet für die Weizenproduktion von großer Bedeutung ist (Gros und Bondoux 1957, Mariani 1957).

Infolge der weiten Verbreitung des Weizens unterscheiden sich auch die Anbau- und Erntetermine sehr stark voneinander. Im gemäßigten Klima wird

Tabelle 29. *Weizen-Anbaufläche, durchschnittlicher Kornertrag und Erzeugung in der Welt (1956)*
(FAO-Jahrbuch 1958)

Land	Anbaufläche 1000 ha	Kornertrag dz/ha	Erzeugung 1000 t
Europa[1]			
Belgien	191	31,6	603
Bulgarien	1375	12,5	1717
ČSSR	722	21,3	1541
Dänemark	66	40,3	266
Deutschland	1533	29,8	4573
Finnland	133	15,0	199
Frankreich	2745	20,7	5683
Griechenland	1062	11,7	1245
Großbritannien	928	31,2	2891
Irland	137	31,6	433
Italien	4883	17,8	9681
Jugoslawien	1627	9,9	1606
Luxemburg	16	23,0	36
Niederlande	86	35,9	309
Norwegen	20	27,3	56
Österreich	251	22,7	570
Polen	1464	14,5	2121
Portugal	756	7,4	558
Rumänien	2894	8,4	2436
Schweden	397	24,0	952
Schweiz	90	25,8	232
Spanien	4323	9,7	4207
Ungarn	1389	13,3	1845
Nord- und Zentralamerika			
Guatemala	36	5,8	21
Kanada	9219	16,9	15596
Mexiko	914	12,0	1100
USA	20147	13,5	27332
Südamerika			
Argentinien	5392	13,2	7100
Brasilien	1340	9,7	1296
Chile	766	12,9	988
Columbien	132	8,3	110
Ekuador	65	7,6	49
Peru	165	7,9	130
Uruguay	657	8,2	550
Asien			
Burma	16	3,1	5
China	—	—	24801
Cypern	79	10,4	82
Indien	12297	7,1	8707
Iran	2900	9,3	2700
Irak	1314	5,9	776
Israel	57	13,1	74
Japan	657	20,9	1375
Korea-Süd	123	9,6	118
Pakistan	4568	7,4	3368
Syrien	1531	6,9	1051
Türkei	7458	8,7	6510

[1] Ohne UdSSR.

der Weizen im Herbst und Frühjahr gebaut, während sich der Anbau in jenen Gebieten, in welchen er praktisch das ganze Jahr möglich ist, nach der Regenzeit richtet. Die Blüte des Weizens muß noch vor Versiegen des Bodenwassers eintreten, da, sobald das Wasser verbraucht ist, die Reife ungeachtet des Entwicklungszustandes der Pflanze einsetzt (Sessous 1943).

So wird in Indien und Ägypten der Weizen Ende November bis Ende Dezember angebaut. Auch die Ernte fällt in den verschiedenen Ländern in ganz verschiedene Zeiten.

Tabelle 29a. *Weizen-Anbaufläche, durchschnittlicher Kornertrag und Erzeugung in der Welt (1956)*

(FAO-Jahrbuch 1958)

Land	Anbaufläche 1000 ha	Kornertrag dz/ha	Erzeugung 1000 t
Afrika			
Abessinien	—	—	175
Ägypten	660	23,4	1547
Algerien	1942	7,2	1400
Belgisch-Kongo	5	6,6	3
Eritrea	16	4,1	6
Kenya	—	—	127
Franz.-Marokko	1455	7,3	1055
Ruanda Urundi	14	7,0	10
Sudan	12	14,3	18
Tunesien	1188	4,0	477
Südafrikanische Union	1081	—	836
Ozeanien			
Australien	3154	11,6	3666
Neuseeland	25	29,3	74
Gesamt:			
Europa	27090	15,8	42770
Nord- und Zentralamerika	30320	14,5	44050
Südamerika	8610	11,9	10280
Asien	60600	8,6	52020
Afrika	7050	8,2	5780
Ozeanien	3180	11,8	3740
Welt gesamt[1]	136800	11,6	158600

[1] Ohne UdSSR.

Der Erntekalender gestaltet sich für die wichtigsten Weizenländer nach Pelshenke (1954) wie folgt:

Januar: Australien, Chile, Argentinien
Februar und März: Indien, Ägypten
April: Indien, Ägypten, Kleinasien, Mittelamerika
Mai: Mittelasien, Nordafrika, südliches Nordamerika
Juni: Südeuropa, mittleres Amerika
Juli: Balkan und Mitteleuropa, nördliches Nordamerika, Kanada
August: Belgien, Holland, Großbritannien, Dänemark, Kanada, Nordamerika
September, Oktober: Schottland, Schweden, Norwegen, Nordrußland
November und Dezember: Südamerika, Südafrika

Wenn die natürlichen Feuchtigkeitsverhältnisse nicht ausreichen, um eine Ernte zu gewährleisten, wird der Weizen bewässert. Die Bewässerungsflächen der Erde betragen für alle Kulturpflanzen ohne UdSSR 110 Millionen ha, dies sind 9% der Ackerfläche der Welt (DOEHRING 1958).

In Indien werden 15% der bewässerten Fläche mit Weizen angebaut, und zwar soll vor der Aussaat bewässert werden (NIJHAWAN 1958).

Auch in Ägypten und Pakistan wird ein Großteil des Weizens bewässert.

Bewässerungsversuche zu Weizen in Italien (SASSO 1957) führten zu beachtlichen Ertragssteigerungen.

Die Stellung des Weizens in der Fruchtfolge ist von der jeweiligen Bewirtschaftungsform wie auch von den Feuchtigkeitsverhältnissen abhängig. In einigen der wichtigsten Weizenanbauländern steht der Weizen nach Brache. Nach russischen Versuchen brachte der Weizen nach Brache den höchsten Eiweißgehalt (BUKEWITSCH 1954). Auch in Australien (MILES 1951) und den USA wird Weizen in Monokultur gebaut, welche nur durch eine kurze Herbstbrache unterbrochen wird. Innerhalb der Dreifelderwirtschaft steht Weizen in USA häufig auch nach Mais oder Leguminosen (DOLL und LINK 1957).

In Columbien wird Weizen in Fruchtfolge mit Reis angebaut (ROJAS-PEÑA 1957).

Der weite Anbaubereich des Weizens bedingt auch die Unterschiede in der Kultur, ob intensiv oder extensiv, sowie in der Düngung. Die durchschnittlichen Düngergaben in den verschiedenen Ländern anzugeben, ist ebenso schwierig, wie die durchschnittlichen Erträge. Die verabreichten Düngermengen sind vor allem bodenabhängig und so wird auf den Rot-Braunerde- und Schwarzerdeböden Australiens nur mit 100 kg/ha 20%igem Superphosphat gedüngt, während in den Präriegebieten der USA folgende Düngermengen gegeben werden: 10 bis 40 kg/ha N, 10 bis 40 kg/ha P_2O_5 und 0 bis 10 kg/ha K_2O. Auch in Kanada wird der Weizen hauptsächlich in den Prärieprovinzen gebaut und hier werden 100 kg Ammoniumphosphat (11:48 oder 16:20) gedüngt.

Im Gebiet der Südafrikanischen Union erhält der Weizen nur 140 bis 200 kg/ha 19%iges Superphosphat. Besonders hohe Düngergaben werden in Japan verwendet, wo zu Weizen 135 kg/ha N, 75 kg/ha P_2O_5 und 80 kg/ha K_2O gedüngt werden (IGNATIEFF und PAGE 1958). In Kenya besteht die Weizendüngung nach BELLIS (1958) aus 200 kg/ha Triplephosphat und 200 kg/ha Ammonsulfat. In der UdSSR ist auf den Tschernosem-Böden keine N- und K_2O-Düngung erforderlich, es werden 50 bis 100 kg/ha Superphosphat gestreut (KOTSCHERGIN 1956). Als optimale N-Düngung zu bewässertem Weizen in Pakistan werden von WAHHAB und HUSSAIN (1957) 60 kg/ha N angegeben. In den mittel- und westeuropäischen Ländern ist die Düngung intensiver und beträgt in Großbritannien 39 kg/ha N, 46 kg/ha P_2O_5 und 34 kg/ha K_2O.

69% der Weizenflächen Großbritanniens werden regelmäßig mit N, 62% mit P_2O_5 und 45% mit K_2O versorgt (CHURCH 1956).

In Frankreich erhält der Weizen nach BLIN (1954) im Durchschnitt 30 kg/ha N, 72 kg/ha P_2O_5 und 40 kg/ha K_2O.

In Deutschland variiert die Düngung zu Weizen von 40 bis 80 kg/ha N, 40 bis 80 kg/ha P_2O_5 und 60 bis 120 kg/ha K_2O.

In anderen Ländern Westeuropas werden folgende Nährstoffmengen verabreicht: 30 bis 80 kg/ha N, 40 bis 80 kg/ha P_2O_5 und 40 bis 80 kg/ha K_2O (IGNATIEFF und PAGE 1958).

g) Qualitätsanforderungen, Methoden und ihre Grenzzahlen

Die Qualität des Weizens, die Anforderungen, welche an diese Qualität gestellt werden und die Untersuchungsmethoden sind in den einzelnen Ländern verschieden. Die wichtigsten und international anerkannten Qualitätseigenschaften des Weizens lassen sich nach PELSHENKE (1954) wie folgt einteilen:

Korngröße: Je größer ein Korn ist, um so besser ist die Mehlausbeute. Das Weizenkorn weist eine Kornlänge von 5,0 bis 8,5 mm und eine Kornbreite von 1,5 bis 5,0 mm auf. Länder mit extensiver Landwirtschaft erzeugen kleinkörnigen Weizen, ebenso ist der Weizen des Kontinentalklimas kleinkörnig, während im maritimen Klimagebiet das Weizenkorn größer und schwerer ist. Das *Tausendkorngewicht* des Weizens ist sorten- und umweltsbedingt.

Der Weizen weist daher in den verschiedenen Anbaugebieten ein verschiedenes Tausendkorngewicht auf:

Mitteleuropäischer Weizen	35 g
Manitoba-Weizen	26 g
Hard red winter	27 g
Ungarischer Weizen	31 g
Russischer Weizen	27 g
La Plata-Weizen	28 g
Australischer Weizen	33 g
Französischer Weizen	40 g

Das *hl-Gewicht* des Weizens ist das bekannteste Bewertungsmaterial für die Getreidequalität und das im hl-Gewicht schwerere Korn gilt im Handel als das wertvollere. Das hl-Gewicht des Weizens beträgt im Mittel 77 kg und zeigt Schwankungen von 68 bis 84 kg.

Die *Glasigkeit* ist ein weiterer wichtiger Faktor für die Beurteilung der Weizenqualität. Bei hartem und glasigem Weizen ist der Kern fest und durchscheinend.

Der *Schalenanteil* beträgt bei Winterweizen 12,3% und bei Sommerweizen 14,1%.

Der *Wassergehalt* des Weizens darf bei längerer Lagerung 14% nicht überschreiten und variiert je nach Herkunft des Weizens deutlich:

Wassergehalt:	Indischer Weizen	10%
	Australischer Weizen	11%
	Kanadischer Weizen	12%
	Südafrikanischer Weizen	12%
	Manitoba-Weizen	13%
	Russischer Weizen	13%
	Mitteleuropäischer Weizen	16%
	Französischer Weizen	17%
	Englischer Weizen	18%
	Südchilenischer Weizen	20%

Der *Aschegehalt* des Weizens charakterisiert dessen Gehalt an Mineralstoffen und ist gleichfalls größeren Schwankungen unterworfen.

Mitteleuropäischer Weizen	1,84% Asche, Schwankungen von 1,38 bis 2,50%
Hard red winter	1,86% Asche, Schwankungen von 1,71 bis 2,13%
Hard red spring	1,89% Asche, Schwankungen von 1,57 bis 2,22%
Manitoba-Weizen	1,65% Asche, Schwankungen von 1,43 bis 2,02%
La-Plata-Weizen	2,10% Asche, Schwankungen von 2,02 bis 2,22%
Australischer Weizen	1,39% Asche, Schwankungen von 1,35 bis 1,47%
Russischer Weizen	1,66% Asche, Schwankungen von 1,47 bis 1,76%

Der *Proteingehalt* ist das wichtigste Merkmal für die Weizenqualität und in vielen Ländern Grundlage für die Weizenbewertung. Mit einem Proteingehalt von mehr als 13% ist der Weizen als qualitativ sehr gut, von 12 bis 13% als gut und mit einem Proteingehalt unter 12% als mittel-gering zu betrachten. In den wichtigsten Weizenanbaugebieten der Welt weist der Weizen nachstehenden Proteingehalt auf:

Winterweizen:	Argentinien	12,5%	Sommerweizen:	Kanada	14,3%
	Australien	11,3%		UdSSR	15,8%
	UdSSR	14,2%		USA	13,9%
	USA	11,9%			
	Ungarn	11,5%			
	Indien	11,1%			
	Italien	12,2%			

Der *Fettgehalt* des Weizens beträgt im Durchschnitt 1,9%.

Der *Stärkegehalt* schwankt bei Weizen zwischen 60 und 85% und die Weizenstärke hat eine Korngröße von 28 bis 40 μm.

Der *Klebergehalt* ist neben dem Proteingehalt von größter Bedeutung und insbesonders in europäischen Ländern wird der Weizen nicht nach Protein-, sondern nach Klebergehalt bewertet. Der Übergang des Getreideeiweißes aus dem entwässerten Zustand im Mehl in den hydratisierten — in Kleber — ist nämlich bestimmend für die gesamte Teigbildung. Die wichtigsten Weizenprovenienzen weisen folgenden Feuchtklebergehalt auf:

Ägyptischer Weizen	16%
Südafrikanischer Weizen	19%
Französischer Weizen	19%
Indischer Weizen	20%
Mitteleuropäischer Weizen	21%
Australischer Weizen	21%
USA-Weizen (Mittel)	23%
La Plata-Weizen	25%
Kanadischer Weizen	27%
Ungarischer Weizen	27%

Der Anteil des Weizens an *Besatz* ist für die Qualitätsbeurteilung von Bedeutung. Nach Schäfer (1956) versteht man unter Besatz alles, was nicht einwandfreies Grundgetreide ist.

Die Beurteilung der Weizenqualität wird in den verschiedenen Ländern von verschiedenen Gesichtspunkten aus vorgenommen. So kann die Ermittlung der Backfähigkeit auf Grund der Sortenzugehörigkeit nur in Ländern angewendet werden, in denen strenge Sortenkontrolle herrscht und die Sortenzahl gering ist (Pelshenke 1956). Ebenso ist die Bedeutung der Proteinmenge für die Bestimmung der Backfähigkeit nach Pelshenke (1956) nur dort möglich, wo die Weizen über einen ausgeglichenen Klebergehalt verfügen. Die Proteinbestimmung gibt bei gleichmäßigen Klebereigenschaften den wichtigsten und sichersten Hinweis für eine weitere Aufgliederung der Backfähigkeit.

Die Beurteilung der Weizenqualität erfolgt in den USA auf Grund eines Standardisierungsschemas, welchem die Einteilung des Weizens nach Sommer-, Winter- und Durumweizen, ferner Kornfarbe, Glasigkeit, hl-Gewicht und Besatz zugrunde gelegt ist (Pelshenke 1954).

Der Wassergehalt darf bei Winterweizen 14% und bei Sommerweizen und Durum 14,5% nicht überschreiten.

Die Backfähigkeit wird auf Grund des Proteingehaltes bestimmt und dem Backversuch kommt bei der Beurteilung der Backqualität größte Bedeutung zu. Ebenso wie die USA hat auch Kanada eine Weizenklassifizierung, in welcher

Sorte, hl-Gewicht, Glasigkeit, Besatz und Gesundheitszustand enthalten sind. Der Wassergehalt darf 14,5% nicht übersteigen. Auch der Proteingehalt wird für die Klassifizierung herangezogen (PELSHENKE 1954). Der Backversuch als Beurteilungsmoment der Weizenqualität ist weit verbreitet.

In Argentinien werden nach Angaben von HAERTLEIN (1960) folgende Untersuchungen durchgeführt:

hl-Gewicht
Tausendkorngewicht
Mehlausbeute (auf reinen Weizen bezogen)
Proteingehalt (nach KJELDAHL Durchführung der N-Bestimmung. Umrechnungsfaktor 5,7)
Feuchtklebergehalt (durch Auswaschung)
Teigeigenschaften mit dem CHOPIN-Alveograph
Backversuch mit Angabe von Wasseraufnahme und Brotvolumen
Gasbildung
Aschegehalt

Innerhalb Argentiniens ist der Getreidestandard für die Festsetzung des Preises von größter Wichtigkeit und dieser Standard unterscheidet zwischen:

Duro-Typ (Hartweizen)
Semiduro-Typ (Halbhartweizen)
fuera del Grado-Weizen (Mischungen von Weizen, die nicht typisiert sind, „außerhalb des Grades")

In den europäischen Ländern wird meist nicht der Proteingehalt, sondern der Feuchtklebergehalt angeführt. Da in diesen Ländern keine einheitlichen Sorten angebaut werden, wird neben dem Klebergehalt auch die Quellzahl bestimmt. In der Quellzahl wird die Quellung und damit die Wasseraufnahmsfähigkeit des Klebers gemessen (PELSHENKE 1938).

Bei der Bestimmung der Quellzahl wird das Volumen von 1 g Kleber nach $2^1/_2$stündiger Quellung in n/50 Milchsäure ermittelt (FUCHS 1956). Eine weitere Möglichkeit der Untersuchung der Kleberbeschaffenheit bietet die Schrotgärmethode nach PELSHENKE, in welcher Klebermenge und Kleberbeschaffenheit als Testzahl erfaßt werden (FUCHS 1956).

Neben Klebergehalt und Quellzahl wird die Testzahl in den Untersuchungsmethoden Deutschlands, der Schweiz und der Türkei verwendet.

Eine weitere Bestimmung der Eiweißbeschaffenheit kann mit Hilfe einer Sedimentationsmethode, des Zeleny-Testes, erfolgen, wobei das Ausmaß der Quellung von Mehl in milchsaurem Medium der Menge als auch der spezifischen Quellfähigkeit des Eiweißanteils proportional ist (FUCHS 1956).

Auf Grund dieser Untersuchungsmethoden haben die einzelnen europäischen Länder Grenzzahlen (Wertzahlen) für die Deklarierung „Qualitätsweizen" aufgestellt. Das deutsche Bewertungsschema legt für Qualitätsweizen eine Mindestwertzahl von 4050 zugrunde, welche z. B. wie folgt gebildet wird (PELSHENKE 1954):

	Mindestzahl
Feuchtkleber × 25	20% = 500
Quellzahl × 100	18 = 1800
Testzahl × 50	35 = 1750
	4050

Auch in Österreich wird mit einem ähnlichen Schema gearbeitet, wobei allerdings die Testzahl wegfällt und der Kleberabbau nicht mehr als 35% betragen darf. Für Qualitätsweizen darf der Wassergehalt 14,5 bis 17% nicht überschreiten, das hl-Gewicht nicht unter 78 kg liegen. Der Gehalt an Feuchtkleber muß mindestens 25%, die Quellzahl mindestens 10 betragen. Qualitätsweizen der Gruppe I muß eine Wertzahl von 126 und mehr erreichen (*Verlautbarung Nr. 41* des Getreideausgleichsfonds, 1958).

Die Wertzahl wird beispielsweise wie folgt gebildet:

Feuchtkleber × 2	32%	=64
Quellzahl × 3	21	=63
		127

Schweden hat bei Sommerweizen die Beurteilung nach Proteingehalt eingeführt und die Mindestgrenzen liegen wie folgt (Pelshenke 1954):

		Klasse I	Klasse II
Proteingehalt mindestens	%	11,5	13,5
hl-Gewicht mindestens	kg	78,5	78,5
Wassergehalt höchstens	%	17,5	17,5
Zerschlagene Körner	%	3,0	3,0
Besatz	%	1,5	1,5

In den skandinavischen Ländern werden die Untersuchungsmethoden vom *Nordisk-Metodik-Kommitte för Livsmedel* (1959) herausgegeben und zwar werden Wassergehalt, Rohprotein, Reinheitsgrad, Keimprozente, hl-Gewicht und die statische Kraft bestimmt.

In der Schweiz erfolgt die Qualitätsbeurteilung nach Sorten und es werden hl-Gewicht, Feuchtklebergehalt, Quellzahl, Testzahl, Tausendkorngewicht, Aschegehalt, Wasser- und Maltosegehalt untersucht. Auch der Backversuch wird als Beurteilungsmoment herangezogen (*Eidgen. landw. Versuchs- und Untersuchungsanstalten* 1955).

Italien hat kein offizielles Bewertungsschema, die teigphysikalischen Untersuchungen werden mit dem Alveographen nach Chopin oder mit dem Extenso- und Farinograph nach Brabender durchgeführt.

In der Türkei weist nach Christiansen-Weniger (1938) der Weizen folgende Qualitäten auf:

23,8 bis 31,9%	Feuchtklebergehalt
3,0 bis 10,0	Quellzahl
75,5 bis 79,3 kg	hl-Gewicht

Neben diesen Bestimmungen sind insbesondere in Europa noch teigphysikalische Untersuchungsmethoden eingeführt, welche mit Hilfe verschiedener Geräte (Extensograph, Farinograph nach Brabender, Chopin-Apparat) die Möglichkeit bieten, die Dehnbarkeit und den Dehnwiderstand des Teiges (Extensograph) sowie dessen Wasseraufnahme, Konstanz und Entwicklungszeit (Farinograph) zu prüfen.

Über die Aussagemöglichkeit und die Verläßlichkeit der verschiedenen Untersuchungsmethoden wurde viel gearbeitet und Pelshenke (1956) konnte eine gute Korrelation zwischen Glasigkeit und Proteingehalt sowie Brotvolumen und Glasigkeit feststellen.

Anders und Feller (1957) fanden folgende Korrelationskoeffizienten für

Glasigkeit und Feuchtklebergehalt	0,72
Protein- und Feuchtklebergehalt	0,97
Kornasche und Mehlasche	0,71
Glasigkeit und Mehlasche	0,65
Quellzahl und Testzahl	0,67

Pool und Mitarbeiter (1958) kamen zu dem Schluß, daß das hl-Gewicht kein brauchbarer Maßstab für den Konsumwert des Weizens sei und Thomas und Anders (1957) fanden, daß zwischen dem Feuchtigkeitsgehalt und hl-Gewicht keine Korrelation besteht und außer dem spezifischen Gewicht keine Korneigenschaften Korrelationen zum hl-Gewicht aufweisen.

Auch Zaharia (1911) betont den engen Zusammenhang zwischen Proteingehalt und Glasigkeit des Weizens und stellt bei einem Proteingehalt von 17% 93% glasige Körner fest, während bei Weizen mit einem Proteingehalt von 11% der Anteil an glasigen Körnern nur 70% betrug.

Zinn (1923) errechnete hohe positive Korrelationen zwischen dem Proteingehalt und Brotvolumen sowie zwischen dem Proteingehalt des Weizens und dem Proteingehalt des Mehles. Als bester Beweis für die Qualität eines Weizens wird von Naetby und McCalla (1938) der Backversuch angesehen.

Das wichtigste Ergebnis des Backversuches ist das Brotvolumen und somit die Größe des Brotes. Doch gibt bereits der Proteingehalt eine gute Annäherung für die Stärke und Qualität eines Weizens.

Proteingehalt %	Brotvolumen cm^3
10,2	618
11,6	666
13,2	723
14,9	830

Wie die Ausführungen zeigen, sind die Qualitätsanforderungen und Untersuchungsmethoden in den einzelnen Weizenanbaugebieten sehr verschieden, jedoch tritt überall der Protein- bzw. Klebergehalt als dominierender Faktor der Weizenqualität hervor. Da die Weizenqualität, als Gesamtgröße betrachtet, stark klima- und sortenabhängig ist, hat jedes Land seine eigenen Qualitätsprobleme und es konnte bis heute noch kein international einheitliches Beurteilungsschema für die Weizenqualität erstellt werden.

h) Düngung und Ertrag

Die Kultur des Weizens, als wichtigste Brotgetreidefrucht der Welt, ist etwa 6000 Jahre alt und seit undenklichen Zeiten bemüht sich der Mensch durch verschiedenste pflanzenbauliche Maßnahmen die Ertragsleistung des Weizens zu steigern und dem Boden höhere Ernten abzuringen.

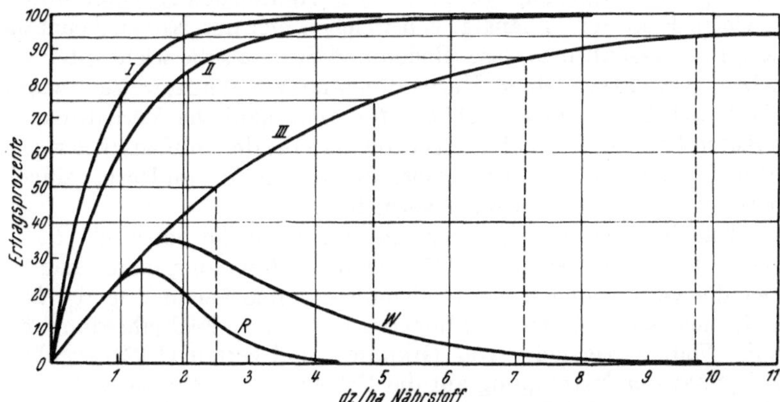

Abb. 102. Wirkungskurven für P_2O_5, K_2O und N und Ertragskurven von Weizen und Roggen (nach Mitscherlich 1949), *I* an P_2O_5, *II* an K_2O, *III* an N, *W* Weizen, *R* Roggen

So verschieden die Kulturmethoden des Weizens sind, so vielfältig sind auch die Düngungsmaßnahmen. Mit der Entwicklung von Wissenschaft und Technik führten deren Erkenntnisse zu dem heutigen Stand der Mineraldüngung. J. von Liebig war der erste, welcher erkannte, daß die Pflanze gewisse Nährstoffe, vor allem Stickstoff, Phosphorsäure und Kali zu ihrem Aufbau benötigt und daß diese „Pflanzennährstoffe" in mineralischer Form zugeführt werden können. Das von Liebig aufgestellte Gesetz lehrt, daß das Wachstum der Pflanzen von dem im Minimum vorhandenen Nährstoff abhängig ist. Mitscherlich ergänzte und erweiterte dieses Gesetz und kam in seinem heute allgemein gültigen Gesetz der Wachstumsfaktoren, kurz Ertragsgesetz genannt, zu der Schlußfolgerung, daß *jeder* Wachstumsfaktor mit der ihm eigenen Intensität die Ertragshöhe bestimmt und der Pflanzenertrag bei Zufuhr eines Nährstoffes proportional dem an einem bestimmten Höchstertrage fehlenden Ertrag steigt (Mitscherlich 1949).

Die in Abb. 102 dargestellte Kurve gibt die Ertragssteigerung für Weizen und Roggen bei Düngung mit N, P_2O_5 und K_2O an und zeigt, daß der Ertrag mit zunehmender N-Düngung wesentlich langsamer ansteigt als bei P_2O_5 und K_2O. Da der Nährstoff N den niedrigsten Wirkungswert besitzt (c des Mitscherlichschen Ertragsgesetzes = 0,122), muß dieser Dünger in relativ hohen Mengen verabreicht werden.

1. Die Stickstoffdüngung

Wie bereits gezeigt werden konnte, sind die Weizenerträge vom Versorgungsgrad der Böden mit Stickstoff abhängig (Prjanischnikow 1952). Andererseits ist die Wirkung der Stickstoffdüngung infolge des allgemein niedrigen N-Gehaltes des Bodens ganz besonders hoch (Mitscherlich 1949). Es ist daher selbstverständlich, daß seit Einführung der Mineraldüngung diesem Nährstoff besonderes Augenmerk zugewendet wird. Durch die bei höheren einmaligen N-Gaben aufgetretene Stoßwirkung des N ist es vor allem bei Getreide nicht möglich, übermäßig hohe N-Gaben auf einmal zu verabreichen, da nach Linser und Pelikan (1952) der Schädigungsfaktor k des Mitscherlichschen Ertragsgesetzes für N bei Getreide Werte von 0,03 bis 1,85 erreicht und so beträchtlich ist, daß die Ausschaltung dieser Schäden bis zu einer Verdreifachung der Getreideerträge führen könnte.

P. Wagner (1900) wies als einer der ersten auf die Notwendigkeit einer reichlichen N-Düngung zu Weizen hin und stellte fest, daß die Wirkung der N-Düngung bei Weizen geringer ist als bei Hafer. Der Zeitpunkt der N-Düngung ist bei Weizen eine der wichtigsten Fragen und wurde daher in zahlreichen Arbeiten untersucht. Er ist von vielen Faktoren abhängig, von welchen hier nur Klima, Feuchtigkeitsverhältnisse, Bewirtschaftungsweise, Boden und Sorte als die wichtigsten genannt werden sollen. Die Frage einer Herbstdüngung zu Winterweizen wurde von Smith (Plant and Food Review, D 955) für amerikanische Verhältnisse untersucht und Smith kam zu der Schlußfolgerung, daß bei den in Kansas herrschenden geringen Herbst- und Winterniederschlägen die N-Düngung im Herbst eingebracht werden kann, ohne daß Auswaschungsverluste entstehen.

Dies wird auch durch andere amerikanische Versuche bestätigt (*Bull.* 370, 1955). Nach Bullen und Lessels (1957) wirkten sich im amerikanischen Weizenanbaugebiet die verschiedenen Verabreichungstermine bei niedrigeren N-Gaben (40 kg/ha N) nicht aus, während bei höheren Gaben eine Frühjahrsdüngung empfohlen wird. Weitere Versuche von Gingrich und Smith (1953) ergaben, daß sich der Zeitpunkt der N-Düngung auf die Ertragshöhe nicht auswirkte und aus arbeitstechnischen Gründen N daher im Herbst gegeben werden soll.

Auch im Kontinentalgebiet wird N größtenteils im Herbst mit der Bestellung eingebracht und ILKOW (1956) konnte keine Unterschiede im Weizenertrag in Abhängigkeit vom Düngungstermin ermitteln.

Die günstige Wirkung von Herbst-N-Gaben auf die Überwinterung von Weizen wurden von TIUNOVA (1954) für russische Verhältnisse aufgezeigt, und zwar hatte eine Herbstdüngung folgende Wirkung auf die Winterhärte und den Ertrag des Weizens:

Düngung	Zahl der lebenden Pflanzen % am 23. April	Ertrag/dz/ha
ohne Düngung	49,35	15,85
Ammonsalpeter	55,61	15,00
Ammonsulfat	57,70	20,70
Kaliumchlorid	63,00	23,09
Ammonsalpeter + Kaliumchlorid	59,60	22,48
Mineral. Volldüngung	78,00	24,40

Im Gegensatz zu diesen Ergebnissen führten nach TULUPOW und OBICHWOSST (1957) Herbst-N-Düngungen zur vollständigen Auswinterung der Saaten.

In Jugoslawien wird mit gutem Erfolg eine Herbst-N-Düngung in der Höhe von 100 kg/ha Ammonsulfat angewandt und im Winter werden weitere 150 kg/ha Kalkammonsalpeter gestreut (RAJKI 1958). Auch unter den Klimabedingungen Cyperns ergibt sich eine hochsignifikante Wirkung der N-Düngung, wenn 1/2 der N-Menge im Herbst vor der Saat und der Rest im Februar gestreut wird (LOIZIDES 1958). Klima- und bodenbedingt wirken sich jedoch Herbst- und zeitliche Frühjahrs-N-Düngungen nur unter gewissen Voraussetzungen auf die Ertragsleistung günstig aus. Insbesonders bei Verabreichung höherer N-Mengen kann es zur Lagerung und somit zu Ertragsdepressionen kommen. WILLIAMS und SMITH (1954) erzielten in Versuchen mit steigenden N-Gaben von 25, 50 und 100 lbs/acre bei der höchsten N-Gabe den Optimalertrag, wobei die Frühjahrsdüngungen von höherer Wirksamkeit waren, als eine Herbstanwendung. Auch COWIE (1948) rät von einer Herbstdüngung ab, da die Auswaschung über Winter zu groß ist und bei trockenem Wetter keine Vorteile bietet. Nach SALT (1955) wird die Lagerung von Weizen vor allem durch N-Gaben im Oktober und April und März beeinflußt und der Zeitpunkt der N-Düngung ist daher von größter Bedeutung. ENGEL (1953) vertritt die Ansicht, daß ein normal gebauter Winterweizen im Herbst keinen N erhalten soll, weil die Bestände mit dem Boden-N das Auslangen finden. SCHNEIDEWIND (1908) vertrat bereits zu Beginn unseres Jahrhunderts die Ansicht, die N-Düngung nur im Frühjahr zu verabreichen. GIESECKE und SCHMALFUSS (1939) lehnen gleichfalls eine Herbst-N-Düngung ab und erzielten mit Frühjahrs-N-Gaben bessere Erfolge.

Reichliche einmalige N-Düngung führt indirekt (Beschattung) und direkt (N-Ernährung) zur Lagerung. Die Verminderung der Kornerträge durch Lagerung wird nach MULDER (1954) auf verminderte Assimilation zurückgeführt.

Bei Düngung im Frühjahr ohne Herbst-N war die Wirkung in Versuchen von HOBBS (1953) größer, als bei N-Gaben im Herbst oder Herbst und Frühjahr.

Als günstigster Zeitpunkt für die N-Düngung in Südfrankreich wird von SOUBIÈS, GADET und MAURY (1952) Ende Januar angegeben, eine Herbstdüngung ist nur bei geringen Herbst- und Winterniederschlägen (unter 175 mm) möglich. Da die bisher besprochenen Möglichkeiten der N-Düngung und die Anwendung Herbst oder Frühjahr sowie Herbst und Frühjahr nur beschränkte N-Mengen (60 kg/ha nach MITSCHERLICH 1949) ohne Ertragsdepression zur Anwendung bringen lassen, schlug bereits 1900 P. WAGNER vor, die N-Düngung nicht auf einmal, sondern in mehreren Teilgaben zu verabreichen. Und zwar soll die erste N-Gabe im Februar-März, die zweite im April und die dritte unter günstigen Verhältnissen im Mai gestreut werden.

Als Düngermenge nennt WAGNER im Jahre 1900 400 kg/ha Chilesalpeter, betont jedoch, daß bei Aufteilung der N-Düngung in mehrere Teilgaben 500 und 600 kg/ha Chilesalpeter gestreut werden können. Die Leistung von 100 kg Chilesalpeter beträgt nach WAGNER 300 kg Weizenkörner und -stroh. Diese Gedanken einer Aufteilung der N-Düngung wurden 1910 auch von MOERTLBAUER aufgegriffen, welcher feststellen konnte, daß späte N-Gaben das Ährengewicht erhöhen und N-Düngung zum Schossen und vor der Blüte Vielkörnigkeit hervorrufen und die Zahl der tauben Ährchen an der Ährenbasis vermindert werden können. Diese ersten grundlegenden Arbeiten auf dem Gebiete der gestaffelten N-Düngung gerieten jedoch in den Folgejahren wieder in Vergessenheit und dieser Gedanke einer Anpassung der N-Düngung an den Entwicklungsrhythmus der Getreidepflanze wurde in neuerer Zeit erst wieder aufgegriffen. SELKE (1938) prägte den Ausdruck

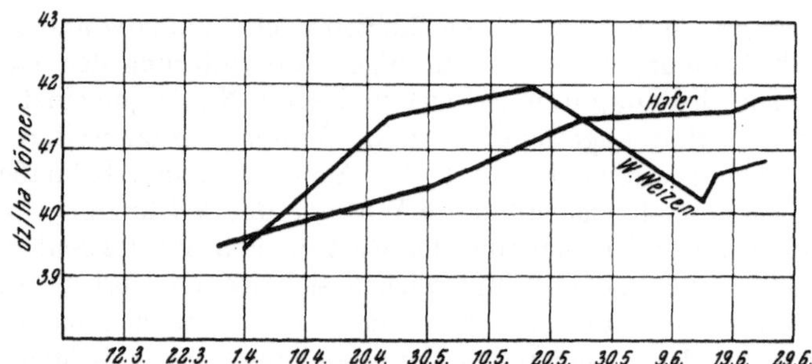

Abb. 103. Abhängigkeit des Kornertrages von dem Zeitpunkt der Anwendung der zusätzlichen Stickstoffgabe (40 kg/ha N als Natronsalpeter; nach SELKE 1941)

einer „zusätzlich späten N-Düngung", ohne jedoch wesentlich höhere N-Mengen als 80 kg/ha anzuwenden, und fand, daß diese Spätdüngung zu einer schwachen Steigerung der Kornerträge von Winterweizen führte, während bei Sommerweizen keine Veränderung der Korn- und Stroherträge vorlag.

Der große Vorteil dieser zusätzlich späten N-Gaben liegt vor allem in der Beeinflussung der Weizenqualität. Der Strohertrag wurde in diesen Versuchen in geringerem Ausmaße als der Kornertrag erhöht und die reinen Salpeterformen zeigten als Spätdüngung die beste Wirkung (SELKE 1941). Der höchste Kornertrag wurde, wie Abb. 103 zeigt, bei Spätdüngung Mitte Mai erreicht.

WATSON (1936) konnte feststellen, daß durch eine frühe N-Düngung zur Bestockung die Ährenzahl und durch eine Spätdüngung Kornzahl und Korngewicht erhöht werden. Auch BAUMEISTER (1940) beschäftigte sich in Gefäß- und Feldversuchen eingehend mit der Wirkung der zeitlich gestaffelten N-Düngung zu Sommerweizen.

Eine Bestätigung der Arbeiten von SELKE stellen auch die Versuche von PIELEN (1941, Tab. 30) und SCHROPP und ARENZ (1941) dar. Letztere konnten bei später N-Düngung eine leichte Reifeverzögerung und eine tiefdunkle Färbung der Pflanzen nach der letzten N-Düngung beobachten. Dies stimmt mit den eigenen Beobachtungen überein. Durch eine zusätzlich späte N-Gabe konnten auch KURTSCHATOW (1936) und TULAIKOW (1938) höhere Weizenkornerträge und Proteingehaltszahlen erzielen. Die Verteilung der Niederschläge war in diesen Versuchen sehr günstig. SCHEFFER (1942) führt unter anderem aus: „Eine einseitig starke N-Düngung, welche ein zu dem im Boden im Minimum befindlichen Wachstumsfaktoren unharmonisches Verhältnis schafft, wirkt auf die Zusammensetzung der Pflanze sehr ungünstig. Es muß daher die Düngung derart eingerichtet werden, daß die Pflanze gleichmäßig in allen Vegetationsstadien bis zur Reife und insbesondere zur Zeit der Korn-, Rüben- und Knollenreife über alle hiezu notwendigen Wachstumsfaktoren in ausreichender Menge verfügt."

Tabelle 30. *Wirkung der zusätzlich späten N-Düngung auf den Ertrag von Sommerweizen* (nach PIELEN 1941)

Düngungstermin	Korn	Stroh
	dz/ha	
Grunddüngung ohne N	25,45	46,76
Grunddüngung mit N	30,96	56,65
Grunddüngung mit N + 20 kg N vor Blüte	32,10	52,28
Grunddüngung mit N + 20 kg N nach Blüte	31,52	52,21
Grunddüngung mit N + 40 kg N vor Blüte	33,83	60,01
Grunddüngung mit N + 40 kg N nach Blüte	34,75	59,93
Grunddüngung mit N + 20 kg N zur Saat	33,40	61,48

Weitere Arbeiten von SELKE (1955, 1959 a und b, 1957) bestätigen die günstige Wirkung der zusätzlich späten N-Düngung in Kombination mit einer ausreichenden frühen Düngung (40 kg/ha N + 40 ha/kg N spät) und zeigen, daß die Wirkung der zusätzlichen N-Gabe um so größer ist, je größer die Reaktion des Weizens auf die erste N-Düngung ist und sich mit sinkender Bodenzahlwertung die Wirkung der N-Düngung erhöht. Die Leistung von 40 kg/ha zusätzlich verabreichtem N beträgt bei Winterweizen 2,12 dz/ha oder 5,2% Mehrertrag. Das Verfahren der späten zusätzlichen N-Düngung eröffnet nach SELKE (1953) die Möglichkeit, wesentlich höhere N-Mengen zum Getreide zur Anwendung zu bringen als bisher. Die Möglichkeiten der N-Spätdüngung wurden von verschiedenen Forschern untersucht und in Frankreich beschäftigt sich COÏC intensiv mit diesem Problem.

Nach COÏC (1950 a und b) soll durch Zufuhr von N in den verschiedenen Entwicklungsstadien des Weizens eine maximale Photosynthese durch Entwicklung der Halme (Düngung in der Periode der Bestockung und des Schossens) und ein optimales Korn-Strohverhältnis (Düngung Ende April bis Anfang Mai) erreicht werden. Eine weitere N-Düngung 15 bis 20 Tage vor der Blüte bewirkt eine Steigerung der Kornzahl und des Korngewichtes. Bei späten N-Gaben trat eine schwache Verzögerung der Reife ein, die in Korrelation mit dem erhöhten N-Gehalt stand. Die N-Düngung zur Zeit der Bestockung soll mäßig, zum Zeitpunkt des Wachstums jedoch reichlich bemessen sein (COÏC 1952, 1953, 1959) und wie folgt aufgeteilt werden:

zur Bestockung	40 kg/ha N
zur Halmstreckung	30 kg/ha N
zum Ährenschieben	20—25 kg/ha N

daher insgesamt 90 bis 95 kg/ha N. In Gefäß- und Feldversuchen erhielt COÏC (1956) die in Tab. 31 erfaßten Erträge. Die N-Spätdüngung ist insbesondere auf nährstoffarmen Böden von Bedeutung (COÏC und JOLIVET 1953, GROS 1957, BOISCHOT 1957).

JOLIVET (1956a) bestätigte die günstige Wirkung der späten N-Düngung auf die Ertragsbildung und fand eine unterschiedliche Reaktion der Winterweizensorten hinsichtlich der N-Ausnützung (JOLIVET 1956b).

Etwa gleichzeitig mit den Arbeiten von COÏC wurden die gestaffelten N-Gaben als neue Möglichkeit zur Verbesserung der Getreideerträge von KOPETZ (1951a

Tabelle 31. *Kornerträge des Winterweizens in Gefäß- und Feldversuchen bei später N-Düngung* (nach COÏC 1956)

Gefäßversuch Sorte	N-März	N-März und April	N-März und Blüte	N-März und April und Blüte
Hybr. de Bersée	33,7	44,0	36,3	51,7
Hybr. 40	30,5	38,5	34,0	47,3
Feldversuch Sorte	ohne N	40 kg/ha N	40 kg/ha N-März und 20 kg/ha N am 2. V.	40 kg/ha N-März und 20 kg/ha N am 27. V.
	Kornertrag/dz/ha			
Vilmorin 27	26,0	34,0	39,5	36,5

und b, 1954) dargestellt und diese Richtlinien lassen sich wie folgt zusammenfassen:

a) Die heute in der Praxis üblichen Mengen an Stickstoff, Phosphorsäure und Kali reichen nicht aus, um Höchsterträge zu erzielen.

b) Da Stickstoff einen kleinen Wirkungswert hat, müssen 2- bis 3fach so hohe N-Mengen wie bisher üblich verabreicht werden, um die Erträge auf ein sachgemäß richtiges Maß zu steigern.

c) Um die schädigungsfreie Anwendung so großer Mengen N zu ermöglichen, sollen diese hohen Mengen nicht auf einmal, sondern in 2 bis 3 Teilgaben (gestaffelt) verabreicht werden.

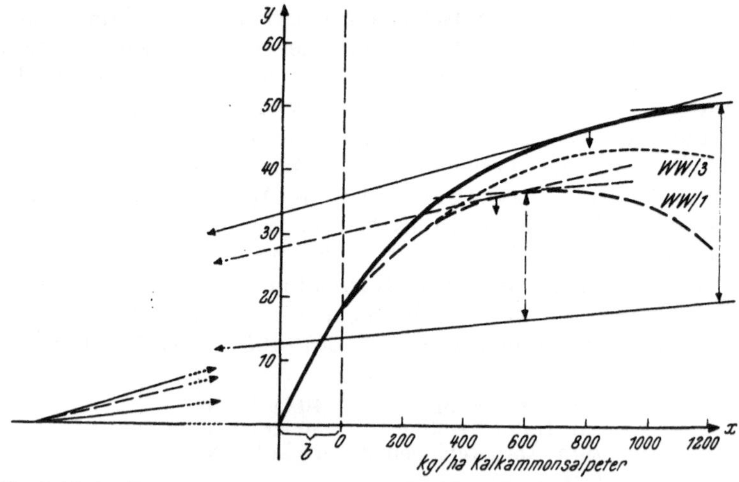

Abb. 104. Vergleich der Ertragswirkung einmaliger (*WW*/1) und dreimaliger (geteilter) Stickstoffgaben (*WW*/3) zu Winterweizen mit der theoretischen Ertragslinie (nach LINSER 1958)

d) Während der Jugendentwicklung benötigt das Getreide relativ wenig N, die Pflanzen brauchen K_2O und P_2O_5 für ihren Gerüstaufbau.

e) Die Lagerung des Getreides ist nicht, wie das bisher angenommen wurde, auf einseitige N-Überdüngung, sondern auf das optimale Vorhandensein aller drei Nährstoffe im Boden zurückzuführen. Es darf jedoch zum Zeitpunkt der Ausbildung der die Standfestigkeit bedingenden Gewebe noch keine volle Wirkung der im Boden vorhandenen Nährstoffe erfolgen. Daher muß der Nährstoff N den

Pflanzen zu jenem Zeitpunkt zur Verfügung stehen, zu welchem sie ihn vollständig ausnützen sollen und können.

Die Minderung des Schädigungsfaktors für N bei Verabreichung hoher N-Gaben in gestaffelter Form zu Getreide konnte von LINSER und PELIKAN (1952) bestätigt werden. Feldversuche zu Winterweizen zeigten die günstige Wirkung der geteilten gesteigerten N-Düngung in Kombination mit hohen Grunddüngergaben an P_2O_5 und K_2O (179 kg/ha P_2O_5, 235 kg/ha K_2O) auf Ertragsleistung, Standfestigkeit und Kornausbildung auf (LINSER und PRIMOST 1953, PRIMOST 1952, LINSER 1955). Die hohe Grunddüngung sicherte auch bei sehr hohen N-Gaben ein harmonisches Nährstoffverhältnis. Auf Grund dieser Versuche erfolgt die Aufteilung der N-Düngung am zweckmäßigsten zu folgenden Terminen (vgl. Abb. 98):

1. Gabe im zeitigen Frühjahr zur Bestokkung des Weizens;
2. Gabe zur Halmstreckung, etwa Anfang Mai;
3. Gabe zum Ährenschieben, etwa Anfang Juni.

Übereinstimmend mit anderen Autoren wirkte sich eine Aufteilung der N-Düngung bis zu 80 kg/ha N auf die Ertragsleistung nicht wesentlich aus.

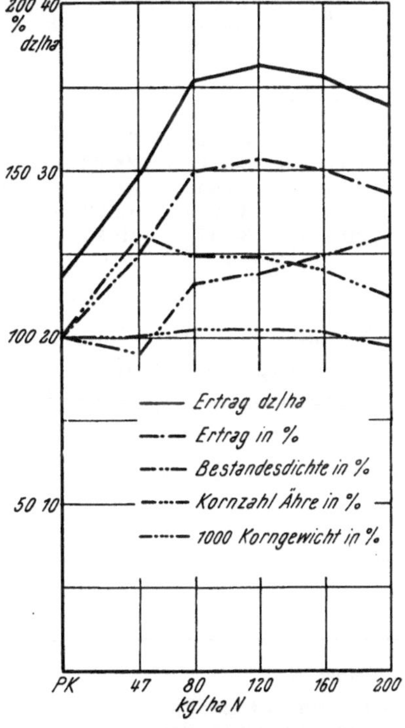

Abb. 105. Morphologische Ertragsanalyse des Winterweizens „Tassilo" im Durchschnitt der Jahre 1952 bis 1957 bei geteilten Stickstoffgaben (nach PRIMOST 1958)

Bei Anwendung höherer N-Mengen waren jedoch signifikante Mehrerträge zu erzielen (Abb. 104 nach LINSER 1958, Tab. 32). Als Optimum der geteilten N-Düngung kann in Abhängigkeit der Wirkung der Düngung von Bodenart, Klima und Sorte eine N-Menge zwischen 80 und 120 kg/ha N angeben werden (PRIMOST 1957), wobei noch höhere N-Mengen insbesondere auf nährstoffärmeren Böden zu Ertragssteigerungen führen können (Tab. 33). Auch Versuche von VAN DER PAAUW (1955) zeigten, daß je nach den Witterungsverhältnissen Optimalerträge mit verschieden hohen N-Gaben erreicht wurden.

RAMÓN und LAIRD (1959) prüften die Abhängigkeit der steigenden N-Düngung vom Feuchtigkeitsgehalt des Bodens und erzielten bei N-Mengen von 150 kg/ha die höchsten Kornerträge, welche auf Boden mit maximalem Wassergehalt das sechsfache des Wertes der O-Parzellen betrugen, während auf trockenem Boden nur eine dreifache Ertragssteigerung vorlag.

Auch KÜRTEN (1958) bestätigte die sichere und rentable Erhöhung der Erträge ohne Lagerungsgefahr durch zusätzliche N-Gaben bis zu 100 bis 120 kg/ha N. Der durch gesteigerte geteilte N-Düngung erzielte Ertragszuwachs beruht primär auf einem Anstieg des ertragsbildenden Faktors Bestandesdichte (Zahl der ährentragenden Halme pro Flächeneinheit) und sekundär auf einer Zunahme der Kornzahl/Ähre (PRIMOST 1958a und b, Abb. 105).

Auch COÏC und HÉLIAS (1950) fanden, daß die Bestandesdichte unter dem Einfluß der N-Düngung am stärksten variiert, dann folgt die Kornzahl/Ähre, während das Tausendkorngewicht die geringsten Schwankungen zeigt.

Tabelle 32. *Die Wirkung geteilter gesteigerter N-Gaben auf den Ertrag von Winterweizen* (PRIMOST 1959)

Rein-N kg/ha	geteilte N-Gaben				1/3 N-Herbst, und 2/3 N-Frj.			
	Kornertrag dz/ha		Strohertrag dz/ha		Kornertrag dz/ha		Strohertrag dz/ha	
	500 mm	900 mm	500 mm	900 mm	500 mm	900 mm	500 mm	900 mm
	Niederschlag							
ohne N	29,02	24,99	63,36	49,78	—	24,99	—	49,78
40	33,15	28,28	72,89	65,78	—	31,10	—	72,57
80	35,44	31,78	78,30	71,58	—	31,03	—	74,58
120	35,90	32,18	80,47	73,51	—	28,99	—	76,72
160	36,47	30,79	81,72	75,87	—	26,99	—	77,33

MORRISON (1957) und MCNEAL und DAVIS (1954) bestätigen in weiteren Arbeiten diese Ergebnisse und letztere fanden den höchsten Zuwachs der Bestandesdichte bei 112 kg/ha N, wo er 114% betrug.

Tabelle 33. *Die Abhängigkeit der Wirkung der gesteigerten N-Düngung von Bodenart, Klima und Sorte* (PRIMOST 1957)

In Abhängigkeit von	ohne N	40	80	120	160 kg/ha N
	Kornertrag in dz/ha				
Bodenart					
schwerer Lehmboden	27,04	—	34,85	35,00	30,07
Lehmiger Sandboden	23,72	—	36,99	39,30	40,10
Klima					
500 mm Niederschlag	36,85	42,69	45,61	46,70	44,23
900 mm Niederschlag	21,93	32,42	39,78	41,05	41,66
Sorte					
Tassilo	27,84	—	35,62	33,07	27,56
Hubertus	29,05	—	41,05	40,70	35,35
Stamm 101	26,03	—	38,38	42,29	41,66

Schwedische Versuche mit steigenden geteilten und einmaligen N-Gaben brachten nach FAJERSSON (1950) gleichfalls bei Winterweizen durch Aufteilung höhere Erträge als einmalige N-Düngungen. Bei Sommerzeiten erwies sich hingegen die einmalige N-Gabe vorteilhafter. In Versuchen von VAN DOBBEN (1957) wirkten sich N-Gaben zum Ährenschieben nicht mehr auf die Ertragshöhe aus, die höchsten Weizenerträge wurden mit N-Düngungen im März und Mai erreicht. Versuche in Schottland mit Capelle-Weizen ergaben bei Düngung mit 34 kg/ha N zur Bestockung und weiteren 34 kg/ha N im Mai die Optimalerträge (BLACKETT 1957). Eine günstige Wirkung der späten zusätzlichen N-Düngung auf den Ertrag von Sommerweizen wurde von WEIGERT und SCHAEFFLER (1942) gefunden, während Arbeiten von BALDONI (1953), OHNESORGE (1958), VAN BURG (1958) und BUCHNER (1956a) die Ertragssteigerung durch gestaffelte N-Düngung bei Winterweizen bestätigen.

Nach Buchner beträgt der Mehrertrag bei Düngung mit 60 kg/ha N im zeitigen Frühjahr und 40 kg/ha N als Spätdüngung 4,3 dz/ha. Durch Aufteilung der N-Düngung in mehrere Teilgaben ist es somit möglich höhere N-Mengen als bisher in der Praxis üblich zu Weizen zu düngen und höhere Ernten zu erzielen. Eine optimale N-Düngung für Höchsterträge anzugeben ist nicht möglich, da die Wirkung der N-Düngung und auch die Ertragsleistung des Weizens von den verschiedensten Umweltsfaktoren abhängig ist, doch soll folgende Aufstellung zeigen, welche N-Menge und Verabreichungsart von den einzelnen Autoren für Weizen als optimal bezeichnet wird:

Autor	N-Menge kg/ha	Art der Verabreichung
Bel und Mitarbeiter (1952)	80	
Buchner (1956)	80 bis 100	geteilt
van Burg (1958)	110	geteilt
Blackett (1957)	68	geteilt
Coïc (1953)	90	geteilt
Cowie (1948)	50 bis 70	
Gingrich und Smith (1953)	112	Herbst
Ilkow (1956)	120	Herbst und Frühjahr
Ramón und Laird (1959)	150	
Russell und Mitarbeiter (1958)	80	
Linser und Primost (1958)	80 bis 120	geteilt

Neben der Höhe der N-Menge ist unter gewissen Klima- und Bodenverhältnissen auch die N-Form für die Wirkung der Düngung maßgebend. Die Wahl der N-Form hängt vor allem von der Bodenreaktion ab (Buchner 1956b).

Die zusätzliche späte N-Gabe soll jedoch als Salpeter-N gestreut werden. Die Anwendung von Kalkstickstoff soll nur im Winter auf trockene Saaten erfolgen. Düngungsversuche zu Weizen mit Harnstoff, Ammonnitrat und Ammonsulfat brachten nach Soubies und Mitarbeiter (1955) keine Unterschiede hinsichtlich der Wirkung der einzelnen N-Dünger:

Ammonnitrat	37,2 dz/ha Korn, 45,7 dz/ha Stroh
Harnstoff	37,5 dz/ha Korn, 44,8 dz/ha Stroh
Ammonsulfat	37,5 dz/ha Korn, 45,6 dz/ha Stroh

Auf kalkhaltigen Böden ist die Wirkung von Calciumnitrat günstiger als jene von Ammonnitrat (Joret und Hiroux 1951):

35 kg/ha Ammonnitrat	39,04 dz/ha Korn
35 kg/ha Calciumnitrat	42,94 dz/ha Korn

Die Gleichwertigkeit in der Düngewirkung von Ammonsulfat, Ammonnitrat und Chilesalpeter wird von Chandnani (1954) und anderen indischen Versuchsanstellern bestätigt, während Harnstoff unter indischen Verhältnissen ungünstiger wirkte. Salonen (1958) konnte zeigen, daß in Finnland kein Unterschied zwischen Kalksalpeter, Kalkammonsalpeter und Ammonsalpeter bestand, während Ammonsulfat und Montansalpeter den Kornertrag gegenüber den anderen N-Düngern um 7% senkten. Für die N-Spätdüngung zeigen die reinen Salpeterformen auch nach Selke (1941) die beste Wirkung, so daß die Wahl der N-Form für die Herbst- bzw. Frühjahrsdüngung von den verschiedenen Umweltsfaktoren abhängig sein kann, die späten N-Gaben zum Zeitpunkt der Halmstreckung und zum Ährenschieben jedoch am günstigsten mit der schnellwirkenden Nitrat-Form erfolgen sollen.

2. Die Phosphorsäuredüngung

Der Nährstoff Phosphorsäure ist neben Stickstoff und Kali für die Ertragsleistung des Weizens besonders wichtig und tritt vor allem in einigen außereuropäischen Ländern, deren Böden eine ausreichende Versorgung mit Kali aufweisen, in den Vordergrund der Düngung (Kanada, Indien). Im Gegensatz zu Stickstoff, können Phosphatdüngemittel in großer Menge zu Getreide aufgebracht werden, ohne daß Schädigungen oder Ertragsdepressionen eintreten, da der Schädigungsfaktor der Phosphorsäure sehr gering ist. MITSCHERLICH (1950) konnte bei Phosphorsäureüberdüngung keine Beeinträchtigung des Wachstums oder der Ertragsleistung feststellen. Den Wirkungswert der Phosphorsäure errechnete MITSCHERLICH (1950) mit 0,60 je dz/ha. Nach GERICKE und JÜRGENS-GSCHWIND (1957) folgen die Getreideerträge deutlich dem Verbrauch an P_2O_5, wie dies für den Getreideertrag und P_2O_5-Aufwand für Westeuropa aus Abb. 106 ersichtlich ist. Die engen Beziehungen zwischen P_2O_5-Verbrauch und Getreideertrag kommen auch in den Aufwandsmengen und Ertragszahlen zum Ausdruck. So weist Westdeutschland einen P_2O_5-Verbrauch von 31,2 kg/ha gegenüber Holland und Belgien mit 51,4 kg/ha auf und die Erträge dieser Länder liegen bei 26, bzw. 31 dz/ha. Weizen spricht nach GERICKE und JÜRGENS-GSCHWIND (1957) von allen Getreidearten am günstigsten auf die P_2O_5-Düngung an und bei P_2O_5-Mangel können die Weizenerträge bis auf 62% des normalen Ertrages absinken. Auf gut versorgten Böden wird der Höchstertrag mit 90 kg/ha P_2O_5 erreicht (Tab. 34).

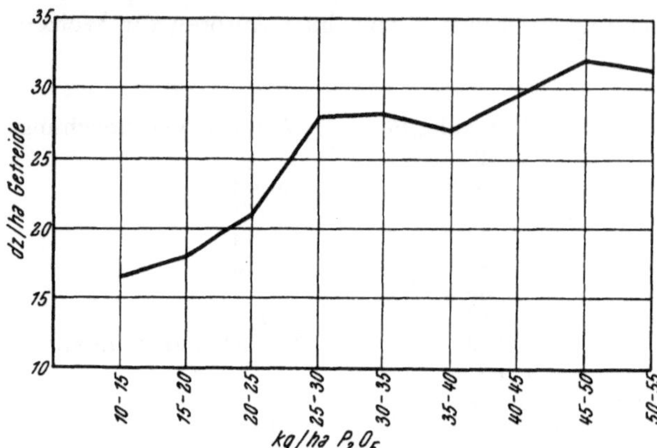

Abb. 106. P_2O_5-Aufwand und Getreideertrag in Westeuropa (Trend 1950/56) in sieben Ländern (nach GERICKE und JÜRGENS-GSCHWIND 1957)

Tabelle 34. *Wirkung gesteigerter Phosphatgaben zu Getreide (Korn) auf Böden mit verschiedenem P-Gehalt*

(nach GERICKE und JÜRGENS-GSCHWIND 1957)

P_2O_5/kg/ha	Kornertrag/dz/ha bei P-Versorgung		
	gut	mäßig	schlecht
0	29,7	27,3	26,1
30	31,8	28,5	29,7
60	32,4	30,3	31,3
90	33,6	30,3	31,6
120	33,7	31,9	34,4

Nach GERICKE (1945) ist für die Erzeugung von 10 dz Korn und Stroh bei Weizen eine P_2O_5-Menge von 12,1 kg erforderlich. Durch Düngung mit mineralischer P_2O_5 können bei Winterweizen Mehrerträge von 35 bis 41% an Körnern und 20% an Stroh erzielt werden, die P_2O_5-Ausnützung beträgt 20% (AMBERGER und Mitarbeiter 1957). Hingegen erzielte PFULB (1958) in Versuchen mit steigenden P_2O_5-Gaben auf schlecht versorgten Böden nur Ertragssteigerungen von 10 bis 14% und auf gut mit P_2O_5 versorgten Böden war die Wirkung der P_2O_5 mit 1 bis 2%iger Ertragserhöhung nur sehr gering. Bei Düngergaben von 90 kg/ha P_2O_5 war in diesen Versuchen die P-Anreicherung im Boden noch unzureichend und erst Gaben von 120 bis 160 kg/ha P_2O_5 wirkten optimal. Auf den Tschernosemböden brachten Superphosphatgaben von 100 kg/ha 5-bis 7%ige Ertragssteigerungen (CHRISTOW 1957). Die Anwendung von Thomasmehl in Felddüngungsversuchen in Jugoslawien führte nach JEKIĆ (1958) zu einer Erhöhung des Kornertrages von 6,7 bis 8,1 dz/ha und einem Zuwachs an Stroh von 9,6 bis 12,4 dz/ha. Die Wirkung steigender Thomasphosphatgaben auf die Ertragsleistung von Winter- und Sommerweizen wird von BÄRMANN (1957) aufgezeigt, wobei P_2O_5-Gaben bis zu 120 kg/ha ertragsfördernd wirkten:

P_2O_5/kg/ha	Kornertrag/dz/ha	
	Winterweizen	Sommerweizen
ungedüngt, KN	31,9	27,1
KN + 30	34,1	—
KN + 60	35,7	29,5
KN + 90	37,3	—
KN + 120	38,3	31,2

TULUPOW und OBICHWOSST (1957) erzielten bei Düngung mit 120 kg/ha Superphosphat unter Zusatz von Phosphorbakterien die höchsten Winterweizenerträge. Versuche mit steigenden P_2O_5-Gaben zu Winterweizen im Rahmen eines Fruchtfolgeversuches brachten KÖHNLEIN (1957) bei den höchsten P_2O_5-Gaben die höchsten Erträge und Entzüge:

		0	30	40	50 kg/ha P_2O_5	
Ertrag:	Korn	36,09	38,41	38,63	40,51	dz/ha
	Stroh	45,84	47,74	48,67	53,95	dz/ha
Entzug gesamt		31,36	34,56	34,52	37,72	P_2O_5/kg/ha
		40,75	46,72	49,60	54,76	K_2O/kg/ha

Bezüglich des Zeitpunktes der Verabreichung der Phosphorsäuredüngung zu Weizen liegen die Verhältnisse wesentlich einfacher und klarer als bei Stickstoff. Da keine Schädigungen durch zu hohe P_2O_5-Mengen zu befürchten sind, ist es zweckmäßig, die P_2O_5-Düngung zur Zeit der Bestellung oder im Herbst einzupflügen. Kurz vor der Bestellung kommt nach GERICKE (1948) die Düngung zur besten Wirkung. Eine Kopfdüngung kann mit allen P_2O_5-Düngern erfolgen, soll aber nur als Notbehelf angesehen werden. Versuche von SMITH (1947) ergaben bei Verabreichung von 56 kg/ha P_2O_5 zur Pflugfurche die höchsten Erträge. Von PETERSEN (1957) wird eine Vorverlegung der P_2O_5- und K_2O-Düngung auf die Zeit kurz nach der Getreideernte (Stoppeldüngung) abgelehnt, da die Nachteile wie Auswaschung und Festlegung der Nährstoffe größer als die Vorteile sind. Winterweizen hat im Herbst eine geringe Entwicklung und es reichen daher die Vorräte an diesen Nährstoffen aus. Aus arbeitstechnischen Gründen soll die P_2O_5-Düngung nach ILKOW (1956) vor der Saat erfolgen, wobei sich granuliertes Superphosphat gegenüber normalem Superphosphat 4fach überlegen erwies. Australische Versuche zeigten (SIMS und ANDREW 1958), daß der durch Superphosphat erzielte Mehrertrag bei kombinierter Aussaat und Düngung am höchsten war. Bei Anwendung im Frühjahr war die Wirkung auf 2/3, bei noch späterer Kopfdüngung auf 1/3 reduziert. BIRECKA und Mitarbeiter (1956) prüften in Gefäßversuchen die Wirkung der P_2O_5-Düngung bei verschiedener Bodenreaktion zu Weizen und fanden, daß der Zeitpunkt der P_2O_5-Düngung von der Bodenreaktion abhängig war. Bei einem pH-Wert von 5,2 bis 5,4 zeigte sich eine Frühjahrsdüngung wesentlich günstiger. Die geringsten Unterschiede waren bei pH 6 zu verzeichnen. Wird Superphosphat als Kopfdüngung zu Weizen Ende der Bestockung gegeben, so beträgt die Ausnützung der Düngerphosphorsäure bis zu 20% vom gesamten P_2O_5-Gehalt in der Pflanze (SSEWOSSTJANOWA 1956). In Gefäßversuchen zu Weizen auf Kansasböden wurden nach BHANGOO und SMITH (1957) im Höchstfall 18%, im Minimum 5,8% der zugeführten P_2O_5 aufgenommen. Die Wirkung der Superphosphatdüngung in Abhängigkeit von der Art ihrer Einbringung wurde von SELKE (1955) untersucht und das Ergebnis dieses Versuches auf Schwarzerdeboden ist in Tab. 35 erfaßt.

Tabelle 35. *Die Wirkung der Superphosphatphosphorsäure in Abbängigkeit von ihrer Einbringung in den Boden*
(nach SELKE 1955)

Düngung	Körner		Stroh		Körner und Stroh P_2O_5/kg/ha
	Ertrag dz/ha	P_2O_5 kg/ha	Ertrag dz/ha	P_2O_5 kg/ha	
ohne Phosphorsäure	30,4	24,43	43,6	4,61	29,04
Phosphorsäure als Kopfdünger	31,7	26,01	44,0	5,64	31,65
eingeeggt	32,4	26,35	45,7	5,38	31,73
eingegrubbert	34,3	27,58	49,4	5,94	33,52
1/2 eingeeggt, 1/2 eingepflügt	34,5	28,25	48,2	5,10	33,35
eingepflügt	31,5	25,79	45,9	3,51	29,30

Die Wirkung der verschiedenen P_2O_5-Düngemittel auf die Ertragsleistung ist nach SCHEFFER (1956) bei richtiger zeitlicher Anwendung von Thomasphosphat und Superphosphat gleichwertig (Superphosphat = 100, Thomasphosphat = 102%). In Versuchen von NIKLAS, STROBEL und SCHARRER (1926) wirkte auf neutralem Boden Superphosphat neben Rhenaniaphosphat am besten.

Superphosphat, Rhenaniaphosphat und Dicalciumphosphat beinflußten in diesen Versuchen die Jugendentwicklung des Weizens günstiger als Thomasphosphat. Bei Verabreichungsmengen von 50, 150 und 300 kg/ha P_2O_5 war auf sauren Böden die Wirkung von Thomasphosphat dieselbe wie von Super- und Dicalciumphosphat (LETELIER 1957). Keine wesentlichen Ertragsunterschiede wurden von ODLAND, BELL und SALOMON (1956) bei Verabreichung verschiedener P_2O_5-Dünger (Super-, Dicalcium-, Roh-, Schmelz-, Calciummetaphosphat und Kaliummetaphosphat) gefunden und Winterweizen reagierte in seiner Entwicklung auf alle Dünger in der gleichen Weise. Auch nach GERICKE (1948) besteht in der Wirkung zwischen der basischen Phosphatform (Thomasphosphat, Rhenaniaphosphat) und der sauren (Superphosphat) kein Unterschied. Auf schweren Gipskeuperböden erwies sich in Gefäßversuchen zu Sommerweizen (LASKE und DUBBER 1958) Rhenaniaphosphat den Vergleichsphosphaten überlegen, während auf Muschelkalkböden die Wirkung von Rhenania-, Super- und Thomasphosphat gleich war. Nach Versuchen von LEHR und VAN WESEMAEL (1955) wurde die P_2O_5-Aufnahme des Sommerweizens durch die mitgedüngte N-Form wesentlich beeinflußt, und zwar war die P_2O_5-Aufnahme bei Düngung mit Natriumnitrat um 45% höher als bei Calciumnitrat. Das Zusammenwirken von P_2O_5 und N wurde auch von OLSON und DREIER (1956) untersucht und es trat bei kombinierter P_2O_5- und N-Düngung ein Abfall im P_2O_5-Gehalt der Weizenkörner ein, während der Ertrag um 50 bis 70% gesteigert werden konnte, wodurch die P_2O_5-Aufnahme pro Flächeneinheit erhöht wurde. Indische Versuche zu Weizen (RAHEJA 1958, MOTWANI 1958) ergaben bei kombinierter Düngung von P_2O_5 und N Ertragssteigerungen bis zu 77%, wobei eine Zudüngung von K_2O nicht erforderlich war, da die indischen Böden eine ausreichende Versorgung mit diesem Nährstoff aufweisen.

Somit ist die Wahl des Zeitpunktes der P_2O_5-Düngung zu Weizen wie auch die P_2O_5-Form für die Ertragsleistung von untergeordneter Bedeutung, während die P_2O_5-Menge so bemessen sein muß, daß dem Weizen ausreichende P_2O_5-Mengen zur Verfügung stehen, da sich die Höhe der P_2O_5-Düngung bestimmend auf den Weizenertrag auswirkt.

3. Die Kalidüngung

Die Kaliversorgung des Bodens ist für Weizen von großer Bedeutung, da diese Pflanze ein schwaches Aneignungs- und Ausnutzungsvermögen für Nährstoffe besitzt. Zu große Kalimengen im Boden wirken nicht nachteilig auf die Höhe des Ertrages und eine Überdüngung mit Kali wird gut vertragen (MITSCHERLICH 1950). Eine unbegrenzte Steigerung des Kornertrages durch gleichzeitige Erhöhung der K_2O- und N-Düngung ist jedoch infolge der damit verbundenen hohen Gesamtionenkonzentration nicht möglich (BAUMEISTER 1942). Ebenso wie bei Phosphorsäure können daher große Mengen an Kali in den Boden gebracht werden und MITSCHERLICH (1950) konnte selbst bei Verabreichung von 25,6 dz/ha Rein-K_2O noch keine Ertragsdepressionen beobachten. Der Wirkungswert für Kali beträgt nach diesen Versuchen 0,40 je dz/ha. Kali ist bei Winterweizen für die sichere Überwinterung und die gute Standfestigkeit erforderlich und die K_2O-Düngung soll 90 bis 150 kg/ha betragen (AUFHAMMER 1959).

Nach GERICKE (1948) reagiert Weizen auf die K_2O-Versorgung des Bodens mit Ertragsunterschieden und bei Kalimangel tritt ein deutlicher Ertragsabfall ein:

Kaligehalt des Bodens:	
arm	24,3 dz/ha Korn
mäßig	29,6 dz/ha Korn
gut	30,9 dz/ha Korn

Versuche mit steigenden K_2O-Gaben brachten nach GERICKE folgende Ergebnisse:

K_2O/kg/ha	Ertrag/dz/ha Korn	Stroh
0	28,1	52,9
60	29,8	54,5
80	30,1	57,0
120	31,2	58,1

Die Förderung der Standfestigkeit des Weizens durch Kali wird nach JACOB und ALTEN (1942) auf eine Erhöhung des K_2O-Gehaltes der Keimpflanzen und des Strohes zurückgeführt, wodurch eine Steigerung des Turgors eintritt. Höchsterträge werden nach Versuchen dieser Autoren mit 120 bis 160 kg/ha K_2O erzielt (Tab. 36), wobei eine K_2O-Düngung zur Saat sich wirkungsvoller erwies als eine Kopfdüngung. 1 kg K_2O erzeugt vor der Bestellung gegeben 2,7 kg Korn, während die Wirkung als Kopfdünger im Frühjahr auf 2,3 kg absank.

Tabelle 36. *Erträge von Winterweizen bei gesteigerter K_2O-Düngung in Form von Kalimagnesia und 40er Kali*
(nach JACOB und ALTEN 1942)

Kalimagnesia K_2O/kg/ha	Kornertrag dz/ha	40er Kali K_2O/kg/ha	Kornertrag dz/ha
ohne Düngung	18,6	ohne Düngung	15,7
ohne K_2O NP	30,6	NP ohne K_2O	28,3
NP + 80	33,7	NP + 60	29,1
NP + 160	35,9	NP + 120	34,6
NP + 240	32,8	NP + 180	32,4

Versuche mit gesteigerten K_2O-Gaben von 0 bis 480 kg/ha von VAN DER PAAUW (1957) zeigten, daß Sommerweizen witterungsabhängig auf Kali reagierte und die verabreichten Düngergaben für Höchsterträge ausreichend waren. VAN DER PAAUW (1951) beschäftigte sich in früheren Arbeiten mit dem Einfluß des Kalis auf Kornertrag, hl-Gewicht und Tausendkorngewicht. Mit dem absoluten Ansteigen der Erträge bei Erhöhung der K_2O-Düngung ging eine Zunahme des hl- und Tausendkorngewichtes parallel. Diese beiden Komponenten stiegen auch noch weiterhin an, wenn der Ertrag bereits eine konstante Größe erreicht hat. Nach Ausführungen von GISIGER (1953) kann Kalimangel zur Auswinterung führen und eine Kopfdüngung mit Kali wirkt sich in diesem Falle noch sehr günstig aus. BUCHNER (1956 a) kommt auf Grund zahlreicher Gefäß- und Feldversuchen zu der Ansicht, daß K_2O und P_2O_5 bei engem Nährstoffverhältnis besser ausgenützt werden als bei weitem. Das optimale Korn-Strohverhältnis wird bereits mit relativ niedrigen P_2O_5- und K_2O-Mengen erreicht und bei steigender Anwendung dieser Dünger früher als der optimale Kornertrag. In eigenen Versuchen (PRIMOST 1956) wirkte sich eine zusätzliche K_2O-Düngung auf die Standfestigkeit von Winterweizen bei reichlicher Versorgung mit K_2O im Herbst nicht aus und die Höhe der Kornerträge erfuhr durch die zusätzliche K_2O-Düngung gleichfalls keine Förderung (Tab. 37).

Tabelle 37. *Korn- und Stroherträge von Winterweizen bei zusätzlicher K_2O-Düngung und verschieden hoher N-Düngung*
(PRIMOST 1956)

K_2O/kg/ha	Versuch I (80 kg/ha N)		Versuch II (160 kg N)	
	Kornertrag	Strohertrag	Kornertrag	Strohertrag
	dz/ha		dz/ha	
—	39,09	69,80	47,30	75,65
56 zur Bestockung	39,87	69,90	46,80	74,85
112 zur Bestockung	36,31	66,10	46,90	76,45
56 zur Halmstreckung	38,09	69,45	46,05	75,80
112 zur Halmstreckung	38,45	72,35	47,50	73,35
56 zur Bestockung .... } 56 zur Halmstreckung ...... }	40,53	72,05	47,20	74,45

Eine angemessene K_2O-Düngung ist auch indirekt auf die Ertragsleistung wirksam, da durch Anwendung von 160 kg/ha K_2O der Rostbefall stark vermindert werden kann (BRÜNING 1954). Diese Ergebnisse wurden durch amerikanische Versuche bestätigt (DOAK 1954).

4. Die Kalkdüngung

Da Weizen sehr säureempfindlich ist, muß der Boden mit Kalk gut versorgt sein (SCHMITT 1954). Im allgemeinen erfolgt jedoch eine spezielle Kalkdüngung zu Weizen nicht, diese wird innerhalb der Fruchtfolge verabreicht. Die Höhe der Kalkgaben richtet sich daher nach dem Säurezustand des Bodens und der Fruchtfolge, ferner ob es sich um eine Gesundungskalkung oder Erhaltungskalkung handelt. Als günstigsten Zeitpunkt der Kalkung wird von SCHMITT (1950) der Herbst, und hier die Stoppeldüngung, vorgeschlagen. Tritt bei Winterweizen Kalkmangelschaden auf (fahlgelbes Aussehen der Blattspitzen), so soll eine Kopfdüngung mit 10 dz/ha kohlensaurem Kalk verabreicht werden. Die Düngung darf jedoch nach SCHMITT nur auf einen trockenen Pflanzenbestand gestreut werden, da sonst Verbrennungen auftreten. Die Auswaschungsverluste betragen 5,0 dz/ha (GERICKE 1948) und nach SCHMITT (1950) 6,5 dz/ha CaO. 100 kg CaO erzeugen 7 kg Weizenkörner (GERICKE 1948).

5. Die Wirkung der übrigen Nährstoffe

Von den Makronährstoffen hat ferner Magnesium für die Entwicklung des Weizens Bedeutung und Mg-Mangel tritt vor allem in Jahren mit hohen Niederschlägen auf (JACOB 1955). Auf leichten Böden ist nach JACOB (1955) die Auswaschung besonders hoch und ein Unterschreiten einer gewissen MgO-Menge im Boden kann zu Ertragsdepressionen führen. Getreide enthält 0,2% MgO

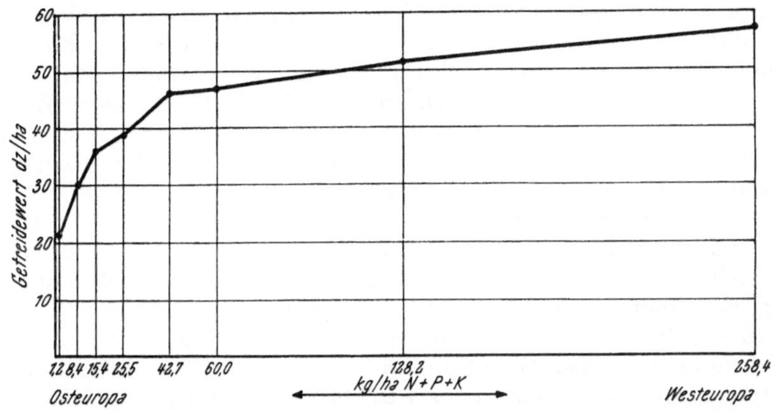

Abb. 107. Nährstoffaufwand und Getreideertrag in Europa (nach GERICKE 1951)

im Korn und 0,1% im Stroh und entzieht dem Boden 12 kg/ha MgO. Bei MgO-Mangel kann zu Getreide ein 40%-iges Kalisalz mit 25% schwefelsaurem Magnesium gedüngt werden, um den MgO-Mangel zu beheben, da wegen des hohen Wirkungswertes von MgO bereits geringe Mengen dieses Nährstoffes genügen (JACOB 1955).

Die Wirkung von Bor auf den Weizenertrag wurde von SCHROPP (1940) untersucht und bei Zusatz von 0,5 mg Borax je Liter Nährlösung trat bei Weizen eine Erhöhung des Wurzelgewichtes, dagegen keine Beeinflussung des Sproßgewichtes ein. Höhere Gaben als 0,00025% Bor wirkten giftig. Für die generative Entwicklung erwies sich Bor als unbedingt erforderlich, da ohne Bor der Weizen keine Ähren schob. Höhere Borgaben als 20 kg/ha Borsäure führten in Feldversuchen zu Ertragseinbußen. KOKIN (1957) stellte bei B-Gaben eine Verminderung der Atmungsintensität bei Getreide fest.

Weizen spricht nach Arbeiten von COÏC und COPPENET (1958) am empfindlichsten auf Mangan-Mangel an und benötigt für ein normales Wachstum 300 g/ha Mn. Hingegen reagierte Weizen in Versuchen von JOHANSSON und EKMAN (1956) nur schwach auf Mn-Mangel. Auf den Böden Neu-Delhis konnten SADAPHAL und DAS (1956) bei Anwendung der Spurenelemente Mn, Zn und Cu die höchsten Ertragssteigerungen mit Mn erzielen.

Die Höhe der Mn-Gabe betrug 12 kg/ha, zur Zeit des Schossens wurde mit einer Aufwandmenge von 1,2 kg/ha gespritzt. Diese günstige Wirkung einer Mn-Düngung zu Getreide wird von KOKIN (1957) bestätigt. Bei Prüfung des Einflusses der Mikronährstoffe Cu, B und Mn fand WASSILJEWA (1957) die größte Steigerung des Weizenertrages durch Mn.

Die Mineraldüngung ist somit der wichtigste Faktor für die Erzielung hoher Weizenerträge und ihre Wirkung dominiert auch über unveränderliche, klimatische und bodenbedingte Wachstumsfaktoren wie in Abb. 107 (nach GERICKE 1951) am Nährstoffaufwand und Getreideertrag von 20 europäischen Ländern gezeigt wird.

6. Die organische Düngung

Die organische Düngung in Form von Stalldünger, Jauche oder Kompost ist bei Weizen nur von untergeordneter Bedeutung, während jedoch der Gründüngung und der Strohdüngung im intensiven Getreidebetrieb Beachtung gegeschenkt werden muß. Die vollkommene Technisierung der Erntemaßnahmen einerseits wie auch die Stellung des Weizens in der Fruchtfolge (Monokultur nach kurzer Leguminosenzwischenfrucht) in gewissen außereuropäischen Ländern erfordert eine Anreicherung des Bodens mit Humus durch Einschaltung von Leguminosen oder Anbau und Einackerung einer Raps-, Rübsen-, oder Kleedecke, Unterbringung von Zuckerrübenblättern, Stroh, usw. Weizen erhält auch noch heute in osteuropäischen Ländern, wie UdSSR und Bulgarien, eine Stalldüngergabe und nach russischen Versuchen (PONOMAREWA und SSUCHTCHICH 1956) erwies es sich als günstig, vor dem Anbau des Winterweizens ein Gemisch von 400 bis 500 dz/ha Stalldünger und 30 bis 40 kg/ha P_2O_5 auszubringen und N als Kopfdünger im Frühjahr zu verabreichen. KRUTICHOWSKI (1956) erhielt den höchsten Weizenertrag bei Stalldünger und mineralischer Düngung. Ein Gemisch von Torf und Jauche und Mineraldüngung führte zu niedrigeren Erträgen. Eine Zudüngung von P_2O_5 und K_2O zu 200 dz/ha Stalldünger führte nach PETERBURGSKI und Mitarbeitern (1956) zu höheren Sommerweizenerträgen als 400 bis 600 dz/ha Stalldünger ohne P_2O_5 und K_2O. GVOZDENKO (1959) prüfte die Wirkung organisch-mineralischer Gemische (50 dz/ha Humus + 45 kg/ha N + 45 kg/ha P_2O_5 + 20 kg/ha K_2O) in Vergleich zu 200 dz/ha Stalldünger und mineralischer Volldüngung (90 kg/ha N: 90 kg/ha P_2O_5:20 kg/ha K_2O). Die Wirkung dieser organisch-mineralischen Gemische war auf den Ertrag von Winterweizen nach Getreide eine höhere als nach Brache und die Erträge lagen nur geringfügig niedriger als bei mineralischer Volldüngung. Eine kombinierte Stalldüngergabe von 200 dz/ha und 30 kg/ha P_2O_5 führte in Versuchen zu Winterweizen in Rumänien (DAVIDESCU und Mitarbeiter 1956) zu Ertragssteigerungen von 14,5%.

Eine Düngung mit 30 kg/ha N zusätzlich erhöhte die Ertragsleistung um 31%. Auch in Indien wird Stalldünger und auch Gründünger häufig als N-Quelle benützt, wobei 100 bis 150 dz/ha Stalldünger 7 bis 8 Wochen vor der Saat eingebracht werden (CHANDNANI 1954). Als günstigste Gründüngungspflanzen werden *Cyamopsis psoraloides* und *Crotalaria juncea* genannt. Im statischen Versuch Lauchstädt, der als Fruchtfolgeversuch 1902 begonnen wurde, fielen die Erträge von Winterweizen bei reiner Stalldüngung ohne N-Düngung (200 dz/ha) nach Rüther und Ansorge (1959) gegenüber Volldüngung um 12% ab und eine zusätzliche Düngung von P_2O_5 und K_2O wirkte sich bei Stalldünger nicht ertragsfördernd aus. Bezüglich der Anwendung von Jauche zu Weizen erwies sich in Versuchen von Lorenz (1956) eine Jauchegabe vor der Bestellung günstiger als im Frühjahr. Bei Düngung mit 12000 l Jauche/ha konnte die Wirkung einer N-Düngung in der Höhe von 40 kg/ha erzielt werden.

Die Strohdüngung bezeichnet Atanasiu (1958) als eine der aktuellsten Fragen der modernen Landwirtschaft. Durch das Zuführen von organischen Substanzen mit wenig N, wie dies bei Stroh der Fall ist, kann man zeitweilig den löslichen N-Anteil im Boden und damit den pflanzenaufnehmbaren Anteil verringern. Er wird biologisch festgelegt und daher soll der Strohdüngung mineralischer N zugeführt werden. Der Grad der Zerkleinerung des Strohes ist für die Wirkung wichtig (Göhrs 1958). Vor der Aussaat des Weizens müssen bei Einackerung von Stroh nach Göhrs erhöhte Düngermengen angewandt werden.

Wird Stroh in Kombination mit N (als Ammonnitrat) in den Boden eingeackert, so kann die ertragsmindernde Wirkung von Stroh auf den Weizenertrag herabgesetzt werden (Cavazza 1955). Der negative Einfluß äußert sich nach diesen Versuchen bei Weizen vor allem in der frühen Entwicklungsphase und bleibt aber bis zur Reife erhalten. Während ein Zusatz von N die Wirkung der Strohdüngung fördert, fand Cavazza (1956) bei Zudüngung von P_2O_5 keine positive Wirkung. In Versuchen von Schönbeck (1958) wurde die Wurzelentwicklung von Weizenkeimlingen in wässerigen Lösungen aus Böden, die nur 0,15 Gewichtsprozente Stroh enthielten, um 25% gegenüber Weizenkeimlingen in strohfreien Lösungen gehemmt. Der Zeitpunkt der N-Düngung ist für die Herabsetzung der schädigenden Strohwirkung entscheidend und je früher die N-Düngung nach der Ernte erfolgt, um so günstiger wirkt sich dies auf die Strohzersetzung aus.

Unter normalen Bodenverhältnissen muß aber von einer Stalldüngergabe zu Weizen abgeraten werden, da die Standfestigkeit wie auch die Widerstandsfähigkeit gegen Krankheiten und Schädlinge vermindert wird und Weizen bei Mineraldüngung allein zu höchsten Ertragsleistungen befähigt ist.

Eine ausreichende Versorgung des Bodens mit P_2O_5 und K_2O ist daher in harmonischem Zusammenwirken mit einer geteilten und den Entwicklungsstadien des Weizens angepaßten N-Düngung die wichtigste Voraussetzung für die Erzielung hoher Erträge.

i) Düngung und Qualität

Der Begriff Qualität definiert bei Weizen dessen Gehalt an sämtlichen Inhaltsstoffen anorganischer und organischer Natur. Das Verhältnis und Ausmaß, in welchem diese Inhaltsstoffe im Weizenkorn und -stroh vorliegen, dient als Beurteilungsmoment der Güte des Weizens für die menschliche und tierische Ernährung. Die Erbanlage „Qualität“ ist nach Roemer und Scheffer (1959) je nach Sorte sehr verschieden und beeinflußbar durch die Düngung. Bei Weizen als wichtigster Brotgetreidefrucht der Welt sind jedoch einige wenige Qualitätsmerkmale von besonderer Wichtigkeit, weil sie auf die Mahl- und Backqualität bestimmend wirken. Zu diesen Qualitätsfaktoren, welche im Weizenkorn (Mehlkörper) angereichert sind, zählen Proteingehalt und damit aufs engste verbunden Klebergehalt (dessen Menge und Güte maßgebend ist) und Stärkegehalt. Zur Erzielung einer guten Qualität ist eine reichlich bemessene und vor allem harmonische Mineraldüngung unerläßlich und nach Scharrer und Völker (1958) hat von allen

Pflanzennährstoffen der Stickstoff als charakteristischer Bestandteil aller Eiweißstoffe den größten Einfluß auf die Eiweißbildung. Da der Proteingehalt des Weizens das wichtigste Qualitätsmerkmal ist, kommt daher der Höhe und dem Zeitpunkt der Stickstoffdüngung hinsichtlich der Qualität größte Bedeutung zu und es ist daher selbstverständlich, daß der Nährstoff N in seiner Wirkung auf die Weizenqualität im Mittelpunkt des Interesses steht.

Davidson und LeClerc (1923) stellten bereits vor etwa 40 Jahren die günstige Wirkung einer N-Düngung auf die Kornqualität fest, wobei eine N-Gabe zum Ährenschieben auf die Erhöhung des N-Gehaltes sehr günstig wirkte. Eine Beziehung zwischen N-Gehalt und hl-Gewicht sowie N-Gehalt und Tausendkorngewicht konnte nicht ermittelt werden. Versuche von Bayfield (1936) an amerikanischen Weizensorten zeigten gleichfalls eine Erhöhung des Proteingehaltes bei N-Gaben zum Zeitpunkt des Ährenschiebens und stellten die Zusammenhänge zwischen den Wachstumsfaktoren Klima, Boden und Witterung und Proteingehalt klar heraus.

Schwanitz und Schwarze (1937) prüften den Einfluß des Zeitpunktes der N-Düngung auf den Proteingehalt von Weizen in Gefäßversuchen (250 mg $NaNO_3$ je Gefäß) und erhielten mit N-Düngung am 110. Tage nach der Aussaat den höchsten Proteingehalt:

Düngung Tage nach der Aussaat	Proteingehalt % (White Australian-Weizen)
0	8,9
17	9,9
33	10,6
48	11,4
72	13,0
110	15,2

Schwanitz und Schwarze kamen ferner zu dem Schluß, daß, solange steigende N-Gaben den Kornertrag erhöhen, keine prozentuelle Steigerung des Eiweißgehaltes eintritt, dieser kann unter Umständen sogar geringer werden. Erst wenn die Pflanze nicht mehr fähig ist, den ihr zur Verfügung stehenden N zum Aufbau organischer assimilierender Substanz zu verwenden, erfolgt eine Steigerung des Eiweißgehaltes. Die von Selke (1938) durchgeführte zusätzliche späte N-Düngung in der Höhe von 20 bis 40 kg/ha N (insgesamt 80 kg/ha N) führt zu einem deutlichen Anstieg des Proteingehaltes, der Klebergehalt wird beachtlich erhöht und Quell- und Testzahl bleiben im wesentlichen unbeeinflußt (Tab. 38).

Tabelle 38. *Wirkung der zusätzlich späten N-Düngung auf die Qualitätseigenschaften von Winterweizen*
(nach Selke 1938)

	Körner dz/ha bei 14% H_2O	Rohprotein		Feucht-klebergehalt %	Kleberqualität		hl-Gewicht	Tausendkorn-gewicht
		% in der Trocken-substanz	dz/ha		Test-zahl	Quell-zahl		
40 kg/ha N vor der Saat	37,39	12,01	3,86	21,57	21,17	5,0	76,24	41,54
40 kg/ha N vor der Saat +20 kg/ha N vor der Blüte	38,08	14,05	4,59	26,00	21,33	2,0	76,71	42,30
40 kg/ha N vor der Saat +20 kg/ha N nach der Blüte	38,33	13,06	4,31	28,17	22,00	3,7	77,05	43,49
40 kg/ha N vor der Saat +40 kg/ha N vor der Blüte	39,82	15,06	5,16	26,90	22,00	3,7	77,51	43,31
40 kg/ha vor der Saat +40 kg/ha nach der Blüte	38,10	14,96	4,89	28,57	21,17	2,3	77,19	42,33

Neben der Steigerung des Rohproteingehaltes führen zusätzliche späte N-Gaben zu einer wesentlichen Erhöhung des Rohproteinertrages pro Flächeneinheit (SELKE 1941) und zwar um so deutlicher, je höher die späte N-Düngung bemessen ist. BAUMEISTER (1940) bestätigte in seinen Arbeiten den deutlichen Anstieg des Proteingehaltes durch späte N-Gaben und fand, daß das Verhältnis Eiweiß-N zu löslichem N kaum beeinflußt wird, so daß dieser N produktiv zum

Abb. 108. Probebrote von N-Steigerungsversuchen aus Gotland 1936 (nach ÅKERMAN 1938). Von links nach rechts: ungedüngt, 100, 200, 300 und 400 kg/ha Kalksalpeter

Aufbau des Eiweißes verwendet wird. Die etwa zur selben Zeit von ÅKERMAN (1938) in Schweden durchgeführten Versuche mit geteilten gesteigerten N-Gaben zeigen, daß mit höheren N-Gaben der Ertragsanstieg nur mehr sehr gering ist und der Eiweißgehalt stark ansteigt. Die N-Düngung Mitte Mai bis Anfang Juni wirkte sich besonders stark auf den Proteinertrag aus. Die Backversuche ergaben bei steigenden N-Gaben auch eine Zunahme des Teiggewichtes und des Brotvolumens (Abb. 108, Tab. 39). Eine positive Wirkung von K_2O und P_2O_5 auf die

Tabelle 39. *Wirkung steigender Stickstoffgaben auf die Backqualität von Weizen* (nach ÅKERMAN 1938)

kg/ha Kalkammonsalpeter	Rohproteingehalt %	Teiggewicht g von 100 g Mehl	Brotvolumen cm^3 von 100 g Mehl
ungedüngt	10,0	156,4	660
	Steigerung		
100	+0,4	+0,4	+ 52
200	+1,0	+0,8	+ 80
300	+1,5	+0,9	+ 96
400	+2,1	+1,3	+120

Backfähigkeit konnte von ÅKERMAN nicht festgestellt werden. In weiteren Arbeiten über die Wirkung der zusätzlich späten N-Düngung fand BERG (1941) eine negative Korrelation zwischen Kornertrag und Rohproteingehalt (Korrelationskoeffizient für Winterweizen — 0,578, für Sommerweizen — 0,607), während zwischen Kornertrag und Rohproteinertrag eine positive Korrelation besteht (Korrelationskoeffizient für Winterweizen +0,737, für Sommerweizen +0,731). Auch SELKE (1955) errechnete eine negative Korrelation zwischen Kornertrag und Eiweißgehalt. In Versuchen von PIELEN (1941) wurde der Proteingehalt durch zusätzlich späte N-Gaben nach SELKE um 1,5 bis 2% erhöht, wobei kein Unterschied in der Wirkung der Düngung vor oder nach der Blüte zu verzeichnen war.

Arbeiten von Schropp und Arenz (1941), Keese (1941), Schmitt und Schineis (1942), Brüne (1941) und Lehmann (1953) bestätigten die vorteilhafte Wirkung einer N-Düngung vor oder nach der Blüte auf Proteingehalt- und -ertrag des Weizens.

Auch Neatby und McCalla fanden bereits 1938 eine negative Korrelation zwischen Kornertrag und Proteingehalt, wobei N-Mangel die Weizenqualität stark drückte. Bei Untersuchungen amerikanischer Hart- und Weichweizen wurden folgende Relationen gefunden:

Hartweizen		Weichweizen	
Kornertrag (bush.)	Proteingehalt (%)	Kornertrag (bush.)	Proteingehalt (%)
12,8	16,8	13,6	13,9
15,0	14,1	17,5	12,6
16,2	13,7	19,4	11,6

Gefäß- und Feldversuche von Schmalfuss und Michael (1958) zeigten bei steigenden N-Gaben bei geringen N-Mengen (entsprechend 50 kg/ha) einen Abfall des Proteingehaltes gegenüber ohne N, erst bei höheren N-Gaben stieg der Proteingehalt deutlich an. Weigert und Schaeffler (1942) erzielten bei Sommerweizen den höchsten Protein- und Feuchtklebergehalt bei N-Gaben nach der Blüte; Quell- und Testzahlen, als Maß der Klebergüte wurden weniger günstig beeinflußt, während die als Beurteilungsmoment für die Backqualität gültige Gütezahl deutlich zunahm. In Anschluß an die Arbeiten von Åkerman untersuchte Fajersson (1950) die Wirkung der gesteigerten geteilten N-Düngung auf die Backqualität von Winter- und Sommerweizen (Tab. 40) und fand eine Erhö-

Tabelle 40. *Backqualität von Winter- und Sommerweizen in N-Steigerungsversuchen im Jahre 1948*
(nach Fajersson 1950)

Kalksalpeter kg/ha	Winterweizen: Roh-protein-gehalt %	Winterweizen: Kleber-gehalt % Trocken-substanz	Winterweizen: Brot-volumen cm^3	Kalksalpeter kg/ha	Sommerweizen: Roh-protein-gehalt %	Sommerweizen: Kleber-gehalt % Trocken-substanz	Sommerweizen: Brot-volumen cm^3
ohne N	6,53	4,7	580	ohne N	7,94	6,4	745
200 23.4.	6,94	5,2	600	200 11.5.	8,02	6,6	765
400 23.4.	7,91	6,0	665	400 11.5.	8,62	7,4	785
200 23.4. 200 18.6.	8,47	6,7	690	200 11.5. 200 18.6.	9,30	8,3	855
600 23.4.	8,69	6,5	700	600 11.5.	9,71	8,6	900
300 23.4. 300 18.6.	9,27	7,6	740	300 11.5. 300 18.6.	10,26	9,4	875
800 23.4.	9,37	8,1	750	800 11.5.	10,45	9,7	960
200 23.4. 300 18.6. 300 23.6.	10,29	9,0	860	200 11.5. 300 18.6. 300 23.6.	12,40	12,4	975

hung des Rohprotein- und Klebergehaltes sowie des Brotvolumens. Mit 160 kg/ha N in drei Teilgaben konnten die höchsten Qualitätswerte erzielt werden. In neueren Arbeiten zeigte Selke (1956, 1959), daß eine zusätzlich späte N-Düngung in der Höhe von 40 kg/ha die beste Wirkung auf die Weizenqualität ausübt und daß dieses Eiweiß in Fütterungsversuchen dieselbe biologische Wertigkeit wie Eiweiß von normal gedüngtem Getreide besitzt. Auch Nehring (1940) konnte eine Zunahme der Verdaulichkeit des Rohproteins bei hohem Proteingehalt feststellen. In diesen Versuchen stieg bei Sommerweizen bei dreimaligen N-Gaben der Rohproteingehalt von 9,6 auf 18,6 an, während bei N-Gaben zur Saat erst bei sehr hohen N-Gaben eine Steigerung erzielt wurde. Mit der Wirkung einer gestaffelten N-Düngung zu Getreide beschäftigte sich auch Coïc (1950) eingehend (Tab. 41)

Tabelle 41. *Wirkung der späten N-Düngung auf die Backqualität von Weizen* (nach Coïc 1950)

N-Düngung Zeitpunkt	1000-Korngewicht/g	Spez. Gew.	Backqualität *W*	Extensogramm *P*	Quellzahl *G*
Kontrolle	46,5	776	97	75	12,9
N im März	50,5	770	109	93	11,4
N im Mai	51,5	809	150	99	14,5
N im März und im Mai	55,0	798	181	102	16,0

und fand eine positive Korrelation zwischen N-Gehalt des Kornes und dem spezifischen Gewicht, eine Erhöhung des Tausendkorngewichtes und einen beachtlichen Einfluß des zur Zeit der Blüte verabreichten N auf die Backqualität. In weiteren Untersuchungen bestätigte Coïc (1952, 1953, Coïc und Alexinsky 1953) die

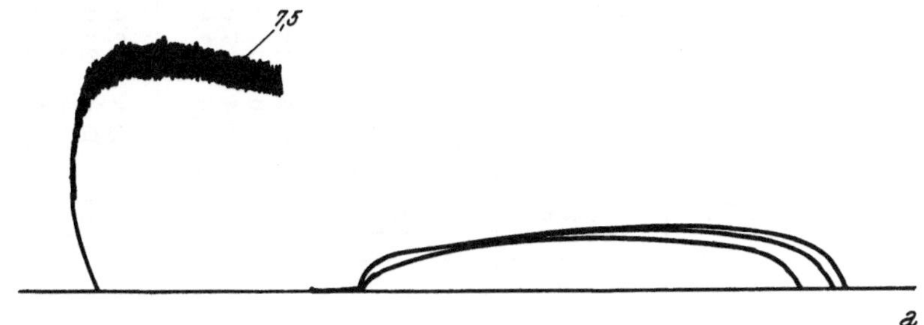

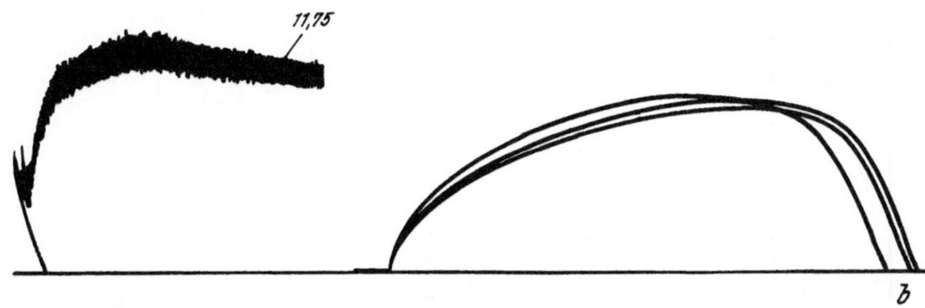

Abb. 109. Extensogramm und Farinogramm des Winterweizens „Drauhofner Kolben“ im Jahre 1958 (nach eigenen Versuchen), a) ohne N, b) 160 kg/ha N in drei Teilgaben

günstige Wirkung der späten N-Düngung auf den Klebergehalt, die Alveogrammwerte und die Teigausbeute. Während in den bisher zitierten Arbeiten mit mittleren

Tabelle 42. *Ergebnis der teigphysikalischen Untersuchungen verschiedener Winterweizensorten bei gesteigerter geteilter N-Düngung 1958* (nach PRIMOST 1959)

Sorte	Rein-N	Feucht-kleber-gehalt %	Quellzahl		Wert-zahl	Energie cm^2	Dehnbar-keit mm	Dehn-wider-stand *EE*	Wasser-aufnahme %	Konstanz Minuten	Backversuch Wert-punkte
			Q_0	Q_{30}							
Tassilo alt	0	28,4	17,0	11,0	108	75	179	230	56,2	6,0	20
	80	30,0	16,0	12,0	108	90	219	195	56,5	6,0	21
	120	33,5	17,0	13,0	118	95	245	175	57,3	6,0	25
	160	37,3	15,0	13,0	120	96	253	165	58,7	6,5	25
Hubertus schwerer Boden	0	28,4	17,0	13,0	108	79	183	230	54,9	7,0	21
	80	31,6	15,0	11,0	108	89	203	220	55,8	6,5	25
	120	33,2	17,0	11,0	117	95	236	190	55,7	7,0	24
	160	37,4	16,0	13,0	123	97	264	155	57,6	7,0	25
Hubertus leichter Boden	0	29,5	14,0	11,0	101	77	210	195	56,0	6,5	21
	80	32,6	19,0	14,0	122	87	253	170	57,5	7,0	24
	120	36,0	17,0	12,0	123	98	255	175	57,3	8,5	26
	160	38,8	18,0	13,0	132	115	250	200	57,5	9,0	26
Tassilo kurz	0	31,5	18,0	14,0	117	84	248	165	59,6	7,0	24
	80	32,6	17,0	13,0	116	86	254	150	60,2	7,5	24
	120	35,4	17,0	12,0	122	75	267	125	60,9	8,0	24
	160	38,0	17,0	13,0	127	80	272	135	60,8	7,0	25
Reichersberger Kolben	0	32,3	22,0	14,0	131	94	232	185	59,8	10,0	21
	80	33,4	23,0	17,0	136	105	217	225	60,2	11,0	23
	120	34,9	21,0	17,0	133	111	237	210	60,3	11,0	25
	160	36,1	23,0	19,0	141	98	246	175	60,2	12,0	25

Drauhofner Kolben Kärnten	0	30,0	16,0	9,5	108	25	167	90	65,6	7,5	21
	80	40,1	19,0	2,5	137	32	202	90	70,0	10,0	25
	120	40,8	24,5	16,5	155	63	212	160	69,8	10,2	26
	160	42,4	23,0	13,0	154	108	215	230	65,8	11,8	26
Austro Bankut Oberösterreich	0	36,0	8,0	5,0	96	63	193	195	67,3	7,0	23
	80	40,8	8,0	3,0	106	66	204	185	68,7	9,5	25
	120	45,6	9,0	3,0	118	64	201	190	69,2	12,5	25
	160	50,2	11,0	7,0	133	70	210	190	70,0	11,5	25
Austro Bankut Niederösterreich	0	42,8	9,0	7,0	113	58	201	170	69,0	11,0	21
	80	51,0	7,0	3,0	123	65	230	165	70,4	15,0	23
	120	53,8	12,0	3,0	144	55	221	150	71,4	13,5	24
	160	57,2	10,0	3,0	144	64	223	165	71,4	16,0	26
Stamm 101 Niederösterreich	0	33,5	19,0	14,0	124	99	181	280	59,1	9,0	21
	80	43,2	18,0	15,0	140	153	209	320	62,2	15,0	24
	120	46,2	20,0	15,0	152	167	233	310	63,2	16,0	24
	160	48,8	19,0	16,0	155	158	227	300	64,4	17,5	26
Harrach Niederösterreich	0	30,6	15,0	11,0	106	79	162	270	63,3	7,0	24
	80	34,8	15,0	12,0	115	87	171	285	63,7	10,0	24
	120	37,2	16,0	12,0	122	98	191	265	65,0	10,5	26
	160	37,0	16,0	12,0	122	86	194	265	64,7	10,0	26

Düngergaben an N, P_2O_5 und K_2O (mit Ausnahme von ÅKERMAN 1938 und FAJERSSON 1950) gearbeitet wurde, konnte LINSER (1955) zeigen, daß Klebergehalt und Gütezahl bei hoher Grunddüngung an P_2O_5 und K_2O (179 kg/ha P_2O_5, 225 kg/ha K_2O) und über das übliche Maß hinaus gesteigerten N-Gaben (bis 200 kg/ha N) bedeutend zunehmen und die Quellzahl als Ausdruck der Klebergüte bei extrem hohen N-Gaben leicht absinkt. Dieser starke Anstieg des Klebergehaltes und die Erhöhung der Backqualität wurde in zahlreichen Versuchen mit verschiedenen Weizensorten von PRIMOST (1952, 1956) bestätigt.

Die Möglichkeit der Erzeugung von Weizen mit besserer Backqualität durch richtige Düngungsmaßnahmen bei zunehmender Rentabilität wird von LINSER (1958) besprochen. Die Steigerung des Klebergehaltes und das Ausmaß der Reaktionsfähigkeit der verschiedenen Weizensorten auf gesteigerte N-Düngung ist nicht mit ihren bei PK (ohne N) erzielten Klebergehalten korreliert (LINSER 1959). Die eingehende Untersuchung der teigphysikalischen Eigenschaften des Weizens bei gesteigerter N-Düngung ergab nach PRIMOST (1959) neben einem signifikanten Anstieg des Klebergehaltes ohne wesentliche Veränderung der Quellzahl eine Zunahme der Energie, Dehnbarkeit, Wasseraufnahme und Konstanz (Tab. 42, Abb. 109). Im Backversuch konnte eine deutliche Verbesserung der Backqualität durch geteilte gesteigerte N-Düngung erzielt werden, wobei das Optimum je nach Sorte, Boden und Klima zwischen 120 und 160 kg/ha N lag (Abb. 110), also mit höheren N-Mengen erreicht wurde, als der optimale Kornertrag. Die günstige Wirkung einer dreimaligen N-Düngung zur Bestockung, Halmstreckung und zum

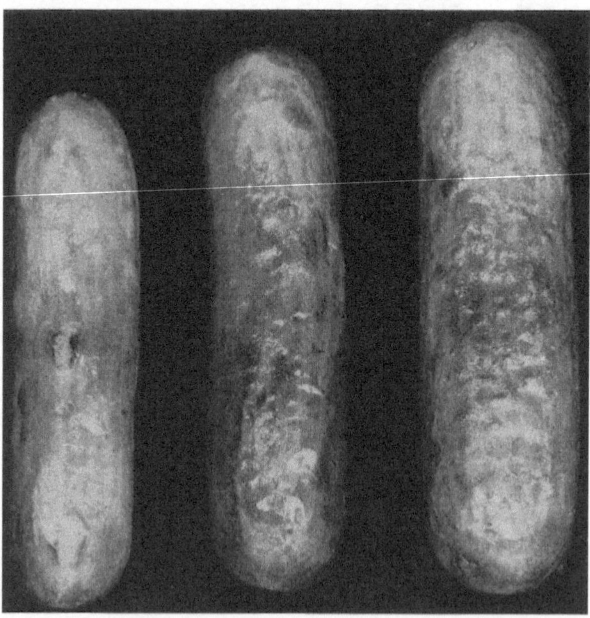

Abb. 110. Brote aus dem Backversuch mit Winterweizen „Drauhofner Kolben“ bei gesteigerten geteilten Stickstoffgaben, 1958 (nach eigenen Versuchen)

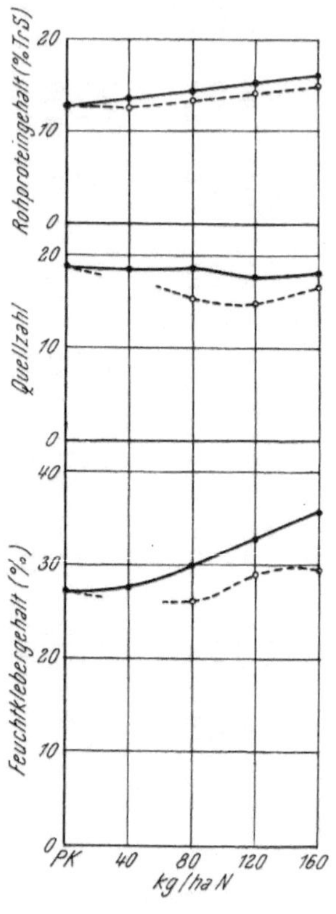

Abb. 111. Wirkung gesteigerter geteilter und einmaliger (Herbst und Frühjahr) Stickstoffdüngung auf Rohproteingehalt, Quellzahl und Feuchtklebergehalt des Weizens (nach eigenen Versuchen)
——— geteilte N-Gaben
– – – – einmalige N-Gaben (Herbst und Frühjahr)

Ährenschieben geht aus Abb. 111 hervor, in welcher an Hand langjähriger Durchschnittswerte aus eigenen Versuchen Proteingehalt, Feuchtklebergehalt und Quellzahl wesentlich günstiger beeinflußt werden, als bei N-Versorgung des Weizens im Herbst und Frühjahr. Das Brotvolumen verzeichnete im Durchschnitt der Sorten folgende Zunahme:

	ohne N	80	120	160 kg/ha N
Brotvolumen/cm³ bei 250 g Teig	1083	1128	1167	1174

Die in Zusammenhang mit der Verbesserung der Weizenqualität durch späte N-Düngung viel diskutierte biologische Wertigkeit des zusätzlich gewonnenen Eiweißes erfährt nach Untersuchungen von BODO (1959) im wesentlichen keine Veränderung. Der Anteil der verschiedenen Aminosäuren auf den Gesamt-N-Gehalt der Körner bezogen (Tab. 43) zeigt, daß nur sehr geringe Unterschiede in der Aminosäurenzusammensetzung durch N-Düngung hervorgerufen werden und diese kleinen Differenzen (Zunahme des Prolins und der Glutaminsäure, Abnahme von Lysin und Arginin) spielen bei der Beurteilung der biologischen Wertigkeit keine Rolle. PEREIRA (1956) stellte bei portugiesischen Weizensorten mit Erhöhung des Proteingehaltes eine Abnahme von Lysin und Threonin fest. Auch PELSHENKE (1938) beschäftigte sich mit der Möglichkeit der Verbesserung der Weizenqualität durch N-Düngung und kam zu dem Schluß, daß durch steigenden Klebergehalt die Klebergüte nicht absinkt.

Tabelle 43. *Anteil der Aminosäuren des Weizeneiweißes (auf den Gesamt-N-Gehalt des Weizenkornes bezogen) bei gesteigerter geteilter Stickstoffdüngung* (nach BODO 1959)

N/kg/ha	ohne N	40	80	120	160	200
Asparaginsäure	4,6	4,7	4,7	4,4	4,5	4,4
Threonin	2,4	2,2	2,4	2,2	2,4	2,4
Serin	4,3	4,3	4,3	4,1	4,5	4,4
Prolin	8,8	9,0	9,3	9,8	10,2	9,9
Glutaminsäure	24,2	24,5	25,7	26,6	27,7	27,2
Glykokoll	3,3	3,5	3,3	3,4	3,4	3,3
Alanin	3,1	3,3	3,1	3,0	3,2	3,1
Valin	3,9	3,7	3,7	3,8	3,8	3,8
Cystin	(0,7)	(0,3)	(0,6)	(0,4)	(1,0)	(0,7)
Methionin	1,3	1,2	1,3	1,3	1,5	1,4
Isoleuzin	3,1	3,1	3,0	3,1	3,2	3,0
Leuzin	6,2	6,3	6,2	6,3	6,5	6,3
Tyrosin	2,8	2,8	2,7	2,8	2,8	2,8
Phenylalanin	4,1	4,1	4,2	4,3	4,5	4,2
Ammoniak	3,4	3,4	3,4	3,5	3,5	3,6
Lysin	2,1	1,7	1,7	1,6	1,7	1,6
Histidin	2,3	1,9	1,9	1,7	1,9	1,9
Arginin	4,0	3,6	3,3	3,6	3,7	3,5
Tryptophan	0,7	0,7	0,7	0,7	0,7	0,7
	85,3	84,3	85,5	86,6	90,7	88,2

PFAFF (nach PELSHENKE 1938) erbrachte den Nachweis, daß das Verhältnis Eiweiß zu ausgewaschenem Kleber keine Veränderung erfährt und Quell- und Testzahl im wesentlichen konstant bleiben. Nach HOESER (1956) ermöglicht eine N-Spätdüngung die Eiweißeinlagerung im Korn, wirkt sich aber nur dann günstig aus, wenn die Sorten von Natur aus mittlere bis gute Backqualität besitzen. Es erfolgt bei diesen Sorten auch eine Verbesserung des Brotvolumens und keine Veränderung der Quellzahl. Bei Sorten mit minderer Backqualität konnte HOESER durch forcierte späte N-Düngung eine Verschlechterung der Qualität beobachten. Eine reichliche N-Düngung, womöglich in mehreren Teilgaben, kann, wenn der Weizen nicht lagert, die Klebermenge nachweislich steigern (AUFHAMMER 1958a), da die Klebermenge mehr den äußeren Umweltsfaktoren unterliegt als die Klebergüte. Bei Steigerung der Ausgangsdüngermenge von 40 kg/ha N, 50 kg/ha P_2O_5 und 80 kg/ha K_2O um 50% ergibt sich nach AUFHAMMER (1958b) eine Wertzahlerhöhung um 200, bei Steigerung um 100% eine solche um 400 Punkte. BOEKHOLT (1958) sieht in der zusätzlich späten N-Düngung den einfachsten und wirkungsvollsten Weg die Klebermenge im Weizen zu steigern und erhielt in Versuchen mit 40 kg/ha N früh + 20 kg/ha N spät eine Klebergehaltssteigerung von 20 auf 25% und bei 30 kg/ha N spät auf 28%.

Da die züchterische Steigerung der Klebermenge sehr schwierig ist, vertreten VETTEL (1956) und BOEKHOLT (1959) die Ansicht, daß die späte N-Düngung die Möglichkeit bietet, die Klebermenge zu steigern. Auch in den USA beschäftigen sich in neuerer Zeit verschiedene Forscher mit dem Problem der Steigerung des Proteingehaltes durch späte und höhere N-Gaben und konnten im wesentlichen die in Europa gemachten Erfahrungen bestätigen (HUNTER und Mitarbeiter 1956, 1958, GREER und GRINDLEY 1954, WILLIAMS und SMITH 1954, HOBBS 1953, RUSSELL und Mitarbeiter 1958). MACNEAL und DAVIS (1954) konnten bei hohen N-Gaben zu Beginn der Wachstumsperiode (112 kg/ha) keine wesentliche Steigerung des Proteingehaltes erzielen und erst bei hoher N-Verfügbarkeit in einem späten Stadium ergab sich eine deutliche Erhöhung des Proteingehaltes. RAMÓN und LAIRD (1959) fanden, daß auf trockenen Böden der Proteingehalt bei steigenden N-Gaben höher war als auf feuchten. Amerikanische Weizensorten reagierten nach MOMTAZ EL-GINDY und Mitarbeitern (1957) auf N-Düngung mit einer höheren Kleberausbeute, während durch P_2O_5- und K_2O-Düngung eine Steigerung des Stärkegehaltes zu verzeichnen war. Auch russische Versuche (BUTKEWITSCH 1954, BABAJAN 1958) führten bei späten N-Gaben zu einer Zunahme des Proteingehaltes. KUDSIN und MELNITSCHENKO (1958) konnten dagegen durch zusätzliche N- und K_2O-Düngung keine positive Wirkung auf den Proteingehalt feststellen, während Stalldüngergaben nach Brache den Eiweißgehalt erhöhten. In Gefäß- und Feldversuchen fand BOLDYREW (1958, 1959) eine hohe positive Korrelation zwischen dem Proteingehalt des Kornes und dem N-Gehalt der oberen vier Blätter während der Blüte und eine N-Düngung während der Blühperiode förderte den Proteingehalt des Kornes. PINEWITSCH (1956) prüfte den Einfluß der N-Einbringung auf den Proteingehalt des Weizens und diese Gefäßversuche zeigten, daß der höchste Proteingehalt bei Vermischung des N mit dem Boden vorlag, der Gliadingehalt stieg hingegen durch einschichtiges Unterbringen in 5 cm Tiefe um 9,5% an.

Im allgemeinen wirkt sich die N-Düngerform nicht wesentlich auf die Qualität des Weizens aus. Besonders untersucht wurde vor allem die Wirkung von Harnstoff auf den Proteingehalt des Weizens. Eine Spritzung mit Harnstoff in der Höhe von 50 kg/ha N erhöhte nach FINNEY und Mitarbeitern (1957) bei Pawneeweizen den Proteingehalt von 9,3 auf 16,1%. Wesentlich höhere Steigerungen (von 10,8 auf 21,0% Protein) wurden durch mehrmalige Spritzungen erzielt. Gute Erfolge mit zusätzlich zur Grunddüngung vorgenommenen Spritzungen mit Harnstoff (6%ige Lösung) während der Vegetationsperiode berichten SADAPHAL und DAS (1956).

Für die Erzielung einer guten Qualität unter Ausschaltung des nachteiligen

Einflusses der Mineraldüngung muß diese harmonisch verabreicht werden und alle Nährstoffe im richtigen Verhältnis beinhalten. Neben der N-Düngung kommt P_2O_5 für die Erzielung eines hohen Eiweißgehaltes größte Bedeutung zu. Nach SCHEFFER und KLOKE (1956) scheint die Phosphorsäure im Weizenkorn vor allem die Ausbildung der Klebereiweißstoffe Glutamin und Gliadin zu fördern. Durch kombinierte P_2O_5- und K_2O-Düngung konnte in diesen Versuchen das Gebäckvolumen am deutlichsten erhöht werden. Nach GERICKE (1959) ist P_2O_5 für die Vitalität des Samenkornes von besonderer Bedeutung und durch hohe P_2O_5-Düngung tritt eine Verbesserung des Tausendkorngewichtes, der Keimfähigkeit und des Brotvolumens ein. In Versuchen nach GUPTA und DAS (1954) erhöhte eine kombinierte N- und K_2O-Düngung den Proteingehalt, während Düngung mit P_2O_5 zu einer Steigerung des P_2O_5-Gehaltes im Korn führte. Düngungsversuche mit K_2O (PONTAILLER 1959) lassen erkennen, daß K_2O die Kornqualität günstig beeinflußt und eine Zunahme der Korngröße und des Klebergehaltes gegeben ist. GERICKE (1959) erhielt bei K_2O-Düngung ein Ansteigen des Tausendkorn- und hl-Gewichtes. Die Bedeutung einer angemessenen K_2O-Düngung kommt vor allem bei hohen N-Gaben zum Ausdruck, wo diese Düngung ausgleichend wirken kann (LEMMERZAHL, zitiert nach PELSHENKE 1938), während sich P_2O_5 indifferent verhält.

Eine CaO-Düngung wirkt sich nach diesen Autoren auf die Ausbildung der Krume durch Verfeinerung der Porung aus. Die Förderung der Backqualität durch hohe geteilte N-Gaben unter gleichzeitiger Zudüngung von K_2O kann auch auf mit K_2O schlecht versorgten Böden eine sehr deutliche sein (PRIMOST 1956. Tab. 44), während sie auf gut versorgten Böden nicht in Erscheinung tritt,

Tabelle 44. *Wirkung einer zusätzlichen K_2O-Düngung (80 und 160 kg/ha K_2O) auf die Qualität von Winterweizen bei hoher N-Düngung (160 kg/ha N) in drei Gaben* (nach PRIMOST 1956)

K_2O/kg/ha	Klebergehalt %	Quellzahl	hl-Gewicht kg
ohne Zusatzdüngung ...	25,0	10	76,30
80 März	31,0	7	76,50
160 März	30,5	8	76,50
80 März + 80 April	32,0	7	76,35
80 April	30,5	8	76,80
160 April	30,5	7	76,80

P_2O_5-Düngung zusätzlich zur Grunddüngung hatte auf die Backqualität in diesen Versuchen keinen Einfluß. Auch nach SCHNELLE (ROEMER und SCHEFFER 1959) wirkt sich eine K_2O-Düngung auf die Backqualität des Weizens nicht aus. Die wichtigste Aufgabe des Nährstoffes K_2O bezüglich der Qualität des Weizens liegt in der Wirkung auf die Widerstandsfähigkeit gegenüber Krankheiten (BRÜNING 1954, DOAK 1954, SELKE 1955), Erhöhung der Standfestigkeit durch Festigung der Gewebe, Erhöhung der Haltbarkeit, der Keimenergie und der Winterfestigkeit. Bei starkem K_2O-Mangel stellte SCHMITT (1954) einen krassen Abfall des Tausendkorngewichtes und des hl-Gewichtes fest und JACOB und ALTEN (1942) weisen auf den starken Rückgang an organisch gebundenen Nichteiweißstoffen mit steigender K_2O-Düngung hin. Bei K_2O-Mangel ist die Pflanze offenbar nicht in der Lage, aus den Aminosäuren Eiweiß aufzubauen. Mit Zunahme der K_2O-Düngung steigt nach diesen Versuchen der Gehalt an Reineiweiß, während der Gehalt an unverdaulichem N abnimmt.

Nach BAUMEISTER (1954) zeigt die Versorgung der Weizenkörner mit Stärke und Eiweißverbindungen eine weitgehende Parallele zwischen Stickstoffmangel- und Kaliüberschußpflanzen auf der einen Seite und Stickstoffüberschuß- und Kaliummangelpflanzen auf der anderen. Im ersteren Falle ergibt die Analyse einen niedrigen Stickstoffgehalt bei hohem Stärkegehalt und im zweiten Falle einen hohen N-Gehalt bei geringem Stärkegehalt, so daß der Antagonismus zwischen N und K_2O deutlich zu erkennen ist (vgl. Tab. 45).

Tabelle 45. *Einfluß der K_2O-Düngung auf die Kornzusammensetzung von Sommerweizen* (nach BAUMEISTER 1954)

K_2O/g	Kornertrag g	Stärkegehalt %	Zuckergehalt %	Ges.-N %	Eiweiß-N in % vom Ges.-N
0,25	7,86	45,36	2,80	3,44	93,34
0,50	20,93	52,16	2,42	2,71	95,36
1,00	20,50	54,37	2,38	2,63	95,55
2,00	21,63	54,61	2,25	2,69	95,51

Durch P_2O_5- und K_2O-Düngung erhielt BUTKEWITSCH (1954) keine prozentuelle Erhöhung des Eiweißgehaltes, jedoch eine Steigerung des Eiweißertrages durch die Zunahme des Kornertrages, so daß sich diese Nährstoffe vor allem indirekt auf die Güte des Produktes auswirken. Bezüglich der Wirkung von K_2O kann daher mit BAUMEISTER (1954) festgestellt werden, daß sich diese in mannigfaltiger Weise äußert und jeder Teilprozeß im physiologischen Geschehen in der Pflanze durch diesen Nährstoff günstig beeinflußt wird. Auch die Mikronährstoffe Mn und Zn brachten nach Versuchen von SADAPHAL und DAS (1956) einen signifikanten Anstieg des Proteingehaltes, welcher bei Mn-Düngung seinen Optimalwert erreichte. Die Wirkung der Vorfrucht auf den Eiweißgehalt von Weizen wurde von HEDLIN und Mitarbeitern (1957) für amerikanische Verhältnisse untersucht und es zeigte sich, daß der Eiweißgehalt nach Kleebrache und Luzerne am höchsten war, während die Vorfrucht Gras zu den niedrigsten Werten für den Eiweißgehalt führte. Der Einfluß der Lagerung auf den Proteingehalt wirkt sich in einer Verschiebung des Eiweiß-Stärkeverhältnisses im Weizenkorn aus (SADAPHAL und DAS 1957) und es beträgt bei nichtlagerndem Sommerweizen 1:4, bei Lagerung hingegen 1:2,7. Diese Erhöhung des Proteingehaltes durch Lagerung wurde auch von LAUDE und PAULI (1956) festgestellt, wobei allerdings der Proteinertrag durch die mit der Lagerung verbundene Ertragsdepression gesenkt wurde.

Die Wirkung der Mineraldüngung beschränkt sich aber nicht nur auf diese wichtigsten Qualitätsmerkmale des Weizens, sondern fördert nach SCHARRER und PREISSNER (1954) auch die Vitamin-B_1-Produktion deutlich. Hier wirken sich N-Gaben im richtigen Verhältnis zu P_2O_5 und K_2O in einer Erhöhung des B_1-Gehaltes und -ertrages aus. Auch der Mineralstoffgehalt des Weizens wird durch die Düngung bestimmt und bei harmonischer Verabreichung der Kernnährstoffe im günstigen Sinne beeinflußt. So bildet eine richtig bemessene mineralische Düngung nicht nur die Grundlage zur Erzielung hoher Weizenerträge, sie bestimmt auch die Qualität des Produktes.

k) Düngungsmethoden

Wie die Höhe der Düngergaben und der günstigste Zeitpunkt der Verabreichung in engem Zusammenhang mit den klimatischen Faktoren, Bodenverhältnissen und der Bewirtschaftungsform stehen, sind auch die Düngungsmethoden zu Weizen aufs engste mit den Umweltsbedingungen verbunden. Die Entwicklung der verschiedenen Düngungsmethoden hängt stark von den Fortschritten in der Düngemittelindustrie und der Technisierung der Landwirtschaft ab und basiert auf den neuesten Erkenntnissen der Pflanzenernährung. Die für Weizen möglichen Düngungsmethoden sind aus folgendem Schema zu entnehmen:

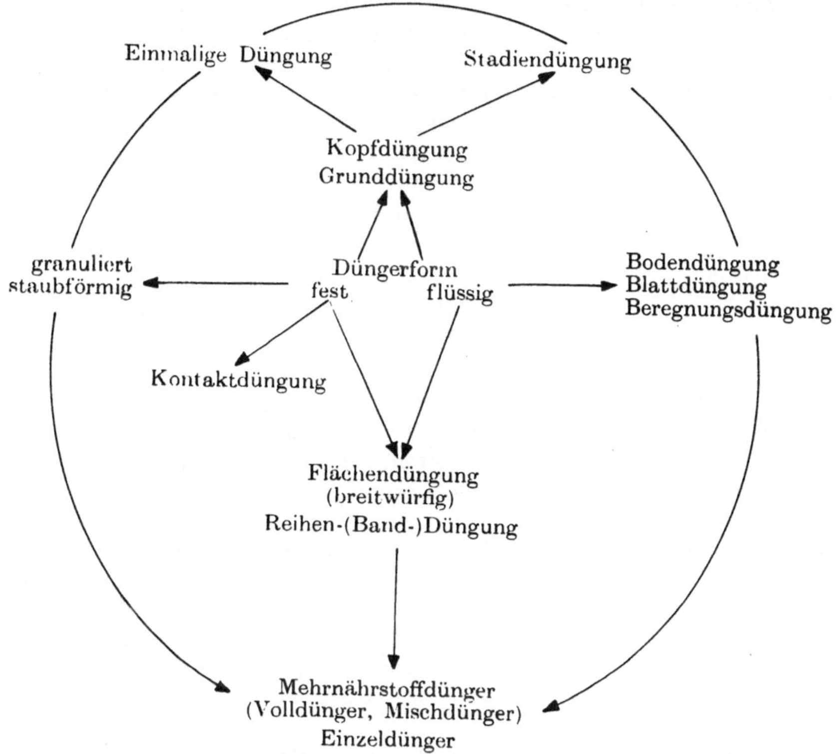

Abb. 112. Schema der Düngungsmethoden für Weizen

Die Art der Düngerausbringung in fester oder flüssiger Form ist bei Weizen Jahrtausende alt und in Ägypten und im Zweistromland wußte man bereits vor mehr als viertausend Jahren um die ertragsfördernde Wirkung von Holzasche, Knochenmehl, Stalldünger und durch die Überschwemmung des Nils und das ausgezeichnete Bewässerungssystem von Euphrat und Tigris wurden neben der Feuchtigkeit auch wertvolle Nährstoffe im Wasser dem Boden zugeführt.

Die Verabreichung fester Düngemittel kann als Grunddüngung in Form von:

1. Flächendüngung (breitwürfig)
2. Reihen- oder Banddüngung
3. Kontaktdüngung

erfolgen. Als Grunddüngung wird daher das Düngemittel entweder vor der Saat oder gleichzeitig mit der Saat aufgebracht.

1. Die *Flächendüngung* oder *breitwürfige Düngung* hat nach JACOB und UEXKÜLL (1958) bei allen Pflanzen mit engem Stand, auf fruchtbaren Böden, bei hohen Düngergaben und rasch löslichen Düngern ihre Berechtigung. Die Einbringungstiefe sowie der Zeitpunkt der Düngung können für deren Wirkung auf den Weizenertrag von Bedeutung sein. SMITH (1947) fand, daß N und P_2O_5 vor dem Anbau des Weizens in den Boden eingebracht, zu einer signifikanten Ertragssteigerung führten, während eine Düngung zum Stoppelsturz in der gleichen Aufwandmenge sich nicht auswirkte und hier erst doppelt so hohe Düngergaben einen Ertragsanstieg brachten. Eine Bodentiefe von 30 bis 35 cm bezeichnen SOUBIÈS, GADET und MAURY (1952) als optimale Unterbringung für N-Dünger zu Weizen. Unter amerikanischen Verhältnissen erzielte SMITH (*Bull.* D 955) keinen Unterschied zwischen einer Stoppeldüngung und einer Gabe vor dem Anbau. Untersuchungen von PINEWITSCH (1956) über das schichtweise Einbringen von N-Düngern zeigten die höchsten Erträge und Proteingehaltszahlen bei Vermischen des Bodens mit Dünger. PONOMAREWA und SSUCHTSCHICH (1956) erhielten bei flacher Einbringung von P_2O_5-haltigen Düngern bessere Resultate als durch tiefes Einpflügen. Auch nach SELKE (1955) bietet tiefes Einpflügen der gesamten P_2O_5 zu Weizen keine Vorteile, da in den unteren Schichten eine starke Festlegung der wasserlöslichen P_2O_5 erfolgt.

Außer der Art der Einbringung ist für Weizen unter bestimmten Boden- und Klimaverhältnissen auch die Korngrößenverteilung des Düngers wichtig. Während bei N-Düngern die Korngröße nach Gefäßversuchen von SCHEFFER, KLOKE und GRUMMER (1957) für die Ertragshöhe des Weizens nicht ausschlaggebend ist, wurde bei 8 bis 10 mm Korngröße eine etwas schwerere Löslichkeit festgestellt, wodurch eine länger anhaltende Wirkung erzielt wurde. Besonders bei Superphosphat kann ein Unterschied in der Wirksamkeit von staubförmigem und granuliertem Superphosphat auftreten und in Gefäßversuchen zu Weizen erwies sich nach BIRECKA und Mitarbeitern (1956) granuliertes Superphosphat auf sauren Böden der Staubform überlegen, während auf schwach sauren und gekalkten Böden keine Unterschiede zu verzeichnen waren. Leichte Löslichkeit und feine Vermahlung fördern die Reaktion zwischen Boden und Düngemittel, bei hohem Festlegungseffekt jedoch wirken ungleichmäßige Verteilung und grobe Vermahlung günstiger (SCHLICHTING 1956). In russischen (SSEWOSSTJANOWA 1956) und bulgarischen Versuchen (ILKOW 1956, CHRISTOW 1957) erwiesen sich auf Tschernosemböden granulierte P_2O_5-Dünger den staubförmigen weit überlegen.

2. Die *Reihen-* oder *Banddüngung* bietet neben der breitwürfigen Anwendung die Möglichkeit, den Dünger in Reihen neben oder unter dem Saatgut einzubringen. JACOB und UEXKÜLL (1958) geben der Reihendüngung bei geringeren Nährstoffmengen, Gefahr der Festlegung, weiten Reihenabständen und Pflanzen mit schlechter Wurzelausbildung gegenüber einer breitwürfigen Düngung den Vorzug. Besonders in Westeuropa, Kanada und USA wird die Reihendüngung auf breiter Basis angewendet. Dünger, welche einen hohen Anteil an wasserlöslicher P_2O_5 besitzen, sollen nach COOK und Mitarbeitern (1958) unter oder neben dem Saatgut eingebracht werden. Der Vergleich der Reihendüngung mit der breitwürfigen Düngung bringt bei NPK-Gaben zu Weizen folgende Erträge (IGNATIEFF und PAGE 1958):

In England		in USA	
ohne Dünger	17,6 dz/ha	ohne Dünger	15 dz/ha
breitwürfig	23,1 dz/ha	breitwürfig	21 dz/ha
Reihendüngung	25,9 dz/ha	Reihendüngung	25 dz/ha

Nach WIDDOWSON und COOKE (1958) reagiert Weizen auf eine Reihendüngung mit N schwächer als Gerste und 50 kg/ha N wurden als Optimalmenge gefunden. Auch SELKE (1955) erwartet von einer N-Reihendüngung zu Weizen keine Vorteile und diese soll daher nur bei trockenem Wetter angewandt werden, wo sie unter Umständen besser wirken kann als eine breitwürfige Düngung.

Bei P_2O_5 erzielten hingegen VAVRA und BRAY (1959) und bei K_2O PTSCHOLKIN (1957) höhere Weizenerträge bei Reihendüngung. Die Überlegenheit einer Reihendüngung mit granuliertem Superphosphat gegenüber der Pulverform kam in Versuchen zu Sommer- und Winterweizen von GORSKI und WYSZYNSKA (1958) zum Ausdruck.

Während einige der genannten Autoren keine Überlegenheit der N-Reihendüngung zu Weizen feststellen konnten, zeigten polnische (BIRECKA und Mitarbeiter 1957) und holländische Versuche (PRUMMEL 1957) größere Ertragssteigerungen als bei Flächendüngung. PRUMMEL fand bei Banddüngung folgende Wirkungskoeffizienten: N 1,9, P_2O_5 2,45 und K_2O 3,65. Durch die Reihendüngung trat in diesen Versuchen eine Verminderung der Festlegung und eine bessere Jugendernährung ein. Nach russischen Berichten (JASSTREBOW 1958) wirkt sich eine Grunddüngung an NPK als Reihendüngung in einer Erhöhung des Eiweiß- und Stärkegehaltes bei Sommerweizen aus. Bezüglich des Wirkungseffektes der Reihendüngung gegenüber der breitwürfigen Ausbringung vertreten VON BOGUSLAWSKI und BRETSCHNEIDER-HERRMANN (1959) die Ansicht, daß die großen Erwartungen, welche auf Grund zahlreicher Arbeiten auf die Reihendüngung gesetzt wurden, für deutsche Verhältnisse nicht zutreffen. In Versuchen von FRUHSTORFER (1955) erwies sich die Reihendüngung von Thomasphosphat und anderen Glühphosphaten der Breitdüngung nicht überlegen, während mit Superphosphat sehr gute Erfolge erzielt wurden, da die Festlegung im Boden gebremst wird und den Wurzeln lange Zeit leicht aufnehmbare P_2O_5 zur Verfügung steht. Über weitere Möglichkeiten der Reihendüngung gibt JUNG (1957) an Hand zahlreicher Literaturangaben Auskunft.

3. Die *Kontaktdüngung* ist eine Reihendüngung, bei welcher der Dünger mit dem Saatgut vermischt in einem Arbeitsgang ausgebracht wird. In Australien erfolgt nach SIMS und ANDREW (1958) der Anbau des gesamten Winterweizens im Kontaktdüngungsverfahren mit Superphosphat, ebenso in England und Indien (IGNATIEFF und PAGE 1958). Bei Ausbringung von Mischdüngern gemeinsam mit dem Weizensaatgut sind allerdings nach letztgenannten Autoren Keimschädigungen möglich und es darf eine Aufwandmenge von 400 kg/ha nicht überschritten werden. Amerikanische Versuche (COOK 1957) zeigten, daß sich bei trockenem Wetter das Mischen von Weizensamen mit dem Dünger sehr ungünstig auswirken kann und 1957 wurde in den USA durch dieses Kontaktverfahren der Weizenertrag kraß herabgesetzt. Bei Reihendüngung, wo Saatgut und Dünger getrennt ausgebracht werden, entstehen diese Schäden nicht. Weitere amerikanische Arbeiten (OLSON und DREIER 1956) zeigen die günstige Wirkung der Kontaktdüngung mit P_2O_5 auf, während eine Beimischung von N und K_2O zu Keimschäden führte, da eine zu hohe Salzkonzentration vorlag. In diesen Versuchen reduzierten 11 kg/ha N zu Weizen die Zahl der auflaufenden Pflanzen sehr deutlich, bei 170 kg/ha N war überhaupt keine Keimung mehr zu verzeichnen.

K_2O wirkt etwa im selben Maße schädlich wie N. VON BOGUSLAWSKI und JUNG (1957) fanden vor allem bei Mischung von K_2O mit dem Saatgut Keimschäden, dasselbe gilt für K_2O-haltige Volldünger. Ein gemeinsames Ausbringen von Saatgut und Superphosphat kann nach SELKE (1955) nach vorheriger

Mischung mitunter auch zu Keimschäden führen und auch LYSSENKO (SELKE 1955) hat sich gegen dieses Verfahren ausgesprochen, da die Sämaschinen leicht verstopft werden und ein lückenhafter Bestand die Folge ist. Wird N als Harnstoff mit einem gewissen Anteil an Biuret (über 2%) als Kontaktdünger in Aufwandmengen von 20 bis 80 kg/ha in den Boden eingebracht, so entstehen nach SMIKA und SMITH (1957) Keimhemmungen, welche um so stärker in Erscheinung treten, je höher der Gehalt an Biuret ist. Harnstoff ohne Biuret ruft keine Keimschäden hervor.

Neben der Grunddüngung wirkt sich zu Weizen eine *Kopfdüngung* auf die Ertragsleistung und Qualität besonders günstig aus. Diese kann entweder als N-Düngung oder als kombinierte Düngung (NPK) verabreicht werden. Bezüglich der Verabreichung der N-Düngung hat sich in neuerer Zeit die *Methode der gestaffelten N-Düngung* zu Weizen deutlich durchgesetzt. Diese, den wichtigsten Entwicklungsstadien der Weizenpflanze angepaßte Düngungsmethode, wird von SELKE (1955) als zusätzlich späte N-Düngung, von COÏC (1950) als halbspäte und späte N-Düngung und von LINSER und PRIMOST (1953) als Stadiendüngung bezeichnet. Die Vorteile dieser geteilten, in mehreren Teilgaben verabreichten N-Düngung wurde bereits ausführlich in den Abschnitten „Düngung und Ertrag" sowie „Düngung und Qualität" behandelt. Sie soll daher in diesem Zusammenhang als Düngungsmethode nur erwähnt werden.

Als weitere Methode der Ausbringung von N-Düngemitteln ist die *Anwendung schwer löslicher N-Verbindungen* zu nennen. Wenn auch die Anwendung dieser Dünger heute allein noch nicht in Frage kommt, so bieten diese Verbindungen (Harnstoffharze, Ammoniumhumate, Cyanverbindungen mit Xero-Gelen) die Möglichkeit, eine langsam fließende N-Quelle in Annäherung zu erreichen.

ATANASIU (1957) beschäftigt sich eingehend mit der Wirkung schwer löslicher N-Verbindungen, insbesondere der Harnstofformen zu Getreide und kommt zu dem Schluß, daß relativ hohe N-Mengen (120 bis 180 kg/ha N) zusätzlich zu der N-Düngung in leicht löslicher Form erforderlich sind, um Ertragssteigerungen zu erzielen. Je schwerer löslich eine N-Form ist, um so N-reicher ist nach ATANASIU (1956) die Pflanzensubstanz bei gleich hohem Ertrag und daher findet eine erhöhte N-Aufnahme statt.

Das Korn-Stroh-Verhältnis ist bei Aufteilung des N ein engeres als bei einmaliger N-Düngung und bei schwer löslichen N-Formen kann dieselbe Tendenz festgestellt werden. Bei Nachbau von Sommerweizen bringen die schwer löslichen N-Präparate die höheren Erträge (ATANASIU 1959), wie dies in Tab. 46 gezeigt werden kann.

Tabelle 46. *Nachwirkung schwer löslicher N-Verbindungen auf den Ertrag von Sommerweizen*
(nach ATANASIU 1959)

N-Düngung erstes Jahr kg/ha	Präparat 5010 zweites Jahr		Präparat 5011 zweites Jahr	
	0	+40	0	+40
0	30,0	52,6	26,3	54,3
60 + 0	30,4	52,1	29,4	53,3
60 + 60	35,0	56,4	33,9	55,0
60 + 120	40,8	55,8	37,4	59,4
60 + 180	37,9	55,4	38,8	59,4
60 + 240	38,6	53,1	41,9	58,9

Atanasiu (1957) kommt zu der Schlußfolgerung, daß eine geeignete Kombination von leicht- und schwerlöslichen N-Verbindungen es ermöglicht, den Kornertrag zu steigern und einen höheren Eiweißgehalt zu erzielen.

Die Düngung in flüssiger Form kann sowohl als Bodendüngung (flüssig Ammoniak) und hier vor allem als Grunddüngung wie auch als Kopfdüngung auf den Pflanzenbestand (Blattdüngung, Beregnungsdüngung) erfolgen.

Jacob und Uexküll (1958) sehen die Vorteile einer Verspritzung von Düngerlösungen vor allem bei Ausbringung der Spurenelemente und bei später zusätzlicher Anwendung von N und K_2O.

Die *Düngung mit flüssig Ammoniak* oder anderen N-haltigen Lösungen ist vor allem als Grunddüngungsmaßnahme geeignet, und zwar wird flüssig Ammoniak mit Spezialgeräten (Nitroshooter u. ä.) in den Boden injiziert, wo es sich dann sofort verteilt. Nach de Geus (1955) wird flüssig Ammoniak vorwiegend in den USA angewendet, wo 18% der gesamten N-Düngung in dieser Form verabreicht werden. Als Vorteil nennt de Geus den hohen N-Gehalt der Lösungen (etwa 40%) und des flüssigen Ammoniaks (82%), während als Nachteil insbesondere für europäische Verhältnisse die hohen Anschaffungskosten dieser Spezialgeräte und deren Eignung nur für große Flächen gelten können.

Von einer Düngung des Winterweizens rät de Geus ab, da bei Kopfdüngung mit flüssig Ammoniak Schäden an Getreide verzeichnet werden.

Einem amerikanischen Bericht (*Bull.* 370, 1955) ist zu entnehmen, daß flüssig Ammoniak einige Tage vor dem Anbau des Weizens gedüngt werden muß, um Schädigungen zu vermeiden. Bei Düngung mit flüssig Ammoniak zu Weizen konnten Ødelien und Bjørkum (1954) keine negative Ertragsbeeinflussung feststellen und nur in einigen wenigen Fällen waren Schädigungen zu beobachten. Einer Anwendung von Kalkammonsalpeter war flüssig Ammoniak nicht überlegen. Hingegen zeigten Gefäßversuche zu Weizen (Rajan 1956), daß die Wirkung von flüssig Ammoniak schlechter war als jene von Ammonsulfat, während Versuche auf Großparzellen in Ungarn (Dworak 1956) bei Düngung mit flüssig Ammoniak einen um 2 dz/ha höheren Weizenertrag ergaben als gleichhohe Mengen an Kalkammonsalpeter. Über die Anwendung von flüssig Ammoniak zu Getreide und anderen Kulturen in den USA gibt Andrews (1956) umfassend Auskunft.

Die Anwendung von flüssig Ammoniak oder N-haltigen Lösungen mittels Nitroshooter ist vor allem jenen Gebieten vorbehalten, in welchen Weizen oder andere Kulturen großflächig gebaut werden und wo die Terrainverhältnisse eine Anwendung dieser Großgeräte zulassen, das heißt auf ebenen Flächen ohne Steigung, bzw. Hanglage. Für europäische Verhältnisse wird vorläufig ein Einsatz des Nitrohsooters und somit des flüssig Ammoniaks nicht wirtschaftlich sein.

Die *Blattdüngung* basiert auf der Möglichkeit der Aufnahme von Nährstoffen in löslicher Form durch die oberirdischen Teile der Pflanze. Eine Blattdüngung zu Weizen kann immer nur als Ergänzungsdüngung betrachtet werden, da nach Thorne (1957), welcher dieses Problem eingehend studierte, größere Mengen an Nährstoffen sehr schwierig zuzuführen sind. Besonders geeignet erscheint daher die Blattdüngung für die Zufuhr von Spurenelementen. Besonders schwierig sind nach Thorne Spritzungen mit P_2O_5, während K_2O unter tropischen Verhältnissen zu günstigeren Ergebnissen führte.

Buchner (1956) beschäftigte sich mit der Anwendung der Blattdüngung zu Getreide und kommt zu dem Schluß, daß eine Blattdüngung mit N eine Bodendüngung nie ersetzen kann, da nur 5 bis 30 kg/ha Harnstoff (=2,5 bis 15 kg/ha N) ohne Schäden angewendet werden können. Die Wirkung einer zusätzlichen Harnstoffspritzung und einer zusätzlichen N-Spätdüngung war in Versuchen von BUCHNER (1956) gleich:

Kalkammonsalpeter spät:	39,26 dz/ha Korn
Harnstoff gespritzt:	39,23 dz/ha Korn

Zu Weizen können nach BUCHNER (1955) 10 bis 15%ige Harnstofflösungen gespritzt werden, ohne Ätzungen befürchten zu müssen. Die hohe Verträglichkeit der Gramineen führt KRZYSCH (1958) auf die stark von anderen Kulturpflanzen abweichende Blattstruktur zurück (Wachsschichte). Für die Blattdüngung erwies sich von den N-haltigen Düngemitteln Harnstoff am besten geeignet und FINNEY und Mitarbeiter (1957) erhielten durch Harnstoffspritzungen signifikante Ertragssteigerungen, wenn die Spritzung vor der Blüte erfolgte. Mehrere Spritzungen verstärkten die Wirkung, der Erfolg war aber nicht additiv. In anderen amerikanischen Arbeiten (*Bull.* 370, 1955) wird von einer Blattspritzung zu Weizen abgeraten, da die Spritzung von N viel komplizierter ist als die Ausbringung in fester Form und die für Optimalerträge erforderlichen Mengen als Blattdüngung nicht verabreicht werden können. Auch in Versuchen von VAN BURG (1958) reagierte Weizen auf Düngungen mit Kalkammonsalpeter mit höheren Erträgen als auf Spritzung mit Harnstoff. Zusätzliche, zur Grunddüngung verabreichte Harnstoffspritzungen in 1%iger Lösung förderten nach SADAPHAL und DAS (1956) Weizenertrag und Qualität. BIRECKA und Mitarbeiter (1954) erhielten bei Spritzungen mit Harnstoff zu Sommerweizen dieselben Erträge wie bei Düngung mit Kalkammonsalpeter. Eine Kombination der N-Spritzung (mit aufgelöstem Ammonsulfatsalpeter oder schwefelsaurem Ammoniak) mit Unkrautbekämpfungsmitteln wird von JÖRISSEN (1955) vorgeschlagen. Eine Blattdüngung zu Weizen wird nach den bisherigen Erfahrungen mit den Hauptnährstoffen eine Düngung in fester Form nicht ersetzen können, so daß die Blattdüngung des Weizens nur als zusätzliche Maßnahme zu betrachten ist. Doch wirken sich auch späte N-Gaben in fester Form wegen der Möglichkeit der Aufbringung größerer Mengen vorteilhafter auf die Weizenqualität aus und so ist der Einsatz der Blattdüngung vor allem bei Spurenelementmangel von Bedeutung, wie dies auch JOHANSSON und EKMAN (1956) bei Mn-Mangel feststellen konnten.

Eine andere Form der flüssigen Düngung stellt die *Beregnungsdüngung* dar, welche an anderer Stelle ausführlich diskutiert wird, so daß hier die Beregnungsdüngung nur als Düngungsmethode erwähnt werden soll.

Nach BROUWER und MARTIN (1957 a, b) führte eine zusätzlich späte N-Düngung in Kombination mit einer Beregnung zu Mehrerträgen bei Winterweizen von 4 bis 8 dz/ha, wobei Weizen von allen Getreidearten am schwächsten reagierte. Bei Trockenheit können allerdings späte N-Gaben bei gleichzeitiger Beregnung wesentlich besser ausgenützt werden (VOGLER 1958).

Zu den Düngungsmethoden zu Weizen gehört auch die heute aktuelle Frage der Anwendung von *Mehrnährstoffdüngern*. Diese Mehrnährstoffdünger mit oder ohne Spurenelementzusatz werden von der Düngemittelindustrie als physikalische oder chemische Mischungen der Hauptnährstoffe auf den Markt gebracht. BERGMANN (1959 a) gibt eine umfassende Übersicht über die Arbeiten mit Mehrnährstoffdüngern und seine Versuche zeigten (BERGMANN 1959 b) die Gleichwertigkeit der Volldünger gegenüber den Einzeldüngern, jedoch sollen Volldünger nicht allein, sondern gemeinsam mit Einzeldüngern angewandt werden.

Die heute stark diskutierte Frage der Anwendung von Einzel- und Mehrnährstoffdüngern ist nach JÜRGENS-GSCHWIND (1956) insbesondere in den USA zugunsten der Volldünger gelöst worden. Hier waren vor allem die arbeitsschwache Betriebsstruktur, die großen Flächen und die noch häufig anzutreffende Monokultur des Weizens und anderer Kulturpflanzen maßgebend. In USA werden zur Zeit nur mehr 29% der NPK-Düngung als Einzeldünger verabreicht, während in Westdeutschland 85% der Düngung in Form der Einzeldünger vorgenommen wird. Die Volldünger weisen nach JÜRGENS-GSCHWIND (1956) in den USA folgende durchschnittliche Zusammensetzung auf: 5% N, 11,6% P_2O_5 und 10,3% K_2O. Auch in Kanada werden vor allem Mehrnährstoffdünger angewandt, wobei eine Zusammensetzung von 4:12:6 oder 3:15:6 eingehalten wird (IGNATIEFF und PAGE 1958). Da bei Düngung mit Misch- oder Volldüngern die einzelnen Nährstoffe in einem bestimmten Verhältnis verabreicht werden, ist es nicht möglich, den Bedarf des Weizens an gewissen Nährstoffen zu berücksichtigen oder den Mangel im Boden zu beheben. Mehrnährstoffdünger decken nach SCHMITT (1954) nur den laufenden Bedarf, reichern aber den Boden nicht mit Nährstoffen an.

Die Ausbringung der Dünger in fester oder flüssiger Form kann mit verschiedenen Geräten erfolgen, wobei meist der Traktor als Zugkraft dient. Diese Zugkraft wird noch in vielen Ländern durch Pferd oder Ochse, in asiatischen Gebieten durch den Yak ersetzt. Bei der Kontaktdüngung werden die Dünger in fester Form mit dem Saatgut vermischt und mit der Sämaschine ausgebracht, bei der Reihendüngung kann Anbau und Düngung mit kombinierten Düngerstreu- und Sämaschinen erfolgen. Die Flüssigdüngung wird mit Sprühgeräten, welche mit Düsen verschiedener Größe und Form ausgestattet sind, durchgeführt, während flüssig Ammoniak in den Boden mit dem „Nitroshooter“ injiziert wird. In den letzten Jahren hat sich auch das *Flugzeug* in den Dienst der Landwirtschaft gestellt und neben Schädlingsbekämpfungsmitteln auch Dünger ausgebracht. Diese Düngungsmethode mittels Flugzeug (s. auch S. 73 ff.) hat jedoch nur für große Flächen wirtschaftliche Bedeutung und BRANKOW (1956) berichtet über günstige wirtschaftliche Erfolge bei Düngung von Sommer- und Winterweizen in der UdSSR. Die Leistung des Flugzeuges beträgt demnach 70 bis 75 ha pro Tag. Nach IGNATIEFF und PAGE (1958) hat die Flugzeugdüngung für Weizen nur geringe Bedeutung, sie wird in Australien und den USA vor allem dann durchgeführt, wenn geringe Düngermengen auf großen Flächen benötigt werden (Spurenelemente), oder bei Kombination von Düngungs- und Unkrautbekämpfungsmaßnahmen.

Literatur

ACHARYA, C. N., und K. L. JADAV: The chemical composition of the wheat plant as a guide to its manurial requirements, I, The relation between the chemical composition of the leaves, stem, and the whole above-ground plant to the final crop yields. J. Indian Soc. Soil Sci. **5**, 173–180 (1957). — ÅKERMAN, Å.: Die Möglichkeit, die Qualität unserer Getreidearten durch Züchtung und Stickstoffdüngung zu verbessern. Z. Züchtung, A, Pflanzenzüchtung **22**, H. 4, 551–563 (1938). — AMBERGER, A., E. WOLF und W. HUNNIUS: Über die Wirkung einer langjährigen Phosphorsäuredüngung mit Handelsdüngern und Stallmist auf Boden und Pflanze. Bayr. Landw. Jb. **34**, 230–248 (1957). — ANDERS, E., und K. FELLER: Auswertung der Qualitätsuntersuchungen von Weizen aus Sortenwertprüfungen. Ernährungsforsch. **2**, 505–522 (1957). — ANDREWS, W. B.: Anhydrous ammonia as a nitrogenous fertilizer. Adv. Agron. 8, 61–125 (1956). — ATANASIU, N.: Ein Beitrag zum Studium des Wasserverbrauchs unserer Kulturpflanzen. Z. Pflanzenernähr., Düng., Bodenkde. **42** (87), 103–123 (1948). — Studien über die Ertragswirkung von schwerlöslichen Stickstoffdüngemitteln. Z. Landw. Forsch. **1956**, 7. Sonderheft, 108–113. — Ertragsnachwirkung schwerlöslicher N-Verbindungen. Z. Landw. Forsch. **1957**, 9. Sonderheft, 57–60. — Aktuelle Fragen der Stickstoffdüngung und Bodenfruchtbarkeit. Praxis u. Forsch. **10**, Nr. 11 (1958). — Wirkung schwerlöslicher N-Verbindungen. Z. Pflanzenernähr., Düng., Bodenkde. **84** (129), H. **1/3**, 103–110 (1959). — AUFHAMMER, G.: Zur Förderung des Anbaues von Qualitätsweizen. Praxis u. Forsch. **10**, Nr. 10, 217–222 (1958 a). — Stand und Möglichkeiten der Qualitätsweizenerzeugung. Bayr. Landw. Jb. **35**, H. 2, 1–13 (1958 b). — Neuzeitlicher Getreidebau, 1. Aufl., S. 38, 44–46. Frankfurt a. M.: DLG-Verlag. 1959.

BABAJAN, G. B.: Die Erhöhung des Eiweißgehaltes im Weizenkorn und die Vererbungsmöglichkeit dieser Eigenschaft. Nachr. Akad. Wiss. Armen. SSR, biol. landw. Wiss. **11**, Nr. 3, 77–80 (1958). — BALDONI, R.: Troppo timidi nell'uso dell'azoto? Italia agricola **1953**, Nr. 11, 1–12. — BÄRMANN, C.: Ergebnisse von Phosphatdüngungsversuchen. Phosphorsäure **17**, Folge 5/6, 301–315 (1957). — BAUMANN, H.: Der Boden als Wasserlieferant für die Pflanze. Fortschritte der landw. chem. Forschung 1938, 1. Aufl., S. 74. Berlin: Neumann. 1938. — Die konstitutionelle Anpassung der Kulturpflanzen an die Wasserversorgung. Z. Pflanzenernähr., Düng., Bodenkde. **46** (91), 175–190 (1949). — BAUMEISTER, W.: Über den Einfluß zusätzlicher und zeitlich gestaffelter Stickstoffgaben. Forschungsdienst **9**, 254–265 (1940). — Über den Einfluß steigender und zusätzlicher Kaligaben bei verschieden hoher Stickstoffgrunddüngung. Z. Pflanzenernähr., Düng., Bodenkde. **28**, 257–275 (1942). — Mineralstoffe und Pflanzenwachstum, 2. Aufl., S. 108. Stuttgart: Fischer. 1954. — BAYFIELD, E. G.: The influence of climate, soil, and fertilizers upon the quality of soft winter wheat. Bull. 563, **1936**, Ohio Agr. Exper. Station. — BEL, DENIZOT und MATHIEU: Trois années de fumure azotée du blé. Ann. Agron. A **1952**, 601–603. — BELLIS, E.: Notes of Kenya agriculture, II, Tabulated recommendations for manuring and fertilizing in African areas. East Afr. Agric. J. **23**, Nr. **4** (1958). — BERG, S. O.: Über die Beziehungen zwischen Körnerertrag, Rohproteingehalt und Rohproteinertrag verschiedener Weizensorten sowie deren züchterische Bedeutung. Z. Pflanzenzüchtung **23**, 542–561 (1941). — BERGMANN, W.: Ein Vergleich zwischen Einzel- und Volldüngeranwendung. Dtsch. Landw. **1959** (a), H. 10. — Vergleichende Düngungsversuche mit Einzel- und Volldüngern. Dtsch. Landw. **1959** (b), H. 11. — BHANGOO, M. S., und F. W. SMITH: Fractionation of phosphorus in Kansas soils and its significance in response of wheat to phosphate fertilizers. Agronomy J. **49**, 354–358 (1957). — BIRECKA, H., W. BOGUSZEWSKI, Z. TUCHOŁKA und A. CZEKALSKI: Doświadczenia polowe nad działaniem mocznika w porównaniu z saletrzakiem i wodą amoniakalną. Roczniki Nauk rolniczych (Polish agric. Annu.), Ser. A **68**, 663–665 (1954). — BIRECKA, H., W. BOGUSZEWSKI, H. SZUKALSKI und A. LISIEWICZ: Badania nad wpływem terminu stosowania nawazów fosforowych w zależności od odczynu gleby. Roczniki Nauk rolniczych, Ser. A **73**, 473–498 (1956). — BIRECKA, H., Z. TUCHOŁKA und A. LISIEWICZ: Badania nad rzędowym stosowaniem nawazów pod zboża jare. Roczniki Nauk rolniczych, Ser. A **76**, 31–41 (1957). — BLACKETT, G. A.: The effect of rate and time of application of nitrogen on the yield of winter wheat. Empire J. Exper. Agric. **25**, 19–28 (1957). — BLIN, H.: Améliorations dans la culture du froment. Agric. prat. **118**, 337–338 (1954). — BODO, G.: Über die Zusammensetzung des Weizeneiweißes bei verschieden hohen N-Gaben. Qualitas Plantarum et Materiae vegetabiles, 1962. — BOEKHOLT, K.: Zur Frage des Anbaues von Qualitätsweizen in Nordwestdeutschland. Praxis u. Forsch. **10**, Nr. 10, 222–225 (1958). — Voraussetzungen der Qualitätsweizenerzeugung. Dtsch. Landw. Presse **82**, Nr. 16, 155 (1959). — BOGUSLAWSKI, E. VON, und F. JUNG: Versuche mit Reihen- und Kontaktdüngung zu Rüben und Getreide. Z. Landw. Forsch. **1957**, 10. Sonderheft, 56–73. — BOGUSLAWSKI, E. VON, und B. BRETSCHNEIDER-HERRMANN: Feldversuche über zeitliche Verteilung und Placierung der Düngung bei Zuckerrüben. Zucker **12**, H. 22/23 (1959). — BOISCHOT, P.: La fumure azotée échelonnée semi-tardive et tardive du blé. Bull. Engrais **1957**, Nr. 401, 3–4. — BOLDYREW, N. K.: Blattdiagnostik zur Bestimmung der Kornqualität des Sommerweizens. Ber. Akad. Wiss. UdSSR **119**, 171–173 (1958). — The dependence of crop quality on, and the possibility of predicting quality from, the nitrogen content of the leaves of spring wheat. Fiziol. Rast. **6**, 73–81 (1959). Ref. nach Soils a. Fertilizers **22**, Nr. 4, 312 (1959). — BRANKOW, P.: Kopfdüngung der Getreidekulturen vom Flugzeug aus. Erfahrungsaustausch in der Landwirtschaft, Ser. Getreide- u. Futterpflanzen **1956**, Nr. 3, Arb. Nr. 20, 3–4. — BROUWER, W.: Die Beziehungen zwischen Ernte und Witterung in der Landwirtschaft. Landw. Jb. **63**, 1–81 (1926). — BROUWER, W., und H. MARTIN: Über die Wirkung der Spätdüngung bei gleichzeitiger Beregnung. Kali-Briefe, Fachgebiet 3, Nr. 9, **1957** (a), 1–4. — Untersuchungen über Beregnung und Zusatzdüngung. Wasser u. Nahrung **1957** (b), 36–41. — BRÜNE, F.: Versuche über Eiweißanreicherung des Getreides durch zusätzliche späte Stickstoffdüngung nach Selke. Bodenkde. u.

Pflanzenernähr. **24,** 1–5 (1941). — BRÜNING, D.: Braunrostbefall bei Weizen (*Puccinia triticiana*) und Kalidüngung. Nachr.Blatt dtsch. Pflanzenschutzdienst Berlin 8, 155–157 (1954). — BUCHNER, A.: Zur Blattdüngung des Getreides mit Stickstoff. Mitt. Dtsch. Landw.-Ges. **1956,** Nr. 7. — Betrachtungen zum Nährstoffverhältnis der Mineraldüngung, dargestellt am Getreide. Plant a. Soil **7,** Nr. 4, 301–326 (1956 a). — Richtiger Einsatz des Stickstoffdüngers zu Wintergetreide. Mitt. Dtsch. Landw.-Ges. **71,** Nr. 12 (1956 b). — BUHLERT, N.: Untersuchungen über das Auswintern des Getreides. Landw. Jb. **35,** 837–888 (1906). — BULLEN, E. R., und W. J. LESSELLS: The effect of nitrogen on cereals yields. J. Agr. Sci. **49,** 3, 319–328 (1957). — BURG, P. F. J. VAN: De overbemesting van granen door middel van ureumbespuiting. Stikstof **1958,** Nr. 18, 182–188. — BUTKEWITSCH, W. W.: Die Anbaubedingungen für Weizen und sein Eiweißgehalt. Agrobiologie **1954,** Nr. 3, 44–54.

CARDER, A. C.: Growth and development of some field crops as influenced by climatic phenomena at two diverse latitudes. Canad. J. Plant Sci. **37,** 392–406 (1957.) — CARPENTER, R. W., H. J. HAAS und E. F. MILES: Nitrogen uptake by wheat in relation to nitrogen content of soil. Agron. J. **44,** Nr. 8, 420–423 (1952). — CAVAZZA, L.: Esperienze d'interramento della paglia azione sulla produzione della successiva coltura granaria. Ann. Sperimentazione Agr. Rom **1955,** 1–27. — Esperienze d'interramento della paglia azione sulla produzione della successiva coltura granaria. Ann. Sperimentazione Agr. **10,** 1881–1907 (1956). — CHANDNANI, J. J.: Manuring of wheat. Indian J. Agric. Sci. **24,** 195–211 (1954). — CHARLES, J., L. SOUBIÈS und R. GADET: Sur la physiologie normale du blé et sa réaction sur la fertilization azotée. C. r. Acad. Agric. France Nr. 7, 282–288 (1954). — CHINOY, J. J., und SH. N. SHARMA: Die Kornentwicklung bei Getreide, II. Mitt., Sortenunterschiede in Ausbildung und Trocknung des Kornes unter dem Einfluß der Temperatur. Agrobiologie **1958,** Nr. 2, 53–65. — CHRISTIANSEN-WENIGER, F.: Das Problem des Qualitätsweizens in der Türkei. Züchter **10,** H. 3, 200–209 (1938). — CHRISTOW, A.: Die Düngung des Weizens mit gekörntem Superphosphat. Gen. Ackerbau (Sofia) **1957,** Nr. 9, 17. — CHURCH, B. M.: Cereal manuring in England and Wales. J. Sci. Food Agricult. **11,** 711–721 (1956). — COÏC, Y.: Fertilisation azotée rationnelle du blé. C. r. Acad. Agric. France **37,** Nr. 8, 296–299 (1950 a). — Contribution à l'étude de la physiologie du blé: la nutrition azotée du blé. Ann. Agron. A **1950** (b), Nr. 2, 195–203. — La nutrition azotée du blé. Ann. Agron. A **1952,** 417–421. — La nutrition et la fertilisation azotées du blé d'hiver. Bull. Engrais **1953,** 1–15. — La nutrition et la fertilisation azotées du blé d'hiver, I, Les besoins en azoté du blé d'hiver conséquences agronomiques. Ann. Agron. **1956,** Nr. 1, 115–131. — Nutrition et fertilisation minérale du blé. Bull. C.E.T.A. **1959,** Nr. 365, 1–16. — COÏC, Y., und M. HÉLIAS: Influence de l'époque de l'apport des engrais azotés sur les composantes du rendement du blé. C. r. Acad. Agric. France **1950,** Nr. 6, 231–234. — COÏC, Y., und E. JOLIVET: La fertilisation azotée semi-tardive et tardive du blé d'hiver, I, Action sur le rendement. Acad. d'Agric. de France, extrait du procès-verbal de la Séance du 2. Dec. 1953. — COÏC, Y., und W. ALEXINSKY: La fertilisation azotée semi-tardive et tardive du blé d'hiver, II, Action sur le taux d'azoté du grain et sa qualité meunière-boulangère. Acad. d'Agric. de France, extrait du procès-verbal de la Séance du 16. Dec. 1953. — COÏC, Y., und M. COPPENET: Sur la carence en mangenèse des céréales dans les sols humifères de Bretagne. Ann. Agron. A, II, **1958,** 111–139. — COOK, R. L.: Fertilizer placement for better crops. Fertilizer Placement, S. 8–16. Washington: American Potash Inst. 1957. — COOK, R. L., J. R. GUTTAY und L. S. ROBERTSON: Fertilizer-Placement for small grains. Proc. 34th ann. Meet. nat. C. Fertil. Appl. **1958,** 25–34. Ref. nach Soils a. Fertilizers **22,** Nr. 4, 312 (1959). — COWIE: J. Ministry Agr. **47,** 107 (1940), Chem. a. Ind. **1948,** 211.

DAVIDESCU, D., P. AVRAM, M. GROZA, GH. PAVLOVSCHI, I. POPOVICI, I. POPESCU, E. TĂNĂSESCU, I. VINES und S. MAN: Contributii la studiul nevoii de îgrășăre a plantelor. Ann. Inst. Cercetări agron. **23,** Nr. 4, 9–44 (1956). — DAVIDSON, J.. und J. A. LECLERC: Effect of various inorganic nitrogen compounds, applied at different stages of growth on the yield, composition and quality of wheat. J. Agric. Res. **23,** Nr. 2, 55–68 (1923). — DOAK, K. D.: Leaf rust reaction in relation to wheat fertilization in Indiana. Better Crops **38,** 9, 18–22 (1954). — DOBBEN, W. H. VAN: De resultaten van de interprovinciale veldproeven met gedeelde en zeer late stikstofgiften op wintergranen in 1956. Landbouwvoorlichting **14,** 224–232 (1957). — DOEHRING, W.: Die Bewässerungsgebiete der Erde. Kali-Briefe **4,** 1–11 (1958). — DOLGUSCHIN, D. A.: Besonderheiten der Stadienentwicklung des Winterweizens bei Herbstaussaat. Agrobiologie **1958,** Nr. 3, 19–33. — DOLL, E. C. und L. A. LINK: Influence of various legumes on the yields of succeeding corn and wheat and nitrogen content of the soil. Agron. J. **49**, 307–309 (1957). — DWORAK, L.: A cseppfolyós ammónia mint műtrágya. Agrártudomány **8**, 435–436 (1956).

Eidgenössische landw. Versuchs- u. Untersuchungsanstalten: Gebührentarif, S. 11. Bern 1955. — ENGEL, H.: Stickstoff zur Winterung erst im Frühjahr! Dtsch. Landwirtsch. **4**, H. 9, 493–496 (1953).

FAJERSSON, F.: Kopfdüngung mit Salpeter zu Weizen, Neue Ergebnisse von Düngungsversuchen in Weibullsholm. Agri Hortique Genetica **8**, H. 1/2, 43–64 (1950). — F A O: Yearbook of Food and Agricultural Statistics 1957 — Production, S. 33, 34. Rome: Food and Agriculture Organization of the United Nations. 1958. — FEEKES, W.: De tarwe en haar milieu. Versl. van de tech. Tarwe Commis. **17**, Groningen 1941. Ref. nach HÄNSEL, H. — FEHÉR, D., und H. PALITSCHEK: Untersuchungen über den Wasserhaushalt des Kulturbodens und der Kulturpflanze. Landw. Jb. **87**, H. 6, 721–773 (1939). — FERRIÈRE, PH. F. DE: Précédents culturaux et rendements en blé. Potasse **32**, 149–152 (1958). — FINNEY, K. F., J. W. MEYER, F. W. SMITH und H. C. FRYER: Effect of foliar spraying of Pawnee wheat with urea solutions on yield, protein content, and protein quality. Agron. J. **49**, 341–347 (1957). — FRUHSTORFER, A.: Wissenschaftliches und Technisches zur Reihendüngung. Mitt. Dtsch. Landw.-Ges. **1955**, H. 4. — FUCHS, H.: Die Bestimmung des Klebers hinsichtlich Menge und Beschaffenheit. Ber. Internat. Ges. Getreidechem. **2**, 147–153 (1956).

GAWRILOWA, L. W.: Die Winterfestigkeit des Winterweizens und die Qualität der Fermente. Ber. Akad. Wiss. UdSSR **95**, 607–608, 21/3 (1954). — GERICKE, S.: Aufnahme und Ausnutzung der Düngerphosphorsäure durch unsere Kulturpflanzen. Bodenkde. u. Pflanzenernähr. **36**, H. 1/2, 53–62 (1945). — Düngemittel und Düngung in der deutschen Landwirtschaft, 1. Aufl., S. 109, 131–133. Berlin: Cronbach. 1948. — Wachstumsfaktoren und Düngung. II. Handelsdünger-Weltkongreß, Rom 1951. — Die Düngung im Getreidebau, 1. Aufl., S. 50, 51–55. Essen: Tellus. 1959. — GERICKE, S., und S. JÜRGENS-GSCHWIND: Phosphorsäuredüngung im Getreidebau. Phosphorsäure **17**, 5/6, 316–340 (1957). — *Getreideausgleichsfonds*: Bestimmungen für den inländischen Qualitätsweizen für das Getreidewirtschaftsjahr 1958/59, Verlautbarung Nr. 41. Wiener Ztg. **1958**, Nr. 177. — GEUS, J. G. DE: Over het gebruik van vloeibare ammoniak en stikstofoplossingen in de Verenigde Staten en de mogelijkheden voor deze stikstofvormen in Nederland. Stikstof **1956**, H. 9, 290–300. — GIESECKE, F., und K. SCHMALFUSS: Über die Wirkung verschiedener Stickstoffdünger in einmaliger und geteilter Gabe im Freilandversuch zu Winterweizen auf leichtem Boden. Z. Pflanzenernähr., Düng., Bodenkde. **12**, 280–288 (1939). — GINGRICH, J. R., und F. W. SMITH: Investigation of small grain response to various applications of nitrogen, phosphorus and potassium on several Kansas soils. Soil Sci. Soc. Amer. Proc. **17**, 4, 383–386 (1953). — GISIGER, L.: Kalimangel verursacht Auswintern des Getreides. Monatl. Mitt. Internat. Kali-Inst., Bern, 1953. — GLIEMEROTH, G.: Der Einfluß von Düngung auf den Wasserentzug der Pflanzen aus den Unterbodentiefen. Z. Pflanzenernähr., Düng., Bodenkde. **52** (97), 21–40 (1951). — GÖHRS, W.: Strohdüngung im Mähdruschbetrieb. Mitt. Dtsch. Landw.-Ges. **73**, 736–738 (1958). — GORSKI, M., und K. WYSZYNSKA: Granuliertes Superphosphat (Versuchsergebnisse). Int. Z. Landwirtsch. **1958**, Nr. 1, 170–175. — GREER, E. N., und G. G. GRINDLEY: The late manuring of winter wheat. An observation on the nutritive value of the grain. J. Agric. Sci. **45**, 125–128 (1954). — GROS, A.: Die Grundlagen einer rationellen Stickstoffdüngung des Getreides. Landw. Presse-Umschau **1954**, Nr. 14, 1–9. — GROS, L., und G. BONDOUX: Une culture intéressante mais délicate le blé dur. Bull. Engrais **1957**, Nr. 402, 3–7. — GUPTA, Y. P., und N. B. DAS: The quality of wheat as affected by manures and fertilizers, I, Chemical composition. J. Indian Soc. Soil Sci. **2**, 121–125 (1954). — GVOZDENKO, D. V.: Die Wirkung kleiner Dosen organischer und mineralischer Dünger auf den Ertrag von Winterweizen. Agrobiologie **2**, 292–294 (1959).

HÄNSEL, H.: Merkmale der Früh- und Spätreife an den Jungpflanzen von Sommer- und Wechselweizen. Bodenkultur **1**, H. 1, 157–167 (1947). — Beobachtungen über die Wirkung der Kälte auf die Keimwurzeln von Wintergetreide. Bodenkultur **6**, 152–162 (1952). — Vernalisation (Jarowisation, Kältestimmung), Forschungsergebnisse und ihre Verwertung in Pflanzenbau, Samenbau und Pflanzenzüchtung. Z. Pflanzenzüchtung **32**, 233–274 (1953). — Mehrjährige Frühjahrs-Saatzeiten-Versuche mit Winterweizen. Ein Beitrag zur entwicklungsphysiologischen Sortencharakteristik von österreichischen und anderen Weizensorten. Bodenkultur **8**, 182–194 (1956). — HAERTLEIN, H.: Untersuchungsmethoden für Weizen in Argentinien. Unveröffentlichte Mitteilung. 1960. — HASEGAWA, G., und T. OBA: Studies on leaf analysis,

V, Nutritional balance of N, P and K elements in the leaves of wheat plants. Proc. Crop Sci. Soc. Japan **26**, 187–189 (1958). — HEDLIN, R. A., R. E. SMITH und F. P. LECLAIRE: Effect of crop residues and fertilizer treatments on the yield and protein content of wheat. Canad. J. Soil Sci. **37**, 34–40 (1957). — HESS, N., und G. MRKOS: Beobachtungen über Standfestigkeit bei Winterweizen. Z. Pflanzenzüchtung **30**, 414–421 (1951). — HOBBS, J. A.: The effect of spring nitrogen fertilization on plant characteristics of winter wheat. Soil Sci. Proc. **17**, 1, 39–42 (1953). — HOESER, K.: Untersuchungen über den Einfluß steigender N-Gaben auf die Backeigenschaft des Weizens. Bayr. Landw. Jb. **33**, H. 1, 1–20 (1956). — HOFFMANN, K.: Untersuchungen zur Frage des Kornfeuchteverlaufes bei Winterweizen. Z. angew. Meteorol. **3**, H. 2, 44–46 (1957). — HUNTER, A. S., C. J. GERARD und H. MARR WADDOUPS: Pastry wheat quality and yield improved by nitrogen. J. Soil a. Water Conservation **11**, Nr. 4, 190–191 (1956). — HUNTER, A. S., C. J. GERARD, H. MARR WADDOUPS, W. E. HALL, H. E. CUSHMAN und L. A. ALBAN: The effect of nitrogen fertilizers on the relationship between increases in yields and protein content of pastry-type wheats. Agron. J. **50**, 311–314 (1958).

IGNATIEFF, V. und H. J. PAGE: Efficient use of fertilizers, S. 13, 120, 121, 129, 131, 136, 186, 187. Rome: Food and Agriculture Organization of the United Nations. 1958. — ILJINSKAJA-ZENTILOWITSCH, M. A., und B. P. GURJEW: Die Besonderheiten des Halmaufbaues von Winterweizensorten in Beziehung zur Standfestigkeit. Ber. Akad. Wiss. UdSSR **113**, 217–219, 1/3 (1957). — ILKOW, D.: Düngeranwendung vor und während der Aussaat von Wintersaaten. Gen. Ackerbau (Sofia) **11**, Nr. 9, 18–19 (1956 a). — Die Düngung als Mittel einer besseren Überwinterung der Wintersaaten. Landw. Blatt (Sofia) **1**, 524–530 (1956 b).

JACOB, A.: Der gegenwärtige Stand der Frage der Magnesiadüngung. Pflanzenbau u. Pflanzenschutz **2**, 1–15 (1955). — JACOB, A., und F. ALTEN: Arbeiten über Kalidüngung, 3. Reihe, S. 274, 296, 297, 315, 330. Berlin: Verlagsges. f. Ackerbau. 1942. — JACOB, A., und H. VON UEXKÜLL: Fertilizer use, nutrition and manuring of tropical crops, 1. Aufl., S. 48–53. Hannover: Verlagsges. f. Ackerbau. 1958. — JASNY, N.: Der russische Weizen. Landw. Jb. **63**, 411–461 (1926). — The Socialized Agriculture of the USSR. Stanford: University Press. 1949. — JASSTREBOW, M. T.: Zur Frage des Einflusses der Art der Düngereinbringung auf den Eiweiß- und Kohlenhydratstoffwechsel des Sommerweizens („Lutescens-62"). Nachr. Moskauer Univ., Ser. Biol. Bodenkunde, Geol., Geogr. **13**, Nr. 3, 63–71 (1958). — JEKIĆ, M.: Die Wirkung der Thomasphosphatdüngung auf Ertrag und Qualität von Weizen auf Kalkböden. Phosphorsäure **18**, 49–57 (1958). — JOHANSSON, O., und P. EKMAN: Resultat av de senaste arens svenska mikroelementförsök, II, Försök med mangan. Kungl. Lantbrukshögskolan Statens Lantbruksförsök, Statens Jordbruksförsök, Medd. **1956**, Nr. 62, 91–138. — JOLIVET, E.: Fertilisation azotée du blé d'hiver. a) L'influence à dose égale, de la nature de l'engrais azoté épandu au tallage sur le peuplement et de celui apporté au tallage et à la montaison sur le rendement. b) Utilisation à des fins différentes de l'azote épandu semitardivement sur deux variétés distinctes. C. r. Acad. Agric. France **42**, 23/5, 483–489 (1956). — JORET, G.: Principes de la fumure potassique. Bull. Tech. d'Information **81**, 539 (1953). Ref. nach JACOB, A., und H. VON UEXKÜLL, Fertilizer use, nutrition and manuring of tropical crops, 1. Aufl., S. 83. Hannover: Verlagsges. f. Ackerbau. 1958. — JORET, G., und H. HIROUX: Fumure azotée du blé. Ann. Agron. A **2**, 627–631 (1951). — JÖRISSEN, N.: Verspritzen von Stickstoffdüngern. Mitt. Dtsch. Landw.-Ges. **70**, 956–958 (1955). — JUNG, F.: Die Reihendüngung in Vergangenheit und Gegenwart. Z. Landw. Forsch. **1957**, 10. Sonderheft, 74–81. — JUNGES, W.: Zur Frage der Stadienentwicklung insbesondere von Langtagspflanzen winterkalter Klimate. Z. Pflanzenzüchtung **38**, 51–62 (1957). — JÜRGENS-GSCHWIND, S.: Düngemittel und Düngung in den Vereinigten Staaten von Nordamerika und in Deutschland. Phosphorsäure **16**, 200–216 (1956).

Kansas State College: Bull. 370, Agr. Exper. Station, Manhattan, 1955. — KEESE, H.: Feldversuche über die Eiweißanreicherung des Getreides durch zusätzliche späte Stickstoffdüngung. Bodenkde. u. Pflanzenernähr. **24**, 5–11 (1941). — KLAPP, E.: Lehrbuch des Acker- und Pflanzenbaues, 3. Aufl., S. 20, 250. Berlin: Parey. 1951. — KLITSCH, C., und M. SEIFFERT: Wenn die Brotgetreidebestellung witterungsbedingt gefährdet ist. Dtsch. Landw. **4**, H. 1, 10–14 (1953). — KÖHNLEIN, J.: Ertragssteigerung, Nährstoffbilanz und Bodenuntersuchungsergebnis in statischen Feldversuchen mit steigenden P_2O_5- und K_2O-Gaben. Z. Acker- u. Pflanzenbau **104**, H. 3, 229–256 (1957). — KÖHNLEIN, J., und N. KNAUER: Die Entzugszahl als Hilfsmittel zur richtigen Bemessung der P_2O_5- und K_2O-Gaben. Z. Acker- u.

Pflanzenbau **104**, H. 4, 329–370 (1957). — Kokin, A. Ja.: Der Einfluß von Spurenelementen auf physiologische Prozesse im Getreide. Pflanzenphysiol. **4**, 345–351 (1957). — Kopetz, L.: Die Bedeutung der Stickstoffdüngung. Bodenkultur **5**, H. 1, 37–42 (1951 a). — Die Wirtschaftlichkeit der Düngung in der Landwirtschaft. II. Handelsdünger-Weltkongreß, Rom 1951 (b). — Die Lenkung der Nährstoffwirkung, eine pflanzenbauliche Sonderaufgabe. Kali-Briefe, 2. Folge, Fachgebiet **3**, **1954**. — Korosstelew, I. Ja.: Der Einfluß der Lichtbedingungen im Herbst auf das Ährenschieben bei Winterweizen. Agrobiologie **1958**, Nr. 3, 60–64. — Kossa, I. L.: Einfluß der Bodenreaktion auf die Überwinterung von Getreide. Wiss. fortschr. Erfahr. Landw. **1956**, Nr. 11, 36–37. — Konovalov, Yu. B.: The effect of insufficient soil moisture on the ripening of the grain in spring wheat. Fiziol. Rast. **6**, 183–189 (1959). — Kotschergin, A. Je.: Über die Anwendung von Mineraldüngern zu Getreidekulturen auf den Schwarzerden Sibiriens. Ackerbau **4**, Nr. 11, 34–41 (1956). — Kress, H.: Deutsche Agrarwissenschaftler berichten aus der Sowjetunion (VI): Fragen der Entwicklungsphysiologie (Stadienlehre) und Jarowisation. Dtsch. Landw. **4**, H. 10, 515–518 (1953). — Krug, H.: Photoperiodische Forschung und praktischer Pflanzenbau. Beitr. Biol. Pflanze **34**, H. 2, 267–291 (1958). — Kruticzowski, W. K.: Düngungsversuche zu Winterweizen auf anlehmigen Grasnarbe-Podsolboden (Kolchose „Ähre"). Bodenkunde **1956**, Nr. 5, 50–56. — Krzysch, G.: Blattdüngung mit Mineralsalzen. Z. Pflanzenernähr., Düng., Bodenkde. **80** (125), H. 1, 42–55 (1958). — Kudsin, Ju. K., und W. F. Melnitschenko: Der Einfluß verschiedener Düngung auf den Eiweißgehalt des Weizens unter den Bedingungen der Steppenzone der ukrainischen SSR. Ber. Allunions landw. Lenin-Akad. **23**, Nr. 7, 31–34 (1958). — Kürten, P. W.: Stickstoff-Spätdüngung zu Weizen. Dtsch. Landw. Presse **81**, 18, 176 (1958). — Kurth, H.: Die Jarowisation landwirtschaftlicher Kulturpflanzen. Die neue Brehmbücherei. Wittenberg: Ziemsen. 1955. — Kurtschatow: Ann. social. russ. agric. **5**, 127 (1936).

Lashin, M., und K. Schrimpf: Analyse der Ertragsstruktur von Winterweizensorten mit besonderer Berücksichtigung der ertragsbestimmenden Faktoren. Acker- u. Pflanzenbau **114**, 253–280 (1962). — Laske, P., und H. J. Dubber: Beitrag zur Frage der Bedeutung der Bodenart für die Düngewirkung des Rhenaniaphosphates. Z. Landw. Forsch. **11**, H. 3, 161–167 (1958). — Laude, H. H., und A. W. Pauli: Influence of lodging on yield and other characters in winter wheat. Agron. J. **48**, Nr. 10, 452–455 (1956). — Lehmann, D.: Ertragssteigerung durch Stickstoffspätdüngung. Dtsch. Landw. **4**, H. 5, 238–241 (1953). — Lehr, J. J., und J. Ch. van Wesemael: Variations in the uptake by plants of soil phosphate as influenced by sodium nitrate and calcium nitrate. J. Soil Sci. **7**, 148–155 (1955). — Letelier, E.: Comaricion de diversos fosfatos en trigo. Agricultura tec. Santiago **17**, 55–64 (1957). Ref. nach Soils a. Fertilizers **22**, Nr. 4, 305 (1959). — Linser, H.: Versuche mit hohen geteilten Stickstoffgaben. Z. Landw. Forsch. **1955**, 6. Sonderheft, 105–112. — Versuche zur Verbesserung der Qualität von Getreide durch Düngung. Qualitas Plantarum et Materiae Vegetabiles **III/IV**, 529–549 (1958). — Zum Problem der Erzeugung von Qualitätsweizen mit besonderer Berücksichtigung des Eiweißertrages. Qualitas Plantarum et Materiae Vegetabiles, in Druck. — Linser, H., und W. Pelikan: Stickstoffdüngung mit hohen geteilten Gaben, I, Gefäßversuch. Z. Pflanzenernähr., Düng., Bodenkde. **58** (103), 107–120 (1952). — Linser, H., und E. Primost: Stickstoffdüngung mit hohen geteilten Gaben, II, Feldversuche zu Winterweizen. Z. Pflanzenernähr., Düng., Bodenkde. **63** (108), H. 1, 18–30 (1953). — Loizides, P. A.: Fertilizer experiments in Cyprus, II, Cereals. Empire J. Exper. Agric. **26**, 25–33 (1958). — Lorenz, E.: Die Wirkung der Jauche als Stickstoffdünger bei verschiedenen Fruchtarten. Z. landw. Vers. Unters.-wesen **2**, H. 1/2, 125–135 (1956).

Mándy, G.: Az idöbeni vetés termésfokozó hatása. Magyar Mezögazdaság **12**, Nr. 18, 4 (1957). — Mariani, M.: La coltivazione di frumenti duri nella Cirenaica settentrionale. Riv. Agric. Subtrop. trop. **51**, 438–446 (1957). — Miles, I. G.: The relationship of crops to dry farming practice in Queensland. Queensland Agric. J. **1951**, 1–12. — Dry farming patterns in Queensland. J. Austral. Inst. Agric. Sci. **23**, 190–195 (1957). — Mitscherlich, E. A.: Düngungsfragen. Vorträge und Schriften der Dtsch. Akad. Wiss. Berlin, H. 33, S. 8, 9, 12, 13. Berlin: Akademie-Verlag. 1949. — Bodenkunde für Landwirte, Forstwirte und Gärtner, 6. Aufl., S. 197, 246, 248, 250. Berlin u. Hamburg: Parey. 1950. — Moertlbauer, N.: Über den Einfluß verschiedenzeitiger Salpeterdüngung auf Ausbildung und Ertrag der Getreidepflanze. Dissertation. Wien: 1910. — Momtaz El-Gindy, M., C. A. Lamb und R. B. Burrell: Der Einfluß der Anwendung von mineralischen Düngemitteln bei Weizenpflanzen auf die Fraktionierung von Weizenmehlen. Z. Landw. Forsch. **10**, 260–267 (1957). —

MORRISON, D.: Fertility levels and cereal seed rates. Scott. Agric. **36**, 148–152 (1957). — MOTWANI, V. T.: Bigger harvests with fertilizer use. Indian Farming 8, Nr. 4, 22–23 (1958). — MULDER, E. G.: Effect of mineral nutrition on lodging of cereals. Plant a. Soil **5**, 246–306 (1954). — MÜNDEL, G.: Ein Beitrag zum Problem des relativen Wasserverbrauches unserer landwirtschaftlichen Kulturpflanzen. Bodenkde. u. Pflanzenernähr. **26** (71), 269–291 (1942).

NANDA, K. K., und J. J. CHINOY: Analysis of factors determining yield in crop plants. a) Varietal differences in yield of grain and straw of wheat as influenced by photoperiodic treatments. b) The influence of photoperiodic treatments on characters determining yield in wheat with special reference to the temperature of the ripening period. Plant Physiol. **32**, 157–162, 163–168 (1957). — MCNEAL, F. H., und D. J. DAVIS: Effect of nitrogen fertilization, culm number and protein content of certain spring wheat varieties. Agron. J. **46**, 375–378 (1954). — NEATBY, K. W., und A. G. MCCALLA: The production and quality of cereal crops in the Park and Wooded areas of Alberta. Bull. 30, Dept. of Extension the Univ. of Alberta, 1938. — NEHRING, K.: Der Einfluß später Stickstoffdüngung auf die Eiweißbildung bei Hafer und Sommerweizen. Bodenkde. u. Pflanzenernähr. **18** (63), 291–304 (1940). — NIKLAS, H., A. STROBEL und K. SCHARRER: Weitere Phosphorsäuredüngungsversuche mit Superphosphat, Thomasmehl, Rhenaniaphosphat und Dikalziumphosphat auf vier verschiedenen Bodenarten. Landw. Jb. **63**, 607–625 (1926). — NIJHAWAN, S. D.: Weizenversuche 1957/58 in Indien mit NAC. Bericht nicht veröffentlicht. — NIJHAWAN, S. D., und L. R. DHINGRA: Distribution of soil moisture under crop and its relation to yield. Indian J. Agric. Sci. **16**, II, 169–177 (1946). — *Nordisk Metodik-Kommitte för Liosmedel:* Riktlinjer för provtagning av spannmål och spannmålsprodukter, **1959**, Nr. 34.

ØDELIEN, M., und O. BJØRKUM: Forsøk med vassfri ammoniakk som kvelstoffgjødsel. Forskn. Forsøk Landbruket **5**, 293–319 (1954). — ODLAND, T. E., R. S. BELL und M. SALOMON: A field comparison of eight phosphate fertilizers. Agron. J. **48**, 409–412 (1956). — OHNESORGE, M.: Zur Stickstoff-Blütendüngung. Mitt. Dtsch. Landw.-Ges. **1958**, Nr. 17. — OLSON, R. A., und A. F. DREIER: Fertilizer placement for small grains in relation to crop stand and nutrient efficiency in Nebraska. Soil Sci. Soc. Amer. Proc. **20**, 19–24 (1956). — Nitrogen, a key factor in fertilizer phosphorus efficiency. Soil Sci. Soc. Amer. Proc. **20**, 509–514 (1956).

PAAUW, F. VAN DER: Hectolitergewicht, duizend-korrelgewicht en korrel-Percentage in afhankelijkheid van de bemestingstoestand. Landbouwkundig Tijdschr. **63**, 2, (1951). — 6. Het meejarige stikstofhoeveelheden-proefveld Pr. 1521. Verlag der Vereniging tot Exploitatie van Proefboerderijen in de klei- en zavelstrecken van de provincie Groningen, 1955. — De plaats van de fotosynthese in het produktieproces. Landbouwkundig Tijdschr. **7**, 636–646 (1956). — Grote kalibehoefte in droge en geringe in regenrijke jaren. Landbouwvoorlichting **14**, 520–524 (1957). — PELSHENKE, P. F.: Die für den Züchter wichtigsten Methoden zur Prüfung der Backfähigkeit des Weizens. Züchter **10**, 6–9 (1938). — Qualitätsansprüche im Brotgetreide und ihre Beziehungen zur Düngung. Fortschr. landw. chem. Forsch. **1938**, 218–225. — Brotgetreide und Brot, 5. Aufl., S. 9, 10, 29, 39, 41, 43, 45, 66, 68, 81, 86, 103, 135, 144, 153, 204, 206, 208, 209. Berlin u. Hamburg: Parey. 1954. — Die Backfähigkeit, Möglichkeiten und Grenzen ihrer Ermittlung. Ber. Internat. Ges. Getreidechem. **2**, 129–136 (1956). — PEREIRA A.: Proteínas do trigo — Aminoácidos essenciais de algunes trigos cultivados em Portugal. Agron. lusitana **18**, 285–300 (1956). — PETERBURGSKI, A. W., CH. K. ASSAROW, P. M. SMIRNOW und F. A. JUDIN: Die Wirkung der Düngemittel in den südöstlichen Gebieten der Sowjetunion bei Bewässerung. Nachr. landw. Timirjasew-Akad. **1956**, Nr. 2, 23–36. — PETERSEN, W.: Aktuelle Probleme der Herbstdüngung. Dtsch. Landw. Presse **80**, 356, 368 (1957). — PETERSON, R. F.: Twenty-five years' progress in breeding new varieties of wheat for Canada. Empire J. Exper. Agric. **26**, Nr. 102, 104–122 (1958). — PETINOW, N. Ss., und A. N. PAWLOW: Über die Rolle einzelner Organe bei der Kornbildung des Weizens. Ber. Akad. Wiss. UdSSR **117**, 146–149 (1957). — PFULB, K.: Bodenuntersuchungen — Feldversuche — Phosphorsäuredüngung. Phosphorsäure **18**, 2, 73–85 (1958). — PIELEN, L.: Versuche über den Einfluß zeitlich und mengenmäßig gestaffelter (zusätzlich später) Stickstoffgaben auf den Eiweißgehalt und Eiweißertrag von Sommergerste, Sommerweizen und Hafer. Z. Pflanzenernähr. u. Bodenkde. **24**, 12–24 (1941). — PINEWITSCH, W. W.: Der Einfluß schichtweiser Unterbringung von Stickstoffdüngemitteln auf die Kornqualität des Weizens. Nachr. Leningrader Univ., Ser. Biol. **11**, Nr. 1, 3, 131–133 (1956). — POHJAKALLIO, O.: Light climate and crop growth in Finland. Field Crop Abstr. **10**, 2, 77–82 (1957). — POHJAKALLIO, O., und S. ANTILA: On the effect of day-length on the rate of development of spring cereals.

J. Sci. Agric. Soc. Finland **29**, 194–201 (1957). — Pollmer, G.: Untersuchungen zur Ertragsbildung bei Sommerweizen. Z. Pflanzenzüchtung **37**, 3, 231–262 (1957). — Ponomarewa, A. T., und S. W. Ssuschtschich: Über die Wirksamkeit flacher Einbringung von organo-mineralischen Gemischen bei Winterweizen. Agrobiologie **1956**, Nr. 4, 84–88. — Pontailler, S.: Le problème de la qualité du blé. Potasse **33**, 7–8 (1959). — Pool, M., und F. L. Patterson: Moisture relations in soft red winter wheats, II, Awned versus awnless and waxy versus nonwaxy glumes. Agron. J. **50**, 158–160 (1958). — Pool, M., F. L. Patterson und C. E. Bode: Effect of delayed harvest on quality of soft red winter wheat. Agron. J. **50**, 271–274 (1958). — Primost, E.: Einjährige Feldversuche mit hohen geteilten Stickstoffgaben zu Winterweizen und Kartoffeln. Bodenkultur **6**, H. 1, 61–83 (1952). — Über den Einfluß hoher Stickstoffgaben auf die Qualität verschiedener Winterweizensorten. Z. Pflanzenernähr., Düng., Bodenkde. **74** (119), H. 1, 42–59 (1956). — Versuche über die Wirkung zusätzlicher Kali-, bzw. Kaliphosphatgaben auf Ertrag und Qualität von Winterweizen. Bodenkultur **9**, H. 2, 162–167 (1956). — Ertragssteigerung von Winterweizen durch geteilte Stickstoffdüngung unter Berücksichtigung der Umweltsfaktoren. Land- u. forstwirtsch. Betrieb **6**, H. 5, 69–70 (1957). — Die Bedeutung der morphologischen Ertragsanalyse für die Auswertung von Düngungsversuchen. Z. Pflanzenernähr., Düng., Bodenkde. **82** (130), H. 1, 1–10 (1958 a). — Der Einfluß steigender Stickstoffgaben auf den Ertragsaufbau von Winterweizen. Z. Acker- u. Pflanzenbau **107**, H. 1, 99–120 (1958 b). — Unveröffentlichte Versuche 1959. — Die Wirkung geteilter Stickstoffgaben auf die Backqualität von Weizen. Qualitas Plantarum et Materiae Vegetabiles, 1962. — Prjanischnikow, D. N.: Der Stickstoff im Leben der Pflanze und im Ackerbau der UdSSR. Berlin: Akademie-Verlag. 1952. — Prummel, J.: Fertilizer placement experiments. Plant a. Soil **8**, 231–253 (1957). — Ptscholkin, W. U.: Die Anwendung der Kalidüngung in der UdSSR. Düngung u. Ernte **2**, Nr. 11, 26–31 (1957).

Raheja, P. C.: Fertilize — with what and how much of it? Indian Farming **7**, Nr. 11, 23–30 (1958). — Rajan, S. V. G.: Anhydrous ammonia as a nitrogenous fertilizer. Bull. **4**, Dept. of Agric., Mysore State, **1956**, 1–16. — Rajki, S.: A búatermésátlagok növelésének újabb lehetöségei. Magyar Mezögazdaság **13**, 13–14 (1958). — Ramón, F. G., und R. J. Laird: Yield and protein content of wheat in central Mexico as affected by available soil moisture and nitrogen fertilization. Agronomy J. **51**, 33–36 (1959). — Ratschinski, W. W., und L. A. Ssinjuchina: Die Anwendung von Isotopen bei der Untersuchung des Einflusses der Lichtintensität auf die Mineralstoffaufnahme der Pflanze, 2. Mitt., Versuche mit S^{35}. Nachr. landw. Timirjasew-Akad. **1956**, Nr. 2, 83–98. — Remy, Th.: Düngung und Verlauf der Nährstoffaufnahme. Ernährung d. Pflanze **35**, H. 5, 129–132 (1939). — Rodger, J.B.A.: The causes of lodging in cereal crops. Agric. Rev. **2**, Nr. 7, 23–26 (1956). — Rodionowski, F. K.: Der Einfluß von Bearbeitungsverfahren auf den Wassergehalt des Bodens. Ackerbau **5**, Nr. 8, 43–45 (1957). — Roemer, Th., und Scheffer, F.: Lehrbuch des Ackerbaues, 5. Aufl., S. 122, 145, 149, 383, 406, 415, 419, 434. Berlin: Parey. 1959. — Rojas-Peña, E. de: Trigo en tierra caliente. Posibilidades del trigo como cultivo de rotación con el arroz, en los climas de Colombia. Agric. trop. **13**, 281–292 (1957). — Rudorf, W.: Keimstimmung und Photoperiodie in ihrer Bedeutung für die Kälteresistenz. Züchter **10**, 238–246 (1938). — Russel, G. C., A. D. Smith und U. J. Pittman: The effect of nitrogen and phosphorus fertilizers on the yield and protein content of spring wheat, grown in stubble fields in Southern Alberta. Canad. J. Plant Sci. **38**, 139–144 (1958). — Rüther, H., und H. Ansorge: Ein halbes Jahrhundert „Statischer Versuch Lauchstädt“, II, Getreideerträge. Z. landw. Vers. Unters.-Wesen **5**, H. 2, 99–121 (1959). — Ryshenko, I. A.: Über die Saattiefe des Winterweizens. Ackerbau **6**, Nr. 6, 22–25 (1958).

Sadaphal, M. N., und N. B. Das: The effect of micro-element fertilizers on wheat. Sci. a. Cult. **22**, 233–235 (1956). — Effect of spraying urea on wheat. Sci. a. Cult. **22**, 38–40 (1956). — The protein content of wheat as influenced by lodging. Sci. a. Cult. **22**, 573–575 (1957). — Sadonzew, A. I., A. A. Ssobko und W. Je. Zymbal: Wirkung der Bewässerung vor der Aussaat von Winterweizen in der Südukraine. Bull. Allunions-wiss. Maisforsch.-Inst. **1956**, Nr. 2, 19–23. — Salt, G. A.: Effects of nitrogen applied at different dates, and of other cultural treatments on eyespot, lodging, and yield of winter wheat. Field experiment 1952. J. Agric. Sci. **46**, 407–416 (1955). — Salonen, M.: Erilaisten typpilannoitteiden vaikutuksen vertailua. Kenttäkokeiden tuloksia vuosilta 1952–1956. Valtion Maatalouskoetoiminnan, Julkaisuja **169**, 1–24 (1958). — Sasso, G.: Possibilità ed aspetti dell'irrigazione del frumento. Ann. Sperimentasz. agrar. **11**, 517–528 (1957). — Schachow, A. A.: Die Entwicklung der Pflanze im Hohen Norden. J. allg. Biol. **18**, 338–349 (1957). — Schäfer, W.: Tätigkeitsbericht des Arbeitskreises 5 — Besatzanalyse. Ber. Internat. Ges. Getreidechem. **2**, 11–120 (1956). — Scharrer, K., und R. Preissner: Der Vitamin-B_1-Gehalt der Pflanzen in Abhängigkeit von ihrer Ernährung. Z. Pflanzenernähr., Düng., Bodenkde. **67** (112), H. 2, 166–179 (1954). — Scharrer, K., und F. L. Völker: Der Einfluß der Düngung auf die Qualität der Kulturpflanzen. Kali-Briefe, Sachgebiet 11, **1958**. — Scheffer, F.: Der Minimumfaktor und die Kornertragsbildung. Z. Pflanzenernähr., Düng., Bodenkde. **27**, 169–179 (1942). — Die „wirksame" Phosphorsäure bestimmt den Pflanzenertrag. Phosphorsäure **16**, 3/4, 105–120 (1956). — Scheffer, F., und A. Kloke: Nährstoffwirkung und chemische Zusammensetzung der Nahrungspflanzen. Z. Landw. Forsch. **1956**, 8. Sonderheft, 49–61. — Scheffer, F., A. Kloke und H. J. Grummer: Gefäß- und Feldversuche mit gekörnten Stickstoffdüngern. Z. Pflanzenernähr., Düng., Bodenkde. **78** (123), H. 2/3, 97–107 (1957). — Schlichting, E.: Der Einfluß des Bodens auf die Verwertung der Düngung. Kali-Briefe, Fachgebiet 1, **1956**. — Schlumberger, O., und K. Spahr: Untersuchungen über das verschiedene Verhalten von Weizensorten gegen Lagerung. Z. Acker- u. Pflanzenbau **102**, H. 1, 3–26 (1957). — Schmalfuss, K., und H. Michael: Einige Untersuchungen über den Eiweißhaushalt des Getreidekorns in Abhängigkeit von der Ernährung der Pflanze. Bodenkde. u. Pflanzenernähr. **11** (56), 270–277 (1938). — Schmalz, H.: Entwicklungsphysiologische Untersuchungen am Saatweizen *Triticum aestivum L.* insbesondere auf die Bedeutung der photoperiodischen Veranlagung für die Ausbildung der Sortencharaktere. Z. Pflanzenzüchtung **32**, 27–78 (1953). — Schmitt, L., und W. Schineis: Feldversuche über Eiweißanreicherung bei Getreide durch zusätzlich späte Stickstoffdüngung nach W. Selke. Bodenkde. u. Pflanzenernähr. **26** (71), 137–150 (1942). — Schmitt, L.: Wegweiser für die Kalkdüngung, 1. Aufl., S. 51. Darmstadt: Liebig. 1950. — Vom Segen der Düngung, S. 52, 96, 142, 143. Frankfurt a. M.: DLG-Verlag. 1954. — Schneidewind: Arbeiten der DLG **1908**, H. 146, 110. — Schönbeck, F.: Strohdüngung und Bodenfruchtbarkeit. Mitt. Dtsch. Landw. Ges. **23**, 615–617 (1958). — Schrader, Th.: Untersuchungen über Kali- und Phosphorsäureaufnahme unserer Getreidesorten im Jugendstadium. Fortschr. Landw. **4**, H. 5, 230–233 (1929). — Schrimpf, C.: Gestaffelte Düngergabe und Entwicklung der Ähre. Dtsch. Landw. Presse **85**, 22 (1962). — Schropp, W.: Bor und Gramineen. Forschungsdienst **10**, 138–160 (1940). — Schropp, W., und B. Arenz: Feldversuche über die Eiweißanreicherung des Getreides durch zusätzliche späte Stickstoffzufuhr. Z. Pflanzenernähr., Düng., Bodenkde. **24**, 24–34 (1941). — Schulyndin, A. F.: Die Abhängigkeit der Winterfestigkeit der Weizensorten von der Stickstoff- und Kohlenhydratanreicherung in den Pflanzen während des Herbstes. Ber. All unions landw. Lenin-Akad. **22**, Nr. 3, 25–28 (1957). — Schulz, G.: Versuche zur Ermittlung von Gesetzmäßigkeiten im Wasserhaushalt der Pflanzen. Landw. Jb. **65**, 837–858 (1927). — Schulze, E., und P. Schulze-Gemen: Der Wasserhaushalt des Bodens im Dauerdüngungsversuch Dikopshof (1953/54). Z. Acker- u. Pflanzenbau **103**, H. 1, 22–58 (1957). — Schwanitz, F., und P. Schwarze: Die physiologischen Grundlagen für die Züchtung von ertrag- und eiweißreichen Sorten bei unseren Getreidearten. Forschungsdienst **4**, 19–31 (1937). — Die genetischen Grundlagen für die Züchtung ertrag- und eiweißreicher Sorten bei unseren Getreidearten. Forschungsdienst **4**, 60–81 (1937). — Seelhorst, C. von: Die Bedeutung des Wassers im Leben der Kulturpflanzen. J. Landw. **59**, 259–291 (1911). — Selke, W.: Erhöhung der Backfähigkeit und der Eiweißerzeugung des Getreides durch Stickstoffdüngung. Fortschr. Landw. chem. Forsch., S. 225–236. Berlin: Neumann. 1938. — Die Wirkung zusätzlicher später Stickstoffgaben auf Ertrag und Qualität der Ernteprodukte. Bodenkde. u. Pflanzenernähr. **20** (65), H. 1/2, 1–49 (1941). — Die Stickstoffkopfdüngung der Winterung. Mitschurin-Zirkel **2**, H. 11, 1–9 (1953). — Fragen der Düngung. Z. landw. Vers. Unters.wesen **1**, H. 6, 556–581 (1955). — Die Düngung, 2. Aufl., S. 271, 275, 277, 280, 286. Berlin: Deutscher Bauernverlag. 1955. — Der Einfluß der zusätzlich späten Stickstoffdüngung des Getreides auf Qualität und Ertrag der Ernteprodukte. S.B. Dtsch. Akad. Landw.wiss. Berlin **5**, Nr. 3, 3–30 (1956). — Die Leistung des zusätzlich späten Stickstoffs zu Getreide in Abhängigkeit von Standortsfaktoren. Z. landw. Vers. Unters.wesen **3**, H. 1, 25–46 (1957). — Die zusätzlich späte Stickstoffdüngung — ein Mittel zur weiteren Steigerung von Ertrag und Qualität des Getreides. Dtsch. Landw. **1959**, H. 4, 1–6, Heft 10, 191–197. — Sessous, G.: Handbuch der tropischen und subtropischen Landwirtschaft, 1. Band, S. 699–750. Berlin: Mittler. **1943**. — Shimizu, T., und Y. Tsuno: Studies on yield forcast in main crops, II, Photosynthesis of wheat and naked barley under field conditions. Proc. Crop Sci. Soc. Japan **26**, 100–102 (1957). — Sims, H. J., und R. A. Andrew: Superphosphate on wheat — time of application its influence on yield. J. Agric. **56**, 9–10 (1958). — Smika, D. E., und F. W. Smith: Germination of wheat as affected by Biuret contamination in urea. Soil Sci. **84**, 4, 273–282 (1957). — SMITH, F. W.: Fertilize your wheat you seed. Plant Food Rev. D 955. — The effect of time, rate, and method of application of fertilizer on the yield and quality of hard red winter wheat. Soil Sci. Soc. Amer. **12**, 262–265 (1947). — SOUBIÈS, L., R. GADET und P. MAURY: Migration hevernale de l'azote nitrique dans un sol limoneux de la région Toulousienne. Ann. Agron. A **3**, 365–383 (1952). — SOUBIÈS, L., R. GADET und M. LENAIN: Recherches sur l'évolution de l'urée dans les sols et sur son utilisation comme engrais azoté. Ann. Inst. nat. Rech. agronom. Sér. A **6**, 997–1033 (1955). — SPECHT, G.: Bericht über die Ergebnisse der Saatgutbehandlungsversuche zu Getreide der Jahre 1954–1955. Z. landw. Vers. Unters.wesen **2**, 478–495 (1956). — SSEWOSSTJANOWA, W. W.: Über die Verwertung des Phosphors aus Superphosphat durch Winterweizen auf karbonathaltigen Tschernosemböden des Steppengebietes der Krim. Bodenkunde **1956**, Nr. 2, 66–74. — STOY, V.: Action of different light qualities on simultaneous photosynthesis and nitrate assimilation in wheat leaves. Physiol. Plant. **8**, 963–986 (1955). — STREBEYKO, P., und H. DOMAŃSKA: Dalsze badania odpornosci pszenic na susze w okresie kielkowania i wschodow. Roczniki Nauk rolniczych Ser. A **71**, 43–53 (1955). — STROUN, M.: Rôle de la composition du spectre lumineux dans la ramification de l'épi de céréales Bull. Soc. bot. France **105**, 1–9. (1958).

TAMM, E., und R. PREISSLER: Beiträge zur Keimstimmung und photoperiodischen Beeinflussung des Wintergetreides nebst einigen Vorversuchen mit Lein. Z. Züchtung, A, Pflanzenzüchtung **22**, 147–180 (1938). — THOMAS, B., und E. ANDERS: Über die Bedeutung des Hektolitergewichtes für die Getreidebewertung. Ernährungsforsch. **2**, 340–344 (1957). — THORNE, G. N.: Application of nutrients to crops as leaf sprays. Agric. Rev. **2**, Nr. 8, 42–45 (1957). — TIUNOWA, K. P.: Steigerung der Winterfestigkeit und des Ertrages bei Winterweizen im Nordosten des europäischen Teiles der UdSSR. Agrobiologie **3**, 17–23 (1954). — TOKIMASA, F., und M. SUETOMI: Studies on the harmful effect of shading on wheat and barley plants. VI. The absorption of ammonianitrogen under various shade conditions. Proc. Crop. Sci. Soc. Japan **27**, 273–274 (1958). — TULAIKOW, N.: Fractional applicature of nitrogenous fertilizers on spring wheat under irrigation. Soil Sci. URSS **18**, 367 (1938). — TULUPOW, P. G., und P. G. OBICHWOSST: Die Ursache des Auswinterns von Wintergetreide im Gebiet Belgorod. Ackerbau **5**, Nr. 12, 32–35 (1957).

U.S. Department of Agriculture: Official Grain Standards of the United States, S. 1–16. Washington: U.S. Government Printing Office. 1957.

VAVRA, J. P., und R. H. BRAY: Yield and composition response of wheat to soluble phosphate drilled in the row. Agron. J. **51**, 326–328 (1959). Ref. nach Soils a. Fertilizers **22**, 5, 395 (1959). — VETTEL, F.: Stand der Qualitätszüchtung bei Weizen. S.B. Dtsch. Akad. Landw.wiss. Berlin **5**, Nr. 11, 1–32 (1956). — VOGLER, E.: Fumure minérale complémentaire tardive et arrosage artificiel. Potasse **32**, 103–104 (1958).

WAGNER, P.: Kurze Anleitung zur rationellen Stickstoffdüngung landwirtschaftlicher Kulturpflanzen unter besonderer Berücksichtigung des Chilesalpeters, 2. Aufl., S. 30. Berlin: Parey. 1900. — WAHHAB, A., und I. HUSSAIN: Effect of nitrogen on growth, quality, and yield of irrigated wheat in West Pakistan. Agron. J. **49**, 116–119 (1957). — WASSILJEWA, D. W.: Der Einfluß von Mikronährstoffen auf den Ertrag von Zuckerrüben und Sommerweizen unter den Bedingungen des Gebietes Alma-Ata. Akad. Wiss. Kasach. SSR. Arb. Inst. Bodenkunde **7**, 137–157 (1957). — WATSON, D. J.: The effect of supplying a nitrogenous fertilizer to wheat at different stages of growth. J. Agric. Sci. **26**, 391–414 (1936). — WEIBEL, D. E.: Vernalization of immature winter wheat embryos. Agron. J. **50**, 267–270 (1958). — WEIGERT, J., und H. SCHAEFFLER: Ergebnisse von zweijährigen Feldversuchen über den Einfluß von zusätzlicher später Stickstoffdüngung auf Ertrag und Qualität bei Sommerweizen, Sommergerste und Hafer. Bodenkde. u. Pflanzenernähr. **26** (71), 151–179 (1942). — WELTE, E.: Über den Kaliumgehalt der Pflanzen. Kalium-Symposium **1956**, S. 76–106. — WIDDOWSON, F. V., und G. W. COOKE: Nitrogen fertilizers for spring barley and wheat. J. Agric. Sci. **50**, Nr. 3, 312–321 (1958). — WILLIAMS, B. C., und F. W. SMITH: The effects of different rates, times, and methods of application of various fertilizer combinations on the yield and quality of hard red winter wheat 1949–50. Soil Sci. Soc. Amer. Proc. **18**, 1, 56–60 (1954).

ZAHARIA, A.: Le Blé Roumain. Bukarest: A. Baer. 1910. Ref. nach J. Landw. **59**, 98–99 (1911). — ZINN, J.: Correlations between various characters of wheat and flour as determined from published data from chemical milling, and baking tests of a number of American wheats. J. Agric. Res. **23**, 9, 529–548 (1923).

B. Roggen

(Secale cereale L.)

Von

Edith Primost

a) Entwicklung und Wachstumsverlauf

Als Urform des heutigen Roggens ist lange Zeit der mehrjährige Bergroggen (*Secale montanum*) angesehen worden. Heute gilt *Secale ancestrale var. spontaneum* aus Kleinasien und Turkestan als Stammform unseres Kulturroggens (*Secale cereale*, AUFHAMMER 1959). In den Heimatgebieten des Roggens finden sich alle Übergangsformen vom Wildgrasroggen bis zum Kulturroggen. Bezüglich der Heimat des Roggens können zwei Genzentren unterschieden werden: 1. Transkaukasien, Armenien, östliches Kleinasien bis Persien und 2. der Nordwesten der mittelasiatischen Hochgebirgskette, Pamir und Turkestan (AUFHAMMER 1959). Gegenüber dem Weizen tritt der Roggen als Brotgetreidefrucht im Weltanbau stark zurück und liegt an sechster Stelle. Der Winterroggen stellt von allen Getreidearten an Boden und Klima die geringsten Ansprüche und ist am wenigsten frostempfindlich. Er benötigt auch nur niedrige Temperaturen für die Keimung, es genügen Temperaturen knapp über 0° C. Neben der Winterform sind der Stauden- und Johannisroggen als Sommerformen zu nennen, welche sich, im April bis Juni angebaut, sehr stark bestocken, im Herbst einen Futterschnitt und im Folgejahr eine volle Körnerernte liefern (KLAPP 1951). Sommerroggen ist vor allem dort von Bedeutung, wo Spätfröste die frühere Blüte der Winterformen gefährden. Der Roggen wird neben der Nutzung als Brotgetreidefrucht auch als Grünroggen im vegetativen Stadium zur Fütterung verwendet und ist eine der ersten Grünfutterarten im Frühjahr. Der Anbau des Winterroggens erfolgt in der zweiten Septemberhälfte in einer Saatstärke von 120 bis 170 kg/ha. Der Roggen keimt bei Bodentemperaturen von 3 bis 5° C in 4 bis 5 Tagen (AUFHAMMER 1959). Im Gegensatz zu Weizen bestockt sich der Roggen bereits größtenteils im Herbst und ist auch wesentlich winterhärter. Nach KLAPP (1951) stirbt der Roggen erst bei Temperaturen von —25° C ab. Wie alle Wintergetreidearten hat auch der Roggen ein ausgeprägtes Kältebedürfnis und tritt erst nach Durchlaufen eines Kältestadiums in die reproduktive Phase. Das Ziel der bereits bei Weizen ausführlich besprochenen Vernalisations- (Jarowisations-) Technik ist nach HÄNSEL (1953), das Wachstum so weit als möglich einzuschränken und gleichzeitig die zur Blühreife führenden Vorgänge zu fördern. Wie Winterweizen besitzt auch Roggen eine minimale (7) und maximale (25) Blattzahl, bevor Blütenprimordien angelegt werden. Bei Petkuserroggen konnte HÄNSEL (1953) nachweisen, daß durch niedrige Temperaturen milchreifes Korn noch an der Mutterpflanze vernalisiert werden kann. In anderen Versuchen (HÄNSEL 1952) wurde durch Vernalisation angekeimter Roggensamen das plagiogeotrophe Abspreizen der sekundären Keimwurzeln gegenüber unbehandelten Samen verringert. Ebenso war die Zahl der nach Abschluß der Vernalisation weiter gewachsenen Keimwurzeln gleichfalls geringer. Deutliche Zusammenhänge bestehen bei allen Wintergetreidearten zwischen Kälteresistenz und der Kondition der Pflanze während der Ruheperiode, bevor die Thermophase abgeschlossen ist. POHJAKALLIO, ANTILA und HALKILAHTI (1959) zeigten in Versuchen in Finnland, daß ein im Frühjahr gebauter Winterroggen keine Ähren erzeugt, während bei kürzester Vernalisationsdauer von 30 Tagen die Ähren voll ausgebildet werden. Bei 70 bis 100 Tagen Vernalisation war die Entwicklung optimal. Von den geprüften Roggen zeigte Tetraroggen eine größere Wirkung der Vernalisation als diploide Formen. Die Jarowisation von Winterroggen kann nach KURTH (1955) nur als Notmaßnahme betrachtet werden, da die Erträge gegenüber normal gebautem Roggen sehr stark abfallen:

normal gebauter Petkuser Roggen: 31,0 dz/ha
jarowisierter Petkuser Roggen: 19,0 dz/ha

Vernalisationsversuche zu Winterroggen von TAMM und PREISSLER (1938) ergaben, daß der Roggen durch niedrige Keimtemperaturen nicht geschädigt wird und auf starke Vorkeimung ungünstig reagiert. Nach Jarowisation des Roggens bei 0° C konnte GRIF (1958) nach 16 Tagen in den Roggenwurzeln alle Phasen der Mitose beobachten, so daß der Roggen fähig ist, bei 0° C langsam zu wachsen. Bei weiterem Absinken der Temperatur kam es zu keiner neuen Zellteilung. Besonders gute Erfolge mit vernalisiertem Sommerroggen berichtet KRESS (1953), welcher bei verspätetem Anbau unter Verwendung von vernalisiertem Saatgut einen schnelleren Aufgang und ein früheres Ährenschieben beobachten konnte. Auf Grund der Länge der Jarowisationszeit und der vorwinterlichen Wachstumsdauer versucht FOLTÝN (1957) den optimalen Aussaattermin für Roggen zu ermitteln und gibt eine Durchschnittstemperatur von 5° C als Ende des vorwinterlichen Wachstums an. Während der Keimung des Roggenkornes nehmen nach ROTHE (1957) die löslichen Kohlenhydrate, lösliche N-Verbindungen und lösliche Phosphorsäure zu, während Gesamtprotein und Fett abgebaut werden. Die Keimung von Roggen wird durch Lösungen von 0,00025% Thymohydrochinon beschleunigt (SAALBACH 1955), während BERGMANN (1954) in Keimversuchen zu Roggen feststellte, daß CO_2 häufig der das Wurzelwachstum begrenzende Faktor ist und eine Beseitigung der Atmungskohlensäure eine erhebliche Förderung des Längenwachstums zur Folge hat. Bei Bestrahlung von Roggenkörnern mit unterschiedlichen Neutronendosierungen fanden BRESSLAWETZ und MILESCHKO (1958), daß tetraploide Roggen bei 30 Minuten Bestrahlungsdauer wesentlich radioresistenter waren als diploide Sorten. Nach stärkerer Dosierung und höherer Einwirkungsdauer ergab sich kein Unterschied mehr. Bei neunstündiger Bestrahlung der Samen starben die Keimlinge nach 8 Tagen ab.

Das Überwinterungsvermögen des Roggens ist somit von den verschiedenen äußeren und inneren Wachstumsfaktoren abhängig und auch die Resistenz gegenüber Pilzbefall (*Fusarium nivale*) ist besonders bei Roggen für die Winterfestigkeit von Bedeutung. GROETZNER (1957) fand, daß die Auswinterungsschäden bei Tetraroggen in dem Maße zunahmen, wie die Versorgung des Bodens mit P_2O_5 schlechter wurde. Ferner war das Verhältnis der Nährstoffe P_2O_5 und K_2O für die Widerstandsfähigkeit des Roggens maßgebend. Die Auswinterungsschäden sind mit Ausnahme des stärkeren Befalles des Roggens durch den Schneeschimmel ähnlich wie bei Weizen und auch vom pH-Wert des Bodens abhängig (KOSSA 1956). Da sich der Roggen hauptsächlich im Herbst bestockt, erfolgt im Frühjahr die Halmstreckung und die Reduktion der Bestockungstriebe auf die Zahl der ährentragenden Halme relativ früh, der Entwicklungsablauf und die Reifestadien sind dieselben wie bei Weizen. Infolge der früheren Entwicklung des Roggens kann die Blüte leichter von Spätfrösten getroffen werden, wodurch besonders der mittlere Teil der Ähre oder auch die ganze Ähre taube Ährchen entwickelt und ein deutlicher Ertragsabfall die Folge ist. Die Trockensubstanzbildung erfährt bis Anfang Juni einen sehr starken Anstieg (Abb. 113), um dann während der Kornausbildung im wesentlichen konstant zu bleiben. Besonders kritisch ist auch bei Roggen der Zeitraum vor und nach dem Ährenschieben bis zur Blüte bezüglich der Lagerung. Die Zusammenhänge zwischen der Standfestigkeit des Roggens und der Länge der einzelnen Internodien, der Halme, Zahl und Ausbildung der Gefäßbündel, Halmdurchmesser und Wurzelausbildung wurden in einer ausführlichen Arbeit von HEYLAND (1959) aufgezeigt. WELTON, MORRIS und HARTZLER (nach HEYLAND 1959) konnten nachweisen, daß der prozentuelle Gehalt an Saccharose in den oberen Teilen des Roggenhalmes größer als in den unteren ist, dagegen finden sich die einfachen

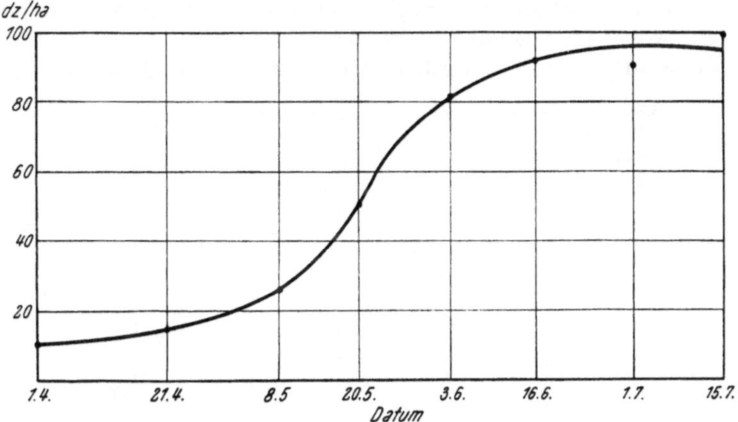

Abb. 113. Verlauf der Trockensubstanzbildung bei Roggen

reduzierenden Zucker in den unteren Halmteilen in größerer Menge vor. Mit fortschreitender Reife nimmt der Saccharosegehalt zu, der Gehalt an einfachen Zuckern ab. Die Bedeutung der Einlagerung von Gerüstsubstanzen in den Roggenhalm für die Standfestigkeit wurde von HEYLAND (1959) untersucht. Auch bei Roggen tritt durch Lagerung ein deutlicher Ertragsrückgang ein, so daß der Standfestigkeit des Roggens besonderes Augenmerk zugewendet werden muß. Da Roggen im Gegensatz zu Weizen Fremdbestäuber ist, wirkt sich eine Lagerung vor der Blüte noch nachteiliger aus. Die Reifestadien von der Milchreife bis zur Totreife sind dieselben wie bei Weizen und der Erntetermin wird auch hier durch den Einsatz gewisser Erntemaschinen bestimmt.

Bei Kultur des Winterroggens für Futternutzung wird eine höhere Saatstärke (180 kg/ha) gewählt als bei Körnerroggen und der Schnittzeitpunkt fällt mit der optimalen vegetativen Entwicklung zusammen. Knapp vor dem Ährenschieben bis zu Beginn des Ährenschiebens kann als günstigster Schnittermin betrachtet werden, da zu diesem Zeitpunkt der Rohproteingehalt am höchsten und der Rohfasergehalt noch relativ niedrig liegen, so daß das Futter sehr nährstoffreich ist. KLAPP (1957) bezeichnet Grünroggen als die wichtigste Futterpflanze unter den Getreidearten, welche sich für jede Lage und insbesondere für leichte Böden sehr gut eignet. Bei Roggen besteht auch die Möglichkeit, eine Zwischennutzung als Grünfutter einzuschalten. Während MÄRTIN (1956) dies nur als Notmaßnahme ansieht und der Roggenertrag in diesen Versuchen um zwei Drittel gesenkt wurde, konnte ACHTERSTRAAT (1955) unter holländischen Bedingungen zeigen, daß Roggen eine Grünfutterzwischennutzung bei Schnitt Anfang Dezember ohne Ertragseinbußen verträgt. Eine kombinierte Nutzung des Roggens für Grünschnitt und Körnerernte ist daher nur unter günstigen klimatischen Bedingungen möglich, während in allen anderen Lagen Roggen entweder als Getreidefrucht zur Körnergewinnung oder als Futterroggen mit Grünfutternutzung kultiviert wird.

b) Nährstoffaufnahme in Abhängigkeit vom Wachstumsverlauf

Die Nährstoffaufnahme des Roggens ist nach REMY (1939) in der vorwinterlichen Periode sehr gering und beträgt nur 7,4 kg/ha N, 3,8 kg/ha P_2O_5 und 8,2 kg/ha K_2O, und wie bei Weizen ruht in sehr kalten Wintern die Nährstoffaufnahme, während sie in milden Wintern nie ganz zum Stillstand kommt. Bei Roggen setzt im Frühjahr mit Beginn der Vegetation die Nährstoffaufnahme sehr früh ein, wobei im vegetativen Wachstumsstadium vor allem N und K_2O in hohem Maße aufgenommen werden. Abb. 114 zeigt, daß die Kurven für die

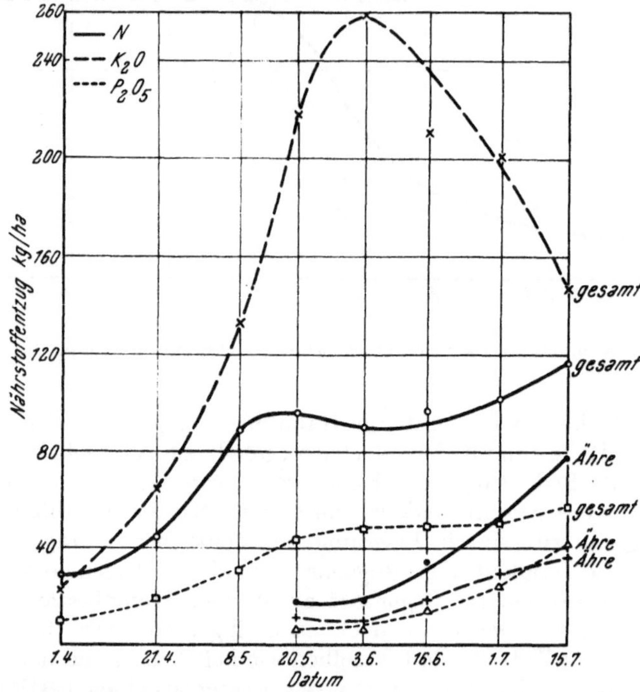

Abb. 114. N-, P_2O_5- und K_2O-Aufnahme des Roggens während der Vegetation

N- und K_2O-Aufnahme bis etwa Mitte Mai annähernd parallel laufen, jedoch wird dann die N-Aufnahme mit fortschreitender Entwicklung von der K_2O-Aufnahme weit überholt. Diese Ergebnisse stimmen mit der Ansicht von KLAPP (1951) überein, welcher feststellt, daß N und K_2O in der Jugendentwicklung den stärksten Anstieg aufweisen, während die P_2O_5- und CaO-Aufnahme meist langsamer verläuft. Auch die S- und MgO-Aufnahme geht meist langsamer vor sich als die Substanzbildung. Dies wird durch die Kurve für die P_2O_5-Aufnahme des Roggens bestätigt. Die maximale Nährstoffaufnahme fällt bei Roggen, analog dem Weizen, in die Zeit des Ährenschiebens. Die Abwanderung der Nährstoffe, insbesondere von N und P_2O_5, vom Stroh ins Korn ist deutlich aus den Kurven für die Nährstoffspeicherung der Ähren ersichtlich. Die in diesen Versuchen zur Ermittlung der laufenden Nährstoffaufnahme in Abhängigkeit vom Wachstumsverlauf angewandten geteilten N-Gaben förderten die N-Einlagerung in die Ähren deutlich. Der Abfall der K_2O-Aufnahme bei Eintritt des Reifeprozesses beruht auf Rückwanderungen in den Boden, Auswaschung, usw. und ist nach ROEMER und SCHEFFER (1959) besonders ausgeprägt bei Getreide festzustellen. Nach diesen Autoren können bis zu 20% der aufgenommenen Nährstoffmengen an K_2O und CaO ausgewaschen werden. REMY (1939) gibt für Winterroggen folgenden Verlauf der Nährstoffaufnahme an:

Bei einer Vegetationsdauer von 270 Tagen ausschließlich der winterlichen Ruheperiode werden aufgenommen:

Monat	N	P_2O_5	K_2O in kg
1. Dez. bis 28. Febr.	2,8	1,4	3,1
März	21,0	10,5	22,6
April	27,7	14,1	31,0
Mai	28,6	14,5	32,0
Juni	3,7	1,9	4,1
Juli	1,8	0,8	2,8

Nach REMY fällt der Höhepunkt der Nährstoffaufnahme in die Schoßzeit, vom Blütebeginn an erfolgt ein Absinken, bis einige Wochen vor der Ernte das Ende erreicht wird. In Neubauerversuchen fand SCHRADER (1929), daß bei Roggen die Aufnahme von P_2O_5 und K_2O am 12. Tage nach Aufgang abgeschlossen war und das Verhältnis von P_2O_5 zu K_2O in der Roggenpflanze 1:4,3 betrug. GROS (1954) hält eine N-Versorgung während der Monate Mai, Juni und Juli für besonders wichtig, da N-Mangel zu diesem Zeitpunkt die Erträge begrenzt. Die Nährstoffaufnahme während der Vegetationsperiode ist von den verschiedensten Faktoren wie Klima, Witterung, Boden, Nährstoffvorrat, usw. abhängig, und SUJEW und GOLUBJOWA (1958) konnten bei Roggenkeimlingen feststellen, daß bei gestaffelter N-Düngung die P_2O_5-Aufnahme der Pflanzen auf Grund intensiver Synthese von organischen P-Verbindungen erhöht wird. Da der Nährstoffgehalt während des Wachstums auf Grund des Einflusses innerer und äußerer Wachstumsfaktoren starken Schwankungen unterworfen ist, kommt BAUMEISTER (1954) zu der Schlußfolgerung, daß bezüglich des Mineralstoffgehaltes während der Wachstumsperiode keine allgemein gültigen Aussagen gemacht werden können. Wie stark die Schwankungen im Nährstoffgehalt des Roggens bei der Ernte sein können, zeigt Tab. 47 im Versuch „Ewiger Roggenbau" in Halle (Saale) nach ROEMER und SCHEFFER (1959).

Tabelle 47. *Schwankungen im Nährstoffgehalt der Ernteprodukte des Roggenbaues Halle (Saale) in den Jahren 1919 bis 1928*
(nach ROEMER und SCHEFFER 1959)

Nährstoffe in %	Korn	Stroh
N	1,29—2,39	0,20—0,58
P_2O_5	0,69—1,43	0,08—0,43
K_2O	0,77—1,16	0,55—2,04
CaO	0,07—0,22	0,29—1,00

c) Durchschnittliche Erträge und Nährstoffentzüge

Obwohl der Roggen nicht jene weite Verbreitung in der Welt aufweist wie der Weizen, sind Durchschnittserträge sehr schwer anzugeben, da der Roggen als anspruchslose Getreideart unter den verschiedensten klimatischen Bedingungen auf verschiedenen Böden angebaut wird und als Pionierpflanze noch weit nach Norden und in hohe Lagen vordringen kann, wodurch eine Angabe der Durchschnittserträge erschwert wird. Der Weltdurchschnittsertrag des Roggens beträgt 14,3 dz/ha (*FAO-Jahrbuch*, 1958), wobei Ertragsschwankungen von 6,8 dz/ha in Portugal bis zu 28,8 dz/ha in Belgien und Holland zu verzeichnen sind. Wie die Entwicklung der Weizenerträge eine deutliche Abhängigkeit von der Fruchtfolge und dem Einsatz der Mineraldüngung zeigte, weisen auch die Roggenerträge diese engen Beziehungen auf. Nach PELSHENKE (1954) läßt der Verlauf der Roggenerträge in Deutschland, als einem der wichtigsten Roggenbaugebiete, folgende Tendenz erkennen:

1878—1887	9,9 dz/ha	1914—1923	14,4 dz/ha
1888—1897	10,8 dz/ha	1924—1933	16,5 dz/ha
1898—1907	16,1 dz/ha	1934—1938	21,6 dz/ha
1908—1913	18,1 dz/ha	1952 (Westd.)	27,6 dz/ha

Eine ähnliche Entwicklung kann auch in den USA verzeichnet werden, wo die Roggenerträge in den Jahren 1870 bis 1879 10,8 bushels betrugen und auf 14,1 bushels in den Jahren 1950 bis 1954 anstiegen (NEVENS 1958). Tab. 48

Tabelle 48. *Durchschnittliche Roggenerträge nach verschiedenen Autoren*

Autor	Roggenart	Kornertrag dz/ha	Strohertrag dz/ha
KLAPP (1951)	Winterroggen	10—32	30—75
	Sommerroggen	8—24	20—40
SCHMITT (1954)	Winterroggen	27,9	—
MERKER (1956)	Winterroggen	21,8 (Trs.)	43,7 (Trs.)
KÖHNLEIN und KNAUER (1957)	Winterroggen	35,5	59,1
PRIMOST (1959)	Winterroggen	29,8	76,5

beinhaltet die durchschnittlichen Roggenerträge nach vieljährigen Versuchen verschiedener Autoren und zeigt somit die Variationsbreite der Roggenerträge ohne Berücksichtigung der Düngung auf. In diesem Zusammenhang interessieren

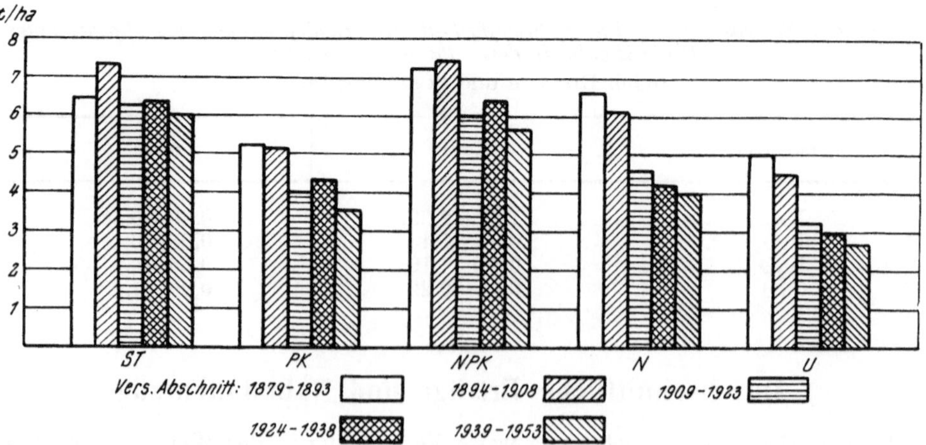

Abb. 115. Jährliche Gesamternten (wasserfrei) des Versuches „Ewiger Roggenbau" Halle im Mittel von 15jährigen Versuchsabschnitten (nach SCHMALFUSS 1957)

auch die Erträge des Roggens bei Monokultur im Versuch „Ewiger Roggenbau" in Halle (Saale) und die Ertragsentwicklung (Abb. 115) zeigt, daß selbst Roggen, welcher eine Stellung in der Fruchtfolge von Roggen nach Roggen relativ gut verträgt, mit deutlichen Ertragsrückgängen reagiert (Schmalfuss 1957).

Da der Roggen jedoch nicht nur als Brotgetreidefrucht angebaut und genutzt wird, sollen auch die durchschnittlichen Erträge des Grünroggens, soweit sich diese ermitteln lassen, genannt werden. Köhnlein und Knauer (1957) erhielten im Versuchsmittel einen Grünmasseertrag des Futterroggens von 184,3 dz/ha, während Klapp (1951) Durchschnittserträge von 140 bis 280 dz/ha angibt und Achterstraat (1955) Erträge von 130 bis 200 dz/ha für durchschnittlich ansieht. Bei Düngung mit 100 kg/ha N und entsprechenden P_2O_5- und K_2O-Gaben wurde in Versuchen von Primost (1960) ein Durchschnittsertrag von 342 dz/ha erzielt.

Ebenso wie die Erträge, variieren auch die Nährstoffentzüge je nach den herrschenden Umweltsbedingungen sehr stark und eine Angabe von durchschnittlichen Entzügen kann daher, wie dies schon bei Weizen betont wurde, nur als Annäherung aufgefaßt werden. Die von verschiedenen Autoren angeführten Durchschnittsentzüge des Roggens sind in Tab. 49 erfaßt und zeigen,

Tabelle 49. *Durchschnittliche Nährstoffentzüge nach verschiedenen Autoren*

Autor	bei einer Ernte von dz/ha Korn und Stroh	Entzug/kg				
		N	P_2O_5	K_2O	CaO	MgO
Köhnlein und Knauer (1957)	10 Korn	19	10	21	7	
Jacob (1955)	30 Korn	70	35	75	15	12
Schmitt (1954)	24 Korn	50	35	60		
Klapp (1951)	25 Korn					
	60 Stroh	70	35	77	20	
Schmalfuss (1957)	21,8 Korn					
	43,7 Stroh	54	29	73		
Remy[1]	30 Korn	82	37	91		
Neubauer[1]	28—35 Korn		40—50	80—100		
Buchner[2]	10 Korn		15,2	27,3		
Rheinwald[2]	10 Korn		15	30		
Wagner[2]	10 Korn		14	30		
Wolff[3]	10 Korn					
	20 Stroh	23	15	26	7	
Primost (1959)	20 Korn					
	50 Stroh	40	26	64		

[1] Nach Selke (1955).
[2] Nach Köhnlein und Knauer (1957).
[3] Nach Roemer und Scheffer (1959).

daß, analog dem Weizen, N und K_2O im Entzug an der Spitze stehen und von P_2O_5 und CaO geringere Mengen aufgenommen werden. Grünroggen entzieht nach Köhnlein und Knauer (1957) je 100 dz Grünmasse dem Boden 10,8 kg P_2O_5 und 57,4 kg K_2O. Nach anderen Autoren (zit. nach Köhnlein und Knauer 1957) werden folgende Mengen entzogen:

von Boguslawski	15,6 kg P_2O_5	65,6 kg K_2O
Klapp	20,0 kg P_2O_5	62,0 kg K_2O

d) Wasserbedarf (Wasserhaushalt)

Der Roggen ist nach ROEMER und SCHEFFER (1959) eine typische Ackerfrucht des regenarmen Gebietes und gedeiht daher auch auf leichten Böden mit geringer wasserhaltender Kraft. Auf leichten Böden ist das Wasserspeicherungsvermögen gering und selten höher als 200 mm, während für Höchsterträge von Getreide 300 mm und mehr nutzbares Wasser erforderlich sind (ROEMER und SCHEFFER 1959). Für Roggen wie für alle Getreidearten ist eine reichliche Winterfeuchtigkeit von größter Bedeutung, da die Wurzeln frühzeitig in die Tiefe vorstoßen (nach ROHDE 1953 bei Roggen bis auf 2 m). Der Wasserverbrauch richtet sich nach dem Wachstumsrhythmus, und daher erschöpft das Getreide den Wasservorrat des Bodens früher als die Hackfrüchte (VON BRACKEN 1941). BAUMANN (1949) konnte feststellen, daß der Einfluß der Jugendversorgung mit Wasser den Wasserbedarf der Pflanze ändert. Steht den jungen Pflanzen viel Wasser zur Verfügung, so passen sie sich diesem großen Wasserbedarf an und haben daher auch im Alter viel Wasser notwendig. Landwirtschaftlich gesehen, unterliegt nach VON BOGUSLAWSKI (1937) der Wasserfaktor im Verlaufe der Vegetation zeitlich und mengenmäßig oft großen Schwankungen, so daß er besonders in kontinentalen Gebieten häufig ins Minimum gerät. Getreide reagiert wie alle Pflanzen auf Dürre mit einem Anstieg des osmotischen Wertes, und wird bei jungem Getreide ein maximaler Wert von 75 at und beim Schossen 30 bis 40 at überschritten, so tritt irreversible Plasmaentquellung ein (KLAPP 1951). Roggen verträgt im allgemeinen Trockenheit wesentlich besser als Weizen und stellt auch geringere Ansprüche an die Wasserversorgung. Er besitzt daher auch bei trockenen Wachstumsverhältnissen eine hohe Ertragssicherheit, und GERICKE (1948) konnte folgende Beziehungen zwischen Niederschlagsmenge und Roggenertrag feststellen:

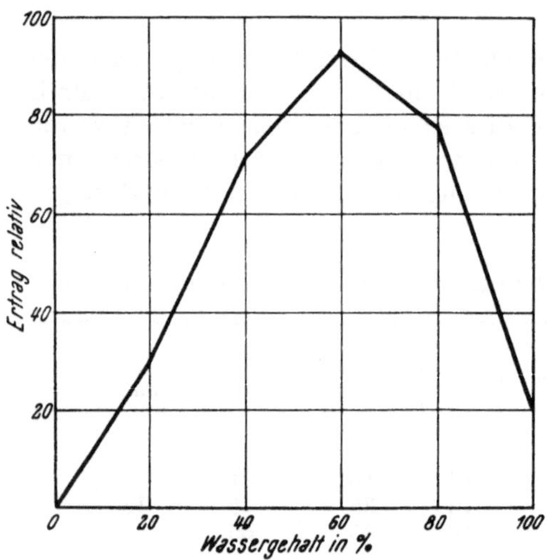

Abb. 116. Ertragshöhe des Roggens bei verschiedenem Wassergehalt des Bodens (MITSCHERLICH, nach LUNDEGÅRDH 1957)

Niederschlag unter 500 mm	22,3 dz/ha Korn
Niederschlag 500 bis 600 mm	24,3 dz/ha Korn
Niederschlag 600 bis 700 mm	26,8 dz/ha Korn
Niederschlag über 700 mm	25,3 dz/ha Korn

Aus diesen Zahlen geht hervor, daß der Roggen bezüglich der Kornertragsleistung ein optimales Niederschlagsbereich aufweist, und MITSCHERLICH (nach LUNDEGÅRDH 1957) zeigte in Gefäßversuchen zu Sommerroggen (Abb. 116), daß der Ertrag mit Erhöhung des Wassergehaltes ansteigt und zwischen Werten von 50 bis 80% der Wasserkapazität sein Optimum erreicht. Der Wasserbedarf des Roggens ist in Abhängigkeit von seinem Entwicklungsrhythmus zur Zeit des maximalen vegetativen Wachstums bis zum Ährenschieben am höchsten. Dieser hohe Wasserbedarf im Mai wird von VON SEELHORST (1911), BROUWER (1926), SCHULZE und SCHULZE-GEMEN (1957) und ROEMER und SCHEFFER (1959) hervorgehoben. Die Roggenernte wird aber auch von der Winterfeuchtigkeit mitbestimmt, und BROUWER (1926) nennt eine Niederschlagsmenge von 140 bis 200 mm während der Wintermonate für eine gute Roggenernte erforderlich. Zwischen den Niederschlägen während der Blüte und den Kornerträgen des Roggens fand BROUWER (1926) eine negative Korrelation.

Zur Erzeugung von 1 kg Trockensubstanz benötigt der Roggen geringere Wassermengen als der Weizen, und auf Grund der Arbeiten verschiedener Autoren werden von ROEMER und SCHEFFER (1959) folgende Wassermengen zur Erzeugung von 1 kg Trockensubstanz angeführt:

HELLRIEGEL	353 kg
SORAUER	370 kg
SCHRÖDER	349 kg
SHANTZ	634 kg

Der Wasserverbrauch des Roggens ist auch von der Stellung in der Fruchtfolge abhängig und EBERT (1956) konnte zeigen, daß bei mehrmaliger Stellung von Getreide nach Getreide der Wasserverbrauch absinkt. Die Abhängigkeit des Wasserverbrauches von der Düngung wurde bereits bei Weizen besprochen, und ergänzend seien hier Versuche von GLIEMEROTH (1951) angeführt, welcher feststellen konnte, daß Roggen bei N-Düngung zu einem früheren Zeitpunkt das Wasser aus tiefen Bodenschichten entzieht, so daß die Wurzeln früher nach unten vordringen.

e) Lichtansprüche

Wie der Weizen ist auch der Roggen eine typische Langtagspflanze und benötigt daher zur vollen Entwicklung mehr als 14 Stunden Licht. Die Zusammenhänge zwischen dem photoperiodischen Verhalten und der Kälteresistenz sind bei allen Wintergetreidearten ähnlich und sollen daher bei Roggen nicht näher besprochen werden, da hierfür das bei Weizen Gesagte Gültigkeit besitzt. Als Langtagspflanze mit geringeren Wärmeansprüchen als der Weizen reift der Roggen im langen Tag des nordischen Sommers auch bei der Kürze der Vegetationszeit in Lappland noch als einzige Getreideart nördlich des 67. Breitegrades aus (POHJAKALLIO 1957). Nach JUNGES (1957) ist die jährliche Niederschlagsverteilung für die Richtung der photoperiodischen Anpassung entscheidend, und in sommertrockenen Klimaten zeigen die Pflanzen die Tendenz der Entwicklung zum Sommer hin und somit zum Langtag. Wie Weizen reagiert auch Roggen auf verschiedene Tageslänge nach Aufgang mit Verschiebungen der generativen Phase. Untersuchungen von PURVIS (1934) und PURVIS und GREGORY (1937, zit. nach HÄNSEL 1951) ergaben, daß bei in Wärme gekeimtem Petkuser Winterroggen die Anlage von Blütenprimordien durch Kurztag gefördert und durch Langtag gehemmt wurden, während die weiteren Differenzierungen der Blütenanlagen und der Schoßvorgang durch Kurztag gehemmt und bei Langtag gefördert wurden. HÄNSEL (1951) konnte in Versuchen mit vernalisiertem Winterroggen feststellen, daß das Ährenschieben um so mehr verzögert wurde, je länger die Kurztagsbehandlung dauerte (Tab. 50). Die Zahl der Bestockungstriebe wurde im wesentlichen nicht verändert, während eine deutliche Zunahme der Ährchenzahl pro Ähre mit erhöhter Dauer des Kurztages eintrat. Auch LISTOWSKI (1958) konnte zeigen, daß jarowisierter Roggen bei Behandlung mit verschiedener Tageslänge im Kurztag Verschiebungen der reproduktiven Phase aufweist. In allen Varianten trat eine hemmende Wirkung auf die generative Entwicklung des Roggens durch Kurztag ein, und die Intensität stand in Abhängigkeit von der Dauer der Kurztagsbehandlung. Nach NOWIKOW (1953) gibt es eine kritische

Tabelle 50. *Einfluß zunehmender Kurztagsbehandlung auf vollständig vernalisierten Petkuser Winterroggen* (nach HÄNSEL 1951)

Wochen Kurztag dann Langtag	Tage vom Auspflanzen bis 50% Ährenschieben	Bestockungstriebe/Pflanze ohne Haupttrieb	Ährchen pro Ähre Haupttrieb	mm Spindellänge Haupttrieb	Zahl der Pflanzen
0	55	1,1	19,2	54,0	18
1	61	0,9	21,7	58,3	15
2	65	1,2	21,9	62,7	15
3	68	1,2	25,7	70,5	15
4	71	1,0	26,9	71,4	14
5	77	0,9	31,4	78,8	13
22	155	1,8	39,6	103,0	13

Periode der Lichtintensität und alle Pflanzen zeigen in einer gewissen Wachstumsperiode eine Empfindlichkeit gegenüber dem Absinken der Lichtintensität. Wenn Roggen in das Blühstadium unter Langtagsbedingungen eintritt und später unter Kurztag gebracht wird, erhält man verschiedenartige neue Formen, z. B. Roggen mit weizenähnlichen Körnern.

Eng mit den Lichtansprüchen verbunden sind die Anforderungen an die Temperatur. Roggen benötigt für seine Entwicklung eine Wärmesumme von 1225 bis 1425° C (SESSOUS 1943). Die Bestockung des Roggens soll nach KLITSCH und SEIFFERT (1953) im Herbst abgeschlossen sein, da im Frühjahr nach Eintritt der für Roggen erforderlichen Schoßtemperaturen ohne Rücksicht auf den Bestockungsgrad, die Pflanzen in die Höhe wachsen. Bei Bestimmung des Einflusses der Temperatur auf den Roggenertrag fand BIALOBLOCKI (nach LUNDEGÅRDH 1957) eine auffallend niedrige Lage des Optimums zwischen 10 bis 20° C (Abb. 117). Die Lage der Kardinalpunkte für die Temperatur wird nach LUNDEGÅRDH (1957) auch durch andere äußere Faktoren, wie Licht, Nährstoffe, Sauerstoffzufuhr usw., beeinflußt.

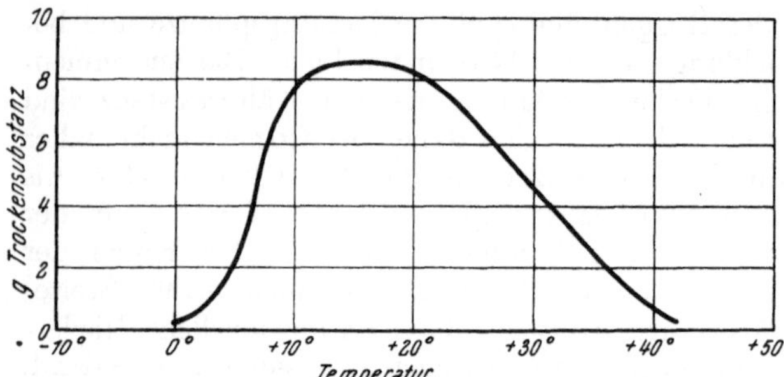

Abb. 117. Beziehungen zwischen Ertrag und Temperatur bei Roggen (BIALOBLOCKI, nach LUNDEGÅRDH 1957)

f) Zeitverlauf des Anbaues, des Wachstums und Erntedaten verschiedener Länder

Der Roggen hat als Brotgetreidefrucht im Weltanbau eine wesentlich geringere Bedeutung als Weizen und nimmt nur etwa 10% der Getreideanbaufläche ein (SESSOUS 1943). Sein Anbaugebiet ist Europa und hier besonders Deutschland und Polen sowie die UdSSR. Tab. 51 gibt eine Übersicht über die Roggenanbaugebiete, die Kornerträge und die Erzeugung und zeigt, daß in außereuropäischen Ländern nur Argentinien als roggenproduzierendes Land mit 1220 tausend ha

Tabelle 51. *Anbaufläche, Kornertrag und Erzeugung von Roggen in der Welt (1956)* (FAO-Jahrbuch, 1958)

Land	Anbaufläche 1000 ha	Kornertrag dz/ha	Erzeugung 1000 t
Europa			
Belgien	68	28,8	196
Bulgarien	143	9,2	133
ČSSR	515	20,4	1050
Dänemark	109	26,7	291
Deutschland	2593	23,3	6034
Saar	7	17,3	12
Finnland	88	14,1	124
Frankreich	371	12,7	471
Griechenland	53	9,0	47
Großbritannien	11	24,1	25
Ungarn	441	11,2	494
Irland	1	—	2
Italien	74	14,5	107
Jugoslawien	252	8,1	205
Luxemburg	4	21,2	9
Niederlande	171	28,8	492
Norwegen	1	27,0	2
Österreich	214	20,3	434
Polen	4964	13,2	6553
Portugal	251	6,8	171
Rumänien	172	7,9	136
Schweden	124	21,7	269
Schweiz	13	26,8	35
Spanien	607	8,4	511
Europa gesamt:	11250	15,8	17810
Nordamerika			
Kanada	221	9,9	218
USA	667	8,2	537
gesamt	880	8,6	760
Südamerika, davon:			
Argentinien	1220	7,2	880
Brasilien	26	7,8	20
Chile	8	8,2	7
Ecuador	5	7,0	4
gesamt	1260	7,2	910
Asien, davon:			
Japan	1	—	1
Südkorea	36	6,7	24
Türkei	642	8,8	566
gesamt	690	8,7	600
Afrika	—	—	—
Ozeanien	—	—	—
Welt gesamt[1]	14100	14,3	20000

[1] Ohne UdSSR.

von Wichtigkeit ist, während die USA und die Türkei wesentlich geringere Roggenanbauflächen aufweisen. In China, Afrika und Australien wird sehr wenig Roggen gebaut, und dieser dient in Südafrika nur der Futtergewinnung oder Weide. Europa, und hier vor allem der Norden und Nordosten, erzeugen 88% der Welternte, und 80% der Roggenanbauflächen liegen in diesem Gebiet. Nach Jasny (1949) beträgt die Roggenanbaufläche in der Tschernosem-Zone der UdSSR 1242 tausend ha, während in Zentralasien und im Kaukasusgebiet kein Roggen gebaut wird. Wie Abb. 118 zeigt, steht Winter- und Sommerroggen in der UdSSR an zweiter Stelle bezüglich der Getreidefläche. Das Vordringen in nördliche Gebiete und auf nicht mehr weizenfähige Böden verdankt der Roggen seiner Anspruchslosigkeit gegenüber Boden und Wasser, seinem guten Aneignungsvermögen für Nährstoffe und seiner Selbstverträglichkeit. In weiten Gebieten des Nordostens ist der Roggen die Grundlage der Besiedlungsmöglichkeit, und Klapp (1951) nennt als Grenze des Roggenbaues die Zone der nordischen Vereisung und der gebleichten und podsolierten Böden. Bezüglich des Bodens hat der Roggen eine sehr weite Variationsbreite, er gedeiht auf Sand und Ton, am besten jedoch auf lehmigen Böden. Er verträgt saure Böden sehr gut, aber er kann auch auf alkalischen und salzhaltigen Böden kultiviert werden (Ignatieff und Page 1958). An den Säuregrad des Bodens stellt Roggen keine großen Ansprüche, er gedeiht in einem pH-Bereich von 5,0 bis 7,0. Geographisch verläuft die Grenze des Roggenbaues nach Sessous (1943) nach dem 59. Grad n. Br. (Norwegen), in Finnland mit 65 Grad n. Br. und in Sibirien mit dem 60. Grad. Im Süden wird der Roggen vom Weizen abgelöst und findet sich daher in den tropischen Gebieten kaum. Der Anbau des Roggens wird temperaturmäßig durch die Juli-Isotherme von +18° C im Norden und im Süden durch die Juni-Isotherme von +20° C begrenzt (Sessous 1943). Im Gegensatz zu Weizen wächst Roggen auch in Höhenlagen und in rauheren Klimaten und wird auf Mooren meist vom Sommerroggen abgelöst (Klapp 1951). Die Ertragstreue des Roggens auf verschiedenen Bodenarten wird von Gericke (1948) aufgezeigt, welcher folgende Erträge anführt:

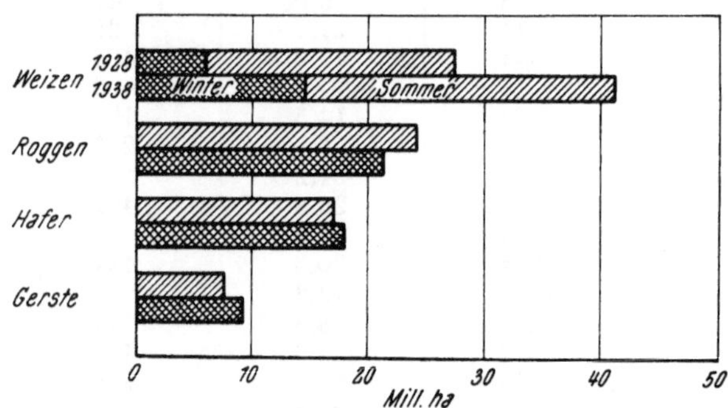

Abb. 118. Getreideanbauflächen der UdSSR in den Jahren 1928 und 1938 (nach Jasny 1949)

leichter Boden	23,5 dz/ha Korn
mittlerer Boden	28,4 dz/ha Korn
schwerer Boden	29,0 dz/ha Korn
Moorboden	21,7 dz/ha Korn

Auch auf die Anspruchslosigkeit des Roggens hinsichtlich der Bodenreaktion wird von Gericke (1948) mit folgenden Zahlen hingewiesen:

unter 5,5 pH, sauer	22,2 dz/ha Korn
5,5 bis 7,0 pH, schwach sauer	22,3 dz/ha Korn
über 7,0, neutral bis schwach alkalisch	21,6 dz/ha Korn

Da der Roggen nicht jene weite Verbreitung in den verschiedensten Klimagebieten wie der Weizen aufweist, sind auch seine Anbau- und Erntemethoden im allgemeinen ähnlich. Dort, wo ein allzu strenger Winter mit langer Schneedecke den Anbau von Winterroggen nicht mehr zuläßt (Gebiete von Rußland, Finnland, Gebirgslagen) oder die Winterroggenblüte stark spätfrostgefährdet ist, tritt der Sommerroggen an die Stelle der Winterform. Der Anbau fällt in den meisten Ländern in die Herbstmonate, in Europa zweite Septemberhälfte, die Ernte wird im Juli vorgenommen. Je weiter der Roggen im Norden gebaut wird, um so später fällt die Ernte, und unter den klimatischen Verhältnissen Finnlands kann die Roggenernte durch die bereits während des Sommers auftretenden Nachtfröste gefährdet werden. Nach Versuchen von PESSI und KIVINEN (1957) führt aber ein Schnitt im Frühsommer zu Ertragsdepressionen, und daher sollen Roggen und Hafer vor Eintritt der ersten starken Nachtfröste die Gelbreife erreicht haben.

Während in den meisten europäischen Ländern der Roggen sehr seicht gedrillt wird (KLAPP 1951 rät zu einer Saattiefe von höchstens 2 cm), hatten POPOW und WELINOW (1954) in Bulgarien mit Saattiefen von 7 bis 9 cm guten Erfolg und verzeichneten eine Ertragssteigerung von 6,6% gegenüber seichter Saat. Dieses günstige Ergebnis der Tiefsaat wird von den Verfassern auf die Feuchtigkeit in tieferen Schichten bei starker Sommertrockenheit zurückgeführt.

Eine Angabe der in den verschiedenen Ländern üblichen Düngung zu Roggen ist ebenso schwierig wie eine Nennung der durchschnittlichen Erträge und Entzüge und kann gleichfalls nur als Annäherungswert aufgefaßt werden. Auf den lehmigen Tschernosemböden Rußlands ist nach KOTSCHERGIN (1956) eine K_2O-Düngung zu Roggen nicht erforderlich, während vor Anbau des Roggens eine P_2O_5-Düngung vorgenommen wird. Als mittlere Düngergaben zu Roggen werden von IGNATIEFF und PAGE (1958) 40 kg/ha N, 60 kg/ha P_2O_5 und 60 bis 100 kg/ha K_2O angeführt.

g) Qualitätsanforderungen, Methoden und ihre Grenzzahlen

Für die Roggenqualität ist eine Reihe von Qualitätsmerkmalen im Korn verankert, welche einen mehr oder weniger großen Einfluß auf die Backfähigkeit des Roggens ausüben. Einige dieser Faktoren dienen in verschiedenen Ländern auch als Beurteilungsmoment für die Roggenqualität. Bei Aufzählung der äußeren und inneren Korneigenschaften wurden hier die Angaben von PELSHENKE (1954) berücksichtigt.

Die *Farbe* des Roggenkornes variiert vor allem sortenbedingt stark und kann hellgrau, grau-gelb, grünlich-gelb, grün, bräunlich, rötlich, violett sein. Diese verschiedenartige Farbe wird durch die Färbung der Aleuronschicht und durch die größere oder geringere Mächtigkeit der äußeren Hülle, der Schale des Kornes, durch die Fruchtschale und Farbschicht der Samenschale bedingt. THOMAS und Mitarbeiter (1957) prüften hellkörnigen und grünkörnigen Roggen hinsichtlich der Backqualität und fanden keine wesentlichen Qualitätsunterschiede, jedoch waren die hellkörnigen Roggen den grünkörnigen im Mahlwert beachtlich überlegen.

Die *Korngröße* schwankt bei Roggen zwischen 5,0 und 10,0 mm Länge und 1,5 und 3,5 mm Breite (im Mittel 8,4 bzw. 3,0 mm).

Das *Tausendkorngewicht* des Roggens ist je nach Herkunft verschieden und beträgt im Mittel:

deutscher Roggen	27,0 g
kanadischer Roggen	18,0 g
USA-Roggen	17,0 g
La-Plata-Roggen	12,0 g
türkischer Roggen	24,0 g
dänischer Roggen	25,0 g

Ein wichtiger Faktor für die Qualitätsbestimmung ist das *hl-Gewicht*, welches bei diploidem Roggen im Mittel 73 kg (65 bis 79 kg) beträgt und bei Tetraroggen niedriger liegt (70 kg, Schwankungen zwischen 67 und 74 kg).

Der *Wassergehalt* ist eines der wichtigsten Qualitätsmerkmale in den Standardisierungsvorschriften der verschiedenen Länder und läßt gleichfalls, je nach Provenienz, mehr oder minder große Unterschiede erkennen:

deutscher Roggen	16%
englischer Roggen	17%
baltischer Roggen	16%
rumänischer Roggen	15%
holländischer Roggen	15%
polnischer Roggen	15%
kanadischer Roggen	14%
La-Plata-Roggen	13%
ungarischer Roggen	12%
chilenischer Roggen	11%

Der *Aschegehalt* des Roggens liegt zwischen 1,25 und 2,45% und beträgt im Mittel 1,82%.

Der *Eiweißgehalt* ist auch bei Roggen für die Backqualität und den Geschmack des Brotes besonders wichtig und die Roggen weisen, je nach Herkunft, folgende Werte für den Eiweißgehalt auf:

deutscher Roggen (Sortenmittel)	9,4%
La-Plata-Roggen	14,8%
USA-Roggen	14,0%
kanadischer Roggen	14,0%
dänischer Roggen	9,0%
belgischer Roggen	10,1%
türkischer Roggen	10,4%

Der Roggen weist einen *Fettgehalt* von 1,7% auf.

Von den Kohlenhydraten kommt dem *Stärkegehalt* besondere Bedeutung zu, da der Verflüssigungsgrad der Stärke bei Roggenmehlen von ausschlaggebender Bedeutung für die Backfähigkeit ist. Der Gehalt an Stärke ist wie bei Weizen 60 bis 85%, wobei der Beginn der Verkleisterung der Roggenstärke bei niedrigeren Temperaturen vor sich geht als bei Weizen (45 bis 50° C). Die Stärkekörner des Roggens weisen eine Korngröße von 40 bis 52 μ auf. Der Saccharosegehalt beträgt 3,0%, während sich 2,2% Maltose im Roggenkorn vorfinden.

Die Messung der Verkleisterung der Stärke erfolgt mit Hilfe des Amylographen. Die viskosimetrische Überprüfung des Verkleisterungsverlaufes von Mehlsuspensionen in gesäuerten und nicht gesäuerten Substraten, die Verkleisterungstemperatur und die Viskosität der verkleisternden Stärke geben Anhaltspunkte für die Backfähigkeit des Roggens.

Die Eiweißstoffe des Roggens besitzen keinen auswaschbaren Kleber und sind nach HAGBERG (PELSHENKE 1954) doppelt so stark löslich wie die des Weizens. Neue Arbeiten von KOSMINA und Mitarbeitern (1956) zeigten jedoch die Fähigkeit des Roggeneiweißes zur Bildung echter Kleberkomplexe auf, so daß die von FELLENBERG (nach KOSMINA 1956) erstellte Hypothese unterstützt wird, daß das Hindernis bei der Kleberbildung im Roggenteig die im Roggenmehl vorhandenen Schleimstoffe sind. Für die Backfähigkeit des Roggens sind nach PELSHENKE (1954) folgende Faktoren maßgebend:

Das *Roggeneiweiß*, welches sich vom Weizeneiweiß dadurch unterscheidet, daß es löslicher ist und nur zu 5% gerinnt. Die Beschaffenheit der *Stärke*, worauf erstmalig BIÉCHY (PELSHENKE 1954) hinwies.

Die *Enzymaktivität*, Enzymgehalt, Viskosität und Löslichkeit müssen für eine gute Backfähigkeit in einem bestimmten Verhältnis zueinander stehen.

Die *Schleimstoffe* des Roggens quellen stark auf und verursachen die Plastizität des Teiges. Sie bestehen aus Pentosanen und haben wasserregulierende Eigenschaften. Beim Backprozeß gerinnen sie nicht, sondern haben eine zähe Beschaffenheit und beeinflussen die Elastizität der Krume.

Die Untersuchungsmethoden für die Roggenqualität sind wesentlich einfacher und nicht so vielfältig wie bei Weizen, da nur der Eiweißgehalt und die Verkleisterung der Stärke bestimmt werden. Der Proteingehalt des Roggens wird als N-Bestimmung nach Kjeldahl durchgeführt und mit dem Faktor 6,25 (in Westeuropa und USA teilweise mit 5,70) multipliziert. Bezüglich des Mindest-Eiweißgehaltes von Roggen werden keine bestimmten Anforderungen gestellt, jedoch soll der Proteingehalt hoch sein. Das Ausmaß der Verkleisterung der Stärke wird mit dem Amylographen gemessen und in Viskositätsgraden angegeben. Diese Werte sollen zwischen 400 und 700 liegen, bei extrem niedrigen oder extrem hohen Amylogrammwerten wird die Backfähigkeit in Mitleidenschaft gezogen.

Die Standardisierungsschemata in den einzelnen Ländern beschränken sich bei Roggen vor allem auf die Definition der Reinheit, des Besatzes, Erfassung des Wassergehaltes und des hl-Gewichtes. So enthält z. B. das Standardisierungsschema der USA (*Official Grain Standards of the United States*, 1957) folgende Bestimmungen für Roggen:

Definition des Roggens
- vollkörniger Roggen (plump rye)
- zäher Roggen (tough rye), dessen Wassergehalt 16% nicht überschreiten darf
- verunreinigter Roggen (smutty rye) mit schlechtem Geruch, Schmutz, darf eine Mindestmenge nicht überschreiten
- Knoblauch-Roggen (garlicky rye), welcher in 1 kg Roggen 2 oder mehr grüne Knoblauchzwiebeln enthält
- Kornkäfer-Roggen (weevily rye), ein Roggen, der Befall mit Kornkäfern oder sonstigen schädlichen Insekten aufweist
- Mutterkorn-Roggen (ergoty rye), welcher Mutterkorn in einer Höchstgrenze von 0,3% enthält
- Angabe des Wassergehaltes
- Angabe des Testgewichtes
- Fremdbesatz
- beschädigte und hitzebeschädigte Körner

In der Türkei werden bei Roggen nur die chemischen Analysen durchgeführt.

h) Düngung und Ertrag

Die Grundlagen der Mineraldüngung zu Getreide wurden bereits unter Abschnitt A, Weizen, diskutiert, so daß hier nur auf die speziellen Nährstoffansprüche des Roggens eingegangen werden soll. Roggen besitzt im Gegensatz zu Weizen ein relativ gutes Aneignungsvermögen für Nährstoffe, so daß er auch noch auf nährstoffärmeren Böden und bei geringeren Düngergaben sichere Ertragsleistungen aufweist.

1. Die Stickstoffdüngung

Der Zeitpunkt der N-Düngung ist bei Roggen ebenso ausschlaggebend für die Kornerträge wie bei Weizen und obwohl sich der Roggen bereits größtenteils im Herbst bestockt, ist eine Herbst-N-Düngung bei richtiger Stellung in der Fruchtfolge nicht erforderlich. Engel (1953) vertritt gleichfalls den Standpunkt, daß eine Herbst-N-Düngung zu Roggen nicht verabreicht werden muß, da die Bestände mit dem Boden-N auskommen. In Versuchen mit Herbst-N und N nur im Frühjahr erhielt ENGEL folgende Erträge:

ohne N	16,52 dz/ha Korn
10 kg N Herbst + 40 kg N/ha Frühjahr	21,16 dz/ha Korn
50 kg N/ha Frühjahr	23,81 dz/ha Korn

Auch SCHNEIDEWIND (1908) weist bereits zur Jahrhundertwende darauf hin, daß durch Frühjahrsdüngung allein wesentlich höhere Erträge erzielbar sind. Diese Meinung wird von PETERSEN (1957) und BUCHNER (1956) bestätigt. Letzterer erhielt durch Düngung des Roggens nur im Frühjahr folgende Mehrerträge gegenüber ungedüngt:

N im Herbst	3,6 dz/ha Korn
$^1/_4$ bis $^1/_3$ Herbst, Rest Frühjahr	4,9 dz/ha Korn
N nur im Frühjahr	6,6 dz/ha Korn

In anderen Versuchsreihen wurde gleichfalls nachgewiesen, daß eine Herbst-N-Düngung unter normalen Verhältnissen nicht erforderlich ist und bei Abzug der Düngermengen im Frühjahr geringere Ertragsleistungen resultierten (PRIMOST 1959):

Herbst kein N, Frühjahr 120 kg/ha N	33,20 dz/ha Korn
Herbst 10 kg/ha N, Frühjahr 110 kg/ha N	34,68 dz/ha Korn
Herbst 20 kg/ha N, Frühjahr 100 kg/ha N	32,10 dz/ha Korn
Herbst 30 kg/ha N, Frühjahr 90 kg/ha N	31,10 dz/ha Korn

Lysimeterversuche von NELSON und UHLAND (1955) ergaben, daß N von allen Nährstoffen am leichtesten ausgewaschen wird, dann folgt K_2O, während P_2O_5 nur in geringem Maße der Auswaschung unterliegt. In gewissen Gebieten der USA, z. B. in Minnesota, besteht keine Gefahr der Auswaschung des im Herbst verabreichten N, während im Osten von einer Herbst-N-Düngung wegen zu großer Auswaschung während des Winters abgeraten wird. Auch GORALSKI (1956) vertritt die Ansicht, daß zu Winterroggen eine N-Düngung im Frühjahr vorteilhafter ist.

Nach WAGNER (1900) soll Stickstoff zu Roggen möglichst frühzeitig im Frühjahr verabfolgt werden, da die Wurzeln des Roggens insbesondere den Salpeter-N sehr rasch aufnehmen. SELKE (1955) zeigte jedoch, daß auch Roggen später verabreichten N sehr gut verwertet, und fand, wie folgende Zahlen beweisen, daß die optimale Wirkung durch N-Düngung Ende März bis Mitte April erzielt wurde:

ohne N	69,2%
N Anfang März	100,1%
N Mitte März	100,0%
N Ende März bis Anfang April	103,4%
N Mitte April	108,1%
N Ende April bis Anfang Mai	96,7%
N Mitte Mai	87,9%

Zu früh verabreichte höhere N-Gaben und optimales Zusammenwirken der Wachstumsfaktoren mit der N-Düngung führen auch bei Roggen zur Lagerung, und MULDER (1954) stellte fest, daß bei reichlicher N-Düngung die Sklerenchymzellen weniger stark ausgebildet waren und die Wurzeln eine geringere Verholzung aufwiesen.

Für das Verhalten des Roggens einmaligen N-Gaben gegenüber gibt MITSCHERLICH (1949) die in Abb. 102 im Abschnitt A, Weizen, dargestellten Kurven an und zeigt, daß der Schädigungsfaktor k des MITSCHERLICHschen Ertragsgesetzes für Roggen den höchsten Wert besitzt. Diese Tatsache läßt nach LINSER und PRIMOST (1959) erwarten, daß eine den Schädigungsfaktor herabsetzende Maßnahme, wie sie die Stadiendüngung darstellt, bei Roggen eine zahlenmäßig noch größere Wirkung erweisen wird als bei Weizen. Eine Aufteilung der N-Düngung muß daher bei Roggen von ganz besonderer Wirksamkeit sein und dies um so mehr, als zahlreiche Versuche zeigten, daß Roggen auf intensive Düngungsmaßnahmen im stärkeren Ausmaße reagiert als Weizen. SELKE weist in mehreren Arbeiten (1955, 1955 a, 1959) darauf hin, daß der Roggen von allen geprüften Getreidearten am besten auf eine N-Spätdüngung reagiert und die höchsten Ertragssteigerungen bringt. Nach SELKE (1959 a) beträgt die Wirkung der zusätzlich späten N-Düngung bei Roggen 15% Mehrertrag gegenüber einer frühen N-Gabe:

ohne N	78%	
40 kg/ha N früh	100%	(26,3 dz/ha Korn)
40 kg/ha N früh + 40 kg/ha N spät	115%	

In anderen Versuchen (SELKE 1955) wurden die in Tab. 52 erfaßten Kornertragssteigerungen erzielt. In Versuchen über die Leistung des zusätzlich späten N in Abhängigkeit von den Umweltsfaktoren nahm die Wirkung der N-Spätdüngung

Tabelle 52. *Wirkung der zusätzlich späten N-Düngung zu Roggen* (nach SELKE 1955)

Zeitpunkt und Menge der N-Düngung kg/ha	leichter Sandboden Kornertrag dz pro ha	Zeitpunkt und Menge der N-Düngung kg/ha	lehmiger Sandboden Kornertrag dz pro ha
ohne N	8,6	ohne N	27,7
15 früh + 15 spät	14,3	40 früh	32,8
30 früh	14,6	60 früh	39,4
30 früh + 20 spät	20,1	40 früh + 20 spät	39,3
30 früh + 40 spät	19,2	40 früh + 40 spät	42,3

mit abnehmender Bodenwertzahl zu (SELKE 1957). Auch Versuche von BERGMANN (1954) und VAN BURG (1958) zeigten die günstige Wirkung der N-Spätdüngung zu Roggen auf. LEHMANN (1953) erhielt bei Roggen durch zusätzlich späte N-Gaben folgende Ertragssteigerungen:

	Korn		Stroh
ohne N	100%	Korn (12,55 dz/ha)	100% Stroh
40 kg/ha N früh	185		161
60 kg/ha N früh	194		181
20 kg/ha N früh + 40 kg/ha N spät	199		174
30 kg/ha N früh + 30 kg/ha N spät	192		180
40 kg/ha N früh + 20 kg/ha N spät	200		176

Bei hoher Bodenfruchtbarkeit wirken sich späte N-Gaben auf die Ertragsleistung von Roggen sehr günstig aus (VAN DOBBEN 1957) und verminderten die Standfestigkeit nur schwach:

	Versuch 1		Versuch 2	
	Korn	Stroh	Korn	Stroh
	dz/ha		dz/ha	
N im März	29,6	59,4	47,1	71,1
N im März + 20 kg/ha N spät	33,4	62,4	49,1	74,0
N im März + 40 kg/ha N spät	34,2	63,7	50,0	77,6

In einer Zusammenfassung über die bisherigen Arbeiten mit N-Spätdüngung erwähnt OHNESORGE (1958) die besonders günstige Wirkung der Spätdüngung zu Roggen und betont, daß keine verstärkte Lagerung als Folgeerscheinung der Düngung zu verzeichnen ist.

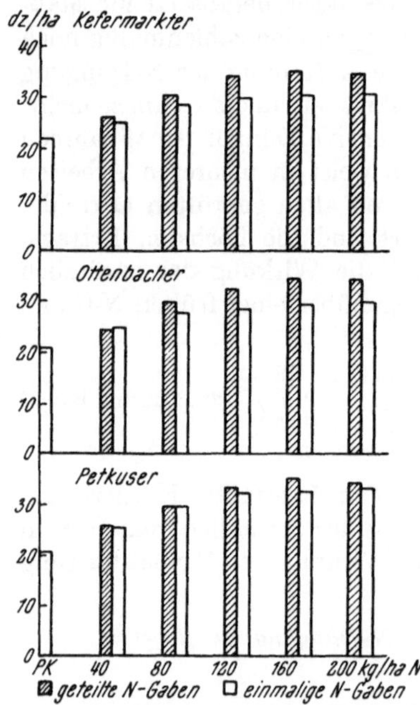

Abb. 119. Roggenkornerträge im Durchschnitt der Jahre 1955 bis 1958 (nach LINSER und PRIMOST 1959)

Im Gegensatz zu den bisher angeführten Versuchen mit N-Spätdüngung zu Roggen wurden in mehrjährigen Versuchen mit geteilten gesteigerten N-Gaben von LINSER und PRIMOST (1959) wesentlich höhere N-Mengen, bis zu 200 kg/ha N, geprüft, und es gelang durch die Methode der Stadiendüngung Ertragssteigerungen bis zu 160 kg/ha N zu erzielen. Wie Abb. 119 zeigt, lag das Optimum der N-Düngung bei 160 kg/ha N, und geteilte Gaben erwiesen sich bei N-Mengen von über 40 kg/ha günstiger, wobei mit Ausnahme der Sorte „Petkuser", welche als überaus standfest betrachtet werden muß, signifikante Mehrerträge durch Aufteilung erzielt wurden. Das Korn-Strohverhältnis wurde in diesen Versuchen im positiven Sinne beeinflußt und bei geteilter N-Verabreichung zugunsten der Kornkomponente verschoben. Im Mittel langjähriger Versuche zu verschiedenen Roggensorten äußerte sich die Wirkung der geteilten gesteigerten N-Düngung bei ausreichender Versorgung des Bodens mit P_2O_5 und K_2O (179 kg/ha P_2O_5, 240 kg/ha K_2O) in einem deutlichen Ertragsanstieg und zugunsten der Stadiendüngung (Tab. 53).

Tabelle 53. *Wirkung der gesteigerten N-Düngung auf den Kornertrag von Roggen* (PRIMOST 1959)

Rein-N kg/ha	geteilte N-Gaben		einmalige N-Gaben ($^2/_3$ im Frühjahr, $^1/_3$ im Herbst)	
	Korn	Stroh	Korn	Stroh
	dz/ha		dz/ha	
ohne N	20,85	53,27	20,85	53,27
40	26,24	68,54	25,48	66,63
80	29,76	76,50	28,02	74,42
120	32,66	79,24	29,60	80,63
160	33,79	81,20	29,78	82,75
200	32,77	82,23	30,20	82,47

Untersucht man mit Hilfe der morphologischen Ertragsanalyse das Verhalten der ertragsgebildeten Faktoren bei gesteigerter N-Düngung, so zeigt es sich, daß Roggen vor allem mit einem Zuwachs der Komponenten Bestandesdichte und Kornzahl pro Ähre reagierte. In der Ertragsbildung dominierte somit sortentypisch entweder die Bestandesdichte oder der Einzelährenertrag (PRIMOST 1958a). In gewissem Ausmaße konnte der eine Faktor für den anderen eintreten, jedoch gelang es nicht bei Unterschreiten eines gewissen Schwellenwertes für die Zahl der ährentragenden Halme durch Erhöhung der Kornzahl pro Ähre höchste Ertragsleistungen zu erzielen. Abb. 120 zeigt den Einfluß der N-Düngung auf die ertragsbildenden Faktoren von Roggen auf (PRIMOST 1958b). FADRHONS (1958) untersuchte gleichfalls die Ertragskomponenten des Roggens und fand, daß mit steigendem Halmgewicht eine Zunahme des Ährengewichtes erfolgte und eine Verlängerung des Zeitraumes zwischen Aufgang und Bestockung den Kornertrag erhöhte.

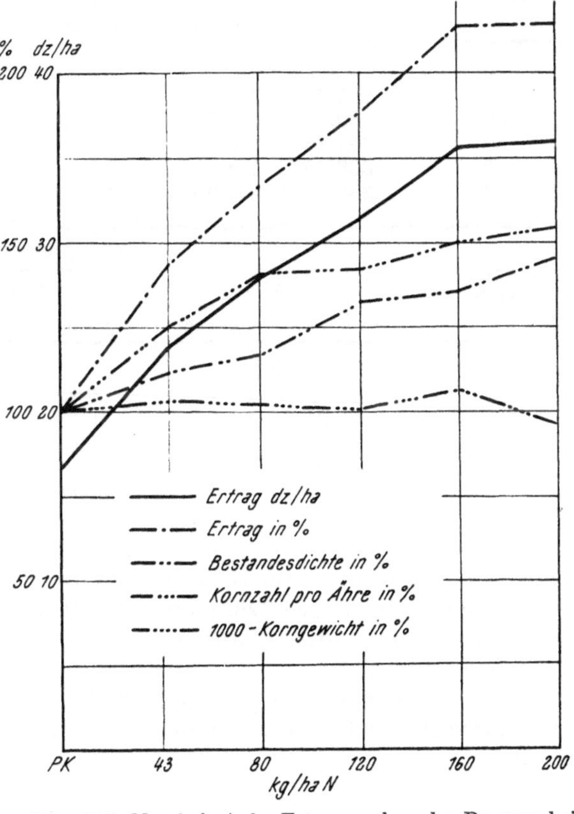

Abb. 120. Morphologische Ertragsanalyse des Roggens bei geteilten gesteigerten N-Gaben im Durchschnitt der Jahre 1955 bis 1957 (nach PRIMOST 1958)

Als optimale N-Menge für Roggen kann bei Aufteilung der N-Düngung wie bei Weizen

a) zeitliches Frühjahr
b) Halmstreckung
c) Ährenschieben

auf Grund des meist leichteren und nährstoffärmeren Bodens, auf welchem Roggen kultiviert wird, eine Düngung von 120 kg/ha N angesprochen werden, jedoch ist es sorten-, klima- und bodenbedingt möglich, auch 160 kg/ha N noch gewinnbringend einzusetzen (LINSER und PRIMOST 1958).

Die Wirkung der N-Düngung ist auch von der Bodenreaktion abhängig (ROEMER und SCHEFFER 1959) und nimmt bei stark saurem Boden rasch ab, und zwar ist der Abfall so groß, daß die Rentabilität der Düngung in Frage gestellt sein kann:

Austauschsäure cm^3	Mehrertrag durch N-Düngung dz/ha
0,0	9,02
0,1—1,0	7,68
1,1—2,0	7,24
2,1—3,0	6,80
über 3,0	0,48

Bei Futterroggen kommt einer N-Düngung besondere Bedeutung zu, da hier auf die Produktion eines hohen Grünmasseertrages im Frühjahr Wert gelegt wird, so daß noch höhere Mengen als bei Körnerroggen gewinnbringend eingesetzt werden können und bis zu N-Mengen von 200 kg/ha konnte noch ein signifikanter Ertragszuwachs ermittelt werden (PRIMOST 1960). Hinsichtlich der Grünmasse-

Tabelle 54. *Wirkung der gesteigerten N-Düngung zu Futterroggen* (nach Primost 1960)

Rein-N kg/ha	Grünmasseertrag dz/ha					
	1957		1958		1959	
	geteilt	einmalig	geteilt	einmalig	geteilt	einmalig
0	112,45		297,35		154,45	
50	201,35	236,05	378,15	329,10	261,85	211,20
100	280,65	318,50	418,55	389,35	347,35	299,00
150	334,25	386,65	436,65	423,65	388,95	361,75
200	366,05	418,65	468,95	435,65	408,40	394,30
250	389,10	454,90	474,80	451,20	405,10	400,05
Rein-N kg/ha	**Trockensubstanz dz/ha**					
	1957		1958		1959	
	geteilt	einmalig	geteilt	einmalig	geteilt	einmalig
0	23,61		44,10		31,66	
50	33,02	42,63	60,43	61,97	43,31	37,26
100	49,43	56,60	70,32	70,67	58,32	46,61
150	51,31	47,70	59,08	69,01	60,40	64,83
200	67,46	84,90	68,42	64,52	68,57	68,92
250	59,62	77,29	66,80	66,15	59,67	65,69

produktion waren, wie Tab. 54 zeigt, geteilte N-Gaben mit Ausnahme eines Versuchsjahres den einmaligen Frühjahrsgaben überlegen, während bei der Erzeugung der Trockensubstanz diese Unterschiede weniger deutlich zum Ausdruck kamen. Auch die Futterqualität wurde durch geteilte N-Gaben, wie noch später gezeigt werden soll, günstig beeinflußt. Auch Pielen (1939) fand in Schnittzeitenversuchen mit Grünroggen das Ertragsoptimum bei 200 kg/ha N, wobei ein Schnitt zu Beginn des Ährenschiebens die wesentlich höheren Ertragsleistungen brachte:

	Grünmasse/dz/ha	Schnittzeitpunkt
50 kg/ha N	89,0	zum Schossen
200 kg/ha N	193,8	zum Schossen
50 kg/ha N	197,4	zum Ährenschieben
200 kg/ha N	435,0	zum Ährenschieben

Pehl und Burckhardt (1957) erhielten durch Erhöhung der N-Düngung von 60 auf 120 kg/ha N eine Verdoppelung der Grünmasseerträge.

2. Die Phosphorsäuredüngung

Nach Gericke und Jürgens-Gschwind (1957) spricht Roggen auf eine steigende P_2O_5-Versorgung des Bodens wesentlich schwächer an als Weizen. Jedoch ist eine ausreichende Versorgung des Roggens mit P_2O_5 Voraussetzung für eine hohe Ertragsleistung und darf insbesondere bei Verabreichung höherer N-Mengen nicht vernachlässigt werden, da nur bei harmonischem Zusammenwirken sämtlicher Nährstoffe optimale Erträge erzielbar sind. Wenn Roggen infolge seines guten Aufnahmevermögens für Nährstoffe auch nicht mit jenen Mehrerträgen wie Weizen reagiert, konnte jedoch Gericke (1948) in Versuchen mit steigenden P_2O_5-Gaben nachstehende Ertragsleistungen erzielen:

ohne P_2O_5	20,7 dz/ha Korn	43,5 dz ha Stroh
30 kg/ha P_2O_5	22,8 dz/ha Korn	48,0 dz/ha Stroh
60 kg/ha P_2O_5	24,0 dz/ha Korn	50,4 dz/ha Stroh
90 kg/ha P_2O_5	25,7 dz/ha Korn	54,0 dz/ha Stroh
120 kg/ha P_2O_5	26,1 dz/ha Korn	54,7 dz/ha Stroh

In Abhängigkeit der P_2O_5-Versorgung des Bodens erhielt GERICKE (1948) folgende Roggenerträge:

Phosphorsäurezustand des Bodens	
arm	19,0 dz/ha Korn
mäßig	21,3 dz/ha Korn
gut	21,2 dz/ha Korn

Als mittlere P_2O_5-Gabe zu Roggen können nach GERICKE (1948) 60 kg/ha P_2O_5 angesehen werden und 1 kg P_2O_5 erzeugt 6,2 kg Roggenkorn und 15,5 kg Stroh. BÄRMANN (1957) erzielte in zahlreichen Versuchen mit Winter- und Sommerroggen durch Steigerungen der P_2O_5-Gaben beachtliche Ertragserhöhungen

Tabelle 55. *Wirkung steigender Thomasphosphatgaben zu Roggen* (nach BÄRMANN 1957)

P_2O_5/kg/ha	Kornerträge/dz/ha		Mehrertrag durch P_2O_5/dz/ha	
	Winterroggen	Sommerroggen	Winterroggen	Sommerroggen
ungedüngt	18,6	13,9	—	—
KN	24,8	15,4	—	—
KN + 30	27,8	—	3,0	—
KN + 60	30,0	22,2	5,2	6,8
KN + 90	31,2	—	6,4	—
KN + 120	32,7	24,8	7,9	9,4

(Tab. 55), wobei 120 kg/ha P_2O_5 als Optimum anzusprechen sind. In Versuchen zu Tetraroggen von GROETZNER (1957) traten durch ausreichende Versorgung mit P_2O_5 deutliche Ertragssteigerungen ein.

Die Form des P_2O_5-Düngemittels ist nach GERICKE (1948) von untergeordneter Bedeutung und der Ertragszuwachs betrug bei Düngung mit 60 kg/ha P_2O_5

in Form von Thomasmehl	3,5 dz/ha Korn
bei Rhenaniaphosphat	3,4 dz/ha Korn
und Superphosphat	3,8 dz/ha Korn

SCHEFFER (1956) erhielt in P_2O_5-Düngungsversuchen zu Roggen, wenn der Ertrag bei Superphosphat gleich 100 gesetzt wird, mit Thomasphosphat eine Ertragsleistung von 111%.

Wenn aus wirtschaftlichen Gründen die P_2O_5-Düngung in der Fruchtfolge eingeschränkt werden muß, so kann nach GERICKE (1948) dies am ehesten bei Roggen erfolgen, da diese Pflanze die geringsten Ansprüche bezüglich der P_2O_5-Versorgung stellt.

3. Die Kalidüngung

Der Bedarf des Roggens an K_2O ist gleichfalls gering (GERICKE 1948), jedoch reagiert Roggen deutlich auf den K_2O-Gehalt im Boden:

K_2O-Gehalt des Bodens	
schlecht	23,1 dz/ha Korn
mäßig	24,1 dz/ha Korn
gut	28,3 dz/ha Korn

Versuche mit steigenden K_2O-Gaben brachten nach GERICKE (1948) folgende Ertragssteigerungen:

K_2O/kg/ha	Korn (dz/ha)	Stroh (dz/ha)
ohne K_2O	22,5	47,9
60	24,2	58,6
80	24,8	53,5
120	25,5	54,2

Die mittlere Leistung von 1 kg K_2O beträgt nach GERICKE (1948) 2,8 kg Korn und 7,5 kg Stroh. JACOB und ALTEN (1942) erzielten durch gesteigerte K_2O-Düngung von 60 bis 120 kg/ha geringe Ertragssteigerungen (Tab. 56) und betrachten

Tabelle 56. *Wirkung steigender K_2O-Gaben auf den Roggenertrag bei verschiedener Einbringung*
(nach JACOB und ALTEN 1942)

K_2O	Ertrag/dz/ha NPK nach der Bearbeitung		Ertrag/dz/ha NP nach, K vor Bearbeitung		Ertrag/dz/ha NPK nach der Bearbeitung		Ertrag/dz/ha NP nach, K vor Bearbeitung	
	Korn	Stroh	Korn	Stroh	Korn	Stroh	Korn	Stroh
	1935				1937			
NPK_1	22,95	44,35	26,75	50,35	26,10	51,45	26,30	53,75
NPK_2	26,35	52,15	25,40	49,35	24,80	41,55	27,70	54,95
NPK_3	26,25	50,70	27,15	49,25	30,45	51,80	27,05	50,35
NPK_4	27,30	52,45	25,45	50,10	23,95	48,50	25,25	52,25
NPK_5	26,20	52,20	26,25	52,60	27,20	54,55	26,40	54,00
NPK_6	27,40	47,90	25,20	48,05	27,45	40,45	25,85	51,90
NPK_7	28,40	51,20	26,25	51,05	27,90	53,30	25,75	55,05
NPK_8	25,80	53,80	26,65	55,80	27,50	52,80	27,60	55,60

K_2O-Gaben zwischen 60 und 120 kg/ha als optimal. Der Zeitpunkt der Einbringung, vor der Bearbeitung oder nach der Bodenbearbeitung erwies sich für die Wirkung des K_2O-Düngers von sekundärer Bedeutung. Ebenso war die Form des K_2O-Düngemittels nicht ausschlaggebend. SELKE (1955) fand bei Anwendung von K_2O im Frühjahr eine bessere Wirkung als bei Herbstdüngung:

	dz/ha Korn	dz/ha Stroh
ohne K_2O	10,9	16,4
40er Kali Herbst	11,0	18,1
40er Kali Frühjahr	15,1	23,0
Kalimagnesia Herbst	13,3	21,2
Kalimagnesia Frühjahr	16,3	27,1

Diese Zahlen zeigen, daß bei Unterlassung einer K_2O-Düngung im Herbst diese ohne Ertragseinbuße im Frühjahr nachgeholt werden kann.

Die angeführten Zahlen der verschiedenen Autoren zeigen, daß die erzielten Ertragssteigerungen durch Erhöhung der K_2O-Düngung bei Roggen relativ gering sind, da der Roggen ein gutes Aufnahmevermögen für K_2O besitzt und eine N-

Düngung tatsächlich im Vordergrund des Interesses steht. In Roggenversuchen mit Nährlösung konnte BERGMANN (1954) zeigen, daß das Fehlen von K_2O und CaO sich auf das Wachstum des Roggens kaum auswirkt, während das Fehlen von

Tabelle 57. *Ergebnisse von Nährstoffsteigerungsversuchen zu Roggen* (nach GROHMANN 1959)

Düngermenge kg/ha	Erträge dz/ha					
	Petkuser		Kefermarkter		Stamm 1753-K	
	Korn	Stroh	Korn	Stroh	Korn	Stroh
ungedüngt	32,62	66,46	23,49	59,67	14,90	49,77
$N_{30}P_{50}K_{80}$	38,97	80,18	28,52	78,62	20,89	65,47
$N_{50}P_{75}K_{120}$	41,82	79,61	32,93	80,88	26,17	69,99
$N_{70}P_{100}K_{160}$	43,80	81,87	35,83	88,38	33,36	68,86
P-Wert	0,01	0,01	0,001	0,01	0,001	0,01

N zu deutlichen N-Mangelerscheinungen führte. Daß jedoch bei Steigerung der N-Komponente in der Düngung eine ausreichende Versorgung des Bodens mit P_2O_5 und K_2O sicher gestellt sein muß, zeigen die Ergebnisse von Nährstoffsteigerungsversuchen zu Roggen (GROHMANN 1959), welche in Tab. 57 erfaßt sind.

4. Die Wirkung der übrigen Nährstoffe

Bezüglich der Wirkung von CaO auf das Wachstum und die Ertragsleistung von Roggen ist zu erwähnen, daß Roggen im Gegensatz zu Weizen auf schwach saurem Boden sehr gut gedeiht, so daß von einer direkten Kalkdüngung, soferne der pH-Wert nicht außergewöhnlich niedrig liegt, Abstand genommen werden kann und diese rationeller zu anderen Früchten (z. B. Kartoffeln, Rüben) im Rahmen der Fruchtfolge eingesetzt wird. Für die MgO-Düngung gelten dieselben Richtlinien wie bei Weizen. SCHROPP (1940) fand in Versuchen mit Bor zu Roggen, daß in Wasserkultur mit Zusatz von Bor keine Unterschiede im Wachstum zu verzeichnen waren.

5. Die organische Düngung

Bei Roggen wird vor allem Stalldünger noch heute in weitaus stärkerem Maße als bei Weizen angewendet, jedoch muß aus Gründen der Winterfestigkeit und der Standfestigkeit von einer Stalldüngergabe zu Roggen genau so abgeraten werden wie zu Weizen. Roggen ist wie alle Getreidearten imstande, bei richtiger Stellung in der Fruchtfolge (wobei Roggen auch auf Getreide folgen kann, wenn dies nicht allzu oft der Fall ist) bei nur mineralischer Düngung höchste Ertragsleistungen zu erbringen. In weiten Gebieten der UdSSR wird Roggen mit Stalldünger gedüngt und CHOLOPOW (1953) erzielte mit 200 dz/ha Stalldünger, in die Brache eingebracht, eine Ertragssteigerung von 5,6 dz/ha Korn. Eine verstärkte Wirkung erhielt dieser Autor durch Kombination von organischer und mineralischer Düngung. Bei Anwendung von Jauche ist Vorsicht geboten, da die Ähren bei Jauchedüngung nach dem Ährenschieben leicht knicken (LORENZ 1956). In Gebirgsgegenden wird Stalldünger mitunter als Kopfdünger verabreicht (KLAPP 1951). In dem Versuch „Ewiger Roggenbau" in Halle (Saale) waren die Ernteerträge nach SCHMALFUSS (1957) in den letzten 75 Jahren auf den Stallmist- und NPK-Parzellen gleich hoch, während auf allen übrigen Parzellen infolge Nährstoffmangels ein ständiges Absinken zu verzeichnen war. Die Abnahme der Roggenerträge beruht auf der Stallmist- und NPK-Parzelle auf der jahrelangen Monokultur (Merker 1956). In diesem Versuch beeinflußte die N-Düngung die Ertragsleistung des Roggens wesentlich stärker als die P_2O_5- und K_2O-Versorgung.

i) Düngung und Qualität

Die Wirkung der Düngung auf die Qualität des Roggens ist im wesentlichen dieselbe wie bei Weizen. Da jedoch seitens des verarbeitenden Gewerbes (Müllerei, Bäckerei) an die Roggenqualität für die Brotbereitung nicht jene hohen Ansprüche wie bei Weizen gestellt werden und Roggen vor allem in Europa für die Broterzeugung verwendet wird, ist der Einfluß von Düngungsmaßnahmen auf die

Tabelle 58. *Wirkung der zusätzlich späten N-Düngung auf den Proteingehalt von Roggen* (nach Selke 1953)

N/kg/ha	Rohprotein in % der Trockensubstanz		N-Aufnahme kg/ha
	Korn	Stroh	
ohne N	10,6	2,2	57,4
40 früh	9,0	2,4	62,7
40 früh + 20 spät	10,2	2,0	76,9
40 früh + 40 spät	11,6	2,9	98,6

Roggenqualität nicht von so ausschlaggebender Bedeutung wie bei Weizen. Der Proteingehalt des Roggens ist einer der wichtigsten Qualitätsfaktoren und da Stickstoff als Baustein der Eiweißstoffe von größter Wichtigkeit ist, wurde vor allem die Wirkung der N-Düngung auf die Roggenqualität untersucht. Selke (1938) prüfte neben der Ertragserhöhung durch zusätzlich späte N-Düngung auch den Einfluß auf den Eiweißgehalt und -ertrag und fand einen beachtlichen Anstieg durch die N-Spätdüngung. Brüne (1941) bestätigte diese günstige Wirkung auf die Anreicherung mit Eiweiß bei Roggen und erzielte mit 40 kg/ha N als Spätdüngung die besten Ergebnisse. Schwanitz und Schwarze wiesen bereits 1937 auf die Erhöhung des Eiweißgehaltes bei hohen N-Gaben hin und fanden, daß, solange steigende N-Gaben den Ertrag förderten, keine Steigerung des Eiweiß-

Tabelle 59. *Wirkung einmaliger und geteilter N-Gaben auf Ertrag und Proteingehalt von Roggen* (Primost 1959)

Rein-N kg/ha	Zeitpunkt der Düngung	Kornertrag/dz/ha		Proteingehalt %	
		Petkuser	Otterbacher	Petkuser	Otterbacher
		Roggen		Roggen	
80	März	41,36	27,57	9,69	8,75
80	April	36,20	27,57	10,25	10,56
80	Mai	27,89	21,12	10,31	13,19
80	geteilt	33,65	25,85	8,87	10,06
160	März	41,06	39,82	9,21	11,50
160	April	38,02	35,47	10,44	12,12
160	Mai	29,77	22,90	13,19	15,75
160	geteilt	46,90	34,72	11,81	11,81

gehaltes eintrat, in vielen Fällen sogar bei niedrigen bis mittleren N-Gaben ein Absinken zu verzeichnen war. Zu demselben Ergebnis kamen SCHMALFUSS und MICHAEL (1938) in Gefäßversuchen zu Sommerroggen, in welchen auch erst bei höheren N-Gaben ein Anstieg des N- bzw. Proteingehaltes eintrat. SELKE (1953, 1956) konnte in weiteren Arbeiten zeigen, daß durch zusätzliche späte N-Düngung eine starke Steigerung des Proteingehaltes und -ertrages eintritt und die N-Aufnahme stark erhöht werden kann (Tab. 58). Im Durchschnitt zahlreicher Versuche erhielt SELKE (1959) einen Anstieg des Eiweißertrages bei Roggen um 38%. Nach SELKE (1955) besteht auch bei Roggen häufig eine negative Korrelation zwischen Kornertrag und Eiweißgehalt, wenn eine normale N-Düngung ohne Spätdüngung verabreicht wird. Diese negative Korrelation geht aus Versuchen von PRIMOST (1959) gleichfalls hervor, und Tab. 59 zeigt, wie Ertrag und Proteingehalt durch einmalige, zu verschiedenen Zeitpunkten verabreichte N-Düngungen verschieden beeinflußt werden und wie ausgleichend die Stadiendüngung auf Ertrag und Proteingehalt wirken kann. Dieser Ausgleich durch geteilte N-Düngung tritt jedoch erst bei höheren Gaben in Erscheinung und analog dem Ergebnis der Versuche der anderen Autoren tritt bei mittleren N-Gaben von 80 kg/ha zufolge der deutlichen Ertragssteigerung vorerst ein Abfall des Proteingehaltes ein. LEHMANN (1953) erhielt in Versuchen mit später N-Düngung zu Roggen den höchsten Eiweißgehalt von 11,40% bei Düngung mit 40 kg/ha N spät und der Eiweißertrag erfuhr eine Förderung um mehr als das Doppelte gegenüber der ungedüngten Parzelle.

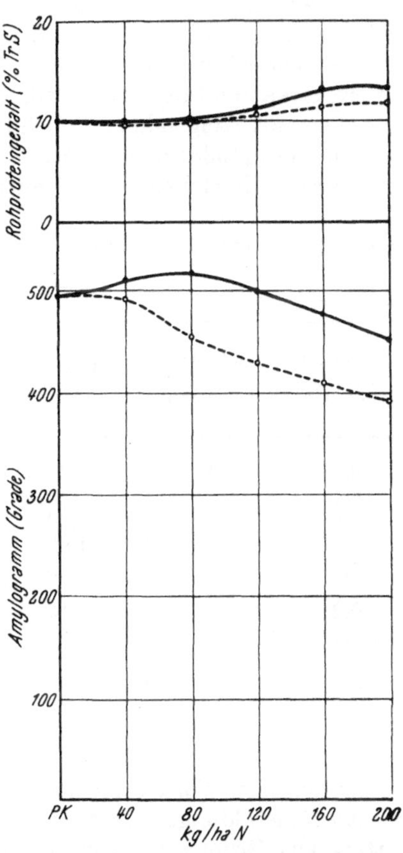

Abb. 121. Wirkung gesteigerter geteilter und einmaliger (Herbst und Frühjahr) N-Düngung auf Rohproteingehalt und Viskosität des Roggens (PRIMOST 1960)
——— geteilte N-Gaben
– – – – einmalige N-Gaben (Herbst und Frühjahr)

Für die Backfähigkeit des Roggens ist neben dem Proteingehalt das Verhalten der Stärke, vor allem das Ausmaß der Verkleisterung maßgebend. Die mit Hilfe des Amylographen bestimmte Verkleisterung der Stärke wird in Viskositätsgraden angegeben und diese sollen Werte zwischen 400 und 700 aufweisen. Im Durchschnitt langjähriger Versuche mit gesteigerten geteilten und einmaligen N-Gaben zu Roggen wurde, wie Abb. 121 zeigt, der Proteingehalt bei Stadiendüngung wesentlich stärker erhöht als bei einmaligen Frühjahrsgaben mit Herbst-N, wobei die Kurve für den Proteingehalt selbst bei extrem hohen N-Mengen von 200 kg/ha wohl eine Verflachung, jedoch noch kein Optimum erkennen läßt. Die Amylogrammwerte liegen gleichfalls bei Aufteilung der N-Düngung höher und sinken, bedingt durch den starken Anstieg des Proteingehaltes bei den höheren N-Düngungsstufen, ab. Das Optimum liegt hier bei Düngung mit 80 kg/ha N, jedoch wird der untere Schwellenwert bei keiner N-Menge unterschritten.

Die Wirkung der P_2O_5-Düngung auf die Roggenqualität äußert sich vor allem in einem günstigen Einfluß auf die Keimfähigkeit und erhöht nach GERICKE (1948) das Tausendkorngewicht:

ungedüngt	26,8 g
$N + K_2O$	26,6 g
$N + K_2O + P_2O_5$	27,5 g

Auch das hl-Gewicht wird schwach erhöht. Wie bereits gezeigt werden konnte (GROETZNER 1957), ist eine ausreichende Versorgung des Bodens mit P_2O_5 für die Winterfestigkeit des Roggens ausschlaggebend. Ebenso wie P_2O_5 wirkt auch K_2O vor allem indirekt fördernd auf die Qualität, da dieser Nährstoff für eine gesunde Entwicklung der Pflanze, vor allem für die Erhöhung der Standfestigkeit (ROEMER und SCHEFFER 1959, AUFHAMMER 1959) unentbehrlich ist. In Gefäßversuchen mit steigenden K_2O-Gaben zu Sommerroggen erhielten SCHMALFUSS und MICHAEL (1938) den höchsten N-Gehalt bei der niedrigsten K_2O-Gabe und der niedrigste N-Gehalt lag bei mittlerer K_2O-Gabe vor (vgl. Tab. 60).

Tabelle 60. *Wirkung steigender K_2O-Gaben auf den N-Gehalt von Sommerroggen im Gefäßversuch* (nach SCHMALFUSS und MICHAEL 1938)

K_2O-Düngung als K_2SO_4 in g/Gefäß	$CaSO_4$-Gabe in g CaO je Gefäß	pH-Wert (H_2O)	1000-Korngewicht g	Kornanteil in %	Gesamt-N im Korn % Trockensubstanz	Eiweiß-N im Korn % vom Gesamt-N
0,2	0,2	5,22	14,3	22,6	4,30	95,7
0,4		5,25	20,9	35,7	2,99	95,4
0,8		5,22	22,9	36,1	2,89	96,2
1,2		4,90	21,6	34,1	3,04	96,1
1,6		5,05	20,0	32,8	3,22	95,9
0,2		5,13	15,8	28,1	3,70	97,0
0,4		5,40	20,6	33,9	3,27	95,9
0,8	1,2	5,23	23,7	34,4	2,96	95,9
1,2		5,00	21,3	32,9	2,85	95,6
1,6		4,80	20,4	31,5	3,16	95,6
2,0		5,15	17,2	28,6	3,42	95,6

Die deutliche Förderung des Proteingehaltes und -ertrages durch richtig bemessene Mineraldüngung, insbesondere hohe N-Düngung ist für die Erzeugung von Futter- oder Grünroggen von größter Bedeutung. PIELEN (1939) erhöhte die Erzeugung von Rohprotein bei Grünroggen durch Steigerung der N-Düngung von 50 auf 200 kg/ha von 11,30% auf 15,74%, bzw. den Proteinertrag von 3,67 dz/ha auf 9,41 dz/ha. Bei ausreichender Versorgung mit P_2O_5 und K_2O wurden in Versuchen von PRIMOST (1960) bei Grünroggen sehr deutliche Steigerungen im Rohproteingehalt erzielt (Tab. 61), wobei geteilte (zweimalige) Gaben günstiger wirkten als einmalige Frühjahrsgaben mit Herbst-N. Gleichzeitig trat in diesen Versuchen eine Erhöhung des Aschegehaltes ein, während der Rohfasergehalt durch gesteigerte N-Düngung nicht signifikant verändert wurde. Die Protein- und Stärkeeinheitenerträge stiegen bis zur höchsten N-Düngungsstufe an und lagen bei Aufteilung des N in zwei Gaben höher als bei einmaliger Verabreichung. Somit reagiert Grünroggen, trotz seiner kurzen Vegetationsperiode im Frühjahr auf zwei N-Gaben mit wesentlich höherer Futterqualität und die Methode der gesteigerten geteilten N-Düngung erwies sich auch bei Roggen zur Futtergewinnung als überlegen.

Tabelle 61. *Wirkung gesteigerter N-Düngung auf die Futterqualität von Grünroggen* (PRIMOST 1960)

Rein-N kg/ha	Jahr	Gehalt in % der Trockensubstanz					
		Rohprotein		Rohfaser		Asche	
		geteilt	einmalig	geteilt	einmalig	geteilt	einmalig
0	1957	8,62		27,67		6,31	
50		10,37	8,94	26,91	25,59	6,58	6,42
100		11,12	9,75	27,50	25,59	6,86	6,71
150		14,37	—	28,80	29,27	7,11	8,78
200		14,94	13,00	29,11	28,15	7,52	8,00
250		16,31	14,81	28,29	28,84	7,69	8,37
0	1958	11,23		28,29		8,13	
50		12,43	11,33	28,98	24,56	8,41	8,89
100		14,20	13,44	28,01	32,23	8,48	9,33
150		17,16	13,00	27,96	29,64	9,38	7,89
200		17,69	14,75	27,93	27,05	11,21	8,96
250		19,00	15,19	26,17	27,05	10,93	11,64
0	1959	9,87		25,80		7,54	
50		10,06	9,50	28,48	26,40	6,59	6,30
100		12,12	11,13	27,58	26,70	7,16	7,68
150		14,81	12,44	26,75	27,65	8,72	8,21
200		14,81	13,06	27,10	27,05	9,56	7,77
250		18,56	16,31	25,50	25,00	9,02	9,62

k) Düngungsmethoden

Die Düngungsmethoden sind bei allen Getreidearten im wesentlichen dieselben und wurden im Abschnitt A, Weizen, ausführlich besprochen. Da Roggen im Weltanbau nicht jene Verbreitung gefunden hat wie der Weizen, sind die Düngungsmethoden nicht so vielfältig. Abweichend vom Weizen reagiert der Roggen als widerstandsfähigere Getreideart auch auf die Kontaktdüngung nicht mit so starken Ertragsdepressionen wie Weizen (OLSON und DREIER 1956). Auch in Versuchen von VON BOGUSLAWSKI und JUNG (1957) erwies sich Roggen bei Kontaktdüngung mit N- und P_2O_5-Düngern als weniger empfindlich, während bei Zusatz von K_2O kein positiver Erfolg eintrat. Bei Ausbringung der N-Spätdüngung mit dem Traktor tritt bei Roggen keine Ertragsdepression ein und daher eignet sich diese Ausbringungsart für Roggen in besonderem Maße, da auf leichten Böden durch den Druck des Traktors wesentlich geringere Schäden entstehen (LINSER und PRIMOST 1960).

Die Wirkung einer Beregung in Kombination mit zusätzlich späten N-Gaben wurde von BROUWER und MARTIN (1957) zu Roggen untersucht. Auch VOGLER (1958) und HEICK und SANDFAER (1957) beschäftigten sich mit dieser Frage. In allen Versuchen führte die Beregnung im Zusammenwirken mit der späten N-Düngung zu beachtlichen Ertragssteigerungen, welche sich zwischen 5 und 15 dz/ha bewegen. Die Wirkung einer Tiefdüngung zu Roggen auf Sandböden wurde von HEPP (1955) geprüft und dieses Verfahren erwies sich allen bisher angewandten Düngungsmaßnahmen überlegen.

Die zu Roggen allgemein übliche Düngungsmethode ist die breitwürfige Düngung, wobei P_2O_5 und K_2O im Herbst vor der Bestellung und N als Kopfdüngung im Frühjahr verabfolgt werden. Eine Aufteilung der N-Gaben im Frühjahr erweist sich insbesondere bei Roggen als zweckmäßig.

Literatur

ACHTERSTRAAT, J.: Meer belangstelling voor snijrogge. Landbouwvoorlichting **12**, 173–176 (1955). — AUFHAMMER, G.: Neuzeitlicher Getreidebau, 1. Aufl., S. 7, 8, 12, 17, 21. Frankfurt a. M.: DLG-Verlag. 1959.

BAUMANN, H.: Die konstitutionelle Anpassung der Kulturpflanzen an die Wasserversorgung. Z. Pflanzenernähr., Düng., Bodenkde. **46** (91), 175–190 (1949). — BAUMEISTER, W.: Mineralstoffe und Pflanzenwachstum, 2. Aufl., S. 46. Stuttgart: Fischer. 1954. — BÄRMANN, C.: Ergebnisse von Phosphatdüngungsversuchen. Phosphorsäure **17**, 5/6, 301–315 (1957). — BERGMANN, W.: Über den Einfluß von Umweltsfaktoren auf Wurzelwachstum und Ernteertrag. Dtsch. Landwirtsch. **5**, 1–5 (1954). — BIALOBLOCKI: Landw. Versuchs-Stat. **13**, 424 (1870). — BOGUSLAWSKI, E. VON: Wasserhaushalt und Ertragsbildung der Pflanze in Abhängigkeit von der Wasserversorgung und dem Wasserhaushalt des Standortes. Forschungsdienst **4**, 370–381 (1937). — BOGUSLAWSKI, E. VON, und F. JUNG: Versuche mit Reihen- und Kontaktdüngung zu Rüben und Getreide. Landw. Forsch. **1957**, 10. Sonderheft, 56–73. — BRACKEN, R. VON: Beitrag zum Wasserhaushalt und Wasserverbrauch einiger Kulturpflanzen im natürlich gelagerten Boden. Bodenkde. u. Pflanzenernähr. **25**, H. 4, 193–219 (1941). — BRESSLAWETZ, L. P., und S. F. MILESCHKO: Neutroneneinfluß auf trockenes Saatgut diploiden und tetraploiden Winterroggens. Ber. Akad. Wiss. UdSSR **120**, 11/5, 429–430 (1958). — BROUWER, W.: Die Beziehungen zwischen Ernte und Witterung in der Landwirtschaft. Landw. Jb. **63**, 1–81 (1926). — BROUWER, W., und H. MARTIN: Über die Wirkung der Spätdüngung bei gleichzeitiger Beregnung. Kali-Briefe, Fachgebiet 3, Nr. 9, **1957**, 1–4. — BRÜNE, F.: Versuche über Eiweißanreicherung des Getreides durch zusätzliche späte Stickstoffdüngung nach Selke. Bodenkde. u. Pflanzenernähr. **24**, 1–5 (1941). — BUCHNER, A.: Richtiger Einsatz des Stickstoffdüngers zu Wintergetreide. Mitt. Dtsch. Landwirtsch.-Ges. **71**, Nr. 12 (1956). — BURG, P. F. J. VAN: De overbemesting van granen door middel van ureumbespuiting. Stikstof **1958**, Nr. 18, 182–188.

CHOLOPOW, W. D.: Die Düngung zu Winterroggen auf grauen Podsolböden. Agrobiologie **79**, H. 5, 63–69 (1953).

DOBBEN, W. H. VAN: De resultaten van de interprovinciale veldproeven met gedeelde en zeer late stikstofgiften op wintergranen in 1956, Ser. 80 A und B. Landbouwvoorlichting **14**, 224–232 (1957).

EBERT, D.: Untersuchungen über die Verträglichkeit der Getreidearten untereinander. Z. landw. Vers. Unters.wesen **2**, H. 3, 221–240 (1956). — ENGEL, H.: Stickstoff zur Winterung erst im Frühjahr! Dtsch. Landwirtsch. **4**, H. 9, 493–496 (1953).

FADRHONS, J.: Výnosové složky obilnich odrud. Sborník českoslov. Akad. zěmědelských Věd, rostlinná výroba **4** (31), 317–330 (1958). — FAO: Yearbook of Food and Agricultural Statistics 1957 — Production, S. 35, 36. Rome: Food and Agricultural Organization of the United Nations. 1958. — FOLTÝN, J.: Agrotechnické lhuty set i ozimných chlebovin na Slovensku. Pol'nohospodárstvo **4**, 704–710 (1957).

GERICKE, S.: Düngemittel und Düngung in der deutschen Landwirtschaft, S. 118–122, 245. Berlin: Cronbach. 1948. — GERICKE, S., und S. JÜRGENS-GSCHWIND: Phosphorsäuredüngung im Getreidebau. Phosphorsäure **17**, 5/6, 316–340 (1957). — GLIEMEROTH, G.: Der Einfluß von Düngung auf den Wasserentzug der Pflanzen aus den Unterbodentiefen. Z. Pflanzenernähr., Düng., Bodenkde. **52** (97), 21–40 (1951). — GORALSKI, J.: Pobieranie i wykorzystanie różnych form azotu przez żyto w okresie karzewienia. Roczniki Nauk rolniczych, Ser. A **73**, 645–647 (1957). — GRIF, W. G.: Untersuchungen über Wachstumsprozesse des Winterroggens während der Jarowisation bei niedrigen Temperaturen. Pflanzenphysiol. **5**, 524–529 (1958). — GROETZNER, E.: Beobachtungen über den Einfluß einer harmonischen Nährstoffversorgung auf die Widerstandsfähigkeit des Roggens gegen Auswinterung. Phosphorsäure **17**, 1, 1–9 (1957). — GROHMANN, A.: Bericht über die Ergebnisse von Nährstoffsteigerungsversuchen zu Winterroggen in Oberösterreich im Wirtschaftsjahr 1958/59. Nichtveröffentlichte Versuche. — GROS, A.: Die Grundlagen einer rationellen Stickstoffdüngung des Getreides. Landwirtsch. Presse-Umschau **1954**, Nr. 14, 1–9.

HÄNSEL, H.: Über die Wirkung des Kurztages auf Zeit des Ährenschiebens und auf Ährchenzahl pro Ähre bei Petkus-Winterroggen. Bodenkultur **5**, H. 3, 305–312 (1951). — Beobachtungen über die Wirkung der Kälte auf die Keimwurzeln von Wintergetreide (mit besonderer Berücksichtigung des Vernalisationsverfahrens). Bodenkultur **6**, 152–162 (1952). — Vernalisation (Jarowisation, Kältestimmung), Forschungsergebnisse und ihre Verwertung in Pflanzenbau, Samenbau und Pflanzenzüchtung. Z. Pflanzenzüchtung **32**, 233–274 (1953). — HEICK, FR., und J. SANDFAER:

Fastliggende forsø med vanding og gødskning. Tidsskr. Planteavl. **60**, 621–656 (1957). — HEPP, F.: Az aljtrágyázás hatása a rozs termésére. Növénytermelés **4**, 161–168 (1955). — HEYLAND, K. U.: Der Verlauf der Einlagerung von Gerüstsubstanzen und anderen Kohlenhydraten in den Sproß von Weizen und Roggen zwischen Ährenschieben und Todreife. Z. Acker- u. Pflanzenbau **108**, H. 4, 473–502 (1959).

IGNATIEFF, V., und H. J. PAGE: Efficient use of fertilizers, S. 190. Rome: Food and Agriculture Organization of the United Nations. 1958.

JACOB, A., und F. ALTEN: Arbeiten über Kalidüngung, 3. Reihe, S. 319. Berlin: Verlagsges. f. Ackerbau. 1942. — JACOB, A.: Der gegenwärtige Stand der Frage der Magnesiadüngung. Pflanzenbau u. Pflanzenschutz **2**, 1–15 (1955). — JASNY, N.: The socialized agriculture of the USSR. Stanford: University Press. 1949. — JUNGES, W.: Die jährliche Niederschlagsverteilung als entscheidender Faktor bei der photoperiodischen Anpassung der Pflanzen. Gartenbauwissensch. **22**, 527–540 (1957).

KLAPP, E.: Lehrbuch des Acker- und Pflanzenbaues, 3. Aufl., S. 22, 35, 132, 241, 244, 245, 392, 394, 242. Berlin: Parey. 1951. — Futterbau und Grünlandnutzung, 6. Aufl., S. 28. Berlin: Parey. 1957. — KLITSCH, C., und M. SEIFFERT: Wenn die Brotgetreidebestellung witterungsbedingt gefährdet ist. Dtsch. Landwirtsch. **4**, H. 1, 10–14 (1953). — KÖHNLEIN, J., und N. KNAUER: Die Entzugszahl als Hilfsmittel zur richtigen Bemessung der P_2O_5- und K_2O-Gabe. Z. Acker- u. Pflanzenbau **104**, H. 4, 329–370 (1957). — KOSMINA, N. P., W. N. ILJINA und L. A. BUTMAN: Kleber-Eiweiß im Roggenkorn. Ber. Akad. Wiss. UdSSR **110**, 1/10, 610–612 (1956). — KOSSA, I. L.: Einfluß der Bodenreaktion auf die Überwinterung von Getreide. Wiss. fortschr. Erfahr. Landwirtsch. **1956**, Nr. 11, 36–37. — KOTSCHERGIN, A. JE.: Über die Anwendung von Mineraldüngern zu Getreidekulturen auf den Schwarzerden Sibiriens. Ackerbau **4**, Nr. 11, 34–41 (1956). — KRESS, H.: Erfolgreiche Jarowisation bei Sommergetreide und Süßlupinen (I). Dtsch. Landwirtsch. **4**, H. 1, 14–20 (1953). — KURTH, H.: Die Jarowisation landwirtschaftlicher Kulturpflanzen, 1. Aufl., S. 16. Die neue Brehm-Bücherei. Wittenberg: Ziemsen. 1955.

LEHMANN, D.: Ertragssteigerung durch Stickstoff-Spätdüngung. Dtsch. Landwirtsch. **4**, H. 5, 238–241 (1953). — LINSER, H., und E. PRIMOST: Zur Frage der Wirtschaftlichkeit verschieden hoher Stickstoffgaben im Getreidebau. Bodenkultur **10**, H. 1, 3–20 (1958). — Stickstoffdüngung mit hohen geteilten Gaben, III, Feldversuche zu Winterroggen. Z. Pflanzenernähr., Düng., Bodenkde. **86** (131), H. 2, 97–111 (1959). — Können späte Stickstoffgaben im Getreidebau mit dem Traktor verabreicht werden ? Z. Acker- u. Pflanzenbau **110**, H. 2 (1960). — LISTOWSKI, A.: Über den Einfluß der Jarowisation und des Kurztages auf die Entwicklung des Roggens. Züchter **28**, 314–320 (1958). — LORENZ, E.: Die Wirkung der Jauche als Stickstoffdünger bei verschiedenen Fruchtarten. Z. landw. Vers. Unters.wesen **2**, H. 1/2, 125–135 (1956). — LUNDEGÅRDH, H.: Klima und Boden, 5. Aufl., S. 131, 211. Jena: Fischer. 1957.

MÄRTIN, B.: Die Grünfutterzwischennutzung bei reifendem Getreide. Dtsch. Landwirtsch. **1956**, H. 4. — MERKER, J.: Untersuchungen an den Ernten und den Böden des Versuches „Ewiger Roggenbau" in Halle (Saale). Kühn-Arch. **70**, 153–215 (1956). — MITSCHERLICH, E. A.: Düngungsfragen. Vorträge und Schriften der Deutschen Akademie der Wissenschaften zu Berlin, **1949**, H. 33. — MULDER, E. G.: Effect of mineral nutrition on lodging of cereals. Plant a. Soil **5**, 246–306 (1954).

NELSON, L. B., und R. E. UHLAND: Factors that influence loss of fall applied fertilizers and their probable importance in different sections of the United States. Soil Sci. Soc. Amer. Proc. **19**, 492–496 (1955). — NEVENS, W. B.: More fertilizer higher yields. Better Crops with Plant Food **42**, Nr. 3, 38–43 (1958). — NOWIKOW, W. A.: Einige Besonderheiten pflanzlicher Entwicklungsstadien und die Bildung neuer Formen bei den Getreidepflanzen. Agrobiol. **4** (82), 1–29 (1953).

OHNESORGE, M.: Zur Stickstoff-Blütendüngung. Mitt. Dtsch. Landw.-Ges. **1958**, Nr. 17. — OLSON, R. A., und A. F. DREIER: Fertilizer placement for small grains in relation to crop stand and nutrient efficiency in Nebraska. Soil Sci. Soc. Amer. Proc. **20**, 19–24 (1956).

PEHL, P., und O. A. BURCKHARDT: Fünfjährige Erfahrungen mit früh schnittreifem Grünfutterroggen. Z. Acker- u. Pflanzenbau **103**, H. 1, 83-89 (1957). — PELSHENKE, P. F.: Brotgetreide und Brot, 5. Aufl., S. 9, 29, 37, 39, 41, 65, 67, 81, 86, 95, 99, 103, 155, 538, 545. Berlin und Hamburg: Parey. 1954. — PESSI, Y., und P. KIVINEN: Leikkuuajan vaikutuksesta ohran, kauran ja syysrukiin satoon sekä sadon käyttöarvosta kylvösiemenenä. Valtion Maatalouskoetoiminnan (State agric. Res. Publ. Finland), Julkaisuja (Rep.) **1957**, Nr. 161, 1–48. — PETERSEN, W.: Aktuelle Probleme der Herbstdüngung. Dtsch. Landw. Presse **80**, 7/9, 356, 14/9,

368 (1957). — PIELEN, L.: Möglichkeiten der Eiweißfuttererzeugung durch Zwischenfruchtbau auf schwerem Boden. Landw. Jb. **87**, 774–838 (1939). — POHJAKALLIO, O.: Light climate and crop growth in Finland. Field Crop Abstracts **10**, 77–82 (1957). — POHJAKALLIO, O., S. ANTILA und A. HALKILAHTI: On the effect of vernalization on some characters of two winter rye varieties. Acta Agralia Fennica **94**, **4**, 1–6 (1959). — POPOW, M., und L. WELINOW: Der Einfluß der Aussaattiefe von Getreide und Mais auf Entwicklung und Ertrag (Vorl. Mitt.). Bull. Inst. Biol. Bulg. Acad. Wiss. **5**, 361–372 (1954). — PRIMOST, E.: Der Einfluß steigender Stickstoffgaben auf den Ertragsaufbau von Roggen. Z. Acker- u. Pflanzenbau **107**, H. 2, 180–194 (1958a). — Die Bedeutung der morphologischen Ertragsanalyse für die Auswertung von Düngungsversuchen. Z. Pflanzenernähr., Düng., Bodenkde. **82** (130), H. 1, 1–10 (1958b). — Unveröffentlichte Versuche (1959). — Ertragsleistung und Futterqualität von Zwischenfruchtfutterpflanzen bei gesteigerter Stickstoffdüngung, II, Futter- und Wickroggen. Bodenkultur **11**, H. 1 (1960). — PURVIS, O. N.: An analysis of the influence of temperature during germination on the subsequent development of certain winter cereals and its relation to the effect of length of day. Ann. Bot. **48**, 919–955 (1934). Ref. nach HÄNSEL, H.: Bodenkultur **5**, H. 3, 305–312 (1951). — PURVIS, O. N., und F. G. GREGORY: Studies on vernalization of cereals, I, A comparative study of vernalization of winter rye by low temperature and by short days. Ann. Bot. NS. I. **1937**, 569–592. Ref. nach HÄNSEL, H.: Bodenkultur **5**, H. 3, 305–312 (1951).

REMY, TH.: Düngung und Verlauf der Nährstoffaufnahme. Ernährung d. Pflanze **35**, H. 5, 129–132 (1939). — ROHDE, G.: Phosphataufschließungsvermögen der Pflanzen. Die Dtsch. Landwirtsch. **4**, H. 2, 84–86 (1953). — ROEMER, TH., und F. SCHEFFER: Lehrbuch des Ackerbaues, 5. Aufl., S. 147–149, 152, 383, 384, 412, 434. Berlin: Parey. 1959. — ROTHE, M.: Über einige Veränderungen an Inhaltsstoffen des Roggenkornes während der Keimung. Ernährungsforsch. **2**, 502–504 (1957).

SAALBACH, E.: Der Einfluß des Thymohydrochinons als Modellsubstanz von Vorstufen, bzw. Abbauprodukten von Huminsäuren auf die Keimung von Getreide. Proc. Nat. Acad. Sci. (India) Allahabad **24**, Sec. A, 142–145 (1955). — SCHEFFER, F.: Die „wirksame" Phosphorsäure bestimmt den Pflanzenertrag. Phosphorsäure **16**, 3/4, 105–120 (1956). — SCHMALFUSS, K., und H. MICHAEL: Einige Untersuchungen über den Eiweißhaushalt des Getreidekorns in Abhängigkeit von der Ernährung der Pflanze. Bodenkde. u. Pflanzenernähr. **11**, 270–277 (1938). — SCHMALFUSS, K.: Der Feldversuch „Ewiger Roggenbau" in Halle. Phosphorsäure **17**, 3/4, 133–143 (1957). — SCHMITT, L.: Vom Segen der Düngung, S. 136, 143. Frankfurt a. M.: DLG-Verlag. 1954. — SCHNEIDEWIND, N.: Arbeiten der DLG. **1908**, H. 146, S. 23, 25, 27, 31. — SCHRADER, TH.: Untersuchungen über Kali- und Phosphorsäureaufnahme unserer Getreidesorten im Jugendstadium. Fortschr. Landw. **4**, H. 5, 230–233 (1929). — SCHROPP, W.: Bor und Gramineen. Forschungsdienst **10**, 138–160 (1940). — SCHULZE, E., und P. SCHULZE-GEMEN: Der Wasserhaushalt des Bodens im Dauerdüngungsversuch Dikopshof (1953/54). Z. Acker- u. Pflanzenbau **103**, H. 1, 22–58 (1957). — SCHWANITZ, F., und P. SCHWARZE: Die genetischen Grundlagen für die Züchtung von ertrags- und eiweißreichen Sorten bei unseren Getreidearten. Forschungsdienst **4**, 60–81 (1937). — SEELHORST, C. VON: Die Bedeutung des Wassers im Leben der Kulturpflanzen. J. Landw. **59**, 259–291 (1911). — SELKE, W.: Neue Möglichkeiten einer verstärkten Stickstoffdüngung zu Getreide. Z. Pflanzenernähr., Düng., Bodenkde. **9**, 506–535 (1938). — Die Stickstoffdüngung der Winterung. Mitschurin-Zirkel **2**, H. 11, 1–9 (1953). — Die Düngung, 2. Aufl., S. 202, 259, 265, 290, 292. Berlin: Deutscher Bauernverlag. 1955. — Fragen der Düngung. Z. landw. Vers. Unters.wesen **1**, H. 6, 556–581 (1955 a). — Der Einfluß der zusätzlichen späten Stickstoffdüngung des Getreides auf Qualität und Ertrag der Ernteprodukte. S.-B. Dtsch. Akad. Landwirtschaftswiss. Berlin **5**, Nr. 3, 3–30 (1956). — Die Leistung des zusätzlich späten Stickstoffs zu Getreide in Abhängigkeit von Standortsfaktoren. Z. landw. Vers. Unters.wesen **3**, H. 1, 25–46 (1957). — Die zusätzlich späte Stickstoffdüngung — ein Mittel zur weiteren Steigerung von Ertrag und Qualität des Getreides. Dtsch. Landwirtsch. **1959**, H. 4 und 10, 1–6, 191–197. — SESSOUS, G.: Handbuch der tropischen und subtropischen Landwirtschaft, 1. Bd., S. 699–750. Berlin: Mittler. 1943. — SUJEW, L. A., und P. F. GOLUBJOWA: Einfluß der Stickstoffernährung von Winterroggenkeimlingen auf die Phosphoraufnahme und den Phosphorstoffwechsel. Ber. Akad. Wiss. UdSSR **119**, 11/4, 993–995 (1958).

TAMM, E., und R. PREISSLER: Beiträge zur Keimstimmung und photoperiodischen Beeinflussung des Wintergetreides nebst einigen Vorversuchen mit Lein. Z. Züchtung, A, Pflanzenzüchtung **22**, 147–180 (1938). — THOMAS, B., E. ANDERS, H. PLESSING und K. FUCHS: Qualitätsprüfung von hellkörnigem Roggen im Vergleich zu grünkörnigem Petkuser Roggen. Ernährungsforsch. **2**, 494–501 (1957).

U.S. Department of Agriculture: Official Grain Standards of the United States, S. 49. Washington: U.S. Government Printing Office. 1957.

Vogler, E.: Fumure minerale complementaire tardive et arrosage artificiél. Potasse **32**, 103–104 (1958).

Wagner, P.: Kurze Anleitung zur rationellen Stickstoffdüngung landwirtschaftlicher Kulturpflanzen unter besonderer Berücksichtigung des Chile-Salpeters, 2. Aufl., S. 31, 32. Berlin: Parey. 1900. — Welton, F. A., V. H. Morris und A. J. Hartzler: Vergleichende Untersuchungen über den Feuchtigkeitsgehalt, die Trockensubstanz und die Zuckermenge im Halme reifender Roggenpflanzen. Plant Physiol. **5**, 555 (1931). Ref. nach Heyland: Z. Acker- u. Pflanzenbau **108**, H. 4, 473–502 (1959).

C. L'Orge

(Hordeum L.)

Par

Y. Coïc

Parmi les espèces d'Orges, on peut distinguer les Orges à 6 rangs (*Hordeum Hexastichum*) et celles à deux rangs où seuls les épillets médians sont fertiles (*Hordeum distichum*). Ce sont ces dernières qui sont le plus cultivées et principalement les variétés de printemps.

Le grain d'Orge est principalement utilisé dans l'alimentation du bétail, et dans la fabrication de la bière.

a) Croissance et développement

Pour préciser la durée des phases de développement nous prendrons comme exemple une Orge de printemps cultivée à l'Ouest du Rhin.

En dehors de la phase de germination, on distingue habituellement les périodes suivantes:

De la levée au début du tallage: L'Orge se sème aux environs du 15 mars. La levée a lieu 10 à 12 jours plus tard. Vers le 15 avril apparait en même temps que la 4ème feuille, la premiere talle dite "de coléoptile". Pendant ce temps, les racines primaires, en nombre limité, croissent activement.

Du début du tallage au début de la montée: Les talles proprement dites, c'est à dire celles issues du plateau de tallage apparaissent vers le 20 avril d'autant plus vite que le semis a été plus superficiel. Les talles se multiplient et se développent pendant environ une quinzaine de jours. Après le commencement du tallage, les racines secondaires qui prennent naissance aux nœuds de la base se ramifient avec profusion.

Montaison, épiage: Vers le 10 Mai, l'ébauche des futurs épis se détache du plateau de tallage pour commencer à monter dans les différentes talles. Cette période de montée dure environ un mois pour aboutir vers le 10 Juin à l'épiage, arrivée de l'épillet du sommet de l'épi au niveau de l'oreillette de la dernière feuille. Le nombre de feuilles de la tige principale est pratiquement constant et égal à 9.

La fécondation se situe entre l'apparition des barbes et l'épiage. Elle marque la fin de ce que nous appelons la "période de croissance végétative".

Au cours des 10 à 12 jours suivant l'épiage les tiges s'allongent pour atteindre leur taille définitive. Cependant, les réserves commencent à s'accumuler autour de l'embryon, les épis s'alourdissement et c'est la période la plus dangereuse au point de vue *verse* (fin juin). Au cours de la première quinzaine de juillet se situe le plus grand danger *d'échaudage* causé par une dessication brutale de tous les organes de la plante.

La pleine maturité se situe vers le 20—25 juillet.

La durée du cycle végétatif est donc, dans cet exemple, de 130 jours, comprenant 88 jours de croissance végétative (du semis à l'épiage) et 42 de l'épiage à la maturité.

Variations du développement. L'Orge est, comme le Blé, une plante de jours longs. Aux latitudes élevées le cycle végétatif se fait plus rapidement. Au *Maroc* (33ème Parallèle) la durée de végétation est de 5 mois (20 décembre au 20 mai), et approximativement la même au *Portugal*, en *Grèce* et en *Turquie* (40ème Parallèle) où semis et récolte se font 10 à 15 jours plus tard. Par contre entre les 45ème et 55ème Parallèles (de l'*Italie du Nord* au *Danemark*) la végétation dure déjà moins longtemps: un peu plus de 4 mois, avec récolte du 20 au 25 juillet. Il y a lieu, toutefois, de distinguer, dans cette zône, les pays à climat maritime (*Angleterre, Danemark*) où l'été se passe sans grandes chaleurs et ceux à climat continental aux étés chauds, secs (*Autriche, Tchécoslovaquie*): dans le premier cas, la durée de végétation est de 5 mois environ, la récolte s'effectuant au 10—15 août; dans le second cas, la maturité peut être atteinte dès le 10 juillet après un cycle de 4 mois.

Enfin au nord du 60ème Parallèle (*Norvège, Finlande*), du fait des jours longs, la végétation se fait à un rythme beaucoup plus rapide: cycle de 3 mois 10 jours réduit à 3 mois pour la variété précoce Pirkka (Orge à 6 rangs cultivée en *Finlande*). Il faut dire que dans ces pays les semis sont tardifs (mi-Mai), par suite de la fonte tardive des neiges.

La durée du développement est d'autant plus courte que le semis est plus tardif, la période de croissance végétative étant beaucoup raccourcie, celle allant de l'épiage à la maturité étant légèrement allongée (Burgevin et J. Sarazin 1938).

Date du Semis	1er Mars	24 Mars	15 Avril	7 Mai
Nombre de jours entre:				
a) La levée et l'épiage	77	68	49	43
b) L'épiage et la maturité	44	45	51	53
Total	121	113	100	96

La fertilisation a, en comparaison, une action insignifiante (sauf dans le cas de certaines carences sévères).

b) L'absorption des éléments nutritifs en rapport avec le cycle végétatif

La vitesse d'absorption des éléments minéraux nutritifs dépend, d'une part, de la vitesse de croissance de la partie végétative et ensuite de la possibilité de mise en réserve de ces éléments, et, d'autre part, de la disponibilité en ces éléments dans le sol.

Dans la toute première période de croissance, l'absorption des éléments minéraux est plus rapide que l'accroissement de matière sèche, puis c'est le contraire.

Dans un milieu convenablement pourvu en phosphore et potassium assimilables, le maximum de la quantité de P absorbé par la plante se situe en fin de végétation, tandis que pour le potassium ce maximum a lieu avant la fin de végétation. La quantité d'azote absorbée est, dans les conditions normales, fonction principalement des disponibilités en cet élément.

On peut calculer que, pour faire 1 quintal de grains d'Orge à 15% d'humidité la plante doit absorber approximativement 2 Kg, 2 d'azote, 1 Kg, 5 de P_2O_5 et 2 Kg, 2 de K_2O (au moment du maximum d'absorption).

c) Besoin en eau

Pour l'agronome il est particulièrement intéressant de connaître la quantité d'eau transpirée pour produire une unité de poids de matière sèche dans ses parties aériennes. LAWES (1850) a trouvé pour l'Orge 200 à 270 Kg d'eau par Kg de matière sèche produite. D'autres chercheurs de l'Ouest de l'*Europe* ont obtenus des chiffres semblables. D'autre part, les chercheurs des régions semi-arides des U.S.A. ont trouvé des valeurs beaucoup plus élevées: BRIGGS et SHANTZ (1914) à *Akron* (Colorado) ont trouvé pour différentes variétés d'Orge des chiffres allant de 502 à 556.

En agriculture, il est évidemment nécessaire de profiter de la meilleure façon possible de l'eau conservée dans le sol. Pour l'Orge, la précocité variétale et la précocité de la date de semis (semis automnal, lorsque cela est possible) permettent en général une adaptation des besoins en eau aux possibilités de fourniture par le milieu sol-climat.

L'eau étant le principal facteur limitant le rendement, il ne faut pas s'étonner que celui-ci varie amplement en fonction de ce facteur: allant de quelques quintaux aux environs de 55 quintaux à l'hectare.

d) Normes concernant la qualité

La qualité de l'Orge dépend des usages auxquels elle est destinée. Cette qualité a été particulièrement bien précisée lorsque l'Orge sert de matière première à la brasserie. Cette industrie demande: la pureté variétale; un pouvoir germinatif d'au moins 98% pour les Orges de première qualité et d'au moins 95% pour les Orges de qualité ordinaire; la finesse des enveloppes du grain; l'intégrité du grain, une couleur jaune franc uniforme des enveloppes; une teneur en eau ne devant pas dépasser 16%.

En plus de ces normes qui dépendent principalement des conditions de récolte et de conservation du grain, l'industrie a fixé deux normes essentielles de qualité, étroitement liées aux conditions de croissance et de développement, donc au milieu et aux techniques culturales, particulièrement à la fertilisation:

1°) La teneur du grain en protides doit être faible (sans l'être trop, car les protides serviront, après les transformations du maltage, à la nutrition de la levure): 10% de la matière sèche du grain pour les meilleures Orges de Brasserie, 11% pour les Orges de bonne qualité (la valeur des protides est habituellement obtenue en multipliant le chiffre trouvé pour l'Azote par 6,25, bien que ce coefficient soit sans doute trop élevé).

2°) Le calibrage doit être tel que, pour les Orges de 1er choix, au moins 95% des grains doivent être retenus par un tamis de 2 mm, 2. Le poids de 1000 grains doit être élevé.

La formule de prédiction de BISHOP (RUSSELL et BISHOP 1933) indique bien les relations étroites entre ces deux normes et le rendement en Extrait.

$$E = a - bN + cG$$

où E est l'extrait, N le pourcentage d'azote de l'Orge sèche, G le poids de 1000 grains et a, b, c, des constantes dépendant évidemment des unités choisies et de la méthode de détermination de l'extrait, et variables suivant les variétés.

Les orges destinées à l'alimentation du bétail doivent au contraire avoir une forte teneur en protéines, celles-ci ayant plus de valeur que l'amidon au point de vue nutritionnel.

e) Les méthodes de fertilisation

L'Orge devra pouvoir absorber dans le sol, à tout moment, la quantité d'élément qui lui est nécessaire pour obtenir, à la récolte, le Maximum de rendement en grain de meilleure qualité possible.

La fertilisation dépendra donc des déficiences du sol par rapport aux besoins de l'Orge pendant son développement. Elle devra donc être envisagée indépendamment pour chaque élément, mais il est logique de différencier trois groupes: les oligo-éléments, la fertilisation phospho-potassique, la fertilisation azotée.

1. Le fumier, l'enfouissement des pailles

La place habituelle de l'Orge dans un assolement est en "seconde paille" c'est à dire en général après la culture du Blé. L'Orge ne doit pas recevoir de fumier juste avant sa culture.

Dans les fermes sans bétail le problème suivant se pose: doit-on enfouir ou brûler les pailles, et en particulier doit-on enfouir ou brûler les pailles de Blé avant la culture de l'Orge ?

Il n'apparaît pas que ce problème, d'actualité pour certains pays, soit résolu. Il est difficile à résoudre de manière générale, car beaucoup de facteurs interviennent: nature du sol, climat, mode d'enfouissement, etc... Si l'on enfouit les pailles, le problème de la fumure azotée compensatrice se pose: on ajoute, en général, 4 kg d'Azote du sulfate d'ammoniaque par tonne de paille enfouie. Cet azote sera momentanément organisé par les microbes décomposant la paille mais une partie sera cédée ultérieurement sous forme minérale. Les incidences de cette pratique sur la teneur en azote du grain d'Orge n'ont pas été, à notre connaissance, étudiées.

2. Les oligo-éléments

L'apport d'oligo-éléments constitue un correctif apporté à la fertilisation normale. L'Orge est sensible à la carence en manganèse (toutefois moins que l'Avoine) et à la carence en cuivre. Sluijmans (1958) signale que l'Orge est particulièrement sensible à la carence en magnésie; plus sensible que la pomme de terre. Williams et Shapter (1955) mentionnent que l'Orge a une affinité particulière pour le sodium; elle en absorbe beaucoup plus que le seigle cultivé dans les mêmes conditions. Lehr et Wybenga (1958) ont souligné l'effet favorable du Na^+ pour la culture de l'Orge, sans qu'il leur soit possible de savoir si cet effet résulte du remplacement du potassium en cas de déficience de celui-ci, ou d'une action propre.

La fertilisation usuelle par des engrais apportant N, P, K, doit tenir compte, pour l'Orge comme pour les autres plantes, de la nécessité d'apporter accessoirement d'autres éléments et en particulier le soufre.

3. La fertilisation phospho-potassique

La fertilisation phospho-potassique de l'Orge ne peut être conçue que dans le cadre de l'assolement. En culture intensive, la fertilisation phospho-potassique rationnelle aboutit aux principes suivants:

1) Amener le sol pauvre en un élément (P ou K) à une richesse moyenne, fonction du type de sol, des cultures de l'assolement... de façon qu'une bonne proportion de cultures de l'assolement puissent y puiser approximativement, les quantités de P et K nécessaires à l'obtention du rendement maximum.

2) Restituer, sous forme d'engrais, la quantité d'éléments (P ou K) correspondant aux quantités effectivement exportées par les récoltes et aux pertes d'éléments assimilables (drainage, rétrogradation irréversible).

3) Effectuer ces restitutions en tenant principalement compte des besoins différentiels des cultures: besoin quantitatif, mais aussi intensité du besoin, c'est-à-dire nécessité d'absorber beaucoup de l'élément considéré par unité de temps; et en tenant compte secondairement de la nécessité pour la culture de disposer en quantité suffisante, au moment adéquat, d'éléments accessoires de la fertilisation pratique (soufre par exemple).

L'Orge compte parmi les plantes les moins exigeantes en potassium, et n'est pas parmi les plus exigeantes en phosphore. Toutefois l'Orge de printemps est plus exigeante que l'Orge d'hiver, puisqu'elle a un cycle de développement plus court. Il faut entendre par "peu exigeante" le fait que l'Orge pourra trouver une nutrition en K^+ (ou en $PO_4\equiv$) suffisante, dans le sol ayant une teneur en cet élément assimilable telle, qu'une autre culture comme la pomme de terre, luzerne, n'y trouverait pas une alimentation suffisante.

La restitution peut être calculée sur la base d'environ 0,85 kg de P_2O_5 et 0,5 kg de K_2O par quintal de grain récolté lorsque la paille retourne au sol et sur la base de 1,3 kg de P_2O_5 et 1,7 kg de K_2O par quintal de grain récolté lorsque la paille est exportée.

Dans la littérature on peut trouver tous les exemples d'action ou de non action sur le rendement de la fertilisation phosphatée ou potassique, ce qui est bien compréhensible.

4. Fertilisation azotée

La fertilisation azotée doit remédier aux insuffisances de la fourniture d'azote par le sol, pendant la végétation. La fertilisation azotée d'une variété d'Orge dans un milieu donné, ne peut donc résulter que de la confrontation des besoins de la culture avec la fourniture d'azote par le sol. La plupart des essais de fertilisations azotées ne comportaient que des apports très précoces: avant ou peu après le semis. Ainsi que nous le verrons, les apports tardifs sont à prohiber pour l'Orge de brasserie. Des essais de "fractionnement" ont été faits, mais le principe même du fractionnement est critiquable car la dose totale d'azote est constante. Or, si dans un essai comportant 20, 30, 40, 50, 60 Kg d'azote à l'hectare au semis l'on trouve que 40 Kg conduit au meilleur rendement, rien ne prouve que, dans un essai d'"échelonnement" de la fertilisation, ce ne soit pas la dose de 30 Kg au semis plus 20 Kg au début de la montaison par exemple qui conduise au rendement maximum, supérieur à 40 kg au semis.

Si le sol fournissait peu ou pas d'azote, la fertilisation azotée précoce donnerait à la plante plus que ses besoins dans la première phase de croissance; puis, pendant une courte période elle lui assurerait une nutrition azotée (ou une concentration en azote) optimale; et ensuite la culture subirait une longue période de faim. C'est ce qu' exprime ARRHENIUS (1938) quant aux expériences de fertilisation. Nous pensons que la signification de la fertilisation azotée précoce, lorsqu'elle est employée seule, est d'apporter une quantité d'azote la plus grande possible, compatible avec le danger de verse, de façon à assurer une nutrition azotée la plus prolongée possible. Mais beaucoup d'observations donnent à penser que la concentration en azote au début de la croissance est alors trop forte. Même si elle ne nuisait pas à la croissance, elle ne permettrait pas de conduire convenablement la croissance pour obtenir l'équilibre désiré entre les trois composantes du rendement: nombre d'épis à l'hectare, nombre moyen de grains par épi, poids moyen du grain.

f) Fertilisation, rendement et qualité

La teneur en azote du grain d'Orge étant une caractéristique essentielle de sa qualité, et, d'autre part, la fertilisation azotée étant le facteur principal d'augmentation du rendement, on conçoit qu'il soit difficile de séparer l'étude de l'action de la fertilisation azotée sur le rendement, de son action sur la qualité. Tous les chercheurs se sont rendus très vite à cette évidence. Pour faciliter le classement des innombrables travaux effectués sur cette question nous commencerons par expliciter les relations d'ordre général entre rendement en grain, teneur en azote du grain, besoin en azote de la culture.

La teneur en azote du grain d'Orge:

$$\frac{\text{Azote du grain}}{\text{Matière sèche du grain}} \times 100,$$

varie en général comme le rapport

$$\frac{\text{Azote absorbé par la plante}}{\text{Photosynthèse nette globale}}.$$

En effet, l'azote du grain représente à la récolte la majeure partie de l'azote absorbé par la culture: 1 Kg 4 sur les 2 Kg 2 approximativement nécessaires pour faire 1 quintal d'orge de bonne qualité et à 15% d'humidité; 80% environ de l'azote trouvé dans la récolte paille + grain, se situe dans le grain, et cette proportion est peu variable sauf dans les conditions extrêmes de culture: Burgevin et col. (1938, 1939, 1940, 1941), Burgevin et Demolon (1939).

Quant à la teneur en azote de la matière sèche des grains récoltés, elle dépend essentiellement des variations relatives de la quantité d'azote absorbée par la culture (qui, elle-même, dépend principalement des disponibilités en azote assimilable) et de la photosynthèse nette globale ou rendement global.

C'est ce qu'expriment Russell et Bishop (1933) sur le taux d'azote du grain: "...determined by the condition in spring and early summer, especially by the relation between the supply of available nitrogen in the soil and the power of the leaf to build up carbohydrate..."

Inversement on comprend que la disponibilité en azote d'une culture d'Orge et, en particulier la fertilisation azotée, doit dépendre de tous les facteurs agronomiques conditionnant le rendement.

Ces réflexions nous permettent d'étudier en même temps les relations entre fertilisation azotée, rendement, et qualité, pour différentes conditions agronomiques et en particulier celles sur lesquelles nous n'avons que peu d'action: climat, certaines conditions du sol.

1. Fertilisation azotée et variété

De très nombreux auteurs: Gregory et Crowther (1928), Weigert et Furst (1929), Burgevin et Sarazin (1938, 1939, 1941), Frey et col. (1952), Pendleton (1953)..., ont montré que les variétés d'Orge répondaient de façon différente à la fertilisation azotée tant au point de vue rendement que taux d'azote du grain.

La quantité d'Azote absorbée ne varie pratiquement pas en fonction de la variété (variétés de Printemps cultivées dans les mêmes conditions) ainsi que l'ont montré Russell et Bishop (1933), Willcox (1954).

Ce sont les possibilités de rendement des variétés qui sont le plus variables, soit en conséquence de leur comportement physiologique propre en conditions normales comme l'ont montré THORNE (1956) puis FRENCH et WATSON (1958), pour les trois variétés Plumage-Archer, Herta, et Proctor, soit par une meilleure adaption à des conditions climatiques défavorables, telle qu'un manque d'eau.

BERKNER et SCHLIMM (1932) ont étudié certaines variétés au point de vue de leurs exigences en eau.

Nous avons déjà indiqué l'importance de la précocité du point de vue utilisation de l'eau. Remarquons d'autre part, que les variétés précoces profitent de l'azote du sol (minéralisé à un moment déterminé) à un stade plus tardif de leur développement.

Il en résulte que toutes les variétés ne possèdent pas la même faculté d'utiliser l'azote de la fumure à la production du grain: BURGEVIN (1938, 1941).

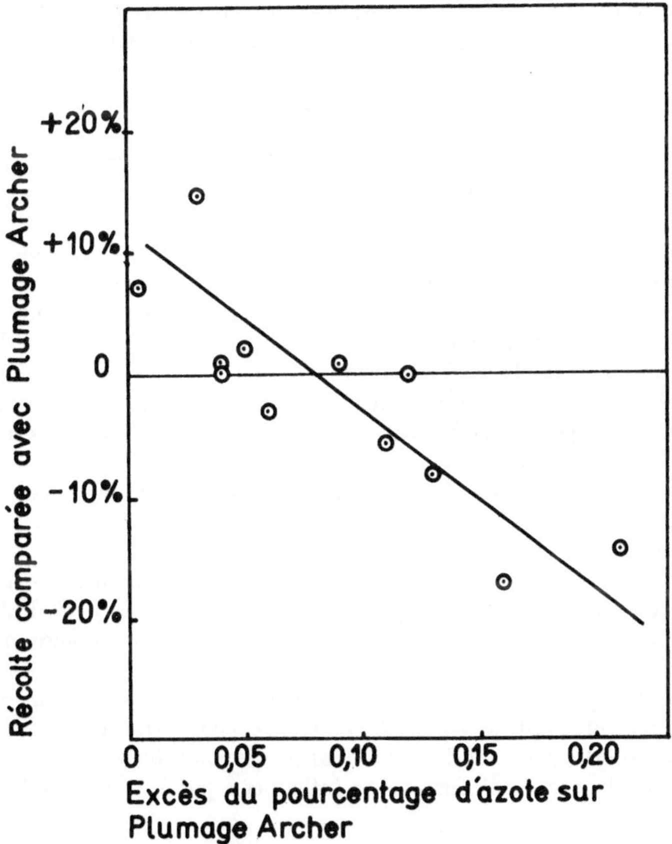

Fig. 122. Pourcentage moyen d'azote et récolte moyenne de différentes variétés, comparés avec ceux de la variété "Plumage-Archer" (d'après RUSSELL et BISHOP 1933)

Il n'est donc pas étonnant que le taux d'azote du grain varie avec la variété. WILLCOX (1954) établit même une loi, "the inverse yield-nitrogen law", selon laquelle: les rendements de tous les agrotypes sont inversement proportionnels aux taux d'azote de leur partie aérienne. On peut dire, grossomodo, la même chose du taux d'azote du grain.

En fait, lorsqu'une variété est plus productive son besoin en azote est plus grand. S'il n'est pas satisfait par une fertilisation azotée plus importante, d'une part, elle ne peut exprimer ses possibilités de rendement, et, d'autre part, la teneur du grain se trouve abaissée par rapport à une variété produisant moins dans les conditions de cette nutrition azotée. Il est donc indispensable d'assurer à chaque variété une nutrition azotée conforme à sa physiologie et en particulier à ses possibilités de rendement.

Nous pensons, pour ces raisons, qu'il est absolument nécessaire de combiner les essais variétaux avec des essais de *fertilisation azotée*, étant un peu plus restrictif que Gregory et Crowther (1928) qui indiquent qu'il est nécessaire de combiner les essais de variétés avec des essais d'*engrais*.

2. Fertilisation azotée et climat

Les facteurs du climat, parce qu'ils sont indépendants de nous, devraient être les seuls à limiter la production. Les facteurs sous notre dépendance, variété, techniques culturales, fertilisation... doivent donc être adaptés aux facteurs du climat.

L'eau étant le principal facteur limitant le rendement à l'agriculture, la fertilisation azotée dépend essentiellement de ce facteur. Dans certains pays comme l'*Autriche* où la sécheresse apparait en général tôt au printemps, la fertilisation azotée doit être très réduite: 9 kg d'azote à l'hectare par exemple, comme l'indiquent Pammer, Bogner et Hecke (1930).

Les travaux les plus considérables ont été effectués sur l'influence des conditions météorologiques de l'année sur le rendement et surtout sur la teneur en azote de l'Orge de brasserie: Weigert et Furst (1929), Russell et Bishop (1933), etc... Tous les travaux montrent l'augmentation du taux d'azote du grain, sous l'influence de la sécheresse de l'année.

Russell et Bishop (1933) ont trouvé une variation de rendement de 17% pendant 5 années d'expériences, les variations étant plus grandes sans fertilisation azotée qu'avec fertilisation azotée.

Ils trouvent que les pluies d'avril et de mai, abaissent nettement la teneur en azote: de 0,15% par 2 cm 5 de pluie au-dessus de la moyenne à *Woburn* et 0,05% par 2 cm 5 à *Wellingore*.

La pluie peut aussi avoir comme effet le lessivage de nitrates avant que l'Orge soit semée, ou lorsqu'elle n'a pas encore une forte intensité d'absorption, et ainsi causer une diminution des disponibilités en azote de la culture et diminuer en conséquence les rendements.

L'effet de la température est considérablement moindre que celui des chutes de pluie et peut n'être qu'un reflet de l'effet de ces dernières.

Le poids de 1000 grains, indice de qualité, dépend beaucoup de la photosynthèse nette tardive qui est fortement influencée par la disponibilité en eau.

3. Fertilisation azotée et conditions du sol

Parmi les caractéristiques du sol, nous distinguerons d'abord sa capacité d'alimentation en eau de la plante. C'est un problème qui se rattache à celui évoqué à propos du climat.

Le sol intervient par la fourniture d'azote assimilable. La quantité d'azote assimilable dont peuvent disposer les cultures d'un assolement ne dépend pas du taux d'N (organique) du sol; mais, si le système est en équilibre, elle est égale aux apports d'azote (engrais, légumineuses) moins les pertes (drainage). Cette fourniture dépend beaucoup du précédent cultural. On choisit pour l'Orge un précédent qui apporte relativement peu d'azote. Or, le moment où est fournie une certaine quantité d'azote par rapport au stade de développement de l'orge a une grande influence sur le taux d'azote du grain. Le graphique de RUSSELL et BISHOP (1933) montre l'influence de différents types de sol sur le taux d'azote du grain.

Ils trouvent que l'influence du sol est encore plus prononcée sur le rendement. Le taux d'azote élevé et la *variabilité* de ce taux trouvé dans les sols sableux

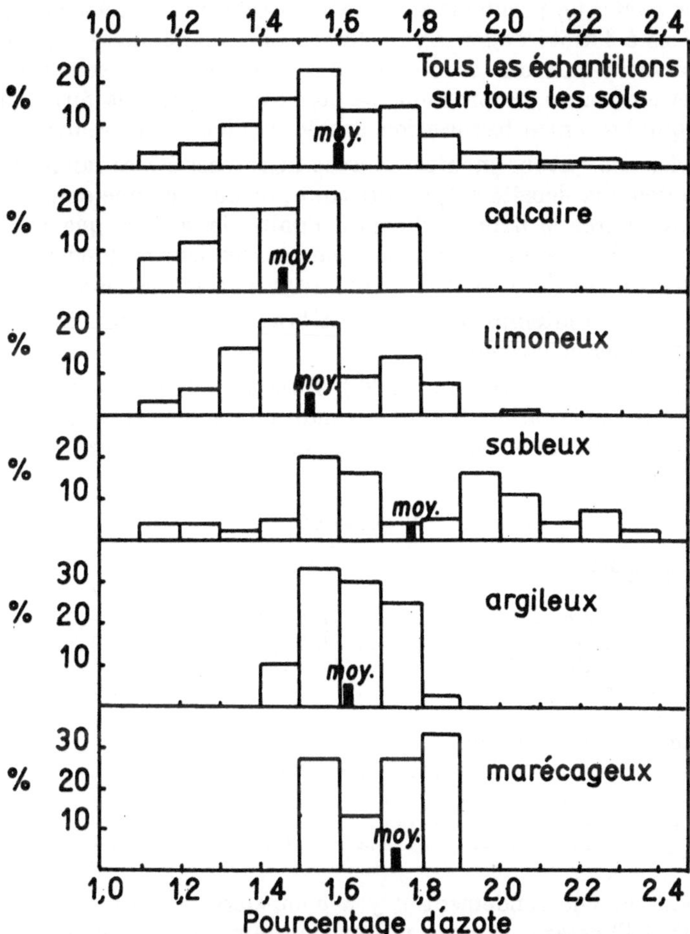

Fig. 123. Variations comparatives du taux d'azote du grain sur des sols de différents types (d'après RUSSELL et BISHOP 1933)

s'expliquent fort bien parce que dans ces sols le facteur eau peut être ou non, suivant les conditions météorologiques de l'année, le facteur limitant le rendement. Dans les autres sols le facteur principal est, à notre avis, la marche de la fourniture d'azote par le sol, par rapport aux stades de développement de l'Orge; et on comprend que dans les terrains marécageux ("fen") on rencontre des rendements élevés associés à une teneur élevée en azote. Nous avons essayé de faire un classement sommaire des sols suivant ces considérations: COÏC (1954).

Evidemment la fertilisation azotée doit tenir compte de ces conditions de sol puisqu'elle doit compléter, autant qu'il se peut en quantité et au moment voulu, la fourniture d'Azote par le sol.

Burgevin (1938) trouve que, même dans les terres de bonne qualité, la fumure azotée augmente largement le rendement en grain d'Orges de brasserie sans nuire à la qualité.

4. Fertilisation azotée, techniques culturales, rendement et qualité

Densité de semis: Ce problème se rattache à celui de l'obtention d'un nombre optimum d'épis à l'unité de surface, celui-ci constituant une composante essentielle du rendement en grain. La nutrition azotée étant bien souvent un facteur limitant de la croissance, ce problème se pose souvent sous la forme: Recherche d'un juste équilibre entre fertilisation azotée et densité de semis (Coïc 1959).

Pour le blé, nous avons montré qu'avec une densité très faible de semis on ne pouvait obtenir la densité d'épis suffisante; et qu'avec une densité trop forte on ne pouvait limiter le nombre d'épis à l'unité de surface que par une fertilisation azotée déficiente qui nuit finalement au rendement (déficience en azote des talles survivantes dont le travail photosynthétique est amoindri).

Pour l'Orge de printemps destinée à la brasserie, une trop forte densité de semis est particulièrement nuisible.

Toutefois, Russell et Bishop (1933), Burgevin (1939) ont montré que la densité de semis peut varier dans des conditions assez larges sans qu'il y ait une action remarquable sur le rendement et la teneur en azote (Tableau 62, Burgevin 1939).

Tableau 62

Fertilisation azotée:	Poids de semence en Kg par hectare		
24 Kg N/Ha	70	105	135
Rendement en grain	38,6 ± 0,78	39,7 ± 0,76	39,6 ± 0,64
Rendement en paille	36,6 ± 1,12	38,3 ± 1,36	38,5 ± 0,8
Teneur en azote du grain	1,52	1,52	1,51
Poids de 1000 grains	46,7	45,6	45,2
Pourcentage suivant grosseur			
> 2,8 mm	76,2	74,1	71,5
2,5—2,8	20,3	21,4	23,4
2,2—2,5	3,3	4,1	4,6
< 2,2 mm	0,2	0,4	0,5

Si au point de vue rendement il y a compensation entre les composantes: nombre d'épis à l'hectare, nombre moyen de grains par épi, et poids moyen du grain; on constate qu'il n'est pas avantageux de faire des semis trop denses, la composante poids ou grosseur moyenne d'un grain étant importante du point de vue de la qualité.

Si le rapprochement des lignes de semis par rapport à la normale n'a que peu d'influence (pour une certaine densité de semis) l'espacement trop grand des raies peut causer une forte augmentation du taux d'azote du grain (Russell et Bishop 1933).

Date de semis: Pour une même fertilisation azotée, plus le semis est tardif moins le rendement en grains est élevé et plus la teneur en azote du grain est élevée (Russell et Bishop 1933, Burgevin et Sarazin 1938). Comme l'explique Burgevin: "tandis que l'absorption de l'azote par la plante est peu ou pas influencée par l'époque des semis, la formation de la matière sèche est d'autant plus réduite que le semis est plus tardif".

Tableau 63

Sans fumure azotée	1er mars	24 mars	15 avril	7 mai
Rendement en grain (*Qx/Ha*) .	26,9 ± 0,41	28,8 ± 0,33	22,9 ± 0,66	15,1 ± 0,37
Azote p. cent de grain sec	1,55	1,58	1,70	1,89
Déchets p. cent de grain......	5,1	4,3	5,1	16,1
Avec fumure azotée				
Rendement en grain	44,6 ± 0,97	41,5 ± 1,02	32,6 ± 0,85	22,5 ± 0,68
Azote p. cent de grain sec	1,56	1,68	1,91	2,00
Déchets p. cent de grain	3,5	2,7	4,9	21,0

Interprété autrement, cela signifie que les semis tardifs ont besoin d'une fertilisation azotée moins grande, les possibilités de rendement étant alors réduites. On constate d'ailleurs que l'augmentation de rendement provoquée par la fertilisation azotée diminue avec la tardivité du semis. Il faut noter que le semis précoce conduit à un rendement en grain plus élevé, non seulement pour des raisons que l'on peut qualifier de normales (durée de travail assimilateur), mais aussi parce qu'il permet d'éviter des accidents climatiques, la sécheresse par exemple (semis du 7 mai).

Le semis d'automne lorsqu'il est possible (variété, climat) conduit, pour les mêmes raisons, à des récoltes plus élevées, et à un taux d'azote plus faible. Il faut remarquer que, sous climat à hiver doux et dans certains types de sols perméables, l'Orge d'hiver peut parfois disposer de plus d'azote (moins de perte par drainage à la fin de l'hiver).

La verse: La verse, lorsqu'elle est sévère, est un accident grave par la diminution de rendement et, corrélativement, par l'augmentation du taux d'Azote qu'elle provoque. Elle dépend essentiellement des conditions de croissance. Elle dépend de la fertilisation azotée en tant que facteur de croissance essentiel, d'autant que, pour l'Orge de printemps elle est apportée tôt et en quantité telle qu'elle satisfasse non seulement des besoins immédiats mais constitue un approvisionnement pour des besoins ultérieurs. CANS (1955) a montré que, pour une fertilisation azotée normale, la verse était principalement fonction de la fréquence des pluies pendant la montée, associée à de fortes chutes de pluie pendant le mois précédant la récolte. Ces deux conditions ne se sont réalisées qu'une année sur dix dans les expériences de CANS. Il existe souvent une verse légère, sans diminution importante du rendement et donc sans augmentation notable du taux d'azote du grain. Toutefois on comprend que cette verse puisse diminuer le poids de 1000 grains, comme l'ont montré BURGEVIN et SARAZIN (1940), puisque la cause tardive de la diminution légère du rendement doit affecter presque uniquement le grossissement des grains déjà formés (ce que l'on dénomme souvent la troisième composante du rendement). Cette diminution du poids de 1000 grains est, alors, d'autant plus marquée que la fumure azotée a été plus élevée (verse plus marquée) (BURGEVIN 1938).

g) Fertilisation

Fertilisation phosphopotassique, oligo-éléments: Nous avons indiqué les principes de la fertilisation phosphopotassique de l'Orge. Si la nutrition phosphopotassique ou en oligo-éléments est déficiente, le rendement sera abaissé et l'absorption de l'azote n'aura pas très sensiblement diminué, donc le taux d'azote du grain sera accru.

Fertilisation azotée: Il est bien établi que la fertilisation azotée est un des facteurs essentiels de l'accroissement des rendements. De plus le taux d'azote du grain est un critère essentiel de la qualité pour la brasserie. Il est donc normal qu'une quantité innombrable de travaux aient été effectués sur cette question, parmi lesquels nous citerons: WEIGERT et FURST (1939), RUSSEL et BISHOP (1933), BURGEVIN et SARAZIN (1938), SELKE (1938), GIESECKE und WIENHUES (1943), CANS (1955), LARTER et WHITEHOUSE (1958), etc...

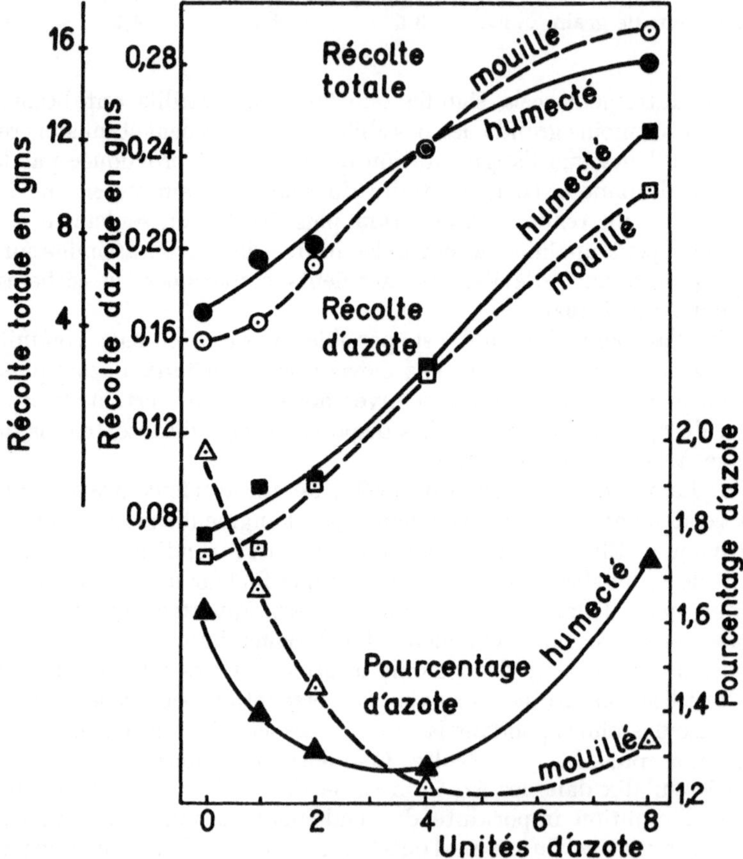

Fig. 124. Effet de l'accroissement de l'engrais azoté sur la récolte et la composition du grain d'Orge (d'après RUSSELL et BISHOP 1933)

La conclusion générale est que l'on peut obtenir, par application de fumures azotées convenables, de notables excédents de rendement en grain, sans nuire à la qualité de ce grain par un excès de matières azotées.

Il est aisé de comprendre comment varient rendement et taux d'azote du grain sous l'influence de la fertilisation azotée. Une fertilisation azotée modeste, peut, sans augmenter dans une très forte proportion la quantité d'azote absorbé par l'Orge (une partie importante de l'azote étant fournie par le sol), accroitre dans une plus forte proportion le rendement parce qu'elle agit au moment de la croissance active. Elle abaisse donc dans ce cas le taux d'azote du grain.

Mais on comprend qu'une quantité supplémentaire d'azote appliquée au même moment, n'augmente pas le rendement proportionnellement à l'augmentation de la quantité d'azote absorbée, et augmente donc le taux d'azote du grain.

L'azote apporté tardivement et n'accroissant plus la masse assimilatrice n'augmente plus beaucoup le rendement (augmentation de l'activité assimilatrice seulement) et peut augmenter considérablement le taux d'azote du grain d'orge (Burgevin 1937, Hunter 1938, Selke 1938).

Date d'application de l'engrais azoté	Témoin sans azote	11 mai	27 mai	8 juin
Rendement	100	112	113	97
N % de grain	1,82	1,75	1,78	1,92

Cette augmentation du taux d'azote nuisible pour la brasserie (au-dessus d'une certaine valeur) est, par contre, intéressante pour l'alimentation du bétail.

Russell et Bishop (1933) trouvent que le poids de 1000 grains est peu affecté par l'engrais azoté et n'a aucune connexion régulière avec le pourcentage d'azote. En fait, le résultat dépend de l'action relative de l'engrais azoté sur les composantes du rendement à l'hectare: nombre d'épis à l'hectare, nombre moyen de grains par épi, poids moyen du grain (voir Hunter 1926 et Hunter 1938). La fertilisation azotée, telle qu'elle est appliquée sur l'orge de printemps, c'est à dire tôt, agit principalement sur la première composante, moins sur la deuxième, peu ou pas sur la troisième; il peut même se faire que, par un effet de compensation bien connu, la troisième soit amoindrie. Burgevin (1938) indique que le "poids de 1000 grains... passe par un léger maximum pour les fumures moyennes".

Nature de l'engrais azoté: Russell et Bishop (1933), Hanley (1937) concluent de leurs longues expériences qu'il y a peu à choisir entre un engrais azoté et un autre, le prix et la facilité d'utilisation restant les facteurs décisifs. Foote et Batchelder (1953) obtiennent des récoltes plus élevées par l'application du nitrate d'ammonium au sol que par pulvérisations foliaires d'urée apportant la même quantité d'azote.

Conclusions

Les déficiences en micro-éléments doivent être considérées comme des cas singuliers dont la solution relève de l'Agronomie Générale. La fertilisation phosphopotassique de l'orge ne pose pas de problèmes particuliers et doit être conçue dans le cadre de l'assolement. La fertilisation azotée, convenablement adaptée à la variété, aux conditions de milieu et aux nécessités de qualité permet d'obtenir à la fois des rendements élevés et la qualité désirée.

Bibliographie

Arrhenius, O.: Yield and nitrogen uptake of barley in relation to the phosphate and nitrogen content of the nutrition medium. C. R. Carlberg, Sér. Chim. **22**, 42–44 (1938).

Burgevin, H.: Action sur le rendement et la composition de l'Orge de brasserie de l'application d'une même dose d'azote nitrique à des époques de plus en plus tardives. Rech. Fert. **1937**, 125–128. — Burgevin, H., et J. Sarazin: Influence de la date du semis sur le rendement et la qualité du grain et sur l'utilisation des engrais azotés par l'Orge de brasserie. Rech. Fert. **1938**, 135–141. — Culture de l'Orge. Rech. Fert. **1938**, 131–134. — Observations sur la fumure azotée de l'Orge de brasserie. C. R. Acad. Agric. **24**, 1026–1031 (1938). — Influence de la date du semis sur le rendement et la qualité du grain et sur l'utilisation des engrais azotés par l'Orge de brasserie. Rech. Fert. **1939**, 104–108. — BURGEVIN, H.: Action de la densité du semis sur le rendement et les caractères du grain et de la paille chez l'Orge de brasserie. Rech. Fert. **1939**, 109–113. — BURGEVIN, H., et J. CHABANNES: Culture de l'Orge. Rech. Fert. **1939**, 101–103. — BURGEVIN, H., et J. SARAZIN: Influence de la date du semis sur le rendement et la qualité du grain et sur l'utilisation des engrais azotés par l'Orge de brasserie. Rech. Fert. **1940**, 68–72. — Culture de l'Orge. Rech. Fert. **1941**, 101–107. — BERKNER, F., et W. SCHLIMM: Untersuchungen über den Wasserverbrauch von zehn ökologisch verschieden eingestellten Sommergerstensorten. Arch. Pfl. **1932**, 740–754. — BRIGGS, L. J., et H. L. SHANTZ: Relative requirement of plants. J. Agric. Res. **3**, 1–63 (1914).

CANS, D.: La fumure azotée de l'Orge. C. R. Acad. Agric. **41**, 216–221 (1955). — COÏC, Y.: Que pouvons-nous espérer de la fertilisation azotée semi-tardive et tardive du Blé d'hiver. C. R. Acad. Agric. **1954**, 214–218. — Recherches sur le meilleur équilibre densité de plantes — fertilisation azotée du Blé d'hiver. Ann. Physiol. Vég. **1**, 53–58 (1959).

DEMOLON, A., et H. BURGEVIN: Utilisation des éléments fertilisants dans la production du grain chez les céréales. Rôle de la paille. C. R. Acad. Sci. **208**, 667–669 (1939).

FOOTE, W. H., et F. C. BATCHELDER: Effect of different rates and times of application of nitrogen fertilizer on the yield of Hannchen barley. Agron. J. **45**, 532–535 (1953). — FRENCH, G. N., et D. J. WATSON: Varietal differences in barley. Report Rothamsted Exper. Stat. **1958**, 82–83. — FREY, K. S., L. S. ROBERTSON, R. L. COOK et C. E. DOWN: A study of the response of malting barley varieties to different fertilizer analyses. Agron. J. **44**, 179–182 (1952).

GIESECKE, F., et F. WIENHUES: Feldversuche über den Einfluß steigender und zeitlich gestaffelter Stickstoffgaben auf den Ertrag und den Eiweißgehalt von Sommergerste und Winterroggen. Bodenkde. u. Pflanzenernähr. **30**, 306–317 (1943). — GREGORY, F. G., et F. CROWTHER: Differential response of barley varieties to fertilizing. Nature **121**, 136 (1928). — A physiological study of varietal differences in plants I. A study of the comparative yields of barley varieties with different fertilizings. Ann. Botany **42**, 757–770 (1928).

HANLEY, F.: Manuring barley. J. Minist. Agric. **43**, 1092–1097 (1937). — HUNTER, H.: The barley crop. London 1926. — Relation of ear survival to the nitrogen content of certain varieties of barley. J. Agric. Sci. **28**, 472–502 (1938).

LARTER, E. N., and WHITEHOUSE: A study of yield and protein response of malting barley varieties to different fertilizers. Canad. J. Plant Sci. **38**, 430–439 (1958). — LAWES, J. B.: J. Hort. Soc. London **5**, 38 (1850). — LEHR, J. J., et J. M. WYBENGA: Exploratory pots experiments on sensitiveness of different crops to sodium: D. Barley. Plant a. Soil **9**, 237–253 (1958).

PAMMER, F., J. BOGNER et W. HECKE: Versuche über das Verhalten mehrerer Gerstensorten gegenüber einer verschieden starken Stickstoffdüngung. Fortschr. Landw. **5**, 207–210 (1930). — PENDLETON, J. W., A. L. LANG et G. H. DUNGAN: Response of spring barley varieties to different fertilizer treatments and seasonal growing conditions. Agron. J. **45**, 529–532 (1953).

RUSSELL, E. J., et L. R. BISHOP: Investigation on barley. Report on the ten years of experiments under the Institute of brewing research sheme 1922–1931. Suppl. to the J. Inst. Brewing **39** (530 N.S.), 287–421 (1933).

SELKE, W.: Neue Möglichkeiten einer verstärkten Stickstoffdüngung zu Getreide. Bodenkde. u Pflanzenernähr. **9**, 506–535 (1938). — SLUIJMANS, C. M. J.: Mg. requirement of barley. Nacobrouw 22° Jaarb., 42–51 (1958).

THORNE, G. N.: Varietal differences in yield of Barley. Report Rothamsted Exper. Stat. 1956, 83–84.

WEIGERT et F. FÜRST: Über die Verwertung steigender Stickstoffgaben durch verschiedene Sorten von Sommergerste. Z. Pflanzenernähr., Düng., Bodenkde. 8 B, 369–412 (1929). — WILLCOX, O. W.: Quantitative agrobiology: I, The inverse yield-nitrogen law. Agron. J. **46**, 315 (1954). — WILLIAMS, R. F., et R. E. SHAPTER: A comparative study of growth and nutrition in barley an rye as affected by low water treatment. Austral. J. Biol. Sci. 8, 435–466 (1955).

D. Hafer

(Avena sativa L.)

Von

Edith Primost

a) Entwicklung und Wachstumsverlauf

Der Hafer ist wesentlich jüngeren Ursprungs als der Weizen und war dem alten Kulturraum im Nahen Osten nur als Wildhaferart (*Avena strigosa*) bekannt. Als Heimat des Hafers werden die nordwestasiatischen Gebiete Südostrußland, Turkestan, Buchara und die kaspisch-kaukasische Tiefebene angenommen, von dort kam der Hafer donau- und wolgaaufwärts und auch über die Mittelmeerländer nach Europa. Aus der Reihe des Flughafers (*Avena fatua*) ging unser Kulturhafer (*Avena sativa L.*) hervor (AUFHAMMER 1959). Neben dem Saathafer, welcher der Hafer der gemäßigten Zone ist, wird der Fahnenhafer (*Avena orientalis*) für verschiedene Zuchtsorten in den Südstaaten der USA, Südamerika und Australien verwendet (SESSOUS 1943). Der Rauhhafer (*Avena strigosa*) hat in Heidegebieten und auf leichten Böden sowie in Gebirgslagen seine Bedeutung, während der Nackthafer (*Avena nuda*) unwichtig ist (KLAPP 1951). Die Haferarten *Avena abyssinica* und *Avena byzantina* gedeihen in Abessinien, bzw. wird letzterer in Nordafrika und im vorderen Orient als Wintergetreide genutzt (SESSOUS 1943). Die weite Verbreitung verdankt der Hafer nicht seinem besonders hohen Wert, sondern seiner Genügsamkeit hinsichtlich der geringen Boden-, Klima- und Kulturansprüche. Im Gegensatz zu Weizen und Roggen dient Hafer nur in Schottland und im hohen Norden als Brotgetreidefrucht, in den übrigen Gebieten liefert Hafer ein wertvolles Futtergetreide mit hohem Gehalt an Leistungsnährstoffen und dient der Erzeugung der Hafernährmittel (KLAPP 1951). Demnach unterscheidet man bei den Kultursorten zwischen Rispen- und Fahnenhafer und andererseits zwischen Gelb- und Weißhafer, wobei zwischen beiden letzteren kein wesentlicher Unterschied besteht. Wie bei Weizen und Roggen gibt es auch bei Hafer Winter- und Sommerformen, jedoch konnte der Winterhafer wegen seiner geringen Winterhärte nicht befriedigen und ist nur für Gegenden mit mildem Winter von Bedeutung, da er die Winterfeuchtigkeit gut ausnützt und früher reift. Winterhafer wird daher nur in Ländern mit südlichem und maritimem Klima (Südengland, Frankreich, Südstaaten der USA) gebaut (SESSOUS 1943).

Ähnlich den beiden anderen Getreidearten, kann auch Hafer als Grün- oder Futterhafer genutzt werden und dient in einigen Ländern (Südafrika, USA) als Weide.

Bei Hafer muß der Keimling erst unter der Spelze entlang wachsen, bevor er an der Kornspitze erscheint, die Faser- und Saugwurzeln sind kräftiger ausgebildet als bei den anderen Getreidearten und daher entwickelt auch Hafer eine größere Wurzelmasse (AUFHAMMER 1959). Die Haferwurzeln dringen in tiefe Bodenschichten vor und haben nach ROHDE (1953) einen Tiefgang von 2,60 m, wodurch auch die gute Wasserausnützung des Hafers erklärt wird. Als optimale Keimtemperatur gibt SESSOUS (1943) 25° C an, 4 bis 5° C sind die minimale und 30° C die maximale Keimtemperatur. Die Saatstärke beträgt bei Hafer 120 bis 160 kg/ha und ist bei Winterhafer geringer (70 bis 90 kg/ha). GUTTAY (1957) untersuchte den Einfluß der Düngermenge auf die Keimung von Hafer und fand, daß bei gemeinsamem Ausbringen von Dünger und Saatgut bei hohen Nährstoffmengen (112 kg/ha) das Auflaufen eine Verzögerung erfährt. Eine Behandlung der Hafersamen vor dem Anbau mit P^{32} (0,1 bis

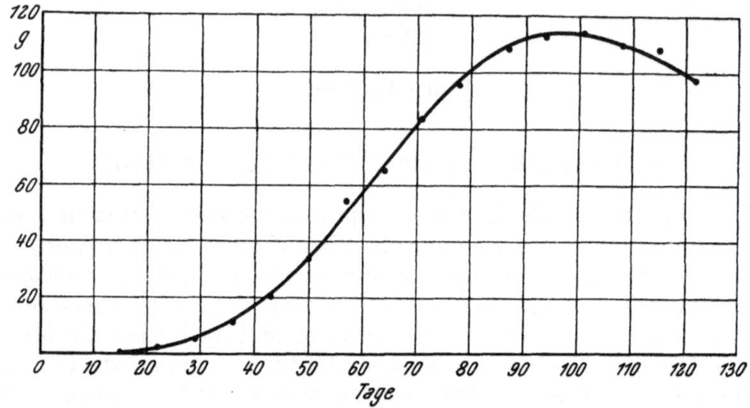

Abb. 125. Verlauf der Trockensubstanzbildung bei Hafer (nach H. WAGNER 1931)

1,000 μ C/l) führt nach MILLERS (1959) zu einer Förderung des Wachstums und der Aufgang wurde gleichfalls beschleunigt. Mit Äthylen, Butylen oder Propylen behandelte Hafersamen entwickelten nach Untersuchungen von LAZANYI und CǍBULEA (1958) die Keime schneller, und die Pflanzen zeigten eine Verkürzung der Vegetationsperiode. FREY und WIGGANS (1956) fanden, daß eine positive Korrelation zwischen dem hl-Gewicht der Samen und dem Trockengewicht der Haferkeimlinge besteht, da die Körner aus Pflanzen aus Samen mit niedrigem hl-Gewicht leichter waren. Bei Hafer waren nach SPECHT (1956) Jarowisationsversuche ohne Erfolg, und bei früher Aussaat jarowisiert Hafer auf dem Felde (KURTH 1955).

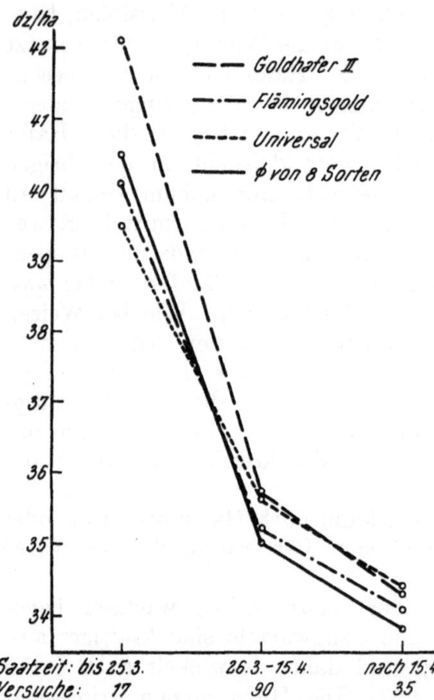

Abb. 126. Kornerträge des Hafers in Abhängigkeit von der Saatzeit (nach MÜLLER 1959)

Der Verlauf der Trockensubstanzerzeugung von Hafer ist in Abb. 125 (nach H. WAGNER 1931) dargestellt und zeigt, daß das maximale vegetative Wachstum in die Zeit zwischen Schossen und Rispenschieben fällt und zur Zeit der Reife ein Abfall einsetzt, der nach H. WAGNER (1931) auf eine Zerstörung der Pflanzenteile durch Wind und Wetter wie auch auf bakterielle Tätigkeit zurückzuführen ist. Die Bestockung des Hafers ist weniger stark als jene des Weizens und Roggens. Zwischen der Wachstumsgeschwindigkeit des ersten Laubblattes und dem zeitlichen Beginn des Bestockungsprozesses besteht nach BERGMANN (1955) eine deutliche Korrelation. Die nach der Bestockung einsetzende Reduktion der Halme auf die Zahl der rispentragenden Halme ist wie bei den anderen

Getreidearten sorten-, klima-, boden- und nährstoffabhängig und Winterhafer bildet eine höhere Bestandesdichte aus als die Sommerformen (FREY und WIGGANS 1957). Im Laufe der Entwicklung des Hafers ändern sich nach MAYR (1955) die grenzplasmolytischen Werte. Zur Zeit der Bestockung lagen in diesen Versuchen die Grenzplasmolysewerte bei 1,94 at. Zwischen Bestockung und Schossen blieben sie konstant und erreichten während des Schossens, nach 35 Tagen Vegetationsdauer ein Maximum. Während des Rispenschiebens erfolgte ein Absinken, zur Zeit der Ausbildung der Körner blieben die Grenzplasmolysewerte konstant, um in der Reifeperiode wieder abzusinken. Wie bei allen Getreidearten kann auch bei Hafer zur Zeit vor bis nach dem Rispenschieben und später Lagerung auftreten; die Ursachen sind daher dieselben, wie sie bereits im Abschnitt A, Weizen, geschildert wurden. Bezüglich der Standfestigkeit des Hafers konnte RODGER (1956) feststellen, daß eine Spritzung mit 2,4-D-Präparaten zur Zeit des Schossens die Standfestigkeit erhöht. Diese Erscheinung wird auf die physiologische Wirkung der Unkrautbekämpfungsmittel zurückgeführt, welche eine Verminderung der Internodienlänge des Halmes hervorrief und durch Bekämpfung des Unkrautes günstigere Lichtbedingungen schuf. Die Reife des Hafers durchläuft dieselben Stadien wie bei allen anderen Getreidearten, jedoch ist die Reife ungleichmäßig und die einzelnen Reifestadien daher schwer zu erkennen. Im allgemeinen reift Hafer um etwa 4 bis 6 Wochen später als Roggen. ROSS (1955) fand, daß zwischen den morphologischen Merkmalen und der Frühreife Korrelationen vorliegen und die Differenzierung des Vegetationskegels ein ebenso gutes Merkmal für die Frühreife des Hafers darstellt wie das Rispenschieben. Die Zahl der Blätter und Internodien ist bei frühreifen Sorten geringer als bei spätreifen.

Die Saatzeit des Hafers wirkt sich auf die Kornerträge wesentlich aus, da der Hafer im frühen Entwicklungsstadium niedrige Temperaturen benötigt. MÜLLER (1959) wies auf diese Zusammenhänge hin und Abb. 126 zeigt die Abhängigkeit der Kornertragsleistung vom Anbautermin.

Wird Hafer als Grünhafer für Futterzwecke genutzt, so erfolgt der Schnitt knapp vor dem Rispenschieben und daher gilt wie bei Futterroggen, daß ein Schnitt vor dem Rispenschieben nährstoffreicheres und rohfaserärmeres Futter liefert und mit Verzögerung der Schnittzeit eine Verschlechterung der Futterqualität eintritt.

b) Nährstoffaufnahme und Nährstoffverlagerungen in Abhängigkeit vom Wachstumsverlauf

Auch die Nährstoffaufnahme von Hafer eilt der Bildung der Trockensubstanz voraus. Nach Versuchen von H. WAGNER (1931, Abb. 127) liegt zu Beginn der Vegetationsperiode der N-Gehalt am höchsten, wird aber bald vom K_2O-Gehalt überholt. Wesentlich geringer ist der Gehalt an P_2O_5 und CaO. In der Zeit des Schossens erfolgt eine sehr starke Nährstoffaufnahme und insbesondere K_2O wird in hohem Maße aufgenommen, so daß H. WAGNER (1931) enge Beziehungen zwischen dem Nährstoff K_2O und dem Schoßvorgang vermutet. Zur Zeit der Reife sinkt der Nährstoffgehalt, vor allem bei K_2O, deutlich ab. Bezüglich der Nährstoffbilanz zwischen Halmen, Blättern und Rispen zeigt H. WAGNER (1932), daß nach einem bei den Blättern früher als bei den Halmen erreichten Maximum an N der absolute N-Gehalt in beiden Pflanzenorganen wieder absinkt (vgl. Abb. 128) und der N-Verlust als N-Vermehrung in den Rispen erscheint.

Die Rispen benötigen jedoch mehr N, als in den Blättern und Halmen aufscheint. Ähnlich wie bei N verhält sich auch die P_2O_5-Verlagerung, jedoch decken hier die Mengen an P_2O_5, die aus den Blättern und Halmen abwandern, den Bedarf der Rispen an diesem Nährstoff. Wesentlich anders verhält sich nach H. Wagner (1932) dagegen K_2O. Blätter und Halme speichern K_2O, dagegen wird nur von den Blättern K_2O abgegeben, das mengenmäßig annähernd genau in den Rispen erscheint (Abb. 128). Bezüglich CaO deckt jedes Pflanzenorgan seinen CaO-Bedarf selbst.

Im allgemeinen steht Hafer bezüglich Nährstoffgehalt und Nährstoffaufnahme dem Roggen sehr nahe und hatte in Neubauer-Versuchen von Schrader

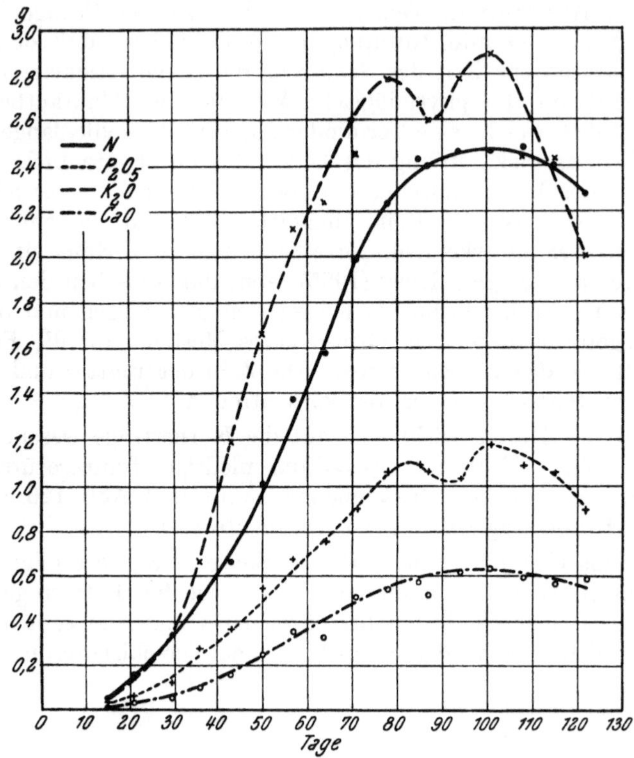

Abb. 127. Gesamtaufnahme des Hafers an N, P_2O_5, K_2O und CaO während der Vegetation (nach H. Wagner 1931)

(1929) seine Nährstoffaufnahme gleichfalls am 12. Tage abgeschlossen. In Vegetationsversuchen konnte Laske (1958) feststellen, daß bei Düngung mit Hyperphos eine langsame, fast gleichmäßige Zunahme der Trockensubstanz erfolgte, nach 60 Tagen waren 50%, nach 90 Tagen 75% erreicht, während bei Düngung mit Thomasphosphat die Trockensubstanz zum größten Teil in der ersten Vegetationshälfte gebildet wurde, und zwar 70% nach 60 und 96% nach 90 Tagen. Die Konzentration von P_2O_5 war am 24. Tage des Wachstums am stärksten und nahm mit der Reife ab. Der Abfall von Milchreife bis Vollreife dürfte nach Laske (1958) auf einer Abgabe von P_2O_5 an den Boden, die Wurzeln und auf Verlusten beruhen. In Versuchen ,von McLean (1957) wurde das Sproßwachstum durch N stark gefördert, während das absolute Wurzelgewicht abnahm. Mit steigender N-Zufuhr stieg die Aufnahmefähigkeit des Hafers für CaO und MgO und die Bereitschaft für die P_2O_5- und K_2O-Aufnahme sank ab.

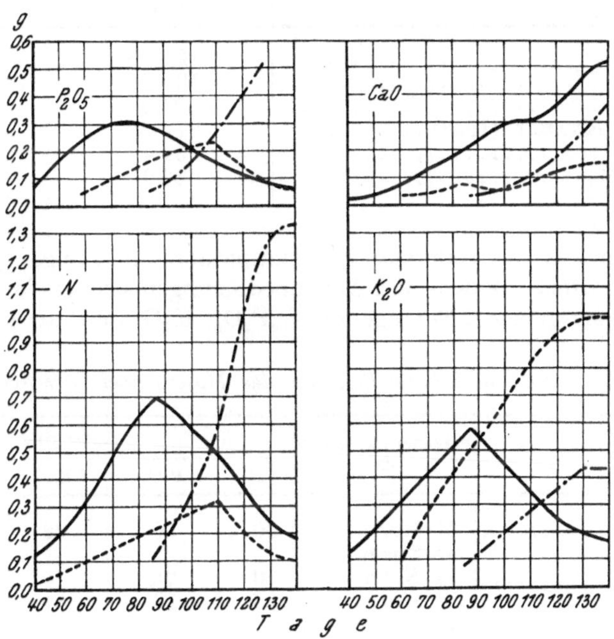

Abb. 128. N-, P_2O_5-, K_2O- und CaO-Umsatz des Hafers (nach H. WAGNER 1932)
——— Blätter, – – – – – Halme, —·—·—·— Rispen

Die K_2O-Aufnahme ist zur Zeit des Rispenschiebens am höchsten und zeigt auch in Versuchen von ROEMER und SCHEFFER (nach LASKE 1958) ein deutliches Absinken von Milchreife zu Vollreife.

c) Durchschnittliche Erträge und Nährstoffentzüge

Die weite Verbreitung des Hafers über die verschiedensten Klimate und Bodentypen erschwert die Angabe der durchschnittlichen Erträge und die angeführten Werte sind daher mit großen Schwankungen behaftet. Der Weltdurchschnittsertrag beträgt bei Hafer 14,4 dz/ha, wobei Unterschiede in der Ertragsleistung von 6,2 dz/ha in Afrika bis zu 18,4 dz/ha in Europa anzutreffen sind. Den höchsten durchschnittlichen Hafertrag weist Dänemark mit 33,4 dz/ha auf (*FAO-Jahrbuch* 1958). Die Entwicklung der Hafererträge in Deutschland zeigt nach GERICKE (1948) deutlich steigende Tendenz und läßt den Einsatz der Mineraldüngung erkennen:

1878—1889	11,5 dz/ha Korn
1910—1919	17,0 dz/ha Korn
1935—1939	21,1 dz/ha Korn
1956	25,5 dz/ha Korn (*FAO-Jahrbuch* 1958)

Eine ähnliche Entwicklung der Erträge ist in den USA vor sich gegangen (NEVENS 1958) und in allen Ländern mit intensiver Landwirtschaft nachzuweisen. Die von den verschiedenen Autoren angegebenen durchschnittlichen Hafererträge sind in Tab. 64 erfaßt.

Tabelle 64. *Durchschnittliche Hafererträge nach verschiedenen Autoren*

Autor	Ertrag/dz/ha	
	Korn	Stroh
Sessous (1943)	12—38	24—70
Klapp (1951)	13—38	24—56
Gericke (1948)	27,6	48,3
Köhnlein und Knauer (1957)	27—38	33—46
Müller (1959)	34,4	50,3
Grohmann (1959)	30,9	37,3

Auch die Entzüge des Hafers an den Hauptnährstoffen zeigen je nach Höhe der Ernte, den Klima-, Boden- und Anbaubedingungen sehr große Unterschiede. Die in Tab. 65 angegebenen Entzüge an N, P_2O_5, K_2O und CaO können nur in

Tabelle 65. *Durchschnittliche Nährstoffentzüge des Hafers nach verschiedenen Autoren*

Autor	bei einer Ernte von dz	Entzug/kg				
		N	P_2O_5	K_2O	CaO	MgO
Gericke (1948)	21 Korn	60	30	68	17	
	34 Stroh					
Schmitt (1954)	24 Korn	70	36	70		
Klapp (1951)	26 Korn	75	34	81	21	
	42 Stroh					
Köhnlein und Knauer (1957)	10 Korn	21,4	9,2	25,7	7,9	
Ignatieff und Page (1958)	18 Korn	34	7	9	2	3[5]
Wolff[1]	10 Korn	28	15	29	8	
	15 Stroh					
Becker-Dillingen[2]	20 Korn	55,5	27,5	58,0[5]		
	30 Stroh					
Neubauer[3]	30—40 Korn		41—55	94—125		
Schmalfuss[3]	30 Korn	75	35	80	40	
	40 Stroh					
von Boguslawski[4]	10 Korn		13,6	39,4		
Buchner[4]	10 Korn		13,6	36,8		
Kleberger[4]	10 Korn		10,2	24,9		
Rheinwald[4]	10 Korn		14,4	31,8		
Wagner[4]	10 Korn		17,0	36,0		
Primost (1959)	20 Korn	54,3	29,2	56,9	10,4	7,7
	54 Stroh					

[1] Nach Roemer und Scheffer (1959).
[2] Nach Sessous (1943).
[3] Nach Selke (1955).
[4] Nach Köhnlein und Knauer (1957).
[5] Angabe des Entzuges in P, K, Ca und Mg.

Annäherung als gültig betrachtet werden, da in den meisten Fällen auf mittlere Ernten umgerechnet wurde und die tatsächlichen Entzüge in Abhängigkeit von der Höhe der Ernten, den Witterungsbedingungen und der Versorgung des Bodens daher sehr starke Schwankungen aufweisen.

Die durchschnittlichen Düngermengen, die zu Hafer verabreicht werden, betragen nach Ignatieff und Page (1958) in Westeuropa: 45 kg/ha N, 45 kg/ha P_2O_5 und 45 kg/ha K_2O. In Deutschland werden etwa 40 bis 60 kg/ha N, 30 kg/ha

P_2O_5 und 80 kg/ha K_2O gedüngt. In Kanada, wo der Hafer mit Leguminosen-Einsaat kultiviert wird, beträgt die Höhe der Düngung 400 kg/ha eines Mehrnährstoffdüngers (z. B. 4:12:6 oder 5:10:10). In England und Wales wird der Hafer nach CHURCH (1956) mit 25 kg/ha N, 34 kg/ha P_2O_5 und 34 kg/ha K_2O gedüngt.

Grünhafer zur Futtergewinnung kann intensiver gedüngt werden.

d) Wasserbedarf (Wasserhaushalt)

Der Wasserbedarf des Hafers ist sehr hoch und eine ausreichende Winterfeuchtigkeit für eine gute Jugendentwicklung daher unerläßlich. Der höchste Wasserverbrauch ist zur Zeit des maximalen Wachstums gegeben und VON BRACKEN (1941) konnte feststellen, daß auf gedüngten Parzellen etwa die Hälfte der Wassermenge verbraucht wird wie auf ungedüngten. Mit dem gegebenen Wasserhaushalt wird daher um so rationeller gewirtschaftet, je höher die Erträge gesteigert werden. Abb. 129 zeigt den Wasserverbrauch des Hafers innerhalb der Vegetation (nach VON BRACKEN 1941). Für die Erzeugung von 1 kg Trockensubstanz werden von Hafer auf Grund der Untersuchungen verschiedener Autoren folgende Wassermengen benötigt:

nach ROEMER und SCHEFFER (1959)

HELLRIEGEL	376 kg
SORAUER	570 kg
SCHRÖDER	391 kg
SHANTZ	583 kg
TULAIKOV	430 kg

Der relative Wasserverbrauch ist bei Hafer auf den verschiedenen Böden etwa gleich groß und beträgt nach MÜNDEL (1942) auf:

Sandboden	480 kg
sandigem Lehm	480 kg
Moorboden	484 kg
Quarzsand	484 kg

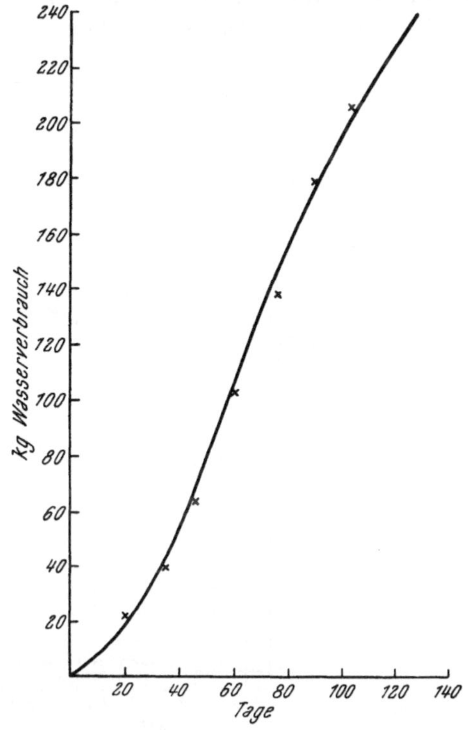

Abb. 129. Wasserverbrauch des Hafers während der Vegetation (nach VON BRAKEN 1941)

MITSCHERLICH (1927) bestimmte den Wirkungswert für das Wasser im Boden für Hafer mit 0,00032. Daß bei starken Düngergaben der Wasserverbrauch geringer ist als bei schwacher Düngung, stellte auch SCHMID (1941) fest, welcher zeigen konnte, daß dies vor allem für hohe N-Gaben zutrifft. Durch starke K_2O-Gaben wird der Wasserverbrauch dagegen nicht beeinflußt. Eine Steigerung der N-Gaben führte in diesen Versuchen zu einer Minderung der Transpiration, während bei hoher K_2O-Düngung keine Veränderung eintrat. Bei geringer Wasserversorgung ist der Gehalt des Hafers an aufgenommenem N und K_2O höher als bei reichen Wassergaben. N vermindert nach SCHMID (1941) den Wasserverbrauch und die Assimilationsleistung. Eine geringe Wasserversorgung hat keine Hemmung auf die Aufnahme der Nährstoffe durch Hafer. Die Wirkung steigender Wasser- und Nährstoffmengen auf den Wasserbedarf von Hafer

Tabelle 66. *Wirkung von steigenden Wasser- und Nährstoffgaben auf den Wasserbedarf von Hafer*
(von SEELHORST, vgl. ROEMER und SCHEFFER 1959)

Düngung	Trockensubstanz je Gefäß in g			Transpirationskoeffizient		
	Wassergehalt in % der wasserhaltenden Kraft (WK)					
	51	61	70	51	61	70
Ohne Düngung	39,6	48,8	52,6	259,9	312,9	307,1
Volldüngung	49,9	86,7	95,1	225,1	236,8	231,6

wird in Tab. 66 nach VON SEELHORST (nach ROEMER und SCHEFFER 1959) dargestellt. Dieser Autor kam gleichfalls zu dem Ergebnis, daß bei hoher Wasserversorgung der N-Gehalt geringer ist als bei geringer Wasserzufuhr. Die Transpiration des Hafers (Abb. 130 nach BRIGGS und SHANTZ, zit. nach LUNDEGÅRDH 1957) ist in der Nacht sehr gering und steigt nach Sonnenaufgang schnell an,

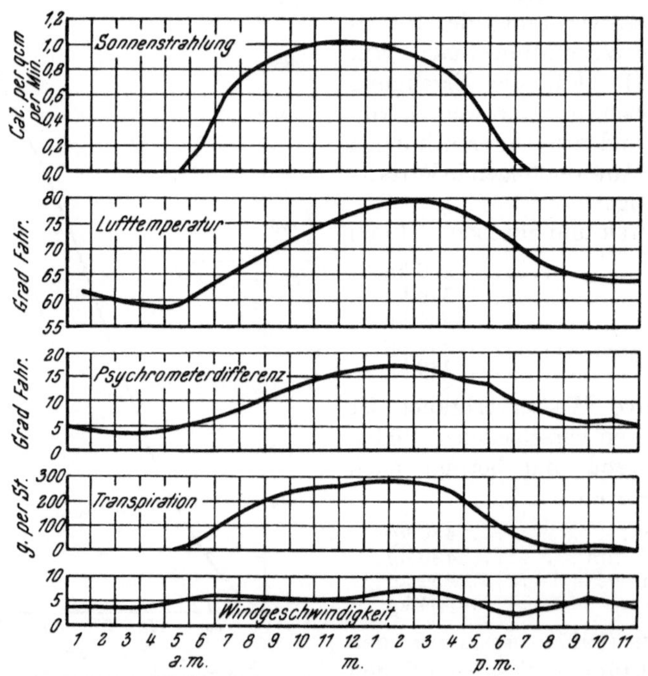

Abb. 130. Die tägliche Transpiration von Hafer mit Kurven für maßgebende Faktoren (nach BRIGGS und SHANTZ, vgl. LUNDEGÅRDH 1957)

erreicht mittags ihr Maximum, um dann in ähnlicher Weise am Abend wieder abzusinken. Eine Berechnung des Korrelationskoeffizienten ergab, daß die Transpiration zu 2/3 bis 3/4 mit der Sonnenenergie korreliert. Bezüglich des Wasserverbrauches während der Vegetationsperiode wird die Zeit der höchsten Entwicklung des Hafers und die Zeit vor und nach der Blüte sowie vor und nach dem Rispenschieben angegeben (WOLLNY, vgl. VON BOGUSLAWSKI 1937). Sorten mit engem Korn-Strohverhältnis verbrauchen weniger Wasser und eignen sich daher für trockene Lagen besser. Der Entwicklungsrhythmus ist nach REMY (vgl. VON BOGUSLAWSKI 1937) für die Ausnützung der Wasservorräte von entscheidender Bedeutung. Während des Schossens muß nach BROUWER (1926) genügend Feuchtigkeit (mindestens 50 mm) im Boden vorhanden sein. Kornertrag und Wasserverbrauch sind bei den verschiedenen Hafersorten verschieden hoch und TAMM und EBERHARDT (1959) fanden eine bessere Verwertung des Wassers bei höheren Erträgen. Nach KLAPP (1951) enthält der Boden im Sommer unter Hafer 11,3 Gewichtsprozente Wasser. WASSILJEW (1956) zeigte in Versuchen auf lehmigem Podsolboden, daß die Wassermengen in den oberen 50 cm starken Bodenschichten von größter Bedeutung sind. BÜNGER (1906) untersuchte den Einfluß verschieden hohen Wassergehaltes des Bodens in den einzelnen Vegetationsstadien auf die Entwicklung der Haferpflanze und fand, daß die Pflanzen auf nährstoffreichem Boden zur Produktion der Einheit oberirdischer Substanz bedeutend geringere Wassermengen verbrauchten als jene auf magerem Boden. Die Beeinflussung des Korn- und Strohertrages durch die Feuchtigkeitsverhältnisse erfolgte nicht immer gleichmäßig. Die Wurzelbildung hing im großen Maße von der Feuchtigkeit des Bodens ab. Die Länge des obersten Internodiums wurde vor allem durch die Wasserzufuhr während des Schossens, die der unteren Internodien durch solche während der ersten Vegetationszeit bedingt. Die Feuchtigkeit zu Beginn der Wachstumsperiode bedingte die Zahl der Internodien. Die Zahl der tauben Ährchen erreichte die Höchstzahl, wenn dem Hafer zur Zeit des Schossens das Wasser entzogen wurde.

e) Lichtansprüche

Da Hafer eine typische Langtagspflanze ist, spielt der Photoperiodismus für die Aussaatzeit eine große Rolle. Bei Anbau im späten Frühjahr liegt in dem langen Tag keine Entwicklungshemmung, der Hafer schiebt zeitig die Rispen und bringt nur geringen Ertrag (KRUG 1958). Hingegen erfolgt bei früher Aussaat zunächst ein starkes vegetatives Wachstum und wenn der Hafer nach Überschreiten der kritischen Tageslänge in die generative Phase eintritt, kann er mit der größeren Blattmasse höhere Erträge liefern. WIGGANS und FREY (1957) konnten zeigen, daß Hafer, der unter verschiedenen Licht- und Temperaturverhältnissen gezogen wurde, eine verschiedene Anzahl rispentragender Halme erzeugt. Alle geprüften Sorten benötigten mehr als 12 Stunden Licht, um innerhalb von 90 Tagen Rispen zu erzeugen. Hafer, der in diesen Versuchen bei 14,4° C kultiviert wurde, schob die Rispen nicht so rasch wie Pflanzen bei höherer Temperatur. Als Langtagspflanze reift Hafer unter den Lichtverhältnissen Finnlands in 90 bis 100 Tagen, wird jedoch der Lichteinfall auf 10 Stunden pro Tag herabgesetzt, so erreichen die Pflanzen keine reproduktive Phase (POHJAKALLIO 1957). Weitere Versuche von POHJAKALLIO und SALONEN (1958) in Lappland (69,5 Grad n. Br.) ergaben, daß der Einfluß des Lichtes auf das Wachstum von Sommergetreide derselbe war wie in Helsinki. Zu ähnlichen Ergebnissen kam GARDER (1957) in Versuchen mit Hafer in Wisconsin (43 Grad n. Br.) und Alberta (55. Grad n. Br.). Trotz starker Verschiedenheit der photoperiodischen Verhältnisse der beiden Versuchsorte war die Einstrahlung dieselbe. Im Norden wurde der Kornertrag mit wesentlich geringerem vegetativem Wachstum erreicht. Nach LUNDEGÅRDH (1957) bildet der Hafer unter Kurztagsbedingungen mehr Trockensubstanz als unter Langtag.

Die Temperaturverhältnisse sind gleichfalls für die Entwicklung des Hafers von größter Wichtigkeit und vom Einfluß des Lichtes nicht zu trennen. Nach BROUWER (1926) benötigt Hafer während der Bestockungszeit niedrige Temperaturen, die Durchschnittstemperatur soll nicht mehr als 11° C betragen, wobei als kritische Periode die Zeit bis etwa 20 Tage nach dem Aufgang anzusehen ist. Versuche von WIGGANS (1956) zur Prüfung des Einflusses der Temperatur auf die Reife des Hafers zeigten unterschiedliche Wärmeansprüche von der Saat bis zum Rispenschieben sowie Rispenschieben bis Reife. Die Temperatur erwies sich als wichtigster Faktor für die Reife des Hafers. Bei verspätetem Anbau wird die Periode für die Photosynthese reduziert. Eine mittlere Temperaturerhöhung des Bodens während der Vegetation um 4,7° C verkürzt nach LIMAR (1958) die Entwicklung des Hafers um 6 bis 10 Tage. Die Phase vom Beginn des Schossens bis zum Rispenschieben ist besonders temperaturabhängig. Die von Hafer benötigte Wärmesumme beträgt nach SESSOUS (1943) 2340 bis 2730° C.

f) Zeitverlauf des Anbaues, des Wachstums und Erntedaten verschiedener Länder

Der Hafer gedeiht am besten im niederschlagsreichen Klimagebiet der gemäßigten Zone und wird im hohen Norden von der Gerste abgelöst. SESSOUS (1943) gibt als nördliche Anbaugrenze für Hafer den 69. Grad n. Br. an, in östlichen Kontinentallagen liegt die Anbaugrenze zwischen dem 50. und 60. Grad n. Br. Die Nordgrenze des Haferanbaues deckt sich auf der nördlichen Halbkugel mit der September-Isotherme von +9° C, die Südgrenze mit der Mai-Isotherme von +15° C. Die höheren Temperaturen in heißen Gegenden verträgt der Hafer nicht. Hafer steht im Weltgetreideverkehr vor Roggen und Gerste (KLAPP 1951) und hat ohne UdSSR eine Anbaufläche von 26200 tausend ha (*FAO-Jahrbuch* 1958). Wie Tab. 64 zeigt, steht flächen- und erzeugungsmäßig Nordamerika mit USA und Kanada an der Spitze, 51% des Hafers in der (nichtrussischen) Welt wird in Nordamerika gebaut und die Erzeugung beträgt 48% der Weltproduktion. In Europa sind Frankreich, Deutschland, Polen und Großbritannien die wichtigsten hafererzeugenden Länder, in Südamerika kommt Argentinien große Bedeutung zu (La-Plata-Hafer) und Australien ist für den Welthafermarkt wegen der hohen Qualität des dort gebauten Hafers von Wichtigkeit. Nach Angaben von JASNY (1926) betrug der Anteil des Hafers in Rußland im Jahre 1913 20,6% der Getreidefläche und Hafer steht nach Weizen und Roggen an dritter Stelle. In der heutigen UdSSR wird nach JASNY (1937) Hafer in der Tschernosem-Zone in einem Ausmaß von 1249 tausend ha gebaut. Im Südkaukasus wie in Zentralasien wird nur Weizen kultiviert. In Australien wird der Haferanbau im Weizengürtel forciert und im Jahre 1930 nahm die Haferanbaufläche 15% der australischen Weizenfläche ein, während 1956 60% der Weizenfläche mit Hafer angebaut wurden. WILD und REEVES (1956) diskutierten ausführlich die Nutzungsmöglichkeiten des Hafers in Australien und erwähnen vor allem drei Nutzungsrichtungen: a) Weide (Schafhut), b) Heugewinnung und c) Körnergewinnung. Versuche in Arizona, Hafer als Winterfutter zu verwenden, ergaben nach THOMPSON und DAY (1959) gute Erfolge und zeigten gleichzeitig die Nutzungsmöglichkeiten als Weide, für Grünschnitt und Heugewinnung auf. In Italien konnte der Haferimport durch Intensivierung des Haferanbaues in den in Frage kommenden Gebieten von Puglia und Lucania wesentlich verringert werden (MONTARULI 1957).

Der Anbau des Hafers, welcher in der gemäßigten Zone vor allem als Sommerhafer kultiviert wird, fällt in das zeitige Frühjahr und soll so früh wie möglich vorgenommen werden. Winterhafer wird in den Gegenden mit warmem Winter je nach der Regenzeit angebaut, meist Anfang Dezember. Wie sich der Anbau nach den klimatischen Voraussetzungen zu richten hat, erfolgt die Haferernte gleichfalls in Abhängigkeit von Klima und Nutzungsrichtung. Besondere

Tabelle 67. *Hafer-Anbaufläche, durchschnittlicher Kornertrag und Erzeugung in der Welt (1956)* (FAO-Jahrbuch 1958)

Land	Anbaufläche 1000 ha	Kornertrag dz/ha	Erzeugung 1000 t
Europa			
Belgien	158	30,6	484
Bulgarien	151	8,9	135
ČSSR	539	19,2	1.034
Dänemark	255	33,4	852
Deutschland	1.399	25,5	3.564
Saar	17	20,5	34
Finnland	464	14,2	659
Frankreich	2.277	20,2	4.604
Griechenland	148	10,1	148
Großbritannien	1.038	24,3	2.526
Irland	212	25,7	545
Italien	423	12,0	506
Jugoslawien	373	8,7	324
Luxemburg	20	23,0	46
Niederlande	153	31,6	483
Norwegen	66	27,6	182
Österreich	187	20,0	374
Polen	1.595	14,2	2.259
Portugal	295	3,3	97
Rumänien	340	9,0	305
Schweden	543	21,2	1.149
Schweiz	25	29,8	75
Spanien	617	7,3	452
Ungarn	118	14,9	176
gesamt	11.420	18,4	21.020
Nordamerika			
Kanada	4.738	17,1	8.088
Mexiko	89	8,0	71
USA	13.640	12,4	16.883
gesamt	18.470	13,6	25.040
Südamerika			
Argentinien	956	11,9	1.140
Brasilien	23	8,2	19
Chile	103	11,6	112
Ecuador	3	5,7	2
Uruguay	83	6,1	50
gesamt	1.170	11,3	1.320
Asien			
Cypern	3	9,1	2
Israel	1	12,1	1
Japan	85	19,1	162
Südkorea	1	—	—
Libanon	1	—	2
Syrien	5	7,4	4
Türkei	372	10,3	382
gesamt[1]	3.600	10,4	3.800
Afrika			
Algerien	125	6,8	85
Kenya	—	—	14
Franz. Marokko	24	7,9	19
Tunesien	20	2,8	6
gesamt	360	6,2	230
Ozeanien			
Australien	1.174	6,6	771
Neuseeland	18	22,2	40
gesamt	1.190	6,8	810
Welt gesamt[2]	36.200	14,4	52.200

[1] China geschätzt, mit inbegriffen. [2] Ohne UdSSR.

Schwierigkeiten bietet die Haferernte in Finnland, wo im Spätsommer bereits häufig Frühfröste auftreten (PESSI und KIVINEN 1957). In der gemäßigten Zone Europas reift der Hafer als letzte der vier Hauptgetreidearten je nach geographischer und klimatischer Lage in der Zeit von Mitte August bis Ende September. Im Norden liegen die Erntetermine noch später.

g) Qualitätsanforderungen, Methoden und ihre Grenzzahlen

Die an Hafer gestellten Qualitätsanforderungen sind, entsprechend der Verwendung des Hafers als Hafernährmittel für die menschliche Ernährung und Futtermittel, wesentlich andere als bei Brotgetreide. Daher liegen auch keine Unterlagen über die Haferqualität und deren Grenzzahlen vor und die Beurteilung erfolgt vor allem auf Grund der äußeren Korneigenschaften wie der chemischen Analyse. Nach PELSHENKE (1954) weist der Hafer folgendes hl-Gewicht auf:

Futterhafer	46 bis 50 kg
Industriehafer	50 bis 53 kg

Die Zusammensetzung des Haferkornes gibt PELSHENKE (1954) wie folgt an:

	Mineralstoffe % bei 85% Trockensubstanz	Protein	Fett	Kohlenhydrate	Rohfaser
Hafer mit Spelzen	3,2	10,3	4,8	56,4	10,3
Hafer ohne Spelzen	2,3	13,0	7,0	61,3	1,4

Der Aschegehalt beträgt im Mittel 2,3%. Der Eiweißgehalt des Hafers ist wie bei allen anderen Getreidearten einer der wichtigsten Faktoren für die Qualität und das Hafereiweiß zeigt nachstehende Zusammensetzung (SCHUPHAN, vgl. PELSHENKE 1954):

Aminosäure	*Eiweiß*-%
Arginin	9,0
Histidin	2,5
Isoleucin	4,8
Leucin	6,5
Lysin	4,1
Methionin	0,9
Phenylalanin	6,0
Tryptophan	1,1
Valin	5,2

Der Stärkegehalt ist gleichfalls von großer Bedeutung und die Haferstärke wird aus zusammengesetzten Körnern gebildet, deren Teilkörnchengröße 3 bis 10 μ beträgt. Die Verkleisterung der Haferstärke beginnt bei 55° C und ist bei 85° C beendet (PELSHENKE 1954). Als Beurteilungsmomente für Hafer werden von ROHRLICH und BRÜCKNER (1958) folgende Merkmale angegeben:

Spelzenfarbe
Tausendkorngewicht
Spelzenanteil in der Trockensubstanz
Kornlänge, Kornbreite, Korndicke, Verhältnis Breite: Dicke, chemische Analysen auf Spelzenasche in der Trockensubstanz
Kornanalysen auf Asche, Rohfaser, Rohfett, Stärke, N-freie Extraktstoffe, Lipase und Maltose.

Morphologisch-physikalische und chemische Untersuchungen an Hafer von HÜBNER (1951) ergaben, daß die Bestimmung des Spelzengehaltes für die Beurteilung der Qualität wertvoll ist und der Spelzenanteil einen Einfluß auf die chemischen Bestandteile hat. Der höchste Fett- und Stärkegehalt lag in diesen Untersuchungen bei niedrigstem Proteingehalt vor und umgekehrt. FRIMMEL (1958) konnte nachweisen, daß der Fettgehalt des Hafers stark sorten- und standortsabhängig ist und daß der Spelzengehalt vor allem durch den Standort bestimmt wird.

Die wichtigsten Faktoren der Qualitätsnormen in den einzelnen Ländern sind Eiweißgehalt und hl-Gewicht und so wird z. B. in Kanada der Hafer nur nach diesen beiden Merkmalen beurteilt. Die *Official Grain Standards of the United States* (1957) enthalten für Hafer etwa dieselben Bestimmungen wie für Roggen (vgl. Abschnitt B, Roggen) und teilen den Hafer in fünf Klassen ein:

1. Klasse Weißhafer (white oats)
2. Klasse Rothafer (red oats)
3. Klasse Grauhafer (gray oats)
4. Klasse Schwarzhafer (black oats)
5. Klasse gemischter Hafer (mixed oats)

Ferner werden in USA bestimmte Anforderungen an das hl-Gewicht, die Gesundheit und Reinheit der Körner gestellt. Ein Mindestwassergehalt des Kornes darf in den einzelnen Klassen nicht überschritten werden, ebenso ist der Prozentsatz an gebrochenen und beschädigten Körnern begrenzt. Für Futterhafer gelten analoge Bestimmungen.

In der Türkei wird die Qualität des Hafers auf Grund von chemischen Analysen beurteilt.

h) Düngung und Ertrag

Hafer ist wie alle anderen Getreidearten imstande, Höchsterträge bei nur mineralischer Düngung zu bringen und da das Nährstoffbedürfnis dieser Pflanze groß ist, spricht Hafer auf die Düngung mit deutlichen Ertragssteigerungen an.

1. Die Stickstoffdüngung

P. WAGNER (1900) wies bereits zur Jahrhundertwende auf den hohen Stickstoffbedarf des Hafers hin und bezeichnete ihn als Kulturpflanze, welche starke N-Düngung verträgt und insbesondere eine Salpeterdüngung im hohen Maße lohnt. In seinen Versuchen wurde bei Volldüngung mit N, P_2O_5 und K_2O der Haferertrag von 16 auf 30 dz/ha gesteigert, fehlte jedoch der Nährstoff N, so erhöhte sich der Ertrag nur auf 17,5 dz/ha. In anderen Versuchen erhielt P. WAGNER (1900) folgende Ertragssteigerungen:

ungedüngt	9,2 dz/ha Korn	24,2 dz/ha Stroh
Volldüngung	29,0 dz/ha Korn	34,3 dz/ha Stroh
ohne N	15,1 dz/ha Korn	24,9 dz/ha Stroh

Die Höhe der Salpetergaben schwankt nach diesen Angaben zwischen 100 und 400 kg/ha Chilesalpeter, jedoch können noch höhere Gaben gewinnbringend eingesetzt werden. So propagiert P. WAGNER als erster die Aufteilung der N-Düngung und schlägt im Jahre 1900 vor, 500 bis 600 kg/ha Chilesalpeter derart zu verteilen, daß zu Hafer die erste Teilgabe bei der Saat, die zweite etwa 14 Tage alten Pflanzen und die dritte Gabe zu Beginn des Schossens zu verabreichen ist.

VON BOGUSLAWSKI (1954) konnte in Feldversuchen zu Hafer zeigen, daß auf Böden mit guter bis mittlerer K_2O- und P_2O_5-Versorgung die N-Wirkung das Ertragsniveau bestimmt. Bei zu niedriger N-Düngung führen P_2O_5- und K_2O-Düngung teilweise zu Depressionen. Höchsterträge von Hafer wurden in diesen Versuchen mit 100 kg/ha N erzielt, wobei allerdings viel höhere Gaben an P_2O_5 und K_2O erforderlich waren, als bei niedrigerer N-Versorgung. Bei Hafer wird der Kornertrag in den meisten Fällen durch N-Düngung stärker gefördert als der Strohertrag.

Die Menge der N-Düngung bestimmt in erster Linie die Ertragshöhe und zahlreiche Gefäß- und Feldversuche dienten daher der Untersuchung der Wirkung

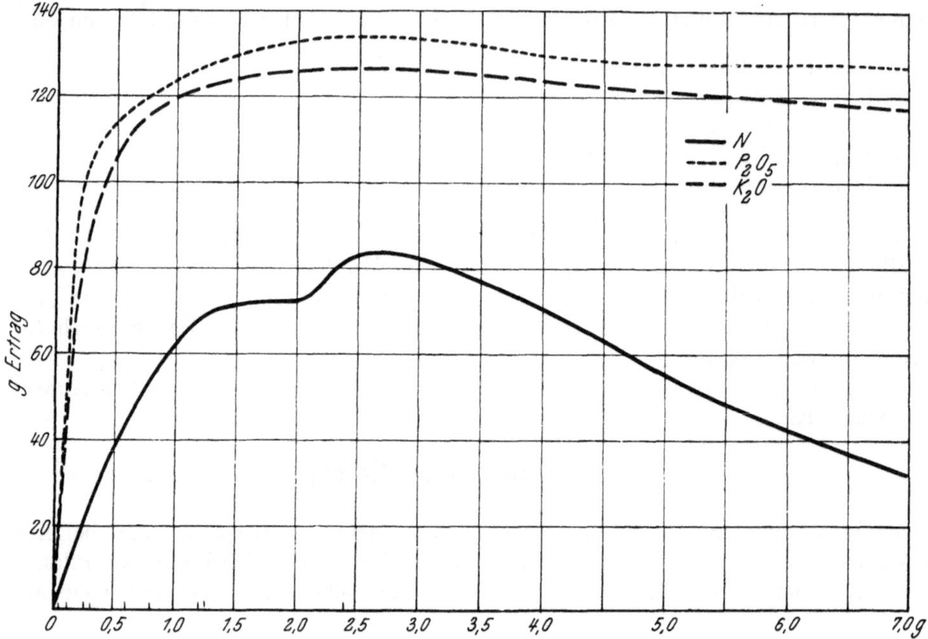

Abb. 131. Ertragskurven von Hafer bei gesteigerten Nährstoffgaben (nach MITSCHERLICH 1950)

steigender N-Gaben auf die Ertragsleistung von Hafer. MITSCHERLICH (1950) fand bei einmaligen N-Düngergaben zu Hafer in Gefäßversuchen die in Abb. 131 dargestellten Ertragssteigerungen. In Gefäßversuchen von OLSON und DREIER (1956) steigerte die N-Düngung die P_2O_5-Aufnahme, und zwar um so mehr, je weniger P_2O_5 angeboten wurde. Eine kombinierte N- und P_2O_5-Düngung erhöhte den Hafererertrag um 50 bis 70%. Versuche zu Hafer in Kanada (GINGRICH und SMITH 1953) ergaben bei N-Mengen von 56 bis 112 kg/ha die optimalen Erträge. Bei Zudüngung von P_2O_5 und K_2O trat unter den gegebenen Verhältnissen kein weiterer Ertragszuwachs ein. VAN DER PAAUW (1955) zeigte in mehrjährigen Feldversuchen zu Hafer in Holland, daß die N-Wirkung nicht jedes Jahr dieselbe ist und daß die Optimalerträge in verschiedenen Jahren mit verschieden hohen N-Gaben erreicht werden:

	1954		1955	
N/kg/ha	Korn	Stroh	Korn	Stroh
0	40,3	41,5	34,0	36,7
18	45,3	50,7	40,6	46,0
36	46,6	54,2	46,3	54,5
54	45,8	56,1	49,6	62,2
72	44,5	57,3	50,6	66,6

Gericke (1948) erhielt folgende Ertragssteigerungen bei Hafer:

ohne N	22,6 dz/ha Korn
30 kg/ha N	28,2 dz/ha Korn
40 kg/ha N	30,4 dz/ha Korn
50 kg/ha N	31,8 dz/ha Korn
60 kg/ha N	32,6 dz/ha Korn

Nach Schmitt (1954) liefert eine N-Düngung von 60 kg/ha einen Mehrertrag von 10 dz oder 44%.

Auch zu Grünhafer wurde der Einfluß der N-Düngung untersucht und Morris und Gardener (1958) konnten zeigen, daß die Futtererträge durch Erhöhung der N-Düngung von 60 auf 120 kg/ha sehr stark gesteigert wurden und die nach der Schnittnutzung erhaltenen Kornerträge des Hafers gleichfalls eine deutliche Förderung erfuhren.

Neben der Höhe der N-Düngung ist auch wie bei Weizen und Roggen der Zeitpunkt der N-Verabreichung für die Wirkung des N von größter Bedeutung. Bei Verabreichung höherer N-Gaben schlug bereits P. Wagner (1900) eine Aufteilung vor und erhielt in Versuchen mit geteilten und einmaligen N-Gaben zu Hafer bei Teilung einen Mehrertrag von 10% (P. Wagner 1903). Selke (1938) prüfte in Gefäß- und Feldversuchen die Wirkung der zusätzlich späten N-Düngung zu Hafer und fand, daß diese Pflanze in geringerem Maße auf geteilte N-Gaben anspricht als die übrigen Getreidearten:

ohne N	29,74 dz/ha Korn,	27,85 dz/ha Stroh
30 kg/ha N vor der Saat	33,18 dz/ha Korn,	35,01 dz/ha Stroh
40 kg/ha N vor der Saat	34,04 dz/ha Korn,	36,48 dz/ha Stroh
40 kg/ha N vor der Saat + 20 kg/ha N vor der Blüte	35,88 dz/ha Korn,	38,50 dz/ha Stroh
40 kg/ha N vor der Saat + 20 kg/ha N nach der Blüte	35,59 dz/ha Korn,	37,01 dz/ha Stroh

Die Wirkung der zusätzlich späten N-Düngung zu Hafer wurde von Selke (1941a, 1941b) ferner in Gefäßversuchen untersucht und es zeigte sich, daß die N-Wirkung durch P_2O_5-Mangel beeinträchtigt wurde. Eine P_2O_5-Düngung vor der Saat führte zu einer besseren Ausnützung der zusätzlich späten N-Düngung und umgekehrt verbesserte N die Ausnützung von P_2O_5. Weigert und Schaeffler (1942) bestätigen die günstigere Wirkung der späten N-Düngung zu Hafer vor der Blüte und erhielten bei Düngung nach der Blüte niedrigere Erträge. Alten und Gottwick (1942) erzielten durch N-Spätdüngung hingegen keine Mehrerträge bei Hafer und fanden als günstigsten Düngungstermin für eine Kopfdüngung die 3. bis 6. Woche nach der Saat. Auch Pielen (1941) konnte in seinen Versuchen mit N-Spätdüngung zu Hafer keine Ertragssteigerungen erzielen und die mit späten N-Gaben gedüngten Parzellen reiften um 2 bis 3 Tage später als die übrigen. Die Standfestigkeit wurde durch die Spätdüngung nicht beeinflußt. In Übereinstimmung mit Selke (1957) fand van Burg (1958), daß bei Hafer späte N-Gaben zu wesentlich geringeren Ertragssteigerungen führen als bei Weizen und Roggen. Auch Ferrari (1959) und van Dobben (nach Ferrari 1959) kamen auf Grund von Versuchen in Holland zu dem Schluß, daß Hafer auf N-Spätdüngung mit keinem Ertragsanstieg reagiert. Selke (1955a) konnte feststellen, daß, falls bei 80 kg/ha N als einmalige Gabe keine Lagerung auftritt, sich eine Aufteilung auf die Kornertragsleistung nicht günstiger auswirkt, jedoch die Qualität fördert:

ohne N	87% Korn	85% Protein
40 kg/ha N früh	100% Korn	100% Protein
40 kg/ha N früh + 40 kg/ha N spät	107% Korn	123% Protein
80 kg/ha N früh	107% Korn	117% Protein

Bei Hafer ist nach SELKE (1959) die Wirkung einer späten N-Gabe von 40 kg/ha um so größer, je größer die Reaktion auf die frühe N-Düngung (40 kg/ha) ist. Späte N-Düngungen führen im Mittel zu Kornertragssteigerungen von 5%. Der Einfluß der Höhe der frühen N-Düngung auf die Wirkung der späten, zusätzlichen N-Gabe äußert sich nach SELKE (1955) wie folgt:

Höhe der frühen N-Gabe (g) Gefäß	Trockensubstanz g ohne späten N	Trockensubstanz g mit 0,5 g spätem N
0	3,3	
0,25	15,7	20,7
0,50	25,4	31,5
0,75	30,3	32,6
1,00	33,3	
1,25	31,4	

ROBERTSON und Mitarbeiter (1955) erzielten mit N-Kopfdüngungen zu Hafer höhere Erträge als mit N-Gaben vor der Saat, wobei die Standfestigkeit nicht beeinflußt wurde. BULLEN und LESSELS (1957) kamen in ihren Versuchen gleichfalls zu dem Ergebnis, daß Hafer mit dem geringsten Ertragszuwachs auf N-Spätdüngung reagiert und bei niedrigen N-Gaben (40 kg/ha) der Zeitpunkt der Verabreichung von untergeordneter Bedeutung ist, während bei höheren N-Mengen eine Aufteilung insbesondere bezüglich der Lagerung günstiger wirkte. Der Schädigungsfaktor von N (k des MITSCHERLICHschen Ertragsgesetzes) konnte durch N-Düngung bei später Verabreichung von 1,9 auf 0,5 herabgesetzt werden. LINSER und PELIKAN wiesen bereits 1952 auf die Verminderung des Schädigungsfaktors k durch Teilung hoher N-Gaben hin und konnten, wie Tab. 68 zeigt, bis zu 2,8 Nährstoffeinheiten N bei geteilten Gaben ohne Ertragsdepression verabreichen. Ferner verlief in diesen Gefäßversuchen die Ertragsbildung bei geteilten hohen N-Gaben in Hinblick auf den Wasserverbrauch unter sparsameren Verhältnissen als bei niedrigeren Gaben. Die wesentlich günstigere Wirkung der geteilten N-Düngung setzte hier erst bei hohen N-Mengen ein, so daß die in anderen Versuchen mit niedrigeren N-Gaben gefundene Reaktion des Hafers auf späte N-Düngung durch die geringe Gesamtgabe erklärlich ist. In neueren, im Jahre 1959 durchgeführten Gefäßversuchen (BARBIER 1959) konnte dieselbe Tendenz festgestellt werden (Tab. 69) und die Abb. 132 und 133 zeigen deutlich das üppigere Wachstum und die bessere Rispenentwicklung bei geteilten N-Gaben.

Tabelle 68. *Trockensubstanzerträge an Körnern, Stroh und Wurzeln von Hafer bei geteilten und einmaligen N-Gaben* (nach LINSER und PELIKAN 1952)

N-Gabe g/Gefäß	Körner		Stroh		Körner + Stroh		Wurzeln	
	geteilt	einmalig	geteilt	einmalig	geteilt	einmalig	geteilt	einmalig
	g/Gefäß							
0,00	21,8		19,4		41,2		7,7	
0,25	28,5	30,3	24,8	27,9	53,3	58,2	8,7	8,3
0,60	37,1	40,0	30,3	34,6	67,4	74,5	8,6	10,8
1,50	44,6	41,1	37,0	34,1	81,6	75,1	7,7	8,5
3,75	43,4	13,2	37,6	12,3	81,0	25,5	7,3	2,1

Tabelle 69. *Korn- und Stroherträge des Hafers bei geteilten und einmaligen N-Gaben in Gefäßversuchen*
(nach BARBIER 1959)

N-Gabe g/Gefäß	Körner		Stroh		Korn + Stroh	
	geteilt	einmalig	geteilt	einmalig	geteilt	einmalig
			g/Gefäß			
0,0	7,44		8,91		16,04	
0,5	28,26	28,04	33,04	32,98	61,30	61,02
1,0	36,72	37,34	39,18	46,84	75,90	84,18
1,5	37,46	32,24	42,32	45,34	78,78	77,58
2,0	40,16	37,48	47,66	50,38	87,82	87,86
2,5	30,62	30,44	46,54	50,36	77,16	80,80

In (noch nicht veröffentlichten) Feldversuchen zu Hafer (PRIMOST 1959) reagierte der Hafer sortenabhängig auf geteilte und einmalige N-Düngung verschieden. Während die Sorte „Flämings Treue" bei geteilten und einmaligen N-Gaben

Abb. 132. Gefäßversuch mit steigenden N-Gaben zu Hafer, geteilte Verabreichung (BARBIER 1959)

1001 = 0,0 g N/Gefäß 1011 = 1,0 g N/Gefäß 1021 = 2,0 g N/Gefäß
1006 = 0,5 g N/Gefäß 1016 = 1,5 g N/Gefäß 1026 = 2,5 g N/Gefäß

gleich hohe Ertragsleistung brachte (Abb. 134), sprach „Regent" mit signifikanten Mehrerträgen auf eine Teilung der N-Düngung an. Hinsichtlich der Lagerung und der Qualität des Kornes erwiesen sich jedoch in allen Versuchen geteilte N-Gaben den einmaligen Düngungen überlegen.

Untersucht man den Ertragsaufbau des Hafers bei gesteigerten N-Gaben,

140
130
120
110
100
90
80
70
60
50
40
30
20
10
1001
1031
1036
1041
1046
1051

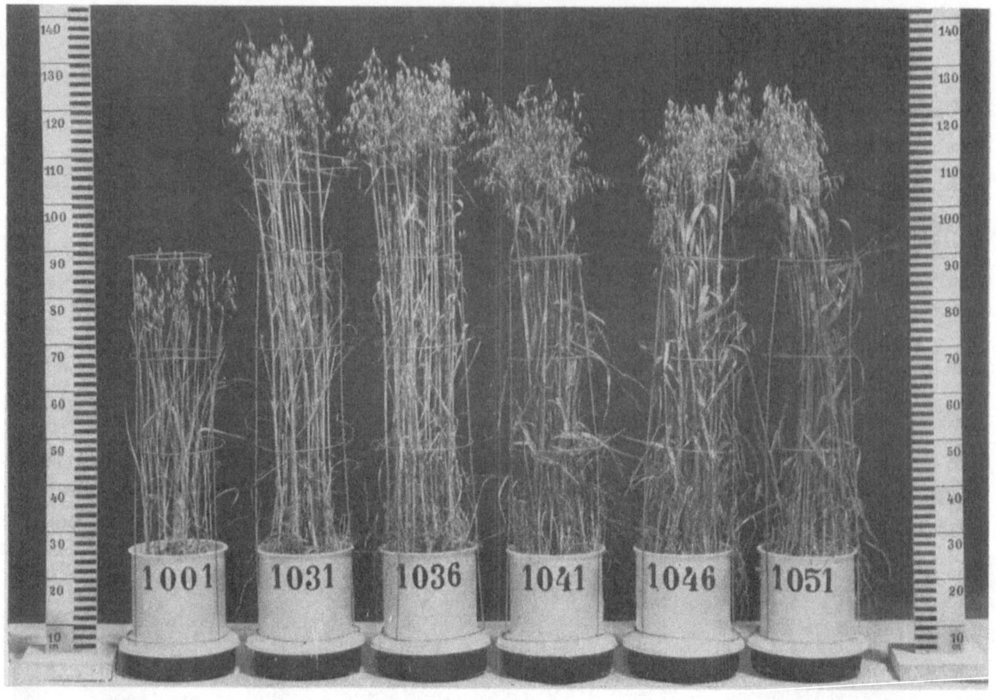

Abb. 133. Gefäßversuch mit steigenden N-Gaben zu Hafer, einmalige Verabreichung (BARBIER 1959)
1001 = 0,0 g N/Gefäß 1036 = 1,0 g N/Gefäß 1046 = 2,0 g N/Gefäß
1031 = 0,5 g N/Gefäß 1041 = 1,5 g N/Gefäß 1051 = 2,5 g N/Gefäß

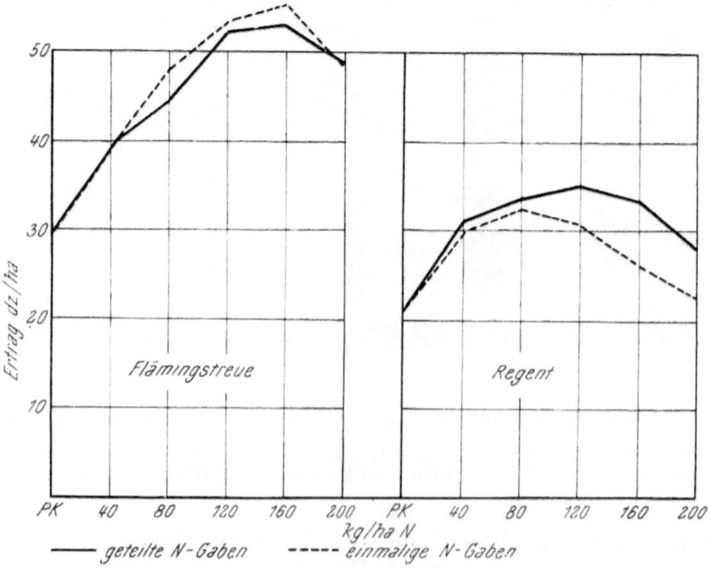

50
40
30
20
10
Ertrag dz/ha
Flämingstreue
Regent
PK 40 80 120 160 200 PK 40 80 120 160 200
kg/ha N
geteilte N-Gaben
einmalige N-Gaben

Abb. 134. Kornerträge des Hafers bei gesteigerten geteilten und einmaligen N-Gaben im Feldversuch (PRIMOST 1959)

so erkennt man, daß im Gegensatz zu Roggen und Weizen (auch Gerste), Hafer vor allem mit einem Anstieg der Ertragskomponente Kornzahl/Rispe reagiert, als zweiter wichtiger Faktor die Bestandesdichte fungiert, welche jedoch wesentlich schwächer hervortritt als bei den anderen Getreidearten. Das Tausendkorngewicht (als dritte ertragsbildende Komponente) wird durch steigende Düngung nur schwach beeinflußt (Tab. 70).

Tabelle 70. *Morphologische Ertragsanalyse des Hafers bei steigenden geteilten und einmaligen N-Gaben* (PRIMOST 1959)

N/ kg/ha	Kornertrag/dz/ha		Bestandesdichte m²		Kornzahl/Rispe		1000-Korngewicht g	
	geteilt	einmalig	geteilt	einmalig	geteilt	einmalig	geteilt	einmalig
Flämings Treue								
0	29,78		232		46,4		27,7	
40	39,43	39,33	264	261	50,7	52,4	29,5	28,7
80	44,43	48,02	265	310	56,4	55,1	29,7	28,1
120	52,37	53,33	292	277	61,6	67,3	29,1	28,6
160	53,12	55,30	299	335	63,9	59,4	27,8	27,8
200	48,87	48,18	259	329	64,2	54,9	29,4	26,7
Regent								
0	20,97		226		33,5		27,7	
40	31,04	29,80	259	332	39,5	32,2	30,4	27,9
80	33,63	32,57	323	295	35,2	37,0	29,6	29,8
120	35,12	30,82	279	279	38,7	38,5	32,5	28,7
160	33,76	26,23	293	289	38,4	32,3	30,0	28,1
200	28,08	22,61	287	359	33,4	21,8	29,3	28,9

Bezüglich der N-Form brachten physiologisch alkalische N-Dünger bei Hafer höhere Erträge als physiologisch saure Formen (VLASOVA 1948). Auch SELKE (1958) erhielt in Feldversuchen bei Anwendung von schwefelsaurem Ammoniak gegenüber Kalkammonsalpeter einen Ertragsabfall von 18%. In Gefäßversuchen zeigte sich die Wirkung von Ammonbikarbonat und Ammonnitrat in den Unterschieden weniger deutlich und es trat nur ein Minderertrag von 3% bei Anwendung von Ammonbikarbonat ein.

2. Die Phosphorsäuredüngung

Der Nährstoff P_2O_5 erfüllt bei Hafer dieselben Aufgaben wie bei Weizen, Gerste und Roggen und wird infolge des guten Aneignungsvermögens des Hafers auch bei geringer Versorgung des Bodens aufgenommen. Die Wirkung der P_2O_5-Düngung auf den Haferertrag wurde von MITSCHERLICH (1950) in zahlreichen Gefäß- und Feldversuchen untersucht und ist in Abb. 131 dargestellt. Eine Überdüngung mit P_2O_5 ist wie bei den anderen Kulturpflanzen auch bei Hafer praktisch nicht möglich und daher ist der Zeitpunkt der P_2O_5-Verabreichung von wesentlich geringerer Bedeutung als bei N, da größere Mengen an P_2O_5 ohne jede Schädigung gedüngt werden können. GERICKE (1948) erhielt in Versuchen mit steigenden P_2O_5-Gaben nachstehend angeführte Erträge:

P_2O_5/kg/ha	Ertrag/dz/ha Korn	Ertrag/dz/ha Stroh
0	24,0	42,0
30	26,6	46,5
60	27,6	48,3
90	29,5	51,5
120	29,9	52,4

Als optimale P_2O_5-Düngung gibt GERICKE (1948) 90 kg/ha an, jedoch sind unter normalen Bedingungen bereits 60 kg/ha ausreichend. Die Wirkung der P_2O_5-Düngung war in Versuchen zu Hafer nach GERICKE (1941) größer, wenn N als Nitrat zugeführt wird. Auch BÄRMANN (1957) gibt als erforderliche P_2O_5-Menge zur Deckung des Bedarfes von Hafer 60 kg/ha P_2O_5 an. Die Hafererträge lagen in diesen Versuchen mit steigenden P_2O_5-Gaben wie folgt:

P_2O_5/kg/ha	Kornertrag/dz/ha
0	27,4
30	31,2
60	32,3
90	32,9
120	33,4

Der Vergleich der Wirkung der verschiedenen P_2O_5-Formen zu Hafer ergab nach Versuchen von NIKLAS, STROBEL und SCHARRER (1926), daß Superphosphat neben Rhenaniaphosphat auf neutralen Böden die beste Wirkung äußerte. NEHRING und BORCHMANN (1957) stellten bei Verwendung von Thomasphosphat, Superphosphat und Magnesium-Silikat-Phosphat deutliche Entwicklungsunterschiede bei Hafer fest und fanden bei Düngung mit Magnesium-Silikat-Phosphat gegenüber ohne P_2O_5 keine Ertragserhöhung, wenn diese P_2O_5-Form grobkörnig verwendet wurde. In Versuchen von SCHEFFER (1956) hatte Thomasphosphat, wenn die Wirkung von Superphosphat gleich 100 gesetzt wird, etwa den gleichen Effekt und ergab 103 beim Korn- und 105% beim Strohertrag. LAMKE, OLSON und GRABOUSKI (1958) zeigten, daß auf kalkreichen Böden sich schwer wasserlösliche Phosphate weniger wirksam erwiesen als jene mit hoher Wasserlöslichkeit. Auf sauren Böden konnten keine signifikanten Ertragsunterschiede zwischen den einzelnen P_2O_5-Formen ermittelt werden. In Versuchen von SEISCHAB und STRITESKY (1958) ergab eine Düngung mit Thomas- und Superphosphat zu Hafer höhere Erträge als Hyperphosphat.

Da der Zeitpunkt der P_2O_5-Düngung für deren Wirkung von untergeordneter Bedeutung ist, ist es aus arbeitstechnischen Gründen am zweckmäßigsten, diese Düngung entweder im Herbst mit der Pflugfurche oder im zeitigen Frühjahr vor der Bestellung einzubringen.

3. Die Kalidüngung

Der Bedarf des Hafers an K_2O wird allgemein unterschätzt. Hafer ist für eine ausreichende K_2O-Versorgung sehr dankbar. Infolge seines guten Aufnahmevermögens für Nährstoffe ist er allerdings imstande, auch mit geringeren K_2O-Gaben mittlere Ernten zu bringen, jedoch spricht Hafer auf hohe K_2O-Düngung mit deutlichen Ertragssteigerungen an (vgl. Gefäßversuche von MITSCHERLICH 1958, Abb. 131). JACOB und ALTEN (1942) prüften die Wirkung steigender K_2O-Gaben auf den Ertrag von Hafer und kamen zu folgenden Ergebnissen:

K_2O/kg/ha	Kalimagnesia dz/ha Korn	K_2O/kg/ha	40er Kalisalz dz/ha Korn
0	20,7	0	31,9
60	35,1	80	32,4
120	38,6	160	33,1
180	33,3	240	32,2

Nach diesen Versuchen sind K_2O-Mengen zwischen 120 bis 160 kg/ha als optimal zu bezeichnen und die erzielten Ertragssteigerungen lagen bei Anwendung von Kalimagnesia höher. Auch GERICKE (1948) gibt bei Hafer den chlorfreien K_2O-Düngern den Vorzug. In K_2O-Steigerungsversuchen erhielt GERICKE (1948) nachstehende Hafererträge:

K_2O/kg/ha	Korn dz/ha	Stroh dz/ha
0	27,2	43,6
60	28,8	46,2
80	29,5	48,1
120	30,5	49,5

Daß Hafer deutlich auf den K_2O-Gehalt des Bodens reagiert, konnte GERICKE (1948) in weiteren Versuchsreihen nachweisen, in welchen folgende Erträge geerntet wurden:

K_2O-Gehalt des Bodens	Kornertrag/dz/ha
arm	25,1
mäßig	30,5
gut	31,0

Diese Zahlen zeigen deutlich, daß der Hafer auf Böden mit nur mäßiger K_2O-Versorgung imstande ist, die erforderlichen Nährstoffmengen aufzunehmen und in höhere Ertragsleistungen umzusetzen.

Der Zeitpunkt der K_2O-Düngung ist derselbe wie bei P_2O_5 und die K_2O-Düngung wird daher am vorteilhaftesten mit den Bodenbearbeitungsmaßnahmen kombiniert. Eine zu späte Anwendung von K_2O, insbesondere als Kopfdüngung soll als Notmaßnahme betrachtet werden und setzt die Wirkung der Düngung herab. Bei Düngung zur Zeit der Bestellung betrug nach GERICKE (1948), die Leistung von 1 kg K_2O 2,9 kg Korn, bei Kopfdüngung hingegen 2,2 kg.

Die Form der K_2O-Dünger wirkt sich bei rechtzeitiger Anwendung im allgemeinen nicht entscheidend auf den Haferertrag aus und nach Untersuchungen von KUDRIN (1959) waren die verschiedenen K_2O-Formen von etwa gleicher Wirkung (Tab. 71).

Tabelle 71. *Der Einfluß der K_2O-Düngung auf den Haferertrag* (nach KUDRIN 1959)

	ohne K_2O	Kaliumchlorid	Kaliumsulfat	$^3/_4$ Kaliumchlorid $^1/_4$ Kaliumsulfat
Ertrag/g Gefäß				
Korn	2,46	6,83	6,87	6,90
Stroh	4,92	6,16	7,16	6,56
Kornzahl pro Ähre	13,6	29,9	28,0	27,5
Korngewicht	20,2	26,8	27,2	27,8

4. Die Wirkung der übrigen Nährstoffe

Hafer reagiert sehr empfindlich auf MgO-Mangel und wird nach SCHMITT (1954) daher häufig als Testpflanze verwendet. Das Auftreten gewisser MgO-Mangelerkrankungen (MgO-Mangelchlorosen) zeigt nach Untersuchungen von FERRARI und SLUIJSMANS (1955) eine deutliche Abhängigkeit vom MgO-Gehalt des Bodens, dem pH-Wert und K_2O-Gehalt des Bodens und der Düngemittel. Ohne Verabreichung von MgO wird das Krankheitsbild durch Düngung mit K_2O in einer Aufwandmenge von 120 kg/ha verstärkt und dieser Einfluß ist um so größer, je deutlicher der MgO-Mangel in Erscheinung tritt. Eine Düngung mit 40 kg/ha MgO vermindert nach den Ergebnissen dieser Versuche die Mangelerscheinungen erheblich. Bor ist für Hafer ein unentbehrlicher Nährstoff. In Wasserkulturversuchen von SCHROPP (1940) waren Zugaben von Bor für die Entwicklung des Hafers unbedingt erforderlich, da ohne Bor die Staubbeutel nicht vollständig mit gefülltem Pollen besetzt waren und eine wesentlich schlechtere Kornausbildung eintrat. Da der Hafer bezüglich des pH-Wertes keine hohen Ansprüche stellt und auf Böden mit einem pH-Wert von 5,2 bis 7,0 gedeiht (IGNATIEFF und PAGE 1958), ist eine Kalkdüngung zu Hafer nicht erforderlich. Diese kann sogar, unmittelbar vor dem Anbau verabreicht, auf schlecht gepufferten Böden zur Dörrfleckenkrankheit führen (KLAPP 1951, IGNATIEFF und PAGE 1958, SCHMITT 1954), da durch hohe Kalkgaben Manganmangel eintreten kann. Die Dörrfleckenkrankheit oder moorkoloniale Krankheit des Hafers ist eine typische Mn-Mangelerscheinung (SCHMITT 1954) und wird von BAUMEISTER (vgl. SCHMITT 1954) wie folgt beschrieben: „Nach verhältnismäßig normalem Aufgang der Saat heben sich gewisse Stellen des Feldes dadurch heraus, daß die Blätter der Haferpflanzen fleckig und mißfarbig werden. Das Chlorophyll wird in den kranken Zonen der Blätter zerstört, und im weiteren Verlauf der Krankheit werden die Blätter schlapp und beginnen von der Basis her einzutrocknen. In leichteren Fällen können sich die Pflanzen wieder erholen, bei schweren Schäden vertrocknen auch die Rispen, so daß erhebliche Ertragseinbußen eintreten.“ Düngung mit Mn-Sulfat oder hochprozentigen Spezialdüngern schafft hier Abhilfe. Nach SCHMITT (1954) sollen 10 bis 20 kg/ha Mn-Sulfat mit Handelsdüngern vermischt verabreicht werden, wobei der günstigste Anwendungszeitpunkt kurz vor oder nach dem Anbau liegt. Zu früh darf Mn-Sulfat nicht angewandt werden, da sonst Festlegungen eintreten. RADEMACHER (nach SCHMITT 1954) rät auch zur Anwendung von Mn-Sulfat-Lösungen, wobei 400 bis 1000 Liter einer 1- bis 10%igen Lösung zu versprühen sind. Auch in Westaustralien tritt häufig Mn-Mangel bei Hafer auf und SMITH und TOMS (1958) fanden, daß Hafer am empfindlichsten reagiert. Die beste Wirkung zeigte Mn-Superphosphat, während eine Spritzung mit Mn-Sulfat weniger erfolgreich war. COÏC und COPPENET (1958) geben als Schwellenwert für den Mn-Gehalt des Bodens 3 kg/ha an und konnten feststellen, daß Hafer 300 g/ha Mn benötigt, dies sind 1/10 des angegebenen Schwellenwertes. In Untersuchungen von JOHANNSON und EKMAN (1956) sprach Hafer gleichfalls am deutlichsten von den geprüften Pflanzen auf Mn-Mangel an und eine Mn-Düngung wirkte auf Wachstum und Entwicklung sehr förderlich. Neben Mn-Mangel ruft das Fehlen eines anderen Spurenelementes, des Kupfers, bei Hafer gleichfalls eine schwere Mangelerkrankung, die Urbarmachungskrankheit oder Heidemoorkrankheit hervor. Einen sehr geringen Kupfervorrat weisen nach SCHMITT (1954) die Heideböden und ehemaligen Heideböden auf und die Böden der atlantischen Heide sind besonders Cu-arm. Nach RADEMACHER (vgl. SCHMITT, 1954) unterscheidet man je nach der Schwere der Krankheit verschiedene Formen, wobei bei der schwersten Form vertrocknete Blatt- und Triebspitzen, Absterben der Herztriebe und keine Rispenbildung eintreten. Charakteristisch sind die weißen, später vertrockneten Blatt- und Triebspitzen. Bei der leichtesten Form der Urbarmachungskrankheit kommt es zu keiner Verfärbung der Blattspitzen, jedoch ist eine schlechte Kornausbildung gegeben. Auf Cu-Mangelböden muß daher zu einer besonderen Cu-Düngung geschritten werden (SCHMITT 1954), wobei Kupfersulfat oder andere Spezialdünger anzuwenden sind. Gaben von

50 bis 100 kg/ha sind ausreichend und sollen am besten 1/2 bis 1 Jahr vor dem Anbau verabreicht werden. An Cu-Mangel leidende Haferpflanzen können durch Spritzungen mit 800 Liter einer 1,5- bis 3,0%igen Kupfersulfatlösung geheilt werden. Ignatieff und Page (1958) berichten über vereinzelte Schäden durch Nickel in Schottland, welche durch Kalkung behoben werden können. Grosse und Braukmann (1957) fanden in Gefäßversuchen zu Hafer, daß bei steigenden N-Gaben die Anwendung von SiO_2 den Mehltaubefall reduzierte.

5. Die organische Düngung

Eine Stalldüngergabe zu Hafer ist im allgemeinen nicht üblich, wird aber wie bei allen Getreidearten, insbesondere in Berglagen noch vereinzelt durchgeführt. Lorenz (1956) rät von verspäteter Anwendung von Jauche zu Hafer ab, da Nachschosser als Folgeerscheinung auftreten. Eine Gründüngung ist bei Hafer ebenso zweckmäßig wie bei Weizen und Roggen und die im Abschnitt A, Weizen, gemachten Aussagen gelten auch für Hafer. Die Wirkung der Gründüngung, insbesondere des Anbaues von Gründecken ist bei Hafer weniger erforderlich, da Hafer als abtragende Frucht nach Getreide und selbst nach Hafer gute Erträge bringt. Harper und Gray (1957) prüften die Wirkung von Leguminosen-Vorfrucht (Wicken, Bohnen) auf die Hafererträge in Oklahoma und fanden, daß bei Einackerung der Leguminosen die Erträge um 10,6 bushels/acre stiegen, während bei Heugewinnung die Ertragssteigerung nur 6,1 bushels/acre betrug. Bei Heuwerbung der Leguminosen und Düngung mit N konnte ein Ertragszuwachs von 8,2 bushels/acre erzielt werden.

Bei Stellung des Hafers nach Leguminosen oder Gründüngung muß die N-Düngung reduziert werden, da sonst leicht Lagerung auftritt. Dasselbe gilt für Hafer mit Leguminosen-Einsaat, wie dies sehr häufig in europäischen Ländern und im Westen der USA anzutreffen ist.

Die Düngung des Grünhafers erfolgt in der gleichen Weise, wie dies für Grünroggen (Abschnitt B, Roggen) angeführt wurde.

i) Düngung und Qualität

Für die Qualität des Hafers ist der Gehalt an Rohprotein einer der wichtigsten Faktoren, da der Eiweißgehalt sowohl für die Verwendung als Futtermittel wie auch für die Erzeugung der verschiedenen Hafernährmittel von größter Bedeutung ist. Da der Nährstoff N der wichtigste Baustein der Eiweißstoffe ist, wurde der Einfluß der N-Düngung auf die Qualität des Hafers intensiv geprüft. Schwanitz und Schwarze (1937) untersuchten den Einfluß des Zeitpunktes der N-Düngung auf den Eiweißgehalt in Gefäßversuchen und fanden mit späterem Düngungstermin einen deutlichen Anstieg des Proteingehaltes:

N-Düngung Tage nach der Aussaat	Proteingehalt %
0	7,5
19	8,0
33	8,5
48	9,6
69	10,8
90	12,7
108	17,2

In Versuchen mit gesteigerten, geteilten N-Gaben erhielt ÅKERMAN (1938) folgende Werte für den Proteingehalt:

kg/ha N	Proteingehalt %
20	11,0
40	11,5
60	12,0
80	12,7

In den Versuchen mit zusätzlich späten N-Gaben von SELKE (1938) stieg bei gleichem oder höherem Kornertrag der Proteingehalt des Hafers deutlich an, während hl- und Tausendkorngewicht nur schwach erhöht wurden:

ohne N	12,49%	Protein in der Trockensubstanz
30 kg/ha N vor der Saat	12,44%	Protein in der Trockensubstanz
40 kg/ha N vor der Saat	12,80%	Protein in der Trockensubstanz
60 kg/ha N vor der Saat	13,71%	Protein in der Trockensubstanz
40 kg/ha N vor der Saat + 20 kg/ha N vor der Blüte	13,82%	Protein in der Trockensubstanz
40 kg/ha N vor der Saat + 20 kg/ha N nach der Blüte	14,20%	Protein in der Trockensubstanz

In weiteren Untersuchungen bestätigte SELKE (1941a, 1955a, 1959) die deutliche Zunahme des Proteingehaltes und -ertrages und stellte fest, daß durch Zufuhr von 40 kg/ha N als Spätdüngung der Rohproteinertrag um 14% gesteigert werden kann (Abb. 135). SELKE errechnete eine negative Korrelation zwischen Ertrag und Eiweißgehalt, wie sie auch bei Weizen und Roggen ermittelt wurde. Eine Steigerung der P_2O_5-Düngung vor der Saat führt nach SELKE (1941b) zu einer besseren Ausnützung des späten N, besonders hinsichtlich des Proteinertrages der Körner, während sich eine K_2O-Düngung bei frühen und späten N-Gaben auf den Proteingehalt nur unbedeutend auswirkt. Mit der Methode der zusätzlich späten N-Düngung erhielten auch KEESE (1941), BRÜNE (1941) und ALTEN und GOTTWICK (1942) beträchtliche Steigerungen des Eiweißgehaltes und eine Erhöhung des Eiweißertrages. In Untersuchungen von PIELEN (1941) war kein Unterschied in der Wirkung der späten zusätzlichen N-Düngung, wenn diese vor oder nach der Blüte verabreicht wurde. SCHROPP und ARENZ (1941) kamen zu dem Ergebnis, daß die Eiweißanreicherung durch zusätzlich späte N-Düngung bei Hafer im höheren Maße möglich ist als bei Weizen und Roggen, während Hafer schlechter reagierte als Gerste. Der Anteil der Amide im Korn wird durch die N-Spätdüngung nach SELKE (1955) nicht verändert, so daß der N zum Aufbau von Protein im

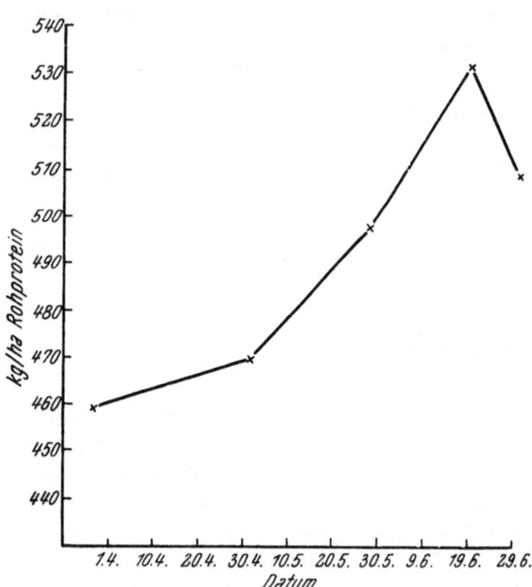

Abb. 135. Abhängigkeit des Rohproteinertrages der Körner von Hafer von dem Zeitpunkt der zusätzlichen Stickstoffgabe (nach SELKE 1941a)

Haferkorn verwendet wird. Eine schwache Zunahme der Verdaulichkeit des Rohproteins war gleichfalls zu verzeichnen, so daß als Folgeerscheinung der späten N-Düngung der Nähr- und Futterwert des Hafers erhöht wird. LEHMANN (1953) fand, daß die zusätzlich späte N-Düngung bei Wintergetreide besser zur Wirkung kommt als bei Hafer und erhielt in seinen Versuchen folgende Proteinwerte:

N/kg/ha	Rohprotein %	Rohproteinertrag % von ohne N
ohne N	10,00	100
40 früh	10,08	131
60 früh	10,97	174
20 früh + 40 spät	—	—
30 früh + 30 spät	11,47	173
40 früh + 20 spät	10,89	180

Auch NEHRING (1940) konnte zeigen, daß bei Hafer durch N-Gaben während der Vegetationsperiode der Eiweißgehalt erhöht wird (Tab. 72). In Versuchen von SCHMITT und SCHINEIS (1942) steigerte eine N-Spätdüngung von 20 kg/ha den Eiweißgehalt des Hafers nicht, während höhere N-Gaben eine bessere Wirkung zeigten. Der Anteil an Rohprotein und verdaulichem Protein wurde erhöht. Tausendkorngewicht und Siebsortierung erfuhren keine Veränderung.

Tabelle 72. *Wirkung von N-Gaben während der Vegetation zu Hafer in Gefäßversuchen* (nach NEHRING 1940)

N-Gabe/g/Gefäß	N-Gehalt %		Rohprotein %	
	Korn	Stroh	Korn	Stroh
	1,79	0,90	11,21	5,64
0,4	1,76	0,49	10,98	3,04
0,8	1,62	0,43	10,10	2,70
0,4 + 0,4 beim Schossen	2,53	0,54	15,79	3,35
1,2	1,80	0,65	11,25	4,08
0,8 + 0,4 beim Schossen	2,58	0,52	16,11	3,25
0,8 + 0,4 im Schossen + 0,4 bei Milchreife	2,79	0,82	17,42	5,12
1,2 + 0,4 im Schossen	2,01	0,71	12,56	4,50
1,2 + 0,8 im Schossen	2,75	1,05	17,16	6,56

Während in den bisherigen Versuchen mit relativ niedrigen Gesamt-N-Mengen gearbeitet wurde, zeigten Versuche von PRIMOST (1959) mit steigenden N-Mengen bis zu 200 kg/ha und einer dreifachen Aufteilung des N bei den höheren Düngungsstufen einen sehr deutlichen Anstieg des Proteingehaltes (Tab. 73), während bei einmaliger N-Düngung vor dem Anbau der Proteingehalt im geringeren Ausmaß zunahm. Der Stärkegehalt, als weitere wichtige Komponente der Qualität, sank allerdings durch Erhöhung der N-Düngung ab. Die Werte für den Fettgehalt lassen keine einheitliche Tendenz erkennen, liegen jedoch bei extrem hohen N-Gaben niedriger. Analoge Gefäßversuche (BARBIER 1959) bestätigten die günstige Wirkung der geteilten gesteigerten N-Düngung auf den Proteingehalt des Hafers (Abb. 136).

Der auch bei Roggen und Weizen häufig zu beobachtende Abfall des Proteingehaltes bei geringer N-Düngung (in den Feldversuchen bei 40 kg/ha) konnte auch bei Hafer ermittelt werden und ist auf den relativ großen Ertragsanstieg bei dieser N-Düngung zurückzuführen. Eine N-Gabe von 40 kg/ha ist zur Erzielung eines mittleren Kornertrages mit hohem Proteingehalt zu gering und die in Tab. 73 erfaßten Zahlen zeigen deutlich, daß die Anreicherung mit Protein erst dann in erhöhtem Maße einsetzt, wenn das Ertragsoptimum erreicht ist, so daß die Pflanzen die zugeführten Nährstoffe nicht mehr in Quantität, sondern in Qualität umsetzen können.

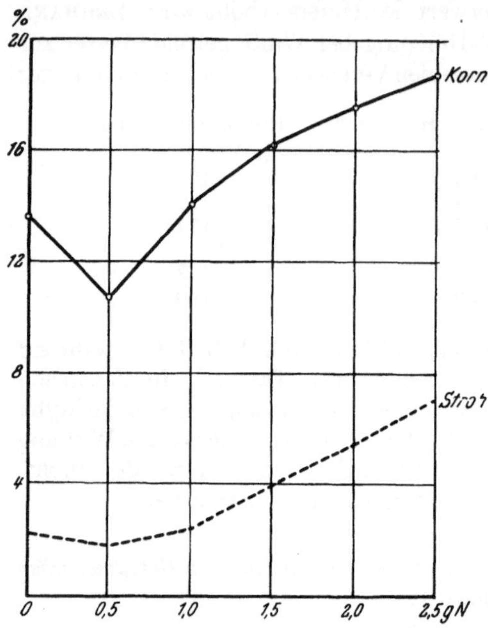

Abb. 136. Rohproteingehalt des Hafers bei gesteigerten geteilten N-Gaben im Gefäßversuch (BARBIER 1959)

Weitere Versuche mit späten N-Gaben wurden von BORKOWSKI und KOZERA (1956) durchgeführt, welche gleichfalls bei später N-Düngung eine Anreicherung mit Protein fanden, während der Fettgehalt mit dem Zeitpunkt der N-Düngung nicht korrelierte. Tausendkorngewicht, Spelzenanteil und hl-Gewicht lagen bei N-Düngung zur Zeit des Rispenschiebens am höchsten. DENT (1957) erhielt in Versuchen mit N-Kopfdüngung zu Hafer einen signifikanten Anstieg des Proteingehaltes, wobei der Fettgehalt leicht absank. Der Einfluß der P_2O_5-Düngung auf die Qualitätseigenschaften des Hafers ist wesentlich geringer als jener des N, und WENZEL (1957) konnte zeigen, daß in Gefäßversuchen mit steigenden P_2O_5-Gaben die Phosphatide und Nukleoproteide in pro mille der Trockensubstanz konstant blieben, während Phytin und anorganische P_2O_5 der Steigerung der P_2O_5-Düngung folgten. GERICKE (1948) konnte in zahlreichen Versuchen eine günstige Wirkung der P_2O_5-Düngung auf das hl- und Tausendkorngewicht

Tabelle 73. *Wirkung gesteigerter geteilter und einmaliger N-Gaben auf die Qualität von Hafer*
(nach PRIMOST 1959)

N/kg/ha	Gehalt in % der Trockensubstanz					
	Rohprotein		Stärke		Rohfett	
	geteilt	einmalig	geteilt	einmalig	geteilt	einmalig
Flämings Treue						
0	11,45		45,2		2,68	
40	10,38	10,62	51,8	40,6	3,00	1,72
80	11,81	12,00	40,6	41,9	2,67	1,88
120	12,50	12,94	45,4	45,9	2,60	1,74
160	13,19	13,37	42,0	42,8	2,10	1,68
200	15,62	13,87	43,1	38,5	2,02	1,63
Regent						
0	10,12		41,9		4,56	
40	9,94	9,37	43,3	40,6	4,77	3,35
80	11,06	10,75	40,8	43,8	4,75	3,39
120	12,94	11,31	38,9	42,0	4,60	3,16
160	13,06	13,19	38,1	41,3	2,58	2,95
200	14,87	13,19	38,5	37,8	4,38	3,11

feststellen. Nach SEISCHAB und STRITESKY (1958) nimmt der P_2O_5-Gehalt des Hafers mit steigenden P_2O_5-Gaben zu. Die Bedeutung einer richtig bemessenen P_2O_5-Düngung liegt weniger in dem direkten Einfluß auf die Qualitätseigenschaften des Hafers, als vielmehr in der Wirkung dieses Nährstoffes auf eine gesunde und kräftige Entwicklung der Pflanze. Die P_2O_5-Düngung ist für eine gute Standfestigkeit, die Entwicklung widerstandsfähiger Pflanzen, die Blühwilligkeit und eine gute Ausreife der Samen unerläßlich. Die Keimfähigkeit der Samen hängt aufs engste mit der P_2O_5-Düngung zusammen. Indirekt wirkt P_2O_5 auf die Qualität des Hafers wie aller übrigen Kulturpflanzen dahingehend, daß nur bei reichlicher P_2O_5-Düngung die günstige Wirkung des N eintritt und gefördert wird.

Ähnlich wie P_2O_5 wirkt sich auch der Nährstoff K_2O auf die Haferqualität aus. SCHROPP und ARENZ (1945) fanden nur eine geringe Wirkung der K_2O-Düngung auf den Eiweißgehalt des Hafers und weder der Gehalt an Gesamt-N, noch jener an Eiweiß-N oder verdaulichem Protein wurde beeinflußt. SCHEIBE und MENDER (1945) kamen in Versuchen mit zusätzlichen K_2O-Gaben zu dem Ergebnis, daß der Rohproteingehalt ebenso wie der Gehalt an verdaulichem Protein gesenkt wurde. Zu demselben Resultat kam auch KEESE (1945), welcher gleichfalls ein Absinken des Rohproteingehaltes ermittelte, während der Rohproteinertrag keine Steigerung erfuhr. Auch in Untersuchungen von RAUTERBERG und LOOFMANN (1938) nahm mit steigenden K_2O-Gaben der Gesamt-N-Gehalt ab, während auf Böden mit guter N-Versorgung der Gehalt an Eiweiß-N praktisch nicht verändert wurde. Bei mit N schlecht versorgten Pflanzen nahm allerdings auch der Gehalt an Eiweiß-N ab:

g/K_2O/Gefäß	0,1	0,5	1,0	2,0	3,0
ausreichende N-Versorgung:					
Gesamt-N %	3,81	3,08	2,88	2,91	2,80
Eiweiß-N %	1,68	1,67	1,78	1,79	1,78
mangelhafte N-Versorgung:					
Eiweiß-N %	1,12	0,82	0,71	0,66	0,76

In Gefäßversuchen von NEHRING (1945) war bei ungenügender Wasserversorgung die K_2O-Wirkung geringer als bei optimaler. Für den N-Gehalt der Erntesubstanz war vor allem die den Pflanzen zur Verfügung stehende N-Menge entscheidend. Stiegen unter dem Einfluß der K_2O-Düngung die Erträge, so ging der N-Gehalt des Hafers zurück. Eine K_2O-Düngung wirkte sich in diesen Versuchen auf den Rohproteingehalt und die Zusammensetzung des Rohproteins nicht aus. Das Absinken des Rohproteingehaltes bei K_2O-Düngung wird auch durch Versuche von KUDRIN (1959) bestätigt:

ohne K_2O	K_2O als Chlorid	K_2O als Sulfat	K_2O als 3/4 Chlorid 1/4 Sulfat	
18,1	14,4	14,8	16,0%	Rohprotein
45,2	46,6	48,6	47,1%	Stärke

Neben der bisher erwähnten Wirkung der mineralischen Düngung auf die Qualität von Hafer konnten SCHARRER und PREISSNER (1954) zeigen, daß über die normale Volldüngung hinaus gesteigerte Nährstoffgaben sich auf die Qualität des Hafers, insbesondere die Erzeugung von Vitamin B_1 günstig auswirken. Extreme Überdüngungen haben allerdings eine starke Qualitätsdepression zur Folge.

Für die Qualität des Hafers ist daher wie für die Qualität sämtlicher Kulturpflanzen eine harmonische Mineraldüngung mit den Kernnährstoffen unerläßlich, und die Anreicherung mit Protein als Wirkung des Nährstoffes N kann nur im Zusammenhang mit den anderen Nährstoffen erfolgen.

k) Düngungsmethoden

Die Düngungsmethoden zu Hafer sind im wesentlichen dieselben wie bei Weizen und Roggen und wurden bereits im Abschnitt A, Weizen, ausführlich beschrieben, so daß hier nur auf die besondere Reaktion des Hafers auf verschiedene Düngungsmethoden eingegangen werden soll.

Während ein gemeinsames Ausbringen von Düngemitteln und Saatgut, die sogenannte Kontaktdüngung, bei Weizen zu deutlichen Keimhemmungen führt, ist Hafer gegenüber einer Kontaktdüngung weniger empfindlich (OLSON und DREIER 1956). VON BOGUSLAWSKI und JUNG (1957) erhielten bei Hafer mit Kontaktdüngung von N und P_2O_5 gesicherte Mehrerträge, wurde jedoch K_2O zugesetzt, traten Mindererträge als Folgeerscheinung ein. Auch in Versuchen von GUTTAY (1957) erwies sich Hafer gegenüber Kontaktdüngung widerstandsfähiger als Weizen.

Die Reihendüngung (Ausbringung der Düngemittel in Reihen neben oder unter dem Saatgut) führte in Versuchen von BIRECKA und Mitarbeitern (1957) mit N zu höheren Erträgen als ein breitwürfiges Ausbringen. Eine Kombination von N und P_2O_5 erhöhte die Erträge weiter, während ein Zusatz von K_2O keine bessere Wirkung äußerte.

Untersuchungen über die Wirkung von Superphosphat verschiedener Korngröße zeigten auch bei Hafer die Überlegenheit von granuliertem Superphosphat auf. BIRECKA und Mitarbeiter (1955) zeigten, daß dieser Dünger nicht nur auf saurem Boden, sondern auch auf neutralem zu Hafer besser wirkte. Die P_2O_5-Versorgung der jungen Haferpflanzen war eine wesentlich bessere, wenn Superphosphat in granulierter Form gedüngt wurde.

Die Anwendung der schwer löslichen N-Verbindungen als langsam fließende N-Quelle wurde auch zu Hafer geprüft und ATANASIU (1959) konnte zeigen, daß deutliche Ertragssteigerungen durch den Einsatz schwerlöslicher N-Verbindungen zu verzeichnen sind (Tab. 74), wobei weniger wasserlösliche Präparate im ersten Jahr langsamer umgesetzt werden.

Tabelle 74. *Hafererträge eines Feldversuches mit schwerlöslichen N-Verbindungen (Urea-Formen)* (nach ATANASIU 1959)

N/dz/ha		Gesamterträge/dz/ha	
NH_4NO_3	UF	UF 5010	UF 5011
0	—	31	37
0,6	—	64	65
0,6	0,6	72	70
0,6	1,2	71	71
0,6	1,8	66	75
0,6	2,4	66	73

Bei der Prüfung der Nachwirkung dieser schwerlöslichen N-Dünger wurde N aus dem schwerer löslichen Präparat in erhöhtem Maße aufgenommen und die Hafererträge lagen auch im zweiten Jahre nach der Düngung höher (Tab. 75, ATANASIU 1957). Auf leichtem Bodentyp war jedoch auch bei den sehr schwer löslichen Formen die Nachwirkung nur gering.

BORATYNSKI und Mitarbeiter (1954) untersuchten die Wirkung von Ammoniak-Lösungen zu Hafer und fanden, daß diese Dünger Ammonsalpeter

Tabelle 75. *Nachwirkung der schwerlöslichen N-Verbindungen U 5010 und U 5011 auf den Ertrag von Hafer*
(nach ATANASIU 1957)

Gedüngt 1954 zu Kartoffeln N/kg/ha als		Hafergesamterträge 1955 dz/ha	
NH_4NO_3	UF	5010	5011
0	—	50	54
60	—	51	53
60	60	53	52
60	120	50	57
60	160	58	60
60	240	58	64

gleichwertig waren. Der Anwendungstermin, 1 bis 10 Tage vor, oder 7 Tage nach dem Anbau, erwies sich ohne Einfluß auf die Wirkung. N-Aufnahme und N-Ausnützung waren gut und teilweise besser als bei Ammonsalpeter.

Hafer reagiert auf eine weitere Düngungsmethode, die Beregnungsdüngung, sehr gut und BROUWER und MÄRTIN (1957) erhielten durch Beregnung in Kombination mit später N-Düngung bei Hafer Mehrerträge von 8 bis 15 dz/ha. VOGLER (1958) konnte in Versuchen zu Hafer durch Beregnung und Spätdüngung die Erträge verdoppeln. Auch die Blattdüngung wurde zu Hafer vielfach untersucht und Gefäßversuche von VON BOGUSLAWSKI und VÖMEL (1957) zeigten, daß bei Blattdüngung mit N und NPK-Volldüngung sich bei kurzfristiger Anwendung Mindererträge ergeben, welche vor allem mit N-Minderaufnahmen verbunden sind. Auch P_2O_5- und K_2O-Minderaufnahmen wurden gefunden. Harnstoff und Ammonnitrat erwiesen sich in diesen Versuchen als gleichwertig, während Kali als Chlorid eine bessere Wirkung zeigte, als die Sulfat-Form. In Versuchen von GEERING (1956) erwies sich von den Hauptnährstoffen N am geeignetsten für die Blattdüngung. Nach KRZYSCH (1958 a) wurde durch Blattdüngung mit Kaliumnitrat, Ammoniumnitrat und Harnstoff der Korn- und Strohertrag des Hafers erhöht, während Ammoniumchlorid und Natriumnitrat von geringerer Wirkung waren und Blattverbrennungen hervorriefen. Die Wirkung der Blattdüngung war bei Hafer jedoch geringer als bei mittlerer N-Bodendüngung. Von den in diesen Versuchen geprüften P_2O_5-Salzen zeigte das primäre Magnesiumphosphat die günstigste Wirkung, während durch sekundäres und tertiäres Kaliumphosphat Verbrennungen an den Haferpflanzen auftraten. Durch die Blattdüngung wurde auch der Rohproteinertrag und der P_2O_5-Gehalt des Kornes erhöht. Durch Erhöhung der Konzentration der N-Spritzlösungen konnte KRZYSCH (1958 b) die Wirkung der Blattdüngung bei Hafer verbessern. Zur Zeit des Schossens durchgeführte N-Blattspritzungen steigerten den Rohproteingehalt deutlich. RAUTERBERG (1957) stellt fest, daß sich P_2O_5 und K_2O zu Hafer in Form der Blattdüngung einer Bodendüngung überlegen erwiesen. Eine frühe Blattdüngung wirkte ertragsfördernd, während spätere Spritzungen den Rohproteingehalt der Körner erhöhten.

Als günstigste Düngungsmethode zu Hafer muß nach dem heutigen Stand des wirtschaftlichen Einsatzes der Dünger und der landwirtschaftlichen Maschinen eine breitwürfige Düngung oder in gewissen Fällen die Kontaktdüngung (wenn K_2O nicht erforderlich ist) angesehen werden. Die Verabreichung der N-Düngung erfolgt hinsichtlich der Förderung der Ertragsleistung und Qualität am besten in Form der Stadiendüngung, wobei je nach der Höhe der N-Menge, 2 bis 3 Teilgaben verabreicht werden.

Literatur

ÅKERMAN, Å.: Die Möglichkeit, die Qualität unserer Getreidearten durch Züchtung und Stickstoffdüngung zu verbessern. Z. Züchtung, A, Pflanzenzüchtung **22**, H. 4, 551–563 (1938). — ALTEN, F., und R. GOTTWICK: Der Einfluß von späten N-Gaben auf den Eiweißgehalt von Getreide. Ernährung d. Pflanze **38**, H. 9/10 (1942). — ATANASIU, N.: Ertragsnachwirkung schwerlöslicher N-Verbindungen. Landw. Forsch. **1957**, 9. Sonderheft, 57–60. — Zur Wirkung schwer löslicher N-Verbindungen. Z. Pflanzenernähr., Düng., Bodenkde. **84** (129), H. 1–3, 103–110 (1959). — AUFHAMMER, G.: Neuzeitlicher Getreidebau, S. 97, 98, 100. Frankfurt a. M.: DLG-Verlag. 1959.

BARBIER, S.: Unveröffentlichte Versuche, 1959. — BÄRMANN, C.: Ergebnisse von Phosphatdüngungsversuchen. Phosphorsäure **17**, 301–315 (1957). — BERGMANN, W.: Saatgutqualität und Inhaltsstoffe. Wiss. Z. Fr.-Schiller-Universität Jena **4**, 359–364 (1955). — BIRECKA, H., Z. TUCHOŁKA und A. LISIĘWICZ: Badania nad rzędowym stosowaniem nawazów pod zboża jare. Roczniki Nauk rolniczych, Ser. A **76**, 31–41 (1957). — BIRECKA, H., W. BOGUSZEWSKI und H. SZUKALSKI: Działanie superfosfatu granulowanego na plon owsa w zależności od techniki stosowania i odczynu gleby. Roczniki Nauk rolniczych, Ser. A **71**, 5–42 (1955). — BOGUSLAWSKI, E. VON: Wasserhaushalt und Ertragsbildung der Pflanze in Abhängigkeit von der Wasserversorgung und dem Wasserhaushalt des Standortes. Forschungsdienst **4**, 370–381 (1937). — Das Zusammenwirken der Wachstumsfaktoren bei der Ertragsbildung. Z. Acker- u. Pflanzenbau **98**, H. 2, 145–186 (1954). — BOGUSLAWSKI, E. VON, und A. VÖMEL: Über Blattdüngung mit Einzelnährstoffen und Volldüngung bei Hafer. Landw. Forsch. **1957**, 9. Sonderheft, 83–94. — BOGUSLAWSKI, E. VON, und F. JUNG: Versuche mit Reihen- und Kontaktdüngung zu Rüben und Getreide. Landw. Forsch. **1957**, 10. Sonderheft, 56–73. — BORATYŃSKI, K., E. MAŁYSOWA und ZB. TURYNA: Wartość nawozowa amoniaku i mocznika, II. Roczniki Nauk rolniczych, Ser. A **69**, 33–56 (1954). — BORKOWSKI, R., und G. KOZERA: Badania nad zwiększeniem białkowości ziarna i słomy owsa pod wpływem opóźnionego nawożenia azotowego. Zeszyty nankowe Wyższej Sokoły rolniczej Krakowie, Rolnictwo **1956**, Nr. 1, 133–151. — BRACKEN, R. VON: Beitrag zum Wasserhaushalt und Wasserverbrauch einiger Kulturpflanzen im natürlich gelagerten Boden. Bodenkde. u. Pflanzenernähr. **25**, H. 4, 193–219 (1941). — BROUWER, W.: Die Beziehungen zwischen Ernte und Witterung in der Landwirtschaft. Landw. Jb. **63**, 1–81 (1926). — BROUWER, W., und H. MÄRTIN: Über die Wirkung der Spätdüngung bei gleichzeitiger Beregnung. Kali-Briefe, Fachgebiet **3**, Nr. 9, **1957**, 1–4. — BRÜNE, F.: Versuche über Eiweißanreicherung des Getreides durch zusätzliche späte Stickstoffdüngung nach SELKE. Z. Pflanzenernähr. u. Bodenkde. **24**, 1–5 (1941). — BULLEN, E. R., und W. J. LESSELLS: The effect of nitrogen on cereals yields. J. Agr. Sci. **49**, 3, 319–328 (1957). — BÜNGER, H.: Über den Einfluß verschieden hohen Wassergehalts des Bodens in den einzelnen Vegetationsstadien bei verschiedenem Nährstoffreichtum auf die Entwicklung der Haferpflanze. Landw. Jb. **35**, 941–1051 (1906). — BURG, P. F. J. VAN: De overbemesting van granen door middel van ureumbespuiting. Stikstof **1958**, Nr. 18, 182–188.

CARDER, A. C.: Growth and development of some field crops as influenced by climatic phenomena at two diverse latitudes. Canad. J. Plant Sci. **37**, 392–406 (1957). — CHURCH, B. M.: Cereal manuring in England and Wales. J. Sci. Food Agricult. **11**, 711–721 (1956). — COÏC, Y., und M. COPPENET: Sur la carence en manganèse des céréales dans les sols humifères de Bretagne. Ann. Agron., A, Suppl. II, **1958**, 111–139.

DENT, J. W.: The chemical composition of the straw and grain of some varieties of spring oats in relation to time of harvesting, nitrogen treatment and environment. J. Agric. Sci. **48**, 336–346 (1957).

FAO: Yearbook of Food and Agricultural Statistics 1957—Production, S. 39, 40. Rome: Food and Agriculture Organization of the United Nations. 1958. — FERRARI, TH. J., und C. M. J. SLUIJSMANS: Mottling and magnesium deficiency in oats and their dependence on various factors. Plant a. Soil **6**, Nr. 3, 262–299 (1955). — FERRARI, TH. J.: Gedeelte Stickstofbemesting bij Hafer? Landbouwvoorlichting **16**, 5, 237–242 (1959). — FREY, K. J., und S. C. WIGGANS: Tillering studies in oats, I, Tillering characteristics of oat varieties. Agronomy J. **49**, 48–50 (1957). — Growth rates of oats from different test weight seed lots. Agron. J. **48**, Nr. 11, 521–523 (1956). — FRIMMEL, G.: Die Bedeutung des Fettgehaltes bei der Beurteilung von Haferernten. Bodenkultur **10**, H. 1, 41–48 (1958).

GEERING, J.: Blattspritzung als Düngungsverfahren. Mitt. Schweiz. Landwirtsch. **4**, 105–112 (1956). — GERICKE, S.: Düngemittel und Düngung in der deutschen

Landwirtschaft, S. 115, 124, 125, 126, 127, 128, 245, 270. Berlin: Cronbach. 1948. — Die Düngewirkung der Phosphorsäure bei verschiedener Stickstoffernährung der Pflanze. Bodenkde. u. Pflanzenernähr. **20** (65), H. 1/2, 177–199 (1941). — GINGRICH, J. R., und F. W. SMITH: Investigation of small grain response to various application of nitrogen, phosphorus, and potassium on several Kansas soils. Soil Sci. Soc. Amer. Proc. **17**, 4, 383–386 (1953). — GROHMANN, A.: Bericht über 9 Stickstoffsteigerungsversuche zu Hafer in Oberösterreich im Wirtschaftsjahr 1958. Nicht veröffentlichte Versuche. — GROSSE-BRAUKMANN, E.: Über den Einfluß der Kieselsäure auf den Mehltaubefall von Getreide bei unterschiedlicher Stickstoffdüngung. Phytopath. Z. **30**, H. 1, 112–116 (1957). — GUTTAY, J. R.: The effect of fertilizer on the germination and emergence of wheat and oats. Michigan State Univ. Agric. Appl. Sci., Agric. Exper. Stat., Quart. Bull. **40**, 193–202 (1957).

HARPER, H. J., und F. GRAY: Effect of seven annual legumes on the yield of corn and oats on Norge loam. Agronomy J. **49**, 293–296 (1957). — HÜBNER, R.: Vierjährige Untersuchungen über Kornqualität und Leistungseigenschaften des Hafers, II, Chemische Untersuchungen, Ertragsleistungen und Schlußbetrachtung. Z. Acker- u. Pflanzenbau **93**, 169–197 (1951).

IGNATIEFF, V., und J. PAGE: Efficient use of Fertilizers, S. 13, 189, 190. Rome: Food and Agriculture Organization of the United Nations. 1958.

JACOB, A., und F. ALTEN: Arbeiten über Kalidüngung, 3. Reihe, S. 296–297. Berlin: Verlagsges. f. Ackerbau. 1942. — JOHANSSON, O., und P. EKMAN: Resultat av de senaste arens svenska mikroelementförsök, II, Försök med mangan. Kungl. Lantbrukshögskolan Statens Lantbruksförsök, Statens Jordbruksfösök, Medd. **1956**, Nr. 62, 91–138. — JASNY, N.: The socialized agriculture of the USSR. Stanford: University Press. 1949. — Der russische Weizen. Landw. Jb. **63**, 411–461 (1926).

KEESE, H.: Feldversuche über die Eiweißanreicherung des Getreides durch zusätzliche späte Stickstoffdüngung. Z. Pflanzenernähr. u. Bodenkde. **24**, 5–11 (1941). — Über den Einfluß verschiedener Wasser- und Kaliversorgung auf die Eiweißbildung im Hafer. Z. Pflanzenernähr. u. Bodenkde. **36**, H. 1/2, 1–9 (1945). — KLAPP, E.: Lehrbuch des Acker- und Pflanzenbaues, 3. Aufl., S. 83, 261, 265, 392, 394. Berlin: Parey. 1951. — KÖHNLEIN, J., und N. KNAUER: Die Entzugszahl als Hilfsmittel zur richtigen Bemessung der P_2O_5- und K_2O-Gabe. Z. Acker- u. Pflanzenbau **104**, H. 4, 329–370 (1957). — KRUG, H.: Photoperiodische Forschung und praktischer Pflanzenbau. Beitr. Biol. Pflanzen **34**, H. 2, 267–291 (1958). — KRZYSCH, G.: Die Wirkungen verschiedener N-, P- und K-Verbindungen bei Anwendung als Blattdüngemittel. Z. Pflanzenernähr., Düng., Bodenkde. **82** (127), 107–120 (1958a). — Der Einfluß steigender Salzkonzentrationen und der Spritztermine auf den Erfolg der Blattdüngung. Z. Pflanzenernähr., Düng., Bodenkde. **83** (128), 214–224 (1958b). — KUDRIN, S. A.: Der Einfluß der Kalidüngung auf Entwicklung und Ertrag bei Gerste und Hafer. Agrobiologia **4**, 621–623 (1959). — KURTH, H.: Die Jarowisation landwirtschaftlicher Kulturpflanzen, S. 9. Die neue Brehm-Bücherei. Wittenberg: Ziemsen. 1955.

LAMKE, W. E., R. A. OLSON und P. H. GRABOUSKI: Commercial fertilizer results with spring small grains, 1958. Outstate Testing Circular 73, S. 1–19. Lincoln: The Agric. Exper. Stat. Univ. of Nebraska Coll. of Agric. 1958. — LASKE, P.: Die Nährstoffaufnahme durch Hafer aus weicherdigen Rohphosphaten auf sauren und neutralen Mineralböden. Z. Pflanzenernähr., Düng., Bodenkde. **81** (126), H. 1, 23–35 (1958). — LAZÁŻÀNYI, A., und I. CĂBULEA: Efectul tratamentului semințelor cu etilen, propilen și butilen asupra creșterii și dezvoltarii ovăzului. Studii Cercetări Agronom. (Cluj) **8**, 117–128 (1958). — LEHMANN, D.: Ertragssteigerung durch Stickstoffspätdüngung. Dtsch. Landwirtsch. **4**, 238–241 (1953). — LIMAR, R. Ss.: Die Wirkung der Bodentemperatur auf Wachstum, Entwicklung und Ertrag von Hafer bei unterschiedlicher Mineraldüngung. Pflanzenphysiol. **5**, 221–227 (1958). — LINSER, H., und W. PELIKAN: Stickstoffdüngung mit hohen geteilten Gaben, I, Gefäßversuch. Z. Pflanzenernähr., Düng., Bodenkde. **58** (103), 107–120 (1952). — LORENZ, E.: Die Wirkung der Jauche als Stickstoffdünger bei verschiedenen Fruchtarten. Z. landw. Vers. Unters.wesen **2**, H. 1/2, 125–135 (1956). — LUNDEGÅRDH, H.: Klima und Boden, 5. Aufl., S. 56, 85, 236. Jena: Fischer. 1957.

MCLEAN, E. O.: Plant growth and uptake of nutrients as influenced by levels of nitrogen. Proc. Soil Sci. Soc. Amer. **21**, 219–222 (1957). — MAYR, H.: Zur Kenntnis des osmotischen Verhaltens von Getreidewurzeln. Protoplasma **44**, H. 4, 389–411 (1955). — MILLERS, A.: Radioaktiva fosfora ietekme uz graudaugu augšanu un attīstību. Augsne un Raža **7**, 101–108 (1958). Ref. nach Soils a. Fertilizers **22**, Nr. 4, 297 (1959). — MITSCHERLICH, E. A.: Ein Beitrag zur Erforschung des bodenkundlichen Wachstumsfaktors Wasser. Landw. Jb. **65**, 437–449 (1927). — Bodenkunde für Landwirte, Forstwirte und Gärtner, 6. Aufl., S. 241, 243, 246, 252, 255. Berlin u. Hamburg: Parey. 1950. — MONTARULI, A.: La coltura dell'avena in Puglia e Lucania. Ann. Fac. Agrar. (Bari) **11**, 49–82 (1957). — MORRIS, D., und F. P. GARDENER: The effect of nitrogen fertilization and duration of clipping period on forage and grain yields of oats, wheat and rye. Agronomy J. **50**, 454–457 (1958) — MÜLLER, K. H.: Ergebnisse mehrjähriger Sommergetreidesortenversuche. Z. landw. Vers. Unters.-wesen **5**, H. 1, 50–69 (1959). — MÜNDEL, G.: Ein Beitrag zum Problem des relativen Wasserverbrauches unserer landwirtschaftlichen Kulturpflanzen. Bodenkde. u. Pflanzenernähr. **26** (71), 269–291 (1942).

NEHRING, K.: Der Einfluß später Stickstoffdüngung auf die Eiweißbildung bei Hafer und Sommerweizen. Z. Pflanzenernähr. u. Bodenkde. **18** (63), 291–304 (1940). — Der Einfluß von Nährstoff- und Wasserversorgung auf die Eiweißbildung bei Getreide, VII, Der Einfluß von Kali- und Wasserversorgung auf die Eiweißbildung von Hafer. Z. Pflanzenernähr. u. Bodenkde. **36**, H. 3/4, 143–155 (1945). — NEHRING, K., und W. BORCHMANN: Die Wirkung neuer Phosphatdüngemittel. Z. landw. Vers. Unters.-wesen **3**, H. 6, 533–555 (1957). — NEVENS, W. B.: More fertilizer higher yields. Better Crops with Plant Food **42**, Nr. 3, 38–43 (1958). — NIKLAS, H., A. STROBEL und K. SCHARRER: Weitere Phosphorsäuredüngungsversuche mit Superphosphat, Thomasmehl, Rhenaniaphosphat und Dikalziumphosphat auf vier verschiedenen Bodenarten. Landw. Jb. **63**, 607–625 (1926).

OLSON, R. A., und A. F. DREIER: Nitrogen, a key factor in fertilizer phosphorus efficiency. Proc. Soil Sci. Soc. Amer. **20**, 509–514 (1956). — Fertilizer placement for small grains in relation to crop stand and nutrient efficiency in Nebraska. Soil Sci. Soc. Amer. Proc. **20**, 19–24 (1956).

PAAUW, F. VAN DER: Het meerjarige Stikstofhoeveelheden-proefveld Pr. 1521. Groningen: Vereniging tot Exploitation van Proefboerderijen in de klei- en zavelstrecken van de provincie. 1955. — PELSHENKE, P. F.: Brotgetreide und Brot, 5. Aufl., S. 29, 42, 55, 65, 68, 74, 86. Berlin und Hamburg: Parey. 1954. — PESSI, Y., und P. KIVINEN: Leikkuuajan vaikutuksesta ohran, kauran ja syysrukiin satoon sekä sadon käyttöarvosta kylvösiemenenä. Valtion Maatalouskoetoiminnan. Julkaisuja (Rep.) **1957**, Nr. 161, 1–48. — PIELEN, L.: Versuche über den Einfluß zeitlich und mengenmäßig gestaffelter (zusätzlich später) Stickstoffgaben auf den Eiweißgehalt und Eiweißertrag von Sommergerste, Sommerweizen und Hafer. Z. Pflanzenernähr. u. Bodenkde. **24**, 12–24 (1941). — POHJAKALLIO, O.: Light climate and crop growth in Finland. Field Crop Abstr. **10**, 2, 77–82 (1957). — POHJAKAILLO, O., und A. SALONEN: Ten years of experiments on Muddusnieme experimental farm in Lappland. Maatalous ja Koetoiminta **12**, 42–54 (1958). — PRIMOST, E.: Unveröffentlichte Versuche, 1959.

RAUTERBERG, E., und H. LOOFMANN: Beziehungen zwischen der Ernährung und der chemischen Zusammensetzung der Pflanzen. Fortschr. landw. chem. Forsch. **1938**, 203–210. — RAUTERBERG, E.: Untersuchungen über die Brauchbarkeit verschiedener Salze zur Blattdüngung. Landwirtsch. Forsch. **1957**, 9. Sonderheft, 94–95. — ROBERTSON, L. S., J. R. GUTTAY and C. M. HANSEN: Supplemental nitrogen for oats. Method, time and rate of application. Michigan State Coll. Agric. Appl. Sci., Agric. Exper. Stat., Quart. Bull. **37**, 420–424 (1955). — RODGER, J. B. A.: The causes of lodging in cereal crops. Agric. Rev. **2**, Nr. 7, 23–26 (1956). — ROEMER, TH., und F. SCHEFFER: Lehrbuch des Ackerbaues, 5. Aufl., S. 149, 383. Berlin und Hamburg: Parey. 1959. — ROHDE, C.: Phosphataufschließungsvermögen der Pflanzen. Dtsch. Landwirtsch. **4**, H. 2, 84–86 (1953). — ROHRLICH, M., und G. BRÜCKNER: Untersuchungen an deutschen Hafersorten. Z. Pflanzenzüchtung **40**, H. 3, 266–274 (1958). — ROSS, M.: Associations of morphological characters and ear liness in oats. Agronomy J. **47**, 453–457 (1955).

SCHARRER, K., und R. PREISSNER: Der Vitamin-B_1-Gehalt der Pflanze in Abhängigkeit von ihrer Ernährung. Z. Pflanzenernähr., Düng., Bodenkde. **67** (112), H. 2, 166–179 (1954). — SCHEFFER, F.: Die „wirksame" Phosphorsäure bestimmt den Pflanzenertrag. Phosphorsäure **16**, 105–120 (1956). — SCHEIBE, A., und G. MENDER: Über den Einfluß verschiedener Wasser- und Kaliversorgung auf die Eiweißbildung bei Hafer. Z. Pflanzenernähr. u. Bodenkde. **36**, H. 3/4, 131–142 (1945). — SCHMID, K.: Der Einfluß der Kalium-, Stickstoff- und Wasserversorgung auf die Transpiration und Assimilationsleistung des Hafers, III, Die Beteiligung des Kaliums an der Stofferzeugung der höheren Pflanze. Bodenkde. u. Pflanzenernähr. **25** (70), 279–313 (1941). — SCHMITT, L., und W. SCHINEIS: Feldversuche über Eiweißanreicherung bei Getreide durch zusätzlich späte Stickstoffdüngung nach W. SELKE. Z. Pflanzenernähr. u. Bodenkde. **26** (71), 137–150 (1942). — SCHMITT, L.:

Vom Segen der Düngung, S. 91, 99, 102, 145, 146. Frankfurt a. M.: DLG-Verlag. 1954. — SCHRADER, TH.: Untersuchungen über Kali- und Phosphorsäureaufnahme unserer Getreidesorten im Jugendstadium. Fortschr. Landwirtsch. 4, H. 5, 230–233 (1929). — SCHROPP, W.: Bor und Gramineen. Forschungsdienst 10, 138–160 (1940). — SCHROPP, W., und B. ARENZ: Feldversuche über die Eiweißanreicherung des Getreides durch zusätzliche späte Stickstoffzufuhr. Z. Pflanzenernähr. u. Bodenkde. 24, 24–34 (1941). — Gefäß- und Feldversuche über den Einfluß verschiedener Wasser- und Kaliversorgung auf den Ertrag und die Eiweißbildung bei zwei Hafersorten. Z. Pflanzenernähr. u. Bodenkde. 36, H. 3/4, 155–167 (1945). — SCHWANITZ, F., und P. SCHWARZE: Die physiologischen Grundlagen für die Züchtung von ertrag- und eiweißreichen Sorten bei unseren Getreidearten. Forschungsdienst 4, 19–31 (1937). — SEELHORST, C. VON: Die Bedeutung des Wassers im Leben der Kulturpflanzen. J. Landwirtsch. 59, 259–291 (1911). — SEISCHAB, F., und A. STRITESKY: Über die Wirkung verschiedener Phosphatdünger bei Sommergetreide. Prakt. Bl. Pflanzenbau u. Pflanzenschutz 53, H. 5, 3–25 (1958). — SELKE, W.: Neue Möglichkeiten einer verstärkten Stickstoffdüngung zu Getreide. Z. Pflanzenernähr., Düng., Bodenkde. 9, 506–535 (1938). — Die Wirkung zusätzlicher später Stickstoffgaben auf Ertrag und Qualität der Ernteprodukte. Bodenkde. u. Pflanzenernähr. 20 (65), H. 1/2, 1–49 (1941 a). — Der Einfluß der Phosphorsäure- und Kalidüngung auf die Wirkung später Stickstoffgaben und die Wirkung später Phosphorsäure- und Kaligaben zum Getreide. Bodenkde. u. Pflanzenernähr. 20 (65), H. 5/6, 257–270 (1941 b). — Die Düngung, 2. Aufl., S. 203, 286–288. Berlin: Deutscher Bauernverlag. 1955. — Fragen der Düngung. Z. landw. Vers. Unters.wesen 1, H. 6, 556–581 (1955 a). — Die Leistung des zusätzlich späten Stickstoffs zu Getreide in Abhängigkeit von Standortsfaktoren. Z. landw. Unters.wesen 3, H. 1, 25–46 (1957). — Ammonbikarbonat als Stickstoffdünger. Z. landw. Vers. Unters.wesen 4, H. 6, 507–526 (1958). — Die zusätzlich späte Stickstoffdüngung — ein Mittel zur weiteren Steigerung von Ertrag und Qualität des Getreides. Dtsch. Landwirtsch. 1959, H. 4, 10, 1–6, 191–197. — SESSOUS, G.: Handbuch der tropischen und subtropischen Landwirtschaft, 1. Bd., S. 699–750. Berlin: Mittler. 1943. — SMITH, S. T., und W. J. TOMS: Manganese deficiency in the cereal-growing areas. J. Agric. Western Australia (3), 7, 65–70 (1958). — SPECHT, G.: Bericht über die Ergebnisse der Saatgutbehandlungsversuche zu Getreide der Jahre 1954 und 1955. Z. landw. Vers. Unters.wesen 2, 478–495 (1956).

TAMM, E., und W. EBERHARDT: Der Gefäßversuch als Mittel zur Feststellung der Standortansprüche bei Hafer, II. Beitrag. Z. Acker- u. Pflanzenbau 108, H. 3, 365–374 (1959). — THOMPSON, R. K., und A. D. DAY: Spring oats for winter forage in the Southwest. Agronomy J. 51, 9–12 (1959).

U.S. Department of Agriculture: Official grain standards of the United States, S. 35–48. Washington: U.S. Government Printing Office. 1957.

VLASOVA, V. M.: Die Auswirkung verschiedener N-Formen in leichten Böden bei Dauerversuchen. Chem. Abstr. (Easton, USA) 42, 3516 (1948). Ref. nach Z. Pflanzenernähr., Düng., Bodenkde. 52 (97), 175 (1951). — VOGLER, E.: Fumure minerale complementaire tardive et arrosage artificiél. Potasse 32, 103–104 (1958).

WAGNER, H.: Über Analogien des Wachstumsverlaufes und der Nährstoffaufnahme des Hafers zu physikalisch-chemischen Gesetzmäßigkeiten. Landwirtsch. Jb. 73, 453–490 (1931). — Zum Wachstumsverlauf verschiedener Getreidearten, insbesondere von Hafer. Z. Pflanzenernähr., Düng., Bodenkde. 25, H. 1/2, 48–102 (1932). — WAGNER, P.: Kurze Anleitung zur rationellen Stickstoffdüngung landwirtschaftlicher Kulturpflanzen unter besonderer Berücksichtigung des Chile-Salpeters, 2. Aufl., S. 27–29. Berlin: Parey. 1900. — Arbeiten der DLG 1903, H. 80, 47. — WASSILJEW, I. Ss.: Über die Versorgung der landwirtschaftlichen Kulturen mit Wasser. Bodenkunde 1956, Nr. 10, 13–23. — WEIGERT, J., und H. SCHAEFFLER: Ergebnisse von zweijährigen Feldversuchen über den Einfluß von zusätzlicher später Stickstoffdüngung auf Ertrag und Qualität bei Sommerweizen, Sommergerste und Hafer. Bodenkde. u. Pflanzernernähr. 26 (71), 151–179 (1942). — WENZEL, W.: Der Einfluß der Versorgung der Pflanzen mit Phosphorsäure auf ihren Gehalt an P-haltigen Verbindungen. Z. Pflanzenernähr., Düng., Bodenkde. 79 (124), H. 3, 247–260 (1957). — WIGGANS, S. C.: The effect of seasonal temperature on maturity of oats, planted at different dates. Agronomy J. 48, 1, 21–25 (1956). — WIGGANS, S. C., und K. J. FREY: Tillering studies in oats. II. Effect of photoperiod and date of planting. Agronomy J. 49, 215–217 (1957). — WILD, A. S., und J. T. REEVES: Oats trials and usage in the Wheatbelt, 1956. Aj. Agric. Western Australia 6, 551–554, 557–558, 561–563 (1957).

E. Reis

(Oryza sativa L.)

Von

P. W. Kürten

a) Wachstumsbedingungen

1. Entwicklung und Wachstumsverlauf

Reis wird auf Grund seiner vielen Varietäten und großen Formenmannigfaltigkeit unter den verschiedensten Boden-, Feuchte- und Temperaturbedingungen angebaut. Entwicklung und zeitlicher Wachstumsverlauf zeigen deshalb eine große Schwankungsbreite. Frühreife Varietäten haben in bestimmten Anbaugebieten eine Wachstumszeit von weniger als 80 Tagen, während spätreifende Formen eine Vegetationszeit von mehr als 200 Tagen benötigen. Wenngleich diese Unterschiede weitgehend erblich bedingt sind und entscheidend von der Tageslänge des Anbauortes bestimmt werden, so können sie auch durch die verschiedenen Anbaumethoden, den Zeitpunkt der Aussaat, durch ein Umpflanzen oder durch die Düngung stark beeinflußt werden. Die Möglichkeit einer Verkürzung der Vegetationsperiode besteht nicht bei allen Varietäten in gleichem Umfang. Einige Reisvarietäten reagieren auf hierauf ausgerichtete Anbaumethoden nur wenig, andere zeigen erhebliche Wachstumsdifferenzen. Die Auswahl einer geeigneten Varietät und Sorte hat deshalb für den Anbauerfolg eine entscheidende Bedeutung.

Der den Reisanbau begrenzende Faktor ist die Temperatur. Während der Hauptwachstumszeit verlangt bewässerter Reis eine Mindesttemperatur von 20° C. In den übrigen Monaten darf die Temperatur nicht unter 10° C sinken. Während der ganzen Wachstumszeit darf es keinen Frost geben. Sind aber wie in den Tropen Wärme und Feuchtigkeit während der Vegetationsperiode ausreichend vorhanden, können im Jahr mehrere Ernten eingebracht werden. Das Keimminimum liegt bei 10 bis 13° C, das Maximum bei 38 bis 40° C. Die beste Keimtemperatur beträgt 28 bis 32° C.

Bei der Keimung, zu der außer der Mindesttemperatur und Wasser auch noch genügend Luft erforderlich sind, entwickelt sich zuerst die Hauptwurzel, aus der bald einige Seitenwurzeln sprießen. Darauf beginnt der Sproß zu wachsen, der anfangs von der Koleoptile umgeben ist. Von der Aussaat bis zum Aufgang der Saat vergehen, abhängig von der Triebkraft des Saatgutes, 4 bis 14 Tage. Etwa 18 Tage nach dem Pflanzen setzt die Bestockung des Reispflänzchens ein. Aus jedem der grundständigen und auch höher stehenden Knoten entwickeln sich ein oder mehrere Nebentriebe, die wiederum eigene Wurzelkränze ausbilden und somit auch allein lebensfähig sind. Die Bestockungsfähigkeit ist sorteneigentümlich, natürlich aber auch stark von Standraum, Düngung und Anbautechnik abhängig. Das bedeutet für den praktischen Anbau, daß sich einige Sorten besser zum Umpflanzen eignen als andere. Es können Horste bis zu 50 Halmen gebildet werden. Die gute Bestockung eines Reisbestandes ist von wesentlichem Einfluß auf den Kornertrag, wobei nicht nur eine zu geringe, sondern bei ungenügender Ernährung auch eine übermäßig hohe Bestockung ertragsmindernd sein kann.

Die Bestockung soll vor dem Schossen der Reishalme beendet sein, da spätere Schößlinge nicht mehr ausreifen. Dies ist nach Bolhuis und van Dijk (1955) der Grund dafür, daß Reissorten mit einer Entwicklungsdauer von 150 bis 180 Tagen nicht viel später als 35 Tage nach dem Aussäen umgepflanzt werden sollen.

Die Wurzeln des bewässerten Reises besitzen Luftkanäle, die mit den oberirdischen Sprossen in Verbindung stehen. Hierdurch kann Sauerstoff auch auf nassen, sauerstoffarmen Standorten zu den Wurzeln gelangen (V. RAALTE 1941).

Die endgültige Höhe der Reispflanze hängt von den Wachstumsbedingungen ab. Die Zahl der Blätter schwankt zwischen 10 und 20, ist also größer als bei den anderen Getreidearten. Das letzte Blatt, die sogenannte „Flagge“, richtet sich auf, sobald die Blüte einsetzt. Für die Reisbauern ist dies Erscheinen der „Flagge“ ein wichtiges Zeichen für die Regulierung der Bewässerung.

Das Aufblühen der Rispe beginnt an der Spitze und erreicht in 5 bis 10 Tagen die Basis. Die Blütchen öffnen sich meist in den Vormittagsstunden zwischen 10 und 12 Uhr. Trockenes Wetter begünstigt die Bestäubung.

2. Ansprüche an die Lichtperiodik

Seiner tropischen Heimat zur Folge ist der Reis eine Kurztagspflanze, d. h. sein Vegetations- und Entwicklungsrhythmus ist der kurzen Tageslänge der Tropen angepaßt. Jedoch treffen wir große Unterschiede an. Das Vorkommen von tagneutralen oder von längeren Tageslängen angepaßten Formen ist eine Tatsache, die für den Reiszüchter und den Anbau große Bedeutung hat. So war z. B. bisher in Malaya nur eine Reisernte möglich, da die dort angebauten indischen Sorten von zu langer Wachstumsdauer und photoperiodisch sehr empfindlich waren. Kurzlebige japanische Sorten erwiesen sich in neunjährigen Versuchen von E. F. ALLEN und I. R. MILLBURN (1956) für eine Doppelnutzung als gut geeignet.

Das Lichtstadium dauert nach Untersuchungen von W. A. DUBROWINA (1956) 30 bis 35 Tage, wobei auch die Temperatur von Bedeutung ist. Nach BOLHUIS und VAN DIJK (1955) dauert die kritische Phase der Entwicklung zwei Monate; es ist die Zeit der Wurzelentwicklung, der Bestockung und der Blütenanlage. In beiden Monaten muß dem Reis eine jeweils gleich große Lichtmenge zur Verfügung stehen, wenn eine optimale Entwicklung erreicht werden soll. JOSHIAKI ISHIZUKA und AKIRA TANAKA (1956) konnten auf Grund morphologischer Beobachtungen feststellen, daß die Jugendentwicklung des Reises in Japan in den kalten Regionen des Nordens durch die niederen Temperaturen bestimmt wird, in den warmen Regionen des Südens bei hohen Temperaturen dagegen von photoperiodischen Einflüssen gesteuert wird.

Für die Keimung des Samens scheint Licht von weniger Einfluß zu sein, jedoch ist für die Entwicklung der jungen Keimpflanzen Licht vonnöten. Die Aussaat erfolgt deshalb am besten ohne Bedeckung der Samen mit Boden. Auch für die spätere Entwicklung und für die Ertragsbildung ist eine genügende Sonnenbestrahlung erforderlich. In Italien hält man für gute Erträge 140 bis 170 wolkenlose Tage für notwendig.

Licht spielt auch für die Entwicklung von Grün- und Blaualgen in den bewässerten Reisfeldern Ostasiens eine große Rolle. Durch deren Assimilationstätigkeit (Sauerstoffproduktion und stickstoffbindende Fähigkeit) kann das Wachstum des Reises begünstigt werden.

3. Wasserbedarf und Bewässerungsmethoden

Obwohl Reis für einen erfolgreichen Anbau große Mengen Wasser benötigt, ist die Reispflanze keineswegs etwa eine Wasserpflanze. Der Transpirationskoeffizient ist mit 600 l zur Erzeugung von 1 kg Trockensubstanz recht hoch.

Die Kultur des Reises ohne Bewässerung (Trockenreis, Bergreis) ist deshalb dem bewässerten Anbau ertragsmäßig stets unterlegen. Aus diesem Grunde beschränkt sich der Trockenanbau auf Gebiete, in denen nicht bewässert werden kann, wo aber reichliche natürliche Regenfälle niedergehen.

Bei künstlicher Bewässerung hängt der Wasserverbrauch in hohem Maße von der Durchlässigkeit des Bodens und der direkten Verdunstung ab (FESCA 1904).

Je nach der Notwendigkeit, das Wasser selten oder häufig zu ersetzen, je nach der Dauer der Vegetations- oder Bewässerungszeit kann der Wasserbedarf eines ha zwischen 8000 und 60000, in seltenen Fällen bis 100000 m³ schwanken (VAN DE GOOR 1950). In Ägypten wird nach KOSHAIRY mit einem Wasserverbrauch während der Wachstumszeit von 12000 bis 21000 m³ gerechnet.

Die verschiedenen Möglichkeiten der Bewässerung bestimmen neben der sozialen Struktur der ländlichen Bevölkerung und dem Boden wesentlich die *Anbaumethode*. Diese wiederum beeinflußt wesentlich die Düngung als wichtigste Maßnahme zur Steigerung der Produktion. G. G. BOLHUIS und I. W. VAN DIJK (1955) unterscheiden folgende Kulturmethoden:

A. Trockenreiskultur

In den großen Urwaldgebieten erfolgt der Anbau von Trocken- oder Bergreis nur auf periodisch bewirtschafteten Böden (Ladang-Reisbau, Huma-Kultur, Chena, Wanderhackbau, shifting-cultivation, culture au jachère).

Düngung und Fruchtfolge sind in diesen kapitalarmen Wirtschaftsgebieten weitgehend unbekannt. Ein gerodeter und gebrannter Urwaldboden wird im Hackbau 2 bis 5 Jahre mit Reis und anderen einjährigen Kulturen zum Teil in einem System des Mischbaus genutzt und danach 10 bis 20 Jahre der natürlichen Regeneration des Waldes wieder überlassen. Zur Anlage neuer Kulturen wird erneut Wald gerodet. Voraussetzung für diesen trockenen Reisbau ist die sorgfältige Anpassung an die natürlichen Regenverhältnisse und eine rechte Auswahl der aufeinanderfolgenden Kulturen. Trotz langjähriger Ruhepausen des Bodens, die aber unter dem Einfluß des Bevölkerungsdrucks häufig zu kurz werden, erschöpft sich seine Fruchtbarkeit, und die Erträge lassen allmählich nach.

Die Kultur auf dauernd bewirtschafteten Böden erfolgt in ähnlicher Weise wie bei den übrigen Getreidearten, erfordert also durch intensive Bodenbearbeitung (Zugvieh, Pflug), durch Pflege und Unkrautbekämpfung viel mehr Arbeit. Da die Erträge außerdem unsicher und gering sind, wird Reis in dieser Bewirtschaftungsform nur wenig gebaut. EFFERSON (1949) schätzt, daß auf den Philippinen, in Java und Madura, in Malaya, Vietnam, Laos und Kambodja 10 bis 20% der Reiskulturen auf unbewässerten Flächen liegen. Relativ umfangreich ist der Anbau von Trockenreis in Brasilien.

B. Semi dry rice, Gogo-rantja-Kultur

Diese Bewirtschaftungsart, die auf Java, in Teilen von Indien und in Thailand heimisch ist, wird dort angewandt, wo die Wasserversorgung allein vom Regen abhängig ist. Sie ist ein Übergang vom trockenen zum nassen Reisanbau. Die Aussaat und erste Jugendentwicklung des Reises erfolgt auf trockenen Bewässerungsflächen (Sawahs), die spätere Kultur ohne ein Überpflanzen nach Eintritt der Regenfälle im Wasser.

C. Bewässerter Reisbau, Sawah-Kultur

Die Reiskultur auf bewässerten Feldern ist die weitaus verbreitetste. Bei der Sawah-Kultur wird der Reis in trockenen, nassen oder treibenden Anzuchtbeeten ausgesät und nach 30 bis 35 Tagen in die eingedämmten und bewässerten Felder (Sawahs) überpflanzt. Man kann nach der Art der Bewässerung unterscheiden:

Vom Regen abhängige Sawahs, die hinsichtlich der Wasserversorgung ausschließlich auf die Niederschläge angewiesen sind.

Vom Regen abhängige Sawahs, die aber zusätzlich mit Bewässerungswasser aus Flüssen, Brunnen oder Wasserspeichern versorgt werden.

Bewässerte Sawahs, die stets neben gelegentlichen Niederschlägen so stark künstlich bewässert werden, daß praktisch kein Wassermangel zu befürchten

Abb. 137. Die Reispflanzen werden aus dem Saatbeet herausgenommen, gebündelt und zum Auspflanzen auf das Feld gebracht. Auch die Saatbeete werden schon sorgfältig gedüngt. (Photo: Archiv Ruhr-Stickstoff AG.)

ist. Dabei kann die Bewässerung entweder durch die Reisbauern selbst gehandhabt werden, oder Zuleitung und Abfluß des Wassers erfolgt nach streng geregelten Methoden unter behördlicher Aufsicht.

Voraussetzung jeder Bewässerungskultur ist die Anlage bzw. das Instandhalten der Dämme, Schleusen und Überläufe, die auch im Bergland (Terassenbau) eine gleichmäßige Bewässerung mit regulierbarem Wasserstand erlauben.

Bereits nach dem Keimen der Saat muß auf den nassen Anzuchtbeeten mit der Längenzunahme der Reispflanzen der Wasserstand allmählich erhöht werden. Nach dem Umpflanzen werden die Zu- und Ableitungsöffnungen der Dämme so reguliert, daß das Wasser mit langsamer Strömungsgeschwindigkeit die Sawahs durchfließt und sich der mitgeführte Schlick gut absetzen kann. Dabei werden die zugeführten Wassermengen nicht gleichmäßig bemessen, sondern je nach dem Bedürfnis von Boden und Pflanze in unterschiedlicher Höhe.

Im allgemeinen wird der Wasserstand auf dem Reisfeld nach der Bewurzelung der umgepflanzten Reispflänzchen langsam auf 10 bis 15 cm eingestellt. Alle 14 Tage wird die Sawah trockengelegt und das Unkraut mit der Hand gejätet oder mit den Füßen in den Schlamm getreten.

D. Besondere Formen der Sawah-Kulturen in Ostasien

Die *Sumpfreiskultur* wird in den Überschwemmungslandschaften der Stromgebiete Bengalens, Burmas, Thailands, Laos', Kambodjas und Indonesiens betrieben. Der Reis wird dort nicht in der nassen, sondern in der trockenen Jahreszeit angebaut, wobei man durch Dammbauten das abziehende Wasser möglichst lange zu halten sucht. Da zur Anlage der Anzuchtbeete nicht genügend trockene Felder zur Verfügung stehen, werden treibende Anzuchtbeete auf Bambusflößen oder Kanus angelegt.

Die *Treibreis*- oder *Tiefwasser*kultur wird mit besonderen Reisvarietäten in den großen Stromgebieten des Ganges und Mekongs, Indiens, Burmas, Indonesiens und Afrikas überall dort geübt, wo der Wasserstand stark wechselt und eine Höhe bis zu 5 m erreichen kann. Der zu Beginn der Regenzeit ausgesäte Reis wächst mit dem allmählichen Ansteigen des Wasserstandes täglich um 5 bis 10 cm und kann bis zu 60 cm lange Internodien bilden.

Wenn nach etwa $3^1/_2$ Monaten der höchste Wasserstand erreicht ist und der Wasserspiegel abzusinken beginnt, bilden sich an den Halmknoten Adventivwurzeln, die sich bei einem durch Dämme gehaltenen Wasserstand von etwa 20 cm im Schlamm verankern. Aus den oberen Knoten bilden sich dann neue Ausläufer, die die Rispen tragen. Nach einer Vegetationszeit von insgesamt 8 bis 10 Monaten kann auf trockenem Feld geerntet werden.

E. Maschineller Reisbau

Vorausetzung für einen maschinellen Reisbau ist die völlige Beherrschung des Bewässerungswassers, da eine maschinelle Bodenbearbeitung und der Einsatz von Mähmaschinen oder Mähdreschern nur auf trockenem Boden möglich ist. Auch sind eine gewisse Mindestgröße der Reisfelder und ebene oder leicht geneigte Flächen für eine volle Mechanisierung der Arbeit notwendig. Den maschinellen Reisbau trifft man deshalb vorwiegend in den Subtropen und überall dort an, wo wenig Landarbeiter vorhanden sind und hohe Löhne gezahlt werden müssen (USA, UdSSR, Australien, Italien, Frankreich). Cstasien wird schon aufgrund der dichten Bevölkerung die arbeitsintensive Kulturweise beibehalten müssen. Nach BOLHUIS und VAN DIJK (1955) bewältigt in Südostasien eine Familie mit Mühe die Bewirtschaftung von 1 ha Reis, während in den USA durch den Maschineneinsatz 1 Mann bei wesentlich höheren Erträgen etwa 30 ha bewirtschaften kann.

Die Bodenbearbeitung, die Planierung des Geländes und die Anlage der Dämme sowie der Be- und Entwässerungsgräben erfolgen nach sorgfältiger Vermessungsarbeit im Winter oder zeitigen Frühjahr während der Trockenzeit. Ausgesät wird bei der vollmechanisierten Wirtschaftsweise direkt aufs Feld und zwar mit Drillmaschinen oder in steigendem Umfange mit dem Flugzeug auf bereits bewässerten Flächen. Die sehr genau regulierbare Bewässerung wird, beginnend mit einer Wasserstandshöhe von 2,5 cm, über mehrere Wochen langsam auf einen Wasserstand von 10 bis 15 cm eingestellt. Während der Vegetationszeit werden jedoch die Felder mehrmals kurz trockengelegt. Nach der Blüte der Reispflanzen, spätestens zwei Wochen vor der Reife, wird das Reisfeld ganz trockengelegt, damit der Boden das Befahren mit Traktoren, Mähbindern oder Mähdreschern erlaubt. Der maschinelle Reisbau erlaubt und verlangt eine hohe mineralische Düngung, um die für die Wirtschaftlichkeit dieses Anbaus erforderlichen hohen Ertragsleistungen zu erzielen.

b) Nährstoffbedarf

1. Nährstoffaufnahme und Abhängigkeit vom Wachstumsverlauf

Die Aufnahme der drei Hauptnährstoffe Stickstoff, Kali und Phosphorsäure zeigt während des Wachstums ein charakteristisches Bild. Wie Abb. 138 wiedergibt, ist die Stickstoffaufnahme während des ganzen Wachstums recht lebhaft,

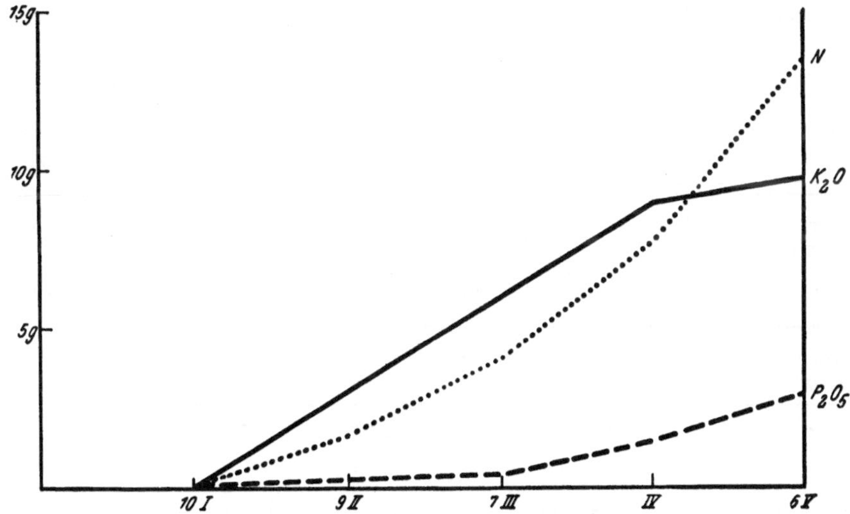

Abb. 138. Zeitlicher Verlauf der Nährstoffaufnahme von 100 Reispflanzen in g (nach VAN ROSSEM)

vorwiegend aber während der Kornausbildung. Das Kali nehmen die Reispflanzen besonders in den ersten Wachstumsmonaten stärker auf, später weniger. Phosphorsäure wird besonders in der zweiten Hälfte der Vegetation benötigt.

2. Nährstoffentzug und Ertrag

Der Nährstoffgehalt im Reiskorn und -stroh unterliegt je nach Varietät, Anbaumethode und Boden starken Schwankungen. Aus zahlreichen Analysen der verschiedenen wissenschaftlichen Reisversuchsstationen der Welt berechnen sich folgende Mittelwerte für die Hauptnährstoffe Stickstoff, Phosphorsäure, Kali, Kalk und Magnesia:

Tabelle 76. *Nährstoffgehalt in %*

	N	P_2O_5	K_2O	CaO	MgO
Korn (Rohreis) .	1,0 —1,2	0,45—0,6	0,25—0,5	0,05—0,06	0,17—0,20
Stroh	0,5 —0,6	0,1 —0,4	0,85—1,0	0,30—0,80	0,10—0,30
Korn und Stroh .	1,5 —1,8	0,6 —1,0	1,1 —1,5	0,4 —0,9	0,3 —0,5

Hieraus können hinsichtlich des Nährstoffentzuges einer Reisernte für die Praxis die folgenden Schlüsse gezogen werden:

a) Der Stickstoff ist für die Ernährung und Ertragsbildung des Reises das wichtigste Element. Es folgen dann Kali und Phosphorsäure.

b) Stickstoff und Phophorsäure sind besonders für die Kornausbildung notwendig, Kali und Magnesia stärker für die Ausbildung von Blättern und Stengeln.

c) Wird dem Boden das Reisstroh wieder zugeführt, so erhält er in erster Linie einen Teil des Kalis zurück. Stickstoff und Phosphorsäure dagegen gehen mit dem Verkauf oder Verzehr der Körner dem Boden verloren.

Für einen Ertrag von 25 bzw. 50 dz/ha Körner und 35 bzw. 70 dz/ha Stroh ergeben sich aus dem durchschnittlichen Nährstoffgehalt der Erntesubstanz folgende Entzugszahlen:

Tabelle 77. *Nährstoffentzug in kg/ha bei verschiedenen Erträgen*

Ertrag	N	P_2O_5	K_2O	CaO	MgO
25 dz Korn	30	13	9	1	5
35 dz Stroh	20	9	32	19	7
zusammen	50	22	41	20	12
50 dz Korn	60	26	19	3	9
70 dz Stroh	40	18	65	38	14
zusammen	100	44	84	41	23

Bekanntlich kann sich die Höhe der Düngung nicht allein nach der Menge der durch die Ernte entzogenen Nährstoffe richten. Die Ausnutzbarkeit der verschiedenen Düngemittel und die Nährstoffversorgung aus Boden und Bewässerungswasser müssen berücksichtigt werden.

Eine ausführliche Behandlung der Düngungsprobleme im Reisbau findet sich in den Arbeiten von BOLHUIS und VAN DIJK (1955), DE GEUS (1954), JACOB und UEXKÜLL (1958), GLANDER (1957), GRIST (1953), KÜRTEN (1954).

c) Düngungsmethoden

1. Nährstoffversorgung aus Boden und Wasser

Zur Zeit werden etwa drei Viertel der Weltanbaufläche des Reises nicht gedüngt. Dabei ist allerdings zu berücksichtigen, daß den Reispflanzen nicht nur aus dem Boden, sondern auch aus dem Bewässerungs- und Regenwasser Nährstoffe zugeführt werden. Auch spielt die Stickstoffbindung durch die sich in den bewässerten Reisfeldern entwickelnden Blaualgen für die Nährstoffversorgung eine gewisse Rolle.

Untersuchungen über den Düngewert der Bewässerungswässer sind in den reisanbauenden Ländern mit Ausnahme von Indonesien und Japan nur wenig durchgeführt worden. Nach den von BOLHUIS und VAN DIJK (1955) mitgeteilten javanischen Untersuchungen werden den Reispflanzen aber durch den

Schlick der Bewässerungswässer nur relativ geringe Mengen Nährstoffe zugeführt (etwa 17 kg/ha N, 2 kg/ha P_2O_5, 2 kg/ha K_2O), die auch nur auf den Reisfeldern in unmittelbarer Nähe des Wasserzuflusses einen Beitrag zur Ertragsverbesserung leisten können.

Der Gehalt der Bewässerungswässer an gelösten Nährstoffen hängt, ebenso wie der Schlickgehalt, stark von der geologischen Formation im Ursprungsgebiet des Wassers ab (VAN DIJK und VOGELSANG 1948). Nach Untersuchungen in Japan und Java sind der Phosphat- und Stickstoffgehalt des Wassers meist unbedeutend, während Kalk, Magnesium und gelegentlich auch Kali den Reisfeldern in nicht unbeträchtlichen Mengen zugeführt werden können (DEN BERGER 1909).

Für die Stickstoffversorgung des Reises kann in den Tropen auch die Zufuhr aus der Luft von Bedeutung sein. Die N-Belieferung durch die Niederschläge aus der Atmosphäre ist aber je nach der Regenmenge, der Regenverteilung, der Stärke der einzelnen Regenfälle und der Zahl der Gewitter natürlich sehr unterschiedlich. Die gemessenen N-Mengen liegen nach BOLHUIS und VAN DIJK (1955) zwischen 3,8 (Kanpur, Indien) und 30 kg/ha (Deli, Sumatra, Hinterindien). Sie können in den Tropen auf durchschnittlich 10 bis 12 kg N/ha veranschlagt werden.

Untersuchungen, besonders in Indien (DE 1939, DE und SULEIMAN 1950, SAUBERT 1948/49) und Indonesien (RUINEN 1952), haben nachgewiesen, daß außerdem Blaualgen und auch bestimmte Azotobakter- und Beyerinckiaformen in der Lage sind, in den sauerstoffreicheren oberen Bodenschichten der bewässerten Reisfelder atmosphärischen Stickstoff zu fixieren. Allerdings werden die gebildeten Nitrate aus den oberen Bodenschichten rasch in sauerstoffarme Horizonte ausgespült, wo sie dann durch Denitrifikation rasch verloren gehen. Diese N-Umsetzungen sind stark abhängig von Bodenart, Humusgehalt und Klima und auch keineswegs in genügendem Umfange bekannt. Nach S. NISHIGAKI und M. SHIORI (1959) übersteigt aber unter günstigen Bedingungen die N-Anreicherung durch Algen den N-Verlust des Bodens durch Denitrifikation.

Stickstoffmangel ist jedenfalls, wie aus Berichten für den Internationalen Reisrat hervorgeht, in den reisanbauenden Gebieten allgemein verbreitet. Ebenso sind auch fast alle Böden arm an Phosphorsäure. Die erstrebte Erhöhung der Reisproduktion auf der Welt kann deshalb am wirksamsten und schnellsten durch den Gebrauch bzw. stärkere Anwendung von Düngemitteln (FAO 1950) erreicht werden. Hierzu sind in erster Linie die Handelsdünger berufen. Doch wird gleichzeitig auch eine stärkere Versorgung der Reisfelder mit Gründüngung und anderen organischen Düngemitteln zur Förderung der Bodenfruchtbarkeit empfohlen.

2. Organische Düngung

Als hauptsächliche Quellen zur Anreicherung des Bodens mit organischer Substanz kommen in Betracht: Gründüngung, Stallmist, Reisstroh, Kompost und organische Abfälle.

A. Gründüngung

Der Wert einer Gründüngung für Reisböden ist unbestritten. In erster Linie kommen als Gründüngungspflanzen wegen ihrer starken stickstoffbildenden Eigenschaften Leguminosen in Betracht, doch auch Nichtleguminosen haben zur Bodenbeschirmung und zum Unterarbeiten Verwendung gefunden. Nicht in allen Fällen ist es jedoch möglich, Gründüngungspflanzen anzubauen, da entweder die nötige Vegetationszeit oder das Wasser fehlt, oder die Felder zu lange unter Wasser stehen. Die Gründüngungspflanzen müssen 2 bis 4 Monate Zeit haben, um sich üppig entwickeln zu können und genügend Pflanzenmasse zu bilden. Nach praktischen Erfahrungen ist es am vorteilhaftesten, die Gründüngungspflanzen etwa eine Woche vor dem Auspflanzen des Reises unterzuarbeiten. Bei der Wahl der Leguminosen verdienen die krautartigen vor frühzeitig verholzenden den Vorzug, da diese sich im Boden leichter und schneller zersetzen. Der C/N-Quotient soll 15 bis 20 sein; schon bei geringer Verholzung steigt der Quotient auf 40 und darüber, wobei dann der Stickstoff bei der Zersetzung nicht genügend schnell verfügbar wird.

So haben sich viele Kleearten bewährt, wie z. B. Rotklee, Alexandrinerklee, Inkarnatklee, Burklee in Kalifornien (*Medicago denticulata*), Alyceklee (*Alysicarpus vaginatis*), Phaseolus- und Vignabohnen, Sojabohnen, Wicken, Erven, Ackerbohnen (*Vicia faba*), Lespedeza, Sunn (*Crotalaria juncea*) und *Crotalaria usaramoenis*. Ihre Auswahl wird durch Klima und Boden bestimmt. Wo kein Bewässerungswasser verfügbar ist, müssen sie bei Trockenheit gedeihen können. In Indien hat sich hierfür die weniger wasserbedürftige *Tephrosia purpurea* bewährt. Für die subtropischen Gebiete ist auch Frostbeständigkeit erwünscht. So wird in Italien auf schweren Böden gern Raps vor Reis angebaut, da dieser hier auch im Winter gedeiht und während der kurzen Vegetationszeit reichlich Pflanzenmasse bildet. Häufig steht er im Gemenge mit Inkarnatklee und Roggen. In Spanien erhalten auch die Pflanzgärten stets eine Gründüngung.

Die ertragssteigernde Wirkung einer Gründüngung mit *Crotalaria usaramoenis* auf einem leicht vulkanischen, jungen andesitischen Lateritboden in Indonesien zeigt folgender Versuch von VAN DE GOOR (1952). Steigende Gründüngungsmengen haben in diesem Versuch nicht nur die Reiserträge gesichert erhöht, sondern auch den Eiweißgehalt im Korn verbessert.

Tabelle 78. *Wirkung steigender Gründüngung mit Crotalaria usaramoenis auf den Reisertrag und den Rohproteingehalt im Korn*
(nach VAN DE GOOR 1952)

Gründüngung dz/ha	N-Gehalt in kg	Kornertrag dz/ha	Rohproteingehalt des polierten Reises %
ohne	0	27,7	7,1
100	44	38,4	7,7
200	88	47,0	9,8
300	132	47,3	10,9

GD P 5% = 2,48

Ein weiterer Versuch von VAN DE GOOR (1952), in dem steigende Gaben einer Gründüngung mit *Crotalaria usaramoenis* verabfolgt wurden, zeigt, daß die Erträge mehr oder weniger proportional mit dem Gewicht der eingebrachten Gründüngung ansteigen.

Tabelle 79. *Wirkung steigender Gründüngung mit Crotalaria usaramoenis auf den Reis- und Strohertrag*
(nach VAN DE GOOR 1952)

Gründüngung dz/ha	Erträge in dz/ha			
	1. Jahr		2. Jahr	
	Korn	Stroh	Korn	Stroh
ohne	24,4	50,4	24,9	65,9
50	29,5	67,8	29,0	80,0
100	34,2	73,0	30,6	92,4
150	35,0	79,7	34,7	103,1
200	39,5	81,7	38,3	103,6
250	40,4	91,0	43,5	128,3
300	39,7	98,3	43,0	129,2
350	47,2	117,2	46,1	146,0
400	46,6	123,5	45,9	141,3

Daß eine Gründüngung allein eine Handelsdüngergabe nicht immer zu ersetzen vermag, beweisen zahlreiche Feldversuche, so z. B. ein Versuch in Ceylon, bei dem die Reiserträge nach Gründüngung, Mineraldüngung und nach einer kombinierten Grün- und Mineraldüngung verglichen werden.

Tabelle 80. *Wirkung einer Gründüngung zu Reis auf Ceylon*

Düngung dz/ha	Maha-Saison (Monsumzeit)		Nachwirkung in der Jala-Saison	
	dz/ha	rel.	dz/ha	rel.
ungedüngt	18,2	100	11,7	100
11,0 Ammoniumphosphat	29,0	160	12,1	103
1,1 Superphosphat + 10 Gründüngung	25,3	140	12,8	109
1,1 Superphosphat	23,7	131	13,3	114
10 Gründüngung	20,9	115	10,1	87

Der Versuch zeigt zunächst einmal die ertragssteigernde Wirkung der Stickstoff- und Phosphorsäuredüngung, wobei der Reis bei diesem Versuch besonders auf die Phosphatdüngung anspricht. Gründüngung allein steigerte den Ertrag nur wenig, zusammen mit Superphosphat bewirkte sie aber einen Mehrertrag von 40%. Bei der zweiten Ernte zeigte die Gründüngung keinerlei Nachwirkung, ja sogar ein Absinken des Ertrages. Sehr deutlich aber ist die Nachwirkung der Phosphatdüngung zu erkennen.

Die ertragssteigernde Wirkung einer kombinierten Grün- und Mineral-Volldüngung wird in einem Feldversuch von IGNATIEFF (1951) aus Britisch Guayana deutlich demonstriert. In den Gründüngungsparzellen wurde ein Bestand von Kuhbohnen (*vigna repens*) 18 Monate vor der Reisaussaat untergepflügt; die Mineraldüngung wurde dem Reis zu verschiedenen Zeiten gegeben.

Das Versuchsergebnis in Tab. 81 zeigt, daß die Gründüngung allein einen erheblichen Mindcrertrag brachte, die Mineraldüngung in Höhe von 7,5 dz/ha (Ammonsulfat, Superphosphat und Kaliumsulfat) in einem Fall den Ertrag nicht steigern konnte, im anderen Fall um 27% vermehrte. Erst die Kombination brachte den Höchstertrag (56,5 dz/ha), der bei einer Gabe von 12,5 t/ha Gründüngung und 15 dz/ha Mineraldünger 62% über dem ungedüngten Teilstück lag.

Tabelle 81. *Wirkung einer Gründüngung und zusätzlichen Mineraldüngung auf den Reisertrag in Britisch Guayana*
(nach Ignatieff 1951)

Gründüngung[1] t/ha	Mineraldüngung[2] kg/ha	Ertrag	
		dz/ha	rel.
ohne	ohne	34,9	100
ohne	750 beim Umpflanzen	35,8	103
12,5	ohne	31,6	90
ohne	750 zur Zeit der Blüte	35,2	102
ohne	750 zur Zeit der Blüte	44,4	127
5	750 beim Umpflanzen	42,1	121
5	750 37 Tage nach dem Umpflanzen	54,4	156
12,5	750 37 Tage nach dem Umpflanzen	52,0	148
5	750 beim Umpflanzen + 750 zur Zeit der Blüte	50,2	144
12,5	750 beim Umpflanzen + 750 zur Zeit der Blüte	56,5	162

[1] Kuhbohnen (*Vigna repens*).
[2] Ammoniumsulfat, Superphosphat und Kaliumsulfat zu gleichen Teilen.

Zusammenfassend kann gesagt werden, daß eine Anreicherung des Bodens mit organischem Material durch Leguminosen in jedem Falle wertvoll ist und in manchen Fällen allein schon zu einer Ertragssteigerung führen kann, daß aber optimale Erträge nur durch ein Zusammenwirken der organischen Düngung mit mineralischen Handelsdüngemitteln zu erzielen sind.

B. Stallmist

Eine regelmäßige Stallmistdüngung hat auch in der Reiskultur eine günstige Wirkung auf Gedeihen und Erträge bewiesen. In allen Ländern, in denen Reis in kleinbäuerlichen Betrieben mit Viehhaltung angebaut wird, ist Stallmist oft das alleinige Düngemittel; in Kombination mit einer harmonischen Mineraldüngung garantiert er die höchsten Erträge. Meistens steht Stallmist aber nicht in genügender Menge zur Verfügung.

C. Reisstroh

Je nach der Art des Erntens verbleibt mehr oder weniger Reisstroh auf dem Erntefeld, um später untergepflügt oder verbrannt zu werden. Das Düngen mit reinem Stroh, das — wie die Analysen auf S. 321 zeigen — kalireich, aber phosphorsäure- und stickstoffarm ist, gibt dem Boden aber nur einen Teil des durch die Ernten entzogenen Kalis zurück. Die alleinige Strohdüngung ist also einseitig und wird auch aus anderen Gründen häufig abgelehnt. Zumindest muß eine Strohdüngung durch stickstoffhaltige Düngemittel ergänzt werden, da durch den Abbau des Strohs Stickstoff biologisch festgelegt wird.

Auf der Reisversuchsstation Biggs, Kalifornien (USA) wurde ein mehrjähriger kombinierter Düngungsversuch mit Stroh und Mineraldüngern durchgeführt. Die Durchschnittsergebnisse dieses siebenjährigen Versuches sind in Tab. 82 aufgeführt.

Dieses langjährige und deshalb zuverlässige Versuchsergebnis zeigt eindeutig, daß eine Strohdüngung zu Mindererträgen führen kann, unabhängig davon, ob das Stroh verbrannt wurde oder nicht. In Verbindung mit einer Stickstoffdüngung in Form von Ammoniumsulfat konnte auf diesem Standort eine Ertragssteigerung von 7% festgestellt werden.

Tabelle 82. *Wirkung einer Strohdüngung und kombinierten Stroh-Mineraldüngung auf den Reisertrag, Reisversuchsstation Biggs, Kalifornien, USA (1952)*

Düngung	Höhe der Düngergabe dz/ha	Durchschnitts-ertrag 1940—1946 dz/ha	Mehr- oder Minderertrag gegenüber ungedüngt	
			dz/ha	%
Ungedüngt	—	45,4	—	—
Stroh	34	42,5	−3,9	− 8
Verbranntes Stroh	34	43,2	−2,2	− 5
Stroh + Ammoniumsulfat	34 + 1,7	48,5	+3,1	+ 7
Stroh + Superphosphat + Ammoniumsulfat	34 + 3,4 + 1,7	45,5	+0,1	+ 1
Stroh + Superphosphat	34 + 3,4	51,3	+9,5	+13

D. Kompost

Aus vielerlei organischen Abfällen und aus dem Reisstroh kann ein wertvoller Kompost oder Kunstmist hergestellt werden, der in seiner Wirkung auf Ertrag und Bodenfruchtbarkeit dem Stallmist durchaus gleichwertig sein kann. Kompost wird im allgemeinen vor dem Umpflanzen gegeben.

Aus dem französischen Reisanbaugebiet kann aus Untersuchungen von Bordas und Huguet das Ergebnis eines Feldversuches mitgeteilt werden, in dem die Düngung von Kunstmist mit einer rein mineralischen sowie einer kombinierten Düngung verglichen wurde.

Tabelle 83. *Aus einem Reisdüngungsversuch mit Kunstmist im unteren Rhonetal (Mittel von drei Wiederholungen)* (nach Bordas und Huguet)

Reinnährstoff in kg/ha			Düngemittel in dz/ha	Kornertrag (Rohreis) dz/ha	Mehrertrag gegenüber ungedüngt	
N	P_2O_5	K_2O			dz/ha	%
0	0	0	ohne	44,3	—	100
0	80	80	6 Superphosphat 2 Kalidüngesalz	39,6	− 4,7	89
60	80	80	3 Kalkstickstoff 6 Superphosphat 2 Kalidüngesalz	65,7	+21,4	148
etwa 140	etwa 200	etwa 200	400 Kunstmist	61,9	+17,6	140
60 etwa 140	80 etwa 80	80 etwa 200	3 Kalkstickstoff 6 Superphosphat 2 Kalidüngesalz +400 Kunstmist	66,7	+22,4	151

Durch die hohe Kunstmistdüngung konnte der Reisertrag in diesem Versuch fast um 18 dz/ha gesteigert werden, die Wirkung einer nährstoffmäßig geringeren mineralischen Volldüngung wurde allerdings nicht erreicht (21 dz/ha Mehrertrag). Eine Düngung mit Kunstmist + mineralischer Volldüngung hat die Wirkung der reinen Mineraldüngung nur wenig erhöhen können, offenbar, weil die angewendeten Nährstoffmengen schon zur optimalen Leistung ausreichten. In Indien wurden mit dem von Howard (1948) propagierten Indorekompost aus pflanzlichen und tierischen Abfällen des Betriebs Ertragssteigerungen erzielt. Doch haben Untersuchungen des Pflanzenbau-Institutes Indore gezeigt, daß die Reiserträge durch die Düngung mit Ammonsulfat mehr gesteigert werden können als durch die bisher übliche Düngung mit Erdnußkuchen (SANDAR SINGH 1957). Von den organischen Düngemitteln kann aber eine längere Nachwirkung erwartet werden.

E. Organische Abfälle: Ölkuchen, Hornmehl, Fischmehl u. a.

Preßrückstände von Baumwoll- und Erdnußsamen und Kopra werden, wo sie wohlfeil zu haben sind und nicht als Futtermittel verwendet werden, häufig zu Düngungszwecken genutzt. Des niedrigen Stickstoffgehaltes (4 bis 6%) wegen müssen große Mengen verwandt werden; zudem ist der Wirkungskoeffizient nur gering, da der Stickstoff nur langsam in assimilierbare Form gebracht wird. Gleicherweise wirken Fisch- und Hornmehle.

3. Mineraldüngung

Die Bedeutung der Mineraldüngung für die Reiskultur wird auf überzeugende Weise durch Nährstoffmangelversuche dargetan, von denen deshalb zwei aufgeführt werden sollen.

Tabelle 84. *Durchschnittserträge von zehn Nährstoffmangelversuchen zu Reis Landwirtschaftliche Versuchsstation Tokio*

(JACOB und COYLE 1931)

Düngung: 100 kg/ha Stickstoff .... als Ammoniumsulfat (21 %)
83,5 kg/ha Phosphorsäure .... als Superphosphat (16 %)
141,6 kg/ha Kali .... als Kaliumsulfat (48 %)

Düngung	Kornertrag dz/ha	Ertragssteigerung gegenüber ungedüngt	
		dz/ha	%
Ohne Düngung	13,9	—	—
Phosphorsäure und Kali	14,9	1,0	8
Stickstoff und Kali	18,6	4,7	34
Stickstoff und Phosphorsäure	19,5	5,6	40
Stickstoff, Phosphorsäure und Kali	20,4	6,5	47

Tabelle 85. *Durchschnittserträge von neun Nährstoffmangelversuchen zu Reis Reisversuchsstation Biggs, Kalifornien, USA*

(DAVIS und JONES 1939)

Düngung: 35,8 kg/ha Stickstoff .... als Ammoniumsulfat (21 %)
63,7 kg/ha Phosphorsäure .... als Superphosphat (16 %)
65,7 kg/ha Kali .... als Kaliumsulfat (48 %)

Düngung	Kornertrag dz/ha	Ertragssteigerung gegenüber ungedüngt	
		dz/ha	%
Ohne Düngung	45,5	—	—
Phosphorsäure und Kali	48,7	3,2	7
Stickstoff und Kali	55,7	10,2	22
Stickstoff und Phosphorsäure	55,3	9,8	21
Stickstoff, Phosphorsäure und Kali	56,1	10,6	23
Stickstoff	56,8	11,3	25
Phosphorsäure	47,7	2,2	5
Kali	45,5	0	0

Aus beiden Versuchen ist die überragende Wirkung der Stickstoff-Düngung auf die Ertragsbildung zu erkennen. Etwa 80% der durch eine Volldüngung möglichen Ertragssteigerung waren dem Nährstoff Stickstoff zuzuschreiben. In Biggs genügte Stickstoff allein, um den vollen Mehrertrag zu erzielen.

Ein weiterer Versuch von KELLEY soll die große Wirkung der N- und P-Düngung unterstreichen, die den Ertrag zweier Ernten in Hawaii um 31% zu steigern vermochte. Die Kalidüngung steigerte den Kornertrag um weitere 8%.

Tabelle 86. *Ergebnis eines Düngungsversuchs zu Reis in dz/ha, Landwirtschaftliche Versuchsstation Hawaii*
(KELLEY)

Düngung dz/ha		Erträge im		Gesamternte	Mehrerträge	
		Frühjahr	Herbst		dz/ha	rel.
ohne	Korn	23,6	31,3	54,9	—	—
	Stroh	19,9	24,3	44,2	—	—
1,70 Ammoniumsulfat +2,55 Superphosphat	Korn	32,5	39,2	71,7	16,8	31
	Stroh	27,4	28,1	55,5	11,3	26
1,70 Ammoniumsulfat +2,55 Superphosphat +1,36 Kaliumsulfat	Korn	32,8	43,5	76,3	21,4	39
	Stroh	26,3	30,3	56,6	12,4	28

Wird Reis verpflanzt, sollen auch die Pflanzgärten mit einer mineralischen Düngung versehen werden. Nur bei kräftiger Jugendentwicklung und Bestockung kann umgepflanzter Reis die hohen Erträge bringen, die man erwartet. Reis aus gedüngten Pflanzgärten kann früher umgepflanzt werden und setzt rascher mit dem Wachstum ein. Auch ein Vorkeimen der Saat in Nährlösungen kann erfolgreich sein. Entsprechende Versuche von DE GEUS (1954) haben aber gezeigt, daß dieses Vorkeimen niemals eine Düngung auf dem Feld ersetzen kann.

d) Düngung und Ertrag

1. Stickstoffdüngung

In den meisten Ländern der Welt steigert eine Stickstoffdüngung die Reiserträge erheblich, doch gibt es auch Gebiete, so z. B. in Indonesien, wo die Mehrerträge durch eine Stickstoffdüngung nur gering sind. Diese ungenügende Wirkung des Stickstoffs hat dort seinen Grund in der großen Aktivität der N-bindenden Mikroorganismen. Im allgemeinen ist aber die Verabreichung von Stickstoffdüngemitteln überall die Voraussetzung zur Erzielung von hohen Ernten.

In den bewässerten Reiskulturen hat sich von den verschiedenen Stickstoffdüngemitteln Ammoniumsulfat, besonders für die Jugendentwicklung, als am günstigsten erwiesen (GRIST 1953, SORONO 1934, JONES 1952, ALLEN und HENDERSON 1956, WAHHAB 1957). Nitrate zeigten wegen der intensiven Denitrifikationsprozesse in bewässerten Böden stets eine geringere Wirkung. SORONO (1934) fand, daß die Blätter der mit Ammonsulfat gedüngten Pflanzen mehr Chlorophyll enthielten als die mit Natriumnitrat gedüngten. Trotz der sicherlich unterschiedlichen Wirkung der einzelnen N-Düngerformen auf verschiedenen Standorten kann nach DE GEUS (1954) auf Grund zahlreicher Versuchsergebnisse im Durchschnitt folgendes Wirkungsverhältnis der einzelnen Düngemittel angenommen werden (Tab. 87):

Tabelle 87. *Relative Wirkung verschiedener N-Düngemittel auf den Reisertrag* nach de Geus (1954)

Ammoniumsulfat	100
Ammoniumnitrat	92
Ammoniumphosphat	86
Harnstoff	82
Kalkstickstoff	64
Kaliumnitrat	44
Natriumnitrat	40

Die bessere Wirkung der physiologisch sauer wirkenden Ammoniumsulfatform liegt nicht zuletzt auch darin begründet, daß Reis ein saures bis schwachsaures Reaktionsgebiet im Boden (pH 5 bis 6,5) bevorzugt.

In einem kombinierten N-Formen/N-Steigerungsversuch der Reisversuchsstation Biggs in Kalifornien wurden Ammoniumnitrat und Ammoniumsulfat in seiner Wirkung auf den Reisertrag verglichen. Beide Dünger wurden breitwürfig kurz vor der Aussaat auf die Krume gestreut. Die gedüngten N-Mengen betrugen 34, 45,5 und 57 kg/ha.

Die Erträge dieses Versuchs, die in Tab. 88 zusammengefaßt sind, zeigen im Durchschnitt eine deutliche Überlegenheit der Ammoniumsulfat-Düngung. Mit steigenden Düngergaben wuchsen die Erträge bei diesem Düngemittel stärker an als beim Vergleichsdünger. Bei hohem Ertragsniveau steigerte 1 kg N bei Düngung mit Ammoniumnitrat den Ertrag um durchschnittlich 9 kg Reis, bei Düngung mit Ammoniumsulfat um 16 kg Reis.

Tabelle 88. *Reiserträge in dz/ha aus Düngungsversuchen mit steigenden Gaben von Ammoniumsulfat und Ammoniumnitrat (1944 bis 1949) Reisversuchsstation Biggs, Kalifornien, nach USDA (1952)*

Form	Düngung kg N/ha	1944	1945	1946	1947	1948	1949	Durchschnitt
Ungedüngt	0	41,2	46,1	44,0	41,9	34,4	43,3	41,8
Ammoniumnitrat	34	48,3	54,7	47,5	46,4	32,1	39,6	44,8
Ammoniumnitrat	45,5	51,2	52,5	47,4	41,2	35,1	52,0	46,6
Ammoniumnitrat	57	50,9	54,9	47,8	44,1	35,2	48,7	46,9
Ammoniumsulfat	34	46,3	51,2	48,1	47,3	42,8	51,6	47,9
Ammoniumsulfat	45,5	46,1	48,8	53,4	49,3	42,7	55,3	49,2
Ammoniumsulfat	57	50,5	50,6	54,7	56,0	42,5	51,4	50,9

Wenngleich Ammoniumsulfat heute auf Grund seiner besonderen Eignung der am meisten verwandte Stickstoffdünger im bewässerten Reisbau ist, so finden unter besonderen Verhältnissen auch andere Stickstofformen zu Reis Verwendung. Gute Erfolge sind so z. B. mit dem 26% Stickstoff enthaltenden Ammonsulfatsalpeter erzielt worden (Bolhuis und van Dijk 1955, Bhatta 1957, Report 1960). Auch hat sich Harnstoff, der wegen seines hohen Stickstoffgehaltes (46% N) gern als Dünger bevorzugt wird, in Versuchen besonders in Japan bestens bewährt (de Geus 1954, Anderson 1946). Kalkstickstoff wird auf schweren Böden z. B. in Italien und Spanien vor dem Umpflanzen des Reises verwendet. In japanischen Versuchen hat sich Kalkstickstoff auch beim Verfahren der Tiefendüngung bewährt (de Geus 1954). In Kalifornien wird auch wasserfreies Ammoniak (Ammoniumanhydrid 82% N) zur Reisdüngung verwendet, wobei man das Ammoniakgas dem Bewässerungswasser zuführt.

Über die optimale Höhe der Stickstoffgaben können allgemeingültige Angaben selbstverständlich nicht gemacht werden. In Indien, auf den Philippinen, in Thailand, Vietnam und in Indonesien düngt man heute in der Regel nur 20 bis 40 kg N/ha. In Japan und Burma werden nach BOLHUIS 80 bis 140 kg N/ha in Form von Ammoniumsulfat mit Erfolg gegeben. Höhere Gaben sind in den intensiven Reisbaugebieten Europas üblich, wie z. B. in Spanien, wo regelmäßig bis 200 kg N/ha verabfolgt werden.

Im allgemeinen wird Ammoniumsulfat als Kopfdünger nach dem Pflanzen in ein oder zwei Teilgaben gestreut. Dabei wird das Feld vorher entwässert, um sogleich nach der Düngung wieder bewässert zu werden. Besonders aus Japan liegen genaue Untersuchungen über die günstigste Zeit der Stickstoffdüngung vor. Von dort stammen die folgenden Empfehlungen für verschiedene Klimagebiete, Böden und Sorten.

Tabelle 89. *Empfehlungen für die Zeit der Stickstoffdüngung in Japan* (*Report Nr. 93*)

Klima	Boden	Sortentyp	Anteil der Gesamt-N-Düngung			
			Grund-düngung	Kopfdüngung		
				12	24	48
				Tage nach Pflanzung		
kalt	Ton, schwerer Lehm	frühreifend	80	20	0	0
mittel	Lehm	mittel	50	25	25	0
warm	Sand	spätreifend	30	20	20	30

Eine oberflächige Düngung mit Ammoniumsulfat vor oder während des Umpflanzens hat sich nicht bewährt, da das Ammonium rasch zu Nitrat oxydiert wird und dann durch Denitrifikation Verluste entstehen. Eine Nitrifikation kann jedoch verhütet werden, wenn man den Dünger direkt in die reduzierende Moderschicht einbringt. Nach japanischen Versuchen bringt diese Tiefendüngung mit Ammoniumsulfat wenigstens 10% höhere Erträge als das oberflächige Ausstreuen des Düngers. Der Stickstoff wird bei der Tiefendüngung kurz vor der Bewässerung des Feldes 5 bis 8 cm tief eingepflügt.

2. Phosphatdüngung

Nach dem Stickstoff kommt der Phosphorsäure in den meisten Ländern die größte Bedeutung für die Steigerung der Reiserträge zu. So reagieren z. B. weite Flächen in Java (BOLLHUIS und VAN DIJK 1955), Indonesien und Thailand (DE GEUS 1954) deutlich auf eine Phosphatdüngung.

Nach DE GEUS (1954) fördert eine Phosphatdüngung u. a. auch die Wurzelentwicklung und die Frühreife, wodurch der ungünstige Einfluß eines späten Verpflanzens ausgeglichen werden kann. Stickstoff- und Phosphorsäuredüngung ergänzen sich insofern, als eine Phosphatdüngung das Wachstum der Blaualgen fördert und damit indirekt auch die Stickstoffversorgung. Die Düngung der Phosphorsäure erfolgt gewöhnlich in Form des Superphosphats oder Doppelsuperphosphats. Die Wirkung der wasserlöslichen Phosphatdünger wird wahrscheinlich stark durch die reduzierbaren Eigenschaften der Bodenschicht beeinflußt, die eine Bildung von dreiwertigem Eisen und damit eine Festlegung als Eisenphosphat verhütet, wodurch die Verfügbarkeit dieses Phosphats verbessert wird. Nach VAN DE GOOR (1951) haben sich in Java relativ kleinere jährliche

Phosphatgaben wirtschaftlicher ausgewirkt als größere Vorratsdüngungen in längeren Zeitabständen. In vielen Versuchen konnte nachgewiesen werden, daß eine ausreichende Phosphatdüngung ein oder mehrere Jahre nachwirken kann (vgl. Tab. 80).

Auf stark sauren Böden können auch die meist billigen Rohphosphate in Frage kommen, doch ist ihre Wirksamkeit stark abhängig von ihrer oft sehr verschiedenen Zusammensetzung, ihrem Feinheitsgrad und der Bodenart.

Abb. 139. Umsetzen von jungen Reispflanzen auf ein Düngungsversuchsfeld des Landwirtschaftlichen Instituts Sosa-Up, Provinz Kyonggi, Korea

Die Berichte der Internationalen Reiskommission offenbarten, daß ebenso wie bei der Stickstoffdüngung auch bei der Phosphatdüngung noch viele Untersuchungen notwendig sind, um die jeweils zweckmäßigste und wirtschaftlichste Art der Düngung zu finden.

3. Kalidüngung

Wenn auch nach DE GEUS (1954), CHANG (1947), GRIST (1953) und GIESSEN (1943) die meisten bewässerten Reisböden genügend Kali für die Ertragsbildung teils aus dem Kaligehalt des Bewässerungswassers erhalten, teils weil Reis zumeist auf schweren, kalireichen Böden angebaut wird, so ist doch zumindest eine geringe (Report 86) Kalidüngung entsprechend dem hohen Entzug einer Reisernte häufig notwendig. Besonders sind leichte Sandböden oder ältere bereits degradierte Böden durch die Auswaschung oft kaliarm, so daß dort eine Düngung mit Kalisalzen ertragssteigernd sein kann (GLANDER 1957). Auch wird die Notwendigkeit der Kalidüngung erhöht, wenn das kalireiche Stroh zur industriellen Verwendung vom Feld entfernt wird. Im intensiven Reisbau, wenn hohe Erträge erwartet werden, ist mit der N- und P-Düngung auch stets eine entsprechende Kaligabe wirtschaftlich. Mangel an Kali drückt sich nicht nur in Mindererträgen aus, er ist oft mit die Ursache für bestimmte Krankheiten des Reises (Piricularia oryzae, Mentek). Kaliarm gewachsene Reispflanzen sind anfälliger für Schädlinge und Pilzkrankheiten (Borja und Torres 1930, Chiappelli 1939, Noguchi 1954, Takuken Matsuo 1951, Marani 1952). Gute Kaliversorgung erhöht auch die Festigkeit der Stengelgewebe, wirkt somit dem gefürchteten Lagern des Reises entgegen (Noguski 1941).

4. Kalkdüngung

Auch Kalk ist ein unentbehrlicher Nährstoff. Die Mengen, die die Reispflanzen benötigen, sind aber im Boden bzw. im Bewässerungswasser meist ausreichend vorhanden, zumal Reis in schwach sauren Böden am besten gedeiht. Eine Kalkung kann ausnahmsweise auf sehr schweren oder zu sauren Böden notwendig sein oder wenn es gilt, das Leben der stickstoffbindenden Bodenbakterien zu fördern. In den intensiven Reisanbaugebieten Europas wird Kalk gern mit der Gründüngung eingepflügt, um die Umsetzungen der organischen Substanz zu beschleunigen.

5. Magnesiadüngung

Eine Düngung mit Magnesia kann auf sauren, Mg-armen Böden und nach vieljährigem Anbau notwendig werden. Ein starker Magnesiummangel äußert sich beim Reis nicht nur in Ertragseinbußen, sondern kann auch zur Krankheit der Weißspitzigkeit führen (Marlin 1939, Grist 1953).

6. Düngung mit Spurenelementen

Bis jetzt hat sich nur selten ein Mangel von Spurenelementen im Reisbau bemerkbar gemacht. Bei intensivem Anbau und hohen Erträgen muß aber auch hier an eine Düngung mit bestimmten Spurenelementen gedacht werden. Eisen und Mangan sind offenbar für den Reisbau die wichtigsten Spurenelemente (Grist 1953). Besonders auf leichten Böden mit hohem pH-Wert (über 6,5) sind Blatterkrankungen infolge Mangan- und Eisenmangel beobachtet worden. Nach de Geus (1954) sind die meisten degradierten und an den Hauptnährstoffen verarmten Reisböden auch arm an Mangan. In sehr sauren Böden kann jedoch auch eine zu hohe Mangankonzentration vorliegen, deren schädlicher Einfluß durch eine physiologisch saure Düngung noch erhöht werden würde. Eisenmangel äußert sich in einer Chlorose der Pflanzen. Häufig kann dann schon die Düngung mit physiologisch sauren Düngemitteln helfen. Gewöhnlich wird Eisensulfat gedüngt bzw. gespritzt, sobald Vergilbungserscheinungen beobachtet worden.

Nach Grist (1953) dürfte es wahrscheinlich sein, daß die Eisen- und Manganabsorption bei Reis mit der Aufnahme von Schwefel in Beziehung steht. Schwefelmangel äußert sich ebenfalls in einer Chlorose, wobei die Pflanzen kümmern. Eine Düngung mit Schwefel, Pyrit, Gips, Mangansulfat oder schwefelhaltigen Stickstoff- und Phosphatdüngern beseitigt den Mangel.

Daß Reis zu einem gesunden Wachstum, insbesondere zu einer vollen Kornausbildung auch Bor, Kupfer und Zink benötigt, konnte in Wasserkulturen nachgewiesen werden (Grist 1953, van Harreveldlako 1934). Nach Tokuoka und Mooraka (1936) steigerten geringe Borgaben den Ertrag, hatten aber keine Wirkung auf die Stroh- und Wurzelentwicklung. Auf Moorböden wird es nach Allen und Coulter (1957) vermutlich zweckmäßig sein, Zn, Mo, Ba und Mn zu düngen. Aus indonesischen Versuchen ist die günstige Wirkung einer Kupfersulfatdüngung auf stark sauren Torfböden Borneos bekannt.

Literatur

ALLEN, E. F.: Paddy Manurial Trials in the 1950–51 Season. Malayan Agric. J. **15**, 3 (1952). — ALLEN, E. F., und J. K. COULTER: Wet paddy manurial experiments on peat soils in Malaya. Malayan Agric. J. **40**, 30–38 (1957); Ref. L. Z. **1958**, 343. — ALLEN, E. F., und R. HENDERSON: Wet paddy manurial experiments in Malaya. Malayan Agric. J. **39**, 2–39 (1956); Ref. L. Z. **1957**, 1315. — ALLEN, E. F., und J. R. MILBURN: Double cropping of wet pad in province Wellesley. Malayan Agric. J. **39**, 48–62 (1956); Ref. L. Z. **1957**, 998. — ANDERSON, M. S., J. W. JONES und W. H. ARMIGAR: J. Amer. Soc. Agron. **38** (1946).

BERGER, L. G. DEN: Bijdrage tot de kennis van de invloed van bevloeïng op de bodem. Teysmannia **20**, 322–340 (1909); **21**, 726–742 (1910). — BHATTA, K. L.: Fertiliser demonstrations. Mysore Agric. J. **32**, 26 (1957). — BOLHUIS, G. G., und J. W. VAN DIJK: Reis, Anbau und Düngung in Ostasien. Schriftenreihe über tropische und subtropische Kulturpflanzen, Ruhr-Stickstoff AG., Bochum 1955. — BORDAS, M. J., und F. HUGUET: La fertilisation des Rizières en France méditerranéenne. Institut national de la recherche agronomique, Station d'Avignon. — BORJA, V., und J. P. TORRES: Phillip. J. Agric. **3**, 247 (1930).

CHANG, S. C., J. LIN und Y. S. PUH: Taiwan Agric. Res. Inst. Bull. 3 (1947). — CHIAPPELLI, R.: Il Riso. Pratiche Colturali Vercelli (1939).

DAVIS, L. L., und J. W. JONES: Fertilizer experiments with rice in California. US Department of Agriculture (1940). — DE, P. K.: The role of blue-green algae in nitrogenfixation in ricefields. Proc. Roy. Soc. Ser. B **127**, 121–139 (1939). — DE, P. K., und M. SULAIMAN: Fixation of nitrogen in rice soils by algae as influenced by crop, CO_2 and inorganic substances. Soil Sci. **70**, 137–151 (1950). — DIJK, J. W. VAN: Experiments on the use of ammonia in irrigation water applies to rice. Meded. Alg. Proefst. Landb. **70**, 3–18 (1948). — DIJK, J. W. VAN, und W. L. M. VOGELSANG: The influence of improper soil management on erosion velocity in the Tijloetoeng-basin. Med. Proefst. Landb. Buitenzorg **71** (1948). — DUBROWINA, W. A.: Untersuchungsergebnisse über das Lichtstadium bei einigen Reissorten. Agrobiologie Odessa **3**, 31–34 (1956); Ref. L. Z. **1957**, 843.

EFFERSON, N. I.: The market outlook and prospective competition for U.S. Rice, in Asia, the Near East and Europe. Foreign Agric. Rep. **1949**, 35.

FAO: International Rice Commission Report of the Second Session Rangoon, Burma (1950). — World Catalogue of genetic stocks. Rice. Jan. 1950. — FESCA, M.: Der Pflanzenbau in den Tropen und Subtropen, Bd. 1, 1904.

GERIKE, F. W.: Über das Nährstoffbedürfnis der Reispflanzen. Soil Sci. **29**, 207 (1930); Ref. Pflanzenernähr. u. Düng. **21** (1931). — GEUS, J. G. DE: Means of Increasing Rice Production Centre d'Etude de l'Azote, Genf 1954. — GIESSEN, C. VAN DER: Rice culture in Java and Madura, Contribution No. 11 of Chuo Noozi Sikenzyoo. Bogor, Java (1943). — GLANDER, H.: Erkenntnisse und Erfahrungen bei der Düngung von Reis. Hannover: Verlagsges. f. Ackerbau. 1957. — GOOR, G. A. W. VAN DE: Bevloeiingsonderzoek bij sawahrijst. Landbouw **22** (1950). — Onderzoek en toepassing van de bemesting in de rijstcultur. Landbouw **23**, 527–562 (1951). — Investigations on the relative value of different plants both leguminous and non-leguminous, as green manures. Paper IRC 1952. — GRIST, D. H.: Rice. London, New York, Toronto: Longmans, Green and Co. 1953.

HARREVELDLAKO, C. H. VAN: Watercultures with clay suspensions and with nutrient solutions. Rec. Trav. bot. meérl. **31**, 27–112 (1934); zit. nach Tropenpflanzer **1941**, 369. — HOWARD, A.: Mein landwirtschaftliches Testament, 1948.

IGNATIEFF, V.: Results of Experiments and Practical Experiments in the Use of Fertilizers, Manures and Soil Amendments with Rice. Washington FAO 51/8/1673 (1951).

JACOB, A., und V. COYLE: The Use of Fertilizers in Tropical und Subtropical Agriculture. London 1931. — JONES, J. W.: Fertilizer and other experiments with rice in California. USDA 1952 (hektographiert). — JONES, J. W., J. O. DOCKINS, R. K. WALKER und W. C. DAVIS: Rice production in the southern States. US Department of Agriculture. Farmers Bull. No. 2043. — JOSHIAKI ISHIZUKA und AKIRA TANAKA: Studies on ecological characteristics of rice plant grown in different localities, especially from standpoint of nutrio-physiological characters of plant. J. Sci. Soil Manure, Japan **27**, 1–6, 47–49, 95–99, 145–148 (1956); Ref. L. Z. **1957**, 1952–1953.

KELLEY: Hawaii Stat. Bull. 37. — KOSHAIRY, M. A.: Ministry of Agriculture, Egypt. Rice in Egypt (hektographiert). — KÜRTEN, P. W.: Reis, Anbau und Düngung außerhalb Ostasiens. Schriftenreihe über tropische und subtropische Kulturpflanzen, Ruhr-Stickstoff AG., Bochum 1954.

Mariani, C.: Einfluß der Kalidüngung auf die Resistenz des Reises gegen Piricularia oryzae. Ref. Kali-Briefe, 1952. — Marlin, A. L.: Amer. J. Bot. **26** (1939).

Noguchi, Y.: The result of researches on the effect of potash on paddy rice in Japan. Report for the 5th Meeting of the Int. Rice Comm. Working Party on Rice Breeding, Tokyo, **4–9**, 319 (1954). — Noguski, F.: Ernähr. d. Pflanze **37**, 23 (1941). — Novelli: Risicultura. Vercelli. — Nishigaki, S., und M. Shiori: Nitrogen cycles in rice fields soil, I. Effect of blue-green algae on fixation of atmospheric nitrogen in waterlogged rice soils. Soil a. Plant Food **5**, 36–39 (1959).

Polo Poli: Risicultura, Turin 1920.

Raalte, M. H. V.: On the oxygen supply of riceroots. Ann. Jardin Bot. Buitenzorg **50**, 43–57 (1941). — Ramiah, K.: A rational method of applying sulphate of ammonia to rice. Current Sci. **20–9**, 227–228 (1951). — Report No. 86 of Supreme Commander for the Allied Powers G. H. Q., Nat. Resources Sec., Tokyo 1947. — Report No. 93 of Supreme Commander for the Allied Powers G. H. Q., Nat. Resources Sec., 1947. — Report of Experiments with Ammonium Sulphate Nitrate for Rice Crops (1960). Institute of Agriculture, Kyonggi Prov. Sosa-Up, Korea. — Rossem, C. van: Mededeelingen van het Agric. chem. Labor Buitenzorg Nr. 17; zit. nach Jacob und Uexcüll (1958). — Ruinen, J.: Nitrogen-fixing bacteria in tropical soils. Paper IRC, 1952.

Sandar, Singh: Ammonium sulphate is the fertilizer for rice. Indian Farming Indore, Inst. f. Pflanzenbau **6**, Nr. 3 (1956); Ref. L. Z. **1957**, 99. — Saubert, G.G.P.: Provisional communication of the fixation of elementary nitrogen by a floating fern. Ann. Bot. Gardens Buitenzorg **51**, 177–197 (1948–49). — Sorono, M. F.: Philipp. Agriculturist **23** (1934).

Takuken, Matsuo: Über die Wirkung von Kalimangel im Boden auf das Auftreten der Helminthosporiose bei Reispflanzen. Ref. Kali-Briefe, 1951. — Totuoka, M., und H. J. Mooruka: J. Soc Trop. Agric. Taiwan **8** (1936).

USDA: Fertilizer and other experiments with rice in California. Beltsville, Maryland, 1952.

Wahhab, A., und H. M. Bhatti: Effect of various sources of nitrogen on rice paddy yield. Agronomy J. **49**, 114–116 (1957); Lyallpur, West Pakistan, Dep. of Agric.; Ref. L. Z. **1958**, 749. — Whitlow, S.: Nitrogen fertilizer used as top dressing for better yields (of rice) in Texas. Rice Jnl. **50–53**, 28 (1947). — Willis, W. H., und Jr. E. V. Green: Movement of nitrogen in flooded soil planted to rice. Proc. 1948, Soil Sci. Soc. Amer. **13**, 229–237 (1949). — Research results with chemical seed desinfectants, nitrogen fertilizers and weed killers now available to rice growers. Agr. News Letters **17–1**, 15–16 (1949). — Vers l'utilisation d'un nouvel engrais azoté. Bull. Engrais. **27–28**, 22–136 (1950). — Ernähr. d. Pflanze **37**, 42 (1941). — Reisdüngungsversuche in Ceylon. Tropical Agriculturist **81** (1933). — Anhydrous ammonia successfully used on rice. World Crops **3–7**, 279 (1951).

F. Mais

(Zea mays L.)

Von

P. W. Kürten

a) Wachstumsbedingungen

1. Entwicklung und Wachstumsverlauf

Mais ist seinem Ursprung nach keine ausgesprochene Tropenpflanze, sondern stammt aus einer Übergangszone zwischen den Tropen und Subtropen. Als sein Herkunftszentrum werden die Steppen- und Savannengebiete Perus angenommen. Er wird heute dank seines großen Formenreichtums, eine Wirkung der Fremdbefruchtung, sowohl in den Tropen als auch in der gemäßigten Zone angebaut.

Bei großer Anpassungsfähigkeit an die Beschaffenheit des Bodens und die Höhe der Niederschläge wird sein Anbau im wesentlichen durch die Temperatur während der Wachstumszeit begrenzt. Der Mais ist eine Pflanze des wärmeren

Klimas. Das Keimminimum beträgt 9° C. Zum Aufgang der Saat ist eine Bodentemperatur von mindestens 10 bis 11° C erforderlich, wobei zwischen Bodentemperatur und Dauer des Auflaufens der Saat (8 bis 16 Tage) deutliche Beziehungen bestehen (Themlitz und Rinckleben 1940, Lieber, Blattmann 1957).

Die Keimpflanzen, aber auch die älteren Maispflanzen, sind sehr frostempfindlich, so daß der Anbau in Gebieten mit Spätfrostgefahr unsicher wird. Für den Körnermaisbau scheiden Lagen mit einer frostfreien Wachstumszeit von weniger als 130 bis 150 Tagen im allgemeinen aus. Nach Engelbrecht (1899) und Berkner (1930) findet ein erfolgreicher Maisbau seine Begrenzung durch die Juni-Isotherme + 19° C. Für ein normales Ausreifen der Körner ist es weiterhin erforderlich, daß die Herbstmonate möglichst warm, trocken und sonnig sind (Humlum 1942).

Rintelen (1959) machte neuerdings in Weihenstephan die Feststellung, daß bei Hybridmais zwischen der Höhe des Kornertrages und der Höhe der durchschnittlichen Monatstemperatur von Mai bis einschließlich September eine enge Korrelation besteht. Als Grenze des Körnermaisanbaus wird die Mai- bis September-Isotherme von 14,5 bis 15° C angegeben. Liegt im langjährigen Durchschnitt die Mai- bis Septembertemperatur unter diesem Wert, ist der Körnermaisanbau mit den heute vorhandenen Hybridsorten undiskutabel. Eine von Rintelen (1959) veröffentlichte Karte Deutschlands mit diesen Isothermen gibt eine grobe Übersicht, wo der Körnermaisanbau in Frage kommt und hohe Erträge erwarten läßt. Danach gestatten die modernen Hybridmaissorten eine Ausweitung des arbeitswirtschaftlich recht vorteilhaften Körnermaisanbaus in Deutschland, zumal heute durch die künstliche Trocknung die Möglichkeit besteht, in ungünstigen Jahren nicht voll ausgereifte Körner noch mit einem Wassergehalt von 40% lagerfähig zu machen (Rintelen 1957, 1959).

Die Jugendentwicklung des Maises verläuft zunächst langsam. Eine frühzeitige Unkrautvernichtung durch Hacken und auch chemische Mittel ist deshalb entscheidend für das Wachstum und den Anbauerfolg.

Die vegetative Phase der Maisentwicklung wird mit dem Fahnenschieben abgeschlossen. Aus mehrjährigen Anbauversuchen (1954 bis 1956) an fünf klimatisch recht differenzierten Standorten in der Bundesrepublik Deutschland konnten bei der Sorte „Gelber badischer Landmais" erhebliche Unterschiede bei der Anzahl der Tage von der Aussaat bis zum Fahnenschieben beobachtet werden. Nach Graeber (1957) schwankten in den Versuchen die im Mittel 79 Tage betragenden Werte von 72 bis 98 Tagen. Spät reifende Sorten folgten im Durchschnitt 16 bis 17 Tage später. Zu ähnlichen Daten führten auch Versuche von Blattmann (1957), wobei sich deutlich zeigte, daß hohe Durchschnittstemperaturen den Eintritt der Blüte beschleunigen, niedrige ihn verzögern. Im Durchschnitt von sieben Anbaujahren benötigte der gelbe badische Landmais bis zum Blühbeginn eine Mitteltemperatur von 15,8° C und eine Wärmesumme von 1293. Der Reifebeginn wird durch das Absterben der Blätter angedeutet. Genauer läßt sich die Reife am Korn beurteilen. Man unterscheidet die Milch-, Glas- und Vollreife. Die Vollreife ist erreicht, wenn das Korn glänzend und hart ist. Meistens sind die Hüllblätter der Kolben (Lieschen) dann vertrocknet.

2. Wasserbedarf und Bewässerung

Die Ansprüche des Maises an die Niederschlagsmenge sind, wie bereits erwähnt, relativ gering. Er hat von allen Getreidearten mit Ausnahme der Hirse für die Ausbildung der Trockensubstanz je Gewichtseinheit den geringsten Wasserbedarf. Zur Bildung von 1 g Trockensubstanz sind nach Humlum (1942) unter den klimatischen Bedingungen Mitteleuropas erforderlich: beim Mais 270 g Wasser, bei Gerste 310 g, bei Weizen 340 g und bei Hafer 375 g Wasser. Besonders die junge Maispflanze zeigt eine hohe Widerstandsfähigkeit gegen Trockenheit; sie rollt die Blätter ein, erholt sich jedoch nach einem Regenfall wieder sehr schnell. Nach amerikanischen Untersuchungen ist aber die Höhe der Erträge stark von der Niederschlagsmenge in den Monaten Juni, Juli und August abhängig (EICHINGER 1926). Auch in Rumänien liegt nach HUMLUM (1942) der Hauptwasserbedarf in den Monaten Juni und Juli. In der letzten Reifeperiode des Maises ist der Wasserbedarf wiederum gering; Trockenheit ist dann günstiger als Feuchtigkeit.

RINTELEN (1959) konnte für den speziellen Standort Weihenstephan (Lehmboden) ähnlich wie für die Temperatur auch eine sichere Korrelation zwischen der Höhe des Kornertrages und der durchschnittlichen Niederschlagsmenge in den Monaten Mai bis September feststellen. Dabei lagen die Erträge auf diesem schweren Boden mit einer Ackerzahl von 50 bis 60 um so höher, je niedriger die Niederschläge waren. Auch RINTELEN weist aber darauf hin, daß sich ausreichende Niederschläge im Juli positiv auf den Ertrag auswirken. Auf leichten Böden dürften sich höhere Niederschläge in diesen Monaten nicht so ungünstig auf die Ertragsleistung auswirken.

Nach Versuchen von BROUWER (1958) liegt die wirksamste Beregnungszeit von Anfang der Blüte bis zum beginnenden Kolbenansatz. Dieser Zeitraum liegt in Deutschland von Mitte Juli bis Mitte August.

Tabelle 90. *Maiserträge und Zeit der Beregnung* (nach BROUWER 1958)

Beregnungszeit	Kunstregen mm	Kornertrag dz/ha	Mehrertrag gegenüber unberegnet dz/ha
Unberegnet	—	22,35	—
I. und II. Dekade Juni	2×25	23,55	+ 1,20
II. und III. Dekade Juli	2×25	32,08	+ 9,73
III. Dekade Juli und I. Dekade August	2×25	37,15	+14,80

Auch im Maisgürtel der USA wird neuerdings der zusätzlichen Wasserversorgung des Maises mehr Beachtung geschenkt. Die Beregnung erfolgt in der Zeit 14 Tage vor bis 14 Tage nach der Blüte, wobei je nach Witterungsverlauf 25 bis 100 mm Regen verabfolgt werden (MEHRLE 1958). In semiariden Gebieten hat sich eine Furchenbewässerung ebenfalls etwa 14 Tage vor bis 14 Tage nach der Blüte gut bewährt. Zwischen den Maisreihen werden hierzu mit dem Häufelpflug etwa 15 cm tiefe Furchen gezogen, in welche man das Wasser einleitet. In der Steppenzone der Sowjetunion (Süd-Ukraine und Krim) wurden 1000 bis 1200 m³ Wasser je ha und im Transwolgagebiet 1500 bis 1800 m³ Wasser je ha benötigt, um Erträge von 80 dz/ha Maiskolben zu erreichen (PETROW-GRAMMATIKATI 1958). In Ungarn wurden nach SCHRIMPF (1960) in Gebieten mit wenig Niederschlägen durch viermalige Bewässerung gute Erfolge erzielt. Der Zeitpunkt der ersten Bewässerung lag bei Beginn des Längenwachstums, derjenige der zweiten Bewässerung vor dem Rispenschieben, während die dritte Bewässerung vor der Kolbenbildung und die vierte während der Milchreife erfolgte.

Nach der Milchreife lohnt sich eine künstliche Wasserversorgung nicht mehr. Bei Bewässerung ist der Nährstoffbedarf höher, so daß der volle Erfolg einer Bewässerung erst durch hohe Düngergaben erzielt werden kann.

Ein Beispiel für die Wirkung einer Bewässerung in Abhängigkeit von der

Stickstoffdüngung des Maises zeigen in Tab. 91 Untersuchungen von Carreker und Liddell (1948). Nur bei dem bewässerten Mais führte hierbei die hohe Stickstoffdüngung von 100 lb gegenüber der von 60 lb/acre noch zu einem deutlichen Mehrertrag. Mit steigenden N-Gaben wurden die Mehrerträge durch Bewässerung immer größer.

Tabelle 91. *Einfluß der Stickstoffgabe auf den Ertrag von bewässertem und nicht bewässertem Mais in Georgia* (nach Carreker und Liddell 1948)

N-Düngung lb per acre	Kornertrag		Mehrertrag durch Bewässerung bu/acre
	bewässert bu/acre	nicht bewässert bu/acre	
20	85	76	9
60	113	81	32
100	124	82	42

3. Ansprüche an die Lichtperiodik

Die Entwicklung des Maises wird stark von der Belichtungsdauer, d. h. also durch die Tageslänge beeinflußt. Als Pflanze, die aus den Tropen bzw. Subtropen stammt, zählt der Mais hinsichtlich des Photoperiodismus zu den Kurztagspflanzen, d. h. kurze Tageslängen beschleunigen die Blüte und verzögern das vegetative Wachstum. Lange Tage erhöhen die Zahl der Blätter, steigern das Längenwachstum und die Wachstumsdauer. Tageslängen von 10 bis 12 Stunden sind am günstigsten für die Blüten- und Fruchtbildung. Barbat und Puja (1957) konnten an Belichtungsversuchen zeigen, daß sowohl frühe und mittelfrühe Sorten der Varietät Indurata als auch späte Maissorten der Varietät Indentata bei Verkürzung dieses Lichttages ihre Blüte beschleunigen und die gesamte Vegetationszeit verkürzen. Wie empfindlich der Mais auf die Tageslänge des Standortes reagiert, wird daraus ersichtlich, daß sich für die gleiche Sorte mit je 10 Meilen nördlicherem oder südlicherem Anbau die Reife um einen Tag verschiebt (Martin und Leonard 1949). Es ist eine vordringliche Aufgabe der Züchtung, Sorten und Hybriden zu entwickeln, die auch in nördlichen Breiten unter Langtagsverhältnissen bei hohen Erträgen früh ausreifen.

Auch die Lichtintensität ist nach den Untersuchungen von Barbat und Puja (1957) auf die Entwicklung des Maises von Einfluß. Durch eine Beschattung des Maises auf 60 bis 70% der Lichtintensität wurde die Vegetationsperiode je nach der Sorte um 5 bis 6 Tage verlängert. Dabei zeigten sich die späten Sorten am empfindlichsten gegen eine Verminderung der Lichtintensität. Das große Lichtbedürfnis des Maises sollte durch breite Standweiten Berücksichtigung finden.

b) Nährstoffbedarf

1. Nährstoffaufnahme in Abhängigkeit vom Wachstumsverlauf

Da die Jugendentwicklung des Maises im Frühjahr sehr langsam verläuft, bleibt auch die Nährstoffaufnahme zunächst nur gering. Wie Tab. 92 und Abb. 140 zeigen, ist während des weiteren Verlaufs der Vegetation die Stickstoffaufnahme besonders lebhaft. Zur Zeit der Entwicklung und Reife der Maiskolben werden beträchtliche Mengen an Stickstoff aufgenommen. Die Kaliaufnahme steigt vom Beginn des Längenwachstums bis zur Kolbenentwicklung, läßt aber während des Reifestadiums nach. Die Aufnahme von Phosphorsäure ist besonders zur Zeit der Körnerentwicklung und Reife intensiv (Bittera und Stählin 1932/33).

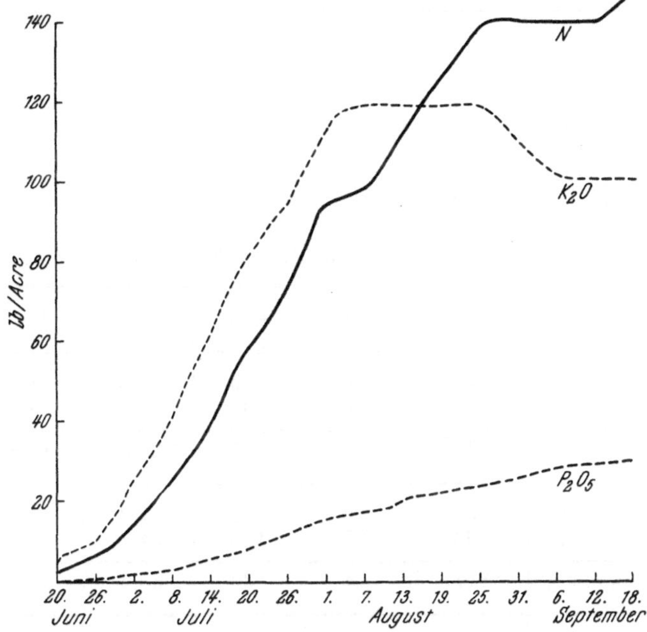

Abb. 140. Zeitlicher Verlauf der Nährstoffaufnahme bei Mais (nach Sayre 1948)

Tabelle 92. *Zeitlicher Verlauf der Nährstoffaufnahme bei Mais* nach Cserhati (zit. nach Schrimpf 1960)

Wachstumsstadium	N kg/ha	P_2O_5 kg/ha	K_2O kg/ha
28 Tage alte Pflanze	0,19	0,20	0,11
Beim Schossen	3,70	0,70	3,40
Bei der Bestockung	13,30	2,70	10,80
Bei Beginn der Blüte	32,90	7,00	26,10
In voller Blüte	54,90	14,20	45,40
Während der Kolbenentwicklung	91,60	27,40	80,30
In der Reife	137,20	47,90	87,10

Die Entzugszahlen zeigen deutlich, daß die Hauptmasse der Nährstoffe erst nach der Blüte benötigt und aufgenommen wird. Um diesem langsam steigenden Nährstoffbedürfnis der Maispflanzen Rechnung zu tragen, sind nach Berkner (1930) nachhaltig wirkende Düngemittel und ein entsprechendes Düngungsverfahren zu bevorzugen.

2. Nährstoffentzug und Ertrag

Mit Recht gilt Mais auf Grund seines hohen Ertragsniveaus als eine Pflanze mit hohem Nährstoffbedürfnis. Erträge unter 45 dz/ha Korn gelten in Mitteleuropa als schlecht, 55 bis 65 dz/ha als gut und Erträge über 70 dz/ha als sehr gut (Popow 1959). Aus Untersuchungen über die Zusammensetzung der Erntemasse

Tabelle 93. *Mineralische Zusammensetzung der Maispflanze* (nach Stutzer)

Mineralstoffe in kg	1000 kg enthalten	
	Korn	Stroh
Stickstoff	16,0	7,5
Phosphorsäure	5,7	3,0
Kali	3,7	16,4
Kalk	0,3	4,9
Magnesium	1,9	2,6
Schwefelsäure	0,1	2,4
Gesamtasche	12,3	43,7

Tabelle 94. *Nährstoffentzug eines Maisfeldes in kg bei verschiedenen Erträgen*

Ertrag	N	P_2O_5	K_2O	CaO	MgO	SO_3
25 dz/ha Korn	40	14	9	0,8	4,8	0,3
50 dz/ha Stroh	38	15	82	25	13,0	12,0
zusammen	78	29	91	25,8	17,8	12,3
40 dz/ha Korn	64	23	15	1,2	7,6	0,4
70 dz/ha Stroh	53	21	115	34	18,2	16,8
zusammen	117	44	130	35,2	25,8	17,2
60 dz/ha Korn	96	34	22	1,8	11,4	0,6
90 dz/ha Stroh	68	27	148	44,1	23,4	22,0
zusammen	164	61	170	45,9	34,8	22,6

(vgl. Tab. 93) errechnen sich bei Erträgen von 25, 40 und 60 dz/ha Korn und entsprechenden Strohmengen die in Tab. 94 wiedergegebenen Nährstoffentzüge.

Besonders hoch ist der Entzug an Stickstoff, der zum Aufbau von Korn und Stroh bzw. Blattmasse benötigt wird, sowie von Kali, das sich fast ausschließlich im Stroh wiederfindet. Der Gesamtentzug an Nährstoffen und das Verhältnis der aufgenommenen Nährstoffe zueinander wird natürlich stark von der Sorte, dem Boden, Klima, der Düngung, der Anbautechnik und dem Korn-Stroh-Verhältnis bestimmt.

c) Düngungsmethoden

Eine neuere Darstellung der Düngemittelanwendung findet sich in den Arbeiten von Grüneberg (1959), Jacob und Uexküll (1958), Nelson (1956) und Schrimpf (1960).

Wie aus Tab. 94 hervorgeht, entzieht eine Maisernte von 60 dz/ha Korn dem Boden 164 kg N, 61 kg P_2O_5, 170 kg K_2O, 46 kg CaO und 35 kg MgO je ha. Neben diesen Hauptnährstoffen, zu denen auch noch der Schwefel gezählt werden muß, werden zur Ertragsbildung noch Mikronährstoffe wie Eisen, Bor, Kupfer, Mangan und Molybdän benötigt. Die Höhe des Nährstoffentzuges ist jedoch bekanntlich allein nicht maßgebend für die Höhe der notwendigen Düngung, da diese nicht nur von der Erntemenge, sondern auch von der Verwertungsmöglichkeit durch die Pflanze, von Art und Nährstoffgehalt des Bodens und seinem Kulturzustand abhängen.

1. Organische Düngung

Die Erhaltung und Verbesserung der Bodenfruchtbarkeit zur Sicherung jährlich hoher Ertragsleistungen ist neben ackerbaulichen Maßnahmen und der Gestaltung einer humusschonenden Fruchtfolge eine wesentliche Aufgabe der Düngung. Hierbei spielt auch die Versorgung des Bodens mit organischen Düngemitteln eine wesentliche Rolle. Die Stallmist- oder Gründüngung darf deshalb nicht nur im Hinblick auf die „Sofortwirkung“ für den Ertrag gesehen werden. Besonders auf leichten Böden ist eine organische Düngung unbedingt zu befürworten, da sie auch bei gleichzeitiger mineralischer Volldüngung beträchtliche Mehrerträge liefert. Dagegen ist, wie die Versuchsergebnisse von GERICKE (1941) in Tab. 95 zeigen, dieser Einfluß auf den Ertrag der besseren Böden nicht ganz sicher.

Tabelle 95. *Maisertrag und Stallmistdüngung*
(nach GERICKE 1941)

Bodenart	Kornertrag dz/ha	
	ohne Mineraldüngung	mit Volldüngung
Sandböden		
ohne Stallmist	20,2	33,4
mit Stallmist	33,9	42,6
Lehmböden		
ohne Stallmist	—	41,7
mit Stallmist	35,2	43,8

Die Zusammenstellung zeigt aber auch, daß die in diesen Versuchen verabfolgten mittleren Stallmistgaben allein nicht genügten, um das hohe Nährstoffbedürfnis des Maises bei hohen Erträgen zu decken.

Da der Mais bei ausreichender Saattiefe kaum lagert, kann die Stallmistgabe sehr hoch bemessen sein. Nach MUDRA (1953) können 500 bis 600 dz/ha Stallmist ohne weiteres gegeben werden. STRINGFIELD und ANDERSON (1958) nennen für USA 600 dz/ha als höchstmögliche Gabe. Bei einer Düngung in solcher Höhe, die allerdings nur in seltenen Fällen verwirklicht werden kann, wird der Nährstoffbedarf des Maises dann vollständig gedeckt (MUDRA 1953). In den Hauptanbaugebieten steht allerdings Stallmist für die Düngung des Maises häufig nicht oder nur ungenügend zur Verfügung. Hier ist die Einschaltung von Gründüngungspflanzen in die Fruchtfolge zur Versorgung des Bodens mit der notwendigen organischen Substanz besonders wichtig. Neben einer zusätzlichen Nährstoffversorgung wirkt eine Gründüngung in mancherlei Hinsicht verbessernd auf die Bodenfruchtbarkeit ein, indem die Gründüngungspflanzen tiefere Bodenschichten erschließen und durch ihre Rotteprodukte die physikalischen Eigenschaften des Bodens wie den Luft- und Wasserhaushalt verbessern. Bei Regen schützen sie den Boden vor Erosion. Durch die Förderung der biologischen Aktivität des Bodens mindern sie die Festlegung wichtiger Pflanzennährstoffe.

2. Mineraldüngung

Um hohe Erträge zu erzielen, reicht die Nährstoffversorgung des Maises allein über eine organische Düngung mit Stallmist oder Gründüngung in der Regel nicht aus, vielmehr bedarf sie fast stets der Ergänzung durch Handelsdünger. Zahlreiche Feldversuche in der ganzen Welt haben erwiesen, daß eine

Mineraldüngung zu erheblichen Ertragssteigerungen führt. Voraussetzung für die volle Wirksamkeit und Wirtschaftlichkeit der Handelsdüngergabe ist allerdings die richtige Bemessung der Düngermengen in ihren Nährstoffanteilen und die optimale Einbringung der Dünger in den Boden.

Die Unterbringung des Handelsdüngers in den Boden wird stark von der Mechanisierungsform der Maisernte und der von ihr abhängigen Technik der Saat und Pflege bestimmt. Diese technischen Entwicklungen sind in Europa noch nicht abgeschlossen, da sie stark durch die amerikanischen Erfahrungen mit modernen Hybridmaissorten im corn-belt beeinflußt werden. Während man bisher in Europa bei engen Saatreihen die Düngemittel breit ausstreute und einarbeitete, wird neuerdings eine weite Reihenentfernung von 75, besser noch 83 cm empfohlen. Dadurch hofft man eine bessere Kornausbildung zu erhalten und kann vor allem neuzeitliche Erntemaschinen (Corn-Picker, Pflück-Häcksler, Mähdrescher) störungsfrei einsetzen. Die Frage der optimalen Standweite für die neuen Hybridmaissorten ist nach RINTELEN (1957) in Deutschland noch nicht ganz geklärt. Sicher aber ist es richtiger, die Forderung nach einem Bestand von 5 bis 8 Pflanzen je m^2 dadurch zu erfüllen, daß die Reihenentfernung weit, der Abstand in der Reihe aber eng gewählt wird, als umgekehrt. Bei einer Weiterstellung der Reihenentfernung in Deutschland wird man die guten Erfahrungen mit der Reihen- oder Banddüngung aus den USA berücksichtigen müssen. In den USA wird Mais vorwiegend in 1-m-Drillreihen bestellt, wobei meistens kombinierte Drill- und Reihendüngungsgeräte benutzt werden.

Bezüglich der Düngungsmethoden in den USA unterscheidet MEHRLE (1958) folgende Verfahren:

A. Die tiefere Unterbringung des gesamten dem Mais zugedachten Misch- oder Volldüngers in die zu durchwurzelnden Bodenschichten

Bei dieser Düngungsmethode geht man von der Erkenntnis aus, daß der Mais zur Zeit seines großen Nährstoffbedarfs im Juli und August bereits ein sehr in die Breite und Tiefe gehendes Wurzelsystem ausgebildet hat und daß dann nur ein kleiner Teil der Wurzeln unmittelbar unter der Bodenoberfläche liegt. Um die Wirkung der Düngung auf die Ertragsbildung des Maises zu erhöhen und bei trockener Witterung eine zu hohe Nährstoffkonzentration im Bereich der oberen Bodenschicht zu vermeiden, wird der Handelsdünger nicht — wie sonst üblich — oberflächig ausgestreut und mit der Egge eingebracht, sondern zwischen die 1 m breiten Pflanzreihen in Bändern neben den Saatreihen oder Saathorsten bis 10 cm tief eingebracht. Im zweijährigen Durchschnitt fand BELA FEKETE (1956) in entsprechenden Vergleichsversuchen folgende Ertragsrelationen:

ungedüngt	100%
Dünger oberflächig ausgestreut und flach eingearbeitet	108%
Banddüngung (Dünger 10 bis 12 cm seitlich und 2 bis 3 cm unterhalb der Drillreihe in 2 bis 3 cm breiten Bändern eingearbeitet)	135%

In den USA sind spezielle „corn planters“ verbreitet, bei denen die Banddüngung mit der Aussaat des Maises in Horsten oder Dibbelreihen in einem Arbeitsgang verbunden ist. Diese zwei- oder vierreihige Sämaschine ist mit Saatgut- und Düngerbehältern ausgerüstet, wobei der Auslauf des Düngerfallrohres so angeordnet ist, daß der Dünger etwas tiefer als das Saatkorn und seitlich von diesem plaziert wird. Wenn es die Vorfrucht erlaubt, wird die Düngung auch im Herbst beim Pflügen des Bodens eingebracht. Dazu erhält der Pflug ein Aufsatzgerät, das den Dünger auf die Pflugsohle bringt. In den modernsten Geräten werden nicht nur Saatgut und Düngemittel in einem Arbeitsgang ausgebracht, sondern gleichzeitig auch noch Bekämpfungsmittel gegen Schädlinge und Unkräuter. Die Insektizide fallen dabei in Reihen über die Saatkörner, während die Herbizide über den Boden versprüht werden.

B. Die geteilte Start- und Kopfdüngung

Da die Nährstoffe aus dem Samenkorn von der jungen Maispflanze schnell verbraucht sind, werden zur Förderung der Jugendentwicklung mit der Aussaat 4 bis 6 kg/ha N, 22,5 kg P_2O_5 und 0 bis 22,5 kg/ha K_2O als Voll- oder Mischdünger ausgebracht. Wie das Nährstoffverhältnis dieser amerikanischen Düngerempfehlung zeigt, kommt es bei dieser Startdüngung wesentlich auf die Phosphatdüngung an, da der Versorgung der Keimpflanzen mit Phosphorsäure besondere Bedeutung beigemessen wird. Die Startdüngung hat sich neben ausreichender Saattiefe auch als geeignetes Mittel gegen Spätfröste bewährt. Während nämlich die Maispflanze in der ersten Woche nach dem Auflaufen noch Temperaturen um 0° C gut übersteht, nimmt die Widerstandsfähigkeit gegen Kälte dann immer mehr ab. Durch die erhöhte Nährstoffaufnahme nach der Startdüngung kann der osmotische Zelldruck in den Sämlingen soweit erhöht werden, daß der Gefrierpunkt um 1 bis 2° C gesenkt wird. Gut gedüngter Mais übersteht deshalb kurzfristige Fröste von minus 2 bis 2,5° C gut.

Bei der Startdüngung werden die Düngermengen 2 bis 4 cm neben die Saatreihen ausgebracht. Ein näheres Ausbringen größerer Düngermengen kann, besonders wenn der Boden feucht ist, zu Konzentrationsschäden und dadurch zu einer Verzögerung des Auflaufens der Saat führen, wie von York (1957) berichtete Versuche zeigten. Später erhält der Mais dann eine Kopfdüngung mit Stickstoff oder Volldünger, die ebenfalls in Bändern neben die Kultur gebracht wird.

Auch in Deutschland liegen Versuchsergebnisse mit ungeteilter Düngung und geteilter Start- und Kopfdüngung vor. Themlitz (1942) fand in einem Versuch, daß eine Düngung von 80 kg N/ha in Form von Ammonsulfat einen höheren Kornertrag und auch Rohproteingehalt des Kornes brachte, wenn sie in zwei Gaben verabfolgt wurde, als wenn sie vor der Saat auf einmal gegeben wurde.

Tabelle 96. *Einfluß geteilter und ungeteilter Stickstoffdüngung auf Ertrag und Qualität des Maises*
(nach Themlitz 1942)

Düngung kg/ha	Zeit der Düngung	Kolbenzahl je 10 m²	Ertrag TM dz/ha	Gehalt des Korns an	
				Rohprotein %	Rohfett %
PK + 0 N		41	14,1	9,00	5,5
+40 N	27. April 1940	58	25,8	8,94	5,4
+80 N	27. April 1940	61	31,4	9,69	5,3
+40 N +40 N	27. April 1940 und 29. Juni 1940	65	35,7	9,88	5,2

PK-Grunddüngung: 100 kg K_2O/ha, 50 kg P_2O_5/ha.

d) Düngung und Ertrag

1. Stickstoffdüngung

Den größten Einfluß auf die Ertragsbildung hat im allgemeinen der *Stickstoff*, da dieser Nährstoff in den meisten Böden im Minimum ist. Stickstoffmangel äußert sich bei Mais nach Hoffer und Krantz (1949) und Wallace (1951) in deutlichem Kümmerwuchs. Die Blätter bekommen eine fahle, blaßgrüne Farbe, wobei Blätter und Stengel auch eine rote Tönung zeigen können. Bei fortgeschrittenem Stickstoffmangel vergilben zunächst die älteren Blätter von der Blattspitze her entlang der Mittelrippe. Später vergilbt und vertrocknet das ganze Blatt und dann die gesamte Pflanze. Gut mit Stickstoff versorgte Pflanzen haben eine kräftig grüne Farbe und zeigen einen üppigen und gesunden Wuchs.

Tabelle 97. *Wirkung steigender N-Gaben auf den Maisertrag* (nach THEMLITZ und RINCKLEBEN 1940 und THEMLITZ 1942)

	N-Düngung kg/ha			
	0	40	75	120
Jahr 1939				
Kornertrag TM dz/ha	12,5	26,0	35,7	42,4
rel.	100	205	286	339
Rohproteinertrag kg/ha	102,6	209,5	318,4	427,4
rel.	100	204	310	417
Rohfettertrag kg/ha	65,9	134,9	186,4	213,3
rel.	100	205	283	324
Kolbenzahl je 10 m²	43	58	64	73
Körner je Kolben in g	29	45	56	59
Jahr 1940 (Nachbau)				
Kornertrag TM dz/ha	4,9	17,1	28,0	35,3
rel.	100	349	571	720
Rohproteinertrag kg/ha	43,2	141,3	240,5	326,6
rel.	100	327	557	756
Rohfettertrag kg/ha	27,8	94,3	153,3	192,3
rel.	100	339	551	692
Kolbenzahl je 10 m²	22	46	61	68
Körner je Kolben in g	22	37	46	52

Zahlreiche Düngungsversuche zeigen die starke ertragssteigernde Wirkung einer Stickstoffgabe. Ein Beispiel für die Wirkung einer Stickstoffdüngung auf den Flächenertrag und das Kolbengewicht des Maises bringt Tab. 104. Nach diesem Versuch steigerte die Stickstoffdüngung bis zur Gabe von 160 lb/acre den Kornertrag. Das Kolbengewicht nahm bis zur Düngung von 180 lb/acre zu. THEMLITZ und RINCKLEBEN (1940) und THEMLITZ (1942) fanden in einem zweijährigen Versuch vorstehende Wirkungen steigender N-Gaben auf den Korn-, Rohprotein- und Rohfettertrag sowie die ertragsbildenden Faktoren.

Tab. 97 zeigt, daß sich die positive Wirkung der Stickstoffdüngung bis zur Höchstgabe des Versuches von 120 kg N auf den Kolbenansatz, die je Kolben erhaltene Menge an Körnern und auf den Rohproteingehalt des Korns erstreckte. Bei der Gabe von 120 kg N/ha wurde im Mittel beider Versuche ein Mehrertrag von 30 dz/ha Trockenmasse = 346% erzielt. Dabei war bei dieser Düngung die Grenze wirksamer Stickstoffgaben noch nicht erreicht. In kombinierten N- und P-Steigerungsversuchen aus Kenya wird ebenfalls die große Bedeutung der Stickstoffdüngung deutlich. Durch eine Gabe von 130 kg N/ha wurden Mehrerträge von 108 bzw. 64%, im Mittel 81% lufttrockenen Korns erzielt. Die Phosphatdüngung war auf diesem Standort ohne wirtschaftlichen Erfolg (vgl. Tab. 98).

Tabelle 98. *Durchschnittsergebnis von zwei kombinierten N- und P-Steigerungsversuchen aus Kenya* (nach CHAPMAN 1960)
Kornertrag in dz/ha

kg P_2O_5/ha als Superphosphat	kg N/ha als Ammonsulfatsalpeter		
	0	65	130
0	26,8	42,7	50,61
42	28,3	45,2	53,3
84	29,2	39,5	48,8
Mittel dz/ha	08,1	42,5	50,9
rel.	120	151	181

Tabelle 99. *Wirkung der Düngung (NPK) auf verschiedene Bodenarten* (nach GERICKE 1941)

Bodenart	Kornertrag				Mehrertrag dz/ha
	ohne Mineraldüngung		mit Mineraldüngung		
	dz/ha	rel.	dz/ha	rel.	
leichte Sandböden	24,2	100	38,0	157	13,8
Lehmböden	36,8	100	42,6	116	5,8
Mehrertrag dz/ha	12,6		4,6		

Die Empfehlungen für die Höhe der Stickstoffdüngung in der Bundesrepublik Deutschland entsprechen etwa einer Rübendüngung und liegen bei 100 bis 160 kg N/ha.

Die ertragssteigernde Wirkung der Stickstoffdüngung hängt natürlich stark von der Bodenfruchtbarkeit ab. Die größten Ertragssteigerungen werden im allgemeinen auf armen Sandböden erzielt; auf diesen Standorten ist aber eine höhere Düngung erforderlich, wenn gleiche Erträge erzielt werden sollen wie auf fruchtbareren und ertragreicheren Böden. In einer Gegenüberstellung von mehreren Versuchen konnte GERICKE (1941) zeigen, daß auf Sandböden durch die Düngung Mehrerträge von 57% erzielt wurden, auf besseren Standorten aber nur von 16% (vgl. Tab. 99). Die Versuche zeigen aber auch, daß die leichten Sandböden durch eine Volldüngung nahezu auf die Leistungsfähigkeit der besseren Böden gebracht werden können.

Als ein weiteres Beispiel für die unterschiedliche Wirkung einer Stickstoffdüngung auf verschiedenen Böden können in Tab. 100 Versuche aus Nordrhodesien angeführt werden (PAWSON 1957). Auf den Sandböden wurde durch die Stickstoffdüngung eine höhere Ertragssteigerung erzielt, als auf den fruchtbaren Lehmböden. Bemerkenswert an dieser Versuchsauswertung ist weiterhin, daß bei 50 von 67 Versuchen eine gesicherte ertragssteigernde Wirkung der Stickstoffdüngung festgestellt werden konnte.

Tabelle 100. *Wirkung einer Düngung von 200 lb/acre Ammonsulfat auf verschiedenen Böden* (nach PAWSON 1957)

Bodenart	Zahl der Versuche	Zahl der Versuche mit signifikanter Wirkung (P = 0,05)	durchschnittliche Ertragssteigerung (alle Versuche)		durchschnittliche signifikante Wirkung	
			lb/acre	%	lb/acre	%
1. Lusaka, rote Tonerden	10	10	728	39	728	39
2. Petauke, rote tonige Lehme	5	3	471	10	537	11
3. Dunkelbraune Tonerden (Chisamba)	7	5	565	27	878	47
4. Dunkle, graubraune Tonerden mit stauender Nässe (Chisamba)	6	3	427	23	441	22
5. Mittlerer roter, toniger Lehm (Mazabuka usw.)	8	5	852	48	1182	70
6. Graubraune lehmige Sande (Monze und Magoye)	15	11	574	33	707	44
7. Verschiedene Sandböden (Mukalailwa usw.)	16	13	903	78	1054	94
insgesamt	67	50				

2. Kalidüngung

Kalimangel äußert sich nach HOFFER und KRANTZ (1949), WALLACE (1951) und GRÜNEBERG (1959) in einer niedrigeren Wuchshöhe bei kurzen Stengelgliedern und relativ langen Blättern. Die Interkostalfelder und auch die Ränder und Spitzen der Blätter vertrocknen. Da die Stoffproduktion bei Kalimangel gestört ist, werden die Kolben dieser Pflanzen vor allem an der Spitze unvollständig ausgebildet.

In welchem Maße der Kaligehalt des Bodens die Höhe des Maisertrages zu bestimmen vermag, soll am Beispiel einer Auswertung von Vergleichsversuchen auf Böden mit unterschiedlichem Kalizustand gezeigt werden. Auf kaliarmen Böden lag nach GERICKE (1949) der durchschnittliche Ertrag über 20% unter den mäßig und gut versorgten Standorten.

Tabelle 101. *Kaligehalt des Bodens und Maisertrag, Durchschnitt von 43 Vergleichsversuchen*
(nach GERICKE 1949)

Kalizustand	Kornertrag	
	dz/ha	rel.
arm	34,3	100
mäßig	41,5	121
gut	42,5	124

Die hohen Kalientzugswerte einer Maisernte zeigen die große Bedeutung einer Düngung mit diesem Nährstoff. GERICKE (1949) fand im Durchschnitt von 96 Versuchen, daß eine Düngung von 160 kg K_2O/ha eine Ertragssteigerung von 18% gegenüber den kalifreien Parzellen bewirkte.

Tabelle 102. *Wirkung steigender Kaligaben auf den Maisertrag*
(nach GERICKE 1949)

Düngung kg/ha	Kornertrag	
	dz/ha	rel.
NP + 0 K_2O	38,8	100
NP + 80 K_2O	43,7	113
NP + 120 K_2O	44,3	114
NP + 160 K_2O	45,9	118

Da immerhin etwa 30% des Kalibedarfs vor der Blüte aufgenommen werden, ist eine ausreichende Kaligrunddüngung auch für eine rasche Jugendentwicklung des Maises erforderlich. Die Kalidüngung sollte deshalb zumindest zum Teil vor der Saat in Form von leichtlöslichen Salzen oder von Volldünger gegeben werden.

In mehreren von GRÜNEBERG (1959), JACOB und UEXKÜLL (1958) sowie STRINGFIELD und ANDERSON (1958) ausgewerteten Arbeiten konnte der günstige Einfluß einer Kalidüngung auf die Standfestigkeit des Maises und die Anfälligkeit gegen Krankheiten festgestellt werden, so daß auch aus diesem Grunde besonders bei hoher Stickstoffdüngung auf eine ausreichende Kalidüngung Wert gelegt werden muß.

3. Phosphatdüngung

Obwohl das Phosphatbedürfnis des Maises unterschiedlich beurteilt wird, darf eine Phosphatdüngung vor allem auf P-armen Böden und auf allen Böden, deren Phosphorsäure — wie besonders in den Tropen weit verbreitet — nicht in pflanzenverfügbarer Form vorliegt, nicht unterlassen werden. Anders als bei Kali hat der Mais den größten Phosphatbedarf, abgesehen von der frühesten Jugendentwicklung, nach der Blüte während der Kolbenentwicklung. Eine mangelhafte Phosphatversorgung zur Zeit der Blüte führt zu einer unvollständigen Entwicklung der Narben, zu geringer Lebensfähigkeit der Pollen und dadurch zu unvollständiger Befruchtung, so daß die Maiskolben dann unregelmäßige Kornreihen, d. h. Schartigkeit zeigen.

Starker Phosphatmangel äußert sich nach HOFFER und KRANTZ (1949) und WALLACE (1951) in Kümmerwuchs der Pflanzen und einer dunkelroten Tönung der Blätter.

Während sich eine Phosphatdüngung auf bereits gut mit Phosphorsäure versorgten Böden oft nicht ertragsmäßig bemerkbar macht (THEMLITZ 1942, SAUERLANDT 1938, THEMLITZ und RINCKLEBEN 1939, PRUMMEL 1956) konnte in zahlreichen Versuchen auf anderen Böden die ertragssteigernde Wirkung einer Phosphatdüngung nachgewiesen werden. GERICKE (1949) stellte z. B. im Durchschnitt von 24 Versuchen eine Ertragssteigerung von 26% durch eine Düngung mit 120 kg P_2O_5/ha fest, wobei allerdings das Höchstertragsgebiet bereits bei der Düngung mit 100 kg P_2O_5/ha erreicht war.

Tabelle 103. *Wirkung steigender Phosphatgaben auf den Maisertrag Durchschnitt aus 24 Versuchen*
(nach GERICKE 1949)

Phosphatdüngung[1] kg P_2O_5/ha	Kornertrag	
	dz/ha	rel.
0	32,9	100
40	37,0	112
60	38,4	117
80	40,5	123
100	41,2	125
120	41,4	126

[1] Neben 50 kg N und 80 kg K_2O/ha (GERICKE 1942).

Die Bedeutung der Phosphorsäure für die Kornausbildung besonders bei spätreifen Sorten und bei ungünstiger Witterung kommt in Versuchsergebnissen von GERICKE (1949) zum Ausdruck, in denen die günstige Wirkung einer P-Düngung auf die Ausreife der Maiskörner nachgewiesen werden konnte. TELKIJEW (1956) fand in zweijährigen Düngungsversuchen in Südostbulgarien als besten Maisdünger eine Mischung von 200 dz/ha Stalldünger und 300 kg/ha granuliertem Superphosphat, die in 27 bis 30 cm Tiefe im Herbst eingearbeitet wurden. Um die Festlegung der Düngerphosphorsäure herabzusetzen, hat sich bei Verwendung von Superphosphat die Reihendüngung gut bewährt. PRUMMEL (1956) fand im Durchschnitt von acht Versuchen zu Mais eine doppelt so gute Wirkung der P-Düngung, wenn sie in Reihendüngung nahe der Saat statt breitwürfig verabreicht wurde.

Nach Kuschnirenko (1957) wurde auf ausgelaugter Schwarzerde im südlichen Ural die Ausnutzung einer Düngung mit 2 dz/ha Superphosphat verbessert, wenn dem Mineraldünger eine organische Düngung (50 dz/ha) beigemischt wurde. Die Superphosphatdüngung allein erhöhte den Grünmassenertrag des Maises zur Milch-Wachsreife um 17,6%, die Humusdüngung allein um 4,4%, während die Gemischdüngung den Ertrag um 25,5% steigerte.

4. Kalkdüngung

Auch der Kalkgehalt des Bodens beeinflußt die Höhe des Ertrages, obwohl Mais weder gegen eine Bodenversauerung noch gegen Alkalität des Bodens sehr empfindlich ist. Nach Martin und Leonard (1949) vermag er hohe Erträge bei Bodenreaktionen von pH 5,5 bis 8,0 zu bringen. Empfindlich ist Mais, wie alle Kulturpflanzen, gegen freie Aluminium-Ionen im Boden. In einer Auswertung von 20 Versuchen von Gericke (1941) lag, wie Tab. 104 zeigt, der Maisertrag auf sauren Standorten nur geringfügig unter dem Durchschnittsertrag auf schwachsauren bis alkalischen Böden. Doch ist bekannt, daß eine Kalkdüngung auf sauren Standorten zu besseren Erträgen führt.

Tabelle 104. *Maisertrag und Bodenreaktion, Durchschnitt von 20 Vergleichsversuchen* (nach Gericke 1941)

Bodenreaktion	Kornertrag dz/ha	
	ohne Düngung	Volldüngung
pH 5,5	27,5	39,7
pH 6—7,4	29,8	41,8

5. Magnesiumdüngung

Aus Tab. 94 war zu entnehmen, daß eine mittlere Maisernte von 40 dz Korn und 70 dz Stroh dem Boden etwa 26 kg MgO je Hektar entziehen. Dies ist mehr als die Hälfte des Phosphatentzuges. So ist es leicht verständlich, daß der Mais gegen einen Magnesiummangel im Boden recht empfindlich ist.

Über Magnesiummangel bei Mais berichten Garner, McMurtey und Moss (1922), Cooper, Lunn und McGee (1933) sowie Jones (1939). Nach Masajewa (1955) wird die auf leichten podsoligen Böden auftretende Fleckenkrankheit des Maises durch eine zusätzliche Düngung mit Magnesium ($MgSO_4$) verhütet und dadurch sowohl der Kornertrag gesteigert als auch die Qualität der Ernte verbessert. Nach dem gleichen Autor (zit. nach Jacob 1955) war bei Mais die Wirkung der Magnesiadüngung um so besser, je stärker die Versorgung mit Stickstoff und Kali war. Saalbach und Judel (1961) wiesen nach, daß die Düngung mit organischer Substanz die Verfügbarkeit des Magnesiums im Boden erhöht, und dadurch die Versorgung des Maises verbessert wird.

Gefäßversuche von Scharrer und Schreiber (1942) ließen deutlich erkennen, daß die Erträge des Maises durch jene Kalidünger am günstigsten beeinflußt wurden, die Magnesium enthielten (mit Ausnahme des Kainits). Die günstige Wirkung der Mg-Düngung wurde bei gleichzeitiger Verabreichung von Bor wesentlich erhöht. Magnesiummangel (Wallace 1951, Grüneberg 1959) äußert sich nicht in einem anomalen Wachstum der Pflanzen, jedoch zeigen die Blätter eine rote bis dunkelrote Tönung und streifige Schäden. Typisch ist nach Jacob (1955) das Auftreten von gelben Flecken zwischen den Blattnerven, die wie eine Perlenkette aneinandergereiht sind. Die älteren Blätter zeigen die Mangelerscheinungen zuerst und am stärksten. Ertrag und Qualität der Ernte können bei Magnesiamangel vermindert werden.

6. Düngung mit Spurenelementen

Berichte über Spurenelementwirkungen beim Mais liegen nach NELSON (1956) vor für Mangan, Eisen, Bor, Kupfer und Zink. *Kupfermangel* zeigt sich vorwiegend auf Moorböden in weißfleckigen Blattspitzen, die sich zwirnsfadenähnlich zusammenrollen und in Ausbildung tauber Kolben. *Manganmangel* äußert sich in einer allgemeinen Wachstumshemmung und einer Chlorose der Blätter. Er ist besonders auf kalkreichen oder überkalkten Böden zu befürchten. Nach SCHROPP und ARENZ (1938) ist *Bor* ein für Mais unentbehrliches Element, dessen Fehlen vor allem die generative Entwicklung nachteilig beeinflußt. In mehreren von SCHARRER (1955) zusammengestellten Versuchen konnte die günstige Wirkung einer Bordüngung auf den Ertrag nachgewiesen werden. Nach KLIMASCHEWSKI (1956) führte eine Zusatzdüngung von 25 kg borhaltigem Düngemittel zu einer starken Ertragszunahme (92%) und einer Erhöhung des Trockensubstanzgehaltes. Die Bordüngung äußerte sich in diesem Versuch in einem höheren Wuchs, einer stärkeren Blattbildung, einem um sechs Tage früheren Erscheinen der Rispen und einer besseren Befruchtung. BARNETTE und WARNER (1935) bzw. BARNETTE, CAMP und WARNER (1936) fanden, daß die „white bud"-Erscheinung des Maises durch *Zink* geheilt werden kann. Mangelerkrankungen durch Fehlen von *Molybdän* wurden aus Australien berichtet.

e) Düngung und Qualität

Körnermais findet meistens als Viehfutter Verwendung, in den USA zu etwa 85 bis 90%. Obwohl Maismehl nur eine geringe Backfähigkeit besitzt, gilt in vielen Teilen der Welt Mais auch als wertvolles Nahrungsmittel für den Menschen. In manchen Ländern ist der Mais sogar das wichtigste Volksnahrungsmittel. Die industrielle Verwertung erstreckt sich auf die Gewinnung von Maismehl, Maisstärke, Traubenzucker, Maiseiweiß und speziell Zein, Maisöl, und Alkohol. Wichtige Qualitätsmerkmale neben der Stärke als einem Hauptbestandteil sind sein Zucker-, Eiweiß- und Fettgehalt. Von den Düngernährstoffen liegen bisher nur für Stickstoff Erkenntnisse über den Einfluß auf diese Qualitätsmerkmale vor. In mehreren Untersuchungen konnte insbesondere nachgewiesen werden (THEMLITZ und RINCKLEBEN 1940, ZUBER, SMITH und GEHRKE 1954, PRINCE 1954, SAUBERLICH, CHANG und SALMON 1953), daß die Stickstoffdüngung den Rohproteingehalt im Maiskorn steigert. Die Stickstoffdüngung hat dagegen keinen Einfluß auf den Rohfettgehalt (vgl. Tab. 97). HUNTER und YUNGEN (1955) fanden in einem N-Steigerungsversuch folgende Erhöhung des Rohproteingehaltes und Rohproteinertrages, die in Tab. 105 wiedergegeben sind.

Der Rohproteingehalt im Korn stieg nach dieser Untersuchung bis zur höchsten N-Düngung von 320 lb/acre nahezu stetig an. Obwohl das Höchstertragsgebiet an Körnern bei einer Düngung von 160 kg N/ha erreicht wurde, lag der Höchstertrag an Rohprotein erst bei einer Gabe von 280 kg N je Hektar.

Da im Maiskorn der Gehalt an wertbestimmenden Aminosäuren Tryptophan und Lysin relativ gering ist, wurde in verschiedenen Untersuchungen die Wirkung der Düngung auch auf die Zusammensetzung des Eiweißes geprüft. Besonders aus der Züchtungsarbeit bei Mais war bekannt, daß in der Regel mit der Zu-

Tabelle 105. *Wirkung steigender Stickstoffgaben auf den Ertrag, das Kolbengewicht und den Rohproteingehalt beim Maiskorn sowie den von den Körnern aufgenommenen Anteil der N-Düngung*
(nach HUNTER und YUNGEN 1955)

N-Düngung lb/acre	Ertrag bu/acre	Gewicht je lb.	Rohprotein %	Rohprotein lb/acre	N-Verwertung durch das Korn %
0	64,6	0,28	6,92	211	—
40	90,4	0,35	7,27	310	39,6
80	118,2	0,45	7,86	439	45,5
100	132,4	0,49	8,06	504	46,7
120	140,7	0,53	8,45	502	46,6
140	141,0	0,52	8,46	564	40,0
160	146,8	0,56	8,74	606	39,4
180	141,2	0,57	9,00	602	34,8
200	147,1	0,53	9,30	647	34,7
240	145,8	0,55	9,17	632	28,0
280	147,8	0,54	9,55	665	25,8
320	143,6	0,54	9,58	650	21,9

nahme des Eiweißgehaltes im Korn der minderwertige Teil des Proteins, nämlich das Zein, das kein Lysin und kein Tryptophan enthält, relativ stärker zunimmt, als die höherwertigen anderen Albumine und Globuline. Doch liegen nach KÜHNAU (1956) auch Untersuchungen vor, nach denen trotz Zunahme des Eiweißgehaltes und des damit verbundenen Anwachsens des Zeinanteils bei sehr vielen Maisrassen die Aminosäurerelation gleichbleibt, also die Zunahme des Eiweißstickstoffs nicht nur allein auf einer Zunahme des Zeinanteils beruht. Nach SAUBERLICH, CHANG und SALMON (1953) bewirkte eine Erhöhung der Stickstoffdüngung von 24 lb auf 84 lb/acre mit der Steigerung des Rohproteingehaltes im Maiskorn auch eine Erhöhung des Gehaltes aller 18 untersuchten Aminosäuren. Die Steigerung der einzelnen Aminosäuregehalte korrelierte allerdings nicht mit der Vermehrung des Gesamtproteins im Korn. KÜHNAU (1956) folgert aus den Untersuchungen von SAUBERLICH und Mitarbeitern, daß die mit der Vermehrung des Stickstoffs im Maiskorn verbundene Erhöhung des unbrauchbaren Zeins allein noch keinen Nachteil für die Qualität des Gesamtproteins zu bedeuten braucht.

Es wird darauf hingewiesen, daß bei eiweißarmem Mais ein Mangel an fünf essentiellen Aminosäuren (Methionin, Lysin, Tryptophan, Threonin, Isoleucin) besteht, bei eiweißreichem aber nur an Tryptophan und Lysin. Bei Verfütterung

Tabelle 106. *Wirkung steigender Stickstoffgaben auf die Eiweißzusammensetzung des Maiskorns*
(nach PRINCE 1954)

N-Düngung lb/acre	Rohprotein %	Zein %	% Zein in Rohprotein	% Gehalt an Aminosäuren im Maiskorn			% Gehalt an Aminosäuren im Eiweiß		
				Leucin	Tryptophan	Isoleucin	Leucin	Tryptophan	Isoleucin
15	7,81	1,84	0,236	1,63	0,045	0,59	21,1	0,58	7,6
55	9,37	2,45	0,261	1,84	0,049	0,49	20,0	0,61	4,3
95	8,97	2,52	0,281	2,47	0,052	0,43	27,8	0,57	4,0
135	9,53	2,93	0,307	2,67	0,050	0,52	28,0	0,52	5,5

eiweißreichen Maises besteht also trotz absolut höherer Zeinmenge nur die Notwendigkeit, diese beiden Aminosäuren zu ergänzen. Auch nach Untersuchungen von PRINCE (1954) steigerten erhöhte Stickstoffgaben nicht nur die Zeinfraktion, sondern neben dem Anteil an Leucin auch noch den an Tryptophan im Maiskorn. Wie Tab. 106 zeigt, trat mit einer Erhöhung der N-Düngung von 15 auf 135 lb/acre eine leichte Steigerung des Tryptophangehalts im Maiskorn auf; der Leucinanteil stieg deutlich von 1,63 auf 2,67%! Der Leucingehalt wurde auch im Reineiweiß gesteigert, während beim Tryptophan und auch beim Isoleucin mit steigender N-Düngung hier eine Tendenz des Absinkens der Prozentgehalte festgestellt wurde.

Eine Begründung für die auch in Fütterungsversuchen an Ratten festgestellte bessere Qualität des Eiweißes bei eiweißreichem Mais gegenüber eiweißarmem sieht KÜHNAU (1956) auch darin, daß mit der Zunahme des Eiweißgehaltes im Mais zugleich eine Vermehrung des Bestandes an freien Aminosäuren einhergeht.

Zusammenfassend kann also aus den Untersuchungsergebnissen geschlossen werden, daß bei erhöhter N-Düngung trotz Vermehrung des biologisch minderwertigen Zeins im Maiskorn mit der Zunahme des Eiweißgehaltes die Wertigkeit nicht verschlechtert zu werden braucht, sondern sogar besser werden kann.

Literatur

BARBAT, I., und I. PUJA: Der Einfluß des Lichtes auf die Entwicklung des Maises. Int. Z. Landwirtsch., Sofia-Berlin **3**, 105–113 (1957). — BARNETTE, R. M., und J. D. WARNER: Soil Sci. **39**, 145–159 (1935); zit. nach NELSON 1956. — BARNETTE, R. M., J. P. CAMP, O. E. GALL und J. D. WARNER: Florida Agr. Exper. Sta. Bull. 292 (1936); zit. nach NELSON 1956. — BERKNER, F.: Der Mais in Aereboe. In: HANSEN, ROEMER, Handbuch der Landwirtschaft, 1. Aufl. Berlin: Parey. 1930. — BITTERA, M., und A. STÄHLIN: Maisbau und Maissorten in Ungarn. Pflanzenbau **9**, 459–477 (1932/33). — BLATTMANN, W.: Die Bedeutung des Maises als Futterpflanze in Norddeutschland. In: Leistung und Bedeutung des Maises als Futterpflanze. Hrsg. v. Deutschen Maiskomitee. Frankfurt: DLG-Verlag. 1957. — BROUWER, W.: Die Feldberegnung, 4. Aufl. Frankfurt: DLG-Verlag. 1958.

CARREKER, J. R., und W. J. LIDDELL: Agr. Eng. **29**, 301–302, 304 (1948); zit. nach NELSON (1956). — CHAPMAN, T.: Maize, Songhor Fertiliser Trials 1960. Department of Agriculture, Experiment Station Sotik, Kenya (1960). — COOPER, H. P., W. M. LUNN und H. A. MCGEE: South Carolina Agr. Exper. Sta., 46th Ann. Rep., p. 143 (1933); zit. nach NELSON 1956.

EICHINGER, A.: Monographie zur Landwirtschaft warmer Länder, Bd. 5, Mais. Hamburg: Deutscher Auslandsverlag, W. Bangert. 1926. — ENGELBRECHT, TH. H.: Die Landbauzonen der außertropischen Länder. Berlin: Reimer. 1899.

FEKETE, B.: Über die Maisdüngung (A Kukorica tragyazasarol). Agrártudományi (Agrarwirtschaft) 8, 388–389 (1956).

GARNER, W. W., J. E. MCMURTEY und E. G. MOSS: Science **56**, 341–342 (1922); zit. nach NELSON 1956. — GERICKE, S.: Die Phosphorsäuredüngung des Körnermaises. Pflanzenbau **18**, 41–96 (1941). — Die Phosphorsäurefrage im Kornmais. Forschungsdienst **13**, 333–340 (1942). — Düngemittel und Düngung in der deutschen Landwirtschaft. Berlin: Cronbach. 1948. — GRAEBER, W.: Bundes-Mais-Anbauversuche 1954–1956. In: Leistung und Bedeutung des Maises als Futterpflanze. Hrsg. v. Deutschen Maiskomitee. Frankfurt: DLG-Verlag. 1957. — GRÜNEBERG, F.H.: Ernährung und Düngung des Mais. Hannover: Verlagsges. f. Ackerbau. 1959.

HAMILTON, T. S., B. C. HAMILTON, B. C. JOHNSON und H. H. MITCHELL: Cereal Chem. **28**, 163–176 (1951); zit. nach NELSON 1956. — HOFFER, G. N., und B. A. KRANTZ: Hunger signs in crops, p. 59–105. Washington: American Society of Agronomy and National Fertilizer Association. 1949. — HUMLUM, J.: Zur Geographie des Maisbaues. København: Harcks. 1942. — HUNTER, A. S., und J. A. YUNGEN: Soil Sci. Soc. Amer. Proc. **19**, 214–218 (1955); zit. nach NELSON 1956.

JACOB, A.: Magnesia, der fünfte Pflanzenhauptnährstoff. Stuttgart: Enke. 1955. — JACOB, A., und H. UEXKÜLL: Fertilizer use. Nutrition and manuring of tropical crops. Hannover: Verlagsges. f. Ackerbau. 1958. — JONES, J. P.: J. Agr. Res. **39**, 873–892 (1939); zit. nach NELSON 1956.

KLIMASCHEWSKI, E. L.: Der Einfluß borhaltiger Düngemittel und organo-mineralischer Gemische auf den Maisertrag. Agrarbiologie **3**, 108–109 (1956); Ref. L. Z. II, 770 (1958). — KÜHNAU, J.: Pflanzenqualität und Eiweißernährung bei Mensch und Tier. Landwirtsch. Forsch., 8. Sonderheft, 138–143 (1956). — KURSCHNIRENKO, J.D.: Die Wirksamkeit organo-mineralischer Gemische bei Mais auf ausgelaugter Schwarzerde des südlichen Urals. Agrarbiologie **3**, 23–27 (1957); Ref. L. Z. II, 768 (1958).

LIEBER: Zit. nach BERKNER 1930.

MARTIN, J. H., und W. H. LEONARD: Principles of field crop production. New York: Macmillan. 1949. — MASAJEWA, M. M.: Die Wirkung magnesiumhaltiger Düngemittel bei Mais auf leichten podsoligen Böden. Ackerbau **3**, 54–55 (1955); Ref. L. Z. II, 768 (1958). — MEHRLE, W.: Maisanbau in den USA. Hrsg. v. AID. Hiltrup: Landwirtschaftsverlag. 1958. — MUDRA, A.: Der Mais. In: ROEMER, SCHEIBE, SCHMIDT, WOERMANN, Handbuch der Landwirtschaft, 2. Aufl. Berlin: Parey. 1953.

NELSON, L. B.: The mineral nutrition of corn as related to its growth and culture. Adv. Agronomy **8**, 321–375 (1956).

PAWSEN, E.: The composition and fertility of Maize in Northern Rhodesia. Empire J. Exper. Agric. **25**, 98 (1957); zit. nach SCHRIMPF 1960. — PETROW, J. G., und O. G. GRAMMATIKATI: Bewässerung von Mais in der Steppenzone der UdSSR. Ref. L. Z. 4 (1958). — POPOW, G.: Anleitung zum Anbau von Körnermais für das Gebiet nördlich der Alpen. Mitt. schweiz. Landwirtsch. 7, 1959. — PRINCE, A. B.: Effects of nitrogen fertilization, plant spacing, and variety on the protein composition of corn. Agronomy J. **46**, 185–186 (1954). — PRUMMEL, J.: Die Placierung der Dünger. Sixth Int. Congr. Soil. Sci., Bd. D, Kommissionen IV und VI, S. 167. Paris 1956; Ref. Kali-Briefe, 6/19, Bern, Nov. 1956.

RINTELEN, P.: Betriebswirtschaftliche Probleme des Maisanbaues. In: Leistung und Bedeutung des Maises als Futterpflanze. Hrsg. v. Deutschen Maiskomitee. Frankfurt: DLG-Verlag. 1957. — Der Maisanbau in betriebswirtschaftlicher Sicht. Bayer. Landwirtsch. Jb., Sonderheft 2, 30–52 (1959).

SAALBACH, E., und G. K. JUDEL: Über die Ursachen des Einflusses einer Stallmistdüngung auf die Magnesiumversorgung von Mais. Z. Pflanzenernähr., Düng., Bodenkde. **95** (140), 23–29 (1961). — SAUBERLICH, E., W. CHANG und W. D. SALMON: J. Nutrition **51**, 241–250 (1953); zit nach NELSON 1956. — The comparative nutritive value of corn of high and low protein content for growth in the rat and chick. J. Nutrition **51**, 623–635 (1953). — SAUERLANDT, W.: Düngungsversuche zu Körnermais. Z. Bodenkde. u. Pflanzenernähr. **8** (53), 55–72 (1938). — SAYRE, J. D.: Plant Physiol. **23**, 267–281 (1948); zit. nach NELSON 1956. — SCHARRER, K.: Biochemie der Spurenelemente. Berlin und Hamburg: Parey. 1955. — SCHARRER, K., und R. SCHREIBER: Gefäßversuche mit verschiedenen Kalisalzen unter gleichzeitiger Berücksichtigung des Magnesiums und des Bors. Z. Pflanzenernähr., Düng., Bodenkde. **26** (71), 129–136 (1942). — SCHRIMPF, C.: Mais, Anbau und Düngung. Schriftenreihe über tropische und subtropische Kulturpflanzen. Ruhr-Stickstoff AG., Bochum 1960. — SCHROPP, W., und B. ARENZ: Über die Wirkung von Bor und Mangan auf das Wachstum der Maispflanzen. Phytopathol. Z. **11**, 588–606 (1938). — STRINGFIELD, G. H., und M. S. ANDERSON: Maize in the USA. World Crops 1958. — STUTZER: Zit. nach EICHINGER 1926.

TELKIJEW, G.: Maisdüngung in Südostbulgarien. Landwirtsch. Blatt (Sofia) **1**, 627–629 (1956); Ref. L. Z. II, 99/1958. — THEMLITZ, R.: Ein weiterer Beitrag zur Frage der Körnermaisdüngung. Landw. Jb. **91**, 1004–1011 (1942). — THEMLITZ, R., und P. RINCKLEBEN: Düngungsversuche mit Körnermais. Bodenkde. u. Pflanzenernähr. **20** (65), 352–356 (1940).

VIETS, F. G., C. E. NELSON und S. L. CRAWFORD: The relationships among corn yields leaf composition and fertilizers applied. Proc. Soil. Sci. Soil. Amer. **18**, 297–301 (1954).

WALLACE, C. B. E.: The diagnosis of mineral deficiencies in plants by visual symptoms. London: His Majesty's Stationery Office. 1951.

YORK, E. T.: Düngerplacierung im Hackfruchtbau, Potash News Letter for Northeast Territory Nr. 104, 1957; Ref. Kali-Briefe 6/21, Bern, 1957.

ZUBER, M. S., C. W. GEHRKE und SMITH: Crude protein of corn gram and stover as influenced by different hybrids, plant populations and nitrogen levels. Agronomy J. **46**, 257–261 (1954).

G. Hirse

(*Panicum*, *Setaria*, *Sorgum* usw.)

Von

V. Tayşi

a) Allgemeines: Verbreitung und wirtschaftliche Bedeutung

In früheren Zeiten hat der Begriff „Hirse" sich nur auf die Rispenhirse (*Panicum*; v. Bernegg 1929) und später auch auf die Borstenhirse (*Setaria*; Mansfeld 1952) bezogen.

Der Name Hirse ist aber heute ein Sammelbegriff für die verschiedenen Kultur-, Halbkultur- und Wildpflanzen von den Gattungen: *Eragrostis*, *Eleusine*, *Panicum*, *Echinochloa*, *Digitaria*, *Paspalum*, *Setaria*, *Pennisetum* und *Sorgum* der Familie *Gramineae* (Haensch und Haberkamp 1959, Boerner 1951, Scheibe 1959, Mudra 1953, Mansfeld 1952, Klapp 1958, v. Bernegg 1929, Platzer 1962).

Unter *Kulturhirsen* versteht man mehrere dürre- und hitzeresistente einjährige Pflanzenarten von den Gattungen: *Panicum*, *Sorgum*, *Echinochloa* usf., deren Körner und Stengel für verschiedene Zwecke, hauptsächlich als Nahrungs- und Futtermittel, in vielen Ländern gebraucht werden. In Tab. 107 ist eine Übersicht dieser Pflanzenarten zusammengestellt.

Im Rahmen dieser Abhandlung werden nur feldmäßig angebaute Kulturhirsen behandelt. Leider können die Arten nicht gesondert berücksichtigt werden, da es an entsprechenden Untersuchungsergebnissen fehlt. Wir müssen uns hier mit der Benutzung des Sammelbegriffes *Hirsen* begnügen, wobei die eine oder die andere Art verstanden wird, verschiedentlich aber auch eine Artenmischung, wie es z. B. in vielen afrikanischen Ländern der Fall ist.

Nach Esdorn (1961) enthalten die Hirsekörner:

12 bis 14 % Rohprotein
4 bis 4,5% Rohfett
57 bis 70 % Kohlenhydrate
bis 10 % Rohfaser
bis 3 % Mineralbestandteile
und einen hohen Gehalt an Vitamin B_1 und B_2.

Dreschstroh hat einen guten Futterwert mit 8% Rohprotein und etwa 1% Rohfett.

Die Kulturhirsen sind uralte Feldpflanzen, die meistens in den sommerwarmen und trocknenen, aber auch in mäßig temperierten und feuchten Gegenden der Welt angebaut werden. Sie spielen heute noch in den Agrarländern der ariden Zonen, wo die Landbevölkerung aus Selbstversorgungsbauern besteht, unter den Getreidearten eine dominierende Rolle. Die Körner werden zu Nahrungszwecken als Brei oder Fladen zubereitet oder verfüttert; auch für die Zubereitung von Bier und anderen Getränken werden sie verwendet, für die Stärkeindustrie gelten sie als Rohstoff. Mehrere Arten werden als Futterpflanzen angebaut. Man benutzt die jungen und reifen Stengel frisch oder siliert und auch als Stroh für Tierfutter. Von den Hirsesippen mit zuckerreichen Stengeln wird Sirup gewonnen, von den Stengeln wird auch Pflanzenwachs hergestellt. Für die Reiserbesen-Herstellung braucht man die Fruchtstände von *Sorgum dochna var. technicum*.

Tabelle 107. *Anbaugebiete und Verwendung von Hirse*

Namen	Viel angebaut in	Verwendungszwecke
Eragrostis tef (Teff)	Abessinien, Britisch Guayana, Erythräa, Indien, Südafrika, Südost-Australien	Körner als Brotgetreide (Abessinien und Erythräa) und die Pflanze als Futter
Eleusine coracan (Korakanhirse) (Fingerhirse)	Abessinien, China, Indien, Japan, Mittelafrika bis zum westlichen Sudan, Ostafrikanisches Seengebiet	Körner als Nahrungsmittel und für Zubereitung alkoholischer Getränke
Panicum miliaceum (Rispenhirse) (Echte Hirse)	Balkanländer, Polen, Ungarn, Israel, China, Japan, Indien, Türkei, Südamerika, USA, Südrußland, Zentralasien (besonders viel)	Körner als Brotgetreide, Nahrungsmittel und Pflanze als Grünfutter, Körner sehr gutes Schweinefutter
Panicum miliare (Kutkihirse)	Ceylon, Indien	Körner zu Mehlgewinnung und als Nahrungsmittel
Echinochloa crus-galli (Hühnerhirse)	China, Japan	Körner als Nahrungs- und Futtermittel
Echinochloa frumentacea (Japanische Hirse)	Indien, Japan, Mandschurei, USA	Als Getreide und Grünfutter
Echinochloa colona (Schamahirse)	China, Indien, Ostafrika, Ostasien	Körner als Nahrungsmittel, Pflanze als Futterpflanze. (In Indien werden die Körner besonders an Fasttagen gegessen)
Digitaria sanguinalis (Bluthirse)	Balkanländern und Osteuropa (wenig), USA (als Gras)	Körner als Getreide, die Pflanze als Futtergras (USA)
Paspalum scrobiculatum (Kodahirse)	China, Japan, Vorderindien	Körner als Getreide
Setaria italica (Kolbenhirse)	Zentralasien, Afghanistan, Persien, China, Japan, Indien, Mongolei, Mandschurei, Rußland, Türkei, Israel, Balkanländer, Italien	Körner als Nahrungs- und Futtermittel und in Zentralasien, in der Türkei und in den Balkanländern zur Herstellung leicht gegärter Getränke (Boza, Busah)
Pennisetum spicatum (Negerhirse)	Abessinien, Nordafrika, Indien, Spanien, Südfrankreich, USA, Israel	Körner in Afrika und Indien als Brotgetreide und Nahrungsmittel, Pflanze als Futtermittel

Fortsetzung auf S. 355

Fortsetzung der Tabelle 107

Namen	Viel angebaut in	Verwendungszwecke
Sorgum durmondii (Mohrhirse)	Westliches tropisches Afrika, USA	Körner als Nahrungs- und Futtermittel
Sorgum roxburgii (Schalluhirse)	Ostafrika, Madagaskar, Indien	Nahrungs- und Futtermittel
Sorgum nervosum (Kauliang)	China, Japan, Mandschurei, USA	Körner als Nahrung, Futter und zur Alkoholgewinnung, Pflanze als Futter, Stroh als Brennmaterial, zum Dachdecken und Korbflechten
Sorgum dochma var. technicum (Besenhirse)	China, Japan, Indien, Afrika, USA, Südamerika, Kleinasien, Balkanländer, Ungarn, Oberitalien	Fruchtstände zur Herstellung von Reiserbesen
Sorgum bicolor (Cholumhirse)	Asien, Indien, Australien, Afrika, Kleinasien, Europa, USA, Südamerika, Israel, Transjordanien, Syrien	Für verschiedene Arten von Nahrungs- und Futtermitteln, Körner zur Stärke- und Speiseöl-Gewinnung, Stengel zur Herstellung von Sirup und Wachs, Rest als Rohmaterial für die Papierindustrie
Sorgum caffrorum (Kaffernkorn)	Natal, Südafrika, USA	Nahrungs- und Futtermittel
Sorgum caudatum (Feterita)	Tropisches Afrika, USA	Nahrungs- und Futtermittel
Sorgum durra (Durra)	Zentralafrika, Sudan, Vereinigte Arabische Republik, Syrien bis Indien, Israel, USA	Körner als Nahrungs- und Futtermittel, Pflanze als Futtermittel
Sorgum cernuum (Sorgumhirse)	Westafrika, Afrikanische Mittelmeerküste, Indien, Syrien, Irak, Türkei, Balkanländer, Italien, USA	Körner als Nahrungsmittel, Pflanze als Futtermittel, auch für Sirup-Gewinnung

Unter den Kulturpflanzen zeichnen sich die Hirsen durch eine gute und gleichzeitig auch sparsame Ausnutzung des vorhandenen Wassers aus. Besonders in warmen und trockenen Gegenden können sie auch unter ungünstigen Bedingungen durch diese Eigenschaften nicht nur als Körnerpflanze, sondern auch als hervorragende Grün- und Silofutterpflanze angebaut werden. Geringer Wasserverbrauch und außerordentliche Trocken- und Hitzeresistenz der Kulturhirsen ermöglichen diesen Pflanzen in semiariden und ariden Gegenden eine große Ausbreitungsmöglichkeit, wo der Mais oder der Reis z. B. nicht mehr mit Erfolg angebaut werden kann. Auch in gemäßigtem Klima, wo die Hirsen im Vergleich

Tabelle 108. *Vergleich zwischen Hirsen und den wichtigsten Getreidearten in den verschiedenen Erdteilen*[1]

Pflanzen	Welt		Europa		Nord- und Mittelamerika		Südamerika		Asien		Afrika		Ozeanien	
	1948/49–1952/53	1959/60	1948/49–1952/53	1959/60	1948/49–1952/53	1959/60	1948/49–1952/53	1959/60	1948/49–1952/53	1959/60	1948/49–1952/53	1959/60	1948/49–1952/53	1959/60
							Anbaufläche 1 000 000 ha							
Weizen	169,8	204,7	28,0	29,3	38,9	31,8	6,9	7,2	25,8	34,0	6,1	7,3	4,7	4,9
Roggen	38,1	30,9	12,2	11,0	1,2	0,8	0,8	1,4	0,5	0,7	—	—	—	—
Gerste	52,0	60,7	8,9	11,3	7,2	9,7	1,0	1,5	9,7	11,4	5,2	5,2	0,5	1,0
Hafer	53,7	46,0	12,5	10,1	20,0	16,2	0,8	1,0	0,5	0,6	0,4	0,6	0,9	1,2
Mais	91,1	105,7	10,3	11,6	39,4	42,8	8,3	10,4	8,6	10,9	10,2	11,6	0,1	0,1
Millet und Sorghum[2]	90,9	93,6	0,2	0,1	3,3	6,6	0,3	0,3	35,5	37,8	20,2	18,2	0,1	0,1
Reis	102,6	117,4	0,3	0,4	1,1	1,2	2,4	3,3	69,2	77,9	2,9	3,1	—	—
Gesamtgetreide	598,2	659,0	72,4	73,8	111,1	109,1	20,5	25,1	149,8	173,3	45,0	46,0	6,3	7,4
							Erträge 100 kg/ha							
Weizen	10,0	12,2	14,7	19,3	11,6	13,6	10,8	11,6	8,2	8,9	7,1	7,1	11,3	11,6
Roggen	9,9	12,5	14,7	17,4	8,0	9,6	7,4	8,0	9,8	10,0	4,1	—	4,8	—
Gerste	11,3	13,9	16,9	23,0	14,3	14,7	11,3	12,0	10,1	10,4	6,5	5,4	12,1	8,2
Hafer	11,6	12,7	16,0	17,7	12,7	13,6	10,7	11,6	10,4	12,1	6,9	4,1	7,1	6,2
Mais	16,0	20,8	12,4	22,1	22,1	27,7	12,4	13,3	7,8	9,5	8,1	9,4	17,5	23,8
Millet und Sorghum[2]	5,1	7,3	8,4	11,7	12,5	22,8	7,8	11,2	3,8	4,5	5,9	7,7	12,8	17,9
Reis	16,0	22,0	42,2	44,0	22,1	27,4	17,1	17,9	13,9	16,5	12,2	15,2	31,7	42,6
							Produktion 1 000 000 t							
Weizen	169,5	249,9	41,1	56,6	45,1	43,4	7,4	8,3	21,2	30,4	4,3	5,2	5,3	5,6
Roggen	37,7	38,6	17,8	19,1	1,0	0,8	0,6	1,1	0,5	0,7	—	—	—	—
Gerste	59,0	84,4	15,0	26,0	10,3	14,2	1,1	1,8	9,7	11,9	3,4	2,8	0,6	0,8
Hafer	62,1	58,5	20,0	17,8	25,3	22,1	0,9	1,1	0,5	0,7	0,3	0,2	0,6	0,8
Mais	145,8	219,6	12,8	25,8	87,0	118,7	10,4	13,8	6,7	10,4	8,5	10,9	0,1	0,2
Millet und Sorghum[2]	46,0	68,1	0,2	0,1	4,1	14,9	0,2	0,4	13,7	17,1	12,0	14,1	0,1	0,2
Reis	164,1	258,5	1,3	1,6	2,5	3,3	4,1	6,0	96,5	128,5	3,5	4,6	0,1	0,2
Gesamtgetreide	684,2	977,6	108,2	147,0	175,3	217,4	24,7	32,5	148,8	199,7	32,0	37,8	6,8	7,8

[1] Quelle: FAO Production Yearbook, Vol. 14, 1960, S. 33.

[2] Unter Millet und Sorghum werden alle Hirsearten von verschiedenen Gattungen, welche in den betreffenden Gebieten genützt werden, verstanden (FAO Production Yearbook, Vol. 14, 1960, S. 392).

Tabelle 109. *Anbauflächen, Erträge und Produktion von Sorghum und Millet in den wichtigsten Anbauländern mit über 500000 ha* (1948/49, 1952/53, 1957/58, 1958/59, 1959/60)[1]

Kontinent und Land		Anbauflächen 1000 ha				Erträge 100 kg/ha				Produktion 1000 t			
		48/49 52/53	57/58	58/59	59/60	48/49 52/53	57/58	58/59	59/60	48/49 52/53	57/58	58/59	59/60
Europa													
Polen	M	60	48	46	42	10,2	10,4	12,0	11,9	61	50	55	50
Nord- und *Zentralamerika*													
USA	S	3086	7892	6741	6303	12,6	18,2	23,0	23,3	3896	14334	15504	14712
Asien													
Indien	M	16605	18136	18862	18313	3,7	3,8	4,2	4,1	6064	6969	7862	7474
	S	15894	17079	17233	16835	3,8	4,9	5,1	4,7	5981	8378	8854	7992
Pakistan	M	918	747	798	805	3,7	3,7	3,9	4,1	342	278	308	329
	S	505	385	448	456	4,8	4,8	4,9	5,1	239	184	218	233
UdSSR	M	3540	3570	3730	2700	3,1	4,3	7,7	4,8	1700	1560	2880	1300
	S	61	—	—	—	—	—	—	—	—	—	—	—
Afrika													
Kamerun	T	654	410	323	—	5,7	7,4	11,0	—	371	303	355	—
Zentralafrikan. Republiken	T	1084	(60)	—	—	6,2	(5,0)	—	—	674	(30)	—	—
Früheres Franz. Westafrika	T	5302	6091	—	—	4,4	5,0	—	—	2350	3044	—	—
Mali	T	(1268)	(1265)	—	—	(5,4)	(6,3)	—	—	(682)	(798)	—	—
Niger	T	(1469)	(1989)	—	—	(4,2)	(4,6)	—	—	(615)	(921)	—	—
Obervolta	T	(1436)	(1444)	—	—	(4,0)	(4,1)	—	—	(573)	(599)	—	—
Sudan	M	352	117	—	—	5,1	11,6	—	—	180	135	—	—
	S	820	1055	—	—	7,4	10,4	—	—	608	1097	—	—
Tanganjika	T	1144	—	—	—	6,1	—	—	—	698	—	—	—
Uganda	T	669	745	771	802	11,2	—	—	—	750	—	—	—

[1] Quelle: FAO Production Yearbook, Vol. 14, 1960, S. 47–49.

Anmerkungen:

M = Millet (*Pennisetum spicatum, Eleusine coracana, Panicum miliaceum, Setaria italia, Echinochloa crus-galli*).
S = Sorghum (*Sorgum caffrorum, Sorgum caudatum, Sorgum durra, Sorgum bicolor*, u. a.) (FAO Production Yearbook, Vol. 14, 1960).
T = Millet und Sorghum (nicht spezifiziert).
( ) = Ein Teil der Gesamterzeugnisse des Landes.

Tabelle 110. *Körnerhirse*[1]

Alte Systematik	Neue Systematik von MANSFELD	Nomenklatur	
		Deutsch	Geläufige Namen in der Literatur
Festucaceae *Eragrostis* *Eragrostis abyssinica*	*Pooideae* *Eragrostis* HOST, *Gram.* *Eragrostis Tef* (*Zuce*) .... Wichtige Synonyme: *E. abessinica* *E. pilosa ssp. abyssinica* *Poa Tef* *P. abyssinica*	Teff, Tef, Taf, Tafi	Tafi (galla); Tef, Teff, Tief (abessin.)
Chlorideae *Eleusine* *Eleusine coracana*	*Eleusine* GAERTN. *Eleusine coracan* (*L.*) GAERTN. Wichtige Synonyme: *E. stricta* *E. tocussa* *E. indica var. coracana* *E. coracana* *Cynosorus coracan* *C. coracanus*	Korakan, Korekan, Korakanhirse, kleine oder Fingerhirse, Torusso, Tokussa	Korakan, Koracan (Ceylon); Kurrakan (singal.); Mandua (nordind.); Marua (bengal.); Ragi (südind.); Dagusa, Tokusso (abessin.); coracan millet, african millet, finger millet (engl.)
Paniceae *Panicum* *Panicum miliaceum* 3 Hauptunterarten: a) *P. m. effusum* b) *P. m. contractum* c) *P. m. compactum*	*Panicum L.* *Panicum miliaceum L.* .... Wichtige Synonyme: *Milium Panicum* *Milium esculentum* *Leptoloma miliacea*	die echte Hirse, Rispenhirse, Flatterhirse, Klumphirse, Dickhirse	Chena, Chin (ind.); True millet, millet, common millet, proso millet, hog millet, bread millet, Russian millet, Indian millet, broom corn millet, milocorn (engl.)
	Panicum miliare Lam.	Kutki-Hirse	Kutki samai (ind.); little millet (engl.)

Panicum crus-galli	*Echinochloa P.* *Echinochloa crus-galli* (*L.*) PAL Wichtige Synonyme: *Panicum crus-galli* *P. muricatum* *P. grossum* *P. hostii* *Milium crus-galli* *Oplismenus crus-galli* *Echinochloa commutata*	Hühnerhirse	Barnyard millet, barnyard grass (engl.); Hie (jap.)
Panicum frumentaceum= *Echinochloa frumentacea*	*Echinochloa frumentacea* LINK, *Enum.* . . . . Wichtige Synonyme: *Panicum frumentaceum* *P. crus-galli var. frumentaceum* *P. crus-galli var. edule* *Echinochloa crus-galli var. frumentaceum* *E. crus-galli var. edulis* *E. crus-galli ssp. colonum var. edulis* *Ophismenus frumentceus*	Japanische Hirse, Weizenhirse, Sanwa Hirse, Sahwahirse	Sawa, sanwa (ind.); Japanese millet, Billion Dollargrass (engl.)
	Echinochloa colona (*L.*) LINK Wichtige Synonyme: *Echinochloa zonalis* *E. colonum var. zonalis* *E. crus-galli ssp. colonum* *Panicum colonum* *P. tetrastachyon* *P. zonale*	Schamahirse	Shama (ind.); Chindumba (ostafr.)

Fortsetzung auf S. 360

[1] Zusammengestellt nach: v. BERNEGG 1929, 171 ff.; CHAVAN 1958, 33; COBLEY, 1956, 7 ff.; ESDORN 1961, 7 ff.; v. FRAUENDORFER 1960, 29; HAENSCH 1959, 288 ff.; HILL 1952, 324 ff.; JACOB 1954, 15; MANSFELD 1952, 304 ff.; MARTIN 1959, 564 ff.; MARTIN 1940, 6; MASEFIELD 1955, 29 ff.; MUDRA 1953, 109; NUTTONSON 1947, 453; OCHSE 1961, 1287; SESSOUS 1943, 662 ff.

Fortsetzung der Tabelle 110

Alte Systematik	Neue Systematik von Mansfeld	Nomenklatur	
		Deutsch	Geläufige Namen in der Literatur
	Milium colonum *Oplismenus colonus* *O. repens* *O. colonum var. zonalis* *O. crus-galli var. colonum*		
Panicum sanguinale= *Digitaria ciliaria*	*Digitaria* Heister ex Fabricius *Digitaria sanguinalis* (*L.*) Scop .... Wichtige Synonyme: *Panicum sanguinale* *Dactilon sanguinale* *Paspalum sanguinale* *Syntherisma sanguinale* *Digitaria ciliaria* Untergliederung der Art (nach Henrard) die angebauten Sippen: *var. frumentacea* Henrard, *var. esculenta* (Gaup) Caldesi	Bluthirse, Blutfennich, Mannagras, Himmelstau, Fingerhirse	Crab grass (engl.)
	Paspalum L. *Paspalum scrobiculatum L.*... Wichtige Synonyme: *Paspalum longifolium* *P. orbiculare* *P. sumatrense*	Koda Hirse	Koda, Kodon (ind.); Koda millet, ditch millet (engl.)

Setaria *Setaria italica* Unterarten: *Setaria italica moharia*= *S. germanica* *S. italica maxima*	*Setaria* Pal. *Setaria italica* (*L.*) Pal .... Wichtige Synonyme: *Setaria germanica* *S. panis* *Panicum italicum* *P. germanicum* *P. glomeratum* *P. viride ssp. italicum* *P. panis* *Pennisetum italicum* *Chamaeraphis italica* *Chaetochloa italica*	Kolbenhirse, Moharhirse, Borstenhirse, Vogelhirse, Borstengras, Fennich, welscher Fennich	Italien millet, foxtail millet, Hungarian millet, Sierian millet, German millet (engl.)
Pennisetum *Pennisetum spicatum*= *Pennisetum typhoideum*	*Pennisetum* Rich *Pennisetum spicatum* (*L.*) Koern .... Wichtige Synonyme: *Pennisetum typhoideum* *P. glaucum* *P. cereale* *P. americanum* *P. purpureum* *Panicum americanum* *Pa. coeruleum* *Pa. spicatum* *Pa. glaucum* *Penicillaris spicata* *Alopecurus typhoides* *Holcus spicatus*	Negerhirse, Perlhirse, Rohrkolbenhirse, Kerzenhirse, Pinselhirse, Elefantengras	Duchn, Dochan (afrik.); Bajra, Bajri, Sajje, Kambam, Ganti, Cumbu (ind.); Pearl millet, spiked millet, Bulrush, cattail millet, African millet (engl.)
Pennisetum purpureum			

Fortsetzung auf S. 362

Fortsetzung der Tabelle 110

Sorgum-Systematik von Hill	Alte Systematik	Neue Systematik von Mansfeld	Nomenklatur	
			Deutsch	Geläufige Namen in der Literatur
Sorgum vulgare	Unterfamilie: *Andropogonea* *Andropogon* Sektion *Sorgum*	*Sorgum* Adans *Sorgum drummondii* (Steud.) Millsp	Mohrhirse	Chicken corn (engl.)
Sorgum vulgare var. Roxburghii		*Sorgum roxburgii* (Hackel) Stapp. . . . . Synonym: *Sorgum vulgare var. roxburghii*	(Schalu Hirse)	Shallu (ind.)
S. v. var. nervosum		*Sorgum nervosum* Bess. . . . Synonym: *Sorgum vulgare var. nervosum*	Kauliang	Kiauliang (Ostasien); Kaoliang, Kaolian (engl.)
		Sorgum dochna (Forsk.) Snoweden	Besenmohrhirse	
S. v. var. technicum	*Sorgum technicum = Sorgum vulgare var. technicum*	*S. d. var. technicum* (Koern.) Snoweden . . . . Wichtige Synonyme: *Sorgum technicum* *S. vulgare var. technicum*	Besenhirse	Broom corn (engl.)

S. v. var. subglabrescens	*Sorgum vulgare=Andropogon sorgum*	*Sorgum bicolor (L.)* MOENCH Wichtige Synonyme: *Andropogon sorgum* *Sorgum vulgare* *Holcus sorgum*	Sorgumhirse, Kohrhirse, Cholumhirse	Jowar (ind.); Sorghum, sorghum millet, grain sorghum, Guinea corn, Egyptian corn, great millet, milo (engl.)
S. v. var. saccharatum	*Sorgum saccharatum=Andropogon saccharatum*	*Sorgum saccharatum* *Sorgum saccharatus* *S. vulgare var. saccharatum* *Andropogon saccharatum*	Zuckerhirse	Sweet sorghums, sorgo (engl.)
Sorgum vulgare var. caffrorum	*Sorgum eusorgum=Andropogon eusorgum*	*Sorgum caffrorum (*RETZ.*) P.* BEAUV . . . . Wichtige Synonyme: *Sorgum vulgare var. caffrorum* *S. eusorgum* *Andropogon eusorgum*	Kaffer, Kafferkorn, Kaffirkorn, Zuckerzirk	Kafir, Kaffernkorn (südafrik.); Kafir, Kaffircorn (engl.)
S. v. var. caudatum		*Sorgum caudatum* STAPF . . . . Synonym: *Sorgum vulgare var. caudatum*	Feterita	Feterita (afrik.)
S. v. var. durra		*Sorgum durra (*FORSK.*)* STAPF . . . . Synonym: *Sorgum vulgare var. durra*	Durra, Dura Hirse	Durra, Dura, Durrha (ind.)
S. v. var. cernuum	*Sorgum cernuum=Andropogon cernuus*	*Sorgum cernuum* HOST . . . . . . Wichtige Synonyme: *Andropogon cernuus* *Sorgum vulgare var. cernuum*	—	White durra (engl.)

mit dem Futtermais überwiegen, werden sie als Grün- oder Silofutter, besonders in letzter Zeit, genützt.

Verschiedene Hirsearten waren schon vor Jahrtausenden in Nord- und Südafrika, China, Japan, Indien, Zentralasien, Kleinasien, Syrien, Israel, Transjordanien, auf dem Balkan und in Ost- und Südeuropa hauptsächlich als menschliche Nahrungsmittel verbreitet, und seit einigen Jahrzehnten haben sie sich auch in den ariden Gegenden der USA, in Zentral- und Südamerika für Körnernutzung und als Grünfutter durchgesetzt. In den USA werden die Körner hauptsächlich als Geflügel- und Rinderfutter verwendet (Klingman 1957) und viele Arten und Sippen als Grünfutter und für Sirupgewinnung angebaut.

Die Anbaugebiete und Verwendungszwecke der verschiedenen Kulturhirsen sind aus Tab. 107 zu ersehen.

Die meisten statistischen Angaben werden in der Weltliteratur, besonders in der amerikanischen, unter Einteilung der Hirsearten in zwei Gruppen: SORGHUM-Hirsen mit den verschiedensten *Sorgum*-Arten (*Sorgum caffrorum* = Kaffernkorn, *Sorgum bicolor* = Cholumhirse, *Sorgum caudatum* = Feterita, *Sorgum durra* = Durrahirse und zuckerreiche Sippen von *Sorgum bicolor*) und MILLET-Hirsen, worunter die Gattungen: *Pennisetum*, *Eleusine*, *Panicum*, *Setaria* und *Echinochloa* verstanden werden, gemacht (FAO Production Yearbook, Vol. 13 und 14, 1959 und 1960).

In Tab. 108 werden Zahlen über den Anbau und die Produktion der Hirsen im Vergleich zu anderen Getreidearten angegeben. Der Aufstellung kann man entnehmen, daß die Hirsen in Afrika die erste und in Asien die zweite Stelle unter den Getreidearten einnehmen.

In Tab. 109 sind die wichtigsten Anbauländer für Hirsen enthalten.

Mit über 35 Mill. ha Anbaufläche und über 15 Mill. t Produktion nimmt Indien, wo die Hirsen ein sehr wichtiges Nahrungsmittel sind, die erste Stelle ein. Nach Indien kommt in weitem Abstand mit etwa 6 Mill. ha Anbaufläche und ungefähr 3 Mill. t Produktion das frühere Französisch-Westafrika, es folgen dann mit durchschnittlich 7,7 Mill. ha Anbaufläche und etwa 15 Mill. t Ernte die USA. Mit einer Anbaufläche von 42000 ha und einer Produktion von 50000 t im Jahre 1959/60 steht Polen, weit hinter anderen Ländern, in Europa an erster Stelle.

Die weiteren Länder mit über 100000 ha Anbaufläche sind: Argentinien, Japan, Südkorea, Äthiopien, Dahome, Guinea, Elfenbeinküste, Senegal, Ghana, Marokko, Nigeria, Südrhodesien, Nordrhodesien, Ruanda-Urundi, Togo, Südafrikanische Union, Vereinigte Arabische Republik (Ägypten).

b) Systematik und Nomenklatur

Die Umgangssprache weist ebenso wie die Systematik der Hirse von Autor zu Autor große Unterschiede auf. Diese Unterschiede sind sogar einer laufenden zeitlichen Änderung unterworfen. Die Veränderungen in der systematischen Einteilung und in der Nomenklatur der Kulturhirse sind von Mansfeld (1952) zusammengestellt worden. In Tab. 110 sind hier die verschiedenen systematischen Einteilungen und Nomenklaturen enthalten.

Diese Zusammenstellung zeigt deutlich, wie verschieden die Systematik und besonders die Nomenklatur der Hirsen ist. Außerdem gibt es noch zwei Gras-Sorgum-Arten, welche viel angebaut werden:

Sudan Gras (*Sorgum sudanense* (Pip) Stapf) und

Johnsongras (*Sorgum halepense* (L.) Pers.).

In jungem Stadium wird das hochproteinhaltige einjährige Sudangras als Sommerweidepflanze verwendet. Dagegen ist Johnsongras eine ausdauernde Pflanze und bildet viele unterirdische Rizome. Es wird auch in Nordamerika angebaut, kann aber für die Felder zu einem gefährlichen und lästigen Unkraut werden.

In den USA werden alle *Sorgum*-Arten unter Sorghums zusammengefaßt und in vier Gruppen eingeteilt.

Die 1. Gruppe: Sirup- oder Zuckersorghums (Sorgos) enthält alle Sippen, von denen Sirup hergestellt wird, diese werden auch als Futterpflanzen angebaut.

Die 2. Gruppe: Körnersorghums umfaßt die Arten, welche hauptsächlich für Körner, aber auch für Futterzwecke angebaut werden.

Die 3. Gruppe: Grassorghums umfaßt nur das für Weiden und Futterzwecke angebaute Sorgum, und schließlich nimmt die 4. Gruppe: Besensorghums (broomcorn) einige *Sorgum*-Varietäten auf (MARTIN und STEPHENS 1940, HILL 1952).

Abb. 141. *Panicum miliaceum* L.

c) Agroökologie der Hirse

1. Feuchte- und Wärmebedingungen

Fast alle Körnerhirsearten sind wärmeliebende, gegen Trockenheit und Hitze resistente Pflanzen, sie überstehen auch heiße Winde sehr gut. Sie sind aber für niedere Temperaturen, besonders für naßkalte Witterung und Frost, empfindlich. Sie werden meistens als Sommerung, aber im tropischen Afrika während der Regenzeit auch als Winterung angebaut (NIQUEUX 1959).

Durch das sehr gut und tief ausgebildete Wurzelsystem — die Wurzeln können in trockenen Gebieten sehr tief eindringen — und auch durch die Rollfähigkeit der kleinflächigen Blätter können fast alle Hirsen während ihrer Vegetationszeit mit verhältnismäßig geringen Wassermengen in der Trockenzeit auskommen (HILL 1952). Die geringe Blattfläche und das gut ausgebaute Wurzelsystem bedingen ein gutes Wasseraufnahmevermögen und eine niedrige Evaporation, wodurch die Hirsen zwei besonders gute Eigenschaften für die ariden Zonen besitzen. Dadurch sind die Hirsen in regenarmen und regenunbeständigen Gegenden produktiver als andere Pflanzen. Besonders in den Gebieten mit unregelmäßigem Regenfall gedeihen sie sehr gut. Durch ihre Trockenresistenz überstehen sie die regenlose Zeit, und nach dem neu anfallenden Regen wachsen sie sofort weiter (MARTIN und STEPHENS 1940). In sommerfeuchten Klimaten mit günstigen Temperaturen können die Hirsen dagegen durch andere noch mehr Ertrag bringende Pflanzen, wie z. B. durch Mais, ersetzt werden.

Abb. 142. Verschiedene Sorgumtypen

Das Saatbett der Hirsen muß eine gute Keimtemperatur haben und darf während der Keimung keine großen Schwankungen zeigen, vor allen Dingen darf sie nicht sinken.

Keimtemperaturen sind bei den meisten Hirsen hoch, und zwar:

	Minimum	Optimum	Maximum
Nach SESSOUS (1943)	10—12° C	37—44° C	44—50° C
Nach MUDRA (1953)	8—10° C	32—35° C	—

Unter 7° C keimen die Hirsen überhaupt nicht.

MANKIN (1958) gibt als optimale Keimtemperatur für Panicum 12 bis 13° C und für Sorgum 21° C an. Mangelhafter Aufgang der Samen beruht öfter auf pilzlichen Schäden, besonders wenn die Samen verletzt und die Bodentemperaturen zur Zeit der Keimung gering sind. Deswegen muß man mit der Hirsebestellung so lange warten, bis die Bodentemperatur genügend angestiegen ist. Bei dem bei unteroptimaler Temperatur gekeimten Hirsebestand können große Verzögerungen während der Entwicklung bzw. bei dem Ertrag festgestellt werden. Die optimale Wachstumstemperatur liegt bei den meisten Hirsen bei 26 bis 28° C, unter 16° C wachsen sie sehr langsam (MARTIN und STEPHENS 1940, HARVEY, KRANTZ, SMITH und MARION 1954). Nach MARTIN (1959) müssen für den Anbau von *Sorgum* die mittleren Tagestemperaturen von drei Sommermonaten mit mindestens 125 und mehr anhaltenden frostfreien Tagen 20° C und darüber betragen.

Wie bekannt, enthalten manche Sorgum-Sippen, hauptsächlich deren junge Blätter, Glukoside, welche für Rinder und Schafe giftig und gefährlich werden können. Die Kälte oder extreme Trockenheit und Hitze, welche das Wachstum während der Vegetationsperiode verzögern können, steigern den Glukoside-Gehalt und erhöhen dadurch die Vergiftungsgefahr (KLINGMAN 1957). Reife Pflanzen, getrocknete Pflanzen, Silage und Körner verursachen keine Vergiftungen.

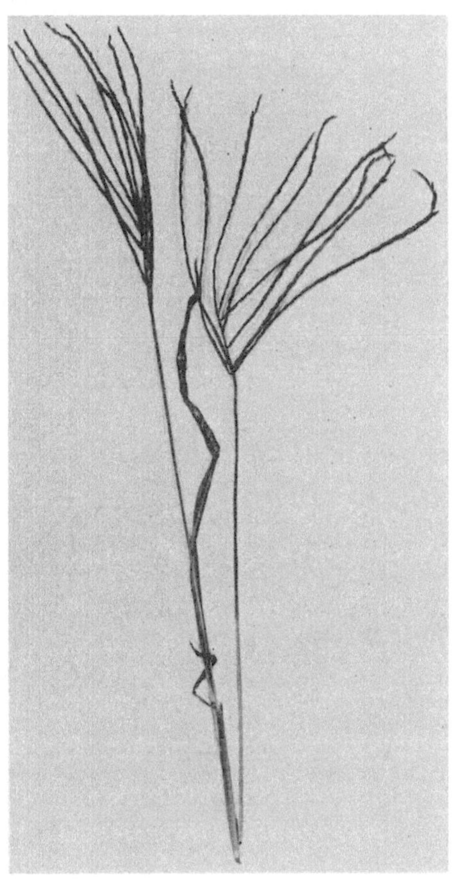

Abb. 143. *Digitaria sanguinalis* (L.) SCOP.

2. Boden

Die Hirsen können auf fast allen Bodenarten wachsen. Für Bodeneigenschaften sind sie nicht anspruchsvoll. Auf sehr nassen und sehr schweren Böden können sie allerdings nicht gedeihen. Für Hirsen eignen sich am besten nährstoffreiche und durchlässige warme Böden. Aber auch auf anderen Böden — sogar auf Alkaliböden —, auf denen viele Pflanzen nicht mehr gedeihen können, kann man Hirsen mit Erfolg anbauen (MARTIN und STEPHENS 1940, DELORIT und AHLGREN 1953).

3. Besonderheiten

Sorgum dochma mit ihren verschiedenen Varietäten, besonders *var. technicum*, nützen eigentlich die Bodennässe bzw. Nährstoffe sehr gut aus, deshalb brauchen sie bessere Böden und Feuchteverhältnisse.

Pennisetum spicatum verlangt weniger Feuchtigkeit als Sorgumhirsen, sie gedeiht auf trockenen, durchlässigen Böden besser. Dagegen ist bei *Echinochloa crus-galli* das Feuchtigkeitsbedürfnis groß, es kann sogar ein lästiges Unkraut der Reisfelder auf der nördlichen Halbkugel werden.

Auch *Eragrostis tef* verlangt etwas mehr Feuchtigkeit als die anderen Hirsen und ein mäßigeres Klima.

Eleusine coracan fordert wie *Eragrostis tef* mäßige, beständige Feuchtigkeit. Das Wärmebedürfnis ist geringer als bei anderen Hirsearten (MANSFELD 1952, ESDORN 1961).

Bei der *Setaria* ist die Vegetationsperiode länger und ihre Wärmeansprüche sind größer. Es werden bessere Bodenverhältnisse verlangt.

d) Anbautechnik

Im allgemeinen sind die Kulturmaßnahmen der Hirse denen des Maises ähnlich. Die Anbaumaßnahmen der verschiedenen Hirsearten ähneln sich um so mehr. Aber die Böden müssen für das Keimbett bei allen Hirsen sorgfältig bearbeitet und möglichst unkrautfrei gehalten werden. Das Wachstum bei den jüngeren Hirsepflanzen verläuft langsam. Während der Anfangsentwicklung bilden sie erst ihre Wurzelsysteme aus, dadurch kann eine Resistenz gegen

Abb. 144. *Echinochloa crus-galli* (L.) Pal.

Trockenheit erreicht werden. Diese Wurzelentwicklung verursacht aber gleichzeitig eine Hemmung des oberirdischen Wachstums, deshalb kann eine schnelle und starke Verunkrautung auf die jungen Pflanzen schädlich wirken.

Wie bei großkörnigem Getreideanbau in Dryfarming wird in den trockenen Landwirtschaftsgebieten von Madras (Indien) das Tiefpflügen für den Hirseanbau auch nicht empfohlen (Chavan 1958). Die Saatzeit hängt natürlich vom Klima und von der Witterung ab. Die Sämlinge sind besonders gegen Bodenkälte empfindlich. Für die Aussaat muß die optimale Keimtemperatur in den Böden erreicht werden, sonst können, wie erwähnt, durch schlechte Keimung große

Schäden vorkommen. Die Vegetationsdauer ist bei vielen Sorten so kurz, daß eine späte Anbauzeit besonders im Frühling ermöglicht wird (PEHL 1941).

Die Hirse kann in Reihen gesät, gedrillt oder breitwürfig bestellt werden. Die Reihenweite oder Pflanzendichte (bei der Breitsaat) bzw. die Saatmenge ist sehr verschieden. Sie wird nach den Nutzungsformen und den Sorteneigen-

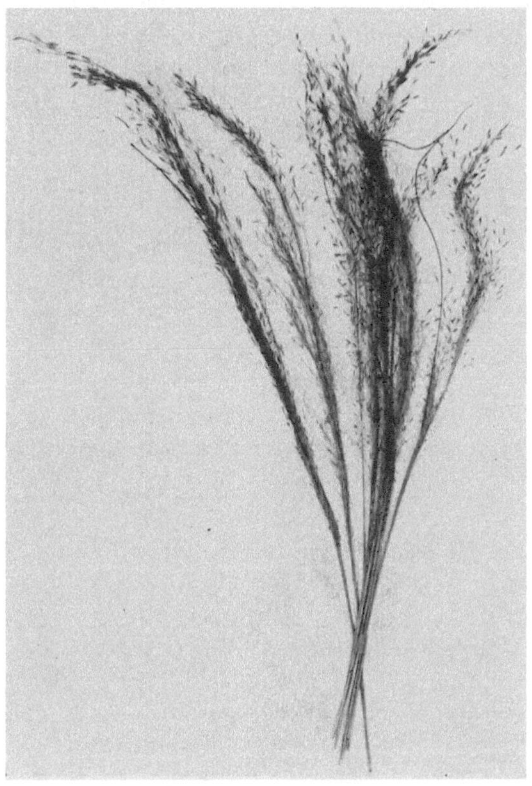

Abb. 145. *Eragrostis tef* (Zuce)

schaften der Hirse (Pflanzenüppigkeit und Größe) durch Klima, Bodeneigenschaft und besonders durch die Feuchtigkeitsverhältnisse des Anbauortes bestimmt. Je schlechter die Hydraturverhältnisse sind, desto größer müssen die Abstände sein, da sonst die Pflanzen für ihre volle Entwicklung nicht genügend Wasser finden können.

Aber, wie NELSON (1952) auch festgestellt hat, spielen wieder unter bestimmten agroökologischen Verhältnissen die verschiedenen Abstände zwischen den Reihen keine allzu große Rolle, z. B. sind in Südindien bei Negerhirse zwischen 30 und 45 cm Drillweite Ertragsunterschiede nicht festgestellt worden (CHAVAN 1958). Die Versuche für Futtererzeugung zeigten mit verschiedener Saatdichte (4 bis 12 kg Saatmenge pro Hektar) an drei Orten in Peru keine wesentlichen Ertragsunterschiede (45 bis 60 t/ha). Bei geringerer Saatmenge, 4 kg/ha, waren die Ähren groß und die Körner sehr gut ausgebildet, die Stengel aber waren sehr stark und faserig. Bei stärkerer Saatdichte werden die Stengel zarter und vom Vieh gern gefressen (ROJAS und GROSS 1959). Man soll nach KLINGMAN (1957) für Körnergewinnung folgende Pflanzenzahlen pro ha rechnen:

Reihensaat pro ha etwa	19000 bis 95000 Pflanzen
gedrillt oder breitwürfig ausgesät.........	36000 bis 240000 Pflanzen
für Futterzwecke	
Reihensaat pro ha etwa	190000 bis 290000 Pflanzen
gedrillt oder breitwürfig ausgesät.........	360000 bis 820000 Pflanzen
Kleinkörnige Sorten enthalten	66 und mehr Körner pro g,
mittelkörnige..............................	33 bis 66 Körner pro g, und
großkörnige	33 und weniger Körner pro g.

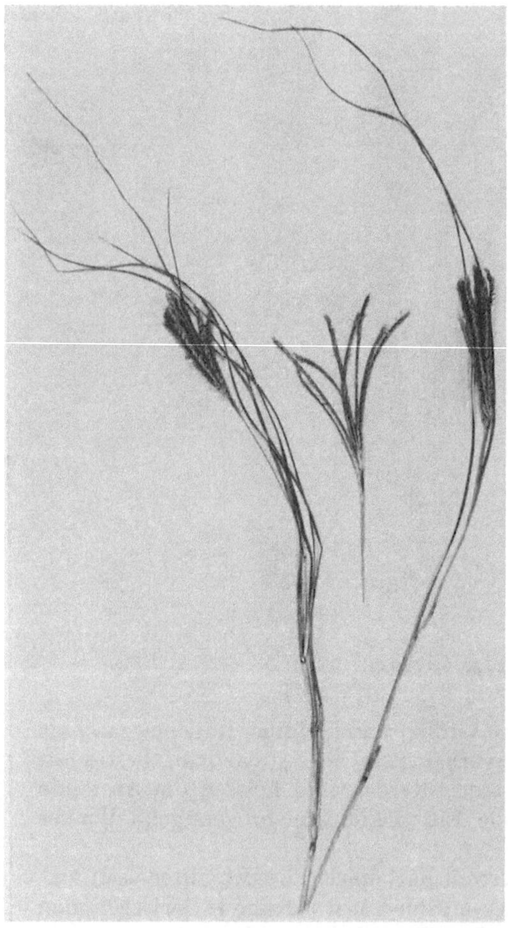

Abb. 146. *Eleusine coracan* (L.) GÄRTN.

Abb. 147. *Setaria italica* (L.) PAL.

Die oben angegebenen Ziffern ermöglichen eine Beurteilung der erforderlichen Saatgutmenge.

Die Unterschiede betragen bei den Saatgutmengen zwischen der Trocken- und Bewässerungswirtschaft ungefähr 50%, für Bewässerungslandwirtschaft verbraucht man also 50% mehr Saatgut als für Trockenlandwirtschaft.

Ähnlich wie in verschiedenen Gebieten bei Mais betreibt man bei Hirse, wie in Ostasien am häufigsten der Fall ist, eine Mischkultur mit Leguminosen, besonders mit Sojabohnen (v. BERNEGG 1962), aber auch mit Baumwolle, Hibiscus, Sesam und Rizinus.

Als Pflegearbeit ist es üblich, den Boden bei normalem Hirseanbau ein- bis dreimal während der Vegetationszeit zu hacken.

Die Ernte der Hirse wird mit der Hand, mit der Mähmaschine oder mit Mähdreschern vorgenommen. Die hochwüchsigen Sorten müssen mit der Hand geschnitten werden, niedrige Sorten dagegen können mit Mähmaschinen oder mit Mähdreschern geerntet werden. In den USA züchtet man für den Mähdrusch kurzhalmige Sorten.

Die Erträge der einzelnen Sorten schwanken unter verschiedenen Bedingungen sehr stark. Die Welterträge bewegen sich nach FAO Production Yearbook (Vol. 14, 1960) zwischen 220 kg/ha (in Betschuanaland) und 3210 kg/ha (mit Bewässerung in Ägypten). Nach v. BERNEGG (1929) steigen die Erträge bis 5000 kg/ha in Äquatorialafrika. In den USA erreichen im allgemeinen für Körnergewinnung angebaute Hirsen 560 bis 1600 kg/ha, unter besten Voraussetzungen sogar 3750 kg/ha Körner (DELORIT und AHLGREN 1953).

e) Sorgum-Müdigkeit

Man spricht öfter von einer Bodenermüdung nach dem Hirseanbau. Durch diese sogenannte Sorgum-Müdigkeit kann die Ernte von nachfolgendem Wintergetreide um 15% geringer ausfallen. Sommerungen wie Mais, Baumwolle usw. leiden nicht so viel wie im Herbst oder Vorfrühling angebaute Pflanzen darunter. Die Ursachen dafür sind Wasser- (in trockenen Gegenden) und Stickstoffmangel im Boden. Der Wassermangel wird durch die starke Ausnutzung durch die Hirse selbst verursacht. Die N-Knappheit dagegen entsteht durch eine starke Bakterienvermehrung in den Wurzelrückständen der Hirse. Die Untersuchungen haben gezeigt, daß die Wurzeln der verschiedenen Hirsearten in der Trockensubstanz 15 bis 55% Zucker enthalten, welcher für die starke Vermehrung vieler Bakterien einen guten Nährboden bildet. Während dieses starken Anwachsens entziehen diese Lebewesen dem Boden große Mengen Stickstoff, der organisch gebunden wird, so daß er für die Kulturpflanzen eine gewisse Zeit nicht mehr verfügbar ist. Dieser N-Mangel dauert gewöhnlich nur etwa zwei Monate. Durch die darauffolgende Zersetzung und Mineralisierung der Wurzelrückstände wird der organisch gebundene Stickstoff wieder freigelegt. Nach dieser Periode wachsen die Pflanzen wieder normal. Bei stickstoffreichen Böden mit guten Hydraturverhältnissen tritt diese Sorgum-Müdigkeit selten ein. Auch auf ärmeren Böden mit guten Feuchtigkeitsverhältnissen kann man durch eine Düngung von 12 bis 16 t Stallmist oder mit 125 kg Ammoniumnitrat oder 200 kg Ammoniumsulfat oder Calcium cyanamid pro Hektar die Sorgum-Müdigkeit überbrücken. Diese N-Düngung reicht für die Versorgung der angebauten Pflanzen, bis der Mineralisierungs-Stickstoff wirksam wird, aus. In trockenen Gebieten und ohne Bewässerung ist eine Düngungsmaßnahme gegen die Sorgum-Müdigkeit wirkungslos, da hier die Müdigkeit nicht nur auf Stickstoff-, sondern auch auf Wassermangel zurückzuführen ist. Das Land muß manchmal ein ganzes Jahr brach liegen, damit genügend Regenwasser im Boden angesammelt wird und die Wurzelrückstände entsprechend umgesetzt werden (MARTIN und STEPHENS 1940, DELORIT und AHLGREN 1953).

f) Düngung

1. Einfluß der Düngung auf Ertrag, Nährstoffaufnahme und Nährstoffverhältnisse

Auch für die anspruchslosen Hirsen stellt die Düngung einen wichtigen Faktor für die Ertragssteigerung dar. Selbstverständlich gilt auch für die Hirse die überall gemachte Feststellung, daß in trockenen Gebieten nur in Verbindung mit dem Wasserfaktor die Düngung wirksam angewendet werden kann.

Da die Hirsen in der Welt unter sehr verschiedenartigen agroökologischen Bedingungen angebaut werden und auch für sehr verschiedene Zwecke Verwendung finden, ist es unmöglich, allgemeine Düngungsanweisungen, welche für alle diese Erfordernisse Gültigkeit haben, aufzustellen. Hinzu kommt noch der Umstand, daß die Düngung gerade bei der Hirse, als extensive Kulturpflanze, besonders in Verbindung mit der Rentabilität betrachtet werden muß. Flächen- und mengenmäßig steht zwar die Hirse in manchen Ländern der Welt sogar an erster oder zweiter Stelle unter den Brotgetreidearten, jedoch muß an dieser Stelle betont werden, daß die Hirse nur dort Anwendung findet, wo die Landwirtschaft unter sehr extensiven Bedingungen geführt wird. Sobald die Landwirtschaft eine Intensivierung durch Bewässerung, Düngung und Fruchtfolge erfährt, wird auch die Hirse im allgemeinen durch eine andere Brotgetreideart bzw. Futterpflanze ersetzt. Das ist sicher ein Grund dafür, daß trotz der großen Bedeutung, die die Hirsen noch heute als Kulturpflanzen haben, sehr wenige Ergebnisse über Versuche zur Anbau-Intensivierung, so auch über Düngungsversuchsergebnisse vorliegen.

Klima und Witterung bedingen neben der Höhe der Düngergabe auch die Düngerform. Wie bei allen Kulturpflanzen besteht auch bei der Hirse eine enge Beziehung zwischen den Düngungsmaßnahmen und dem Klima, dem Boden und dem Verwendungsziel der angebauten Arten bzw. Sorten.

1959 und 1960 in Groß-Gerau und in Gießen von Shaaban (1962) mit zwei Sorgum-Arten durchgeführten Versuche geben gute Anhaltspunkte über den Einfluß der Klimafaktoren auf die Ertragsleistung, den Nährstoffentzug und die Düngung an. Der Witterungsverlauf war in beiden Jahren (1959 mit trockener und warmer und 1960 dagegen mit feuchter und kühler Witterung) extrem unterschiedlich.

Aus der erwähnten Arbeit geben wir im Auszug den Effekt von zwei Düngungsstufen auf die Ertragsleistung der Hirse wieder.

Tabelle 111. *Düngung und Ertragsleistung bei Hirse in Groß-Gerau*

Düngung[1]	Kornerträge in dz/ha *1959*	Kornerträge in dz/ha *1960*
— — —	10,9	12,5
N : K : P wie:		
150 : 195 : 0 kg/ha	15,6	23,0
200 : 320 : 60 kg/ha	13,5	24,0

[1] Die Düngergaben variieren in den beiden Jahren unwesentlich voneinander, die angegebenen Zahlen beziehen sich genau auf das Jahr 1959.

Aus Tab. 111 ist zu ersehen, daß in beiden Jahren die Düngung eine wesentliche Ertragssteigerung verursacht hat. Im Jahre 1960 beträgt die Ertragssteigerung sogar annähernd 100%. In diesem Jahre waren die Feuchteverhältnisse viel günstiger als im Jahre 1959, in dem die Ertragssteigerung durch die Düngung nur 50% betrug. Daraus ersieht man die wichtige Wechselwirkung zwischen der mineralischen Düngung und dem Wasserfaktor sehr klar. Es kann hier noch unterstrichen werden, daß in dem trockenen Jahr 1959 eine höhere Düngeranwendung zu einer leichten Ertragsdepression führte, während die etwa gleiche Düngergabe in dem feuchten Jahre 1960 noch eine kleine Ertragssteigerung ergab.

Entzüge für N, K und P durch Hirse
(nach SHAABAN)

Düngungsvariante	1959	1960
N : K : P	N : K : P kg/ha	N : K : P kg/ha
200 320 60	99,7 136,2 15,5	131,2 120,4 21,6

Die Entzüge lassen erkennen, daß 1960 mehr Stickstoff und Phosphor aus dem Boden aufgenommen wurde als 1959. Beim Kali liegen die Verhältnisse umgekehrt, und der Verfasser vermutet, daß dieses auf die Ausnutzung tieferer lehmhaltiger Schichten in dem trockenen Jahr 1959 als in dem feuchten Jahr 1960 zurückzuführen wäre.

Die Zahlen lassen aber eindeutig erkennen, daß die Hirsen fähig sind, hohe Nährstoffgaben dem Boden zu entziehen, besonders dann, wenn die Wasserversorgung günstig ist.

Auch JACOB (1954) und HARVEY (1954) geben für die Hirse hohe Stickstoff- und Kali-Entzüge an.

Nach SESSOUS, (SCHMIDT und MARCUS 1943) müssen für die Körnergewinnung je Hektar etwa 60 kg N, 50 kg P_2O_5 und 80 kg K_2O gegeben werden. Bei der Bewässerungslandwirtschaft und in den Gegenden mit gut verteilten höheren Niederschlägen können für Grünfuttergewinnung noch höhere Stickstoffmengen in geteilten Gaben verabreicht werden, dagegen muß man in trockenen Gebieten mit den N-Gaben etwas sparsamer sein.

Die Versuche von NELSON (1952) in USA mit Körnersorghum unter Bewässerung haben ebenfalls gezeigt, daß durch Gaben bis 160 kg/ha N eine günstige Erntesteigerung und auch eine relative Proteinzunahme in der Pflanze möglich ist. Er hat aber zwischen 160 und 240 kg/ha N keine wesentlichen Ertragsunterschiede festgestellt.

SCHLEUSNER (1926) und PEHL (1941) bestätigen den günstigen Einfluß des Stickstoffes auf Grünmasse und Eiweißerträge der Hirse.

Bei Versuchen zur Bekämpfung von *Striga hermonthica* im Sorgumbestand (*Sorgum vulgare* PERS *var. durra* STAPF)=(*Sorgum durra* (FORSK.) (STAPF) in Zeidab (Sudan) durch Anwendung von Düngung, konnte LAST (1961) zeigen, daß eine N- und P_2O_5-Düngung die Körner- und Stroherträge im Düngungsjahr (1957) und auch im folgenden Jahr beträchtlich beeinflußt hat. Mit der Anwendung während der Saat und drei Wochen später nach der Saat von 89,6 kg/haN und 44,8 kg/ha P_2O_5 erhöhte sich der Körnerertrag von 1000 kg/ha auf 4082 kg/ha und der Strohertrag von 3762 kg/ha auf 7586 kg/ha. Durch noch spätere Düngung hat man nicht so erfolgreiche Ergebnisse erhalten. Im zweiten Jahr (1958) erhöhte sich der Körnerertrag, durch Nachwirkung der Düngung vom Vorjahr, von 2400 kg/ha auf 3590 kg/ha. Die Anwendungszeit der Düngemittel zeigte im zweiten Jahre keine Unterschiede.

In La Malina (Peru) hat man mit der Sorte Sugar Drif durch N-Düngung bei 205 Tagen Versuchsdauer in zwei Schnitten folgende Erträge erzielt (ROJAS und GROSS 1959):

N kg/ha	Erträge t/ha 2 Schnitte
0	40,8
100	51,2
200	52,9
400	55,3

In Groß-Gerau konnte man bei feuchtem Klima durch eine Düngerintensität bis 200 kg/ha N alle Erträge steigern. Aber im trockenen Jahre 1959 war für den höchsten Körnerertrag nur 150 kg/ha N mit einem mittleren N:K-Verhältnis nötig (Shaaban 1962).

Über den Nährstoffverbrauch, Nährstoffbedarf und die Nährstoffverhältnisse der Körnerhirse sind Angaben für verschiedene Regionen der USA in den Berichten des „National Soil Fertilizer Research Committee" von United States Department of Agriculture (Fertilizer Use and Crop Yields, Agriculture Handbook No. 68, 1954) gemacht worden. Diese wertvollen Angaben sind von der „National Fertilizer Work Group" durch Berechnungen der aus verschiedenen Quellen stammenden Düngungsdaten und aus durch technische Spezialisten durchgeführten Versuche und Erhebungen zusammengestellt worden. Sie geben einen mehr praktischen Überblick über die *wirtschaftlichen Nährstoffgaben und -verhältnisse* der wichtigsten Feldpflanzen u. a. auch für Hirse. Von den Zahlen kann man natürlich keine grundlegenden Resultate über die Nährstoffaufnahme und -verhältnisse erhalten. Trotzdem geben sie wichtige Anhaltspunkte für Düngungsmaßnahmen und Düngeempfehlungen.

Tabelle 112. *Durchschnittlicher Verbrauch von N, P_2O_5 und K_2O für die wichtigsten Feldpflanzen in den Südstaaten*[1] *der USA (1950)*

Pflanzen	Nährstoffe kg/ha		
	N	P_2O_5	K_2O
Mais	16,80	14,56	10,08
Sorghum	0,56	0,67	0,33
Weizen	2,24	4,48	13,44
Roggen	5,60	15,68	6,72
Gerste	8,96	20,16	8,96
Hafer	8,96	8,96	6,72
Sojabohnen	1,12	8,96	6,72
Reis	12,32	8,96	4,48
Erdnüsse	3,36	15,68	10,08
Baumwolle	16,80	16,80	10,08
Tabak	41,44	100,80	71,68
Zuckerrohr	34,72	6,72	15,68
Leinsaat	5,60	6,72	1,12
Kartoffeln	66,08	95,20	70,67

[1] Virginia, N. Carolina, S. Carolina, Georgia, Florida, Kentucky, Tennessee, Alabama, Mississippi, Arkansas, Louisiana, Oklahoma und Texas.

Wenn man die Tabellen über den durchschnittlichen Nährstoffverbrauch (Tab. 112 und 113) und die Tabellen für die potentiellen Erträge (= Erträge bei Volldüngung) von einigen Feldpflanzen (Tab. 114 und 115) in den Süd- und Nord-Zentralstaaten der USA, wo hauptsächlich Körnersorghum angebaut wird, näher betrachtet, so kann man feststellen, daß in beiden Regionen von allen Feldfrüchten Körnersorghum durch die niedrigsten Nährstoffmengen gekennzeichnet

Tabelle 113. *Durchschnittlicher Verbrauch von N, P_2O_5 und K_2O für die wichtigsten Feldpflanzen in den Nord-Zentralstaaten[1] der USA (1950)*

Pflanzen	Nährstoffe kg/ha		
	N	P_2O_5	K_2O
Mais	3,36	8,96	6,72
Sorghum	0,56	0,67	2,24
Weizen	2,24	7,84	6,72
Roggen	1,12	8,96	4,48
Gerste	0,56	2,24	1,12
Hafer	1,12	8,96	4,48
Sojabohnen	4,48	3,36	3,36
Baumwolle	14,56	14,56	20,16
Tabak	48,16	132,16	124,32
Zuckerrüben	8,96	41,44	29,12
Leinsaat	0,56	3,36	2,24
Kartoffeln	10,08	41,44	44,80

[1] Ohio, Indiana, Illinois, Michigan, Wisconsin, Minnesota, Iowa, Missouri, N. Dakota, S. Dakota, Nebraska und Kansas.

Tabelle 114. *Durchschnittliche und potentielle (= Volldüngung) Erträge einiger wichtiger Feldpflanzen in den Südstaaten[1] der USA (1950)*

Pflanzen	Durchschnittliche Erträge 1950 dz/ha	Potentielle Durchschnittserträge mit Volldüngung dz/ha
Mais (Körner)	16,93	45,77
Sorghum (Körner)	14,42	20,06
Weizen	6,72	21,50
Roggen	6,90	21,32
Gerste	11,30	21,52
Hafer	9,14	21,72
Sojabohnen	13,44	22,85
Erdnüsse	999,04	1426,88
Baumwolle	285,60	635,04
Tabak	1423,52	1694,56
Kartoffeln	86,02	145,82

[1] Virginia, N. Carolina, S. Carolina, Georgia, Florida, Kentucky, Tennessee, Alabama, Mississippi, Arkansas, Louisiana, Oklahoma und Texas.

wird. Die Zahlen für N und P_2O_5-Mengen sind in beiden Gebieten gleich (0,56 kg/ha N und 0,67 kg/ha P_2O_5), während der Kaliverbrauch geringfügig differiert.

Der Tabak ist im Gegensatz dazu mit den höchsten Verbrauchszahlen gekennzeichnet (N=48,16 bzw. 41,44 und P_2O_5=132 bzw. 100 kg/ha). Daraus ergeben sich sehr gut die Unterschiede zwischen dem Sorgum als extensive und dem Tabak als intensive Kulturpflanze.

Die Tab. 114 und 115, in denen die potentiellen Erträge (Erträge bei Volldüngung) enthalten sind, zeigen außerdem deutlich, daß durch eine Verbesserung der Düngung eine wirtschaftliche Erhöhung der Sorgum-Erträge nicht so leicht wie bei anderen, intensiveren Kulturpflanzen erzielt werden kann.

Tabelle 115. *Durchschnittliche und potentielle (= Volldüngung) Erträge einiger wichtiger Feldpflanzen in den Nord-Zentralstaaten*[1] *der USA (1950)*

Pflanzen	Durchschnittliche Erträge 1950 dz/ha	Potentielle Durchschnittserträge mit Volldüngung dz/ha
Mais (Körner)	27,59	42,00
Sorghum (Körner)	15,05	20,69
Weizen	10,75	19,49
Roggen	8,78	19,44
Gerste	12,91	18,29
Hafer	14,48	24,00
Sojabohnen	15,46	24,19
Baumwolle	333,76	927,36
Tabak	2751,84	3822,56
Zuckerrüben	246,51	358,64
Leinsaat	6,90	10,03
Kartoffeln	125,66	209,66

[1] Ohio, Indiana, Illinois, Michigan, Wisconsin, Minnesota, Iowa, Missouri, N. Dakota, S. Dakota, Nebraska und Kansas.

Aus dem Zahlenmaterial des National Soil Fertilizer Research Committees wurden durch das Fachgremium des Komitees auch Rechnungen über die Ertragsbeeinflussung durch Stickstoff- bzw. Phosphat- bzw. Kali-Düngung errechnet. In den Tab. 116 und 117 sind die Ergebnisse dieser Ausrechnungen enthalten. In Tab. 116 sind die Zahlen für zwei als Extrem ausgesuchte Staaten, und zwar Süd-Carolina mit guten und Texas mit schlechten Hydraturverhältnissen, enthalten:

Es wurden dabei für Körnersorghum ausgerechnet: Der durchschnittliche Düngerverbrauch (in kg/ha) der gesamten Anbaufläche, ferner aus den auf Grund von Versuchsergebnissen aufgestellten Kurven die Ertragsänderungen, welche bei Zugabe bzw. Weglassen verschiedener Düngermengen entstehen könnten.

Aus Tab. 116 ist zu ersehen, daß in Süd-Carolina der durchschnittliche Verbrauch sowohl an Stickstoff als auch an Phosphor und Kali in kg/ha viel höher als in Texas liegt. Eine Erhöhung dieser Verbrauchsgabe um 10, 25, 50 % usf. bewirkt in Süd-Carolina verständlicherweise eine stärkere relative Erhöhung des Ertrages. Diese Unterschiede sind sowohl bei Stickstoff- als auch bei Phosphat- und Kali-Dünger vorhanden.

Die Zahlen lassen erkennen, daß im allgemeinen in den beiden Staaten an Phosphat die höchsten Mengen verbraucht werden. In Süd-Carolina steht der Kaliverbrauch an zweiter und der Stickstoffverbrauch erst an dritter Stelle. Prozentual gesehen sind jedoch die Ertragssteigerungen bei Erhöhen der Stickstoffgaben höher als bei Erhöhung von Kali- bzw. Phosphatgaben.

In Tab. 117 sind die Verhältnisse für zwei benachbarte Staaten der USA, Kalifornien und Arizona, enthalten. Diesen Tabellen entnimmt man, daß in diesen Staaten die Anwendungsmengen am höchsten bei Stickstoff sind, gefolgt von Phosphat und an dritter Stelle von Kali. Die Düngungseffekte sind ebenfalls verschieden. So erbringen im Staate Kalifornien die erhöhten Stickstoffgaben höhere Ertragssteigerungen, während in Arizona durch verstärkte Phosphatanwendung der Ertragsanstieg höher wird.

Diese Tabellen, welche nur als Beispiel des Düngereffektes in der Praxis angesehen werden können, zeigen jedoch deutlich, daß der Düngungseffekt bei

Tabelle 116. *Geschätzte prozentuale Veränderungen der Sorghum-Körnererträge durch Erhöhen bzw. Vermindern der N-, P_2O_5- und K_2O-Mengen, bezogen auf den Durchschnittsverbrauch des Jahres 1950 in zwei Südstaaten der USA*

	Süd-Carolina	Texas
Stickstoff:		
Gesamtverbrauch metr. t	72,6	71,6
Durchschnittlicher Verbrauch kg/ha	6,72	0,02
Anbaufläche mit N gedüngt in % von Gesamtanbaufläche von Sorghum	80	1
Veränderung der Anwendungsrate im % des Durchschnittsverbrauchs 1950	Die voraussichtliche prozentuale Ertragsänderung durch die unterschiedliche N-Düngungsrate	
+200	+57	+0,04
+100	+31	+0,03
+ 50	+17	+0,014
+ 25	+ 8	+0,004
+ 10	+ 3	0
0 (Durchschnittsverbrauch 1950)	0	0
— 10	— 3	0
— 25	— 8	0
— 50	—15	—0,002
—100 keine Anwendung	—31	—0,004
Phosphorsäure:		
Gesamtverbrauch metr. t	181,4	358,3
Durchschnittlicher Verbrauch kg/ha	17,92	0,112
Anbaufläche mit P_2O_5 gedüngt in % von Gesamtanbaufläche von Sorghum	80	1
Veränderung der Anwendungsrate im % des Durchschnittsverbrauchs 1950	Die voraussichtliche prozentuale Ertragsänderung durch die unterschiedliche P_2O_5-Düngungsrate	
+200	+ 5	+0,08
+100	+ 4	+0,057
+ 50	+ 3	+0,038
+ 25	+ 2	+0,019
+ 10	+ 1	+0,0038
0 (Durchschnittsverbrauch 1950)	0	0
— 10	— 1	—0,019
— 25	— 3	—0,038
— 50	— 6	—0,057
—100 keine Anwendung	—12	—0,08
Kalium:		
Gesamtverbrauch metr. t	108,9	35,4
Durchschnittlicher Verbrauch kg/ha	11,2	0,01
Anbaufläche mit K_2O gedüngt in % von Gesamtanbaufläche von Sorghum	80	1
Veränderung der Anwendungsrate im % des Durchschnittsverbrauchs 1950	Die voraussichtliche prozentuale Ertragsänderung durch die unterschiedliche K_2O-Düngungsrate	
+200	+21	+0,036
+100	+13	+0,024
+ 50	+ 7	+0,016
+ 25	+ 4	+0,008
+ 10	+ 2	+0,004
0 (Durchschnittsverbrauch 1950)	0	0
— 10	— 1	—0,002
— 25	— 4	—0,003
— 50	— 8	—0,004
—100 keine Anwendung	—17	—0,0045

Tabelle 117. *Geschätzte prozentuale Veränderungen der Sorghum-Körnererträge durch Erhöhen bzw. Vermindern der N-, P_2O_5- und K_2O-Mengen, bezogen auf den Durchschnittsverbrauch des Jahres 1950 in zwei Weststaaten der USA*

	Kalifornien	Arizona
Stickstoff:		
Gesamtverbrauch metr. t	560,6	408,2
Durchschnittlicher Verbrauch kg/ha	10,08	13,44
Anbaufläche mit N gedüngt in % von Gesamtanbaufläche von Sorghum	23	25
Veränderung der Anwendungsrate im % des Durchschnittsverbrauchs 1950	Die voraussichtliche prozentuale Ertragsänderung durch die unterschiedliche N-Düngungsrate	
+200	+13	+15
+100	+ 8	+ 7
+ 50	+ 4	+ 5
+ 10	+ 0,6	+ 2
0 (Durchschnittsverbrauch 1950)	0	0
— 10	— 0,6	— 0,7
— 25	— 1	— 2
— 50	— 3	— 3
—100 keine Anwendung	— 6	— 5
Phosphorsäure:		
Gesamtverbrauch metr. t	276,7	244,9
Durchschnittlicher Verbrauch kg/ha	4,48	8,96
Anbaufläche mit P_2O_5 gedüngt in % von Gesamtanbaufläche von Sorghum	8	25
Veränderung der Anwendungsrate im % des Durchschnittsverbrauchs 1950	Die voraussichtliche prozentuale Ertragsänderung durch die unterschiedliche P_2O_5-Düngungsrate	
+200	+5	+22
+100	+3	+11
+ 50	+1	+ 6
+ 25	+0,7	+ 4
+ 10	+0,2	+ 1
0 (Durchschnittsverbrauch 1950)	0	0
— 10	—0,4	— 0,9
— 25	—0,7	— 3
— 50	—1	— 6
—100 keine Anwendung	—3	—12
Kalium:		
Gesamtverbrauch metr. t	211,4	—
Durchschnittlicher Verbrauch kg/ha	3,36	—
Anbaufläche mit K_2O gedüngt in % von Gesamtanbaufläche von Sorghum	6	—
Veränderung der Anwendungsrate im % des Durchschnittsverbrauchs 1950	Die voraussichtliche prozentuale Ertragsänderung durch die unterschiedliche K_2O-Düngungsrate	
+200	0	—
+100	0	—
+ 50	0	—
+ 25	0	—
+ 10	0	—
0 (Durchschnittsverbrauch 1950)	0	—
— 10	0	—
— 25	0	—
— 50	0	—
—100 keine Anwendung	0	—

Hirse, wie bis jetzt bereits mehrfach erwähnt, stark von den Boden- und Klimabedingungen des betreffenden Standortes bzw. Landes abhängt.

Die bisher angestellten Betrachtungen lassen sich wie folgt zusammenfassen: Die Verwertung des Stickstoffes wird mit verbesserten Hydraturbedingungen des Standortes größer. Die als Grünfutter angebauten Hirsen bedürfen höherer Stickstoffmengen als die normalen Körnerhirsen.

Die Phosphat-Düngung spielt für die Hirsen auf vielen Standorten besonders in trockenen Gebieten wirtschaftlich gesehen eine größere Rolle als die Stickstoff-Düngung. Die Wirtschaftlichkeit des Kali-Düngers ist im allgemeinen am niedrigsten.

2. Die praktische Durchführung der Düngungsmaßnahmen

Wie bereits mehrmals im Laufe dieser Abhandlung betont, wird die Düngung ja weitgehend vom Boden und Klima sowie auch von der Niederschlagsverteilung stark beeinflußt. Für gemäßigte Zonen werden die Hirsen als Pflanzen mit verhältnismäßig flachem Wurzelsystem angegeben. In den trockenen Gebieten dagegen erreicht das Wurzelsystem der Hirse, ebenso wie bei anderen Körnergetreidearten, größere Tiefen. So müssen in trockenen Gebieten die organischen Dünger tiefer als in feuchten Gebieten eingepflügt werden.

Die Phosphat-Düngung kann im allgemeinen mit der Saat, und zwar als Reihendünger gegeben werden, da im Anfangsstadium des Wachstums diese Nährstoffe für die Hirsen eine wichtige Rolle spielen. Die Reihendüngung ist wegen einer besseren Ausnützung des Phosphates und zur Vermeidung von Festlegungen notwendig, da die Böden in den Trockengebieten im allgemeinen pH-Werte über 7 aufweisen.

In temperierten, feuchten Gebieten dagegen werden die Nährstoffe zur Körnerhirse als Volldünger hauptsächlich vor der Saat gegeben. Für die Grünfuttergewinnung wird eine weitere zusätzliche Düngung besonders mit Stickstoff empfohlen. Die späten zusätzlichen Stickstoffgaben zeigen besonders bei der Grünmasse gute Ertragssteigerungen.

Wir wollen uns im folgenden noch mit einigen speziellen Düngungsmaßnahmen befassen, welche in verschiedenen Gebieten in Verbindung mit der organischen und mineralischen Düngung getroffen werden:

A. Organische Düngung

Als organische Düngung werden hauptsächlich in der Bewässerungslandwirtschaft und in günstigen Klimaten Stallmist, Baumwollkernmehl, Erdnußkuchen und Kompost verwendet. Die Stallmistdüngung sollte eigentlich der Vorfrucht gegeben werden (Jacob 1954).

In den Baumwollanbaugebieten der USA werden für Sorgum 250 bis 350 kg/ha Mehl von Baumwollkernen als organische Düngung verwendet (Martin und Stephens 1940). Stallmist, Kompost und Erdnußkuchen werden in Indien auch mit verschiedenen Mineraldüngern gemischt gegeben (Chavan 1958).

B. Mineraldüngung

Für die Anwendung der Mineraldüngung ist entweder eine günstige Niederschlagsverteilung oder die Bewässerung eine Grundvoraussetzung. Die mineralische Düngung richtet sich selbstverständlich nicht nur nach den agroökologischen Verhältnissen, sondern auch nach der Nutzungsart der Hirsen.

Von JACOB und UEXKÜLL (1960) wird für die verschiedenen Hirsen folgende Düngung empfohlen:

Für Stickstoff-Düngung: 150 bis 200 kg/ha schwefelsaures Ammoniak oder 100 bis 150 kg/ha Ammonsulfatsalpeter, d. s. 30 bis 40 kg/ha N.

Für Phosphatsäuredüngung: 175 bis 350 kg/ha Superphosphat oder 150 bis 300 kg/ha Rhenaniaphosphat, d. s. 30 bis 60 kg/ha P_2O_5.

Für Kali-Düngung: 60 bis 80 kg/ha als 50 bzw. 60%iges Kalidüngesalz, d. s. 30 bis 48 kg/ha K_2O.

Bei Volldüngung wird empfohlen: Bei einer Zusammensetzung von $N:P_2O_5:$ $:K_2O$ wie 13:13:13, 200 bis 400 kg/ha.

Die gleiche Menge wird empfohlen auch für Volldünger in der Zusammensetzung 12:16:12.

In *Israel* macht man (LOWE 1963) folgende Düngungsempfehlung beim Anbau von Setaria und Pennisetum mit Bewässerung und für Futterzwecke (40 bis 45 Tage Vegetationszeit): 80 kg/ha P_2O_5 und 80 kg/ha N.

Für Sorgum-Arten, welche ebenfalls für Futterzwecke angebaut werden, aber bis zu 150 Tagen auf dem Felde stehen, empfiehlt man: 120 bis 140 kg/ha P_2O_5 und 160 kg/ha N.

In Süd-Indien werden in verschiedenen Gebieten auch Düngungsempfehlungen von z. B. 200 kg/ha Ammoniumsulphat oder 500 kg/ha Erdnußkuchen zusammen mit 500 kg Superphosphat für Negerhirse gegeben.

Im Anbaujahre 1962 wurden für Körnerhirse in Nord-Carolina folgende Düngungsmengen empfohlen: 20 kg/ha N, 40 kg/ha P_2O_5, 40 kg/ha K_2O und zwar in Form eines Volldüngers von der Zusammensetzung 5:10:10. Dazu empfiehlt man noch 60 bis 80 kg N als Kopfdünger 3 bis 4 Wochen nach der Saat.

Literatur

Anonym: Fertilizer use and crop yields. Agriculture Handbook No. 68. Washington, D. C.: U.S. Department of Agriculture, 1954. — ATANASIU, N.: Ein Beitrag zum Studium der Ertragsdepression durch Stickstoff. Z. Acker- u. Pflanzenbau **96**, H. 2, 137 (1953).

BERNEGG, A. S. VON: Tropische und subtropische Weltwirtschaftspflanzen, I. Teil, S. 171 (1929); II. Teil, S. 186–187 (1962). — BOERNER, F.: Taschenwörterbuch der botanischen Pflanzennamen, S. 338 (1951). — BOGUSLAWSKI, E. VON, A. VÖMEL und G. REICHELT: Nährstoffverhältnisse in der Düngung und Ertragsbildung. Z. Acker- u. Pflanzenbau **97**, 267 (1954).

CHAVAN, V. M.: Bajra cultivation in India. Indian Council of Agricultural Research, New Delhi, S. 29–33 (1958). — COBLEY, L. S.: An introduction to the botany of tropical crops, S. 7, 14, 25–35 (1956).

DELORIT, R. J., und H. L. AHLGREN: Crop production, Sorghum and Millet, S. 164 (1953).

ESDORN, ILSE: Die Nutzpflanzen der Tropen und Subtropen der Weltwirtschaft, S. 7 (1961).

FAO: Production Yearbook, Vol. 13, S. 390 (1959); Vol. 14, S. 47–49 und 392 (1960). — FRAUENDORFER, S. VON: Stoffeinteilung der Landwirtschaftswissenschaft, 3. Aufl., S. 29 (1960).

HAENSCH, G., und G. HABERKAMP: Wörterbuch der Landwirtschaft, S. 288–290 (1959). — HARVEY, P. H., B. A. KRANTZ, J. B. SMITH und F. H. MARION: Grain Sorghum (Milo) Production, S. 3 (1954). — HILL, A. F.: Economic botany, S. 324 (1952).

JACOB, A.: Die Düngung der wichtigsten tropischen Kulturpflanzen, S. 15 (1954). — Zur Frage des optimalen Nährstoffverhältnisses in der Düngung. Bodenkde. u. Pflanzenernähr. **7**, 256 (1938). — JACOB, A., und H. UEXKÜLL: Fertilizer use, nutrition and manuring of tropical crops, S. 143 (1960).

KLAPP, E.: Lehrbuch des Acker- und Pflanzenbaues, S. 345 (1958). — KLINGMAN, G. C.: Crop production in the south, S. 350–360 (1957).

LAST, F. T.: Direct and residual effects of Striga control treatments on Sorghum yields. Trop. Agricult. **38**, 49–56 (1961).

MANKIN, C. J.: Sorghum stands how they are affected by seed treatment an cracked seed. South Dakota Farm Hom. Res. **9**, 6–9 (1958). — MANSFELD, R.: Zur Systematik und Nomenklatur der Hirsen. Züchter **22**, H. 10/11, 304 (1952). — MARTIN, J. H.: Sorghum and Pearl Millet. Handbuch der Pflanzenzüchtung **2**, 564 (1959). — MARTIN, J. H., und J. C. STEPHENS: The culture and use of Sorghums for forage (1940). — MASEFIELD, G. B.: A handbook of tropical agriculture, S. 29 (1955). — MUDRA, A.: Die Hirse. Handbuch der Landwirtschaft **2**, 109 (1953).

NELSON, C. E.: Effects of spacing and nitrogen applications on yield of grain Sorghum under irrigation. Agron. **44**, 303–305 (1952). — NIQUEUX: Les sorghos d'hivernage an Tschad. Riz et Rizicult. **5**, 80–93 (1959). — 1962–1963 North Carolina Fertilizer Suggestions (1962). — NUTTONSON, M. Y.: Agroclimatology and crop ecology of Palestine and Transjordan and climatic analogues in the United States. Geogr. Rev. **37**, 449 (1947).

OCHSE, J. J., M. J. SOULE, JR., M. J. DIJKMAN und C. WELBURG: Trop. Subtrop. Agricult. **2**, 128 (1961).

PEHL, P.: Drei Jahre Anbauversuche mit Hirse. Züchter **13**, H. 7, 49, 147–155 (1941). — PLATZER, H.: Untersuchungen über die phänotypische und karyotypische Variabilität der europäischen Unkrauthirsen aus den Gattungen Setaria, Digitatria und Echinochloa. Z. Pflanzenzüchtung **47**, H. 4, 330–368 (1962).

ROJAS, E., und H. D. GROSS: Anbau der Futterhirse Sorte Sugar-Drif. Ministerio de Agricultura, Programa se Forrages **2**, 8 (1959).

SCHEIBE, A.: Panicum- und Setaria-Hirsen. Handbuch der Pflanzenzüchtung **2**, 532 (1959). — SCHLEUSNER, W.: Der Verlauf der Nährstoffaufnahme und Trockensubstanzbildung einiger Hirsearten unter verschiedenen Düngungsverhältnissen. Z. Pflanzendüngung u. Bodenkde. **7**, 137 (1926). — SESSOUS, G., G. A. SCHMIDT und A. MARCUS: Handbuch der tropischen und subtropischen Landwirtschaft **1**, 662 (1943). — SHAABAN, K.: Der Einfluß der Düngung und des Nährstoffverhältnisses auf die Entwicklung und Ertragsleistung von Mais und Sorgum als Futterpflanzen. Diss. Gießen 1962. — SHAH, H. C., und B. V. METHA: Magnesium-Phosphorus-crude fat interrelationships in the seed of Pearl Millet (Pennisetum typhoideum-Rich). Soil Sci. **87**, 320 (1959).

III. Die Düngung von Hackfrüchten

A. Zuckerrübe

(Beta vulgaris L. subspec. esculenta var. altissima)

Von

H. Lüdecke und **A. v. Müller**

Die Anschauungen über Art und Höhe der Düngung der Zuckerrüben haben seit der Frühzeit des Zuckerrübenbaues vielfach gewechselt und im ganzen einen erheblichen Wandel erfahren.

In den ersten Jahrzehnten nach Einführung des Zuckerrübenbaues, d. h. in Deutschland etwa in den dreißiger Jahren des vorigen Jahrhunderts, legte man zunächst wenig Wert auf eine geregelte Nährstoffversorgung der Zuckerrübenböden — in Unkenntnis dessen, daß die Zuckerrübe zu den nährstoffaufwendigsten Kulturpflanzen gehört. Noch unter dem Einfluß der damals im Vordergrund stehenden Thaerschen (1752 bis 1828) Humustheorie düngte man die Ackerschläge allenfalls mit Stallmist, der jedoch in ungenügender Menge anfiel. Aber schon zu Zeiten Justus von Liebigs (1803 bis 1873) änderte sich das Bild wesentlich. Denn bereits in den siebziger Jahren traten in den alten klassischen Rübenanbaugebieten der Magdeburger Börde und Schlesiens Krankheitserscheinungen an den Zuckerrüben auf, die dazu zwangen, sich mit der Kultur und Ernährungsphysiologie der Zuckerrübe eingehender zu beschäftigen. Der charakteristische Ablauf der Krankheit zeigte nach zunächst üppigem Wachstum eine Verfärbung der dunkelgrünen Blätter ins Bräunliche; danach starben die Blätter ab und der Rübenkörper verfaulte vielfach, wobei die Herzblätter noch bis zum Herbst am Leben blieben. Im Zeitalter Robert Kochs (1843 bis 1910) war man zunächst der Meinung, daß dies auf einen pilzlichen oder bakteriellen Befall der Pflanze zurückzuführen sei (Albert Bernhard Frank, 1839 bis 1900). Erst die eingehenden Versuche Hellriegels (1831 bis 1895) und seiner Mitarbeiter in Bernburg am Rande der Magdeburger Börde führten zu der Erkenntnis, daß es sich hier um einen spezifischen Nährstoff-, nämlich Kalimangel handelte. Dieser Kalimangel war offenbar durch unzureichende Nährstoffversorgung hervorgerufen; seine Wirkung stand in Verbindung mit der vielfachen Verseuchung der humosen Lößlehmböden mit Nematoden (*Heterodera Schachtii*) infolge zu häufiger Aufeinanderfolge der Rüben in der Fruchtfolge. Somit wurde durch die Bernburger Arbeiten erstmalig an der Zuckerrübe, gewissermaßen auch stellvertretend für die anderen Kulturpflanzen, der charakteristische Nährstoffmangel in seinen verschiedenen Abwandlungen entdeckt und studiert. Heute sind solche Mangelerscheinungen — nicht nur für Kali, sondern auch für die anderen Hauptnährstoffe und eine Anzahl Mikronährstoffe — in ihren spezifischen Erscheinungsformen jedem Rübenspezialisten geläufig.

Trotz des experimentellen Nachweises der Wichtigkeit der Hauptnährstoffe durch v. LIEBIG und HELLRIEGEL, für das Gedeihen der Zuckerrübe auch durch PAUL WAGNER (1843 bis 1930) und REMY (1868 bis 1946), konnte sich die Notwendigkeit einer angemessenen Stickstoffdüngung bei Zuckerrüben nur langsam durchsetzen. So gab es bis zum Ersten Weltkrieg noch zahlreiche Zuckerfabriken, die in ihren Anbauverträgen und -anweisungen ihre Rübenanbauer verpflichteten, von N-haltigen Düngemitteln unmittelbar zu Zuckerrüben oder als Kopfdünger abzusehen, da man durch unsachgemäße Anwendung des damals üblichen schwefelsauren Ammoniaks und des Chilesalpeters eine Senkung des Zuckergehalts und eine Qualitätsverschlechterung verhindern wollte. Zum Teil war auch Stallmist nur zur Düngung der Vorfrucht zugelassen.

Erst mit der Verbesserung der Züchtung von Zuckerrübensorten, die höhere Nährstoff- (besonders N-) Mengen ohne wesentliche Schädigung der Qualität aufnehmen konnten, und gleichzeitig mit der Herstellung synthetischer N-Düngemittel wurden auch von den Zuckerfabriken die Düngungsvorschriften gelockert. Nicht zuletzt geschah dies unter dem Druck der Praxis, die seit der Jahrhundertwende immer dringlicher die Abkehr von den zunächst einseitig auf Qualität gezüchteten Zuckerrüben zugunsten einer ertragreicheren Zuchtrichtung forderte. Inzwischen hatte man nämlich erkannt, wie wertvoll die Zuckerrübe nicht nur für die Zuckerproduktion, sondern auch als futtererzeugende Pflanze ist, die damit in den Zuckerrübenbetrieben zur Futtergrundlage für die in dieser Zeit erheblich zunehmenden Rindviehbestände wurde.

Die starke Ausdehnung der Zuckerrüben-Anbaufläche und die damit für die alten Einzugsgebiete der Zuckerfabriken vielfach eingetretene Überbeanspruchung der Böden zwangen die Rübenanbauer, die Nährstoffzufuhr weiterhin zu intensivieren, um die Rübenerträge auf der alten Höhe zu halten. Gleichzeitig erkannte man den Wert einer Gründüngung zu Zuckerrüben zusätzlich zu einer mittleren Stallmistgabe. Kurz vor Beginn des Zweiten Weltkrieges und nach dem Kriege wurden die Nährstoffgaben mit N-, P- und K-Handelsdüngern wesentlich gesteigert. Bei der N-Düngung kann man zurzeit im Hinblick auf die Qualität schon vielfach von einer Überdüngung sprechen, da die Zuckerausbeute in den letzten Jahrzehnten eine ständig schwach sinkende Tendenz zeigte. Die Ursachen und Zusammenhänge werden in den letzten Kapiteln erwähnt werden.

a) Entwicklung und zeitlicher Wachstumsverlauf

Die Rübe hat eine langsame Jugendentwicklung. Nach der Saatbestellung sind je nach Bodentemperatur und -feuchtigkeit 1 bis 3 (bis zu 4) Wochen zum Auflaufen nötig.

Nach weiteren 2 bis 4 Wochen, sobald das zweite Blattpaar (außer den Kotyledonen) erschienen ist, können die Bestände vereinzelt werden.

Etwa einen Monat später (in Mitteleuropa etwa Mitte Juni bis Anfang Juli) bilden die Blätter eine geschlossene Fläche.

Nun setzt ein starkes Wachstum des Rübenkörpers ein: sein Frischgewicht steigt innerhalb eines Monats (Juli) von etwa 10% des späteren Endgewichtes auf 40%, im folgenden Monat (August)auf 80%.

Nach rund 180 Wachstumstagen (Anfang Oktober) flacht sich die Kurve des Ertragszuwachses als Zeichen der beginnenden physiologischen Reife etwas ab.

Streng genommen gibt es im ersten Vegetationsjahr einer zweijährigen Pflanze keine Reife, da dieser Begriff ursprünglich mehr für die Frucht als für das Speicherorgan gilt. Bei der Zuckerrübe hat sich indessen der Begriff der physiologischen Reife eingebürgert; er enthält phänologische (Abwelken bzw. Gelbfärbung der Blätter), physiologische (Verengung des Verhältnisses Assimilation: Atmung) und biochemische Merkmale (Eintreten eines bestimmten Zucker: Natrium-Verhältnisses).

In Abb. 148 sind einige Meßgrößen für die Ertragsbildung während des Wachstums dargestellt.

Die Angabe des Bestandesalters kann sowohl in Kalenderdaten wie auch davon losgelöst als reine Altersbestimmung erfolgen, da für den Entwicklungszustand während der Jugend die Wachstumstage nach dem Aufgang den besten Anhaltspunkt bieten (der Aussaatzeitpunkt schwankte in Göttingen von 1951 bis 1959 durchschnittlich um 18 Tage). Erst im Laufe von etwa 4 Monaten Wachstumsdauer gleichen sich Entwicklungsunterschiede zwischen verschieden alten Beständen aus und reagieren nun unmittelbar auf die klimatischen Einflüsse der Jahreszeit.

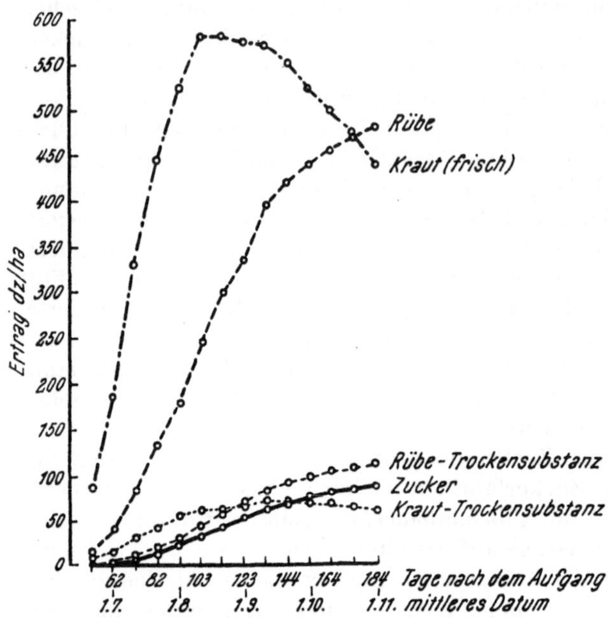

Abb. 148. Ertragsbildung während des Wachstums. Göttingen 1952 bis 1958, KW-ERTA

Zu den Ergebnissen nach Abb. 148 ist zu bemerken, daß durch laufende Steigerung der Trockensubstanz-% eine deutliche Phasenverschiebung zwischen Frisch-Ertrag und Trockensubstanz-Ertrag entsteht; so nimmt das Frischgewicht des Krautes schon im August ab, während der Krauttrockensubstanz-Ertrag noch bis Ende September ansteigt.

Der Zuckerertrag steigt ständig weiter an, solange in Abhängigkeit von der Witterung die Assimilation höher als die Veratmung ist. Dies wird durch den Rückgang der Assimilationsfläche (Absterben der ältesten Blätter ab Anfang September) nicht beeinträchtigt. Der letzte Zuwachs des Rübengewichtes kommt in zunehmendem Maße der Zuckerbildung zugute, vor allem bei der Z-Zuchtrichtung:

Tabelle 118. %-*Anteil des Zuckers am Ertragszuwachs der Rübentrockensubstanz*[1]

	E-Rübe	N-Rübe	Z-Rübe
Juli	13,4	14,0	14,1
August	17,8	18,7	19,9
September	26,6	27,7	27,9
Oktober	33,2	45,0	53,8

[1] Aus LÜDECKE und NITZSCHE 1959, S. 38.

Dieser letzte Zuckerzuwachs kann nicht mit der ganzen Anbaufläche genutzt werden, da Ernte und Fabrikkampagne vor Abschluß des Wachstums beginnen müssen, um störenden Witterungseinflüssen (Frühfröste, Regenperioden) auszuweichen und Verluste zu vermeiden, die größer als der letztmögliche Zuwachs wären.

b) Nährstoffaufnahme in Abhängigkeit vom Wachstumsverlauf

Die Nährstoffaufnahme erfolgt im Verlauf des Wachstums in einer für jeden Nährstoff individuellen Kurve (Abb. 149).

Die stärkste Aufnahme findet für jeden Nährstoff im zweiten und dritten Wachstumsmonat statt, nämlich während der Bestand sich schließt. Bemerkenswert ist der hohe Natronwert, der fast die Höhe der N-Aufnahme erreicht. — In den darauf folgenden 30 Tagen (77. bis 107.) bleibt die Kali-Aufnahme noch sehr stark und erreicht einen Wert, der dem Höchstwert praktisch gleichzusetzen ist. Die N-Aufnahme verringert sich erheblich; MgO wird noch im gleichen Ausmaß wie vorher aufgenommen. Die regelmäßigste Abflachung ergibt sich für die Kurve der P_2O_5-Aufnahme.

Nach dem 138. Tag, d. h. etwa im September, erfolgen erstmalig Abgaben von Na, Ca und Mg durch Rückwanderung der Nährstoffe während der Alterung des Blattes. Durch diesen Vorgang wird die zahlenmäßige Differenz zwischen dem zeitweiligen Nährstoffbedarf und dem endgültigen Nährstoffentzug deutlich.

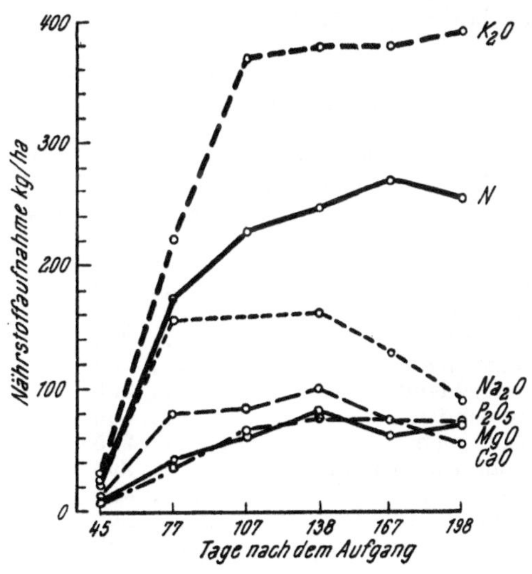

Abb. 149. Aufnahme der Hauptnährstoffe während des Wachstums (Rübe und Kraut). Göttingen 1951 bis 1955, KW-ERTA

Frühere Untersuchungen von Remy (1928) zeigen trotz geringerer Gesamtaufnahme-Werte den im Prinzip gleichen Kurvenverlauf der Nährstoffaufnahme während des Wachstums (Tab. 119).

Tabelle 119. *Nährstoffentzug (kg/ha) durch Zuckerrüben im Verlauf des Wachstums* (nach Remy 1928)

	Mai	Juni	Juli	August	Sept.	Okt.	Summe
N	2,5	40	90	33,5	20	9	195
P_2O_5 ...	1,5	10	24	17	13	6,5	72
K_2O ...	4,0	37	120	66	40	19	286

Demnach war die N-Aufnahme im August zu 82% abgeschlossen, nach den Werten der Abb. 149 sogar schon zu 85% nach 107 Wachstumstagen. Dies ist im Interesse der Düngungszeit (s. Abschn. h) von Wichtigkeit. Zu erwähnen sind an dieser Stelle die Möglichkeiten, die Nährstoffaufnahme zeitlich und mengenmäßig zu steuern. FINKNER und Mitarbeiter (1958) fanden, daß bei höherem N-Angebot entsprechend mehr K und Na aufgenommen wurde. FILATOWA (1957) stellte fest, daß bei Verdoppelung der PK-Gabe das meristematische Gewebe erst zu Beginn der Zuckereinlagerung stark wuchs, was für den Zuckerertrag wichtig ist. Wurde dagegen schon früh viel N angeboten, so stellte sich zwar intensives Jugendwachstum ein, jedoch verzögertes Wachstum im Hochsommer und entsprechend geringere Zuckerbildung.

c) Durchschnittliche Erträge und Nährstoffentzugszahlen

Je nach Standort und Jahreswitterung streuen die Erträge in weiten Grenzen zwischen 100 und 600 dz/ha Rüben-Frischgewicht (=25 bis 150 dz/ha Trockensubstanz) und 50 bis 600 dz/ha Kraut-Frischertrag. Als grober Durchschnitt für bevorzugte Lagen kann gelten:

400 dz/ha Rüben mit 20 bis 26% Trockensubstanz
300 bis 400 dz/ha Kraut mit 12 bis 18% Trockensubstanz.

Das optimale Rübe:Kraut-Verhältnis sollte bei etwa 1:0,8 liegen.

Für einzelne europäische Länder weist die Statistik (F. O. LICHT 1959) im Durchschnitt der Jahre 1950 bis 1958 folgende Erträge in dz/ha aus:

Land	dz/ha	Land	dz/ha
Belgien	386	Jugoslawien	160
Bulgarien	140	Österreich	311
Dänemark	341	Polen	187
Deutschland Ost	286	Rumänien	123
Deutschland West	356	Rußland	160
Finnland	196	Schweden	341
Frankreich	295	Schweiz	404
Großbritannien	298	Spanien	194
Holland	430	Tschechoslowakei	235
Irland	265	Türkei	185
Italien	282	Ungarn	172

Für den Ertrag verantwortlich ist neben den äußeren Wachstumsfaktoren vor allem auch der Ausreifungsgrad des Saatgutes sowie die genetische Zusammensetzung des jeweiligen Samenjahrganges, wie Versuche von KRÜGER und WIMMER (1927b) mit überlagertem Saatgut beweisen.

Ebenso wie die Erträge streuen die Nährstoffentzugszahlen in Abhängigkeit vom Zusammenwirken aller Wachstumsfaktoren. Bei Gefäßversuchen (KRÜGER und WIMMER 1927a) schwankte je nach Angebot des betreffenden Nährstoffs der Gehalt von N in der Rübentrockensubstanz um den doppelten, von P_2O_5 um den fünffachen und von K_2O um den zehnfachen Wert. Die Freilandverhältnisse führen zu weniger extremer Streuung, doch wechseln auch dort die Ertragszahlen oft auf kleinster Fläche in Abhängigkeit von den Standortbedingungen.

Für normale Wachstumsverhältnisse aus der Praxis und aus Feldversuchen geben eine Reihe von Autoren (v. BOGUSLAWSKI, BUCHNER, KRÜGER und WIMMER, REMY, RHEINWALD, SCHNEIDEWIND zit. bei LÜDECKE 1961b) Entzugszahlen an, die für 400 dz/ha Rüben mit zugehörigen 300 dz/ha Kraut in folgendem Bereich liegen (kg/ha):

Nährstoff	kg/ha	Nährstoff	kg/ha
N	140—180 (—240)	Na_2O	80 —120
P_2O_5	50— 60	B	1,2 — 2,0
K_2O	190—220 (—280)	Mn	1,2 — 2,0
CaO	70— 90	Cu	0,3 — 0,5
MgO	65— 80		

Hiervon entfallen N und P etwa zu gleichen Teilen auf den Rüben- und Krautertrag, während von Kali ein Drittel in der Rübe und zwei Drittel im Kraut enthalten sind. Dies ist für die Abschätzung von Entzugszahlen bei vom Beispiel abweichendem Rübe:Kraut-Verhältnis zu berücksichtigen.

d) Wasserbedarf

Der Transpirations-Koeffizient der Zuckerrübe liegt etwa bei 400 (300 bis 500) nach Roemer (1927) (ältere Autoren ebenda S. 96). Er ist um so niedriger, je harmonischer alle Wachstumsfaktoren zusammenwirken; z. B. sank er nach Versuchen von Popow und Kulkess 1938 (zit. bei Rode 1959) durch Düngungssteigerung auf nährstoffarmen Böden. Im gleichen Sinne wird er erhöht durch reichliches Wasserangebot einerseits (Luxusverbrauch) und durch zu geringes andererseits. Obgleich der Transpirations-Koeffizient der Zuckerrübe im optimalen physiologischen Bereich nicht hoch im Vergleich zu anderen Kulturpflanzen ist, wird die absolute Höhe des Wasserverbrauchs durch den hohen Flächenertrag der Zuckerrübe vielfach zum begrenzenden Faktor. So müssen die Rüben in Gegenden mit ungenügenden Niederschlägen als Bewässerungs- oder Beregnungskulturen angebaut werden (z. B. Mittelmeerraum, Kalifornien).

Im zeitlichen Ablauf des Wachstums ist die Rübe dankbar für eine im ganzen gleichmäßige Wasserversorgung ohne Extreme.

Das Quellen des harten Perikarps der Knäule verlangt Kontakt mit der feuchten Unterkrume; Austrocknung des Bodens während der Keimung kann das Auflaufen der Saat gefährden. Wo eine Anpassung durch Saatbettvorbereitung und Saatmethode nicht zum Ziel führt, kann bei ausreichender Temperatur eine leichte Beregnung das Auflaufen fördern. Dagegen ist während der weiteren Jugendentwicklung keine reichliche Zufuhr von Feuchtigkeit erwünscht, damit die Wurzeln in die Tiefe dringen und in eventuellen späteren Trockenzeiten auf ein größeres Bodenfeuchte-Reservoir zurückgreifen können. Zusätzliche Beregnung in dieser Zeit kann daher die Pflanzen verwöhnen und zu Ertragsdepressionen führen.

Vom Schließen des Bestandes an und während der Hauptausbildung des Rübenkörpers, d. h. im 3. und 4. Monat der Entwicklung, ist die Transpiration besonders hoch und beträgt im subkontinentalen mitteleuropäischen Klimagebiet 2 bis 3 mm täglich (Tamm, Graetz und Funke 1956).

Sobald in dieser Zeit der Bodenfeuchte-Vorrat im Hauptwurzelraum auf etwa 30% der nutzbaren Kapazität abgesunken ist, empfiehlt sich eine Wiederauffüllung für weiteres ungestörtes Wachstum der Rüben (Korte 1958). Vorteilhaft ist jedoch eine Anfeuchtung nur bis auf Krumentiefe (bis zu 40 cm); dadurch wird ein auf den *ganzen* Wurzelraum bezogener durchschnittlicher Feuchtigkeitsgrad von 50 bis 60% erreicht, wie er schon von Prjanischnikow (1930) als optimal für Rüben- und Zuckererträge angegeben wurde. Neuere Ansichten bestätigen dies (Czeratzki 1958); da sich aber schwere Böden nicht anders als schichtweise bis zur Sättigung anfeuchten lassen, ist der gesuchte Wert nur näherungsweise als Mittelwert zu erreichen. — Wie Brouwer (1959) mit Recht betont, weiß man bei der Rübe im einzelnen nicht, ob die Anforderungen an die Wasserversorgung bestimmter Bodenzonen zeitlich wechseln, etwa in Anpassung an sogenannte kritische Perioden. Wo daher die optimale Wasserversorgung in Abhängigkeit von der meteorologischen Prognose besonders schwierig ist, sollte man die Rübenkultur eher zu trocken als zu feucht halten. Besonders in den letzten Wochen vor der Ernte kann Übernässung zur Senkung des Zuckergehaltes führen, vor allem wenn im Kontrast zu einer vorherigen Trockenperiode neues

Blattwachstum angeregt wird. Vorübergehendes Welken der Blätter während der Mittagsstunden ist noch kein ausreichendes Merkmal für Einsatz künstlicher Bewässerung.

Wo eine Kontrolle der Bodenfeuchte oder eine Abschätzung der klimatischen Wasserbilanz (KORTE 1958) nicht möglich ist, empfiehlt sich im allgemeinen zusätzliche Beregnung erst nach 80tägiger Wachstumszeit, wobei je nach Boden und Witterung 2 bis 4 Regengaben von je 20 bis 25 mm in Abständen von 8 bis 10 Tagen lohnend sein werden (BROUWER 1959, KLATT 1959). Eine spürbare Polarisationssenkung muß in vielen Fällen auf schwerem Boden in Kauf genommen werden, wird jedoch bei richtigem Einsatz durch den Mehrertrag wieder aufgewogen.

Etwas anders liegen die Verhältnisse in warmen, sonnigen Klimalagen (Kalifornien, Mittelmeerraum), wo nicht nur während der ganzen Vegetationsperiode regelmäßig bewässert wird, sondern auch schon nach der Bestellung, um den Aufgang zu erleichtern. Derartige Verhältnisse weisen demnach auf ein veränderliches Gleichgewicht für die Rübe zwischen den Wachstumsfaktoren Wasser, Wärme und Luft. HADDOCK (1959) fand in USA nach Furchenbewässerung reinere Rübensäfte als nach Beregnung.

Mit der Sortenwahl ist kein großer Spielraum für die Wasserversorgung der Rübe gegeben (KLATT 1959). Exakte Feldversuche liegen noch nicht vor, doch bestätigen wiederholte Erfahrungen aus der Praxis, daß die typische E-Rübe weniger empfindlich auf Einseitigkeit der Wasserversorgung ist, während die Z-Rübe als auf hohe Trockensubstanz gezüchteter Typ eine gleichmäßig optimale Versorgung mit Feuchtigkeit und Nährstoffen verlangt. In Gefäßversuchen (WIMMER, SAMMET und LESCH 1943) wurden auf gleich feuchtem Standort keine signifikant unterschiedlichen Transpirations-Koeffizienten zwischen beiden Zuchtrichtungen gefunden, doch ist bei der unvollständigen Bodenbeschattung im Gefäßversuch keine Übertragung der Werte aufs Freiland ohne Einbeziehung der Evaporation möglich (entsprechende Meßwerte in Bernburg gingen durch das Kriegsende verloren). Letztlich ist der Begriff des Transpirations-Koeffizienten zur Kennzeichnung der Wasserbilanz nur in (semi)ariden Lagen von Wichtigkeit, während es auf (semi)humiden Standorten mehr auf die Qualitätsbeeinflussung ankommt. In diesem Zusammenhang hat die Z-Rübe eine gewisse Bedeutung, da auf Grund ihres zellphysiologischen Verhaltens ihre höhere Polarisation durch Feuchtigkeitsüberschuß schneller in einen kritischen Bereich hinein abgesenkt werden kann als die Polarisation der E-Rübe.

Über Wechselwirkungen zwischen Nährstoffaufnahme und Wasserversorgung der Zuckerrübe liegen noch kaum eindeutige Versuchsergebnisse vor. LARSON fand 1954 in bewässertem Boden in Montana weniger K und Na in den Blattstielen und schiebt dies auf Luftarmut im Boden. HADDOCK fand in Utah wiederum erhöhten P-Gehalt in den Blattstielen auf feuchtem Boden und erklärt die Zusammenhänge mit Verdunstungskälte, die mehr CO_2 und damit mehr Phosphorsäure in Lösung bringt. Die sogenannte Beregnungsdüngung (vgl. KOPETZ 1955), bei der zusätzliche Düngermengen im Beregnungswasser gelöst auf die Rüben gebracht werden, hat sich in der Praxis nicht durchsetzen können. Möglicherweise kommen diese Nährstoffe zu spät, da die Hauptnährstoffaufnahme der stärksten Wasseraufnahme vorauseilt (vgl. Abschn. b).

Düngungs-Beregnungsversuche in Niedersachsen mit Kopfdüngung bis in den August hinein und davon unabhängiger Beregnung je nach Bedarf zeigten auf schweren Böden bisher folgende Tendenz: zusätzliche Beregnung senkte die Qualität, ohne den Ertrag ausreichend zu heben; Nährstoffsteigerung hatte vielfach die gleiche Wirkung, und beide Maßnahmen gleichzeitig wirkten besonders un-

Tabelle 120. *Ertragsmerkmale und Nährstoffaufnahme belichteter und beschatteter Gefäßrüben unter wechselnder Düngung (g/Pflanze)*[1]
L. = Licht, S. = Schatten

		Rübenertrag		Polarisation °S		Ganze Pflanze										Transpirations-Koeffizient	
						Trockensubstanz		Nährstoffaufnahme									
								N		P_2O_5		K_2O		MgO			
		L.	S.	L.	S.	L.	S.	L.	S.	L.	S.	L.	S.	L.	S.	L.	S.
Volldüngung	1921	329	126	15,9	14,2	142	69	2,2	1,7	0,5	0,5	4,2	3,6	1,5	1,0	417	506
	1922	495	93	19,6	13,5	209	71	2,3	1,9	0,6	0,6	3,9	4,0	1,8	1,0	291	484
K-Mangel	1921	235	101	17,0	14,4	125	70	2,0	1,9	0,7	0,5	1,0	0,9	0,9	1,5	519	590
	1922	339	96	18,9	12,7	144	69	2,1	1,9	0,6	0,6	0,9	1,0	1,0	1,1	376	514

[1] Auszug aus Krüger, W., und G. Wimmer 1936 d: Der Einfluß des Lichtes pp.

günstig. Ganz anders verhielten sich grundwasserferne leichte Böden: Beregnung hob den Ertrag ohne Senkung der Qualität (Harke 1950); Nährstoffsteigerung war über die Richtzahlen für schwere Böden hinaus möglich und zeigte besonders unter Beregnung eine gute Ausnutzung, wofür auch Kopetz (1955) eintritt. Demnach scheint die einander ergänzende günstige Wirkung zusätzlicher Wasser- und Nährstoffversorgung bei der Rübe dann ins Negative umzuschlagen, wenn ein sorptionsfähiger Boden von beidem schon einen ausreichenden Vorrat bereithält (v. Müller 1961).

Begrifflich von Beregnungsdüngung zu unterscheiden ist Naß-Kopfdüngung (s. später), bei der nur soviel Wasser verwendet wird, daß die Blattspreiten benetzt werden.

e) Ansprüche an Lichtperiodik

Wie Curth (1955) ausführlich darlegt, sind die eigentlichen lichtperiodischen Effekte bei der Zuckerrübe eng an ein bestimmtes Alter und eine vorherlaufende Kälteeinwirkung gebunden. Wenn die übrigen Bedingungen erfüllt waren, ließ künstliche Dauerbelichtung mit nur 1000 Lux während des winterlichen Kurztages die Zahl der blühinduzierten Pflanzen (Schosser) wesentlich ansteigen. Die Rübe ist daher als tagneutral mit Tendenz zur Langtagspflanze zu bezeichnen, was schon aus der weitläufigen Wildpflanzenverbreitung zwischen Ägypten und Finnland (30. bis 60. Breitengrad) hervorgeht (Roemer 1927, S. 52).

Neben der periodischen, d. h. blühinduzierenden Wirkung des Lichtes ist bei der Rübe als zweijähriger Pflanze ihr besonderer Lichtanspruch im ersten Vegetationsjahr hervorzuheben. Gemessen am Etiolierungsgrad, ist die Rübe nach noch laufenden Versuchen des Institutes für Zuckerrübenforschung Göttingen eine überaus lichthungrige Pflanze im Vergleich zu anderen Feldfrüchten. Die Beobachtungen laufen dabei auf ein erforderliches bestimmtes Licht: Temperatur-Verhältnis hin, da bei ansteigenden Temperaturen das Licht verstärkt werden muß, um Etiolierung zu verhindern.

Umfangreiche Gefäßversuche zur Aufklärung vermuteter Zusammenhänge zwischen Licht- und K-Wirkung wurden von KRÜGER und WIMMER 1921/22 (veröffentlicht 1936 d, s. unter Tab. 120) angestellt. Ein Teil der Pflanzen wurde von Mitte Juni ab mit einem Leinentuch beschattet. Während die Unterschiede zu den unbeschatteten Pflanzen im Trockenjahr 1921 noch nicht allzu groß waren, steigerten sie sich während der im ganzen normal verlaufenden Witterung 1922 zu Werten, die aus Tab. 120 hervorgehen.

Der Einfluß des Lichtes auf die Ertragsbildung und besonders den Zuckergehalt geht deutlich daraus hervor; die Disharmonie der Wachstumsfaktoren im Schatten wird noch durch einen übersteigerten Transpirations-Koeffizienten gekennzeichnet. Unter K-Mangel war die Schattenwirkung noch verstärkt, besonders auf die Polarisation 1921. — Bemerkenswert ist, daß die Nährstoffaufnahme an N, P, K und Mg jedoch wenig vom Licht abhängt; das bedeutet, daß bei gleichem absolutem Gehalt die viel kleineren Schattenpflanzen einen höheren prozentualen Nährstoffanteil in der Trockensubstanz besaßen. Dies wiederum läßt die Deutung einer ,,Unreife" unter Lichtmangel zu, da analog der Nährstoffgehalt bei jungen Pflanzen höher als bei ausgereiften ist (LÜDECKE und NITZSCHE 1959). Andererseits wird damit dargelegt, daß die Assimilation als lichtgesteuerter Vorgang bei der Rübe quantitativ nicht eng von der Nährstoffaufnahme durch die Wurzeln abhängt.

f) Zeitpunkt des Anbaues und charakteristische Wachstumsstadien sowie Erntedaten in verschiedenen Ländern

Wie unter a) geschildert, braucht die Zuckerrübe von der Saat bis zur Ernte einen Zeitraum von rund 6 (5 bis 8) Monaten, der sich je nach den örtlichen natürlichen und auch ökonomischen Bedingungen der einzelnen Länder folgendermaßen in den Kalender einfügt:

In den Hauptanbaugebieten der kühlen gemäßigten Zone mit längeren winterlichen Perioden unter oder nahe dem Gefrierpunkt (Mitteleuropa, USA-Nordstaaten, Südchile) ist Frühjahrsaussaat zur Vermeidung von Schossern obligatorisch. Die Wasserversorgung der Hauptwachstumszeit ist in diesen Gebieten auf speicherfähigen Böden klimatisch weitgehend gesichert bzw. wird durch zeitweilige künstliche Bewässerung ergänzt. Die Ernte erfolgt im Spätsommer und Herbst vor dem Einsetzen periodischer (oder zumindest für die Arbeit und die Qualität ungünstiger) Winterniederschläge.

In der wärmeren gemäßigten bis zur subtropischen Zone (Mittelmeerraum, Kalifornien, Mittelchile, Uruguay) kommt Herbstaussaat vor, wo der kälteste Monat im Durchschnitt nicht unter 8° C liegt (STAUSS 1960). Die Herbstaussaat steht ertragsmäßig zum Teil im Wettstreit mit der Frühjahrssaat, da eine verlängerte Vegetationszeit erhöhte Gefahren für die Bestandesdichte mit sich bringt (Süditalien). Andererseits kann die Herbstrübe noch vor einer hochsommerlichen Trockenperiode reif werden und Zuckerverluste durch Veratmen vermeiden (Uruguay). Wo wie in Norditalien eine solche Trockenperiode nicht vermieden werden kann, haben sich bestimmte für die örtlichen Verhältnisse gezüchtete Sorten durch die klimatisch erzwungene Reife angepaßt und weisen im August hohen Zuckergehalt auf, während die Blattmasse stark zurückgeht. Sorten aus nördlichen Herkünften sind hier häufig ertrag- und zuckerreicher, reagieren aber auf im September einsetzende Regenfälle durch Neuaustreiben von Blatt auf Kosten der Zuckersubstanz.

Als möglicher Sonderfall sei noch Mittelchile genannt, wo schon im Spätsommer (Januar/Februar) eine gute Polarisation erreicht wird und dann eventuelle Verluste durch eine herbstliche Trockenheit auftreten, die jedoch im Spätherbst durch erneutes Wachstum wieder ausgeglichen werden können. Die Ernte ist dann, sofern es trocken genug ist und keine Schosser auftreten, den ganzen Winter über möglich (REYES und FRANCO 1951).

Im subtropischen Bereich liegt die Grenze zum Zuckerrohranbau (Kalifornien, Uruguay, Pakistan, Formosa); hier sind beide Kulturen miteinander konkurrenzfähig, während in den eigentlichen Tropen die Temperaturen für die Rübe zu hoch liegen. Eine unmittelbare Durchdringung beider Pflanzen ist in Formosa zu finden, wo die Rübe als Zwischenreihenkultur im jungen, langsam wachsenden Rohr gedeiht. Die Anbauzeiten sind in diesen milden Lagen variabler als in Mitteleuropa.

g) Qualitätsanforderungen

Der Begriff der Qualität bei der Zuckerrübe ist weitgehend identisch mit den Anforderungen an eine hohe und technologisch möglichst wenig behinderte Ausbeute. Die Qualität fußt auf Erbanlagen (Zuchtrichtung) und Umwelteinflüssen (Witterung, Nährstoffversorgung u.a. Standortbedingungen). Als unmittelbar feststellbare Maßstäbe für die Qualität gelten die vom Züchter oder von Instituten mit entsprechend eingerichteten Laboratorien meßbaren Werte vom:

1. Zuckergehalt (Gewichts-% Zucker bezogen auf Frischgewicht). Internationale Bezeichnung °S = Saccharose.

Methode: Der Rübenbrei feinster Konsistenz wird mit einer bestimmten Menge verdünnten Bleiessigs zur Fällung der trübenden Nichtzuckerstoffe versetzt; aus dem Filtrat wird im Polarimeter der Zuckergehalt (= Polarisation) abgelesen. — Diese konventionelle Bestimmung, fußend auf FRÜHLING (1932), weicht von der Feststellung der absoluten Zuckermenge ab, die z. B. nach der Müller-Fehlingschen Lösung gemacht wird und etwas höhere Werte liefert, aber nicht als Reihenuntersuchung geeignet ist.

2. Anteil an Melassebildnern, die einen Teil des gelösten Zuckers bei der fabrikatorischen Eindickung am Auskristallisieren hindern.

Die chemische Zusammensetzung der Nichtzuckerstoffe in der Melasse besteht nach BRUKNER (1955) überwiegend aus Salzen anorganischer Kationen, in denen K, Na und Ca im Verhältnis 16:3:1 vorhanden sind, und weiterhin aus Stickstoffverbindungen, unter denen vor allem Amino-N und Betain-N zu nennen sind.

Für die Serienmessung empfiehlt sich die Feststellung von

a) löslicher Asche (im Preßsaft der Zuckerrübe konduktometrisch bestimmt);
b) schädlichem Stickstoff (die NH_2-Gruppe der Aminosäuren im Polarisat bildet mit einer gepufferten Kupfernitratlösung eine Komplexverbindung, deren Farbvertiefung lichtkolorimetrisch gemessen wird) (STANĚK und PAVLAS 1934, HIRST und GREAVES 1944).

3. Gehalt bestimmter Kationen im Saft (flammenphotometrisch gemessen), vorzugsweise Na, dessen Menge sich offenbar gegenläufig zum Zuckergehalt verhält und vermutlich als physiologisches Sortenmerkmal und als Anhaltspunkt für den Reifegrad der Zuckerrüben dienen kann.

Als Richtzahl für den Zuckergehalt dient in Deutschland der auf Grund einiger schlechter Ernten im Jahre 1957 als Bezahlungsbasis eingeführte Wert von 15,5 °S.

Der Zuckergehalt bei der Ernte liegt in Mitteleuropa je nach Standortbedingungen und Sorte zwischen 14 und 19 °S. Die Weißzuckerausbeute der Fabriken bleibt hinter diesem Wert um rund 3 bis 4 °S zurück und betrug im Durchschnitt der Jahre (nach F. O. LICHT 1959) 1952 bis 1958 in

Belgien	14,91%	Jugoslawien	13,71%
Bulgarien	13,08%	Österreich	15,63%
Dänemark	15,54%	Polen	15,81%
Deutschland (Ost)	13,95%	Rumänien	10,28%
Deutschland (West)	14,54%	Rußland	14,24%
Finnland	11,88%	Schweden	15,01%
Frankreich	14,96%	Schweiz	15,41%
Großbritannien	14,50%	Spanien	14,31%
Holland	14,09%	Tschechoslowakei	14,75%
Irland	15,58%	Türkei	16,62%
Italien	13,79%	Ungarn	14,66%

Um den Ertrag und die Qualitätsmerkmale zusammenzufassen, bemüht man sich in mehreren Ländern seit Jahren um komplexe Bewertungsgrößen. So berücksichtigt der „technische Rohmaterialwert" (LÜDECKE 1958) außer den genannten Merkmalen der chemischen Qualität noch solche der morphologischen Qualität wie die von der Züchtung abhängige Kopfform und die Tiefe der Wurzelrinne und die überwiegend vom Standort hervorgerufene Beinigkeit. Da die Merkmale der chemischen Qualität in ihrer wirtschaftlichen Bedeutung bei weitem überwiegen, hat sich der Begriff des „Bereinigten Zuckerertrages" eingeführt, der nach der Originalformel (LÜDECKE 1954a und 1961b) oder nach prinzipiell ähnlichen Formeln berechnet wird:

$$\text{Theoretischer Zuckerertrag} = \frac{\text{Rübenertrag} \times \text{Zucker °S}}{100}$$

$$\text{Bereinigter Zuckerertrag} = \frac{\text{Rübenertrag} \times [\text{Zucker °S} - (\text{lösliche Asche \%} \times 5 + \text{schädlicher N \%} \times 25)]}{100}$$

Bereinigter Zuckerertrag nach DRACHOVSKÁ und ŠANDERA (1957) =

$$= \frac{\text{Rübenertrag} \times (\text{Zucker °S} - 1{,}2\ \text{°S} - \text{lösliche Asche \%} \times 4)}{100}$$

h) Düngungsmethoden

1. Erfahrungen mit verschiedenen Düngemitteln (Form und Menge)

Die *Form* der Düngemittel spielt für die Zuckerrübe keine besondere Rolle, da ihre lange Wachstumszeit vielfach zu einer Angleichung der Wirkungen zwischen den einzelnen Düngerformen führt. Doch haben in diesem Rahmen folgende Gesichtspunkte auch für die Zuckerrübe ihre Bedeutung:

Volldünger bedürfen der Ergänzung durch Einzeldünger, wo das N:P:K-Verhältnis (s. später) in der Düngung sonst nicht richtig getroffen wird oder die Nährstoffverhältnisse des Bodens eine besondere Zusammensetzung der Düngung verlangen. In den meisten Fällen wird die beabsichtigte Ergänzung zwischen Voll- und Einzeldüngern durch die aus zeitlichen Gründen sowieso geplante N-Kopfdüngung erreicht.

Eine spezifische überlegene Wirkung von Volldüngern im Vergleich zur reinen Einzeldüngung konnte in bisherigen Versuchen nicht festgestellt werden; möglicherweise haben die in den Volldüngern fehlenden „Ballast"-Stoffe wie Cl, Na, SO_4 oder auch SiO_2 eine düngende Wirkung für die Rübe, so daß physiologische Vorteile der Volldünger (ideale Vereinigung der Nährstoffe auf engstem Raum) dadurch aufgehoben werden (BUCHNER 1958).

Die Umsetzungsdauer und Löslichkeit von N und P in den meisten Volldüngern entspricht durchaus den Anforderungen der Rübenkultur an eine mehrere Monate fließende Nährstoffquelle (vgl. Düngungszeit).

Die Form der *Einzeldünger* ist besonders beim N seit Jahrzehnten erprobt worden, wobei einmal NH_4 und NO_3 einander gegenübergestellt wurden, und außerdem innerhalb der Salpeterformen $NaNO_3$ und $Ca(NO_3)_2$.

Prinzipielle Unterschiede im Sinne der Vorliebe der Pflanze für den einen oder anderen dieser Dünger konnten nicht gefunden werden; man hat versucht, örtliche Ergebnisse zugunsten einer Düngerform vom pH her zu erklären (SCHULZE und WIESSMANN 1930: Na^+ alkalischer als Ca^{++}). Unumstritten ist, daß $NaNO_3$ in größeren Mengen eine verschlämmende Wirkung auf schwere Böden hat, wogegen die Rübe beim Auflaufen und in der Jugendentwicklung empfindlich ist. — Wo Chilesalpeter besser als technischer Natronsalpeter gewirkt hat, liegt es nahe, den natürlichen Gehalt des Chilesalpeters an Mikronährstoffen oder Nebenstoffen (B, J) dafür verantwortlich zu machen.

Die Benutzung der nachhaltiger wirkenden N-Dünger im Rübenbau folgt vielfach örtlichen Standortbedingungen (Bodenart, Vorfrucht, pH) und wirtschaftlichen Gesichtspunkten, ohne daß man vom Pflanzenbaulichen her genötigt wäre, bestimmte Dünger für bestimmte Standortverhältnisse vorzuschreiben. Eine Untersuchung in Niedersachsen (BRÄUNINGER 1953) zeigt, daß $^1/_8$ des Gesamt-N zu Rüben in Form von Ammonsulfatsalpeter gegeben wurde, was auf eine genügende Aufkalkung vieler Rübenböden nach dem Kriege schließen läßt. Die größte Verwendung in diesem Gebiet findet nach wie vor Kalkammonsalpeter ($^1/_2$ des Gesamt-N). Zwischen beiden steht die Anwendung von Kalkstickstoff ($^1/_5$ des Gesamt-N), dem am ehesten unter allen N-Formen eine spezifische Wirkung auf die Zuckerrübe zugeschrieben werden kann, da er den Blattertrag senkt und den Trockensubstanz-Gehalt in der Rübe hebt, also zu einer dem Massenwuchs entgegengesetzten Konstitution führt (LÜDECKE und v. MÜLLER 1957, LALOUX 1957). Daneben ist seine unkrautbekämpfende Wirkung für den Rübenbau von besonderer Bedeutung, da eine durch starken Unkrautwuchs verzögerte Vereinzelung, besonders bei Verwendung von Monogermsamen, den Arbeitsaufwand sowie den Rübenertrag beeinträchtigt. Über die Verwendung von reinem Ammoniak zu Zuckerrüben liegen in Mitteleuropa noch kaum Ergebnisse vor. Aus Rußland berichtet PETER-BURGSKY (1960) über gute Erfolge mit flüssigem Ammoniak (82% N) und Ammoniak-Wasser (20% N). In USA ist die Untergrunddüngung mit Ammoniak schon länger bekannt und dient zur Verbesserung des C/N-Verhältnisses nach dem Einpflügen von Stroh (Reiseberichte des Institutes für Zuckerrübenforschung, Göttingen 1959).

Bei den P-Formen wurde zwischen zitrat- und zitronensäurelöslicher Phosphorsäure keine unterschiedliche Wirkung für den Rübenbau gefunden. In Sonderfällen kann der Mg- und Mn-Gehalt des Thomasphosphats günstig wirken. Superphosphat fördert nach Gefäß-Versuchen das Jugendwachstum der Rübe (GUTJAHR 1955); deshalb empfiehlt es sich, einen Teil der Gesamt-P-Gabe in wasserlöslicher Form zu geben (worauf die Zusammensetzung der P-Formen vieler Volldünger Rücksicht nimmt), eventuell direkt zur Saat (vgl. später P-Zeit und „Start-P"). Die alleinige Anwendung von Superphosphat ist wegen der Gefahr der Festlegung für den Rübenbau nur dort ratsam, wo der Bodenvorrat an P sehr hoch ist. —

Von den K-Formen wird das 40%ige Kali gelegentlich besser ausgenutzt als das 50%ige (HOFMANN 1959). AUDIDIER und GARADEAUX suchten schon 1950 eine Erklärung dafür in der Na-Wirkung: 40%iges Kali enthält doppelt so viel NaCl wie 50%iges Kali. Inwieweit die vielfach beobachtete günstige Wirkung von NaCl auf Rüben (TULLIN 1954) in eine spezifische Na- und eine davon abtrennbare Cl-Wirkung (BUCHNER 1951, ULRICH und OHKI 1956) aufgegliedert werden kann, ist noch nicht endgültig zu beantworten. — Nach Göttinger Gefäßversuchen mit besonders gereinigtem Quarzsand verdient Natrium die Bezeichnung „Nährstoff" nicht, da es ohne Ertragsminderung ausgelassen werden konnte. BEHRENS' (1956) Formulierung „Vegetationsfaktor" erscheint im ganzen treffender. — Im Feldversuch dagegen hat Na häufig eine positive Wirkung bewiesen (LILL et al. 1938, TRUOG et al. 1953, HERNANDO et al. 1959); die Ursache ist hier vielleicht bei Austauschvorgängen im Boden zu suchen, solange austauschbares Kali vorhanden ist. RATHJE (1961) sieht Na als osmotischen Energiespeicher an, der nachts die Atmungsenergie reduziert und dadurch die Zuckerveratmung einschränkt.

Unter den K-Formen ist abschließend das K_2SO_4 zu erwähnen, das nach FLORIAN und NIEMANN (1958) sowie nach HOFMANN (1959) deutlich gegen KCl abfiel. Das bedeutet jedoch nicht, daß die Rübe ohne das Sulfat-Ion auskäme; LATZKO (1954) wies dessen Wirkung auf die Fermentaktivität der Zuckerrübe nach. Für die Qualität der Rübe wäre am günstigsten, etwa $^1/_3$ des Kalis in Sulfat-Form zu verabreichen.

Trotz der hohen Ca-Aufnahme der Rübe spielt der Kalk wie bei anderen Pflanzen mehr die Rolle eines Boden- als eines Pflanzendüngers. CaO (gemahlen) trägt zur Erhaltung der Krümelstruktur bei und erleichtert so den Aufgang der Rüben, besonders dort, wo keine anderen krümelerhaltenden kalkhaltigen Dünger (wie Thomasphosphat oder Kalkstickstoff) gegeben sind. Auf leichteren Böden eignet sich für den Rübenbau besser feingemahlenes $CaCO_3$, da CaO dort leicht eine Ätzwirkung auf die Rüben ausüben kann.

$CaSO_4$ kann auf zu alkalischen Böden durch einen gewissen Säureschock unter Umständen den Aufgang verbessern, ist aber im ganzen nicht als Rübendünger anzusehen. Versuche mit Azotobakter-Kalk sind angelaufen.

Unter den Mg-Düngern kommen alle Formen für den Rübenbau in Frage: das Karbonat, das Oxyd und das Hydroxyd. Entscheidend für die Praxis wird in vielen Fällen der Lieferpreis sein, da nach zur Zeit vorliegenden Versuchen des Institutes für Zuckerrübenforschung Göttingen der Aufwand der Mg-Düngung auch dann nicht mit einem entsprechenden Ertragsanstieg oder einer Qualitätsverbesserung gedeckt wird, wenn deutliche Mangelsymptome durch die Mg-Düngung zum Verschwinden gebracht worden sind. Bei akutem Mangel zu vorgeschrittener Zeit kann man $MgSO_4$ in etwa 10%iger Lösung auf die Blätter spritzen, doch ist die Wirkung unsicher.

Als unentbehrlicher Mikronährstoff ist weiterhin das Bor zu nennen, mit dem die Herz- und Trockenfäule beseitigt werden kann (eine ernährungsbedingte Störung der normalen physiologischen Funktion des Pflanzenorganismus, vgl. LÜDECKE und WINNER 1959).

Zur vorbeugenden Anwendung genügt der Borax-Zusatz der damit angereicherten Handelsdünger. Bei unvorhergesehenem Auftreten der Herz- und Trockenfäule kann Borax als Kopfdünger die Schädigung noch weitgehend eindämmen.

Abschließend ist bei der Form der Handelsdünger auf die Granulierung im Gegensatz zur sogenannten Salzform hinzuweisen. Die arbeitstechnische Erleichterung kann nicht darüber hinwegtäuschen, daß die Granulierung in einzelnen Fällen eine verzögerte Nährstoffwirkung bei der Rübe bewirkt, wobei die Ursache einerseits im Einfluß der Sinterung auf die Löslichkeit liegen kann oder wahrscheinlicher mit der langsameren Auflösung des Korns im Boden zusammenhängt. So beobachtete LALOUX (1957) einen durch granulierte Düngung ebenso wie durch späte Kopfdüngung verursachten vermehrten Blattwuchs auf Kosten des Zuckergehaltes. Das Problem grenzt hiermit an die Fragen der Düngezeit und -placierung sowie an die Qualitätsbeeinflussung an.

Zur Form der organischen Düngung: Stallmist muß mäßig verrottet sein;

frischer, strohiger Mist kann zur Ertragsminderung und Beinigkeit führen (ROEMER 1927, S. 207).

Als Gründüngung kommen in erster Linie Leguminosen in Frage, doch nutzt die Rübe auch die bodenphysikalische Wirkung anderer Gründüngungspflanzen (z. B. *Brassica*-Arten), sofern keine Nematoden-Gefahr besteht.

Man wählt an Untersaaten für leichten Boden z. B. *Ornithopus sativus*, für schwere Böden *Trifolium*-Arten (*T. repens*, *T. hybridus*, *T. incarnatum*). Die Ansichten über die Eignung von *Trifolium pratense* sind geteilt. Auch *Melilotus albus* ist geeignet (CULBERTSON 1952, ROEMER 1927, S. 212).

Wo die Feuchtigkeit das Gelingen von Stoppelsaaten zuläßt, sind für leichten Boden *Lupinus luteus* oder *L. angustifolius*, für schweren Boden *Medicago lupulina*, *Pisum arvense*, *Vicia faba*, *V. sativa* oder ein Gemisch von diesen letzten zu empfehlen.

Bisweilen kann die Gründüngung aktiv in den Dienst der Bodengesundheit treten: WILLIAMS und RIRIE fanden 1957 in Kalifornien, daß *Vicia atropurpurea* nicht nur den Zuckerertrag steigerte, sondern auch die Fußkrankheit Rhizoctonia solani sowie die Nematoden Meloidogyne zurückdrängte, welche beide örtlich sehr lästig waren.

Für die *Menge* der anzuwendenden Dünger-Nährstoffe geben die Entzugszahlen des Abschnittes c) unter Berücksichtigung des Düngerbedürfnisses der Zuckerrübe einen Anhaltspunkt. Alle folgenden Werte gelten für stallmistfreie Düngung; wo Stallmist-Düngung beabsichtigt ist, sind die entsprechenden wirksamen Nährstoffmengen abzuziehen (vgl. S. 398). Unter besonderen Umständen, wie auf verarmten Böden oder zum Ausgleich von Nematodenschäden, kann Stallmist zusammen mit voller Handelsdüngung vorteilhaft sein (LÜDECKE 1937).

Beim Stickstoff ist die Anwendung steigender Mengen nach und nach möglich geworden, wie in der Einleitung erwähnt wurde.

Während nach SCHNEIDEWINDS Versuchen in Lauchstädt in den 20er Jahren 32 kg/ha N als $NaNO_3$ neben 400 dz/ha Stallmist (oder 64 kg/ha N ohne Stallmist) ausreichten, zeigten die Versuche von WIMMER und LÜDECKE (1937) in Bernburg bei ähnlichen Standortverhältnissen, daß man (bei gleichzeitiger Steigerung von P und K) auf 90 bis 130 kg/ha N neben 250 dz/ha Stallmist heraufgehen kann. Auch BERKNER (1940) empfahl für höchsten Rübenertrag in Schlesien 120 kg/ha N, während aus weiteren 40 kg/ha N nur der Blattwuchs vermehrten Nutzen zog. Ohne Stallmist konnte LÜDECKE (1938) die N-Gabe auch schon bis auf 180 kg/ha steigern (bei einem N:P:K-Verhältnis von 1:0,8:1,2), und in Trockengebieten war außerdem die Anwendung von 300 dz/ha Stallmist möglich (LÜDECKE und SAMMET 1941). Nach dem Zweiten Weltkrieg wurden die N-Steigerungsversuche in Westdeutschland fortgesetzt. Für leichteste Böden, die dem Rübenbau neu erschlossen wurden, bewährten sich verschieden hohe N-Mengen (Beregnung vorausgesetzt) bis zu 240 kg/ha (LÜDECKE und v. MÜLLER 1961).

Für schwere Böden dagegen ergab sich kein neues Bild. 1950 wurde der höchste Zuckerertrag bei einseitiger N-Steigerung in Niedersachsen und im Rheinland durch 120 kg/ha N erreicht. 1951 bis 1953 ergab sich trotz Volldüngungs-Steigerung in Niedersachsen der Optimalwert für 120 bis 160 kg/ha. Auch ROUSSEL (1953) fand in Belgien, daß oberhalb 120 kg/ha N der Zuckerertrag nicht mehr stieg.

Für das Ausmaß der P-Düngung kann die Entzugszahl nicht als Anhaltspunkt benutzt werden, da das Aneignungsvermögen der Rübe für Düngerphosphorsäure geringer als für N ist.

Wenn man sich an das genannte Dünger-Nährstoff-Verhältnis von N:P:K = = 1:0,8:1,2 hält, so entsprechen rund 100 kg/ha P_2O_5 einer Menge von 120 kg/ha N.

Ob 100 kg/ha P_2O_5 im Einzelfall richtig sind, wird man schwer unmittelbar am Bestand erkennen können; hier muß der Rübenbauer ebenso wie bei der N-Düngung seine örtliche Erfahrung einschalten. — GERICKE (1961) gibt für Gaben von 120 kg/ha P_2O_5 gegenüber 90 kg/ha noch eine 2%ige Zuckerertragssteigerung an.

Die anzuwendende K-Menge scheint bei der Zuckerrübe nicht unabhängig von der K-Form beurteilt werden zu können, weil, wie auf S. 393 ausgeführt, die NaCl-Wirkung Hand in Hand mit der KCl-Wirkung geht. So wirkte bei niedriger K-Gabe die Anwendung von Rohsalzen günstiger als die von hochprozentigem K (ENGELS 1934). Bei geringem Bodenkali-Vorrat ist die Düngerwirkung verständlicherweise größer: HOFMANN (1959) stellte sehr anschaulich heraus, wie das K-Aneignungsvermögen der Rübe mit der K-Gabe selbst wachsen kann; auf K-armem Niedermoor über Kalkschotter in Bayern wurden 1957 ohne K-Düngung 106 kg/ha K_2O entzogen; bei einer K-Düngung von 80 kg/ha betrug der Mehrentzug 124% der Düngergabe und bei 160 kg/ha Düngung ebenfalls noch 109% (Tab. 121).

Tabelle 121. *Die Wirkung der Kalidünge-Steigerung auf den Entzug*[1]

Düngung an K_2O	Rübenertrag dz/ha	Entzug[2] kg/ha K_2O	= mehr kg/ha	Ausnutzung der K-Düngung %
ohne K_2O	342	106	—	—
80 kg/ha	419	205	99	124
160 kg/ha	468	281	175	109

[1] Aus HOFMANN (1959).
[2] Durch die ganze Pflanze.

Eine Menge von 120 bis 160 kg/ha Kali erscheint nach allen einschlägigen Versuchen als eine für Normalfälle ausreichende Gabe. Auch höhere Mengen können ohne Nachteile für die Zuckerrübe angewandt werden, wenn es rentabel ist. Der K-Gehalt im Rübensaft wird dadurch nicht beeinflußt, wie es gelegentlich mißverstanden worden ist; obgleich das Kali in der Pflanze als Haupt-Melasse-Bildner auftritt, ist die Menge des angebotenen Kalis allein hierfür nicht verantwortlich, solange die Stickstoffversorgung eine gewisse Grenze nicht überschreitet.

Die Höhe der Ca-Gabe muß sich nach Vorfrucht und pH richten. Die alte Ansicht, daß die Rübe nur im neutralen und alkalischen Milieu gedeiht, hat der Auffassung Platz gemacht, daß sie lediglich zu den gegen Reaktionsstöße empfindlichen Pflanzen gehört. Sind Pufferstoffe (Humus, Phosphate) ausreichend vorhanden, so genügt es nach SCHEFFER (1955), zur Rübenkultur auf folgende pH-Werte aufzukalken:

Hochmoor	3,8—4,0
saurer leichter Mineralboden	5 —5,5
Lehm	6 —6,5
Ton	6,5—6,8

Für die Praxis heißt das, daß für leichte Böden 12 bis 15 dz/ha $CaCO_3$ als obere Grenze gelten und daß auf Lehm 8 bis 12 dz/ha CaO, auf Ton 12 bis 15 dz/ha CaO nicht überschritten werden sollen.

Überkalkungen drohen besonders dort, wo die Rübenbauer zur Abnahme von Scheideschlamm von der Zuckerfabrik (etwa 6% CaO und 19% $CaCO_3$) verpflichtet sind. Um das Auftreten von Herz- und Trockenfäule zu vermeiden (vgl. S. 394), sollten hier nur 180 bis 300 dz/ha alle 5 bis 6 Jahre auf denselben Schlag gebracht werden. Als vorbeugende Gabe zur Verhinderung von Krustenbildung auf schweren Böden genügen 2 bis 4 dz/ha CaO unmittelbar vor der Aussaat (LÜDECKE 1961 b).

Zur Mg-Menge: Obgleich der Mg-Entzug durch die Zuckerrübe ebenso hoch wie der P-Entzug ist, kann die Mg-Düngung wesentlich niedriger als die P-Düngung gehalten werden. Man richtet sich nach dem Mg-Gehalt des Bodens, wobei etwa unterhalb 5 bis 7 mg Magnesium je 100 g Boden (Bestimmung nach SCHACHTSCHABEL und ISERMEYER 1954) Mangelsymptome auftreten können, die eine vorbeugende Düngung mit 20 kg/ha MgO oder 60 bis 100 kg/ha $MgSO_4$ oder Verabreichung von Mg-haltigem Branntkalk erfordern.

Über die Menge des zu düngenden Natriums kann kein abschließendes Urteil gefällt werden. DECOUX und Mitarbeiter fanden 1941, daß eine NaCl-Düngung bis zu einem Gehalt von 360 kg/ha Na_2O günstig wirkte (vgl. S. 393), während in Form von Na_2CO_3 nur 120 kg/ha Na_2O anwendbar waren; höhere Mengen störten infolge der starken Alkalität die Entwicklung von Rübe und Blatt. Wichtiger als dieser Versuch mit einer Chemikalie ist die Überlegung, wieviel Na mit $NaNO_3$ und mit den verschiedenen Kalisalzen zugeführt wird. Nach Versuchen von LÜDECKE und WINNER (Veröffentlichung in Vorbereitung) hat die Rübe als halophile Pflanze eine außerordentlich hohe Toleranzgrenze für das Angebot an NaCl und zum Teil auch Na_2SO_4, ehe der Na-Spiegel im Pflanzensaft erhöht wird, dagegen nur eine niedrige gegen $NaNO_3$. — Auf eine bewußte Kochsalzdüngung kann verzichtet werden, da die Na-Zuführung mit dem Kali, auch dem 50%igen, außer dem Na-Vorrat im Boden in den meisten Fällen ausreicht.

Für die Höhe der Bor-Düngung sind ebenfalls schwer allgemeinverbindliche Richtlinien zu geben. Die Anwendung von Bor-Superphosphat oder einem ähnlich angereicherten Dünger wird in den meisten Fällen ausreichen. 1935 fand SCHARRER, daß Mangelerscheinungen (Herz- und Trockenfäule) in Schlesien durch 4 bis 10 kg/ha Borax behoben wurden, in Hessen erst durch 20 kg/ha. Bei mehr als 20 kg wurde die Polarisation gesenkt.

Die gleiche Menge empfehlen COOK und MILLAR (1940): 20 kg/ha Borax senkte in einem total kranken Bestand die Zahl der befallenen Pflanzen von 96% auf 11% und hob den Ertrag von 170 auf 350 dz/ha. — Innerhalb der Fruchtfolge düngt man Bor zweckmäßigerweise nur direkt zu Rüben, da es auf andere Pflanzen giftig wirken kann.

Mangan braucht auf von Natur nährstoffreichen Böden oder bei regelmäßiger Verwendung von Thomasphosphat nicht gesondert gedüngt zu werden. Wo Mangel auftritt, wie z. B. auf anmoorigen Böden, spritzt man 25 kg/ha $MnSO_4$ als 1,5%ige Lösung und wiederholt diese Maßnahme gegebenenfalls noch einmal (SIMON 1955).

Zur Menge der organischen Düngung: Die Auffassung über die Höhe der Stallmistgabe hat sich in den letzten Jahrzehnten gewandelt. RICHARDSEN (1935) berichtet vom Dauerdüngungsversuch in Dikopshof vor dem Ersten Weltkriege mit 400 dz/ha Stallmist. Damals galt der Stallmist als Hauptnährstofflieferant; mit dem Aufkommen der Großproduktion an Handelsdüngern beschied man sich mit 300 dz Stallmist, bei Tiefstalldünger auch mit 200 dz/ha Stallmist. In vierjährigen Lauchstädter Versuchen (SCHNEIDEWIND 1928) wurde mit 200 dz/ha Stallmist ein ebenso hoher Rüben- und Zuckerertrag wie mit 300 dz/ha erreicht. — Große, schlecht verteilte Mengen können zu Vertorfung und dadurch beinigen Rüben führen. Dagegen ist Kurzstrohmist, mit dem Stallmiststreuer gleichmäßig verteilt, dem Rübenbau dienlicher, wenn er in kleineren, in der Fruchtfolge häufigeren

Gaben angewandt und entsprechend durch Handelsdünger ergänzt wird (LÜDECKE 1961b, GERICKE 1961).

Bei Verwendung von 200 dz/ha eines gepflegten Stapelmistes sind etwa folgende Nährstoffmengen von der reinen Mineraldüngung abzuziehen (ROEMER-SCHEFFER 1959):

N	P_2O_5	K_2O
100 kg/ha	50 kg/ha	100—140 kg/ha

An Jauche gibt man zu Zuckerrüben 8000 bis 10000 l/ha, entsprechend einer N-Menge von 30 bis 60 kg/ha.

Für die Menge der Gründüngung sind nur schwer Richtlinien zu geben, da ihr Gedeihen von der Witterung abhängt. Wenn man die oberirdische Masse verfüttert, was für schwere Böden zu empfehlen ist, so genügt der nachfolgenden Rübe die Wirkung der Wurzelmasse mit den Knöllchenbakterien, für die man 15 bis 40 kg/ha verfügbaren N annehmen kann (LÜDECKE 1961b).

Abgefrorene oberirdische Gründüngungsmasse dagegen bleibt häufig zu sperrig, um nach dem Einpflügen schnell genug zu verrotten.

Die sogenannte Strohdüngung wirkte nach vierjährigen Versuchen (HENZE 1960) weder vor- noch nachteilig auf Rübenertrag und -qualität. Auf Grund der agrikulturchemischen Zusammenhänge wird vorgeschlagen, statt von Strohdüngung nur von Strohverwertung zu sprechen.

Wo Müll zur Düngung der Zuckerrüben zur Verfügung steht, richtet sich die Höhe der Gaben nach seinem Nährstoffgehalt, der von der Herkunft, Vorbehandlung und dem Alter abhängt.

Es kommen Mengen wie beim Stallmist, aber auch größere Mengen in Frage (LÜDECKE 1961b).

2. Zweckmäßige Düngungsweisen (Zeit und Placierung)

Die Frage der Düngungs*zeit* zu Zuckerrüben sollte weniger als alle anderen Punkte der Rübendüngung einseitigen Rezepten überantwortet werden, die in den verschiedensten Verhältnissen gewonnen worden sind und nur zu leicht am falschen Ort angewandt werden. Der Schlüssel zum Verständnis für die richtige Düngungszeit und -teilung liegt im Wissen um die Zeit der Haupt-Nährstoffaufnahme, die laut Abschn. b) etwa vom 60. bis zum 120. Wachstumstag verläuft; in dieser Zeit muß ein mengenmäßig der starken pflanzlichen Produktion der Zuckerrübe entsprechender stetiger Strom pflanzenaufnehmbarer Nährstoffe vorhanden sein. Wann diese Nährstoffe in den Boden zu bringen sind, richtet sich wie bei den anderen Kulturpflanzen nach der chemischen und biologischen Umsetzungsdauer, nach der Löslichkeit bzw. der Festlegung, kurz: nach den Standortbedingungen und dem Düngemittel unabhängig von der Fruchtart. So haben sich für die Zuckerrübe folgende Gewohnheiten für die Düngungszeit und -teilung herausgebildet:

Die mineralische Düngung im *Herbst*, die aus arbeitswirtschaftlichen Gründen und zur Schonung der Krumenstruktur im Frühjahr bzw. zur Vermeidung von Konzentrationsschäden immer mehr Verbreitung findet, ist vom Nährstoffhaushalt her gesehen noch umstritten. GLIEMEROTHS (1959) neueste Untersuchungen zeigen wohl, daß die Gefahr der N-Auswaschung während des Winters im Löß, d. h. in den typischen Rübenböden vielfach überschätzt wird, weil NH_4^+ sorbiert und erst nach einer bestimmten Bodenerwärmung nitrifiziert und damit auswaschbar gemacht wird. Auch verschiedene andere Versuche in Westdeutschland zeigten sogar in den im ganzen feuchten Jahren 1954 bis 1956 eine geringe Überlegenheit der Herbst-

PK-Düngung (hinsichtlich Rübenertrag wie auch bereinigtem Zuckerertrag), während die Herbst-Kalkstickstoffdüngung, abgesehen von der Wirkung auf das Unkraut, der Frühjahrs-Kalkstickstoffdüngung noch gleichwertig war (Lüdecke und v. Müller 1957).

Will man das Risiko der N- und K-Auswaschung auf alle Fälle jedoch vermeiden, sollten die meisten Rübenschläge, auch auf wenig zur Auswaschung neigenden Böden, erst im *Frühjahr* gedüngt werden, wobei die Dünger einzuarbeiten oder einige Wochen vor der Aussaat auszustreuen sind. Besonders der Kalkstickstoff muß zur Vermeidung von Auflaufschäden 2 bis 3 Wochen vor der Saat gegeben werden.

Sorptionsfähige Böden erlauben es, die ganze Mineraldüngergabe vor der Saat zu verabfolgen, ohne daß die Rüben an Ertrag einbüßen. Aus arbeitswirtschaftlichen Gründen hat sich diese Methode in letzter Zeit ausgebreitet. Schwerste, im Umsatz träge Böden verlangen sogar die Gesamtdüngung vor der Saat (Oderbruch, nach Winkler 1937). Häufiger findet sich jedoch das für mittelschwere Böden gleichwertige Verfahren, etwa $^1/_3$ der N-Gabe als Salpeter nach dem Vereinzeln auf den Kopf der Rüben zu streuen (Winkler 1937). Diese Maßnahme hat keine ungünstige Wirkung, wenn die Kopfdüngung wirklich bald nach dem Vereinzeln erfolgt. Erst eine in den 3. oder sogar 4. Wachstumsmonat hinein verschobene Kopfdüngung verzögert auf schweren Böden die Reife und kommt nur dem Krautertrag zugute (Roemer 1927, Laloux 1957).

Die sich in der Praxis zunehmend einbürgernde Verwendung von Volldüngern zur Kopfdüngung ist für schwere Böden nicht zu empfehlen, da die NH_4^+-Komponente im N sowie der nicht wasserlösliche Anteil im P dann für die Rübe zu spät kommen. Laloux (1957) empfiehlt sogar allgemein, granulierte Dünger nicht mehr nach der Saat zu verwenden.

Je leichter der Boden ist, desto besser lohnt die Rübenkultur eine mehrfach und bis in den 4. Wachstumsmonat hinein unterteilte N-Kopfdüngergabe (Lüdecke 1961b). Schendel (1952) gab in Dahlem noch im August mit Erfolg 50 kg/ha $Ca(NO_3)_2$. Zur Zeit noch laufende Versuche auf leichten Böden in Niedersachsen bestätigen dies.

Zur P-Düngezeit: Die nicht-wasserlösliche Hauptmenge der Phosphate kann schon vor der Herbstfurche verabfolgt werden, was den Vorteil einer tieferen Einbringung und gleichmäßigen Verteilung hat (Ferrari et al. 1958) und nach dem Gesetz der Anlockung der Pflanzenwurzel durch die Nährstoffe zu einer verbesserten Rübenform führt. Im Falle der Herbstdüngung sollte man etwa $^1/_4$ der Gesamt-P-Menge in wasserlöslicher Form bis zur Aussaat aufheben (als sogenannte Start-Phosphorsäure), wodurch die Jugendentwicklung in vielen Fällen nachhaltig gefördert wird (Lüdecke 1961b). P-Kopfdüngung ist nur in Sonderfällen nötig, z. B. nach flächenhafter Wasser-Erosion, da die Rüben dann die vorher weitgehend in der Oberkrume angereicherten P-Mengen vermissen.

Zur Kali-Düngezeit: Vom Standpunkt der Pflanzenernährung aus stellt die Rübe keine besonderen Ansprüche an eine bestimmte K-Düngezeit; lediglich bei sehr hohen Düngergaben zu kurz vor der Saat muß man mit Auflauferschwernis durch Verschlämmung oder auch durch Überkonzentrierung der Bodenlösung rechnen. — Wenn die Herbst-K-Düngung, die nach Roemers Versuchen (Roemer 1927, S. 230) etwas höhere Erträge brachte, nicht möglich ist, so genügt die Frühjahrsdüngung 3 bis 4 Wochen vor der Saat. Aber auch Kopfdüngung mit einem Teil der K-Gabe ist möglich (Roemer 1927, S. 231); der eventuell zu spät kommende Anteil des Kalis übt keine nachteilige Wirkung auf die Reifung aus.

Innerhalb der Ca-Düngung empfiehlt es sich, CaO im Herbst vor der Tieffurche auszubringen, um eine gute Verteilung im Rübenacker zu erreichen und um (besonders auf leichten Böden) spätere Schäden an den Rüben zu vermeiden (LÜDECKE 1961b). $CaCO_3$ kann auch im Frühjahr gleichzeitig mit der ersten Bodenbearbeitung angewendet werden. Scheideschlamm darf nur im Winter auf den Acker gebracht werden, wo er sofort zu verteilen ist (ROEMER 1927, S. 233).

Um Krustenbildung während des Auflaufens der Rüben zu vermeiden, besonders bei Monogermsamen, kann eine geringe Gabe CaO zur Saat vorteilhaft sein (vgl. S. 394).

Die Mg-Düngung erfolgt gleichzeitig mit der Ca-Düngung je nachdem, ob es sich um MgO oder $MgCO_3$ handelt. $MgSO_4$ kann auf den Bestand gespritzt werden (40 bis 80 kg/ha in 600 l Wasser), sobald gegen Mitte der Vegetationsperiode Mangelsymptome auftreten.

Stallmist zu Rüben soll grundsätzlich möglichst früh ausgebracht werden, auf keinen Fall nach dem 1. Januar (ROEMER 1927, S. 203), da sonst mit Reifeverzögerungen gerechnet werden kann. Wichtig ist auch, den Mist nicht in Haufen liegen zu lassen, damit es keine Geilstellen gibt. Wenn der Acker verschlämmen sollte und keine Frostgare zu erwarten ist, kann Frühjahrs-Unterbringung des Mistes gelegentlich zu bevorzugen sein. GERICKE (1961) ist der Ansicht, daß man bei Frühjahrsverwendung des Stallmistes etwa $^1/_3$ der Menge sparen kann, weil der Nährstoffverlust während des Winters sehr groß ist.

Jauche gibt man am besten 4 bis 6 Wochen vor der Saat (LÜDECKE 1961b). Eventuell kann noch eine zweite Gabe nach dem Vereinzeln mittels Jauchedrill folgen, nicht aber schon sofort nach dem Auflaufen (ROEMER 1927, S. 209).

Gründüngung sollte auf schweren Böden vor dem Winter untergepflügt werden. SCHNEIDEWIND (1928) erntete durch im Herbst untergebrachtes Erbsen-Bohnen-Wicken-Gemenge in Lauchstädt 20 dz/ha mehr Rüben bei gleicher Polarisation (im Vergleich zu im Frühjahr eingepflügter Gründüngung).

Gleichzeitige Fragen der Düngungs*zeit* und *-placierung* werden durch die sogenannte Blatt- oder Naßkopfdüngung angeschnitten, die in Rußland und Ungarn teilweise Erfolge gebracht hat. Es handelt sich um etwa 5%ige Salzlösungen von 1 oder mehreren Hauptnährstoffen, die in einer Wassermenge von 400 bis 500 l/ha im Sommer oder noch kurz vor der Ernte auf das Blatt gespritzt werden. Auch derartige Düngungen mit B, Cu, Li und Co haben im Altai den Zuckerertrag gesteigert (SNYTKO 1956). — Für Mitteleuropa sieht BUCHNER (1957) die technische Durchführbarkeit solcher aufwendigen Düngungsmaßnahmen nur z. B. in einer Beimengung von Harnstoff zu sowieso nötigen Pflanzenschutzspritzungen. — SELKE (1955) prüfte die Möglichkeiten der Naßkopfdüngung für Mitteldeutschland und fand lediglich den Blattertrag leicht erhöht.

Zuletzt sei auf die *Placierung* des Düngers im Rübenbau eingegangen, soweit sie die Frage berührt, ob breitwürfige Ausbringung hinter Reihendüngung zurücksteht und ob oberflächliches Einarbeiten weniger wirksam als tiefes Einbringen ist.

Mit Reihendüngung sind zahlreiche Versuche (F. JUNG 1957) angestellt worden, da der Gedanke nahelag, bei einer Kultur mit relativ großem Reihenabstand wie der Rübe durch gezielte Düngung einen Erfolg zu erringen. Besonders in den USA hat sich die Reihendüngung in Verbindung mit Bewässerung in der Praxis durchgesetzt und bringt nicht nur eine Arbeits-, sondern auch eine Düngerersparnis mit sich.

Da das Ausbringen des Düngers während der Saat durch das gleiche Drillschar zu Keimschäden führte (LEWIS 1941), ging man zur Doppelreihendüngung beiderseits der Drillschare über (4 bis 6 cm Abstand) und verfeinerte diese Placierung noch durch das Einbringen in eine Tiefe von 5 bis 10, gelegentlich bis zu 15 cm (COOKE 1951, HADDOCK 1952 u. a., s. bei v. TIEDEMANN 1955). Die Ergebnisse sind ziemlich eindeutig; Reihendüngung hatte Erfolg

a) bei nicht zu großer Trockenheit (COOKE 1951),

b) bei Anwendung niedriger Nährstoffgaben (z. B. 60 kg/ha N) (BUCHER und MÜNICH 1950, BUCHER 1956),

c) auf P-armen Böden mit Superphosphat (v. TIEDEMANN 1955, BUCHER 1956, SELKE und ORTLEPP 1958).

Die Wirkung erstreckte sich auf Aufgangsbeschleunigung und Jugendentwicklung sowie Ertrag (COOKE 1951, v. BOGUSLAWSKI und JUNG 1957). v. TIEDEMANN fand, daß der Ertrag nur durch Reihendüngung mit feinkörnigem Superphosphat gehoben wurde, nicht aber mit granuliertem, und daß er durch Reihendüngung mit Rhenania- und Thomasphosphat gesenkt wurde.

Besondere Beobachtungen machte BUCHER (1952) an Reihenkopfdüngung mit NP. Trotz hoher N-Gabe blieb der Blattanteil gering im Vergleich zu gleichhoher breitwürfiger Düngung. Auch der Anteil an schädlichem Stickstoff war unter Reihendüngung geringer. Auch v. BOGUSLAWSKI und BRETSCHNEIDER-HERRMANN folgern 1959, daß eine vom Breitwerfen abweichende Placierung in erster Linie auf den Blattertrag wirkt, den Rübenertrag auf gepflegten Böden jedoch nicht beeinflußt. — Im ganzen ist Reihendüngung dort angebracht, wo nährstoffarme Böden vorhanden sind bzw. extensiv gearbeitet wird, jedoch ist sie auf hoch intensiven europäischen Betrieben nicht erfolgversprechend.

Die Tiefendüngung ist in gewisser Hinsicht mit der tiefen Reihendüngung verwandt. REINHARDT (1954) stellt heraus, daß 1952 ein norddeutscher, im Untergrund P-armer Sandboden das Unterpflügen von Thomasphosphat mit 30 dz/ha Mehrertrag lohnte. LEWIS (1941) und HÖPNER (1953) fanden eine günstige Wirkung der Tiefendüngung mit PK, zum Teil auch mit N und eine Einschränkung der Beinigkeit, was LÜDECKE (1961 b) bestätigt. RID und SÜSS (1960) berichten über laufende Versuche mit dem Einarbeiten des Düngers durch verschiedene Geräte, wobei Fräse und Egge auf dem Wege über eine gleichmäßige Verteilung des Düngers in der ganzen Oberkrume Ertragssteigerungen erreichen ließen, während dies mit den Nester bildenden Grubbern (alle Formen) nicht möglich war. KLAPP (1955) konnte eine angedeutete Mehrleistung der Tiefendüngung feststellen, die nur bei Verwendung geringer Nährstoffmengen deutlicher wurde (vgl. oben unter b). Andererseits bedingt die Anwendung hoher Nährstoffmengen das tiefere Einarbeiten, um Auflaufschäden zu vermeiden (LÜDECKE und WINNER, Veröffentlichung in Vorbereitung). Das gleiche gilt für CaO (ROEMER 1927, S. 233).

Was die Unterbringungstiefe des Stallmistes zu Rüben angeht, so rät ROEMER (1927, S. 207) auf bindigen Böden 20 cm nicht zu überschreiten, während auf Böden mit guter Luftführung auch größere Tiefen zweckmäßig sein können. Wo daher aus ackerbaulichen Gründen eine besonders tiefe Furche vorgesehen ist, muß der Stallmist durch einen eigenen mitteltiefen Arbeitsgang eingebracht oder schon zur Vorfrucht gegeben werden.

i) Düngung und Ertrag

Die zum Erreichen eines optimalen Ertrages nötigen Düngermengen sind schon im vorhergehenden Kapitel unter „Menge" besprochen worden. An dieser Stelle ist noch auf die Ertragsrichtung hinzuweisen, da die Rübe eine Pflanze mit doppelter Nutzungsrichtung ist, die sich mit der Düngung beeinflussen läßt. Rationell ausgeglichene Düngung kommt bei normalem Wetter dem Rüben- und Zuckerertrag zugute. Überschüssige Feuchtigkeit sowie überreichlicher oder zu spät kommender N fördert unverhältnismäßig stark das Blattwachstum, wobei nicht immer der Blatt-Trockensubstanz-Ertrag gehoben wird, sondern ein wasserhaltiges, schwammiges Gewebe ausgebildet wird, das mit seinem Turgor und seiner Wuchshöhe einen Bestand von kapitalem Wert vortäuscht und daher immer wieder in der Praxis Gefallen findet. Im Interesse der kriegsbedingten Futterknappheit stellte SILLER 1940 fest, daß der Blatt-Eiweißertrag durch N-Steigerung von 100 auf 200 kg/ha um 35% steigt. Innerhalb der N-Formen wirkt Salpeter stärker blattbildend als Ammonium-N. Bei $NaNO_3$ kann außer dem Salpeter auch das Na auf den Blattwuchs wirken (WINKLER 1937, v. GINNEKEN und BRUINSMA 1938).

Innerhalb der Beziehungen zwischen Düngung und Ertrag müssen noch die *Mangelsymptome* erwähnt werden, die bei unzureichender Nährstoffversorgung als erstes Warnzeichen der Ertragsgefährdung dienen können und die bei der Rübe, wie in der Einleitung erwähnt, in beispielhafter Weise studiert worden sind, so daß ihnen an dieser Stelle Raum zuzubilligen ist, auch wenn nicht alle der nachstehenden Mangelsymptome im Feldbestand zu finden sind.

Mangel an:	Symptome: (LÜDECKE 1961b und LÜDECKE und WINNER 1959)
N	Zurückbleibendes Wachstum; Blätter zart, dünn und aufgehellt, ohne sich zu wellen; vorzeitiges Absterben der Blätter. Auftreten im Bestand großflächig, nicht in kleinen Nestern.
P	Verzögertes Jugendwachstum. Blätter dunkelgrün bis olivgrün, Blattstiele und Blattränder bei jungen Pflanzen dunkelrot. Bei nachhaltigem Mangel auf den Blättern unregelmäßige dunkle nekrotische Flecke mit nachfolgendem Absterben der Blätter. Blattrosette behält im Bestand einen geringen Durchmesser.
K	Zunächst üppiges Wachstum (relativer N-Überschuß). Später Aufhellungen zwischen den Blattadern, die in Braun übergehen. Braune, vielfach schwarzgestrichelte Blattstiele. Gegen Ende der Wachstumsperiode lanzettliche Verformung der Blätter und Kräuseln der Blattränder. Bei starkem Mangel verfault der Rübenkörper, jedoch lebt der Vegetationskegel noch lange und bildet neue Herzblätter, während er bei Herz- und Trockenfäule zuerst abstirbt.
Ca	Blattspitzen nach außen kappenähnlich verbogen. Bei stärkerem Mangel Reduzierung der Herzblattspreiten.
Mg	Vergilben der Blattspreiten zwischen den Adern. Blätter werden spröde und knacken beim Zusammenpressen. Bisweilen schwer von Gelbsucht (Yellow-Virus) zu unterscheiden.
B	Wenn die Hauptblattmasse entwickelt ist (Juli), bleiben die Herzblätter klein und sterben unter Schwarzfärbung ab. Am oberen Teil des Rübenkörpers allmähliches Eintreten von Trockenfäule.
Fe	Starke Chlorosen auf den Blättern bei grünbleibenden Blattadern.
Mn	Kleine helle Flecke zwischen den Blattadern. Bei stärkerem Mangel rollen die Blätter nach innen ein.
Cu	Marmorierung der Blätter von der Blattspitze her.
S	Aufhellung und Verdickung der Blätter (nur in Gefäßversuchen darstellbar).

k) Düngung und Qualität

Die Qualitätsfrage ist das Kernstück der ganzen Rübendüngung, weil mit ihr die Rentabilität des Fabrikrübenbaus auf lange Sicht steht und fällt. Deshalb ist im Text an verschiedenen Stellen auf die qualitätsbeeinflussende Wirkung einzelner Düngungsmaßnahmen hingewiesen worden. An dieser Stelle soll noch einmal kurz alles zusammengefaßt werden, was auf S. 391 unter Qualität definiert ist, um gleichzeitig durch charakteristische Versuchsergebnisse auf die Vielschichtigkeit dieser Fragen hinzuweisen.

1. Die Polarisation als Vorbedingung für hohen Zuckerertrag und gute Ausbeutefähigkeit wird durch K und besonders P gefördert, durch überschüssigen und zu spät kommenden N gesenkt.

2. Unter den Melassebildnern wird die lösliche Asche durch überschüssigen N erhöht. Der schädliche Stickstoff wird ebenfalls durch N-Disharmonie vermehrt, wobei Zusammenhänge mit dem Wasserhaushalt bestehen (Trockenheit kann den Gehalt an schädlichem N erhöhen). Verringert wurde der schädliche N in einem Versuch von ULRICH (1917) durch Mangan-Superoxyd, nach COOK und MILLAR (1940) durch Borax-Düngung.

3. Die Reife, anders ausgedrückt die chemisch-technologische Verarbeitungswürdigkeit, abschätzbar am Na-Gehalt der Rübe, manifestiert sich in der Fabrik in der Saftreinheit. SPENGLER et al. (1938) fanden, daß K_2SO_4-Düngung die Saftqualität günstig beeinflußt. Unreine Säfte erhält man durch $NaNO_3$ in der Rübe („Salpeterrüben") sowie nach LILL et al. (1938) durch NaCl-Düngung, obgleich hier der theoretische Zuckerertrag gehoben wurde. — Eng grenzt der Begriff der Verarbeitbarkeit daran: N-Überschuß führt zu schwammigen Rüben, die sich schlecht schnitzeln lassen, während P festes Gewebe schafft (RAUTERBERG 1936).

4. Aus Polarisation, Verarbeitbarkeit *und* Ertrag resultiert letztlich die Menge des Zuckers im Sack. Hinsichtlich des bereinigten Zuckerertrages (Berechnung auf S. 392) als dem besten Maßstab für die Verbindung von Ertrag und Ausbeutefähigkeit gilt im Prinzip eine ähnliche Düngung, wie man sie zur Erhöhung des Zuckerertrages unter *Vermeidung* einer Polarisationssenkung vornehmen muß. Es liegt in der Natur der Dinge, daß hier die Gegensätze scharf aufeinanderstoßen, je nachdem ob man mit der Düngung mehr auf der Ertrags- oder auf der Qualitätsseite einwirken will. So bleibt die zweckmäßigste Rübendüngung eigentlich immer ein Kompromiß, oder, anders ausgedrückt, besteht sie in der Kunst, den größeren Fehler zu vermeiden, indem man den kleineren begeht.

5. Dem Qualitätsbegriff angliedern lassen sich noch Details wie Lagerfähigkeit und Futterwert des Krautes. LARMER (1937) maß den prozentualen Verfall am Gewebe von Rüben, die 170 Tage im Keller lagerten:

Mineraldüngung	Verfall in % mit Stallmist	ohne Stallmist
Superphosphat	6	7
Volldüngung 4/12/4	4	14
K_2SO_4	10	15
$(NH_4)_2SO_4$	1	8
ohne Handelsdüngung	12	28

Demnach wurde die Lagerfähigkeit durch die ergänzende organische Düngung zum Teil um mehr als das Doppelte erhöht.

SCHARRER und JUNG (1953) untersuchten den Einfluß der pflanzlichen Ernährung auf die Oxalsäure im Rübenblatt. Bemerkenswert ist, daß innerhalb der N-Düngung kein Unterschied zwischen NH_4 und NO_3 entstand, wohl aber durch technisches $NaNO_3$ im Gegensatz zu Chilesalpeter. Die Untersuchung stellt nicht die Gesamthöhe der Oxalsäure, sondern die freie Menge im Gegensatz zu der an Ca gebundenen heraus.

Untersuchungen von LÜDECKE und FEYERABEND (1956) und von GRÜTZ (1956) zeigten, daß durch steigende Volldüngung bzw. steigende P-Düngung der Oxalsäuregehalt im Blatt abnimmt.

Zusammenfassend ist herauszustellen, daß der Einfluß der Düngung auf die Qualität der Rübe unter Umständen größer sein kann als gleichsinnige Maßnahmen durch Sortenwahl (LÜDECKE 1959, LÜDECKE und v. MÜLLER 1961). Der Qualitätsbegriff unterliegt jedoch Wandlungen; so nimmt heute der Wert der

Melasse durch Verarbeitung auf Alkohol zu und bildet ein gewisses Gegengewicht zum Streben nach höchstmöglicher Weißzuckerausbeute.

Am Schluß der Darlegung zeigt sich, daß jede der drei Methoden, die HOMÈS (1955) für die verschiedenen Arten der Rübendüngungs-Versuche herausgefunden hat, ihren Anteil an bestimmter Stelle liefert:

1. Direkte experimentelle Methoden, z. B. der Feldertrags-Versuch;
2. Symptomatische Methoden: Beobachtungen von Mangelerscheinungen und Überschuß;
3. Analytische Methoden (Untersuchungen der chemischen Bestandteile der Pflanze).

Der wirtschaftliche Nachdruck liegt bei der ersten Art der Versuche, doch ihr Ansatz wird oft nicht möglich sein ohne die zweite, und die wissenschaftliche Aufklärung erfolgt durch die dritte. So hat auch die Rübendüngung dazu beigetragen, eine Brücke zwischen Theorie und Praxis zu schlagen.

Literatur

ALTEN, F.: Gedanken zur Frühjahrsdüngung unserer Hackfrüchte. Kali-Briefe, Fachgeb. 8 (1), (1954). — AUDIDIER, L., und J. GARAUDEAUX: Les sels bruts de potasse dans la fumure de la betterave. Potasse **24**, 182–85 (1950).

BAKAI, I. M.: Einige Fragen über Anbau und Düngung der Zuckerrüben auf den bewässerten Böden im Kuibyschew-Gebiet (russ.). Ref. Landw. Zbl. **3**, 550 (1958). — BARBIER, G., und P. BOISCHOT: Cinq années d'expérience sur la fumure à la paille en relation avec la culture de la betterave. Publ. Inst. Techn. Franc. Bett. Indust. Dez. 1953. — BARBIER, G., L. DURGEAT und J. CHABANNES: Expérience sur la fumure de la betterave sucrière: 1, Fumure organique, 2, Épandage précoce d'azote, 3, Enquête sur le bore. Publ. Inst. Techn. Franc. Bett. Indust. 1955, S. 5–13. — BEHRENS, W. U.: Das Natrium als Vegetationsfaktor. Landw. Forsch., Sonderheft 7, 94 (1956). — BERKNER, F.: Der Einfluß steigender Stickstoff- und Kaligaben auf Menge und Güte des Wurzel- und Blattertrages und das Rüben-Blattverhältnis, dargestellt an einem kombinierten Stickstoff-Kali-Düngeversuch. Z. Zuckerrübenbau **22**, 49–56 (1940). — BJÖRLING, K.: Yellowing in beets caused by magnesium deficiency. Socker Handlingar II, **8**, 147–156 (1954). — BOAWN, L., F. G. VIETS, C. L. CRAWFORD und J. L. NELSON: Effect of nitrogen carrier, nitrogen rate, zinc rate, and soil pH on zinc uptake by sorghum, potatoes, and sugar beets. Soil Sci. **90**, 329–37 (1960); Ref. Z. Pflanzenernähr., Düng., Bodenkde. **2/3**, 220 (1961). — BOGUSLAWSKI, E. v., und B. BRETSCHNEIDER-HERRMANN: Feldversuche über zeitliche Verteilung und Placierung der Düngung bei Zuckerrüben. Zucker **22**, 527 (1959) und **23**, 565 (1959). — BOGUSLAWSKI, E. v., und F. JUNG: Versuche mit Reihen- und Kontaktdüngung zu Rüben und Getreide. Landw. Forsch., Sonderheft 10, 56–73 (1957). — BOGUSLAWSKI, E. v., N. ATANASIU und R. ZAMANI: Nährstoffaufnahme und Nährstoffverhältnis im Laufe der Vegetation bei Zuckerrüben. Zucker **14**, 398–404 (1961). — BOYD, D. A.: Sugar beet manuring. A re-examination of the experimental data. Sugar Beet Rev. **25**, 19–22 (1956). — BRÄUNINGER, D.: Steht die N-Düngung zu Zuckerrüben in Höhe und Art der Anwendung in den Hauptanbaugebieten Niedersachsens im Einklang mit den Ergebnissen der Forschung und des Versuchswesens? Referendar-Arbeit beim Landwirtschaftsministerium Hannover, 1953, unveröffentlicht. — BROUWER, W.: Die Feldberegnung. Frankfurt a. M.: DLG-Verlag. 1959. — BROUWER, W., und K. H. MARTIN: Ein Beitrag zur Frage Beregnung und Düngung. Z. Acker- u. Pflanzenbau **101**, 92–94 (1956). — BRUKNER, B.: Melasse. Technologie des Zuckers, S. 501–536. Hannover: Schaper. 1955. — BRUMMER, V.: Effect of fertilization on the yield of sugar beet. Acta agralia Fennica **94**, 13 (1959). — BUCHER, R.: Beitrag zur Reihendüngung von Zuckerrüben. Z. Zucker **5**, 175–179 (1952). — Ergebnisse von Reihendüngungsversuchen im Zuckerrübenbau. Mitt. DLG **71**, 385–387 (1956). — BUCHER, R., und M. MÜNICH: Ist reihenweise Stickstoff-Kopfdüngung im Zuckerrübenbau erfolgversprechend? Z. Zucker **3**, 114–115 (1950). — BUCHNER, A.: Zur Wirkung von Natrium und Chlor bei der Rübendüngung. Z. Acker- u. Pflanzenbau **93**, 523–528 (1951). — Möglichkeiten und Grenzen der Blattdüngung mit Stickstoff. Mitt. DLG **72**, 439–441 (1957). — Der Stand des Chlorid-Sulfatproblems. Rhein. Mschr. Gemüse-, Obst- u. Gartenbau **48**, 91 (1958).

CHÉLARD, G.: Die Phosphorsäuredüngung der Rüben. Phosphorsäure **10**, 81–92 (1941). — COOK, J. F.: Fertilizers for sugar beets. Mich. St. Univ. Agric. Appl. Sci., Agr. Exper. Stat., Quart. Bull. **39**, 524–535 (1957); Ref. Landw. Zbl. 1632 (1957). — COOK, R. L., und C. E. MILLAR: The effect of borax on the yield, appearance and mineral composition of spinach and sugar beets. Soil Sci. Soc. Amer. Proc. **5**, 227–234 (1940). — COOKE, G. W.: How to apply fertilizers for sugar beet. Brit. Sug. Beet Rev. **20**, 65 (1951). — Placement of fertilizers for sugar beet. J. Agric. Sci. **41**, 179–186 (1951); Ref. Z. Pflanzenernähr., Düng., Bodenkde. **60**, 101 (1953). — CULBERTSON, I. O.: Sugar beet culture in Minnesota. Ref. Z. Pflanzenernähr., Düng., Bodenkde. **59**, 190 (1952). — CURTH, P.: Temperatur und Licht als blühinduzierende Faktoren bei der Zuckerrübe, 1. u. 2. Mitt. Züchter **25**, 1–4, 176–181 (1955). — CZERATZKI, W.: Bodenphysikalische Probleme des Bodenwasser-Haushaltes und der Feldberegnung. Landbauforschung Völkenrode **8**, 85–89 (1958).

DAVIS, J. F., W. B. SUNDQUIST und M. G. FRAKES: The effect of fertilizers on sugar beets including an economic optima study of the response. J. Amer. Soc. Sugar Beet Technologists **10**, 424 (1959); Ref. Landwirtsch. Zbl. **1960**, 2126. — DECOUX, L., I. VANDERWAEREN und M. SIMON: Die Wirkung steigender Natrongaben in Form von NaCl und Na_2CO_3 auf die Entwicklung der Zuckerrübe. Publ. Inst. Belg. Amél. Betterave **9**, 271–279 (1941). — DEMORTIER, G., M. BONUS und A. RIGA: Influence de la chaux et des amendements calcaires sur le développement de la betterave sucrière au cours des premières semaines de sa croissance. Publ. I.B.A.B. **18**, 43–56 (1950). — DEXHEIMER, W.: Ein Beitrag zur Frage Düngung und Beregnung von Zuckerrüben. Untersuchungen über die Auswirkung der Feldberegnung und verschieden gestaffelter Düngergaben auf Ertrag und Qualität. Diss. Stuttgart-Hohenheim, 1960. — DIJKEMA, L. R.: Enkele opmerkingen over de stikstofbemesting op suikerbieten in de Wieringermeer. Landbouwvoorlichting **15**, 641–48 (1958); Ref. Landwirtsch. Zbl. **1959**, 2548. — DÖRING, H., und R. GERMAR: Feldversuche mit granuliertem Superphosphat. Z. landw. Vers. Unters.wesen **1**, (4) (1955). — DRACHOVSKÁ, M., und K. ŠANDERA: Die technologische Qualität der Zuckerrübe in Abhängigkeit von den Boden- und Klimabedingungen (tschechisch). Listy Cukrovarnické **73**, 55–58 (1957); Ref. Landw. Zbl. **2**, 1946 (1957). — DUBOURG, J., und SAUNIER, R.: L'action d'une application surabondante d'engrais azotés sur la composition de la betterave. I.I.R.B. Winterkongr. 1954.

ENGELS, O.: Die besondere Bedeutung des Kaliums für die Ernährung der Zuckerrüben. Zuckerrübenbau **16**, 7–20 (1934).

FELTZ, H.: Stickstoffdüngungsversuche bei Zuckerrüben. Z. Zuckerind. **8**, 183–186 (1958). — FERRARI, C., L. LANZONI, U. PALLOTTA und G. PIOLANTI: Die Phosphatdüngung der Zuckerrübe (ital.). Agrochimica **2**, 319–333 (1958); Ref. Landwirtsch. Zbl. **1960**, 2631. — FILATOWA, T. A.: Die Wurzelstruktur der Zuckerrübe bei unterschiedlicher Mineraldüngung (russ.). Arb. Unions-Inst. Zuckerrübenforschg. **35**, 175 (1957); Ref. Landwirtsch. Zbl. **12**, 2886 (1960). — FINGER, H.: Untersuchungen über die Wirkung der künstlichen Beregnung in Kombination mit der Düngung. Diss. Gießen, 1960. — FINKNER, R. E., D. B. OGDEN, P. C. HANZAS und R. F. OLSON: The effect of fertilizer treatment upon three different varieties in the Red River Valley of Minnesota, 2. The effect of fertilizer treatment on the calcium, sodium, potassium, raffinose, galactinol, nine aminoacids, and total amino acid content of three varieties of sugar beets grown in the Red River Valley of Minnesota. J. Amer. Soc. Sugar Beet Technologists **10**, 272–80 (1958); Ref. Landwirtsch. Zbl. **1960**, 87. — FLORIAN, C. M., und A. NIEMANN: Über den Einfluß verschiedener Stickstoff- und Kaligaben auf Ertrag und Qualität der Zuckerrübe. Landw. Forsch. **11**, 238 (1958). — FRESE, H., W. CZERATZKI und H. J. ALTEMÜLLER: Über die Wirkung der Verteilung organischer und anorganischer Düngerstoffe im Boden auf das Wurzelwachstum von Zuckerrüben. Z. Pflanzenernähr., Düng., Bodenkde. **69**, 198–205 (1955). — FRIDMANN, S. J.: Erfolge der Naßkopfdüngung der Zuckerrüben (russ.). Ref. Landw. Zbl. **2**, 1465 (1957). — FRIEDRICH, H.: Ein Diskussionsbeitrag zur Frage später Düngergaben im Zuckerrübenbau. Z. Zucker **11**, 175 (1958). — FRÖMEL, W., und A. AMBERGER: Über die Boraufnahme von Zuckerrüben im Verlaufe einer Vegetationszeit. Z. Pflanzenernähr., Düng., Bodenkde. **78**, 178–185 (1957); Ref. Landwirtsch. Zbl. **3**, 753 (1958). — FRÜHLING, R., und O. SPENGLER: Anleitung zu Untersuchungen in der Zuckerindustrie, 10. Aufl., umgearb. v. O. SPENGLER. Braunschweig: Vieweg. 1932.

GARDNER, R., und D. W. ROBERTSON: Comparison of the effects of manures and commercial fertilizers on the yield of sugar beets. Proc. Amer. Soc. S. B. Techn. 33–36 (1946). — GASKILL, J. O.: Progress report on the effects of nutrition, bruising and washing upon rotting of stored sugar beets. Proc. Amer. Soc. S. B. Techn. 680–685 (1950). — GERICKE, S.: Düngung der Zuckerrübe. Essen: Tellus. 1961. —

GINNEKEN, P. J. H. VAN: Assimilation de Na, K, Mg, Ca, N et du sucre pendant la période végétative, après que le bouquet foliaire a atteint son poids maximum. I.I.R.B. Winterkongr. 1956. — GINNEKEN, P. J. H. VAN, und J. R. BRUINSMA: Research on the mineral composition of leaves, crown and root of the sugar beet. Mededel. Inst. Suikerbietenteelt **8**, 314–317 (1938). — GLIEMEROTH, G.: Stickstoffverlagerung über Winter auf einem Lößlehm in Abhängigkeit von Form, Menge, Termin und Verteilung der Herbstdüngung. Z. Pflanzenernähr., Düng., Bodenkde. **85**, 20–31 (1959). — GRÜTZ, W.: Die Beziehungen zwischen Phosphorsäuredüngung und Oxalsäurebildung in Blättern von Beta-Rüben und Spinat. Phosphorsäure **16**, 181–187 (1956). — GRUNES, D. L., H. R. HAISE und L. O. FINE: Proportionate uptake of soil and fertilizer phosphorus by plants as affected by nitrogen fertilization, II, Field experiments with sugar beets and potatoes. Proc. Soil Sci. Soc. Amer. **22**, 49–52 (1958); Ref. Landwirtsch. Zbl. **1958**, 2510. — GUTJAHR, V.: Zur Anwendung der Radioisotopenmethode in Phosphatdüngungsversuchen mit Zuckerrüben. Diss. Göttingen 1955.

HADDOCK, J. L.: The influence of soil moisture condition on the uptake of phosphorus from calcareous soils by sugar beets. Soil Sci. Soc. Amer. Proc. **16**, 235–238 (1952). — HADDOCK, J. L.: Yield, quality, and nutrient content of sugar beets as affected by irrigation regime and fertilizers. J. Amer. Soc. Sugar Beet Technologists **10**, 344 (1959); Ref. Landwirtsch. Zbl. **12**, 2909 (1960). — HARKE, H.: Kunstregen und Zuckerrüben. DLP 73, Nr. 26, S. 5–6 (1950). — HEINISCH, O.: Rübenbau. In: Handbuch der Landwirtschaft, Bd. II, S. 198–229. Berlin: Parey. 1953. — HENZE, R.: Über den Einfluß einer Strohdüngung auf Ertragsfähigkeit und Bodenfruchtbarkeit. Diss. Göttingen, 1960. — HERNANDO, V., A. GUERRA und L. JIMENO: Vergleichende Untersuchung über Kali- und Stickstoffdüngung beim Anbau von Zuckerrüben und Mais (span.). An. Edafol. Fisiol. vegatal **18**, 597–612 (1959); Ref. Landwirtsch. Zbl. **1960**, 1857. — HIRST, C. T., und J. E. GREAVES: Noxious nitrogen in leaves, crowns and beets of sugar beet plants grown with various fertilizers. Soil Sci. **57**, 417–424 (1944). — HOFMANN, E.: Die Bemessung der Nährstoffgabe bei der Düngung nach dem Ernteentzug. Kali-Briefe, Fachgebiet 8 (1959). — HOLST, E. M., und C. E. CORMANY: A study of the effect of magnesium sulfate on yield and sucrose content of sugar beets. Proc. Amer. Soc. S. B. Techn. Teil 1, 32–35 (1954). — HOMÈS, M. V.: La détermination de la fumure de la betterave sucrière d'après le comportement de la plante. Publ. Inst. Belge Amél. Betterave **23**, 35–52 (1955). — HOMÈS, M. V., und G. VAN SCHOOR: Mineral nutritients of sugar-beet at various steps of its development. I.I.R.B. Winterkongr. 1957. — HÖPNER, E.: Beinigkeit und Düngung der Zuckerrübe. Bauernbl. Schleswig-Holstein 14. 2. 1953.

Institut für Zuckerrübenforschung: Zuckerrübenanbau und -forschung in den USA. Göttingen, 1959.

JELENIĆ, D. B., und Z. S. POPOVIĆ: Effect of calcium cyanamide and calcium ammon nitrate on yield and quality of sugar beet. Soil a. Plant, Belgrad 1952, 51–61. — JUNG, F.: Die Reihendüngung in Vergangenheit und Gegenwart. Landw. Forsch., Sonderheft 10, 74–81 (1957). — JÜRGENS-GSCHWIND, S.: Die Auswirkungen der Phosphatdüngung auf die Qualität landwirtschaftlicher Nutzpflanzen. Phosphorsäure **20**, 201–202 (1960).

KAUDY, J. C., E. TRUOG und K. C. BERGER: Relation of sodium uptake to that of potassium by the sugar beet. Agronomy J. **45**, 444–447 (1953). — KEESE, H.: Langjährige Untersuchungen über die Leistung des Nährstoffes „Stickstoff" und über den Wirkungswert verschiedener Stickstoffdüngemittel im Zuckerrübenbau. Zuckerrübenbau **19**, 35–44 (1937). — KELLEY, O. J., und J. L. HADDOCK: The relation of soil water levels to mineral nutrition of sugar beets. Proc. Amer. Soc. S. B. Techn., Teil 2, 344–356 (1954). — KLAPP, E.: Versuche zur Einbringung des Kalkstickstoffs im Zuckerrübenbau. Eineggen oder Einpflügen? Z. Zucker **8**, 372–374 (1955). — KLAPP, E., und A. SCHLÜTER: Änderungen der laktatlöslichen K_2O- und P_2O_5-Mengen im Dauerdüngungsversuch Dikopshof unter dem Einfluß von Düngung, Jahreszeit und Nährstoffentzug. Z. Acker- u. Pflanzenbau **107**, 1–24 (1959). — KLATT, F.: Die Beregnung der Zuckerrübe an Hand achtjähriger Beregnungsversuche. Z. Acker- und Pflanzenbau **109**, 408 (1959). — KLINTEBERG, H. B. AF: Zusammenhänge zwischen Wurzelbrand der Zuckerrübe und Phosphatgehalt des Bodens. Phosphorsäure **13**, 332–337 (1953). — KLOKE, A.: Kalkstickstoff zu Rüben — aber wann? Z. Zucker **10**, 331–334 (1957). — KÖHNLEIN, J., und N. KNAUER: Die Entzugszahl als Hilfsmittel der richtigen Bemessung der P_2O_5- und K_2O-Gabe. Z. Acker- u. Pflanzenbau **104**, 329–370 (1957). — KOLBE, G.: Über den Einfluß der Stickstoffdüngung auf Ertrag, Zuckergehalt und stickstoffhaltige Substanz der Zuckerrüben. Z. landw. Vers. Unters.wesen **2**, 457–477 (1956); Ref. Z. Pflanzenernähr., Düng., Bodenkde. **81**, 71 (1), (1958). — KOONTZ, C.R.: und G. GOLDFAIN: Blattstielanalyse als Mittel zur Bestimmung der Düngerbedürftigkeit von Zuckerrüben. Z. Wirtschaftsgruppe Zuckerind. **94**, 118 (1944). — KOPETZ, L. M.: Das Wesen der Beregnungsdüngung. Kali-Briefe, Fachgebiet **6** (1955). — KORTE, W.: Klimatische Wasserbilanz. Ein Hilfsmittel zur Steuerung der Feldberegnung. Landbauforschung Völkenrode **8**, 90–92 (1958). — KRÜGER, W., und G. WIMMER: Der Nährstoffbedarf der Zuckerrübe. Sonderheft des Vereins der deutschen Zuckerindustrie, 60. Mitt. Anhalt. Vers. Station Bernburg 1927 a. — Die Beziehung der Stoffaufnahme zur Stoffbildung bei der Zuckerrübe. 63. Mitt. Anhalt. Vers. Station Bernburg 1927 b. S. 76. — Versuche über die Leistungen von Zuchtrichtungen bei der Zuckerrübe. 78. Mitt. Anhalt. Vers. Station Bernburg. Z. Wirtschaftsgruppe Zuckerind. **86**, techn. Teil, 79–129 (1936 c). — Der Einfluß des Lichtes auf die Entwicklung, Zuckerbildung und Nährstoffaufnahme bei der Zuckerrübe. Z. Wirtschaftsgruppe Zuckerind. **86**, techn. Teil, 271–288 (1936 d). — KÜRTEN, P. W.: Ergebnisse mehrjähriger Versuche mit Beregnung und Zusatzdüngung zu Zuckerrüben. Z. Acker- u. Pflanzenbau **111**, 92 (1960). — KÜRTEN, P. W., und E. SAALBACH: Über den Einfluß von Stallmist auf die Wirkung der Stickstoffdüngung — Auswertung von Feldversuchen zu Zuckerrüben. Z. Acker- u. Pflanzenbau **114**, H. 1, 23–31 (1961). — KÜRTEN, P. W., und M. WERMKE: Einfluß steigender Stickstoffdüngung auf den Zuckerrübenertrag in Abhängigkeit von verschiedenen Wachstumsfaktoren. Z. Acker- u. Pflanzenbau **102**, 245 (1957).

LALOUX, R.: Essais de fumure au moyen de divers types d'engrais sur betteraves sucrières. Bull. Inst. Agron. Stat. Rech. Gembloux **25** (1957); Ref. Z. Pflanzenernähr., Düng., Bodenkde. **85**, 74 (1959). — LARMER, F. G.: Keeping quality of sugar beets as influenced by growth and nutritional factors. J. Agron. Res. **54**, 185–198 (1937). — LARSON, W. E.: Effect of method of application of double superphosphate on the yield and phosphorus uptake by sugar beets. Proc. Amer. Soc. S. B. Techn., Teil 1, 25–31 (1954). — Response of sugar beets to potassium fertilization in relation to soil physical and moisture conditions. Soil Sci. Soc. Amer. Proc. **18**, 313–317 (1954). — LATZKO, E.: Einfluß von Cl und SO_4-Ernährung auf die Enzymtätigkeit von Kulturpflanzen. Z. Pflanzenernähr., Düng., Bodenkde. **66**, 148–155 (1954). — LEENHEER, L.: La fertilisation minérale de la betterave sucrière en Belgique. Publ. Techn. Inst. Belge Nr. 1, 5 (1955). — LEHR, J. J.: Laboratoriumproeven ter bestudering van de invloed van de bemesting op groei en minerale samenstelling van de suikerbiet, IV, De invloed der kationenverhoudingen op de ontwikkeling van de suikerbiet. Potproef op dusarit-zandmengsels — 1942. Med. Inst. Ration. Suikerprod. **17**, 65–109 (1947). — Sodium as a plant nutritient. J. Sci. Food Agric. **4**, 460–471 (1953). — LEWIS, A. H.: The placement of fertilizers, I, Root crops. J. Agr. Sci. **31** (1941). — LICHT, F. O.: Weltzuckerstatistik 1958/59. Ratzeburg 1959. — LILL, J. G., S. BYALL und L. A. HURST: The effect of applications of common salt upon the yield and quality of sugar beets and upon the composition of the ash., J. Amer. Soc. Agron. **30**, 97–106 (1938). — LINGLE, J. C., und D. M. HOHMBERG: Zinc-deficient crops. Calif. Agr. **10**, 13–14 (2), (1956). — LÜDECKE, H.: Wie wirken sich Düngungsmaßnahmen auf den Gehalt des Bodens an Rübennematodenzysten aus? Ernährung d. Pflanze **33**, 253–261 (1937). — Wie hoch kann die Stickstoffdüngung zu Zuckerrüben bemessen werden? Landbau u. Techn. **14** (2), (1938). — Zur Stickstoffdüngung von Zuckerrüben. Mitt. DLG **66**, 265 (1951). — Einige aktuelle Düngungsfragen. Zuckerrübe (1), (1953 a). — Magnesium-Mangel bei Zuckerrüben. Zucker **6**, 437 (1953 b). — Der Begriff des „bereinigten Zuckerertrages" als Bewertungsgrundlage für die Leistung der Zuckerrüben. Landw. Forsch. **7** (1), (1954 a). — Mehrjährige Gemeinschaftsversuche zu Zuckerrüben. Z. Zuckerrübe **3** (6), (1954 b). — Der technische Wert der Zuckerrübe. Z. Zucker **11**, 289–291 (1958). — Physiologische Düngung und zuckertechnische Qualität der Zuckerrüben. Z. Zucker **12** (13), (1959). — Über den Einfluß von klimatischen Faktoren auf das Wachstum und die Qualität der Zuckerrüben unter Berücksichtigung der Düngung. Z. Zucker **14**, 2–10 (1961 a). — Zuckerrübenbau, ein Leitfaden für die Praxis. Hamburg und Berlin: Parey. 1961 b. — LÜDECKE, H., und I. FEYERABEND: Beiträge zum Oxalsäuregehalt der Zuckerrübe. Z. Zucker **9**, 569–575 (1956). — LÜDECKE, H., und A. v. MÜLLER: Kalkstickstoff-Düngungsversuche 1954–56. Z. Zucker **10**, 246–249 (1957). — Die Wirkung der Beregnung auf die Qualität der Zuckerrübe. Z. Zucker **14**, 311–320 (1961). LÜDECKE, H., und M. NITZSCHE: Ertragszuwachs und Zuckerbildung bei verschiedenen Zuchtrichtungen der Zuckerrübe. Z. Zucker **9**, 410–417 (1956). — Entwicklungsverlauf verschiedener Zuckerrübensorten. Landwirtschaft — Angewandte Wissenschaft, Bd. 95. Hiltrup: Landw. Verl. 1959. — LÜDECKE, H., und I. PAULSEN: Über die Funktion des Magnesiums und seine Aufnahme im Verhältnis zu Calcium, Phosphorsäure und Kalium bei der Zuckerrübe. Z. Pflanzenernähr., Düng., Bodenkde. **68**, 240–255 (1955). — Lüdecke, H., und K. Sammet: Weitere Beiträge zur Stickstoffdüngung der Zuckerrüben. Zuckerrübenbau **23**, 47–62 (1941). — Lüdecke, H., und Chr. Winner: Farbtafelatlas der Krankheiten und Schädigungen der Zuckerrübe. Frankfurt a. M.: DLG-Verlag. 1959. — Untersuchungen über die Wirkung einer erhöhten Konzentration von Düngesalzen im Boden auf Aufgangsentwicklung, Krankheitsanfälligkeit, Ertrag und Qualität der Zuckerrübe, Teil II. Veröffentlichung in Vorbereitung.

Markwort, P.: Der Einfluß des Kochsalzes auf das Wachstum und die Beschaffenheit der Zuckerrübe. Diss. Göttingen 1921. — Müller, A. v.: Ergebnisse von mehrjährigen Düngungs-Beregnungsversuchen mit Zuckerrüben in Niedersachsen. Zuckerrübe **10**, H. 4 (1961).

Naumann, A.: Ein Jahr Zuckerrübenanbau in Pakistan. Z. Zuckerindustrie **8**, 556 (1958). — Niemann, A.: Wirkung verschiedener Kali- und Stickstoffgaben auf Ertrag und Qualität von Zuckerrüben. Kali-Briefe **4**, 3. Folge (1959); Ref. Z. Zuckerindustrie **1959**, 593. — Nieschlag, F.: Superphosphat-Spätdüngung. Mitt. DLG **72**, 662–663 (1957).

Ogden, D. B., R. F. Finkner, R. F. Olsen und P. C. Hanzas: The effect of fertilizer treatment upon three different varieties in the Red River Valley of Minnesota, 1, stand, yield, sugar, purity, and nonsugars. J. Amer. Soc. Sugar Beet Technologists **10**, 265–271 (1958); Ref. Landwirtsch. Zbl. **1960**, 86.

Peterburgski, A. W.: Die Wirkung verschiedener Mineraldüngemittelformen auf die Zuckerrübe (russ.). Sacharnaja Swekla **5**, Nr. 6 (1960); Ref. Landwirtsch. Zbl. **1**, 79 (1961). — Primost, E.: Der Einfluß von Stickstoffdüngung, Bodenart und Witterung auf den Rübenertrag und Zuckergehalt der Zuckerrübe. Z. Zuckerindustrie **9**, 453–456 (1959). — Prjanischnikow, D. N.: Spezieller Pflanzenbau, 7. Aufl. Berlin: Springer. 1930.

Rathje, W.: Zur ertragssteigernden Wirkung einer Natriumdüngung zu Zuckerrüben. Z. Pflanzenernähr., Düng., Bodenkde. H. 2/3, 174 (1961). — Rauterberg, E.: Einfluß der Düngung auf die Qualität der Zuckerrübe. Forschungsdienst **2**, 353–365 (1936). — Reinhardt, F.: Drei Jahre Zuckerrübenbau auf Geestböden, Feldversuche und praktische Erfahrungen aus den Jahren 1951–53. Z. Zucker **7**, 281–286 (1954). — Remy, T.: Welche Nutzanwendungen ergeben sich aus unseren bisherigen Versuchen für den rheinischen Zuckerrübenbau. Zuckerrübenbau **10** (1928). — Reyes, G. J., und E. B. Franco: Determinación de la época de siembra y de cosecha de la remolacha azucarera en Chile. Corporación de Fomento de la Producción Simiente, 1951. — Rheinwald, H.: Praktische Düngerlehre für den landwirtschaftlichen Betrieb, 3. Aufl. Berlin: Parey. 1948. — Richardsen, M.: Durchführung und Ergebnisse eines Dauerdüngungsversuches zu Zuckerrüben. Zuckerrübenbau **17**, 81–89, 106–111 (1935). — Rid, H.: Beziehungen zwischen Bodentyp und Zuckerrübe. Zucker **14**, H. 9 (1961). — Rid, H., und A. Süss: Zur Methodik der Prüfung des Effekts von Bodenbearbeitungsgeräten. Landtechn. Forsch. **10**, 62–70 (1960). — Rietberg, H.: Le rôle du potassium et du sodium dans la fertilisation de la betterave sucrière. I.I.R.B. Winterkongr. 1949. — Ririe, D., A. Ulrich und F. J. Hills: The application of petiole analyses to sugar beet fertilization. Proc. Amer. Soc. Sugar Beet Techn. **8**, 48–57 (1954). — Rode, A. A.: Das Wasser im Boden. Berlin: Akademie-Verlag. 1959. — Roemer, Th.: Handbuch des Zuckerrübenbaues. Berlin: Parey. 1927. — Roemer-Scheffer: Lehrbuch des Ackerbaues, 5. Aufl. Hamburg: Parey. 1959. — Rorabauch, G., und L. W. Norman: Einfluß verschiedener Verunreinigungen auf die Kristallisation der Saccharose. J. Amer. Soc. Sugar Beet Technol. **9** (1956). — Roshdestwenskij, I. G.: Formen der Stickstoffdüngung zur Zuckerrübe unter verschiedenen Boden- und Klimaverhältnissen (russ.). Bodenkde. **5**, 76–84 (1957); Ref. Z. Pflanzenernähr., Düng., Bodenkde. **82**, 72 (1958). — Rounds, H. G., G. E. Brush, D. L. Oldemeyer und C. P. Parrish: A study and economic appraisal of the effect of nitrogen fertilization and selected varieties on the production and processing of sugar beets. J. Amer. Soc. Sugar Beet Technologists **10**, 97–116 (1958); Ref. Z. Zuckerindustrie **5**, 262 (1959). — Roussel, N.: Résultats d'une expérience factorielle, effectuée en 1952, dans le but d'établir les relations entre le typ de variétés, la fumure azotée minérale de la betterave sucrière et la date d'arrachage. Publ. Inst. Belge Amél. Betterave **21**, 87–106 (1953).

Schachtschabel, P., und H. Isermeyer: Die Magnesiumbestimmung mittels Titangelb. Z. Pflanzenernähr., Düng., Bodenkde. **67**, 1–23 (1954). — Schaeffler, H., und A. Stritesky: Zeitdüngungsversuche mit Kalkstickstoff zu Zuckerrüben (Bodenwirkung). Prakt. Bl. Pflanzenbau u. Pflanzenschutz **5**, 16 (1958); Ref.

Kurz und Bündig **14**, Folge 2, 23 (1961). — SCHARRER, K.: Die Bedeutung des Bors für das Wachstum der Rüben und die Bekämpfung der Herz- und Trockenfäule. Zuckerrübenbau **17**, 115–125 (1935). — SCHARRER, K., und J. JUNG: Der Einfluß der Ernährung auf die Bildung und Bindung der Oxalsäure im Rübenblatt. Z. Pflanzenernähr., Düng., Bodenkde. **62**, 63–81 (1953). — Weitere Untersuchungen über Beziehungen zwischen Nährstoffversorgung und Oxalsäurebildung im Zuckerrüben- und Mangoldblatt. Z. Pflanzenernähr., Düng., Bodenkde. **66**, 1–18 (1954). — SCHARRER, K., R. SCHREIBER und H. KÜHN: Über den Einfluß des Natriums auf das Wachstum von Futter- und Zuckerrüben bei ausreichender Versorgung mit Kalium. Z. Pflanzenernähr., Düng., Bodenkde. **62**, 128–137 (1953). — Gefäßversuche mit Futter- und Zuckerrüben über die Wirkung des Bors im Bor-Super- und Bor-Rhenaniaphosphat. Z. Pflanzenernähr., Düng., Bodenkde. **63**, 203–212 (1953). — SCHEFFER, F.: Kalkdüngung im Zuckerrübenbau. Z. Zucker **8**, 88–90 (1955). — SCHEFFER, F., und K. MÜLLER: Zur Frage der Zuckerbildung in Pflanzen unter dem Einfluß variierter Kali- und Stickstoffdüngung. Kali-Briefe, Fachgeb. **2** (1), (1958). — SCHENDEL, M.: Richtig düngen, heißt zeitig düngen. Mitt. DLG **67** (12), (1952). — SCHMEHL, W. R., S. R. OLSEN und R. GARDNER: Effect of method of application on the availability of phosphate for sugar beets. Proc. Amer. Soc. S. B. Techn., Teil 2, 363–369 (1954). — SCHNEIDEWIND, W.: Die Ernährung der landwirtschaftlichen Kulturpflanzen, 6. Aufl., S. 421–428. Berlin: Parey. 1928. — SCHREVEN, D. A. v.: Importance of sodium for the uptake of ions by the sugar beet, I, Tests with sodium chloride in water, sand and soil cultures. Mededel. Inst. Suikerbietenteelt **7**, 219–223 (1937). — SCHULZE, E.: Düngungsfragen im Zuckerrübenbau. Zucker **7**, 111–115 (1954). — SCHULZE, E.: Anwendung und Wirkung der Stickstoffdünger bei Feldfrüchten und Dauergrünland. „Der Stickstoff, seine Bedeutung für die Landwirtschaft und die Ernährung der Welt", S. 240–251. Fachverband Stickstoffindustrie Düsseldorf (1961). — SCHULZE, W., und H. WIESSMANN: Vergleichende Versuche mit verschiedenen Stickstoffdüngemitteln zu Zuckerrüben. Zuckerrübenbau **12**, 58–62 (1930). — SCHWEIGER, A.: Der Einfluß der Düngung auf die Qualität der Zuckerrübe. Diss. Göttingen 1952. — SEKERA, F.: Die Verteilung und Unterbringung des Stalldüngers, ein für die Entwicklung der Zuckerrüben entscheidendes Problem. Zuckerrübe **3**, (4), (1954). — SELKE, W.: Fragen der Düngung. Z. landw. Vers. Unters.wesen **1**, 556–581 (1955). — SELKE, W., und H. ORTLEPP: Die Wirkung von Superphosphat in Abhängigkeit von der Form seiner Anwendung (Granulierung, Reihen- und Kontaktdüngung). Z. landw. Vers. Unters.wesen **4**, 448–472 (1958). — SILLER, W.: Die Wirkung starker Stickstoffgaben auf Ertrag und Futterwert des Zuckerrübenlaubes unter gleichzeitiger Berücksichtigung des Zuckergehaltes der Rüben. Diss. Bonn 1940. — SIMON, M.: Betterave sucrière et surchaulage. Publ. I.B.A.B. 1951, S. 263. — La fertilisation minérale de la betterave sucrière. Publ. Techn. I.B.A.B. 1955, S. 69. — Mangan und Magnesium in der Mineraldüngung der Zuckerrüben. Phosphorsäure **15** (1955). — SIMON, M., und R. WAUTHY: La nécessité des engrais verts pour augmenter la productivité des terres à betterave. Publ. I.B.A.B. **21** (1953). — SNYTKO, A. I.: Der Einfluß einer Blattdüngung mit Mikroelementen auf den Zuckergehalt der Rübe (russ.). Sacharnaja Swekla **7** (1956); Ref. Landw. Zbl. **3**, 306 (1958). — SPENGLER, O., ST. BÖTTGER und W. DÖRFELD: Betrachtungen über Düngung und Verarbeitbarkeit der Zuckerrübe. Z. Wirtschaftsgruppe Zuckerind. **88**, 779–800 (1938). — STANĚK, V., und P. PAVLAS: Über eine schnelle informative Methode zur Bestimmung des schädlichen Stickstoffes, der Amide und der Aminosäuren in der Rübe. Z. Zuckerind. tschechosl. Republ. **59**, Dez. 1934. — STAUSS, W.: Die griechische Landwirtschaft. Wasser u. Nahrung **1**, 55–61 (1960). — STÉNUIT, D., und J. WAUTERS: Quelques résultats concernant le diagnostic chimique de la fertilisation minérale de la betterave sucrière. Publ. I.B.A.B. **24**, 23–32 (1956).

TAMM, E., H. GRAETZ und H. FUNKE: Über die Ausbildung pflanzenklimatischer Temperaturen in Beständen landwirtschaftlicher Nutzpflanzen. Z. Acker- u. Pflanzenbau **101**, 193–232 (1956). — THIELEBEIN, M.: Für und wider die Reihendüngung. Landbauforschung Völkenrode **1** (1956). — TIEDEMANN, H. G. v.: Der Einfluß der Reihendüngung auf Ertrag und Qualität der Zuckerrübe. Diss. Göttingen 1955. — TOLMAN, B., und STAFF: Time and method of fertilizer application. Proc. Amer. Soc. S. B. Techn. 422–427 (1950). — TRUOG, E., K. C. BERGER und O. J. ATTOE: Response of nine economic plants to fertilization with sodium. Soil Sci. **76**, 41–50 (1953). — TULLIN, V.: Response of the sugar beet to common salt. Physiol. Plant. **7**, 810–834 (1954).

ULRICH, A.: The relationship of nitrogen to the formation of sugar in sugar beets. Proc. Amer. Soc. S. B. Techn. 66–80 (1942). — Sugar beets and climate; effects of night and day temperature and day length on beet growth and sugar production investigated. Calif. Agr. **5**, 3 und 12 (1951). — The influence of antecedent climates upon the subsequent growth and development of the sugar beet plant. J. Amer. Soc. Sugar Beet Technologists **9**, Nr. 2 (1956). — Ulrich, A., und K. Ohki: Chlorine, bromine and sodium as nutrients for sugar beet plants. Plant Physiol. **31**, 171–181 (1956). — Ulrich, K.: Einfluß der Mangandüngung auf den Stickstoffgehalt der Zuckerrüben. Bl. Zuckerrübenbau **24**, 31–33 (1917).

Vinduska, L.: Die Ammoniakgasdüngung der Zucker- und Futterrübe (tschech.). Za socialist. Zemedelstvi **9**, 512–514 (1959); Ref. Landwirtsch. Zbl. **1960**, 1864.

Walker, A. C., L. R. Hac, A. Ulrich und F. J. Hills: Nitrogen fertilization of sugar beets in the woodland area of California, I, Effects upon glutamic acid content, sucrose concentration and yield. Proc. Amer. Soc. S. B. Techn. 362–371 (1950). — Wauthy, R.: Résultats définitifs de 8 années d'expériences sur l'étude de l'époque d'application des engrais azotés minéraux pour la betterave sucrière et de son influence sur la végétation. Publ. Techn. I.B.A.B. 141–149 (1956). — White, T. L.: Petiole analysis as guide to the manuring of sugar beet. Plant a. Soil **11**, 78 (1959); Ref. Kali-Briefe, Fachgeb. 2, Folge 14 (1959). — Williams, W. A., und D. Ririe: Production of sugar beets following winter green manure cropping in California, I, Nitrogen nutrition, yield, disease, and pest status of sugar beets. Proc. Soil Sci. Soc. Amer. **21**, 88 (1957); Ref. Landwirtsch. Zbl. **1958**, 549. — Wimmer, G., und H. Lüdecke: Kann die Stickstoffdüngung zu Zuckerrüben im Hinblick auf die augenblicklichen Verhältnisse noch gesteigert werden? Z. Wirtschaftsgruppe Zuckerind. **8**, 375–406 (1937). — Wimmer, G., K. Sammet und W. Lesch: Der Einfluß wechselnder Bodenfeuchtigkeit auf Ertrag und Beschaffenheit verschiedener Zuckerrübensorten. Z. Wirtschaftsgruppe Zuckerind. **93** (1943); **94** (1944). — Winkler, G.: Ganze oder geteilte Salpetergabe zu Zuckerrüben. Zuckerrübenbau **19**, 69–76, (1937). — Wlassjuk, P. A., und P. S. Lissowal: Der Einfluß verschiedener Formen von Kali- und anderen Düngern auf den Ertrag von Zuckerrübe und Baumwolle bei Bewässerung im Süden der Ukrainischen SSR. (russ.). Sowj. Agron. **12**, 12–26 (1952); Ref. Z. Pflanzenernähr., Düng., Bodenkde. **64**, 284 (1954).

B. Futterrübe

(Beta vulgaris L. subspec. esculenta var. alba, var. lutea, var. rosea)

Von

H. Lüdecke und **A. v. Müller**

Auf Grund der nahen botanischen Verwandtschaft zwischen allen Beta-Rüben besteht kein grundsätzlicher Unterschied zwischen Futter- und Zuckerrüben hinsichtlich Entwicklung, Nährstoffaufnahme und ökologischen Ansprüchen. Im folgenden werden daher nur Abweichungen genannt werden, die für die Düngung der Futterrübe von Wichtigkeit sind.

a) Durchschnittliche Erträge und Nährstoffentzugszahlen

Die Frischerträge der Futterrübe liegen fast doppelt so hoch wie die der Zuckerrübe. Wo man daher für die Zuckerrübe Erträge bis zu 600 dz findet, bringt die Futterrübe auf gleichem Standort bis zu 1100 dz/ha. Die mittlere Erwartung liegt bei 600 bis 800 dz/ha. Der Trockensubstanz*gehalt* der Futterrübe ist jedoch um so viel niedriger, daß der Trockensubstanz*ertrag* zwischen Futter- und Zuckerrübe annähernd dieselben Werte erreicht (Tab. 122).

Die Untersuchungen von Nicolaisen und Titzck in Schleswig-Holstein zeigen, wie sich der Frischertrag bei den Rübentypen abstuft, während im Trockensubstanzertrag der drei Futterrübentypen ein weitgehender Ausgleich erfolgt ist. Der Blattertrag verläuft umgekehrt zum Rübenertrag; dadurch ent-

Tabelle 122. *Erträge verschiedener Rüben-Typen*
(nach NICOLAISEN und TITZCK 1942)

	Rüben			Blatt		Rübe + Blatt
	Frischertrag dz/ha	Trockensubstanz		Frischertrag		Trockensubstanzertrag dz/ha
		%	dz/ha	dz/ha	Rel. zu Rübe = 100	
Massenrüben	1014	10,2	103	250	25	130
Gehaltsrüben	759	13,3	101	277	36	131
Futterzuckerrüben	616	16,7	103	293	47	135
Zuckerrüben	493	22,7	112	350	71	157

steht eine Staffelung des Rübe:Blatt-Verhältnisses von 1:0,25 bei der Massenrübe, bis 1:0,71 bei der Zuckerrübe.

Die *Entzugszahlen* für NPK gehen aus der gleichen Versuchsserie hervor (Tab. 123).

Während im gesamten Entzug von N und P_2O_5 keine grundsätzlichen Unterschiede bestehen, ist der K_2O-Entzug der Futterrüben viel höher und gleichlaufend zu den Rübenfrischerträgen abgestuft. Bei gesonderter Betrachtung des Entzuges durch Rübe und Blatt zeigt sich, daß die Rübentypen jeweils in Richtung auf die Zuckerrübe abnehmende Nährstoffmengen mit der Wurzel und zunehmende Nährstoffmengen mit dem Blatt entziehen.

KÖHNLEIN und FENSE (1951) fanden ebenfalls, daß der hohe Kalientzug besonders bei Massenrüben vorkommt, während er bei Gehaltsrüben und noch mehr bei Futter-Zuckerrüben dem der Zuckerrüben angenähert ist.

HUMBERT (1958) weist auf den hohen Entzug von Na_2O (bis zu 150 kg/ha) hin. Eine Übersicht über Entzugszahlen auch nach älteren Autoren wird von KÖHNLEIN und KNAUER 1957 (S. 352) gegeben.

Tabelle 123. *Nährstoff-Entzug verschiedener Rübentypen durch Rübe und Blatt*

	Entzug kg/ha								
	N			P_2O_5			K_2O		
	Rübe	Blatt	Insg.	Rübe	Blatt	Insg.	Rübe	Blatt	Insg.
Massenrüben	141	80	221	61	19	82	540	123	663
Gehaltsrüben	115	86	201	57	23	80	402	167	569
Futterzuckerrüben	108	96	204	47	25	72	348	188	536
Zuckerrüben	88	129	217	37	35	72	184	283	467

Über den Entzug von CaO liegen weniger Angaben vor. RHEINWALD (1948) gibt 80 kg/ha auf 500 dz Rüben an, BECKER-DILLINGEN (1934) nur 40 kg/ha auf 600 dz Rüben. Der gleiche Wert gilt für MgO; dabei wird Mg mehr durch die Rübenwurzel, Ca mehr durch das Blatt aufgenommen.

Aus den genannten Befunden resultiert, daß die Entzugszahlen im einzelnen vom Rübe:Blatt-Verhältnis abhängen, d. h. vom Sortentyp und von der Blattausbildung je nach den ökologischen Verhältnissen.

b) Wasserbedarf

Die Futterrübe braucht, je nach ihrem Typ, etwas mehr Feuchtigkeit als die Zuckerrübe. Heinisch (1953, S. 203) führt dazu aus: „Je weiter Epikotyl und Hypokotyl aus dem Boden ragen, desto empfindlicher sind die Beta-Rüben gegen Trockenheit. Die Sortenwahl kann sich bei Futterrüben den Standortverhältnissen anpassen. Flachwurzelnde Massenrüben bevorzugen die niederschlagsreichen Gebiete der Mittelgebirge und Küsten, Gehaltsrüben dagegen sind mehr in trockeneren Lagen zu finden. Luftfeuchtigkeit und Niederschläge allein genügen für Futterrüben nicht, vielmehr muß auch der Boden eine gewisse wasserhaltende Kraft aufweisen. Stauende Nässe vertragen Futterrüben ebensowenig wie Zuckerrüben."

Gericke (1947) hat Wechselwirkungen zwischen Niederschlägen und K- bzw. P-Wirkungen herausgestellt, und zwar stieg der Wirkungswert der Nährstoffe mit der Niederschlagshöhe (Untersuchungsbereich <500 bis >700 mm/Jahr).

c) Zeitpunkte des Anbaues und charakteristische Wachstumsstadien sowie Erntedaten in verschiedenen Ländern

Die Anbauzeitpunkte und Wachstumsstadien unterscheiden sich prinzipiell nicht von denen der Zuckerrübe. Die Futterrübe dringt jedoch wegen schlechter Haltbarkeit in Lagen mit warmen Wintern nicht so weit in den mediterranen Bereich vor, sondern beschränkt sich mehr auf die feuchtkühlen Lagen Mittel- und Nordeuropas. Für die Erntezeit entsteht hier das Problem der Frostempfindlichkeit, die bei der Futterrübe proportional zum Wassergehalt der einzelnen Typen ist. Infolgedessen erntet man, wo beide Rübenarten im Betrieb vorkommen, die Futter- vor der Zuckerrübe.

d) Düngungsmethoden

1. Erfahrungen mit verschiedenen Düngemitteln (Form und Menge)

Zur N-Form. Nach Schneidewind (1928, S. 424) bevorzugt die Futterrübe im Vergleich zur Zuckerrübe größere Mengen von Salpeter.

Scharrer et al. (1953) fand aus Gefäßversuchen, daß die günstige Wirkung zum guten Teil dem Na-Ion in Form von $NaNO_3$ zuzuschreiben ist. Es scheint nämlich nicht belanglos zu sein, in welcher Salzform das Natrium gegeben wird. Wie sich bei Versuchen

zur K-Form herausgestellt hat, ist die Futterrübe — besonders auf schweren Böden — in ihrem Trockensubstanzgehalt sehr empfindlich gegenüber erhöhten Kochsalzmengen (Schneidewind, S. 427). Auf leichten Böden aber hatten Rohsalze wie Kainit und Sylvinit häufig eine bessere Gesamtwirkung als 40%iges Kali (Schneidewind 1928, Audidier und Garaudeaux 1950). (Vgl. auch Schulze und Kiepe 1952, S. 10.) Spezielle Untersuchungen über die getrennte Wirkung von Na und Cl machte Buchner (1951) und stellte fest, daß dem Chlor der größere Wirkungsfaktor als dem Natrium zuzusprechen ist, obgleich die Futterrübe zur Gruppe der Pflanzen mit hohem Natriumbedarf zu rechnen ist (Lehr 1952, Wybenga 1957, Masterson 1957).

Zur P-Form. Die Form der Phosphorsäuredüngung stimmt bei Futter- und Zuckerrübe überein. Das gleiche gilt für Kalk und Magnesia.

Zur N-Menge. Die N-Ausnutzung der Futterrübe ist geringer als die der Zuckerrübe (SCHNEIDEWIND 1928, S. 424, SCHULZE 1961), daher sind Mengen von 200 kg/ha im allgemeinen als nicht zu hoch anzusehen.

Über die *K-Menge* gehen die Ansichten zum Teil auseinander. SCHNEIDEWIND (1928) möchte auf Grund der genannten Salzempfindlichkeit die K-Gabe in engeren Grenzen halten; dagegen betont HEINISCH (1953, S. 205) das geringere Aneignungsvermögen der Futterrübe für das Bodenkali, während der K-Bedarf der Futterrübe für den größeren Frischertrag zum Teil wesentlich höher als bei der Zuckerrübe ist. Unter solchen Verhältnissen muß die Kaligabe also besonders hoch (bis zu 300 kg/ha) bemessen werden.

Zur P-Menge. Obgleich die P-Aufnahme der Futterrübe nicht immer so hoch sein wird wie in Tab. 123, sollte man ihr die gleiche P-Gabe wie der Zuckerrübe zur Verfügung stellen.

Zur Ca-Menge. HEINISCH (1953, S. 206) erinnert daran, daß die Kalkdüngung der Futterrübe nicht zu vernachlässigen ist, weil auf den Standorten ihres Anbaues mit etwas höheren Regenmengen und damit auch höherer Auswaschung als auf Zuckerrübenstandorten zu rechnen ist, und weil für Futterrüben in zu großer Entfernung von Zuckerfabriken kein ungetrockneter Scheideschlamm zur Verfügung steht.

Für die *Magnesium*-Versorgung gilt das gleiche wie bei der Zuckerrübe.

Hinsichtlich der *Mikronährstoffe* stellt SCHULTZE-GROBLEBEN (1953) heraus, daß alle Beta-Rüben hohen Bor-Bedarf haben. Herz- und Trockenfäule kann ebenso wie bei der Zuckerrübe durch Borax-Düngung verhindert oder geheilt werden, unter Umständen noch durch Anwendung im Spätsommer. HEINISCH (1953, S. 206) erwähnt Cu-Mangel und Mangan-Mangel auf anmoorigen Böden.

Zur Form und Menge der organischen Düngung. Stallmist ist wie bei der Zuckerrübe eine wertvolle Ergänzung der Mineraldüngung, sollte jedoch 300 dz/ha nicht übersteigen (SCHNEIDEWIND 1928, S. 423). Jauche wird günstig von der Futterrübe verwertet (HEINISCH 1953, S. 204). Gründüngung ist besonders auf leichten Böden für die Futterrübe geeignet (SCHNEIDEWIND 1928, S. 423).

2. Zweckmäßige Düngungsweisen (Zeit und Placierung)

In den Grundsätzen der Düngungszeit kann man sich eng an die Zuckerrübendüngung anlehnen. Eine gewisse Erleichterung besteht allenfalls in der Handhabung der Stickstoff-Kopfdüngung, da eine späte Kopfdüngung sich nicht so unmittelbar in einer Qualitätsschädigung auswirkt, die durch einen Marktwert wie den Zuckerpreis ausdrückbar wäre. Es leidet lediglich die Haltbarkeit (s. später). SCHNEIDEWIND (1928, S. 427) fand außerdem, daß dort, wo die Salzempfindlichkeit der Futterrübe deutlich wurde, die Kalidüngung im Herbst der Frühjahrsdüngung vorzuziehen war.

Aus der Reihe der Versuche mit Reihendüngung sind besonders die von BOGUSLAWSKI und JUNG (1957) zu erwähnen. Reihendüngung mit N und P führte gelegentlich auf armem Boden zum Erfolg. Außerdem war auf trockenen Böden ein besseres Jugendwachstum durch die Reihendüngung zu beobachten. Im Durchschnitt aller Versuche über mehrere Jahre ist jedoch durch Reihendüngung kein Mehrertrag erzielt worden. Kontaktdüngung, d. h. Eindrillen des Saatgutes und des Düngers aus einem Schar, ist wegen Überkonzentration bei der Keimung und nachfolgenden Auflaufschäden nicht zu empfehlen.

e) Düngung und Ertrag

In zahlreichen Versuchen ist die Wirkung gesteigerter Düngergaben auf den Ertrag untersucht worden. GERICKE (1947) bestätigte die MITSCHERLICHschen Wirkungsfaktoren für N, P und K an Futterrüben bei Erträgen bis zu 900 dz/ha. Er hebt auch das Ergebnis der langjährigen Versuche von RUSSEL in Rothamsted hervor, wonach die P-Düngung besonders in schlechten Jahren das stärkere Absinken der Erträge verhinderte.

Der Einfluß der K-Formen auf den Ertrag geht aus der Auswertung der Poppelsdorfer Düngungsversuche von SCHULZE und KIEPE (1952) hervor. Wenn man den mit Kainit erzielten Futterrübenertrag (985 dz/ha) = 100 setzt, lag die relative Leistung mit 40%igem Kali bei 91% und mit K_2SO_4 bei 80%. Letzteres wird durch den Mangel an NaCl erklärt. Die entsprechende Düngung von Zuckerrüben führte nur zu 3% Minderertrag.

f) Düngung und Qualität

In Einschränkung der auf S. 413 genannten Möglichkeit des späten N-Kopfdüngers warnt HEINISCH (1953, S. 205) vor zu später N-Gabe, weil dadurch die Haltbarkeit der Futterrübe vermindert wird. SCHNEIDEWIND (1928, S. 425) fand, daß Stickstoffdüngung im allgemeinen den Trockensubstanzgehalt erniedrigt. Auch eine Qualitätserhöhung über Eiweißanreicherung war mit erhöhter Stickstoffdüngung nicht möglich, da überwiegend die Amide mit der N-Gabe ansteigen, jedoch nicht das Rein-Eiweiß (S. 422); vgl. auch SIGLE 1952.

Entsprechend der bekannten Wechselwirkung P:N kann durch reichliche Phosphorsäuregabe die Haltbarkeit der Futterrüben erhöht werden (HEINISCH 1953, S. 206).

Bei der Wirkung des Kalis ist als Besonderheit im Vergleich zur Zuckerrübe hervorzuheben, daß Kali ebenso wie Stickstoff den Trockensubstanz*gehalt* senken kann, besonders Kainit (SCHNEIDEWIND, S. 427). Über die *Höhe* des Trockensubstanz*ertrages* und seine Förderung durch die Kalidüngung ist dadurch jedoch nichts ausgesagt.

Literatur

AUDIDIER, L., und J. GARAUDEAUX: Les sels bruts de potasse dans la fumure de la betterave. Potasse **24**, 182–185 (1950).

BECKER, A.: Die statistische Auswertung der Kalidüngungsversuche zu Zucker- und Futterrüben und ihre Bedeutung für die Praxis. Zuckerrübenbau **25**, 8–17 (1943). — BECKER-DILLINGEN, J.: Handbuch der Ernährung der landwirtschaftlichen Nutzpflanzen, S. 398–416. Berlin: Parey. 1934. — BIEREI, E.: Die Düngung der Runkelrübe. In: HONCAMP, F., Handbuch der Pflanzenernährung und Düngerlehre, S. 709–710. Berlin: Springer. 1931. — BOGUSLAWSKI, E. v., und F. JUNG: Versuche mit Reihen- und Kontaktdüngung zu Rüben und Getreide. Landw. Forsch., Sonderheft 10, 56–73 (1957). — BOUGY, E.: Calcium und Magnesium in der Zucker- und Futterrübe. Bull. Ass. Chim. **58**, 153–160 (1941); Ref. Z. Wirtschaftsgruppe Zuckerind. **92**, 197 (1942). — BUCHNER, A.: Zur Wirkung von Natrium und Chlor bei der Rübendüngung. Z. Acker- u. Pflanzenbau **93**, 523–528 (1951).

GERICKE, S.: Voraussetzungen und Möglichkeiten einer Ertragssteigerung im deutschen Hackfruchtbau. Wiesbaden: Limes-Verlag. 1947.

HEINISCH, O.: Rübenbau. In: Handbuch der Landwirtschaft, Bd. II, S. 198–229. Berlin: Parey. 1953. — HUMBERT, G.: Düngung. In: Wegweiser für Kartoffeln und Rüben. Hildesheim: Mann. 1958.

KÖHNLEIN, J., und H. FENSE: Siebenjähriger Beta-Rüben-Versuch auf Lehmboden im Osten Schleswig-Holsteins. Z. Acker- u. Pflanzenbau **93**, 338–346 (1951). — KÖHNLEIN, J., und N. KNAUER: Die Entzugszahl als Hilfsmittel der richtigen Bemessung der P_2O_5- und K_2O-Gabe. Z. Acker- u. Pflanzenbau **104**, 329–370 (1957).

Lehr, J. J.: The importance of sodium for plant nutrition. Soil Sci. **52** 257 und 373 (1941). — Lüdecke, H., und M. Nitzsche: Die Bedeutung der Zuckerrübe als Futterpflanze in der Gegenwart. Z. Zucker **5**, 120–122 (1952).

Masterson, C.: The effect of sodium and potassium on fodder beet. J. Dep. Agric. (Dublin) **54**, 187–97 (1957/58); Ref. Landwirtsch. Zbl. **1960**, 350.

Nicolaisen, W., und W. Titzck: Vergleichende Untersuchungen über den Nährstoffentzug von Futter- und Zuckerrüben. Zuckerrübenbau **24**, 1–16 (1942).

Rheinwald, H.: Praktische Düngerlehre für den landwirtschaftlichen Betrieb, 3. Aufl. Berlin: Parey. 1948. — Rübesam, E.: Über den Einfluß der Beregnung auf den Ertrag einiger Kulturpflanzen bei hoher mineralischer Düngung. Dtsch. Landwirtsch. H. 7 (1960).

Scharrer, K., R. Schreiber und H. Kühn: Über den Einfluß des Natriums auf das Wachstum von Futter- und Zuckerrüben bei ausreichender Versorgung mit Kalium. Z. Pflanzenernähr., Düng., Bodenkde. **62**, 128–137 (1953). — Schneidewind, W.: Die Ernährung der landwirtschaftl. Kulturpflanzen, 6. Aufl., S. 421–428. Berlin: Parey. 1928. — Schulze, E.: Anwendung und Wirkung der Stickstoffdünger bei Feldfrüchten und Dauergrünland. Der Stickstoff, Fachverband Stickstoffindustrie, S. 251–52 (1961). — Schulze, E., und H. Kiepe: Kali- und Stickstoffdünger — Formenwirkungen im Dauerdüngungsversuch Poppelsdorf (1906–1944). Z. Pflanzenernähr., Düng., Bodenkde. **101**, 90–105 (1952). — Schultze-Grobleben, W.: Bordüngung zu Rüben und anderen Feldfrüchten. Zucker **6**, 183–186 (1953). — Sigle, K.: Einiges über das Eiweiß der Betarüben. Z. Acker- u. Pflanzenbau **95** (1952).

Tornau, O.: Der Dauerdüngungsversuch des Göttinger E-Feldes „Sammelbericht" Göttingen (1959), Ref. Kurz und Bündig **13**, Folge 10, 146 (1960).

Wybenga, J. M.: Natrium, ein wesentlicher Nährstoff für die Pflanze. Mitt. zum 3. Internat. Düngungs-Kongr. Heidelberg 1957.

C. Kartoffel

Von

O. Steineck

Die Düngung muß bei der Kartoffel den speziellen Bedürfnissen dieser Pflanze Rechnung tragen, um unter den jeweiligen Anbauverhältnissen den höchsten Effekt dieser Maßnahme zu gewährleisten. Die richtige Nährstoffversorgung ist eine unbedingte Voraussetzung für die Erzielung hoher Ertragsleistungen und bester Qualität. Im Rahmen des Kartoffelbaues fällt daher der Düngung als produktionssteigernder Maßnahme besondere Bedeutung zu.

a) Wachstum und zeitlicher Verlauf der Ertragsbildung

Im Wachstumsverlauf der Kartoffelpflanze lassen sich verschiedene, mehr oder weniger deutlich abgegrenzte Entwicklungsphasen unterscheiden. Ihre genaue Kenntnis ist für die Düngung wesentlich. Ernährungsfehler oder ungenügende Versorgung mit Wasser beeinflussen, wenn sie in bestimmten Wachstumsstadien auftreten, die Ertragshöhe, die Struktur des Ertrages und die Qualität erheblich (Steineck 1958, 1959). Die Nährstoffversorgung stellt daher im Zusammenhang mit der Sicherung eines normalen Ablaufes der einzelnen Entwicklungsphasen einen wesentlichen Faktor dar.

1. Keimung und Anbau

Im Gegensatz zu den meisten anderen Kulturpflanzen werden die Lebensvorgänge beim Kartoffelsaatgut bereits einige Zeit vor dem Anbau durch das Vortreiben im Lagerraum eingeleitet. Durch diese Maßnahme werden nach Abklingen der Keimruhe und durch Erhöhung der Lagerungstemperatur auf

10 bis 14° C die Saatknollen im Frühjahr in den Zustand höchster Entwicklungsbereitschaft übergeführt. Das Vorkeimen wird in verschiedener Weise gehandhabt. Neben dem Vortreiben unter Lichtabschluß, bei welchem den Dunkelverhältnissen des Bodens angepaßte, 4 bis 6 cm lange Dunkelkeime erzeugt werden (Kopetz 1950, Kopetz-Steineck 1958, Ehrendorfer 1955), wird das Vortreiben im Tageslicht oder Kunstlicht zur Erzeugung von Lichtkeimen empfohlen (Klapp 1950, Fischnich 1955, Burghausen 1958). Die Keime vorgetriebener Knollen bilden schon kurze Zeit nach dem Auspflanzen Wurzeln aus und beginnen mit der Wasser- und Nährstoffaufnahme. Bereits in diesem Stadium ist es daher erforderlich, daß ausreichende Mengen von allen Nährstoffen zur Verfügung stehen. Der Anbau erfolgt je nach Klima und Höhenlage in den Monaten April und Mai. In südlichen Anbaugebieten werden Kartoffeln bereits im Februar und März ausgepflanzt.

2. Die Staudenentwicklung

Nach dem Auspflanzen durchstoßen die weiter zu Trieben entwickelten Keime, je nach den Temperaturverhältnissen, innerhalb von 12 bis 20 Tagen den Boden. Der Höhepunkt der Krautentwicklung wird je nach Anbaugebiet und Witterung bei sehr frühen Sorten Mitte Juni, bei mittelfrühreifenden anfangs bis Mitte Juli und bei spätreifen im Laufe des Monates August erreicht. Je nach der sortenbedingt verschiedenen Wüchsigkeit der Stauden ist der Bestand bereits vor, zumindest aber nach dem Erreichen des Höhepunktes der Krautentwicklung geschlossen. Nährstoffgaben in fester Form als Reihenkopfdüngung müssen daher vor diesem Zeitpunkt ausgebracht werden.

Die Zusammensetzung des Kartoffelkrautes hängt naturgemäß stark vom Entwicklungsstadium ab. Nach Becker-Dillingen (1928) sowie nach Untersuchungen von Schmidt und Wehner (1939) beträgt der Trockensubstanzgehalt von frischem Kraut 15% und steigt bis kurz vor der Ernte auf 23% an. Lufttrockenes Kartoffellaub enthält 10% Wasser. Auf Grund der von Stutzer durchgeführten Untersuchungen enthält grün geerntetes, lufttrockenes Kartoffelkraut 0,6% Stickstoff, 0,8% Kali, 1,8% Kalk, 0,15% Phosphorsäure, 0,24% Magnesium, 0,17% Natrium und 0,09% Chlor. Den Hektarertrag von frischem Kraut geben Lehmann und Hornke (1940) mit 120 bis 500 dz an, jenen von lufttrockenem im Mittel mit 106 dz.

3. Die Knollenbildung

Die Knollen entstehen durch Anschwellen der Stolonenenden. In das Gewebe dieser Verdickungen werden Reservestoffe in Form von Stärke, Zucker, Eiweiß, Mineralstoffen, Wuchsstoffen usw. eingelagert. Auf den Vorgang der Knollenbildung wirkt bei manchen Sorten die Tageslänge störend ein (Steineck 1956). Im normalen Verlauf der Ertragsbildung können nun drei, etwas ineinandergreifende Wachstumsphasen unterschieden werden (Steineck 1958, Kopetz-Steineck 1958).

Die erste Phase ist die *Stolonenbildung*, welche etwa drei bis vier Wochen nach Aufgang beginnt, wenn die Triebe 7 bis 10 Laubblätter ausgebildet haben, also lange Zeit vor der Blüte. Im Anschluß daran folgt die zweite Phase der Ertragsbildung, und zwar der *Knollenansatz*. Je nach Reifezeit der Sorten beginnt die Knollenbildung in Jahren mit normaler Witterung etwa 5 bis 7 Wochen nach Aufgang.

Die letzte Phase im Ertragsgeschehen der Kartoffelpflanze ist das *Knollenwachstum*. Es ist dies der längste Abschnitt der Ertragsbildung. Er dauert vom

Beginn der Knollenbildung bis zur Reife. Ein ungestörter Verlauf dieser Wachstumsphase ist Voraussetzung für die Ausbildung normal großer Knollen, denn neben der Ertragskomponente Knollenzahl ist für die Ertragsleistung das Durchschnittsgewicht der Einzelknolle entscheidend (STEINECK 1959).

4. Die Reife

Äußere Kennzeichen des natürlichen Abreifens sind das Zusammensinken des Laubes durch Umlegen der Stengel, ferner das Vergilben und Absterben des Krautes. Die transportfähigen Stoffe wandern restlos in die Knollen und Beeren, soferne solche gebildet wurden, und werden als Reservestoffe abgelagert. Die Stolonen sterben ebenfalls ab und nur die Knollen und Samen bleiben als einzige lebende Organe zurück. Neben der botanischen Reife spielt im Kartoffelbau die Marktreife, hauptsächlich bei Frühkartoffeln, eine Rolle. Ihre Ernte erfolgt bei noch grünem Laub (Ende Juni — anfangs Juli), sobald die Knollen marktgängige Größe erreicht haben. Mittelspäte und späte Sorten werden in der Regel im ausgereiften Zustand (September, Oktober) geerntet.

5. Die Zusammensetzung der Kartoffelknolle

Der Gehalt der Knolle an Inhaltsstoffen ist bei den verschiedenen Sorten großen Schwankungen unterworfen und wird auch durch die jährlich unterschiedlichen Wachstumsbedingungen beeinflußt. Von den aus einer großen Anzahl Untersuchungen errechneten Mittelwerten kommen daher oft erhebliche Abweichungen vor. Im Durchschnitt kann nach KRÖNER und VÖLKSEN (1942) und nach GERICKE (1956) die Zusammensetzung der Frischsubstanz der Knolle wie folgt angegeben werden (Tab. 124).

Tabelle 124. *Zusammensetzung der Kartoffelknolle (Frischsubstanz)*

Stoffe	Durchschnittsgehalt in %	Stoffe	Durchschnittsgehalt in %
Wasser	76,30	K_2O	0,60
Trockensubstanz	23,70	Na_2O	0,04
Stärkewert	17,50	MgO	0,05
Zucker	bis 7,97	CaO	0,02
Rohfaser	0,71	P_2O_5	0,13
Rohprotein	2,00	SO_3	0,06
Rohfett	0,12	SiO_2	0,04
Gesamtasche	1,31	Cl	0,06

Nach Angaben der gleichen Autoren sind von den wichtigsten Spurenelementen im Durchschnitt nachstehende Mengen vorhanden: Fe 9,41 mg-% in Trockensubstanz, B 6,74 mg/kg Trockensubstanz, Mn 1,32 mg-% in Trockensubstanz, Cu 2,25 mg/kg Trockensubstanz, Zn 3 mg/kg Substanz, Co 0,015 mg/kg Substanz, Ti 0,28 mg/kg Substanz, Mo 0,26 mg/kg Trockensubstanz, Br 6,65 mg/kg Trockensubstanz. Von den Vitaminen ist mengenmäßig das Vitamin C am stärksten vertreten (bis zu 50 mg-%), außerdem sind noch die Vitamine A, B_1, B_2, B_6 und K vorhanden. Erwähnenswert ist weiters noch der Solaningehalt, der normalerweise bis zu 20 mg-% in der Frischsubstanz beträgt.

b) Nährstoffaufnahme in Abhängigkeit vom Entwicklungsverlauf

Untersuchungen über den zeitlichen Verlauf der Nährstoffaufnahme und der Trockensubstanzbildung der Kartoffelpflanze liegen eine Reihe vor. Angaben darüber werden von REMY (1928) und BECKER-DILLINGEN (1928, 1934) gemacht. OPITZ (1930) gibt auf Grund der Untersuchungen von LIEBSCHER eine übersichtliche Darstellung der Nährstoffaufnahme und Trockensubstanzbildung einer mittelspäten Kartoffelsorte. Danach steigt die Nährstoffaufnahme Mitte Juni stark an und zur Zeit des Blühbeginnes werden von allen Nährstoffen die größten Mengen aufgenommen. Kali wird am raschesten aufgenommen, an zweiter Stelle folgt Stickstoff und die Aufnahme der Phosphorsäure erfolgt am langsamsten.

Eingehend hat sich mit der Frage des zeitlichen Verlaufes der Nährstoffaufnahme ULRICH (1929) beschäftigt. Am Wachstumsbeginn werden die Bodennährstoffe im geringen Umfang beansprucht. Die Nährstoffaufnahme eilt der Trockensubstanzbildung stark voraus, erreicht im Juni-Juli ihren Höhepunkt und nimmt dann wieder ab. Aus den Entzugszahlen für die Monate April bis September geht hervor, daß bei sehr frühen Sorten die Aufnahme aller Nährstoffe von Ende Mai bis 20. Juni sprunghaft ansteigt. Der Tagesbedarf ist in diesem Zeitraum höher als er jemals bei mittelfrühen und späten Sorten ist. Nach BERKNER (1936) liegen bei Frühsorten Nährstoffaufnahme und Substanzbildung zeitlich nahe beisammen, während bei mittelfrüh bis spät reifenden Sorten die Nährstoffaufnahme der Trockensubstanzbildung stark vorauseilt. Zahlenmäßige Angaben über die Aufnahme von Stickstoff, Phosphorsäure und Kali finden sich bei REMY und DEICHMANN (1931) für Sorten verschiedener Reifezeit, welche in Tab. 125 angegeben sind.

Tabelle 125. *Zeitlicher Verlauf der Nährstoffaufnahme bei der Kartoffel in kg/ha* (nach REMY und DEICHMANN 1931)

Reifegruppe Wachstumszeit Ertrag	Nährstoff	Aufgenommene Nährstoffmenge kg/ha						Gesamtaufnahme kg/ha
		April	Mai	Juni	Juli	Aug.	Sept.	
Früh	N	3	20	77	—	—	—	100
70 Tage	P_2O_5	2	6	22	—	—	—	30
200 dz/ha	K_2O	10	32	98	—	—	—	140
Mittelfrüh	N	—	19	55	39	—	—	113
90 bis 100 Tage	P_2O_5	—	6	15	13	—	—	34
225 dz/ha	K_2O	—	29	80	48	—	—	157
Mittelspät	N	—	13	39	46	22	5	125
120 Tage	P_2O_5	—	3	9	14	9	3	38
250 dz/ha	K_2O	—	16	63	61	30	5	175
Spät	N	—	12	40	55	29	14	150
150 Tage	P_2O_5	—	3	11	14	10	7	45
300 dz/ha	K_2O	—	10	61	69	55	15	210

Der Aufnahmeverlauf der Nährstoffe entspricht, wie aus den gebrachten Zahlen hervorgeht, grundsätzlich den von ULRICH (1929) und OPITZ (1930) dargestellten. Bei allen Sorten steigt, je nach Reifezeit in verschiedenen Zeiträumen, die Nährstoffaufnahme allmählich zu bedeutender Höhe an und fällt bis unmittelbar vor dem Abschluß der Vegetation wieder etwas ab. Der Spitzenbedarf fällt zeitlich mit dem Höhepunkt der Entwicklung zusammen (Remy und Deichmann 1931). Nach Untersuchungen von Berkner (1936) verlängert eine Kalidüngung in Form von Kaliumchlorid die Dauer der Nährstoffaufnahme. Blanck und Heukeshoven (1937) konnten feststellen, daß die Nährstoffaufnahme der Bildung der oberirdischen Organe vorauseilt, mit der Stolonen- und Knollenbildung jedoch ziemlich gleichlaufend ist. Bei der Blüte ist der Nährstoffbedarf am höchsten, weil zu diesem Zeitpunkt die Krautentwicklung ihren Höhepunkt erreicht und das Knollenwachstum bereits in vollem Gang ist. Untersuchungen über Wachstumsverlauf und Aufnahme der Nährstoffe liegen von Wagner (1933) und von Van Itallie (1939) vor. Die Angaben von Scheffer (1952) darüber sind mit den Ergebnissen früherer Untersuchungen gleichlautend.

c) Ansprüche an die Lichtperiodik

Als Maß für die Tageslängenreaktion der Kartoffel wurde von Garner und Allard (1923) die Knollenbildung herangezogen. Danach beurteilt, ist die Kartoffel als *Kurztagpflanze* anzusprechen. Die Befunde der später von McClelland (1928), Schick (1931), Rasumov (1931), Hackbarth (1935), Stelzner und Torka (1940), Driver und Hawkes (1943) durchgeführten Untersuchungen decken sich zum Teil mit den Ergebnissen von Garner und Allard (1923). Es konnten Kultursorten gefunden werden, welche auch bei längeren Tagen Knollen ausbildeten. Diese Tatsache führte dazu, daß man solche Formen als tagneutrale Typen bezeichnete oder sogar in die Gruppe der Langtagpflanzen einreihte.

Die Begriffsbestimmung nach der Hypothese von Kopetz (1937, 1937a, 1956, Whyte 1946) ermöglicht eine eindeutige Charakterisierung der photoperiodischen Reaktion der Kartoffel. Gestützt auf zahlreiche in den letzten Jahren durchgeführte Untersuchungen (Kopetz-Steineck 1954, Schulze 1954, Steineck 1955, 1956) läßt sich das photoperiodische Verhalten der Kartoffelpflanze in der Betrachtungsweise der Hypothese von Kopetz wie folgt darstellen.

Maßgeblich für die Beurteilung der Tageslängenwirkung ist die „kritische Tageslänge“, welche die Grenze zwischen Langtag und Kurztag ist. Sie kommt normalerweise zweimal im Jahr vor, und zwar wird sie im Frühjahr bei zunehmendem Tag erreicht und überschritten und bei abnehmendem Tag erreicht und unterschritten. Alle Tage *vor* dem Überschreiten (1. Grenzgebiet) und *nach* dem Unterschreiten (2. Grenzgebiet) der „kritischen Tageslänge“ sind im photoperiodischen Sinn *Kurztage*. Die Kartoffel kann nur in diesem Zeitraum Knollen ausbilden, die Blütenbildung ist jedoch im Kurztagklima gehemmt. Alle Tage *nach* dem Überschreiten (1. Grenzgebiet) und *vor* dem Unterschreiten (2. Grenzgebiet) der „kritischen Tageslänge“ sind *Langtage*. Unter diesen Tageslängenverhältnissen ist die Knollenbildung gehemmt. Die Hemmung äußert sich in üppiger Krautentwicklung, starker Blüte und in der Ausbildung langer (wilder) Stolonen, welche zum Teil aus dem Boden wachsen und keine Knollen ansetzen.

Die „kritische Tageslänge“ ist nun nicht bei allen Sorten gleich hoch. In dieser Hinsicht können Sortengruppen mit hohen, mittleren und geringen Tageslängenansprüchen unterschieden werden. Sorten mit hohen Anforderungen an die „kritische Tageslänge“ ($15^1/_2$ bis 16 Stdn.) erreichen den Tageslängenschwellwert erst sehr spät oder überhaupt nicht und sind daher in der Knollenbildung nicht gestört, *da auch die langen Sommertage für sie photoperiodisch Kurztage sind.* Bei Sorten mit mittleren bis geringen Anforderungen (14 bis $15^1/_2$ Stdn.) liegen die Verhältnisse anders. Sie erreichen und überschreiten die „kritische Tageslänge“

und sind während eines Teiles ihrer Wachstumszeit in der Knollenbildung infolge der Langtagwirkung gehemmt. Sorten, welche auch während der langen Tage im Sommer ungestört Knollen bilden können, sind daher keine Langtagpflanzen, *sondern Kurztagpflanzen mit hoher „kritischer Tageslänge“*.

d) Wasserbedarf der Kartoffelkultur

Der Wasserbedarf der Kartoffelpflanze steht in engem Zusammenhang mit der Wachstumsdauer der Sorte. Die ertragreicheren Spätsorten mit langer Vegetationszeit benötigen mehr Wasser als die weniger ertragsfähigen Frühsorten mit kürzerer Entwicklungszeit. Nach Möller (1952) fordert Wohltmann als günstigste Niederschlagsversorgung auf mittleren Lehmböden 510 mm, offenbar für eine mittelfrühe Sorte, mit folgender Verteilung: Oktober bis März 280 mm, April 40 mm, Mai 50 mm, Juni 60 mm, Juli 80 mm. In einem Sortenstreuversuch von Jähnl waren 500 bis 600 mm Niederschlag während der Wachstumszeit für Spätsorten am günstigsten. 900 bis 1000 mm beeinträchtigten die Ertragsleistung erheblich (Steineck 1957).

Genaueren Aufschluß über den Wasserbedarf der Kartoffelpflanze geben Untersuchungen des Wasserverbrauches. Ergebnisse darüber werden von verschiedenen Autoren mitgeteilt. Der Wasserverbrauch steht naturgemäß in engem Zusammenhang mit dem Wachstumsverlauf der Pflanze. Er ist vom Beginn der Entwicklung bis zum Höhepunkt des Staudenwachstums und der Knollenbildung ansteigend und sinkt bis zur Reife wieder ab. Von mittelspäten Sorten wird die Bodenfeuchtigkeit nach der Blüte anfangs Juli wesentlich angegriffen (Freckmann und Baumann 1938). Nach Atanasiu (1948) folgt der zeitliche Wasserverbrauch dem Wachstumsgesetz und zeigt nach der Untersuchung von Mitscherlich und Beutelspacher (1938) folgenden Verlauf (Tab. 126).

Tabelle 126. *Zeitlicher Verlauf des Wasserverbrauches*

Düngungsstufe	Wasserverbrauch in mm nach							
	20 Tagen	33 Tagen	47 Tagen	56 Tagen	76 Tagen	93 Tagen	108 Tagen	133 Tagen
Ungedüngt	49,9	89,3	125,6	—	208,4	239,6	277,4	312,9
Mineraldüngung	65,9	114,6	—	152,7	238,6	277,8	294,5	331,8
Stallmist	67,7	81,3	127,9	137,3	207,3	240,1	267,5	314,3
Stallmist + Mineraldünger	85,1	109,6	154,2	179,2	233,5	262,3	—	336,3

Aus dieser Zusammenstellung ist zu ersehen, daß der Verbrauch an Wasser bei den mit Mineraldünger gedüngten (400 kg/ha Superphosphat, 800 kg/ha Kaliumsulfat und 600 kg/ha Ammoniumsulfat) und bei den mit Stallmist (400 dz/ha) und Stallmist + vorstehender Mineraldüngung versorgten Pflanzen früher als bei den nicht gedüngten einsetzt. Der Gesamtwasserverbrauch weist jedoch nach Wachstumsabschluß praktisch keine Unterschiede auf. Bringt man die Trockensubstanzerträge mit dem Wasserverbrauch in Beziehung, dann ergibt sich folgendes Bild (Tab. 127).

Der Wasserverbrauch ist bei allen Düngungsstufen praktisch gleich hoch, der Trockensubstanzertrag steigt jedoch bei besserer Nährstoffversorgung an. Die verbrauchte Wassermenge ist somit unabhängig von der Ertragshöhe. *Der Wasserverbrauch je 1 kg Trockensubstanz* unterliegt jedoch großen Schwankungen. Je höher der Ertrag durch die reichlichere Nährstoffversorgung wird, um so geringer ist die zur Erzeugung von 1 kg Trockensubstanz erforderliche Wassermenge. Die Besserstellung anderer Wachstumsfaktoren bewirkt eine rationellere Wasserausnützung. Die Effektivität des zur Verfügung stehenden Wassers wird erhöht (Mitscherlich und Beutelspacher 1938, Bracken 1941, Atanasiu 1948, Baumann 1950). Der relative Wasserverbrauch oder der Transpirationskoeffizient ist um so höher, je günstiger die Wasserverhältnisse sind (Mitscherlich 1950).

Tabelle 127. *Verbrauchte Wassermenge in Liter je 1 kg Trockensubstanz* (nach Mitscherlich und Beutelspacher 1938)

Düngung	Wasserverbrauch in Liter/m²	Trockensubstanzertrag kg/m²	Wasserverbrauch je 1 kg Trockensubstanz in Liter
Ungedüngt	312,9	0,450	693
Mineraldüngung	331,8	0,928	357
Stallmist	314,3	0,741	428
Stallmist + Mineraldüngung	336,3	1,049	320

Zur Errechnung des Wasserbedarfes einer Kulturpflanze wird vielfach der Transpirationskoeffizient herangezogen. Bedingt durch die großen Schwankungen, welche der Wasserverbrauch für die Gewichtseinheit gebildeter Trockensubstanz unterliegt, ist nur eine rein größenordnungsmäßige Berechnung des Wasserbedarfes möglich. Nach Scheffer (1952) nimmt man im allgemeinen einen mittleren Transpirationskoeffizienten von 300 bis 400 l Wasser je 1 kg Trockensubstanz an.

Die Wasserversorgung ist für die Ertragsbildung der Kartoffelpflanze von entscheidender Bedeutung (Steineck 1957, Kopetz-Steineck 1958). Sie muß in allen Entwicklungsphasen ausreichend sein, damit die höchstmögliche Stolonenzahl und somit auch das Knollenpotential einer Sorte ausgeschöpft wird. Ein zu geringes Wasseranbot während der Stolonenbildung und des Knollenansatzes bedingt eine Verringerung der Knollenzahl je Staude. Das Knollenwachstum wird durch eine unzureichende Wasserversorgung stark beeinträchtigt. Besonders ungünstig wirkt sich während dieser Wachstumsphase abwechselnd trockene und feuchte Witterung aus. Für die Feldberegnung ergibt sich auf Grund dieser Tatsachen die Forderung nach einem ständig gleich hoch zu haltenden Wasseranbot vom Beginn bis zum Abschluß des Wachstums. Nur unter diesen Bedingungen ist die normale Ertragsbildung der Kartoffelpflanze gesichert.

e) Anbauflächen und Durchschnittshektarerträge der wichtigsten Staaten

Einen Überblick über die Kartoffelweltproduktion vermittelt die Verteilung der Anbauflächen und die in den einzelnen Erzeugungsgebieten erzielten Durchschnittshektarerträge. Nach den Erhebungen der F.A.O., veröffentlicht im Yearbook of Food and Agricultural Statistics (1957), zeigen Gesamtanbaufläche und Durchschnittshektarerträge folgende Verteilung bzw. Höhe in den einzelnen Erdteilen (ohne UdSSR; Tab. 128).

Das Schwergewicht der Weltkartoffelproduktion liegt eindeutig in Europa. Auf diesen Erdteil entfallen allein 73% der Gesamtanbaufläche. Weiterhin weisen noch Asien mit 12% und Nord- und Südamerika mit 13,5% einen nennenswerten

Tabelle 128. *Verteilung der Gesamtanbaufläche der Erde und Höhe der Durchschnittshektarerträge 1948 bis 1956*

Erdteil	Anbaufläche		Durchschnittsertrag dz/ha
	in 1000 ha	%	
Europa	9,425	72,9	143
Nordamerika	786	6,1	161
Südamerika	955	7,4	54
Asien	1,538	11,9	70
Afrika	166	1,3	65
Australien und Neuseeland	56	0,4	106
Insgesamt Erde	12,926	100,0	128

Kartoffelanbau auf, während Afrika und Australien in ihrer allgemeinen Bedeutung stark in den Hintergrund treten. Für die wichtigsten Länder können im einzelnen über den Kartoffelbau folgende Angaben gemacht werden (Tab. 129).

Tabelle 129. *Anbauflächen und Durchschnittshektarerträge der wichtigsten Länder der Erde (1948 bis 1956)*

Land	Anbaufläche in 1000 ha	Durchschnittsertrag dz/ha	Land	Anbaufläche in 1000 ha	Durchschnittsertrag dz/ha
Belgien	89	283	Ungarn	245	78
Bulgarien	31	84	Kanada	157	134
Dänemark	107	192	Mexiko	32	46
Deutschland (West)	1155	195	USA.	627	170
Deutschland (Ost)	818	168	Argentinien	198	65
Finnland	93	136	Bolivien	92	34
Frankreich	1107	139	Brasilien	157	49
Griechenland	37	109	Chile	55	92
Großbritannien	448	191	Columbien	109	49
Irland	130	208	Ekuador	27	46
Italien	392	76	Peru	223	58
Jugoslawien	241	71	Uruguay	15	38
Luxemburg	8	184	Venezuela	10	26
Niederlande	175	200	China	338	55
Norwegen	59	200	Indien	252	67
Österreich	177	144	Japan	209	123
Polen	2622	116	Südkorea	43	53
Portugal	89	122	Türkei	90	84
Rumänien	229	101	Ägypten	13	154
Schweden	129	134	Algerien	23	94
Schweiz	57	200	Madagaskar	22	36
Spanien	358	102	Ruanda-Urundi	15	76
Tschechoslowakei	624	124	Südafrikan. Union	55	94

In Europa entfällt der überwiegende Teil der Kartoffelanbaufläche auf die mittel- und nordeuropäischen Staaten. Der Charakter der Kartoffel als Pflanze des gemäßigten Klimas kommt in dieser Verteilung zum Ausdruck und es werden auch in diesen Gebieten die höchsten Durchschnittshektarerträge erzielt.

f) Die Düngung der Kartoffel

Die Grundsätze für die Art und Menge der Nährstoffversorgung im Wege der Düngung ergeben sich aus der hohen Ertragsfähigkeit, dem Verlauf der Ertragsbildung und der Nährstoffaufnahme, der Empfindlichkeit gegen bestimmte Formen von Mineraldüngern und den Eigenheiten der Stoffproduktion der Kartoffelpflanze. Auch spielt in dieser Hinsicht die Hauptproduktionsrichtung des Kartoffelbaues eine erhebliche Rolle. Die Nährstoffzufuhr ist aus bestimmten Gründen (Viruskrankheiten) im Saatkartoffelbau zum Teil anders zu handhaben als im Konsumkartoffelbau.

1. Nährstoffentzug und durchschnittliche Ertragsleistungen

Die Kartoffel entzieht als hoch ertragsfähige Pflanze dem Boden große Nährstoffmengen. Durch umfangreiche eigene Versuche und durch Einbeziehung der Ergebnisse anderer Autoren konnten KÖHNLEIN und KNAUER (1957) den Phosphorsäure- und Kalientzug im Durchschnitt ermitteln. Sie geben je 100 dz Knollenertrag für Kartoffeln + Kraut die entzogene Menge P_2O_5 mit 14 kg und K_2O mit 100 kg an. Bei Kartoffeln ohne Kraut betragen die Entzugswerte für P_2O_5 12 kg und für K_2O 60 kg für den gleichen Knollenertrag. Dieselbe Mengeneinheit Knollen und 30 dz Kraut entziehen nach SCHEFFER (1952) 44 kg N, 21 kg P_2O_5, 74 kg K_2O und 23 kg CaO. KLAPP (1952) gibt je 100 dz Knollenertrag einen Reinnährstoffentzug von 50 kg N, 20 kg P_2O_5, 80 kg K_2O und 30 kg CaO an. Rein größenordnungsmäßig stimmen die in Versuchen mit verschiedenen Sorten ermittelten Entzugswerte überein.

Die Höhe des Ertrages steht in engem Zusammenhang mit der Reifezeit der Sorten. Unter normalen Wachstumsbedingungen bewegen sich, je nach der Lage des Anbaugebietes, die durchschnittlichen Ertragsleistungen bei den Sorten der verschiedenen Reifegruppen in folgenden Grenzen:

Treibsorten (Erstling, Sirtema, Oberarnbacher Frühe), geerntet bei grünem Laub: 150 bis 220 dz/ha;

Frühsorten (Sieglinde, Allerfrüheste Gelbe, Bintje), geerntet bei grünem Laub: 180 bis 250 dz/ha;

mittelfrühe Sorten (Niederarnbacher Jakobi, Fina, Lori, Erika, Bona): 240 bis 320 dz/ha;

mittelspäte und späte Sorten (Maritta, Voran, Agnes, Panther): 280 bis 400 dz/ha.

Bedingt durch das unterschiedliche Ertragsvermögen ist naturgemäß der Nährstoffverbrauch der Sorten der einzelnen Reifegruppen verschieden hoch. Unter Berücksichtigung dieser Tatsache läßt sich für die Erstellung des Düngungsplanes die jeweils erforderliche Nährstoffmenge ermitteln. Besonders für eine Düngung, welche auf den Ersatz der verbrauchten Nährstoffe bedacht nimmt (KOPETZ 1958), stellen die angegebenen Entzugswerte eine brauchbare Basis für die Düngerbemessung dar.

2. Grundlagen der Düngerbemessung

Die Kartoffel beginnt mit der Wasser- und Nährstoffaufnahme, sobald die Keime Wurzeln bilden. Es ist daher erforderlich, daß bereits zu diesem frühen Zeitpunkt ein Anbot in der notwendigen Höhe von allen Nährstoffen gegeben ist und dieses während der ganzen Wachstumszeit konstant erhalten bleibt (KOPETZ 1952). Was die Erstellung des geforderten Nährstoffanbots anlangt, erfolgt dies bei den einzelnen Nährstoffen, bedingt durch ihr unterschiedliches Verhalten im Boden, in verschiedener Weise.

Stickstoff kann in Form von Handelsdüngern wegen seiner leichten Löslichkeit und Beweglichkeit und der damit verbundenen Auswaschungsgefahr nicht auf Vorrat gedüngt werden. Es ist deshalb erforderlich, speziell bei diesem Nährstoff das Anbot nahezu in seiner vollen Höhe zu erstellen. Bei Stickstoff kann daher die Düngerbemessung, mit Ausnahme nach stickstoffsammelnden Vorfrüchten, nicht auf hohen Vorräten im Boden basieren. Der Nährstoffentzug gibt einen Anhaltspunkt über die Höhe des Anbots. Zu seiner Aufrechterhaltung ergibt sich vor allem bei mittelspäten bis späten Sorten die Notwendigkeit, auch zu einem späteren Zeitpunkt Stickstoff zuzuführen, um die entzogene Menge zu ersetzen und das Anbot mit diesem Nährstoff bis zum Wachstumsabschluß aufrechtzuerhalten.

Anders sind die Verhältnisse bei *Phosphorsäure* und *Kali* gelagert. Sie können beide auf Vorrat gedüngt werden, vor allem Phosphorsäure auf Grund der geringen Beweglichkeit. Für beide Nährstoffe stellt das durch die Bodenuntersuchung ermittelte pflanzenaufnehmbare Nährstoffkapital „b" ein Maß für die Höhe des Anbotes dar. Nach KOPETZ (1958, 1960) ist rein größenordnungsmäßig ein Versorgungsgrad bei Phosphorsäure von mindestens 10 mg/100 g Boden und bei Kali von 25 mg/100 g Boden nach EGNÉR-RIEHM anzustreben. Welchem Versorgungsgrad die angeführten Milligrammwerte dem durch andere Verfahren der Bodenuntersuchung festgestellten entsprechen, läßt sich mit dem von EHRENDORFER (1960) auf Grund eines Methodenvergleiches ermittelten Umrechnungsschlüssel einfach errechnen. Bei der geforderten Höhe der Versorgung ergibt sich ein Vorrat von 300 kg/ha P_2O_5 und 750 kg/ha K_2O. Wird für die Kartoffel eine Ausnützung von 25% für Phosphorsäure und 30% für Kali angenommen, dann ist der Nährstoffverbrauch bei dieser Höhe des Phosphorsäure- und Kalispiegels gedeckt.

Unter diesen Voraussetzungen ist für die Düngerbemessung der Nährstoffentzug maßgebend. Es kann eine reine Ersatzdüngung betrieben werden. Nur die entzogenen Nährstoffmengen sind wieder zuzuführen, um das Anbot von Phosphorsäure und Kali wieder auf die erforderliche Höhe zu bringen. Ist jedoch der Boden unterversorgt, dann sind wesentlich größere Nährstoffmengen als die entzogenen zu geben, um neben dem Ersatz eine Anreicherung zu erzielen. Grundlegende Voraussetzungen für die Düngerbemessung sind somit Nährstoffentzug und Versorgungsgrad des Bodens.

3. Düngemittel

Im Kartoffelbau gelangen Wirtschaftsdünger, hauptsächlich Stallmist, und Mineraldünger zur Anwendung. Während die Nährstoffversorgung größtenteils durch die Handelsdünger erfolgt, ist der Stallmist heute in erster Linie Bodendünger. Die Kartoffel stellt an die Düngemittel bestimmte Anforderungen, welche im Rahmen der Düngungsmaßnahmen zu berücksichtigen sind.

A. Wirtschaftsdünger und Gründüngung

Stallmist wird von mittelfrühen bis späten Sorten infolge der längeren Wachstumszeit besser als von sehr frühen bis frühen Sorten verwertet. Die Kartoffel ist zweifellos jene Pflanze, welche langsam zersetzende Wirtschaftsdünger bestens ausnutzt. Die lockernde Wirkung des Stallmistes auf mittleren bis schweren Böden ist für die Luftzufuhr zu den luftbedürftigen unterirdischen Sproßorganen

(Stolonen, Knollen) von großer Bedeutung. Gut verrotteter Stallmist zeigt die beste Wirkung, reicht jedoch allein auch bei sehr hohen Gaben nicht aus, den Nährstoffbedarf der Kartoffel zu decken. Diese bereits mehrfach nachgewiesene Tatsache zeigt auch ein von RIETHUS (1950) mit der Sorte Ackersegen durchgeführter Versuch, dessen Ergebnis aus Tab. 130 ersichtlich ist.

Tabelle 130. *Wirkung von Stallmist und Mineraldüngern auf Ertrag und Stärkegehalt der Sorte Ackersegen*

Düngung	Ertrag dz/ha	Stärkegehalt %
ungedüngt	156,7	15,6
Stallmist (300 dz/ha)	220,8	15,3
Mineraldüngung (100 kg N, 80 kg P_2O_5, 120 kg K_2O)	204,6	15,9
Stallmist + Mineraldüngung (100 kg N, 80 kg P_2O_5, 120 kg K_2O)	283,0	16,4

Höchster Ertrag und höchster Stärkegehalt zeigt die kombinierte Stallmist-Mineraldüngung. *Jauche* ist ebenfalls ein geeigneter Wirtschaftsdünger für Kartoffeln. Nach SCHEFFER (1952) dürfen jedoch keine zu hohen Gaben verabreicht werden, da die Gefahr einer Qualitätsverschlechterung gegeben ist.

Gründüngung wirkt sich auf allen Bodenarten günstig aus, besonders wenn als Gründüngungspflanzen stickstoffsammelnde Leguminosen zum Anbau gelangen. Die Wirkung der Gründüngung ist nicht so nachhaltig wie die einer Stallmistgabe von 200 dz/ha. Auf besseren Böden ist selbst eine gut gelungene Gründüngung dem Stallmist nicht gleichwertig, auf leichteren Böden stellt sie einen fast vollwertigen Ersatz dar (THIEMANN 1952, KLAPP 1952). Die Pflanzen schließen den Boden auf und machen ihn für die Wurzeln der Kartoffel wegsam, besonders Lupinen und Kleearten. Speziell auf schweren Böden bewährt sich eine Kombination von Gründüngung und Stallmist (THIEMANN 1952).

B. Mineraldünger

Ganz allgemein sind nach Untersuchungen von ENGELS (1930) und BERKNER (1941) auf schwach sauren bis neutralen Böden bei einer „sauren Düngung“, bestehend aus physiologisch sauren Mineraldüngern, die Ertragsleistungen höher als bei Verabreichung der gleichen Reinnährstoffmengen durch physiologisch-alkalische Düngemittel (alkalische Düngung). Nach EICHINGER (1932), DHEIN (1938) und HOFFMANN (1955) wirken saure Düngemittel schorfhemmend, alkalische dagegen begünstigen die Verbreitung dieser Knollenkrankheit.

Von den *Stickstoffdüngern* eignet sich für den Kartoffelbau das schwefelsaure Ammonium am besten (ENGELS 1930, BIEREI 1930, SCHMITT und BRAUER 1956, KÜRTEN 1958). Zweifellos spielt die physiologische Reaktion und die im Vergleich zu den Salpeterdüngern etwas langsamere Wirkung eine Rolle. Jedoch auch dem Gehalt an Schwefel kommt im Zusammenhang mit der Versorgung der Kartoffel mit diesem Nährstoff Bedeutung zu. Die Kartoffel nutzt den in Ammoniumform angebotenen Stickstoff besser als Nitratstickstoff aus (ENGELS 1930). Kalkammonsalpeter oder Nitramoncal eignet sich daher besser für den Kartoffelbau als die reinen Salpeterdünger.

Entscheidend für die Wahl der *Phosphorsäuredünger* ist die Bodenreaktion. Auf Böden mit saurer bis schwach saurer Reaktion, welche der Kartoffel am zusagendsten sind, kommen daher Thomasmehl, Rhenaniaphosphat und Hyperphosphat Reno normalerweise in Frage. Auf schwach sauren bis schwach alkalischen Böden dagegen ist Superphosphat der gegebene Phosphorsäuredünger.

An die *Kalidünger* stellt die Kartoffel besondere Anforderungen. Bedingt durch ihre Chlorempfindlichkeit wirken, kurz vor dem Anbau gestreut, alle chlorhaltigen Kalidünger erniedrigend auf den Ertrag und vielfach mindernd auf die Qualität (NEMEC 1941). ASDONK und JACOB (1941) konnten in einer zusammenfassenden Auswertung von 3750 Versuchen mit verschiedenen Kalidüngern feststellen, daß Patentkali und schwefelsaures Kali dem 40- und 50%igem Kalidüngesalz in der ertragssteigernden Wirkung eindeutig überlegen sind.

Kalkdünger werden unmittelbar nur auf extrem sauren oder solchen Böden angewendet, die sich in schlechtem Strukturzustand befinden. Für die von HARTMANN (1930) empfohlene Kopfkalkung eignen sich Branntkalk und Mischkalk. Kohlensaurer Kalk wirkt zu langsam. Für die Versorgung der Kartoffel mit *Magnesium* sind Patentkali und Dolomitkalk die gegebenen Düngemittel. Als *Volldünger* eignen sich für den Kartoffelbau nur solche, die chlorfrei sind, da sie erst unmittelbar vor dem Anbau ausgebracht werden. Bei Zweinährstoffdüngern, die Phosphorsäure und Kali enthalten, spielt der Chlorgehalt keine so große Rolle, wenn sie, wie das normalerweise der Fall ist, im Herbst eingeackert werden. Bei Auftreten von *Spurenelementmangel* gelangen entweder spurenelementhaltige Einzeldünger oder Mehrnährstoffdünger zur Anwendung. Jedoch auch Spurenelementeinzeldünger, wie Borax, Borsäure, Mangansulfat und Kupfersulfat eignen sich zur Sicherung der Versorgung mit Mikronährstoffen.

4. Düngung und Ertrag

Das Ertragsgeschehen der Kartoffel wird durch die Höhe der Nährstoffgaben, zugeführt in Form geeigneter Mineraldünger, maßgeblich beeinflußt. Ihre Wirkung wird durch Stallmist wohl erhöht, es gelingt jedoch auch, durch die alleinige Anwendung von Mineraldüngern hohe Ertragsleistungen zu erzielen. Die Handelsdünger stellen daher im Kartoffelbau einen entscheidenden Produktionsfaktor dar, da sie, richtig eingesetzt, eine der wesentlichsten Voraussetzungen für hohe Erträge sind. Die Nährstoffversorgung im Wege der Düngung umfaßt Hauptnährstoffe und Spurenelemente.

A. Hauptnährstoffe

Die Wirkung der Nährstoffe Stickstoff, Phosphorsäure, Kali und Kalk auf den Ertrag der Kartoffel wurde in zahlreichen Versuchen untersucht. Zur Veranschaulichung der Ertragsbildung in Abhängigkeit von der Düngung seien die Ergebnisse von Steigerungsversuchen mit Stickstoff (PRIMOST 1952), Phosphorsäure (BÄRMANN 1957) und Kali (SCHMIDT 1957) angeführt (Tab. 131).

Tabelle 131. *Ertrag der Kartoffel in Abhängigkeit von der Düngung*

Stickstoff			Phosphorsäure			Kali		
N kg/ha	Ertrag dz/ha	Rel. %	P_2O_5 kg/ha	Ertrag dz/ha	Rel. %	K_2O kg/ha	Ertrag dz/ha	Rel. %
0	256,3	100,0	0	239	100,0	0	275,1	100,0
80	356,8	138,5	30	257	107,5	125	285,4	103,7
110	370,6	144,5	60	266	111,3	160	289,9	105,4
150	387,1	151,0	90	274	114,6	210	295,8	107,5
200	413,4	161,0	120	283	118,4	—	—	—

Von allen drei Nährstoffen wird durch steigende Gaben das Ertragsgeschehen im Sinne des Wirkungsgesetzes der Wachstumsfaktoren (MITSCHERLICH 1950) beeinflußt. Durch eine Erhöhung der Nährstoffmenge um den gleichen Betrag wird der erzielte Ertragszuwachs immer geringer.

Die Grunddüngung der *Stickstoff*-Steigerungsreihe betrug je 1 ha 400 kg Thomasmehl und 600 kg Patentkali. 200 kg granuliertes Superphosphat wurden zusätzlich als Kopfdüngung gegeben. Stickstoff wurde als schwefelsaures Ammonium verabreicht, und zwar ein Teil der Gesamtmenge als Grunddüngung, der Rest in zwei Teilgaben. Durchgeführt wurde der Versuch mit der Sorte Ackersegen. Gleichsinnige Ergebnisse mit steigenden ungeteilten Stickstoffgaben zu Kartoffeln werden von BIEDERBECK, KEESE und REITH (1938), RAUTER (1955), BUCHNER (1956), KÜRTEN (1957) und VOGEL (1958) mitgeteilt. BUCHNER (1957) konnte in einem Versuch mit mehreren Sorten verschiedener Reifezeit feststellen, daß Mittelfrühe, Suevia, Ackersegen und Benedikta bei 90 kg/ha N bereits den höchsten Ertrag erzielten und eine Erhöhung der Gabe keine Steigerung mit sich brachte, während bei Augusta, Maritta, Panther und Capella eine Erhöhung auf 120 kg/ha N noch mit einem deutlichen Ertragsanstieg verbunden war. Über die Beeinflussung der Düngerwirkung von Stickstoff durch die Tageslänge bei Kartoffeln liegen Ergebnisse von SCHULZE (1958) vor. Je länger der Tag und je höher die Stickstoffgabe war, um so mehr Laub und um so weniger Knollen wurden gebildet.

Der Einfluß steigender *Phosphorsäuregaben* auf den Ertrag der Kartoffel ist aus den in Tab. 131 angeführten Zahlen gut ersichtlich. Es handelt sich um ein Durchschnittsergebnis von 227 Versuchen, welche im Mittel als Grunddüngung pro Hektar 278 dz Stallmist, 84 kg N und 132 kg K_2O erhalten hatten. Verwiesen sei in diesem Zusammenhang noch auf die Ergebnisse von GERICKE (1940, 1941, 1943), KRÜGEL, DREYSPRING, LOTTHAMMER und DOERELL (1941), SCHMITT und BRAUER (1956) und FLEISCHEL (1957), welche grundsätzlich die gleiche ertragssteigernde Wirkung der Phosphorsäure erkennen lassen.

Ebenso wirkt sich eine Steigerung der *Kaligaben* bei den im Versuch gegebenen Stickstoff- (90 kg N/ha) und Phosphorsäuremengen (120 kg P_2O_5/ha) in einer Erhöhung des Ertrages aus. Desgleichen zeigen dies die von NIESCHLAG (1960) mitgeteilten, aus zahlreichen Versuchen in verschiedenen Jahren gewonnenen Ergebnisse. Das Ausmaß der Ertragserhöhung ist jedoch geringer als das durch steigende Stickstoff- und Phosphorsäuregaben erzielte. Die Auswertung zahlreicher Versuche durch ASDONK und JACOB (1941) gibt ebenfalls Aufschluß über das Ausmaß der Kaliwirkung auf den Ertrag. Patentkali und schwefelsaures Kali haben sich in der ertragssteigernden Wirkung den chlorhaltigen Kalidüngern eindeutig als überlegen erwiesen.

Die Abhängigkeit und Beeinflussung des Ertrages durch *Kalk* wurden eingehend von HARTMANN (1930, 1954) untersucht. Er empfiehlt für kalkbedürftige Böden eine Kopfkalkung in einer Höhe bis zu 1500 kg Branntkalk auf Grund von Untersuchungen, in welchen eine Ertragserhöhung durch diese Maßnahme erzielt wurde. Untersuchungsergebnisse über die ertragssteigernde Wirkung von Kalk, verabreicht in Form von Mergel, teilt GERICKE (1951) mit. In einem Versuch mit steigenden Gaben von Branntkalk als Kopfdüngung bei einer Volldüngung je ha von 300 dz Stallmist, 215 kg Leunasalpeter, 300 kg Thomasmehl und 225 kg 40%igem Kalisalz erzielte HARTMANN (1954) bei der Sorte Parnassia folgende Ertragssteigerung: Ohne Kalk 234 dz/ha, 15 dz Kalk 287 dz/ha und 22,5 dz Kalk 322 dz/ha. TEICHMANN (1955) konnte auf verschiedenen Bodenarten ebenfalls eine deutliche ertragserhöhende Wirkung der Kalkdüngung im Durchschnitt dreijähriger Versuche nachweisen. BADEN (1957) empfiehlt für Sandmisch-Kulturen in den nordwestdeutschen Hochmoorgebieten 1000 bis 2000 kg Kalk/ha zu Kartoffeln. Eine Mehrleistung von 10% erzielte DUNKER (1957) durch Gaben von 1300 kg Kalk im Durchschnitt von 158 Versuchen.

Der Entzug von *Magnesium* durch die Kartoffel wird von KEKUCH (1954) mit 40 kg MgO/ha bei einer Ernte von 200 dz angegeben, von WELTE (1960) mit 22,5 kg MgO/ha für 100 dz Knollen. In Feldversuchen in Holland konnten nach WELTE (1960) selbst durch sehr hohe Kaligaben keine Ertragssteigerungen erzielt werden. Die Ursache dafür lag in einer unzureichenden Magnesiumversorgung. SCHACHTSCHABEL (1956) untersuchte nordwestdeutsche Böden auf ihren Gehalt an pflanzenverfügbarem Magnesium in seiner Beziehung zum Auftreten von Mangelerscheinungen bei Kartoffeln. Bei 50% aller Bestände auf Sandböden ist das Auftreten von Magnesiummangel zu erwarten. Von den niedersächsischen Lößböden sind 20% schlecht und 45% mäßig versorgt. Nach neueren Untersuchungen (SCHMITT und BRAUER 1956) verdient die Magnesiumdüngung nicht nur auf Sandböden, sondern auch auf anderen Böden mehr Beachtung.

Der *Erzeugungswert*, also die Ertragsleistung, bezogen auf die Gewichtseinheit Reinnährstoff oder Düngemittel ist in hohem Maße von der Gestaltung der übrigen Wachstumsfaktoren abhängig. Er stellt, wie der Transpirationsquotient, eine variablen Wert dar und es kann ihm daher nur ein rein größenordnungsmäßiger Aussagewert zugesprochen werden. Unter der Voraussetzung einer ausreichenden Versorgung mit allen übrigen Nährstoffen lassen sich folgende Erzeugungswerte angeben.

Für 100 dz Stallmist mit und ohne Mineraldüngung 10,3 bis 10,9 dz Knollen (GERICKE 1943). Für 1 kg Reinstickstoff im Durchschnitt 90 kg Knollen (GERICKE 1943, SCHMITT und BRAUER 1956). Für 1 kg Phosphorsäure 46 kg Knollen (GERICKE 1943) und für 1 kg Reinkali 19 kg Knollen (ASDONK und JACOB 1941). Für 100 kg Kalk (CaO) gibt GERICKE (1943) einen Erzeugungswert von 87 kg Knollen an.

Die gegenseitige Beeinflussung der Nährstoffe in ihrer ertragssteigernden Wirkung läßt sich aus einem von KÜRTEN (1954) mitgeteilten Versuch erkennen. Bei einer Düngung bis zu 80 kg/ha P_2O_5 bewirkte eine Stickstoffdüngung von 0, 40, 60 und 80 kg/ha N gegenüber O eine Ertragssteigerung von 15%, 23% und 29%. Bei Phosphorsäuregaben über 80 kg/ha P_2O_5 betrug die Ertragssteigerung der gleichen Stickstoffgaben jedoch 18%, 30% und 42%. Gleichsinnig war der Einfluß steigender Kaligaben. Bei 80 kg/ha K_2O stieg der Ertrag bei den gleichen Düngungsstufen um 15%, 21% und 25% an, bei 120 kg Reinkali je ha betrug der Anstieg jedoch 16%, 26% und 33%. Ähnliche Wirkungen konnte auch GERICKE (1951) zwischen Phosphorsäure und Kalk feststellen. Dem Kalk im Thomasphosphat kommt auf Grund dieser Untersuchungen eine große Wirkung zu.

B. Spurenelemente

Obwohl die Lebensnotwendigkeit zahlreicher Mikronährstoffe für die Pflanze eindeutig erwiesen ist, hat sich zur Zeit eine regelmäßige Düngung nur mit einigen Spurenelementen, oft auch nur unter besonderen Verhältnissen, bei der Kartoffel als notwendig erwiesen. Es handelt sich in erster Linie um die Elemente Bor, Mangan und Kupfer.

Die Wirkung von Bor auf den Ertrag wurde von STEINECK (1951, 1954) in einem Feldversuch mit der Sorte Ackersegen nachgewiesen. Durch eine Kopfdüngung mit Bornitramoncal konnte der Ertrag von 54,3 dz/ha auf den nicht mit Bor gedüngten Parzellen auf 188,5 dz/ha durch die Bordüngung gesteigert werden. Die Stauden zeigten auf dem äußerst borarmen Boden deutliche Mangelsymptome. Sie äußerten sich in einem Absterben der Sproßspitzen, starker Verzweigung und chlorotischer Verfärbung der Blätter. Die Schnittflächen der Knollen färbten sich in kürzester Zeit intensiv rotbraun und teilweise waren braune Flecken unregelmäßig im Knollenfleisch verteilt. Die Symptome stimmen mit jenen von VAN SCHREVEN (1939) in Wasserkultur in borfreier Nährlösung erzielten überein. Durch eine Gabe von 20 kg/ha Borax als Grunddüngung konnte im folgenden Jahr eine normale Ertragsleistung erzielt werden.

Nach SCHARRER (1955) ruft mangelnde Versorgung mit *Mangan* bei der Kartoffel die Dörrfleckenkrankheit hervor. Begünstigend wirken starke Kalkgaben, da Kalk Mangan festlegt. Hohe Ertragssteigerungen waren durch Gaben von 50 bis 150 kg/ha Mangansulfat auf dem Dachauer Moor und auf dem Donaumoos erzielbar. Schwefel erhöht die Menge des austauschbaren Mangans im Boden. Thomasphosphat ist für die Kartoffel eine wichtige Manganquelle. Die Wirkung von festem Mangansulfat, ausgebracht kurz vor der Saat, ist günstiger als die des flüssig ausgebrachten. Für *Kupfer* hat die Kartoffel ein besseres Aneignungsvermögen als die meisten anderen Kulturpflanzen. Sie hat daher eine geringe Neigung zur Heidemoorkrankheit. Ertragssteigerungen konnten bei Spritzungen mit Kupferkalkbrühe beobachtet werden. Bei unzureichender Kupferversorgung ist die Aktivität der Tyrosinase deutlich herabgesetzt, da Kupfer ein Bestandteil dieses Enzyms ist (MULDER 1955). Die Zufuhr von *Zink* soll eine Erhöhung der Resistenz gegen Phytophthora bedingen (SCHARRER 1955).

5. Düngung und Qualität

Die Qualitätseigenschaften, welche von der Kartoffelknolle verlangt werden, sind je nach Erzeugungsrichtung und Verwendungszweck verschieden. Im Rahmen des Konsumkartoffelbaues, der sich mit der Produktion von Speise-, Futter- und Industriekartoffeln befaßt, erstreckt sich der Qualitätsbegriff auf andere Wertmerkmale als im Saatkartoffelbau. Die einzelnen Eigenschaften werden nun durch die Nährstoffversorgung mehr oder weniger stark in verschiedener Richtung beeinflußt und es ist daher die Kenntnis der Zusammenhänge, welche zwischen Ernährung und Qualität bestehen, für die praktischen Düngungsmaßnahmen von grundlegendem Wert.

A. Düngung und Qualität im Konsumkartoffelbau

Wesentliche Qualitätsmerkmale von *Speisekartoffeln* sind Geschmack, Nährstoffgehalt, Kocheigenschaften, Haltbarkeit, Freisein von Fäulniskrankheiten, keine Verfärbung (Dunkeln) nach dem Kochen (STEINECK 1960). Sie werden durch die Düngung beeinflußt, während dies für morphologische Merkmale, wie Form, Augenlage, Schalenfarbe usw. kaum oder nur in geringem Maße der Fall ist. LUNDBLAD (1928) konnte feststellen, daß Superphosphat und schwefelsaures Kali günstig auf den Geschmack wirken. Bei Anwendung von Kalisalz (40%ig) waren die Knollen nach dem Kochen locker-fleischig und wässerig, der Geschmack stark verschlechert. Ursache dafür ist das Chlor, dessen ungünstige Geschmacksbeeinflussung durch Beigabe von Superphosphat herabgemindert werden konnte. Reine Stallmistdüngung bewirkte ebenfalls eine Verschlechterung des Geschmackes. Auf die Festigkeit beim Kochen und die Feinheit des Geschmackes hat nach NEUWEILER (1924) der Stickstoffgehalt einen Einfluß.

Der Stärkegehalt von Speisesorten liegt zwischen 12 und 14%. Eine Erniedrigung unter 12% bewirkt eine wässerige Konsistenz und es ist daher für die Qualität wesentlich, daß er innerhalb der angegebenen Grenzen liegt. Im besonderen wirkt 40%iges Kali nach Untersuchungen von LUNDBLAD (1928), REILING (1930), NEMEC (1941), SCHMITT und BRAUER (1956) vermindernd auf den Stärkegehalt, während Phosphorsäure und Kalk eine steigernde Wirkung zeigen. Im Rahmen der Qualitätsdüngung ist daher diese Tatsache zu berücksichtigen.

Eine Herabsetzung der Speisequalität bedeutet das Aufspringen der Knollen während des Wachstums. GUHA, MURATI und PROSAD (1953) führen diese Erscheinung auf Bormangel zurück. Ebenso wird die Speisequalität durch die enzymatische Schwarzfleckigkeit (Stoßblau) beeinträchtigt. Nach MULDER (1955) erhöht mangelnde Kaliernährung die Empfindlichkeit der Kartoffelknolle gegen Quetschung. Die verletzten Gewebeteile verfärben sich infolge des bei Kalimangel auf das Zwei- bis Dreifache angestiegenen Tyrosinasegehaltes. Die schwarzen Flecken bleiben auch nach dem Kochen erhalten. Das Fleisch von Knollen mit zu geringem Kaligehalt zeigt nach dem Kochen eine graue Farbe. VAN MIDDELEN, JACOB und THOMPSON (1953) konnten feststellen, daß durch hohe Kaligaben der Tyrosinasegehalt stark zurückgeht und damit auch das Auftreten der Schwarzfleckigkeit. Bormangel fördert die Schwarzfärbung der Schnittflächen frischer Knollen (STEINECK 1951).

Der *Stärkegehalt* ist bei Futter- und Industriekartoffelsorten das wichtigste Qualitätsmerkmal. Über seine Beeinflussung durch die Düngung liegt eine große Anzahl von Untersuchungen vor. Bei steigenden Stickstoffgaben bleibt der Stärkegehalt gleich (PRIMOST 1952) oder geht leicht zurück (WIESMANN und SCHRAMM 1928, GIESECKE, MICHAEL und HEIDECKER 1943, RAUTER 1955, VOGEL 1958). Kali wirkt als Chlorkali verabreicht in steigenden Gaben erniedrigend auf den Stärkegehalt (LUNDBLAD 1928, SCHMITT und BRAUER 1956). Nach NEMEC (1941) bewirken schwefelsaure Kalidüngemittel eher eine Steigerung (ASDONK und JACOB 1941). Durch steigende Phosphorgaben konnten LUNDBLAD (1928), KRÜGEL, DREYSPRING, LOTTHAMMER und DOERELL (1941), GERICKE (1940, 1953, 1959) u.a. eindeutig eine Steigerung des Stärkegehaltes erzielen. Ebenso wirkt auf kalkbedürftigen Böden nach HARTMANN (1954) eine Kopfkalkung erhöhend auf den Stärkegehalt.

Die Gesamtwirkung steigender Gaben der Nährstoffe Stickstoff, Phosphorsäure und Kali auf Ertrag und Stärkegehalt ist aus dem von SOLL (1958) mitgeteilten Versuchsergebnis ersichtlich. Mit den Sorten Amyla, Capella und Herkula wurden in Schleswig-Holstein 25 Düngungsversuche durchgeführt. Stickstoff gelangte in Form von Ammonsulfat zur Anwendung, Kali als Patentkali und Phosphorsäure wurde bei einem Drittel der Versuche als Superphosphat bei einem Drittel als Thomasmehl und bei einem Drittel als Rhenaniaphosphat gegeben. Im Durchschnitt aller Versuche wurde folgendes Ergebnis erzielt (Tab. 132).

Tabelle 132. *Stärkegehalt und Ertrag bei steigenden Stickstoff-, Phosphorsäure- und Kaligaben*

Nährstoffmengen kg/ha			Ertrag		Stärkegehalt %
N	P_2O_5	K_2O	dz/ha	in % von ungedüngt	
0	0	0	222,3	100,0	16,9
40	60	80	269,5	121,2	16,9
60	90	120	288,8	129,9	16,8
80	120	160	305,6	137,5	16,7
100	150	200	318,1	143,0	16,6

Die Düngung in der angeführten Art brachte einen bedeutenden Ertragsanstieg mit sich. Beachtenswert ist dabei die Tatsache, daß der Stärkegehalt nicht zurückgegangen, sondern praktisch gleich hoch geblieben ist. Durch eine Düngerbemessung, welche auf eine ausreichende Versorgung mit allen Kernnährstoffen Bedacht nimmt, gelingt es, auch bei hohen Erträgen die Qualität, im gegebenen Falle den Stärkegehalt, zu erhalten. Die Stärkekorngröße wird nach BREDEMANN und NERLING (1930) durch die Düngung beeinflußt. Die Knollen von den ungedüngten Teilstücken hatten einen hohen Anteil großer Stärkekörner. Stickstoff bewirkte eine Verringerung der Korngröße. 40%iges Kalisalz und Patentkali riefen keine wesentlichen Veränderungen in der Zusammensetzung der Stärkekorngrößen hervor. Schwefelsaures Kali und Kainit, im Frühjahr gegeben, bewirken eine Verringerung der Größe der Stärkekörner. Kainit, im Herbst ausgebracht, hatte eine vergrößernde Wirkung. WEGNER (1959) konnte nachweisen, daß die Phosphorsäure auf die Qualität der Stärke einen entscheidenden Einfluß ausübt. Stärke, die reich an Phosphorsäure ist, zeigt eine hohe Ergiebigkeit der Kleister.

Der *Eiweißgehalt* der Kartoffelknolle ist mit 1,5 bis 2% gering, spielt aber vor allem bei Speise- und Futterkartoffelsorten eine große Rolle. Seine Höhe hängt von der Stickstoffversorgung in starkem Maße ab. SIGLE (1951) fand, daß Salpeterdünger den höchsten Eiweißgehalt erbrachten. An zweiter Stelle folgte Harnstoff, dann schwefelsaures Ammonium und die geringste Wirkung zeigte Kalkstickstoff. Kali bewirkte eine Verringerung des Eiweißgehaltes, während durch Phosphorsäure eine Steigerung erzielt wurde. Bei Kalkmangel ging der Eiweißgehalt zurück. Der Einfluß von Kalk und Phosphorsäure auf die stickstoffhaltigen Substanzen ist geringer als der von Stickstoff und Kali. Eine Steigerung des Rohproteingehaltes ist durch eine Stickstoffspätdüngung möglich. Die günstige Wirkung von Salpeterdüngern auf den Eiweißgehalt, verabreicht zur Zeit der Blüte (40 bis 60 kg Reinstickstoff je ha) konnten bereits GIESECKE, MICHAEL und HEIDECKER (1943) feststellen. Nach MICHAEL (1943) war es möglich, den Eiweißgehalt durch eine späte Stickstoffgabe um 14 bis 16% zu erhöhen. PRIMOST (1952) erzielte durch steigende, geteilte Stickstoffgaben eine Erhöhung des Roheiweißgehaltes von 1,54% auf 2,10%. Die gleichen Ergebnisse erhielt KÜRTEN (1957) im Durchschnitt von 28 Feldversuchen. Nach Untersuchungen von SCHUPHAN (1959) wird das Eiweiß der Kartoffel in quantitativer und qualitativer Hinsicht durch die Stickstoffdüngung stark beeinflußt. Die biologische Wertigkeit ist am höchsten bei 40 bis 60 kg Reinstickstoff je 1 Hektar bei Verwendung von Originalsaatgut. Bei Nachbausaatgut lag die höchste biologische Wertigkeit bei 90 kg Reinstickstoff je Hektar. Sowohl Stickstoffmangel als auch Stickstoffüberschuß bedingen ein Absinken der biologischen Wertigkeit. Der Reineiweißgehalt fällt mit steigenden Stickstoffgaben ab, der Rohproteingehalt steigt jedoch stark an. Bei höheren Phosphorsäure- und Kaligaben zeigten die essentiellen Aminosäuren durch Erhöhung der Stickstoffmengen eine steigende Tendenz.

Der *Gehalt an Vitamin C* ist nach Untersuchungen von WACHOLDER und NEHRING (1940) bei den Knollen der ungedüngten und nur mit Mineraldüngern versorgten Parzellen deutlich höher als bei reiner Stallmistdüngung und bei kombinierter Stallmist-Mineraldüngung. Die Unterschiede gehen jedoch beim Lagern bis Februar rasch zurück. Die *Sortierung* ist eine wesentliche Qualitätseigenschaft von Kartoffelsorten. Nach GERICKE (1943) wirkt Phosphorsäure ausgleichend auf die Knollengröße. Die gleiche Wirkung schreibt DUNKER (1957) dem Kalk zu. Der Anteil kleiner Knollen wurde durch eine Kopfkalkung herabgesetzt. Die *Haltbarkeit* wird nach Untersuchungen von KRÜGER (1953), BRANDT und SESSOUS (1953) durch Phosphorsäure verbessert.

Eine starke Beeinträchtigung der Qualität von Speisekartoffeln bedingt der *Befall durch Schorf*. Zahlreiche, äußerst wertvolle Speisesorten sind schorfanfällig und es hat daher diese Schalenkrankheit der Kartoffelknolle praktisch große Bedeutung. Zwischen Schorfbefall und Düngung besteht ein Zusammenhang in der Art, daß bestimmte Düngemittel eine fördernde Wirkung zeigen, während andere schorfhemmend sind. Allgemein wirken physiologisch saure Düngemittel mindernd auf den Schorfbefall, während physiologisch alkalische eine erhöhende Wirkung zeigen (Hoffmann 1955, Berkner 1941). Lupine als Gründüngung setzt den Befall mit Schorf herab, Stallmist und Kalk, längere Zeit vor dem Anbau gegeben, fördern ihn. Durch Verabreichung in Form der Kopfkalkung wird die begünstigende Wirkung aufgehoben. Schorfhemmende Düngemittel sind: schwefelsaures Ammonium, schwefelsaures Kali, Patentkali und Superphosphat. Begünstigend wirken: Chlorkali, Natronsalpeter, Kalksalpeter und Thomasmehl (Hartmann 1930, Eichinger 1942, Spennemann 1933/34, Dhein 1938, Gericke 1940, Teichmann 1955).

B. Düngung und Qualität im Saatkartoffelbau

Von den verschiedenen Qualitätsmerkmalen der Saatkartoffeln sind Triebkraft, Wüchsigkeit, Knollengröße und Gesundheitszustand jene, welche durch die Ernährung in hohem Maße beeinflußt werden. Die Forderung bezüglich der Qualität geht nach höchster Triebkraft und Freisein von Krankheiten aller Art, insbesondere von Viruskrankheiten.

Die Wirkung der *Mineraldüngung* auf die Triebkraft der Saatknollen wurde von verschiedenen Seiten untersucht. Nach Stricker (1958, 1958a, 1958b) hat die Nährstoffversorgung nicht nur einen Einfluß auf den Gesundheitszustand, sondern auch auf die Leistung des Saatgutes. Phosphorsäure erhöht die Triebkraft der Saatknollen (Schoene 1936/37, Fleischel 1957). Je stärker Saatkartoffelbestände mit Phosphorsäure gedüngt werden, um so höher sind die Erträge im Nachbau. In den Untersuchungen war die Wirkung von Superphosphat und Thomasmehl gleich. In manchen Jahren und bei manchen Sorten konnten keine, in anderen Jahren jedoch wieder sehr deutliche Ausschläge festgestellt werden. Es steht dies offenbar mit dem Versorgungsgrad des Bodens in Zusammenhang. Auf schlecht versorgten Böden ist die Wirkung eine deutlichere als auf gut versorgten. Ähnliche Ergebnisse liegen von Densch (1930), Brandt und Sessous (1953) und Hofferbert und zu Putlitz (1956) vor. Die beiden letztgenannten Autoren konnten auch eine Erhöhung der Triebkraft durch steigende Stickstoffgaben erzielen, ebenso Wünscher (1952) und Arenz (1956), während Volkart (1948) keine Wirkung durch erhöhte Stickstoffdüngung feststellen konnte. Nach Hofferbert und zu Putlitz (1956) verringern einseitig hohe Kaligaben den Pflanzgutwert. Im Zusammenhang mit den anderen Nährstoffen ist jedoch Kali äußerst wichtig. Es deckt sich dies mit den Befunden von Berkner (1936). Eine starke Minderung der Triebkraft der Saatknollen tritt bei mangelnder Versorgung mit Bor ein (Steineck 1951). Das Auftreten der Fadenkeimigkeit, eine Triebkraftminderung durch Trockenheit und Hitze, wird durch Stickstoff herabgesetzt (Steineck 1955a).

Zwischen den einzelnen stoffwechsel-physiologischen Prozessen, welche durch die Ernährung beeinflußt werden, und der Vitalität des Pflanzgutes bestehen Zusammenhänge bestimmter Art. Nach Latzko bedingt ausreichende Stickstoffernährung eine erhöhte Fermenttätigkeit und damit eine rasche Mobilisierung der Reservestoffe. Die Reaktionsfreudigkeit der Phosphorsäure ermöglicht die Umsetzung der Reservestoffe bei ihrem Ab- und Aufbau, während das Kali die aufbauenden Fermente aktiviert. Gegenüber einer Sulfaternährung bewirkt das Chlor eine Verringerung der Assimilationsleistung. Die Umwandlung der in den Blättern gebildeten Kohlehydrate wird durch Chlor gehemmt, die Ableitung der Assimilate gestört.

Einen bedeutenden Einfluß übt die Ernährung auf den *Gesundheitszustand* der Saatkartoffel aus. Übereinstimmend konnte durch zahlreiche Autoren festgestellt werden, daß *Stickstoff die Virusausbreitung fördert* (Arenz 1951, 1956, Krüger 1951, Stricker 1958a). Hohe Stickstoffgaben verzögern die Symptomausprägung bei virusinfizierten Pflanzen und haben eine ausgesprochen infektionsfördernde Wirkung (Dirks und Sprau 1956). Die Vermehrungsquote der Blattläuse wird durch Stickstoff gefördert (Arenz 1951). *Phosphorsäure hemmt die Virusausbreitung.* Der Befall mit Blattläusen wird herabgesetzt (Wünscher 1952, Stricker 1958, Krüger 1953, Brandt und Sessous 1953, Gericke 1953). Schwefelsaures Kali mindert, 40%iges Kali begünstigt die Virusausbreitung. Die fördernde Wirkung beruht auf dem Chlorgehalt, welcher einen erhöhten Besatz mit Blattläusen bedingt. Nach Klapp (1951), Krüger (1951) und Wünscher (1952) war bei Kalimangel das Saatgut am gesündesten, trotz höchstem Läusebefall. Die Symptome treten bei Stickstoffmangel stärker und früher auf und werden durch hohe Stickstoffgaben maskiert. Chlor verstärkt die schädigende Wirkung der Viren (Arenz 1949). Phosphorsäuremangel verstärkt die Symptome der Blattrollkrankheit (Hoveland 1955). Bei einigen Sorten vermindert Chlor die Ausprägung der Mosaiksymptome, die des Y-Virus werden jedoch gefördert. Stickstoff zeigt einen entgegengesetzten Einfluß (Böning 1935). Die Empfänglichkeit für das Blattrollvirus wird durch Chlorkali gefördert (Voelk, Bode und Hauschild 1952. Nach Brandt und Sessous (1953) vermindert die Phosphorsäure den Phytophthorabefall. Eine Wirkung in der gleichen Richtung konnte Dunker (1957) durch eine Kopfkalkung erzielen.

6. Düngungsmethoden und Düngermengen

Die praktischen Düngungsmaßnahmen müssen im Kartoffelbau sowohl das Ertragsgeschehen als auch das Qualitätsgeschehen im vollen Umfang berücksichtigen. Die Zusammenhänge, die zwischen Nährstoffversorgung einerseits und Ertrag und Qualität andererseits bestehen, sind mannigfach. Sie erfordern daher eine ganz bestimmte Düngungstechnik, die darauf abzielen muß, der Kartoffelpflanze ein entsprechend hohes, konstantes Nährstoffanbot zu sichern, welches die Manifestation der erblich veranlagten Ertrags- und Qualitätseigenschaften ermöglicht. Anzustreben ist demnach eine Qualitätsdüngung im Sinne von Kopetz (1960), welche das Ertragsgeschehen bei den notwendigerweise hohen Nährstoffgaben einer Qualitätsdüngung berücksichtigt.

Grundsätzlich kann die Nährstoffzufuhr im Wege der Düngung in zwei Arten erfolgen. Die Anwendung der Mineraldünger in fester Form wird unter den Verhältnissen der praktischen Landwirtschaft für weite Kreise die übliche Art der Düngerausbringung bleiben. Im letzten Jahrzehnt haben jedoch verschiedene Verfahren der Flüssigdüngung Bedeutung erlangt. Besonders durch den verstärkten Ausbau der Feldberegnung besteht die Möglichkeit, Wasser als Nährstoffträger zu benützen (Kopetz 1960a).

A. Feste Düngung

Sowohl für Konsumkartoffel- als auch für Saatkartoffelbestände ist eine *Stallmistdüngung* wertvoll. Auf leichten Böden, bei genügend Niederschlägen kann die Unterbringung im Frühjahr oder Herbst erfolgen. Für mehr trockene

Lagen und auf mittleren bis schweren Böden ist jedoch der Herbst der richtige Zeitpunkt für die Stallmistausbringung. Im Saatkartoffelbau kommt nur eine Ausbringung im Herbst in Frage, denn durch eine Stallmistdüngung im Frühjahr wird das Auftreten von Fußkrankheiten (Rhizoktonia) begünstigt. Was die Menge anlangt, sind 150 bis 200 dz als vollkommen ausreichend anzusehen (KLAPP 1952). Die Stallmistgabe soll 300 dz/ha nicht überschreiten.

Über die Wirkung der *Strohdüngung* liegen Untersuchungsergebnisse von HOFMANN und AMBERGER (1958) vor. Der Ertrag war gegenüber Stallmist + NPK-Düngung bei der gleichen NPK-Düngung höher, wenn das Stroh + 60 kg N/ha gleich nach der Ernte eingebracht wurde. Die zusätzliche Anwendung von Handelsdüngerstickstoff ist bei der Strohdüngung unentbehrlich.

Für die Art der Versorgung mit *Stickstoff* ist die Tatsache bestimmend, daß mit diesem Nährstoff praktisch keine Vorratsdüngung mit Mineraldüngern betrieben werden kann. Wohl verfügt der Boden über Stickstoffvorräte, welche allerdings biologisch festgelegt sind und beim Abbau der organischen Substanz langsam fließend den Pflanzen angeboten werden. Besonders nach stickstoffsammelnden Vorfrüchten kann der Stickstoffvorrat eine beachtliche Höhe erreichen. Bei dem hohen Bedarf der Kartoffel an Stickstoff ist es jedoch erforderlich, das Anbot größtenteils durch Handelsdünger und nur zum geringeren Teil durch Stallmist sicherzustellen. Die Höhe des Nährstoffanbotes kann unter der Annahme eines Entzuges von 50 kg Reinstickstoff je 100 dz Knollen für Treib- und Frühsorten bei einer Ertragsleistung von 180 bis 220 dz/ha mit 90 bis 110 kg/ha N angegeben werden, für mittelfrühe und mittelspäte bis späte Sorten bei einem Ertrag von 280 bis 340 dz/ha mit 140 bis 170 kg/ha N. Diese Werte decken sich mit den in verschiedenen Versuchen festgestellten günstigsten Stickstoffmengen (RIETHUS 1950, WACHOLDER und NEHRING 1940, BUCHNER 1956, BADEN 1957, HUMBERT 1958).

Die Erstellung des Stickstoffanbotes durch Mineraldünger erfolgt bei Frühsorten durch eine Grunddüngung, bei Spätsorten durch eine Grunddüngung und Kopfdüngung. Die Grunddüngung wird vor dem Anbau im Frühjahr ausgebracht und bei der Saatfertigmachung im Boden verteilt. Die Kopfdüngung wird als Reihendüngung verabreicht. Was die Höhe der Gaben anlangt, sind im Konsumkartoffelbau bei Stallmist als Grunddüngung 60 bis 70 kg/ha N, ohne Stallmist 90 bis 100 kg/ha N als schwefelsaures Ammonium zu geben. Als Kopfdüngung sind zu mittelspäten bis späten Sorten 30 bis 50 kg/ha N zu geben, die auch als Kalkammonsalpeter knapp vor Schluß des Bestandes ausgebracht werden können.

Im Saatkartoffelbau ist wegen der Maskierung der Virussymptome bei allen Sorten, gleichgültig mit welcher Reifezeit, eine Teilung der Stickstoffgaben notwendig. Stehen die Kartoffeln in Stallmist, dann sind als Grunddüngung 20 bis 30 kg/ha N zu geben, ohne Stallmist 40 bis 60 kg/ha N. Nach dem ersten Bereinigen ist eine Kopfdüngung in der Höhe von 30 bis 40 kg/ha N erforderlich, bei Spätsorten vor Schluß des Bestandes eine weitere Reihenkopfdüngung in der Höhe von 30 bis 40 kg/ha N.

Für die Düngung mit *Phosphorsäure* ist der Versorgungsgrad des Bodens entscheidend. Die Technik der Düngung mit diesem Nährstoff ist einfacher, weil er auf Vorrat gedüngt werden kann. Auf gut mit Phosphorsäure versorgten Böden (mindestens 10 mg/100 g Boden nach EGNÉR-RIEHM) ist der Nährstoffentzug bestimmend für die Höhe der Düngergabe. Er beträgt für Treib- und Frühsorten bei den erwähnten Ertragsleistungen und bei einem Verbrauch von 20 kg P_2O_5 je 100 dz Knollen 36 bis 44 kg/ha und für mittelfrühe und mittelspäte Sorten 56 bis 68 kg/ha P_2O_5. Auf unterversorgten Böden sind jedoch, um den Bedarf der Pflanze zu decken und gleichzeitig eine Anreicherung mit Phosphorsäure zu erzielen, größere Gaben zu verabreichen. Zahlreiche Autoren fordern auf Grund verschiedener Untersuchungen Gaben, die zwischen 90 und 120 kg/ha P_2O_5 liegen (BADEN 1957, BUCHNER 1957, VOGEL 1958, STRICKER 1958a, HUMBERT 1958). Für Hochmoor- und Heidekulturen empfiehlt BADEN (1956) 250 bis 300 kg/ha P_2O_5.

Die Phosphorsäuredünger sind als Grunddüngung bereits im Herbst einzuackern. Neben Superphosphat und Thomasmehl eignen sich weicherdige Rohphosphate genau so gut wie Thomasmehl (HOFMANN und AMBERGER 1957).

Für die *Kaliversorgung* haben praktisch die gleichen Grundsätze wie für die Phosphorsäuredüngung Geltung. Bei einem Vorrat im Boden von mindestens 25 mg/100 g Boden nach EGNÉR-RIEHM kann die Düngung nach Entzug erfolgen, weil bei dem gegebenen Kalispiegel ein entsprechend hohes Nährstoffanbot gesichert ist. Bei einem Entzug von 80 kg K_2O je 100 dz Knollen beträgt die entzogene Kalimenge für Treib- und Frühsorten bei einem Ertrag von 180 bis 220 dz/ha rund 140 bis 170 kg K_2O/ha, für mittelfrühe und mittelspäte bis späte Sorten bei einem Ertrag von 280 bis 340 dz/ha rund 225 bis 270 kg/ha K_2O. Unter Berücksichtigung der Nachlieferung des Bodens erscheint bei einer normalen Stallmistdüngung dieser Bedarf auf gut versorgten Böden mit Mengen von 150 bis 200 kg/ha K_2O gedeckt, wie sie von zahlreichen Autoren gefordert werden (GERICKE 1941, KÜRTEN 1957, SCHMITT und BRAUER 1956, HUMBERT 1958). Für Hochmoor und Heidekulturen fordert BADEN (1956) 200 bis 300 kg/ha K_2O. Kali wird am besten mit der Phosphorsäure im Herbst eingeackert. Unbedingt notwendig ist dies, wenn es in Form des 40%igen Kalisalzes zur Anwendung gelangt.

Auf bedürftigen Böden ist eine Versorgung mit *Kalk* erforderlich. Er gelangt in Form der Kopfkalkung in Mengen bis zu 1500 kg als Branntkalk zur Anwendung (HARTMANN 1954, DUNKER 1957). Kalk stellt in erster Linie einen Bodendünger dar und dient weniger der Versorgung der Pflanze mit diesem Nährstoff. Die Ausbringung erfolgt, wenn die Pflanzen eine Wuchshöhe von 10 bis 15 cm erreicht haben, die Unterbringung durch die nachfolgenden Bearbeitungsgänge.

Mehrnährstoffdünger weisen Vorzüge in verschiedener Hinsicht auf. Phosphor-Kalidünger, welche beide Nährstoffe im richtigen Mengenverhältnis enthalten, wie beispielsweise Phosphat-Kali „Linz" (14% P_2O_5, 24% K_2O) eignen sich bestens für die Grunddüngung im Herbst. Nach JACOB (1958) zeigen Volldünger (NPK) auf ausreichend mit Phosphorsäure, Kali und Magnesium versorgten Böden eine gute Düngerwirkung. Auf unterversorgten Böden ist es jedoch notwendig, außerdem noch Phosphorsäure- und Kalieinzeldünger anzuwenden. WIEDE (1950) erzielte mit steigenden Nitrophoskagaben auf verschiedenen Bodenarten gute Erträge.

Erwähnt sei noch eine besondere, von CUMINGS und HOUGHLAND (1930) entwickelte Düngungstechnik. Eine Unterbringung des Handelsdüngers in zwei Bändern zu beiden Seiten, nicht ganz in die Nähe der Pflanzen, brachte die besten Erträge. HECHELMANN (1958) führte ebenfalls Versuche dieser Art durch. Der Dünger wurde in 4 cm breiten Bändern ausgebracht, welche verschieden plaziert wurden, und zwar unter die Saatknolle oder zu beiden Seiten der Saatknolle, ein Band höher und eines tiefer. Diese Reihendüngung vor dem Anbau bewirkte in regenarmen Monaten einen raschen Aufgang und Bestandesschluß. Die Pflanzen, welche den Dünger in einer normalen Flächendüngung erhalten hatten, holten später den Entwicklungsvorsprung auf. Im Ertrag war zwischen den verschiedenen Arten der Düngerunterbringung kein Unterschied. Auf leichten Böden führt die Reihendüngung zu sicheren Erträgen.

B. Flüssige Düngung

Die Ausbringung mineralischer Nährstoffe in flüssiger Form erfolgt heute nach zwei Verfahren. Bei der Blattdüngung werden in Wasser gelöste Nährstoffe auf die oberirdischen Teile ausgebracht. Die düngende Bewässerung dagegen bedient sich zur Ausbringung der Nährstoffe der Beregnungsanlagen.

Über die Wirkung der *Blattdüngung* bei der Kartoffel liegen mehrere Untersuchungen vor. Nach BUCHNER (1957) ist für diese Form der Düngeranwendung Harnstoff als Stickstoffdünger am besten geeignet. Seine ätzende Wirkung ist geringer als die anderer Stickstoffdünger und außerdem ist er sehr leicht wasserlöslich. Durch dreimalige Spritzungen, bei welchen der Dünger dem Phytophthorabekämpfungsmittel beigemischt war, konnte mit 20 kg/ha Harnstoff eine Ertragssteigerung von 7% erzielt werden. Sehr gut eignet sich die Blattdüngung zur Versorgung mit Mangan. KRZYSCH (1958) wendete Harnstofflösungen mit einer Konzentration von 0,8 bis 1,6% zu Kartoffeln mit Erfolg an. Nach diesem Autor erzielte JÖRISSEN auch mit schwefelsaurem Ammonium Ertragssteigerungen. Bei einseitiger Stickstoffdüngung konnte KEKUCH (1954) durch Besprühen der Pflanzen mit 1%igen Magnesiumsulfatlösungen üppiges Krautwachstum und verminderten Knollenansatz feststellen. Bei einem durch Trockenheit verstärkten Kalimangel gelang es PRUMMEL (1959) durch eine Blattdüngung mit Kali die nachteiligen Auswirkungen der mangelnden Versorgung rasch zu beheben. 60 bis 70 kg K_2O/ha in Form einer 7- oder 10%igen Kaliumsulfatlösung ausgebracht, ergab bessere Erfolge als die gleiche Düngermenge in fester Form. Kaliumchlorid verursachte mehr Verbrennungen.

Die Konzentration ist bei der Blattdüngung der begrenzende Faktor für die Menge des auszubringenden Nährstoffes. In Verbindung mit öfteren Spritzungen gegen Krankheiten (Krautfäule) besteht wohl die Möglichkeit, größere Mengen an Hauptnährstoffen auszubringen. Bei resistenten Sorten liegen jedoch die Verhältnisse anders. Inwieweit es lohnend ist, bei diesen mehrere Spritzungen allein mit dem Zweck der Blattdüngung vorzunehmen, bedarf noch eingehender Untersuchungen. Zur raschen Behebung von Spurenelementmangel ist die Blattdüngung zweifellos ein geeignetes Verfahren. Die erforderliche Nährstoffmenge ist in diesem Fall geringer und damit auch die Konzentration der ausgebrachten Lösung.

Bei der *düngenden Bewässerung* besteht jedoch die Möglichkeit, hohe Hauptnährstoffgaben in Wasser gelöst zu verabreichen. Die Konzentration scheidet bei diesem Verfahren der flüssigen Düngung als begrenzender Faktor für die Höhe der Nährstoffgabe aus. Selbst bei sehr hohen Nährstoffgaben besteht kaum die Gefahr einer Überkonzentration der verregneten Lösung, denn die Nährstoffmengen sind gering im Verhältnis zu den großen Wassermengen, die ausgebracht werden. Die Konzentration der verregneten Lösungen liegt zwischen 1 und 3‰. Die Beregnungsdüngung ermöglicht, nach dem Grundsatz der Anbotsberegnung durchgeführt, eine konstante Versorgung mit Wasser und Nährstoffen (KOPETZ 1960). Ihr Vorzug besteht darin, daß Kartoffelbeständen noch zu einem Zeitpunkt große Mengen an Hauptnährstoffen zugeführt werden können, zu dem eine Ausbringung in fester Form nicht mehr möglich erscheint. Die Wirkung zusätzlicher Nährstoffgaben, in flüssiger Form verabreicht, zeigt ein Versuch mit der Sorte Jakobi, durchgeführt an der Versuchswirtschaft Groß-Enzersdorf der Hochschule für Bodenkultur in Wien (Tab. 133).

Bei gleicher Grunddüngung aller Behandlungsstufen (50 kg/ha N, 150 kg/ha P_2O_5 und 225 kg/ha K_2O) wurden auf den unberegneten und beregneten Parzellen, 2/8 Nährstoffeinheiten von allen drei Hauptnährstoffen in fester, auf den düngend beregneten Parzellen in flüssiger Form in zwei Gaben ausgebracht. Zusätzlich wurden noch bei düngend beregnet I 3/8 Nährstoffeinheiten und bei düngend beregnet II eine Nährstoffeinheit, verteilt auf drei Gaben, von allen Hauptnährstoffen in flüssiger Form ausgebracht. Beregnet und düngend beregnet erhielten die gleichen Wassergaben. Die Wirkung der noch zu einem späteren Zeitpunkt in Form der Beregnungsdüngung zugeführten Nährstoffmengen kommt in Ertrag deutlich zum Ausdruck.

Tabelle 133. *Beregnungsdüngungsversuch, Sorte Jakobi (1954)*

Behandlungsstufe	Ertrag dz/ha M ± m	in % von unberegnet
unberegnet	243 ± 4,54	100
beregnet	332 ± 4.37	136
düngend beregnet I	348 ± 6,44	144
düngend beregnet II	390 ± 6,98	160

In weiteren Versuchen mit anderen Sorten konnten bei gleicher Nährstoffversorgung gegenüber beregnet durch düngende Bewässerung Mehrerträge von 15 bis 20% erzielt werden. Auch war es möglich, durch eine Erhöhung der Pflanzenzahl je Flächeneinheit den Ertrag zu steigern (Steineck 1958). Die Pflanzenzahl ist eine Ertragsreserve, welche nur bei der günstigsten Nährstoffversorgung, wie sie durch die Beregnungsdüngung gegeben ist, ausgeschöpft werden kann. Der Einzelpflanzenertrag bleibt trotz engerem Standraum praktisch gleich hoch, so daß allein durch die Steigerung der Pflanzenzahl höhere Ertragsleistungen möglich sind. Einzelheiten über Grundlagen, Wesen und Technik der düngenden Bewässerung sind im Abschnitt „Die Beregnungsdüngung“ von Kopetz in diesem Handbuch ausführlich behandelt.

Literatur

Arenz, B.: Der Einfluß verschiedener Faktoren auf die Resistenz der Kartoffel gegen die Pfirsichblattlaus. Z. Pflanzenbau u. Pflanzenschutz **2** (46), 49–61 (1951). — Die Ausbreitung der Viruskrankheiten (Blattroll- und Strichelkrankheit) der Kartoffel in Abhängigkeit von Sorte und Umweltsbedingungen. Bayer. Landwirtsch. Jb. **33**, 657–674 (1956). — Gefäßversuche über den Einfluß verschiedener Ernährungsweisen auf gesunde und blattrollkranke Kartoffeln. Z. Pflanzenernähr., Düng., Bodenkde. **47** (92), 114–131 (1949). — Asdonk, T., und A. Jacob: Zusammenfassung der Ergebnisse der in den Jahren 1935 bis 1938 durchgeführten Kalidüngungsversuche der landwirtschaftlich-technischen Kalistelle und der Landwirtschaftlichen Abteilung des Deutschen Kalisyndikates: 1, Kartoffel. Bodenkde. u. Pflanzenernähr. **20** (65), 107–122 (1941). — Atanasiu, N.: Ein Beitrag zum Studium des Wasserverbrauches unserer Kulturpflanzen. Z. Pflanzenernähr., Düng., Bodenkde. **42** (87), 103–123 (1948).

Baden, W.: Die Kaliphosphatdüngung zu Kartoffeln auf Hochmoor- und Heidekulturen. Kartoffelbau **7**, 11–15 (1956). — Düngung und Leistung der Kartoffel nach der Umwandlung flachgründiger Hochmoorkulturen zu neuartigen „deutschen Sandmischkulturen“. Kartoffelbau **8**, 74–76 (1957). — Bärmann, C.: Ergebnisse von Phosphatdüngungsversuchen. Phosphorsäure **17**, 301–302 (1957). — Baumann, H.: Wasserhaushalt der Pflanze und des Bodens in wasserwirtschaftlicher Betrachtung. Z. Pflanzenernähr., Düng., Bodenkde. **49** (94), 71–82 (1950). — Becker-Dillingen, J.: Handbuch des Hackfruchtbaues und Handelspflanzenbaues. Berlin: Parey. 1928. — Handbuch der Ernährung der landwirtschaftlichen Nutzpflanzen. Berlin: Parey. 1934. — Berkner, F.: Der Verlauf der Nährstoffaufnahme nach zeitlich gestaffelten Auspflanzzeiten bei Kartoffeln, die nach der Breslauer Anwelkmethode behandelt sind, unter der Wirkung von nach der Form verschiedenen Kaligaben. Landwirtsch. Jb. **83**, 141–149 (1936). — Die Nachwirkung von verschiedenen Kalidüngern und Pflanzzeiten des Vorjahres auf den Pflanzgutwert von Kartoffeln. Landwirtsch. Jb. **82**, 125–139 (1936). — Der Einfluß der „Bodenbestimmung“ auf Ertrag und Güte der Kartoffeln. Pflanzenbau **17**, 65–75 (1941). — BIEDERBECK, E., H. KEESE und H. REITH: Ergebnisse von Stickstoffdüngungsversuchen aus den Jahren 1925–1936. Bodenkde. u. Pflanzenernähr. **7**, 200–222 (1938). — BIEREI, E.: Die Düngung der landwirtschaftlichen Kulturpflanzen. In: HONCAMP, F., Handbuch der Pflanzenernährung und Düngerlehre, Bd. II, S. 696–702. Berlin: Springer. 1931. — BLANCK, E., und W. HEUKESHOVEN: Weitere Beiträge zur Frage nach dem zeitlichen Verlauf der Nährstoffaufnahme, und zwar der Kartoffel. J. Landwirtsch. **83**, 43–62 (1935). — BÖNING, K.: Über den Einfluß der Anionen der Düngersalze auf Abbau und Abbaukrankheiten der Kartoffel. Angew. Bot. **17**, 323–335 (1935). — BRACKEN, R. v.: Beitrag zum Wasserhaushalt und Wasserverbrauch einiger Kulturpflanzen im natürlich gewachsenen Boden. Bodenkde. u. Pflanzenernähr. **25** (70), 193–219 (1941). — BRANDT, J., und D. SESSOUS: Die Bedeutung der Phosphorsäuredüngung für Leistung und Gesundheit der Kartoffel. Phosphorsäure **13**, 293–312 (1953). — BREDEMANN, G., und O. NERLING: Über den Einfluß der Ernährung auf die Zusammensetzung der Stärke in der Kartoffel nach Korngrößen. Z. Pflanzenernähr., Düng., Bodenkde. **16**, Teil A, 331–341 (1930). — BUCHNER, A.: Zur Stickstoffdüngung der Spätkartoffeln auf Mineralböden. Kartoffelbau **7**, 5–7 (1956). — Ist die Wirkung steigender Stickstoffgaben von der Kartoffelsorte abhängig? Kartoffelbau **8**, 6–7 (1957). — Zur Blattdüngung der Kartoffel mit Stickstoff. Kartoffelbau **8**, 94 (1957). — BURGHAUSEN, R.: Vorkeimung der Kartoffeln mit Leuchtstofflampen. Dtsch. Landwirtsch. **9** (1958).

CUMINGS, C. A., und G. V. C. HOUGHLAND: Fertilizer placement for potatoes. Techn. Bull. 669, U.S. Dep. of Agriculture. Washington, D.C., 1939.

DENSCH, M.: Der Einfluß der Phosphorsäure auf die Ertragsfähigkeit des Kartoffelsaatgutes. Superphosphat **6**, 120–123 (1930). — DHEIN, A.: Einfluß der Kalisalzdüngung auf die Widerstandsfähigkeit der Kartoffel gegen Schorf. Pflanzenbau **14**, 99–111 (1938). — DIRKS, R., und F. SPRAU: Versuch zur Frage des Einflusses der Stickstoffdüngung auf Krankheitsbild und Ertrag verschieden stark abgebauter Kartoffelherkünfte. Bayer. Landwirtsch. Jb. **33**, 37–46 (1956). — DRIVER, C. M., und J. A. HAWKES: Photoperiodism in the potato. Imp. Bureau of Plant Breeding and Genetics. School of Agriculture, Cambridge 1943. — DUNKER, R.: Ergebnisse der Kartoffelkopfkalkung in Rheinland-Pfalz. Kartoffelbau **8**, 3 (1957).

EHRENDORFER, K.: Vergleichende Vorkeimversuche mit Licht- und Dunkelkeimen. Bodenkultur 8, 168–181 (1955). — Ein Vergleich von Bodenuntersuchungsmethoden (Egnér-Riehm, Neubauer, Salat, Mitscherlich und Dirks-Scheffer). Z. Pflanzenernähr., Düng., Bodenkde. **91** (136), 97–114 (1960). — EICHINGER, E.: Kartoffelschorf und Düngung. Fortschr. Landwirtsch. **7**, 193–195 (1932). — ENGELS, O.: Vergleichende Untersuchungen über die Wirkung von schwefelsaurem Ammoniak und Natronsalpeter auf Ertrag und Stärkegehalt der Kartoffeln. Fortschr. Landwirtsch. **5**, 97–98 (1930).

FISCHNICH, O.: Einfluß von Kunstlicht auf die Lagerung und Vorkeimung von Pflanzkartoffeln. Kartoffelbau **6** (1955). — FLEISCHEL, H.: Phosphatdüngung zu Kartoffeln. Kartoffelbau **8**, 4–5 (1957). — FRECKMANN, W., und H. BAUMANN: Zu den Grundfragen des Wasserhaushaltes im Boden und seiner Erforschung, II. Teil. Bodenkde. u. Pflanzenernähr. **7**, 129–161 (1938).

GARNER, W., und N. A. ALLARD: Further studies in photoperiodism, the response of the plant to relative length of day and night. J. Agric. Res. **23**, 871–920 (1923). — GERICKE, S.: Die Phosphatdüngung der Kartoffel. Pflanzenbau **16**, 302–322 und 342–359 (1940). — Die Phosphorsäuredüngung der Kartoffel. Forschungsdienst **11**, 641–645 (1941). — Voraussetzungen und Möglichkeiten einer Leistungssteigerung im deutschen Kartoffelbau unter besonderer Berücksichtigung der Düngung. Berlin: Parey. 1943. — Beziehungen zwischen den Wachstumsfaktoren Kalk und Phosphorsäure. Z. Acker- u. Pflanzenbau **93**, 140–168 (1951). — Phosphatdüngung im Kartoffelbau. Phosphorsäure **13**, 355–371 (1953). — Untersuchungen über den Mineralstoffgehalt der Kartoffel. Phosphorsäure **16**, 251–261 (1956). — Phosphatdüngung und Stärkegehalt der Kartoffel. Phosphorsäure **19**, 27–31 (1959). — GIESECKE, F., G. MICHAEL und L. HEIDECKER: Feldversuche in der Kurmark zur Frage einer Erhöhung des Eiweißertrages durch eine zusätzliche späte Stickstoffdüngung zur Kartoffel. Bodenkde. u. Pflanzenernähr. **32**, 163–170 (1943). — GUHA, MURATI und PROSAD: Bormangel und seine Beziehung zum Aufspringen der Knollen. Ref. Z. Pflanzenernähr., Düng., Bodenkde. **62** (107), 269 (1953).

HACKBARTH, J.: Versuche über Photoperiodismus bei südamerikanischen Kartoffelklonen. Züchter **7**, 95–104 (1953). — HARTMANN, F.: Kalkdüngung im Kartoffelbau. Berlin 1929. Ref. Fortschr. Landwirtsch. **5** (1930). — Mehr Stärke durch Kalkkopfdüngung im Kartoffelbau. Kartoffelbau **5**, 122 (1954). — HECHELMANN, H.: Ist eine

Reihendüngung zu Kartoffeln sinnvoll? Kartoffelbau 9, 14–15 (1958). — HOFFERBERT, W., und A. ZU PUTLITZ: Kann man durch mineralische Düngung den Nachbauwert der Kartoffeln beeinflussen? Kartoffelbau 7, 112–115 (1956). — HOFFMANN, G. M.: Möglichkeiten und Aussichten einer Qualitätssteigerung im Kartoffelbau durch Bekämpfung des Kartoffelschorfes. Dtsch. Landwirtsch. 6, 288–291 (1955). — HOFMANN, E., und A. AMBERGER: Zur Phosphorsäurewirkung von Rohphosphaten. Z. Pflanzenernähr., Düng., Bodenkde. 76 (121), 102–110 (1957). — Das Nährstoffverhältnis im Kartoffelbau, insbesondere bei Stärkekartoffeln. Kartoffelbau 9, 6–8 (1958). — HOVELAND, C. S., K. C. BERGER, und H. M. DARLING: The effect of mineral nutrition on the expression of Potato leaf roll virus symptoms. Ref. Z. Pflanzenernähr., Düng., Bodenkde. 70 (115), 92 (1955). — HUMBERT, G.: Überlegungen zur diesjährigen Kartoffeldüngung. Kartoffelbau 9, 3–4 (1958).

ITALLIE, T. B. VAN: Verlauf der Stickstoff-, Phosphorsäure- und Kaliaufnahme verschiedener Feldgewächse. Ernähr. d. Pflanze 35, 79–82 (1939).

JAKOB, A.: Anwendung von Volldünger im Kartoffelbau. Kartoffelbau 9, 8–10 (1958).

KEKUCH, A. M.: Nicht über die Wurzel erfolgende Nachdüngung der Kartoffel. Ref. Z. Pflanzenernähr., Düng., Bodenkde. 65 (110), 260 (1954). — KLAPP, E.: Kartoffelbau. Stuttgart: Ulmer. 1950. — Zusammenhänge düngungs- und bodenbedingter Standortsunterschiede mit Pfirsichblattlausbesatz und Nachbauwert der Kartoffel. Z. Acker- u. Pflanzenbau 93, 347–358 (1951). — Kartoffelbau. In: Handbuch der Landwirtschaft, Bd. II, Pflanzenbaulehre, S. 143–196. Berlin und Hamburg: Parey. 1951. — KÖHNLEIN, J., und N. KNAUER: Die Entzugszahl als Hilfsmittel zur richtigen Bemessung der P_2O_5- und K_2O-Gabe. Z. Acker- u. Pflanzenbau 104, 329–370 (1957). — KOPETZ, L. M.: Untersuchungen über den Einfluß des Lichtfaktors auf Wachstum und Entwicklung einiger sommerannueller Pflanzen. Gartenbauwissenschaft 10, 354–379 (1937). — Die Bedeutung des Tageslängenfaktors für die Beurteilung der Blühreife sommerannueller Pflanzen. Züchter 9, 181–184 (1937a). — Licht- oder Dunkelkeime? Ein Beitrag zur Frage der Vorbehandlung von Kartoffelsaatgut. Bodenkultur 4, 422–425 (1950). — Düngen wir richtig? Die Anwendung des Handelsdüngers auf dem Ackerland. Graz und Göttingen: Stocker. 1953. — KOPETZ, L. M., und O. STEINECK: Photoperiodische Untersuchungen an Kartoffelsämlingen. Züchter 24, 69–77 (1954). — KOPETZ, L. M.: Grundlagen praktischer Düngungsmaßnahmen. Förderungsdienst 1, 30–32 (1952). — Gibt es tagneutrale Pflanzen? Bodenkultur 8, 369–373 (1956). — KOPETZ, L. M., und O. STEINECK: Neue Wege im Kartoffelbau. Graz und Göttingen: Stocker. 1958. — KOPETZ, L. M.: Nährstoffanbot und Nährstoffentzug als Grundlagen der Düngerplanung. Förderungsdienst 6, 106–109 (1958a). — Düngung und Qualität. Phosphorsäure 20, 1–11 (1960). — Die Beregnungsdüngung. S. dieses Handbuch, Bd. III, S. 154. – KRÖNER, W., und W. VÖLKSEN: Die Kartoffel. Die wichtigsten Eigenschaften der Knolle als Lebensmittel und Rohstoff. Leipzig: Barth. 1942. — KRÜGEL, C., C. DREYSPRING, R. LOTTHAMMER und E. G. DOERELL: Beitrag zur Frage der Phosphorsäuredüngung der Kartoffeln. Bodenkde. u. Pflanzenernähr. 20, 317–329 (1941). — KRÜGER, F. H.: Über den Einfluß einseitiger Düngung auf den Kartoffelabbau. Z. Acker- u. Pflanzenbau 93, 359–385 (1951). — Wirkung der Phosphatdüngung auf Wachstum und Virusbefall der Kartoffel. Phosphorsäure 13, 285–292 (1953). — KRZYSCH, G.: Blattdüngung mit Mineralsalzen. Z. Pflanzenernähr., Düng., Bodenkde. 80 (125), 42–55 (1958). — KÜRTEN, P. W., und H. BURGHARDT: Die Bedeutung der Nährstoffe Phosphorsäure und Kali für die Wirkung der Stickstoffdüngung im Kartoffelbau. Phosphorsäure 19, 1–15 (1954). — KÜRTEN, P. W.: Stickstoffdüngung und Eiweißgehalt von Kartoffeln. Ergebnisse mehrjähriger Feldversuche. Kartoffelbau 8, 128–129 (1957). — Erfolge mit der Düngungskombination schwefelsaures Ammoniak und Thomasphosphat. Kartoffelbau 9, 10–11 (1958).

LEHMANN, E., und R. HORNKE: Untersuchungen zur Gewinnung von Zellstoff aus Kartoffelkraut. Landwirtsch. Jb. 89, 481–507 (1940). — LUNDBLAD, K.: Der Einfluß der verschiedenen Düngemittel auf Geschmack und Qualität der Kartoffel. Ref. Fortschr. Landwirtsch. 3, 796 (1928).

MCCLELLAND, T. B.: Studies of the photoperiodism of some economic plants. J. Agric. Res. 37, 603–628 (1928). — MICHAEL, G.: Zum Problem einer Steigerung des Eiweißgehaltes der Kartoffel durch Stickstoffdüngungsmaßnahmen. Bodenkde. u. Pflanzenernähr. 31 (76), 56–63 (1943). — MIDDELEN, G. H. VAN, W. C. JACOB und H. C. THOMPSON: Der Einfluß der Kalidüngung auf einige lösliche Stickstoffverbindungen der Kartoffelknolle und ihre Beziehung zur Schwarzfleckigkeit. Nachdruck aus: Proc. Amer. Soc. Horticult. Sci. 61 (1953). — MITSCHERLICH, E. A., und H. BEUTELSPACHER: Untersuchungen über den Wasserverbrauch verschiedener Kulturpflanzen und den Wasserhaushalt des natürlich gelagerten Bodens. Bodenkde.

u. Pflanzenernähr. **9/10** (54/55), 337–395 (1938). — Mitscherlich, E. A.: Bodenkunde für Landwirte, Forstwirte und Gärtner. Berlin und Hamburg: Parey. 1950. — Möller, O.: Handbuch der Landwirtschaft, Bd. I, Ackerbaulehre, Kap. IV, Meliorationen, S. 193. Hrsg. von Th. Roemer, A. Scheibe, J. Schmidt und E. Woermann. Berlin: Parey. 1952. — Mulder, E. G.: Stoßblau (enzymatische Schwarzfleckigkeit) und Atmungsintensität von Kartoffeln in Beziehung zur Düngung. Nachdruck aus Stickstoff 8, Dezember 1955.

Nemec, A.: Zur Kenntnis der Wirkung der Düngung mit Kalisalzen auf die Stärkegehalte der Kartoffelknollen. Bodenkde. u. Pflanzenernähr. **20** (65), 84–106 (1941). — Neuweiler, E.: Kartoffelanbauversuche der Vereinigung schweizerischer Versuchs- und Vermittlungsstellen für Saatkartoffeln. Landw. Jb. Schweiz **43**, 699 (1924). — Nieschlag, F.: Ergebnisse eines 20jährigen Kalidüngungsversuches auf humosem Sand. Kalibriefe, Fachgebiet 16. Monatliche Mitteilungen des internationalen Kaliinstitutes Bern (Schweiz), 1–12 (1960).

Opitz, K.: Handbuch der Landwirtschaft von F. Aereboe, J. Hansen und Th. Roemer, Bd. III, Pflanzenbaulehre, Landmaschinen, Kap. II, Der Kartoffelbau, S. 109–166. Berlin: Parey. 1930.

Primost, E.: Einjährige Feldversuche mit hohen, geteilten Stickstoffgaben zu Winterweizen und Kartoffeln. Bodenkultur **6**, 61–83 (1952). — Prummel, J.: Behandlung des Kalimangels bei der Kartoffelpflanze durch Beregnung oder späte Düngung. Kalibriefe 10. Folge, Fachgebiet 11, Hackfruchtbau, 1–5, Mai 1959.

Rasumov, V.: Influence of alternate day-length on tuber formation. Bull. Appl. Bot. Genet. Plant Breeding, Leningrad **18** (5), 46–48 (1931). — Rauter, R.: Stickstoffdüngung und Stärkeertrag. Kartoffelbau **6**, 48–49 (1955). — Reiling, H.: Düngung, Qualität und Markt. Zeitgemäße Betrachtungen mit besonderer Berücksichtigung der Kartoffelwirtschaft. Ernähr. Pflanze 313 (1930). — Remy, Th.: Handbuch des Kartoffelbaues. Berlin: Parey. 1928. — Remy, Th., und E. Deichmann: Der Verlauf der Nahrungsaufnahme und das Düngerbedürfnis der Kulturgewächse. Ernähr. d. Pflanze **27**, 301–317 (1931). — Riethus, H.: Der Einfluß verschiedener Düngungen auf den Ernteertrag und einige Qualitätsmerkmale von Kartoffeln. Z. Pflanzenernähr., Düng., Bodenkde. **51** (96), 66–71 (1950).

Schachtschabel, P.: Der Magnesiumversorgungsgrad nordwestdeutscher Böden und seine Beziehung zum Auftreten von Mangelsymptomen an Kartoffeln. Z. Pflanzenernähr., Düng., Bodenkde. **74** (119), 202–219 (1956). — Scharrer, K.: Biochemie der Spurenelemente, 3. Aufl. Berlin: Parey. 1955. — Scheffer, F.: Handbuch der Landwirtschaft, Bd. I, Ackerbaulehre, Kap. VIII, Ernährung und Düngung der Pflanzen, S. 394. Berlin: Parey. 1952. — Schick, R.: Der Einfluß der Tageslänge auf die Knollenbildung der Kartoffel. Züchter **3**, 365–369 (1931). — Schmidt, F., und G. Wehner: Arbeitswirtschaftliche Untersuchungen über die Werbung von Kartoffelkraut. Landwirtsch. Jb. **88**, 297–478 (1939). — Schmidt, E.: Gute Stärkeerträge verlangen richtige Düngung. Kartoffelbau **8**, 8–9 (1957). — Schmitt, L., und A. Brauer: Grundsätzliches zur Düngung von Kartoffeln. Kartoffelbau **7**, 1–4 (1956). — Schoene, G.: Versuche über Phosphorsäuredüngung zur Erzeugung von Saatkartoffeln. Pflanzenbau **13**, 94–105 (1936–1937). — Schreven, D. A. van: De gezondheidstoestand van de aardappelplant onder den invloed van twalf elementen. Meded. Landbouwhoogeschool, Wageningen, Deel **43**, Verh. 1, 63–100 (1939). — Schulze, E.: Mechanische Keimanregung, Schosserbildung und photoperiodisches Verhalten bei Kartoffeln. Z. Acker- u. Pflanzenbau **98**, 385–422 (1954). — Zusammenwirken von Tageslänge und Höhe der Stickstoffgabe bei Kulturkartoffeln. Z. Acker- u. Pflanzenbau **105**, 258–270 (1958). — Schuphan, W.: Der Einfluß einer steigenden N-Düngung auf den Gehalt an essentiellen Aminosäuren auf die biologische Eiweißwertigkeit von Kartoffeln (E.A.5-Index nach B. L. Oser). Z. Pflanzenernähr., Düng., Bodenkde. **86** (131), 1–14 (1959). — Sigle, K.: Das Kartoffeleiweiß, seine Steigerung und Verwertung. Z. Acker- u. Pflanzenbau **93**, 208–258 (1951). — Spennemann, F.: Der Einfluß der Bodenart, Bodenreaktion und Düngung auf den Kartoffelschorf. Pflanzenbau **10**, 264–270 (1933/34). — Soll: Gute Stärkeerträge durch richtige Düngung. Die Stärkekartoffel. Beilage zu Kartoffelbau **9**, 3–4 (1958). — Steineck, O.: Untersuchungen über Bormangelschäden bei Kartoffeln. Vorl. Mitt. Bodenkultur **5**, 57–60 (1951). — Bormangelschäden bei Kartoffeln. Z. Pflanzenernähr., Düng., Bodenkde. **64** (109), 154–167 (1954). — Untersuchungen über die photoperiodische Reaktion einiger Kartoffelsorten. Bodenkultur 8, 254–262 (1955) — Untersuchungen und Beobachtungen über die Fadenkeimigkeit von Kartoffelknollen. Phytopathol. Z. **24**, 195–210 (1955a). — Tageslänge und Knollenbildung bei Kultursorten der Kartoffel. Z. Pflanzenzüchtung **36**, 197–213 (1956). — Die Bedeutung des Kartoffelbaues im alpenländischen Raum. Förderungsdienst, Sondernummer 4–9 (1957). —

Die Bewässerung der Kartoffel. Dtsch. Landwirtsch. Presse 8, 185–186 (1958). — Qualitätsprobleme der Kartoffelzüchtung. Bericht über die Arbeitstagung 1959 der Arbeitsgemeinschaft der Saatzuchtleiter im Rahmen der Vereinigung österreichischer Saatgutzüchter. Im Druck. — Der Ertragsaufbau der Kartoffel. Bodenkultur, Ausg. A **10**, 231–245 (1959). — STELZNER, G., und M. TORKA: Tageslänge, Temperatur und andere Umweltsfaktoren in ihrem Einfluß auf die Knollenbildung der Kartoffel. Züchter **12**, 233–237 (1940). — STRICKER, H.: Die Bedeutung der mineralischen Düngung im Pflanzkartoffelbau. Dtsch. Landwirtsch. **9**, 73–76 (1958). — Untersuchungen über die Beeinflussung des Pflanzgutwertes der Kartoffel durch die mineralische Düngung in einer Abbaulage. Dtsch. Landwirtsch. **9**, 113–118 (1958a). — Phosphatdüngung und Pflanzkartoffelbau. Phosphorsäure **18**, 177–184 (1958b).

TEICHMANN, W.: Einfluß der Kalkung auf den Kartoffelertrag. Kartoffelbau **6**, 6–7 (1955). — THIEMANN, A.: Gründüngung. In: Handbuch der Landwirtschaft, Bd. I, Ackerbaulehre, S. 463–489. Berlin: Parey. 1952.

ULRICH, W. A.: Nahrungsverbrauch und Verlauf der Nahrungsaufnahme bei Kartoffeln verschiedener Reifezeit. Ernähr. d. Pflanze **25**, 174–179 (1929).

VOELK, J., O. BODE und J. HAUSCHILD: Untersuchungen zur Frage eines Zusammenhanges zwischen Düngung, Blattlausbesatz und Krankheitsausbreitung in Kartoffelbeständen. Z. Pflanzenkrankh. u. Pflanzenschutz **59**, 89–110 (1952). — VOGEL: Einfluß erhöhter Stickstoffgaben auf Ertrag und Stärkegehalt. Die Stärkekartoffel. Beilage zu „Kartoffelbau" **9**, 2–3 (1958). — VOLKART, A.: Der Einfluß steigender Stickstoffgaben auf den Saatgutwert der Kartoffeln. Landwirtsch. Jb. Schweiz **62**, 83–95 (1948).

WACHOLDER, K., und K. NEHRING: Über den Einfluß von Düngung und Boden auf den Vitamin-C-Gehalt verschiedener Kartoffelsorten. Bodenkde. u. Pflanzenernähr. **16** (61), 245–260 (1940). — WAGNER, H.: Beiträge zum Wachstumsverlauf der Kartoffelpflanze. Mitt. V. Z. Pflanzenernähr., Düng., Bodenkde. **30**, Reihe A, 232–249 (1933). — WEGNER, H.: Die Bedeutung der Phosphorsäure für die Eigenschaften der Kartoffelstärke. Phosphorsäure **19**, 16–26 (1959). — WELTE, E.: Die Magnesiumversorgung unserer Kulturpflanzen. Kalibriefe, Fachgebiet 2, Pflanzenernährung, 1. Folge, Februar 1960. — WHYTE, R. O.: Crop production and environment, S. 44–46. London: Faber and Faber. 1946. — WIEDE, W.: Was vermögen steigende Nitrophoskagaben bei den wichtigsten landwirtschaftlichen Kulturpflanzen zu leisten? Z. Pflanzenernähr., Düng., Bodenkde. **49** (94), 277–290 (1950). — WIESMANN, H., und E. SCHRAMM: Über den Einfluß der Kalidüngung bei verschieden hoher Stickstoffversorgung auf den Ertrag und Stärkegehalt der Kartoffel. Fortschr. Landwirtsch. **3**, 625–628 (1928). — WÜNSCHER, C.: Über den Einfluß der Düngung auf Leistung und Gesundheit der Kartoffel. Z. Acker- u. Pflanzenbau **94**, 377–421 (1952).

Yearbook of Food and Agricultural Statistics. Production, Vol. XI, Part. 1, S. 72–74, 1957.

D. Brassica-Rüben[1]

Von

E. von Boguslawski und W. Schuster

Die Rüben aus der Gattung *Brassica* (Familie *Cruciferae*) gehören zu den ältesten in Nutzung genommenen Rübenformen. Sie sind eng verwandt mit den Welt-Ölpflanzen Raps (*Brassica napus oleifera*) und Rübsen (*Brassica rapa oleifera*) (s. S. 678). Ihrem ursprünglichen Verbreitungsgebiet entsprechend, sind die Produktivitätseigenschaften der genannten Rübenarten entscheidend durch die ökologischen Bedingungen der mediterranen und atlantischen Küstengebiete beeinflußt. Die *Brassica*-Rüben sind, ihrer Nutzung und Vegetationszeit entsprechend, zweijährige Pflanzen, welche im ersten Jahr Wurzelkörper, d. h. „Rüben", und im zweiten Jahr „Samen" produzieren. Der Anbau der Brassica-Rüben tritt heute allgemein an Verbreitung und Bedeutung zurück gegenüber den Beta-Rüben. Dennoch hat der Anbau für begrenzte Gebiete sowohl gegenwärtig als auch für die Zukunft eine erhebliche Bedeutung.

[1] Vgl. auch S. 489.

a) Die Kohlrübe

(Brassica napus L. var. rapivera)

Die Kohlrübe, auch Steckrübe oder *Wruke* genannt (englisch: Svedish Turnip, französisch: Shou varet, spanisch: Kolinabo), ist insofern durch Anspruchslosigkeit gekennzeichnet, als sie in Klimaten mit rauher, feucht-kühler Witterung eine große Anpassungsfähigkeit zeigt. Deshalb wird sie in West- und Nordeuropa sowohl im Küstenklima als auch im Vorgebirgsklima angebaut. Nur in solchen Lagen nimmt sie einen beachtenswerten Anteil an der Ackerfläche ein. So verzeichnet die Statistik in Deutschland (Statistisches Jahrbuch 1961) für den Zeitraum 1955 bis 1960 einen Anbau von 0,89% der Ackerfläche, während Immel (1940) für die dänischen Landesteile Seeland 4,5% und Ostjütland 5,2% mitteilt. Der Autor gibt einen Durchschnittsertrag für diese Gebiete von 500 bis 600 dz an, während die Mittelzahl für Deutschland mit 391 dz/ha errechnet wurde. Die Periode der Ausbildung des Wurzelkörpers (Massenbildung) ist verhältnismäßig kurz. Da außerdem die Kohlrübe als eine typische „Pflanzrübe" (auch im maschinellen Verfahren) bezeichnet werden kann, erfolgt der Anbau außer als Hauptfrucht auch als Zwischenfrucht (Möller und Skirde 1956, Lüddecke 1958) nach spät geernteten Winterzwischenfrüchten oder als Stoppelfrucht nach abgeernteten Getreideflächen.

Die Anpassungsfähigkeit gilt in den genannten feuchten Lagen auch für alle Bodenarten, wobei in der Praxis gerade die extremen, d. h. die Sandböden und die tonreichen Böden, vernehmlich in Betracht kommen. Alle genannten Faktoren beeinflussen selbstverständlich die spezifischen Ansprüche dieser Rübenart an die Düngung! So lassen die Standortsbedingungen eine gute Anpassung an den *Reaktions- bzw. Kalkzustand* des Bodens erwarten. Es kommt hinzu, daß außer den genannten Bodenarten auch solche mit Rohhumus ebenso wie Hochmoorböden in Betracht kommen. Dennoch ist der Kalkzustand des Bodens zu beachten und gegebenenfalls zu verbessern (Deichmann 1939, Klapp 1941, Heinisch 1953), wobei die Rolle des Ca-Ions als Pflanzennährstoff hervorzuheben ist. In der Literatur gehen die Angaben über den optimalen Reaktionszustand für Kohlrüben deshalb auseinander, weil bei neutraler bis schwach alkalischer Reaktion die Sporen des Erregers der Kohlhernie (Plasmodiophora brassicae) am Auskeimen gehindert werden (Honig 1931). Abgesehen hiervon ist aber die größere Reaktionsbreite der Kohlrübe beim Anbau entscheidend, so daß sie auch auf schwach sauren Böden wächst (Schmitt 1954). Erwartungsgemäß werden auf leichten sauren Böden (Broek 1930), aber auch auf schweren Böden durch Kalkung erhebliche Mehrerträge erzielt. Aus den genannten Gründen wird Branntkalk zur Bekämpfung der Kohlhernie empfohlen und dabei ein pH von 6 bis 7 gefordert (Kalkdienst 1951). Selke (1955) hebt die negativen Einflüsse der Bodenversauerung für die Kohlrübe hervor. Andererseits kann durch zu starke Kalkung nach Brandenburg (1937) die Glasigkeit der Kohlrüben, welche durch Bormangel verursacht wird, verstärkt werden; Bor wird bei hohen pH-Werten festgelegt. Dermott und Trinder (1947) auch Bovay (1958) warnen vor starker Kalkung bei Bormangel.

Entsprechend der Anbauform, ob als Hauptfrucht oder Zwischenfrucht, ist die Düngung der Kohlrübe unterschiedlich zu gestalten. Allerdings betont Tiemann (1953), daß auch bei Anbau der Kohlrübe als Stoppelfrucht genügend Nährstoffe in löslicher Form zur Verfügung stehen müssen, wenn hohe Erträge erzielt werden sollen. Als Anhaltspunkt für das Nährstoffbedürfnis der Kohlrübe werden in Tab. 134 Daten verschiedener Autoren über den *Nährstoffentzug* angegeben. Es wird dabei von einem mittleren Ertrag von 400 dz Rüben und

80 dz Blatt — beides in Frischmasse — ausgegangen. Aus den Zahlen ist zu ersehen, daß die Kohlrübe ein hohes Bedürfnis für den Faktor Kali hat, es werden etwa die gleichen Werte erreicht wie bei der Kartoffel. Auch für Stickstoff sind die Werte hoch, jedoch verhältnismäßig niedrig im Vergleich mit Zuckerrüben, was auf die wohl niedrigeren Blatterträge zurückzuführen ist. Die Entzugszahlen für Phosphorsäure (P_2O_5) schwanken erheblich, liegen aber in den meisten Fällen in der gleichen Höhe wie bei anderen Hackfrüchten. Auf die verhältnismäßig hohen Entzugszahlen für Kalk (CaO) wurde bereits hingewiesen.

Tabelle 134. *Nährstoffentzug von Kohlrüben in kg/ha bei 400 dz/ha Rüben + 80 dz/ha Blatt*

Autoren	N	K_2O	P_2O_5	CaO	MgO
Remy (1925/26)	140,0	180,0	53,0		
Becker-Dillingen (1928, 1934)	160,0	300,0	100,0	100,0	
Klapp (1941)	136,0	212,0	64,0	92,0	
Köhnlein und Knauer (1957)	98,0	155,6	33,6	54,4	
Ruhr-Stickstoff AG (1957)	120,0	190,0	60,0	70,0	30,0

Aus den Untersuchungen von Remy (1928) enthält Tab. 135 ein Beispiel für die *zeitliche Nährstoffaufnahme* der Kohlrüben. Danach erfolgt die Aufnahme hauptsächlich in den Monaten Juli bis September. Daß auch im Oktober und sogar noch im November Aufnahmen gemessen werden konnten, dürfte auf den milden Standort zurückzuführen sein. Wenn festgestellt wurde, daß die Ausbildung des Wurzelkörpers in der verhältnismäßig kurzen Zeit von etwa drei Monaten erfolgt, so ist die Nährstoffaufnahme, zumindest im Anbau als Hauptfrucht, in ihrem Verlauf ganz ähnlich wie bei den anderen Rübenarten. Deshalb kommen auch zu Kohlrüben langsam wirkende Düngerformen zur Anwendung (Bierei 1931, Schulze 1961). Abgesehen davon, daß im Zwischenfruchtbau die Nährstoffaufnahme etwas geringer ist, erfolgt die zeitliche Aufnahme schneller, zumal auch die Temperaturen höher sind.

Tabelle 135. *Verlauf der Nährstoffaufnahme bei einem Ertrag von 600 dz/ha Kohlrüben* nach Remy (1928)

	N	K_2O	P_2O_5
Juni	7	7	2
Juli	49	93	28
August	58	82	30
September	36	49	19
Oktober	23	37	14
November	11	18	7
Gesamtbedarf kg/ha	184	286	99

Die genannten Feststellungen bringen die Voraussetzungen dafür zum Ausdruck, daß die Kohlrübe langsam wirkenden organischen Dünger — wie den *Stallmist* — gut ausnutzt. Auf allen Standorten, auf welchen die Kohlrübe Haupt-Hackfrucht ist, erhält sie in der Regel eine Stallmistdüngung (Becker-Dillingen 1928, 1934, Klapp 1941, Heinisch 1953, Schmitt 1954). Erwartungsgemäß werden Höchsterträge aber nur bei einer Kombination der organischen Düngung mit der Mineraldüngung erreicht. Eine besonders intensive Wechselwirkung zugunsten der organischen Düngung kommt in einer Versuchsserie der BASF (1947) zum Ausdruck, welche in Tab. 136 wiedergegeben wird.

Tabelle 136. *Düngungsversuche zu Kohlrüben 1925 bis 1942, Rübenertrag dz/ha* nach BASF (1947)

Stallmist-düngung dz/ha	Zahl der Versuche	PK ohne N	+ 60 kg/ha N	+ 80 kg/ha N	+ 100 kg/ha N
200	45	466,2	542,0	594,1	629,4
350	38	547,0	618,0	671,6	701,4

Weitgehend unabhängig von der Stickstoffdüngung betrug die Wirkung der Zudüngung von 150 dz/ha Stallmist fast 100 dz Rüben. Die Kombination von 350 dz Stallmist und 100 kg N führt zu einem Mehrertrag von über 200 dz Frischrüben. Auch in den Versuchen von Iversen und Dorph-Petersen (1955) in Dänemark, von Eikeland (1957) in Norwegen und von Vytčikov (1949), Babičev und Lukovnikova (1961) in Sowjetrußland konnten beachtliche Mehrerträge durch Stallmistdüngung erzielt werden. Die Höchsterträge wurden aber überall bei einer Kombination von organischer und mineralischer Düngung festgestellt, welche bekanntlich zu einer Komplexwirkung führen. Dies stellte auch Schulze (1961) heraus. Der Stallmist wird wie bei anderen Hackfrüchten besonders auf schweren Böden im Herbst ausgebracht und vor Winter untergepflügt. Dies gilt auch dann, wenn Kohlrüben als „Zweitfrucht" nach Winterzwischenfrüchten angebaut werden (Klapp 1941). Auf leichteren Böden mit ausreichender Wasserversorgung kann der Stallmist aber auch noch im Frühjahr eingepflügt werden (Heinisch 1953). Dies gilt für alle Böden aber auch dann, wenn die Kohlrüben im Frühjahr gepflanzt werden. Bei einem Anbau der Kohlrüben als Stoppelfrucht nach frühräumenden Getreidearten wie Wintergerste wird im allgemeinen schon im Interesse einer schnellen Pflanzung auf die Stallmistdüngung verzichtet (Broek 1930). Auf manchen Standorten erfolgt sie aus Gründen der Arbeitsverteilung aber auch dann noch, wobei an die Nachwirkung in der kommenden Vegetation gedacht wird.

In der Praxis hat schon immer die Anwendung von *Jauche* bei Kohlrüben eine Rolle gespielt. Auf die günstige Wirkung der Jauche, die auch als Kopfdünger und im Jauche-Drillverfahren verabfolgt werden kann, wird von verschiedenen Autoren hingewiesen (Becker-Dillingen 1934, Klapp 1941, Schmitt 1954, Selke 1955). Auch stellt Čižov (1949) für russische Verhältnisse eine besonders gute Wirkung der Jauche als Kopfdüngung fest. 5000 kg Jauche brachten in dänischen Versuchen von Iversen und Dorph-Petersen (1955) die gleiche Wirkung wie 100 kg N.

Durch Stallmist und Jauche soll jedoch nach Kreuzpointner (1931) der Befall mit Kohlhernie (Plasmodiophora brassicae) begünstigt werden. Becker-Dillingen (1934) weist besonders bei der Verwendung der Kohlrüben zu Speisezwecken darauf hin, daß die „Madigkeit" der Rüben durch Stallmistdüngung begünstigt wird; die Madigkeit wird durch die Larven der Kohlfliege (Anthomgia brassicae) verursacht. Andererseits konnte Dalgliesh (1938) in Neuseeland durch Gaben von 600 dz/ha Stallmist die sogenannte Braunherzigkeit oder Glasigkeit (Bormangel, s. später) beseitigen.

Eine besonders günstige Wirkung wurde bei der Anwendung von *Schafpferch* beobachtet (Becker-Dillingen 1928), bei welchem auf Grund des C/N-

Verhältnisses eine günstige Kombination spezifischer organischer Substanzen mit Nährstoffen vorliegt (BOGUSLAWSKI, IMHOF 1953, BOGUSLAWSKI, BRETSCHNEIDER-HERMANN 1955). Die Anwendung von Schafpferch erfolgt bei Pflanzrüben teilweise noch im Frühjahr. Eine gleichfalls günstige Wirkung ist bei der organischen Düngung in Form von *Gründüngung* zu beobachten (BECKER-DILLINGEN 1928 und 1934). ZADE (1933) empfiehlt den Anbau von Kohlrüben nach Klee-Gründüngung, von welcher in milden Gebieten der erste Schnitt noch verfüttert werden kann.

Tabelle 137. *N-Steigerungsversuche zu Kohlrüben 1949 bis 1952*
(Ertrag an Rübenfrischmasse in dz/ha und relativ)
nach Ruhr-Stickstoff AG (1953)

N-Düngung kg/ha	0		40		80		120	
	dz/ha	rel.	dz/ha	rel.	dz/ha	rel.	dz/ha	rel.
Schleswig-Holstein	533	100	669	126	684	128	748	140
Weser-Ems	370	100	454	123	523	142	716	194

Aus Tab. 134 ging hervor, daß die Kohlrübe neben einem hohen Kalibedarf hohe Ansprüche an die *Stickstoffversorgung* stellt. Aus Versuchen der BASF (1947) und von MARQUART (1950) ist zu ersehen, daß in guten Jahren die Ertragszunahme durch eine Stickstoffdüngung bis zu 100 kg/ha 170 dz Rüben und in schlechteren Jahren 153 dz Rüben betrug. Tab. 137 gibt Ergebnisse aus neueren Versuchen der *Ruhr-Stickstoff AG* (1953) wieder, welche in Schleswig-Holstein und im Weser-Ems-Gebiet durchgeführt wurden. IVERSEN und DORPH-PETERSEN (1955) bezeichnen eine Gesamt-Stickstoffversorgung (einschließlich Stallmist und Jauche) von 180 kg/ha als wirtschaftlich. SALONEN (1961) stellte in Finnland erhebliche Stickstoffwirkungen bei Kohlrüben fest und kam zu Gaben von etwa 90 kg/ha N. Dabei nahm der Blattertrag erwartungsgemäß stärker zu als der Rübenertrag (ANTTINEN und KÖYLIJARVI 1961). In sowjetrussischen Versuchen von BABIČEV und LUKOVNIKOVA (1961) wurde bei einer Grunddüngung von 400 dz Stallmist und KP-Düngung der Rübenertrag durch Zudüngung von 120 kg/ha N noch um 85% erhöht. Mit den Versuchen wurden Qualitätsuntersuchungen verbunden, die in Tab. 138 wiedergegeben werden. Der Ascorbinsäuregehalt war bei der mittleren N-Versorgung am

Tabelle 138. *Einfluß der Düngung auf die chemische Zusammensetzung der Kohlrübe*
(Ernte 1951, Frischmasse)
nach BABIČEV und LUKOVNIKOVA (1961)

Variante	Trockenmasse %	Ascorbinsäure mg/100 g	Zucker (Saccharose) %	Roheiweiß %	relativ Ertrag
ohne Düngung	15,3	41,3	10,3	1,00	100
N_{60} P_{60} K_{60}	14,6	52,8	9,4	1,50	139
N_{120} P_{60} K_{90}	14,2	45,0	9,2	1,13	153
N_{60} P_{120} K_{90}	16,9	51,6	11,4	1,56	101
40 t Stallmist	14,6	45,8	9,5	0,95	120
40 t Stallmist + P_{60} K_{90}	15,4	37,4	10,1	0,75	107
40 t Stallmist + N_{60} P_{60} K_{90} ...	15,2	42,0	9,8	1,19	113
40 t Stallmist + N_{120} P_{60} K_{90} ..	14,5	41,6	9,1	1,81	192
40 t Stallmist + N_{60} P_{120} K_{90} ..	14,6	43,7	9,8	1,56	132

höchsten. Schuphan (1941) betont, daß bei optimaler Düngung der Gehalt an Vitamin C am höchsten ist. Der Vitamingehalt, der bei Kohlrüben an sich hoch ist, nimmt im Winterlager nicht ab, gleichgültig ob die Rüben warm oder kühl, trocken oder feucht gelagert werden (Kroker 1939).

Nach Babičev und Lukovnikova (1961) empfiehlt es sich, die Stickstoffgaben in zwei Gaben zu verabfolgen. Im gleichen Sinne lauten Empfehlungen von Ingvar-Nilsson und Hahlin (1959) sowie Schulze (1961), die die besondere Eignung von langsam wirkenden Stickstoffdüngern betonen. Grundsätzlich zeigen die Kohlrüben aber keine besonderen Ansprüche bezüglich der Form der Stickstoffdüngung. Nach Schmitt (1954) können auch physiologisch saure Düngemittel gut ausgenutzt werden. Mit Rücksicht auf die schnelle Ausbildung des Rübenkörpers kommen in Deutschland meist Kalkammonsalpeter oder Ammonsulfatsalpeter zur Anwendung, während in Schweden Kalksalpeter empfohlen wird (Anonym 1958). In den Versuchen von Iversen und Dorph-Petersen (1955) wurden mit Ammonium-Nitrat und Ammonium-Sulfat ebenfalls Mehrerträge erzielt. Deichmann (1939) empfiehlt 10 Tage vor der Saat die Düngung von 500 kg Kalkstickstoff, um damit die Kohlhernie und den Kohlgallenrüßler zu bekämpfen.

Auch der *Kalibedarf* der Kohlrübe ist als hoch zu bezeichnen, er entspricht nach den Angaben von Tab. 134 etwa demjenigen der Kartoffeln. Zade (1933) empfiehlt ein Verhältnis von $N:K_2O:P_2O_5 = 1:1{,}28:0{,}38$. Tab. 139 bringt aus

Tabelle 139. *Wirkung der Kalidüngung bei Kohlrüben* nach Landwirtschaftliche Versuchsstation Berlin-Lichterfelde (1935)

Düngung kg/ha	Rübenertrag dz/ha	Trockensubstanz %	Zucker %
$25\,N + 120\,P_2O_5$	538,6	10,25	26,56
$25\,N + 120\,P_2O_5 + 200\,K_2O$ (als Kali-Magnesia)	566,1	10,35	28,26
$25\,N + 120\,P_2O_5 + 400\,K_2O$ (als Kali-Magnesia)	591,5	10,34	29,88

älteren Versuchen ein Beispiel für die Kaliwirkung bei verhältnismäßig hohen Kaligaben. Es ist ersichtlich, daß der Zuckergehalt etwas erhöht wird. Im Mittel von 99 Versuchen des Deutschen Kalisyndikates (Ansdonk und Jakob 1943) brachten 120 kg/ha K_2O die höchsten Rübenerträge. Je nach der Versorgung der Böden werden bei Stallmistdüngung Kaligaben von 120 bis 160 kg/ha K_2O empfohlen (s. Schmitt 1954). Für die Brabanter Sandböden bezeichnet Broek (1930) 200 kg/ha K_2O ohne Stallmistdüngung als ausreichend. Ein Teil des Kalibedarfs kann nach Schmitt (1954) und Schulze (1961) durch Jauche gedeckt werden. Bei Untersuchungen über die Frage der Placierung der Kalidüngung konnte Reith (1959) keine Unterschiede zwischen Breitdüngung vor der Saat und Reihendüngung feststellen.

Kalimangel äußert sich in kleineren Blättern mit starken Nekrosen, die, vom Blattrand her beginnend, die ganze Blattspreite zerstören (Anonym 1927). Kalimangel begünstigt nach Kreuzpointner (1931) das Auftreten der Kohlhernie. Eine reichliche Kaliversorgung festigt die Zellgewebe und verhindert das Eindringen der pilzlichen Krankheitserreger (Schuhmacher 1931).

Der Bedarf an *Phosphorsäure* entspricht etwa demjenigen der Futterrüben und anderer Hackfrüchte. Dabei gehen die Angaben in Tab. 134 stark auseinander. Es werden bei ausreichendem P-Zustand des Bodens 60 bis 90 kg/ha

P_2O_5 als durchschnittliche Gaben genannt (Deichmann 1939, Heinisch 1953, Schmitt 1954). Tiemann (1953) hält beim Anbau der Kohlrübe als Stoppelfrucht die mineralische P-Düngung nicht für notwendig, wenn eine organische Düngung erfolgt. In Schweden werden bis zu 600 kg Superphosphat (Anonym 1958) und in Holland 600 kg Thomasphosphat (Broek 1930) empfohlen. Aus den in Tab. 138 aus den Untersuchungen von Babičev und Lukovnikova (1961) wiedergegebenen Daten geht hervor, daß eine P_2O_5-Düngung von 120 kg/ha den Trockenmassegehalt sowie den Gehalt an Ascorbinsäure und Roheiweiß etwas erhöht, wobei der Massenertrag durch diese Düngung nicht beeinflußt wurde.

Über die Form der Phosphorsäuredüngung sind die Angaben verschieden. So fanden McConnell (1913) ebenso wie Wilkinseon (1960) eine günstige Wirkung des Superphosphats, während Cooke (1956) mit Gafsa-Rohphosphaten auf Böden mit einem pH $< 6{,}5$ die gleiche Düngerwirkung erzielte wie mit Superphosphat. Broek (1930) stellte mit Thomasphosphat gute Wirkungen fest. Teilweise wurde wie bei anderen Pflanzenarten eine bessere Wirkung der Phosphorsäuredüngung erzielt, wenn diese placiert als Reihendüngung zur Anwendung kam (Reith 1959). Mattingly und Widdowson (1958) stellten keinen Unterschied zwischen Breitdüngung und Reihendüngung fest. Thorne (1957) brachte die Phosphorsäure in Form der Blattdüngung zur Anwendung. Besondere Vorteile waren nicht zu verzeichnen. Dabei wurden 80% der Phosphorsäure durch die Blätter aufgenommen.

Vielseitige Erfahrungen liegen über die Bedeutung der *Mikronährstoffe* (Spurennährstoffe) bei Kohlrüben vor. Ein besonderer Bedarf besteht für den Nährstoff *Bor*. Ein Gehalt von 16 ppm Bor in der Kohlrübe werden als unterste Grenze für ein gesundes Pflanzenwachstum angesehen; dabei sollen auf mittleren Böden 0,7 ppm und auf leichten Böden 1,0 ppm Bor pflanzenaufnehmbar sein (Smith und Anderson 1955). Nach Bucher (1957) traten auf schweren Böden bei einem Gehalt von weniger als 0,5 mg/kg Bor und auf leichten Böden bei weniger als 0,4 mg/kg Bor bei der Bestimmung nach der Heißwassermethode Mangelerscheinungen auf. In Gefäßversuchen stellten McIlrath und Palser (1956) bei Bormangel Nekrosen am Phloem der Wurzeln sowie Vergrößerungen der Kambiumzellen in Blatt und Stengeln fest. Im Feldanbau äußert sich Bormangel durch glasige Verfärbungen des zentralen Rübenkörpers, die später in braune Flecken übergehen. Über das Problem der Mangelerscheinungen und der Düngung mit Bor bei Kohlrübe liegen Untersuchungen aus zahlreichen Ländern vor (O'Brien und Dennis 1935, Jamalainen 1935, Whithehead 1935, Gram 1936, Dennis und O'Brien 1937, Rigg, Askew und Chittenden 1937, Woodcock und Merry 1937, Brandenburg 1938, Dalgliesh 1938, Benneth und Edney 1939, Lynch 1939 und 1941, Brickley 1943, Hanson, Coulson und Raymond 1948, Brandenburg 1949, Scharrer 1949, Anonym 1958). Nach diesen Angaben läßt sich die „Raan-Krankheit" bzw. die „Braunherzigkeit" oder die „Glasigkeit", welche durch Bormangel hervorgerufen wird, durch Gaben von 10 bis 30 kg/ha Borax beseitigen. Auf tonreichen sowie auf kalkhaltigen Böden können auch Gaben von 30 bis 40 kg/ha Borax erforderlich werden (Brandenburg 1949). Borax oder borhaltige Düngemittel wie Bor-Superphosphat werden am besten vor der Saat gestreut und wie üblich eingearbeitet. Brickley (1943) sowie Hanson, Coulson und Raymond (1948) erzielten durch Blattdüngung mit 7,5 kg/ha Borax auf die jungen Pflanzen eine bessere Wirkung als durch eine Bodendüngung von 20 kg/ha. Zu späte Blattdüngung war nach Anonym (1958) nicht mehr wirksam. Bormangel schädigt weniger den Ertrag als die Qualität, da glasige Rüben wesentlich weniger Kohlenhydrate enthalten (McIlrath und Palser 1956). Außerdem wird durch die Glasigkeit die Haltbarkeit herabgesetzt. Die Kohlrübe gehört zu den bortoleranten Pflanzenarten, so daß die Gefahr der Überdosierung bei Bordüngung gering ist (Holliday, Hodgson, Townsend und Wood 1958).

Molybdänmangel kann bei Kohlrüben nach Waring (1950) bei pH-Werten von 4,8 bis 5,2 auftreten. Dieser Mangel äußert sich in einem schlechteren Wuchs und in Gelbverfärbungen der Blätter. Es kommt zu Nitratanhäufungen und geringerer Chlorophyllausbildung. Die Schäden konnten durch 0,5 bis 1,0 kg/ha Natrium- oder Ammonium-Molybdat beseitigt werden. Auf Neuland und rohhumusreichen Heideböden kann nach Wilhelm (1949) und Heinisch (1953) auch bei Kohlrüben die Urbarmachungskrankheit auftreten, welche durch *Kupfermangel* verursacht wird. Durch 50 kg/ha Kupfersulfat ist der Mangel leicht zu beheben. Lingle und Carolus (1958) berichten über gesicherte Ertragssteigerungen bei Kohlrüben durch eine Düngung mit *Natriumchlorid.* Die Natriumdüngung setzte jedoch die Boraufnahme herab.

b) Die Wasserrübe[1]

(Brassica rapa L. var. rapivera)

Die Wasserrübe ist in Europa schon frühzeitig in verschiedenen Nutzungsformen bekannt geworden. So existieren in begrenzten Anbaugebieten schnellwüchsige Speiseformen, wie die in Deutschland zuletzt bekannt gewordene Teltower Rübe. Vorherrschend ist seit vorgeschichtlicher Zeit aber die Nutzung als Futterpflanze (Turnips), deren Anbau in Westeuropa die entscheidenden Impulse in dem Zeitraum vom 17. bis 19. Jahrhundert erhielt. In den Intensivgebieten Mittel- und Westeuropas ist jedoch der Anbau als Hauptfrucht im Verlauf der letzten Jahrzehnte stark zurückgegangen. Dagegen ist der Anbau in der Form der Stoppelrübe, nämlich als Stoppelfrucht nach der Aberntung früher Getreidearten, bis in die Gegenwart ein verbreitetes Verfahren. Von manchen Autoren wurde der Anbau der Stoppelrübe sogar als Untersaat empfohlen (Prjaniznikov 1930). In den Ländern Nordeuropas mit kurzer Vegetation spielt die Wasserrübe zur Futtergewinnung als Hauptfrucht noch eine besondere Rolle. Aus Schweden berichten Nissen und Skaland (1958) über die Verwendung der Stoppelrüben als Silage. Ihre jüngste Entwicklung hat die Stoppelrübe wohl in Finnland erlebt, wo Yllö (1956) auf die Verwendung als Futterpflanze als sogenannte „Blattrübe“ hinweist, die ebenfalls für Silage Verwendung findet. Yllö (1956) berichtet, daß im Jahre 1920 76% der Fläche mit Futterwurzelfrüchten, mit Turnips, bebaut wurden, während es 1948 noch 31% waren. Nach den Angaben des *Statistischen Jahrbuches* für 1961 erreichte in Westdeutschland der fast ausschließlich in der Form des Stoppelfruchtbaues durchgeführte Anbau noch etwa 2% der Ackerfläche.

Auch der Anbau als Gründüngungspflanze im Obstbau wurde propagiert (Goeldner 1956 sowie Loewel und Engel 1957). Berkner, Wiese und Newrzella (1939) vertreten jedoch den Standpunkt, daß die Wasserrüben besser als Futterrüben Verwendung finden.

Die Düngung der Wasserrübe hat die Form des Anbaues und die Art der Nutzung zu berücksichtigen. Indessen sind die Unterschiede bei dieser verhältnismäßig kurzlebigen Rübenart gering. Beim Anbau als Zwischenfrucht fand Reichelt (1955) die in Tab. 140 angegebenen Gehalte.

[1] Vgl. S. 493.

Tabelle 140. *Asche und Mineralstoffgehalt der Stoppelrübe in % der absoluten Trockensubstanz*
nach REICHELT (1955)

	Rohasche	N	K_2O	P_2O_5	CaO
Rüben	9,1	1,68	3,31	1,03	0,61
Blätter	21,4	2,98	3,98	0,97	2,61
Gesamt	15,2	2,33	3,65	1,00	1,61

Aus den Angaben verschiedener Autoren ergeben sich die in Tab. 141 wiedergegebenen Werte für den *Nährstoffentzug*. Mit Rücksicht auf die verschiedenen Anbauformen wurden die Werte nicht auf einen einheitlichen Ertrag umgerechnet. Eine Interpolation bzw. Extrapolation der Werte ist etwa in Grenzen bis zu

Tabelle 141. *Nährstoffentzug der Wasserrübe in kg/ha nach verschiedenen Autoren*

Autoren	Ertrag dz/ha Gesamt-Frischmasse	N	K_2O	P_2O_5	CaO	MgO
REMY (1928)	600	158,0	228,6	64,8	97,8	19,8
BECKER-DILLINGEN (1928)...	480	100,0	150,0	40,0	60,0	—
BECKER-DILLINGEN (1934)...	500	136,0	218,0	70,0	—	—
BECKER-DILLINGEN (1934)...	300	81,0	131,0	42,0	—	—
ANDERSON (nach BECKER-DILLINGEN 1934)	400	160,0	370,0	75,0	160,0	—
KLAPP (1941)	355	98,0	168,0	43,0	110,0	—
REICHELT (1955)	350–500	80–120	160–200	40–50	30–100	—
Ruhr-Stickstoff AG (1957) ...	250	80,0	120,0	35,0	130,0	35,0

25 bis 30% der Ertragshöhe möglich. Die Zahlen lassen erkennen, daß die Erträge dieser relativ kurzlebigen Rübenform beachtliche Werte erzielen lassen. Entsprechend sind auch die Werte für die Nährstoffentzüge verhältnismäßig hoch. Dabei ist eine gewisse Übereinstimmung mit den Werten festzustellen, welche für Kohlrüben angegeben werden (s. Tab. 134).

Auch die Wasserrübe zeigt hinsichtlich Bodenart und *Kalkzustand* bzw. Reaktionsgrad des Bodens eine gute Anpassungsfähigkeit. Zu bevorzugen sind jedoch leichtere Böden in schwach saurem bis neutralem Reaktionszustand. Auf diesen Böden herrscht derzeit auch aus arbeitswirtschaftlichen Gründen der Anbau als Stoppelfrucht vor. Auf schweren Böden tritt im Sommer in zahlreichen Fällen Wassermangel auf. Auch im Anbau als Hauptfrucht werden die leichteren Böden bevorzugt. Auf sauren Böden können durch Kalkdüngung Ertragssteigerungen erzielt werden (ARMY und MILLER 1956 und 1959). Diese Autoren stellten fest, daß der Ca- und Mg-Gehalt der Blätter im Herbst stark zunahm. HEINISCH (1953) weist darauf hin, daß bei neutraler bis schwach alkalischer Bodenreaktion — wie bei Kohlrüben — die Verbreitung der Kohlhernie abgeschwächt wird (s. oben).

Aus den Untersuchungen von REMY wird in Tab. 142 wiederum die zeitliche Aufnahme der drei Hauptnährstoffe wiedergegeben. Es handelt sich um die Aufnahme als Hauptfrucht mit sehr langer Vegetation sowie unter günstigen Klimabedingungen. Nach Untersuchungen von ANDERSON (nach BECKER-DILLINGEN 1934) wurde die Nährstoffaufnahme schon Anfang Oktober abgeschlossen.

Tabelle 142. *Verlauf der Nährstoffaufnahme bei Wasserrüben in kg/ha bei einem Ertrag von 600 dz/ha Rüben und Blatt*
nach REMY (1928)

	N	K_2O	P_2O_5
Juni	—	—	—
Juli	—	—	—
August	66	83	22
September	41	64	17
Oktober	28	48	16
November	23	34	10
Gesamtbedarf	158	229	65

Besonders als Hauptfrucht ist in den Anbaugebieten, in denen diese Rübenart eine entsprechende Rolle in der Fruchtfolge einnimmt, die organische Düngung mit *Stallmist* ebenso wie mit *Jauche* üblich. Letztere kann auch dann verabfolgt werden, wenn der Anbau als Stoppelfrucht erfolgt (BECKER-DILLINGEN 1928, 1934, KLAPP 1941, HEINISCH 1953, TIEMANN 1953). Beim Anbau als Hauptfrucht wurden in dem schon erwähnten Anbaugebiet in Finnland (YLLÖ 1956) ebenso wie in Rußland (VYTČIKOV 1949) die höchsten Erträge bei der Kombination von organischer mit mineralischer Düngung erzielt. Für den Anbau von Speiserüben warnt BECKER-DILLINGEN vor organischer Düngung, da sie die Gefahr des Hohlwerdens und der Madigkeit mit sich bringt.

Der beachtliche Bedarf an *Stickstoff* wird, abgesehen vom Anbau als Hauptfrucht, also im Zwischenfruchtbau, durch ausreichende Zufuhr von mineralischem Stickstoff gedeckt, wenn keine zusätzliche Jauchedüngung vorgesehen ist. Aus neuen Untersuchungen, welche auf zwei ökologisch verschiedenen Standorten in Hessen durchgeführt wurden, enthält Tab. 143 die Ergebnisse über eine Stickstoffsteigerung bis zu 100 kg/ha N. Dabei handelt es sich um Stoppelfrucht, also um Anbau nach abgeerntetem Getreide. Unter besonderer Berücksichtigung des Ertrags an Trockenmasse kann gefolgert werden, daß bei diesen Versuchen Stickstoffgaben bis zu 75 kg/ha N ausreichende Wirkung zeigten bzw. den Höchstertrag erreichen ließen. Die errechneten Erträge an Rohprotein zeigen auf dem

Tabelle 143. *Leistungen der Stoppelrübe bei steigender N-Düngung auf zwei Standorten im Mittel von drei Jahren (1950 bis 1952) in Hessen*
(nach REICHELT 1955)

Standorte	N-Düngung kg/ha	Frischmasse dz/ha	Trockenmassegehalt %	Trockenmasse dz/ha	Rohproteingehalt %	Rohproteinertrag kg/ha
Südhessen						
Rodgau (Sand in wärmerer Lage)	0	132	14,3	19,2	12,3	238
	50	301	11,9	34,3	14,1	482
	75	350	11,4	38,0	15,0	568
	100	358	10,1	35,4	16,2	570
Nordhessen						
Amöneburgerbecken (Lößlehm in kühlerer Lage)	0	310	11,5	34,1	12,3	413
	50	446	10,8	45,3	13,4	607
	75	489	10,4	47,6	13,3	639
	100	484	10,4	48,8	15,4	747

zweiten Standort, auf welchem die Ertragssteigerung wesentlich geringer ausfiel, noch einen Anstieg bis zu einer Düngung von 100 kg/ha N. Schuster (1957) erhielt im Mittel von drei Standorten und drei Jahren signifikante Ertragssteigerungen an Grün- und Trockenmasse sowie an Rohprotein, wenn die Stickstoffgabe von 40 kg N/ha auf 80 kg N/ha gesteigert wurde. Ähnliche Ertragszunahmen wurden in Feldversuchen im Gebiet Weser-Ems (Ruhr-Stickstoff AG 1953) und in Holland (Garretsen 1961) erzielt. Bei Versuchen der Ruhr-Stickstoff AG (1953) im Gebiet von Nordbayern führte eine Erhöhung von 80 auf 120 kg N/ha noch zu einer Zunahme der Erträge an Frisch- und Trockenmasse. Ebenso erhielt Kürten (1959 und 1963) auf Sandböden eine Ertragssteigerung von 291 auf 342 dz/ha Frischmasse bei Erhöhung der N-Gabe von 80 auf 120 kg/ha. Bei der Errechnung der höheren Erträge an Rohprotein auf Grund der Stickstoffbestimmung muß berücksichtigt werden, daß bei hohen Stickstoffgaben noch NO_3-Stickstoff in den Blättern festgestellt werden kann, nach Becker-Dillingen (1928) wurden bis 0,6% NO_3 in den Blättern gefunden.

Besonders für den Stoppelfruchtbau müssen die Nährstoffe in leichtaufnehmbarer Form zur Verfügung stehen (Zade 1933, Becker-Dillingen 1934, Klapp 1941, Tiemann 1953). In Übereinstimmung hiermit fanden Nissen und Skaland (1958) keine Mehrerträge, wenn sie noch einen Monat vor der Ernte eine zusätzliche Stickstoffgabe verabfolgten. Woodman und Paver (1944) erhielten bei früher N-Düngung eine Zunahme der Rübenerträge, während spätere N-Gaben nur die Blatterträge förderten. Garretsen (1961) empfiehlt, die Stickstoffdüngung nach der möglichen Saatzeit zu bemessen; bei früher Saat sind 100 kg/ha N lohnend, bei späterer Saat können 60 kg/ha N ausreichend sein. Abgesehen von der Wirkungszeit dürfte der Stickstofform keine besondere Bedeutung zukommen. Zwar berichten Ødelien und Bjørkum (1954), daß bei verhältnismäßig schwacher Stickstoffdüngung schwefelsaures Ammoniak höhere Erträge bringt als Kalkammonsalpeter. Bei höheren Gaben war kein Unterschied feststellbar. Nach Untersuchungen von Miller, Army und Krackenberger (1956) erhöhte Ammonnitrat den Karotingehalt stärker als Natronsalpeter. Der höchste Ascorbinsäuregehalt wurde bei 45 kg/ha N gefunden. Die Abnahme des Vitamin-C-Gehaltes erklären die Verfasser durch die stärkere gegenseitige Beschattung der größeren Blätter bei hoher N-Düngung. Bei Anwendung von Ammoniumsalpeter konnte Reith (1959) in Schottland ein schnelleres Jugendwachstum beobachten, wenn die Düngung als Reihendüngung erfolgte.

Aus Tab. 141 sowie 142 ist der starke Bedarf an *Kali* ersichtlich (Zade 1933, Klapp 1941, Heinisch 1953). Beim Anbau als Stoppelfrucht wird an manchen Standorten empfohlen, die Kalidüngung teilweise schon zur Vorfrucht zu verabfolgen. Becker-Dillingen (1934) schlägt für Stoppelrüben eine Kalidüngung von 120 kg K_2O vor. Salonen (nach Yllö 1956) empfiehlt für Finnland 500 kg/ha Kalisalz. Davis, Shepherd und Lucas (1959) erhielten bei Speiserüben mit 165 kg K_2O schon Höchsterträge, bei weiterer Steigerung ließ die Farbintensität der Rüben nach.

Schon in Anbetracht der verhältnismäßig kurzen Vegetation ist für eine ausreichende Düngung mit *Phosphorsäure* Sorge zu tragen. Für den Zwischenfruchtbau mit Stoppelrüben kann die P-Düngung schon zur Vorfrucht erfolgen. Besonders hohen P-Bedarf stellten Army und Miller (1959) bei Wasserrüben fest, die unter kühleren Bedingungen auf humosen Böden aufwuchsen. Auch Moursi und Maksoud (1956) erhielten bei kühl-feuchter Witterung eine Zunahme des Rübenertrages mit steigender P-Düngung. Für den Anbau als Hauptfrucht empfehlen Vitčikov (1949) in Sowjetrußland 400 kg/ha und Salonen (nach Yllö 1956) 500 kg/ha Superphosphat in Finnland. Wenn einerseits McConnell

(1913) besonders günstige Ergebnisse mit Superphosphat erzielte, konnten Cooke und Widdowson (1959) keine wesentlichen Unterschiede in der Wirkung der verschiedenen Phosphorsäuredünger feststellen. Nur Nitrophosphat zeigte eine geringere Wirkung von 50 bis 75% der Wirksamkeit des Superphosphates.

Sommer und Baxter (1942) stellten fest, daß sich der Mangel von *Magnesium* bei Wasserrüben (Turnips) erst im Herbst zeigte. Carolus (1934) konnte mit 22 dz/ha Dolomitkalk mit nur 1% Mg-Gehalt erhebliche Ertragssteigerung bei Wasserrüben erzielen.

Ähnlich wie Kohlrüben reagieren Wasserrüben stark auf das Fehlen von *Spurennährstoffen* (Mikronährstoffen), worauf Sommer und Baxter (1942) sowie Babičev und Lukovnikova (1961) besonders hingewiesen haben. Wellborn, Phillipe und Obenshain (1941) konnten bei Düngung mit reinen Chemikalien von N, K und P gegenüber der Anwendung von Natronsalpeter, Kainit und Superphosphat, Verfärbungen an den Rüben sowie eine rauhe Epidermis feststellen. Eine besonders große Zahl von Untersuchungen liegt wiederum über die Wirkung von *Bor* auf Entwicklung und Wachstum der Wasserrübe vor (Hurst und Macleod 1936, Snyder und Donaldson 1936, Chittenden und Copp 1937, Rigg, Askew und Chittenden 1937, Tokuoha und Zyo 1940, Jacobs 1941, Lachance 1941, Lynch 1941, Jamalainen 1942, McLachlan 1944, McLachlan und Strong 1948, Wade 1949, Page und Padem 1950, Kokin 1958). Bormangel ruft, ähnlich wie bei der Kohlrübe, Schädigungen am Cambium sowie am Phloem der Wurzeln hervor (Lachance 1941) und bewirkt die „Glasigkeit" und „Braunherzigkeit" der Wasserrübe. Ferner wird bei Bormangel die Aufnahme von Calcium sowie die Eiweißbildung gestört (Babičev und Lukovnikova 1961). Frischkalkung bewirkt nach Hurst und Macleod (1936) bräunliche Verfärbungen des Wurzelkörpers, weil durch Calciumdüngung das Bor fixiert wird. Die Symptome des Bormangels können in den meisten Fällen mit Gaben von 10 bis 30 kg/ha Borax beseitigt werden. Außerdem kann dabei der Ertrag erhöht werden, was Tokuoha und Zyo (1940) feststellten. Die Angaben über die optimale Höhe der Boraxdüngung schwanken erwartungsgemäß. Page und Padem (1950) fanden eine bessere Wirkung bei Düngung mit Natriumborat gegenüber Calciumborat. Bei stark kalkhaltigen Böden erzielten McLachlan und Strong (1948) bessere Wirkungen, wenn sie 12 bis 15 kg/ha Borax auf dem Wege der Blattdüngung applizierten. Gespritzt wurde, wenn die Wurzeln 2 bis 3 cm dick waren. Da die Wasserrüben wie die Kohlrüben bortolerant sind, ist eine Schädigung durch zu hohe Borgaben nicht zu erwarten (Holiday, Hodgson, Townsend und Wood 1958).

Waring konnte 1950 Mangel an *Molybdän* durch Düngung von 0,5 bis 1,0 kg/ha Natrium-Molybdat beseitigen. Chittenden (1915) stellte eine Ertragserhöhung bei Wasserrüben durch *Mangan*sulfat fest. Magnien (1913) erreicht bei Wasserrüben eine erhebliche Ertragssteigerung durch *Schwefel*düngung. Thompson und Morris (1957) unterstreichen die Bedeutung des Schwefels für die Futterqualität der Herbstrüben, die bei ungenügender Schwefelversorgung weniger hochwertige Aminosäuren enthielten. Harmer und Benne (1941) sowie Hemingway (1960) konnten durch Düngung mit *NaCl* neben Kalidüngung Ertragssteigerung erzielen. Eine *Kupfer*düngung kann sich nach Kokin (1958) günstig auf die Blatterträge und den Eiweißgehalt sowie auf den Karotingehalt der Blätter auswirken. Durch Zufuhr von *Nickel* und *Zink* konnte Teng Ji-Lo (nach Babičev und Lukovnikova 1961) eine Erhöhung des Gehaltes an Ascorbinsäure nachweisen.

Wie bei anderen Pflanzenarten kommt der Düngung mit Spurennährstoffen nur in sehr begrenten Gebieten eine größere Bedeutung zu.

Literatur

Anonym: Kalimangelerscheinungen bei der Kohlrübe. Ernähr. d. Pflanze **23**, 349–350 (1927). — Forsøg med udstrønung og udsprøjtning of boraks til kålroer. Tidskr. Planteavl. **62**, 339–340 (1958). — Anttinen, O., und J. Köylijarvi: Ergebnisse von Versuchen mit Kohlrüben aus der Landwirtschaftlichen Versuchsstation im nördlichen Österbotten (finn.). Valtion Maatalouskoetoiminnan Julkaisuja **186**, 1–30 (1961). — Army, T. J., und E. V. Miller: The interaction of kind of soil colloid, fertility status, and seasonal weather variation on the cation content of turnip leaves. Soil Sci. Soc. Amer. Proc. **20**, 57–59 (1956). — Effect of lime, soil type and soil temperature on phosphorus nutrition of turnips grown on phosphorus deficient soils. J. Agronomy **51**, 376–378 (1959). — Asdonk, T., und A. Jakob: Zusammenfassung der Ergebnisse der in den Jahren 1935–1938 durchgeführten Kali-Düngungsversuche der Landwirtsch.-Techn. Kalistellen der Landwirtsch. Abt. des Deutschen Kalisyndikates, II, Rüben. Z. Bodenkde. u. Pflanzenernähr. **31**, 197–215 (1943).

Babičev, I. A., und G. A. Lukovnikova: In: Biochemie der Obstkulturen, S. 487. Leningrad-Moskau, 1961. — *Badische Anilin- & Sodafabrik AG.*: Was leistet der Stickstoff im Futter- und Kohlrübenbau? Z. Pflanzenernähr., Düng., Bodenkde. **38**, 131–149 (1947). — Bamberg, K. K.: Einfluß der Bestäubung und Besprengung von Samen mit Spurenelementen auf den Ernteertrag. Nachr. Akad. Wiss. Lett. SSR **1**, 59–63 (1956). — Becker-Dillingen, J.: Handbuch des Hackfruchtbaues und Handelspflanzenbaues. Berlin: Parey. 1928. — Handbuch der Ernährung der landwirtschaftlichen Nutzpflanzen. Berlin: Parey. 1934. — Benneth, F. T., und L. E. Edney: "Brown Heart" of Swedes. J. Minist. Agric. **45**, 1232–1239 (1939). — Berkner, F., E. Wiese und B. Newrzella: Gründüngungsversuche. Z. Bodenkde. u. Pflanzenernähr. **13**, 370–384 (1939). — Bierei, E.: Die Düngung der landwirtschaftlichen Kulturpflanzen. In: Honcamp, Handbuch der Pflanzenernährung und Düngerlehre, Bd. II. Berlin: Springer. 1931. — Boguslawski, E. von, und E. Imhof: Versuche über die Wirkung von Schafpferch. Mitt. DLG **68**, 206–208 (1953). — Boguslawski, E. von, und B. Bretschneider-Herrmann: Die Wirkung des Schafpferchs. Dtsch. Landwirtsch. Presse **78**, 89–90 (1955). — Bovay, E.: Carence en bore et dégâts provoqués aux cultures par des applications excessives d'engrais boriques. Rev. Romande Agric. Viticult. Arboricult. **14**, 53–55 (1958). — Brandenburg, E.: Die sogenannte Glasigkeit der Steckrüben. Z. Pflanzenkrankh. u. Pflanzenschutz **47**, 53–58 (1937). — Der gegenwärtige Stand unseres Wissens über die Wirkung des Bors auf das Pflanzenwachstum. Forschungsdienst Sonderh. **7**, 160–165 (1938). — Bormangelkrankheiten der Rüben. Biol. Zbl. Braunschweig, Flugblatt F 1 (1949). — Wo stehen wir heute in der Borfrage? Z. Pflanzenkrankh. u. Pflanzenschutz **56**, 241–252 (1949). — Brickley, W. D.: The efficiency of spray treatment as a remedy for boron deficiency in sugar beets and swedes and for manganese deficiency in oats. Eire Dept. J. Agric. **40**, 144–148 (1943). — Broek, M. van den: Der Anbau von Futter-, Runkel- und Kohlrüben auf den Brabanter Sandböden. Ernähr. d. Pflanze **26**, 49–54 (1930). — Bucher, R.: Zusammenhänge zwischen Boden-, Dünger- und Pflanzenbor. Landwirtsch. Forsch. **10**, 165–176 (1957).

Carolus, R. L.: Magnesium deficiency in vegetable crops. Trans. Peninsula Hort. Soc. **1934**, 81–87. — Chittenden, F. J.: The effect of manganese sulphate on the yield of turnips at Wisley. J. Roy. Soc. **41**, 94–96 (1915). — Chittenden, E., und L. G. L. Copp: The use of borax in the control of Brown-Heart of turnips. New Zealand J. Sci. Techn. **19**, 372–376 (1937). — Čižov, S.: In: Handbuch für Landwirtschaft, S. 259. Moskau, 1949. — Cooke, G. W.: The value of rock phosphate for direct application. Empire J. Exper. Agric. **24**, 295–306 (1956). — Cooke, G. W., und F. V. Widdowson: Field experiments on phosphate fertilizers, a joint investigation. J. Agric. Sci. **53**, 46–63 (1959).

Dalgliesh, C. S.: Brown-Heart in swedes — Trials with application of borax. New Zealand J. Agric. **57**, 511–513 (1938). — Davis, J. F., L. N. Shepherd und R. E. Lucas: Long term effects of phosphate and potash applications to organic soils, I, Carrots, potatoes, and table beets. Agric. Exper. Stat. Quart. Bull. **41**, 762–767 (1959). — Deichmann, E.: Mehr wirtschaftseigenes Futter durch Zwischenfrucht-Futterbau. Limburgerhof-Ludwigshafen 1939. — Dennis, R. W. G., und D. G. O'Brien: Boron in agriculture. West. Scot. Agric. Coll., Plant Husbandry Rep., Res. Bull. **5**, 98–105 (1937). — Dermott, W., und N. Trinder: Brown heart in swedes: a cumbrian survey. J. Agric. Sci. **37**, 152–155 (1947).

Eikeland, H. J.: Gjødsling til rotvokstrar. Norsk Landbruk **15**, 114–120 (1957).

Garretsen, J. B.: Stikstofbemesting van Stoppelknollen. Stikstof **3**, 343 (1961). — Goeldner, H.: Über die Eignung verschiedener Futterpflanzen zur Gründüngung im Obstbau **75**, 160–165 (1956). — GRAM, E.: Bormangel og nogle øndre Mangelsygdomme. Tidskr. Planteavl. **41**, 401–449 (1936).

HANSON, A. A., J. G. COULSON und L. C. RAYMOND: Further studies on brown hearts in swedes. Sci. Agric. **28**, 229–243 (1948). — HARMER, P. M., und E. J. BENNE: Effects of applying common salt to a muck soil on the yield, composition and quality of certain vegetable crops and on the composition of the soil producing them. J. Amer. Soc. Agron. **33**, 952–979 (1941). — HEINISCH, O.: Rübenbau. In: Handbuch der Landwirtschaft, Bd. II. Berlin und Hamburg: Parey. 1953. — HEMINGWAY, R. G.: Effects of salt and other fertilizers on yield and mineral composition of forage crops, I, Turnips. J. Sci. Food Agric. **11**, 349–355 (1960). — HOLLIDAY, R., D. R. HODGSON, W. TOWNSEND und J. W. WOOD: Plant growth on "Fly Ash". Nature (London) **181**, 1079–1080 (1958). — HONIG, F.: Der Kohlkropferreger (Plasmodiophora brassicae). Gartenbauwiss. **5**, 116 (1931). — HURST, R. R., und D. J. MACLEOD: Turnip brown heart. Sci. Agric. **17**, 209–214 (1936).

IMMEL, H.: Zeitberichte aus Land- und Volkswirtschaft: Die Landbauzonen in Dänemark. Landwirtsch. Forsch. **10**, 483–518 (1940). — INGVAR-NILSSON, S., und M. HAHLIN: Synpunkter på växternas Kväveförsörjning. Kungl. Skogs. och Landbruksakad. Tidskr. **98**, 75–96 (1959). — IVERSEN, K., und K. DORPH-PETERSEN: Forsøg med stigende maengder Kvaelstofgodning til rodfrugt vet anvendelse of forstellige maengder staldgødning og ayle. Tidskr. Planteavl. **59**, 433–463 (1955).

JACOBS, S. E.: Brown heart disease in turnips. Gardners Chron. **3**, 109 (1941). — JAMALAINEN, E. A.: The influence of increasing amounts of boric acid on the yield of swedes. Maataloustieteellinen Aikakauskirja **7**, 182–186 (1935). — The action of B on the growth of turnips in water- and sand-culture experiments. Maataloustieteellinen Aikakauskirja **14**, 29–37 (1942).

Kalkdienst: Düngekalk-Leitfaden für Wirtschaftsberater. Land- und forstwirtschaftliche Abteilung der Düngekalk-Hauptgemeinschaft, Köln 1951. — KLAPP, E.: Lehrbuch des Acker- und Pflanzenbaues. Berlin: Parey. 1941. — KÖHNLEIN, J., und N. KNAUER: Die Entzugszahl als Hilfsmittel zur richtigen Bemessung der P_2O_5- und K_2O-Gabe. Z. Acker- u. Pflanzenbau **104**, 329–370 (1957). — KOKIN, A. YA.: Effect of trace elements on yield and physiological processes of turnips and fodder cabbage. Primen Mikroélem. sel. Khoz. Medits. Baku **1958**, 331–334; Ref. Soils a. Fertilizers **23**, 2678, (1960). — KREUZPOINTNER, J.: Kohlhernie und Düngung. Ernähr. d. Pflanze **27**, 172–173 (1931). — KROKER, F.: Der Einfluß der Aufbewahrung und der Gefrierkonservierung auf den Vitamingehalt von Obst und Gemüse. Landwirtsch. Forsch. **7**, 619–640 (1939). — KÜRTEN, P. W.: Futtersorgen? Praxis u. Forschung **11**, 180 (1959). — Anbau, Ernte und Verwertung von Stoppelrüben. Das wirtschaftseigene Futter **9**, 89–98 (1963).

LACHANCE, R. O.: The effects of calcium and the anatomy of Siamese cabbage (turnips) leaves suffering from boron deficiency. Ann. Assoc. Can. Franç. Sci. **7**, 107–108 (1941). — *Landwirtschaftliche Versuchsstation Berlin-Lichterfelde*: Arbeiten über Kalidüngung, S. 399–402. Berlin: Verlagsgesellschaft für Ackerbau. 1935. — LAUDER, B. A.: Swedes as a surface-irrigated crop in mid Canterbury. New Zealand J. Agric. **97**, 105–113 (1958). — LINGLE, J. C., und R. C. CAROLUS: Sodium and boron contents of several vegetable crops and varieties as influenced by the sodium and boron level of the soil. Proc. Amer. Soc. Hort. Sci. **71**, 507–517 (1958). — LOEWEL, E. L., und G. ENGEL: Die Einsaat von Gründüngung in jungen Obstanlagen und die nachfolgende Dauereinsaat für die Mulchwirtschaft. Obstbauversuchsring **12**, 47–48 (1957). — LÜDDECKE, F.: Versuchs- und Untersuchungsergebnisse zum Anbau der Winterzwischenfrüchte und der nachfolgenden Zweitfrüchte. Z. landwirtsch. Vers. u. Unters.wesen **4**, 101–250 (1958). — LYNCH, P. B.: Brown Heart in swedes. New Zealand J. Agric. **59**, 319–320 (1939). — Control of "Brown Heart" of turnips and swedes. New Zealand J. Agric. **63**, 109–112 (1941).

MARQUART, B.: Die Leistungen des Stickstoffs auf Acker- und Grünland. Ratschläge für den Bauernhof 2 (1959). — MC CONNELL, P.: A ruakura experiment. New Zealand J. Agric. **7**, 252–259 (1913). — MCILRATH, W. J., und B. F. PALSER: Responses of tomato, turnip and cotton to variations in boron nutrition, I, Physiological responses. Bot. Gaz. **118**, 43–52 (1956). — MCLACHLAN, J. D.: Control of water-core of turnips by spraying with borax. Sci. Agric. **24**, 327–331 (1944). — MCLACHLAN, J. D., und W. F. STRONG: Spraying and dusting turnips to prevent water-core, a disorder caused by boron deficiency. Sci. Agric. **28**, 61–65 (1948). — MAGNIEN, A.: The use of sulphur in the cultivation of turnips and beets. J. Soc. Nat. Hort. France **4**, 54–56 (1913). — MATTINGLY, G. E. G., und F. V. WIDDOWSON: Uptake of phosphorus from P_{32}-labelled superphosphate by field crops, I, Effects of simultaneous application of non-radioactive phosphorus fertilizers. Plant a. Soil (The Hague) **9**, 286–304 (1958). — MILLER,

E. V., T. J. ARMY und H. F. KRACKENBERGER: Ascorbic acid, carotene riboflavin, and thiamine contents of turnip greens in relation to nitrogen fertilization. Proc. Soil Sci. Soc. Amer. 20, 379–382 (1956). — MITSCHERLICH, E. A.: Was leistet der Stickstoff im Futter- und Kohlrübenbau? Z. Pflanzenernähr., Düng., Bodenkde. 41, 1–6 (1947). — MOURSI, M. A., und M. A. MAKSOUD: The influence of fertilizers on root yield and vegetative growth of turnip. Ann. Agric. Sci. Cairo 1, 221–225 (1956). — MÖLLER, H., und W. SKIRDE: Über verschiedene Methoden des Kohlrübenanbaues. Dtsch. Landwirtsch. 7, 282–284 (1956).

NISSEN, O., und N. SKALAND: Silonepe dyrkings-, ensilerings- og fordø yelses forsøk. Forskn. Forsøk Landbruket 9, 245–270 (1958).

O'BRIEN, D. G., und R. W. G. DENNIS: Raan or horon deficiency in swedes. Scot. J. Agric. 18, 326–334 (1935). — ODELIEN, M., und O. BJØRKUM: Forsøk med vassfri ammoniakk som kvelstoffgjødsel. Forskn. Forsøk Landbruket 5, 293–319 (1954).

PAGE, N. R., und W. R. PADEM: Differential response of snapbeans, crimson clover, and turnips to varying rates of calcium and sodium borate in three soil types. Soil Sci. Soc. Amer. Proc. 14, 253–257 (1950). — PALSER, B. F., und W. J. MCILRATH: Responses of tomato, turnips, and cotton to variations in boron nutrition, II, Anatomical responses. Bot. Gaz. 118, 53–71 (1956). — PRJANIZNIKOV, D. J.: Spezieller Pflanzenbau, S. 184–187. Berlin: Springer. 1930.

REICHELT, G.: Ökologische Anbauversuche mit Neuzüchtungen für den Stoppelfruchtbau unter besonderer Berücksichtigung der Stickstoffdüngung. Dissertation, Gießen, 1955. — REITH, J. W. S.: Fertilizer placement for swedes and turnips. Empire J. Exper. Agric. 27, 300–312 (1959). — REMY, TH.: Der Verlauf der Nahrungsaufnahme und das Düngerbedürfnis der Kulturgewächse. Pflanzenbau 2, 22–23 (1925/26). — Handbuch des Kartoffelbaues, Bd. II. Berlin: Parey. 1928. — RIGG, T., H. O. ASKEW und E. CHITTENDEN: Brown-Heart of swedes and turnips in Nelson-district: a boron-deficiency ailment. New Zealand J. Sci. Tech. 18, 750–755 (1937). — *Ruhr-Stickstoff AG*: Versuchserfahrungen im Gebiet Nordbayern 1949–1952 (1953). — Versuchserfahrungen im Gebiet Weser-Ems 1949–1952 (1953). — Versuchserfahrungen im Gebiet Schleswig-Holstein 1949–1952 (1953). — Faustzahlen für die Landwirtschaft, 4. Aufl. Bochum, 1957.

SALONEN, M.: Das Verhalten von Möhren und Roten Rüben gegenüber verschiedenen Düngungsbehandlungen im Vergleich zu Kohlrüben und Kartoffeln (finn.). Maatalous ja Koetoiminta Agric. a. Res. 15, 205–212 (1961). — SCHARRER, K.: Die Bedeutung der Spurenelemente für die Pflanzenernährung und Düngung. Landwirtsch. Forsch. 1, 176–183 (1949). — SCHMITT, L.: Vom Segen der Düngung. Frankfurt a. M.: DLG-Verlag. 1954. — SCHULZE, E.: Anwendung und Wirkung der Stickstoffdünger bei Feldfrüchten und Dauergrünland. Stickstoff, Fachverband Stickstoffindustrie, Düsseldorf 1961. — SCHUMACHER: Die Kohlhernie. Ernähr. d. Pflanze 27, 30 (1931). — SCHUPHAN, W.: Nährstoffgehalt und biologischer Wert von Gemüse und Obst. Landwirtsch. Forsch. 11, 660–675 (1941). — SCHUSTER, W.: Ergebnisse von mehrjährigen Landessortenversuchen mit Zwischenfrüchten in Hessen 1951–1954. Hessisches Ministerium für Landwirtschaft und Forsten, Wiesbaden 1957. — SELKE, W.: Die Düngung. Berlin: Deutscher Bauernverlag. 1955. — SHEETS, O., L. PERMENTER, M. WADE, W. S. ANDERSON und M. GIEGER: The effects of different levels of moisture on the vitamin mineral and nitrogen content of turnip greens. Proc. Amer. Soc. Hort. Sci. 66, 258–260 (1955). — SMITH, A. M., und G. ANDERSON: The relationship between the boron contents of soils and swede roots. J. Sci. Food Agric. 6, 157–162 (1955). — SNYDER, G. B., und R. W. DONALDSON: The use of borax in controlling dark center of turnips. Proc. Amer. Soc. Hort. Sci. 33, 480–482 (1936). — SOMMER, A. L., und A. BAXTER: Differences in growth limitation of certain plants by magnesium and minor element deficiencies. Plant Physiol. 17, 109–115 (1942). — STANHILL, G.: Effects of soil moisture on the yield and quality of turnips, II, Response at different growth stages. J. Hort. Sci. 33, 264–274 (1958). — *Statistisches Jahrbuch 1961.*

THOMPSON, J. F., und C. J. MORRIS: The effect of nitrogen, sulfur and phosphorus deficiencies on the non-protein amino nitrogen content of turnips. Plant Physiol. 32 (1957). — THORNE, N.: The effect of applying a nutrient in leaf sprays and the absorption of the same nutrient by the roots. J. Exper. Bot. 8, 401–412 (1957). — TIEMANN, A.: Feldfutter- und Zwischenfruchtbau. In: Handbuch der Landwirtschaft, Bd. II, S. 388–476. Berlin und Hamburg: Parey. 1953. — TOKUOHA, M., und S. ZYO: The effect of microelements on the growth of vegetables, VI, The effect of boron on the turnips. J. Sci. Soil Manure Nippon 14, 211–215 (1940).

VYTČIKOV, A.: In: Handbuch der Landwirtschaft, S. 111. Moskau, 1949.

WADE, G. C.: The control of boron deficiency. Tasm. J. Agric. 20, 197–200 (1949);

Ref. Soils a. Fertilizers **13**, 209 (1950). — Waring, E. J.: Molybdenum deficiency in cruciferous crops, cause of young-leaf edge-burn, leaf mothle and reduced returns. Agric. Gaz. N. S. Wales **61**, 15–17 (1950). — Wellborn, F. L., M. M. Philippe und S. S. Obenshain: The effect of certain natural fertilizer materials on the growth of turnips. Ass. South. Agric. Workers Proc. Ann. Convention **43**, 79–80 (1942). — Whitehead, T.: "Brown Heart", a new disease of swede and its control. J. Agric. Welsh. **11**, 235–236 (1935). — Wilhelm, K.: Kohlrüben, Mohrrüben und andere Futterhackfrüchte. Der Bauernfreund **9**, 8–15 (1949). — Wilkinson, B.: Responses to phosphorus of swedes and rape under the conditions prevailing in the North of England. J. Sci. Food Agric. **11**, 79–87 (1960). — Woodcock, J. W., und D. M. Merry: Control of Brown Heart in swedes. New Zealand J. Agric. **55**, 151–154 (1937). — Woodman, R. M.: The nutrition of turnips. Ann. Appl. Biol. **28**, 1–7 (1941). — Woodman, R. M., und H. Paver: The effect of time of application of inorganic nitrogen on the turnip. J. Agric. Sci. **34**, 49–56 (1944).

Yllö, L.: Über den Einfluß der Anbautechnik auf den Ertrag der Blattrübe in Finnland. Acta Agralia Fenn. **91**, Helsinki (1956).

Zade, A.: Pflanzenbaulehre für Landwirte. Berlin: Parey. 1933.

IV. Die Düngung im Futterbau

Von

L. Gisiger

A. Formen des Futterbaues

Unter den Begriff *Futterbau* im weitesten Sinne des Wortes fällt jede Art der Nutzung des Kulturlandes zur Gewinnung von Sommer- und Winterfutter für die Haustiere (Kauter 1943). Nach hergebrachter Unterteilung kann unterschieden werden nach:

a) *Naturfutterbau.* Es handelt sich um „ewige" Wiesen und Weiden. Eine gewisse Schwierigkeit in der Abgrenzung besteht innerhalb der Weiden. Während Talweiden ohne weiteres zum Futterbau gerechnet werden, trifft dies für die Alpweiden nur bedingt zu. Es hängt dies mit der Tatsache zusammen, daß die Alpweiden, wie die Allmenden zur Zeit der Drei-Felder-Wirtschaft, wenig oder gar nicht gepflegt werden, wobei sich diese Unterlassung in erster Linie auf die Düngung bezieht.

b) *Kunstfutterbau.* Die Wiesen werden innerhalb einer Fruchtfolge angesät und während eines oder mehrerer Jahre als volle Vegetationsperioden für die Futterproduktion genutzt. Es kann sich dabei um Reinsaaten von Klee, Luzerne, seltener von Gräsern, vielfach auch um Mischungen der drei Gruppen handeln.

c) *Ackerfutterbau.* Dazu zählen alle zur Futtergewinnung bestimmten Kulturen, die nicht als Hauptfrucht auf dem Feld stehen. Die Begriffe *Ackerfutterbau* und *Zwischenfruchtfutterbau* sind nach dieser Definition identisch.

Hinsichtlich der Anlage und Erhaltung leistungsfähiger Futterflächen nehmen die Anforderungen vom Naturfutterbau nach dem Ackerfutterbau ab. Während dort die Erhaltung einer Vielzahl von Arten zu berücksichtigen ist, werden im Ackerfutterbau nur eine bis wenige (zwei bis drei) Arten gleichzeitig angebaut; der Kunstfutterbau nimmt eine Zwischenstellung ein. Sobald ein Bestand durch mehrere Arten gebildet wird, entsteht ein Wettbewerb um Raum, Nahrung und Licht. Dabei stellen sich diejenigen Arten am günstigsten, denen die jeweiligen Lebensbedingungen am besten zusagen. Aufgabe des Bauers ist es, in diesen Konkurrenzkampf sinnvoll einzugreifen und zu versuchen, ihn so zu leiten, daß Wachstum und Ertrag der gewünschten Futterpflanzen begünstigt werden. Dabei spielt die zweckmäßige *Düngung eine maßgebende Rolle*; darunter ist die Zufuhr jener lebenswichtigen Stoffe zum Boden zu verstehen, die in diesem den Pflanzen für gesundes Wachstum und als Nahrung für Mensch und Tier in zu geringer Menge zur Verfügung stehen.

Die Futterpflanzen lieben im allgemeinen niederschlagsreiches Klima mit regelmäßiger Verteilung der Niederschläge während der Vegetationszeit sowie mittelschweren bis eher schweren Boden. Wo der Ackerbau wegen zu hohen Niederschlägen oder Bindigkeit und auch Steinigkeit des Bodens sowie durch

Form und Lage der Grundstücke (Steilheit) in Gebirgsgegenden erschwert ist, läßt sich sehr wohl Futterbau treiben.

Im Naturfutterbau hat die Düngung nebst der Beeinflussung des Ertrages Rücksicht auf die Änderung des Pflanzenbestandes zu nehmen, während im Kunst- und Ackerfutterbau mehr auf Erhaltung des durch die Saat entstandenen Bestandes zu halten ist. Weitere Vereinfachungen in der Düngung der Kunstfutterflächen ergeben sich hier auch dadurch, daß durch Mäh- und Heunutzung die Erträge und damit auch die Nährstoffentzüge verhältnismäßig genau ermittelt werden können, und ferner dadurch, daß entweder Leguminosen allein oder in den Mischungen in ausreichender Menge berücksichtigt werden können oder aber bekannt ist, welche Stickstoffmengen für Futterpflanzen, die keine Knöllchenbakterien zur Verfügung haben, für reichliche Ernährung nötig sind.

Art der Anlage der Ackerfutterflächen sowie deren Nutzung (Schnitt oder Weide) sowie Schnittzeit und Schnittzahl sind bestimmend für die botanische Zusammensetzung sowohl als auch für den Ertrag, bei Klee und Luzerne ergeben sich im Hinblick auf die Leistungsfähigkeit und Ausdauer interessante Beziehungen zur Möglichkeit, Wurzeln auszubilden und in diesen Reservestoffe anzusammeln. Deshalb darf die Frage der Düngung nicht ganz losgelöst von allgemeinen pflanzenbaulichen Fragen behandelt werden. In diesem Sinne werden den Fragen der Düngung kurze Empfehlungen über Anlage und Nutzung des Ackerfutters vorangestellt.

B. Der Rotklee

(Trifolium pratense L.)

a) Über den Anbau

Unter den Kleearten kommt dem Rotklee für die Futterproduktion eine überragende Bedeutung zu. Nach der Ausdauer sind zu unterscheiden: Der Ackerklee mit zweijähriger Dauer und der Mattenklee mit mehrjähriger Nutzungsdauer. Die bessere Ausdauer des letzteren wurde duch Auslese und Einkreuzung von wildem Wiesenklee in Ackerklee erreicht. Auf tiefgründigem, eher schwerem und feuchtem Boden erreicht oder übertrifft der Rotklee im Ertrag sogar die Luzerne. Besonders hohe Erträge werden im ersten Jahr nach der Aussaat erreicht.

Bei gleicher Pflanzenzahl liefert Rotklee in Mischung höhere Erträge als bei Reinsaat; weiter kann durch die Mischkultur dem Auftreten der Kleekrankheiten, vor allem dem Kleekrebs, entgegengetreten werden.

Unter Kurztag-Bedingungen ist nach Keller (1950) die Konkurrenzkraft des Klees z. B. gegen Timothegras größer als bei Langtag.

Dank der Raschwüchsigkeit und der Konkurrenzkraft eignet sich der Klee sehr gut für den Anbau in Gemeinschaft mit mehreren Gräsern. Je nach dem *Klee- und Gräseranteil* in der Samenmischung spricht man von *Klee-Gras-Mischungen* mit einem Kleeanteil von über 40% für Wechselwiesen von drei- bis fünfjähriger Nutzungsdauer und *Gras-Klee-Mischungen* mit weniger als 40% Klee für Dauerwiesen; für nur *einjährige Nutzung* wird Klee in Reinsaat oder in Mischung mit einem Anteil von 80% einer Reinsaat mit *nur* italienischem Raigras angesät. Die Einsaat erfolgt in Gebieten mit günstigen Niederschlagsverhältnissen in eine Deckfrucht, die entweder grün geschnitten wird oder bis zur Reife stehen bleibt; die Saat des Klees allein oder in Mischungen mit Gräsern kann auch ohne Deckfrucht erfolgen; diese Art des Anbaues drängt sich vor allem in eher trockenen Gebieten auf. Meistens erfolgt die Kleesaat im Frühjahr ab Mitte März bis Ende April, sie kann aber auch nach der Getreideernte vorgenommen werden; sie sollte in diesem Fall aber vor Mitte August erfolgen (äugsteln), dann darf noch mit einem ordentlichen ersten Schnitt und mit ausreichendem Erstarken der Pflanzen bis zum Einwintern gerechnet werden. Der Stoppelklee (Einsaat im Frühjahr in reifendes Getreide) gibt bei früher Wegnahme des Getreides schon um Mitte September einen ersten vollen Schnitt mit relativ geringem Anteil an Gräsern, weil sich diese langsamer entwickeln als der Klee.

Der *Klee* mit wenig Gras eignet sich vor allem für die Grünfütterung, künstliche Trocknung und Silagebereitung mit Sicherungszusatz; bei Verwendung von Gestellen (Heinzen) kann hochwertiges Dürrfutter hergestellt werden, bei Bodentrocknung besteht die Gefahr großer Blattverluste, diese ist bei Luzerne noch größer.

b) Die Photoperiode

Der Einfluß der Photoperiode läßt sich bei Rotklee nach SCHULZE (1957) wie folgt zusammenfassen:

Tabelle 144. *Einfluß von Kurz- und Langtag auf Rotklee*

Merkmale	Kurztag 12 bis 16 Stunden	Langtag über 18 Stunden
Wuchshöhe	gering	hoch
Zahl der Schoß- und Blütentriebe	gering	hoch
Blühbeginn und Blühdauer	spät, kurz	früh, lang
Erntegewicht	klein	höher
Wurzelmasse	hoch	normal
Mineralstoff-Aufnahme	optimal bei 18 Stunden	
Roheiweißgehalt	abnehmend →	
Gehalt an Rohfaser, N-freie Extraktstoffe	← abnehmend	
Blattanteil des Ertrages	77 bis 95%	30 bis 43%
Speicherung von Inhaltsstoffen in der Wurzel	bei 12 Stunden am höchsten	
Konkurrenzkraft	hoch	tief

Der Rotklee zählt allgemein als Langtagpflanze, je nach Herkunft sind Unterschiede festzustellen, indem Rotklee aus mittleren Breitegraden (Deutschland, Holland) bei kürzerer Photoperiode merkbar früher Stengel treibt und zum Blühen kommt als Klee aus höheren Breitegraden (Schweden und Norwegen). Nach HAFFTER (1959) zeigt der Berner Mattenklee[1] wesentlich geringere Blühfreudigkeit als der Naturklee; dieser kommt selbst beim zweiten und dritten Austrieb zur Ausbildung von Blüten und Samen. Damit ist für diesen Klee die Möglichkeit der Ausreifung von Samen und der Versamung erhöht.

c) Der Einfluß der Schnittzahl

Über den Einfluß der Schnittzeit und Schnittzahl bei Rotklee führte KAUTER (1946) eingehende Untersuchungen durch. Seine Ergebnisse lassen sich für die Verhältnisse in der Schweiz wie folgt zusammenfassen: Der sehr frühe Schnitt vom 10. Mai hat im gleichen und folgenden Jahr verminderten Ertrag zur Folge bei gesichertem höherem Gehalt an Rohprotein gegenüber dem späten Schnitt vom 10. Juni. Hinsichtlich Ertrag und Gehalt (hoher Eiweißgehalt und relativ niedriger Rohfasergehalt) liegen die Schnittzeiten vom 20. Mai bis 1. Juni am

[1] Berner Mattenklee ist durch Auslese aus dem Ackerklee entstanden und zeichnet sich durch bessere Ausdauer aus.

günstigsten. Diese Schnittzeiten erweisen sich auch nicht nachteilig für den Ertrag des folgenden Jahres. Für einzelne Perioden des ersten Schnittes ermittelte Kauter die folgenden Zuwachszahlen:

1. bis 9. Juni 1944 .... 242 kg Trockensubstanz pro Hektar und Tag
23. Mai bis 1. Juni 1944 ...... 105 kg Trockensubstanz pro Hektar und Tag
10. Mai bis 1. Juni 1944 ...... 109 kg Trockensubstanz pro Hektar und Tag

Bei einem angenommenen Verdunstungs-Koeffizienten von 500 ergibt sich für die genannten Perioden ein *täglicher Wasserbedarf* von 121 bzw. 52,5 und 54,5 m^3 pro Hektar.

Haffter (1959) konnte in seinen Untersuchungen über die Entwicklung des Reservestoffhaushaltes des Rotklees zeigen, daß bei häufigem Schnitt (im Knospenstadium) kleinere Erträge erhalten werden als bei weniger zahlreichen Schnitten im Stadium der Vollblüte.

	Zahlreiche Schnitte im Knospenstadium	Weniger zahlreiche Schnitte im Stadium der Vollblüte
Gesamtertrag	gering	hoch
Wurzelzahl und Wurzeldurchmesser	gering	günstig
Reservestoffgehalt: 14 bis über 30% Kohlenhydrate und 1,2 bis 2% Stickstoff in den Wurzeln im Herbst	gering	günstig
Sterblichkeit der frühen Sorten	groß	normal
Sterblichkeit der späten Sorten	ausgeglichen	ausgeglichen
Entwicklung der späten Sorten im zweiten Jahr	gut	weniger günstig

Bula et al. (1954) zeigen in ihren schönen Untersuchungen über die Winterfestigkeit des Rotklees, daß diese mit dem Gehalt an verfügbaren Kohlenhydraten in den Wurzeln, vor allem an Zucker, und zwar kurz vor Eintritt der Winterruhe (ab Mitte Oktober) stark zunimmt.

d) Der Mineralstoffgehalt im Klee

Für Asche, Kalzium und Phosphor im Rotklee im Vergleich zu Luzerne und Timothe-Gras in Abhängigkeit vom Alter des Futters gibt Kivimae (1959) die folgenden Regressionen an:

Regression des Gehaltes y in % zum Alter, ausgedrückt in x Tagen

Asche:
1. $y = 11{,}1 - 0{,}05\,x$ .... 1. = diploider Rotklee
2. $y = 9{,}96 - 0{,}03\,x$ .... 2. = tetraploider Rotklee
3. $y = 12{,}4 - 0{,}06\,x$ .... 3. = Rotklee zweiter Schnitt
4. $y = 12{,}41 - 0{,}05\,x$ .... 4. = Luzerne
5. $y = 6{,}85 - 0{,}034\,x$ .... 5. = Timothegras

Kalzium:
1. $y = 2{,}23 - 0{,}01\,x$
2. $y = 1{,}69 - 0{,}004\,x$
3. $y = 2{,}15 - 0{,}008\,x$
4. $y = 2{,}44 - 0{,}028\,x$
5. $y = 0{,}45 - 0{,}0024\,x$

Phosphor:
1. $y = 0{,}292 - 0{,}0020\,x$
2. $y = 0{,}291 - 0{,}0018\,x$
3. $y = 0{,}376 - 0{,}0046\,x + 0{,}000036\,x^2$
4. $y = 0{,}380 - 0{,}007\,x + 0{,}00006\,x^2$

Wenn sich die in diesen Gleichungen zum Ausdruck gebrachten Verhältnisse in ihren absoluten Werten für Rotklee sowohl als auch für Luzerne und Timothegras auf die besondere Ermittlung und die im Versuch gegebenen Bedingungen beziehen, so dürften sie dennoch als typisch in dem Sinne betrachtet werden, als ganz allgemein mit dem Alter der Futterpflanzen der Gehalt an Asche, Kalzium und Phosphorsäure abnimmt, ferner der Gehalt an Kalzium in den Gräsern im Vergleich zu Luzerne und Klee nur einen Bruchteil erreicht. Der Phosphorsäuregehalt der drei Pflanzengruppen ist eher ausgeglichen.

Auch nach VON GRÜNIGEN (1935) sind die Kleearten im allgemeinen im Vergleich zu Gräsern nur wenig phosphorsäurereicher, dagegen weist der Klee im Gegensatz zu Luzerne nennenswert höheren Kaligehalt auf.

Auf Carrington- und Fayetteböden fanden STANFORD et al. (1955) 0,23% P-Gehalt für Klee fast als optimal.

Der Kaligehalt dürfte sich bei Pflanzen ab dem gleichen Boden ungefähr wie folgt verhalten (Tab. 145).

Tabelle 145. *Vergleichsweiser Kaligehalt von Futterpflanzen*

Kali-Versorgung des Bodens	Kaligehalt verschiedener Pflanzen		
ausreichend	Rotklee: 3,0%	Luzerne: 2,5%	Gräser: 2,3%
reichlich	Rotklee: 3,7%	Luzerne: 3,2%	Gräser: 2,9%

Auch im Kalkgehalt steht der Rotklee eher über der Luzerne; während die Unterschiede im Magnesium-Gehalt nur unwesentlich sind.

Für die wichtigsten *Mikronährstoffe* dürften sich nach HASLER et al. (1957) die folgenden Verhältnisse zeigen:

Tabelle 146. *Gehalte in ppm der Trockensubstanz an Mikronährstoffen verschiedener Futterpflanzen vom gleichen Boden*

Art der Futterpflanzen	Eisen	Mangan	Kupfer	Kobalt
Gräser:				
Fromental	47	48	4,6	0,06
Knaulgras	86	83	6,6	0,07
Wiesenschwingel	53	24	5,2	0,04
im Mittel	62	52	5,5	0,06
Klee:				
Schotenklee	112	50	11,9	0,13
Rotklee	101	35	8,0	0,10
Weißklee	186	36	20,0	0,08
im Mittel	133	40	13,3	0,10
Kräuter:				
Taumantel	183	133	7,3	0,17
Hahnenfuß	129	77	12,2	0,12
Blacken	99	56	17,4	0,34
Löwenzahn	240	51	7,7	0,50
Labkraut	164	49	10,0	0,30
im Mittel	163	73	10,9	0,21
Luzerne[1]	**115**	**36**	**5,2**	**0,13**
Gras:				
Knaulgras	100	60	4,6	0,09

[1] Neue Erhebung nur im Vergleich zu Knaulgras (s. S. 481, Tab. 164).

Nach diesem Befund darf damit gerechnet werden, daß der Rotklee ähnlichen Mikronährstoffgehalt aufweist wie die Luzerne. Immerhin sind weitere Untersuchungen in dieser Richtung erwünscht.

Hasler und Zuber (1955) fanden aus zwei Beständen den mittleren Gehalt an Eisen, Kobalt und Mangan bei Kräutern ebenfalls höher als vom Klee und den Gräsern, dagegen enthalten die Kleearten durchschnittlich mehr Kupfer als die Kräuter und Gräser. Innerhalb der Pflanzengruppen zeigen die Arten beachtliche Unterschiede, so daß im Gesamtfutter je nach Vorherrschen der einen oder andern Art das Futter besser oder schlechter wird.

Untersuchungen von Hasler und Pulver (1957) zeigen für den Mangangehalt des Rotklees ebenfalls die bekannt starke Abhängigkeit vom pH-Wert des Bodens, die bei Gräsern ausgesprochen und nur andeutungsweise bei Luzerne in Erscheinung tritt, wie dies aus Tab. 147 zu erkennen ist:

Tabelle 147. *Einfluß der Düngung auf den Reaktionszustand des Bodens und den Mangangehalt verschiedener Pflanzen im achten Versuchsjahr*

Düngungsverfahren	pH-Wert 0 bis 3 cm	Mn in ppm der Trockensubstanz			
		Klee	Luzerne	Gräser	Kräuter
K	5,3	106	52	198	61
NPsK	5,5	110	61	198	74
NK	5,5	93	46	156	58
O	5,7	88	54	149	51
Gülle	5,8	74	44	143	56
PtK	5,8	76	48	108	45
Gülle + Pt	6,0	64	50	90	40
NPtK	6,0	54	47	98	48
Pt	6,1	76	53	104	44
NPt	6,2	76	50	96	35

N = Stickstoff, Ps = Superphosphat, Pt = Thomasmehl, K = Kalisalz.

Die aus diesem Versuch untersuchten Kräuter weisen wesentlich geringeren Mangangehalt auf als der Klee und die Gräser; die Luzerne läßt praktisch keinen Einfluß des pH-Wertes bzw. der Bodenreaktion auf den Mangangehalt erkennen, der namentlich in der Luzerneprobe der saureren Böden wesentlich, etwa die Hälfte, tiefer liegt als im Klee. Im Gegensatz zur starken Abnahme des Mangangehaltes der Pflanzen auf Böden mit der Reaktion von stark sauer nach neutral wirkt sich die in extremen Versuchen von Gisiger (1949) in eindeutiger Weise und beachtlich erhöhte Löslichkeit und Aufnahmebereitschaft des Mangans im stark alkalischen Gebiet praktisch in einem kaum stärker ins Gewicht fallenden höheren Mangangehalt des Futters aus. Futter mit hohen Mangangehalten wird deshalb nur auf sauren Böden erhalten werden, während auf neutralen und alkalischen Böden Futter mit relativ niedrigen Manganwerten wächst.

Über die *Manganbedürftigkeit* des Klees im Vergleich zu Luzerne und Gräsern liegen eingehende vergleichende Untersuchungen von Hasler (1951) vor. Dabei ergab sich folgendes Bild, die Gräser nach abnehmender Bedürftigkeit eingereiht (s. Tab. 148).

Nach den Ergebnissen der Tab. 148 erweisen sich in bezug auf die Manganversorgung die Gräser zum Teil wesentlich anspruchsvoller als der Klee, der seiner-

Tabelle 148. *Ertragssteigerung verschiedener Gräser sowie von Berner Mattenklee und Luzerne durch Düngung mit Mangansulfat*

(Die Zahlen bedeuten den relativen Mehrertrag an Trockensubstanz der mit Mangan gedüngten im Vergleich zu den ungedüngten Pflanzen)

	Schnitt				Gesamt-Mehrertrag
	1	2	3	4	
1. Wiesenfuchsschwanz	182	157	298	167	206
2. Fromental	142	376	378	46	164
3. Aufrechte Trespe	30	417	244	24	150
4. Kammgras	122	160	177	10	99
5. Wiesenschwingel	149	233	127	29	97
6. Geruchgras	133	54	107	1	55
7. Goldhafer	84	113	111	25	46
8. Timothe	81	35	44	18	32
9. Honiggras	71	22	19	0	30
10. Ital. Raygras	42	11	31	1	26
11. Fiorin-Gras	22	49	15	7	23
12. Engl. Raygras	30	16	17	7	17
13. Wiesenrispengras	12	23	23	25	17
14. Knaulgras	48	6	2	9	16
15. Rotschwingel	48	24	6	20	10
16. *Rotklee*	17	24	7	25	12
17. *Luzerne*	18	0	0	10	5

seits auf manganarmem Boden auf eine Mangandüngung dankbarer reagiert als Luzerne.

Nach dem Gehalt der Pflanzen beurteilt, scheint Klee relativ empfindlich zu sein auf hohe Manganaufnahme und bald sowohl im Ertrag als auch in der Gesundheit der Blätter beeinträchtigt zu werden. So fanden MORRIS et al. (1949) die folgenden Verhältnisse:

Tabelle 149. *Ertrag in g je Gefäß und Mangangehalt in ppm verschiedener Leguminosen bei steigender Mangankonzentration*

Nährlösung		Lespedeza		Sojabohnen (soybeans)		Pferdebohnen (cowpeas)		Erdnüsse (peanuts)		Süßklee (sweetclover)	
pH	Mn-Gehalt ppm	g/Gefäß	ppm Mn	g/Gefäß	ppm Mn	g/Gefäß	ppm Mn	g/Gefäß	ppm Mn	g/Gefäß	ppm Mn
6,0	0,1	—	—	3,08	143	4,26	219	—	—	5,82	64
4,6	0,1	1,8	131	6,84	40	6,97	74	7,36	49	5,43	27
4,6	1,0	1,18	570	6,17	266	6,10	615	6,93	200	6,45	158
4,6	2,5	0,97	1402	6,89	529	6,36	1224	7,01	378	4,80	321
4,6	5,0	0,66	2903	6,33	1040	6,11	2292	6,91	656	4,19	754
4,6	10	0,55	5100	4,13	2168	4,72	4212	5,36	1245	—	—

Bei gleichem Mangangehalt zeigen die verschiedenen Leguminosen nicht die gleiche Empfindlichkeit. Sehr hohe Mangangehalte scheint die Pferdebohne zu ertragen, dann folgen Soja, Erdnuß und Süßklee; dieser weist bei gleicher Mangan-Konzentration der Nährlösung nur etwa den dritten Teil des Mangangehaltes der

Pferdebohne auf. 2,5 bis 5 ppm Mn in der Nährlösung bedingen erst geringe Ertragseinbußen, diese sind schon weit empfindlicher bei 10 ppm Mn; besonders empfindlich reagiert Lespedeza.

Aus Abb. 150 ergibt sich für den Rotklee eine relativ geringe *Borbedürftigkeit*, dies vor allem im Vergleich zu Alexandriner- und Inkarnatklee sowie zur Luzerne; zusätzliche Bordüngung ist nur ausnahmsweise und auf besonders borarmen Böden nötig.

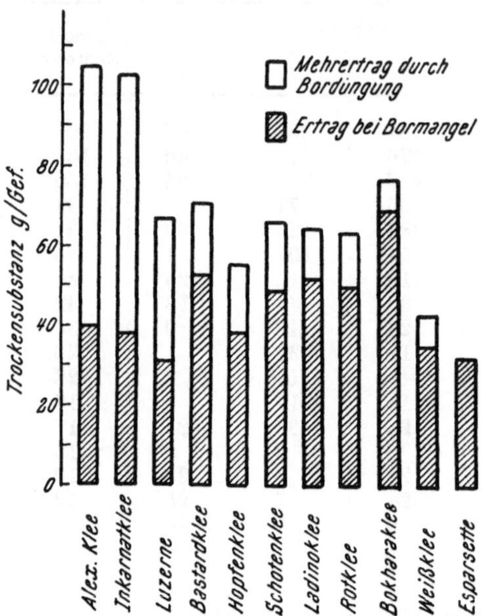

Abb. 150. Ertragssteigerung durch Bordüngung bei Futterleguminosen auf borarmem Boden (nach ZUBER et al. 1959)

Immerhin lassen zahlreiche Versuche früherer Jahrzehnte auf ungenügende Borversorgung des Klees auf frisch und stärker gekalkten, bisher sauren Böden schließen. In dieser Richtung sprechen auch die während der Kriegszeit gemachten Beobachtungen bei Inkulturnahme von stark sauren Rodungsböden.

In Klee mit Bor- und Manganmangel wurde von SAHAROVA (1956) erhöhter Zuckergehalt gefunden.

e) Klee und Kalk

Nach GISIGER (1944) können auf sauren Böden das Wachstum und der Ertrag von Klee durch angemessene Kalkung erheblich gefördert werden; Kalkschäden treten erst bei Überkalkung ein, wie aus den folgenden Angaben zu erkennen ist, die aus einer Verssuchserie mit steigenden Kalk- und Kaligaben entnommen sind.

Tabelle 150. *Ertrag von Rotklee in g/Gefäß bei steigenden Kalk- und Kaligaben*

Kaligabe in g je Gefäß	Kalkgabe in g je kg Boden					
	0	2	4	6	8	10
0	5,3	6,0	7,5	4,3	2,3	1,0
0,133	2,5	13,3	11,3	5,3	3,3	2,0
0,266	3,0	17,5	13,3	8,0	3,8	2,5
0,534	3,1	26,5	22,0	13,0	6,5	3,0
0,800	5,3	38,5	30,0	12,5	10,3	5,3
1,067	6,0	40,8	47,3	21,8	12,5	12,8

Durch Kalkung stark saurer Böden mit pH-Zahlen um 5 kann der Ertrag von Rotklee um das Mehrfache gesteigert werden; dabei dürfen die Kalkgaben aber nicht höher sein, als zur Erreichung eines pH-Wertes von 6,2 bis 6,5 notwendig ist (OLESEN 1955).

Von TRUNINGER (1925) liegen zahlreiche Versuche vor, die u. a. auch die Empfindlichkeit des Rotklees auf Überkalkung beweisen, indem die folgenden Erträge ermittelt wurden (Tab. 151):

Tabelle 151. *Einfluß der Düngung mit kohlensaurem Kalk auf saurem Boden*

Kalkgabe in g $CaCO_3$ je Gefäß	Erträge an Trockensubstanz in g im Mittel von drei Gefäßen		Gehalt der Trockensubstanz an Phosphorsäure in %	
	Rotklee	Luzerne	Rotklee	Luzerne
0	94,2	65,5	0,61	0,53
22,4	66,8	32,8	0,60	0,60
44,8	61,6	27,5	0,59	—

Diese Zahlen weisen deutlich auf die Empfindlichkeit des Rotklees bei Überkalkung hin; die Luzerne erweist sich noch empfindlicher, erklärbar durch ihr stärkeres Borbedürfnis. Auf mineralischem schwach humosem bis humosem Boden sind nämlich die Schäden durch Überkalkung weitgehend durch erhöhte Borfestlegung zu erklären.

Auf Mangelböden bringt die Anwendung der entsprechenden Spurenelemente nicht nur ein Verschwinden der Mangelsymptome, sondern auch wesentliche Ertragszunahme. ODELIEN (1953) erhielt z. B. eine Verfünffachung des Ertrages mit Klee nach Anwendung von *Kupfer*.

ANDERSON (1956) erhielt positive *Molybdänwirkung* zu Klee auf ungekalkten Böden, von denen bekannt war, daß sie auf Kalkung günstig reagieren; auf Molybdän-Mangelböden kann unter Umständen schon die Anwendung von Holzasche ausreichende Molybdänversorgung bringen. Dabei findet der Klee für seine physiologischen Reaktionen vielfach ausreichend Molybdän vor, während die Knöllchenbakterien günstig auf die Molybdänzufuhr reagieren. Diese brauchen im allgemeinen für ihre volle Wirksamkeit mehr aufnehmbares Molybdän als die Wirtspflanze; so kann nicht selten eine positive Molybdänwirkung sekundär auf eine erhöhte Stickstoffbindung zurückgeführt werden.

Molybdänmangel kann in vielen Fällen durch ausreichende Kalkung behoben werden, zurückzuführen auf erhöhte Mobilisation des Molybdäns. Andererseits kann gelegentlich auf Molybdänmangelböden eine positive Wirkung der Molybdändüngung ausbleiben, wenn keine leistungsfähigen stickstoffixierenden Bakterien vorhanden sind und keine Knöllchenbildung eintritt.

Nach THORNE (1957) zählt Rotklee zu den Pflanzen mit mittlerem *Zinkbedürfnis*.

Trotz der Empfindlichkeit des Klees auf Überkalkung gedeiht er gut auf Böden, die von Natur aus mit Kalk gesättigt oder kalkreich sind. Sehr wahrscheinlich besteht in diesen Böden meistens ein günstiges Verhältnis in der Löslichkeit und Aufnehmbarkeit der Mikronährstoffe wie Bor, Mangan, Kupfer u. a.

f) Düngung und Karotingehalt

Über die Abhängigkeit des Karotingehaltes in Rotklee von der Phosphorsäure-Düngung finden wir bei SCHNETZER (1958) in Übereinstimmung mit SCHARRER (1953) und teilweise mit PFAFF (1952) folgendes (Tab. 152):

Tabelle 152. *Phosphorsäure-Wirkung auf den Karotingehalt von Rotklee* (Grunddüngung: N.K.Ca und B)

Phosphorsäuregabe in g je Gefäß	Trockensubstanz-Ertrag g je Gefäß	Karotingehalt in mg je 100 g Trockensubstanz
0	3,8 ± 0,7	67 ± 5,3
0,5	14,6 ± 1,2	56,8 ± 3,0
1,0	29,9 ± 2,6	41,8 ± 2,6
2,0	47,6 ± 2,6	32,4 ± 1,3

Dem abnehmenden Gehalt an Karotin steht die starke Ertragszunahme bei steigender Phosphorsäure-Düngung auf phosphorsäurearmen Böden gegenüber. Nach Pfaff (1952) darf erst bei einem Überangebot an Kali mit einer Depression des Karotingehaltes gerechnet werden.

g) Der Nährstoff-Entzug und -Ersatz

Der Nährstoffentzug hängt sowohl von den Erträgen als auch vom Nährstoffgehalt ab. Um für die Hauptnährstoffe orientierende Zahlen zu erhalten, darf für Vollernten bei vier Schnitten mit einer Produktion von 150 q Trockensubstanz und für mittelgute Ernten mit 3 bis 4 Schnitten von 100 q Trockensubstanz gerechnet werden, während in weniger futterwüchsigen Gebieten nur etwa 80 q Trockensubstanz pro Hektar erhalten werden. Werden für diese Erträge mittlere Gehaltszahlen für gesunde Pflanzen eingesetzt, so ergeben sich die folgenden Entzüge (Tab. 153):

Tabelle 153. *Nährstoff-Entzug für Klee und Kleegrasmischungen bei ausreichender Nährstoffversorgung, ohne Luxuskonsum, für Vollernten*

	N	P	K	Ca	Mg	S	Cl	Na	Mn	Cu	Co	Mo	B
	%								ppm				
Gehalt ..	2,22	0,30	2,0	1,5	0,35	0,15	0,2	0,09	40	9,0	0,074	0,30	33
Ertrag	Entzug je nach dem Ertrag an Trockensubstanz												
	kg										g		kg
80 q/ha.	175	24	160	120	28	12	16	7	0,3	0,07	0,6	2,5	0,26
100 q/ha.	220	30	200	150	35	15	20	9	0,4	0,09	0,7	3,0	0,33
150 q/ha.	330	45	300	275	50	22	30	14	0,6	0,15	1,0	4,5	0,50

Gehaltszahlen zum Teil nach Wöhlbier et al. (1957)

Nach den in Tab. 153 aufgeführten Zahlen kann der Entzug durch Rotklee und Kleegras große Schwankungen aufweisen. Sind die Ertragsunterschiede klimatisch oder durch Bodenverhältnisse bedingt, dann ist dem angegebenen Entzug bei der Düngung mit Hauptnährstoffen, vor allem an Phosphor und Kalium Rechnung zu tragen; dagegen ist es dem Klee und der Kleegraswiese bei einem Kleeanteil im Pflanzenbestand von gut 30% und mehr möglich, den notwendigen Stickstoff in Lebensgemeinschaft (Symbiose) mit den Knöllchenbakterien aus der Luft zu beschaffen (Gisiger 1942).

Wegen der relativ starken Festlegung des nährstoffarmen Bodens ist es angezeigt, für die Bemessung der Düngung zu den Entzugszahlen einen angemessenen Zuschlag zu machen, der $^1/_4$ bis $^1/_3$ des Entzuges betragen soll. Zeigt der Boden einmal besseren Nährstoffspiegel, dann kann selbst unter Berücksichtigung gewisser Auswaschverluste sehr eng auf die Entzugszahlen abgestellt werden. Nach diesen Überlegungen ergibt sich je nach den zu erwartenden Erträgen die folgende Empfehlung für die Düngung in kg/ha (Tab. 154).

Mit diesen Zahlen soll vor allem darauf hingewiesen werden, daß durch die Düngung allein die erwünschten Erträge nicht erzielt werden können. Diese werden nebst der Nährstoffversorgung durch andere Eigenschaften des Bodens sowie Lage und klimatische Bedingungen mit beeinflußt. Mit der erhöhten Düngung gegenüber dem Entzug wird auf dem nährstoffarmen Boden eine

Tabelle 154. *Phosphorsäure- und Kalidüngung in kg/ha für Klee und Kleegras*

Nährstoffversorgung des Bodens	zu erwartender Ertrag q/ha Trockensubstanz	Phosphorsäure entsprechend Phosphor		Kali entsprechend Kalium	
		P_2O_5	P	K_2O	K
nährstoffarmer Boden:	80	70	30	240	200
	100	90	40	310	260
	150	120	60	450	380
Boden in gutem Düngezustand:	80	55	24	190	160
	100	70	30	240	200
	150	100	45	360	300

Anreicherung der Nährstoffe angestrebt. Wird daran erinnert, daß von gutem Phosphorsäure- und Kalispiegel erst gesprochen werden kann, wenn der Boden rund 300 kg/ha Phosphorsäure und 600 bis 800 kg/ha Kali in wirksamer Form mehr enthält, als der nährstoffarme Boden, dann ist durch Vergleich der beiden Zahlengruppen von Tab. 153 und 154 (Entzug und Düngung) leicht zu erkennen, daß auf dem nährstoffarmen Boden mit einer Anreicherungsperiode von 15 bis 20 Jahren für Phosphorsäure und von 10 bis 15 Jahren beim Kali gerechnet werden muß. Hierauf wird mit besonderem Nachdruck hingewiesen, weil vielfach nach kurzfristiger Durchführung von Versuchen mit erhöhter Phosphorsäure- und Kalidüngung demonstriert wird, daß weiterhin und auf die Dauer gleich stark gedüngt werden muß. Es ist klar, daß bei diesen Überlegungen nicht nur die in Form der Handelsdünger zugeführten Nährstoffe, sondern auch jene der Hofdünger mit zu berücksichtigen sind. Dabei zeigt es sich mehr und mehr als notwendig, diesen Nährstoffanfall nicht nach der Kuhzahl oder Anzahl GVE zu berechnen, sondern nach dem Nährstoffentzug und Nährstoffverkauf in den landwirtschaftlichen Marktprodukten unter Berücksichtigung des Nährstoffzukaufes in den Kraftfuttermitteln; jedenfalls wird damit ein weit zuverlässigerer Einblick in den Nährstoffhaushalt eines Betriebes und namentlich über dessen Nährstoffbilanz erhalten.

Klee und Kleegras werden innerhalb der Fruchtfolge angebaut. Die Ackerfrüchte als halb- bis einjährige Kulturen werden im allgemeinen wesentlich stärker, als dem Entzug entspricht, gedüngt, dies trifft namentlich bei Verwendung von Hofdüngern zu. So ist es ohne weiteres zu verantworten, zu Klee im ersten und zweiten Nutzungsjahr, auch wenn keine Hofdünger verwendet werden, die Nährstoffzufuhr in Form von Handelsdüngern tief zu halten oder gar zu unterlassen.

Vielfach regelt sich die Kalkversorgung automatisch durch Anwendung kalkhaltiger Dünger. Jedenfalls ist es im Gebiete von Liebefeld mit einer mittleren Niederschlagshöhe von 1100 mm möglich, durch Anwendung von 60 bis 90 kg Phosphorsäure in Form von Thomasmehl die Reaktion des Bodens auf dem pH-Wert von 6,1 zu halten, während er auf den Parallelparzellen mit Superphosphat-Düngung innerhalb von 6 Jahren um mehr als 0,5 pH-Einheiten abfiel. In der Schweiz mit mittleren Niederschlagsmengen von 1000 mm spielt die Anwendung besonderer Kalkdünger dank des relativ hohen Verbrauches an Thomasphosphat (über 15000 Wagen zu 10 t für etwa 1,2 Mio ha) eine untergeordnete Rolle.

Böden, die eine positive Karbonatreaktion zeigen, sind auf Jahrzehnte ausreichend mit Kalk versorgt.

Besondere *Magnesiumdüngung* zu Klee scheint auf Böden mit gesundem Kalkhaushalt nicht notwendig zu sein.

Wenn angegeben wird, daß der Klee bei guten Erträgen pro Hektar rund 20 kg *Schwefel* aufnimmt und man andererseits um die relative Leichtlöslichkeit der Schwefelverbindungen im Boden weiß, dann fragt man sich gerne, woher denn der Klee bzw. der Boden den notwendigen Schwefel nimmt. Zu dieser Frage hat die neueste Luftchemie genauere Unterlagen beschafft. So gibt Kurmies (1957) für einige deutsche Orte die Schwefelzufuhr zum Boden durch die Niederschläge von 38 bis über 100 kg/ha an. Nach Johansson (1959) beträgt die Schwefelzufuhr durch die Niederschläge in Schweden nur 3 bis 6,8 kg/ha und Jahr, nach dem gleichen Autor absorbieren der Boden ungefähr die gleiche Menge und die Pflanzen nahezu die doppelte Menge Schwefel direkt aus der Luft. Nach bisherigen Untersuchungen von Zuber (1958) gelangen in Bern-Liebefeld pro Hektar 11,4 kg Schwefel mit den Niederschlägen in den Boden.

In die Luft kommt dieser Schwefel durch den Verbrennungsprozeß. Selbstverständlicherweise ist die Schwefelzufuhr durch die Niederschläge in industriereichen und dicht bevölkerten Gebieten unvergleichlich größer als in rein landwirtschaftlichen und zugleich dünn besiedelten Gebieten (Charliers 1959). Ferner wird die Schwefelversorgung auch durch die Hofdünger gespeist.

Über die Zufuhr von *Chlor* und *Natrium* gelten ähnliche Überlegungen wie für Schwefel. In Form von Gischt werden den Meeren größere Mengen Kochsalz entrissen und landeinwärts getragen. In Meeresnähe können die Niederschläge pro Liter über 10 mg Natrium und Chlor enthalten, während ihr Gehalt aber landeinwärts nur 1 bis 2 mg ausmacht. Gewöhnlich enthalten die späteren Schnitte ab Parzellen, die keine chlor- und natriumhaltigen Dünger zugeführt erhalten, mehr Chlor und vor allem mehr Natrium, als der erste (Gisiger und Zuber 1956). Diese Erscheinung steht im Zusammenhang mit den größeren Niederschlägen während der Sommermonate sowie mit den eher geringeren Erträgen der späteren Schnitte.

Trotz der zahlreichen Untersuchungen zur Bestimmung des Wasserverbrauches der Pflanzen für die Produktion der Mengeneinheit Trockensubstanz kommt den dabei gefundenen Werten nur der Charakter erster Näherungswerte zu. Nach Vageler (1933) Shantz und Briggs (1912) werden für die Bildung von 1 g Trockensubstanz verschiedener Pflanzengruppen die folgenden Wassermengen benötigt:

	nach Vageler	nach Briggs und Shantz
Kleegewächse	403—514 cm³	—
Gräser	471—699 cm³	861
Getreidearten	411—520 cm³	513—597
Halmfrüchte	289—424 cm³	636
Hackfrüchte	298—314 cm³	—

Nach diesen Angaben zählt Klee zu den Kulturen mit mittlerem Transpirationskoeffizient. Wird dieser zu 500 angenommen, dann sind zur Erzeugung von 80 q, 100 q und 150 q Trockensubstanz 4000, 5000 und 7500 m³ Wasser erforderlich. Gräser zeigen eher noch höheren Wasserbedarf, so daß für Klee- und Grasmischungen auch mit noch höherem Wasserverbrauch als für Klee allein gerechnet werden muß. Weiter wegen geringerem Wurzeltiefgang der Gräser gegenüber Klee leiden Gras-Kleewiesen bei schönem Wetter eher unter Trockenheit als Kleegras- oder reine Kleewiesen. Da die Produktion der Wiesen, im Gegensatz zu Getreide, den ganzen Sommer über anhalten soll, entstehen in den Monaten Juni bis August gerne Perioden mit ungenügender Wasserversorgung. Dieser Mangel tritt besonders stark in Erscheinung, wenn während der Wachstumszeit des ersten Schnittes, also in den Monaten April und Mai geringe Niederschläge oder aber diese auf kurze Perioden zusammengedrängt fielen und infolgedessen die Wasserreserve des

Bodens schon weitgehend angegriffen ist. SEKERA (1933) rechnet als verfügbares Wasser 75% der Differenz von Wasserkapazität minus Hygroskopizität entsprechend 2000 bis 3000 m³/ha und eine Bodenschicht von 1 m Tiefe (vgl. hierzu S. 478).

Entsprechend dem hohen Wasserbedarf des Klees und der Kleegrasmischungen eignen sich Gebiete mit relativ hohen Niederschlägen während der Sommermonate bei gleichmäßiger Verteilung besonders gut für den Futterbau. v. STAVEREN et al. (1958) haben versucht, eine großräumige Kartierung Europas bezüglich der Bewässerung auszuarbeiten.

h) Die Düngung der Kleeäcker und Kleegraswiesen

Wo keine Bodenuntersuchungen vorliegen, empfiehlt es sich bei Anlage der Kunstwiese mit Klee bzw. vor Aussaat der Deckfrucht als mittelstarke Handelsdüngergabe pro ha 90 kg Phosphorsäure in Form von 5 q Thomasmehl oder auch Superphosphat und 240 bis 300 kg Kali in Form von 4 bis 5 q 60%igen Kalisalzes zu verabfolgen. Dann braucht die Neuanlage nach Wegnahme der Deckfrucht und auch im folgenden, dem ersten Nutzungsjahr, nicht gedüngt zu werden.

Vielfach tritt auf Kunstwiesen, wenn nicht gerade ausgesprochener Mangel, so doch eine Mangellage für Kali ein. Bei den großen Kalientzügen empfiehlt es sich, der Kalidüngung die gleich große Aufmerksamkeit zu schenken wie der Phosphorsäuredüngung. Es ist deshalb im Winter vom ersten zum zweiten Nutzungsjahr eine Düngung von 60 bis 90 kg Phosphorsäure und 240 bis 300 kg Kali pro Hektar empfehlenswert. Geht der Klee stark zurück, dann ist vielfach nach dem ersten Schnitt des zweiten Nutzungsjahres eine angemessene Stickstoffdüngung von 30 bis 45 kg/ha angezeigt oder eine Güllengabe von rund 50 m³ einer 3- bis 4fach verdünnten $^1/_3$- bis $^2/_3$-Gülle. ($^1/_3$ bis $^2/_3$ des anfallenden Kotes mit dem gesamten Harn, mit dreifacher Menge Wasser verdünnt.)

Wo nur einjährige Nutzung in Frage kommt, sollte eine besondere Düngung für das Nutzungsjahr nicht nötig sein.

Die Wahl der Dünger muß nach Wirkung und Preis getroffen werden. In dieser Beziehung steht das Thomasphosphat im Vordergrund des Interesses, kommen mit ihm doch nicht nur Phosphorsäure und Kalk in wirksamer Form in den Boden, sondern vor allem auch größere Mengen Magnesium und Mangan. Wenn auch für diese beiden Nährstoffe nur in Ausnahmefällen eine unmittelbare Wirkung bestimmt werden kann, so trägt die Thomasmehldüngung doch stark zur Erhaltung des Vorrates im Boden bei.

Weiter kommen Superphosphat, thermische Phosphate auch für die Düngung von Klee und Kleegras in Frage und in neuerer Zeit auch feingemahlene weiche Rohphosphate für Böden mit pH-Werten [in H_2O] um und unter 6, auf humosen Böden kann eine gute Wirkung des Rohphosphates und entleimten Knochenmehls auch bei noch höheren pH-Werten erwartet werden.

Für die Kalidüngung können ohne weiteres die billigen chlorhaltigen Dünger verwendet werden.

Die Wahl der Kalidünger kann nach rein wirtschaftlichen Gesichtspunkten, vor allem nach dem Preis pro Kalieinheit getroffen werden. Nach früheren Angaben kann den sulfathaltigen Kalisalzen gegenüber den Chloriden nur auf extrem schwefelarmen Böden in Gebieten mit geringer Schwefelzufuhr durch die Niederschläge erhöhte Wirkung zukommen. Geteilte Kalidüngung zum Klee und zu Kleegraswiesen kommt in der Regel nicht in Frage. Trotzdem das Düngerkali leicht aufgenommen wird, ist bei Klee und Kleegras die Befürchtung unbegründet, es könnte bei nur einmaliger jährlicher Düngung im Winter der erste Schnitt zu kalireich werden. Es hängt dies einmal mit dem großen Ertrag des ersten Schnittes und weiter mit der Oberflächendüngung der Wiesen bzw. dem nur langsamen Eindringen des Kalis in den Boden zusammen.

Über das Eindringen von Kali und Phosphorsäure liegen Untersuchungen von verschiedener Seite vor. Gisiger (1933) fand bei seinen Untersuchungen auf karbonathaltigem Boden mit einer geschlossenen Wiesendecke ein nachweisbares Eindringen der Phosphorsäure von Superphosphat und Thomasmehl innerhalb eines Jahres auf 10 bis 15 cm bei einer Niederschlagshöhe von rund 1100 mm. Nach dem gleichen Autor konnten nach unveröffentlichten Versuchen auf schwach sandigem Lehmboden die folgenden Werte über das Eindringen des Kalis auf unbepflanztem Boden ermittelt werden (Tab. 155):

Tabelle 155. *Nach der Laktatmethode ermittelte Kaligehalte in mg% verschiedener Böden zur Kontrolle der Vertikalverlagerung des Kalis*

Kaligabe	Zeit nach der Düngung									
	6 Monate					9 Monate				
	untersuchte Schichttiefe in cm									
karbonathaltiger Boden	0–2,5	2,5–5	5–10	10–20	20–30	0–2,5	2,5–5	5-10	10–20	20–30
	mg%	mg%	mg%	mg%	mg%	mg%	mg%	mg%	mg%	mg%
ohne Kali	2,0	2,2	2,0	1,8	1,8	2,8	2,5	2,5	2,2	2,2
400 kg/ha K_2O in:										
Kalisalz 60% ..	35,6	39,2	35,6	6,8	2,0	24,5	28,8	12,6	3,0	2,0
Kalisulfat	35,6	37,2	23,6	6,0	2,0	25,0	28,8	20,0	4,1	2,0
Kalikarbonat ..	21,8	25,2	11,8	3,6	2,0	23,6	21,8	11,1	3,0	2,0
karbonatfreier Boden										
ohne Kali	2,5	2,5	2,0	2,0	1,8	3,0	2,8	2,5	2,3	2,0
400 kg/ha K_2O in:										
Kalisalz 60% ..	36,4	32,0	22,8	5,2	2,0	33,0	30,4	22,0	11,8	2,0
Kalisulfat	34,8	28,8	19,2	7,6	2,0	28,0	25,2	25,2	12,6	2,0
Kalikarbonat ..	40,0	30,4	12,6	3,6	2,0	31,2	28,0	23,6	5,2	2,0

Im unbepflanzten Boden konnte das Düngerkali nach 6 Monaten schon in einer Tiefe von 10 bis 20 cm nachgewiesen werden, wobei sich zwischen dem karbonathaltigen und karbonatfreien Boden praktisch keine Unterschiede zeigten; überraschenderweise ließ sich nach 9 Monaten keine Zunahme des Kalis in der Schicht von 20 bis 30 cm ermitteln. In den mit Klee bepflanzten Parzellen zeigte die Schicht von *5 bis 10 cm* mit Gehalten von 5,7 bis 6,8 mg% K_2O im karbonathaltigen und 8,4 bis 13,4 mg% K_2O im karbonatfreien Boden eine sichere Anreicherung, während in der Schicht von 10 bis 20 cm der mittlere Kaligehalt der mit Kali gedüngten Parzellen mit 0,5 bis 1,4 mg% höher gefunden wurde als aus den ungedüngten Parzellen. In beiden Böden, karbonathaltig und -frei, zeigte das Karbonatkali langsamere Tiefenverlagerung als das Kali des Chlorids und des Sulfates.

In einem früheren, während drei Jahren durchgeführten Versuch auf unbepflanztem Boden ergab die Untersuchung des Bodens aus der Schichttiefe von 15 bis 20 cm und 20 bis 30 cm das folgende Bild (Tab. 156):

Tabelle 156. *Kaligehalt des Bodens in mg% nach der Düngung in Monaten*

Schichttiefe	zu Beginn des Versuches	4	9	18	28	34
		Monate				
		Kali-Düngung 400 kg K_2O/ha				
15—20	1,4	3,0	4,4	3,3	7,1	2,4
20—30	1,0	2,0	3,2	1,3	3,0	1,2
		Kali-Düngung 200 kg K_2O/ha				
15—20	1,2	1,8	2,8	1,6	2,8	2,0
20—30	0,8	1,2	2,0	0,9	1,6	1,5

Nach dieser Untersuchung auf unbepflanztem Boden in natürlicher Lagerung kann bei Düngung von 400 kg K_2O nach 9 Monaten ein erhöhter Kaligehalt der Schichten 15 bis 20 cm und 20 bis 30 cm festgestellt werden, während in der gleichen Zeit bei Düngung von 200 kg K_2O eine nachweisbare Anreicherung bis zur Schicht von 15 bis 20 cm eintritt.

Literatur

Anderson, A. J.: Molybdenum as a fertilizer. Adv. Agr. **8**, 164–199 (1956).

Briggs und Shantz, zit. nach Pallmann, H.: Probleme der Düngung in der Landwirtschaft. Schweiz. landw. Mh. **14** (11), (1936). — Bula, R. J., und D. Smith: Cold resistance and chemical composition in overwintering alfalfa, red clover, and sweetclover. Agr. Jl. **46**, 397–401 (1954). — Bula, R. J., D. Smith und H. J. Hodgson: Cold resistance in alfalfa at two diverse latitudes. Agr. Jl. **48**, 153–156 (1957).

Chaliers, W., et al.: Agricultural importance of nutrients other than NPK in superphosphat. Bull. documentation ass. int. des fabric. de superph., London, Nr. 25, S. 5.

Gisiger, L.: Von den Ursachen der Überkalkungsschäden. Z. Pflanzenernähr., Düng., Bodenkde. **45** (90), 54–75 (1949). — Gegenwartsfragen der Düngung im Futterbau. Nr. 15 der Mitteilungen der AGFF. Als Sonderdruck aus der Schweiz. landw. Z. „Die Grüne" **70**, 61–85 (1942). — Die Wanderung der Düngerphosphorsäure im Wiesenboden. Phosphorsäure **3**, 462–490 (1933). — Kalk und Kali, ihr gegenseitiges Verhalten im Boden und ihr Einfluß auf die Nährstoffaufnahme. Landw. Jb. Schweiz **58**, 516–589 (1944). — Gisiger, L., und R. Zuber: Spurenelementgehalt des Futters einiger Düngungsversuche. Phosphorsäure **16**, Folge 5/6, 230–241 (1956). — Grüningen, F. v.: Mineralstoffgehalt des Wiesenfutters und Auftreten von Mangelkrankheiten. Schweiz. landw. Mh. **23**, 297–321 (1945).

Haffter, H.: Untersuchungen über die Entwicklung und Reservestoffhaushalt des Rotklees. Diss. ETH Zürich. Winterthur: Keller. 1959. — Hasler, A., H. Pulver und R. Zuber: Mangan und andere Spurenelemente im Wiesenfutter und Futterpflanzen. Mitt. Geb. Lebensmittelunters. Hyg. **48**, 483–496 (1957). — Hasler, A.: Über die Manganbedürftigkeit einiger Gräserarten. Schweiz. landw. Mh. **29**, 300–305 (1951). — Hasler, A., und H. Pulver: Zur Kenntnis des Mangangehaltes im Wiesenfutter. Landw. Jb. Schweiz **6** (71), 457–472 (1957).

Johansson, O.: Om Svavelproblem inam svenskt jordbruk. Växt-närings Nytt **15**, 8 (1959). [Vgl. auch: Kungl. Lantbrukshögsk. Ann. **25**, 57 (1959).]

Kauter, A.: Schnittzeit und Schnittzahl auf den Ertrag von Luzerne und Klee. Landw. Jb. Schweiz **60**, 221–249 (1946). — Futterbau, S. 4. Bern: Verbandsdruckerei AG. 1943. — Keller, L. R.: Effect of photoperiod on redclover and timothy strains growed in association. Agr. Jl. **42**, 598–603 (1950). — Kivimae, A.: Chemical composition and digestibility of some Grassland crops. Acta agric. Scand., Diss. Uppsala 1959. — Kurmies, B.: Über den Schwefelgehalt des Bodens. Phosphorsäure **17**, 258–277 (1957).

Morris, H. D., und W. H. Pierre: Minimum concentration of manganese necessary for injury to various legumes in culture solutions. Agr. Jl. **41**, 107–112 (1949).

Odelien, M.: Microelements in the soil and in plant cultivation. Medd. Norske Myrselsk **51**, 69–83 (1953). — Olesen, J.: Die Anwendung und Wirkung der verschiedenen Kalkarten. In: Die wirksame Anwendung von Düngemitteln einschließlich Kalk. Bericht über die Studientagung in Dänemark 1954 (159–169), hrsg. von der OEEC 1955.

PFAFF, C., G. PFÜTZER und H. ROTH: Die Vitaminbildung der höheren Pflanzen in Abhängigkeit von ihrer Ernährung. Landw. Forsch. 4, 105–118 (1952).

SAHAROVA, T. S.: The effect of feeding shoots with boron and manganese on the yield of clover seed. Art. zit. nach WILLIAMS, R. D., Minor elements and their effects on growth and chemical composition of herbeage plants. Commonwealth Agric. Bureau 1959. — SCHARRER, K., und R. BÜRKE: Der Einfluß der Ernährung auf die Provitamin-A-(Carotin-)Bildung in landwirtschaftlichen Nutzpflanzen. Z. Pflanzenernähr., Düng., Bodenkde. 62, 244–261 (1953). — SCHNETZER, H. L.: Harmonische Düngung und Karotingehalt in grünen Pflanzen. Mitt. Geb. Lebensmittelunters. Hyg. 49, 308–403 (1958). — SEKERA, F.: Über die Wasser- und Nährstoffversorgung der Pflanze 29, 61–70 (1933). — STANFORD, G., J. HANWAY und H. R. MELDRUM: Effectiveness and recovery of initial and subsequent fertilizer. Agr. Jl. 47, 25–31 (1955). — STAVEREN, J. M., und J. C. J. MOHRMANN: Aperçu général du déficit d'eau en Europe et les besoins d'irigations complémentaires. Communication 1 de la 2e commission de la CEA Brougg, 1958. — STEWART, F. B., und J. H. AXLEY: Seasonal variation in the boron content of alfalfa. Agr. Jl. 48, 259–261 (1956).

THORNE, W.: Zinc deficiency and its control. Adv. Agr. 9, 31–61 (1957). — TRUNINGER, E.: Beiträge zur Kenntnis der Wirkung des kohlensauren Kalkes als Düngemittel. Landw. Jb. Schweiz 39, 807–838 (1925).

VAGELER, P.: Der Kationen- und Wasserhaushalt des Mineralbodens, S. 261. Berlin: Springer. 1932.

WÖHLBIER, W. und M. KIRCHGESSNER: Der Gehalt von einzelnen Gräsern, Leguminosen und Kräutern an Mengen- und Spurenelementen. Landw. Forsch. 10, 240–251 (1957).

ZUBER, R.: Nach unveröffentlichen Untersuchungen für das Jahr 1958. — ZUBER, R., und A. HASLER: Borbedürftigkeit einiger Futterleguminosen. Mitt. Schweiz. Landw. 7, 12–16 (1959).

C. Die übrigen Kleearten bzw. Futterleguminosen[1]

a) Der Bastard-(Schweden-)Klee

(Trifolium hybridum)

Der *Bastard-(Schweden-)Klee* zeigt ähnliche Ansprüche wie der Rotklee. Er wird vielfach als einjähriger Ackerklee angebaut.

b) Der Weißklee (Ladinoklee)[2]

(Trifolium repens)

Der *Weißklee* mit seinen vielen Formen erweist sich sehr anpassungsfähig an Klima und Boden, er bleibt aber unter günstigen Bedingungen im Ertrag hinter dem Rotklee zurück. Trotzdem der Weißklee guten Besatz mit Wurzelknöllchen aufweist, zeigt er nicht besonders hohe Stickstoffbindung, er erweist sich sogar dankbar für *mäßige* Güllen-, Stallmist- und Stickstoffdüngung. Die bekannte, ausgesprochene Schnitt- und Weidefestigkeit verdankt der Weißklee nach GRABER et al. (1927) und KLAPP (1957) den grünen Rhizomen und den bodennahen Blättern, die durch Schnitt und Biß nicht erfaßt werden. In Reinsaat wird der raschwachsende *Ladinoklee* angebaut. GUYER (1959) prüfte verschiedene Ladinoklee-Herkünfte im Vergleich zu Rotklee und fand eine sehr befriedigende

[1] Vgl. auch S. 504.

[2] Der Anbau von Ladinoklee gewinnt für die Herstellung von hochwertigem Trockengras zunehmende Bedeutung; im Gegensatz zu Rotklee und Luzerne erträgt er häufigen Schnitt gut.

Ausdauer über drei Jahre, wobei der Ladinoklee im allgemeinen im zweiten, dritten und vierten Schnitt höhere Erträge brachte als die ausgesprochenen Weidetypen des englischen und dänischen Weißklees. Für die Jahre 1956 und 1957 bestimmte GUYER für verschiedene Versuchsorte die folgenden Erträge:

Tabelle 157. *Trockensubstanz-Erträge in q/ha verschiedener Versuche*

Kleeart	Rossau			Chamau			Einsiedeln		
	1956	1957	total	1956	1957	total	1956	1957	total
italienischer Ladino	105,8	92,1	197,9	84,6	75,6	160,2	72,7	80,5	153,2
amerikanischer Ladino	107,3	88,9	196,2	84,9	81,3	166,2	70,3	81,4	151,7
Rotklee	123,9	96,8	220,7	97,0	81,3	178,3	84,1	90,5	174,6
Luzerne	107,8	86,2	194,0	88,3	73,6	161,9	61,1	53,4	114,5

Trotz der nicht besonders günstigen Versuchsbedingungen erreichte der Ladinoklee im Ertrag den Rotklee nicht. Die Wildformen füllen dank der Rasenbildung durch Ausläufer sowohl auf älteren Kunstwiesen als auch auf Naturwiesen Lücken rasch aus. Der raschreifende Weißklee verlangt gute Nährstoffversorgung und weist dann in der Trockensubstanz folgende Gehalte an Nährstoffen auf:

Tabelle 158. *Nährstoffgehalt von Weißklee in % der Trockensubstanz*

N	P	K	Ca	Mg	S
2,3	0,34	1,1	1,3	0,35	0,18 (BECKER-DILLINGEN)

VON GRÜNIGEN fand allerdings in seinen Untersuchungen namentlich höheren Kali- und Kalkgehalt, nämlich 3,8 bis 4% K und 1,6% Ca; jedenfalls ist auf Güllenmatten wegen der starken Durchwurzelung der obersten Bodenschicht noch bald mit K-Gehalten von 3 und mehr % zu rechnen.

c) Der Alexandrinerklee
(Trifolium alexandrinum)

Der *Alexandrinerklee* hat erst in neuerer Zeit größere Verbreitung gefunden; er ist sehr raschwüchsig und bringt bei reichlicher Feuchtigkeit beachtliche Erträge. Wegen seiner Frostempfindlichkeit darf er nicht zu früh gesät werden, auch stellt er sein Wachstum nach Auftreten der ersten Frühfröste ein. Er eignet sich in der gemäßigten Zone gut für den Nachbau, wobei die Raschwüchsigkeit und zeitiges Räumen des Feldes im Herbst geschätzt werden. (Der Alexandrinerklee gleicht im Habitus stark der Luzerne.) Nach Wintergerste, Erbsen und Frühkartoffeln können bis Mitte September 40 bis 50 q/ha Trockenmasse geerntet werden, bei Frühsaat erntete HÜBNER (1953) bis 80 q/ha. Trockenmasse mit 10 bis 12% Roheiweiß. Im Gegensatz zum Inkarnatklee wird der Alexandrinerklee als Grünfutter vom Vieh gerne aufgenommen.

FREY (1957) empfiehlt den Anbau in Mischung mit italienischem oder Westerwälder-Raigras, oder Grünmais, Sudangras, Hafer.

Auf Böden mit ausreichendem Kalkgehalt werden die Wurzeln des Alexandrinerklees für ausreichende Stickstoffversorgung mit Knöllchen besiedelt, so daß nur Phosphorsäure und Kalidüngung nötig ist, der Bedarf ist ungefähr wie bei Rotklee (SACHS 1959). In Gebieten, wo die Herz- und Trockenfäule der Rüben auftritt, ist der Alexandrinerklee dankbar für eine zusätzliche Bordüngung, er zählt zu den borbedürftigsten Futterleguminosen. (Vgl. Abb. 150, S. 464.)

d) Der Inkarnatklee

(Trifolium incarnatum)

Der Inkarnatklee zählt zu den einjährigen Kleearten. Bei Frühjahrssaat erweist er sich als wenig massenwüchsig, stengelt und verholzt rasch. Deshalb ist die Herbstsaat zu bevorzugen. Reinsaaten sind nach KAUTER (1943) wegen zu geringer Winterhärte des Inkarnatklees riskiert. Trotzdem die Wildform kalkarme Böden bevorzugt, bringt die Kulturform auch auf gut mit Kalk versorgten Böden reichen Ertrag, der durch angepaßte Bordüngung vielfach noch gesteigert werden kann (vgl. Abb. 150, S. 464).

Bei einem Ertrag von 50 q/ha des ersten Schnittes kann nach BECKER-DILLINGEN (1934) mit einem Nährstoffentzug gerechnet werden von 125 kg N, 15 kg P, 45 kg K!, 60 kg Ca und 9 kg Mg. Darnach erweist sich der Inkarnatklee als recht genügsam hinsichtlich Phosphor und Kalium, das stimmt auch mit der Feststellung überein, daß er auf Sandböden mit kiesiger Unterlage bei ausreichender Feuchtigkeit gut gedeiht.

e) Der Hopfenklee

(Medicago lupolina)

Diese kurz dauernde Kleeart (Gelbklee) gibt ein Blatt- und damit gehaltreiches Futter; sie wird aber wegen geringen Massenwuchses und kurzer Dauer wenig angebaut. Gelbklee ist auf gut mit Kalk gesättigte Böden angewiesen.

f) Der Schotenklee

(Lotus corniculatus)

Diese Kleeart (*Lotus corniculatus*) ist nicht besonders massenwüchsig, sie wird aber gern und vermehrt in Mischungen für Dauerwiesen aufgenommen, weil sie gute Resistenz gegenüber den Krankheiten zeigt, für die der Rotklee anfällig ist, und weiter wegen der Ausdauer sowie der Unempfindlichkeit auf Schnitt und auch Weidenutzung; als Nachteil muß seine geringe Konkurrenzkraft genannt werden.

Der Schotenklee stellt nicht besondere Anforderungen an den Boden und dessen Nährstoffversorgung, er kann in dieser Beziehung gut mit Weißklee verglichen werden, er verträgt auch mäßige Stickstoff- bzw. Güllengaben. Bezüglich Borbedürftigkeit vgl. Abb. 150, S. 464.

g) Lupine und Serradella

(Lupinus L. und Ornithopus sativus)

Diese beiden Leguminosen eignen sich ausgesprochen für den Anbau auf leichten, kalkarmen Böden, wo sie vielfach nebst der Futternutzung als Gründüngung angebaut werden.

Von der blaublühenden und gelbblühenden Lupine gibt es bitterstoff-freie Sorten. Meistens wird die *Lupine* als Einsaat in Roggen, die *Serradella* als Vollsaat nach einer Hauptfrucht angebaut. Wo diese ausreichend gedüngt wurde, bedürfen die beiden Leguminosen keiner besonderen Düngung, beide gelten als anspruchslos.

h) Lespedeza
(Lespedeza L.)

Diese Futterleguminose gewann während der letzten Jahrzehnte stark an Bedeutung und wird in Amerika sowohl für Weidenutzung als insbesondere für die Dürrfutterbereitung angebaut; die einjährigen Formen überwiegen gegenüber den perennierenden, diese werden aber im Anbau bevorzugt. (Ursprung: Ostasien und Südoststaaten der USA.) Ferner wird Lespedeza auch als Gründüngungspflanze angesät. Lespedeza bevorzugt Böden mit pH-Zahlen von 5,8 bis 6,3. Sie fällt im Ertrag rasch ab, wenn der pH-Wert sinkt, wahrscheinlich auf Beeinträchtigung durch zu hohe Manganaufnahme zurückzuführen (vgl. Tab. 149, S. 463).

Nach BALDRIDGE (1957) soll Lespedeza besonders befähigt sein, Rohphosphat auszunutzen. Nach unserer Auffassung mag dies damit zusammenhängen, daß Lespedeza auf vorwiegend schwach sauren bis sauren Böden mit pH-Zahlen um 6 angebaut wird (HAFENRICHTER 1958).

Der Mineralstoffgehalt schwankt stark je nach der Nährstoffversorgung des Bodens; nach den Angaben von MARSHALL (1944), zit. nach BALDRIDGE, dürfte der Gehalt gut mit jenem von Luzerne vergleichbar sein, wobei die niedrigen Werte für Kalium und Natrium auffallen, Luxuskonsum mit diesen Elementen scheint nicht vorzukommen, dagegen reagiert Lespedeza empfindlich auf erschwerte Eisen- und Manganaufnahme sowie Manganüberschuß (vgl. Tab. 149).

Die Düngung ist mit jener für Luzerne vergleichbar, wobei weniger auf ausreichende Borversorgung geachtet werden muß (vgl. S. 485).

i) Esparsette
(Onobrychis sativa)

Der Anbau der Esparsette *(Onobrychis sativa)* hat während der letzten Jahrzehnte stark abgenommen. Diese Abnahme wurde einmal durch die Möglichkeit der besseren Düngung (VOLKART 1908) und weiter dadurch bedingt, daß das Futter vom Vieh nicht besonders gern aufgenommen wird und weil die Pflanze beim Reifwerden rasch verholzt; anderseits erträgt sie häufigen Schnitt schlecht. Im Ertrag reicht diese Futterpflanze nicht an Klee und Luzerne heran. Esparsette verträgt ohne weiteres *kalkreiche* und *Kalkböden*; diese Genügsamkeit erklärt sich durch den relativ geringen Borbedarf der Pflanze (vgl. Abb. 150, S. 464). Esparsette wird nur ausnahmsweise in Mischung mit anderen Futterpflanzen angesät, sie kann vom zweiten Jahr an nach der Aussaat zwei- bis dreimal geschnitten werden.

Entsprechend den geringeren Erträgen verlangt die Esparsette nicht so starke Düngergaben wie etwa Klee und Luzerne; dank des erheblichen Wurzeltiefganges besitzen ältere Bestände die Möglichkeit, große Bodentiefen (Bodenvolumen) auszunutzen.

Literatur

BALDRIDGE, J. D.: Lespedeza, culture and utilization. Adv. Agr. **9**, 122–141 (1957). — BECKER-DILLINGEN, J.: Handbuch der Ernährung der landwirtschaftlichen Nutzpflanzen. Berlin: Parey. 1934.

FREY, E., und H. GUYER: Der Anbau des Alexandrinerklees. Mitt. Schweiz. Landw. **5**, 133–138 (1957).

GRABER, L. F., et al.: Agr. Exper. Sta. Univ. Wisconsin Madison Res. Bull. **80** (1927), zit. nach HAFFTER 1959. — GRABER, L. F., N. T. NELSON, W. A. LUEKEL und W. B. ALBERT: Organic food reserves in relation to the growth of alfalfa and other perennial herbaceous plants. Wis. Agr. Exper. Sta. Res. Bull. **80** (1927), zit.

nach HAFFTER 1959. — GRÜNINGEN, F. v.: Mineralstoffgehalt des Wiesenfutters und Auftreten von Mangelkrankheiten. Schweiz. landw. Mh. **23**, 297–321 (1945). — GUYER, H.: Die Eignung von Ladino Weißklee unter schweizerischen Verhältnissen. Landw. Mh. **37**, 206–211 (1959).

HAFENRICHTER, A. L.: New grasses and Legumes for soil and water conservation. Adv. Agr. **10**, 350–403 (1958). — HÜBNER, R.: Saatzeitversuche mit Alexandrinerklee. Z. Acker- u. Pflanzenbau **108**, 425–448 (1959).

KAUTER, A.: Schnittzeit und Schnittzahl auf den Ertrag von Luzerne und Klee. Landw. Jb. Schweiz **60**, 221–249 (1946). — KLAPP, E.: Z. Acker- u. Pflanzenbau **93**, 269–286 (1951), zit. nach HAFFTER 1959.

SACHS, E.: Alexandrinerklee im Lichte von Versuchsergebnissen 1954–1958. Bayr. Landw. Jb. **36**, 623–633 (1959).

VOLKART, A.: Neuere Erfahrungen und Versuche auf dem Gebiete des Futterbaues. Sonderdruck aus Mitt. Ges. Schweiz. Landwirte 1908.

D. Die Luzerne

(Medicago sativa)

a) Die Sortenfrage

Die Luzerne ist wohl die am weitesten verbreitete Futterpflanze. In dieser Beziehung übertrifft sie sogar den Rotklee. Wo ihr die Anbauverhältnisse zusagen, liefert sie große Erträge, trotzdem gilt sie als anspruchsvoll. Es trifft dies mit geringem Unterschied für alle drei Luzerneformen zu, nämlich

die blaublühende Luzerne *(Medicago sativa)*
die gelbblühende Luzerne (schwedische oder Sichelluzerne, *Medicago falcata)*
die Bastardluzerne *(Medicago media)*.

Die blaublühende Luzerne, aus den Weinbaugebieten wärmerer Gegenden stammend, ist in mildem Klima und auf gutem Boden recht ertragreich, mit einer nicht seltenen Ausdauer von 15 bis 20 Jahren; sie versagt noch bald unter ihr nicht zusagenden Verhältnissen, vor allem auf leichten Böden und in kalten Wintern des Binnenklimas. Durch ständige Auslese, sowie Einkreuzung und Rückkreuzung wurden Formen geschaffen, die unter den weniger günstigen kontinentalen Bedingungen bei guter Ausdauer (5 bis 7 Jahre) recht gut befriedigen. Nach FREY (1954) darf von Luzernestämmen, die in einem bestimmten Land gute Leistung aufweisen, nicht vorbehaltlos erwartet werden, daß sie sich unter anderen klimatischen Bedingungen ebenfalls bewähren. Nach WALTHER (1952) und KÖNEKAMP (1938) vereinigt die Bastard-Luzerne intermediär und vererbend die günstigen Eigenschaften der beiden Elternarten, also mit der Ertragsfähigkeit der echten Luzerne mit dichtem Neuaustrieb, die Anspruchslosigkeit und Winterhärte der Sichelluzerne; Kahlfröste mit Temperaturen von minus 25° werden von ihr ohne weiteres überstanden. Eine besonders weite Verbreitung fand in Nordamerika die Grimmluzerne, eine Bastardform.

b) Schnittzeit und Schnittzahl

Die Winterhärte und damit die Ausdauer der Luzerne können durch die Wahl der *Zeitpunkte* und die *Zahl* der Schnitte gefördert werden. Durch zu häufigen Schnitt wird die Ausbildung von Wurzeln gehemmt, die Wurzelmasse kann sogar beträchtlich abnehmen. Aus einem Versuch von KLAPP (1954) ist zu entnehmen, daß sich die Speicherorgane, die Wurzeln der Luzerne am besten bei einmaligem Schnitt entwickeln (Tab. 159).

Tabelle 159. *Relative Erträge von Luzerne im ersten Nutzungsjahr* (nach KLAPP)

Pflanzenorgane	Schnittzahl			
	4	3	2	1
Blätter, Stengel, Halme	37	91	100	78
Wurzeln, Stoppeln, Rhizome .	29	52	96	100

Häufiger Schnitt wirkt sich auch auf die Reservestoffspeicherung aus, wie dies aus Abb. 151 von HAFFTER (1959) hervorgeht.

Folgen mehrere kurze Schnittintervalle aufeinander, so nimmt der Kohlehydratgehalt der Wurzeln mehr und mehr ab. Geringe Gehalte an Reservestoffen wirken sich wie folgt aus:

a) mangelnde Wuchskraft,

b) geringe Winterfestigkeit

c) größere Mortalität während des ganzen Jahres; sinkt der Reservestoffgehalt auf 3 bis 5% der Trockensubstanz, dann stellt die Luzerne das Wachstum

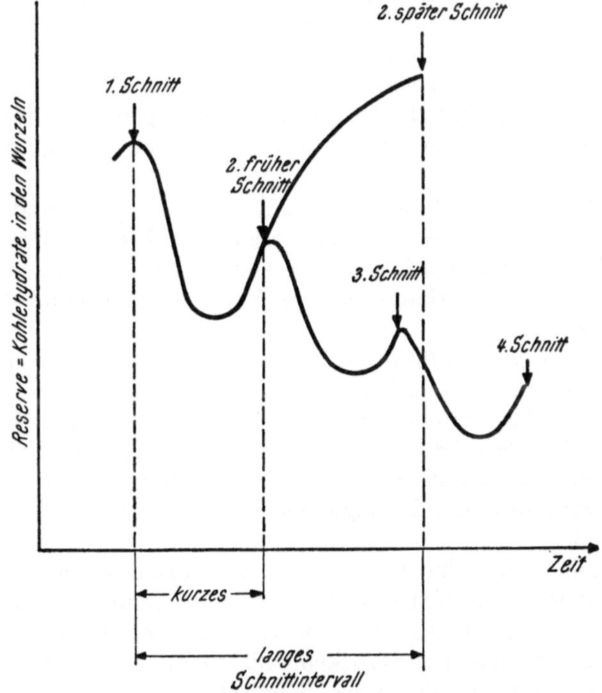

Abb. 151. Reservestoffgehalt der Wurzeln in Abhängigkeit von der Schnittzeit (nach HAFFTER 1959)

ein (GRABER et al. 1927 und ALBERT 1927). Ferner scheinen damit im Zusammenhang vermehrte Insektenschäden an Wurzeln aufzutreten (GRABER 1931).

d) Indirekt wird der Verunkrautung Vorschub geleistet; in den durch das Absterben der Kulturpflanzen entstehenden Lücken siedeln sich Unkräuter an.

BULA (1956), fand in der sehr winterharten Sichelluzerne im Spätherbst und Winter wesentlich tieferen Gehalt an Kohlehydraten als in der gewöhnlichen Luzerne, für die übrige Zeit ergab sich das umgekehrte Verhältnis.

Weil die Luzerne relativ lange Schnittintervalle für die Regeneration der Wurzelreservestoffe (lösliche Kohlehydrate) braucht, eignet sie sich nur wenig für die Weidenutzung.

Nach Ertragsfeststellungen von Schulze (1952) wirkt sich bei gleicher Nutzungshäufigkeit der Luzerne das Abweiden ungünstiger auf die Erträge des folgenden Jahres aus als der Schnitt.

Tabelle 160. *Einfluß der Nutzungsweise auf den Ertrag der Luzerne*

Nutzungsweise 1951	Ertrag an Trockenmasse 1952	
	q/ha	relativ
3mal geschnitten	91,2	100,0
3mal beweidet	80,9	88,7
5mal beweidet	73,9	81,0

Hinzuweisen ist noch darauf, daß nach Kauter (1946) ein früher Luzerne-Schnitt sich ungünstig auf die Erträge des folgenden Jahres auswirkt, während nach dem gleichen Autor, in Übereinstimmung mit Klapp (1933/1934) das Intervall zwischen den beiden letzten Schnitten des Jahres auf keinen Fall unter 50, noch besser 60 Tagen liegen sollte, damit in den Wurzeln wieder eine reichliche Reservestoff-Speicherung erreicht werden kann; dagegen ist es für die Ausdauer von geringer Bedeutung, ob die Luzerne kurz oder lang in den Winter geht.

Wette (1942) gibt an, daß der Höhepunkt der Phosphor- und Kaliaufnahme der Luzerne in das Intervall der Bildung der Knospen bis zur Blüte fällt, während die größte Kalkaufnahme deutlich später eintritt und erst kurz vor der Reife abfällt. Häufiger Schnitt verlangt bessere Nährstoffversorgung des Bodens als weniger zahlreicher Schnitt.

Wenn auch über den Einfluß der Photoperiode bei der Luzerne noch keine besonderen Untersuchungen vorliegen, so darf doch damit gerechnet werden, daß sie sich grundsätzlich ähnlich verhält wie z. B. der Rotklee (s. S. 459). Darnach wäre die unbefriedigende Winterhärte der Luzerne südlicher Herkunft in mittleren und höheren Breitengraden mit zu geringer Reservestoffeinlagerung dieser Luzerneform in den Wurzeln unter den Bedingungen längerer Tage der genannten Breitengrade zu erklären.

Ganz allgemein zählt die Luzerne zu den rasch wachsenden Kleearten, trotzdem erreicht sie nach Kauter (1943) das Maximum des Ertrages erst im zweiten, zuweilen dritten oder sogar erst im vierten Jahr (vgl. hierzu auch Tab. 162, S. 459). Sie wird vor allem in Trockengebieten als Reinsaat angebaut, unter feuchteren Bedingungen erfolgt eine Beimischung von ein bis zwei Gräsern in der Höhe eines 5- bis 10%igen Vollsaatanteiles. Über die Voraussetzungen (Konkurrenzverhältnisse) für den Anbau in Mischungen mit mehreren Arten liegen ausgedehnte Untersuchungen von Caputa (1948) vor.

Trotzdem die Luzerne Hitze und Trockenheit gut verträgt, zählt sie zu den stark wasserbedürftigen Pflanzen. Nach Graber (1950) verbraucht sie für die Produktion von 1 q Trockensubstanz rund 800 q Wasser, während im Pflanzenbau allgemein mit einem mittleren Verdunstungskoeffizienten, g Wasser je g Trockensubstanz, von 400 bis 800 gerechnet werden kann (Geering 1943, Briggs und Shantz 1912 nach Pallmann 1936; vgl. S. 468).

c) Die Erträge

Die Erträge der Luzerne können in Mitteleuropa bis über 150 q/ha Trockensubstanz und in südlichen Gegenden bei Bewässerung und 5 bis 6 Schnitten gegen 200 q/ha Trockensubstanz erreichen.

KAUTER (1946) ermittelte die folgenden Erträge (Tab. 161):

Tabelle 161. *Trockensubstanzerträge in q/ha bei fortgesetzter differenzierter Nutzung der Luzerne*

Schnitt	Verfahren bzw. Zeitpunkt des ersten Schnittes			
	sehr früh 10. Mai	früh 20. Mai	spät 1. Juni	sehr spät 10. Juni
	q/ha			
1. Schnitt	39,2	70,1	70,9	93,9
2. Schnitt	30,0	47,6	41,5	56,6
3. Schnitt	38,3	42,7	36,2	30,9
4. Schnitt	19,9	—	21,7	—
total	127,4	160,4	170,3	181,4

In Übereinstimmung mit Ergebnissen von GEERING (1941) ist deutlich zu erkennen, daß bei spätem erstem Schnitt der höchste Gesamtertrag erhalten wird. Der sehr frühe Schnitt wirkt sich auch im folgenden Jahr ertragsvermindernd aus, bei frühem erstem Schnitt ist ein langes Intervall vom ersten zum zweiten Schnitt vorteilhaft (KAUTER 1946; Tab. 162).

Tabelle 162. *Nachwirkung ungleicher Schnittzeiten bei einheitlicher Schnittnutzung auf den Ertrag in q/ha bzw. täglicher Zuwachs in kg/ha und prozentiger Anteil der einzelnen Schnitte*

Schnitt im 2. Jahr	Zeitpunkt des ersten Schnittes im Vorjahr											
	sehr früh (10. V.)			früh (20. V.)			spät (1. VI.)			sehr spät (10. VI.)		
	q/ha	kg/ha	%	q/ha	kg/ha	%	q/ha	kg/ha	%	q/ha	kg/ha	%
1.	57,3	124,6	36,2	73,3	159,4	42,8	64,3	138,8	40,8	69,1	150,2	45,4
2.	45,7	95,2	28,9	42,5	88,5[1]	24,8	39,9	83,1	25,3	38,2	79,6	25,1
3.	32,8	91,3	20,7	39,0	105,3	22,8	32,5	87,8	20,7	30,2	81,5	19,8
4.	22,5	43,3	14,2	16,3	31,3	9,6	20,7	39,8	13,2	14,8	28,4	9,7
total	158,3		100	171,1		100	157,4		100	152,3		100

[1] Langes Intervall vom ersten zum zweiten Schnitt.

d) Düngung und Ertrag

Der Einfluß *verschiedener Düngung* zu Luzerne auf Mangelboden kann aus den folgenden Zahlen von BEAR et al. (1950) über die Gesamterträge an Trockensubstanz ersehen werden.

Tabelle 163. *Trockensubstanzerträge in q/ha von Luzerne in vier aufeinanderfolgenden Jahren bei verschiedener Düngung* (nach BEAR)

Verfahren	Düngung	Versuchsjahre				
		1946	1947	1948	1949	Total
		q/ha				
1	— — —	115,8	75,1	50,00	19,95	260,85
2	— K B	115,2	79,8	76,1	54,0	325,9
3	P — B	116,1	80,3	55,3	26,8	278,3
4	P K —	114,4	80,4	76,8	53,4	326,0
5	P K B	116,6	90,8	84,4	66,7	359,2
6	P 2 K B	116,4	88,5	88,5	74,5	363,3
7	P 3 K B	116,1	83,2	96,1	83,6	376,9
8	2 P 2 K B	110,3	79,4	83,2	72,5	345,3
9	2 P 2 K B Mg	112,0	80,0	87,0	69,1	348,0
10	2 P 2 K B Ca	118,0	83,4	93,6	74,8	369,7
11	2 P 2 K B Mo	116,1	84,4	87,3	74,8	362,6

Der Versuch wurde auf einem Feld angelegt, das für das Jahr 1944 und 1945 je mit 673 kg/ha eines 5:10:10 — N.P.K.-Düngers gedüngt wurde und überdies 1944 3766 kg und 1945 5020 kg/ha kohlensauren Düngkalk erhielt. Im ersten Versuchsjahr ergaben die Bodenuntersuchungen die folgenden Werte:

pH .... 6,4—7,05
Kalk (CaO) 0,36%
Magnesium (MgO) 0,23%
Phosphorsäure (P_2O_5) 0,11%
Kali (K_2O) 0,88%

Im Versuch betrug die einfache Düngung für P/K = je 67,26 kg/ha, 22,4 kg Borax/ha, 1121 kg Düngkalk, 179 kg/ha $MgSO_4 \cdot 7\,H_2O$.

Die Ergebnisse zeigen folgendes: Dank günstiger, dem Versuch vorangegangener Düngung sind die Erträge im ersten Versuchsjahr recht gut ausgeglichen, sie nehmen in den folgenden Jahren auf ungedüngt rasch ab, ebenso im Verfahren ohne Kali, sie konnten gut gehalten werden mit der Kaligabe 67 kg, konnten bei zusätzlicher P-Düngung bei sonst gleichbleibender Düngung (Verfahren 5 zu 2) noch gesteigert werden. Überraschenderweise war der Gesamtertrag von 2 P 2 K B kleiner als von P.2 K. B. Diese Feststellungen zeigen in eindeutiger Weise die große Bedeutung ausreichender Kaliversorgung für das Wachstum der Luzerne, während der Boden hinsichtlich Phosphorsäurenachlieferung wesentlich leistungsfähiger ist.

Durch die Bordüngung wurde eine nennenswerte Ertragserhöhung bewirkt, Verfahren 5 — 4. Ähnliche Gesamtwirkung konnte für die zusätzliche Kalk- und die Molybdändüngung ermittelt werden.

e) Nährstoffgehalt und Nährstoffentzug

Nach unveröffentlichten eigenen Untersuchungen in Übereinstimmung mit BAER (1950) weist die Luzerne im Vergleich zu anderen Futterpflanzen auffallend tiefen Gehalt an Kali, nur leicht tieferen Phosphorsäuregehalt und merkbar höheren Gehalt an Kalk und Magnesium auf, wie dies aus Tab. 164 zu ersehen ist (vgl. auch Tab. 160, S. 478).

Tabelle 164. *Mineralstoffgehalt der Luzerne im Vergleich zu andern Pflanzen vom gleichen Feld*

Untersuchte Pflanzen	(P_2O_5) P	(K_2O) K	(Na_2O) Na	(CaO) Ca	(MgO) Mg	Fe	Mn	Cu	Co
	%					ppm			
Luzerne	(0,65)	(2,26)	(0,085)	(3,28)	(0,423)				
	0,28	1,88	0,063	2,34	0,255	115	36	5,2	0,13
Knaulgras	(0,71)	(2,92)	(0,103)	(0,73)	(0,272)				
	0,31	2,42	0,079	0,52	0,164	100	60	4,6	0,09
ital. Raygras ..	(0,77)	(2,72)	(0,030)	(0,86)	(0,192)				
	0,34	2,26	0,022	0,614	0,116	100	34	2,6	0,11
Löwenzahn ...	(1,14)	(5,51)	(0,140)	(2,29)	(0,645)				
	0,50	4,57	0,106	1,64	0,389	175	36	9,2	0,12

Die Luzerne scheint das Kali im Gegensatz zu Kalk und Magnesium nicht gut aufnehmen zu können, auf Luzernewiesen ist deshalb selbst bei überdurchschnittlich starker Kalidüngung nicht mit besonders hohen Kaligehalten des Futters im Sinne von für die Tiere schädlichem Luxuskonsum zu rechnen. Der in Tab. 164 für Luzerne aufgeführte Gehalt für Kalzium darf als hoch beurteilt werden. Baer (1950) fand in Luzerneproben aus elf verschiedenen Staaten der USA bei einem mittleren Kaligehalt von 1,6% K nur 1,6% Kalzium (1,24 bis 2,56) während der mittlere Magnesiumgehalt zu 0,403% Mg (0,20 bis 1,02%) bestimmt wurde.

An Hand eines Versuches, der weitgehend als Demonstration angelegt war, um zu zeigen, daß weder mit einseitiger Phosphorsäure- noch Kalidüngung das Luzernewachstum begünstigt werden kann, sondern hierfür das Zusammenwirken beider Nährstoffe nötig ist, soll gezeigt werden, wie bei mäßiger Kalidüngung bzw. Kaliversorgung des Bodens die Phosphorsäure-Düngung ungünstig auf die Ausdauer der Luzerne wirkt, wie dies aus Tab. 165 zu ersehen ist (Gisiger 1959).

Tabelle 165. *Luzernedeckungsprozente in einem Phosphorsäure-Kalidüngungsversuch (unveröffentlicht)*

(Mittel von drei Schätzungen)

Jährliche Düngung seit 1956 in kg/ha	Deckungsprozente				Gehalt der Erntetrockensubstanz 1958				1959 Ertrag in q/ha mit 14% H_2O
	1957	1958	1959		P	K	Ca	Mg	
			1. Schnitt	2. Schnitt	%				
0	19	25	10	10	—	—	—		119,5
P_2O_5 90	3	3	3	5	—	—	—		71,5
K_2O 90	55	70	43	38	0,259	0,878	2,385	0,285	155,4
K_2O 180	50	65	67	54	0,223	0,903	2,390	0,326	164,4
K_2O 360	77	85	83	67	0,193	1,725	1,557	0,216	188,8
P_2O_5 90 K_2O 90	30	40	37	35	0,372	0,657	2,564	0,378	145,7
P_2O_5 90 K_2O 180	29	47	37	29	0,351	0,792	2,457	0,326	152,3
P_2O_5 90 K_2O 360	77	82	63	67	0,300	1,417	1,848	0,162	198,6

Nach diesem Versuch wirkte die Phosphorsäuredüngung bei tiefem Kaligehalt depressiv auf die Luzerne, bei 90 kg jährlicher Kalidüngung (K_2O) zeigte die Luzerne deutliche Kalimangelsymptome, diese waren vereinzelt auch bei 180 kg/ha K_2O festzustellen und verschwanden erst restlos bei einer Kaligabe von 360 kg/ha, die zugleich die höchsten Erträge brachte, bemerkenswerter Weise vermochte die zusätzliche Phosphorsäuredüngung erst bei der höchsten Kaligabe die Luzerne nicht mehr nennenswert zu beeinträchtigen. Dabei überrascht die Feststellung, daß der Phosphorsäuregehalt der Luzerne bei den schwächeren Kaligaben ohne Phosphorsäuredüngung weniger als 0,27% P (0,26 und 0,22% P) betrug, Werte die bei relativ niedrigem Kaligehalt von 0,9% K als optimal zu betrachten sind.

Über ungünstige Wirkung erhöhter Phosphorsäuregaben berichten auch Greenwood et al. (1960) aus Versuchen mit Trifolium subterraneum.

In Übereinstimmung mit dem Ergebnis von Bear (1950), wonach 1,4% K in der Luzerne Trockensubstanz ausreicht, um Mangelerscheinungen zu verhüten, konnten wir ein Verschwinden derselben bei Kaligehalten von 1,4 bis 1,7% K in der Trockensubstanz beobachten.

Soll die Luzerne gute Ertragsicherheit und Ausdauer zeigen, dann muß ihr nebst ausreichender Versorgung mit Mikronährstoffen soviel Phosphorsäure und Kali zur Verfügung stehen, daß keine Mangelsymptome auftreten.

Als *hohe* Grenzwerte, bei welchen entsprechende Mangelerscheinungen nicht mehr auftreten, gelten 0,65% P_2O5 = 0,28% P und 2% K_2O = 1,65% K; Bear (1950) erwähnt folgende Gehalte der Trockensubstanz als Grenzwerte für volle Produktion der Luzerne:

Phosphor	0,27% P
Kalium	1,4 % K
Magnesium	0,24% Mg
Mangan	10 ppm Mn
Bor	20 ppm B des Gesamtertrages bzw. 30 ppm B der Blätter.

Im Boden sollte der pH-Wert nicht unter 6,5 fallen. Lawton (1958) bestimmte für Kalium den Wert von 1,5% bei ausreichender Versorgung.

In einem Feldversuch fand Gisiger (1959) die angegebenen Werte für Phosphor und Kalium bestätigt, nicht aber den Wert für Magnesium; er erhielt noch Vollerträge bei einem *Mg-Gehalt* der Luzerne von 0,16% in der Trockensubstanz bei einem Kaliumgehalt von 1,5% K; im gleichen Versuche wurde der *Schwefelgehalt* der Luzernenetrockensubstanz zu 0,12% bestimmt, bei einem S:N in Grammatom von 0,019. Für verschiedene Futterpflanzen wurden vom gleichen Versuchsfeld die folgenden vergleichbaren S:N-Verhältnisse festgestellt bei Düngung mit 180 kg K_2O je ha.

	Kalisalz 60	Kalisulfat	Kalisalz 60	Kalisulfat
			plus 90 kg P_2O_5 in Thomasmehl	
Luzerne	0,019	0,020	0,015	0,020
Knaulgras	0,027	0,054	0,032	0,060
gem. Rispengras	0,040	0,041	—	0,059
wolliges Honiggras	0,041	0,054	0,040	0,060

Baer (1950) gibt für Luzerne aus elf verschiedenen Staaten der USA Gehalte von 0,19 bis 0,4% S an, mit einem Durchschnitt von 0,29% (s. auch S. 461).

Bei mittleren und hohen Trockensubstanzerträgen von 100 q/ha bzw. 150 q/ha ergeben sich die folgenden *minimalen* Nährstoffentzüge (Tab. 166).

Tabelle 166. *Nährstoffentzug durch Luzerne in kg/ha bzw. g/ha*

Trocken-substanz Ertrag	Stickstoff	Phosphor	Kalium	Kalzium	Magnesium	Schwefel	Mn	Cu	Co	Bor	Mo	Zn
	kg/ha						g/ha					
100 q	270	27	140	200	16	10	200	50	1,5	200	3–5	200
150 q	400	40	210	300	24	15	300	75	2	300	4,5–8	300
Gehalte[1] % .	2,7	0,27	1,4	2,0	0,16	0,10	20	5	0,15	20,0	0,3–0,5	20
							ppm					

[1] Ausreichend, um Mangelerscheinungen zu verhüten.

Aus diesen Angaben lassen sich Richtzahlen für die Düngung der Hauptnährstoffe ableiten. Je nach der Fruchtbarkeit des Bodens sind pro Hektare als Ersatz des Entzuges 70 bis 100 kg Phosphorsäure (P_2O_5) und mindestens 200 bis 300 kg Kali (K_2O) notwendig. Wo die Luzerne in der Fruchtfolge auf mehrjährige Ackernutzung des Bodens folgt, wurde er während dieser Periode sowohl durch Stallmist als auch Handelsdünger mit Phosphorsäure und Kali angereichert, so daß der Luzerne auf alle Fälle eine gute Jugendentwicklung gesichert ist. Dennoch ist es sehr empehlenswert, vor Ansaat der Luzerne den Boden auf seine Versorgung mit Phosphorsäure und Kali untersuchen zu lassen.

Wie lange bei guter Kaliversorgung des Bodens der Kalivorrat für Vollerträge ausreicht, wenn nicht mit Kali gedüngt wird, mögen die Ertragszahlen aus Tab. 167 dartun (Gisiger 1959).

Tabelle 167. *Dürrfutter-Erträge mit 14% Wasser in q/ha einer Luzernewiese* (Aussaat Frühjahr 1947)

	1948	1949	1950	1951	1952	1953	1954	1955	1956	1957	1958
ungedüngt	145,5	157,3	181,2	180,5	132,9	150,9	101,9	93,4	77,9	86,8	107,1
90 kg K_2O/ha	151,9	165,2	185,6	186,5	136,5	148,8	115,3	114,2	90,8	108,7	122,3
Kaligehalt des Futters in der Trockensubstanz:											
von ungedüngt,											
erster Schnitt % K_2O .	3,01	3,41	3,20	2,76	2,38	2,18	2,13	2,68	2,34	2,54	
% K...	2,49	2,83	2,66	2,29	1,98	1,81	1,77	2,22	1,94	2,11	
90 kg K_2O/ha gedüngt,											
erster Schnitt % K_2O .	3,13	3,94	3,94	3,28	2,88	2,88	3,15	3,82	3,84	3,96	
% K...	2,60	3,27	3,27	2,72	2,39	2,39	2,16	3,17	3,19	3,29	
Luzerne % des Bestandes:											
ungedüngt	über 70		60	49	53	41	41	21	nicht bestimmt		
90 kg K_2O/ha, gedüngt	über 70		67	43	47	28	28	45	nicht bestimmt		

Anmerkung: Diese ausgesprochene Kalibedürftigkeit gibt eine Erklärung dafür, warum schon im zweiten und dritten Nutzungsjahr die Luzerne unter Umständen für Gülledüngung dankbar ist. Es hängt dies vor allem mit der damit verbundenen beachtlichen Kalizufuhr zusammen.

Bis zum Jahre 1952 überwiegt die Luzerne im Pflanzenbestand, später tritt, vor allem nach 1954, der Luzerneanteil stark zurück, während der Löwenzahn (als Lückenausfüller) zunahm, was sich u. a. auch in einem Anstieg des durchschnittlichen Kaligehaltes zeigt.

Für die Entwicklung und Ausdauer der Luzerne spielt der Kalkhaushalt der Böden eine wesentliche Rolle, wohl können auf Böden mit pH-Zahlen (H_2O Suspension) von 5,6 bis 6,0 recht schöne Luzernebestände erhalten werden, diese sind hier aber wesentlich weniger ausdauernd und leistungsfähig als auf Böden mit besserer Kalkversorgung (vgl. Tab. 160, S. 478). Bei ausreichender Borversorgung zeigt die Luzerne auf gut gesättigten Böden mit kohlensaurem Kalk sehr gute Ausdauer (Gisiger 1954, Bear 1950).

Die Luzerne verträgt die Stickstoffdüngung merkbar besser als der Rotklee, sie wird dadurch auch weniger geschädigt als dieser; in gesunden Beständen kann mit Stickstoffdüngung aber keine Ertragszunahme bewirkt werden; die Stickstoffdüngung ist deshalb zu Luzerne zu unterlassen. Gute Stickstoffversorgung der Böden während der Jugendentwicklung der Luzerne beeinträchtigt den Ansatz und die Bildung leistungsfähiger Wurzelknöllchen. Nach Gäumann (1945) vermögen die Knöllchenbakterien nur dann in ihren Wirtspflanzen Fuß zu fassen, wenn diese ungenügend mit Stickstoff versorgt, also partial unterernährt sind.

Kalkung der sauren Böden führt zu erhöhter Borfestlegung, weshalb nach Zuber (1959) zu Luzerne wegen ihrem relativ hohen Borbedarf, auch wenn die Kalkung längere Zeit zurückliegt, eine Bordüngung in der Menge von 7 bis 10 kg/ha Borsäure oder der doppelten Menge Borax angezeigt ist.

Trockenheit kann bei Luzerne, wie dies ausgesprochenermaßen bei den Rüben in den Jahren 1947, 1949 und 1959 in Erscheinung tritt, den Bormangel verschärfen, wodurch vielfach vorübergehendes Gelbwerden der Pflanzen bedingt wird. Stewart et al. (1956) fanden in vielen Fällen in den Proben, die im Juli geschnitten wurden, weniger Bor als in den Proben der Monate Mai und September. Umgekehrt kann Bormangel die rasche Entwicklung und damit das Tiefenwachstum der Wurzeln hintanhalten, so daß diesen das Wasser aus einem relativ kleinen Bodenvolumen zur Verfügung steht, wodurch die Empfindlichkeit gegen Trockenheit erhöht wird (Bräunlich 1956).

Nach Baker (1956) kann die ausreichende Borversorgung auf Grund der Pflanzenanalyse oder durch Bestimmung des in heißem Wasser löslichen Bors im Boden bestimmt werden. Bei mehr als 20 ppm B in der oberirdischen Trockensubstanz der Luzerne oder über 0,9 bis 1,0 ppm B, in heißem Wasser aus dem Boden löslich, darf mit ausreichender Borversorgung gerechnet werden.

Nach Riehm (1954) verteilt sich der Borgehalt auf die einzelnen Pflanzenorgane der Luzerne wie folgt (Tab. 168):

Tabelle 168. *Borgehalt in ppm der einzelnen Pflanzenorgane der Luzerne* (Untersuchung von Augustenberg 1956)

Pflanzenteil	borreicher Boden 0,81 ppm B	borarmer Boden 0,14 ppm B	Illinois 1942	
			borreicher Boden	borarmer Boden
Wurzeln	15,3	13,8	—	—
untere Stengel	10,5	9,4	16,1	12,1
obere Stengel	19,0	10,5	21,5 }	8,1
Blätter	51,8	12,2	34,3 }	
Blüten	28,7	29,0		
Samenschnecken	26,8	26,4		

Nach dieser Untersuchung weist die Luzerne, auf borreichem Boden gewachsen, in der Wurzel etwa 15 ppm, im unteren Stengel 11 ppm und im oberen Stengel 19 ppm Bor auf, in den Blättern dagegen 52 ppm, während die Blüten und Samenschnecken 27 bis 29 ppm B aufweisen; das Bor ist also besonders in den Blättern angereichert. In den auf borarmem Boden gewachsenen Pflanzen ist aber der Borgehalt in den Blättern gegenüber den übrigen Organen kaum erhöht, während er in den Blüten und Früchten einen gleich hohen Wert erreicht, wie bei den gut mit Bor versorgten Pflanzen. RIEHM schlägt deshalb vor, für die Beurteilung der Borversorgung der Luzerne an Stelle des gesamten oberirdischen Ertrages nur die *Blätter* zu untersuchen, wobei als Grenzwert für ausreichende Borversorgung 30 ppm B vorgeschlagen werden; bei guter Versorgung werden 45 ppm und mehr Bor (bis über 100 ppm) gefunden. Von den untersuchten Luzernesamen enthielten von 44 Proben 80% 12 bis 17 ppm B, 11% 9,7 bis 12 ppm und 9% 17,1 bis 18,3 ppm B.

Nach ausgedehnten Untersuchungen von RIEHM verteilen sich die Böden von Baden bzw. Nordbaden nach dem Borgehalt, bestimmt nach der Heißwassermethode von TRUOG, modifiziert nach BARON (1954) wie folgt:

Tabelle 169. *Borgehalt der Böden in Baden; Gesamtzahl der Proben 7788*

	Anzahl der Böden	Klasse II		Klasse III	Note
Leichte Böden:		über 0,30 ppm B	0,16 bis 0,30 ppm B	bis 0,15 ppm B	
schwere Böden:		über 0,60 ppm B	0,31 bis 0,60 ppm B	bis 0,30 ppm B	
Krume	7617	13,3%	42,7%	44 %	35
Untergrund	171	0 %	4,1%	95,5%	2
Luzernegebiet Nordbaden					
Krume	680	48 %	40,3%	54,9%	25
Untergrund	199	0 %	3,1%	96,9%	1,5

Interessanterweise sind vom ausgesprochenen Luzerneanbaugebiet 55% der untersuchten Böden borbedürftig, während vom übrigen Gebiet der Prozentsatz der stark bedürftigen nur 44% ausmacht. In einer weiteren Untersuchung stieg der Borgehalt der *Luzerneblätter* parallel zum Borgehalt des Bodens, solange jener 30 ppm nicht erreicht; mit gut 50 ppm B in den Blättern und über 0,30 ppm heißwasserlösliches B im Boden scheint eine Sättigung einzutreten. BAKER et al. (1956) stellten keinen Bormangel mehr fest, wenn in leichten Böden 1 ppm und schwereren Böden 0,9 ppm an heißwasserlöslichem Bor gefunden wurde.

Im Gegensatz zum Bor kann *Molybdän* durch Kalkung saurer Böden mobilisiert werden, weshalb Molybdän-Düngung seltener nötig ist. Wo sich eine solche als angezeigt erweist, genügt es, wenn pro Hektare wenige Kilogramm eines löslichen Molybdänsalzes den Düngern beigemischt werden.

Wie empfindlich die Luzerne durch erhöhte Molybdänaufnahme infolge der Kalkzufuhr allein in Thomasmehl reagiert, mögen die folgenden Untersuchungen (Tab. 170) von ZUBER (1959) zeigen.

Tabelle 170. *Einfluß schwacher Kalkzufuhr auf den Molybdängehalt von Luzerne in ppm der Trockensubstanz*

	Bei Düngung mit			
	Kali kg/ha K_2O		Phosphorsäure plus Kali in kg/ha	
	90	180	90[1] + 90	90[1] + 180
Molybdängehalt ..	0,17	0,22	0,37	0,51

[1] In Form von Thomasmehl.

Dieses Ergebnis stimmt mit zahlreichen unveröffentlichten Untersuchungen ganzer Gefäßversuchsreihen mit steigender Kalkdüngung überein.

Wo Erdklee (subterranean clover) Anzeichen von *Zinkmangel* zeigte und im Blütenstadium 10 bis 14 ppm Zn enthielt, war Luzerne anscheinend gesund mit 7 bis 8 ppm Zn; auf behandelten Parzellen enthielt sie 16 bis 26 ppm Zn, was nach RICEMAN (1952) noch unter dem Normalwert liegt. Nach BOAWN et al. (1952) enthalten normale Luzernepflanzen 13,8 ppm Zink, während bei 8 ppm Zinkmangel augenscheinlich wird.

Nach BEAR (1950) verlangt Luzerne nahezu so viel *Schwefel* wie Phosphor, so daß in Gebieten mit geringer Schwefelzufuhr in den Niederschlägen eine besondere Schwefeldüngung oder die Berücksichtigung S-haltiger Dünger angezeigt ist. GISIGER (1960) fand allerdings bei Trockensubstanzerträgen von rund 150 q/ha, bei Gehalten von 0,17% P und 1,6% K nur 0,1% S.

THISDALE et al. (1950) ermittelten in Wasserkultur folgenden Einfluß der Schwefelzufuhr auf die Bildung von Methionin und Cystin der Luzerne.

Tabelle 171. *Gehalt der Luzerne an Methionin und Cystin bei steigender S-Konzentration in der Nährlösung*

SO_4-ionen Konzentration ppm	Methionin %	Cystin %	Schwefel %	Stickstoff %
0	0,153	0,170	0,129	3,66
1	0,151	0,170	0,141	3,74
3	0,157	0,176	0,153	3,50
9	0,167	0,212	0,192	3,52
27	0,187	0,225	0,224	3,50
81	0,173	0,220	0,229	3,50

Wenn auch mit steigendem Schwefelgehalt der Pflanzen von 0,129 bis 0,229% eine Zunahme von Methionin und Cystin festgestellt wird, so darf daraus noch keineswegs geschlossen werden, daß der S-Gehalt von 0,13% für normale Entwicklung der Luzerne nicht ausreiche.

Schwefelmangelgebiete müßten im einzelnen erst noch ermittelt werden. Übrigens fand RENDING (1956) im Roheiweiß der Luzerne durch Schwefelanwendung keine Anreicherung des Methioningehaltes, er fand aber im San Joaquintal (Calif.) eine Verdoppelung des Luzerneertrages bei Anwendung von 224 und 448 kg Gips/ha, wobei von der ersten zur höheren Gipsgabe eine weitere Ertragszunahme stattfand. In einem Düngungsversuch, bei welchem 90 kg Phosphorsäure in Form von Thomasmehl und Superphosphat verwendet wurden, konnte GISIGER (unveröffentlichter Versuch) keine Zunahme des S-Gehaltes des Futters mit vorwiegend Luzerne ab den Parzellen mit Superphosphat feststellen, dagegen fand er eine Zunahme des S-Gehaltes vom ersten zum zweiten zum dritten zum vierten Schnitt und zwar 1948 von 0,12:0,22:0,26 während später gut ausgeglichene Werte anfielen und zwar für alle vier Schnitte 0,16 bis 0,24% S.

Sofern Luzerne nicht auf ausgesprochen manganarmen Böden angebaut wird, kann sie für Vollernten ausreichende Mengen *Mangan* aufnehmen, auch scheint *Magnesiummangel* bei günstiger Kalkversorgung der Böden selten vorzukommen.

Während günstiger Wachstumsperioden kann die Luzerne täglich und pro Hektare bis 150 kg Trockensubstanz produzieren entsprechend einer benötigten minimalen Wassermenge von mindestens 75 m^3.

f) Die Empfehlung für die Düngung

Zusammenfassend ergibt sich als Empfehlung für die Düngung der Luzerne folgendes:

1. Böden mit pH-Zahlen unter 6 sind vor dem Anbau von Luzerne so zu kalken, daß der pH-Wert auf etwa 6,5 ansteigt. Gleichzeitig mit der Kalkung oder vor der Luzernesaat ist eine Boraxdüngung in der Menge von 10 bis 20 kg/ha zu verabfolgen. Auf Böden, die von Natur aus gut mit Kalk versorgt sind, ist eine besondere Bordüngung selten notwendig.

2. Wo keine Angaben über die Phosphorsäure- und Kaliversorgung des Bodens vorliegen (Bodenuntersuchung, bilanzmäßige Betrachtung der bisherigen Düngung), ist eine kräftige Düngung zur Vor- bzw. Deckfrucht angezeigt, und zwar mindestens einer einmaligen Vollernte entsprechend, nämlich pro Hektare gut

40 kg P = 90 kg P_2O_5 in rund 500 kg Thomasmehl oder Superphosphat
200 kg K = 240 kg K_2O in rund 400 kg Kalisalz 60%.

Wurde in der Fruchtfolge Stallmist in größerer Menge verwendet, dann darf mindestens bei der Anlage einer Luzern-Wiese die genannte besondere P.K.-Düngung um den vierten Teil herabgesetzt werden auf 30 kg P und 150 kg K. Sollen der Nährstoffvorrat nicht angegriffen und die Luzerne gute Ausdauer aufweisen, dann ist der Kalidüngung eher größere Beachtung zu schenken als der Phosphorsäuredüngung. Bei guter Ertragsleistung sind dann pro Jahr und Hektare während der ersten 2 bis 4 Nutzungsjahre 40 kg P und 200 kg K erforderlich. Wird später zweimal gegüllt, dann darf die besondere Kalidüngung unterbleiben und die Phosphordüngung auf 20 kg P/ha und Jahr herabgesetzt werden.

3. Impfen der Luzerne ist vor allem für Böden zu empfehlen, die noch nie oder seit mehreren Jahren keine Luzerne getragen haben (GISIGER 1945).

4. Zu starke Düngung der Deckfrucht mit Stickstoff kann den Ansatz leistungsfähiger Wurzelknöllchen beeinträchtigen.

5. Zusätzliche Magnesium-, Mangan- und Schwefeldüngung ist nur in besonderen Fällen nötig, die Schwefeldüngung in Gebieten mit geringen S-Gehalt in den Niederschlägen.

6. Trotz guter Trockenheitsresistenz der Luzerne ist sie während Trockenperioden für Bewässerung dankbar.

7. Leistung und Ausdauer der Luzerne können durch nicht zu häufigen Schnitt mit längeren Intervallen zwischen den einzelnen Schnitten gefördert werden.

Literatur

Albert, W. B.: Amer. Soc. Agron. **19**, 62 (1927), zit. nach Haffter 1959.

Baker, A. S.: Boron fertilization for alfalfa. Agr. Jl. **48**, 564–568 (1956). — Baker, A. S., und R. L. Cook: Need of Boron fertilization for Alfalfa in Michigan. Agr. Jl. **48**, 564–568 (1956). — Baron, H.: Vereinfachte Bestimmung des Bors in Pflanzen. Z. anal. Chem. **143**, 339–349 (1945). — Bear, E.: Alfalfa, its mineral requirement and chemical composition. New Jersey Agric. Exper. Stat. Bull. **748** (1950), reprint. — Bräunlich, K.: Bordüngung zu Luzerne. Mitt. DLG **71**, 134–135 (1956). — Briggs und Shantz, zit. nach Pallmann, H.: Probleme der Düngung in der Landwirtschaft. Schweiz. landw. Mh. **14**, H. 11 (1936). — Bula, R. J., D. Smith und H. J. Hodgson: Cold resistance in alfalfa at two diverse latitudes. Agr. Jl. **48**, 153–156 (1956).

Caputa, J.: Untersuchungen über die Entwicklung einiger Gräser und Kleearten in Reinsaat und Mischung. Diss. Zürich 1948.

Frey, E.: Auswahl der Provenienzen und Sorten der Futterpflanzen. Schweiz. landw. Z. „Die Grüne“ **82**, 689–701 (1954).

Gäumann, E.: Pflanzliche Infektionslehre, S. 335. Basel: Birkhäuser. 1945. — Geering, J.: Lysimeterversuche. Landw. Jb. Schweiz **57**, 107–182 (1943). — Über den Einfluß der Häufigkeit des Wiesenschnittes auf Pflanzenbestand, Nährstoffgehalt und Nährstoffertrag. Landw. Jb. Schweiz **55**, 579–594 (1941). — Gisiger, L.: Voraussetzungen für den erfolgreichen Anbau der Luzerne. Mitt. schweiz. Landw. 8, 65–78 (1960). — Bericht über die Tätigkeit der Eidg. Agr. chem. Versuchsanstalt Liebefeld-Bern der Jahre 1957/58 (1959), Landw. Jb. Schweiz **73**, 371–408 (1959). — Die Schwefeldüngung im Lichte der Ergebnisse neuer Düngungsversuche. Mitt. schweiz. Landw. **10**, 1–9 (1961). — Unveröffentlichte Untersuchungen von Pulver, H.: Eidg. Agr. chem. Versuchsanstalt Liebefeld-Bern. — Graber, L. F.: A century of alfalfa culture in America. Agr. Jl. **42**, 525–533 (1950). — Greenwood, E. A. N., und E. G. Hallsworth: Studies on the nutrition of forage legumes. Plant a. Soil **12**, 97–127 (1960).

Kauter, A.: Der Futterbau, S. 4. Bern: Verbandsdruckerei AG. — Schnittzeit und Schnittzahl auf den Ertrag von Luzerne und Klee. Landw. Jb. Schweiz **60**, 221–249 (1946). — Ertragsleistungen der Ackerteilbrache bei ihrer Ausnutzung für die Kulturproduktion. Landw. Jb. Schweiz **61**, 87–120 (1947). — Die Stellung der Luzerne im schweizerischen Kunstfutterbau. Schweiz. landw. Z. **76**, 34–40 und 75–78 (1948). — Klapp, E.: Ertrags- und Eiweißleistung der Luzerne bei verschiedener Schnitthäufigkeit. Mitt. DLG **48**, 413–415 (1933). — Möglichkeiten und Nachwirkung der Luzerneschnittnutzung. Landw. Jb. **80**, 591–610 (1934). — Könekamp, A.: Der Luzernebau auf leichtem Boden. Arb. des Reichsnährstandes, Bd. 48.

Pallmann, H.: Problem der Düngung in der Landwirtschaft. Schweiz. landw. Mh. **14**, H. 11 (1936), Sonderdruck.

Rending, V. V.: Soil Sci. Soc. Amer. Proc. **20**, 237–240, zit. nach Jordan, H. V.: The role of sulfur in soil fertility. Adv. Agr. **10**, 408–434 (1958). — Riceman, D. S.: Minor element dificiencies and their correction. Bericht vom 6. Grünlandkongreß **1**, 710–715 (1952). — Riehm, H.: Borfrage im Luzernebau. Z. landw. Forsch. 9. Sonderheft 106–112.

Schlechter, G.: Zum Anbauwert der Handelssaaten bei Klee und Luzerne. Saatgutwirtschaft **1959**, 288–290, 321–323, 353–356. — Schulze, E.: Photoperiodische Versuche an mehrjährigen Futterpflanzen. Z. Acker- u. Pflanzenbau **103**, 198–226 (1957). — Stewart, F. B., und J. H. Axley: Seasonal variation in the boron content of alfalfa. Agr. Jl. **48**, 259–261 (1956).

Thisdale et al., zit. nach Jordan H. V. und L. E. Ensminger: The role of sulfur in soil fertility. Adv. Agr. **10**, 408–434 (1958).

Walther, G.: Die Luzerne, 5. Aufl. Essen-Bredeney 1952. — Wette, W.: Über die Wirkung verschiedener Schnitthäufigkeit auf Eiweißbildung, Ausdauer, Wurzelentwicklung, Nährstoffentzug und Düngebedürfnis der Luzerne. Landw. Jb. **91**, 641–672 (1942).

Zuber, R., und A. Hasler: Über die Borbedürftigkeit einiger Futterleguminosen. Mitt. Schweiz. Landw. **7**, 12–16 (1959). — Zuber, R.: Nach nicht veröffentlichten Untersuchungen (1959).

E. Ackerfutterbau

a) Allgemeines

Der Ackerfutterbau hat nach Kauter (1943) in der Fruchtfolge insofern einen festen Platz, als er dazu bestimmt ist, die Teilbrache des Ackers zur Futtergewinnung auszunutzen. Seine Einschaltung ist also möglich nach Aberntung einer Hauptfrucht bis zum Anbau der neuen Kultur. Erfolgt dieser schon im Herbst, dann stehen nur 2 bis 3 Monate Teilbrache zur Verfügung; diese ist wesentlich länger beim Anbau von Sommergetreide und Hackfrüchten als Nachfrucht, nämlich 7 bis 8 Monate. Erfolgt der Zwischenfutterbau nach dem ersten Schnitt einer Wiese, dann stehen bis zum Herbstanbau 4 bis 5 Monate und bis zum Frühjahrsanbau sogar bis 10 Monate zur Verfügung.

Für die Auswahl der Ackerfutterpflanzen spielt in Gebieten mit reichlichen Niederschlägen die Dauer der Teilbrache sowie ihre Lage im Vegetationsjahr die wichtigste Rolle. Daneben sind betriebswirtschaftliche Überlegungen sowie Fragen der Arbeitsverteilung zu berücksichtigen. In Gebieten mit weniger Niederschlägen dürfen Fragen der Wasserversorgung nicht unberücksichtigt bleiben. Gelegentlich wird Ackerfutter auf Äckern mit mißratener Hauptfrucht z. B. nach ausgewintertem oder durch Hagelschlag vernichtetem Getreide oder auf durch Spätfrost zerstörtem Kartoffelfeld angebaut. Hinsichtlich der Bodenbearbeitung kommt man in neuester Zeit im Interesse eines Zeitgewinnes mehr und mehr davon ab, vor der Saat eine Pflugfurche zu ziehen. Es trifft dies besonders für die Stoppelfrüchte zu, wo es sich als ausreichend erweist, den Boden mit Fräse oder Scheibenegge oberflächlich zu lockern. Damit ist der Forderung nach ausreichendem Bodensetzen vor der Saat vollauf Rechnung getragen.

Bei Bemessung der Düngung muß besonders darauf geachtet werden, daß das Ackerfutter als Zwischenfrucht die nachfolgende Hauptfrucht nicht benachteiligt, ferner ob und wie weit das Ackerfutter in der Lage ist, den notwendigen Stickstoff mit Hilfe der Knöllchenbakterien selbst zu beschaffen.

Der Anbau erfolgt gelegentlich als *Untersaat* in die Hauptfrucht, meistens aber als *Stoppelsaat* bzw. Alleinsaat; für einige Kulturen wie Markstammkohl, Kohlrüben, seltener Futterrüben (Runkeln), kommt auch das Auspflanzen der in Saatbeeten vorgezogenen Pflanzen in Frage. Nebst der Futterproduktion kommt dem Zwischenfutterbau große Bedeutung durch Verminderung der Nährstoffauswaschverluste zu (Geering 1943).

b) Raps und Rübsen[1]

(Brassica napus und *Brassica rapa)*

Bei Raps und Rübsen[2] gibt es Sommer- und Winterformen. Vor allem die Winterform wird als Ackerfutter in Reinsaat aber auch als Sprengsaat (in geringem Anteil) in Mischungen sowohl als spätes Herbstfutter als auch frühes Frühjahrsfutter angebaut. Weil die Frühjahrsentwicklung von der Saatzeit abhängt und andererseits das ältere Futter von den Tieren nur ungern aufgenommen wird, ist zeitlich gestaffelte Aussaat sehr zu empfehlen. Aussaaten der Winterformen in

[1] Vgl. auch S. 500, 678 ff.

[2] Botanisch und im Anbau unterscheiden sich diese beiden Pflanzen nur wenig, Rübsen ist in der Färbung etwas heller und in der Jugend behaart, später verwischen sich die Unterschiede.

der ersten Hälfte August lassen im früheren Herbst einen Schnitt zu, ohne daß Gefahr besteht, daß in die Wurzeln für die Winterhärte ungenügend Reservestoffe eingelagert werden. Später Schnitt begünstigt das Auswintern. Rübsen hat die kürzere Wachstumszeit und treibt früher aus als Raps. Als „Frühaufsteher" erlauben beide ein Vorverschieben des Grünfütterungsanfanges um 8 bis 10 Tage.

Es lassen sich relativ leicht Erträge bis 300 q/ha Grünmasse erreichen, sofern auf die Schmackhaftigkeit des Futters nicht zu stark Rücksicht genommen werden muß. Vielfach werden für Rübsen geringere Erträge genannt als für Raps. Diese Feststellung hängt teilweise mit dem früheren Schnitt von Rübsen gegenüber Raps zusammen. Bei zur gleichen Zeit ausgeführtem Frühschnitt weist Rübsen höheren Ertrag auf als Raps, dieser holt aber später stark auf.

In der Praxis dürfen *200 bis 300 q/ha* Grünmasse als mittelstarke Erträge betrachtet werden, die vom Vieh noch gerne aufgenommen werden. Hinsichtlich der Freßlust der Tiere für Raps und Rübsen spielt die Angewöhnung eine wichtige Rolle. Raps und Rübsen lassen sich bis vor der Blüte silieren, beide zählen als schwer gärfähiges Futter (Sicherungszusatz).

Siebert (1939) gibt für verschiedene Winterzwischenfrüchte für Ende April anfangs Mai die folgenden Erträge an:

Futterroggen 300 q/ha Grünmasse mit 40 bis 50 q Trockenmasse
Winterraps 250 q/ha Grünmasse mit 25 bis 30 q Trockenmasse
Winterrübsen 200 q/ha Grünmasse mit 20 bis 25 q Trockenmasse

Vielfach wird von Raps und Rübsen im Herbst ein erster Schnitt geraubt, dadurch wird der Gesamtertrag um 15 bis 20 q Trockensubstanz erhöht.

Nach Gericke et al. (1951) kann bei Lihoraps mit den folgenden Erträgen, Mineralstoffgehalt und Nährstoffentzug gerechnet werden:

Tabelle 172. *Ertrag, Gehalt und Entzug an Pflanzennährstoffen von Lihoraps in verschiedenen Wachstumsstadien*

Schnittzeit	Ertrag q/ha		Gehalt in % der Trockensubstanz				Entzug in kg/ha			
	Grünmasse	TS	N	P	K	Ca	N	P	K	Ca
vor dem Knospen ...	300	30	4,4	0,39	3,85	2,24	132	11,7	115	67
im Knospen ..	300	31,2	4,31	0,40	3,64	2,09	135	12,5	114	65
in der Blüte ..	300	34,5	3,60	0,36	3,39	1,45	124	12,5	134	50

Nach diesen Angaben, viel mehr aber nach Untersuchungen von v. Grünigen (1945) erweist sich Raps asche- und nährstoffreich; mit zunehmendem Alter nimmt der Gehalt aller aufgeführten Nährstoffe ab.

Von Grünigen fand allerdings in Raps und Rübsen von auf phosphorsäurereichem und zweckmäßig mit Kali versorgtem Boden 0,53% P; 2,6% K, 1,7% Ca und 0,21% Mg.

Nach Gericke (1951) liebt Raps schwach saure bis neutrale Reaktion, wie dies die folgenden Zahlen zeigen:

Tabelle 173. *Bodenreaktion und Ertrag von Lihoraps* (nach GERICKE)

pH-Wert	Ertrag in q/ha		Nährstoffgehalt in % der Trockensubstanz			
	Grünmasse	Trocken-substanz	N	P	K	Ca
4,8	150	14,4	5,03	0,45	4,69	1,98
5,2	210	18,9	5,23	0,42	5,05	1,85
5,6	230	24,6	3,79	0,39	3,70	2,16
6,7	300	30,0	4,41	0,39	4,00	2,24
7,5	240	28,3	3,85	0,40	3,91	1,56

Nach diesen Versuchen wurde bei einem pH-Wert des Bodens von 6,7 der höchste Ertrag erhalten, während sich bei pH 7,5 eine empfindliche Ertragseinbuße zeigte.

GISIGER (1951) stellte nach Kalkung des sauren Bodens eine überraschend starke Frostempfindlichkeit des Raps' fest, die auf Bormangel infolge starker Borfestlegung zurückzuführen ist. Die Stengel der Bormangelpflanzen zeigten starke Rißbildung und bei stärkerer Schädigung Abfrieren des Vegetationspunktes (der Knospe). Diese Schäden konnten in Versuchen durch Verwendung von borhaltigem Mergel an Stelle des kohlensauren Kalkes vermieden werden, so daß der Körnerertrag mit steigender Kalkzufuhr in Form von Mergel leicht zunahm. Wird saurer Boden aufgekalkt, so ist eine angemessene Boraxzugabe von 15 (bis 20) kg Borax/ha sehr angezeigt (Tab. 174).

Tabelle 174. *Rapserträge bei steigenden Mergel- und Kalkgaben*

Mergel-Düngung q/ha	Körnerertrag q/ha	Kalk-Düngung q/ha	Körnerertrag q/ha
100	26,5	33,4	25,7
200	25,5	66,8	18,7
600	27,4	200,4	9,0

Die Düngung von Raps und Rübsen

Im Mittel stellen sich die Entzugszahlen von Raps und Rübsen pro Hektar auf 130 kg/ha Stickstoff, gut 12 kg P, 120 kg K und 60 kg Ca.

Wegen der relativ langen Wachstumszeit der Winterformen sind diese imstande, den Stallmist gut auszunutzen. Der ergiebigen Anwendung von Stallmist steht aber die Art der Saatbeetvorbereitung entgegen, indem für Raps und Rübsen oft nur eine Flachfurche gezogen wird, die das sorfältige Einbringen des Mistes nicht ermöglicht. Dagegen kann zu Raps und Rübsen sehr wohl nach dem Herbstschnitt, vor allem aber während des Winters Gülle in größeren Gaben verwendet werden.

Sehr oft erübrigt sich eine besondere Phosphorsäure- und Kali-Düngung, sie ist aber wegen der Raschwüchsigkeit der beiden Kulturen sehr angezeigt in der Menge von 2 kg Superphosphat und 3 kg Kalisalz 40%. Auf Mineralböden ist eine Stickstoffgabe von 40 bis 60 kg Stickstoff pro Hektar sehr zu empfehlen; eine starke Güllengabe macht eine besondere Stickstoffdüngung überflüssig. Bei Frühjahrsnutzung ist die *Stickstoffdüngung* kurz vor Vegetationsbeginn zu geben.

Der rasch wachsende *Lihoraps* (Sommerform) wird vor allem für die Nutzung als Herbstfutter angebaut. Unter günstigen klimatischen Bedingungen kann er Stickstoffgaben bis zu 100 kg N/ha lohnen.

Nach KÖNEKAMP (1942) werden Raps und Rübsen — gilt auch für weißen Senf — vom Vieh nur bis vor Beginn der Blüte aufgenommen; beide Pflanzen eignen sich, während der Blütezeit geschnitten, für die Gärfutter- (Silage-) Bereitung. Wegen der schweren Vergärbarkeit ist ein Sicherungszusatz sehr zu empfehlen. Die ätherischen Öle (Krotonylsenföl) werden während der Vergärung zum großen Teil abgebaut.

c) Ölrettich[1]

(Raphanus oleiferus)

Ölrettich ist nahe verwandt mit dem Speiserettich (*Raphanus sativus*) und eignet sich als krautige Pflanze auch für die Futternutzung. Er ist nicht winterhart, erträgt aber als Sommerpflanze Spätfröste. Ölrettich kann deshalb als Vorfrucht im zeitigen Frühjahr für die Futtergewinnung angesät werden. Sein Anbau erfolgt aber in der gemäßigten Zone zur Hauptsache als Stoppelfrucht in Gemenge zur Gewinnung von Herbstfutter. Ölrettich wird wegen seiner Behaarung vom Vieh weniger gern aufgenommen als Raps.

Weil von Raps, Rübsen und Rettich gerne Geruchstoffe in die Milch übergehen, sollte diese Pflanzen enthaltendes Futter nach Möglichkeit erst nach dem Melken verabfolgt werden.

d) Der weiße Senf

(Sinapis alba)

Der weiße Senf (*Sinapis alba*), der zu Futterzwecken angebaut wird, hat den Namen von den gelblich-weißen Samen, er blüht aber gelb. Er läßt sich ähnlich nutzen wie Raps und Rübsen; das Futter wird aber vom Vieh weniger gern aufgenommen. Der weiße Senf wird vor allem als Stoppelfutter angebaut. Wurde die Vorfrucht ausreichend gedüngt, genügt für den Senf eine kräftige Güllengabe oder aber rund 40 kg Stickstoff pro Hektare in Form eines Handelsdüngers.

e) Buchweizen

(Fagopyrum sagittatum)

Buchweizen wird als Sommerfutterpflanze besonders in südlichen wärmeren Gebieten angebaut, er ist frostempfindlich. Nach STEBLER wird Buchweizen vom Vieh nicht gerne aufgenommen, weiter begünstigt er Durchfall beim Vieh und sollte deshalb nur in Mischung mit anderem Futter verabreicht werden. Für Mischkultur mit Buchweizen eignen sich Hirsearten, Spörgel, Ölrettich und besonders Serradella, Zottelwicken und Inkarnatklee.

Wegen der hohen Kalkaufnahme mit entsprechend weitem P:Ca-Verhältnis in der Pflanzenasche wird dem Buchweizen besonders gutes Aufschlußvermögen für Boden- und Rohphosphate zugeschrieben (VOLKART 1921, vgl. hierzu auch PRJANISCHNIKOW 1923); dem hohen Kalkgehalt entsprechend weist Buchweizen nach SCHARRER et al. (1953) hohen Gehalt an Oxalsäure auf (3,56% der lufttrockenen Substanz gegenüber Klee mit 0,2 bis 0,4%).

---

[1] Vgl. auch S. 489, 708 ff.

f) Wasserrübe (weiße Rübe, Turnips)[1]

(Brassica rapa, var. rapifera)

Die weiße Rübe ist mit Rübsen nahe verwandt und wird meistens als Stoppelfrucht nach Getreide und seltener als Hauptfrucht angebaut; als solche können in England Turnipse bis 15 kg geerntet werden. Sie steht im Nährstoffbedarf dem Raps und Rübsen nahe. Nach STUTZER, zit. nach BECKER-DILLINGEN (1934), kann mit folgendem Gehalt bzw. Entzug an Nährstoffen gerechnet werden (Tab. 175).

Tabelle 175. *Nährstoffentzug von Wasserrüben*

Wasser	Stickstoff N	Phosphorsäure P_2O_5	Kali K_2O	Natron Na_2O	Kalk CaO	Magnesia MgO	Schwefelsäure SO_3	Kieselsäure SiO_2	Chlor Cl
Rübe: % 92	0,18	0,08	0,29	0,06	0,07	0,02	0,07	0,05	0,03
Blätter: % 89,8	0,30	0,09	0,28	0,11	0,39	0,05	0,11	0,01	0,12
Entzug bei									
500 q Ertrag[1]	135	55	190	45[3]	93	18	50	26	33
300 q Ertrag[2]	80	33	115	27	55	11	30	15	20

[1] Als Hauptfrucht.
[2] Als Stoppelfrucht.
[3] Gehalt und damit Entzug an Natron (Na_2O) scheinen etwas hoch.

In guten Jahren kann der Ertrag der Wasserrüben als Stoppelfrucht (Stoppelrübe) an die 500 q/ha Rüben erreichen, so daß zum vornherein mit einem ganz beachtlichen Nährstoffbedarf gerechnet werden muß. Trotzdem vermag die Stoppelrübe vielfach mit einer mäßigen Stickstoffgabe unter Ausnutzung der alten Bodenkraft und der Düngung der Vorfrucht Vollernten zu bringen. Nach KÜPPER (1926), zit. nach BECKER-DILLINGEN (1934), eilt auch bei der Wasserrübe die Nährstoffaufnahme der Pflanzenproduktion voran, somit ist eine gute Nährstoffversorgung der Jungpflanze wichtig und kann erreicht werden durch eine Güllengabe sofort nach der Getreideernte oder aber 30 bis 40 kg Stickstoff pro Hektare in Form eines Stickstoffdüngers, Kalkstickstoff ausgenommen. Auf phosphorsäure- und kaliarmem Boden sind vor der Saat und als Ergänzung zur angegebenen Stickstoffdüngung je 300 kg Superphosphat und Kalisalz (40%ig) zu düngen.

g) Futterroggen[2]

(Secale cereale)

Winterroggen wird ab und zu bei etwas früher und dichter Saat kurz vor dem Schossen als Frühjahrsgrünfutter geschnitten, wobei Grünfuttererträge von 200 bis 300 q/ha erwartet werden dürfen. Er erhält eine ähnliche Düngung wie Winterraps, nämlich Stallmist zum Unterpflügen und während des Winters, wenn möglich vor dem Monat März, eine kräftige Güllengabe von 50 m^3 einer drei- bis vierfach verdünnten kotreichen Gülle. Stehen keine Hofdünger zur Verfügung, dann sind *pro Hektare* je 300 kg Superphosphat oder Thomasmehl und Kalisalz 40% vor der Saat einzueggen und im zeitigen Frühjahr 200 bis 300 kg eines 20%igen

[1] Vergleiche auch S. 448 ff., 489.
[2] Vergleiche auch S. 239 ff., 490.

Stickstoffdüngers zu geben. Im allgemeinen ist Roggen auf Mikronährstoffmangel nicht besonders empfindlich.

Bei frühem und nicht allzu tiefem Grünschnitt ist es möglich, den Roggen nochmals ausschlagen und reif werden zu lassen. Um den Nachwuchs zu fördern, sind kurz nach dem Grünschnitt 200 kg/ha Salpeter zu düngen, dadurch wird der Nachtrieb stark begünstigt.

Nach Beobachtungen in der Praxis erweist sich der Roggen hinsichtlich Manganversorgung von den Getreidearten am genügsamsten.

h) Mais[1]

(Zea mays)

Mais wird heute vom Äquator bis ungefähr 55° nördlicher Breite angebaut. Nach POPOW (1960) ist die einzelne Sorte auf engen Klimabereich beschränkt. Gebiete mit Spät- und Frühfrösten z. B. nördlich der Alpen verlangen frühreife, mehr oder weniger dem Langtag angepaßte Sorten, während in Nordafrika mit langen frostfreien Perioden die großen Erträge mit spätreifen Sorten der Gruppen 700 bis 900[2] erhalten werden. Für den Silomais kommen etwas später reifende Sorten in Frage als für die Körnerproduktion. Im Ackerfutterbau kommt dem Mais dank seiner Raschwüchsigkeit und der Unkraut unterdrückenden Kraft, sowie begünstigt durch die vermehrte Silageherstellung und die Züchtung geeigneter Sorten zunehmende Bedeutung zu. Wegen seiner Frostempfindlichkeit darf er in Mitteleuropa nicht zu früh gesät und nicht zu spät geerntet werden. Die Wachstumszeit bis zur Milchreife beträgt 100 bis *130* Tage. Ohne besonders hohe oder erhöhte Ansprüche zu stellen, erweisen sich die Hybridsorten ertragreicher als die früheren Landsorten. Nach GUTKNECHT (1954) wurden bei 6, 12 und 18 Pflanzen je m² 115,7 q, 131,5 q und 133,5 q/ha Trockensubstanz geerntet mit einem Kolbenteil von 30 bis 47%. Mais folgt meistens auf einen ersten Futterschnitt von Gras oder Winterzwischenfutter.

Grünmais wird dichter (170 bis 200 kg/ha) gesät als Silo-Mais (80 kg/ha), er bringt deshalb trotz kürzerer Wachstumsdauer nur wenig geringere Erträge an Grünmasse, so daß für beide mit annäherungsweise gleichem Nährstoffbedarf gerechnet werden kann. Der Trockensubstanzertrag des Grünmaises erreicht im allgemeinen jenen des Silomaises nur zur Hälfte bis zwei Drittel (Tab. 176).

Tabelle 176. *Nährstoffgehalt und -Entzug von Grün- und Silomais bei guten Erträgen*

	N	P	K	Ca	Mg	S
Gehalt in % der Trockensubstanz	1,5	0,26	1,8	0,6	0,35	0,4
Entzug in kg/ha durch						
80 q/ha Trockensubstanz	120	20	144	48	28	32
120 q/ha Trockensubstanz	180	30	216	72	42	48

(Über Gärfähigkeit s. Angaben S. 502).

Der *Nährstoffentzug* des Maises ist beachtlich hoch; entsprechend sind die Ansprüche an die Nährstoffversorgung bzw. Düngung. Eine gute Basis wird

[1] Vgl. S. 335ff.

[2] Der besseren Übersicht wegen sind die Maissorten nach ihrem Wärmeanspruch in neun Reifegruppen eingeteilt mit den Zahlen 100 bis 900.

geschaffen durch Verwenden von Stallmist. In viehstarken Betrieben werden 500 bis 600 q/ha Stallmist untergepflügt mit 250 bis 300 kg Gesamtstickstoff, in der erstjährigen Wirkung entsprechend 60 bis 75 kg Salpeter-Stickstoff, und weiter etwa 60 P und 250 K, womit der zu erwartende Entzug dieser beiden Nährstoffe gedeckt wäre, wenn die Stallmistnährstoffe des tief untergepflügten Stallmistes zur vollen Wirkung kämen. Weil dies nur in günstigen Fällen zutrifft, ist eine zusätzliche Phosphor- und Kalidüngung in Form und Menge pro Hektare von je 200 kg Superphosphat oder Thomasmehl und Kalisalz sehr zu empfehlen. *Wird kein Stallmist verwendet*, dann ist diese Handelsdüngergabe $2^1/_2$fach bis dreifach zu wählen.

Mais zählt zu den ausgesprochenen Stickstoffzehrern, weshalb *pro Hektare* zur erwähnten Stallmistgabe zusätzlich 40 kg Stickstoff zu verwenden sind.

Bei reduzierter Stallmistgabe ist die zusätzliche Stickstoffdüngung entsprechend zu erhöhen, so daß bei ausschließlicher Handelsdüngerverwendung rund 100 kg Stickstoff zu geben sind. Es ist ratsam, diese Stickstoffdüngung in zwei Gaben zu verabfolgen. Wird in den Mais *Sonnenblume* eingesprengt. so bedingt dies keine Änderung der Düngung (Kauter 1947).

i) Die Sonnenblume

(Helianthus annuus)

Die Sonnenblume ist weniger empfindlich gegen Spätfröste als der Mais, sie *kann* bei Alleinsaat schon im April ausgesät werden. Als Futterpflanze wird sie vorwiegend nur für die Silagebereitung angebaut. Die Aussaat erfolgt anfangs bis Ende Juni. Sie erträgt Trockenheit und gedeiht auf eher trockenen Böden recht gut. Wie beim Mais (s. oben) hat die Düngung auf gute Phosphorsäure- und Kaliversorgung des Bodens zu halten und mit zusätzlicher Stickstoffdüngung (40 bis *60* bis 90 kg N/ha) die Blattentwicklung zu fördern. Dank des weiten Stärke:Eiweißverhältnisses läßt sich das Futter in der Milchreife der Pflanze *ohne* oder nur mit geringem *Sicherungszusatz* silieren, die Bekömmlichkeit des Futters wird durch das gemeinsame Silieren mit Mais verbessert. Um den Eiweißgehalt zu verbessern, ist im Verhältnis 4:1 junges Wiesenfutter beizumischen (vgl. Kauter 1943).

k) Italienisches Raygras

(Lolium multiflorum)

Das italienische Raygras[1] zählt dank seiner Raschwüchsigkeit zu den konkurrenzstarken und, bei richtiger Nährstoffversorgung, ertragreichen Futterpflanzen. Es wird deshalb nicht selten in Reinsaat und vor allem auch in Mischungen von kurzer Dauer angebaut. Im Gehalt an Hauptnährstoffen weicht das italienische Raygras, wie Zürn (1958) in seinen Untersuchungen über den Mineralstoffgehalt von Gräsern zeigt, von den übrigen Gräsern ab, dagegen scheint es das Mangan nicht besonders leicht aufnehmen zu können und ist deshalb auf Böden mit geringer Manganmobilität dankbar für Mangandüngung (Gisiger 1959). Hasler et al. (1957) fanden auf zwei verschiedenen Böden, die durch angepaßte Kalkung auf bestimmte pH-Werte eingestellt wurden, die folgenden Mangangehalte verschiedener Gräser (Tab. 177):

[1] Eine einjährige, sehr raschwüchsige Form ist als Westerwoldisches Weidelgras bekannt.

Tabelle 177. *Mangangehalt in ppm der Trockensubstanz verschiedener Gräserarten auf Böden mit steigenden pH-Werten*

Gräserart	Humusarmer, sandiger Lehmboden pH-Wert des Bodens			Moorboden pH-Wert des Bodens		
	5,5	6,9	7,7	5,2	6,7	7,4
Fioringras	473	253	353	258	110	104
Wiesenfuchsschwanz	258	205	238	99	63	60
Fromental	216	91	156	154	41	44
aufrechte Trespe	274	125	163	141	80	66
Kammgras	215	155	185	178	79	68
Knaulgras	382	176	240	170	55	56
Wiesenschwingel	298	164	200	92	36	53
Rotschwingel	361	256	297	194	99	80
wolliges Honiggras	572	298	359	262	83	66
ital. Raygras	272	122	142	76	34	40
engl. Raygras	280	134	162	90	30	67
Timothe	225	114	134	99	46	48
Wiesenrispengras	175	140	150	74	41	51
Goldhafer	186	81	158	130	54	60

Das italienische Raygras zählt zu den Gräsern mit geringem Mangangehalt, es mag dies mit erschwerter Aufnahme zusammenhängen, jedenfalls zeigt es nach Tab. 148, S. 463 (Klee), auf manganarmem Boden recht günstige Reaktion auf besondere Mangandüngung.

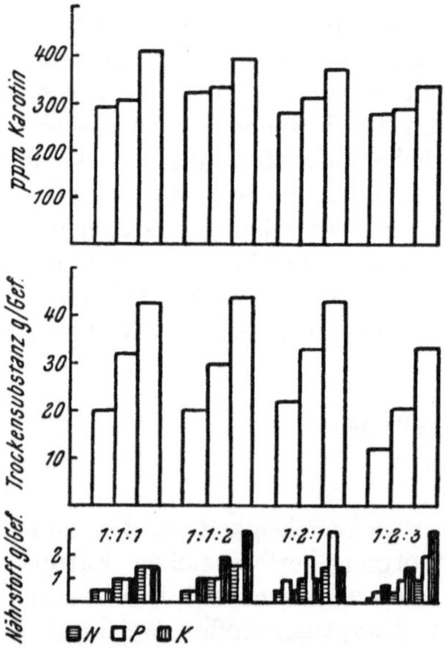

Wegen seiner Raschwüchsigkeit ist das italienische Raygras auf reichliche Nährstoffversorgung angewiesen und lohnt ein- bis dreimalige Güllengaben während der gleichen Vegetationsperiode. Im Reinbestand ist dabei viel weniger zu kalireiches Futter zu befürchten als etwa im Mischbestand mit Löwenzahn und andern Futterkräutern.

Schnetzer (1958) hat im Gefäßversuch den Einfluß verschiedener N:P:K-Verhältnisse auf den Karotingehalt und Trockensubstanzertrag von italienischem Raygras untersucht und fand die folgende Abhängigkeit:

Für die Höhe des Karotinspiegels ist das Stickstoffangebot weitgehend bestimmend, wird nämlich bei gleichbleibender Stickstoffgabe einmal die Phosphorsäure und ein andermal die Kaligabe verdoppelt, dann ist im Karotingehalt praktisch kein Unterschied festzustellen.

Abb. 152. Italienisches Raygras. Karotingehalt und Trockensubstanz-Ertrag in Abhängigkeit von der Düngung

Auf Grund ausgedehnter systematischer Untersuchungen nehmen Dijkshoorn et al. (1960) für *englisches Raygras* ausreichende Schwefelversorgung an, wenn das Verhältnis von S:N in Grammatomen nicht kleiner als 0,027 ist.

Bei der Ansaat ist pro Hektare auf nährstoffarmem Boden eine Krumendüngung von 300 bis 400 kg Thomasmehl und 300 kg Kalisalz 40% zu empfehlen. Handelt es sich um Boden in gutem Düngungszustand, dann darf diese Krumendüngung unterbleiben und es genügt, wenn für den ersten bis dritten Schnitt je 30 bis 45 kg N eines Stickstoffdüngers verabfolgt werden.

Gelegentlich wird vom Landsberger Gemenge nach dem Frühjahrsschnitt das italienische Raygras noch in einem zweiten und dritten Schnitt genutzt. Für gute Erträge des zweiten Schnittes reicht der aus den Wurzeln des Inkarnatklees und der Zottelwicke frei werdende Stickstoff nicht aus und eine besondere Stickstoffdüngung, sofern nicht reichlich gut verdünnte Gülle zur Verfügung steht, erweist sich als notwendig; 30 bis 40 kg Stickstoff pro Hektare.

l) Futter-Sorghum[1]

Futter-Sorghum (Hirse und Sudangras) stellt in seinen verschiedenen Formen nicht besonders hohe Ansprüche an den Boden und die Wasserversorgung. Es ist namentlich bei warmem Wetter und ausreichender Bodenfeuchtigkeit sehr massenwüchsig, es darf aber wegen seiner Empfindlichkeit auf Kälte (Frost) erst im Vorsommer gesät werden. Von Ende Mai bis zum Eintritt der Periode der Frühfröste, Mitte bis Ende September sind nach GUTKNECHT (1943) in Schnitten von 8 bis 10 Wochen Erträge von 300 bis 400 q/ha Grünmasse mit 60 bis 80 q Trockensubstanz und 6 bis 8 q Eiweiß möglich. Diese Angaben werden von MÄRKI et al. (1953) bestätigt.

Wegen des relativ hohen *Blausäuregehaltes* der jungen Pflanzen, der nach SCHIBLICH (1938) mit dem Alter rasch abnimmt und bei beginnendem Rispenschieben ganz verschwindet, ist erst nach dem Schossen zu schneiden. Damit hat man auch die Periode des stärksten Wachstums abgewartet, ohne daß die Pflanze wegen stärkerer Rohfaserbildung und damit „Verholzung“ an Nährwert eingebüßt hätte.

Auf Böden in gutem Düngungszustand darf auf besondere Phosphorsäure- und Kalidüngung verzichtet werden, auf nährstoffarmen Böden sind *pro Hektare* je 300 bis 400 kg Thomasmehl oder Superphosphat und Kalisalz (40%) zu düngen, während in beiden Fällen für jeden Schnitt 30 bis 50 kg Stickstoff in Form eines Handelsdüngers zu verabreichen sind. An Stelle der Stickstoffdüngung kann gegüllt werden.

m) Der Riesenspörgel

(Spergula arvensis)

Der Riesenspörgel zählt trotz seiner anerkannten Anspruchslosigkeit nicht zu den bevorzugten Ackerfutterpflanzen. Er gewann während des Krieges erhöhte Bedeutung. Der Spörgel bringt bei guter Nährstoffversorgung ähnlich hohe Erträge wie Raps oder Gemenge, z. B. Wicken-Gersten-Gemenge mit Raps. Die Anspruchslosigkeit dieser Kultur darf aber nicht so ausgelegt werden, daß es diesen Pflanzen möglich wäre, auf magerem Boden Vollernten zu bringen. Nach MARBURG, zit. nach BECKER-DILLINGEN (1934), ergibt sich z. B. die folgende Aufschlußkraft (Aufnahmevermögen) verschiedener Pflanzen (Tab. 178) verglichen mit Lupine = 100.

Sollen die Erträge von Spörgel befriedigen, dann ist er auf gute Nährstoffversorgung angewiesen, wobei, weil nicht Leguminose, der Stickstoffdüngung überwiegende Bedeutung zukommt. Die Düngergaben sind ähnlich zu wählen, wie für Sudangras.

[1] Vgl. auch S. 353 ff.

Tabelle 178. *Relative Aufschlußkraft verschiedener Pflanzen*

Pflanzen	Lupine	Erbsen	Wicken	Spörgel	Weizen	Roggen
aus Buntsandstein	100	78,9	27,2	11,5	1,7	0,8
aus Basalt	100	95,0	25,3	13,2	9,8	5,4

n) Markstammkohl

(Brassica oleracea var. acephala)

Der Markstammkohl verdient wegen seiner guten Frosthärte besonderes Interesse. Er füllt in Betrieben ohne Silage als spätes Grünfutter eine Lücke. Als Hauptfrucht, früh angebaut, können Grünerträge bis 900 q/ha erhalten werden mit 50 bis 100 q Trockensubstanz, während nach Wahlen (1943) als Nachfrucht nur 300 bis 500 q Grünertrag mit 40 bis 65 q Trockensubstanz erwartet werden dürfen.

Als Vorfrüchte kommen in Frage: Wiesland nach dem ersten Schnitt Frühkartoffeln, Raps und Wintergerste. Für den Nachbau ist der Markstammkohl zu pflanzen; bei günstiger Feuchtigkeit des Bodens erleidet der in Kästen vorgezogene Markstammkohl praktisch keinen Wachstumsunterbruch. Futterkohl stellt, wie alle Kohlarten, hohe Anforderungen an die Nährstoffversorgung des Bodens und die Düngung sowie die Wasserversorgung; er sollte deshalb nur auf düngerkräftigem Boden bei reichlichen Niederschlägen angebaut werden; in diesem Fall ist eine Stickstoffdüngung von 50 bis 60 kg/ha ausreichend. Auf nährstoffarmem Boden ist entweder Mist unterzupflügen oder pro Hektare eine Krumendüngung von 40 bis 60 kg Phosphorsäure und gut 150 kg Kali (K_2O) zusätzlich zur erwähnten Stickstoffmenge einzueggen.

o) Gemenge

Für Gemengesaaten ist es vorteilhaft, Leguminosen mit Nichtleguminosen zu verwenden. Am bekanntesten sind *Wickhafer-* und *Wickgerste-Gemenge* ohne oder mit Rapseinsaat. Als Stoppelfrucht folgen diese Gemenge in der Regel nach gut gedüngten Hauptfrüchten, so daß sich eine besondere Düngung meistens erübrigt. Soll das Herbstfutter im Interesse eines rechtzeitigen Herbstanbaues das Feld früh räumen, dann ist es angezeigt, gleichsam als Starter, das Leguminosen-Gemenge kurz nach der Saat mit 100 bis 150 kg Salpeter pro Hektare zu düngen.

A. Landsbergergemenge

Im Ackerfutterbau gewinnt das Landsbergergemenge dank seiner hohen Leistung zunehmend an Bedeutung. Es wird als Winterzwischenfrucht in den Monaten August bis anfangs September gesät, pro Hektare bestehend aus 30 kg Zottelwicke, 20 kg Inkarnatklee und 15 kg italienisches Raygras. Bei früher Saat ist ein Herbstschnitt ohne Nachteil für die Überwinterung möglich. Den Hauptertrag bringt aber nach Rauber (1956) und Kauter (1948) der Schnitt des folgenden Frühjahrs um Ende April bis Ende Mai mit *150 q bei Frühschnitt* und *300 q Grünmasse bei Spätschnitt* mit 20 bis 60 q Trockenmasse. Das Futter eignet sich zum Silieren (Gärfähigkeit: s. S. 502) und zum Dörren; grün wird es von den Tieren nicht gerne aufgenommen. Das Gemenge stellt hohe

Anforderungen an die Nährstoffversorgung. Das bei niedrigen Temperaturen bei wenig Grad über Null auch während des Winters wachsende Raigras ist auf besondere Stickstoffdüngung angewiesen und kann relativ starke Güllengaben gut ausnutzen. Im späteren Frühjahr, wenn sich der Boden erwärmt hat und erhöhte Tätigkeit der Mikroorganismen ermöglicht, sorgen die beiden Leguminosen für ausreichende Stickstoffversorgung. Aus einem Anbauversuch von GUTKNECHT (1945) auf einem phosphorsäurereichen Boden (Testzahlen in der CO_2-Ausschüttelung über 30 bei einem Grenzwert von 8 für gute Versorgung) und nach starker Güllengabe während der Vegetationsruhe fanden wir die folgenden Gehalte in %:

P 0,55% = 1,25% P_2O_5
K 4,37% = 5,2 % K_2O
Ca 1,29% = 1,8 % CaO und
Mg 0,28% = 0,46% MgO.

RAUHE (1956) fand je nach Versuchsjahr, Schnittzeit und Düngung unterschiedliche Roheiweißgehalte (Tab. 179).

Tabelle 179. *Gehalt an Roheiweiß in Prozent der Trockensubstanz*

Stallmist	ohne N P K				mit N P K			
	Schnittzeit				Schnittzeit			
	früh	mittel	spät	Durchschnitt	früh	mittel	spät	Durchschnitt
Versuchsjahr 1954								
ohne Stallmist	28,5	26,4	23,9	**26,3**	25,5	22,7	21,5	**23,2**
Herbst eingepflügt	29,2	26,7	22,5	**26,1**	27,5	23,4	22,0	**24,3**
Herbst als Kopfdüngung	29,3	27,0	24,5	**26,9**	25,1	22,9	21,9	**23,3**
Versuchsjahr 1955								
ohne Stallmist	18,3	14,4	13,4	**15,4**	16,4	14,0	11,8	**14,1**
Herbst untergepflügt	17,5	14,4	12,1	**14,7**	17,0	14,4	10,8	**14,1**
Herbst als Kopfdüngung	18,6	15,4	14,6	**16,2**	18,1	15,0	12,4	**15,2**

Für große Erträge dürften die für das Jahr 1955 gefundenen Werte gut passen; entsprechend Stickstoffgehalten von 2,2 bis 2,5% der Trockensubstanz. Werden für die Berechnung des Entzuges für Phosphor und Kalium nur zwei Drittel der von uns gefundenen Werte eingesetzt, dann erhalten wir für 30 und 60 q/ha Trockensubstanzertrag die folgenden Entzugszahlen (Tab. 180):

Tabelle 180. *Nährstoffentzug in kg/ha durch Landsbergergemenge*

Trockensubstanzertrag	N	P	K	Ca	Mg
30 q/ha	75	24	90	39	8,4
60 q/ha	150	48	180	78	18,4

Für mittlere Erträge vermag eine Stallmistgabe von 300 q/ha (40 kg P und 220 kg Kalium) den Phosphor- und Kaliumbedarf zu decken, so daß eine zusätzliche PK-Düngung nicht unbedingt nötig wäre. Wenn eine solche dennoch zusätzlich empfohlen wird, so kommt ihr mehr der Charakter als Starter für die junge

Saat zu. Eine zusätzliche Düngung mit rasch wirkendem Stickstoff in Form von Gülle oder *eines* Handelsdüngers (25 bis 40 kg/ha) scheint für die frühe Entwicklung des Raygrases unerläßlich. Dabei ist daran zu denken, daß der Inkarnatklee auf borarmen Böden auf zusätzliche Bordüngung dankbar reagiert (ZUBER et al. 1959).

Hinsichtlich Düngung sind dem Landsbergergemenge gleichzustellen:

Gemenge mit den Saatmengen

{ Zottenwicke 190 kg/ha und { Inkarnatklee 30 kg/ha
{ Roggen 55 kg/ha { ital. Raygras 15 kg/ha

die beide für die Hauptnutzung im Frühjahr angebaut werden.

B. Leguminosen-Getreidegemenge ohne und mit Raps für die Herbstnutzung

Die Wickgetreidegemenge erfreuen sich besonderer Beliebtheit als Stoppelfutter für den Herbst. Als zu verwendende Getreide kommen Hafer, Sommergerste, Sommerroggen und Mais in Frage. Das Getreide dient der Wicke weitgehend als Stütze. Wegen seiner Raschwüchsigkeit wird das Einsprengen von Winterraps empfohlen, wodurch die Saatmenge der übrigen Pflanzen wesentlich reduziert und die Anlagekosten verbilligt werden können. Drillsaat erlaubt gegenüber Breitsaat eine Saatgutersparnis von 10 bis 20%. Nebst dem Wickgemenge kommen noch weitere Gemenge für den Stoppelfutterbau in Frage.

Nach Versuchen von GUTKNECHT (1945) können bei Drillsaat die folgenden Saatmengen in kg/ha empfohlen werden (Tab. 181):

Tabelle 181. *Saatmengen in kg/ha*

Sommerwicken .. 60	60	Sommerwicken . 100	60	Sommerroggen, Hafer oder Gerste 40		Winterraps .. 6	
Mais 30	25	Hafer oder Gerste . 100	60	Winterrübsen... 6		Riesenspörgel ... 8	
Winterraps. 4	4	Winterraps —	5				
Sonnenblumen .. —	3						

An Stelle von Wicke können auch *Erbsen* verwendet werden. Die Wick-Erbsengemenge bleiben aber im Ertrag etwas zurück. Die höchsten Erträge können von den Wickgemengen mit Raps erwartet werden. Nach GUTKNECHT (1945) lassen sich die folgenden vergleichsweisen Angaben machen (Tab. 182):

Tabelle 182. *Mittlere Erträge verschiedener Gemenge*

Wick-Gerste	30—35 q/ha Trockensubstanz
Wick-Hafer und Wick-Roggen	25—30 q/ha Trockensubstanz
Wick-Getreide mit Raps	35—40 q/ha Trockensubstanz
Winterraps-Riesenspörgel	35—40 q/ha Trockensubstanz
Reinsaat von Winterrübsen oder Winterraps ..	25—30 q/ha Trockensubstanz

Wo die Gemenge auf gut gedüngte Vorfrucht folgen, ist eine besondere Phosphorsäure- und Kalidüngung nicht nötig, ganz allgemein wird aber die Stickstoffdüngung empfohlen, und zwar mit der folgenden Begründung:

1. Die zur Ausnutzung der Herbst-Ackerteilbrache angebauten Futterpflanzen verfügen nur über eine kurze Wachstumszeit; Anlagekosten und Risiko sind relativ hoch.

2. Die Wachstumsbedingungen sind infolge der vorgerückten Vegetationszeit nicht mehr besonders günstig. Durch die Verabreichung von raschwirkenden Düngern gilt es, die Anfangsentwicklung zu beschleunigen, ein Umstand, der für die Ertragsbildung von großer Bedeutung ist. (Für das Wachstum zählt ein Tag im Juli 1 bis 3 Tage im August, 2 bis 4 Tage im September und 3 bis 6 Tage im Oktober.)

3. Der Nährstoffvorrat des Bodens soll durch den Anbau von Zwischenfrüchten auf keinen Fall zum Nachteil der nachfolgenden Hauptfrucht beansprucht werden.

Gisiger (1936) fand in verschiedenen Wick-Hafergemengen mit

Saatmengen der Gemische			
75	100	125	150 kg Wicke
200	175	150	125 kg Hafer

gut ausgeglichene Roheiweiß- bzw. Stickstoff- und Mineralstoffgehalte in % der Trockensubstanz:
nämlich: Trockensubstanz-Ertrag: gut 20 q/ha; Roheiweißgehalt 25 bis 31%

$$N = 4{,}8\%, \ P = 0{,}66\%, \ K = 3{,}02\%, \ Ca = 1{,}20\%, \ Mg = 0{,}18\%.$$

Kauter (1949) hat den Einfluß steigender Stickstoffgaben zu verschiedenen Gemengen untersucht und erhielt die folgenden Ergebnisse (Tab. 183):

Tabelle 183. *Mittlere Erträge bzw. Mehrerträge durch Stickstoffdüngung*

Nr. des Gemenges	Gemenge, Saatmenge in kg/ha	Anzahl Versuchs-		Erträge in q/ha		Mehrerträge gegenüber ohne N-Düngung			N-Düngung in kg/ha
						q/ha		kg	
		Orte	Jahre	grün	trocken	grün	trocken	je kg N	
1	Hafer-Sommer-Wicke 90/85	5	3	167	20,1	—	—	—	0
				182	22,0	15	1,9	6,3	30
				201	24,1	34	4,0	6,7	60
2	Hafer-Sommergerste Sommerwicke-Raps 38/40/68/2	5	3	175	23,0	—	—	—	0
				192	24,7	17	1,7	5,7	30
				209	26,6	34	3,6	6,0	60
3	Hafer-Winterrübsen 108/4	5	3	110	15,1	—	—	—	0
				143	18,9	33	3,8	12,7	30
				181	22,1	71	7,0	11,2	60
	Das gleiche	5	1	—	—	126[1]	14,5[1]	16,1	90

[1] Für dieses Versuchsjahr betrugen die Mehrerträge für

	30	60	90 kg N
grün q/ha	27	66	126
trocken q/ha	4,2	8,1	14,5
trocken je kg N: kg	14,0	13,5	16,1

Die Ergebnisse zeigen einmal das Grundsätzliche; die Stickstoffdüngung hatte beim leguminosenfreien Gemenge gut doppelt so starke Wirkung wie im Gemenge mit Leguminosen, ferner erwies sich die Düngung von 60 kg/ha Stickstoff zum leguminosenfreien Gemenge für die Vollernte nicht ausreichend. Wohl trat auch bei den Leguminosen-Gemengen eine Ertragssteigerung ein, diese reichte aber für die Deckung der Düngungskosten nicht oder kaum aus, weshalb größere Stickstoffgaben zu diesen Gemengen nur mit Vorbehalt empfohlen werden können. Dagegen kann eine kleine Stickstoffgabe von 20 bis 30 kg N je Hektare als Starter für die junge Saat verantwortet werden. Kauter weist auch darauf hin, daß durch die Stickstoffdüngung die Wicke zu Gunsten des Rapses zurückgedrängt werde, während das Getreide keine nennenswerte Änderung im Bestand aufweist.

Für das *leguminosenfreie Gemenge* ist die zusätzliche Stickstoffgabe für befriedigende Erträge unerläßlich, wobei Stickstoffmengen von 80 bis 100 kg/ha N in Frage kommen. Diese Empfehlung gilt für alle leguminosenfreien Gemenge, also auch Sommerroggen, Hafer oder Gerste mit Winterrübsen oder Winterraps und Riesenspörgel.

Durch die zusätzliche Stickstoffdüngung wird der Roheiweißgehalt der Trockensubstanz im Gesamtgemenge nur wenig erhöht, dagegen ergibt sich ein beträchtlicher Anstieg im Roheiweißertrag als Folge der Stickstoffdüngung (Tab. 184).

Tabelle 184. *Einfluß der Stickstoffdüngung auf den Ertrag an Roheiweiß in kg/ha* (Mittel von drei Versuchsorten und einem Versuchsjahr)

N-Gabe in kg/ha	Gemenge		
	1[1]	2	3
0	536	499	155
30	585	552	170
60	633	602	290
90	—	—	438

[1] Vgl. Tab. 183, S. 501; nach Kauter 1949.

p) Die Silierbarkeit des Futters

Die für die Gärfutterherstellung in Frage kommenden Futterpflanzen zeigen unterschiedliche Silierbarkeit; diese kann durch Anwelkenlassen stark erhöht werden. Im Folgenden werden zwei Gruppen unterschieden:

die leicht silierbaren verlangen keinen Sicherungszusatz,

die schwer bis sehr schwer silierbaren verlangen einen Sicherungszusatz.

Mit abnehmender Silierbarkeit innerhalb der Gruppe kann nach Wachter, Poelt, Könekamp und Schoch die folgende Einteilung gemacht werden (Tab. 185):

Tabelle 185. *Silierbarkeit von Futterpflanzen*

Gruppe I Leicht silierbare Futterpflanzen	Gruppe II Schwer bis sehr schwer silierbare Futterpflanzen	
Mais siloreif	Grünmais	Wiesen- und junges Weidegras, frisch
Sonnenblumen vor der Reife	Futterrüben	alle Kleearten vor der Blüte
Tobinambur	Raps, Rübsen, Senf	Stoppelklee
Zuckerrübenblätter mit Köpfen	Kohlrübenblätter	Landsbergergemenge
Futterrübenblätter mit Köpfen	Sonnenblumen vor der Blüte	Hülsenfruchtgemenge
saubere Stoppelrüben mit Blättern	Wiesengras angewelkt	Wicken, Erbsen, Peluschken
Grünhirse	Grasklee angewelkt	Wickroggen
	Lupinen nach der Blüte	Serradella
	Kleegras	Luzerne

Literatur

DIJKSHORRN, W., und J. E. M. LAMPE: A method of diagnosting the sulphur nutrition status of herbage. Plant a. Soil **13**, 227–238 (1960).

GEERING, J.: Lysimeterversuche. Landw. Jb. Schweiz **57**, 107–182 (1943). — GERICKE, S., und W. BÄRMANN: Beitrag zur Kenntnis unserer wirtschaftseigenen Futterpflanzen. Z. Pflanzenernähr., Düng., Bodenkde. **54** (99), 201–210 (1951). — GISIGER, L.: Anbau- und Düngungsversuche mit Winterraps. Landw. Jb. Schweiz **51**, 652–667 (1951). — Nach früheren Beobachtungen in der Staatsdomäne Witzwil auf manganarmem Moorboden (unveröffentlicht). — Unveröffentlichte Untersuchungen der Versuchsanstalt Zürich-Oerlikon (1936). — GRÜNIGEN, F. v.: Mineralstoffgehalt des Wiesenfutters und Auftreten von Mangelkrankheiten. Schweiz. landw. Mh. **23**, 297–321 (1945). — GUTKNECHT, H.: Demonstrationsversuche im Ackerfutterbau, Polykopie. 1943. — In: GRÜNINGER, F. v.: Mineralstoffgehalt des Wiesenfutters und Auftreten von Mangelkrankheiten in der Schweiz. Schweiz. landw. Mh. **23**, H. 12 (1945). — Zwischenfutterbau. Diskussionsbeitrag anläßlich der Tagung der Pflanzenbaukommission des SLV vom 23. Januar 1945. Manuskript. — GUTKNECHT, H., und A. GYSEL: Silomaisversuche. Mitt. schweiz. Landw. **2**, 69–79 (1954).

HASLER, A., und H. PULVER: Zur Kenntnis des Mangangehaltes im Wiesenfutter. Landw. Jb. Schweiz **6** (71), 457–472 (1957).

KAUTER, A.: Der Futterbau, S. 4. Bern: Verbandsdruckerei AG. 1943. — Ertragsleistungen der Ackerteilbrache bei ihrer Ausnutzung für die Futterproduktion. Landw. Jb. Schweiz **61**, 87–120 (1947). — Über den Einfluß von Saat- und Schnittzeit auf den Ertrag und die Zusammensetzung des Landsberger-Gemenges. Schweiz. landw. Z. „Die Grüne" **76**, 326, 349, 381 (1948). — Stickstoffdüngungsversuche zu Futtergewächsen der Herbstteilbrache. Landw. Jb. Schweiz **63**, 989–999 (1949). — Die Sonnenblume als Futterpflanze. Schweiz. landw. Z. **71**, 611–614 (1943). — Versuche und Erfahrungen im Anbau von Ackerfutterpflanzen. Schweiz. landw. Z. **69**, 499–515 (1941). — KÖNEKAMP, A.: Die Gewinnung von Gärfutter. Berlin: Parey. 1942. — KÜPPER (1926), zit. nach BECKER-DILLINGEN 1934.

MÄRKI, H., und E. FREY: Zum Anbau von Futtersorghum und Sudangras. Mitt. schweiz. Landw. **1**, 65–72 (1953).

POELT, H.: Mehr und besseres Gärfutter. Bonn-München-Wien: Bayerischer Landwirtschaftsverlag. 1957. — POPOW, G.: Der Stand der Maiszüchtung. Schweiz. landw. Z. „Die Grüne" **88**, 488–499 (1960). — PRJANISCHNIKOW, D. N.: Die Düngerlehre (deutsche Übersetzung). Berlin: Parey. 1923.

RAUHE, K., und N. LEHNE: Untersuchungen über die Wirkung von Stallmist und Mineraldüngung auf Landsberger-Gemenge. Z. Acker- u. Pflanzenbau **102**, 209–226 (1956).

SCHARRER, K., und J. JUNG: Oxalsäure im Futter und Nahrungsmitteln. Landw. Forsch. **5**, 191–201 (1953). — SCHIBLICH, J.: Untersuchungen zur Züchtung von Sudangras und Hirsearten. Landw. Jb. **86**, 372–431 (1938). — SCHNETZER, H. L.: Harmonische Düngung und Karotingehalt in grünen Pflanzen. Mitt. Geb. Lebensmittelunters. Hyg. **49**, 308–403 (1958). — SCHOCH, W., Liebefeld-Bern: Persönliche Mitteilung. — SIEBERT, H.: Der Einfluß von steigenden Stickstoffgaben auf Ertrag und Güte einiger Zwischenfrüchte. Landw. Jb. **87**, 112–156 (1939).

TH., H.: Der Buchweizen. Schweiz. landw. Z. **71**, 790–792 (1943).

VOLKART, A.: Stellung und zukünftige Aufgaben der landwirtschaftl. Untersuchungs- und Versuchsanstalten. Mitt. Ges. schweiz. Landwirte; Sonderdruck aus Nr. 1 (1921).

WACHTER: Gärfutter in festen Behältern, AID Schriften 157, Bundesministerium für Ernährung, Landwirtschaft und Forsten. — WAHLEN, F. T.: Anbauversuche mit verschiedenen Futterkohlarten. Landw. Jb. Schweiz **57**, 631–646 (1943).

ZUBER, R., und A. HASLER: Über die Borbedürftigkeit einiger Futterleguminosen. Mitt. Schweiz. Landw. **7**, 12–16 (1959). — ZUBER, R.: Nach nicht veröffentlichten Untersuchungen (1959). — ZÜRN, F.: Mineralstoffgehalt von Gräserarten und Gräsersorten. Phosphorsäure **18**, Folge 2, 86–98 (1958).

V. Die Düngung der Hülsenfrüchte[1]

Von

H. Rüther

A. Entwicklung und zeitlicher Wachstumsverlauf

Die Hülsenfrüchte (Leguminosen) sind eine Untergruppe der großen Familie der Schmetterlingsblütler (Papilionaceen). In der praktischen Landwirtschaft hat sich ein engerer Begriff herausgebildet, der insbesondere die Arten umfaßt, deren Samen für die menschliche und tierische Ernährung eine große Bedeutung zukommt. So versteht man in der Landwirtschaft unter dem Begriff Hülsenfrüchte vorwiegend die Körnerleguminosen, wie Erbsen, Ackerbohnen, Drusch- und Speisebohnen, Linsen und Platterbsen, also hauptsächlich einjährige Arten mit ihren Sommer- und Winterformen. Ihre gemeinsamen wie ihre Unterscheidungsmerkmale liegen im Bau der Wurzeln, des Sprosses und in den Blättern, Blüten und Samen.

Die Wurzeln unterscheiden sich von den Getreidearten durch die Bildung von Pfahlwurzeln, die sich im Boden verzweigen können. Von der mehr oder weniger deutlich ausgeprägten Hauptwurzel gehen Nebenwurzeln erster und zweiter Ordnung aus, die den Boden seitlich durchziehen. Das Wurzelsystem ist für den Entzug der Nährstoffe in den verschiedenen Bodenschichten und für die Düngung sowie den Wasserhaushalt von entscheidender Bedeutung. Bei Lupinen und Ackerbohnen ist die Hauptwurzel besonders kräftig, bei Wicken, Erbsen und Linsen weniger stark ausgebildet. Bei Phaseolusbohne und Soja sind die Seitenwurzeln stärker ausgeprägt.

Der Tiefgang der Wurzeln ist verschieden. Von ihm hängt die relative Geschwindigkeit des Wachstums der Pflanze ab. Am längsten sind die Wurzeln der blauen Lupine, dann folgen die der gelben Lupine, der Ackerbohne, der Wicke, Erbse und Linse. Das Verhältnis des oberirdischen Ertrages zur Wurzelmasse ist bei der blauen Lupine am größten, dann folgen Wicke und gelbe Lupine.

Auch die für die Entwicklung der Pflanze wichtige Bildung der Knöllchenbakterien *(Bacterium radicicola)* ist bei den Hülsenfrüchten verschieden. Bei den Lupinen sitzen sie hauptsächlich an der Pfahlwurzel, wo sie als knollige Verdickungen zu erkennen sind. Bei anderen Hülsenfrüchten finden sie sich in größerem Umfange an den Nebenwurzeln, wo sie teils einzeln an der Wurzel auftreten, teils aneinandergereiht und gehäuft sind. Bei Erbsen sind sie an jungen Keimpflanzen nach etwa zehn Tagen zu erkennen, bei Lupinen werden sie erst später sichtbar (Konold 1942). Im Verlauf des Wachstums der Pflanze entsteht ein Zusammenleben mit den Bakterien, die imstande sind, freien oder gebundenen Stickstoff zu sammeln. Dieses symbiotische Zusammenleben mit den höheren Pflanzen ist eine Voraussetzung für die Tätigkeit der Knöll-

[1] Vgl. auch S. 472.

chenbakterien. Diese beziehen von der Pflanze die für ihre Entwicklung notwendigen Kohlenstoffe und geben dafür den von ihnen gebundenen Stickstoff an die Pflanze ab. Pflanze und Bakterien ergänzen sich also ernährungsmäßig gegenseitig, wobei nur gesunde Pflanzen in der Lage sind, genügend Bakterien zu bilden.

Die Entwicklung sowie die Tätigkeit der Knöllchenbakterien sind wesentlich von den Lebens- und Wachstumsbedingungen ihrer Wirtspflanzen abhängig. Fehlt es an Nährstoffen wie z. B. an Phosphorsäure, so bleibt die Knöllchenbildung und damit die Stickstoffbindung aus. Die Leguminosen verwerten dann nur den im Boden enthaltenen Stickstoff. Steht ihnen viel Boden- und Düngerstickstoff zur Verfügung, so ist die Knöllchenbildung spärlich und die Stickstoffbindung gering. Ist dagegen wenig Stickstoff verfügbar, so kommt es zu einer reichlichen Ausbildung wirksamer Knöllchen. Die Stickstoffbindung ist daher auf den Sandböden größer als auf Lehmböden. Die zu Leguminosen gegebene Stickstoffdüngung, die zur Überwindung des Hungerstadiums manchmal notwendig ist, ist daher sehr niedrig zu bemessen.

Bei den Knöllchenbakterien unterscheidet man 16 verschiedene Rassen. Diese sind für gewisse Leguminosenarten typisch und können sich nur in gewissen Grenzen vertreten. Für die Entwicklung der Leguminosenknöllchen ist daher Voraussetzung, daß nicht nur die Bakterienart, sondern auch die betreffende Bakterienrasse zugegen ist. Nach Opitz werden folgende Gruppen unterschieden:

1. Erbsengruppe: Saat- und Felderbse, Ackerbohne, Wicke, Linse;
2. Kleegruppe: sämtliche zur Gattung Trifolium gehörige Arten;
3. Lupinengruppe: Lupinen, Serradella;
4. Medicagogruppe: Luzerne, Steinklee;
5. Fisolengruppe: Garten- und Feuerbohne;
6. Sojagruppe: Sojabohne.

Die Leguminosenbakterien fehlen im Boden stets dann, wenn die betreffende Leguminosenart noch nicht angebaut war. Eine Impfung des Bodens ist daher beim Anbau einer neuen Leguminosenpflanze notwendig. Hierzu dienen die verschiedenen Präparate (Azotogen, Natragin, Sojarin). Für die Leistung der Leguminosenbakterien kann als Richtzahl 100 kg N je ha angenommen werden (Roemer-Scheffer 1944).

Der Sproß ist bei den einzelnen Leguminosen verschieden an Zahl, Höhe und Verzweigung. Pferdebohnen, Sojabohnen und Lupinen sind aufrechtstehend. Trotz der Verzweigung ist die Hauptachse deutlich erkennbar. Bei Pferdebohnen, Erbsen und Platterbsen geht die Nebensproßbildung meist von der Basis aus. Bei den Sojabohnen erfolgt die Achsenbildung längs des ganzen Hauptsprosses. Lupinen haben einen stufenartigen Sproßaufbau, hauptsächlich im oberen Teil der Hauptachse. Bei Wicken, Linsen und einigen Platterbsen setzt die Verzweigung bereits in den untersten Winkeln der Niederblätter ein. Die Verzweigung ist oft so stark, daß die Pflanzen ein buschiges Aussehen bekommen. Bei Erbsen, Platterbsen und Wicken kann die Hauptachse von den Nebenachsen überwachsen werden.

Die Blätter sind bei den Wickenarten gefiedert, bei den Lupinen fingerförmig angeordnet, bei der Sojabohne dreiteilig. Erbsen, Wicken, Platterbsen und Linsen sind mit Ranken versehen, die aber erst im Laufe der Jugendentwicklung gebildet werden, während die Blätter der Keimpflanzen rankenlos sind.

Der Aufbau der Blüte ist für die Zugehörigkeit der Leguminosen zur Familie der Schmetterlingsblütler kennzeichnend. Trennungsmerkmale ergeben sich in der Form und Blütenfarbe.

Typisch für die Hülsenfrüchte ist die fortgesetzte Tendenz zur Blütenbildung. Erbsen, Ackerbohnen, Lupinen, Wicken und Platterbsen blühen erst im Verlauf einer längeren Zeitperiode ab. In einem Feldbestand sind daher namentlich bei lange anhaltender feuchter Witterung neben reifen und halbreifen Hülsen Blüten in allen Entwicklungsstadien anzutreffen. Von Beginn der Blüte bis zur Hauptblütezeit nimmt die Zahl der aufgehenden Blüten rasch zu, während der Anteil des täglichen Ansatzes regelmäßig abnimmt. Im Augenblick des stärksten Aufblühens fehlt es anscheinend an Nährstoffen für einen größeren Hülsenansatz. Erst nach der Hauptblütezeit und geringerer täglicher Blütezahl steigt der Anteil des Ansatzes wieder an. Bei Erbsen, Platterbsen und Wicken beträgt der Hülsenansatz etwa 15%, bei Lupinen und Ackerbohnen etwa 20% der aufgegangenen Blüten. Die Hülsen erreichen vom Zeitpunkt des Aufblühens gerechnet in 20 bis 30 Tagen ihre vollständige Länge. Der tägliche Zuwachs beträgt etwa 2 bis 4 mm.

Der Entwicklungsrhythmus der Hülsenfrüchte weist große Unterschiede auf. Bei der Ackerbohne, der Erbse, Saatwicke, Platterbse und Feuerbohne bleiben die Keimlappen unter der Erdoberfläche, bei Soja, Buschbohne und Lupinen werden dagegen die Keimblätter durch ein hypokotyles Stengelglied über die Erdoberfläche emporgehoben. Nach Erscheinen der ersten Laubblätter tritt oft eine Wachstumsstockung ein, die Pflanzen machen einen kümmerlichen Eindruck und werden gelblich. In diesem Entwicklungsstadium durchlaufen viele Körnerleguminosen ein Hungerstadium, das durch Stickstoffmangel verursacht wird.

Die gelben Süßlupinen bilden nach verhältnismäßig schnellem Aufgang — sofern ihnen genügend Feuchtigkeit zur Verfügung steht — aus den ersten Blättern eine Rosette, die zunächst fest am Boden angeschmiegt bleibt. Das Streckenwachstum setzt dann erst drei bis vier Wochen danach ein. Eine vorverlegte Aussaat verlängert den Zustand der Blattrosette, so daß dadurch keine wesentliche Beschleunigung des Höhenwachstums erreicht wird. Dagegen ist infolge der längeren Aufnahmezeit für Nährstoffe eine etwas frühere Reife und ein größerer Kornertrag zu erwarten (HACKBARTH 1945).

Bei *Lupinus angustifolius* ist gegenüber *Lupinus luteus* eine schnellere Schoßbereitschaft und ein rascheres Wachstum in der Jugendzeit festzustellen (TROLL 1951). Bei Aussaat Ende März setzt das Streckenwachstum etwa Anfang Juni, der Zustand der Reife Mitte Juli ein.

Eine um etwa vier Wochen längere Wachstumszeit beansprucht die weiße Lupine *(Lupinus albus)*, deren Reife auch bei frühester Aussaat nicht vor Mitte August zu erwarten ist (RÜTHER). In Lauchstädt sind im langjährigen Anbau folgende Durchschnittsdaten der verschiedenen Vegetationsabschnitte festgestellt worden (Tab. 186):

Tabelle 186

	Tage von				
	Aussaat bis Aufgang	Aufgang bis Blühbeginn	Aufgang bis Hülsenansatz	Blühdauer	Aufgang bis Reife
Lupinus luteus	19	56	66	18	114
Lupinus angustifolius	18	57	68	22	116
Lupinus albus	20	44	56	38	150
Trockenspeiseerbsen	19	48	53	22	89
Ackerbohnen	21	47	60	22	112
Sommerwicken	17	61	68	19	104
Sojabohnen	18	56	67	16	137

B. Nährstoffaufnahme in Abhängigkeit vom Wachstumsverlauf

In der Nährstoffaufnahme unterscheiden sich die Hülsenfrüchte von den Gramineen und Hackfrüchten insbesondere durch ihr Vermögen, den notwendigen Stickstoff aus der Luft mittels der Knöllchenbakterien selbst zu beschaffen. Da sich diese Bakterien aber erst im Verlauf der Jugendentwicklung bilden, sind die jungen Pflänzchen zunächst auf den Bodenstickstoff angewiesen. Da manche Hülsenfrüchte, wie z. B. die gelben Lupinen, die vorwiegend zur Bodenverbesserung auf leichten Böden mit geringem Stickstoffvorrat angebaut werden, diesen Bodenstickstoff nicht vorfinden, sind diese Böden mit einer kleinen N-Gabe, die auch als Startstickstoffgabe bezeichnet wird, zu versehen. Diese Gabe darf aber keinesfalls zu groß bemessen werden, da sonst die Knöllchenbildung geschwächt wird. Beim Fehlen einer Stallmistdüngung oder nach einer N-zehrenden Vorfrucht muß auf diesen Böden dem N-Bedarf der jungen Pflanzen durch Gaben von 10 bis 20 kg/ha Reinstickstoff Rechnung getragen werden. Neben den allgemeinen Regeln der Stoffaufnahme der Pflanze sind unter praktischen Verhältnissen noch verschiedene Umstände zu berücksichtigen, die in der jeweiligen Eigenart der Pflanze selbst liegen und auf die Nährstoffaufnahme aus dem Boden zurückwirken. So wird die Nährstoffaufnahme durch den Entwicklungszustand der Pflanze und den dadurch bedingten Verbrauch an einzelnen Ionen stark beeinflußt. Die jungen Leguminosen haben einen besonders großen Bedarf an Stickstoff, Phosphorsäure und Kali, da diese Nährstoffe mit Ausnahme des Kalis zum erheblichen Teil rasch aus ihren Salzionen in organische Bindungen überführt werden. Erst dann, wenn das vegetative System der Pflanzen, besonders die Blätter, voll entwickelt ist, setzt eine gesteigerte Produktion organischer Stoffe infolge der Photosynthese ein. Junge Pflanzen sind daher immer reicher an mineralischer Substanz und an Stickstoff als ältere. Der pflanzliche Organismus bringt zunächst mit Hilfe der Bodennährstoffe den Apparat für seinen wichtigsten Stoffwechselvorgang, *die Photosynthese*, auf höchste Leistungsfähigkeit, von welcher der Ernteertrag abhängt.

Aber auch das Wurzelsystem wirkt sich auf die Nährstoffaufnahme aus dem Boden aus. Die Aufnahme von Wasser und von Bodennährstoffen durch die Pflanzen ist auf die Wurzelhaarzellen unmittelbar hinter den Wurzelspitzen beschränkt. Je größer das Wurzelsystem ist, um so größer ist in der Regel auch die aus der gleichen Menge des durchwurzelten Bodens aufgenommene Menge an Nährstoffen. Das gilt ganz besonders für die Hülsenfrüchte, deren Wurzeln sehr tief in den Boden gehen, wie bei den Lupinen, Ackerbohnen und Erbsen. Durch das den Hülsenfrüchten eigene Vermögen, mittels ihrer Wurzeln auf die Nährstoffe des Bodens besonders stark lösend zu wirken, sind sie imstande, den Phosphorsäure- und Kalivorrat des Bodens viel stärker auszunutzen als andere Pflanzen. Trotzdem sind Phosphat- und Kalidüngung zu geben, diese besonders bei Konservenerbsen, weil dadurch infolge Zurückdrängung des Kalkgehalts die Schalen weicher werden. Bohnen und Erbsen verlangen einen Boden in gutem Kalkzustand, hingegen sind gelbe und blaue Lupinen kalkfeindliche Pflanzen, die auf kalkhaltigen Böden leicht an Chlorose erkranken (Schmalfuss 1955).

Den stärksten Bedarf an Nährstoffen haben die Hülsenfrüchte mit beginnendem Höhenwachstum und fortschreitender Blattentwicklung. Remy gibt für die Erbse einen Monatsbedarf an Nährstoffen an, und zwar für Mai an N= =20 kg/ha, für Juni=63 kg/ha und Juli=88 kg/ha, an K_2O für Mai=27 kg/ha, für Juni = 31 kg/ha und Juli = 32 kg/ha, an P_2O_5 für Mai = 4 kg/ha, für Juni = = 12 kg/ha und Juli = 34 kg/ha.

Wenn aus diesen Zahlen auch hervorgeht, daß der Nährstoffbedarf mit fortschreitender Entwicklung der Pflanzen größer wird, kann dem bei der Düngung insofern nicht entsprochen werden, als kontinuierliche, dem Bedürfnis der Pflanze entsprechende Gaben schon aus betriebswirtschaftlichen Erwägungen nicht in Frage kommen. Es muß aber der gesamte Bedarf an N, K_2O und P_2O_5 bereits vor der Saat erfolgen, so daß die Pflanze in der Lage ist, die benötigten Nährstoffmengen laufend dem Boden zu entnehmen.

C. Durchschnittliche Erträge und Nährstoffentzugszahlen

Der Bedarf der einzelnen Pflanzen an den wichtigsten Nährstoffen wird dadurch ermittelt, daß man der Berechnung einen mittleren Gehalt der Pflanze an einem bestimmten Nährstoff und ein durchschnittliches Erntegewicht je Hektar zugrunde legt. Auf diese Weise sind die verschiedenen Angaben über den Nährstoffentzug gewonnen (Tab. 187):

Tabelle 187. *Der Nährstoffentzug der Körnerhülsenfrüchte* (nach Scheibe 1953)

	Ernte dz/ha		Nährstoffentzug			in kg/ha CaO
	Körner	Stroh	N	P_2O_5	K_2O	
Ackerbohne	24	38	155	48	120	95
Erbse	24	36	140	35	72	75
Buschbohne	18	16	165	70	137	140
Sojabohne	18	16	157	65	112	128
Saatwicke	18	28	116	30	58	75
Gelblupine	16	28	120	32	75	42
Linse	10	13	75	20	25	38

Der Nährstoffentzug und damit der Nährstoffbedarf ist insbesondere für Stickstoff sehr hoch und entspricht etwa dem einer guten Hackfruchternte. Auch der Kalkbedarf einiger Hülsenfrüchte übersteigt den der Getreidearten ganz wesentlich. Dasselbe gilt für den Kali- und Phosphorsäurebedarf. Ganz allgemein muß der Nährstoffbedarf der Körnerleguminosen als sehr hoch bezeichnet werden.

Die in Tab. 187 aufgeführten Erntezahlen sind Durchschnittswerte, die in langjährigem Anbau festgestellt wurden. Gerade bei den Hülsenfrüchten muß mit großen Ertragsschwankungen gerechnet werden, da sie mehr als andere Kulturen auf Witterungseinflüsse reagieren und stärker als diese von tierischen und pflanzlichen Schädlingen heimgesucht werden. Die Ernte- und Nährwerterträge (ohne Höchstwerte) in dz/ha gehen aus Tab. 188 hervor (Scheibe 1953).

Die Ackerbohne wird zur Körnergewinnung sowohl in Reinsaat als auch im Gemisch mit Hafer angebaut, wobei den kleinkörnigen Sorten der Vorzug (geringerer Saatgutbedarf) gegeben wird. Im versuchsmäßigen Anbau sind im sechsjährigen Durchschnitt (1953 bis 1958) vom Institut für Acker- und Pflanzenbau der Universität Halle 30,3 dz/ha Körner und 49,6 dz/ha Stroh geerntet worden. In der Außenstelle Vollenschier des Instituts für Versuchswesen in Lauchstädt wurden im Jahre 1955 von der „Kleinen Thüringer" sogar Spitzenerträge von 46,3 dz/ha Körner erzielt.

Obwohl die in den letzten Jahren herausgekommenen Neuzüchtungen der *Trockenspeiseerbsen* sowohl ertraglich höher liegen als auch qualitative Vorzüge gegenüber den bisherigen Sorten aufzuweisen haben, muß — wenigstens in Mitteldeutschland — die Tendenz festgestellt werden, den Erbsenanbau einzuschränken. Teils ist dieser Anbaurückgang auf die starken Ertragsschwankungen zurückzuführen, teils auf erhöhte Ernteschwierigkeiten und Kräftemangel. Im 27jährigen Anbau (1900 bis 1926)betrugen beispielsweise die Ertragsschwankungen 23,6% bei einem Durchschnittsertrag von 20,2 dz/ha Erbsen verschiedener Sorten. Nach neueren Ertragsfeststellungen der Sortengruppe Viktoriaerbsen wurden bei einem Durchschnittsertrag von 24,7 dz/ha Schwankungen von 36,3% errechnet.

Tabelle 188. *Ernte- und Nährwerterträge*

Frucht	Körner	Stroh	verd. Rohprotein	Stärkewert
Ackerbohne	10—34	22—70	6,9	26,3
Erbse	12—32	18—50	5,7	21,3
Buschbohne	12—24	13—25	5,0	16,5
Sojabohne	10—20	12—30	5,5	18,5
Saatwicke	14—22	20—34	5,6	21,3
Linse	8—16	6—14	3,1	8,8
Gelblupine	10—24	20—44	6,9	18,7
Blaulupine	11—25	14—36	5,5	18,0
Weißlupine	16—34	24—60	9,1	26,5
Saatplatterbse	12—20	18—32	5,0	20,8
Kichererbse	8—24	12—30	3,8	21,2

Wo der Anbau der Trockenspeiseerbse unsicher wurde, soll nach OBERDORF (1954) *die Buschbohne* an ihre Stelle treten, die neben sicheren und höheren Erträgen den Vorteil der geringeren Empfindlichkeit gegen Trockenheit besitzt. Im Mittel von 56 Anbauversuchen der Jahre 1951 bis 1957 wurden nach Angaben der Zentralstelle für Sortenwesen, Zweigstelle Biendorf, 21,8 dz/ha Körner erzielt.

Trotz langjähriger Bestrebungen, die *Sojabohne* auch in Deutschland heimisch zu machen, ist es mehr oder weniger bei Anbauversuchen geblieben. Der in Tab. 188 angegebene Durchschnittsertrag wurde in den letzten Jahren unter mitteldeutschen Verhältnissen nicht erreicht. Auf mildem Lößlehmboden wurden in neunjährigem Versuchsanbau in Lauchstädt (1948 bis 1956) im Mittel von drei Sorten 9,7 dz/ha Korn und 54,5 dz Stroh geerntet. In Bernburg (OBERDORF) brachte die in Reinsaat angebaute Soja einen Durchschnittsertrag von 10,7 dz/ha und die auf den Gütern der Universität Halle (KÖNNECKE) angebauten Sorten im achtjährigen Durchschnitt 9,84 dz/ha Körner. SCHNEPF schätzt den Kornertrag im Feldanbau unter günstigen Bedingungen auf 12 bis 16 dz/ha und den Strohertrag auf 16 bis 30 dz/ha.

Auch die Erträge der Wicken und Platterbsen sind im praktischen Anbau meist niedriger als die in der Literatur angeführten Zahlen. In elfjährigen Anbauversuchen wurden in Lauchstädt die in Tab. 189 dargestellten Ergebnisse erzielt.

Tabelle 189. *Anbauversuch Lauchstädt*

	Korn dz/ha	Stroh dz/ha
von der Saatwicke (*V. sativa*)	17,2	31,4
von der Winterwicke (*V. villosa*)	5—7	40—60
von der Platterbse (*Lathyrus sativus*)	6,5	27,1

Dagegen liegen die in Lauchstädt auf humosem Lehmboden (Lößlehm) erzielten Erträge an Linsen in den Jahren 1948 bis 1950 mit durchschnittlich 12,9 dz/ha Körnern und 28,8 dz/ha Stroh erheblich höher.

Lupinen. Die verschiedenen Lupinenarten stellen verschiedene Ansprüche an den Boden und seine Nährstoffe. Die gelbe Lupine (*L. luteus*) verlangt einen Boden mit saurer Reaktion bzw. schwacher Pufferung, die blaue und die weiße sind weniger kalkempfindlich. Deshalb wird bei Vergleichen der drei Arten auf demselben Versuchsfeld die eine oder andere Art stets benachteiligt. In elfjährigen (1948 bis 1958) Anbauversuchen in Lauchstädt und seinen Außenstellen sind von den drei Arten durchschnittlich folgende Erträge erzielt worden, wobei allerdings bei *Lupinus albus* nicht in allen Jahren die vollständige Körnerreife abgewartet werden konnte (Tab. 190).

Tabelle 190. *Anbauversuch Lauchstädt*

	Korn dz/ha	Stroh dz/ha
Lupinus luteus	14,6	50,5
Lupinus angustifolius	13,0	37,7
Lupinus albus	24,2	63,5

D. Wasserbedarf

Die geringe Anpassungsfähigkeit mancher Hülsenfrüchte bringt es mit sich, daß ihre großen Vorzüge nicht genügend genutzt werden können, weil sie zu wenig widerstandsfähig gegen die Schwankungen der Witterung sind. Dies bedingt das große Risiko in ihrem Anbau. Die Samen der Hülsenfrüchte haben einen verhältnismäßig hohen Keimwasserbedarf. Nach Haberland beträgt die Wasseraufnahme, bezogen auf das Samenaufgangsgewicht, bis zum Keimbeginn bei:

Kichererbse	75,7%	Sojabohne	107,0%
Pferdebohne	88,3%	Helmbohne	112,6%
Buschbohne	94,9%	Gelbe Lupine	116,0%
Erbse	98,5%	Weiße Lupine	118,0%
Linse	99,0%	Platterbse	126,0%

Unter den Hülsenfrüchten hat die Erbse den geringsten Wasserverbrauch. Sie liebt ein ausgeglichenes regenarmes Klima; in niederschlagsreichen Gebieten entsteht durch Lagerbildung Fäulnis der unteren Stengelteile und der dort angesetzten Hülsen. Das Klima kann um so feuchter sein, je trockener und leichter der Boden ist und umgekehrt. Der Transpirationsquotient der Erbse ist nach Hellriegel 273, d. h. zur Erzeugung von 1 kg Erbsentrockenmasse sind im Laufe einer Wachstumsperiode 273 kg Wasser erforderlich.

Die für den Wasserfaktor bei Erbse, Saatwicke und Ackerbohne kritische Periode liegt zur Zeit der Blüte. Dies ist deshalb der günstigste Zeitpunkt für die Beregnung, weil dadurch die Zahl der Blüten und Hülsen erhöht wird und die Zahl der Körner je Hülse gesteigert wird. Besonders günstig reagiert die Ackerbohne auf relativ kleine Beregnungsgaben, wie die Versuche von Brouwer (1949) zeigen (Tab. 191):

Derselbe Verfasser erzielte auf diese Weise in Beregnungsversuchen mit verschiedenen Hülsenfrüchten einen erstaunlichen Mehrertrag, wenn die übrigen Faktoren (Nährstoffe) in ausreichendem Maße vorhanden waren.

Tabelle 191. *Beregnung und Blütenzahl*

	1947		1948	
	nicht beregnet	beregnet	nicht beregnet	beregnet
Gesamtblütenzahl je Pflanze ..	45,20	94,05	31,90	55,20
Hülsenzahl je Pflanze	5,70	10,35	5,40	7,20
Kornzahl je Pflanze	16,70	32,50	10,90	19,90
Korngewicht je Pflanze	7,30	15,10	5,10	9,60

Körner-Mehrertrag in dz/ha von „beregnet“ gegenüber „unberegnet“ (Tab. 192):

Tabelle 192. *Beregnung und Ertrag*

	1941	1942	1943	1944
bei Peragis Felderbsen	8,50	8,40	5,60	9,81
Friedrichswerther Ackerbohnen	17,50	10,50	—	10,57
Ettersberger Saatwicke	6,50	5,25	7,55	11,32

Besonders die *Ackerbohne* stellt hohe Ansprüche an die Feuchtigkeit. Sie bevorzugt die niederschlagsreichen und luftfeuchten Lagen und die Böden mit großer wasserhaltender Kraft. Das Küstenklima und die Vorgebirgslagen sagen ihr am besten zu. Unter allen Hülsenfrüchten hat sie den höchsten Wasserbedarf.

Bei den *Lupinen* muß man auch hinsichtlich des Wasserbedarfs zwischen drei Arten unterscheiden. Den größten Wasserbedarf haben die blaue und die weiße Lupine. Obwohl alle drei Arten über ein tiefgehendes Wurzelnetz verfügen und ihren Wasserbedarf zum Teil auch aus dem Untergrund decken können, können sie auf eine genügende Wasserzufuhr durch Regen oder Luftfeuchtigkeit nicht verzichten. Besonders während der Blüte ist die blaue Lupine gegen Trockenheit empfindlich. Ihr Anbau ist am sichersten in Küstengebieten, während sie im mitteldeutschen Trockengebiet häufig aus Wassermangel versagt.

Dagegen kann die weiße Lupine auch unter mitteldeutschen Verhältnissen mit Erfolg angebaut werden, da sie weniger Feuchtigkeit benötigt als die blaue Lupine.

Am anspruchslosesten ist die gelbe Lupine, die noch auf leichtestem Boden wächst und dort als Pionierpflanze gilt, sofern ihr im Laufe der Wachstumszeit nur die notwendigsten Feuchtigkeitsmengen zur Verfügung stehen.

Die Phaseolusbohne gedeiht am besten auf leicht erwärmbaren Böden mit guter Wasserführung. Sie ist ziemlich trockenheitswiderstandsfähig. Bei übermäßiger Feuchtigkeit leidet sie nicht nur unter Wachstumsstörungen, sondern häufig auch unter Pilzbefall. Sie ähnelt in ihren Ansprüchen an die Feuchtigkeit sehr der *Sojabohne*, die zur Zeit ihrer Blüte für höhere Luftfeuchtigkeit dankbar ist, im allgemeinen aber trockene Lagen bevorzugt und dank ihrer Behaarung, die die Wasserverdunstung durch die Blätter vermindert, nicht zu lange Trockenperioden gut zu überstehen vermag. Zu feuchte Böden fördern zwar den Krautwuchs, doch mindern sie den Hülsenansatz. Stauende Bodennässe wird keinesfalls vertragen. Diese Eigenschaft teilt sie mit der *Linse*, die als Pflanze der warmen und trockenen Lagen gilt. Bei reichlichen Niederschlägen unterliegt die in der Jugendentwicklung langsam wachsende Pflanze leicht der Verunkrautung. Böden mit stark wasserhaltender Kraft sind möglichst zu vermeiden.

Bei den *Wicken* muß wieder unterschieden werden zwischen den Sommer-

und Winterformen. Die Sommerformen, zu denen die bei uns vornehmlich angebaute Saatwicke (*Vicia sativa*), die Narbonner Wicke (*Vicia narbonnensis* L.) und die Erve oder Ervilie (*Vicia ervilia* Willd.) gehören, stellen mittlere Ansprüche an die Feuchtigkeit. Je schwerer der Boden ist, desto geringer kann der in der Vegetationszeit anfallende Niederschlag sein und umgekehrt. Der Erve wird besonders große Widerstandsfähigkeit gegen Dürreperioden nachgesagt.

Die Winterwicken (*Vicia villosa* und *Vicia pannonica*) haben einen höheren Bedarf an Feuchtigkeit, der aber in der Vegetationszeit durch die im Herbst und Winter anfallenden Niederschläge vollauf gedeckt wird. Hohe sommerliche Niederschläge sind wegen Verzögerung der Reife unerwünscht.

Die in Deutschland nicht heimischen Hülsenfrüchte, wie die Kichererbse (*Cicerarietinum*), die Kuherbse (*Vigna sinensis*), die Helmbohne (*Dolichos lablab*), die Taubenbohne (*Cajanus indicus*) u. a., die nur in tropischen oder subtropischen Klimagebieten wirtschaftliche Bedeutung haben, sollen hier nur andeutungsweise erwähnt werden.

E. Ansprüche an die Lichtperiodik

Die meisten Hülsenfrüchte stammen ursprünglich aus Asien, Afrika, Mittelamerika oder mindestens aus den Mittelmeerländern, wo sie als Kurztagspflanzen einer Tageslichtlänge von 12 bis 14 Stunden angepaßt waren. Durch jahrhundertelangen Anbau im mitteleuropäischen Langtagsklima hat sich das photoperiodische Verhalten dem Langtag angepaßt, so daß solche Arten auf die Veränderung der Lichtdauer nicht mehr reagieren. Bei der Erbse, der Linse, der Phaseolusbohne und schließlich bei der Sojabohne sind durch Akklimatisation und natürliche Auslese Formenkreise entstanden, die im Langtag normal gedeihen. Besonders bei der Sojabohne, die ursprünglich in Südostasien beheimatet war, sind durch Mutationen und Kreuzungen die verschiedensten biologischen Formen entstanden, die zu einer weiten Verbreitung auf allen Kontinenten führten und diese Pflanze schließlich auch in unserem Breitengrad anbaufähig machten. Nach Oberdorf hat die Sojabohne, die als ausgeprägte Kurztagspflanze galt, immer mehr den Charakter der tagneutralen Pflanze angenommen.

Ähnlich verhält es sich mit der *Phaseolusbohne*, deren Heimatgebiet Zentralamerika ist und die als ursprüngliche Kurztagspflanze durch Züchtung und Akklimatisation bei uns heimisch wurde.

Als tagneutral gilt auch die weiße Lupine, die erst in jüngster Zeit bei uns als landwirtschaftliche Kulturpflanze betrachtet wird. Die gelben und blauen Lupinen haben sich dagegen schon lange dem Langtag angepaßt und besitzen wie die Ackerbohne, die Saat- und Winterwicke Langtagscharakter.

F. Zeitpunkte des Anbaues, charakteristische Wachstumsstadien, Erntedaten

Für den Zeitpunkt der Aussaat ist in erster Linie die für die Keimung erforderliche Bodentemperatur bestimmend. So vertragen Erbsen, Wicken, Pferdebohnen und Lupinen eine frühere Aussaat als Soja-, Phaseolusbohnen und Linsen. Letztere keimen erst, wenn sich der Boden im Frühjahr weitgehend erwärmt hat. Die für die Keimung erforderliche Mindesttemperatur beträgt für Buschbohnen, Linsen und Sojabohnen 10° C, für Lupinen, Pferdebohnen und Erbsen 3° C. Letztere sind weniger frostempfindlich als Busch- und Sojabohnen. Lupinen vertragen Kältegrade bis —5° C.

Die Erbse benötigt als verhältnismäßig großkörnige Frucht für ihre Keimbildung viel Wasser — etwa 100% ihres Samengewichtes —, deshalb ist frühe Aussaat für gute Keimung und schnellen Aufgang unerläßlich. Die Pflanzen werden unempfindlicher gegen Trockenperioden und der Schädlingsbefall wird vermindert. Eine Aussaatverspätung von 14 Tagen hat nach Lauchstädter Saatzeitversuchen einen durchschnittlichen Ertragsabfall von 19% bewirkt (Tab. 193):

Tabelle 193. *Erbsen-Saatzeitversuche in Lauchstädt* (nach RÜTHER 1953)

Saatzeit	Korn bei 14% H_2O		Ertragsleistungen				
			Rohprotein			Stroh	
	dz/ha	rel.	% in Trockensubstanz	dz/ha	rel.	dz/ha	rel.
Vierjähriger Durchschnitt 1947/1950							
Mitte April	12,3	100	25,4	2,7	100	26,8	100
Ende April	10,0	81	24,9	2,1	77	18,3	68
Zweijähriger Durchschnitt 1947/1948							
16. April	13,4	100	26,5	3,1	100	22,9	100
23. April	13,1	98	25,7	2,9	94	18,2	79
8. Mai	6,6	49	26,1	1,4	45	13,5	59

Auch die *Ackerbohne* verlangt eine frühe Aussaat, da sie eine lange Wachstumszeit benötigt und bei später Saat stärker von Blattläusen befallen wird. Märzsaat ist der späteren Saatzeit meist überlegen.

Für die *Körnerlupine* ist ein größerer Spielraum bei der Aussaat gegeben. Durch späte Saat wird — bei gelben und blauen Lupinen — das vegetative Wachstum angeregt und der Blühbeginn verzögert, bei früher Saat der Blühbeginn beschleunigt. ROEMER hielt den Zeitpunkt während der Getreideaussaat auch für die Lupinen am günstigsten, wobei die weiße und blaue vor der gelben auszusäen sind. HEUSER (1934) stellte durch mehrjährige Aussaatversuche im Osten Deutschlands den relativen Kornertragsrückgang bei den drei Lupinenarten fest (Tab. 194):

Tabelle 194. *Relativer Kornertragsabfall durch Aussaatverspätung bei Lupinen* (HEUSER)

	Zahl der Versuchsjahre	Saatabstand, Tage	Aussaattermin		
			1	2	3
Lupinus luteus (süß)	4	14	100	98,5	78,1
Lupinus angustifolius (bitter)	3	14	100	97,7	81,5
Lupinus albus (bitter)	3	14	100	85,1	64,6

Die in Lauchstädt und Außenstellen mit *Lupinus albus* (süß) durchgeführten Aussaatversuche ergaben, daß die Anfang-April-Aussaat aus witterungsbedingten Gründen in vier Jahren nur einmal möglich war, daß die Aussaat in der zweiten Aprildekade in der Regel die günstigste war und frühere oder spätere Aussaaten starke Ertragsabfälle brachten (RÜTHER 1956; Tab. 195):

Tabelle 195. *Aussaatzeitenversuch mit Lupinus albus* (RÜTHER)

Versuchsort	Lauchstädt		Brehna		Hechendorf		Trossin	
Versuchsjahr	1948/52		1949/50		1949/53		1950/53	
Aussaatzeit	dz/ha	rel.	dz/ha	rel.	dz/ha	rel.	dz/ha	rel.
Anfang April	—	—	18,5	100	5,8	100	13,8	100
Mitte April	25,4	100	16,5	89	7,3	126	14,1	102
Ende April	24,2	95	12,0	65	—	—	—	—
Anfang Mai	15,0	59	—	—	5,9	101	11,9	86

Für die *Sommerwicke* wird Aussaat von Mitte März bis Anfang April empfohlen, für die Winterwicke, die meist in den Roggen eingespritzt wird, richtet sich der Saattermin nach der jeweiligen Herbstwitterung.

Sojabohnen, Linsen und Buschbohnen sollten erst dann ausgesät werden, wenn die erforderliche Mindest-Keimtemperatur von 10° C erreicht ist, also nicht vor Mai.

Die Erbse benötigt bis zur Reife eine mittlere Wachstumszeit von 110 bis 116 Tagen. Bei frühreifen Sorten kann die Reife unter günstigen Witterungsverhältnissen bereits nach 85 bis 90 Tagen eintreten, andererseits kann sie sich bei späten Sorten bis zu 140 Tagen ausdehnen. Spätreife Sorten sollen deshalb möglichst noch in der zweiten Märzhälfte gedrillt werden. Bei frühreifen Sorten wird die Wachstumsdauer durch frühe Saat nicht herabgesetzt. Je nach Witterung erfolgt die Aussaat in der Zeit vom 20. März bis 10. April. Die Blütezeit ist sortenbedingt. Raschwüchsige Sorten blühen in 14 Tagen ab, bei Sorten mit langer Wachstumszeit dauert die Blüte bis zu 23 Tagen an. Die Ernte fällt je nach Witterung und Sorte in die Zeit von Mitte Juli bis Anfang August.

Die Aussaat der Trockenspeisebohne erfolgt im Mai und zwar bis spätestens 20. Mai. Sie benötigt eine durchschnittliche Wachstumszeit von 120 bis 125 Tagen. Die Ernte kann dann etwa am 7. September beginnen.

Die Wachstumsdauer der Lupinen hängt, abgesehen von Boden und Witterung, insbesondere von der Art ab. Die kürzeste Wachstumsdauer von durchschnittlich 140 Tagen beansprucht *Lupinus luteus*. *Lupinus angustifolius* braucht etwa 10 Tage länger und *Lupinus albus* benötigt sogar 160 Tage zur Reife.

G. Düngung und Ertrag

Die von den Leguminosen im Boden und aus der Luft zur Verfügung stehenden Nährstoffe genügen meist nicht zur Erzielung maximaler Erträge, sondern es wird notwendig sein, ihnen zusätzliche Mengen in Form von Wirtschafts- oder Mineraldünger zuzuführen.

Um den ersten Stickstoffbedarf der jungen Pflanzen zu decken, ist eine schwache Stickstoffgabe angebracht, die entweder in Form von Stallmist oder als leicht löslicher Mineraldünger erfolgen kann. Die Stallmistanwendung ist in den Fällen üblich, wo die Hülsenfrucht nach Getreide folgt. Für den Hülsenansatz ist die Stallmistgabe in der Regel nicht nachteilig. Nach mit Stallmist gedüngten Hackfrüchten erübrigt sich in den meisten Fällen eine zusätzliche Stickstoffgabe. Wird kein Stallmist gegeben, dann genügt eine Gabe von 10 bis 20 kg je Hektar Reinstickstoff.

Der Bedarf an Kali und Phosphorsäuredünger ist bei den Hülsenfrüchten geringer als bei Getreide und Hackfrüchten, da sie mittels ihrer mehr oder weniger tiefgehenden Wurzeln die Nährstoffe des Bodens viel stärker ausnützen können. Trotzdem sind Kali- und Phosphorsäuregaben nicht entbehrlich. Die Mehrzahl der Hülsenfrüchte ist säureempfindlich und für einen geordneten Kalkzustand dankbar.

Im einzelnen werden für die verschiedenen Hülsenfruchtarten folgende Durchschnittsgaben in kg/ha Reinnährstoffen empfohlen (Tab. 196):

Tabelle 196. *Düngung von Hülsenfrüchten*

	N	K_2O	P_2O_5	CaO
Erbsen	10—20	60—100	40—60	
Ackerbohnen	20	60—80	30—40	reichlich
Phaseolusbohnen	40—50	60—80	30—40	ja
Sojabohne	10—20	60—80	40—60	ja
Linse	40—50	20—30	20—30	reichlich
Sommerwicke, Winterwicke	0	60—100	40—60	unmittelbare Ca-Gabe ist zu vermeiden
gelbe, blaue, weiße Lupine	0	60—80	30—40	zur Vorfrucht

Bei den *Erbsen* kann die N-Düngung unterbleiben, wenn der Anbau auf gutem Boden oder nach stallmistgedüngter Hackfrucht erfolgt. Bei Gefährdung durch den Blattrandkäfer ist die Startgabe zu empfehlen. In Versuchen von Selke mit gesteigerten N-Gaben (N als Kalkammonsalpeter) auf humosem Lößlehmboden in Lauchstädt wurden im Durchschnitt der Jahre 1952 und 1953 folgende Ergebnisse erzielt:

N-Gabe	Korn	Stroh
ohne N	100	100
10 kg/ha N	103	97
20 kg/ha N	106	105
40 kg/ha N	112	109
60 kg/ha N	107	116
	100 = 13,3 dz	32,4 dz

Eine Teilung der Gaben von 40 und 60 kg/ha N in eine frühe und späte Gabe blieb sowohl im Korn- als auch im Strohertrag ohne positive Wirkung. Vermutlich tritt eine positive Wirkung des späten Stickstoffs nur dort auf, wo die Funktion der Knöllchenbakterien gestört ist. Die Phosphorsäuregabe fördert den Entwicklungs- und Reifeprozeß, was im Vermehrungsanbau sehr wichtig ist. Da Trockenspeiseerbsen auf phosphorsäurearmen Standorten zum Hartkochen neigen, kann durch eine entsprechende Düngung die Qualität des Erntegutes verbessert werden.

Die Düngung mit Kali fördert besonders in der Jugendzeit die Bewurzelung. Auch bei ausreichendem Kaligehalt des Bodens ist deshalb eine Kalidüngung angebracht, wenn auch nicht in allen Fällen mit einer Steigerung der Körnererträge zu rechnen ist. Hierauf hat Werner bereits hingewiesen. Er erzielte im Durchschnitt von 26 Versuchen folgende Ertragssteigerungen bei Erbsen in %:

Tabelle 197. *Ertragssteigerung durch P und K*

	0%	0,1 bis 5%	5.1 bis 10%	über 10%
durch P_2O_5	58	23	19	—
durch Kali	65	16	15	4

Die Kali- und Phosphorsäuregabe kann bereits im Herbst erfolgen. Die von BROUWER-HOHENHEIM (1949) erzielten starken Wirkungen später Kali-, Kalk- und Phosphorsäuregaben zu Leguminosen konnten nach Lauchstädter Versuchen nicht bestätigt werden.

Eine Kalkdüngung zu Erbsen wird nur dann eine positive Wirkung hervorrufen, wenn die Bodenreaktion weniger als pH 6,0 anzeigt. Erbsen sind nicht sehr säureempfindlich. Auf kalkärmeren Böden ist es empfehlenswert, die Kalkgabe so lange zu verabreichen, bis mindestens eine neutrale Reaktion erreicht ist.

Auch die *Ackerbohne* stellt ziemlich hohe Ansprüche an das Nährstoffkapital des Bodens. Im Jugendstadium muß ihr genügend aufnehmbarer Stickstoff zur Verfügung stehen. Bei hohem Aneignungsvermögen für alle Nährstoffe des Bodens und infolge ihrer langen Vegetationszeit nutzt sie auch langsam fließende Nährstoffquellen gut aus. Auf schweren kalten Böden hat sich eine im Herbst gegebene Stallmistgabe bewährt. Auf Mineralboden, insbesondere nach Getreidevorfrucht kann diese durch eine schwache Stickstoffgabe (20 bis 30 kg/ha N) in Form von Kalkammonsalpeter ersetzt werden. Nach Hackfrüchten oder auf Niederungsmoor kann die N-Gabe auch ganz unterbleiben. Besonders wichtig ist die Düngung mit Kaliphosphat, auf die die Ackerbohne stets günstig reagiert. 2 dz/ha Superphosphat oder Thomasmehl und 2 dz/ha 40%iges Kalisalz sind Mengen, die von der Ackerbohne gut verwertet werden. Besonders wenn die Ackerbohne im Gemisch mit Hafer angebaut wird, darf die Kaliphosphatgabe nicht zu knapp bemessen werden. Da die Bohne im Reaktionsbereich von pH 7 bis 8 optimale Wachstumsbedingungen findet, ist auf den Kalkgehalt des Bodens besonders zu achten und notfalls durch entsprechende Kalkgaben das Fehlende zu ergänzen. Auf Niederungsmoor kann sich gegebenenfalls eine Beigabe von Spurenelementen (Kupfer, Bor) als zweckmäßig erweisen.

Die *Phaseolusbohne* hat zwar eine kürzere Vegetationszeit als die Ackerbohne, aber durch ihr wenig kräftiges Wurzelsystem ist sie darauf angewiesen, die notwendigen Nährstoffe in leicht aufnehmbarer Form in der oberen Krumenschicht vorzufinden. Neben einer kleinen N-Gabe zur Überwindung des Stickstoffhungers im Jugendstadium benötigt sie auf humusarmen Böden auch im späteren Wachstumsstadium noch leicht löslichen Stickstoff, so daß hier Gaben von 40 bis 50 kg/ha N gut verwertet werden. Auch die Versorgung mit Kali, Phosphorsäure und Kalk muß sich trotz des geringeren Krautwuchses etwa auf derselben Höhe bewegen wie zu Ackerbohnen.

Die N-Düngung der *Sojabohne* richtet sich danach, ob der Boden bereits arteigene Knöllchenbakterien enthält. Sofern die Sojabohnen nicht geimpft wurden oder das Feld noch keine Sojabohnen getragen hat, ist eine N-Gabe von 40 bis 50 kg/ha zu geben, andernfalls genügen 10 bis 20 kg/ha N als Startstickstoff. Stallmist oder Kompost in mittelgroßen Gaben werden gut ausgenutzt. Der Mineralstickstoff wird entweder in Form von Kalkstickstoff (1 dz/ha) im Laufe des Winters oder in Form von Kalkammonsalpeter im März verabreicht. Die Mineraldünger müssen zeitig vor der Aussaat und nicht gleichzeitig mit oder kurz vor der Saat verabfolgt werden, da die Keimlinge sehr empfindlich sind.

Die Phosphorsäure wird möglichst in Form von Superphosphat frühzeitig (etwa erste Märzhälfte) in Mengen von 40 bis 60 kg/ha Reinnährstoff zusammen mit 60 bis 80 kg/ha Reinkali ausgebracht. Bei Kalkmangel werden im Spätherbst in die eingeebnete Pflugfurche etwa 6 dz/ha Branntkalk oder die doppelte Menge kohlensaurer Kalk eingearbeitet.

Alle Handelsdünger müssen gut und gleichmäßig mit dem Boden vermischt werden. Eine Kopfdüngung mit Stickstoff verzögert die Reife und fördert die Krautbildung, reichliche Phosphorsäuregaben wirken reifebeschleunigend.

Die *Linse* gedeiht am besten auf zwar kalkreichen, aber sonst weniger nährstoffreichen Böden. Zu hoher Nährstoffgehalt des Bodens fördert den Krautwuchs auf Kosten des Samenertrages. Da sie meist auf flachgründigen, humusarmen Muschelkalk bzw. Juraböden angebaut wird, genügt eine Startstickstoffgabe von 20 kg meist nicht, sondern zur vollen Entwicklung werden 40 bis 50 kg/ha N in Form von Kalkammonsalpeter benötigt. Unmittelbare Stallmistgaben scheiden dagegen aus. Bei dem geringen Entzug an Kali und Phosphorsäure genügen mittlere Kaliphosphatgaben. Eine Kalkdüngung erübrigt sich, da die Linse nur auf kalkreichen Böden anbaufähig ist.

Bei dem raschen Jugendwachstum der Saatwicke erübrigt sich meist eine Stickstoffgabe, zumal bei keiner anderen Hülsenfrucht so zahlreiche Knöllchenbakterien gefunden wurden wie bei ihr und eine Stickstoffgabe oft vorzeitiges Lager zur Folge hat. Nur auf nährstoffarmen Böden können schwache Jauche- oder Stallmistgaben angebracht sein. Dagegen ist die Wicke für eine kräftige Kaliphosphatgabe dankbar, die sie infolge ihrer verhältnismäßig langen Nährstoffaufnahme gut verwertet. Direkte Kalkgaben brachten in Versuchen zwar keine sichtbaren Erfolge, doch entspricht der Wachstumsbereich der Saatwicken hinsichtlich der Bodenreaktion etwa dem der Erbsen.

Die Winterwicken dagegen gedeihen auch auf Böden mit schwach saurer Bodenreaktion. Stickstoffgaben sind nur dann angebracht, wenn sie im Gemenge mit Roggen angebaut werden, doch genügen auch hier verhältnismäßig schwache Gaben. Die Kaliphosphatdüngung ist von dem Vorrat dieser Nährstoffe im Boden und von der Vorfrucht abhängig. Bei Gemenge mit Roggen oder anderen Getreidearten sind Kaliphosphatgaben auch hier angebracht.

Auch bei *Lupinen* sind schwache Anfangsgaben mit Stickstoff nur dann zweckmäßig, wenn sie im Gemenge mit Hafer angebaut werden. Stallmistgaben haben sich bisher nicht bewährt. Die Frage, ob Kaliphosphatgaben notwendig sind, kann auch bei der Lupine nicht generell entschieden werden. Es muß in jedem Fall das Ergebnis der Bodenuntersuchung herangezogen werden, um die Höhe dieser Gaben zu bestimmen. Bekannt ist, daß die Lupinen die Bodennährstoffe gut aufschließen. Insbesondere besteht ein gutes Aufschlußvermögen für Phosphorsäure. Trotzdem sind für Körnerlupinen und zwar bei *Lupinus luteus* und *Lupinus angustifolius* auf leichteren Böden Gaben von 30 bis 40 kg/ha P_2O_5 in Form von Thomasmehl und zu *Lupinus albus* in Form von Superphosphat empfehlenswert, desgleichen 60 bis 80 kg/ha K_2O.

Der Kalkbedarf, der auch bei der Gelblupine vorliegt, und für optimale Entwicklung und Tätigkeit der Knöllchenbakterien wichtig ist, muß durch ausreichende Gaben, möglichst schon mehrere Jahre vor dem Lupinenanbau, gedeckt werden. Versuche in Müncheberg mit starken Kalkgaben (bis 100 dz/ha Kalkmergel) auf saurem Sandboden hatten keine schädigende Wirkung zur Folge (Meyle 1936). Die blaue Lupine ist bekanntlich weniger kalkempfindlich als die gelbe, und die weiße Lupine gedeiht nur auf Böden mit schwach-saurer bis neutraler Reaktion (pH 6 bis 7).

Literatur

Brouwer, W.: Steigerung der Erträge der Hülsenfrüchte durch Beregnung. Z. Acker- u. Pflanzenbau **91**, 319–346 (1949).

Hackbarth, J.: Gelbe Süßlupine mit schneller Jugendentwicklung. Mitt. DLG **2**, 53 (1945). — Heuser, W.: Untersuchungen über den Entwicklungsrhythmus verschiedener Lupinenarten und -sorten. Pflanzenbau **10**, 369–376 (1934).

Konold, O.: Anbau der Hülsenfrüchte. Arb. Reichsnährstand **8**, 14 (1942). — Könnecke, G.: Forschungsaufgaben und Feldversuche 1953–1955 des Instituts für Acker- und Pflanzenbau der Martin-Luther-Universität Halle-Wittenberg.

Meyle, A.: Neuere Erfahrungen im Süßlupinenanbau. Dtsch. Landwirtsch. Presse **15**, 179 (1936).

Oberdorf, F.: Erbsen oder Trockenspeisebohnen? Der Freie Bauer 7. 2. 1954. — Lohnender Sojaanbau durch Pflanzengemeinschaften. Zella/Rhön: Hofmann. 1950.

Roemer-Scheffer: Ackerbaulehre, S. 122. Berlin: Parey. 1944. — Rüther, H.: Neuzeitliche Anbautechnik der Körnerleguminosen. Schriftenreihe der Deutschen Akademie der Landwirtschaftswissenschaften zu Berlin, Heft 53. — Grundlagen des Leguminosenanbaues in Mitteldeutschland. Z. Acker- u. Pflanzenbau **96** (1), 1953. — Für und wider Lupinus albus. Z. landw. Vers. Unters.wesen **2** (1/2), 1956.

Scheibe, A.: Hülsenfruchtbau. Handbuch der Landwirtschaft, Bd. II, Pflanzenbaulehre. 1953 — Schmalfuss, K.: Pflanzenernährung und Bodenkunde. Leipzig: Hirzel. 1955. — Schnepf, J.: Die Sojabohne. Berlin: Deutscher Bauernverlag. — Selke, W., und H. Rüther: Versuchsbericht der Landesversuchsanstalt Lauchstädt 1949 und 1950.

Troll, H. J.: Der Stand der Züchtung der schmalblättrigen blauen Süßlupine. Dtsch. Landwirtschaft **3**, 142 (1951).

VI. Die Düngung industrieller Nutzpflanzen

Bei der Betrachtung der wichtigsten Anbaugebiete der industriellen Nutzpflanzen, die sich unter Zugrundelegung des Erntegutes am zweckmäßigsten in die drei Gruppen Faserpflanzen, Kautschuk und Öl liefernde Pflanzen aufgliedern lassen, zeigt sich deutlich eine Konzentrierung in Anpassung an klimatische Gunstzonen.

Während der Boden, auf dessen Gehalt an Nährstoffen, Wasser und Luft starker Einfluß ausgeübt werden kann, nur noch in seltenen Fällen ein unüberwindliches Hindernis darstellt, wird der landwirtschaftliche Typus eines Gebietes zwingend vom Klima beeinflußt. Wirken einerseits die klimatischen Voraussetzungen, insbesondere aber ausreichende Sonnenwärme, bestimmend auf die geographische Lage des Anbaugebietes von industriellen Nutzpflanzen, so haben andererseits, nachdem in den letzten Jahrzehnten der Bedarf an pflanzlichen Rohstoffen stetig zunahm, auch ganz andere Faktoren, nämlich die Verfügbarkeit billiger Arbeitskräfte, die verkehrsmäßige Erschließung und die Bereitstellung von Kapital, an der Konzentrierung des Anbaus auf wenige Gebiete erheblich mitbestimmend gewirkt.

A. Faserpflanzen

a) Die Baumwolle

(Gossypium)

Von

C. Heinemann

1. Bedeutung der Baumwollerzeugung

Die Baumwolle steht in der Welterzeugung und im Weltverbrauch von Textilfasern an erster Stelle vor Kunstfasern und Wolle.

Die Bedeutung der Baumwollerzeugung in der Welt vermitteln die Daten der Tab. 198.

Demgegenüber stehen die Weltverbrauchszahlen (Tab. 199).

Die Überschußproduktion der letzten Jahre ist vornehmlich auf neue Erzeuger, u. a. Sowjetunion und China, und auf den Rückgang des Baumwollkonsums zugunsten der vielfältig verwendbaren Kunstfaser in den Industriestaaten zurückzuführen.

2. Entwicklung und Wachstumsverlauf

Die Entwicklung und der zeitliche Wachstumsverlauf der Baumwollstaude sind klimabedingt. Die Anforderungen an das Klima lassen sich anschaulich darstellen anhand der Verhältnisse im sogenannten amerikanischen Cotton Belt,

Tabelle 198. *Entwicklung der Weltbaumwollernte* (in 1000 Ballen zu je 478 lb.)

Land	1953/54	1954/55	1955/56	1956/57	1957/58	1958/59
Welt	41584	41027	43702	42030	41805	45712
davon:						
USA	16402	13630	14680	13027	10960	11500
Mexiko	1215	1810	2225	1775	2080	2340
Brasilien	1450	1650	1700	1300	1350	1300
Peru	547	469	430	541	501	500
Indien	3770	4425	3880	4180	4430	4075
Pakistan	1184	1309	1450	1323	1392	1270
Türkei	640	655	725	740	620	830
Syrien	218	367	401	428	495	445
Ägypten	1467	1605	1541	1498	1870	2057
Sudan	420	410	440	590	225	585
Uganda	333	251	304	312	293	330
UdSSR	6100	6720	6300	7000	6850	6900
China	5000	4500	6300	6000	7000	10000

(Quelle: Cotton-World Statistics, International Cotton Advisory Committee.)

Tabelle 199. *Weltverbrauch von Baumwolle* (in 1000 Ballen zu je 478 lb.)

1953/54	1954/55	1955/56	1956/57	1957/58
38875	39924	41236	43031	43259

(Nach: Cotton-World Statistics, International Cotton Advisory Committee.)

im Süden der Vereinigten Staaten von Amerika. Die Grundbedingung eines erfolgreichen Baumwollanbaus, ein geeignetes Klima, charakterisiert durch ausreichende und gut verteilte Regenfälle während des vegetativen Wachstums und Regenknappheit zur Zeit der Reife der Samenkapseln, ist hier in nahezu idealer Form gegeben (Tab. 200).

Tabelle 200. *Temperatur und Niederschläge von Montgomery (Alabama)* (nach Paerels 1950)

	Nov.	Dez.	Jan.	Feb.	März	April	Mai	Juni	Juli	Aug.	Sept.	Okt.	Nov.
Mittlere Tagestemperatur °C	13	10	9	11	14	18	23	26	27	26	24	19	13
Niederschläge in mm	72	114	106	148	158	127	89	93	114	102	72	53	72
	keine Baumwolle auf dem Feld			Vegetationsperiode							Erntezeit		

Die absolute Niederschlagsmenge ist für die Baumwollkultur von geringerer Bedeutung als die günstige Verteilung des Regens über die Wachstums- und Reifeperiode. Starke Winter- und Frühlingsregen sorgen für eine gute Bevorratung des Bodens mit Wasser, aus der die Baumwollpflanze während der vorwiegend trockenen Reifezeit schöpfen kann.

Nach der Aussaat, die im Cotton Belt in die Monate März und April fällt, verlangt die junge Baumwollpflanze in der ersten Entwicklungsperiode eine nicht zu hohe Temperatur mit häufigen, leichten Regen. Während zu hohe Wärme in den ersten Wochen das vegetative Wachstum hemmt, bewirkt übermäßiger Regenfall ein nur spärlich entwickeltes oberflächiges Wurzelsystem.

Die Baumwollpflanze entwickelt eine typische, nach unten sich rasch verjüngende Pfahlwurzel, deren zarte Spitze unter günstigen Bodenverhältnissen

Abb. 153. Baumwollzweig mit Blüte und Kapseln (Aufnahme: U.S. Department of Agriculture)

rasch in große Tiefen bis zu 3 m vordringt. Nach BALLY (1951) wurde in Ägypten während der aktivsten Wurzelentfaltung bei einer Temperatur von 20° C ein Wachstum von 1 cm pro Stunde gemessen.

Eine weitere Verminderung der Niederschlagsmengen im dritten und vierten Monat nach der Aussaat hemmt bei hoher Sonnenwärme eine zu üppige vegetative Entwicklung und fördert die nunmehr einsetzenden Phasen der Blüten- und Kapselbildung. Das im tiefgründigen Boden reich verzweigte Wurzelnetz sichert die Deckung des Wasserbedarfs aus den Reserven des Untergrundes.

Entscheidend sind demnach für eine gesunde Entwicklung der Baumwollpflanze reichliche warme Sonnentage und ein poröser, durchlüfteter Boden mit

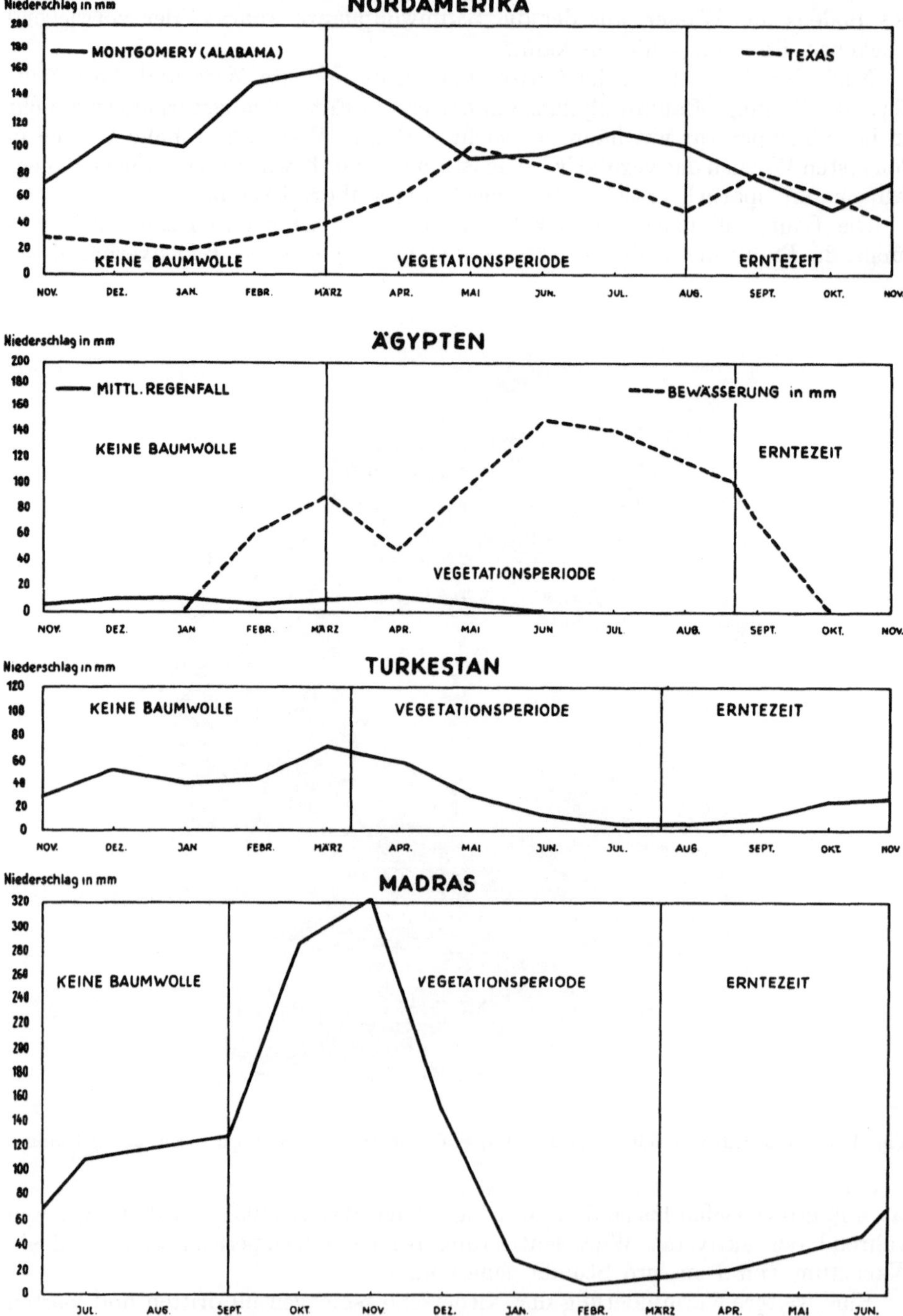

Abb. 154. Regenverteilung in einigen wichtigen Anbaugebieten (nach Paerels 1950)

guter Wasserhaltefähigkeit, der über Trockenperioden den Wasserbedarf für die Stadien der Blüten- und Kapselformung zur Verfügung stellt. Das Abwerfen von

Tabelle 201. *Monatliches Mittel der Temperatur (°C) in wichtigen Anbauzentren der Baumwolle* (nach PAERELS 1950)

	Keine Baumwolle auf dem Felde	Vegetationsperiode	Erntezeit
Nordamerika	November bis einschl. Februar	März bis einschl. August	Sept. bis einschl. November
Alabama	13 10 9 11	14 18 23 26 27 26	24 19 13
Texas	12 7 6 7	13 18 23 26 28 27	24 18 12
	November bis einschl. Februar	März bis einschl. August	Sept. bis einschl. November
Ägypten	17 13 11 12	15 19 20 26 27 27	24 22 17
	November bis einschl. März	April bis einschl. Juli	August bis einschl. November
Turkestan	7 3 −1 1 9	15 21 27 28	27 19 12 7
	Juni bis einschl. August	September bis einschl. Februar	März bis einschl. Juni
Madras	32 31 30	29 27 26 26 25 26	27 29 32 32
	April bis einschl. Juli	August bis einschl. Dezember	Januar bis einschl. April
Nigeria	28 27 26 25	25 26 27 27 27	27 28 29 28

Blüten und Kapseln als Folge von Trockenheit ist sehr oft ein Fingerzeig für flachgründige Böden und schlechte Wurzelentwicklung.

Nach einer Blütezeit von nur 10 bis 15 Stunden und der Befruchtung reifen die Fruchtknoten in etwa 50 Tagen zu Kapseln heran. In ihnen entwikkeln sich gleichzeitig die Samenanlagen, deren einzelne Samenkörner mit einem dichten Haarbesatz, der Baumwollfaser, bedeckt sind. Das Aufspringen der Kapseln, an der Spitze beginnend, ist das Zeichen für die Reife. Der austrocknende, sich in Spiralwindungen ausdehnende Faserinhalt treibt die Kapselwand auseinander (Abb. 153).

Der zeitliche Wachstumsverlauf läßt sich nach Beobachtungen von ECKARDT (1906) in den Vereinigten Staaten wie folgt skizzieren. Je nach Gunst des Klimas keimt der Same 4 bis 10 Tage nach der Aussaat. Nach weiteren 30 bis 40 Tagen beginnt die Verzweigung. Die ersten Knospen bilden sich 50 bis 80 Tage nach der Aussaat. Von diesem Stadium bis zur Blüte vergehen 25 Tage und weitere 50 bis 60 Tage sind erforderlich bis zur Kapselreife. Die gesamte Vegetationsdauer beträgt demnach von der Aussaat bis zur Reife 125 bis 165 Tage.

Die Zeit des Wachstums der Baumwollstaude bis zur Kapselreife steht in Abhängigkeit von den Faktoren Klima, Bodenbeschaffenheit, Anbaumethode, Varietäten und Sorten.

Die Aussaatzeiten sind regional stark unterschiedlich. In den Vereinigten Staaten wird in den Monaten März bis Mai gesät, in Ägypten liegt die Saatzeit Mitte Februar bis Ende April, in Pakistan vornehmlich im

Juni und Juli und schließlich in Indien können sie nach Angaben von Sawhney und Sikka (1955) sowohl während Juni und Juli als auch in allen übrigen Monaten des Jahres je nach Sorte, Verfügbarkeit von Wasser und den Erfordernissen einer bestimmten Fruchtfolge erfolgen.

Die hohen Anforderungen der Baumwolle an das Klima machen die Temperatur zum begrenzenden Faktor der Anbaumöglichkeit. Bei einem Vergleich der klimatischen Daten verschiedener wichtiger Anbaugebiete zeigen sich nach Angaben von Paerels (1950) wohl erhebliche Abweichungen, jedoch nur in den Monaten, in denen keine Baumwolle auf dem Feld steht. Während der Hauptvegetationsperiode dagegen schwanken die Temperaturunterschiede in normalen Jahren nur um 3 bis 4° C. Auch hinsichtlich der Regenverteilung zeigt der Rückgang der Regenmenge während der Zeit der Blüten- und Kapselbildung bis zur Reife deutliche Parallelen.

3. Wasserbedarf

Im allgemeinen wird bei günstiger Verteilung eine jährliche Regenmenge von 1000 bis 1500 mm als ausreichend erachtet. In Anbaugebieten mit unzureichenden und unsicheren Niederschlägen, beispielsweise in Ägypten, Sudan, Turkestan, Kalifornien, Arizona und Peru, wurde die Wasserfrage durch künstliche Bewässerung gelöst.

Nach Angaben von Vageler (1938) beträgt der Wasserbedarf der Baumwolle 1000 bis 1250 mm jährlich.

Mehrjährige Beobachtungen von Panse und Mitarbeitern (1951) verzeichnen als durchschnittliche jährliche Regenmenge 625 bis 1125 mm in den Baumwollanbaugebieten Indiens auf den durch ihre gute Wasserhaltefähigkeit bekannten Regurböden.

Über den Wasserbedarf einer Baumwollpflanzung liegen verschiedene Untersuchungen vor. Bei künstlicher Bewässerung in Ägypten wurde je acre eine Menge von 3200 m^3 für Unterägypten und 4500 m^3 für Oberägypten errechnet (anonym 1950). Nach Vageler (1938) beträgt der Wasserbedarf im Sudan 10000 bis 15000 m^3 je Hektar. Untersuchungen des Wasserbedarfs von Pima-Baumwolle in Arizona führten nach King (1922) zu folgenden Ergebnissen (Tab. 202):

Tabelle 202. *Wasserbedarf der Baumwollpflanze*

Verbrauchtes Wasser in 1000 lb.	Erzeugte Trockensubstanz in lb.	Notwendige Wassermenge je lb. Trockensubstanz
3425	4013	853,6
4855	5426	894,8

4. Ansprüche an den Boden

Hinsichtlich der Ansprüche an den Boden haben sich die zahlreichen Arten den unterschiedlichsten Standortverhältnissen angepaßt. Sind die eingangs beschriebenen Wachstumsfaktoren erfüllt, gedeiht die Baumwolle auf fast allen Böden. Ausnahmen bilden humusreiche Standorte, die infolge des hohen Stickstoffgehaltes ein zu üppiges vegetatives Wachstum auf Kosten der Faserernten zeigen.

Wie schon angedeutet, ist für eine erfolgreiche Baumwollkultur ein gut durchlüfteter, tiefgründiger Boden mit hoher Wasserhaltefähigkeit besonders geeignet. Den entscheidenden Einfluß einer ungehinderten Wurzelentwicklung der Baumwollpflanze auf den Ertrag lassen Versuche von RANEY und Mitarbeitern (1956) auf offenbar durch Pflugsohlenbildung gestörten Bodenprofilen erkennen. Eine zusätzliche Untergrundlockerung mit Untergrundhaken der flachen 15 cm tiefen Pflugfurche auf 30 cm führte zu erheblichen Mehrerträgen (Tab. 203).

Tabelle 203. *Einfluß der Untergrundlockerung auf durch verhärtete Schichten gestörte Bodenprofile*
(Mississippi-Delta-Region)

Bodentyp und Bodenbearbeitung	Ertrag Samenbaumwolle in lb./acre		
	1953	1954	1955
"Dubbs fine sandy loam" Flache Pflugfurche 15 cm	1161	900	1800
zusätzliche Untergrundlockerung bis 30 cm	2501	2141	2200
"Dundee silt loam" Flache Pflugfurche 15 cm	1949	1515	1959
zusätzliche Untergrundlockerung bis 30 cm	2931	2042	2411

Ungünstig sind stark sandige Böden wegen der Gefahr der schnellen Austrocknung und der geringen Sorptionskapazität und schwere tonige Böden, wo infolge Dichtschlämmung der Luftmangel eine normale Wurzelentwicklung hemmt. Die Erfordernisse an den Luft- und Wasserhaushalt sind am besten gewährleistet in einem mittelschweren Boden. Hoher Grundwasserstand oder gar stagnierende Nässe können den besten Boden für die Baumwollkultur ungeeignet machen.

Die Baumwolle wird in den Anbaugebieten der Welt unter sehr stark voneinander variierenden pH-Verhältnissen kultiviert. Nach IGNATIEFF und PAGE (1958) liegt das Optimum zwischen pH 5,2 und 6,5. Gemäß VAGELER (1938) zieht die Baumwolle eine alkalische Reaktion vor. Aus weiteren verschiedenen Angaben kann entnommen werden, daß die Baumwolle hinsichtlich des pH-Zustandes des Bodens recht tolerant ist und in einem pH-Bereich von 5,7 bis 8,2 noch günstige Wachstumsbedingungen findet (GLANDER 1957). Sie wird selbst noch bei einer Bodenreaktion von pH 9 im Sudan mit gutem Erfolg kultiviert.

Während der Stickstoffvorrat mit Ausnahme von humusreichen Böden, wie beispielsweise bei jungen Rodungen, im allgemeinen für maximale Ernten unzureichend ist, kann mit KNAPP (1950) die Prüfung über die Eignung von Böden für die Baumwollkultur anhand von Bodenanalysen empfohlen werden. Entsprechend seinen Erfahrungen gelten Böden mit einem Phosphorsäuregehalt von 0,05% und weniger und einem Kaligehalt bis zu 0,06% K_2O als phosphat- bzw. kaliarm. Als ausreichendes Kalkniveau wird ein Gehalt von 0,5% Kalk bezeichnet. Jedoch sind auch viel höhere Kalkmengen wie etwa der durchschnittliche Kalkgehalt von 3 bis 4% in den ägyptischen Baumwollböden und bis zu 16%, wie er in Turkestan festgestellt wurde, der Baumwollpflanze zuträglich.

5. Ansprüche an die Lichtperiodik

Ursprünglich war die Baumwolle, entsprechend ihrer tropischen Urheimat, eine Kurztagspflanze, jedoch dank ihrer Variabilität und Anpassungsfähigkeit haben sich Faktoren herausgebildet, die den Anbau in höheren Breiten unter

Langtagsbedingungen gestatten. Einen weit wichtigeren Einfluß auf das Gedeihen der Baumwolle hat die tägliche Dauer der Sonneneinstrahlung. Verschiedene Autoren, u. a. EARLE (1899) und GOODMAN (1955), weisen auf die Beeinträchtigung des Fruchtansatzes durch Bewölkung hin. Schon eine andauernde Bewölkung von wenigen Tagen verursacht rasches Abwerfen der jungen Kapseln. Eine tägliche Sonneneinstrahlung von 50% wird als das Minimum der Sonnenscheindauer betrachtet.

6. Durchschnittliche Erträge und Nährstoffentzugszahlen

Die Anpassungsfähigkeit der Baumwolle an sehr unterschiedliche Standortverhältnisse erweckt den Eindruck, daß sie hinsichtlich der Versorgung mit Nährstoffen eine anspruchslose Pflanze ist. Tatsächlich ist der Nährstoffentzug des eigentlichen Erntegutes, der Baumwollfaser, bescheiden. Nach MÜLLER (1958) beträgt der Mineralstoffgehalt der Fasern nur 1,25%. Die Nährstoffversorgung der Baumwolle würde, sofern nicht mit Auswaschungsverlusten zu rechnen wäre und falls die Pflanzenreste und Samenrückstände auf dem Acker verbleiben, unter normalen Bodenverhältnissen für viele Jahre ausreichen. Vielfach wird es jedoch notwendig sein, mit Rücksicht auf die Schädlingsbekämpfung die abgeernteten Pflanzenmassen zu verbrennen. Wo billige Arbeitskräfte zur Verfügung stehen, kann die Kompostierung der Rückstände nach dem Indore-Verfahren empfohlen werden (HOWARD 1948). Ferner ist zu bedenken, daß die bei der Ölgewinnung aus den Baumwollsamen verbleibenden Rückstände wirtschaftlich vorteilhafter als Preßkuchen für Futterzwecke Verwendung finden.

Aufschlußreich für das Verständnis des Düngerbedarfs und der Nährstoffaufnahme sind die von MÜLLER (1958) zitierten Angaben von ANDERSON und ROSS (Tab. 204).

Tabelle 204. *Zusammensetzung der einzelnen Teile einer reifen Baumwollpflanze in % der Trockensubstanz*

Pflanzenteil	N	P_2O_5	K_2O	CaO	MgO	Fe_2O_3	Na_2O
Wurzel	0,48	0,26	0,90	0,45	0,44	0,25	0,44
Stamm	0,64	0,21	0,85	0,78	0,28	0,21	0,30
Blätter	2,25	0,48	1,09	5,28	0,94	0,43	0,66
Kapseln	1,83	0,78	1,16	0,51	0,55	0,15	0,23
Samen	3,54	1,40	1,13	0,32	0,30	0,03	0,28
Faser	0,18	0,09	0,59	0,07	0,14	0,16	0,07

Pflanzenteil	SiO_2	SO_3	Asche	Eiweiß	Faser	Öl	Kohlenhydrate
Wurzel	0,64	0,14	3,72	3,00	40,62	2,78	49,88
Stamm	0,16	0,14	3,09	4,00	45,31	1,11	46,49
Blätter	1,70	1,05	12,55	14,06	8,71	8,49	56,19
Kapseln	0,21	0,42	4,74	11,44	45,21	9,81	28,80
Samen	0,02	0,11	3,65	22,13	11,91	23,05	39,26
Faser	0,07	0,09	1,25	1,12	87,02	0,61	10,00

IGNATIEFF und PAGE (1958) gaben folgende Entzugszahlen für eine gute Baumwollernte, wobei allerdings der Gehalt in den Wurzeln vernachlässigt wurde (Tab. 205).

Tabelle 205. *Mineralische Zusammensetzung des Erntegutes*

	Hektarertrag in kg	Gehalt in kg					
		N	P	K	Ca	Mg	S
Samen	1100	73	28	56	8	6	3
Faser	600						

Nach BROWN (1938) entzieht eine Faserernte von 500 lb./acre dem Boden folgende Nährstoffmengen (Tab. 206):

Tabelle 206. *Nährstoffentzug der Baumwolle bei einer Faserernte von 500 lb./acre*

Pflanzenteil	Gewicht lb.	Anteil %	Stickstoff lb.	Phosphorsäure lb.	Kali lb.
Wurzeln	417	8,80	2,00	1,08	3,75
Stamm	1096	23,15	7,01	2,30	9,33
Blätter	959	20,25	21,58	4,60	10,45
Kapselhüllen	673	14,21	5,52	3,23	20,79
Samen	1090	23,03	38,58	15,26	12,32
Faser	500	10,56	0,90	0,45	2,95
insgesamt	4735	100,00	75,59	26,92	59,59

Interessante Anhaltspunkte über Nährstoffentzugsmengen lassen sich aus den Daten, welche von GLANDER (1957) über amerikanische Veröffentlichungen aufgeführt werden, entnehmen (Tab. 207).

Tabelle 207. *Nährstoffgehalt einjähriger Baumwollpflanzen berechnet auf 100 kg Faser*

Pflanzenteil	Gewicht	N	P_2O_5	K_2O	CaO	MgO
	kg					
Wurzeln	86,1	0,79	0,42	1,10	0,55	0,35
Stengel	277,5	3,32	1,34	3,21	2,21	0,35
Blätter	119,2	6,39	2,37	3,58	8,84	1,70
Kapseln	142,1	1,53	0,68	3,78	2,56	0,61
Samen	223,0	6,98	2,83	2,61	0,56	1,23
Faser	100,0	0,34	0,10	0,46	0,19	0,08

NEVROS (1936) bezieht sich bei seinen Beobachtungen auf 2000 kg Rohbaumwolle, welche nach seinen Berechnungen dem Boden 127,5 kg N, 50,0 kg P_2O_5 und 77,0 kg K_2O entziehen. Nach MARTIN und LEONARD (1950) sind die Entzugszahlen bei einer Ernte von 770 kg pro Hektar:

84,7 kg N
25,3 kg P_2O_5
73,7 kg K_2O
86,9 kg CaO
28,6 kg MgO

Die Erträge sind in den einzelnen Kulturgebieten außerordentlich unterschiedlich. Den Ertrag beeinflussen neben Bodenstruktur, Anbaumethode,

Krankheiten und Schädlingen vor allen Dingen Witterungsverlauf und Nährstoffversorgung der Pflanzen. Maßgeblich ist unter ungünstigen Niederschlagsverhältnissen der ertragsfördernde Einfluß einer zusätzlichen, dem zeitlichen Wasserbedarf der Baumwollpflanze angepaßten Bewässerung. Einige Anbauzentren, wie beispielsweise die Länder Peru, El Salvador, Ägypten und USA, wo eine regelmäßige Bewässerung zu den üblichen Kulturmaßnahmen gehört, lassen auf Grund der weit über dem Durchschnitt stehenden Fasererträge deutlich den Einfluß der ausreichenden Wasserversorgung erkennen (Tab. 208).

Tabelle 208. *Durchschnittliche Fasererträge einiger wichtiger Baumwollanbauländer* (in kg/ha)

	1948/52 (Mittel)	1957	1958	1959
I. *Europa*				
Griechenland	300	410	380	430
Spanien	160	220	240	280
UdSSR	430[1]	710[1]	700[1]	730[1]
II. *Nord- und Zentralamerika*				
El Salvador	360	900	740	800
Mexico	320	500	490	490
USA	320	440	520	520
III. *Südamerika*				
Argentinien	240	270	200	180
Brasilien	150	140	140	170
Peru	500	450	490	510
IV. *Asien*				
China, VR	200	280	370	—
Indien	90	100	100	90
Pakistan	200	210	210	220
Türkei	250	220	290	310
Syrien	280	420	370	430
V. *Afrika*				
Kongo	140	140	140	160
Sudan	360	140	360	320
Ägypten	520	530	560	620
Uganda	110	110	90	100

[1] Inoffizielle Quellen.

(Quelle: Production Yearbook 14, Food and Agriculture Organization of the United Nations, Rom, 1961.)

7. Nährstoffaufnahme in Abhängigkeit vom Wachstumsverlauf

Über die Nährstoffaufnahme in Abhängigkeit vom Wachstumsverlauf liegen Beobachtungen von White (1914) vor. Die Untersuchungen lassen erkennen, daß etwa ein Drittel der mineralischen Nährstoffe in den ersten 30 Tagen, ein weiteres Drittel in den folgenden 30 Tagen und schließlich die restliche Menge bis zur Reifeperiode nach insgesamt 90 bis 100 Tagen verbraucht werden. Die Nährstoffaufnahme ist demnach während der ersten beiden Monate der Vegetation am stärksten. Diese Tatsache sollte bei der Düngeranwendung entsprechende Berücksichtigung finden.

8. Düngungsmethoden

Phosphat- und Kalidünger werden unter normalen Verhältnissen kurz vor der Saatzeit breitwürfig ausgebracht und anschließend eingepflügt. Eine genügend tiefe Einarbeitung möglichst in die Nähe der Wurzelregion ist insbesondere bei der relativ unbeweglichen Phosphorsäure bedeutend effektiver. Von einer Oberflächendüngung ist daher, ganz abgesehen von möglichen Verlusten durch starke Regenfälle, stets abzuraten. Auch unter ariden Verhältnissen, da infolge der Austrocknung der Oberflächenschichten ein Wandern gelöster Nährstoffe praktisch ausgeschlossen ist, sollte die tiefe Einbringung eine Selbstverständlichkeit sein. Eine anschließende Bewässerung sorgt für schnelle Auflösung, Verteilung und effektvolle Nutzung des Düngers. Eine Einarbeitung des Düngers in eine Tiefe von 5 bis 10 cm unter die Saat wird empfohlen. Mehrjährige amerikanische Untersuchungen im Gesamtgebiet des sogenannten Cotton Belt von Carolina bis Texas über die zweckmäßigste Methode der Baumwolldüngung kamen zu folgenden Ergebnissen (Salter 1938; Tab. 209):

Tabelle 209. *Vergleich verschiedener Düngungsmethoden im Cotton Belt*

Düngergabe 600 lb. 6-8-4/acre	Ertrag lb./acre	Mehrertrag lb./acre
ungedüngt	638	—
in Reihen 5 cm unter Saat zur Saatzeit	787	149
in Reihen 7,5 cm unter Saat 10 Tage vor Saatzeit	971	333
in Doppelreihen beiderseits der Saat mit 7,5 cm Abstand und 7,5 cm unter Saat zur Saatzeit	1191	553
in Doppelreihen beiderseits der Saat mit 6,25 cm Abstand und 7,5 cm unter Saat 10 Tage vor Saatzeit	1275	637

Vielfach wird eine Ausbringung der Phosphorsäure beiderseits der Saatreihen (row placement) sich als vorteilhaft erweisen. Dieser Düngungsmethode ist vor allen Dingen bei Böden mit hohem Phosphorsäurefestlegungsvermögen der Vorzug zu geben. Bekanntlich gehören hierzu vor allem die stark sorbierenden eisenhaltigen Roterden der warmen Zonen. In diesem Zusammenhang verdienen die Versuche von Pissemskaja (1953), bei denen sich gekörntes Superphosphat infolge der geringeren Festlegungsgefahr dem staubförmigen Superphosphat überlegen zeigte, Beachtung.

Nach Angaben von Müller (1958), der Versuche von Sabinin und Minin zitiert, betrugen bei oberflächigem Einbringen des Düngers auf nur 5 cm die Faserernten 50 kg, während bei Tiefen bis 10 cm und 15 cm sich die Ernten auf 360 kg bzw. 600 kg erhöhten.

Matschigin (1955) und Mitarbeiter betonen die Wichtigkeit der Phosphorsäureversorgung in den ersten 10 bis 20 Tagen des Wachstums. Sie ist maßgeblich an der Entwicklung eines ertragreichen Baumwollbestandes beteiligt. Es wird daher eine gleichzeitige Einbringung der Phosphorsäure und der anderen Nährstoffe zur Zeit der Aussaat empfohlen. Hierbei sind die Düngerschare, 5 bis 7 cm von der Saatreihe entfernt, auf eine Tiefe von 13 bis 15 cm einzustellen. Der Mehrertrag dieser Düngungsmethode gegenüber dem Einpflügen des Phosphates betrug bei den verschiedenen Versuchsfeldern 2 bis 3 dz/ha Baumwolle.

Eine breitwürfige Ausbringung des Stickstoffdüngers ist im allgemeinen unzweckmäßig. Nach einem Bericht von Crowther (1937) und Mitarbeitern hat sich in Ägypten die Düngung nach der sogenannten „Takbish"-Methode, wobei der Stickstoffdünger in abgemessenen Mengen mittels eines Löffels nach der zweiten Bewässerung in die Nähe jedes Pflanzenpaares nach erfolgter Vereinzelung in den Boden eingebracht wird, bewährt. Das Ausdünnen der Pflänzchen erfolgt in Ägypten unter normalen Verhältnissen 6 bis 8 Wochen nach der Aussaat.

Hinsichtlich der zweckmäßigen Anwendungszeit von Stickstoffdüngern bestehen in den verschiedenen Anbauländern recht unterschiedliche Auffassungen. Grundsätzlich ist zu beachten, daß ein Teil des Stickstoffs möglichst frühzeitig zu geben ist und daß die restliche Gabe nicht zu spät zu erfolgen hat, um die Reife nicht hinauszuzögern. Jedenfalls ist, um der Auswaschung vorzubeugen,

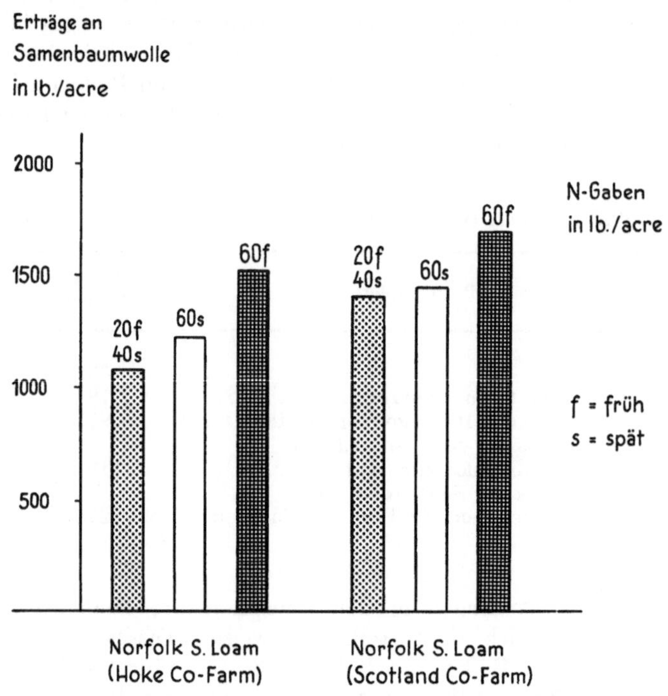

Abb. 155. Baumwollerträge bei zeitlich verschieden verabreichten Stickstoffgaben (Versuchsergebnisse in North Carolina)

eine Unterteilung der Stickstoffgabe ratsam. Die erste Gabe von mindestens 20 kg N/ha wird frühzeitig zur Saat oder kurz danach gegeben und die zweite Gabe, wenn die jungen Pflanzen eine Höhe von 15 bis 20 cm erreicht haben. Die Streifendüngung ist der breitwürfigen Ausbringung vorzuziehen. In der Praxis wird vielfach die erste Teilgabe breitwürfig als Ammoniakdünger kurz vor der Aussaat gegeben. Ihr folgt etwa 4 bis 6 Wochen später, in Streifen beiderseits der Pflanzreihen ausgebracht, die zweite Dosis. Wegen der schnelleren und effektvolleren Ausnutzung verdient ein nitrathaltiger Stickstoffdünger den Vorzug.

Es bedarf keiner weiteren Betonung, daß ein bestimmtes Schema hinsichtlich der Methode und der zeitlichen Ausbringung von Stickstoffdüngern kaum für alle Anbaugebiete einheitlich zu empfehlen ist. Die verschiedenen lokalen Bedingungen und besonders auch die unterschiedlichen Ansprüche der einzelnen Sorten bedürfen entsprechender Berücksichtigung.

Düngungsversuche von ROUX und GUTTENECHT (1956) in Zentralafrika durchgeführt, zeigten je nach Ausbringungsweise des schwefelsauren Ammoniaks einen deutlichen Ertragsunterschied. Während die breitwürfige Düngung gegenüber der O-Parzelle einen Mehrertrag von 11,5% auswies, ergaben die Reihendüngung und die placierte Düngung, neben den Pflänzchen eingebracht, einen Erntezuwachs von 26,5% bzw. 18,5%.

Unter indischen Verhältnissen werden nach PANSE (1950) bei bewässerter amerikanischer Baumwolle im Punjab die besten Ergebnisse erzielt, wenn die

Abb. 156. Manuelle Aberntung eines reichtragenden Baumwollfeldes

Stickstoffdüngung während der Periode starker Blütenbildung verabreicht wird. Bei der landläufigen Desi-Baumwolle wurde in Raya in Mittelindien kein Unterschied festgestellt zwischen einer frühen Stickstoffdüngung unmittelbar zur Saat und einer 6 Wochen späteren Gabe. Andererseits erwies sich bei den frühreifen Arboreum-Varietäten unter regenabhängigen Kulturbedingungen auf Regur-Böden (black cotton soils) eine frühe Düngung vorteilhafter und schließlich gaben

Gebiete mit reichlichen Niederschlägen wiederum die besten Erträge, wenn die Stickstoffdüngung erst 6 Wochen nach der Saat verabreicht wurde.

WELCH und NELSON (1951) kommen auf Grund zahlreicher Versuche in Carolina zu der Schlußfolgerung, daß einer frühen Stickstoffdüngung der Vorzug zu geben ist und daß nur bei hohen Stickstoffgaben eine spätere Teilgabe, ausgebracht, wenn die Pflänzchen eine Höhe von etwa 15 bis 20 cm erreicht haben, sich vorteilhaft auswirkt.

9. Düngung und Ertrag

Bei der Düngung ist dem Nährstoffbedarf der Baumwolle unter Berücksichtigung des vorhandenen pflanzenaufnehmbaren Nährstoffkapitals des betreffenden Bodens Rechnung zu tragen. Die Kenntnis des wurzellöslichen Nährstoffvorrats formt die wirtschaftliche Grundlage einer Düngerplanung mit dem Ziel einer störungsfreien Ernährung der Pflanzen, die bei einer kräftigen Entwicklung einerseits erhöhte Widerstandsfähigkeit gegen Schädlingsbefall aufweisen und andererseits die Kraft besitzen, ihr Ertragspotential voll zu entfalten. Es liegt auf der Hand, daß für den praktischen Farmer der Düngeraufwand im rationellen Verhältnis zum Gestehungspreis und dem Marktpreis für sein Erntegut stehen muß und daß ihn daher im allgemeinen die erzielbare absolute Ertragshöhe weniger interessiert.

Zahlreiche Versuche in den verschiedenen Anbaugebieten haben eindeutig die Vordringlichkeit der Stickstoffdüngung erwiesen. Bekanntlich enthalten nur wenige Böden von Natur aus ausreichende Stickstoffvorräte. Soweit diese für die Kultur von Baumwolle in Frage kommen, wie z. B. junge Urwaldrodungen, bedarf es im allgemeinen nur starker Gaben von Phosphorsäure und Kali, um die einseitige Stickstoffwirkung, welche eine starke Förderung der vegetativen Entwicklung auf Kosten der Blüten- und Fruchtbildung zur Folge hat, zurückzudrängen.

Versuche von der South Carolina Agricultural Experiment Station, auf sandigem Lehm durchgeführt, demonstrieren eindrucksvoll die Wirkung steigender Stickstoffgaben. Die Grunddüngung sämtlicher Parzellen betrug 10 lb. P_2O_5 und 12 lb. K_2O je acre (Tab. 210).

Tabelle 210. *Wirkung steigender Stickstoffgaben auf den Ertrag an Samenbaumwolle* (South Carolina Agricultural Experiment Station 1928)

Stickstoffgaben lb./acre	Ertrag Samenbaumwolle lb./acre	Mehrertrag gegenüber ohne Stickstoff	
		lb.	%
0	581	—	—
12	752	171	29,4
24	855	274	47,1
36	849	268	46,1
48	1009	428	73,6
60	1058	477	82,1

Verschiedene Faktoren wirken bei der Festlegung der Höhe von Stickstoffgaben mit. Bei der Bemessung der Menge sind neben der zur Aussaat gelangenden Baumwollsorte insbesondere Klima, Boden und Vorfrucht zu berücksichtigen. Höhere Stickstoffgaben werden in Gebieten mit günstigem Regenfall oder zusätzlicher Bewässerung vorteilhafter ausgenutzt als in regenarmen Zonen.

Versuche in Indien verweisen auf die ausschlaggebende Rolle, die die Bodenfruchtbarkeit auf den Stickstoffeffekt ausübt (PANSE und Mitarbeiter 1951). Böden verschiedener Fruchtbarkeitsstufen zeigten, daß bei gleichen Stickstoffgaben der fruchtbarere Boden einen bedeutend höheren Mehrertrag erzeugt. Für die Praxis gilt daher, daß die Höhe der Stickstoffdüngung entsprechend dem Bodenzustand zu bemessen ist. Während unter ungünstigen Bedingungen 20 kg Stickstoff je Hektar das Optimum darstellen können, verläuft bei einem Feld mit hoher Bodenfruchtbarkeit die Ertragskurve selbst bei Gaben von 100 kg Stickstoff je Hektar und mehr noch praktisch linear.

Die Phosphorsäure ist am Aufbau der organischen Substanz der Baumwollpflanze sowie an dem physiologischen Ablauf der einzelnen Funktionen maßgeblich beteiligt. Sie fördert die Blüten- und Fruchtentwicklung und beschleunigt die Reifung der Kapseln, was bei gleichzeitig hohen Stickstoffgaben für den Ernteverlauf von ausschlaggebender Bedeutung ist (RIOS 1950).

Auch die Untersuchungsergebnisse von FOADEN, welche von MÜLLER (1958) zitiert werden, weisen auf die Wechselwirkungen von Stickstoff und Phosphorsäure hin. Auf den Ernteablauf haben sie einen erheblichen wirtschaftlichen Einfluß (Tab. 211).

Tabelle 211. *Wechselwirkungen der Phosphorsäure und des Stickstoffs auf den Verlauf der Reifung*

Düngung	1. Pflücke	2. Pflücke	3. Pflücke	Gesamternte
P_2O_5	935	470	488	1853
N	155	510	1008	1673
P_2O_5+N	487	1047	974	2508

Die Höhe der Phosphatgabe wird sich im allgemeinen nach dem Bodenvorrat an aufnehmbarer Phosphorsäure richten, wobei hinsichtlich der Methodik der Ausbringung bei Böden, die zur Fixierung der Phosphorsäure in schwerlösliche Verbindungen neigen, auf die weiter oben beschriebenen Maßnahmen verwiesen wird. Entsprechend den unter Tab. 210 aufgeführten Daten eines Stickstoff-Steigerungsversuches wurden auf demselben Gelände Versuche mit steigenden Phosphatgaben durchgeführt. Als Grunddüngung wurden 24 lb. N und 12 lb. K_2O je acre gegeben (Tab. 212).

Tabelle 212. *Erträge an Samenbaumwolle bei steigenden Phosphatgaben* (South Carolina Agricultural Experiment Station 1928)

Phosporsäuregaben lb./acre	Ertrag Samenbaumwolle lb./acre	Mehrertrag gegenüber ohne Phosphorsäure lb./acre
0	624	—
12	750	126
24	679	55
36	720	96
48	784	160
60	855	231
72	836	212

Das Kali wirkt sich kräftigend auf das pflanzliche Gewebe aus und fördert somit die Resistenz gegen Schädlingsbefall. Es ist maßgeblich beteiligt an der Regulierung der Assimilation, dem Transport der Assimilate, der Quellbarkeit der Plasmakörper und dem Eiweißaufbau. Diese physiologischen Eigenschaften machen es zu einem unentbehrlichen Element für die gesunde Entwicklung der Baumwollstaude. Eine infolge Kalimangel gehemmte Assimilation führt zur unvollständigen Ausbildung der Samenkapseln, die schließlich bei akutem Mangel vorzeitig abfallen.

Wie bereits aus den Analysendaten der Tab. 204 ersichtlich ist, spielt das Kalium bei der gesunden Entwicklung der Faser eine wesentliche Rolle. An Kalimangel leidende Bestände erzeugen minderwertige Fasern von geringer Festigkeit und Länge (Neal 1928).

Auf Grund von Versuchen, welche von der Forschungsanstalt Rocky Mountain Agricultural Experimental Station, North Carolina, auf kaliarmen sandigen Alluvialböden durchgeführt wurden, bestätigte Nelson (1949) den maßgeblichen Einfluß des Kaliums auf Größe und Gewicht der Kapseln (Tab. 213).

Tabelle 213. *Wirkung der Nährstoffe N, P_2O_5 und K_2O auf Kapseldurchmesser und Ertrag*

Düngergabe/ha	Zuwachs gegenüber der Kontrollparzelle	
	der Kapseldurchmesser	der Erträge
67 kg N	10,2%	68,7%
55 kg P_2O_5	12,8%	23,3%
67 kg K_2O	23,4%	67,7%

Auffallend ist die Erscheinung, daß bei kaliarmen Standorten die zuletzt ausgebildeten Kapseln im oberen Teil der Baumwollstauden besonders unter dem Mangel zu leiden haben und in der Entwicklung zurückbleiben (Tab. 214).

Tabelle 214. *Einfluß von Kalimangel auf das Kapselgewicht in Gramm*

	ohne Kaligabe	100 kg K_2O/ha
oberer Teil der Staude	3,73	5,67
mittlerer Teil der Staude	4,81	6,35
unterer Teil der Staude	4,96	6,15

Schon Atkinson konnte 1892 feststellen, daß der sogenannte „Baumwollrost" (rust oder black rust of cotton) auf Kalihunger beruht und durch Kaligaben geheilt werden kann (Tharp 1953). Diese Beobachtung wurde von verschiedenen Autoren bestätigt (Ware und Young 1934, Volk 1946). Die Ergebnisse verschiedener Düngungsversuche auf Feldern, die von Baumwollrost befallen waren und offenbar unter Kalimangel litten, ließen deutlich die fördernde Wirkung steigender Kaligaben erkennen (Volk 1946; Tab. 215).

Über die Wirkung von Mikronährstoffen bei Baumwolle liegen einige Beobachtungen vor. Dshalilov (1955) führte verschiedene Versuche mit einer Grunddüngung von 160 kg N, 120 kg P_2O_5 und 60 kg K_2O sowie zusätzlichen Gaben von 1,75 kg Bor bzw. 1,5 kg Mangan je Hektar durch. Die Mikronährstoffe wurden in

Wasser gelöst und als Naßkopfdüngung verabreicht. Als geeignete Konzentration erwiesen sich 1,7 und 0,3%. Während der Entwicklungsperiode von der Blüten- bis zur Kapselbildung wurden die Pflanzen in gleichen Zeitabständen dreimal besprüht. Beide Mikronährstoffe wirkten eindeutig wachstumsfördernd und ertragssteigernd. Die mit Bor besprühten Parzellen erzielten Mehrerträge von 2,4 bis 4,4 dz, und durch das Besprühen mit Mangan wurden die Ernten um 2,0 bis 2,2 dz je Hektar gesteigert.

Tabelle 215. *Wirkung steigender Kaligaben auf rostanfälligen Böden* (Mittel von 17 Versuchen)

Gesamtdüngergabe 672 kg/ha in verschiedenen Kombinationen	Samenbaumwolle kg/ha	Mehrertrag gegenüber Düngung ohne Kali kg/ha
6–8–0	688	–
6–8–4	939	251
6–8–6	1086	398
6–8–8	1220	532
6–8–12	1208	520
6–8–16	1121	433
6–8–20	1060	372

Eine günstige Wirkung einer Bordüngung auf Ertrag und Qualität der Baumwolle konnte COLEMAN (1947) auf kalkreichen Böden feststellen. Während mit Boraxgaben von 11 kg je Hektar und Jahr und 22 kg, auf 2 Jahre verteilt, nur ein geringer Mehrertrag von 3% erreicht wurde, konnten 33 kg Borax von je 11 kg, in 3 aufeinanderfolgenden Jahren gegeben, die Ernte um 26% erhöhen bei gleichzeitig günstigem Effekt auf die Größe und die Zahl der Kapseln.

Da die Baumwolle auf nahezu allen Bodenarten mit gutem Erfolg kultiviert werden kann, sofern die unerläßlichen Erfordernisse an Klima und physikalische Struktur des Bodens erfüllt sind, verwundert es nicht, daß die Düngungsempfehlungen der lokalen Versuchsstationen sehr oft stark divergieren.

Es darf angenommen werden, daß gegenwärtig in den Vereinigten Staaten von Amerika etwa drei Viertel des gesamten Baumwollareals regelmäßig abgedüngt werden. Den lokalen Verhältnissen der Anbaugebiete angepaßt, sind die Empfehlungen unterschiedlich. Für das wichtige Baumwollgebiet von North Carolina geben WELCH und NELSON (1951) folgende richtungsweisende Mengen an:

40 bis 80 lb. Stickstoff je acre
80 bis 100 lb. Phosphorsäure je acre
30 bis 80 lb. Kali je acre.

Bei einer Bodenreaktion unter pH 6 wird eine zusätzliche Dolomitgabe empfohlen.

Für den Bereich der Mississippi Research Station werden 600 lb./acre einer Mischung mit 6% N, 8% P_2O_5 und 8% K_2O als Grunddüngung, vor der Saat gegeben, angeraten. Dieser Düngung folgt eine in Streifen neben den Pflanzreihen ausgebrachte zusätzliche Stickstoffdüngung von 36 lb./acre (Abb. 157).

MIKKELSEN (1953) betont die Notwendigkeit, die Höhe der Düngung den Bodenarten anzupassen. Düngungsversuche in San Joaquín Valley, Kalifornien, ergaben auf unterschiedlichen Böden Mehrerträge von 8,6% bis 111,5% durch Stickstoffgaben. Die nach ähnlichen Merkmalen zu Serien gruppierten Böden erhielten 50 bis 150 lb. N/acre. Die Phosphorsäure zeigte nur wenig Effekt. Auch Kali war offenbar in diesen Baumwollböden ausreichend vorhanden.

In Indien ist grundsätzlich zwischen der Düngung bewässerter und regenabhängiger Felder zu unterscheiden. Für erstere werden im allgemeinen 60 bis 100 lb. N/acre empfohlen, während letztere, soweit überhaupt eine Düngung

Abb. 157. Maschinelle Aberntung

gegeben wird, kaum mehr als 40 lb. N/acre erhalten. Eine Phosphat- und Kalidüngung kommt nur in Ausnahmefällen zur Anwendung, obgleich vielfach Versuche den Nutzen von Phosphorsäure und Kali deutlich demonstrieren konnten. Eigene Demonstrationsversuche auf Bauernland bestätigen neben einer zum Teil frappanten Stickstoffwirkung den ertragsfördernden Effekt von Phosphorsäure und Kali (Tab. 216).

Tabelle 216. *Ertragsteigernde Wirkung zusätzlicher Phosphat- und Kaligaben im Staat Bombay, Surat (1956)*

Düngung/acre	Erträge				Mehrerträge lb./acre	
	lb./acre		relativ %			
	I	II	I	II	I	II
ungedüngt	320	336	100	100	—	—
60 lb. N	560	848	175	252	240	512
60 lb. N, 90 lb. P_2O_5	800	1062	250	316	480	726
60 lb. N, 90 lb. P_2O_5, 60 lb. K_2O	1008	1376	315	410	688	1040

(Aus: Results of Experiments with Ammonium Sulphate Nitrate 26% under Cultivators' Conditions 1956/57.)

Der Stickstoff wurde in Form von Ammonsulfatsalpeter (26% N), die Phosphorsäure als Superphosphat (16% P_2O_5) und Kali als 60%iges Chlorkalium gegeben.

Neben einer reinen Stickstoffdüngung wird allerdings in Indien mit Recht die Ausbringung von Kompost und die Düngung mit Erdnußkuchen- oder Baumwollsaatmehl von den lokalen Versuchsstationen empfohlen (SAWHNEY und SIKKA 1955). Auf Grund von Versuchsergebnissen wird eine Kombination von 60 maunds (etwa 4900 lb.) Kompost und $1^1/_2$ maunds[1] (etwa 120 lb.) schwefelsaures Ammoniak je acre, was zusammen etwa einer Gabe von 50 lb. N entspricht, angeraten. Der Kompost wird bei der Vorbereitung des Feldes gründlich in den Boden eingepflügt. Die Stickstoffgabe wird, mit trockener Erde oder Sand gemischt, kurz vor Erscheinen der ersten Blüten breitwürfig ausgestreut.

Indiens Hauptanbaugebiet von Baumwolle liegt vorwiegend auf den sogenannten Regur-Böden (black cotton soils). Diese von Natur aus fruchtbaren bis in große Tiefen homogenen Böden würden zweifellos bei ausreichender Bewässerung auf eine kombinierte N/P_2O_5-Düngung mit erheblichen Mehrerträgen reagieren.

Auch im Kongo wurden mit kompostiertem Baumwollsaatmehl in Bambesa (anonym 1950) bei Gaben von 10 t je Hektar Mehrerträge von durchschnittlich 57% erzielt. Mit 73% Ertragszuwachs war eine Düngung mit 800 kg Baumwollsaatasche noch effektvoller. Allerdings erscheint diese Düngungsmethode wirtschaftlich kaum zu verantworten im Hinblick auf den Verlust der Ölausbeute aus den Samen.

Aus Pakistan berichtet WAHHAB (1959) von Stickstofformenversuchen zu unbewässerter Baumwolle in verschiedenen Distrikten Westpakistans (Tab. 217).

Tabelle 217. *N-Formenversuch in Westpakistan*
(Erträge in maunds[1]/acre)

Zahl der Versuche (verschiedene Distrikte)	50 lb. N/acre			Mehrertrag in maunds/acre
	ungedüngt	schwefelsaures Ammoniak	Ammonsulfatsalpeter	
4	7,9	9,8	—	1,9
21	6,5	—	8,5	2,0
16	7,3	10,5	12,1	3,2 bzw. 4,8

[1] 1 maund = 82,5 lb.

In weiteren Versuchen gelangte auch Harnstoff zur Anwendung. Ebenso wie im Vergleich mit schwefelsaurem Ammoniak hat sich auch hier Ammonsulfatsalpeter als der für die Baumwollfelder Pakistans günstigste Stickstoffdünger erwiesen.

In den von Nil-Schlamm angereicherten Baumwollböden in Ägypten werden außer einer Stickstoffdüngung, deren Höhe je nach der Vorfrucht schwankt, kaum Phosphat- und Kalidünger gegeben. Nach MÜLLER (1958) beträgt in Unterägypten die Stickstoffgabe 75 bis 115 kg Ammonsulfat je Feddan (0,42 ha) oder 100 bis 150 kg Natronsalpeter oder Kalksalpeter. In Mittelägypten werden als optimale Mengen 200 kg Ammonsulfat je Feddan empfohlen.

Die Baumwolle steht in Ägypten im allgemeinen nach Brache oder ägyptischem Klee (*Trifolium alexandrinum*). Letzterer wird nur einmal geschnitten und dann eingepflügt. Die Aussaat der Baumwolle erfolgt anschließend im Februar. Im Deltagebiet des Nils ist die Vorfrucht Mais oder auch Reis.

Crowther und Mitarbeiter (1937) berichten von mehrjährigen N-Steigerungsversuchen mit Kalksalpeter (Tab. 218).

Tabelle 218. *Durchschnittliche Mehrerträge mit steigenden Kalksalpetergaben in Ägypten* (Mittel von 16 Versuchen)

Düngergabe je Feddan[1]	Mehrerträge in Kantar[2]
100 kg	0,67
200 kg	1,10
300 kg	1,32

[1] 1 Feddan = 0,42 ha.
[2] 1 Kantar = etwa 141 kg.

Ähnliche Erfolge beobachtete Jewitt (1953) im Sudan. Mit einer Stickstoffdüngung von 50 lb. Stickstoff je Feddan wurde ein Mindestmehrertrag von 1 Kantar erzielt. Eindeutige Phosphat- und Kaliwirkungen konnten nicht wahrgenommen werden.

Interessant ist die Feststellung, daß trotz des hohen Gehaltes an austauschbarem Kalzium und des Reichtums an Kalk die schweren Gezira-Böden auf Gipsgaben mit beachtlichen Mehrerträgen reagieren. Es hat den Anschein, daß die günstigere Reaktion nicht nur auf einer Verbesserung der Bodenstruktur beruht, sondern daß die Kalziumzufuhr hier ebenfalls physiologisch fördernd wirkt. Auch Kalksalpeter zeigt auf diesen spezifischen Standorten sich dem schwefelsauren Ammoniak überlegen, was zum Teil auf Ammoniakverluste im Hinblick auf die kalkreichen Böden zurückzuführen ist. Dies scheint nicht der alleinige Grund zu sein. Es wird sich auch hier um einen spezifischen physiologischen Effekt des Kalziums, welches in diesen typischen Böden mit ihren beträchtlichen Mengen von austauschbarem Natrium in seiner Wirkung als Nährstoff gehemmt wird, handeln.

Die Autoren Wahhab und Riaz Ahmad (1959) in Pakistan und auch Jewitt (1956) im Sudan betonen die Bedeutung der Fruchtfolge sowie der Brache in der Baumwollkultur. Die Ergebnisse der Versuche in fünf wichtigen Baumwollanbauzentren Westpakistans, welche in den Jahren 1955 und 1956 durchgeführt wurden, zeigten, nach der Höhe der Erträge gegliedert, folgende Reihenfolge:

1. Baumwolle nach Brache 16,50 maund Saatbaumwolle.
2. Baumwolle nach ägyptischem Klee (*Trifolium alexandrinum*) mit einer Gabe von 50 lb. P_2O_5 13,85 maund Saatbaumwolle.
3. Baumwolle nach ägyptischem Klee ohne Phosphatdüngung 13,43 maund Saatbaumwolle.
4. Baumwolle nach Weizen 11,06 maund Saatbaumwolle.

Wirtschaftlich betrachtet, war für den Farmer der Fruchtwechsel mit Klee unter 3. am vorteilhaftesten.

Den Effekt der Brache auf die Baumwollerträge zeigen mit eindringlicher Deutlichkeit die Versuche der Gezira Research Farm im Sudan (Jewitt 1956). Es handelt sich hier um schwere alkalische Böden (50% Ton unter 0,002 mm) mit einer Bodenreaktion von pH 9 und höher (Tab. 219).

Die Wirkung der Brache ist eindeutig. Sie ist zurückzuführen auf die Verbesserung der physikalischen Struktur des Bodens — auf den stark zur Verschlämmung neigenden schweren Böden wurden die extrem hohen Werte von 9,4 und 13,5 Milliäquivalent Na festgestellt — und auf eine Nitratanreicherung.

Der Wert der Nitratanreicherung während der Brache sollte jedoch nicht eindeutig positiv bewertet werden, da sie aus dem Bodenstickstoff gespeist wird.

Tabelle 219. *Einfluß der Brache auf den Baumwollertrag im Sudan*

Fruchtfolge	Saatbaumwolle in lb./acre	
	ohne N	80 lb. N/acre
C C C C C*	600	1035
C C C F C*	926	1257
C C F F C*	1242	1482
C F F F C*	1407	1521

C = Baumwolle, F = Brache, * Vergleichsjahr

Die Praxis im Sudan zeigt, daß im allgemeinen die Brache stark verunkrautet und dem Vieh als Weide überlassen wird. Damit sind zwei wesentliche Vorbedingungen einer erfolgreichen Brache, nämlich die Freihaltung von Unkraut und die Oberflächenlockerung zwecks optimaler Nutzung der spärlichen Niederschläge, nicht gegeben. Es ist daher auch kaum anzunehmen, daß die Brache in den bäuerlichen Betrieben die gleich gute Wirkung zeigen wird.

Die Wechselwirkung zwischen Fruchtfolge, Nitratstickstoffanreicherung und Erträgen veranschaulicht folgende Beobachtung aus dem Sudan (Tab. 220).

Tabelle 220. *Wechselwirkung, Fruchtfolge, Nitratstickstoffanreicherung und Erträge* (nach JEWITT 1956)

Fruchtfolge	NO_3-N p.p.m.	Erträge in lb./acre
C F F	8,1	1500
C S F	10,1	1420
C S S	4,9	990
C D F	13,7	1700
C S D	10,8	1500

C = Baumwolle, F = Brache, S = Sorghum, D = Dolichos lablab (Leguminose).

Die Nitratzahlen sind Durchschnittsergebnisse der Jahre 1934 bis 1947 und wurden in dem Bodenbereich 1 bis 30 cm festgestellt. Die Ernteergebnisse entstammen der gleichen Periode.

ROUX und GUTTENECHT (1956) berichten von erfolgreichen Düngungsversuchen im Tschad. In Bebedjia konnte mit 40 kg N je Hektar, zur Saatzeit gegeben, ein Ertragszuwachs von 80% erzielt werden. Selbst geringe Gaben von nur 5, 10 und 20 kg N je Hektar, zur Zeit der Vereinzelung ausgestreut, ergaben Mehrerträge von 15%, 21% und 31,6%. Ähnliche Ergebnisse wurden in Bekamba erzielt, wo ebenfalls mit nur 5, 10 und 20 kg N je Hektar Ertragssteigerungen von 14%, 23% und 31% erreicht wurden.

Vergleichsversuche mit verschiedenen Stickstofformen in Bebedjia und Tikan ließen bei Anwendung von schwefelfreien Stickstoffdüngern wie Harnstoff, Ureaform, Ammonnitrat und Ammonphosphat gegenüber schwefelsaurem Ammoniak einen akuten Schwefelmangel erkennen. Etwa zwei Wochen nach der Düngung vergilbten die Stauden derjenigen Parzellen, welche Stickstoffdüngerformen ohne Schwefel erhielten. Die Blätter verloren ihre Geschmeidigkeit und wurden brüchig. Eine zusätzliche Düngung mit schwefelsaurem Ammoniak ließ die Blätter wieder ergrünen. Auch eine Schwefelgabe in äquivalenter Menge, wie sie im schwefelsauren Ammoniak vorliegt, oder in Form von schwefelsaurem Kalium ließen die Mangelerscheinung innerhalb von 14 Tagen verschwinden.

Ein nennenswerter Phosphorsäureeffekt konnte bei den Versuchen nicht festgestellt werden. Kali dagegen zeigte, zur Aussaat gegeben, eine gute Wirkung. Eine Düngung von 60 kg K_2O erhöhte in den Versuchsjahren 1952 und 1953 die Erträge um 18% bzw. 13,3%.

Nach Vollendung größerer Bewässerungsprojekte hat auf den großflächigen, ebenen Baumwollfeldern der Westküste Mexikos in den letzten Jahren die Düngung mit Ammoniumanhydrid (Ammoniak flüssig, 82% N) steigende Beachtung gefunden (Tab. 221).

Tabelle 221. *Stickstoffsteigerungsversuche mit Ammoniumanhydrid zu Baumwolle (bewässert) in Mexiko*
(nach HENDRICKS 1956)

kg N/ha	Samenbaumwolle kg/ha
0	1235
24,6	1615
49,2	1960
73,8	2195
98,4	2667
123,0	3002
147,6	3037

Die Baumwolle stand nach Weizen und Brache. Unmittelbar nach der Aussaat wurde bewässert. Die Hälfte der Ammoniakgabe wurde 10 Tage nach der Saat im Abstand von 10 cm beiderseits der Drillreihen 15 cm tief in den Boden injiziert. Die zweite Gabe erfolgte erst 40 Tage später.

Auch in der Baumwollkultur der Vereinigten Staaten ist die Anwendung von Ammoniak flüssig weit verbreitet. In gut durchfeuchteten mittelschweren Böden können bei sorgfältiger Ausbringung Ammoniakverluste vermieden werden. Auf die Stickstoffeinheit bezogen, ist Ammoniak flüssig unter den vorgenannten Bedingungen in der Düngerwirkung den klassischen Stickstoffdüngesalzen gleichzusetzen. Die Anschaffung von Spezialausrüstungen mit Drucktanks fordert allerdings zunächst zusätzliche finanzielle Aufwendungen. Die Wirtschaftlichkeit ist im Hinblick auf den billigeren Einstandspreis der Stickstoffeinheit und auf die Kostenersparnis bei der Ausbringung des hochkonzentrierten Düngers, großflächige Felder vorausgesetzt, durchaus gegeben. In kleinbäuerlichen Zentren des Baumwollanbaus ergeben sich hier Möglichkeiten der genossenschaftlichen Zusammenarbeit.

Unter sowjetischen Bedingungen auf den großflächigen Sowchosen und Kolchosen findet Ammoniak flüssig steigende Bedeutung. In Usbekistan werden zu Baumwolle 100 kg N/ha in Form von Ammoniak flüssig, in drei Gaben unterteilt, gegeben. Der Arbeitsaufwand der Ausbringung von festen Düngemitteln wird mit 0,60 bis 0,65 gegenüber 0,19 bis 0,22 Arbeitstagen für Ammoniak flüssig angegeben (MACHACEK 1958).

Auf dem Versuchsfeld des Instituto Agronómico do Estado de São Paulo, Campinas in Brasilien, durchgeführte Düngungsversuche zeigten nach ALTMANNSBERGER (1932) eine erstaunliche Kaliwirkung, während eine NP-Düngung ohne Kali eine Depression hervorrief (Tab. 222).

Tabelle 222. *Spezifische Kaliwirkung auf Kalimangelböden in Brasilien*

Düngung/ha	Düngungsform	Baumwollertrag kg/ha	%
0	—	429	100
80 kg N .... 120 kg P_2O_5	Chilesalpeter Superphosphat	369	86
80 kg N .... 120 kg P_2O_5 .... 70 kg K_2O	Chilesalpeter Superphosphat schwefelsaure Kalimagnesia	2724	635

Weitere Versuche unter Einschluß anderer Kaliformen ergaben ähnlich hohe Mehrerträge, so daß der ertragssteigernde Einfluß eindeutig dem Kali zuzuschreiben war und nicht dem Magnesium, das im obigen Versuch in Verbindung mit Kali zur Anwendung gelangte.

Einige Faktoren, die den Einfluß der Düngergabe auf die Ertragshöhe bestimmen, mögen diesen Abschnitt beschließen.

Die Bemessung der Stickstoffgabe hat unter Berücksichtigung der Bodenfeuchte, des Fruchtbarkeitszustandes des Bodens und in Anlehnung an den Bodenvorrat wurzellöslicher Phosphorsäure und Kali bzw. der geplanten Versorgung des Feldes mit diesen Nährstoffen zu erfolgen. Der Stickstoff fördert maßgeblich das Wachstum und die Entwicklung der Baumwollstaude. Der Anwendung sind jedoch Grenzen gesetzt. Zu reiche Gaben führen zu einseitiger vegetativer Entwicklung und Verzögerung des Reifungsprozesses. Die übermäßige Laubentwicklung wirkt sich reduzierend auf die Zahl der Kapseln aus. Bei ausreichender Verfügbarkeit von Phosphorsäure kann diese unerwünschte Entwicklung verhindert werden. Die Düngerplanung hat daher der Phosphatversorgung des Bodens Rechnung zu tragen bzw. die Höhe der Phosphatdüngung ist der Stickstoffgabe anzupassen. Auch bei der Planung der Kalidüngung ist die Dosierung mit dem wurzellöslichen Kalivorrat in Einklang zu bringen. Eine im Verhältnis zur Stickstoffdüngung zu knappe Bemessung schwächt die Widerstandsfähigkeit der Baumwollpflanze gegen Schädlingsbefall und erhöht die Krankheitsanfälligkeit. Im Hinblick auf den Wachstumsverlauf der Baumwolle wirkt Kalium ausgleichend auf die Nährstoffe Stickstoff und Phosphorsäure. Es hemmt den Effekt einer zu reichlichen Stickstoffernährung und verzögert die durch übermäßige Verfügbarkeit von Phosphorsäure verursachte einseitige Beschleunigung der Kapselreifung. Unter normalen Bodenverhältnissen kann ein Nährstoffverhältnis der Kernnährstoffe Stickstoff, Phosphorsäure und Kali von 1:1:1 empfohlen werden. Für Böden, die unter Phosphorsäure- und Kalimangel leiden, wird das Verhältnis entsprechend weiter zu bemessen sein.

Die Stickstoffdüngung ist nach Möglichkeit aufzuteilen, so daß etwa ein Drittel der Menge als zweite Gabe in Form eines nitrathaltigen Düngers kurz vor der Blüte zur Anwendung gelangt. Während unter normalen Bodenverhältnissen das preisgünstige Chlorkalium gegeben wird, ist in Böden mit hohem Na-Gehalt, wie sie häufig im Sudan und in Ägypten auftreten, dem Sulfatsalz der Vorzug zu geben. Bei der Wahl der Phosphatform werden in sauren Böden die schwerer löslichen Formen eine bessere Wirkung zeigen. Hinsichtlich der Höhe der zu bemessenden Gaben läßt sich nur ein ganz globaler Hinweis in der Größenordnung 60 kg N, 60 kg P_2O_5 und 60 kg K_2O geben, der allerdings bei Berücksichtigung der jeweils vorherrschenden lokalen Verhältnisse in weitem Rahmen schwanken kann.

10. Düngung und Qualität

Das wichtigste Kriterium bei der Beurteilung der Baumwollfaser ist die Stapellänge (Faserlänge). Auf dieser basiert die Unterscheidung der wichtigsten Handelssorten des Weltmarktes. Als weitere wichtige Eigenschaften der Bewertung dienen Spinnbarkeit, Zugfestigkeit, Farbe und Feinheit (Abb. 158).

Die Qualitäten werden in drei Hauptklassen unterteilt: langstapelige Sorten

Abb. 158. Prüfung der Qualitätsmerkmale

mit einer Faserlänge über $1^1/_8$ inches (über 28,6 mm), mittelstapelige Sorten mit Faserlängen zwischen $^7/_8$ und $1^1/_8$ inches (22,2 bis 28,6 mm) und kurzstapelige Sorten mit Faserlängen unter $^7/_8$ inches.

Eine ausreichende Versorgung mit Phosphorsäure, vornehmlich aber mit Kali, ist für die Erzeugung einer Qualitätsfaser von maßgeblicher Bedeutung. Die Untersuchungen von ROUX und GUTTENECHT (1956) bestätigen eindeutig den Einfluß einer Stickstoffdüngung auf das Kapselgewicht. Je nach der Höhe der Stickstoffgabe wurde eine Gewichtszunahme von 10 bis 20% gemessen. Diese Gewichtszunahme beruht vornehmlich auf einer Verengung des Verhältnisses Faser zu Samen infolge des Gewichtszuwachses des Sameninhaltes der Kapsel. Eine Beeinflussung der Faserlänge konnte nicht eindeutig festgestellt werden. Während der Stickstoff also einen mehr quantitativen Einfluß auf den Ertrag an Samenbaumwolle ausübt, hat die Phosphorsäure eine günstige Auswirkung auf die Feinheit der Faser, und insbesondere eine ausreichende Kaliversorgung äußert sich in der Ausbildung von starken Fasern gleichmäßiger Länge mit nur kleinem Hohlraumvolumen. Die auf kaliarmen Standorten gewachsene Baumwolle hat einen hohen Anteil an kurzer und unregelmäßig ausgebildeter Faser, die sich schlecht verspinnen läßt und beim Färben eine ungleichmäßige Farbstoffaufnahme zeigt.

Nach NELSON (1949) erhöhte eine gute Stickstoffversorgung den Stickstoffgehalt des Baumwollsamens, während der Ölgehalt geringfügig von 19,89 auf 18,74% abfiel. Die Wirkung von Kali war entgegengesetzt. Hohe Kaligaben verringerten den Stickstoffgehalt des Samens bei starker Erhöhung des Ölgehaltes von 14,66 auf 19,44%.

Tabelle 223. *Übersicht der wichtigsten Varietäten und Anbaugebiete*

Klasse/Varietät	wichtigste Anbaugebiete	Faserlänge in inches (1 inch = 25,4 mm)
I. *Langstapelig*		
Best Sea Island	Karibische Inseln	2
Sea Island	Karibische Inseln	$1^1/_2$—$1^3/_4$
Sakellaridis	Ägypten	$1^1/_4$—$1^3/_4$
Ashmouni	Ägypten	$1^1/_8$—$1^3/_8$
American Long Staple (Upland)	USA	$1^1/_8$—$1^3/_4$
Brasil	Brasilien	bis $1^1/_2$
Peru Staple	Peru	1 —$1^3/_8$
II. *Mittelstapelig*		
American Middling	USA, Mexiko, Brasilien, übriges Südamerika, Nigerien übriges Afrika, Australien, Irak, Indien, China, Korea, UdSSR	$^7/_8$—$1^1/_8$
III. *Kurzstapelig*	China, Japan, Korea, Indien, Iran, UdSSR, Kleinasien, Europa	$^3/_8$—$^6/_8$

Literatur

ALTMANNSBERGER, C.: Ein Düngungsversuch zu Baumwolle in Brasilien. Ernähr. d. Pflanze **28**, 128 (1932). — ANDERSON, J. T., und B. B. ROSS: The cotton plant considered in some of its chemical relations. Ala. Agr. Exper. Stat. Bull. **107** (1899); zit. nach MÜLLER, G.: Baumwolle, Anbau und Düngung. Schriftenreihe über tropische und subtropische Kulturpflanzen, S. 72. Bochum: Ruhr-Stickstoff A.G. 1958. — Anonym: South Carolina Agr. Exper. Stat. Agr. Educ. **4**, 7,8 (1928). — La culture du coton en Egypte, Publ. par le Service Agronomique de la Société d'Entreprises Commerciales en Egypte, Le Caire et Bruxelles (**1950**). — Bull. Agr. Congo Belge, März 1950.

BALLY, W.: Baumwolle. Ciba-Rdsch. **100**, 3660–3687 (1951). — BROWN, H. B.: Cotton, 2. Aufl. New York und London: McGraw-Hill. 1938.

COLEMAN: Indiana Cotton Growth Rev. Oct. 1947. — CROWTHER, F., A. TOMFORDE und A. MAHMOUD: Manuring of cotton in Egypt. Soc. Egypt., Bull. **32**, 5–38 (1937).

DSHALILOV, I.: Versuche zur Durchführung von Naßkopfdüngung der Baumwolle mit Mikrodüngemitteln. Baumwoll-Wirtsch. **5**, Nr. 8, 41–43 (1955).

EARLE, F. S.: Ala. Agr. Exper. Stat. Bull. **107** (1899). — ECKARDT, W. R.: Der Baumwollanbau in seiner Abhängigkeit vom Klima an den Grenzen seiner Anbaugebiete. Beiheft Tropenpflanzer **7** (1906).

GLANDER, H.: Die Nährstoffversorgung der Baumwolle unter besonderer Berücksichtigung der Kalidüngung. Grüne Hefte Nr. 4, Hannover: Verlagsges. f. Ackerbau. 1957. — GOODMAN, A.: The effect of cloudiness upon shedding of fruiting points from cotton at Tokar Delta. Empire Cotton Growing Rev., Jan. 1955.

HENDRICKS, P. H. O.: Persönliche Mitteilungen (1956). — HOWARD, Sir A.: Mein landwirtschaftliches Testament. Berlin und Frankfurt: Siebeneicher Verlag. 1948.

IGNATIEFF, V., und H. J. PAGE: Efficient use of fertilizers, S. 246. Rom: FAO. 1958.

JEWITT, T. N.: Seasonal variations in cotton yields in the Sudan Gezira and soil fertility. Mem. Res. Div., Min. Agr. Sudan Govern. **47**, 243–247 (1953). — Cotton yields in the Sudan Gezira as affected by rotation. VIe Congrès International de la Science du Sol, Paris, Rapports, Vol. D, 427–432 (1956).

KING, C. J.: Waterstress behaviour of Pima Cotton in Arizona. U.S. Dep. of Agr., Bureau of Plant Industry, Bull. **1018** (1922). — KNAPP, W. H. C.: Economic fertilizing in the tropics, S. 62. Utrecht 1950.

MACHACEK, D.: Vorläufiger Bericht über die Mechanisierung der Anwendung von chemischen Düngemitteln in Form von Gas oder Flüssigkeit. Institut für Mechanisierung der Landwirtschaft. Prag 1958. — MATSCHIGIN, B., I. TSCHUMATSCHENKO und G. RUDAKOW: Die gleichzeitige Einbringung von Düngemitteln und Baumwollsaatgut. Baumwoll-Wirtsch. **5**, Nr. 11 (1955). — MARTIN, J. H., und W. H. LEONARD: Principals of field crop production. New York 1950. — MIKKELSEN, D. S.: Agr. Chem. **8**, Nr. 6, 101 (1953). — MÜLLER, G.: Baumwolle — Anbau und Düngung. Schriftenreihe über tropische und subtropische Kulturpflanzen, S. 73. Bochum: Ruhr-Stickstoff A.G. 1958.

NEAL, D. C.: Cotton diseases in Mississippi and their control. Mississippi Agr. Exper. Stat. Bull. **248** (1928). — NELSON, W. C.: Agronomy J., July 1949. — NEVROS, K. J.: Superphosphate **9** (1936).

PAERELS, B. H.: De Landbouw in den Indischen Archipel, Bd. III, S. 17. 's-Gravenhage: van Hoeve. 1950. — PANSE, V. C.: Manuring of cotton in India. Indian Central Cotton Committee, Indore 1950. — PANSE, V. G., U. B. SAHASRABUDHE und V. K. MOKASHI: Co-ordinated manurial trials on rainfed cotton in peninsular India. Indian J. Agr. Sci. **21**, Bd. II, 113–135 (1951). — PISSEMSKAJA: Aserbeidschan. Wiss. Forsch. Inst. Baumwolle **3** (1953).

RANEY, W. A., I. L. SAVESON und W. R. GRILL: Study of soil compaction on Mississippi river delta soils. VIe Congrès International de la Science du Sol, Paris, Rapports, Vol. D, 521–524 (1956). — RIOS, B.: Abonamiento y sanidad del algodonero. Rep. Bol. Co. Admitt. Guano **26**, 8 (1950). — ROUX, J. B., und J. GUTTENECHT: Essais de fumure du cotonnier au Tschad. Coton et fibr. Trop. **11**, 2 137–152 (1956).

SALTER, R. M.: Methods of applying fertilizers. Soils and Men. Yearbook of Agriculture, U.S.D.A., S. 560. Washington: U.S. Government Printing Office. 1938. — SAWHNEY, K., und S. M. SIKKA: Cotton Cultivation in India. Ind. Council Agric. Res. **5**, 60 (1955).

THARP, W. H. Nonparasitic disorders of cotton. Plant Diseases. Yearbook of Agriculture, U.S.D.A., S. 318. Washington: U.S. Government Printing Office. 1953.

VAGELER, P.: Grundriß der tropischen und subtropischen Bodenkunde, 2. Aufl., S. 229. Berlin: Verlagsges. f. Ackerbau. 1938. — VOLK, N. J.: J. Amer. Soc. Agronomy, Januar 1946.

WAHHAB, A.: Fertilizer trials on cultivators' fields. Agriculture Pakistan **10**, Nr. 1 (1959). — WAHHAB, A., und RIAZ AHMAD: Manuring of cotton in West Pakistan. I. Effect of the preceding crop on the yield of seed cotton. Empire J. Exper. Agr. **27**, Nr. 106, 117–123 (1959). — WARE und YOUNG: Arkansas Agri. Exper. Stat. Bull. **308** (1934). — WELCH, C. D., und W. L. NELSON: Increasing cotton yields in North Carolina. Better crops with plant food **35**, 12 (1951); zit. nach MÜLLER, G.: Baumwolle — Anbau und Düngung, S. 75. — WHITE, H. C.: The feeding of cotton. G. A. Agr. Exper. Stat. Bull. **108** (1914).

b) Sisal

(Agave sisalana)

Von

C. Heinemann

1. Bedeutung der Sisalerzeugung

Trotz sprunghafter Zunahme der Produktion von Chemiefasern und Schaumgummi, der beiden erfolgreichsten Konkurrenten der Sisalfaser und des Sisalwergs, hat die Entwicklung der Sisalwirtschaft in den letzten Jahren eine stetige Ausdehnung erfahren. Ähnlich wie bei der Kautschukgewinnung hat die synthetische Produktion den natürlichen Rohstoff nicht verdrängen können. Der wachsende Bedarf hat ganz im Gegenteil zu einer weiteren Produktionssteigerung der natürlichen Rohstoffe geführt.

Ihre wirtschaftliche Bedeutung gewann die Blattfaser, auch wohl Hartfaser genannt, erst im 20. Jahrhundert. Zunächst noch in der Welterzeugung hinter der Bananenfaser *(Abaca, Musa textilis)* und Henequenfaser *(Agave fourcroydes)* an der dritten Stelle stehend, stieg in den letzten Jahrzehnten der Anteil der Sisalagave an der gesamten Hartfasererzeugung auf etwa 70%.

Tabelle 224. *Welterzeugung von Hartfasern in t*
(nach GUILLEBAUD 1958)

Jahreserzeugung	Bananenfaser (Manilahanf)	Sisalagave	Henequen	Total	Sisalagave in % der Gesamterzeugung
Anfang der dreißiger Jahre (Jahresmittel) ..	186000	60000	120000	366000	16,4
1935 bis 1938 (Jahresmittel) ..	165000	250000	111000	526000	47,5
1956	128000	486000	117000	731000	66,5
1957	126000	495000	118000	739000	67,0

2. Heimat und Verbreitung

Die Gattung Agave der Familie der *Amaryllidaceae* ist in Mexiko und den benachbarten Gebieten von Zentral- und Nordamerika in zahlreichen Arten beheimatet. In Mexiko, wo seit Menschengedenken aus dem Blatt der Agave für verschiedenste Verwendungszwecke die Faser gewonnen wurde, entwickelte sich der plantagenmäßige Anbau der Agavenart *Fourcroydes* schon Anfang des 19. Jahrhunderts zu einer Industrie von erheblicher wirtschaftlicher Bedeutung. Von hier aus gelangte auch die Sisalagave — oder grüne Sisalagave im Gegen-

Tabelle 225. *Welterzeugung von Sisalhanf in t*
(nach GUILLEBAUD 1958 und ab 1956 nach FAO[1] 1960)

Gebiet	1923	1935–1938 (Jahresmittel)	1948	1956	1957	1958	1959[2]
Tanganyika	13000	90000	121000	189000	188000	200000	209000
Kenya und Uganda	7000	33000	36000	41000	42000	47000	57000
Angola und Mozambique	—	27000	34000	66000	77000	82000	78000
Übriges Afrika und Madagaskar	—	7000	4000	18000	17000	17000	19000
Indonesien und				34000	33000	26000	22000
Ferner Osten	29000	90000	5000	3000	9000	9000	8000
Brasilien	—	—	25000	102000	102000	105000	119000
Haiti und Zentralamerika	—	6000	31000	42000	38000	46000	46000
Insgesamt:	49000	253000	256000	495000	506000	532000	558000

[1] Monthly Bulletin of Agricultural Economics and Statistics **9**, Juni 1960, FAO, Rom.
[2] Vorläufige Daten.

satz zu der *Agave fourcroydes* oder weißen Sisalagave — zunächst nach Florida und den benachbarten Inseln. Später, in der zweiten Hälfte des 19. Jahrhunderts, wurde auch auf den Bahama-Inseln, auf Kuba und auf verschiedenen Inseln Westindiens die Sisalkultur heimisch. Mit der weiteren Entwicklung der maschinellen Entfaserung entstanden Ende des 19. und Anfang des 20. Jahrhunderts in Ostafrika und in Indonesien die ersten großflächigen Agavenpflanzungen. Als jüngstes Erzeugerland erscheint Brasilien, dessen Sisalfaserproduktion erst während der letzten 15 Jahre eine bemerkenswerte Ausbreitung erfuhr. Brasilien steht heute hinter Ostafrika an zweiter Stelle der Welterzeugung (Tab. 225).

Neben *Agave sisalana* erlangte unter den zahlreichen Agavenarten nur noch die *Agave fourcroydes*, deren Faser unter dem Namen Henequen oder auch Yucatán-Sisal gehandelt wird, wirtschaftliche Bedeutung. Mexiko als wichtigstes Anbauland, in weitem Abstand gefolgt von Kuba, erzeugten im Jahre 1959 etwa 125 000 bzw. 9000 t Faser.

3. Entwicklung und Wachstumsverlauf

Die Sisalagaven sind immergrüne Stauden mit charakteristischen riesigen, dickfleischigen, lanzettlichen, in einen langen, scharfen Stachel auslaufenden Blättern, die in einer Rosette angeordnet sind. Die Farbe der Blätter, die eine Länge von 1 bis 2 m und eine Breite von 10 bis 15 cm erreichen, ist dunkel- bis blaugrün. Die jungen Blätter sind zunächst senkrecht aufgerichtet. Mit zunehmendem Alter nehmen sie eine mehr waagerechte Stellung ein. Insgesamt werden bis zum Absterben der Pflanze etwa 250 Blätter gebildet. Diese Zahl ist relativ konstant und wird wenig von Boden und Klima beeinflußt. Die Länge der Blätter dagegen steht in deutlicher Abhängigkeit von der Umwelt. Dieser Tatsache ist bei der Kultur der Agave Beachtung zu schenken. Bei der Fasergewinnung werden nur Blattlängen, die ein Minimum von 46 cm überschreiten, genutzt. Fasern aus Blättern mit einer Länge über 90 cm werden preislich besser bewertet.

Der Fasergehalt der zahlreichen Agavenarten, von denen etwa 300 eingehender untersucht wurden, zeigt beträchtliche Unterschiede. Auch das Alter der Pflanzen und der einzelnen Blätter sowie Klima und Bodeneigenschaften beeinflussen die Faserausbeute. Die ausgereiften Blätter der echten Sisalagave *(Agave sisalana)* enthalten im Durchschnitt je nach den ökologischen Bedingungen 3,5 bis 5% trockene Faser.

Etwa zwei Jahre nach dem Aussetzen der Bulbillen (Brutknospen) in das Feld bzw. nach drei Jahren vom Zeitpunkt des Auspflanzens in die Anzuchtbeete sind die ersten Blätter der Sisalagave schnittreif. Bei Henequen in Yucatán erfolgt der erste Schnitt im allgemeinen erst vier bis fünf Jahre nach dem Auspflanzen. Als Kriterium der Schnittreife dient in der Praxis der Winkel, den das Blatt mit der Stammachse bildet. Ist dieser bei den älteren Blättern 45° und mehr, so können sie geerntet werden.

Nachdem die Staude etwa 250 Blätter entwickelt hat, wächst endständig aus der Blattrosette im fünften oder sechsten Lebensjahr, oft auch später (wie beispielsweise in Ostafrika im allgemeinen erst nach acht Jahren) der auffallend hohe, bis zu 10 m lange Blütenschaft hervor. Die stark verzweigte Blütenrispe trägt zahlreiche 2 bis 3 cm lange hellgelbe Blüten. Zu einer Ausbildung von Samen kommt es im allgemeinen nicht, so daß eine generative Vermehrung kaum möglich ist. Dagegen ist für den Fortbestand auf vegetativem Wege entweder aus den in den Achselknospen der Blütenstände sich bildenden kleinen Pflänzchen, den sogenannten Bulbillen, oder auch aus Schößlingen, die an den

Enden der zahlreichen Ausläufer des Wurzelstocks entstehen, ausreichend gesorgt. Nach der Entwicklung der Bulbillen, die schon am Blütenschaft Wurzeln ausbilden, stirbt die Mutterpflanze ab. Ein Blütenschaft trägt 1000 bis 4000 Bulbillen. Sie geben ein ausgezeichnetes einheitliches Pflanzmaterial. Die Wurzelschößlinge dagegen entwickeln sich entsprechend ihrem verschiedenen Alter ungleichmäßig, was sich ungünstig auf den Pflanzungsbestand auswirkt. Durch Kappen der Spitze des Blütenschaftes wird die Befruchtung der verbliebenen Blüten stimuliert. Diese Möglichkeit, die Agave zur Bildung von fruchtbaren Blüten zu veranlassen, gibt den Forschungsstationen ein Mittel in die Hand, durch Kreuzung verschiedener Arten ertragsreichere und langlebigere Varietäten zu züchten.

Zu den Monokotylen gehörend, bilden die Agaven keine tief in den Boden eindringenden Pfahlwurzeln. Sie sind typische Flachwurzler, deren zahlreiche Seitenwurzeln ein dichtes Wurzelsystem bilden. Die einzelnen Wurzelstränge, an deren Enden sich schon im zweiten Lebensjahr Wurzelschößlinge bilden, werden selten über 1 m lang. Das von der Einzelpflanze durchwurzelte Bodenvolumen ist somit nur gering.

4. Klima und Boden

Die Agave ist eine Sonnenpflanze der warmen bis heißen semiariden Klimazonen. In regenarmen Gebieten der Neuen Welt heimisch, ist sie ihrem ganzen Habitus nach eine Pflanze, die große Trockenheit ihres Standortes ertragen kann. Der Agave fehlen ausgeprägte lange Wurzelfasern zur Ausschöpfung der Wasserreserven in tiefer liegenden Bodenschichten, und auch die Saugkräfte ihrer Wurzeln, um dem trockenen Boden das Wasser zu entziehen, sind nicht überdurchschnittlich hoch, doch stehen ihr in den dicken, fleischigen Blättern Organe zur Verfügung, in denen sie einen gewissen Wasservorrat aufspeichern kann, den sie während einer Trockenperiode nur langsam abgibt.

Eine ausgeprägte Dürreresistenz zeigt die in Mexiko verbreitete *Agave fourcroydes* (weiße Sisalagave, Henequen), die eine Trockenzeit von einigen Monaten ohne Schaden überstehen kann. Im Hauptverbreitungsgebiet, im Staate Yucatán, wird eine durchschnittliche Jahrestemperatur von 25,3° C gemessen. Die jährlichen Niederschlagsmengen betragen 750 bis 1300 mm bei allerdings hoher relativer Luftfeuchtigkeit von 73 bis 89%, die zweifellos die Transpirationsintensität maßgeblich herabsetzt.

Die echte Sisalagave *(Agave sisalana)* gedeiht ebenfalls auf trockenen Standorten, bevorzugt jedoch Gebiete mit höheren Niederschlagsmengen bei gleichmäßiger Regenverteilung. Nach Angaben von Holthuis und van Hall (1950) schwanken in den Zentren des Sisalanbaues in Indonesien die jährlichen Regenmengen zwischen 2000 bis 3000 mm bei einer mittleren Jahrestemperatur von 24 bis 26° C. In den Anbaugebieten Ostafrikas fallen auf den meeresnahen Standorten jährlich im Durchschnitt 1100 bis 1500 mm Regen, und auf den Hochflächen im Inneren des Landes auf Höhen zwischen 1200 und 1600 m wird eine auf zwei Regenzeiten verteilte Niederschlagsmenge von jährlich 900 bis 1300 mm gemessen.

Längere Trockenzeiten hemmen das Wachstum der Sisalagave, was sich insbesondere auf die Länge der Blätter auswirkt. Günstige Regenjahre bedeuten daher auch längere und qualitativ bessere Faser. Feuchtigkeitsgesättigte Böden oder gar stagnierende Nässe verträgt die Agave nicht. Infolge undurchlässiger Horizonte leiden flachgründige Böden während der Regenzeit oft unter Nässe. Ein Stagnieren der Nässe in der Wurzelregion führt schon während einer Periode von nur 5 bis 10 Tagen zum Absterben der Agave. Selbst unter weniger extremen Feuchtigkeitsverhältnissen ist die Faserausbeute in Feuchtlagen, beispielsweise in örtlichen Bodensenken, wesentlich geringer als auf trockeneren Standorten. Diese Beobachtung ist für die Praxis von Bedeutung, da sie eine rationelle Sisalkultur auf schweren Böden ausschließt und bei weniger schweren Böden oft ein Dränagesystem zwingend macht, dessen Kosten möglicherweise die Wirtschaftlichkeit der Kultur in Frage stellen.

Wenn auch die Sisalagave auf sehr unterschiedlichen Böden gedeiht, solange hoher Tonanteil oder undurchlässige Schichten die Wasserbewegung nicht hemmen, so stellen die für die Wirtschaftlichkeit einer Pflanzung bestimmenden Faktoren wie Schnellwüchsigkeit und ausreichende Ertragshöhe ganz erhebliche Ansprüche an den Boden. Ausgezeichnet eignet sich ein kalkhaltiger, lockerer, humoser Boden, dessen Porenvolumen einen ausreichenden Lufthaushalt gewährleistet und der infolge des Humusgehaltes auch ein entsprechendes Wasserhaltevermögen besitzt. Ist der Boden wegen seines hohen Tonanteils weniger durchlässig, kann eine intensive Humuswirtschaft durch Gründüngung und entsprechende Bodenbearbeitung die erwünschte Struktur herbeiführen. Bezeichnend ist, daß in Java und zum Teil auch in Sumatra die ertragsreichen Sisalpflanzungen auf tiefgründigen, nährstoffreichen, jungvulkanischen Böden angelegt sind.

Nach Vageler (1938) zeigt die Agave eine besondere Vorliebe für kalkhaltige Böden. Entsprechend bevorzugt sie auch eine um den Neutralpunkt schwankende Bodenreaktion.

Schnellwüchsigkeit und die Entwicklung langer Blätter fordern einen mit Nährstoffen gut versorgten Boden, in dem neben ausreichend verfügbarem Kali insbesondere Stickstoff und Magnesium die Ertragsfähigkeit entscheidend beeinflussen. Wenn auch die physikalischen Eigenschaften des Bodens für die Sisalkultur von vorrangiger Bedeutung sind, so wird, soweit letztere erfüllt sind, erst ein den Ansprüchen der Sisalagave angepaßter Nährstoffhaushalt Ertragshöhe und damit auch die Wirtschaftlichkeit der Kultur bestimmen.

5. Durchschnittliche Erträge und Nährstoffentzugszahlen

Wie bei anderen Kulturpflanzen kann auch die Ertragsfähigkeit der Sisalagave durch bodenverbessernde Kulturmaßnahmen und Zufuhr fehlender Nährstoffe erheblich verbessert werden. Eine weitere Maßnahme ertragsfördernder Art, der in der Praxis oft noch zu wenig Beachtung geschenkt wird, besteht in der Einflußnahme auf die Lebensdauer der Agave durch überlegte Planung der Ernteintensität, d. h. der Blattzahl, die je Schnittrundgang geerntet wird. Die Agave wird unter natürlichen Verhältnissen eine bestimmte Anzahl Blätter entfalten, deren Aufgabe es ist, Nährstoff zu assimilieren und zur Bildung des Blütenschaftes zu speichern. Ist dieser einmal hervorgebracht und haben sich die zahlreichen Blüten und Bulbillen entwickelt, ist der Lebenszweck der Pflanze erfüllt. Sie stirbt danach ab. Wird nun ein Teil der Blätter im bestimmten Turnus geerntet, so wird die Nährstoffassimilierung gedrosselt und die Bildung des Blütenschaftes hinausgezögert, was eine Verlängerung der Produktionszeit bedeutet.

Die Praxis wird somit zwei Faktoren, welche die Ertragszeit der Sisalagave maßgeblich beeinflussen, besondere Beachtung schenken: Frühreife und Hinauszögerung der Blütenschaftbildung. Frühreife läßt sich durch ausgesuchtes Pflanzmaterial, Bodenpflege und durch eine den gegebenen Verhältnissen angepaßte Nährstoffversorgung fördern. Diese Maßnahmen beeinflussen ebenfalls Blattlänge und Blattzahl, die letzten Endes den Flächenertrag bestimmen.

Unter normalen Verhältnissen setzt die Blütenschaftbildung im vierten Erntejahr ein. Ein Hinauszögern der Blütenschaftbildung auf sieben bis acht Jahre läßt sich durch ausgewogene Schnittplanung herbeiführen. Hierbei bleiben bei jedem Schnittrundgang der Pflanze nicht mehr Blätter, als sie für eine gesunde Weiterentwicklung benötigt. Die Wahl der richtigen Schnittintensität verlangt reiche Erfahrung und gute Kenntnisse der örtlichen, das Wachstum der Sisalagave beeinflussenden Faktoren. Ein zu intensiver Schnitt kann zu sehr ernsten Wachstumshemmungen führen, und umgekehrt können bei Aberntung von zu wenig Blättern die verbleibenden Blätter ein frühes Treiben des Blütenschaftes verursachen. Eine allgemein gültige Regel für die Zahl der je Schnittrundgang zu erntenden Blätter und für die zeitliche Folge der einzelnen Rundgänge ist nicht zu geben. Örtliche Verhältnisse und Zustand der Pflanzen sind von entscheidendem Einfluß. Eine in der Praxis bewährte Faustregel, die allerdings auch starken Schwankungen unterliegt, fordert, daß nach dem ersten Rundgang mindestens 30 Blätter jeder Pflanze zu belassen sind und bei den folgenden Schnitten nicht weniger als 15. Die einzelnen Schnittrundgänge sollen in nicht kürzeren Abständen als 6 bis 9 Monate aufeinander folgen. Ein zu langer Umtrieb wirkt sich ungünstig auf die Geschmeidigkeit der Faser aus und bedeutet somit eine Qualitätseinbuße. Im Mittel werden beim ersten Schnitt 50 und bei den folgenden etwa 20 bis 30 Blätter geerntet. Sobald 60 bis 80% der Pflanzen einen Blütenschaft entwickelt haben, werden die verbleibenden Blätter geschnitten und die Strünke gerodet. Sofern die Bulbillen nicht für Neupflanzung benötigt werden, sind die Blütenschäfte zu kappen, da ihre Entwicklung der Pflanze erhebliche Nährstoff-

Abb. 159. *Agave sisalana* vor dem letzten Schnittrundgang

mengen entziehen. Etwa 200 bis 250 Blätter während der gesamten Erntezeit einer Sisalagave werden als gutes Ergebnis gewertet.

Außer Blattgröße und Anzahl der Blätter beeinflußt schließlich noch der Fasergehalt den Ertrag. Er schwankt je nach Alter und Blattlänge und liegt zunächst bei den ersten Schnitten der über 90 cm langen Blätter bei etwa 2,5%, während er bei den kürzeren Blättern kaum 2% erreicht. Der Anteil der letzteren an der gesamten Blatternte sollte bei einer gut geleiteten Pflanzung unter 5% liegen. Die Faserausbeute erhöht sich bei den folgenden Schnitten und erreicht schließlich etwa beim 7. Schnitt bis zur Aberntung 4%. Über die gesamte Ertragszeit kann mit einem mittleren Gehalt von 3,5% Faser gerechnet werden.

Je nach den Boden- und Klimaverhältnissen unterliegen die Hektarerträge starken Schwankungen. Für die wichtigsten Anbaugebiete gibt GEHLSEN (1939) folgende Übersicht (Tab. 226).

Tabelle 226. *Durchschnittliche Fasererträge der wichtigsten Anbaugebiete*

Gebiet	Gesamtertrag	Jahresertrag	Anzahl der Schnitte
	in t/ha		
Ostafrika	12–15	1,5	5–7
Yucatán	15–20	2,0	15
Indonesien	20	3–4	14

Die reichlich hoch erscheinenden Erträge Indonesiens mögen ihre Erklärung darin finden, daß sie das Mittel von nur wenigen Großbetrieben auf überdurchschnittlich nährstoffreichen Böden darstellen. HOLTHUIS und VAN HALL (1950) berichten aus Indonesien von auf fruchtbaren Böden erzielten Hektarerträgen von 600 bis 650 t Blatt mit einem durchschnittlichen Fasergehalt von 3,5%, was einer Faserausbeute von etwa 21 bis 23 t entspricht. Auf einer anderen Plantage wurden bei einer Ertragszeit von nur 6 Jahren 16 t Faser oder knapp 2700 kg/ha und Jahr geerntet. Weniger fruchtbare Böden ergaben allerdings nur eine Hektarleistung von durchschnittlich 1100 kg im Jahr.

Den Einfluß des Bodens auf die Ertragsleistung der Sisalagave vermitteln vergleichende Erntezahlen aus Indonesien von fruchtbaren, lockeren roten Böden und von wenig ertragsfähigen grauen Böden (Tab. 227).

Tabelle 227. *Fasererträge und Bodenqualität*

Alter der Pflanzung	Rote Böden kg/ha	Graue Böden kg/ha
1 Jahr	—	—
2 Jahre	1700	1180
3 Jahre	3490	2070
4 Jahre	4390	2610
5 Jahre	2430	1250
insgesamt	12010	7110

Es fehlen die Analysendaten dieser Böden. Die farbliche Kennzeichnung läßt vermuten, daß es sich bei den „roten Böden“ um einen gut durchlüfteten, sauerstoffreichen Boden handelt, während bei den „grauen Böden“ der Lufthaushalt möglicherweise infolge übermäßiger Feuchtigkeit unzureichend war.

Über die gesamte Ertragszeit kann auf guten Böden mit einem Jahresdurchschnitt von 2500 kg und auf weniger ertragsfähigen Böden mit 1500 kg Faser je Hektar gerechnet werden.

Der bei der Veraschung der Trockensubstanz ermittelte Mineralgehalt gibt kein quantitativ gültiges Bild über den Bedarf der Pflanze an gewissen Elementen. Örtlich bedingte Faktoren wie Klima und Boden, Anbauverhältnisse und Alter der veraschten Pflanzenteile lassen die Ergebnisse stark schwanken. Unter Berücksichtigung dieser den Gehalt beeinflussenden Faktoren möge jedoch der Durchschnitt einer Vielzahl Analysen gewisse Rückschlüsse auf den Mineralbedarf der Agave zulassen. Nach Angaben von VAN DIJK (1951) sind im Blatt folgende durchschnittliche Werte ermittelt worden (Tab. 228):

Tabelle 228. *Mineralische Zusammensetzung des Agavenblattes*

	Gesamtasche in % der Trockenmasse	in % der Asche		
		K_2O	CaO	P_2O_5
im Blattrückstand nach Entfaserung ...	12	10	29	1
in der Faser	8	13	24	5

Der hohe Kalziumgehalt bestätigt den allgemein festgestellten Kalkbedarf der Agaven. Untersuchungsergebnisse von BONAME, welche von MARX (1937) zitiert werden, lassen ebenfalls einen hohen Kalkanteil erkennen (Tab. 229).

Tabelle 229. *Nährstoffentzug von 1000 kg Blatt der Sisalagave* (nach BONAME)

N	0,987 kg
P_2O_5	0,373 kg
K_2O	2,134 kg
CaO	3,791 kg
MgO	1,745 kg

Eine Blatternte von 500 t je Hektar während einer Ertragszeit von 7 Jahren oder etwa 70 t im Jahr je Hektar würde nach obigen Daten dem Boden jährlich 69 kg N, 26 kg P_2O_5, 149 kg K_2O, 265 kg CaO und 122 kg MgO entziehen.

Die von VAN DIJK (1951) aufgeführten, auf einen Ertrag von 120 000 kg Blatt je Hektar basierten Entzugszahlen vermitteln folgende Ergebnisse (Tab. 230):

Tabelle 230. *Nährstoffentzug des Erntegutes in kg*

	N	P_2O_5	K_2O	CaO	MgO
120000 kg Blatt	108	41	273	420	194
bezogen auf 1000 kg	0,90	0,34	2,28	3,50	1,62

Die Entzugszahlen zeigen recht gute Übereinstimmung mit denen von BONAME. Nach NICHOLS (1955) schließlich werden je Tonne produzierter Faser 78 lb. N (35,4 kg), 26 lb. P_2O_5 (11,8 kg), 195 lb. K_2O (88,5 kg), 472 lb. CaO (214,1 kg) und 241 lb. (109,3 kg) sonstige Nährstoffe dem Boden entnommen.

Es bedarf keiner weiteren Betonung, daß die angeführten Entzugszahlen nicht ohne weiteres als Grundlage des Düngungsplanes dienen können. Auch unter Berücksichtigung der Tatsache, daß im Erntegut nur ein Teil der aufgenommenen Nährstoffe festgelegt ist und der Nährstoffbedarf der übrigen Pflanzenteile gerade bei mehrjährigen ausdauernden Kulturen in die Düngergabe eingeplant werden muß, lassen sich nur globale Annäherungswerte für die Ermittlung der zu gebenden Düngermengen gewinnen. Die vielfältigen Vorgänge chemischer, chemo-physikalischer und biologischer Art im Boden, der als Reaktionspartner den Düngemitteln gegenübersteht, das vorhandene Nährstoffkapital des Bodens und dessen Verfügbarkeit für die Pflanzenwurzeln sind maßgebliche Faktoren, die die Bemessung der Düngergabe gleichfalls beeinflussen.

Bei richtiger Einschätzung des Wertes der Entzugszahlen ist jedoch ihre Kenntnis zweifellos recht aufschlußreich. Auffallend sind bei der Agave die hohen Ca- und Mg-Entzugszahlen sowie ihr erheblicher Kaligehalt. Entsprechend anderen Kulturgewächsen, bei denen mit dem Erntegut große Blattmassen entfernt werden, wie beispielsweise bei der Tabakpflanze, ist der Nährstoffbedarf der Agave ausgeprägt hoch. Diese Feststellung steht allerdings im Gegensatz zu der oft gehegten Meinung, daß die Agave wegen ihres Gedeihens auf trockenen und steinigen Böden, die anderen Kulturpflanzen nicht mehr zusagen, eine anspruchslose Pflanze sei.

6. Düngungsmethoden

Die hohen Ansprüche der Agave an das Luft/Wasser-Verhältnis im Boden, nämlich neben guter Durchlüftung eine ausreichende Wasserhaltefähigkeit, und der relativ geringe Wurzelraum, der den flachwurzelnden Agaven zu Verfügung steht, verlangen eine sorgfältige Pflege der Bodenstruktur. Alle Maßnahmen, die das Eindringen der Luft in den Boden fördern und gleichzeitig den Wasserhaushalt verbessern, sind entscheidend für die Ertragsleistung der Agavenpflanzung. Es sind daher der die Bodenstruktur günstig beeinflussenden Anreicherung mit organischem Material und, sofern es die Niederschlagsmengen zulassen, der Gründüngung besondere Aufmerksamkeit zu schenken.

Während die Landwirtschaft in gemäßigten Klimazonen in der Förderung des Nährhumusgehaltes des Bodens die Haupteigenschaft der Gründüngung sieht, treten der Ausnutzung dieser Eigenschaft in den Tropen klimabedingte Schwierigkeiten entgegen. Neben dem bekannten schädlichen Konkurrenzkampf der Gründüngungspflanzen mit der Hauptkultur um das oft im Minimum vorhandene Wasser ist die Ursache auch in der Behinderung der Humussynthese, ebenfalls infolge des Wassermangels, zu suchen. Steht der Humusbildung im humiden Tropenklima nichts im Wege, so wird sie um so mehr behindert, je arider die Klimaverhältnisse sind.

Das Verbreitungsgebiet der Agaven liegt in semiariden Klimazonen, was die Verwendungsmöglichkeit von Gründüngungspflanzen als Nährhumusquelle problematisch erscheinen läßt. Das Unterpflügen oder das auf Plantagenbetrieben üblichere Einarbeiten mit der Hacke wird unter semiariden Bedingungen nicht den erwarteten Erfolg bringen. Die Zersetzung der Grünmasse im Boden stellt große Ansprüche an die Bodenfeuchtigkeit. Ihre Erschöpfung hemmt einen weiteren Abbau infolge der Verschlechterung der Lebensbedingungen für die Mikroorganismen. Es ist unter wasserarmen Bedingungen dem Boden nicht möglich, gleichzeitig die Grünmassen in Humus umzuwandeln und die Hauptkultur ausreichend mit Wasser zu versorgen. Liegt die Wahrscheinlichkeit vor, daß durch die Einarbeitung der Grünmassen in den Boden ein Mangel an Bodenfeuchtigkeit eintritt, ist es zweckmäßiger, die Gründüngungspflanzen nach der Regenzeit zu schneiden und das anfallende Material zum Mulchen oder zur Kompostierung zu nutzen. Die Hauptaufgabe des Mulchens besteht in seiner wassersparenden Wirkung. Durch Verminderung der Oberflächenverdunstung werden die Wasserverluste während der Trockenzeit wesentlich herabgesetzt. Andererseits fördert die den Boden abdeckende Mulchlage die für die Agavenkultur so wichtige Bodendurchlüftung während der Regenzeit. Die dichtschlämmende und verkrustende Wirkung des niederschlagenden Regens wird, ähnlich wie unter natürlichem Waldbestand, durch die schützende Lage der pflanzlichen Abfälle unterbunden und dem gerade in der Regenzeit so oft auftretenden Bodenluftmangel mit seinen schädlichen Folgen wie Unterbindung der Nitrifikation wird entgegengewirkt.

Bei der Aberntung und Räumung eines Agavenbestandes liegen die Verhältnisse anders. Hier werden als erste Maßnahme vor der neuen Bepflanzung mit den etwa einjährigen, im allgemeinen aus Bulbillen gezogenen jungen Agaven die zwischen den Reihen des abgeernteten Bestandes stehenden Gründüngungspflanzen in den Boden eingearbeitet.

Im allgemeinen wird dem Mulchen gegenüber der arbeitsaufwendigen Nutzung der Grünmassen als Kompostmaterial der Vorzug zu geben sein. Insbesondere im Hinblick darauf, daß bei der Aufbereitung des Sisalblattes, also bei der Entfaserung, ganz erhebliche Mengen organischen Materials anfallen. Durchschnittsergebnisse in Ostafrika, auf 100 t Sisalblätter bezogen, zeigen bei einer Faserausbeute von 3,35 t Langfaser und 0,65 t Kurzfaser (flume tow) und 6 t Wasser, die den Fasern anhaften, einen Anfall von 90 t Blattrückständen. Die Analysendaten der flüssigen und festen Bestandteile des Rückstandes geben folgende Zusammensetzung:

117 kg N, 39 kg P_2O_5, 292 kg K_2O, 707 kg CaO, 361 kg sonstige anorganische Bestandteile sowie etwa 88,5 t organische Substanz und Wasser.

Auf die Anbaufläche bezogen, kann jährlich je Hektar mit der Hälfte der obigen Mengen gerechnet werden. Theoretisch können daher bei Rückführung des gesamten Blattrückstandes auf das Feld erhebliche Mengen organischen Materials und Nährstoffe dem Boden wiedererstattet werden.

Obgleich die Praxis, insbesondere in Indonesien, den eindeutigen Düngeeffekt des Blattabfalls, zumal aber auch die ertragsfördernde Wirkung durch die Anreicherung des Bodens mit organischem Material feststellte, lassen oft die sehr hohen Transport- und Ausbringungskosten die Wirtschaftlichkeit dieser Düngungsmaßnahme fraglich erscheinen. Die Frage, ob die Rückführung des Abfalls der Aufbereitungsanlage wirtschaftlich tragbar ist, muß jeweils lokal entschieden werden, wobei die Lage der Aufbereitungsmaschinen zu den Feldern, die vorhandenen Transportmittel und das Lohnniveau der Arbeiter ihren maßgeblichen Einfluß ausüben. Auch das Überfluten der Felder mit den Abwässern der Aufbereitungsanlagen hat sich trotz beachtlicher Ergebnisse nur in Ausnahmefällen als ökonomisch erwiesen. Bei Nutzung dieser sauren Abwässer ist durch Kalkung für entsprechende Neutralisation zu sorgen.

Ein anderer, wirtschaftlicherer Weg, die Massen des sich häufenden Abfalls nutzbar zu machen, führt über die Veraschung als Brennstoff zur Befeuerung der Dampfkessel der Aufbereitungsanlagen. Nach etwa zwei Jahren ist der auf flache Haufen geschichtete Abfall genügend ausgetrocknet, um als Brennstoff zu dienen. Die anfallende Asche kann als wertvoller, allerdings stickstofffreier Dünger nunmehr auf das Feld gefahren und zwischen den Agaven ausgestreut werden oder aber zur Anreicherung von Komposterde, (aus überschüssigem Blattabfall, welcher nicht zur Verfeuerung Verwendung finden kann) dienen.

Auch bei Beachtung aller bisher beschriebenen Methoden zur Pflege der organischen Substanz im Boden und zum Ersatz der entzogenen Nährstoffe ist eine Erschöpfung der Felder nach mehrmaliger Neubepflanzung unvermeidlich. Bei Unterlassung einer ausreichenden Mineraldüngung bleibt nur der Ausweg einer mehrjährigen Grünbrache unter Leguminosenbestand, der allerdings auch nur Plantagenbetrieben mit Landreserven offensteht. Es liegt auf der Hand, daß diese Methode zur Erhaltung der Ertragsfähigkeit nur in Ausnahmefällen ökonomisch zu verantworten ist.

Die Mineraldüngung der Sisalagave findet in der Praxis noch wenig Anwendung. Wenn auch die Dringlichkeit der zusätzlichen Nährstoffversorgung durch Mineraldünger erkannt wird, so wirken ihrer effektvollen Anwendung der Erfahrungsmangel und das Fehlen eindeutiger, schlüssiger Erkenntnisse hemmend entgegen. Besondere Beachtung beanspruchen Gebiete, in denen Wasser der Minimumfaktor ist. Hier kann eine Mineraldüngung leicht Ursache zu hoher Salzkonzentrationen werden. Hochprozentige Düngemittel verdienen daher den Vorzug und ebenfalls, eingedenk der wassersparenden Wirkung des Kalis, die ausreichende Versorgung der Sisalagave mit diesem Nährstoff.

Wie für alle ausdauernden Kulturen, ohne die entlastende Möglichkeit des Fruchtwechsels, gilt auch für die Sisalagave eine verstärkte einseitige Beanspruchung des gleichen Bodenraumes. Dieser ist bei den sich flach ausbreitenden Wurzeln der Sisalagave relativ gering. Der Nährstoffentzug macht sich stärker und einseitiger bemerkbar und nur den Mineralreserven der noch nicht lange in Kultur befindlichen tropischen Böden ist es zu danken, daß dieser Entzug nicht ganz allgemein den Charakter des Raubbaues angenommen hat.

Der in der Praxis des Sisalanbaues oft festgestellte enttäuschende Effekt einer Mineraldüngung mag seinen Grund in mangelnder Pflege der organischen Bodensubstanz finden. Sie ist in den vornehmlich sandigen Böden des Sisalanbaues, wenn nicht der alleinige, so doch bei weitem der wichtigste Träger aller wertvollen physikalischen und chemischen Bodeneigenschaften. Einer Mineraldüngung ohne laufenden Humusersatz als Nährstoffträger wird daher oft von vornherein ein Mißerfolg beschieden sein. Nur zu oft, und anfänglich in gewissem Umfang auch unvermeidlich, verursachen die erforderlichen Maßnahmen bei der Urbarmachung und Herrichtung des Feldes für den Anbau der Agaven, neben Humusverlusten durch direkte Sonneneinstrahlung, bedeutende Erosionsschäden von nachhaltiger Wirkung.

Unter Klimabedingungen mit geringen Niederschlägen spielt die physikalische Verwitterung eine wichtigere Rolle als die chemische. Sie resultiert in Böden mit wenig kolloidaler anorganischer Substanz. Ihre Armut an anorganischen Sorptionskomplexen macht die Pflege der organischen Substanz daher besonders dringend.

Die Erschöpfung der seit Jahrzehnten mit Sisalagaven bebauten Böden in Ostafrika macht sich eindeutig durch einen Rückgang der Flächenerträge bemerkbar. Das Ausweichen auf jungfräulichen Boden, eine bisher oft gehandhabte Methode, kann nur als eine kostspielige Notlösung bezeichnet werden, denn mit der Entfernung von der zentral gelegenen Fabrik werden die Kosten für den Transport des Erntegutes unverhältnismäßig hoch. Es besteht kein Zweifel, daß durch sorgfältige und sachgemäße Anreicherung des Bodens mit organischem Material bei zusätzlicher ausreichender Mineraldüngung eine erhebliche Steigerung der Flächenerträge erzielt werden kann. Allein schon der Mehraufwand für Erntearbeiten eines schlechten Bestandes gegenüber einem guten Sisalfeld läßt die Kosten einer Mineraldüngung verantwortbar erscheinen.

Die Nährstoffversorgung der Agavenkultur beginnt auf den Anzuchtbeeten. Die Anzucht von gleichmäßig entwickelten, kräftigen Pflänzlingen kann später nach dem Verpflanzen in das offene Feld maßgeblich die Schnittreife, d. h. den Produktionsbeginn, vorverlegen. Im allgemeinen verdienen als Pflanzmaterial die Bulbillen des Blütenstandes wegen ihrer mehr einheitlichen Größe den Vorzug gegenüber den ebenfalls verwendbaren, aber wegen ihres verschiedenen Alters ungleichmäßig entwickelten Wurzelschößlingen.

Die Arbeiten der letzten Jahre der Forschungsanstalten für Sisalagave in Tanganyika und Kenya sind richtunggebend für die Sisalkultur. Ihre auf langjährigen Versuchen fußenden Ergebnisse lassen eindeutig die ertragssteigernde Wirkung sowohl der organischen als auch anorganischen Nährstoffversorgung erkennen. Die Entscheidung, wie weit die auf den Forschungsanstalten gewonnenen Erfahrungen im einzelnen in der Praxis wirtschaftlich durchführbar sind, muß von Fall zu Fall unter Berücksichtigung der lokalen Gegebenheiten individuell getroffen werden.

Die schnelle und gesunde Entwicklung der Pflänzlinge auf den Anzuchtbeeten wurde ausnahmslos durch reichliche Gaben von Blattrückständen der Aufbereitungsanlagen gefördert. Aufschlußreiche Ergebnisse vermitteln Versuchsberichte von LERCHE (1956) aus der Sisalforschungsanstalt in Kenya. Folgende Gaben an organischen und anorganischen Stoffen wurden in Vergleichsversuchen auf Anzuchtbeeten ausgebracht:

a) 30 t/acre in den Boden eingearbeitete, gerottete Blattrückstände,
b) 30 t/acre gerottete Blattrückstände als Mulch,
c) 300 lb./acre schwefelsaures Ammoniak,
d) 180 lb./acre Doppelsuperphosphat,
e) 120 lb./acre Chlorkalium.

Über vier Anzuchtperioden zeigten sich bis zum Auspflanzen in das Feld eindeutig günstige Ergebnisse für die Parzellen, in denen die Blattrückstände als Mulch ausgebracht wurden, und für die Parzellen mit Stickstoffanwendung. Die mit Kali und Superphosphat gedüngten Parzellen zeigten gegenüber den ungedüngten keinen Effekt. Die Wirkung der Nährstoffgaben wurde an Hand der Gewichtsdifferenzen zwischen den Pflänzlingen der gedüngten und ungedüngten Parzellen zur Zeit der Verpflanzung in das Feld geprüft.

Ähnliche Ergebnisse wurden nach Angaben von LOCK (1956) und DIEKMAHNS (1959) während der letzten zehn Jahre auf den Anzuchtbeeten der Sisalversuchsstation in Tanganyika erzielt. Auf den mit Blattrückständen und Stickstoffgaben versorgten Parzellen wurde in jedem Jahr gesünderes und kräftigeres Pflanzmaterial erzeugt (Tab. 231).

Tabelle 231. *Einfluß zusätzlicher N-Gaben auf mit Blattrückständen, Kalk und Phosphat abgedüngten Bulbillen-Anzuchtbeeten*[1]

Durchschnittsgewichte je Pflänzling in Gramm

	Ungedüngt 0		Alter gerotteter Blattrückstand 50 t/ha		Frischer Blattrückstand 50 t/ha		Älter und frischer Blattrückstand 50 t/ha		N-Effekt	
	1955/56	57/58	55/56	57/58	55/56	57/58	55/56	57/58	55/56	57/58
ohne N .	205	117	732	454	735	249	914	511	648	333
mit N . .	317	135	792	526	854	284	1045	597	752	386

[1] Grunddüngung: 5 t Kalk und 100 kg P_2O_5/ha,
1955/56: 50 kg N in 2 Gaben,
1957/58: 75 kg N in 3 Gaben.

Kalk und Phosphorsäure allein waren ohne Wirkung. Die Blattrückstände zeigten stets einen eindeutigen Effekt auf die Entwicklung der Bulbillen. Offenbar ist die Wirkung des gerotteten Rückstandes dem frischen Abfall überlegen. Die Wirkung der Stickstoffdüngung war stets gesichert.

Neben einer ausgeprägten strukturverbessernden Wirkung auf den Boden wurde in weiteren Vergleichsversuchen der Düngeeffekt der Rückstände gegenüber Grasmulch erwiesen. Während unter Grasmulch die Ergebnisse kaum besser waren als die der Kontrollparzellen, zeigten die Mulchparzellen mit Blattrückständen, und hier wieder insbesondere die mit alten Rückständen versorgten, ein bemerkenswert besseres Wachstum. Zusätzliche Stickstoff- und Phosphatgaben waren in allen Fällen wachstumsfördernd. Offenbar begünstigte die Mulchlage die Ausnutzung der Mineraldüngung. Als Nebenwirkung mag der Einfluß der Phosphorsäure auf die Beständigkeit der Bodenkrümel und damit auf die für das Wachstum der Sisalagave so wichtige Durchlüftung des Bodens fördernd gewirkt haben.

Stickstoff-Formenversuche in Tanganyika zeigten erwartungsgemäß, entsprechend der Vorliebe der Sisalagave für eine neutrale Bodenreaktion, eine bessere Wirkung der basisch und neutral wirkenden Stickstoffdünger (Tab. 232).

Tabelle 232. *N-Formenversuche auf Bulbillen-Anzuchtbeeten*
Durchschnittliche Gewichte der Pflänzlinge in Gramm

Düngergabe/ha[1]	schwefelsaures Ammoniak	Natron-salpeter	Kalkammon-salpeter	Kalksalpeter
50 t gerotteter Blattrückstand + 50 kg N	787	1122	965	1110
100 t gerotteter Blattrückstand + 100 kg N	682	1107	860	1147

[1] Der Blattrückstand wurde vor dem Einpflanzen der Bulbillen in den Boden eingearbeitet.

Die physiologisch neutral bis alkalisch wirkenden Stickstoffdünger sind dem sauren schwefelsauren Ammoniak deutlich überlegen. Die doppelte Stickstoffgabe zeigte keine weitere Wachstumsförderung und wirkte sich bei den ammoniakhaltigen Stickstofformen selbst negativ aus. Es ist trotz erhöhter Stickstoffmenge bei der gleichzeitigen Versorgung mit hohen Gaben organischen Materials auf eine Disharmonie der Ernährung zu schließen.

Die Düngung der Feldbestände gewinnt in den letzten Jahren steigende Bedeutung. Die jungen Neupflanzungen auf Böden, denen mehrere sechs- bis achtjährige Erntezyklen vorangegangen waren, leiden unter Nährstoffmangel. Die Böden sind verarmt, und die Wirtschaftlichkeit des Anbaues ist in Frage gestellt. Die Arbeiten von den Doop (1936, 1937, 1939) in Indonesien lassen deutlich die Abhängigkeit der Ertragshöhe und der Faserqualität von dem Nährstoffzustand des Bodens erkennen. Eine Verarmung des Bodens beeinflußte nicht nur negativ die Zahl der geernteten Blätter, sondern auch deren Länge und die Feinheit der Faser.

Auch bei den Agaven auf dem Felde steht die Stickstoffversorgung an erster Stelle. Neben einer Ertragssteigerung wirkt die Stickstoffdüngung insbesondere durch die Wachstumsförderung beschleunigend auf die Schnittreife. Eine Stickstoffgabe von 200 kg N je Hektar, über fünf Jahre verteilt, ermöglicht schon zwei Jahre nach der Verpflanzung vom Anzuchtbeet auf das Feld den ersten

Schnitt. Ohne Stickstoffdüngung konnte der erste Schnitt erst nach drei Jahren erfolgen. Eine Kalkung des Bodens mit 12 t $CaCO_3$, als Vorratsdüngung zur Pflanzzeit gegeben, wirkte bei Versuchen in Tanganyika ebenfalls eindeutig ertragsfördernd. Die Kombination Stickstoff und Kalk ergab den besten Erfolg, was zur Schlußfolgerung berechtigt, daß für die Sisalagave einer kalkhaltigen, neutral bis basisch wirkenden Stickstoffquelle gegenüber anderen Stickstoffformen der Vorzug zu geben ist. Die positive Reaktion auf eine Kalkversorgung der Sisalbestände ist weniger einem Düngeeffekt des Kalkes als vielmehr der Verschiebung der Bodenreaktion in einen für die Sisalagave günstigeren pH-Bereich zuzuschreiben. Mit äquivalenten Gaben Gips abgedüngte Felder waren den Kalziumkarbonat-Parzellen hinsichtlich Behebung einer leichten Chlorosis und Ertragshöhe deutlich unterlegen. Wenn auch die Sisalagave der Bodenreaktion gegenüber eine gewisse Toleranz zeigt und Böden mit pH-Werten von 5,5 noch gute Erträge geben können, läßt sich doch eine eindeutige Abhängigkeit der Ertragshöhe von der Bodenreaktion feststellen. Unter gleichen Voraussetzungen werden neutrale bis schwach basische Böden den sauren Standorten stets überlegen sein.

7. Düngung und Ertrag

Von der Sisalforschungsstation Ngomeni in Tanganyika wurden zahlreiche Versuche durchgeführt, deren Ernteergebnisse ebenfalls eine günstigere Wirkung physiologisch basisch wirkender Stickstoffdünger aufwiesen (Tab. 233).

Tabelle 233. *Einfluß verschiedener Stickstoff-Formen auf den Faserertrag in t/ha* (Mittel der ersten beiden Schnitte)

Stickstoffgaben	Schwefelsaures Ammoniak	Natronsalpeter	Kalksalpeter	Kaliumnitrat
0	2,5	2,5	2,5	2,5
50 kg N/ha ..	2,6	3,2	3,4	2,9
100 kg N/ha ..	3,3	3,5	3,8	3,3

Sowohl Höhe der Stickstoffgabe als auch die Stickstofform beeinflussen deutlich den Fasertrag.

Lock (1956) berichtet über siebenjährige Versuche auf alten Sisalböden mit Kalk-, Stickstoff-, Phosphat- und Kaligaben (Tab. 234).

Tabelle 234. *Wirkung steigender Kalk-, Stickstoff-, Phosphat- und Kaligaben auf den Faserertrag in t/ha*

Düngergaben[1]	Kalkdüngung		Stickstoffdüngung		Phosphatdüngung		Kalidüngung	
	$CaCO_3$ kg/ha	Ertrag t/ha	N kg/ha	Ertrag t/ha	P_2O_5 kg/ha	Ertrag t/ha	K_2O kg/ha	Ertrag t/ha
0	0	10,9	0	12,6	0	13,2	0	13,4
einfache Gabe	6000	13,8	100	13,6	100	13,2	50	13,6
doppelte Gabe	12000	15,4	200	13,9	200	13,8	100	13,1

[1] Die Kalkdüngung wurde in einmaliger Gabe vor dem Pflanzen in den Boden eingearbeitet,
Stickstoff in Form von schwefelsaurem Ammoniak,
Phosphorsäure in Form von Superphosphat,
Kali in Form von Chlorkalium.

Tabelle 235. *Düngungsergebnisse bei unterschiedlichen ökologischen Verhältnissen*

Düngergabe je ha[1]	Faserertrag t/ha	Durchschnittliche Blattzahl je Pflanze	Durchschnittliches Gewicht je Blatt in g	Durchschnittlicher Faserertrag je Blatt in g
a) Distrikt Same				
$CaCO_3$ 0	16,7	160	514	20,7
$CaCO_3$ 5 t	17,4	159	544	21,7
	+0,7	—1	+30	+1,0
Blattrückstände 0	16,9	159	526	20,9
Blattrückstände 50 t	17,2	160	531	21,5
	+0,3	+1	+5	+0,6
Schwefelsaures Ammoniak 0 ..	14,3	152	478	18,7
Schwefelsaures Ammoniak 200 kg N	19,8	167	579	23,7
	+5,5	+15	+101	+5,0
Superphosphat 0	17,0	160	521	20,9
Superphosphat 200 kg P_2O_5 ...	17,1	159	536	21,4
	+0,1	—1	+15	+0,5
Chlorkalium 0	17,2	162	522	21,0
Chlorkalium 100 kg K_2O	16,9	158	535	21,3
	—0,3	—4	+13	+0,3
b) Distrikt Korogwe				
$CaCO_3$ 0	6,1	67	399	15,3
$CaCO_3$ 5 t	7,4	84	471	17,3
	+1,3	+17	+72	+2,0
Blattrückstände 0	5,8	70	414	14,6
Blattrückstände 50 t	7,0	80	456	18,0
	+1,2	+10	+42	+3,4
Schwefelsaures Ammoniak 0 ..	7,1	81	446	16,9
Schwefelsaures Ammoniak 200 kg N	6,4	70	425	15,8
	—0,7	—11	—21	—1,1
Superphosphat 0	6,8	76	429	16,1
Superphosphat 200 kg P_2O_5 ...	6,7	75	441	16,5
	—0,1	—1	+12	+0,4
Chlorkalium 0	4,1	58	348	12,4
Chlorkalium 100 kg K_2O	9,5	93	522	20,2
	+5,4	+35	+174	+7,8

[1] Kalk und Blattrückstände in einer Gabe vor dem Pflanzen; Stickstoff-, Phosphat- und Kalidüngung jährlich während der Dauer des Erntezyklus.

Offenbar sind unter den Verhältnissen der Versuchsfelder nur Kalk und Stickstoff ertragsfördernd. Phosphorsäure und Kali hatten keinen Effekt auf den Ertrag. Die physiologisch saure Reaktion des schwefelsauren Ammoniaks hemmt zweifellos die günstige Wirkung der Kalkgaben. Es kann angenommen werden, daß ein neutral bis basisch wirkender Stickstoffdünger zu günstigeren Ergebnissen führen wird.

Die Kalkgabe erhöhte die Blattzahl je Pflanze und wirkte sich günstig aus auf die Länge der Blätter. Der prozentuale Faserertrag wurde nicht beeinflußt. Die Stickstoffdüngung beschleunigte das Wachstum und verfrühte die Schnittreife.

Die obigen Ausführungen mögen den Eindruck erwecken, daß nach Prüfung der Bodenreaktion und entsprechender Kalkung bei zu niedrigen pH-Werten nur noch Sorge zu tragen ist für eine ausreichende Stickstoffdüngung, deren Ausnutzung schließlich durch Zufuhr von Blattrückständen, als Mulchlage gegeben, wesentlich verbessert werden kann. Es ist selbstverständlich, daß die erzielten Versuchsergebnisse nicht verallgemeinert werden dürfen. Die Düngerplanung ist von Fall zu Fall unter Zugrundelegung der Erfahrungen der Forschungsanstalten, jedoch den lokalen Boden- und Klimaverhältnissen angepaßt, auszuarbeiten. Während bespielsweise in Mlingano, im Gebiet der Forschungsanstalt, keine Kaliwirkung festgestellt werden konnte, so daß im Hinblick auf das hohe Kalibedürfnis der Sisalagave auf eine örtlich gute Kaliversorgung des Bodens geschlossen werden kann, zeigten weitere Versuche, ebenfalls unter Leitung der Sisal-Forschungsanstalt, in den Distrikten Same und Korogwe einerseits eine ausgeprägte Stickstoffwirkung in Same und andererseits in Korogwe einen negativen Stickstoffeffekt, jedoch bei der Kaligabe einen überraschend hohen Mehrertrag (Tab. 235).

Im Distrikt Korogwe ist der typische Fall gegeben, wie die Düngerplanung zunächst durch verstärkte Kaligaben auf einen ausgewogenen Nährstoffspiegel im Boden abzielen muß. Ist dieses Ziel erreicht, werden auch die Stickstoffgaben einen zusätzlichen ertragsfördernden Effekt zeigen. Im Hinblick auf die gute Kalkwirkung muß auf saure Böden geschlossen werden, so daß auch die Stickstoffform, nämlich schwefelsaures Ammoniak, in diesem Fall unrichtig gewählt wurde. Die Möglichkeit einer Anreicherung des Bodens durch verstärkte Mineraldüngung ist für Kali im Gegensatz zu Stickstoff, welcher im Boden starken Veränderungen durch biologische Einflüsse unterliegt, durchaus gegeben. In sehr leichten Böden ist allerdings eine Speicherung des Kaliums ebenfalls kaum durchführbar. Hier muß zunächst der Abdüngung der Felder mit Blattrückständen der Aufbereitungsanlagen zwecks Erhöhung der Sorptionskapazität des Bodens besondere Aufmerksamkeit geschenkt werden. Die bescheidenen Ansprüche der Sisalagave hinsichtlich der Phosphorsäure können offenbar von den ostafrikanischen Böden bisher noch aus dem Bodenkapital gedeckt werden.

Einen maßgeblichen Einfluß auf die Ertragshöhe hat die Pflanzdichte. Auf Grund langjähriger Untersuchungen der Erträge von verschiedenen Pflanzdichten folgert LEUTENEGGER (1956), daß ein dichter Agavenbestand einem weiten Verband vorzuziehen ist. Der entsprechend höhere Nährstoffentzug kann durch reichlichere Düngung kompensiert werden (Tab. 236).

Auffallend ist, daß die Parzellen mit der höchsten Pflanzdichte und den besten Erträgen nicht wie erwartet gegenüber den anderen mit geringerem Pflanzenbestand auch die ausgeprägteste Nährstoffverarmung des Bodens zeigen. Da keine deutliche Relation zwischen Pflanzdichte, Ertrag und Bodenverarmung zu erkennen ist, folgert LEUTENEGGER, daß in den Parzellen mit weiterem Pflanzverband die Nährstoffverwertung der einzelnen Pflanzen durch Luxuskonsum unwirtschaftlich hoch ist. Je Nährstoffeinheit war die Faserausbeute im engsten Pflanzverband am höchsten. Obgleich im Laufe der Jahre in allen Böden ein merklicher Rückgang des Gesamtstickstoffgehaltes und der Austauschkapazität beobachtet wurde, war dieser in den Feldern mit geringem Pflanzbestand besonders ausgeprägt. Die günstigeren Feuchtigkeitsverhältnisse in letzteren förderten offenbar den biologischen Abbau, so daß die durch verstärkte Nitrifikation gebildeten Nitrate nicht im gleichen Maße von den Pflanzen genutzt werden konnten und zum Teil durch Auswaschung verloren gingen.

Tabelle 236. *Einfluß der Pflanzendichte von Sisalagave auf die Bodenfruchtbarkeit*

Zahl der Pflanzen je ha	Faserertrag 1936–56 t/ha	pH	K m.e. %	Ca m.e. %	Mg m.e. %	Total N	Austauschkapazität
10000	47,0	5,10	0,17	1,28	0,92	0,133	8,41
6666	38,8	5.18	0,33	1,50	0,98	0,129	8,03
6140	40,7	5,18	0,14	1,93	1,22	0,136	8,77
5000	37,6	5,42	0,19	2,78	1,43	0,143	9,54
4166	39,3	5,18	0,18	1,54	0,84	0,124	7,97
3333	32,9	5,29	0,21	1,82	0,96	0,121	8,31
2500	25,0	5,13	0,23	1,49	1,15	0,127	7,82
1666	18,5	4,99	0,21	1,41	0,80	0,114	7,80
sign. Unterschied	3,95	0,19	0,08	0,79	0,38	0,014	0,35

Die Flächenleistung der Sisalagave steht in direkter Beziehung zur Pflanzdichte. Je günstiger die lokalen Niederschlagsverhältnisse sind, um so dichter kann der Pflanzverband, der schließlich nur noch die praktischen Überlegungen hinsichtlich des erforderlichen Raumes für die Erntearbeiten zu berücksichtigen hat, gewählt werden. Die Leistungsfähigkeit des Bodens spielt bei den Überlegungen eine untergeordnete Rolle. Diese kann durch Bodenbearbeitung und Nährstoffzufuhr auf ein Niveau gesteigert werden, welches die Kontinuität reicher Fasererträge sichert.

Eine auf älteren Sisalböden unter dem Namen „Banding Disease", „Leaf-Base Necrosis" oder „Leaf Foot Disease" bekannt gewordene und gefürchtete Erscheinung, die sich zunächst äußert durch hellgrüne bis gelbe Punkte an der Oberfläche der Blattbasen, welche später nekrotische dunkelbraune Flecken bilden, und die schließlich ein Abknicken und Absterben der befallenen Blätter verursacht, ist auf eine physiologisch bedingte Ernährungsstörung zurückzuführen. Sie ist nach Jacob und v. Uexküll (1960), welche die Untersuchungen von den Doop in Indonesien zitieren, besonders häufig in kaliarmen Böden, in denen durch reichliche Stickstoffversorgung der Kalimangel sich verschärft bemerkbar macht. Diese Feststellung wurde von Armstrong (1948) bestätigt.

Eine allgemein gültige Düngungsempfehlung, die allen Anbaugebieten der Sisalagave gerecht wird, läßt sich naturgemäß nicht geben. Wie bei jeder Planung eines Düngeprogramms beeinflussen die jeweiligen örtlichen Gegebenheiten das Verhältnis der benötigten Nährstoffgaben zueinander und die Höhe der zu gebenden Mengen entscheidend. Die Nährstoffentzugszahlen können bei physikalisch günstigen Bodenbedingungen und ausreichenden Niederschlägen einen wertvollen qualitativen und quantitativen Hinweis hinsichtlich der Nährstoffzusammensetzung geben. Bei Bodenmängeln, wie ungenügende Durchlüftung oder Armut an Sorptionskomplexen, ist zunächst durch reichliche Versorgung des Bodens mit etwa 100 t gerottetem Blattabfall je Hektar, wobei aus wirtschaftlichen Gründen sich die Praxis des Mulchens am besten bewährt hat, eine Verbesserung der Bodeneigenschaften anzustreben.

Der auffallend hohe Kalkbedarf der Sisalagave erfordert die Überwachung des pH-Zustandes des Bodens. Ein Sinken der Bodenreaktion auf Werte kleiner als pH 6 erfordert eine Kalkung, die im regelmäßigen Turnus je nach dem Reaktionszustand zu wiederholen ist. Im allgemeinen wird eine Kalkmenge je Erntezyklus von 5 bis 10 t kohlensaurem Düngekalk je Hektar ausreichend sein. In schwach gepufferten Böden, d. h. in sandigen und an organischen Sorptionskomplexen armen, ist es ratsam, die Kalkung auf jährliche kleine Gaben von etwa 1 t aufzuteilen. Bei der Kalkung kann in magnesiaarmen Böden der relative hohe Magnesiumbedarf der Sisalagave durch Verwendung von Dolomitkalk (Magnesiamergel) berücksichtigt werden. Allerdings ist eine schnellere Wirkung zu erzielen mit dem leicht löslichen schwefelsauren Magnesia, wie es beispielsweise in den Düngerformen Kalimagnesia oder auch Stickstoffmagnesia zur Verfügung steht. Bei der Einplanung der Stickstoff- und Kalidüngung kann somit der mögliche Magnesiamangel des Bodens gleichzeitig bedacht werden. Sehr oft wird die Magnesiumversorgung durch eine im Übermaß vorhandene Menge an wurzellöslichem Kali im Boden gestört. Diese Behinderung ist unter Berücksichtigung des Kalivorrates durch Stickstoffmagnesia oder aber, wenn auch größere Mengen Kalk vorgesehen sind, durch Dolomit zu beheben.

Im Hinblick auf die Wichtigkeit der Bodenreaktion ist den kalkschonenden Stickstoffdüngern besondere Beachtung zu schenken. Physiologisch saure Stickstoffdünger sind wegen der damit verbundenen Säurewirkung weniger zweckmäßig. Kalksalpeter oder auch der wegen der höheren Konzentration wirtschaftlichere Kalkammonsalpeter verdienen den Vorzug.

Für die endgültige Feststellung des Düngerbedarfs ist im Einzelfall der örtlich durchgeführte Düngungsversuch ausschlaggebend. Er ist die Voraussetzung einer rationellen, individuellen Düngung. Unter geordneten Bodenverhältnissen werden zur Erhaltung eines gesunden, gut produzierenden Agavenbestandes jährlich folgende Nährstoffgaben je Hektar empfohlen:

60 bis 80 kg N
30 bis 50 kg P_2O_5
80 bis 100 kg K_2O.

Unter Erwähnung der weiter oben schon angeführten ertragssteigernden Wirkung des Blattabfalls aus den Aufbereitungsanlagen als Mulchmaterial mag nochmals auf das Zusammenwirken von organischer und anorganischer Düngung zur Erzielung nachhaltiger Höchsternten hingewiesen werden. Eine reine Mineraldüngung ist in Wirklichkeit eine einseitige Düngung. Sie ist ein Raubbau an der Humussubstanz des Bodens.

8. Düngung und Qualität

Ein spezifischer Effekt des einen oder anderen Elementes auf die Qualität des Erntegutes konnte bisher nicht eindeutig festgestellt werden. Wie schon Erwähnung fand, wirken fruchtbare Böden bzw. Maßnahmen mit dem Ziel, den Fruchtbarkeitszustand des Bodens zu verbessern, günstig auf die Geschmeidigkeit der Faser, vornehmlich aber positiv auf die Länge der Blätter und somit auch auf die Faserlänge. Der Anteil der gering bewerteten Kurzfaser geht zurück, so daß der Erlös des Erntegutes eines mit Nährstoffen ausreichend versorgten Plantagenbestandes je Gewichtseinheit erheblich über den Einnahmen vernachlässigter Pflanzungsbetriebe liegt.

Literatur

Armstrong, Black, I.: Report on a preliminary survey of sisal diseases in Tanganyika Territory. Amani Prov. (1948).

Dijk, J. W. van: Plant Bodem en Bemesting, Bd. I, S. 30. Groningen-Djakarta: Wolters. 1951. — Plant Bodem en Bemesting, Bd. II, S. 16. Groningen-Djakarta: Wolters. 1951. — Diekmahns, E. C.: Sisal Research Station, Mlingano, Ngomeni. Supplement to the Annual Report 1958 (April 1959). — Doop, J. E. A. den: Groene bemesting, kunstmest en andere factoren in sisal en cassaveproductie. Bergcultures **9**, 1293 (1939); **10**, 630 und 1306 (1936); **11**, 264 und 1290 (1937).

Gehlsen, C. A.: Wirtschaftliche Bedeutung und Kultur der Faseragaven. Internat. Landw. Rdsch. Mai 1939. — Guillebaud, C. W.: An economic survey of the sisal industry of Tanganyika. The Tanganyika Sisal Growers Ass., S. 3. Tanga 1958.

Holthuis, J. E., und C. J. van Hall: Sisal, Cantala en Manillahennep. De Landbouw in den Indischen Archipel, Bd. III, S. 103–178, 's-Gravenhage: van Hoeve. 1950.

Jacob, A., und H. v. Uexküll: Fertilizer use, 2. Aufl. S. 228. Hannover: Verlagsges. f. Ackerbau. 1960.

Lerche, K.: Annual Report of the High Level Sisal Research Station Thika 1956.— Leutenegger, F.: Sisal Research Station Mlingano, Ngomeni. Annual Report for the Year 1956. — Lock, G. W.: Sisal Research Station, Mlingano, Ngomeni. Annual Report for the Year 1956.

Marx, Th., und R. Hindorf: Vorschläge zur praktischen Verwertung des Sisalblattabfalles im Pflanzungsbetrieb. Tropenpflanzer **40** (11), 457–479 (1937).

Nichols, A. F.: The use of sisal waste und fertilisers in sisal growing. Kenya Sisal Board Bull. **14**, 43–45 (1955).

Vageler, P.: Grundriß der tropischen und subtropischen Bodenkunde, 2. Aufl., S. 239. Berlin: Verlagsges. f. Ackerbau. 1938.

c) Lein und Hanf

Von

W. Jahn-Deesbach

1. Die Düngung des Leines
(Linum usitatissimum L.)

Lein wird entweder ausschließlich bzw. in erster Linie zur Fasergewinnung angebaut; in diesem Falle sind alle Anbaumaßnahmen einschließlich der Düngung auf einen möglichst hohen Ertrag an qualitativ hochwertigen Fasern einzurichten. Oder aber der Lein wird nur zur Ölgewinnung angebaut; dann werden die übrigen Inhaltsstoffe des Leinsamens und das Leinstroh als anfallende Nebenprodukte verwertet, auf die in den Anbaumaßnahmen nicht weiter Rücksicht genommen zu werden braucht. Außer dem ausgesprochenen Faserleinanbau einerseits und dem ausgesprochenen Ölleinanbau anderseits war es bisher in vielen Gebieten üblich, einen Leinanbau mit kombinierter Faser- *und* Ölnutzung zu betreiben; und zum Teil ist diese Form des Leinanbaues in manchen Ländern auch heute noch die verbreitetste, obwohl natürlich der Erreichung eines hohen Faserertrages von guter Qualität und gleichzeitig eines hohen Ölertrages im Rahmen *einer* Kultur beträchtliche Schwierigkeiten entgegenstehen.

Neben der Verwendung entsprechender Sorten (kleinsamige Faserleine [*ssp. mikrospermum*], großsamige Ölleine [*ssp. makrospermum*], Kombinationsleine) sind die Auswahl des Standortes und die Zweckmäßigkeit der einzelnen Anbaumaßnahmen die wesentlichen Mittel zur Erreichung des jeweiligen Produktionszieles (Öl oder Faser oder eine beides beschränkende Kombination von Öl und Faser). Somit ist auch die Düngung ganz danach einzurichten, ob Faserlein oder Öllein angebaut wird, zumal beide Formen des Leinanbaues neben einer

Reihe gemeinsamer Ansprüche auch eine ganze Anzahl sehr unterschiedlicher Forderungen stellen. Die Düngung von Faserlein einerseits und die Düngung von Öllein anderseits sollen deshalb auch getrennt voneinander behandelt werden. Die Düngung von Kombinationsleinen zur gleichzeitigen Nutzung von Faser und Öl ergibt sich daraus sinngemäß. Bevor auf die Düngung jedoch im einzelnen eingegangen wird, soll zur Leinpflanze selbst kurz gesagt werden, daß sie im Vergleich zu vielen anderen Kulturpflanzen einen an sich relativ geringen Nährstoffbedarf hat; dies gilt besonders für Faserlein. Andererseits aber ist die zierliche Leinpflanze mit ihrem — besonders wiederum beim Faserlein — nur sehr wenig ausgeprägten Wurzelsystem auch nicht in der Lage, sich die Nährstoffe leicht anzueignen. Hinzu kommt, daß die Vegetationszeit des Leines relativ kurz ist (um 100 bis 120 Tage), der Ertrag also in verhältnismäßig kurzer Zeit gebildet werden muß. Der Lein bedarf eines leichtverfügbaren Nährstoffangebotes aus dem Boden bzw. der Düngung; und dies kann als einer der wichtigsten Leitsätze für die Düngung im Leinanbau allgemein angesehen werden: dem Lein muß eine ausreichende Menge an leichtaufnehmbaren Nährstoffen zur Verfügung gestellt werden.

A. Die Düngung des Faserleines

Beim Anbau des Faserleines geht es in erster Linie um einen möglichst hohen Ertrag an qualitativ hochwertiger Faser, die sich auch einwandfrei gewinnen läßt. Die Qualität ist dabei heute bei einem gewissen Überangebot an Leinfaser wichtiger als die Quantität. Da bei durch starke Düngung zu erzielenden sehr hohen Erträgen die Qualität beträchtlich absinken kann, ist auf jene Mehrerträge zu verzichten, die zu einer *wesentlichen* Qualitätseinbuße des Faserleines führen. Anderseits wäre es falsch, auf die auch im Faserleinanbau durch moderne und sinnvolle Düngungsmaßnahmen zu erzielenden beträchtlichen Steigerungen des Fasererträges zu verzichten, solange nur eine unwesentliche Qualitätseinbuße eintritt. Außerdem ist festzustellen, daß in den unteren Intensitätsstufen der Düngung zu Faserlein fast durchweg Qualitätsverbesserungen eintreten; erst bei mittleren und vor allem bei hohen Düngergaben kann es zu empfindlichen Qualitätsminderungen kommen, insbesondere dann, wenn die Düngung in einer ungeeigneten *Form* oder in einem dem Faserlein unzuträglichen *Verhältnis* erfolgt.

Die Faserleinpflanze als spezielle Form des Leines hat im Vergleich zu den meisten anderen landwirtschaftlichen Kulturpflanzen und auch im Vergleich zum Öllein ein recht schwach ausgebildetes, wenig leistungsfähiges Wurzelsystem. Diese zierliche Pflanze hat zwar ein gutes Nährstoffverwertungsvermögen, aber ein schlechtes Aufnahmevermögen; insbesondere vermag sie offenbar ungünstige Wachstums- und speziell Nährstoffverhältnisse weit weniger gut zu kompensieren als eine robustere Pflanze, auch als der Öllein (s. auch „Düngung des Ölleines"). Wichtig erscheint die Tatsache, daß die Faserleinpflanze — soll sie einen hohen Ertrag an qualitativ hochwertiger Faser bringen — einer günstigen Wasserversorgung bedarf. Die richtige Auswahl des Standortes ist vor allem auch unter diesem Gesichtspunkt vorzunehmen, da sonst alle Kunst der Düngung keinen vollen Erfolg gewährleisten kann. (Wichtig sind natürlich auch Saatstärke und andere Anbaufaktoren!) In ihren sonstigen Eigenschaften und in ihren Ansprüchen an die Düngung ist die *Faserleinpflanze* in vielerlei Hinsicht zu vergleichen mit der Braugerste. Denn die Zielsetzung und die Wege zur Erreichung des Anbauzweckes sind bei beiden Kulturen recht ähnlich: *Erzielung hoher Qualität ohne Verzicht auf den dabei höchstmöglichen Ertrag.*

Eine grundsätzliche Regel, die bei der Kultur aller pflanzlichen Qualitätsprodukte gilt, soll auch in diesem Falle eingehalten werden: die klare Darlegung der an das betreffende Produkt zu stellenden Qualitätsanforderungen, bevor die einzelnen Kulturmaßnahmen — hier die Düngung — behandelt werden.

Faserleinqualität. Entscheidend für die Qualität beim Faserlein (Flachs) im allgemeinen sind die gute Gewinnbarkeit der Faser einerseits und die Eigenschaften und Eignung der gewonnenen Faser für bestimmte technische Zwecke andererseits. Im einzelnen sind dabei u. a. folgende Qualitätsmerkmale wichtig für die Beurteilung:

Pflanzenhöhe (Gesamtlänge), Stengellänge oder „technische Länge" (von Keimblättern bis zum Ansatz des ersten Seitentriebes), Stengeldicke (gemessen in halber Stengelhöhe), Schlankheit (Quotient Länge/Stengeldicke), Stengelhaltung beim geernteten Flachsstroh, Verästelung, Farbe der Stengel, Krankheitsbefall und Unkrautbesatz als wichtigste äußere Qualitätsmerkmale, weil diese enge Beziehungen zu den inneren Qualitätsmerkmalen des Faserleinstengels haben. Große Bedeutung kommt auch dem Verhalten des Flachsstengels in der Röste zu.

Von den inneren Qualitätsmerkmalen sind vor allem folgende zu nennen und bei der Beurteilung von Kulturmaßnahmen — also auch von Düngungsmaßnahmen — zu berücksichtigen:

Zahl der Faserzellenbündel im Stengelquerschnitt, Zahl der Faserzellen im Bündel, Zahl der Faserzellen im Stengelquerschnitt, Anzahl der Zellreihen in radialer Richtung, Querschnittsfläche einer Faserzelle, Lumenanteil der Faserzellen in %, schließlich der Fasergehalt des Stengels in % und der Verholzungsgrad; dabei sollen die Faserbündel ein festes und regelmäßiges Gefüge ohne Interzellularen aufweisen und nicht aufgelockert sein. Dies wird am ehesten gewährleistet, wenn die einzelnen Faserzellen keinen kreisrunden, sondern einen mehr oder weniger eckigen Querschnitt haben und somit eng aneinanderschließen. Außerdem sollen die Zellwände möglichst dick (die Zellumina also möglichst klein) sein und keine sichtbare bzw. auffällige Schichtung zeigen. Faserzellen mit sehr großem Querschnitt sind oft rund, dünnwandig und damit großlumig, so daß schwammige Faserbündel mit lockerer Struktur entstehen; sie liefern eine grobe Leinfaser von geringer Festigkeit. Faserzellen mit kleinem Querschnitt sind in der Regel dickwandig und eher von eckiger Form; sie bilden gut geschlossene Bündel (kleine Zellumina, kaum Interzellularen), die wiederum eine feine und feste Faser liefern.

Darüber hinaus sollen die Faserbündel möglichst breit angelegt sein und neben dem geschlossenen auch einen glattrandigen Aufbau zeigen, d. h. gegenüber dem umliegenden Gewebe scharf abgegrenzt sein. Schließlich spielen — zum Teil resultierend aus den bereits genannten Qualitätsmerkmalen, zum Teil zusätzlich — folgende Faktoren eine Rolle: die Faserlänge als sehr wichtiges Qualitätsmerkmal, die Feinheit und Festigkeit sowie die Bruchfestigkeit der Faser, die Hechelfaserausbeute, ferner Farbe, Glanz und Griff sowie die Spinnfähigkeit der Faser.

Als ein *generelles Qualitätsmerkmal*, welches gerade auch beim Faserlein eine überragende Rolle spielt, sei zum Schluß — aber mit besonderer Betonung — die *weitestmögliche Gleichmäßigkeit* aller zu einer Partie vereinigten Faserleinstengel *im äußeren und inneren Aufbau und* damit *im Verhalten in den technologischen Prozessen* erwähnt. Diese Gleichmäßigkeit verdient, wie bei fast allen Qualitätsprodukten, hinsichtlich ihrer Wahrung bzw. Erzielung durch die verschiedenen Kulturmaßnahmen — speziell also auch der Düngungsmaßnahmen — ganz besondere Beachtung.

Nährstoffaufnahme. Zum Nährstoffaufnahmeverlauf beim Faserlein sei kurz erwähnt, daß die Aufnahme der Nährstoffe selbstverständlich auch hier der Trockenmassebildung vorauseilt; dies trifft in der frühesten Jugend besonders für N und daran anschließend für K zu, so daß die N-Aufnahme dann hinter der

K-Aufnahme zurücktritt. P und Ca werden langsamer und auch in den späteren Wachstumsstadien noch in beträchtlichen Mengen aufgenommen. Zur Reife zu treten dann aber auch wieder beträchtliche Nährstoffverluste der Leinpflanze ein, und zwar durch Rückwanderung in den Boden, durch Auswaschung (Regen) und vor allem auch durch Blattabfall. Dieses gilt besonders für K und N, zum Teil aber auch für Ca und die anderen Nährstoffe (JAKOBEY 1941, LIEBSCHER 1887, OPITZ 1939, REMY 1925).

Die Nährstoffentzüge zur Zeit der Ernte, die im folgenden angegeben sind, geben also nicht die maximale Nährstoffaufnahme und den maximalen Nährstoffbedarf an. Die in der älteren Literatur (BECKER-DILLINGEN 1934, BIEREI 1931 u.a.) zahlreich genannten, sich aber zum Teil sehr stark unterscheidenden Nährstoffentzüge des Faserleines lassen sich je ha mit etwa folgenden Mengen angeben (bei Zugrundelegung eines ha-Ertrages von 50 bis 60 dz Faserleinstroh und 6 bis 8 dz Samen):

25 bis 50 kg K
7 bis 11 kg P
13 bis 30 kg Ca
6 bis 9 kg Mg

Die Angaben über den Nährstoffentzug des Faserleines in der neueren Literatur liegen im allgemeinen höher; das ist bei höheren Erträgen und intensiverer Düngung leicht verständlich. Auch daß dabei die Schwankungsbreiten in den neueren Angaben nicht kleiner geworden sind, ist leicht erklärlich, wie es überhaupt auch beim Faserlein sehr schwierig ist, verbindliche Angaben über den Nährstoffentzug, der ja von Boden, Witterung, Düngung, Ertragshöhe usw. stark abhängt, zu machen. Die in neuerer Zeit ermittelten Nährstoffentzüge lassen sich etwa mit folgenden Mengen je ha angeben (JACOB 1955, KÖHNLEIN und KNAUER 1957, OPITZ 1936):

50 bis 75 kg N
40 bis 60 (bis 85) kg K
10 bis 16 kg P
18 bis 35 (bis 50) kg Ca
8 bis 11 kg Mg

Sie können — wie bereits betont — nur als Anhaltspunkte dienen.

Stickstoff. Bei der Betrachtung der Stickstoffdüngung im Faserleinanbau drängt sich ein Vergleich von Faserlein und Braugerste ganz besonders auf, weil die Problematik der Stickstoffdüngung bei beiden Kulturen zum großen Teil sehr ähnlich ist. Einerseits braucht natürlich auch die Faserleinpflanze ein für den Aufbau und die volle Funktionsfähigkeit ihrer Assimilationsorgane ausreichendes Stickstoffangebot aus Boden und/oder Düngung, zumal das Nährstoff-Aneignungsvermögen der Faserleinpflanze gering ist; und letzten Endes sind die interessierenden Ernteprodukte — hier also die Leinfasern — ja Assimilate — vorwiegend Kohlehydrate. Außerdem ist heute in den meisten Anbaugebieten eine bestimmte Mindesthöhe des Flächenertrages Voraussetzung für die Wirtschaftlichkeit des Faserleinbaues.

Anderseits aber liegt das *N-Optimum für die Qualität* beim Faserlein — ähnlich wie bei der Braugerste — *deutlich unterhalb des N-Optimums für den Ertrag* (OPITZ und EGGELHUBER 1939). Jede ein bestimmtes und ein für jeden Standort und jedes Jahr unterschiedliches Maß überschreitende N-Menge führt deshalb zunächst zu einer Qualitätsverschlechterung des Ernteproduktes. Eine noch weiter gehende Steigerung des N-Angebotes kann schließlich zur restlosen Vernichtung der Qualität führen, nämlich dann, wenn infolge N-Überdüngung Lager eintritt.

Fast alle Autoren, die sich mit der N-Düngung von Faserlein befassen, können eine mehr oder weniger starke Ertragssteigerung durch N-Gaben nachweisen, wobei auch beim Faserlein der relative Ertragszuwachs an Körnern weit größer ist als an Stroh. In der neueren Literatur wird deshalb im Gegensatz zu älteren Arbeiten eine mineralische N-Düngung zu Faserlein allgemein befürwortet (von Boguslawski 1938, Dosspechow 1958, Fabian 1928, Frederikson 1959, Kosstjutschenko 1957 und 1958, Opitz und Eggelhuber 1939, Rüther 1950, Selke 1955, Wyschinski 1957); nur wenige Autoren lehnen auch heute noch — zumindest für bestimmte Gebiete — die mineralische N-Düngung zu Faserlein ab (Cooke und Warren 1959, Koch 1935). Gleichermaßen wird dabei auch auf die meist mit den durch N-Düngung zu erzielenden beträchtlichen Ertragssteigerungen einhergehende Gefahr der Qualitätsminderung verwiesen. Anderseits zeigt sich jedoch, daß sich der negative Einfluß des N auf die Qualität des Faserleines bis zu einer gewissen Grenze durch entsprechende Gegen- bzw. Ergänzungsmaßnahmen vollständig oder doch weitestgehend ausschalten läßt, so daß die ertragssteigernde Wirkung des N auch im Faserleinanbau bis zu dieser durch empfindlichere Qualitätseinbußen gezogenen Grenze ohne Bedenken ausgenutzt werden kann. Eine entscheidende Rolle spielt dabei die Vermeidung bzw. Beseitigung ungünstiger Nährstoffverhältnisse (Verhältnis der übrigen Nährstoffe zum Stickstoff). Außerdem ist die Salzform, in der der Stickstoff gedüngt wird, von Einfluß auf das Ausmaß der Qualitätsänderung.

Im einzelnen ist zur Stickstoffdüngung in ihrer Auswirkung auf Ertrag und Qualität beim Faserlein folgendes festzustellen: Neben einer allgemeinen Ertragssteigerung können auf stickstoffarmen Standorten durch kleinere N-Gaben auch einige der wichtigsten Qualitätsmerkmale — so z. B. der Fasergehalt — positiv beeinflußt werden, weil eben eine gewisse Mindestmenge an N vorhanden sein muß, wenn eine ausreichende Assimilationsleistung ermöglicht werden soll. Erst mittlere und höhere N-Gaben wirken dann nicht mehr qualitätsverbessernd oder aber schon qualitätsmindernd (von Boguslawski 1958, Fabian 1928, Giesecke, Schmalfuss und Gerdun 1937, Opitz und Eggelhuber 1939). Faserleinpflanzen, die bei mangelhafter N-Versorgung aufwachsen, haben im allgemeinen eine geringere Faserzellenanzahl, einen kleineren Stengelquerschnitt, einen geringeren Faserzellenquerschnitt und einen kleineren Gesamtquerschnitt als mit N gedüngte Pflanzen (Schmalfuss 1936), woraus bei ersteren der geringere Fasergehalt (und erst recht ein geringerer Faserertrag pro Flächeneinheit) resultiert. Außerdem bewirkt eine N-Düngung im allgemeinen neben größeren Stengelquerschnitten auch größere Pflanzenhöhen und Stengellängen, wobei jedoch hohe N-Gaben oft den Anteil an Langfasern senken und die Wergprozente erhöhen (Bierei 1931, von Boguslawski 1938), weil sich der vertikale Aufbau der Faserbündel ändert. Zum Teil wird allerdings insofern über ein gegenteiliges Verhalten der Leinpflanze gegenüber einer N-Düngung berichtet, als daß die N-gedüngten Faserleinpflanzen gegenüber den nicht mit N gedüngten bei ebenfalls allgemein verringerter Faserqualität mit verkürzten Stengeln und starker Verzweigung reagiert haben (Mien-Ta-Ch'en und Dosspechow 1960). Dies scheint insbesondere bei höheren, über dem Optimum liegenden N-Gaben der Fall zu sein (Opitz und Eggelhuber 1939). Da bei höheren N-Gaben der Stengelquerschnitt stärker zunimmt als die Stengellänge, wird die Schlankheit vermindert. Durch Stickstoffdüngung wird zum Teil auch die Verholzung der Faser gefördert (Giesecke, Schmalfuss und Gerdun 1937). Ferner wirkt Stickstoff in Richtung weitlumiger, dünnwandiger Faserzellen mit verringerter Reißfestigkeit, lockerer Faserzellenbündel von ungleicher Größe, Faserzellen außerhalb der Bündel, stärkerer Verholzung der Bündel und Schichtung der Zellmembranen bis zur Trennung der einzelnen Zelluloseschichten. Daß eine sehr starke Qualitätseinbuße — bis zur völligen Unbrauchbarkeit — eintreten kann, wenn die Faserleinpflanze infolge zu hoher bzw. zu einseitiger N-Gaben lagert, wurde bereits erwähnt.

Tabelle 237. *Ergebnisse eines N-Formen-Versuches zu Faserlein* (nach OPITZ und EGGELHUBER 1939)

N/g je Gefäß	N-Form	Erträge g Trockenmasse			Korn/Stroh-Verhältnis	Strohertrag g Trockenmasse	Fasergehalt des Strohes %	Faserertrag g
		Gesamt	Körner	Stroh und Kapseln				
0	Natriumnitrat	8,78 ±0,45	1,38 ±0,03	7,40 ±0,43	5,36	6,25	21,5	1,35
0,5		48,80 ±0,35	9,03 ±0,04	39,77 ±0,37	4,40	33,95	23,7	8,05
1,0		60,83 ±0,71	14,05 ±0,58	46,77 ±1,29	3,33	40,05	21,5	8,60
1,5		56,48 ±1,44	11,17 ±0,25	45,30 ±1,48	4,07	38,18	20,7	7,90
0,5	Schwefelsaures Ammoniak	47,95 ±0,78	9,07 ±0,20	38,87 ±0,66	4,27	34,43	24,3	8,36
1,0		60,83 ±2,16	12,17 ±0,86	48,65 ±2,16	4,00	40,88	20,5	8,38
1,5		59,48 ±0,81	11,90 ±0,43	47,57 ±0,42	4,00	39,80	19,6	7,80
0,5	Kalkammonsalpeter	50,83 ±0,61	9,55 ±0,22	41,27 ±0,60	4,30	35,80	22,6	8,10
1,0		61,65 ±1,32	12,65 ±0,51	49,00 ±0,90	3,87	41,95	21,1	8,85
1,5		50,78 ±1,54	8,37 ±0,96	42,40 ±1,19	5,07	34,40	16,6	5,71
0,5	Ammonnitrat	49,58 ±0,59	9,25 ±0,42	40,33 ±0,39	4,36	34,23	25,2	8,62
1,0		68,70 ±0,58	14,23 ±0,32	54,47 ±0,55	3,83	45,40	24,6	11,17
1,5		80,55 ±2,03	17,90 ±0,40	62,65 ±1,85	3,50	51,38	23,3	11,97

Es ist jedoch keineswegs so, daß eine lineare oder auch nur gleichsinnige Beeinflussung der einzelnen Qualitätsmerkmale durch jede Stufe intensiverer N-Düngung zu beobachten ist, zumal sich der Anteil der einzelnen Stengeldickenklassen ändert und sich die Einzelmerkmale durchaus nicht gleichsinnig verhalten. *Es liegen nicht nur die Optima für Ertrag und Gesamtqualität nicht zusammen; es können auch die Optima all der einzelnen Qualitätsmerkmale relativ unabhängig voneinander verschieden liegen.* Es sei hierzu auf die speziellen Angaben in der Originalliteratur verwiesen, zumal unterschiedliche sonstige Umweltbedingungen die Ergebnisse modifizieren (VON BOGUSLAWSKI 1938, GIESECKE, SCHMALFUSS und GERDUN 1937, OPITZ und EGGELHUBER 1939, SCHMALFUSS 1936).

Einen starken Einfluß übt ferner die Stickstoff*düngerform* auf die Ertragsbildung und die Qualität der Faserleinpflanze aus. Nach OPITZ und EGGELHUBER

1939 werden insbesondere bei mittleren und höheren N-Gaben wichtige Sonderwirkungen der N-Formen sichtbar; dies gilt sowohl für den Ertrag, als auch für die Qualität. So zeigte sich in zahlreichen Versuchen die N-Düngung in Form von Kalkammonsalpeter im Vergleich zu den anderen N-Formen meist eindeutig unterlegen; auch NH_4Cl und $NaNO_3$ — letzteres als N-Düngemittel zu Öllein in Gefäßversuchen relativ gut bewährt — erwiesen sich im Faserleinanbau sehr oft als ungünstige N-Formen. Demgegenüber wirken offenbar $(NH_4)_2SO_4$ und ganz besonders NH_4NO_3 ausgesprochen günstig hinsichtlich Ertrag und Qualität im Faserleinanbau (BECKER-DILLINGEN 1934, OPITZ und EGGELHUBER 1939, SCHMALFUSS 1936). Es sei hierzu auch auf Tab. 237 verwiesen.

Sehr gute Erfolge dürften im Faserleinanbau zweifellos mit der Kombination dieser beiden bewährten N-Formen, dem Ammonsulfatsalpeter, zu erreichen sein, zumal das NH_4NO_3 in vielen Ländern infolge seiner Explosionsgefahr nicht als Düngemittel im Handel ist.

In Gefäßversuchen hat sich zum Teil sogar Kalkstickstoff ($CaCN_2$) als N-Düngemittel zu Faserlein als brauchbar erwiesen; im Feldversuch liegen für diese N-Form aber viele negative Erfahrungen vor, so daß diese N-Form für den Faserleinanbau meist völlig abgelehnt wird (BECKER-DILLINGEN 1934, GASSNER 1941, GROSS 1925/1926, SACHSE 1948).

In einem N-Düngungsversuch mit Ammoniakwasser, dieses in einer Zeit von sechs Tagen bis unmittelbar vor der Aussaat gegeben, konnte bei Lein kein ungünstiger Einfluß auf Aufgang und Entwicklung beobachtet werden (KRZYSZTOFOWICZ, DAPROWSKA und DUCH 1957).

Zu den speziellen Auswirkungen der einzelnen N-Formen ist dabei ergänzend zu erwähnen:

In Gefäßversuchen (Mitscherlich-Gefäße) konnten OPITZ und EGGELHUBER 1939 bei höheren N-Gaben (1,5 g) gegenüber mittleren N-Gaben (1,0 g) mit NH_4NO_3 noch deutliche Ertragssteigerungen erzielen; bei Verwendung von $NaNO_3$ bzw. $(NH_4)_2SO_4$ blieben diese jedoch aus, und Kalkammonsalpeter bewirkte bereits deutliche Depressionen im Ertrag (s. Tab. 237). Während bei Anwendung von NH_4NO_3 die höchsten N-Gaben auch die höchsten Fasererträge brachten, wurden bei der gleichen N-Menge in Form von Kalkammonsalpeter die Fasererträge bereits wieder stark gesenkt und lagen bei nur knapp 50% der durch NH_4NO_3 erzielten Höchsterträge.

Hinsichtlich der Faserleinqualität in Abhängigkeit von der N-Form kann gesagt werden, daß Nitrate die negativen Seiten der N-Düngung im allgemeinen verstärken, ohne die positiven besonders zu begünstigen. Vor allem führen sie in feuchten Jahren noch eher zu Lagerbildung; Faserwandstärke und Reißfestigkeit werden stärkstens herabgesetzt. Nur für das NH_4NO_3 trifft dies offenbar nicht zu, denn die Beeinflussung der Faserleinqualität ist bei Verwendung von NH_4NO_3 als N-Düngemittel am wenigsten negativ, wobei meist auch das $(NH_4)_2SO_4$ noch übertroffen wird. Wenn die NH_4-Form im Faserleinanbau zweifellos vorzuziehen ist, so liefert doch wiederum eine N-Düngung in Form von NH_4Cl — in älteren Arbeiten durchaus als N-Dünger zu Faserlein empfohlen (BIEREI 1931) — wesentlich schlechtere Ergebnisse als eine solche mit $(NH_4)_2SO_4$ oder NH_4NO_3, was auf dem gleichzeitigen negativen Einfluß des Chlorid-Ions beruht, worauf jedoch später näher eingegangen werden soll. NH_4Cl macht die Pflanzen sukkulenter und führt im Vergleich zu $(NH_4)_2SO_4$ und NH_4NO_3 zu verminderter Stengelschlankheit, weil vor allem der Stengelquerschnitt ungünstig vergrößert wird (SCHMALFUSS 1936 u. a.).

Daß aber der Einfluß der einzelnen N-Formen u. a. wiederum abhängig ist von der Höhe der N-Gaben und sich hinsichtlich der einzelnen Qualitätsmerkmale keineswegs immer gleichsinnig bemerkbar macht, muß auch an dieser Stelle ausdrücklich betont werden.

Über den *Zeitpunkt der Stickstoffdüngung* zu Faserlein besteht in der Literatur bis auf wenige Ausnahmen (z. B. SCHMITT 1954) eine einheitliche Meinung, und zwar dahingehend, daß die Düngung auch des Stickstoffes *vor* der Aussaat des Leines zu geben ist. Eine Kopfdüngung ist als Notmaßnahme anzusehen; sie ist nur in Ausnahmefällen anzuwenden in Form von leichtlöslichen Salzen in kleinen Gaben oder in flüssiger Form (1%ige Lösung) (JACOB 1942, JASPER 1941, KOSSTJUTSCHENKO 1957, WECK 1953).

Die Frage des Nährstoffverhältnisses (N:K:P) in deren Bedeutung für die N-Düngung im Faserleinanbau wird weiter unten gesondert behandelt.

Phosphor. Für die Erzielung eines hohen Ertrages und die Ausbildung einer qualitativ hochwertigen Faser ist eine ausreichende P-Versorgung der Faserleinpflanze notwendig. Im Gegensatz zu der früher oft geäußerten Ansicht, daß dabei hohe P-Düngergaben nichts verderben könnten, hat sich in eingehenden Untersuchungen doch klar erwiesen, daß gerade auch im Faserleinanbau das Optimum der P-Gabe durchaus überschritten werden kann. Das gilt — ebenso wie beim N — für die Qualität der Faser noch mehr als für den Ertrag, d. h., auch das Optimum der P-Düngung liegt bezüglich der Qualität offensichtlich niedriger als das für den Ertrag.

Allgemein wirkt eine P-Düngung mehr oder weniger stark beschleunigend auf Wachstum und Entwicklung und besonders fördernd auf das generative Wachstum; so konnte beim Faserlein auf P-armen Böden eine um zwei Wochen verkürzte Vegetation bei gleichzeitig erhöhten Erträgen beobachtet werden, ohne daß jedoch die Ausmaße wie beim Öllein erreicht wurden (OPITZ 1941). Vor allem war in diesen Fällen auch der Blühbeginn vorverlegt. Liegt P-Mangel vor, so bewirkt eine P-Düngung in mäßigen Gaben neben einer Ertragssteigerung auch eine vermehrte und verbesserte Faserbildung. Stengellänge und Stengeldicke werden erhöht, ebenso die Faserzellenzahl/Bündel und die Faserzellenzahl/Stengelquerschnitt. Ferner werden die Faserzellenwände verdickt, und die Faserbündel sind fester geschlossen als bei Pflanzen ohne P-Düngung. Dabei ist der Querschnitt der Einzelfaser bei ausreichend mit P versorgten Pflanzen verkleinert, was ebenfalls besonders günstig ist (FABIAN 1928, KLITSCH 1943, OPITZ 1941). Eine Änderung der Anzahl der Faserbündel im Stengelquerschnitt wurde nicht beobachtet (FABIAN 1928 und 1928/29). Insgesamt ist eine *ausreichende* P-Versorgung der Faserleinpflanze sehr wichtig für Ertrag und Qualität, denn Feinheit und Festigkeit der Faser werden sehr günstig beeinflußt, solange das Optimum nicht überschritten wird (OPITZ 1941). Insbesondere kann eine ausreichende P-Düngung dem negativen Einfluß höherer N-Gaben entgegenwirken.

Bei starken P-Gaben kann dagegen in vielen Fällen noch eine Ertragssteigerung bei Faserlein festgestellt werden; die Qualität aber leidet dann bereits mehr oder weniger stark. So können in diesen Fällen sinkende Fasergehalte und verminderte Reißfestigkeit festgestellt werden; die Wergprozente sind oft erhöht (FABIAN 1928). Ebenso wurde Verkürzung der Stengellängen bei weiterer Verdickung beobachtet. Hinzu kommt Förderung der Verzweigung und Verästelung (MENZEL 1936).

Neben der eigentlichen Qualitätsverschlechterung durch überhöhte P-Gaben in der Faserleinpflanze kann auch der Röstverlauf negativ beeinflußt werden (FRIED 1937).

Daraus läßt sich folgern, daß die besten P-Düngungserfolge mit mittleren P-Gaben zu erreichen sind (BIEREI 1931, OPITZ 1941), wobei zu beachten ist, daß der P-Bedarf und das P-Versorgungsoptimum bei Faserlein deutlich niedriger liegen als beim Öllein (Gericke 1942, Opitz 1942). Berücksichtigt man ferner, daß die Leinpflanze zwar ein geringes Aufnahmevermögen im Vergleich zu anderen Pflanzen hat, dies nach Opitz 1944 „jedoch von der Fähigkeit, die gebotene Düngerphosphorsäure gut zur Substanzbildung zu verwerten, begleitet ist", so sind unkontrollierte und zu hohe direkte P-Angebote unbedingt zu vermeiden. Zu große P-Mengen könnten sonst ähnlich schädlich wirken wie große N-Mengen.

Inwieweit die einzelnen P-Düngerformen im Faserleinanbau Vor- und Nachteile haben, ist wenig untersucht worden und hängt zweifellos von Standort und Düngungszeitpunkt ab. So wird zum Teil von besten Erfolgen mit Thomasphosphat (Lisstwin 1957) berichtet, was bei entsprechenden Bodenverhältnissen und rechtzeitiger Einbringung sowie auch unter dem Gesichtspunkt der Mikronährstoff-Frage durchaus verständlich erscheint. Anderseits verdienen gerade im Faserleinanbau auch die leichter löslichen P-Düngemittel besondere Beachtung, und Schmitt 1954 empfiehlt bevorzugt Superphosphat.

Kalium. Der Nährstoff Kalium ist u. a. bekannt für seine spezielle positive Wirkung auf den Kohlehydrat-Haushalt der Pflanze. Wo es um die Bildung und die Ablagerung von Kohlehydraten in Pflanzen geht, spielt eine gute K-Versorgung deshalb eine bedeutende Rolle. Dies gilt besonders auch für den Faserlein und speziell für die Ausbildung der Leinfaser. Zunächst muß für die Gewährleistung einer vollen Assimilation der Faserleinpflanze ausreichend K zur Verfügung stehen — ebenso wie N, P und die anderen Nährstoffe. Denn von Mangelpflanzen können weder hohe Erträge noch gute Qualitäten erwartet werden. Darüber hinaus aber liegen die Verhältnisse bei K insofern anders als z. B. bei N und P, als die Optima für den Ertrag einerseits und die Qualität anderseits sich anders verhalten als bei N und P. *Während die Qualitätsoptima für N und P eindeutig unter den Ertragsoptima liegen, trifft dies für Kali nicht zu. Vielmehr wirken höhere K-Gaben, die auf die Ertragshöhe schon keinen positiven Einfluß mehr ausüben, noch ausgesprochen günstig auf die Qualität der Faserleinpflanze* (Opitz und Eggelhuber 1939). Dies unterstreicht die Bedeutung einer reichlichen K-Versorgung für den Faserlein. Trotzdem sollte man auch hieraus nicht den Schluß ziehen, daß es für die Höhe des K-Angebots auf die Faserqualität kein Optimum gibt, dessen Überschreiten zu Fehlschlägen führt. Eine Warnung vor *allzu* großen K-Überschüssen ist deshalb ebenfalls gerechtfertigt (Menzel 1937).

Im einzelnen wirkt K zunächst bis zu einer bestimmten Höhe bei Faserlein stark ertragssteigernd; dies gilt für den Stengelertrag noch mehr als für den Samenertrag, wie überhaupt die K-Düngung das vegetative Wachstum günstig beeinflußt (Larsen 1960). Dabei werden Stengellänge und Stengelquerschnitt vergrößert sowie der Faserertrag und die Langfaserausbeute meist wesentlich verbessert (Bierei 1931, Giesecke, Schmalfuss und Gerdun 1937, Scheel 1929, Schmalfuss 1936). Größe, Festigkeit und Spinnfähigkeit des Faserelementes werden durch K begünstigt, die Zahl der Faserzellen wird erhöht, und das Gefüge wird geschlossener (Tobler 1929, 1932 und 1934). Auch die einzelne Faserzelle wird vergrößert, ohne daß deshalb das Zellumen im gleichen Maße ansteigt. Steigende K-Gaben erhöhen insgesamt den Gesamtfaserquerschnitt am Gesamtquerschnitt des Stengels (Schmalfuss 1936). Die Sukkulenz der Faserzellen wird durch erhöhte K-Gaben verstärkt, der Quellungsgrad der oberflächlichen Faserwandschichten nimmt zu, und als Folge stellt sich eine Dickenzunahme der Zellwand ein (Schmalfuss 1936, Tobler 1934). Dies zusammen führt zu einem Druck innerhalb der Faserzellen, wobei die Faserzellen im Querschnitt eine mehr eckige Form annehmen, was bei kleinen Lumina auch die Interzellularräume verkleinert oder sie weitestgehend zum Verschwinden bringt. Solche Fasern sind reißfest, geschmeidig, elastisch und gut spinnfähig. Schließlich wirkt eine ausreichende K-Versorgung der Verholzung der Leinfaser entgegen. Auch verhält sich gut mit K versorgter Faserlein günstig in der Röste, was seine Ursache vielleicht in stofflichen Differenzen des Pektins hat (verschieden starke Quellbarkeit der Mittellamelle; FRIED 1937). Insgesamt kann festgestellt werden, daß K beim Faserlein die positiven Auswirkungen des N unterstützt und dessen negativen abschwächt oder zumindest nicht verstärkt (OPITZ und EGGELHUBER 1939).

Während die Dinge hinsichtlich des Nährstoffes K im Faserleinanbau also relativ einfach liegen, bringt die Kalidüngung aber trotzdem ähnliche Qualitätsprobleme mit sich wie die P- und N-Düngung, und zwar durch die Ballaststoffe der Kalidüngesalze; insbesondere die Chlorid- und Sulfat-Ionen können die Faserleinqualität sehr entscheidend beeinflussen, und zwar einander entgegengesetzt.

Lange Zeit war neben der Holzasche der Kainit ein bevorzugter Faserleindünger (HIEKE 1943), und dem Kainit wurde zum Teil gegenüber anderen K-Düngemitteln der Vorzug eingeräumt. Auch NH_4Cl — besonders mit viel NaCl — sollte bessere Stengelqualitäten als andere Düngemittel liefern (BIEREI 1931). Dem Cl′ wurde eine ausgesprochen günstige Wirkung auf die Faserqualität nachgesagt. Diese Anschauung hat sich aber dann bald gewandelt, und das Gegenteil wird heute in der einschlägigen Literatur immer wieder ausdrücklich betont: Das Cl′ hat einen ausgesprochen negativen Einfluß auf die Ertragsleistung und die Qualität der Faserleinpflanze. Das Cl′ begünstigt zweifellos — ähnlich wie die anderen einwertigen Ionen — den Wasserhaushalt der Pflanze (SCHMALFUSS 1936 und 1939, SCHUPHAN 1941), und bis zu einem gewissen Grad wirkt es deshalb in gleicher Richtung wie K und N, dabei aber stark qualitätsmindernd. So werden z. B. durch Cl′ Stengel- und Gesamtfaserquerschnitt erhöht, ebenso der Einzelfaser- und Faserbündelquerschnitt. Der Faserquerschnitt wird aber ausgesprochen rundlich, die Faserwand wird dünner und damit das Faserzellenlumen weiter. Außerdem werden die Faserzellenzahl/Bündel- und die Faserzellenzahl/Stengelquerschnitte gesenkt. Insgesamt führen diese Veränderungen zu einer Auflockerung und schwammigen Struktur der Fasern. Feinheit und Festigkeit werden vermindert (KLITSCH 1943, OPITZ, TAMM, EGGELHUBER und KNIES 1939, SCHMALFUSS 1939, TOBLER 1934). Darüber hinaus wird auch die Faserlänge verringert, und die Fasergehalte liegen niedriger (SCHMALFUSS 1936). Zum Teil wurden auch eine geringere Wuchshöhe und bei hohen Cl′-Gaben beträchtliche Mindererträge festgestellt (STEIGERWALD 1927). Bei kleinen Gaben traten diese Erscheinungen nicht auf; im Vergleich zu anderen K-Düngemitteln war Kainit bei niedrigen K-Gaben nicht unterlegen, ja zum Teil sogar überlegen. Je höher aber die Gaben liegen, um so deutlicher machen sich die negativen Einflüsse der Cl′-haltigen Salze bemerkbar (s. auch Tab. 238). Schwefelsaures Kali zeigte oft eine umgekehrte Tendenz, seine positiven Einflüsse verstärkten sich mit zunehmender Höhe der K-Gaben.

Der Faserlein gilt deshalb als ausgesprochen Cl′-empfindlich; und stark Cl′-haltige Düngesalze werden heute für die Erzeugung hochwertiger Faserleine allgemein abgelehnt (GASSNER 1924, KLITSCH 1943, MASAEWA 1936, OPITZ, TAMM, EGGELHUBER und KNIES 1939, PENNER 1939, SCHMALFUSS 1936, TOBLER 1932), vor allem wenn größere Mengen verabreicht werden. Ergänzend sei zur Cl′-Wirkung auf die Faserleinpflanze festgestellt, daß man ihre Wirkungsursachen u. a. darin sieht, daß bei Cl′-reicher Düngung von der Pflanze auch mehr Ca^{++} und wesentlich weniger K^{+} aufgenommen werden (Ca-Mobilisierung; MASAEWA 1936, PENNER 1939).

Sulfathaltige Kalidüngesalze wirken dagegen auf Ertrag und Qualität des Faserleines positiv; dabei werden die einzelnen Merkmale u. a. wie folgt beeinflußt: Selbst große Mengen schwefelsaurer Kalisalze werden gut vertragen; sie bringen

Tabelle 238. *Ergebnisse eines Kaliformenversuches zu Faserlein* (nach OPITZ, TAMM, EGGELHUBER und KNIES 1939)

Düngung je Gefäß			Kaliform	Erträge g Trockenmasse			Korn/Stroh-Verhältnis	Stroh ohne Kapseln	Fasergehalt des Strohes %	Faserertrag g
N	P_2O_5	K_2O		Gesamt	Körner	Stroh und Kapseln				
0	0	0		7,43 ±0,16	1,12 ±0,17	6,30 ±0,25	5,63	5,48 ±0,06	24,0	1,32
1	1	0		52,20 ±1,77	2,50 ±0,25	49,70 ±1,52	19,90	39,93 ±1,14	34,0	9,57
1	1	0,5	Kainit	68,35 ±0,76	14,90 ±0,61	53,45 ±0,40	3,60	44,20 ±0,32	24,3	10,73
1	1	1		61,23 ±0,91	13,45 ±0,13	47,77 ±0,79	3,55	38,90 ±0,65	21,0	8,17
1	1	2		37,35 ±2,15	7,42 ±0,56	29,92 ±1,87	4,02	24,45 ±1,66	21,3	5,20
1	1	0,5	50% Kalisalz	69,90 ±1,30	15,12 ±1,07	54,77 ±0,37	3,62	45,35 ±0,77	23,4	10,61
1	1	1		71,55 ±1,48	16,42 ±0,24	55,12 ±1,25	3,35	46,30 ±1,01	22,4	10,38
1	1	2		65,75 ±1,26	15,55 ±0,29	50,20 ±1,20	3,23	41,58 ±0,95	22,0	9,18
1	1	0,5	Schwefelsaures	68,98 ±1,28	15,55 ±0,37	53,42 ±1,06	3,44	43,48 ±0,81	23,7	10,30
1	1	1	Kalimagnesia	71,65 ±0,54	16,92 ±0,16	54,72 ±0,56	3,22	45,95 ±0,30	23,5	10,80
1	1	2		69,33 ±0,54	15,17 ±0,39	54,17 ±0,32	3,57	45,93 ±0,86	23,7	10,90
1	1	0,5	Schwefelsaures Kali	68,00 ±1,07	14,20 ±0,72	53,80 ±0,69	3,80	45,53 ±0,64	23,9	10,88
1	1	1		68,70 ±0,58	14,23 ±0,32	54,47 ±0,55	3,83	45,40 ±0,36	24,6	11,17
1	1	2		67,43 ±0,85	15,32 ±0,52	52,10 ±0,33	3,40	42,88 ±0,39	25,0	10,72

noch Ertragssteigerungen, wenn chloridhaltige schon starke Ertragsdepressionen verursachen. Es werden große Pflanzenhöhen und Stengellängen erreicht. Faserzellen- und Bündelquerschnitte werden zwar verringert; dies geht aber stark auf Kosten der Lumina und der Interzellularen, und die Zellwände werden sogar verdickt. Hierdurch entstehen dichtgeschlossene Faserbündel, die eine feine und feste Faser ergeben. Als eventuell nachteiliger Einfluß des SO_4-Ions gegenüber dem Cl′ ist lediglich die Tendenz zu stärkerer Verholzung zu nennen (OPITZ, TAMM, EGGELHUBER und KNIES 1939, SCHMALFUSS 1936 und 1938, TOBLER 1934 und 1936).

Allgemein sind somit im Hinblick auf *Ertrag und Qualität schwefelsaure Kalidüngesalze* im Faserleinanbau vorzuziehen, insbesondere bei einer — in den meisten Fällen aus den bereits genannten Gründen wünschenswerten — starken K-Düngung. Bei kleineren K-Gaben und bei ausreichend lange vor der Aussaat gegebener K-Düngung (insbesondere auf leichteren Böden, wo das Cl′ schnell ausgewaschen wird) können Cl′-haltige Düngesalze nicht grundsätzlich abgelehnt werden. Sehr gute Erfolge sind bei der Kalidüngung des Faserleines mit Mg-haltigen Düngesalzen gemacht worden, insbesondere mit schwefelsauren Kali-Magnesia-Salzen.

Magnesium. Der Lein ist ausgesprochen Mg-bedürftig und -dankbar; dient er doch aus diesem Grund sehr oft als Testpflanze auf Mg-Mangel bzw. Mg-Düngewirkung. Liegt auch der Mg-Bedarf des Faserleins nicht ganz so hoch wie bei den ausgesprochenen Ölleintypen, so ist er doch bei Faserlein wesentlich höher als bei vielen anderen Kulturpflanzen. Akuter Mg-Mangel führt zu starkem Zurückbleiben in Wachstum und Entwicklung, die Blätter werden chlorotisch, die Blattspreiten und besonders deren Ränder werden später hellbraun; sie vertrocknen und rollen sich um die Längsachse ein (Schropp und Arenz 1938). Bei relativem Mangel ist die Faserausbildung behindert. In vielen Fällen sind deshalb beim Faserlein mit Mg-haltigen Düngemitteln zusätzliche Ertragssteigerungen und Qualitätsverbesserungen erzielt worden. Dies gilt für die schwefelsauren Kali-Magnesium-Dünger aus den bereits genannten Gründen noch mehr als für die Cl′-haltigen, zumal vom Faserlein die schwefelsauren Kali-Magnesium-Düngemittel auch in großen Gaben gut vertragen werden. Auf allen nicht wirklich gut mit Mg versorgten Standorten sind aus den genannten Gründen Kalium-Magnesium-Düngemittel im Faserleinanbau besonders zu empfehlen (Lepeschkow und Schaposchnikowa 1958, Opitz, Tamm, Eggelhuber und Knies 1939, Sachse 1948, Steinberg 1958, Tobler 1934 u. a.), zumal auch die Samenerträge des Faserleins stark von der Mg-Versorgung abhängig sein können.

Natrium. Lein nimmt zwar beträchtliche Mengen an Na auf und leitet dieses Na auch stark in Stengel und Blätter weiter (Wybenga 1960). Es ist aber noch ungewiß, ob Na für die Leinpflanze von besonderer direkter Bedeutung ist (Baumeister 1960). Die Erfahrungen mit Na-haltigen Düngemitteln sind unterschiedlich. Teils wird von einer stimulierenden Wirkung des Na auf das vegetative Wachstum auch bei Gegenwart reichlicher K-Mengen berichtet, wobei auch die Faserqualität günstig beeinflußt wurde (Lehr und Wybenga 1955, Treggi und Wybenga 1958). Gleichzeitig wird jedoch von denselben Autoren vor höheren Na-Gaben gewarnt; nur vorsichtig dosierte Na-Gaben wirkten günstig, da hohe Na-Gaben bei gleichzeitig reichlichen K-Gaben einen Ca-Mangel verursachen könnten. Andere Autoren lehnen Na-Salze in der Faserleindüngung vollständig ab (Becker-Dillingen 1934).

Calcium. Faserlein hat auch an diesem Nährstoff einen deutlichen Bedarf. Starker Ca-Mangel hemmt beim Lein Sproß- und Wurzelwachstum (s. auch bei „Die Düngung von Öllein“). Anderseits liegt das Optimum der Ca-Versorgung des Faserleins relativ niedrig, insbesondere was den Einfluß auf die Qualität der Leinfaser angeht. Neben verminderten Stroherträgen bei zu hohem Ca-Angebot wird durch Ca die Verholzung stark gefördert und die Faser wird spröde und brüchig. Diese nachteilige Wirkung des Ca auf den Faserlein dürfte in erster Linie im Ionenantagonismus begründet liegen, insbesondere in der Beeinflussung des K-Haushaltes (von Boguslawski 1938, Schmalfuss 1936). Die Ca-Wirkung ist deshalb auch abhängig vom Angebot der anderen Nährstoffe.

Sehr stark wird die Ca-Aufnahme des Faserleins beeinflußt durch die Zufuhr von Chlorid-Ionen, insbesondere durch die einer Cl-haltigen K-Düngung (s. auch unter Kalium).

Der Einfluß größerer Ca-Mengen auf die Faserleinpflanze wird im folgenden Abschnitt „Bodenreaktion“ behandelt.

Bodenreaktion. Im Gegensatz zum Öllein (s. dort) sehen die meisten Autoren den Faserlein als eine Pflanze an, die die schwach saure Bodenreaktion einer neutralen oder alkalischen vorzieht; dabei werden pH-Werte um 6,0 bis 6,5 als optimal genannt (VON BOGUSLAWSKI 1938, DOMONTOWITSCH und ABOLINA 1928, MORGENROTH 1937, SELLE 1925). Bei höheren pH-Werten konnten zum Teil Ertragseinbußen an Faserleinstroh nachgewiesen werden; die Samenerträge sanken nicht. Im Gegensatz hierzu stehen Feststellungen, wonach auch der Faserlein sein Optimum im ausgesprochen neutralen Reaktionsbereich finden soll (ROBINSON, SACHSE 1948) und schon bei pH-Werten $< 6{,}5$ Ertragsrückgänge zu beobachten waren (LARSEN 1960). Danach wird von diesen Autoren deshalb eine Aufkalkung des Bodens bis dicht an oder gar in den neutralen pH-Bereich befürwortet (PEIWE 1940), wobei jedoch fast ohne Ausnahme vor einer Kalkung direkt zum Faserlein gewarnt wird (FABIAN 1928, GASSNER 1942, KOCH 1935, LEIZ 1947, PENNER 1939, ROBINSON, SACHSE 1948, TRUNINGER 1940, WECK 1953), weil dies zu Ertragssenkungen, geringerem Faseranteil, Brüchigkeit der Faser usw. führt (zum Teil auch durch Festlegung von Mikronährstoffen). Trotzdem gibt es aber auch Fälle, in denen mit einer direkten Kalkung zu Faserlein gute Erfolge erzielt worden sind (höhere Faser- und Samenerträge) oder zumindest keine Nachteile festzustellen waren (MIEN-TA-CH'EN und DOSSPECHOW 1960, PEIWE 1940, SCHMALFUSS 1937). Und von anderen Autoren wird vor saurer Bodenreaktion deshalb gewarnt, weil Faserlein sehr empfindlich gegen Al-Ionen ist und sich bei zu niedrigen pH-Werten mehr Pilzkrankheiten und schneller „Leinmüdigkeit" einstellen (AWDONIN 1957, HIEKE 1943), so daß dann bei pH-Werten $< 5{,}0$ bis 5,5 sogar eine direkte Kalkung zu Lein im Herbst vorher als das kleinere Übel gilt (KOSSTJUTSCHENKO 1957, SCHOLZ 1936). In solchen Fällen, in denen eine Kalkung in der Fruchtfolge kurz vor dem Faserlein erfolgen muß (etwa zur Vorfrucht oder im Herbst vor dem Leinanbau), ist die Verwendung von Dolomitkalken zu empfehlen, weil diese Kalkform nicht so leicht löslich ist und das darin enthaltene Mg einer zu starken Ca-Aufnahme und -Wirkung entgegenwirkt (ROBINSON 1931). Trotz dieser nicht ganz einheitlichen Beurteilung des pH-Optimums für Faserlein kann wohl festgestellt werden: Unter Berücksichtigung der geringen Wurzelaktivität des nur spärlichen Wurzelsystems beim Faserlein einerseits und der Tatsache, daß die Faserleinpflanze die Nährstoffe frühzeitig und schnell aufnehmen muß, anderseits, ist eine stärker saure Bodenreaktion, die die Aufnahme vieler Nährstoffe (K, Mg) hemmt, für die Faserleinpflanze ungünstig. Dies gilt um so mehr, je kolloidreicher der Boden ist. Während auf leichteren Böden eine schwach saure Bodenreaktion um pH 6,0 bis 6,2 am günstigsten sein dürfte, kann auf kolloidreicheren Böden ein pH-Wert um 6,3 bis 6,8 als zweckmäßig gelten. Zu hohe pH-Werte — insbesondere eine zu schnelle Erhöhung durch größere Kalkgaben unmittelbar vor dem Faserlein — müssen abgelehnt werden, zumal dann, wenn die Mikronährstoffaufnahme dadurch gestört wird.

Mikronährstoffe. Eine ausreichende Versorgung mit Mikronährstoffen ist auch für die Faserleinpflanze von entscheidender Bedeutung. Es macht sich dabei vor allem wieder das geringe Durchwurzelungs- und Nährstoffaufnahmevermögen des schwachen Wurzelsystems bemerkbar, so daß insbesondere bei ungünstigen pH-Werten bzw. pH-Verschiebungen — auch wenn sie nur die Krume betreffen — sehr leicht ein Mangel an Mikronährstoffen auftritt. Darüber hinaus wird der Faserlein heute sehr oft auf solchen Böden angebaut, die auf Grund des Klimas, der geologischen Herkunft und/oder der Bewirtschaftung Mangel an dem einen oder anderen Mikronährstoff leiden und außerdem ein schlechtes Pufferungsvermögen gegenüber pH-Verschiebungen aufweisen. So konnten auf verarmten, schwach sauren Rasenpodsolböden mit B-, Mn-, Co- und Mo-Gaben bei Lein gut gesicherte Mehrerträge erzielt werden (KEDROW-SICHMAN und DEJEWA 1958, KOLEK und LAČOK 1958); auch Zn-Mangel tritt bei Lein zuweilen auf (MAGNITZKI

1958). Auf Böden mit viel organischer Substanz — insbesondere auf ausgesprochenen Moorböden — ist auch bei Lein Cu-Mangel des öfteren zu beobachten (KOLEK und LAČOK 1958, OLOFSSON 1956, PETROWA 1956). Ebenso kann Fe-Mangel eintreten, und zwar durch zu hohe pH-Werte oder auch durch ein zu hohes Mo-Angebot (WARINGTON 1957). Am häufigsten wird bei Lein jedoch B-Mangel beobachtet, vor allem bei zu frischer Kalkung zum Faserlein (RODEWALD 1957/58, SCHROPP und ARENZ 1938, TRUNINGER 1940 u. a.). Daß anderseits bei Bor größte Vorsicht geboten ist, weil es bei diesem Element sehr leicht zu Überdüngungsschäden kommt, darauf sei ausdrücklich hingewiesen. Eine Gabe von 0,3 bis 1,0 kg/ha B (etwa in Form von Borax) ist in den meisten Fällen ausreichend.

Nährstoffverhältnis. Aus den Ausführungen über die Wirkung der drei Hauptnährstoffe N, P und K geht bereits hervor, daß ihr Verhältnis zueinander beim Faserlein eine große Rolle spielt. Nicht nur die Erträge, sondern vor allem auch die Qualitätsmerkmale der Faserleinpflanze werden vom Nährstoffverhältnis beeinflußt. Ganz allgemein kann dabei festgestellt werden, daß sich ein K-reiches Nährstoffverhältnis günstig auswirkt. Daß auch das Verhältnis der übrigen Nährstoffe zueinander und zu N, P und K eine Rolle spielt, ist selbstverständlich; dies trifft beim Faserlein besonders für das Ca:K-, das Mg:K- und für das Ca:Mg-Verhältnis zu.

VON BOGUSLAWSKI (1938) konnte u. a. in Gefäßversuchsreihen bei unterschiedlichen pH-Stufen zeigen, daß besonders in den Strohernten das Nährstoffverhältnis beim Faserlein eindeutig anders liegt als beim Öllein (s. Tab. 239):

Tabelle 239. *Nährstoffverhältnis in den Strohernten von Faserlein und Öllein bei unterschiedlichen pH-Werten*
(nach VON BOGUSLAWSKI 1938, gekürzt)

	pH vor Aussaat	Strohertrag	N : K : P : Ca : Mg
Faserlein	5,5	33,7	1:3,95:0,16:2,19:0,39
	6,3	34,5	1:3,75:0,12:2,32:0,37
	6,7	28,9	1:3,43:0,12:2,34:0,37
	7,5	26,9	1:3,45:0,12:2,26:0,31
Öllein	5,5	22,8	1:2,42:0,17:1,78:0,39
	6,3	25,7	1:2,65:0,16:2,55:0,50
	6,7	25,4	1:2,94:0,17:2,96:0,56
	7,5	23,2	1:2,97:0,18:3,05:0,52

Diese Zahlen zeigen ein im Mittel für Faserlein gegenüber zum Öllein deutlich K-reicheres und dafür P-, Mg- und Ca-ärmeres Nährstoffverhältnis an. Dies traf in diesen Versuchen — wenn auch nicht in so ausgeprägtem Maße — auch für die Gesamternten (Korn + Stroh) zu, obwohl die Kornernten des Ölleines ein K-reicheres Nährstoffverhältnis aufwiesen als die des Faserleines. Die Relationen können natürlich während der Vegetation noch wesentlich anders und ausgeprägter sein, weil der Nährstoffentzug (zur Zeit der Ernte) sich nicht nur in der Menge, sondern auch im Nährstoffverhältnis deutlich von der Nährstoffaufnahme in den verschiedenen Vegetationsstadien unterscheiden kann. Diese obengenannten Ergebnisse erscheinen meines Erachtens trotzdem sehr gut geeignet zur Charakterisierung der Ansprüche des Faserleines an sich und im Vergleich dazu zu den Ansprüchen des Ölleines an das Nährstoffverhältnis. Was das Nährstoffverhältnis in der Düngung des Faserleines anbetrifft, so ist dazu folgendes zu sagen: In der

Literatur wird unter Berücksichtigung hoher Erträge als günstiges N:K-Verhältnis ein solches von 1:2,5 (zum Teil sogar 1:4) genannt, unter Einbeziehung von P ein Verhältnis N:K:P wie 1:2,5:0,8 (Alten und Goeze 1936, Klitsch 1943).

Andere Autoren jedoch lehnen die Angabe eines festen Nährstoffverhältnisses in der Düngung ab, da es je nach Standort und Nährstoffvorrat des Bodens unterschiedlich sein müßte (Opitz und Eggelhuber 1939).

Organische Düngung. Die über den Wert einer organischen Düngung zu Faserlein in der Literatur vertretenen Meinungen reichen von der strikten Ablehnung bis zur Befürwortung. Einerseits wird betont, daß organische Düngung bzw. speziell Stallmist die Lagergefahr erhöht, einen ungleichmäßigen Wuchs erzeugt, der Fasergehalt der Leinstengel gesenkt und die Faserausbeute verringert wird bei gleichzeitiger Vergröberung und überhaupt Verschlechterung der Faser (Bierei 1931, Mien-Ta-Ch'en und Dosspechow 1960, Rüther 1954, Sachse 1948). Insbesondere frischer Stallmist, Jauche, Pferch und zum Teil auch Gründüngung werden deshalb abgelehnt (Leiz 1947, Menzel, Tobler und Ulbricht 1937, Sachse 1948). Anderseits wird ausdrücklich betont, daß der Faserlein die „alte Kraft" des Bodens (Bierei 1931, Weck 1953), die ja zum großen Teile aus einer guten Versorgung des Bodens mit organischer Substanz resultiert, liebt und auf sie sehr gut reagiert, nicht zuletzt wegen der dann gleichmäßig verteilten und relativ gut verfügbaren Nährstoffe. Deshalb wird allgemein eine organische Düngung zur Vorfrucht oder zur Vor-Vorfrucht als günstig für den Faserlein angesehen (Leiz 1943).

In der russischsprachigen Literatur wird dagegen die organische Düngung auch direkt zum Faserlein vielfach befürwortet. Neben der Gründüngung mit Leguminosen (Lupinen) werden auch Stallmist, Torf, Kompost, Geflügelkot und sogar Jauche als brauchbare Düngemittel zu Lein angesehen (Kosstjutschenko 1957 und 1958, Krascheninnikow 1958, Kurilenko 1958). Dabei sind vor allem auf sauren (Podsol-) Böden mit einer Kombination von organischer und mineralischer Düngung bessere Erfolge erzielt worden als mit alleiniger Mineraldüngung. Vielfach wird in der russischsprachigen Literatur auch Kleegras als direkte Vorfrucht für Faserlein genannt, was ja gleichbedeutend ist mit einer starken Gründüngung; für bessere Böden wird allerdings geraten, eine andere Vorfrucht für Faserlein zu wählen (Mien-Ta-Ch'en und Dosspechow 1960).

Versucht man zusammenfassend die Frage nach einer organischen Düngung aus den obengenannten Erfahrungen der einzelnen Autoren und aus den Erfahrungen in der Praxis zu beantworten, so kann folgendes festgestellt werden: Auf Böden in gutem Nährstoff- und Kulturzustand scheidet eine organische Düngung direkt zu Faserlein aus; das gilt für feuchtere Lagen noch mehr als für trockenere. Dabei ist auf tätigen und nährstoffreichen Böden vielmehr sogar darauf zu achten, daß der Faserlein nicht etwa dadurch negativ beeinflußt wird, daß die zur Vorfrucht des Faserleins gegebene organische Düngung noch stark nachwirkt, was zu Lager, ungleichem Wuchs und Qualitätsverschlechterungen führen könnte. Dies gilt insbesondere nach organisch gedüngten Hackfrüchten und nach trockenem Vorjahr (Nichtausnutzung der Nährstoffe). Wir haben hier das gleiche Problem vor uns wie bei der Braugerste, wo es in solchen Fällen ebenfalls besser ist, zwischen die organisch gedüngte Frucht (meist Hackfrucht) und die empfindliche Qualitätskultur (Braugerste oder Faserlein) eine andere Frucht (Weizen, Hafer o. ä.) dazwischenzuschalten. Dies gilt um so mehr, je düngungs- und nährstoffintensiver die Wirtschaftsweise und je tätiger der Boden ist.

Unter entgegengesetzten Bedingungen (nährstoffarme, saure und/oder strukturell ungesunde Böden, geringer Mineraldüngeraufwand u. a.) kann eine

Kombination von organischer und mineralischer Düngung aber relativ besser sein als eine rein mineralische Düngung, wie die oben angeführten Erfahrungen zeigen. Eine organische Düngung kommt also für Faserlein nur unter besonderen Verhältnissen in Frage; im allgemeinen ist sie abzulehnen.

Anmerkung zur praktischen Düngung. Wie bei allen Pflanzen kommt es in der praktischen Düngung natürlich sehr darauf an, die sich aus Boden und Klima ergebenden speziellen Anbauverhältnisse zu beachten und die Düngung darüber hinaus besonders auch im Zusammenhang mit der Fruchtfolge zu sehen. Auf Grund des schwachen, nur flachgehenden Wurzelsystems und der Tatsache, daß die Ertragsbildung in einer recht kurzen Vegetationszeit abgeschlossen sein muß, ist für die Möglichkeit einer leichten Nährstoffaufnahme Sorge zu tragen. Dazu ist einerseits die Zur-Verfügung-Stellung ausreichender Mengen leichtlöslicher Nährstoffe wichtig; anderseits aber ist es ebenso wichtig, daß auch die Nährstoffaufnahmebedingungen für die Leinpflanze im Boden günstig sind. Hierbei spielen vor allem eine gute Bodenstruktur (Sauerstoffbedarf der Wurzel→ →Nährstoffaufnahme) und ein günstiger Reaktionszustand (pH-Wert) des Bodens (Wasserstoffionen-Konzentration→Nährstoffaufnahme) eine entscheidende Rolle. Voraussetzung für einen zünftigen Qualitäts-Faserleinanbau ist somit, den dafür vorgesehenen Boden schon zu den Vorfrüchten des Faserleins in einen dem Faserlein zusagenden Struktur- und Reaktionszustand zu bringen; denn der Versuch, dieses Ziel erst noch zum Faserlein selbst zu erreichen, kann immer mißlingen und zumindest einen vollen Anbauerfolg — besonders in qualitativer Hinsicht — verhindern. Zu diesem Zwecke ist im Bedarfsfalle die Anwendung einer guten organischen Düngung (Stallmist, Gründüngung u. a.) ebenso wie eine ausreichende Kalkung zu den Vorfrüchten oder Vor-Vorfrüchten des Faserleines unbedingt zu befürworten (auf leichten Böden Mg-haltige Kalke bevorzugen!). Ähnliches gilt in der Nährstofffrage; auch hier ist es nicht ratsam, ein dem Lein zusagendes Nährstoffniveau erst zum Lein selbst erreichen zu wollen. Dies gilt bis zu einem gewissen Grade sogar für das Nährstoffverhältnis. Auf alle Fälle ist dabei aber ein zu hohes und unkontrolliertes N-Angebot von den Vorfrüchten her zu vermeiden. Eine entsprechende — eventuell auch kurzfristig geänderte — Stellung des Faserleines in der Fruchtfolge ist hierbei wichtig. Notfalls ist eine N-zehrende, aber strukturverbessernde Zwischenfrucht bzw. Gründüngung (Nichtleguminosen) einzuschalten.

Steht der Faserlein auf sonst ausreichend mit K und P versorgtem Boden in der Fruchtfolge nach stallmistgedüngten Hackfrüchten, was aus Gründen verringerter Verunkrautungsgefahr oft der Fall ist, und hat die Hackfruchtvorfrucht einen normalen Nährstoffentzug gehabt, so sind zum Faserlein etwa folgende Nährstoffmengen zu geben:

50 bis 100 (bis 120) kg/ha K
15 bis 20 kg/ha P

Diese Nährstoffe können — außer dem K auf sehr leichten Böden — bereits im Herbst mit eingebracht werden, um eine gute Vermischung mit dem Boden zu erzielen. Wo allerdings die Gefahr besteht, daß die jungen Leinpflänzchen in der obersten Bodenschicht dann nicht genügend Nährstoffe vorfinden (auf leichteren Böden mit höheren Winterniederschlägen), ist auch die P- und vor allem die K-Düngung im Frühjahr zu geben; das gilt auch für P- und K-festlegende Böden. Oder aber es ist in diesen Fällen vor der Aussaat nicht eine reine N-Düngung zu geben, sondern die Verwendung eines leichtlöslichen N-reicheren Mehrnährstoffdüngers ratsam. Erfolgt die gesamte Mineraldüngergabe erst im Frühjahr, so verdienen die ballastarmen Mehrnährstoffdünger sowieso den Vorzug. Daß sulfat- und Mg-haltige K-Düngemittel zu bevorzugen sind, sei nochmals betont. Der Magnesiumfrage ist besonders auf leichten und auf solchen Böden, deren pH-Wert für längere Zeit niedrig lag, sowie auf Böden, die ungenügend mit Stallmist versorgt worden sind, verstärkte Aufmerksamkeit zu schenken.

An Stickstoff wäre in diesem Fall — je nach N-Mobilisierungsfähigkeit des Bodens — eine Menge von

20 bis 40 kg/ha N

— und zwar am besten in Form von Ammonnitrat, Ammonsulfatsalpeter oder schwefelsaurem Ammoniak — zu verabreichen. Auf sehr N-aktiven Böden können auch 20 kg/ha N schon zuviel sein.

Steht der Faserlein nach Getreide und ist die Nährstoff-Hinterlassenschaft der Vorfrucht nicht so groß, so sind die oben angegebenen Nährstoffmengen je nach Standort noch bis um 25% zu erhöhen. Wo die Gefahr eines N-Überangebotes von der Vorfrucht her besteht, sind vor allem die K-Gaben genügend hoch zu wählen, und eine N-Düngung zum Faserlein unterbleibt dann ganz.

B. Die Düngung der Kombinationsleine (Ölfaserleine)

Wie bereits erwähnt, wird in vielen Anbaugebieten auch heute noch die kombinierte Nutzung des Leins auf Faser *und* Öl angestrebt. Hierzu ist eine ganze Reihe von Leintypen geschaffen worden, die zwischen den reinen Faserleinen einerseits und den reinen Ölleinen anderseits stehen; sie können dabei in ihren Eigenschaften entweder mehr den Faser- oder mehr den Ölleinen ähnlich sein. Grundsätzlich kann dabei festgestellt werden, daß eine solche Kombination nicht gleichzeitig eine optimale Faser- und auch optimale Ölnutzung zuläßt. Insbesondere sind hohe Ölerträge kaum zu koppeln mit — vor allem in qualitativer Hinsicht — befriedigenden Fasererträgen. Reine Ölleine und die diesen nahestehenden Faserölleine liefern im allgemeinen nur minderwertige Fasern. Demgegenüber ist es mit Hilfe der den Faserleinen näherstehenden Ölfaserleinen durchaus möglich, quantitativ und qualitativ optimale Fasererträge mit befriedigenden oder sogar guten Ölerträgen zu kombinieren. Wo eine ausgesprochene Doppelnutzung auf Faser *und* Öl angestrebt wird, sind deshalb solche den reinen Faserleinen näherstehende Kombinationsleine anzubauen; und bei allen Kulturmaßnahmen — speziell auch in der Düngung — verdient die Beachtung des Einflusses auf Ertrag und Qualität der Faser den Vorrang vor der des Einflusses auf Ertrag und Qualität des Öles. Dies nicht zuletzt deshalb, weil die Qualitätsanforderungen an die Leinfaser im Vergleich zum Leinöl weit höhere sind und wegen der komplizierten technologischen Weiterverarbeitung in jedem Falle auch tatsächlich gestellt und berücksichtigt werden, was beim Leinöl bis heute nur in einem weit geringeren Maße zutrifft.

Die Düngung solcher Ölfaserleine lehnt sich sinngemäß an die Düngung des eigentlichen Faserleines an, zumal ja auch schon beim Faserleinanbau keineswegs gänzlich auf die Samenproduktion verzichtet wird. Das auf den eingekreuzten Ölleineigenschaften basierende physiologisch andere Verhalten der Ölfaserleine im Vergleich zu den ausgesprochenen Faserleinen gegenüber Düngung und anderen Umwelteinflüssen (z. B. vor allem auch erhöhte Standfestigkeit, vermehrter Blüten- bzw. Fruchtansatz usw.) gestattet es aber, diese in einigen wesentlichen Punkten zugunsten besserer Ölleistungen zu variieren. Das gilt insbesondere für die Höhe der N-Düngung, die bei diesen Ölfaserleinen jeweils grundsätzlich im oberen Bereich der für Faserleine angegebenen Spanne liegt oder diese Mengen etwas überschreiten kann. Ähnliches gilt auch für die Düngung mit Phosphor und Magnesium.

C. Die Düngung des Ölleines

Beim Anbau des Ölleines steht die Erzielung eines möglichst hohen Ölertrages im Vordergrund. Aber auch die Qualität des zu erzeugenden Leinöls verdient Beachtung. Ob für technische Zwecke, vor allem als Rohstoff für Lacke, Firnis u. a., oder für die Ernährung, in beiden Fällen spielt der Gehalt des Leinöls an höheren, mehrfach ungesättigten Fettsäuren die Hauptrolle hinsichtlich der Qualitätsbewertung. Insbesondere sind es die zweifach ungesättigte Linol- und die dreifach ungesättigte Linolensäure, die einerseits das Leinöl zum wichtigsten Vertreter der stark trocknenden Öle und somit zu einem wertvollen technischen Rohstoff machen und die anderseits als essentielle Fettsäuren Vitamincharakter tragen und dadurch wertvolle Nahrungsstoffe darstellen. Außer hohen Erträgen an Öl muß deshalb ein möglichst hoher Gehalt an Glyceriden der autoxydablen doppelt und dreifach ungesättigten Fettsäuren als Produktionsziel gelten. Auch die Düngung kann neben ihrem Einfluß auf den Ölertrag die Ölqualität in gewissen Grenzen beeinflussen.

Neben der Kenntnis des Produktionszieles ist für eine erfolgreiche Erzeugung aber auch die Beachtung der Eigenschaften der betreffenden Kulturpflanze von entscheidender Bedeutung. Die Ölleinpflanze als eine Sonderform des Leines ist wesentlich robuster als die Faserleinpflanze. Der Öllein hat ein größeres, tiefergehendes und insgesamt leistungsfähigeres Wurzelsystem als der Faserlein. Der Stengel ist stärker und wesentlich mehr verzweigt, zum Teil natürlich auch wegen des im Ölleinanbau größeren Standraumes der Einzelpflanze. Der Öllein ist damit auch wesentlich standfester. Öllein hat eine längere Vegetationszeit als der Faserlein, und er wächst sehr gut auch auf trockeneren Standorten, die für den Faserleinanbau aus Qualitätsgründen nicht mehr in Frage kommen (Trockenlagen; leichte Böden; schwere, trockene Böden). Der Ölgehalt des Samens reiner Ölleine liegt höher (38 bis 44%) als der des Samens reiner Faserleine (30 bis 38%; Opitz 1936, Schilling 1937), der Gehalt an dem Glucosid Linamarin ist im allgemeinen dagegen im Öllein niedriger (Lüdtke 1952). Das Tausend-Korn-Gewicht liegt bei Ölleinen wesentlich höher (8 bis 15 g) als bei ausgesprochenen Faserleinen (3,5 bis 5,5 g). Die Samenerträge bei Ölleinen können das Dreifache der Samenerträge bei Faserleinen betragen. Der Fasergehalt der Ölleine liegt niedriger als der der Faserleine (von Boguslawski 1953); dies betrifft ganz besonders den Langfaseranteil (stärkere und bereits tiefer am Stengel ansetzende Verzweigung).

Aus dem andersartigen Produktionsziel und den speziellen Eigenheiten der Ölleinpflanze ergeben sich für die Düngung im Ölleinanbau zum Teil ganz andere Gesichtspunkte als beim Faserlein (s. auch „Düngung des Faserleins").

Allgemeines zur Düngung und zur Leinölqualität. In der Regel ist der Einfluß einer Düngung auf den Ölertrag entscheidender als auf die Ölqualität. Bisher ist es auch kaum üblich, zugunsten einer speziellen Ölqualität auf einen höheren Ölertrag zu verzichten, zumal Standort und Jahreswitterung die Ölqualität meist weit stärker beeinflussen, als dies durch Düngungsmaßnahmen möglich ist, so daß eine Möglichkeit zur Erzeugung qualitativ hochwertiger Leinöle in erster Linie in einer entsprechenden Auswahl des Anbauortes zu sehen ist (hohe Jodzahlen in feucht-kühlen Gebieten; vgl. Paatela 1947, Valle 1941).

Die Glyceride des Leinöles enthalten etwa folgende Anteile an den einzelnen Fettsäuren (Schmalfuss 1957):

5 bis 10% gesättigte Fettsäuren,
10 bis 20% Ölsäure,
10 bis 30% Linolsäure,
40 bis 60% Linolensäure.

Tabelle 240. *Der Einfluß steigender N-*
(nach SCHMAL

N-Gabe in kg/ha	Gesamternte in g Trockengewicht je Zylinder	Samenernte in g Trockengewicht je Zylinder	1000-Korn-Gewicht g	N-Gehalt der Samen in % des Trockengewichts	Niederschlagsmenge in g je 1 g der Gesamternte
0	112,8 ±1,8	16,3 ±0,8	4,70	3,59	1132
20	196,5 ±2,1	28,6 ±0,3	4,71	3,67	650
40	259,4 ±2,6	36,5 ±0,7	4,66	3,99	471
60	297,2 ±1,6	42,4 ±0,5	4,73	4,35	411
80	320,3 ±2,1	45,0 ±1,8	4,59	4,46	381

Diese Verhältnisse können aber je nach den Anbaubedingungen starken Änderungen unterliegen, was nach den heutigen Anschauungen auf die Eigentemperatur bzw. Eigenerwärmung der Leinpflanze zurückzuführen ist (GIESECKE, SCHMALFUSS und GERDUN 1937). Nach SCHMALFUSS (1936) senkt alles, was die Eigentemperatur der Leinpflanze während der Ölbildung und Samenreife herabsetzt, auch die Energiesumme des Leinöles, so daß mehr ungesättigte C=C-Doppelbindungen im Leinöl auftreten. Daß eine auf diese Weise erhöhte Anzahl der C=C-Doppelbindungen (=erhöhte Jodzahl) nicht durch eine gleichmäßige Verminderung der gesättigteren und eine Vermehrung der weniger gesättigten Fettsäuren einzutreten braucht, ist nachgewiesen. Eine Erhöhung der Jodzahl kann z. B. durch starke Verminderung des Gehaltes an Linolsäure bei gleichzeitiger Erhöhung des Gehaltes an Öl- und an Linolensäure bedingt sein (SCHMALFUSS 1936 und 1937).

Eine Veränderung der Verseifungszahl des Leinöles konnte nur innerhalb enger Grenzen beobachtet werden (KAYSER 1925, SCHMALFUSS 1957).

Wenn auch die Beeinflussung der Leinölqualität durch entsprechende Auswahl des Anbauortes und durch einige andere Kulturmaßnahmen zum Teil eher und sicherer möglich ist als durch die Düngung, so bleibt die grundsätzliche Bedeutung des Problems doch trotzdem bestehen. Denn die einzigartige Stellung, die das Leinöl unter den Pflanzenölen einnimmt, und die Tatsache, daß es bisher keinen vollwertigen Ersatz für dieses Öl gibt, lassen alle Maßnahmen, die die Qualität des Leinöls verändern, wichtig erscheinen.

Nährstoffaufnahme. Ähnlich wie bei anderen Pflanzen eilen insbesondere die N- und die K-Aufnahme der Bildung der organischen Substanz voraus; und auch beim Öllein bedarf es einer guten Versorgung mit leichtaufnehmbaren Nährstoffen bereits in der frühesten Jugend, um eine ausreichende Massenbildung in der relativ kurzen Vegetationszeit zu ermöglichen (JAKOBEY 1941, JASPER 1939, LEIZ 1947 u. a.). Ungefähr zur Blüte erreicht die Nährstoffaufnahme des Ölleins ihr Maximum; zur Reife hin gibt die Ölleinpflanze durch Rückwanderung, Auswaschung und vor allem auch durch Blattabfall einen Teil der Nährstoffe wieder ab; so wurden z. B. von der Blüte bis zur Vollreife Abnahmen von 29 bis 81% beim Kalium, 29 bis 40% beim Phosphor und 0 bis 37% beim Stickstoff festgestellt (JAKOBEY 1941); das Ausmaß dieser Erscheinungen ist jedoch stark abhängig von den jeweiligen Bedingungen, insbesondere auch von der Witterung.

Der Nährstoffentzug des Ölleines (zur Zeit der Ernte) schwankt natürlich ebenfalls in weiten Grenzen, je nach Standort und Jahreswitterung; er liegt für einige Nährstoffe aber deutlich höher als der des Faserleines, zumal beim Öllein eine stärkere Düngung zur Ausschöpfung des höheren Ertragspotentials üblich ist.

Gaben auf Ertrag und Qualität bei Öllein
FUSS 1937)

Mittlerer Ölgehalt in %	Mittlere Jodzahl (HANUŠ)	Mittlere Rhodanzahl (KAUFMANN)	In % des Leinöls			
			Gesättigte Fettsäuren	Ölsäure	Linolsäure	Linolensäure
37,46 ±0,04	190,9 ±0,5	134,3	8,11	26,57	2,22	63,09
37,48 ±0,17	189,0 ±0,1	123,5	8,48	15,93	24,59	51,00
36,93 ±0,55	187,7 ±0,2	121,0	8,57	14,46	28,77	48,20
37,18 ±0,30	185,2 ±0,4	119,1	8,77	14,95	30,07	46,21
35,10 ±0,56	178,6 ±0,2	116,4	9,03	19,19	28,42	43,36

Für einen guten Ölleinertrag (15 bis 20 dz/ha Korn + 30 bis 35 dz/ha Stroh) seien folgende Entzugszahlen (in kg/ha) als Richtwerte genannt:

75 bis 90 kg N
35 bis 50 kg K
12 bis 18 kg P
38 bis 50 kg Ca
9 bis 13 kg Mg

Besonders deutlich ist der gegenüber dem Faserlein höhere Entzug an Stickstoff und Calcium. Und tatsächlich ist der Bedarf an diesen beiden Nährstoffen bei Öllein beträchtlich größer als bei Faserlein; auch der P- und Mg-Bedarf liegt bei Öllein etwas höher.

Stickstoff. Zur Bildung großer Ölmengen ist ein leistungsfähiger Assimilationsapparat notwendig; eine gute Stickstoffversorgung ist hierfür erste Voraussetzung. Der N-Bedarf des Ölleines liegt deshalb auch deutlich höher als der des Faserleines (OPITZ und EGGELHUBER 1939), und mäßig *überhöhte* N-Gaben sind beim Öllein weit weniger gefährlich als beim Faserlein. Sobald ein stärkeres N-Angebot aber zu einer deutlichen Anreicherung des Leinsamens mit N-haltigen Stoffen führt, wird der Ölgehalt entsprechend gesenkt; auch die Qualität des Leinöls kann durch Stickstoff merklich beeinflußt werden.

Im einzelnen kann zum Stickstoff festgestellt werden: Solange der N-Bedarf des Ölleins noch nicht voll gedeckt ist, führen N-Gaben zu Ertragssteigerungen an Gesamtmasse und an Öl. Außer bei extremem N-Mangel liegen die Ölgehalte bei nur geringer bis mäßiger N-Versorgung deutlich höher als bei starker N-Versorgung; auch das Tausend-Korn-Gewicht nimmt mit steigendem N-Angebot ab (VON BOGUSLAWSKI 1940, FABIAN 1928, OPITZ 1936, SCHMALFUSS 1936 und 1937). Diese Abnahme des Ölgehaltes wird jedoch durch die relativ stärkere Ertragszunahme über eine weite Spanne kompensiert, so daß der Ölertrag doch beträchtlich ansteigt, solange der Samenertrag deutlich ansteigt. Insgesamt wirkt die Düngung im allgemeinen weit stärker auf den Ertrag als auf den prozentualen Ölgehalt (ZELLER 1957). Dabei ist zu bemerken, daß der Samenertrag durch steigendes N-Angebot beim Öllein stärker gefördert wird als der Strohertrag (OPITZ und EGGELHUBER 1939). Erst wenn der Samenertrag durch höhere N-Gaben nicht mehr nennenswert steigt, können weitere N-Gaben zu sinkenden Ölerträgen führen; die Samen-Rohproteinerträge steigen noch weiter an.

Die Senkung des Ölgehaltes der Leinsamen stellt sich dann in zunehmendem Maße ein, wenn die Korngröße vermindert und/oder der Gehalt an Nichtfettstoffen — insbesondere an N-haltigen Stoffen — im Samenkorn erhöht wird.

Man sieht die Ursachen für eine Verminderung des Ölgehaltes deshalb auch in erster Linie in rein räumlichen Gründen („mangelnder Lagerraum" für den Reservestoff Fett, damit gestörte Ableitung der Assimilate). Anderseits ist aber auch der Verbrauch an Kohlehydrat-Assimilaten bei der Bildung N-haltiger Substanzen bei höherem N-Angebot („N-Entgiftung") als eine primäre Ursache für die Senkung des Ölgehaltes anzusehen, da dieser Anteil der Kohlehydrate dann für die erst später in vollem Umfang einsetzende Ölbildung nicht mehr zur Verfügung steht.

Über den Einfluß steigender N-Gaben auf die Ölqualität konnte SCHMALFUSS (1937) in Freilandversuchen folgendes feststellen (s. hierzu Tab. 240):

Bei steigendem Gehalt an N-haltigen Substanzen und leicht absinkendem Ölgehalt wurde die Jodzahl des Öles sehr stark gesenkt und damit auch die Trocknungsfähigkeit des Öles herabgemindert; dabei waren die Gehalte an gesättigten Fettsäuren und an Linolensäure gesenkt, der Gehalt an Linolsäure aber erhöht. Auch in diesem Fall wird die Ursache für die durch erhöhte N-Zufuhr hervorgerufene Senkung der Jodzahl im Wasser- bzw. Wärmehaushalt der Ölleinpflanze gesehen. So konnte — ähnlich wie bei anderen Pflanzen — bei hohen N-Gaben ein wesentlich geringerer Wasserverbrauch je Gramm gebildete Trockenmasse

Tabelle 241. *Ergebnisse eines N-Formen-Versuches zu Öllein* (nach OPITZ und EGGELHUBER 1939)

g N je Gefäß	N-Formen	Erträge g Trockenmasse			Korn/Stroh-Verhältnis	Rohfettgehalt der Körner %	Rohfettertrag g	Rohproteingehalt %	Rohproteinertrag g
		Gesamt	Körner	Stroh und Kapseln					
0	Natriumnitrat	7,60 ±0,40	2,00 ±0,18	5,60 ±0,25	2,80	—	—	19,2	0,38
0,5		40,43 ±0,51	10,65 ±0,31	29,77 ±0,60	2,77	35,4	3,77	21,5	2,29
1,0		53,90 ±0,54	15,50 ±0,18	38,40 ±0,54	2,47	35,5	5,50	25,5	3,95
1,5		53,05 ±1,72	15,70 ±0,65	37,35 ±1,50	2,37	39,2	6,15	29,4	4,62
0,5	Schwefelsaures Ammoniak	38,10 ±0,36	8,88 ±0,34	29,33 ±0,27	3,30	38,7	3,44	20,9	1,86
1,0		56,05 ±1,09	13,52 ±0,35	42,52 ±1,39	3,17	40,8	5,53	24,4	3,30
1,5		60,10 ±2,10	14,83 ±0,96	45,27 ±1,14	3,07	39,3	5,83	28,9	4,28
0,5	Kalkammonsalpeter	41,93 ±0,67	10,50 ±0,18	31,42 ±0,78	3,00	36,2	3,80	21,9	2,30
1,0		57,95 ±2,82	15,27 ±0,25	42,67 ±2,73	2,77	39,0	5,95	28,1	4,30
1,5		56,53 ±1,76	11,72 ±0,98	44,80 ±1,70	3,82	37,8	4,43	30,9	3,62
0,5	Ammonnitrat	38,53 ±0,44	10,17 ±0,27	28,35 ±0,33	2,79	40,7	4,13	16,6	1,69
1,0		60,85 ±0,87	14,10 ±0,62	46,75 ±1,25	3,32	35,0	4,94	24,9	3,51
1,5		68,55 ±1,77	17,07 ±0,67	51,48 ±1,94	3,02	37,2	6,35	28,8	4,92

beobachtet werden, was zu einer verminderten relativen Wasserzirkulation und damit wohl zu einer stärkeren Eigenerwärmung der Leinpflanze führt, die ihrerseits wiederum den Sättigungsgrad des Leinöls erhöht und dadurch die Jodzahl senkt (SCHMALFUSS 1937). Der Wasserverbrauch pro 1 g gebildete Substanz konnte in diesen Versuchen bei „ohne N" mit 1132 g, bei „+N" mit nur 381 g ermittelt werden. Für diese Erklärung spricht, daß Leinpflanzen bei *gleicher Düngung* ein Samenöl mit um so höherer Jodzahl enthalten, je mehr ihnen Wasser zur Verfügung stand (SCHMALFUSS 1936). Auch Beobachtungen aus ökologischen Versuchen weisen in diese Richtung.

Zur Wirkung der einzelnen Salzformen des Stickstoffes auf Ertrag und Qualität des Ölleines ist zu sagen, daß hier im allgemeinen keine so ausgeprägten Wirkungsunterschiede wie beim Faserlein zu beobachten sind (s. „Die Düngung des Faserleines"). Im Gegensatz zu den Erfahrungen beim Faserlein eignet sich auch Natronsalpeter (OPITZ 1936) recht gut für die N-Düngung im Ölleinanbau, und auch gegen höhere Gaben von Kalkammonsalpeter ist Öllein wesentlich weniger empfindlich als Faserlein (OPITZ und EGGELHUBER 1939). Die besten Erfolge in Gefäßversuchen wurden bei Öllein (ebenso wie bei Faserlein) mit Ammonnitrat als N-Quelle erzielt. Das im Faserleinanbau gut bewährte schwefelsaure Ammoniak erbrachte in entsprechenden Gefäßversuchen mit Öllein keine so deutliche Steigerung der Ölerträge wie Natronsalpeter, Ammonnitrat oder Kalkammonsalpeter (s. Tab. 241). Nitrate scheinen die Verzweigung und damit den Samenansatz der Ölleinpflanze zu begünstigen.

Während über die Beeinflussung des Ölgehaltes des Leinsamens durch die verschiedenen N-Formen offenbar keine eindeutigen Ergebnisse vorliegen, scheint die Jodzahl des Öles durch Ammonnitrat am wenigsten gesenkt zu werden (s. Tab. 242).

Tabelle 242. *Die Jodzahl des Leinöles in Abhängigkeit von N-Menge und N-Form* (nach OPITZ und EGGELHUBER 1939)

N-Düngung je Gefäß g	N-Form	Jodzahl	N-Form	Jodzahl
0,5	Natrium-	179,6	Kalkammon-	177,1
1,0	nitrat	173,8	salpeter	167,4
1,5		159,3		159,7
0,5	Schwefel-	180,7	Ammonnitrat	—
1,0	saures	170,0		178,4
1,5	Ammoniak	164,5		169,5

Was schließlich den Zeitpunkt der Stickstoffdüngung im Ölleinanbau anbetrifft, so ist zu sagen, daß *auch der Stickstoff vor der Aussaat* in ausreichender Menge gegeben werden muß; da aber im Ölleinanbau höhere Gesamt-N-Gaben als im Faserleinanbau üblich sind, kann eine Kopfdüngung durchaus ratsam sein, insbesondere auf leichteren Böden mit erhöhter Auswaschungsgefahr und dann, wenn insgesamt mehr als 40 kg/ha N gegeben werden (PETROW 1960, RÜTHER 1954).

Phosphor. Der Nährstoff Phosphor begünstigt neben dem Ertrag bekannterweise die Entwicklung in der generativen Phase der Pflanze; gerade beim Öllein kommt es deshalb auf eine ausreichende Versorgung mit P an. Neben einer Förderung der Verzweigung (MENZEL 1936) und des Samenansatzes wird die

Samenreife begünstigt (Rüther 1950). Da P auch für die Assimilationsleistung eine entscheidende Rolle spielt (u. a. Phosphorylierung und Transport der Kohlehydrat-Assimilate), sinken bei ungenügender P-Versorgung der Ölleinpflanzen auch der Ölgehalt der Samen (Rüther 1950) und der Samen- bzw. Ölertrag (Bierei 1931, Gericke 1942, Opitz 1941). Dabei reagiert Öllein zum Teil offenbar stärker auf einen P-Mangel als viele andere Ölpflanzen (Gericke 1942). Beachtenswert ist die von Opitz (1941) in Gefäßversuchen durch steigende P-Gaben zu Öllein festgestellte beträchtliche Entwicklungsbeschleunigung, wobei die gesamte Vegetationszeit des Ölleins bis um vier Wochen verkürzt war; bei Faserlein betrug die entsprechende Vegetationsverkürzung bis zu zwei Wochen. Die Erträge wurden dabei trotzdem stark erhöht (Tab. 243).

Tabelle 243. *Der Einfluß steigender P-Gaben auf Wachstumsdauer und Ertrag bei Lein* (nach Opitz 1941)

Düngung g P_2O_5 je Gefäß	Faserlein			Öllein		
	Wachstums-dauer Tage	Stroh g	Korn g	Wachstums-dauer Tage	Stroh g	Korn g
0	106	23,6	8,8	126	17,2	10,6
0,5	96	31,0	12,7	120	27,7	14,4
1,0	93	34,9	12,2	106	28,8	17,9
2,0	91	40,2	16,2	99	35,9	17,7
4,0	91	41,2	13,9	99	37,0	18,4
6,0	91	46,2	16,5	93	39,6	19,7

Im übrigen bestehen beim Öllein hinsichtlich der Versorgung mit P die gleichen Probleme wie bei anderen Pflanzen: Auf sehr P-armen bzw. P-festlegenden Böden sind oft hohe P-Gaben notwendig, um einen positiven Düngungseffekt zu erzielen. Es wäre jedoch falsch, daraus schließen zu wollen, daß zum Öllein *in jedem Falle* sehr hohe P-Gaben notwendig sind. Es hängt dies außer vom Boden vor allem auch von der Stellung und der dem Öllein zugedachten Aufgabe innerhalb der Fruchtfolge ab. Eine gute Versorgung dieser Ölpflanze mit P muß aber unbedingt gewährleistet sein, wenn hohe Ölerträge erzielt werden sollen.

Zusammen mit dem Nährstoff K wirkt P den negativen Einflüssen des Stickstoffs (z. B. einer zu starken vegetativen Entwicklung) entgegen, so daß gerade bei einer Pflanze wie dem Öllein, wo es um die hohe Samenproduktion geht, der ausreichenden P- und K-Versorgung eine große Bedeutung zukommt.

Erfahrungen darüber, inwieweit sich die einzelnen P-Düngemittel in ihrer Eignung im Ölleinanbau unterscheiden, sind nicht bekannt.

Kalium. Der Nährstoff Kalium ist nicht nur für den Ertrag der Ölleinpflanze wichtig, er beeinflußt auch die Qualität des Samens bzw. des Öles. Neben Ertragssteigerungen konnten durch steigende Kalidüngung Erhöhung des Tausend-Korn-Gewichtes, der Ölausbeute und der Jodzahl festgestellt werden (von Boguslawski 1940, Opitz und Eggelhuber 1939, Opitz, Tamm, Eggelhuber und Knies 1939, Rüther 1950, Schmalfuss 1939). Samenansatz und Samenausreife waren begünstigt.

Vor allem bei hohen N-Gaben führte eine ungenügende K-Versorgung der Ölleinpflanze zu vermindertem Samenansatz.

Von besonderem Einfluß ist auch beim Öllein die Salz- bzw. Düngerform der Kalidüngung, denn die Anionen können Ertrag und Ölbildung beeinflussen. Obwohl der Öllein einerseits nicht so Ca-empfindlich ist wie der Faserlein und man anderseits die negative Wirkung von Chloriden über eine Beeinflussung der Ca-Aufnahme zu erklären versucht, scheint auch der Öllein hinsichtlich der Ertragsbildung nicht unempfindlich gegen Chloride zu sein. In entsprechenden Versuchen wurden insbesondere hohe K-Gaben in Form von schwefelsaurem Kalidüngesalz und schwefelsaurem Kalimagnesia-Düngesalz gut vertragen, während die stark chloridhaltigen Salze (50er Kalidüngesalz und besonders auch Kainit) weniger positiv oder sogar ausgesprochen negativ wirkten (OPITZ 1936, OPITZ, TAMM, EGGELHUBER und KNIES 1939). Im Hinblick auf die Ölleinqualität scheinen hohe Chloridmengen unter Umständen zu einer Senkung des Ölgehaltes zu führen. Dagegen wird die Jodzahl durch Chlorid-Ionen in vielen Fällen erhöht, oder sie bleibt zumindest auf gleicher Höhe. Sulfat-Ionen aber senken die Jodzahlen je nach den Anbaubedingungen zum Teil recht beträchtlich (SCHMALFUSS 1936 und 1937). Auch hier wird die Ursache in der unterschiedlichen Beeinflussung des Wasser- und damit des Wärmehaushaltes der Pflanze gesehen.

Magnesium und Natrium. Der Magnesiumbedarf des Ölleins dürfte etwas höher liegen als der des Faserleines. Im übrigen aber sind wesentliche Unterschiede zwischen Öl- und Faserlein hinsichtlich der Nährstoffe Magnesium und Natrium nicht bekannt. Es sei deshalb auf die Ausführungen über diese beiden Nährstoffe im Abschnitt „Die Düngung des Faserleines" verwiesen.

Calcium. Zweifellos sind Ölleine besser Ca-verträglich als Faserleine (VON BOGUSLAWSKI 1938). Darüber hinaus sind erstere aber auch Ca-bedürftiger, denn bei absolutem Ca-Mangel konnten bei Ölleintypen früher Mangelerscheinungen festgestellt werden als bei Faserleintypen (SCHROPP und ARENZ 1938). Es wurden starke Schädigung des Wurzelwachstums, Verminderung der Seitenwurzelbildung, Hemmung des Sproßwachstums und schließlich Absterben der Sproßspitzen und der Blätter beobachtet.

Bei steigenden Ca-Gaben zu Öllein konnten auch die Samenerträge und zum Teil auch der Ölgehalt der Samen gesteigert werden (VON BOGUSLAWSKI 1940, SCHMALFUSS 1937). So wurden in einem Ca-Düngungsversuch (Feldversuch) zu Öllein auf neutralem Boden von SCHMALFUSS (1937) folgende Ergebnisse erzielt (s. Tab. 244).

In anderen Untersuchungen aber zeigte sich auch, daß zwar mäßige Ca-Gaben durchaus positiv, höhere aber wiederum negativ wirken können (VON BOGUSLAWSKI 1940). Die negative Wirkung scheint dabei besonders dann einzutreten, wenn ein vorher saurer Boden bis in den alkalischen Bereich aufgekalkt wird (s. im nächsten Abschnitt unter „Bodenreaktion"; PEIWE 1940). Gerade die Wirkung einer Ca-Zufuhr ist abhängig vom jeweiligen Standort, wobei auch das Ca:K-Verhältnis eine besondere Rolle spielen kann.

Auf vielen Standorten ist aber oft keine gesicherte Ca-Wirkung auf den Ölleinertrag nachzuweisen (JEGOROW und DOSSPECHOW 1958). Eindeutiger scheint dagegen der Einfluß von Ca-Ionen auf die *Ölqualität* zu sein; über den Wasserhaushalt (entquellende Wirkung des Ca^{++}) wird die Jodzahl des Leinöls gesenkt, insbesondere durch eine Verminderung des Gehaltes an Linolensäure (SCHMALFUSS 1937 und 1939; s. auch Tab. 244).

Bodenreaktion. Auf eine stärker saure Bodenreaktion reagiert der Öllein empfindlicher als der Faserlein; insbesondere führten freie Al-Ionen zu starken Ertragsdepressionen (AWDONIN 1957). Das pH-Optimum liegt für den Öllein deutlich höher als für den Faserlein (VON BOGUSLAWSKI 1938); jedoch kommt es dabei natürlich in jedem Fall auf die betreffenden Bodeneigenschaften und vor allem auch auf die übrigen Nährstoffe im Boden an. Auf leichteren Böden kann eine Bodenreaktion um pH 6,5 für Öllein als optimal angesehen werden, auf kolloidreicheren Böden eine solche um pH = 6,8.

Tabelle 244. *Der Einfluß steigender Ca-*
(nach SCHMAL

Kalkgabe in dz/ha CaO/ha	Gesamternte in kg Trockengewicht von 10 m²	Samenernte in kg Trockengewicht von 10 m²	1000-Korn-Gewicht g	N-Gehalt der Samen in % des Trockengewichts	Niederschlagsmenge in g je 1 g der Gesamternte
0	2,632 ± 0,052	0,401 ± 0,011	4,98	4,41	720
20	2,806 ± 0,048	0,493 ± 0,012	4,97	4,40	674
40	2,994 ± 0,014	0,527 ± 0,005	4,93	4,41	631

Zur Ergänzung wird auf den Abschnitt „Die Düngung des Faserleines — Bodenreaktion" verwiesen.

Mikronährstoffe. In engem Zusammenhang mit der Frage der optimalen Bodenreaktion steht das Problem der Mikronährstoffversorgung der Leinpflanze; dies um so mehr, als die Leinpflanze nur relativ flach wurzelt und deshalb ihren Mikroelementbedarf kaum aus tieferen Bodenschichten decken kann. Besondere Aufmerksamkeit im Ölleinanbau ist dabei dem Bor zu schenken, weil es für die Blüten- und Samenausbildung eine Rolle spielt. Wo B-Mangel vorliegt, sind deshalb gerade im Ölleinanbau vorsichtig dosierte B-Gaben (0,3 bis 1,0 kg/ha B) empfehlenswert. Unter verschiedenartigsten Bedingungen konnten mit einer B-Düngung Ertragssteigerungen bei Lein erzielt werden. Es sei jedoch auch im Ölleinanbau davor gewarnt, eine Bordüngung schematisch und ohne vorherige Untersuchung des Versorgungsgrades durchzuführen, weil bei zu hohem B-Angebot natürlich auch die Ölleinpflanze sehr schnell leidet oder aber die Nachfrucht geschädigt werden kann.

Bei entsprechendem Mangel kann auch die Zufuhr anderer Mikronährstoffe wichtig sein und zu beträchtlichen Ertragssteigerungen führen. Insbesondere wurden dabei bisher außer mit Bor auch mit folgenden Mikronährstoffen gute Düngungserfolge erzielt: Mangan, Kupfer, Molybdän, Zink, Kobalt (ENGELS 1939, KEDROW-SICHMAN und DEJEWA 1958, KOLEK und LAČOK 1958, PETROWA 1956, SCHROPP und ARENZ 1938, SHDANOW, ASAROW und GORBATENKO 1956, SMÁLIK 1959, TRUNINGER 1940). Im übrigen sei auf die Ausführungen über Mikronährstoffe im Abschnitt „Die Düngung des Faserleines" verwiesen.

Nährstoffverhältnis. Bei den einzelnen Nährstoffen ist bereits wiederholt auf das Verhältnis der Nährstoffe zueinander hingewiesen worden. So wurde betont, daß ein zu K-armes N:K-Verhältnis die Samenbildung vermindert (OPITZ und EGGELHUBER 1939). Ähnliches gilt auch für das N:P-Verhältnis. Ein *zu großes relatives N-Angebot* fördert auch beim Öllein das vegetative und vermindert das generative Wachstum. Darüber hinaus wird hierbei der Rohproteingehalt des Leinsamens stärker erhöht und der Ölgehalt entsprechend gesenkt. Trotzdem liegt das optimale Verhältnis im Angebot der Nährstoffe unter gleichen Bedingungen für Öllein bei einem K-ärmeren und dafür Ca- und P-reicheren Verhältnis als für Faserlein. Dafür sprechen die bei den verschiedenen Leintypen festgestellten unterschiedlichen Nährstoffverhältnisse in den Entzügen (nach VON BOGUSLAWSKI 1938):

	N	: K	: P	: Ca	: Mg
Stroh von Faserlein	1	: 3,63	: 0,13	: 2,28	: 0,36
Stroh von Öllein	1	: 2,75	: 0,17	: 2,56	: 0,49
Gesamternte (Korn + Stroh) von Faserlein	1	: 0,77	: 0,18	: 0,46	
Gesamternte (Korn + Stroh) von Öllein	1	: 0,72	: 0,20	: 0,56	

Gaben auf Ertrag und Qualität bei Öllein
FUSS 1937)

Mittlerer Ölgehalt in %	Mittlere Jodzahl (HANUŠ)	Mittlere Rhodanzahl (KAUFMANN)	In % des Leinöls			
			Gesättigte Fettsäuren	Ölsäure	Linolsäure	Linolensäure
34,85 ±0,11	184,9 ±0,3	123,3	8,04	20,87	20,76	50,33
34,28 ±0,16	181,8 ±0,4	120,4	8,63	20,51	23,28	47,57
36,44 ±0,23	178,1 ±1,1	119,4	9,39	22,87	20,56	47,18

Organische Düngung. Zwar ist auch beim Öllein die Vegetationszeit *recht kurz*, und eine Reihe von Autoren ziehen daraus den Schluß, daß eine organische Düngung direkt zum Öllein unzweckmäßig sei. Andererseits sind zahlreiche Versuchsergebnisse bekannt, in denen eine ausgezeichnete Wirkung organischer Düngemittel zu Öllein zum Ausdruck kommt. Im übrigen ist die Frage nach einer organischen Düngung im Ölleinanbau sehr stark von folgenden Gesichtspunkten abhängig:

1. In welchem Kultur- und Nährstoffzustand befindet sich der für den Ölleinanbau vorgesehene Boden?
2. Welche anderen Pflanzen stehen mit dem Öllein in der Fruchtfolge?
3. Wo steht der Öllein in der Fruchtfolge?

Wenn Kultur- und Nährstoffzustand des Bodens unzureichend sind, ist eine organische Düngung auch direkt zum Öllein zweckmäßig, denn sie kann die Nährstoffaufnahmebedingungen für den Öllein wesentlich begünstigen. Insbesondere dann, wenn neben dem Öllein nur vorwiegend Getreide in der Fruchtfolge steht, übernimmt der Öllein die Rolle einer tragenden Blattfrucht und erhält hier bevorzugt eine organische Düngung. Auf Böden in gutem Kultur- und Nährstoffzustand, dort wo ein großer Anteil an Kartoffeln, Mais, Rüben und andere für eine organische Düngung besonders dankbare Früchte in der Fruchtfolge stehen, und schließlich dann, wenn der Öllein nach einer solchen organisch gedüngten Vorfrucht steht, kann er sehr gut auch ohne organische Düngung auskommen. Teilweise erhält der Öllein auch eine starke organische Düngung in Form von Wurzel- und Stoppelrückständen durch seine Stellung in der Fruchtfolge nach Kleegras. Wo keine ausreichenden Mengen Mineraldünger zur Verfügung stehen, ist eine organische Düngung — insbesondere auch eine Leguminosengründüngung — von großem Wert für einen ertragreichen Ölleinanbau. In jedem Fall muß aber bei der Anwendung N-reicher organischer Düngerstoffe zu Öllein ein zu einseitiges N-Angebot vermieden werden (weniger mineralische N-Düngemittel, dafür verstärkte K- und P-Düngung). Das gilt insbesondere bei der Anwendung N-reichen Stallmistes und bei Leguminosengründüngung sowie nach Kleegras- oder sonstigem Leguminosenumbruch. Als Beispiel für viele seien folgende Versuchsergebnisse angeführt (Tab. 245):

Tabelle 245. *Ergebnisse (Relativerträge) eines Gründüngungsversuches zu Lein auf podsoligem leichtem Boden*
(nach KURILENKO 1958)

	Samen	Faser
1. ohne organische und ohne mineralische Düngung	100	100
2. Lupinen-Gründüngung	134	136
3. Lupinen-Gründüngung + Stallmist	148	167
4. Lupinen-Gründüngung + 45 P_2O_5 + 45 K_2O	178	197

Diese Ergebnisse zeigen, daß unter entsprechenden Verhältnissen mit einer Gründüngung zu Lein — sei es Faser- oder Öllein — wesentliche *Ertrags*steigerungen erzielt werden können.

Anmerkung zur praktischen Düngung. Öllein fordert — mehr als der Faserlein — eine möglichst frühe Aussaat, da durch Saatzeitverzögerungen im Frühjahr die Samenerträge stärker leiden als die Fasererträge. Auf den meisten Standorten hat deshalb das Pflügen des Bodens zu Öllein bereits im Herbst zu erfolgen, wobei eine eventuell notwendige Kalkgabe oder eine organische Düngung mit der Herbstfurche eingearbeitet wird. Unter besonderen Bedingungen (leichte Böden) kann die Einarbeitung einer Gründüngung erst im Nachwinter zweckmäßiger sein.

Auch die mineralische Grunddüngung an P, K, Mg und anderen ist am besten bereits mit oder nach der Pflugfurche im Herbst einzuarbeiten, nicht zuletzt, um eine gute Nährstoffverteilung im Boden zu gewährleisten. Es hängt dies jedoch von den jeweiligen Standortverhältnissen ab. Stärkere Auswaschungsverluste — besonders an K — sind nur auf leichten Böden bzw. bei stärkerer Durchwaschung zu befürchten.

Auf den meisten Standorten wird es zweckmäßig sein, dem Öllein aber auch im Frühjahr bei der Aussaat eine kleine, aber leichtverfügbare PK-Gabe — am einfachsten in Form eines Mehrnährstoffdüngers — zu geben, insbesondere wenn die Herbstgabe mit eingepflügt wurde. Erfolgt die gesamte Mineraldüngergabe erst im Frühjahr, so sind solche Düngersalze zu vermeiden, deren Salzform oder Ballaststoffe eine ausgesprochen negative Wirkung auf den Öllein gezeigt haben (s. unter den einzelnen Nährstoffen). Allerdings soll an dieser Stelle auch einmal deutlich gesagt werden, daß manche Wirkungen bestimmter Ionen bzw. Salzformen, die in Gefäßversuchen einwandfrei festzustellen sind, unter Feldbedingungen bis heute kaum sicher nachzuweisen waren. Dies gilt für den Öllein stärker als für den Faserlein.

Auf Böden mit mittlerer Nährstoffversorgung sind zu Öllein etwa folgende K- und P-Mengen zu geben (Richtwerte):

70 bis 100 kg/ha K,
22 bis 26 kg/ha P.

Wird zum Öllein Stallmist gegeben, so können diese Mengen entsprechend verringert werden, wenn es sich nicht um einen sehr N-reichen Stallmist handelt. Auch bei Anwendung einer N-reichen Gründüngung sind die obengenannten Mengen an P und K mindestens zu verabfolgen, besser aber noch zu erhöhen, um den negativen Seiten eines höheren N-Angebotes entsprechend entgegenzuwirken. Mg-haltige Düngemittel sind — sofern der Boden nicht ausgesprochen gut mit Mg versorgt ist — gerade zu Öllein zu bevorzugen, eben weil diese Ölpflanze einen relativ hohen Bedarf an leichtverfügbarem Mg hat.

An Stickstoff können auf sehr guten Böden mit einem hohen natürlichen N-Angebot Gaben von 40 kg/ha N für optimale Erträge ausreichen; auf N-armen Böden aber sind oft Gaben bis zu 80 kg/ha N zweckmäßig, wenn Stallmist- oder Leguminosengründüngung zum Öllein nicht gegeben werden.

2. Die Düngung des Hanfes
(Cannabis sativa L.)

Der Hanf liefert eine wertvolle Pflanzenfaser, die auf Grund ihrer besonderen Beständigkeit gegenüber Wasser („Naßfestigkeit“) auch heute noch eine gewisse Bedeutung hat. Die Hanffaser wird entweder allein verarbeitet, dann kommt es ähnlich wie beim Faserlein auf eine gute Langfaser an; oder sie wird gemeinsam mit Baumwolle oder Kunstfasern versponnen, wozu sie vorher in ihre Einzelfaserzellen aufgeschlossen (=kotonisiert) wird (NEUER 1953). Ferner dient der Hanf heute auch zum Teil als Rohstoff für die Papierindustrie.

Die Früchte des Hanfes liefern ein stark trocknendes Öl, daß jedoch nicht die hohe Qualität des Leinöls erreicht. Der Gehalt an ungesättigten Fettsäuren beläuft sich auf etwa:

10% Ölsäure,
50% Linolsäure,
20% Linolensäure;

die Jodzahl liegt bei 140 bis 160 (SCHMALFUSS 1957).

Aus den Drüsenhaaren der Blütenhüllblätter sondert die Hanfpflanze einen harzigen Stoff ab, der als Ausgangsprodukt für die Herstellung des Rauschgiftes „Haschisch" dient.

Im allgemeinen steht, ähnlich wie beim Faserlein, die Erzeugung eines hohen Ertrages an wertvoller Langfaser absolut im Vordergrund. Die Qualität der Hanfpflanze insgesamt und der Hanffaser speziell sind deshalb auch bei des Düngung des Hanfes besonders zu berücksichtigen. Die Qualitätsbewertung der Hanfstrohes erstreckt sich dabei ähnlich wie beim Faserlein vor allem auf Stengellänge, Stengeldicke, Verästelung, Stengelhaltung, Farbe, Fasergehalt, Faserreifezustand, Blattansatz; an der Hanffaser selbst interessieren ihre Länge und ihre Reißfestigkeit sowie ihre Spinnfähigkeit, die wiederum abhängig sind vom morphologischen Aufbau der Einzelfaserzellen und deren Verband der Faserzellenbündel (u. a. Wandstärke, Zellumen; Geschlossenheit des Bündels).

Bemerkenswert ist, daß beim Hanf mit fortschreitendem Stengelwachstum neue Fasern angelegt und ausgebildet werden. Diese Sekundärfasern sind in der Qualität allgemein schlechter als die schon sehr früh angelegten Primärfasern, wobei Faserlänge, Ausbildung der Faserzellwände und der Faserreifezustand eine wichtige Rolle spielen dürften. Insgesamt sind darum auch der Langfaseranteil und die Langfaserausbeute bei Hanf relativ geringer als bei Faserlein. Vor allem aber ist die Hanffaser wesentlich gröber als die Leinfaser; sie ist nicht so edel und in ihrer Qualität nicht so augesprochen empfindlich wie die Leinfaser. Ihre Verarbeitung zu groberen Fertigprodukten oder gar ihre Zwischenbearbeitung durch das bereits erwähnte Kotonisieren bedingen, daß an die Erzeugung nicht *so* hohe Anforderungen gestellt werden wie bei der Leinfaser. Trotzdem aber ist die Hanferzeugung ebenfalls betont unter dem Gesichtspunkt der Qualität zu sehen. Das Ziel ist ein hoher Ertrag an langen unverzweigten Pflanzen mit einem hohen Gehalt an Langfasern.

Betrachtet man sich nun die Hanfpflanze auf ihre Eigenschaften hin, so ist kurz folgende Charakteristik zu geben:

Ein hoher, krautiger Stengel, der sich bei engem Standraum kaum verzweigt und eine Höhe von 4 m und mehr erreichen kann. Die Faserbündel liegen im Bastteil des Stengels auf dem innenliegenden Holzteil auf. Das Wurzelsystem besteht aus einer kräftigen und auf entsprechend tiefgründigen Böden auch tiefgehenden Pfahlwurzel mit relativ vielen Seitenwurzeln. Auf nur flach zu durchwurzelnden Böden bleibt die Hauptwurzel kurz, dafür werden hier die Seitenwurzeln verstärkt ausgebildet. Dieses *absolut* recht kräftige Wurzelsystem muß aber doch im Vergleich zum Ausmaß und zur Schnelligkeit des oberirdischen Wuchses der Hanfpflanze als *relativ* schwach angesehen werden. Das Angebot an Nährstoffen und die Nährstoff-Aufnahmebedingungen müssen deshalb gerade auch beim Hanf günstig sein. Hierzu gehört, daß neben großen Mengen an leichtaufnehmbaren Nährstoffen eine ausreichende Tiefgründigkeit und Durchlüftung des Bodens sowie eine günstige Bodenreaktion und anderseits auch eine geregelte Wasserführung gegeben sein müssen. Zu leichte, zu saure und zu kolloidreiche, kalte Böden sind für die Erzeugung eines Qualitätsfaserhanfes ungeeignet. Speziell die Düngung im Hanfanbau muß nicht nur *direkt* auf die Pflanze, sondern auch indirekt auf sie über die entsprechende Beeinflussung der Bodeneigenschaften hinzielen.

Um die Ansprüche des Hanfes befriedigen und das große Ertragspotential voll ausnutzen zu können, erfolgt der Hanfanbau entweder auf guten, nicht zu trockenen Mineralböden oder — und das ist heute noch mehr der Fall — auf Niedermoor bzw. auf anmoorigen Böden, zumal er hier in der Fruchtfolge wichtige Aufgaben als Kulturbringer und Unkrautvernichter erfüllen kann. Die Düngung soll deshalb für ausgesprochene Hanfstandorte besprochen werden.

Nährstoffaufnahme. Die Nährstoffaufnahme erfolgt früh und ist besonders in den ersten zwei Vegetationsmonaten sehr intensiv (Becker-Dillingen 1934). Dies gilt vor allem für N und K, obwohl ein deutlicher N-Bedarf auch bis zum Ende der Entwicklung bestehen bleibt. Während der Blüte und der Fruchtbildung ist der Bedarf an K und insbesondere an P recht hoch (Scheel 1936). Die Menge der aufgenommenen Nährstoffe erreicht bei Beginn der Reife ihr Maximum (Bredemann 1945). Später erfolgt eine Rückkehr großer Nährstoffmengen aus der Pflanze in den Boden, insbesondere durch die großen Mengen abfallender Blätter, so daß der Nährstoffentzug durch Aberntung der weitgehend blattfreien Stengel und der Früchte nur etwa die Hälfte der Maximalaufnahme beträgt. Für einen optimalen Hanfertrag müssen deshalb mindestens rund doppelt so viel Nährstoffe in leichtaufnehmbarer Form zur Verfügung stehen, wie durch die weitgehend blattfreie Ernte dem Boden entzogen werden. Dies ist ein sehr wichtiger Gesichtspunkt sowohl für die Düngung des Hanfes selbst als auch für die Düngung der Nachfrucht. Im Mittel zahlreicher Analysen wurden von Bredemann (1945) in den einzelnen Teilen der Hanfpflanze (Ernten von Mineral- und Niedermoorstandorten) folgende Nährstoffgehalte gefunden (Tab. 246):

Tabelle 246. *Mineralstoffgehalte der Hanfpflanze zur Zeit der Fruchtreife in % der Trockenmasse*

(nach Bredemann 1945)

		N	K	P	Ca	Mg
Stengel	min.	0,53	0,45	0,052	0,48	0,069
	max.	1,39	1,69	0,183	0,30	0,161
	Mittel	0,87	1,53	0,084	0,81	0,119
Blätter	min.	2,67	1,79	0,394	3,66	0,406
	max.	5,00	2,70	0,800	4,95	0,645
	Mittel	4,93	2,55	0,500	4,46	0,486
Früchte	min.	3,85	0,72	0,970	0,162	0,450
	max.	5,47	1,10	1,150	0,292	0,580
	Mittel	4,64	0,89	1,100	0,243	0,505

Hieraus wird deutlich, wie stark das Ausmaß des Blattabfalles bis zur Ernte den tatsächlichen Nährstoffentzug bestimmen kann. Nicht zuletzt aus diesem Grunde variieren die in der Literatur genannten Nährstoffentzüge gerade beim Hanf außergewöhnlich stark.

Als Beispiel für den Nährstoffentzug des Hanfes seien folgende Ergebnisse genannt, bei deren Ermittlung die Tatsache berücksichtigt wurde, daß die Blätter weitestgehend auf dem Feld verbleiben (Tab. 247):

Tabelle 247. *Nährstoffentzüge einer Hanfernte (60 dz/ha blattfreie Reinstengel + 7 dz/ha reife Früchte) in kg/ha*
(nach BREDEMANN 1945)

	A ganze Pflanze (vor Blattabfall)	B blattfreie Stengel	C Früchte
N	176,8	52,3	32,5
K	153,0	82,0	6,2
P	23,0	5,2	7,7
Ca	142,0	48,3	1,7
Mg	21,2	7,1	3,6
S	18,1	8,1	8,8
Si	14,9	1,4	1,4
Cl	74,8	45,2	1,3

Die unter A genannten Nährstoffmengen müssen zunächst einmal für die Ertragsbildung *mindestens* verfügbar sein, obwohl nur die Summe der unter B und C genannten Nährstoffmengen mit der Ernte tatsächlich entzogen werden.

Als besonders hoch gilt allgemein der Bedarf des Hanfes an N. Aus Tab. 11 ergibt sich für die Nährstoffaufnahme kurz vor dem Blattabfall — dies dürfte beim Hanf in etwa der maximalen Nährstoffaufnahme entsprechen — ein Nährstoffverhältnis von N:K:P:Ca:Mg wie 1:0,87:0,13:0,80:0,12 und für den Nährstoffentzug (zur Zeit der Ernte) ein solches von 1:1,02:0,15:0,58:0,12. Vergleicht man diese Nährstoffverhältnisse mit denen anderer Pflanzen, so wird daraus die überragende Bedeutung des N in der Hanfdüngung sehr deutlich.

Aber auch der Ca- und der K-Bedarf sind absolut gesehen recht hoch (BECKER-DILLINGEN 1934, BIEREI 1931, KOCH 1935, SCHROPP und ARENZ 1938 u. a.). Dabei hängt der Düngungsbedarf natürlich sehr stark vom Standort ab. Auf Niedermoor in guter Kultur ist der Düngebedarf für K und P meist weit größer als für N und Ca, da die letzteren beiden Nährstoffe dort vielfach in großen Mengen vorhanden und meist — jedoch keineswegs immer — auch gut verfügbar sind.

Die Wirkung der einzelnen Nährstoffe und Düngemittel auf Ertrag und Qualität des Hanfes. Der *Stickstoff* spielt für den sehr massenwüchsigen Hanf eine ganz entscheidende Rolle; und der Hanf verlangt und dankt hohe N-Mengen. Stengellänge und Stengeldicke werden vergrößert, der prozentuale Fasergehalt des Stengels sinkt dabei zwar ab, die Faserlänge aber nimmt zu, und der Faserertrag wird erheblich gesteigert. Bei sehr hohem N-Angebot können die Faserzellwände dünner und die Faserzellenhohlräume größer, die Geschlossenheit der Faserbündel beeinträchtigt sowie der Langfaseranteil wieder herabgesetzt werden — insbesondere bei *einseitig* überhöhtem N-Angebot (GORSCHKOW 1959, SCHEEL 1936). Die Reißfestigkeit der Langfaser und die Dehnbarkeit können dabei ebenfalls herabgesetzt werden (GORODNI 1957, GORSCHKOW 1959). Ein hohes N-Angebot, dessen negativen Einflüssen aber mit einem entsprechend hohen Angebot an übrigen Nährstoffen — insbesondere an P und K — entgegenzuwirken ist, ist im Hanfanbau unbedingt zu befürworten.

Hinsichtlich der *Stickstoff-Düngesalzform* wird einerseits die Nitratform aus Gründen der schnelleren Aufnahme als besonders geeignet angesehen (BECKER-

Dillingen 1934); anderseits scheint die Qualität der Hanfpflanze — insbesondere ihr Fasergehalt und der Langfaseranteil — durch die Ammoniumform begünstigt zu werden (Lessik 1959). Da während der gesamten Vegetation ein beträchtlicher N-Bedarf besteht, kann ein Teil des Düngers in der NH_4-Form gegeben werden (Gorschkow und Ssashko 1957). Insgesamt gesehen aber scheint die Hanfpflanze weit weniger empfindlich auf die N-Form zu reagieren als z. B. der Faserlein; viel wichtiger ist es zweifellos, daß der N-Bedarf mengenmäßig möglichst vollständig gedeckt wird.

Der *Zeitpunkt des N-Angebotes* bzw. der Düngung spielt insofern eine große Rolle, als bei N-Mangel zu Beginn der Entwicklung nicht nur der Ertrag stark leidet, sondern auch die Anlage und spätere Ausbildung der Faser negativ beeinflußt werden. Bei unzureichender N-Versorgung in der Jugend können auch spätere Kopfdüngergaben die ungünstige Beeinflussung der Faserbildung nicht mehr aufheben (Gorschkow 1957, Gorschkow und Ssashko 1957).

Vielfach wird deshalb empfohlen, den gesamten Stickstoff bereits vor der Aussaat des Hanfes zu geben, zumal bei einer Kopfdüngung leicht empfindliche Blattverbrennungen am Hanf auftreten können (Körner 1943, Neuer 1953, Zurek 1943). Anderseits ist bei hohen N-Düngergaben und vorsichtiger Handhabung der Kopfdüngung (trockene Pflanzen, granulierte N-Düngemittel) eine Teilung der N-Düngung und damit eine N-Kopfdüngung nicht abzulehnen. Es wird u. a. empfohlen, die N-Kopfdüngergabe in diesem Falle etwa 3 bis 4 Wochen nach der Hanfaussaat zu geben (Neuer 1953).

Der Nährstoff *Phosphor* beeinflußt neben dem Ertrag die Qualität dahingehend, daß die Faserzellenquerschnitte verringert werden (Scheel 1936). Neben der P-Wirkung zur optimalen Ertragsbildung liegt die Bedeutung dieses Nährstoffes vor allem in der Begünstigung der Ausreife und in der Verminderung der übrigen negativen Einflüsse einer optimalen N-Versorgung. Generelle Wirkungsunterschiede der einzelnen P-Düngerformen sind bei Hanf nicht bekannt; Schmitt 1954 räumt dem Superphosphat auf Ca-haltigem Niedermoor aber den Vorzug ein. Wenn eine ausreichende P-Versorgung der Hanfpflanze von frühester Jugend an gesichert ist, spielt die Düngerform keine Rolle.

Das *Kalium* ist ebenfalls nicht nur wichtig für die Ertragsbildung des Hanfes; es hat wiederum auch für die Qualität Bedeutung. So konnten bei verbesserter K-Versorgung eine Vermehrung der Faserzellen, ein geschlosseneres Faserbündelgefüge, eine größere Reißfestigkeit und insgesamt eine verbesserte Faserqualität festgestellt werden. Schließlich war bei verbesserter K-Versorgung eine Verminderung des Befalls mit *Orobanche* zu beobachten (Becker 1942, Becker-Dillingen 1934, Scheel 1936, Tobler 1932).

Die Einflüsse der *Kalium-Salzform* bzw. der Kalidüngerform haben nicht die große Bedeutung wie beim Faserlein, und sie gehen offenbar auch nicht in der gleichen Richtung wie beim Faserlein. Im Gegensatz zu den neueren Erfahrungen beim Faserlein gilt auch heute noch eine Cl- und Na-reiche Kalidüngung als positiv für Ertrag und Qualität des Hanfes. Es wird allgemein über gute Erfolge mit Kainit berichtet und dem Chlorid ein ausgesprochen günstiger Einfluß auf die Hanfqualität nachgesagt (Becker-Dillingen 1934, Bierei 1931, Scheel 1929).

Es ist bekannt, daß der Hanf einen sehr hohen Bedarf an *Magnesium* hat und auf einen Mg-Mangel sehr empfindlich reagiert (Scharrer und Schreiber 1942, Schropp und Arenz 1940). Hieraus resultiert, daß unter entsprechenden Bedingungen gerade auch mit Kalimagnesiadüngern beste Erfolge hinsichtlich Ertrag und Qualität erzielt wurden (Bersak 1958, Scheel 1936). Bei ausgesprochenem Mg-Mangel bleiben Sproß- und Wurzelbildung zurück, die jungen Blätter zeigen eine dunkelgrüne Farbe, während auf den Interkostalfeldern der älteren Blätter Chlorophyllzerfall und damit eine Weiß-Grau-Verfärbung zu beobachten sind.

Wie bereits erwähnt, gilt der Hanf als eine ausgesprochen *Calcium*-bedürftige Pflanze, die hohe Ansprüche an die Ca-Versorgung stellt (Becker-Dillingen 1934, Koch 1935, Neuer 1953, Schropp und Arenz 1938 u. a.). Und die Sicherstellung eines hohen Ca-Angebotes gilt im Hanfanbau als eine der wesentlichsten Voraussetzungen für eine gute Ertragsleistung. Meist ist deshalb auch eine direkte Kalkung zu Hanf eine der wichtigsten Düngungsmaßnahmen, wenn der Boden nicht bereits gut mit Ca versorgt ist, besonders auch der Unterboden. Gerade dieser Umstand zeigt, daß zwischen der Faserbildung und der Faserqualität bei Faserlein einerseits und bei Hanf anderseits doch zum Teil auch recht bedeutende Unterschiede bestehen — trotz vieler grundlegender Gemeinsamkeiten.

Aber nicht nur eine gute Ca-Versorgung der Hanfpflanze spielt eine große Rolle, sondern auch die *Bodenreaktion* — der pH-Wert — des Bodens. Denn eine gute Verfügbarkeit der Bodennährstoffe und insbesondere auch eine optimale N-Versorgung sind nur bei entsprechenden pH-Werten gewährleistet. Auf den für den Hanfanbau bevorzugt geeigneten und bereits weiter oben genannten Böden liegt das pH-Optimum für den Hanf im neutralen bis schwach alkalischen Bereich, so daß von dieser Seite her eine intensive N-Mobilisierung gesichert ist.

Die Frage der *Mikronährstoffe* ist auch beim Hanf eng mit dem pH-Wert des Bodens verknüpft; hinzu kommt, daß nach Kannenberg (1943) beim Hanfanbau auf Moorböden und anmoorigen Böden die Blockierung des Kupfers durch die organische Bodensubstanz eine entscheidende Rolle spielen kann. Kupfermangel ist deshalb der bei Hanf am häufigsten zu beobachtende Mikronährstoffmangel, der sich u. a. im Abknicken der Stengel äußert. Einer ausreichenden Cu-Versorgung des Hanfes ist besonders auf organischen Böden besondere Beachtung zu schenken. Aber auch den anderen Mikronährstoffen sollte gerade bei der sehr massenproduktiven und schnellwachsenden Hanfpflanze genügend Aufmerksamkeit geschenkt werden. Bekannt sind neben dem Cu-Mangel vor allem noch Mn- und B-Mangel (Gorschkow 1959, Kannenberg 1943, Olofsson 1956, Schropp und Arenz 1938 und 1940). Mit einer entsprechenden Mikronährstoffdüngung sind — vor allem auf organischen Böden — deutlich positive Düngungserfolge erzielt worden.

Auf Versuche mit Gibberellin zu Hanf sei der Vollständigkeit halber hingewiesen. Nach Gibberellin-Behandlung des Hanfes wurde u. a. festgestellt: Die einzelne Faser war länger und dicker und dabei stärker lignifiziert als bei Pflanzen ohne Gibberellin-Behandlung. Auch die Faserzahl im Stengel war erhöht (Atal 1961). Der Faserertrag wurde zum Teil beträchtlich (auf das $1^1/_2$- bis 3fache) erhöht. Insbesondere wurde eine starke Beeinflussung des N-Stoffwechsels und ein Einfluß auf Gehalt und Transport der reduzierenden Zucker festgestellt. Die Gesamtassimilationsleistung war erhöht (Zakordonec 1962).

Eine besondere Bedeutung hat im Hanfanbau die *Düngung mit organischen Substanzen*. Die bereits besprochenen Anforderungen der Hanfpflanze an Bodenstruktur und Nährstoffversorgung — insbesondere auch hinsichtlich einer reichlich und über eine längere Zeitspanne fließenden Stickstoffquelle — lassen dies verständlich werden. Dabei kann die organische Düngung zu Hanf selbst auf Moorböden und anmoorigen Böden eine wichtige Rolle spielen, wenn es gilt, das auf diesen Böden keineswegs immer günstige Mikrobenleben zu intensivieren. Auf Mineralböden ist die Bedeutung einer organischen Düngung im Hanfanbau noch entsprechend größer, und zwar um so mehr, je weiter ein Mineralboden vom Optimalen abweicht (leichte und sehr schwere Böden). Neben einer organischen

Düngung aus den Ernterückständen der Vorfrucht (Grünland-, Kleegras- oder sonstiger Feldfutterpflanzenumbruch) kommen die verschiedensten Formen und Arten der Gründüngung im engeren Sinn sowie die Düngung mit Stallmist bevorzugt in Frage. Eine Kombination der mineralischen Düngung mit einer dieser organischen Düngerformen führt fast ausnahmslos zu besseren Ergebnissen als eine alleinige Mineraldüngung zu Hanf (BECKER-DILLINGEN 1934, BIEREI 1931, GORODNI 1957, GORSCHKOW 1956 und 1959, KRASCHENINNIKOW 1958, NEUER 1953 u. a.).

Auf Grund des ausgeprägten N-Bedarfes des Hanfes eignen sich selbstverständlich Leguminosen besonders gut als Gründüngung bzw. als Vorfrucht. Da aber nicht nur die N-Anlieferung, sondern auch die Verbesserung wichtiger physikalischer und biologischer Bodeneigenschaften als Wirkungsfaktoren der Gründüngung eine Rolle spielen und durch hohe Gaben mineralischen Stickstoffs der N-Bedarf ausgeglichen werden kann, kommen als Gründüngung durchaus auch Nichtleguminosen in Frage.

Anmerkung zur praktischen Düngung. Um das hohe Ertragspotential der Hanfpflanze voll auszuschöpfen und die vielfach mit dem Hanfanbau verfolgten Fruchtfolgeziele einer Kulturverbesserung und insbesondere Unkrautvernichtung möglichst weitgehend zu erreichen, muß ein üppiges Wachstum des Hanfes gewährleistet werden. Neben den übrigen Wachstumsfaktoren müssen deshalb das Nährstoffangebot und die Nährstoffaufnahmebedingungen sehr gut sein. Wo Bodenstruktur und Bodenreaktion Wünsche offen lassen, sind durch eine entsprechende Stellung des Hanfes in der Fruchtfolge und eine gute organische Düngung sowie eine Kalkung möglichst optimale Bedingungen für den Hanf zu schaffen. Dies gilt nicht nur für die Krume, sondern gerade beim Hanf auch für den Unterboden. Vielfach ist deshalb das tiefe Einarbeiten (Einpflügen) einer kräftigen Mineraldüngung (insbesondere Ca und P, aber auch K, Mg usw.) für einen erfolgreichen Hanfanbau sehr wichtig. Anderseits muß aber auch die Nährstoffversorgung der jungen Hanfpflanzen in den obersten Krumenschichten vom Anfang der Entwicklung an gewährleistet sein. Eine zweimalige Düngung mit den wichtigsten Nährstoffen — eine erste Gabe vor der Pflugfurche, eine zweite, kleinere Gabe kurz vor oder zur Aussaat im Frühjahr — dürfte auf Standorten mit nicht sehr guter Nährstoffversorgung in Krume *und* Unterboden zweckmäßig sein (BECKER-DILLINGEN 1934, CHANIN 1959 und 1961). Dabei kann die Gabe zur Aussaat zusammen mit dem Stickstoff in Form von Mehrnährstoffdüngern gegeben werden. In jedem Falle ist dabei die Versorgung des Bodens mit Mg und Mikronährstoffen zu berücksichtigen. Dementsprechend sind eventuell besonders Mg- und mikronährstoffhaltige Düngemittel in der Hanfdüngung zu bevorzugen (auf organischen Böden vor allem Cu beachten). Die Stickstoffdüngung erfolgt je nach Standort (Boden, Klima) und Vorfrucht entweder in ganzer Gabe vor der Aussaat oder bei höheren Gaben auch zum Teil als Kopfdüngung (trockener Bestand, gekörnte Düngemittel).

Die Höhe der Mineraldüngung richtet sich selbstverständlich nach dem Nährstoffgehalt und den Nährstoffaufnahmebedingungen auf dem betreffenden Boden sowie nach Menge und Form der organischen Düngung.

Auf gut kultivierten P- und K-armen Niedermooren können — wenn aus dem Boden eine ausreichende N- und Ca-Verfügbarkeit gegeben ist — folgende Düngergaben als gut bis sehr gut angesehen werden:

20 bis 40 kg/ha N,
125 bis 175 kg/ha K,
30 bis 40 kg/ha P.

Auf Mineralböden, die im allgemeinen eine bessere P- und K-Versorgung aufweisen, dafür aber einer weit höheren N-Düngung bedürfen, kann etwa folgende Düngung als Anhalt dienen:

neben 200 bis 400 dz/ha Stallmist oder einer entsprechenden Gründüngung

60 bis 100 kg/ha N,
65 bis 100 kg/ha K,
18 bis 25 kg/ha P.

Liefert die organische Düngung sehr viel N, so sind aber auch hier höhere P- und K-Gaben zu verabreichen, um empfindliche Qualitätsminderungen zu vermeiden. Dies gilt besonders bei Leguminosen-Gründüngung. Die dem Boden zuzuführenden Kalkmengen richten sich nach den jeweiligen Bedingungen.

Bezüglich des Nährstoffverhältnisses in der Hanfdüngung sei auf die Ausführungen im Abschnitt „Nährstoffaufnahme" verwiesen.

Literatur

ALTEN, F., und G. GOEZE: Der Einfluß der Düngung auf den Ertrag und die Güte der Flachsfaser. Ernähr. d. Pflanze **32**, 1–14 (1936). — ATAL, C. K.: Effect of gibberellin on the fibres of hemp. Econom. Bot. **15**, 133–139 (1961). — AWDONIN, N. Ss.: Aluminium und die Bodenfruchtbarkeit im Nichtschwarzerdengebiet der UdSSR. Nachr. Landwirtschaftswiss. **2**, 23–32 (1957) (russ.); Ref. Landwirtsch. Zbl. II 1958, 1622.

BAUMEISTER, W.: Das Natrium als Pflanzennährstoff, S. 84. Stuttgart: Fischer. 1960. — BECKER, A.: Kalidüngungsversuche zu Hanf. Faserforsch. **16**, 39–42 (1942). — BECKER-DILLINGEN, J.: Handbuch der Ernährung der landwirtschaftlichen Nutzpflanzen, S. 451–455. Berlin: Parey. 1934. — BERSAK, I. A.: Der Einfluß verschiedener Kalidüngeformen auf den Ertrag und die Faserqualität von Hanf. Flachs u. Hanf **3** (20), 43–44 (1958) (russ.); Ref. Landwirtsch. Zbl. II 1958, 2530. — BIEREI, E.: Die Düngung der Ölfrüchte und Gespinstpflanzen. In: HONCAMP, Handbuch der Pflanzenernährung und Düngerlehre, Bd. II, S. 726 ff. Berlin: Springer. 1931. — BOGUSLAWSKI, E. VON: Der Einfluß des Reaktions- und Kalkzustandes des Bodens auf die Ertragsleistung von Lein. Bodenkde. u. Pflanzenernähr. **6** (51), 209–231 (1938). — Düngung und Qualität der Faserpflanzen. Forschungsdienst, Sonderheft 12, 82–90 (1940). — Ölfruchtbau. In: ROEMER-SCHEIBE-SCHMIDT-WOERMANN, Handbuch der Landwirtschaft, Bd. II, S. 358. Berlin-Hamburg: Parey. 1953. — BREDEMANN, G.: Untersuchungen über die Nährstoffaufnahme und den Nährstoffbedarf des Hanfes. Bodenkde. u. Pflanzenernähr. **36** (81), 167–204 (1945).

CHANIN, M. D.: Superphosphatdüngung zu Hanf in die Saatreihen. Agrobiologie **1**, 58–63 (1959) (russ.); Ref. Landwirtsch. Zbl. II 1960, 350. — Erhöhung der Wirksamkeit von Phosphordünger für Hanf. Lein u. Hanf **6**, 24–25 (1961) (russ.). — COOKE, G. W., und R. G. WARREN: Manuring experiments on flax. Empire J. Exper. Agric. **27**, 171–186 (1959); Ref. Landwirtsch. Zbl. II 1960, 1344.

DOMONTOWITSCH, M., und G. ABOLINA: Beeinflussung der Hafer- und Leinernte durch die Bodenreaktion. J. Landwirtschaftswiss. **4**, 450 (1927) (russ.); Ref. Z. Pflanzenernähr. **12**, 418 (1928). — DOSSPECHOW. B. A.: Die Wirkung einer systematischen Düngung und Kalkung bei Lein. Hanf u. Lein **3** (20), Nr. 12, 24–26 (1958) (russ.); Ref. Landwirtsch. Zbl. II 1960, 88.

ENGELS, O.: Spurenelemente und Pflanzenwachstum. DLP 65, H. 41 (1938); Ref. Forschungsdienst **7**, 390 (1939).

FABIAN, H.: Der Einfluß der Ernährung auf die wertbestimmenden Eigenschaften der Bastfaserpflanzen (Flachs und Nessel) unter besonderer Berücksichtigung der Ausbildung der Fasern. Faserforsch. **7**, 1–56, 69–115 (1928). — Die Ausbildung des Leines nach Menge und Güte in Abhängigkeit von der Ernährung. Pflanzenbau **5**, 303 (1928/29). — FREDERIKSON, P. SONNE: A review of recent research on the agronomy of fibre-flax. Field Crop Abstr. **12**, 259–265 (1959); Ref. Landwirtsch. Zbl. II 1960, 2146. — FRIED, H.: Neue Beobachtungen über Röstverlauf und Röstunterschiede am Flachsstengel. Faserforsch. **12**, 197–222 (1937).

GASSNER, A.: Die richtige Düngung des Flachses. Wien. landwirtsch. Ztg. **91**, 121 (1941); Ref. Forschungsdienst **13**, 56 (1942). — GERICKE, S.: Die Phosphorsäuredüngung der Ölpflanzen. Forschungsdienst **13**, 117–123 (1942). — GIESECKE, F., K. SCHMALFUSS und E. GERDUN: Experimentelle Studien zur Physiologie und Ernährung des Leins im Hinblick auf die Ausbildung von Faser und Öl, II, Feldversuche. Bodenkde. u. Pflanzenernähr. **4** (49), 340–357 (1937). — GORODNI, N.: Gründüngung zu Hanf. Flachs u. Hanf **2** (19), Nr. 5, 28–30 (1957) (russ.); Ref. Landwirtsch. Zbl. II 1958, 747. — GORSCHKOW, P. A.: Die Düngung von Hanf in spezialisierter Fruchtfolge. Flachs u. Hanf **1**, Nr. 10, 16–19 (1956) (russ.); Ref. Landwirtsch. Zbl. II 1958, 999. — Einfluß der Stickstoffversorgung auf die Faserbildung im Hanfstengel. Ber. Allunions Landwirtsch. Lenin-Akad. **22**, Nr. 5, 10–14 (1957) (russ.); Ref. Landwirtsch. Zbl. II 1958, 1445. — Der Einfluß von Düngemitteln auf die Qualität der Hanffaser. Arb. Unions-Forschungs-Inst. Faserpflanzenanbau **24**, 77–95 (1959) (russ.); Ref. Landwirtsch. Zbl. II 1960, 2884. — GORSCHKOW, P. A., und M. M. SSASHKO: Der Einfluß der Stickstoffdüngung auf Entwicklung und Ertrag des Hanfes. Nachr. Landwirtschaftswiss. **2**, Nr. 9, 58–63 (1957) (russ.); Ref. Landwirtsch. Zbl. II 1958, 552. — GROSS, M.: Stickstoffdüngung und Flachs. Faserforsch. **5**, 37–51 (1925/26).

HIEKE, F.: In: KOCH 1943.

JACOB, A.: Neuere Arbeiten der russischen Landwirtschaftschemie. Forschungsdienst **14**, 69–82 (1942). — Magnesia, der fünfte Pflanzenhauptnährstoff, S. 60. Stuttgart: Enke. 1955. — JAKOBEY, Sv. v.: Nährstoffaufnahme und Nährstoffausscheidung des Ölleins. Fette u. Seifen **48**, 286–289 (1941); Ref. Forschungsdienst **13**, 8 (1942). — JASPER, H.: Grundfragen der Düngung bei Faser- und Öllein. Diss. Univ. Bonn 1939; Ref. Forschungsdienst **11**, 61 (1941). — JEGOROW, W. JE., und B. A. DOSSPECHOW: Die Wirkung einer Kalkung bei ständiger Anwendung von Düngemitteln. Düngung u. Ernte **3**, Nr. 8, 19–28 (1958) (russ.); Ref. Landwirtsch. Zbl. II 1958, 754.

KANNENBERG, H.: In: KOCH 1943. — KAYER, R.: Hat eine Mineraldüngung Einfluß auf die wertbestimmenden Eigenschaften von Ölpflanzen und ändert sich durch Düngung das Öl in seiner Zusammensetzung? Bot. Arch. **10**, 349–386 (1925). — KEDROW-SICHMAN, O. K., und W. P. DEJEWA: Die Wirkung von Spurenelementen auf die Erträge von Zuckerrüben und Lein auf schwachsauren Rasenpodsolböden. Düngung u. Ernte **3**, Nr. 11, 36–39 (1958) (russ.); Ref. Landwirtsch. Zbl. II 1959, 2319. — KLITSCH, CL.: In: KOCH 1943. — KOCH, H.: Der Anbau von Öl- und Spinnpflanzen. Ein Leitfaden für den praktischen Landwirt, S. 36. Berlin: Reichsnährstand Verlags-GmbH. 1935. — Gespinstpflanzenanbau. Berlin: Reichsnährstand Verlags-GmbH. 1943. — KÖHNLEIN, J., und N. KNAUER: Die Entzugszahl als Hilfsmittel zur richtigen Bemessung der P_2O_5- und K_2O-Gabe. Acker- u. Pflanzenbau **104**, 329–370 (1957). — KÖRNER, H.: In: KOCH 1943. — KOLEK, J., und P. LAČOK: Dynamika prijimania živin u lanu (*Linum usitatissimum L.*). (Dynamik der Nährstoffaufnahme beim echten Lein (*Linum usitatissimum L.*).) Biologica (Bratislava) **13**, 330–346 (1958); Ref. Landwirtsch. Zbl. II 1959, 1633. — KOSSTJUTSCHENKO, A. D.: Die Düngung zu Faserlein in der Sowjetunion. Düngung u. Ernte **2**, Nr. 11, 32–34 (1957) (russ.); Ref. Landwirtsch. Zbl. II 1959, 526. — Die Anwendung organomineralischer Düngergemische in Feldgras-Leinfruchtfolgen. Düngung u. Ernte **3**, Nr. 4, 20–25 (1958) (russ.); Ref. Landwirtsch. Zbl. II 1959, 299. — KRASCHENINNIKOW, N. A.: Futterlupine als Vorfrucht für Hanf. Flachs u. Hanf **3** (20), Nr. 3, 30–32 (1958) (russ.); Ref. Landwirtsch. Zbl. II 1958, 2551. — KRZYSZTOFOWICZ, J., I. DABROWSKA und J. DUCH: Termin przedciewnego stosowania wody amoniakalnej. (Zeitpunkt der Düngung mit Ammoniakwasser vor der Aussaat.) Rocznik Nauk rolniczych, Ser. A **74**, 907–922 (1957); Ref. Landwirtsch. Zbl. II 1960, 92. — KURILENKO, JE. W.: Gründüngung zu Lein. Flachs u. Hanf **3** (20), Nr. 8, 18–20 (1958) (russ.); Ref. Landwirtsch. Zbl. II 1959, 2546.

LARSEN, A.: Godningsog kalkningsforsog med spindhor. (Untersuchungen zur Düngung und Kalkung von Faserlein.) Tidskr. Planteavl. **64**, 102–148 (1960); Ref. Landwirtsch. Zbl. II 1961, 78. — LEHR, J. J., und J. M. WYBENGA: Exloratory pot experiments on sensitiveness of different crops to sodium: C, Flax. Plant a. Soil **6**, 251–261 (1955); Ref. Landwirtsch. Zbl. II 1958, 58. — LEIZ, F.: In: KOCH 1943. — Der Anbau der Ölfrüchte. Ein Leitfaden für die Praxis, S. 27. Stuttgart: Ulmer. 1947. — LEPESCHKOW, I. N., und A. N. SCHAPOSCHNIKOWA: Natürliches Polyhalitsalz als eine neue Art der Kali-Magnesium-Bor-Düngemittel. Düngung u. Ernte **3**, Nr. 11, 33–35 (1958) (russ.); Ref. Landwirtsch. Zbl. II 1959, 2554. — LESSIK, B. W.: Die Qualität der Hanffaser bei der Einbringung verschiedener Formen von Stickstoffdüngemitteln. Nachr. Landwirtschaftswiss. **4**, Nr. 10, 125–128 (1959) (russ.); Ref. Landwirtsch. Zbl. II 1960, 2124. — LIEBSCHER, G.: Der Verlauf der Nährstoffaufnahme und seine Bedeutung für die Düngerlehre. J. Landwirtsch. **35**, 335–518 (1887). —

LISSTWIN, K. Ss.: Die Wirkung verschiedener Phosphorsäuredüngerformen auf den Ertrag von Faserlein im Trawapolnaja-System. Flachs u. Hanf **2**, Nr. 1, 27–29 (1957) (russ.); Ref. Landwirtsch. Zbl. II 1958, 1616. — LÜDTKE, M.: Über das Linamarin des Leinsamens und seine Bestimmung. Biochem. Z. **322**, 310–319 (1952).

MAGNITZKI, K.: Spurenelemente in der Pflanzenernährung. Wiss. fortschr. Erfahr. Landwirtsch. **8**, Nr. 9, 32–34 (1958) (russ.); Ref. Landwirtsch. Zbl. II 1959, 1628. — MASAEWA, M.: Zur Frage der Chlorophobie der Pflanzen. Bodenkde. u. Pflanzenernähr. **1**, 39–56 (1936). — MENZEL, K.: Boden und Düngung in ihrer Wirkung auf die Flachsfaser. Faserforsch. **12**, 122–134 (1936). — MENZEL, K., F. TOBLER und H. ULBRICHT: Verschiedenartige Flachsdüngung und Vergleich zwischen anatomischem Befund der Stengel und praktischer Auswertung der Faser. Faserforsch. **13**, 28–37 (1937). — MIEN-TA-CH'EN und B. A. DOSSPECHOW: Ertrag und Qualität von Faserlein bei langjähriger Düngeranwendung und bei Kalkung. Nachr. Landwirtsch. Timirjasew-Akad. 1960, Nr. 3, 65–84 (russ.); Ref. Landwirtsch. Zbl. II 1961, 2131. — MORGENROTH, E.: Reaktionsansprüche von Faser- und Öllein im Vergleich zu Gerste. Bodenkde. u. Pflanzenernähr. **5** (50), 232–254 (1937).

NEUER, H.: Hanf (*Cannabis sativa L.*). In: ROEMER-SCHEIBE-SCHMITT-WOERMANN, Handbuch der Landwirtschaft, Bd. II, S. 551–561. Berlin-Hamburg: Parey. 1953.

OLOFSSON, S.: Tillförsel av koppar och mangan till kalkrika organogena jorda. Kungl. Lantbrukshögskolan Statens Lantbruksförsök, Statens Jordbruksförsök, Medd. 1956, Nr. 64, 175–210; Ref. Landwirtsch. Zbl. II 1958, 1445. — OPITZ, K.: Die Ernährung und Düngung des Leins. Forschungsdienst **1**, 848–855 (1936). — Untersuchungen über die Entwicklung und die Nährstoffaufnahme des Leins. Bodenkde. u. Pflanzenernähr. **24**, 172–195 (1939). — Über die Wirkung gesteigerter Phosphorsäuregaben auf die wertbildenden Eigenschaften des Faser- und Ölleins. Pflanzenbau **17**, 97–130 (1941). — Über die Bedeutung des Verhältnisses von Stickstoff zu Phosphorsäure bei der Düngung des Leins. Pflanzenbau **18**, 321–347 (1942); Ref. Forschungsdienst **15**, 68 (1943). — Über das Aneignungsvermögen und das Düngebedürfnis einiger Kulturpflanzen für Phosphorsäure. Bodenkde. u. Pflanzenernähr. **35** (80), 58–71 (1945). — OPITZ, K., und E. EGGELHUBER: Untersuchungen über den Einfluß verschiedener Stickstoffsalze und des Stickstoff-Kali-Verhältnisses auf den Ertrag und die wertbildenden Eigenschaften des Leins. Pflanzenbau **16**, 1–48, 49–62 (1939). — OPITZ, K., E. TAMM, E. EGGELHUBER und W. KNIES: Untersuchungen über die Wirkung der Kalisalze auf den Ertrag und die wertbildenden Eigenschaften des Faser- und Ölleins. Bodenkde. u. Pflanzenernähr. **12** (57), 257–270 (1939).

PAATELA, J.: On the possibilities of growing oil flax in Finland. On the quality of Finnish linseed oil and some factors affecting it. Diss. Helsinki 1947. — PEIWE, J. W.: Die Kalkung des Bodens im Leinbau. Ref. Forschungsdienst **9**, 167 (1940). — PENNER, E.: Die Wechselwirkung der Nährstoffe Kalium und Kalzium in ihrer Abhängigkeit von der Kulturpflanze, dargestellt an Hafer und Lein. Bodenkde. u. Pflanzenernähr. **14** (59), 204–230 (1939). — PETROV, P.: Po vuprosa za osnovnoto torene na maslodajnija len. (Zur Frage der Grunddüngung des Ölleins.) Naučni trudove. Kompleksen selskostopanski naučnoizsledvatelski institut-Poljanovgrad, Sofija **1**, 95–101 (1960). — PETROWA, L. J.: Die Anwendung von Spurenelementen zu Lein. Flachs u. Hanf **1**, Nr. 6, 22–23 (1956) (russ.); Ref. Landwirtsch. Zbl. II 1958, 85.

REMY, TH.: Der Verlauf der Nahrungsaufnahme und das Düngerbedürfnis der Kulturgewächse. Pflanzenbau **2**, 22–23 (1925). — ROBINSON, B. B.: Flax-fiber production. Farmers' Bull. 1728, US. Department of Agriculture. — ROBINSON, B. B., und R. L. COOK: The effect of soil types and fertilizers on yield and quality of fiber flax. J. Amer. Soc. Agron. **23**, 497–519 (1931). — RODEWALD, W.: Der Einfluß des Bors auf Wachstum und Anatomie von Linum usitatissimum L. Wiss. Z. Techn. Hochschule Dresden **7**, 683–688 (1957/58); Ref. Landwirtsch. Zbl. II 1959, 971. — RÜTHER, H.: Wege zur Schließung der Fett-Eiweiß-Lücke, S. 38–40. Berlin: Deutscher Bauernverlag. 1950. — Pflanzenbauliche Möglichkeiten zur Steigerung der Fett- und Eiweißerträge, S. 40–41. Berlin: Deutscher Bauernverlag. 1954.

SACHSE, K.: Kurzregeln für den Ölfruchtbau, S. 20–21. Berlin-Frankfurt a. M.: Siebeneicher. 1948. — SCHARRER, K., und R. SCHREIBER: Über die Wirkung der kombinierten Kalium- und Magnesiumgaben auf das Erntegewicht sowie den Eiweiß- und Fettertrag von Hanf (*Cannabis sativa*). Bodenkde. u. Pflanzenernähr. **30** (75), 370–380 (1942). — SCHEEL, R.: Ausbildung des Fasergehaltes bei Flachs unter verschiedenen Wachstumsbedingungen Landwirtsch. Jb. **68**, 489–523 (1929). — Einfluß der Düngung auf Ertrag und Faserausbildung des Hanfes. Ernähr. d. Pflanze **32**, 322–327 (1936). — SCHILLING, E.: Öllein und Faserlein. Fette u. Seifen **44**, 275–280 (1937). — SCHMALFUSS, K.: Experimentelle Studien zur Physiologie und Ernährung des Leins im Hinblick auf die Ausbildung von Faser und Öl. Bodenkde. u. Pflanzenernähr. **1** (46), 1–39 (1936). — Weitere Studien zur Fettbildung im Leinsamen unter dem Einfluß von Umwelt und Ernährung der Pflanze. Bodenkde. u. Pflanzenernähr. **5** (50), 37–46 (1937). — Mineralsalzernährung und die Faser- und Ölbeschaffenheit beim Lein. Forschungsdienst, Sonderheft 6, 173–180 (1937). — Über den Einfluß des Kaliums und der Kalisalzanionen auf die Ausbildung der Faserzellen des Leins. Ernähr. d. Pflanze **34**, 100–103 (1938); Ref. Forschungsdienst **7**, 138 (1939). — Die Wirkung des Kaliums und der Kalisalzanionen auf die Ausbildung des Leinöls im Felddüngungsversuch. Ernähr. d. Pflanze **35**, 65–66 (1939). — Düngung und Qualität der Fett- und Ölpflanzen. VI. Congr. int. techn. chim. Ind. agric., Budapest, C. R. 581–583 (1939); Ref. Chem. Zbl. **110**, II, 4613 (1939). — Die wirtschaftliche Bedeutung der Pflanzenfette und Fettpflanzen. In: W. RUHLAND, Handbuch der Pflanzenphysiologie, Bd. VII, S. 370–372, Stoffwechselphysiologie der Fette und fettähnlichen Stoffe. Berlin-Göttingen-Heidelberg: Springer. 1957. — SCHMITT, L.; Vom Segen der Düngung, 2. Aufl., 160–161. Frankfurt/M.: DLG-Verlags-GmbH. 1954. — SCHOLZ, W.: Ist der Lein unter praktischen Verhältnissen kalkempfindlich? Pflanzenbau **12**, 451–477 (1936). — Weitere Versuche über die Kalkempfindlichkeit des Leins. Bodenkde. u. Pflanzenernähr. **2** (47), 230–245 (1937). — SCHROPP, W., und B. ARENZ: Über die Wirkung des Bors auf das Wachstum einiger Öl- und Gespinstpflanzen. Forschungsdienst **6**, 564–574 (1938). — Über den Calcium- und Magnesiummangel bei einigen Öl- und Gespinstpflanzen. Bodenkde. u. Pflanzenernähr. **12**, 32–45 (1938). — Über die Nachwirkung des Bors. Bodenkde. u. Pflanzenernähr. **16** (61), 206–209 (1940). — SCHUPHAN, W.: Die Bedeutung der Chloridernährung für die Pflanze, insbesondere für Gemüse. Forschungsdienst **11**, 161–176 (1941). — SELKE, W.: Die Düngung, S. 202. Berlin: Deutscher Bauernverlag. 1955. — SELLE, H.: Die Bedeutung der Bodenazidität für das Flachswachstum. Faserforsch. **5**, 146–152 (1926). — SHDANOW, JU. A., K. P. ASAROW und W. J. GORBATENKO: Gläser und Fritten für die Bodendüngung mit Spurenelementen. Ber. Akad. Wiss. UdSSR **108**, 1129–1131 (1956) (russ.); Ref. Landwirtsch. Zbl. II 1958, 1768. — SMÁLIK, M.: Vplyv mikroelementtov na urodu a vnutornu hodnotu zemiakov (Solanum tuberosum L.) a lanu (Linum usitatissimum L.) v podmienkach tatrauskej oblasti Slovenska, I. (Einfluß der Spurenelemente auf den Hektarertrag und den inneren Wert der Kartoffel (Solanum tuberosum L.) und des Leines (Linum usitatissimum L.) im slowakischen Tatragebirge, I.) Pol'nohospodarstvo **6**, 29–44 (1959); Ref. Landwirtsch. Zbl. II 1960, 2633. — STEIGERWALD, F.: Über den Einfluß von Chlor und Mg als Nebenbestandteile der Kalisalze auf den Öl- und Fasergehalt des Flachses. Ernähr. d. Pflanze **23**, 282–285 (1927). — STEINBERG, A. JU.: Die Wirkung verschiedener Formen der Kalidüngung auf den Ertrag des Faserleines unter den Bedingungen der Lettischen SSR. Flachs u. Hanf **3** (20), Nr. 11, 39–40 (1958) (russ.); Ref. Landwirtsch. Zbl. II 1959, 2552.

TOBLER, F.: Der Einfluß des Kaliums auf die Bildung der Faserzellwand der Faserpflanzen. Pflanzenernähr., Düng., Bodenkde. **13**, 208–213 (1929). — Die Düngerwirkung einzelner anorganischer Stoffe auf die Faserpflanzen. Faserforsch. **10**, 10–20 (1932). — Die Düngung der Faserpflanzen und ihre Beurteilung. Ernähr. d. Pflanze **30**, 313–318 (1934). — Düngung zu Winterflachs. Faserforsch. **12**, 153–157 (1936). — TREGGI, G., und J. M. WYBENGA: Effetti del solla su di alcuni aspetti istologici dei fusti di lino. (Die Wirkung von Natrium auf den histologischen Aufbau der Leinfaser.) Agric. ital. (N. S.) **13** (58), 156–159 (1958); Ref. Landwirtsch. Zbl. II 1959, 1431. — TRUNINGER, E.: Über den schädlichen Einfluß von kalkhaltigem Gießwasser bei Gefäßkulturen, seine Ursache und Verhütung. Bodenkde. u. Pflanzenernähr. **17**, 92–100 (1940); Ref. Forschungsdienst **9**, 156 (1940).

VALLE, O.: Tutkimuksia Öljypellavan viljelysmahdollisuuksista suomessa. (Untersuchungen über die Anbaumöglichkeiten von Öllein in Finnland.) Acta Agral. Fenn. **49**, 1–45 (1941).

WARINGTON, K.: The influence of the pH of the nutrient solution and the form of iron supply on the countraction of the iron deficiency in peas, soybean, and flax by high concentrations of molybdenum. Ann. Appl. Biol. **45**, 428–447 (1957). — WECK, R.: Faserleinbau. In: ROEMER-SCHEIBE-SCHMIDT-WOERMANN, Handbuch der Landwirtschaft, Bd. II, S. 562–576. Berlin-Hamburg: Parey. 1953. — WYBENGA, J. M.: Zit. nach BAUMEISTER 1960, S. 10. — WYSCHINSKI, A. M.: Die Anwendung von Stickstoffdünger zu Faserlein nach mehrjährigen Futterpflanzen auf den Rasen-Podsolböden des Polessje-Gebietes der Ukrainischen SSR. Düngung u. Ernte **2**, Nr. 8, 39–42 (1957) (russ.); Ref. Landwirtsch. Zbl. II 1958, 1444.

ZAKORDONEC, A. I.: Die Wirkung des Gibberellins auf Wachstum und Ertrag von Faserhanf. Ref. Landwirtsch. Zbl. II 1962, 1329. — ZELLER, A.: Physiologie der Fettbildung und Fettspeicherung bei höheren Pflanzen. In: W. RUHLAND, Handbuch der Pflanzenphysiologie, Bd. VII, S. 304, Stoffwechselphysiologie der Fette und fettähnlichen Stoffe. Berlin-Göttingen-Heidelberg: Springer. 1957. — ZUREK, E.: In KOCH 1943.

B. Kautschukpflanzen

Von

C. Heinemann

a) Die wichtigsten Kautschuk liefernden Pflanzen

Der Rohstoff Kautschuk kann aus dem Milchsaft, dem sogenannten Latex, einer großen Reihe morphologisch sehr verschiedener Familien des Pflanzenreiches gewonnen werden. Eine Zusammenstellung der wichtigsten aus annähernd 500 bekannten verschiedenen Arten Kautschuk liefernder Pflanzen geben MAAS und BOKMA (1950).

Tabelle 248. *Übersicht der wichtigsten Kautschuk liefernden Pflanzen*

Familie	Gattung und Art	Habitus	Natürliches Verbreitungsgebiet
Euphorbiaceae ...	*Hevea brasiliensis* MÜLLER	Baum	Brasilien
	Hevea *benthamiana* MÜLLER	Baum	Brasilien
	Hevea *guyanensis* AUBLET	Baum	Guyana und Amazonasgebiet
	Manihot Glaziovii MÜLLER	Baum	Brasilien
	Manihot dichotoma UHLE	Baum	Brasilien
Moraceae	*Ficus elastica* ROXBURGH	Großer Baum	Südostasien
	Ficus Vogelii MIQUEL	Baum	Afrika
	Castilloa elastica CERVANTES	Großer Baum	Südmexiko bis Peru
	Castilloa Ulei WARBURG	Großer Baum	Brasilien
Apocynaceae	*Landolphia*-Arten	Lianen	Afrika
	Hancornia speciosa GOMEZ	Strauch	Brasilien
	Funtumia elastica STAPF	Baum	Afrika
	Clitandra-Arten	Lianen und krautartige Pflanzen	Afrika
Compositae	*Parthenium argentatum* GRAY	Strauch	Nordmexiko und Süden der U.S.A.
	Taraxacum seariosum RODIN	krautartig	Turkestan
	Scorzoneara tausagysz LIPSCHITZ und BOSSE	krautartig	Turkestan

Vom Standpunkt der wirtschaftlichen Nutzung gesehen, kommt als Kautschuk liefernde Pflanze gegenwärtig nur noch der Familie der Euphorbiaceae Bedeutung zu. Als wertvollster Kautschukerzeuger dieser Familie liefert *Hevea brasiliensis* heute nahezu 99% der gesamten Naturkautschuk-Produktion. Durch systematische generative und vegetative Selektion erfuhr die quantitative und qualitative Ausbeute von Kautschuk des Hevea-Baumes in den letzten Jahrzehnten eine im Vergleich zu anderen Kulturpflanzen einmalige Steigerung. Die Produktivität qualifizierter Hevea-Bäume sowohl hinsichtlich der Ertragshöhe als auch der Ertragssicherheit wird von keiner anderen Kautschuk liefernden Pflanze auch nur annähernd erreicht.

Wirtschaftlich betrachtet, interessiert daher aus der Reihe der zahlreichen Kautschuk liefernden Pflanzen als industrielle Nutzpflanze nur *Hevea brasiliensis* aus der Familie der Euphorbiaceae. Eine kurze, zusammenfassende Beschreibung einiger weiterer Kautschuk liefernder Pflanzen, denen jedoch nur eine lokale Bedeutung zukommt, sind den Ausführungen von HEINEMANN (1953) zu entnehmen.

b) Heimat und Verbreitung

Das weite Einzugsgebiet des Amazonas-Stromes ist die Heimat des Hevea-Baumes. Seit geraumer Zeit werden hier die Wildbestände ausgebeutet. Der steigenden Nachfrage nach dem Rohstoff Kautschuk Ende des vorigen Jahrhunderts konnten die Ausfuhren aus den Wildbeständen Brasiliens bald nicht mehr genügen. Der Bedarfsanstieg und der damit gepaart gehende stetig steigende Kautschukpreis ließen die Bestrebungen, Kautschuk liefernde Pflanzen plantagenmäßig zu kultivieren, zwangsläufig sehr bald feste Formen annehmen.

Nachdem es WICKHAM im Jahre 1876 gelang, Hevea-Samen heimlich aus dem Amazonas-Gebiet auszuführen und aus diesem Samen gezogene Keimlinge erfolgreich nach Ceylon und Singapore zu verpflanzen, war der Verlust des rigoros verteidigten Welt-Gummimonopols Brasiliens unausbleiblich. In nur wenigen Jahrzehnten sank der Anteil der Welt-Kautschukproduktion aus den Wildbeständen des Amazonas zur Bedeutungslosigkeit zurück. Während bis zum Anfang des 20. Jahrhunderts die Kautschukproduktion noch kaum von der Erzeugung aus Plantagen beeinflußt wurde, beträgt letztere gegenwärtig etwa 99% der Welterzeugung. Der einzigartige Aufschwung der Kultur des Hevea-Baumes in Zentren außerhalb ihres natürlichen Verbreitungsgebietes ist zumal auf die Faktoren Kapital und Arbeitskräfte, welche in der Heimat des Baumes nicht in ausreichendem Maße vorhanden waren, zurückzuführen. Nachdem in Südostasien zusagende Klimaverhältnisse und die für die Kultivierung des Hevea-Baumes benötigten großräumigen Flächen sowie ausreichende Arbeitskräfte vorhanden waren, öffneten die infolge des sprunghaften Bedarfsanstiegs emporschnellenden Kautschukpreise dem Kapitalzufluß weit die Tore.

Von der auf etwa 4 Millionen Hektar geschätzten Hevea-Anbaufläche entfallen gegenwärtig mehr als 80% auf die Kulturgebiete in Südostasien. Ihre eindeutige Monopolstellung vermitteln folgende Produktionsdaten der wichtigsten Anbaugebiete (Tab. 249).

Die Weltproduktion von Naturkautschuk wird gegenwärtig auf mehr als 2 Millionen Tonnen geschätzt.

Auch heute noch erschließen sich der Verwendung des Kautschuks immer neue Möglichkeiten. Während schon auf der Kautschukkonferenz in Brüssel

Tabelle 249. *Kautschukproduktion der wichtigsten Anbaugebiete* in 1000 metr. Tonnen

	1934–1938	1955	1960
Malaya	422,7	649,0	721,9
Indonesien	353,6	745,3	575,1[2]
Thailand	32,1	133,3	169,8
Ceylon	63,9	95,3	98,8
Viet-Nam	...[1]	66,3	80,0
Nigeria	2,3	30,9	62,9[2]
Sarawak	20,7	39,9	50,5
Liberia	1,6	38,8	42,4
Kambodscha	38,9[1]	33,6	37,1
Kongo	0,8	26,1	36,7[2]
Brasilien	16,2	21,6	26,4
Indien	13,4	22,8	25,2
N. Borneo	10,3	20,4	22,4
Burma	8,4	12,3	12,2
Cameroun	1,1	3,5	2,8[2]
Welt gesamt	995	1950	2170[3]

Quellen: FAO, Yearbook 1954, 1956; FAO, Monthly Bulletin, May 1961.

[1] Viet-Nam + Kambodscha zusammen.
[2] Geschätzt.
[3] Nach FAO, The State of Food and Agriculture, 1960.

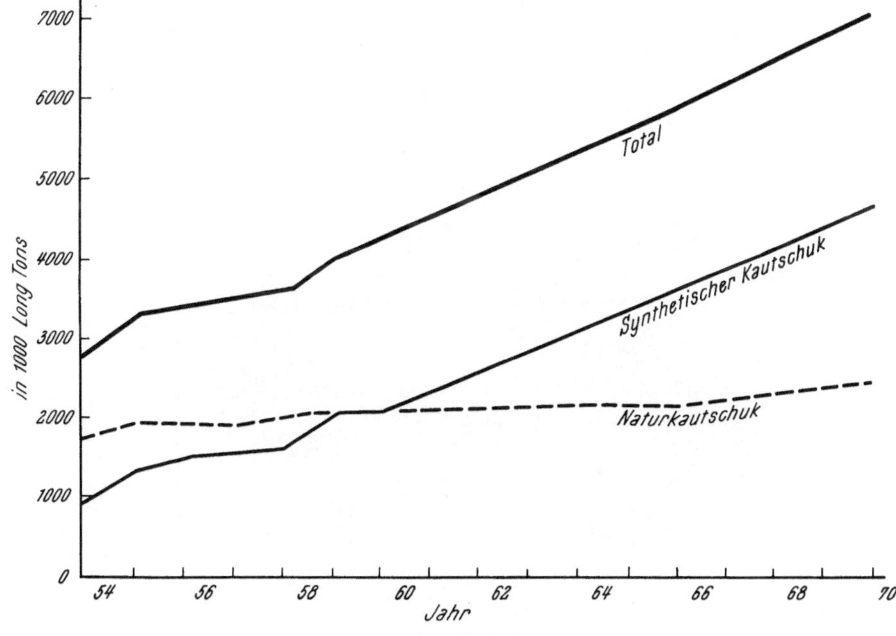

Abb. 160. Weltkautschukverbrauch

im Jahre 1924 berichtet wurde, daß zu der Herstellung von nicht weniger als 30000 verschiedenen Artikeln Kautschuk als unentbehrlicher Rohstoff benötigt wird, schätzt man heute die Zahl der verschiedenen aus Kautschuk hergestellten Gegenstände auf 50000.

c) Entwicklung und Wachstumsverlauf

Hevea brasiliensis ist ein relativ schnell wachsender Baum von aufrechtem Wuchs, der eine Höhe bis 30 m erreichen kann. Eine kräftig ausgebildete Pfahlwurzel dringt in lockeren Böden 3 bis 4,50 m tief ein. Die wechselständigen langstieligen Blätter sind geteilt und setzen sich aus drei kurzgestielten, ganzrandigen

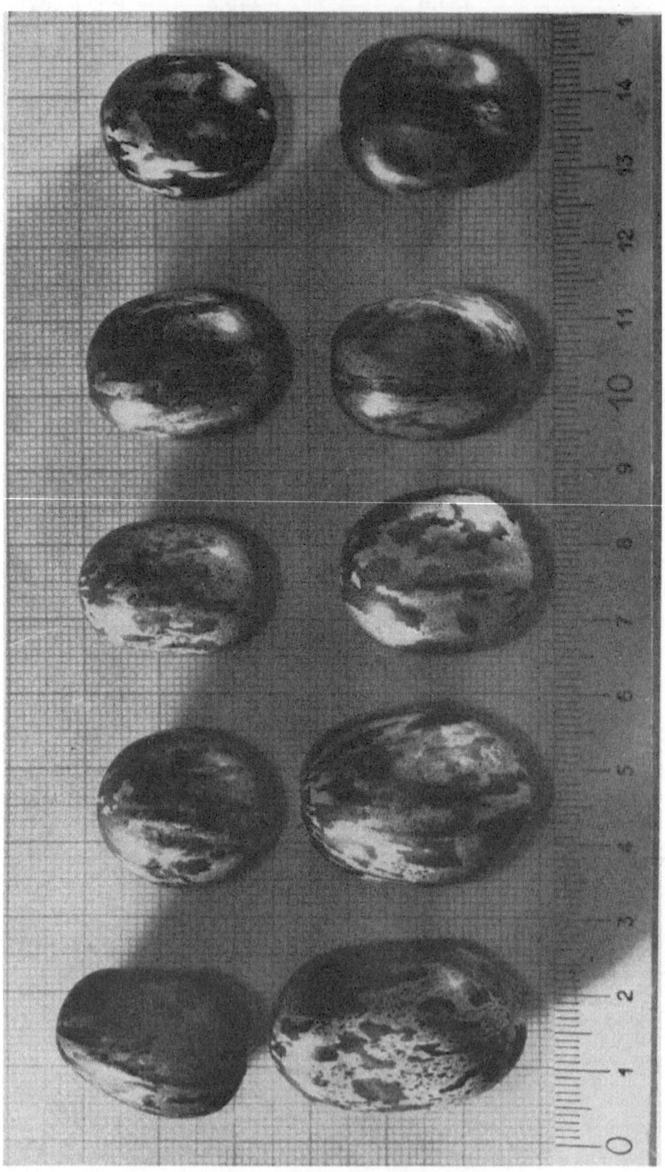

Abb. 161. Samen der *Hevea brasiliensis* von verschiedenen Klonen

Einzelblättern zusammen. Der Hevea-Baum gehört zu den Laub abwerfenden Holzgewächsen. Er verliert seine Blätter jährlich zu Beginn der regenarmen Zeit. Bevor sich nach wenigen Wochen das neue Blatt bildet, entstehen in den endständigen Achseln der Zweige die Blütenrispen. Einhäusige männliche und weibliche Blüten sind auf demselben Blütenstand vereinigt. Die Frucht, eine große Kapsel, reift etwa 6 Monate nach der Blüte. Die zunächst grüne, außen fleischige Fruchtwandung (Exokarp), welche ein sehr hartwandiges, bis zu 5 mm dickes Endokarp umschließt, färbt sich bei der Reifetrocknung dunkelbraun. Die bei der Trocknung auftretenden Spannungen sprengen die Fruchtkapseln, wobei die Samen herausgeschleudert werden. Die lebhaft gezeichneten ledrigen Samenschalen, welche für jeden Baum typisch gemustert sind, umschließen ein ölreiches Endosperm, in dem ein verhältnismäßig großer Embryo gelagert ist. Form, Größe und Farbe der reifen Samen von *Hevea brasiliensis* sind sehr unterschiedlich. Das Durchschnittsgewicht der Samen schwankt zwischen 3,5 und 4 g.

Die Milchsaftgefäße, in denen der für die Kautschukproduktion gewonnene Latex erzeugt wird, sind schon bei der Keimung ausgebildet und befinden sich im primären Stamm neben den normalen Gefäßbündeln innerhalb der Stärkescheide. Durch weitere Differenzierung der Gewebe entsteht frühzeitig der sekundäre Stamm mit dem Holzzylinder und der Rinde. In der Rinde sind die Milchsaftgefäße in Ringen angeordnet.

Die Bedeutung des Milchsaftes für den Organismus der Pflanze ist lange ein umstrittenes Problem gewesen, wobei die verschiedensten Hypothesen aufgestellt wurden. Der Latex ist nicht als Nährstoffreservoir anzusehen und ist auch nicht an dem Transport von Nährstoffen beteiligt. HAUSER (1927) nimmt an, daß es sich bei den Milchsaftgefäßen und -zellen um Sekretbehälter handelt. Für diese Ansicht spricht die Tatsache, daß der Milchsaft in der Pflanze gebildet wird und als solcher keinerlei Veränderungen unterliegt bzw. nicht wieder im Stoffwechsel der Pflanze verwendet wird. Bei den Hevea-Arten entstehen die Milchgefäß-Systeme durch Resorption eines Teiles oder der ganzen Zellwände benachbarter Zellen. Die Auflösung der Wände setzt sich auch zwischen den einzelnen Längsreihen fort, so daß eine seitliche Verbindung entsteht.

Der pflanzliche Milchsaft oder Latex stellt ein kompliziertes polydisperses System dar. Als dispergierte Phase tritt Kautschuk auf. Die als Serum bezeichnete Flüssigkeit, welche die Kautschukteilchen als Dispersionsmittel umgibt, ist bei den einzelnen Latices von recht verschiedenartiger Zusammensetzung. Die Größe der kugeligen Gebilde der einzelnen Kautschukpartikel variiert nach GEHLSEN (1943) bei den Hevea-Arten beträchtlich und schwankt zwischen 0,5 und 3,0 μ. Die von GEHLSEN (1943) zitierten Analysendaten nach GORTER vermitteln folgende durchschnittliche Zusammensetzung des Milchsaftes von Hevea (Tab. 250).

Tabelle 250. *Durchschnittliche Zusammensetzung von Hevea-Latex*

Wasser	60,09%
Kautschuk	37,00%
Eiweiß	0,34%
Quebrachit	1,45%
Zucker	0,25%
Asche	0,53%
unbestimmte Verbindungen	0,34%

In der Praxis wird der Hevea-Baum stets aus Samen gezogen. Eine vegetative Vermehrung durch Stecklinge gelingt nur schwierig. Frische Samen keimen nach 14 Tagen. Sobald das Hypokotyl aus der Schale getreten ist, werden die Keimlinge in vorbereitete Beete ausgepflanzt. Es ist heute in gut geleiteten Pflanzungsbetrieben eine Selbstverständlichkeit, nur noch Samen bekannter

Herkunft zu verwenden. Bei der Aufzucht aus legitimen Samen, also von Elternpflanzen aus bekannten Klonbeständen, erübrigt sich eine nachfolgende Okulation. Auch mit illegitimen Samen, bei denen die Vaterpflanze unbekannt ist, werden gute Ergebnisse erzielt. Da sie bedeutend preiswerter sind als legitimes Saatgut, werden sie vielfach benutzt zur Aufzucht von Unterlagen, die zu gegebener Zeit etwa 1 Jahr nach der Keimung mit einem ,,Auge" eines Edelreises bekannter Herkunft okuliert werden.

Die Entscheidung, ob Okulationen oder Sämlingen aus Klonbeständen der Vorzug zu geben ist, muß jeweils von Fall zu Fall lokal getroffen werden.

Abb. 162. Okulation von Hevea-Sämlingen

Das örtliche Klima und die individuellen Eigenschaften der einzelnen Klone sind hierbei von maßgeblichem Einfluß. Aus Sämlingen gezogene Bestände zeigen sich oft in verschiedenen Eigenschaften den okulierten Bäumen überlegen, insbesondere bezüglich der Bruchfestigkeit und der Ausbildung der Rinde, deren Beschaffenheit aus naheliegenden Gründen für den Zapfvorgang von entscheidender Bedeutung ist. Die Rinde kann bei bestimmten Okulationen oft unerwünscht dünn sein und sich überdies langsamer regenerieren als bei Sämlingen. Die Erfahrungen der Praxis mit Sämlingen legitimer und illegitimer Herkunft sind im Vergleich zu den Kenntnissen, welche über eine ganze Reihe vegetativ vermehrter Klone vorliegen, noch verhältnismäßig jungen Datums, so daß vergleichende Beurteilungen an Hand von langjährigen Produktionsergebnissen unter verschiedenen Anbaubedingungen noch nicht endgültig vorgenommen werden können. In den Zentren des Hevea-Anbaus werden von den Forschungsanstalten regelmäßig die Beschreibungen von empfehlenswerten Sämlingen und Okulationen veröffentlicht. Aus ihnen kann die Wahl, den örtlichen Verhältnissen angepaßt, getroffen werden.

Als Faustregel der Praxis gilt, daß ein junger Hevea-Baum zapfreif ist, wenn der Stamm in einer Höhe von 1 m über dem Boden bzw. über der Verwachsungsstelle bei Okulationen einen Umfang von 50 cm erreicht hat. Es ist naheliegend, daß unter zusagenden Klima- und Bodenverhältnissen die unproduktive Zeit bis zur Zapfreife, die allerdings als Folge des unterschiedlich schnellen Dickenwachstums auch von den individuellen Eigenschaften der einzelnen Klone abhängig ist, durch Maßnahmen wie Düngung und Bodenpflege erheblich verkürzt werden kann. Bei einem gut geleiteten Pflanzungsbetrieb mit bewährtem, den lokalen Wachstumsbedingungen angepaßtem Pflanzmaterial ist bei einem fünfjährigen Feldbestand bzw. etwa nach 6 Jahren, vom Zeitpunkt der Keimung gerechnet, die Zapfreife erreicht.

Abb. 163. Junge okulierte Hevea-Pflanze

Nach zunächst steil ansteigender Ertragskurve mit zunehmendem Alter und Dickenwachstum flacht der jährliche Ertragszuwachs allmählich ab und erreicht etwa im 12. Zapfjahr eine maximale Produktivität, die bei gesunden Beständen und guter Regeneration der sekundären und tertiären Rinde über eine ganze Reihe weiterer Jahre in gleicher Höhe erzielt werden kann. Die ökonomische Lebensdauer der Heveen wird auf etwa 35 Jahre geschätzt. Ökologische Bedingungen sowie individuelle Eigenschaften der verschiedenen Klone beeinflussen den Entwicklungsverlauf, so daß die Daten nur als Mittelwerte zu betrachten sind. LIEFSTINGH (1957) berichtet über Beobachtungen in Indonesien, wonach Sämlingspflanzungen noch nach 30 Jahren beachtliche Produktionssteigerungen zeigten.

d) Klima und Boden

Der Hevea-Baum findet die günstigsten Wachstumsbedingungen im tropischen Tiefland. Er ist eine typische Pflanze des Tropenklimas. Als durchschnittliche Monats-Isotherme geben MAAS und BOKMA (1950) als Minimum 24° C an. Liegt der Durchschnitt unter diesem Wert, wird das Wachstum und damit der Zeitpunkt der Zapfreife hinausgezögert, was die Wirtschaftlichkeit der Hevea-Kultur in Grenzgebieten in Frage stellt. Untersuchungen der beiden Autoren in Indonesien zeigen eindeutig den Einfluß der Temperatur auf die Entwicklung der Bäume.

Obgleich der Klimaeinfluß ein Gedeihen der Heveen bis zum 20. Grad nördlich des Äquators und auf der südlichen Hemisphäre bis zum 15. Breitengrad zuläßt,

Tabelle 251. *Verzögerung der Zapfreife als Folge des topographisch bedingten Temperaturabfalls*

Höhenlage in m	Anzahl der Pflanzungen im Untersuchungsgebiet	Durchschnittliches Alter in Jahren bei Zapfreife
0– 200	361	6,0
200– 400	182	7,0
400– 600	176	7,4
600– 800	56	8,6
800–1000	9	10,2

sind die günstigsten Wärmebedingungen im äquatornahen Tropengürtel bis zum 10. Grad nördlicher und südlicher Breite gegeben. In dieser Zone sind die Niederschläge hoch und gut über das Jahr verteilt, was für eine gleichmäßige Latexproduktion ausschlaggebend ist. Längere Trockenperioden beeinflussen maßgeblich die Latexausbeute und die vegetative Entwicklung. Ein jährlicher Nieder-

Abb. 164. Dreijährige Hevea-Pflanzung. Geschlossener Leguminosenbestand als Schutz gegen Bodenerosion

schlag von 2000 mm wird als Minimum erachtet. Unter den günstigen Verhältnissen eines über das ganze Jahr gleichmäßig verteilten Niederschlags, eines nicht zu niedrigen Grundwasserspiegels und eines Bodens mit gutem Wasserhaltevermögen können noch Jahresmittel von nur 1500 mm ausreichen. Besondere Aufmerksamkeit ist dann allerdings allen Maßnahmen, die der Feuchtigkeitskonservierung im Boden dienen, zu schenken. Als optimale Niederschlagsmengen unter den Temperaturverhältnissen des tropischen Tieflandes gelten 2500 bis 4000 mm, auf 100 bis 150 Regentage verteilt.

Der Hevea-Baum ist ein Tiefwurzler und gedeiht daher am besten in tiefgründigen Böden, die der Wurzelentwicklung ausreichend Bodenraum bieten. Flachgründigkeit des Bodens, eine in den Tropen häufige Erscheinung als Folge der Bildung von sekundären Ortsteinlagen, kann den Anbau von Hevea in Frage stellen. Der Hevea-Baum verlangt nach VAGELER (1938) eine ungehemmte Wurzelentwicklung bis in Tiefen von mindestens 150 cm. Bei der vorsorglichen Prüfung eines Bodens auf seine Eignung für die Hevea-Kultur ist daher im Hinblick auf den Wurzelraumbedarf die Untersuchung des Bodenvolumens bis in Tiefen von 2 m eine Voraussetzung, die unter allen Umständen erfüllt werden sollte. Die Tiefgründigkeit darf nicht von einem zu hohen Grundwasserspiegel, der dann als begrenzender Faktor einer gesunden Bewurzelung der gegenüber Luftmangel besonders empfindlichen Wurzeln auftritt, beeinträchtigt werden. Auch die ungünstigen Luft- und Wasserverhältnisse schwerer Böden oder die durch undurchlässige Lagen im Untergrund nach reichlichen Niederschlägen verursachte Luftarmut des Bodens sagen dem Hevea-Baum nicht zu. Eine intensive Dränierung des Geländes ist dann unvermeidlich. Es sind demnach in erster Linie Ansprüche physikalischer Art, die der Hevea-Baum an den Boden stellt. Sind diese Forderungen erfüllt, gedeihen die Heveen auf den verschiedensten Böden.

Im Hinblick auf den günstigen Einfluß, den die organische Substanz auf den Luft- und Wasserhaushalt eines Bodens ausübt, ist bei der Bodenwahl dem Humusgehalt und später bei der Kultivierung allen Maßnahmen, die der Konservierung und der Anreicherung der organischen Substanz dienen, größte Aufmerksamkeit zu schenken. Der Wert des Humusgehaltes gewinnt in vielen tropischen Bodenbildungen eine zusätzliche Bedeutung, da diese infolge des Fehlens von sorptionsstarken anorganischen Nährstoffträgern durch eine geringe Sorptionskapazität charakterisiert sind. Daher gilt auch in besonderem Maße für die Tropen, daß eine gewinnbringende rationelle Verwendung mineralischer Düngemittel eine ausreichende Humusversorgung des Bodens zur Voraussetzung hat. Es mag in diesem Zusammenhang betont werden, daß der optische Eindruck eines tropischen Bodens hinsichtlich seines Humusgehaltes den mit den Vorgängen der Bodenbildung in warmen Klimazonen wenig Vertrauten oft zu irrigen Schlußfolgerungen führen kann. So ließ beispielsweise die Rotfärbung vieler fruchtbarer tropischer Bodentypen zunächst die Meinung aufkommen, daß der Humusgehalt in diesen eine untergeordnete Rolle spielt. Diese Ansicht gab der unseligen Methode des „clean-weeding", des Freihaltens des Bodens zwischen den Kulturgewächsen von jeglichem Pflanzenwuchs, Vorschub. Dieses Verfahren des „Schwarzhaltens", welches auf vielen Plantagen üblich war, hatte eine schnelle Entwertung des Bodens durch Humusverluste zur Folge. Ein gewisser Humusgehalt braucht sich durchaus nicht durch eine dunkle Färbung des Bodens auszuweisen. Bei den roten Böden übertönen die lebhaft gefärbten Eisenverbindungen den in den Tropen oft durch eine schwache Farbintensität gekennzeichneten Humus. Ein hell gefärbter Boden besagt demnach noch nicht, daß er humusarm ist. Andererseits bietet eine dunkle Färbung mancher tropischer Böden noch keine Gewähr für einen hohen Humusgehalt. Die graue bis grauschwarze Farbe eines tropischen Bodens mag oft den Eindruck einer guten Humusversorgung erwecken. Sie ist jedoch oft nur die Folge eines Reduktionsprozesses unter anaeroben Bedingungen, während der Humusgehalt einen minimalen Wert zeigt. Auch hier läßt sich die Frage, ob ein gegebener Boden sich für die Hevea-Kultur eignet, nur durch eine gründliche Bodenanalyse klären.

Hinsichtlich des pH-Bereiches, in dem *Hevea brasiliensis* noch gut gedeiht, zeigt sich eine auffallende Toleranz. Er schwankt zwischen sehr sauren Böden mit einem pH-Wert von 4 bis in den schwach basischen Bereich von 7,5, ohne daß ein ausgeprägtes Optimum festzustellen ist. KORTLEVE (1928) fand in Indonesien, daß den Heveen saure bis sehr saure Böden zusagen, während eine alkalische Reaktion sich auf das Wachstum der Bäume ungünstig auswirkt. Im allgemeinen leiden die sauren Böden der Tropen mit steigender Azidität unter hohen Auswaschungsverlusten, so daß der Nährstoffgehalt außerordentlich niedrig liegen kann. Solange jedoch die Struktur des Bodens der Hevea-Kultur zusagt, kann durch entsprechende Nährstoffzufuhr eine Produktionshöhe erreicht werden, die die Rentabilität der Pflanzung sicherstellt.

e) Durchschnittliche Erträge und Nährstoffentzugszahlen

Eines der wichtigsten Ereignisse, die der Hevea-Kultur in Süd- und Südostasien seit Anfang des Jahrhunderts den Weg zu dem einzigartigen Aufschwung ebnete, war die Entdeckung eines wirtschaftlichen Ernteverfahrens, d. h. einer Zapfmethode, die geeignet war, ohne Schädigung durch ständig wiederholte Einschnitte in die Rinde aus demselben Baum über Jahrzehnte Latex zu gewinnen. Im Laufe der Jahre haben umfangreiche Forschungen eine ganze Reihe verschiedener Zapfsysteme entwickelt. Welcher Methode der Vorzug zu geben ist, muß jeweils in Abhängigkeit von den örtlichen Gegebenheiten, dem Klima, dem Pflanzmaterial und dem Alter der Bäume, entschieden werden. Ganz allgemein kann gesagt werden, daß jenes System das beste und wirtschaftlichste ist, welches ohne Schädigung des Baumes bei sparsamstem Rindenverbrauch den höchsten Ertrag erzielt. Mit Rücksicht auf die Lage der Milchsaftgefäße, die nicht parallel zur Längsachse des Baumes verlaufen, sondern mit ihr einen spitzen Winkel von etwa 5° bilden und in einer dem Uhrzeiger entgegengesetzten Richtung spiralförmig um den Baum ziehen, ergibt der Zapfschnitt, der mit einem Neigungswinkel von etwa 40° mit der Horizontalen von links oben nach rechts unten geführt wird, die beste Latexausbeute. Bei diesem Zapfschnitt wird die größte Anzahl Milchgefäßzylinder angeschnitten. Sie liegen in konzentrischen Kreisen angeordnet, deren Dichte in Richtung des Kambiums zunimmt. Der Latex-Fluß ist daher um so reichlicher, je tiefer der Einschnitt erfolgt. Hierbei muß allerdings streng darauf geachtet werden, daß das Kambium selbst nicht verletzt wird. Eine Verletzung führt zu wulstartiger Wundverheilung, die später nach vollständiger Rindenerneuerung ein ordnungsgemäßes Zapfen auf dieser Fläche unmöglich macht. Die Kunst des Zapfens besteht somit in einem Einschnitt, der möglichst dicht an das Kambium heranführt, ohne dieses zu verletzen. Eine eingehendere Beschreibung des Zapfvorganges und der einzelnen Zapfsysteme würden den Rahmen dieses Beitrages überschreiten. Es sei auf die Arbeiten von Dijkman (1951) und von Heinemann (1953) verwiesen.

Als Ergebnis zielbewußter züchterischer Auslese einschlägiger Forschungsanstalten in den Zentren der Kautschukkultur steht heute ein reichhaltiges hochqualifiziertes Pflanzmaterial, dessen Ertragspotential etwa das Fünffache der ehemals aus unselektierten Samen gezogenen Bestände beträgt, zur Verfügung. Die züchterischen Erfolge würdigt Jünger (1940) in einer Gegenüberstellung von Durchschnittserträgen unveredelter und veredelter Hevea-Bestände verschiedener Standorte. Selbstverständlich sind solche Vergleiche stets mit der nötigen Reserve zu betrachten, da die Leistung des Hevea-Baumes nicht nur von seiner Erbmasse, sondern auch maßgeblich von den jeweils vorherrschenden Umweltfaktoren beeinflußt wird (Tab. 252).

Basierend auf hochwertigem Material, gelang es in den letzten Jahren, durch weitere vegetative und generative Selektion bestehender Klone vielversprechende Bäume legitimer Herkunft zu züchten mit einer Ertragsleistung im 12. Jahr von 2500 kg Trockenkautschuk je Hektar. Die Anzahl der von den Forschungsanstalten uneingeschränkt empfohlenen Klone, die aus zahlreichen Heveen Südasiens hervorgegangen sind, beträgt etwa 60. Auf vegetativem Wege wird die Zahl kaum eine weitere nennenswerte Bereicherung erfahren. Die generative Selektion verspricht allerdings noch große Möglichkeiten. Die neuen Züchtungen zeichnen sich alle durch schnellen Wuchs und hohe Produktion aus. Allerdings machen die eine oder andere ungünstige sekundäre Eigenschaft wie Anfälligkeit für Zapfflächenerkrankungen, Windbrüchigkeit, hohe Bodenansprüche und träge Rindenregeneration bei der Auswahl geeigneten Pflanzmaterials einen sorgfältigen Vergleich der Umweltfaktoren des Züchtungsortes mit denen des beabsichtigten Pflanzortes dringend erforderlich. Durch Bodenbearbeitung, Düngung, Wahl

Tabelle 252. *Durchschnittliche Erträge unveredelter und veredelter Hevea-Bestände*

Alter der Bäume in Jahren	Durchschnittliche Kautschukerträge in kg/ha	
	Unveredelte Bestände	Okulationen
5 – 6	223	450
6 – 7	271	600
7 – 8	291	830
8 – 9	321	970
9 – 10	352	1200
10 – 11	372	1350
11 – 12	417	1550
12 – 13	392	1800
13 – 14	393	2000
14 – 15	436	2200

eines geeigneten Zapfsystems und eines auf den Habitus des zu pflanzenden Klones abgestimmten Pflanzverbandes kann ungünstigen Faktoren der Umwelt entgegengewirkt werden, so daß eine optimale Ausschöpfung des Ertragspotentials zu erzielen ist.

Von entscheidender Bedeutung für die Ertragsleistung einer Kautschukpflanzung ist die richtige Wahl eines allen Ertragsfaktoren gerecht werdenden Pflanzverbandes. Bestimmend wirken neben den konstanten erbbedingten Eigenschaften des betreffenden Pflanzmaterials zumal die veränderlichen Faktoren wie Einfluß des Klimas, des jeweiligen Bodenzustandes sowie das Alter des Bestandes. Diesem ertragsbestimmenden dynamischen System hat sich der Pflanzverband, der je nach der Eigenart der Kronenausbildung des betreffenden Klons und dem Alter der Bäume ein anderes Muster zeigen wird, anzupassen. In Anbetracht der verschiedenen Faktoren, die die Ertragshöhe beeinflussen, ist das Schablonieren des Pflanzverbandes und damit auch die Festlegung einer bestimmten optimalen Zahl von Bäumen je Flächeneinheit nicht möglich. Es ist vielmehr von Ort zu Ort unter Berücksichtigung der lokalen Verhältnisse ein Pflanzsystem zu wählen und, auf diesem basierend, mit dem fortschreitenden Alter eine dem Habitus der Bäume angepaßte Reduzierung der Pflanzen auf die optimale Zahl vorzunehmen. Je ärmer der Boden und je ungünstiger die klimatischen Verhältnisse, um so höher muß der anfängliche Baumbestand sein, der jedoch 500 Bäume je Hektar nicht überschreiten sollte. Das erstrebenswerte Ziel ist, jeweils in den aufeinanderfolgenden Jahren einen größtmöglichen Ertrag von einer zwangsweise mit zunehmendem Alter reduzierten Anzahl von Bäumen zu ernten. Erst nach etwa 20 Jahren ist die Ausdünnung beendet und ein endgültiger Bestand von etwa 175 Bäumen je Hektar erreicht. Aus der Darstellung zu dem Thema Pflanzverband, der für die jährliche Ertragsleistung einer Kautschukpflanzung von so entscheidender Wichtigkeit ist, mag die Problematik einer „optimalen" Standweite entnommen werden und mag es daher auch nicht verwundern, daß viele Berufene aus den Kreisen der Praxis und der Forschung sich der Lösung dieses komplexen Problems widmeten und noch heute widmen.

Die Entzugszahlen der mit dem Erntegut weggeführten Nährstoffe haben nur einen akademischen Wert. Über den eigentlichen Nährstoffbedarf des Hevea-Baumes besagen sie nichts. Nach älteren Untersuchungen von DE VRIES (1921) beträgt der Entzug einer normalen Latex-Ernte je Hektar und Jahr nicht mehr als 3 kg N, 1,2 kg P_2O_5, 2,2 kg K_2O und 0,1 kg CaO. Bei einer jährlichen Ertragsleistung einer modernen Hevea-Pflanzung von 2000 kg Kautschuk je Hektar

Abb. 165. Hevea-Pflanzung im modernen Heckenverband

müssen die Zahlen allerdings mit dem Faktor 5 multipliziert werden. NAIR (1957) berichtet von ähnlichen Ergebnissen, wonach eine Produktion von 1000 lb. Trockenkautschuk dem Boden 7,5 lb. N, 3,0 lb. P_2O_5 und 6,0 lb. K_2O entziehen. Wenn auch bei der Kautschukkultur praktisch nur der Nährstoffgehalt des geernteten Milchsaftes dem Feld entzogen wird, darf nicht außer acht gelassen werden, daß es sich bei Hevea um eine ausgesprochene Dauerkultur handelt, die alljährlich im lebenden Stamm und im Wurzelsystem eine sehr erhebliche Nährstoffmenge festlegt. Nach der Rodung überalteter oder ertragsarmer Bestände und der anschließenden allgemein üblichen Nutzung des Holzes als Feuerungsmaterial für die Aufbereitungsanlagen sind die Nährstoffe endgültig dem Kreislauf entzogen. Über die auf diesem Wege dem Boden entnommenen jährlichen Nährstoffmengen liegen Untersuchungen vor. DIJKMAN (1951) in Java und das Forschungsinstitut für Kautschuk in Malaya (anonym 1939) berichten von ganz bedeutenden Nährstoffmengen, die ein Bestand von 150 Bäumen je Acre im Laufe des Lebenszyklus dem Boden entzieht (Tab. 253).

Tabelle 253. *Nährstoffestlegung eines Bestandes von 150 Bäumen in lb./acre*

	Westjava	Malaya
N	5500	5142
P_2O_5	8250	1614
K_2O	6600	5802

Aus weiteren Untersuchungen in Malaya an einem ausgewachsenen 14jährigen Hevea-Baum mit einer Trockenmasse von 3600 kg vermittelt VAN DIJK (1951) folgende Daten (Tab. 254).

Tabelle 254. *Mineralische Zusammensetzung des Hevea-Baumes*

	14jähriger Baum in kg	bei einem Bestand von 200 Bäumen je Hektar nach 14 Jahren in kg
N	15,5	3100
P_2O_5	4,9	980
K_2O	17,6	3500
CaO	26,4	5300
MgO	6,8	1360

Auch der bei der Veraschung der Trockensubstanz ermittelte Mineralgehalt läßt nur gewisse Rückschlüsse auf den Nährstoffbedarf der Heveen zu und ist keinesfalls als quantitative Grundlage eines Düngungsprogrammes zu werten. Anhand einer Vielzahl von Analysen kommt VAN DIJK (1951) zu folgenden Durchschnittswerten (Tab. 255).

Tabelle 255. *Mineralische Zusammensetzung verschiedener Organe des Hevea-Baumes*

	Asche in % der Trockensubstanz	In % der Asche			
		K_2O	CaO	MgO	P_2O_5
Blatt	6	18	32	13	6
Rinde	8	14	42	1	2
Pfahlwurzel ..	2	25	25	9	7

Es liegt auf der Hand, daß die Ergebnisse derartiger Untersuchungen je nach den ökologischen Bedingungen des Untersuchungsortes großen Schwankungen unterworfen sind. Sie weisen jedoch eindeutig auf die hohen Nährstoffmengen hin, die in einem Hevea-Bestand festgelegt werden. Zu diesen sind noch die mehr oder weniger großen Nährstoffverluste als Folge von Erosion und Auswaschung hinzuzuzählen. Sie sind unter humiden tropischen Verhältnissen selbst bei sorgfältiger Durchführung aller vorbeugenden Maßnahmen, wie Auspflanzung von Bodenbedeckern, sorgfältige Pflege einer Mulchdecke, Terrassierung hängigen Geländes und Aushebung von Wasserfanggräben, nicht ganz vermeidbar. Es kann ohne Einschränkung festgestellt werden, daß bei Vernachlässigung des Nährstoffhaushaltes einer Hevea-Pflanzung eine von Jahr zu Jahr zunehmende Verarmung des Bodens sicher ist. Produktionsrückgang und steigende Krankheitsanfälligkeit sind die Folge. Leider sind diese Erscheinungen auf älteren Hevea-Böden sehr häufig festzustellen. Es ist daher vor einer Neubepflanzung nach der Rodung alter Bestände ohne Einplanung einer intensiven Düngung eindringlich zu warnen. Eine wirtschaftliche Katastrophe ist dann unvermeidlich.

f) Düngungsmethoden

Die häufigen Mißerfolge bei der Anwendung von Mineraldüngern in den Tropen sind einerseits auf typische Eigenschaften der Bodenbildungen der feucht-warmen Zonen und zum anderen auf die unrichtige Ausbringung der Dünger zurückzuführen, wobei oft noch in der Wahl der Düngerform Fehler unterlaufen.

Eingangs wurde schon auf den unterschiedlichen Charakter der Tonmineralien in tropischen Böden gegenüber den Tonkomplexen der gemäßigten Zone hingewiesen. Sorptionsschwache Tonmineralien mit Kaolinit-Charakter, deren Sorptionskapazität nur einen Bruchteil des unter gemäßigten Klimaverhältnissen entstehenden sorptionsstarken Tonkomplexes mit Montmorillonit-Charakter beträgt, herrschen vor. Nach FERRAND (1950) beträgt die Relation der Sorptionskapazitäten zwischen Montmorillonit und Kaolinit etwa 100:6. Die Sorptionskraft des Tonkomplexes wird also im allgemeinen sehr niedrig liegen. Um so dringender ist daher unter tropischen Verhältnissen die Aufgabe, durch Anreicherung des Humuskomplexes des organischen Trägers der Sorptionskapazität, die Sorptionskraft des Bodens zu fördern. Diesen Bemühungen treten die Temperaturbedingungen in den Tropen hemmend entgegen. Schon Untersuchungen von JENNY, deren Ergebnisse VAGELER (1938) später mathematisch in seiner Klimagleichung zu fixieren trachtete, zeigten, daß zwischen durchschnittlicher Jahrestemperatur und dem Humusgehalt eines Bodens in großen Zügen, insofern eine gesetzmäßige Abhängigkeit besteht, als mit steigender Jahrestemperatur der durchschnittliche Humusgehalt abnimmt. Beobachtungen und Berechnungen, wonach der Humusgehalt des Bodens in warmen Klimazonen mit einem Jahresmittel von 15 bis 20° C nicht über 2% steigt und im höheren Temperaturbereich im allgemeinen kaum 1% erreicht, zeigen eine gute Übereinstimmung. Eine Steigerung des Humusgehaltes über diese Werte ist nur durch eine Senkung der lokalen Bodentemperatur möglich. In gewissem Rahmen ist diese erreichbar durch die Schattenwirkung einer geschlossenen Vegetationsdecke oder, wo unter ungünstigeren Niederschlagsverhältnissen die Leistungsfähigkeit des Bodens durch den Wasservorrat bestimmt wird und die Bodenbedecker mit der Kulturpflanze hinsichtlich der Bodenfeuchte im Konkurrenzkampf stehen, durch Abdeckung des Bodens mit einer Mulchlage. Unter den warmen Temperaturverhältnissen, die dem Hevea-Baum zusagen, wird auch bei Ausschöpfung aller Möglichkeiten, die der Pflege der organischen Substanz im Boden dienen, eine Anreicherung des Humusgehaltes über eine temperaturbedingte Grenze nicht möglich sein. Bei der Anwendung von Mineraldüngern ist daher der schwachen Sorptionskraft des Bodens als unentbehrlichem Regulator und somit der geringen Rolle, die der Basenaustausch hier spielt, Rechnung zu tragen. Leicht lösliche Mineraldünger unterliegen in hohem Maße der Auswaschung oder können bei geringer Sorptionskraft und plötzlicher großer Nährstoffzufuhr eine zu hohe Konzentration der Bodenlösung verursachen. Eine vorsichtige Dosierung ist in jedem Fall zu beachten oder, wo die Ausweichmöglichkeit zu schwerer löslichen Düngemitteln vorhanden ist, wie beispielsweise bei der Phosphorsäure, sollte diesen der Vorzug gegeben werden. Unter den vorzugsweise sauren Bodenbedingungen der Hevea-Kultur wird nicht nur aus wirtschaftlichen Erwägungen die Anwendung von Rohphosphaten der wasserlöslichen Phosphatform überlegen sein. Wenn auch bei der Phosphorsäure weniger eine

Auswaschung zu befürchten ist, so doch ein ebenso schwerwiegender Verlust durch die Festlegung der Phosphorsäure in den im Tropengürtel vielfach vorkommenden, mehr oder weniger im Stadium der Laterisierung begriffenen sauren Böden, in praktisch wurzelunlösliche Eisen- und Aluminiumphosphate.

Es mag an dieser Stelle betont werden, daß trotz der großen Auswahl der von der Düngerindustrie hergestellten Mineraldünger noch keine Produkte erzeugt werden mit Eigenschaften, die eine eindeutige Befürwortung für tropische Verhältnisse erlauben. Neben einer neutralen bis alkalischen Reaktion sollten die aus ökonomischen und klimatischen Gründen hochkonzentrierten und nicht hygroskopischen Produkte sich durch ein langsames und stetig fließendes Nachlieferungsvermögen der Nährstoffe auszeichnen.

Letztere Eigenschaft ist möglicherweise durch einen Überzug der Granulate mit quellfähigen Stoffen, deren schwere Löslichkeit nur ein langsames und gleichmäßiges Herausdiffundieren der Nährstoffe erlaubt, zu verwirklichen. Bezüglich des Stickstoffs kommen die Kondensationsprodukte aus Harnstoff und Aldehyden mit unterschiedlichen molaren Verhältnissen diesem Idealtyp recht nahe. Preisliche Erwägungen verbieten allerdings noch die Anwendung im größeren Rahmen.

Die Frage der Düngung von Hevea hat erst in den letzten Jahren steigende Beachtung seitens der Praxis gefunden. Verschiedene Faktoren, sowohl wirtschaftlicher als auch physiologischer Art, wie die dringende Notwendigkeit, die Produktivität der Pflanzungen zu erhöhen, um gegenüber der synthetischen Kautschukerzeugung konkurrenzfähig zu bleiben, und das bedeutend anspruchsvollere Pflanzmaterial der letzten Jahrzehnte mit einem Ertragspotential, welches die durchschnittlichen Erträge der ehemaligen Bäume um das fünffache übertrifft, und schließlich die durch Nährstoffentzug und Erosion stark verarmten Böden, machen die intensive Einschaltung der Mineraldüngung neben der guten Versorgung des Bodens mit organischem Material zu einer unumgänglichen Notwendigkeit.

Hinsichtlich der wirtschaftlichsten und wirksamsten Methode der Düngung herrschen in den verschiedenen Zentren des Hevea-Anbaues noch recht unterschiedliche Auffassungen. Im Hinblick auf die notwendige individuelle Berücksichtigung der lokal vorherrschenden Bodenverhältnisse wird verständlicherweise bezüglich der Höhe der Gaben und des Verhältnisses der einzelnen Nährstoffe zueinander keine einheitliche Empfehlung möglich sein.

Die Planung eines Düngungsprogramms hat neben der Berücksichtigung der lokalen Klima- und Bodenbedingungen den unterschiedlichen Nährstoffbedürfnissen der einzelnen Entwicklungsstadien des Hevea-Baumes Rechnung zu tragen. Es ist daher zu unterscheiden zwischen der Nährstoffversorgung der Anzuchtbeete, der Düngung junger Bäume bis zur Zapfreife und der Düngung zapfreifer Bestände.

Die relativ geringen Flächenausmaße der Anzuchtbeete gestatten im allgemeinen eine gute Versorgung mit organischem Material. Nach tiefgründiger Lockerung des Bodens werden als erste Maßnahme der Nährstoffversorgung in die Oberflächenschicht von etwa 20 cm je Hektar 10 bis 15 t Komposterde gleichzeitig mit 100 kg Rohphosphat sorgfältig eingearbeitet. Dieser Grunddüngung folgt, um die Pflänzchen zu kräftigem Wuchs anzuregen, erstmalig einen Monat nach dem Auslegen der auf Keimbeeten vorgekeimten Samen eine zusätzliche Mineraldüngung. Höhe und Zusammensetzung der Nährstoffe werden sich nach den lokalen Verhältnissen richten. Die nachfolgenden Beispiele können daher nur als Hinweis dienen und sind nicht als starre Regel aufzufassen. Nach Vorschlägen des Rubber Research Institute von Ceylon sind etwa 4 Wochen nach der Grunddüngung eine Mischung von schwefelsaurem Ammoniak und Chlorkalium im

Verhältnis von 4:1 in einer Menge von $1^1/_2$ Unzen je Yard Pflanzreihe (etwa 47 g/m) zwischen den Pflänzchen auszustreuen. Dieser ersten Gabe folgt jeweils im dreimonatigen Turnus mit der letzten Dosis 3 Monate vor dem Okulieren eine NPK-Düngung im Verhältnis von 8:12:10 und in Höhe von 1 Unze (28,3 g) je Pflänzling.

Dijkman (1951) empfiehlt, auf seine Versuchstätigkeit in Java fußend, je Quadratmeter 200 g Rohphosphat (25 bis 28% P_2O_5) sowie 5 g schwefelsaures Ammoniak (21% N) bzw. äquivalente Mengen anderer Stickstofformen oder 5 g Ammoniumphosphat (16,5% N, 20% P_2O_5) und, soweit Kalimangel festgestellt wurde, 3 g Chlorkalium (60% K_2O) je Pflänzling. Außer der einmaligen Rohphosphatgabe, die sorgfältig in die Krumenerde eingemischt wird, sind die genannten Mengen in zwei Teilgaben, erstmalig wenn die Sämlinge ihre erste Blattetage gebildet haben und später nochmals, einen Monat vor dem Okulieren, zwischen den Pflanzreihen auszustreuen und oberflächig in den Boden einzuarbeiten. Gehlsen (1940, 1943) verweist auf die Wichtigkeit der Bodenreaktion der Anzuchtbeete. Bei basischen Böden ist die Reaktion auf pH 5 zu senken. Gaben von Schwefel oder auch eine Lösung von 100 g schwefelsaurem Ammoniak in 18 Liter Wasser auf 4 qm haben sich gut bewährt. Vink (1953) berichtet von dem Einfluß verschiedener Nährstoffgaben unter Einschluß von Schwefel auf das Wachstum der jungen Pflänzlinge in Anzuchtbeeten in Indonesien (Tab. 256).

Tabelle 256. *Einfluß der Düngung von Anzuchtbeeten auf das Wachstum der jungen Sämlinge*

Nährstoffgaben je Pflänzling (April/Mai 1950)	Höhe der Pflanzen in cm			
	November 1950	rel.	Mai 1951	rel.
1. Ungedüngt	41,8	100	94,7	100
2. 100 g Schwefelpuder[1]	41,4	99	100,5	106
3. 200 g Schwefelpuder[1]	41,7	100	106,3	112
4. 20 g schwefels. Ammoniak, 20 g Doppelsuperphosphat, 20 g schwefels. Kali	48,0	115	141,2	149
5. 20 g schwefels. Ammoniak, 20 g Doppelsuperphosphat	42,6	102	104,6	110
6. 20 g schwefels. Ammoniak, 20 g schwefels. Kali	44,8	107	117,9	124
7. 20 g Doppelsuperphosphat, 20 g schwefels. Kali	47,2	113	139,7	147
8. wie unter 2. plus 4.	47,2	113	144,7	153
9. wie unter 3. plus 4.	49,1	117	147,5	156

[1] Die Schwefelgaben wurden einen Monat vor den Düngemitteln ausgestreut.

Die Ergebnisse der Parzellen mit der Düngung gemäß 4., 7., 8. und 9. sind gesichert höher als die der anderen Objekte. Ihre Unterschiede untereinander sind nicht gesichert.

Je nach dem Pflanzmaterial — legitime Sämlinge oder aus illegitimen Samen gezogene Pflänzlinge, die im allgemeinen noch auf den Aufzuchtbeeten okuliert werden — erfolgt die Verpflanzung nach etwa 1 bis 2 Jahren in die vorbereiteten Pflanzgruben der Plantage.

Während sich schon in den Aufzuchtbeeten neben der Humuspflege eine zusätzliche mineralische Düngung zur Erlangung eines einheitlich kräftig und gesund gewachsenen Pflanzmaterials als sehr förderlich gezeigt hat, konnten die Arbeiten der Forschungsanstalten aller Anbauzentren der Kautschukkultur auf Grund zahlreicher Versuchsergebnisse der letzten Jahre ausnahmslos die wirtschaftliche Bedeutung einer planmäßig ausgewogenen Mineraldüngung der jungen Hevea-Bestände unter Beweis stellen. Eine ausreichende Nährstoffversorgung der jungen Bäume während der ersten Jahre ist von entscheidendem Einfluß auf die gesamte spätere produktive Periode. Allein die Tatsache, daß die unproduktive Zeit bis zur Zapfreife der Bäume durch Bodenpflege und insbesondere durch sachgemäße Düngung ganz erheblich verkürzt werden kann, macht die zusätzlichen Aufwendungen zu einer wirtschaftlichen Notwendigkeit und darüber hinaus zu einer äußerst rentablen Investition. DIJKMAN (1951) berichtet von Versuchsergebnissen, wonach die Zapfreife gut gedüngter junger Hevea-Bestände nach $4^1/_2$ bis 5 Jahren erreicht war, während die ungedüngten Vergleichsparzellen zum Teil erst nach 8 Jahren in das produktive Alter kamen.

Auch CONSTABLE und Mitarbeiter (1953, 1959) bestätigen auf Grund langjähriger Untersuchungen in Ceylon den günstigen Effekt einer den örtlichen Verhältnissen angepaßten Düngung auf das Dickenwachstum junger Hevea-Bäume. Als Kriterium der Zapfreife wurde ein Stammumfang von mindestens 18 inch (etwa 45 cm) bei 75% der Bäume einer Versuchsparzelle zugrunde gelegt. Interessant ist ferner in diesem Versuch die recht unterschiedliche Reaktion verschiedener Hevea-Klone auf die gleichen Nährstoffgaben (Tab. 257).

Tabelle 257. *Wirkung der Düngung auf den Stammumfang verschiedener sechsjähriger Okulationen*
(Mittelwerte in inches[1])
(nach CONSTABLE 1953)

Klon	O	N	P	K	NP	NK	PK	NPK	Kompost
Tj 1	16,3	14,9	17,8	13,7	17,4	16,6	19,8	17,3	21,2
PB. 183	11,5	10,8	16,7	14,5	18,5	12,9	13,1	17,3	12,8
W. 259	15,2	16,6	15,0	14,6	17,1	14,0	16,0	17,5	15,9
HC. 28	15,1	15,1	16,7	18,4	17,7	18,5	19,7	20,8	17,9
PB. 86	14,8	13,4	16,6	12,5	17,8	14,0	18,1	16,3	17,5
PB. 186	15,1	15,9	17,3	11,8	19,7	18,8	19,0	20,1	20,6
Mittel.	14,6	14,5	16,7	14,2	18,0	15,8	17,6	18,2	17,7

[1] 1 inch = 2,54 cm

Offenbar führte bei den vorherrschenden Bodenbedingungen neben der NPK-Düngung eine kombinierte NP-Düngung zu den besten Ergebnissen. In seiner Schlußfolgerung betont CONSTABLE die eindeutig erwiesene Wirtschaftlichkeit der Nährstoffversorgung junger Hevea-Bestände.

Der Einfluß mehrjähriger Mineraldüngergaben auf junge Okulationen konnte in Indonesien anhand von Umfangmessungen der Bäume nachgewiesen werden (VINK 1953). Ende 1937 gepflanzte Bäumchen erhielten bei 5 Wiederholungen über 4 Jahre 9 Einzeldüngungen, deren Höhe sich jährlich verdoppelte, nach folgendem Düngungsplan.

A ungedüngt .... O

B schwefelsaures Ammoniak
Doppelsuperphosphat
Chlorkalium } .... NPK

C	schwefelsaures Ammoniak Doppelsuperphosphat	NP
D	schwefelsaures Ammoniak Chlorkalium	NK
E	Doppelsuperphosphat Chlorkalium	PK
F	schwefelsaures Ammoniak Doppelsuperphosphat Chlorkalium und Grunddüngung Rohphosphat in Pflanzgrube	NPK + P

Insgesamt erhielten die jungen Bäume bis zum vierten Jahr je 920 g schwefelsauren Ammoniak, 920 g Doppelsuperphosphat, 460 g Chlorkalium und einmalig 500 g Rohphosphat entsprechend dem obigen Schema. Wegen Kriegseinfluß mußten die Versuche aufgegeben werden. Erst 1949 konnten Messungen durchgeführt werden, die trotz der gänzlichen Verwahrlosung der Pflanzung vom Zeitpunkt der letzten Düngergabe Ende 1941 noch einen erheblichen Düngereffekt erkennen ließen (Tab. 258).

Tabelle 258. *Einfluß verschiedener Düngungsmaßnahmen auf das Dickenwachstum junger Hevea-Bäume*

Düngung nach	Umfang der Stämme 140 cm über dem Boden	
	in cm	relativ
A	49,4	100
B	58,1	117
C	54,9	111
D	55,7	113
E	53,9	109
F	60,6	123

Die absolute Dicke der bei der Umfangmessung etwa 12jährigen Bäume ist enttäuschend. Die geringe Wachstumsintensität ist jedoch einerseits auf die langjährige Verwahrlosung und andererseits auf klimatische Einflüsse zurückzuführen, die sich bei der Höhenlage der Versuchsobjekte von 600 m ungünstig geltend machten.

Die Messungen der Rindendicke ließen ebenfalls einen positiven Düngereffekt erkennen.

Auf die besondere Wichtigkeit und die Unersetzlichkeit der organischen Substanz in den Böden der warmen Zone wurde eingangs schon verwiesen. Es bedarf daher keiner weiteren Betonung, daß eine Mineraldüngung erst bei ausreichendem Humusgehalt sich voll auswirken kann. Eine reine Mineraldüngung, selbst unter Berücksichtigung ausgewogener Mengen der einzelnen Kernnährstoffe, ist in Wirklichkeit eine einseitige Düngung. In gut geleiteten Pflanzungen spielen daher auch seit jeher alle Maßnahmen, die der Erhaltung und dem Ersatz der organischen Substanz des Bodens dienen, eine maßgebliche Rolle.

Unzureichende oder durch längere Trockenperioden unterbrochene Niederschläge beeinträchtigen in den Tropen vielfach den wirkungsvollen Einsatz einer Gründüngung sowohl direkt hinsichtlich ihrer Massenproduktion und entscheidender indirekt infolge ihres hohen Wasserbedarfs, der dann zu Lasten der Hauptkultur geht. Unter kritischen Niederschlagsverhältnissen verdient daher die Anreicherung der organischen Substanz auf dem Wege des Mulchens den Vorzug. Als organisches Material dienen im allgemeinen, den örtlichen Verhältnissen wie Klima, Höhenlage, Schattenverträglichkeit angepaßte, schnellwüchsige strauch- und krautartige Leguminosen, welche zu Beginn der Trockenzeit geschnitten werden. Solange die Sonneneinstrahlung noch ausreichend ist, d. h. solange die Baumkronen der Hevea-Bestände noch kein geschlossenes Blätterdach bilden und die Entwicklungsbedingungen der Leguminosen nicht wegen zu starker Schatteneinwirkung gehemmt werden, wirkt sich die Mulchmethode außerordentlich fördernd auf das Wachstum der jungen Hevea-Bäume aus. Nach Beobachtungen von DE JONG (1939) in Java wurde durch sorgfältiges Mulchen zwischen den Reihen der jungen Heveen eine Wachstumsbeschleunigung von etwa 20% erreicht. Auch VINK (1953) betont, auf Erfahrungen in Indonesien fußend, die wachstumsfördernde Wirkung einer Mulchlage und verweist auf die dadurch bedingte bessere Ausnützung der Mineraldüngergabe.

Als erste Düngungsmaßnahme wird bereits vor dem Verpflanzen die zur Füllung der Pflanzgruben dienende Erde mit etwa 10 kg Komposterde und 500 g Rohphosphat gut vermischt. Einer sorgfältigen Vermischung mit der Bodenschicht, in der sich die ersten Wurzeln der jungen Hevea-Pflanzen entwickeln, sollte besondere Aufmerksamkeit geschenkt werden. Diese erste Düngung bietet die einzige Gelegenheit, das Phosphat bzw. die Nährstoffe der Komposterde ohne zusätzliche Aufwendungen in die Wurzelzone zu bringen. Der Effekt späterer breitwürfig ausgestreuter oder placierter Phosphatgaben ist zweifellos weniger gut. Exakt durchgeführte Versuche der Forschungsanstalt für Kautschuk in Malaya haben ergeben, daß das Vermischen des Rohphosphats mit der Füllerde der Pflanzgrube jeglicher Reihen- oder Breitwurfdüngung überlegen ist (anonym 1956).

Auf Grund zahlreicher Versuche wurde von SCHOONEVELDT (1955) in Westjava ein Düngungsschema für junge Hevea-Bestände entwickelt (Tab. 259).

Tabelle 259. *Düngung junger Hevea-Bestände in Java* (nach SCHOONEVELDT 1955)

Zeit der Düngung	Gaben je Baum
1 Monat und 6 Monate nach dem Pflanzen je	25 g Ammonphosphat (16,5% N und 20% P_2O_5) und 12,5 g Chlorkalium
1 Jahr und $1^1/_2$ Jahre nach dem Pflanzen je	50 g Ammonphosphat und 25 g Chlorkalium
2 Jahre und $2^1/_2$ Jahre nach dem Pflanzen je	100 g Ammonphosphat und 50 g Chlorkalium
3 Jahre und $3^1/_2$ Jahre nach dem Pflanzen je	200 g Ammonphosphat und 100 g Chlorkalium
4 Jahre und $4^1/_2$ Jahre nach dem Pflanzen je	250 g Ammonphosphat und 125 g Chlorkalium

In Ostjava haben Phosphat- und insbesondere Kaligaben keinen eindeutigen Effekt gezeigt, so daß gebietsweise je nach dem Nährstoffzustand des Bodens zunächst eine einseitige Stickstoffdüngung, die in allen Fällen einen günstigen

Tabelle 260. *Düngungsplanung auf Grund des Verwitterungszustandes des Bodens* (nach VINK 1953, Indonesien)

Bodentyp	Düngungsempfehlung
1. Junge, kaum verwitterte vulkanische Aschenböden und sehr junge lateritische Böden	Aussaat von Leguminosen und gelegentliche Stickstoffgaben
2. Junge lateritisch verwitternde Böden aus vulkanischem Muttergestein	Vor dem Pflanzen 500 g Rohphosphat je Pflanzgrube und gelegentliche Stickstoffgaben
3. Ältere lateritisch Böden aus vulkanischem Muttergestein mit mittlerem Kaligehalt	Vor dem Pflanzen 500 g Rohphosphate je Pflanzgrube bzw. je Baum 1. und 2. Halbjahr: 20 g schwefels. Ammoniak 20 g Doppelsuperphosphat 3. und 4. Halbjahr: 40 g schwefels. Ammoniak 40 g Doppelsuperphosphat 5. und 6. Halbjahr: 80 g schwefels. Ammoniak 80 g Doppelsuperphosphat 7. und 8. Halbjahr: 160 g schwefels. Ammoniak 160 g Doppelsuperphosphat 9. und 10. Halbjahr: 320 g schwefels. Ammoniak 320 g Doppelsuperphosphat
4. Ältere und alte lateritische Böden aus vulkanischem Muttergestein. Phosphorsäure- und kaliarm	Vor dem Pflanzen 500 g Rohphosphat je Pflanzgrube bzw. je Baum 1. und 2. Halbjahr: 20 g schwefels. Ammoniak 10 g Doppelsuperphosphat 10 g Chlorkalium oder schwefels. Kali 3. und 4. Halbjahr: 40 g schwefels. Ammoniak 20 g Doppelsuperphosphat 20 g Chlorkalium oder schwefels. Kali usw. mit jährlicher Verdoppelung bis zum 10. Halbjahr
5. Alte und sehr alte lateritische Böden. Phosphorsäure- und Kalimangel	Vor dem Pflanzen 500 g Rohphosphat je Pflanzgrube bzw. je Baum 1. und 2. Halbjahr: 10 g schwefels. Ammoniak 10 g Doppelsuperphosphat 20 g Chlorkalium oder schwefels. Kali 3. und 4. Halbjahr: 20 g schwefels. Ammoniak 20 g Doppelsuperphosphat 40 g Chlorkalium oder schwefels. Kali usw. mit jährlicher Verdoppelung bis zum 10. Halbjahr

Effekt auf das Wachstum ausübte und damit auch eine wesentliche Verkürzung der unproduktiven Zeit bis zur Zapfreife bewirkte, für ausreichend erachtet wird. Spätere Versuchsergebnisse von KNAAP (1959) berichten allerdings außer von der seit jeher bekannten Stickstoffwirkung auch von einem positiven Phosphateffekt. VINK (1953) verweist auf die Dringlichkeit, den Düngungsplan auf bestimmte Bodentypen abzustimmen, und sieht eine der wichtigsten Aufgaben der Hevea-Forschungsanstalten in der Bodenkartierung der Anbauzentren. Basierend auf diesen Daten läßt sich eine mehr differenzierte Düngungsempfehlung aufbauen, wobei auch die Rentabilität Berücksichtigung finden muß. Je nach Alter und Verwitterungszustand lassen sich die Böden in verschiedene Stufen der Laterisierung mit steigendem Nährstoffbedarf klassifizieren (Tab. 260).

Die Erfahrung zeigt, daß nach diesem Schema gedüngte Pflanzungsbestände, soweit sie in Lagen unter 500 m stehen, schon im 5. Jahr die Zapfreife erreichen.

Auf Grund langjähriger Beobachtungen empfiehlt die Forschungsanstalt für Kautschuk in Malaya verschiedene Düngermischungen, deren Zusammensetzung eine Berücksichtigung der Bodenart erkennen läßt (anonym 1958) (Tab. 261).

Tabelle 261. *Düngungs-Schema für die Verhältnisse in Malaya mit Ausnahme küstennaher Alluvialböden*

Zeit der Düngergabe	Düngermischungen[1]		Gabe je Baum in Unzen[2]
	Lehme und tonige Lehme	Sehr sandige Böden	
	N P_2O_5 K_2O	N P_2O_5 K_2O	
12 Monate nach dem Pflanzen der Sämlinge bzw. nach dem Okulieren ..	9,9—17,4—3,6	9,2—15,5—8,4	8
18 Monate nach dem Pflanzen der Sämlinge bzw. nach dem Okulieren ..	9,9—17,4—3,6	9,2—15,5—8,4	8
24 Monate nach dem Pflanzen der Sämlinge bzw. nach dem Okulieren ..	9,9—17,4—3,6	9,2—15,5—8,4	12
30 Monate nach dem Pflanzen der Sämlinge bzw. nach dem Okulieren ..	9,9—17,4—3,6	9,2—15,5—8,4	12
36 Monate nach dem Pflanzen der Sämlinge bzw. nach dem Okulieren ..	9,9—17,4—3,6	9,2—15,5—8,4	24
48 Monate nach dem Pflanzen der Sämlinge bzw. nach dem Okulieren ..	13,6—12,9— 0	11,8—11,1—8,4	32
60 Monate nach dem Pflanzen der Sämlinge bzw. nach dem Okulieren ..	13,6—12,9— 0	11,8—11,1—8,4	32

[1] N in Form von schwefelsaurem Ammoniak (21% N),
P_2O_5 in Form von Rohphosphat (36—38% P_2O_5),
K_2O in Form von Chlorkalium (60% K_2O).

[2] 1 Unze = 28,35 g

Im allgemeinen wird im Hinblick auf die Säureverträglichkeit der Hevea-Bäume und aus klimatischen Gründen die Stickstoffdüngung in Form des wenig hygroskopischen schwefelsauren Ammoniak gegeben. Die Beobachtungen von BOLLE — JONES (1955), wonach Stickstoff, als Ammoniak gegeben, den Calciumbedarf steigerte und nicht immer zu verstärktem Dickenwachstum der jungen Bäume führte, im Gegensatz zu der ausnahmslos positiven Wirkung des Stickstoffs in Form von Nitrat, sollten bei der Düngerplanung vornehmlich unter sehr sauren Bodenverhältnissen Berücksichtigung finden.

Ist der Boden um die jungen Bäume mit einer Mulchschicht abgedeckt, kann die Düngergabe ohne weiteres unter dieser ausgebracht werden. Ein Einarbeiten in den Boden erübrigt sich. Bei nacktem Boden ohne Mulchlage ist allerdings eine leichte Einarbeitung mit der Hacke erforderlich.

Während in den ersten Jahren die Baumscheiben mit einem Durchmesser von 0,50 bis 1,50 m je nach Alter der Bäume um den Stamm herum abgedüngt werden, erfolgt etwa vom 4. Jahr, wenn angenommen werden kann, daß die Wurzelenden benachbarter Bäume sich berühren, die Ausstreuung des Düngers breitwürfig über die ganzen längs der Baumreihen vegetationsfrei gehaltenen Zwischenräume. In den letzten Jahren setzt sich auf mittleren bis schweren Böden die durchaus zu befürwortende Methode der individuellen Phosphatgabe durch. Sie wird im Hinblick auf die vorwiegend sauren Böden der Hevea-Plantagen vorzugsweise in Form von Rohphosphat in flache zwischen den Bäumen aufgeworfene Gruben eingestreut. Der Mehraufwand wird durch das nahe Heranbringen der relativ unbeweglichen Phosphorsäure an die Wurzelzone und die dadurch bedingte effektvollere Ausnutzung reichlich kompensiert. Insbesondere auch dadurch, weil hierbei die Möglichkeit der Vorratsdüngung im zweijährigen Turnus gegeben ist.

Die Stickstoff- und Kaliversorgung erfolgt zusammen, wie oben beschrieben, breitwürfig ausgestreut, wobei kombinierte Zweinährstoffdünger sich vorteilhaft anbieten. Auf ausgesprochen leichten Böden sollte allerdings die individuelle Phosphatdüngung nicht zur Anwendung gelangen. Hier wird eine geeignete NPK-Mischung oder zweckmäßiger ein entsprechender Volldünger, auf halbjährliche Teilgaben dosiert, verabreicht.

Über die Notwendigkeit der fortgesetzten Mineraldüngung zapfreifer Bestände herrschte noch vor wenigen Jahren in Kreisen der Praxis die Meinung vor, daß diese nur in Ausnahmefällen ökonomisch vertretbar wäre. Diese Auffassung trifft heute nicht mehr zu. Der Effekt der Düngung wird sich zunächst günstig auf die Blattbildung auswirken, und durch eine regere Assimilationstätigkeit werden Stoffproduktion und Stoffwechsel gefördert. Die Folge ist ein vermehrter Rindenzuwachs bzw. eine bessere und schnellere Rindenerneuerung. Diese durch die Assimilationsintensität geförderten Wachstumsfunktionen wirken sich schließlich auf die Bildung von Latex aus, welche letzten Endes auch eine Funktion der Assimilation ist. Mit Recht verweist Vink (1953) auf die Möglichkeit der Intensivierung des Zapfsystems, nachdem der Baumbestand als Folge der Düngung gekräftigt wurde. Erst mit diesem Wechsel zu einer intensiveren Zapfmethode kann die Düngerwirkung voll ausgeschöpft werden. Die praktische Durchführung ist jedoch erst einige Jahre nach der ersten Düngung ratsam, und zwar zur Vermeidung einer Überzapfung mit ihren ertragsmindernden Folgeerscheinungen am zweckmäßigsten erst dann, sobald mit dem Schnitt der neuen Zapffläche, die sich schon unter der Düngereinwirkung der Vorjahre regenerierte, begonnen wird. Die endgültige Beurteilung des Düngungseffektes bei produzierenden Kautschukpflanzungen wird somit erst nach einer Reihe von Jahren möglich sein. Zweifellos sind die vielen enttäuschenden Ergebnisse der Praxis darauf zurückzuführen, daß die Düngungsversuche zu frühzeitig, oft schon nach 1 bis 2 Jahren, wieder abgebrochen wurden. Auch die Wahl ungeeigneter Versuchsobjekte, nämlich alte unselektierte Bestände mit niedrigem Ertragspotential, welche auf eine Düngung absolut und auch prozentual mit bedeutend niedrigerem Mehrertrag als hochproduzierende, qualifizierte Klone reagieren, mußte zu einem Mißerfolg führen. Eine einfache Rechnung läßt ohne weiteres erkennen, daß bei einem unselektierten Bestand mit einer Ertragsfähigkeit von nur 500 kg Kautschuk je Hektar ein 10%iger Ertragszuwachs als Folge einer Düngungsmaßnahme kaum die Aufwendungen gerechtfertigt erscheinen läßt, während bei modernem Pflanzenmaterial eine gleiche prozentuale Ertragserhöhung immerhin einen Mehrertrag von mindestens 150 kg bedeuten würde, was die Rentabilität der Düngung außer Frage stellt.

Eine im Verhältnis zu Stickstoff ungenügende Versorgung mit Kali führt, wie Berichte aus der Praxis bestätigen, zu stark vermehrter Krankheitsanfälligkeit der Blätter. Umgekehrt wirken einseitig hohe Kaligaben depressiv auf

Abb. 166. *Hevea brasiliensis* in voller Produktion. Die Zapffläche zeigt auf halber Höhe den Übergang zu einem intensiveren Zapfsystem

die Stickstoffaufnahme. Versuche, in Malaya durchgeführt, lassen deutlich die Wechselwirkungen von Stickstoff- und Kaligaben auf den Ertrag und den kumulativen Einfluß von Stickstoff in Gegenwart von Kali erkennen (Owen und Mitarbeiter 1957).

Der Wert der Phosphorsäure für die kräftige Entwicklung des Hevea-Baumes und ihre Rolle bei der Rindenregeneration wurde in allen Anbauzentren Südostasiens bestätigt.

Auf Magnesiamangel reagiert der Hevea-Baum empfindlich. Sowohl in Malaya als auch in Ceylon und Indonesien muß der Magnesiaversorgung der Neupflanzungen auf Flächen gerodeter alter Bestände sorgfältige Beachtung geschenkt werden. Besonders akut tritt Magnesiamangel in Böden mit reichem Vorrat an pflanzenverfügbarem Kali bzw. bei Bemessung zu hoher Kaligaben auf. Zusätzliche Gaben von Magnesia, vorzugsweise in Form von Magnesiumsulfat, beispielsweise als Kieserit (24% MgO) oder auch in Kombination mit Stickstoff als Stickstoffmagnesia, haben sich bewährt. Bei der Düngerplanung ist ein Verhältnis K_2O:MgO von etwa 3:1 zu beachten. Auch eine Düngung über das Blatt mit einer 2%igen Magnesiumsulfat-Lösung wird empfohlen.

In zapfreifen Beständen wird eine Mineraldüngung sich im allgemeinen nicht kurzfristig durch erhöhten Latexfluß äußern. Der optisch leicht feststellbaren fortschreitenden Besserung des Allgemeinzustandes der Bäume, die sich zunächst insbesondere stimulierend auf die Rindenerneuerung auswirkt, folgt in zunehmendem Maße nach regelmäßiger Zufuhr von Nährstoffen eine verstärkte

Sekretion des Milchsaftes. Die Höhe der Düngergaben und das Verhältnis der Nährstoffe zueinander sind deshalb dem Entwicklungszustand der Bäume anzupassen.

Als eine allgemein gültige Düngergabe empfiehlt die Kautschuk-Forschungsanstalt in Ceylon für die Verhältnisse dieser Insel 4 lbs. eines Gemisches von 100 lbs. schwefelsaurem Ammoniak, 100 lbs. Rohphosphat und 50 lbs. Chlorkalium je produzierenden Baum, was einem Verhältnis der Nährstoffe N, P_2O_5 und K_2O von 4:6:5 entspricht. Um Nährstoffverlusten im Hinblick auf die Intensität der tropischen Regenfälle vorzubeugen, hat sich die Verabreichung von wenigstens vier Teilgaben jährlich bewährt. Die Einzelgaben werden leicht in den Boden eingearbeitet oder, wo im hängigen Gelände Wasserauffanggräben zwischen den Hevea-Reihen gezogen wurden, vorteilhafter in diese mit organischem Material angereicherten Gruben eingestreut.

Über den Einfluß von Mikronährstoffen auf das Wachstum der Hevea-Bäume liegen verschiedene Studien vor. Rhines (1952, 1958) konnte feststellen, daß neben Eisen besonders der Mikronährstoff Mangan für die kräftige Jugendentwicklung unerläßlich ist. Chlorotische Verfärbung der Blätter auf Böden mit einer Reaktion von über pH 5,5 sind häufig. Sie ist zurückzuführen auf das Zurückgehen der Verfügbarkeit des Eisens in diesem pH-Bereich. Bolle-Jones (1957) bestätigt auf Grund von Blattanalysen und Beobachtungen die Empfindlichkeit des Hevea-Baumes bei gestörter Manganaufnahme, die offenbar ausgelöst wird durch übermäßige Magnesiazufuhr, während umgekehrt in sehr sauren Standorten der Manganüberschuß eine toxische Auswirkung hat, die verstärkt wird durch die gleichzeitige Behinderung einer ausreichenden Magnesiaversorgung.

Durch die zunehmende Produktivität der modernen Hevea-Pflanzungen, deren Latex-Ausbeute in den letzten Jahren als Folge der Anwendung von stimulierenden Substanzen eine weitere Erhöhung erfuhr, wird im Hinblick auf die zwangsläufig notwendige Intensivierung aller Kulturmaßnahmen und insbesondere der Mineraldüngung auch die ausreichende Versorgung mit Mikronährstoffen wie Mangan, Zink, Kupfer und Bor steigende Beachtung finden müssen. Auf Grund einer engen Zusammenarbeit zwischen der Praxis und der Kautschukversuchsstation in Malaya konnten Ertragsdepressionen in verschiedenen Kautschukpflanzungen auf den Mangel von Mangan zurückgeführt werden. Die Kautschuk-Forschungsanstalt in Malaya sah sich daher veranlaßt, den Pflanzern Düngermischungen, die mit Mangansulfat angereichert wurden, für die Düngung der Kautschukplantagen in gewissen Gebieten Malayas zu empfehlen (anonym 1961).

g) Düngung und Ertrag

Über langjährige Versuche mit produzierenden Beständen, deren Ergebnisse ein abschließendes Urteil des Düngeeffektes ermöglichen, liegen nur wenige Berichte vor. Wie weiter oben schon Erwähnung fand, ist der endgültige Einfluß einer Düngung erst erkennbar, wenn derjenige Teil der Rinde, welcher sich unter dem Einfluß mehrjähriger Düngung regenerierte, wieder zum Anschnitt kommt.

Die Ergebnisse mehrjähriger Düngungsversuche mit Stickstoffgaben, von Grantham in Sumatra durchgeführt, werden von de Jong (1937, 1939) zitiert. Sie demonstrieren den Einfluß der Düngung auf die Rindenerneuerung und den damit gepaart gehenden Ertragsanstieg, der eindeutig aus dem Produktionssprung im 6. Jahr erkennbar ist (Tab. 262).

Nair (1957) zitiert Düngungserfolge der Kautschuk-Forschungsanstalt in Ceylon. wonach die Erträge der ungedüngten Parzellen während der ersten beiden

Tabelle 262. *Ergebnis mehrjähriger N-Düngungsversuche produzierender Hevea-Bestände*

Objekt I	Jährliche Gaben von 1,8 kg schwefelsaurem Ammoniak (etwa 360 g N) je Baum					
Versuchsjahr	1.	2.	3.	4.	5.	6.
Ertrag in % gegenüber ungedüngt	100	107	114	118	120	133
Objekt II	**Jährliche Gaben von 2,25 kg Chilesalpeter (etwa 360 g N) je Baum**					
Versuchsjahr	1.	2.	3.	4.	5.	6.
Ertrag in % gegenüber ungedüngt	99	108	114	114	121	132

Abb. 167. Latexfluß nach dem Zapfschnitt

Versuchsjahre weniger als $^1/_3$ der mit NPK gedüngten Felder betrugen und knapp über 50% bei Zugrundelegung der ersten vier Versuchsjahre. Der Durchschnitt verschiedener NPK-Düngungsversuche zeigte einen Mehrertrag von 28% gegenüber ungedüngt.

Mit der ständig zunehmenden Ausbreitung von Neupflanzungen mit hochqualifiziertem Pflanzmaterial an Stelle der schlecht produzierenden Altbestände wird die zusätzliche Nährstoffversorgung mit Mineraldüngern zu einem unerläßlichen Faktor einer ordnungsgemäßen Bewirtschaftung der Pflanzungen. Das moderne Pflanzmaterial ist hinsichtlich seiner Ansprüche an den Nährstoffhaushalt seines Standortes besonders empfindlich. Sein hohes Produktionspotential kann nur ausgeschöpft werden, wenn Bedingungen geschaffen werden, die eine intensive Assimilationstätigkeit über ein gesundes Blatt ermöglichen.

Über die Beeinflussung der Düngung auf die Qualität des Kautschuks konnten bisher keine eindeutigen Feststellungen gemacht werden.

Literatur

Anonym: J. Rubber Res. Inst. Malaya **9** (1939). — Planters' Bull. Rubber Res. Inst. Malaya, Nr. 23, 35 (1956). — Manuring program for young replantings. Planters' Bull. Rubber Res. Inst. Malaya, Nr. 35, 46–48 (1958). — Correction of manganese deficiency. Planters' Bull. **53**, 63–66 (1961).

BOLLE-JONES, E. W.: Physiol. Plant. (Copenhagen) 8, 606–629 (1955). — A magnesium-manganese interrelationship in the mineral nutrition of Hevea Brasiliensis. J. Rubber Res. Inst. Malaya **15**, Teil 1, 22–28 (1957).

CONSTABLE, D. H.: Manuring replanted rubber 1938–1952. Rubber Res. Inst. Ceylon **29**, Teil 1–2 (1953). — CONSTABLE, D. H., und G. E. HODNETT: The responses of Hevea Brasiliensis to fertilizers in Ceylon. Empire J. Exper. Agricult. **27**, Nr. 106, 150–157 (1959).

DIJK, J. W. VAN: Plant, bodem en bemesting, Bd. I, S. 30. Groningen und Djakarta: Wolters. 1951. — Plant, bodem en bemesting, Bd. II, S. 19. Groningen und Djakarta: Wolters. 1951. — DIJKMAN, M. J.: Hevea, thirty years of research in the Far East. Coral Gables, Florida: University of Miami Press. 1951.

FERRAND, M.: Rev. Int. Produits Coloniaux **25**, Nr. 255 (1950); Ref. Kali-Briefe 27/2, Internationales Kali-Institut, Bern, 1951.

GEHLSEN, C. A.: Kautschuk, Handbuch der tropischen und subtropischen Landwirtschaft, Bd. I, S. 444. Berlin: Mittler. 1943. — World rubber production and trade. Economic and technical aspects 1935–1939. Rom. 1940.

HAUSER, E. A.: Latex. Dresden und Berlin: Steinkopff. 1927. — HEINEMANN, C.: Kautschuk, Anbau und Düngung, S. 10. Schriftenreihe über tropische und subtropische Kulturpflanzen. Bochum: Ruhr-Stickstoff AG. 1953.

JONG, W. H. DE: Bemesting van rubber in het Malangsche en Kedirische. Bergcultures **13**, 17, 527 (1939). — Bemesting van rubber in het Malangsche en Kedirische. Bergcultures **11**, 46, 1618 (1937). — JÜNGER, W.: Kampf um Kautschuk. Leipzig: Goldmann. 1940.

KNAAP, W. P. VAN DER: Pertumbuhan dan pemupukan pada tanaman karet hevea muda di Besuki (III). Menara Perkebunan **28**, 2, 23–37 (1959). — KORTLEVE, A.: Een onderzoek naar den invloed van de bodemreactie op de outwikkeling van hevea brasiliensis. Arch. Rubbercultuur Ned. Indie **12**, 605–615 (1928).

LIEFSTINGH, G.: Resultaten enquête terugloopende rubber producties. Bergcultures **26**, Nr. 19, 459 (1957).

MAAS, J. G. J. A., und F. T. BOKMA: De landbouw in den Indischen Archipel, Bd. III, Rubber Cultuur der Ondernemigen, S. 262. 's-Gravenhage: van Hoeve. 1950.

NAIR, C. K. N.: Fertilizers for rubber. Rubber Board Bull. **4**, Nr. 2 und 3 (1957).

OWEN, G., D. R. WESTGARTH und G. C. IYRE: Manuring Hevea: Effects of fertilizers on growth and yield of nature rubber trees. J. Rubber Res. Inst. Malaya **15**, Teil 1, 29–52 (1957).

RHINES, C. E.: Technical developments in natural rubber production. Econ. Botany **12**, 1, 80–86 (1958). — RHINES, C. E., J. MCGAVACK und C. J. LINKE: Mineral nutrition of Hevea Brasiliensis. Rubber Age **1952**, 467–474.

SCHOONEVELDT, J. C.: Groei en bemesting van jonge Hevea in Besuki. Bergcultures **24**, 107–112 und 407–413 (1955).

VAGELER, P.: Grundriß der tropischen und subtropischen Bodenkunde, 2. Aufl., S. 210. Berlin: Verlagsges. f. Ackerbau. 1938. — VINK, A. P. A.: Bodemtypen en bodemonderhoud in de rubbercultuur op Westjava en Zuid-Sumatra. Arch. Rubbercultuur, Teil 30, Nr. 3, 97–160 (1953). — VRIES, O. DE: Latexonderzoek in verband met den toestand van den aanplant. Arch. Rubber Cultuur Ned. Indie **5**, 178 (1921).

C. Ölpflanzen

a) Die Ölpalme

(Elaeis guineensis)

Von

C. Heinemann

1. Heimat und Verbreitung

Die Heimat der Ölpalme liegt vermutlich im tropischen Westafrika, wo sie nach SPRECHER VON BERNEGG (1929) bis zu 10° beiderseits des Äquators in zum Teil ausgedehnten geschlossenen natürlichen Beständen gedeiht. DRUDE (1876) und später auch HUNGER (1926) allerdings meinen auf Grund des vielfältigen Vorkommens von Pflanzen aus der Gruppe der *Cocoëae* in der Neuen Welt, daß auch die Ölpalme ursprünglich in Südamerika beheimatet war. Zu der Gruppe der *Cocoëae* gehören die *Elaeidinae* mit dem Geschlecht *Elaeis*. Von den verschiedenen Varietäten haben nur folgende drei eine wirtschaftliche Bedeutung erlangt:

Elaeis guineensis mit dem Verbreitungsgebiet Afrika, Indonesien und Malaya; *Elaeis melanococca* in Brasilien und die allerdings weniger wichtige, in Madagaskar beheimatete Varietät *Elaeis madagascariensis*.

Die wirtschaftliche Nutzung der wild wachsenden Ölpalmen ist in Westafrika in den regenreichen Gebieten von Sierra Leone bis Angola seit Jahrhunderten bekannt. Allein im Kongo schätzt man die von der Ölpalme bestandene Fläche auf nicht weniger als 2 bis 3 Millionen Hektar. Der plantagenmäßige Anbau hat sich erst zu Anfang des Jahrhunderts insbesondere in Sumatra, Malaya, Kamerun und in geringerem Ausmaß in Zentralamerika durchgesetzt.

2. Entwicklung und zeitlicher Wachstumsverlauf

Als monokotyle Pflanze entwickelt die Ölpalme keine Pfahlwurzeln. Sie bildet einen Kranz von Adventivwurzeln, die in der Oberflächenschicht des Bodens von etwa einem halben Meter sich zu einem dichten Wurzelfilz verflechten. Unter günstigen Voraussetzungen konnte ein Eindringen der Wurzeln in den Boden bis in eine Tiefe von 9 m festgestellt werden, während die strahlenförmige, horizontale Ausdehnung Längen von 15 m und mehr erreichte. Aus diesen Beobachtungen lassen sich Rückschlüsse auf die physikalischen Erfordernisse an den Boden ableiten. Mit fortschreitendem Alter der Palme werden vom 15. bis 20. Lebensjahr noch zusätzliche sproßbürtige Adventivwurzeln gebildet, die schließlich am Fuß des Baumes einen Kegelstumpf aus dicht verfilzten Wurzelsträngen formen.

Ähnlich der Kokospalme entwickelt die Ölpalme einen senkrecht hochstrebenden, jedoch bedeutend umfangreicheren Stamm. Auf ihm bilden die in Spirallinien angeordneten Stümpfe der abgestorbenen Blattwedel ein typisches Muster. Die Blattkrone setzt sich aus etwa 20 bis 30 gefiederten Blättern zusammen. Jährlich wachsen 16 bis 20 neue Blätter heran und die gleiche Zahl wird abgestoßen.

Die Blattwedel können je nach den klimatischen Bedingungen Längen von 3 bis 7 m erreichen. Die Blütenstände und später die Fruchtbündel formen sich in den Blattachseln. Als einhäusige Pflanze entwickelt die Ölpalme männliche und weibliche Blüten in verschiedenen Blütenständen auf demselben Baum. Die

Zahl der Einzelblüten eines Blütenstandes ist sehr unterschiedlich. Sie schwankt bei einer zehnjährigen Palme um 140000 bei den männlichen und 3500 bei den weiblichen Blütenständen. Die Bestäubung erfolgt sowohl durch den Wind als auch durch Insekten.

Die Entwicklung der Früchte bis zur Reife erfordert in Abhängigkeit von Klima und Wachstumsbedingungen in Südostasien etwa 5 bis 6 und in Afrika 6 bis 8 Monate. Das Gewicht der Fruchtstände schwankt entsprechend der

Abb. 168. Etwa siebenjährige Ölpalme mit Fruchtbündeln

Länge des Fruchtbündels und der Zahl sowie der Länge der Einzelfrüchte von 10 bis 70 kg. Im unreifen Zustand zunächst schwarz bis violett, verfärben sich die reifen, etwa pflaumengroßen Einzelfrüchte rötlich-gelb bis orange-rot.

Nach dem vierten Jahr beginnt der Höhenwuchs der Palme. Etwa zu dieser Zeit, oft auch schon im dritten Jahr, reifen die ersten Früchte. Eine eigentliche Stammentwicklung ist erst vom fünften Jahr an sichtbar. Im Plantagenverband erreichen die Palmen Höhen von kaum mehr als 15 m, im lichtarmen Mischbestand der afrikanischen Wälder dagegen werden sie nicht selten über 30 m hoch.

Eine Palme entwickelt unter normalen Bedingungen jährlich etwa 10 bis 12 Fruchtbündel. Mit zunehmendem Alter verringert sich deren Zahl bei gleichzeitiger Gewichtszunahme der einzelnen Bündel. Sowohl Zahl als auch Gewicht der Fruchtbündel unterliegen bei den einzelnen Palmen großen Schwankungen.

Um die ein bis drei hartschaligen Nüsse (Endokarp), aus deren Kernen das Palmkernöl gewonnen wird, hüllt sich das Fruchtfleisch (Perikarp). Die Gefäßbündel des Fruchtfleisches sind durchsetzt mit zahlreichen saft- und ölhaltigen Gefäßen, aus welchen das Palmöl extrahiert wird. Ein gewisser Karotingehalt färbt das Palmöl orange. Das Palmkernöl dagegen ist farblos. Die Ölbildung in den Früchten erfolgt erst in den letzten Wochen vor der Reife, und zwar nach VAN HEURN (1948) erst in den letzten 24 Tagen bei gleichzeitig zunehmender oranger Verfärbung der Fruchthaut (Exokarp). Im Zustand der Reife lockern sich die Früchte und lösen sich schließlich aus dem Fruchtstand. Im Hinblick auf die späte Ölausbildung in den letzten Wochen vor der Reife kann eine vorzeitige Ernte von nur wenigen Tagen eine empfindliche Einbuße der Ölausbeute bedeuten.

Von den verschiedenen Typen haben sich in der Plantagenwirtschaft einige Formen auf Grund von praktisch bedeutsamen Kennzeichen, wie Dicke der Samenschale und des anhaftenden Fruchtfleisches, durchgesetzt (Tab. 263).

Tabelle 263. *Bewährte Varietäten der Plantagenwirtschaft* (nach GEHLSEN 1943)

	Schale	Fruchtfleisch	in % des Fruchtgewichts		
			Frucht-fleisch	Nußschale	Kern
E. guineensis var. *macrocarya* (Kongo-Typ)	dick 4–8,5 mm	dünn 0,75–2,5 mm	30–50	40–60	10
E. guineensis var. *dura* (Deli-Typ)	mittel 2–5 mm	mittel 2–6 mm	50–70	20–40	10
E. guineensis var. *tenera*	dünn 1–2,5 mm	unterschiedlich dick bis dünn	70–85	5–20	8–10

Der Deli-Typ, ursprünglich ebenfalls aus Afrika stammend, hat sich infolge des hohen Fruchtfleischanteils und der Konstanz seiner Eigenschaften auf den Plantagen in Indonesien und Malaya eine Monopolstellung erworben. Der Kongo-

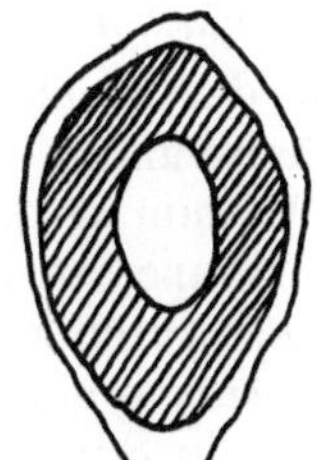
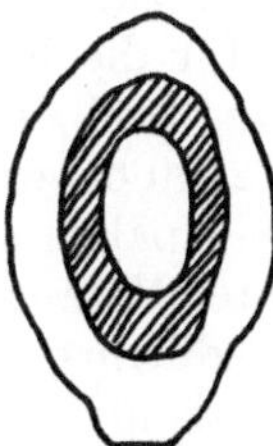

Abb. 169. Längsschnitt durch die Frucht, von links nach rechts: Kongo-Typ, Deli-Typ und Tenera-Typ (nach JACOBY 1954)

Typ ist in Westafrika weit verbreitet. Er zeichnet sich durch hohes Fruchtbündelgewicht, welches allerdings die Zahl der Bündel negativ beeinflußt, aus. Der Tenera-Typ schließlich ist wegen des hohen Fruchtfleischanteils interessant. Es bedarf jedoch noch eingehender züchterischer Arbeit, bis ein Typus mit erbsicheren Leistungsmerkmalen der Praxis empfohlen werden kann. Bei der Leistungsmannigfaltigkeit der Ölpalme sind durch geeignete Selektionierung noch bedeutende Ertragssteigerungen möglich.

BUNTING, GEORGI und MILSUM (1934) geben folgende Daten über die durchschnittliche Zusammensetzung einer Frucht (Tab. 264).

Tabelle 264. *Anteilige Gewichtsprozente einer frischen reifen Frucht*

Fruchtfleisch	58–62%
Nuß	38–42%
Fruchtfleisch	
Wasser	36–40%
Öl	46–50%
Rückstände	13–15%
Nuß	
Schale	78–82%
Kern	18–22%
Palmöl, bezogen auf die Trockensubstanz des Fruchtfleisches	77–81%
Palmöl, bezogen auf die frische, reife Frucht	28,5–29,5%
Kern lufttrocken, bezogen auf die frische, reife Frucht	6–6,5%

3. Klima und Boden

Eine jährliche Durchschnittstemperatur von 25 bis 26° C sagt der Ölpalme am besten zu. Gegen starke Temperaturschwankungen ist sie sehr empfindlich. In den Ölpalmgebieten von Afrika, Malaya und Indonesien schwankt das Jahresmittel zwischen 24 und 28° C. Wie schon eingangs erwähnt, liegen die klimatisch günstigsten Anbauzonen innerhalb des 10. Breitengrades der nördlichen und südlichen Hemisphäre. In diesen Breitengraden sind noch Höhenlagen bis zu etwa 700 m für den Anbau geeignet. Darüber hinaus wird die Temperatur zum begrenzenden Faktor. Das kühlere Klima wirkt sich verzögernd auf das Wachstum aus. Die Produktivität wird ungünstig beeinflußt und damit auch die Rentabilität der Pflanzung in Frage gestellt.

Die Ölpalme gedeiht in niederschlagsreichen Gebieten. Nicht die absolute Regenmenge, sondern ein steter Wechsel von Sonnenschein und Regen begünstigt maßgeblich den Ertrag. Während trockene Tage stimulierend auf die Blüte wirken, sind häufige Regenschauer für die Entwicklung der Fruchtbündel notwendig. Je nach der Regenverteilung und der Wasserhaltefähigkeit der Böden können jährliche Regenmengen von 2000 bis weit über 3000 mm als das Optimum bezeichnet werden. In dem für die Ölpalme günstigen Temperaturbereich liegt das Minimum an Niederschlägen unter Voraussetzung einer guten Verteilung bei etwa 1500 mm. Dem hohen Lichtbedürfnis ist bei der Anlage einer Pflanzung Rechnung zu tragen. Die gute Ölausbeute der Plantagen in Sumatra ist nicht zuletzt auf die hohe Anzahl von Sonnenstunden zurückzuführen. Wolkenverhangene Tage, wie sie in den Ölpalmengebieten Afrikas häufig vorkommen, sind an der Ostküste Sumatras eine Seltenheit.

Trockene Monate fördern die Blütenbildung, jedoch die Entwicklung der Früchte bis zur Reife vollzieht sich günstiger unter regenreichen Bedingungen (Tab. 265).

Die ungünstigere Regenverteilung mit zunehmender Entfernung vom Äquator hat einen deutlichen Einfluß auf den Ernteverlauf, der in den äquatorfernen

Gebieten den Charakter eines Saisonbetriebes erhält, welcher sich ungünstig auf den Betrieb der Aufbereitungsanlagen auswirkt. Aber auch in den äquatornahen Gebieten folgen auf regenarme Perioden, welche einen Blühreiz auslösen, regenreiche Wochen. Entsprechend sind etwa sechs Monate nach der regenarmen Zeit die Haupterntеperioden.

Tabelle 265. *Blüh- und Erntezeiten der wesentlichen Produktionsgebiete* (nach GEHLSEN 1943)

Gebiete	Jan.	Feb.	Mrz.	Apr.	Mai	Juni	Juli	Aug.	Sept.	Okt.	Nov.	Dez.
Indonesien und Malaya	×	×	×	×	×	×	×	×	×	×	×	×
Kongogebiet	×	×	×	×	×	×	×	×	×	×	×	×
Kamerun	×	×	×	×	×	—	—	—	—	—	—	×
Nigeria	×	×	×	—	—	—	—	—	—	—	×	×
Togo	—	×	×	—	—	—	—	—	—	×	×	—
Ghana	—	—	×	×	×	×	—	—	—	—	×	×
Elfenbeinküste	—	—	×	×	×	×	—	—	—	—	×	×
Sierra Leone	×	×	×	×	—	—	—	—	—	—	—	×
Gambia	×	×	×	—	—	—	—	—	—	—	—	×

× = Erntemonate, — = erntelose Monate

Nach VAGELER (1938) ist der Wasserbedarf der Ölpalme unter Berücksichtigung der Verdunstungs- und Versickerungsverluste mit jährlich etwa 3000 bis 3500 mm Regenfall anzusetzen. Berücksichtigt man den entscheidenden Einfluß des Bodens auf die Wasserversorgung, welcher im gleichen Klimabereich je nach seiner Struktur ein aufnahmefähiges Wasserreservoir sein kann, oder aber wegen starker Versickerungsverluste trotz hoher Niederschläge sich als ungeeigneter Standraum erweist, so muß mit Nachdruck darauf hingewiesen werden, daß eine Wasserbedarfszahl stets mit Vorsicht zur Kenntnis zu nehmen ist. Sie gibt einen Fingerzeig und nicht mehr als einen ganz globalen Anhalt. Es liegt daher auf der Hand, daß je nach der Bodenstruktur die optimale Wasserbedarfsmenge in weiten Grenzen schwanken kann.

Entsprechend ihrer ausgeprägten Wurzelentwicklung, die im Boden weit über das Blätterdach hinausragt und große Tiefen erreichen kann, verlangt die Ölpalme in erster Linie ausreichenden Wurzelraum. Der Wasseraufnahmefähigkeit des Bodens ist größte Aufmerksamkeit zu schenken. Im der Ölpalme zusagenden Klimabereich, der semiaride Verhältnisse ausschließt, steht in der ausgedehnten Anwendung von Gründüngung ein Mittel zur Strukturverbesserung des Bodens bis in große Tiefen zur Verfügung. Die Ölpalme verlangt einen tiefgründigen, humusreichen und lockeren Boden. Der hohe Sauerstoffbedarf der Wurzeln erklärt die Empfindlichkeit der Ölpalme gegenüber stauender Nässe. Die in solchen Medien unerläßliche Dränage wird oft die Wirtschaftlichkeit der Kultur in Frage stellen. Schwere Böden, welche durch einen mangelnden Lufthaushalt charakterisiert sind, und auch leichte Böden, die zu Trockenheit neigen, sind ebenfalls für die Ölpalmenkultur ungeeignet. Ein ungestörtes Bodenprofil bis in eine Tiefe von 150 cm wird als Minimum erachtet.

Nach VAGELER (1938) bevorzugen die Ölpalmen eine leicht saure Bodenreaktion, wobei nach der sauren Seite eine bemerkenswerte Toleranz festgestellt wird. Spätere Untersuchungen von PREVOT (1955) weisen allerdings darauf hin, daß eine neutrale bis leicht basische Reaktion, im Hinblick auf die mögliche toxische Wirkung des Mangans in sauren Böden, ertragssicherer ist.

4. Durchschnittliche Erträge und Nährstoffentzugszahlen

Eine interessante Übersicht der Ertragszahlen verschiedener Varietäten vermittelt Trafton 1951 (Tab. 266).

Tabelle 266. *Mittlere Ertragsleistungen verschiedener Varietäten* (16jährige Palmen)

Erntegut	Deli-Typ			Diwakka-wakka Westafrika	Durchschn. Typ Afrika
	Java	Sumatra	Malaya		
Fruchtbündel, Mindestzahl per Jahr und Palme	6,6	6,6	6,6	6,0	6,0
Durchschnittliches Bündelgewicht in kg	59,0	53,0	47,0	44,6	26,0
Palmöl/acre per Jahr in lb. (Bestand 48 Bäume)[1] ...	2630	2280	1934	1498	922
Palmkerne/acre per Jahr in lb. (Bestand 48 Bäume) .	1205	1109	965	1066	547
% Nüsse mit mehreren Kernen	4	34	21	57	20

[1] lb./acre × 1,121 = kg/ha

Die Ertragsleistungen des Deli-Typs zeigen bei lokal bedingten Schwankungen eine gute Konstanz. Die geringeren Erträge in Malaya sind sowohl boden- als auch klimabedingt. In Afrika sind bei dem überwiegenden Anteil an natürlichen Palmenbeständen beträchtliche Schwankungen in der Ertragsleistung kennzeichnend. Sowohl Faktoren ökologischer als auch genetischer Art sind hierbei maßgeblich beteiligt. Bezeichnend sind die Untersuchungsergebnisse von Leplae (1939) aus dem Kongo, welche von Jacoby (1954) zitiert werden. Sie zeugen von einer sehr großen Variationsbreite hinsichtlich der Erträge (Tab. 267).

Tabelle 267. *Ertragsschwankungen der Ölpalme im natürlichen Mischbestand im Kongo*

Anzahl der Palmen in % des Bestandes	Erträge je Palme in kg
58,2 schlecht produzierende	20— 60
33,2 mäßig produzierende	60—100
7,7 gut produzierende	100—140
0,8 sehr gut produzierende	140—200

Offensichtlich läßt sich durch Selbstbestäubung selektierter Mutterbäume die Produktivität erheblich steigern.

Auf die Ausschöpfung der erbbedingten Ertragsfähigkeit der Ölpalme wirken eine Anzahl Faktoren wie Bodenart, Klima, topographische Lage, Boden- und Pflanzenpflege und insbesondere eine ausreichende, dem individuellen Bedarf angepaßte Nährstoffversorgung ertragsbestimmend. Soweit diese Faktoren in der Pflanzungspraxis die nötige Berücksichtigung finden, können nach van Heurn (1948) vom Deli-Typ folgende jährliche Erträge erwartet werden (Tab. 268).

Tabelle 268. *Palmölerträge in kg je ha und Jahr*

4. Jahr	5. Jahr	6. Jahr	7. Jahr	8. Jahr	9. Jahr	10. Jahr	11. Jahr	12. Jahr
500	750	1000	1300	1600	1900	2100	2200	2250

Diese aus dem Fruchtfleisch extrahierte Ölausbeute erhöht sich um den aus den Palmkernen gewonnenen Ölertrag. Im Durchschnitt beträgt dieser 10% des Fruchtfleischöls.

Etwa im 12. Lebensjahr haben die Palmen eine Ertragshöhe erreicht, die in den folgenden Jahren nahezu konstant bleibt. Vom 20. Lebensjahr ist ein Nachlassen der Ertragsleistung zu bemerken, die schließlich bei über 40jährigen Palmen ein Niveau erreicht, bei dem die Rentabilität in Frage gestellt ist. Die durchschnittliche Produktivität liegt etwa bei 120 kg Fruchtständen je Palme und Jahr. Durch systematische Auslese des Pflanzgutes gelang es in Indonesien, die Ertragssicherheit und die durchschnittliche Erntehöhe weiterhin zu steigern. Venema (1951) berichtet von folgenden Durchschnittserträgen einer gut geleiteten Pflanzung (Tab. 269).

Tabelle 269. *Palmölerträge des Deli-Typs in kg je ha und Jahr*

4. Jahr	5. Jahr	6. Jahr	7. Jahr	8. Jahr	9. Jahr	10. Jahr	11. Jahr	12. Jahr
800	1050	1300	1800	2300	2600	2900	3200	3500

Im Kongo liegt nach Leplae (1939) der Durchschnittsertrag der Fruchtstände je Palme und Jahr nicht höher als 57 kg. Auf Grund der sehr regen Versuchstätigkeit in den westafrikanischen Gebieten während der Jahre nach dem zweiten Weltkrieg kann angenommen werden, daß inzwischen der mittlere Ertrag bedeutend höher ist und eher bei etwa 75 kg je Palme und Jahr liegen dürfte.

Nach Angaben aus Malaya (anonym 1956) können bei plantagenmäßigem Anbau folgende Erträge erzielt werden (Tab. 270).

Tabelle 270. *Ertragsschätzungen der Ölpalme in Malaya in lb.*

Alter des Bestandes in Jahren	Fruchtbündel je Palme und Jahr	Fruchtbündel je acre und Jahr	Palmöl je acre	Palmkerne je acre
4	60	2930	400— 465	105
5	120	5870	865— 930	225
6	180	8670	1330—1400	340
7	200	10000	1470—1530	370
8	240	11730	1730—1800	440
9	260	12800	1860—1930	470
10 und älter	265	13070	1930—2000	490

Tempany (1954) zeigt in einer Übersicht der wichtigsten ölliefernden Pflanzen eine Zusammenstellung der durchschnittlichen Flächenerträge. Gegenüber den anderen Ölpflanzen zeichnet sich die Ölpalme durch eine weit höhere Produktivität aus. Die Angaben über die Ölpalme wurden offensichtlich errechnet aus den mittleren Werten der wild wachsenden Bestände und der auf Plantagen kultivierten Palmen, so daß die Flächenerträge im Vergleich zu den Ernteergebnissen auf gut geleiteten Pflanzungen recht niedrig erscheinen.

Im Hinblick auf den ständig zunehmenden Bedarf an pflanzlichen Ölen und Fetten werden die ölliefernden Dauerkulturen der tropischen Gebiete, wie die Ölpalme und die Kokospalme, mit ihren hohen Flächenleistungen weiterhin an Bedeutung gewinnen.

Tabelle 271. *Durchschnittliche Erträge der wichtigsten ölliefernden Kulturpflanzen* (nach TEMPANY 1954)

	% Öl-gehalt	Ölertrag	
		lb./acre	kg/ha
Einjährige Kulturen der warmen Zonen			
Erdnuß	48	336	377
Baumwollsamen	20	133	149
Sesam	51	204	229
Rizinus	46	208	233
Einjährige Kulturen der gemäßigten Zonen			
Sojabohne	17	119	132
Sonnenblume	50	400	448
Leinsamen	37	185	207
Raps	42	368	413
Tropische Dauerkulturen			
Ölpalme, Frucht	25 }	1250 }	1401 }
Kern	49 }	147 }	165 }
Kokospalme	68	904	913
Tungöl (*Aleuritis montana*)	39	780	874
Subtropische Dauerkulturen			
Olive	30	600	673

Über den Nährstoffentzug der Ölpalme hat GEORGI (1931) Untersuchungen durchgeführt. Als Grundlage dienten ihm die Analysendaten der Blätter, der männlichen Blütenstände und der Fruchtbündel von sechs- bis siebenjährigen Palmen.

Tabelle 272. *Analyse verschiedener Teile der Ölpalme*

	Durchschnittlicher Wassergehalt	N	P_2O_5	K_2O
Blätter	65,5%	0,312%	0,048%	0,255%
männliche Infloreszenzen	72,1%	0,573%	0,175%	0,613%
Fruchtbündel	51,2%	0,263%	0,098%	0,692%

Unter Zugrundelegung, daß pro Jahr 30 Blätter von je 11 lb. und 10 männliche Blütenstände von je 4 lb. entwickelt werden und bei einem Bestand von 56 Bäumen je acre eine Ernte von 7300 lb. Fruchtbündel erzielt wird, kommt GEORGI zu folgenden Entzugszahlen.

Tabelle 273. *Nährstoffentzugszahlen je acre und Jahr in lb.*[1]

	N	P_2O_5	K_2O
Blätter	58	9	47
männliche Blütenstände	13	4	14
Fruchtbündel	19	7	51
	90	20	112
ausgedrückt in kg/ha	102	23	127

[1] 1 lb. = 454 g

BLOMMENDAAL (1937) berichtet von einem ähnlichen Ergebnis von 90 kg N, 20 kg P_2O_5, 135 kg K_2O und 39 kg CaO bei einem Ertrag von 15000 kg Fruchtbündel je Hektar. Die hohen Entzugsdaten von 120 bis 150 kg N, 45 bis 75 kg P_2O_5 und 190 bis 250 kg K_2O, welche VENEMA (1951) für ertragsreiche Bestände von 140 bis 180 Bäumen je Hektar aufführt, lassen erkennen, daß die Höhe der Düngergabe sich immer nach der Produktivität der Pflanzung zu richten hat. Auch die Angaben von MAAS (1923) aus Sumatra, welcher Entzugszahlen von 131 kg N, 48 bis 73 kg P_2O_5 und 194 bis 244 kg K_2O je Hektar aufführt, bewegen sich in derselben Größenordnung.

5. Düngungsmethoden

Entsprechend den verschiedenen ökologischen Verhältnissen in den einzelnen Anbauzonen der Ölpalme sind die Düngungsmethoden, soweit von einer Methodik überhaupt gesprochen werden kann, sehr unterschiedlich.

Die Düngergaben zu Ölpalmen zeigen im allgemeinen erst nach 12 Monaten und später eine erste deutliche Wirkung, die sich über das zweite bis ins dritte Jahr verstärkt, um dann schnell nachzulassen. FERRAND und OLLAGNIER (1950) verweisen auf die längere Nachwirkung der Mineraldüngung in den Ölpalmgebieten der Ostküste von Sumatra im Gegensatz zu dem sich schneller erschöpfenden Effekt in den Anbauzentren Westafrikas. Offenbar spielt hier die Sorptionskapazität der betreffenden Böden eine entscheidende Rolle. Bei der Bemessung der Höhe und der Dosierung der jeweiligen Düngergabe sollte daher nicht nur der Nährstoffzustand des Bodens Berücksichtigung finden, sondern auch das Sorptionsvermögen.

Obgleich beispielsweise in kalibedürftigen Böden eine hohe Kaligabe, einmalig gegeben, eine mehrjährige Nachwirkung zeigen kann und somit die Ausbringungskosten erheblich reduziert werden könnten, ist einer jährlichen oder, wo es leichte Böden ratsam erscheinen lassen, einer Dosierung auf halbjährige Gaben unbedingt der Vorzug zu geben.

Nach Angaben von JACOB und v. UEXKÜLL (1958), welche von VENEMA (1959) bestätigt werden, ist die Ölpalme gegenüber Chlor unempfindlich, doch wird dem Sulfat-Ion ein günstiger Einfluß auf die Ölbildung zugesprochen. Im allgemeinen wird in der Praxis aus ökonomischen Gründen Kali in Chloridform Anwendung finden. Dies um so mehr, als bei einer Stickstoffdüngung mit schwefelsaurem Ammoniak oder Ammonsulfatsalpeter der Schwefel ausreichend zur Verfügung steht. Die höhere Auswaschungsgefahr einer Stickstoffdüngung macht insbesondere in Gebieten, wo noch nach der Ausbringung des Düngers starke Regenfälle zu erwarten sind, eine Dosierung auf mindestens zwei Gaben im Jahr zwingend.

Eine auf Magnesiamangel zurückzuführende Ertragsdepression beschreiben verschiedene Erfahrungsberichte. Auf diese wird im folgenden Kapitel verwiesen werden.

Bekanntlich fördert das Nitrat-Ion die Magnesiaaufnahme. Bei der Wahl der geeigneten Stickstoffdünger sind deshalb für magnesiaarme Böden die nitrathaltigen zu berücksichtigen. Als geeignete Magnesiaquellen bieten sich Kalimagnesia oder auch Stickstoffmagnesia an. Sowohl Kalimagnesia als auch die Stickstoffmagnesiaprodukte enthalten das Magnesium in der leicht löslichen Sulfatform.

Ordnungsgemäß in den Boden eingearbeitet, ist bei der Phosphatdüngung auch bei stärkeren Regenfällen ein Verlust durch Auswaschung kaum zu befürchten. Jedoch die Neigung vieler Böden der warmen Zonen, welche unter dem Einfluß wechselfeuchter Klimabedingungen sich in einem Zustand der Laterisierung befinden, die Phosphorsäure an Aluminium und Eisen zu schwer löslichen Phosphaten zu binden, verbieten auch bei der Phosphatdüngung einmalige große Gaben oder gar eine Vorratsdüngung leicht löslicher Phosphate. Die Anwendung von wasserlöslicher Phosphorsäure, wie sie in den verschieden konzentrierten Superphosphaten oder in den Ammoniumphosphaten vorliegt, sollte sich zweckmäßigerweise auf Böden neutraler bis leicht saurer Reaktion beschränken. Ein granuliertes Produkt ist in letzteren wegen der geringeren Oberflächenwirkung einem feinkörnigen Material vorzuziehen. Unter sauren Bodenverhältnissen sind zweifellos die schwer löslichen sogenannten wasserunlöslichen Phosphate etwa in Form von Thomasphosphat oder Rohphosphaten besser geeignet. Letztere können, soweit sie nicht als Komponente einer NPK-Mischung zur Anwendung gelangen, ohne weiteres als Vorratsdüngung für eine Periode von mehreren Jahren gegeben werden.

Die Düngungszeit richtet sich nach den Niederschlägen. Gegen Ende einer Regenperiode, wenn der Boden noch gut durchfeuchtet ist, und für einige Zeit keine schweren Regenfälle mehr zu erwarten sind, ist die beste Zeit der Ausbringung. Eine Teilgabe der geplanten Düngermenge ist jedenfalls immer vor der Blütenbildung zu geben.

Die Erfahrung lehrte, daß eine unzureichende Ernährung der jungen Pflanzen sich später auf die gesamte Lebensdauer der Palme auswirkt und nicht nachträglich durch eine intensivere Düngung zu beheben ist. Die Versorgung mit Nährstoffen hat deshalb schon im Jugendstadium in den Anzuchtbeeten zu erfolgen. Während die Nüsse von ausgelesenen Mutterpalmen in Saatbeeten zur Keimung ausliegen, werden die Anzuchtbeete vorbereitet. Nach tiefgründiger Bearbeitung erhält der Boden 600 bis 800 kg Rohphosphat je Hektar, welches, mit Komposterde vermischt, eingearbeitet wird. Die Oberfläche der Beete wird gegen Sonneneinstrahlung mit einer Mulchlage abgedeckt. Vor dem Versetzen der Keimlinge vom Saatbeet in die Anzuchtbeete erfolgt die Abdüngung letzterer mit je 150 kg Stickstoff und Kali per Hektar.

Für das Gebiet im ehemaligen Französisch-Westafrika empfiehlt das „Institut de Recherches pour les Huiles et les Oléagineux" (I.R.H.O.) folgende auf 1 ha bezogene Düngung der Anzuchtbeete (Erfahrungsbericht aus La Mé, Elfenbeinküste):

700 kg schwefelsaures Ammoniak,
600 kg Rohphosphat,
250 kg Chlorkalium und
400 kg schwefelsaure Magnesia.

Eine zusätzliche Gabe von 35 kg Kupfersulfat zeigte, offenbar örtlich bedingt, einen günstigen Effekt auf das Wachstum.

Die in den letzten Jahren mit bemerkenswerter Konsequenz von dem West African Institute for Oil Palm Research (WAIFOR) bearbeiteten Probleme der Ölpalmenkultur in Nigeria haben ebenfalls die Notwendigkeit der Nährstoffversorgung von Jungpalmen bei Berücksichtigung der verschiedensten ökologischen Verhältnisse, unter denen die Palmen anzutreffen sind, klar herausgestellt. Zur Erlangung eines kräftigen und gesunden Pflanzenmaterials erfolgt die erste Düngungsmaßnahme schon in den Saatbeeten (pre-nursery). In mit Stickstoff, Kali und Mulchmaterial aus zerkleinerten Fruchtbündelrückständen behandelten Beeten war die Durchschnittshöhe der Setzlinge nach 8 Monaten 65,5 cm gegenüber 58,2 cm der ungedüngten Saatbeete (anonym 1959).

Die in Tab. 274 zusammengestellten Ergebnisse der Nährstoffversorgung von Anzuchtbeeten vorgenannter Forschungsanstalt vermitteln die Durchschnittswerte aus drei Jungpalmengenerationen jeweils nach 12 bis 14 Monaten kurz vor dem Auspflanzen in das Feld.

Tabelle 274. *Düngungsversuche von Anzuchtbeeten*
(Durchschnittswerte von drei Jungpalmgenerationen)

Düngung	Höhe der Setzlinge in inch[1]	Gesamtgewicht der auspflanzfähigen Setzlinge in lb.[1]	Auspflanzfähige Setzlinge %	Durchschnittsgewicht eines auspflanzfähigen Setzlings in lb.
Ohne N	29,4	1543	85,5	1,13
Schwefelsaures Ammoniak 1 Unze[1]/Setzling	30,4	1696	84,9	1,25
Ohne P	30,0	1606	86,3	1,16
Superphosphat 1 Unze/Setzling	29,9	1633	84,1	1,21
Ohne K	29,9	1595	85,1	1,17
Schwefelsaures Kali 1 Unze/Setzling	30,0	1644	85,3	1,21
Ohne Mg	29,9	1584	86,1	1,16
Schwefelsaures Magnesia 1 Unze/Setzling	30,1	1655	84,3	1,22
Ohne Stallmist	27,6	1357	85,2	0,96
50 t Stallmist/acre[1]	32,4	1932	85,2	1,42

[1] 1 Unze = 28,35 g 1 acre = 0,40 ha
1 inch = 2,54 cm 1 lb. = 0,454 kg

Die Stallmistversorgung hatte die beste Auswirkung auf die Setzlinge, während von den Mineraldüngerparzellen die Stickstoffdüngung sich am günstigsten erwies. Zweifellos würde eine kombinierte Nährstoffversorgung auf Grund einer organischen Düngung mit zusätzlichen Mineraldüngergaben unter Berücksichtigung des verfügbaren Nährstoffkapitals des betreffenden Bodens den Düngungseffekt noch deutlicher zum Ausdruck bringen.

Das endgültige Verpflanzen vom Anzuchtbeet in die vorbereiteten Pflanzgruben in der Plantage richtet sich nach dem Entwicklungszustand der jungen

Palmen. Sie erfolgt zu Anfang einer Regenperiode etwa 12 bis 18 Monate nach dem Versetzen in die Anzuchtbeete. Während des Aushebens der Pflanzgruben wird die Krume sorgfältig vom Untergrund getrennt gehalten. In der Praxis hat sich eine Vorratsdüngung von etwa 250 g Rohphosphat je Pflanzstelle, gut vermischt mit der Krumenerde, welche ausschließlich zum Füllen der Pflanzgruben Verwendung finden sollte, bewährt.

Die Düngung der Plantage ist dem Alter der Palmen anzupassen. In Malaya (anonym 1956) wurden auf Grund von Versuchsergebnissen folgende Empfehlungen für Jungpalmen und für produzierende Bestände ausgearbeitet.

Solange es sich um junge, nicht geschlossene Bestände handelt, werden die Düngemittel ringförmig im breiten Band um die jungen Palmen ausgebracht und

Tabelle 275. *Düngungsplan nach Angaben des Ministeriums für Landwirtschaft in Malaya*

Bodenart	Ausbringungszeit	Düngermischung[1] N in %	P_2O_5 in %	K_2O in %	MgO in %	Höhe der Einzelgaben lb./Palme
Jungpalmen						
Alluvialer, toniger Lehm (alluvial clay loam)	6 Monate nach dem Pflanzen	8,4	14,4	7,2	2,1	1/2
	12 Monate nach dem Pflanzen	8,4	14,4	7,2	2,1	1/2
	18 Monate nach dem Pflanzen	8,4	14,4	7,2	2,1	3/4
	24 Monate nach dem Pflanzen	8,4	14,4	7,2	2,1	3/4
	30 Monate nach dem Pflanzen	8,4	14,4	7,2	2,1	1
	36 Monate nach dem Pflanzen und alle 6 Monate bis zum Beginn der Fruchtreife	8,4	14,4	7,2	2,1	1
Alle sonstigen geeigneten Böden .	6 Monate nach dem Pflanzen	8,4	14,4	7,2	2,1	1
	12 Monate nach dem Pflanzen	8,4	14,4	7,2	2,1	1
	18 Monate nach dem Pflanzen	8,4	14,4	7,2	2,1	1 1/2
	24 Monate nach dem Pflanzen	8,4	14,4	7,2	2,1	1 1/2
	30 Monate nach dem Pflanzen	8,4	14,4	7,2	2,1	2
	36 Monate nach dem Pflanzen und alle 6 Monate bis zum Beginn der Fruchtreife	8,4	14,4	7,2	2,1	2
Produzierende Palmen						
Alluvialer, toniger Lehm	2mal jährlich	Rohphosphat Kieserit				1 1/2 1/2
Flachgründige, anmoorige bis moorige Böden (shallow peat) ..	2mal jährlich	Chlorkalium Dolomit				1 1/2 1/2
Nährstoffarme Lehme (poor upland loams)	2mal jährlich	5,9	15,8	12,0	2,1	3

[1] N als schwefelsaures Ammoniak, P_2O_5 als Rohphosphat 36—38%, K_2O als Chlorkalium 60%, MgO als Kieserit 26% und Dolomitmergel 21%.

leicht eingehackt. Bei alten Beständen mit geschlossenem Blätterdach haben die Wurzeln bereits ein dichtes Netz bis über die Blattraufen hinaus entwickelt, so daß breitwürfiger Flächendüngung der Vorzug zu geben ist.

Im Zuständigkeitsgebiet der Ölpalmversuchsstation Serdang (Sultanat Selangor) in Malaya hat sich auf Grund langjähriger Versuche mit verschiedenen Kombinationen von Stickstoff, Phosphorsäure und Kali unter Einschluß von schwefelsaurer Magnesia eine Düngung mit 1 lb. schwefelsaurem Ammoniak, 3 lb. Superphosphat, 1 lb. schwefelsaurem Kali und $1^1/_2$ lb. schwefelsaurer Magnesia je Palme und Jahr bewährt.

Nach Angaben des Research Institute of the Sumatra Planters' Association in Indonesien erhalten junge Ölpalmen eine Vorratsdüngung von 500 bis 1000 g Rohphosphat (25% P_2O_5) je Pflanzgrube. Der weitere Düngungsplan sieht im ersten und zweiten Jahr je 500 g schwefelsaures Ammoniak pro Palme vor und erst vom dritten Jahr eine jährliche Chlorkaliumgabe von 1 kg und eine Erhöhung der Stickstoffdüngung auf ebenfalls 1 kg je Palme. Eine Phosphatdüngung von etwa 150 bis 250 kg Rohphosphat erfolgt breitwürfig in den bodenbedeckenden Leguminosenbestand zwischen den Reihen der Palmen, wobei dem starken Aufschließungsvermögen der Leguminosen Rechnung getragen wird.

Abschließend mögen allgemein gehaltene Richtlinien, von Jacob und v. Uexküll (1958) zusammengestellt, einen Düngungshinweis für junge und produzierende Palmen vermitteln (Tab. 276).

Tabelle 276. *Düngungsrichtlinien für Jungpalmen und produzierende Bestände*

	Jungpalmen	Tragende Palmen
N	50—100 g/Palme	75—150 g/Palme
P_2O_5	90—180 g/Palme	90—180 g/Palme
K_2O	100—200 g/Palme	300—600 g/Palme

Es bedarf keiner weiteren Betonung, daß jede Mengenangabe nur einen ganz globalen Anhalt vermitteln kann. Ein Vergleich der verschiedenen, auf örtlichen Erfahrungen fußenden Empfehlungen miteinander läßt weite Schwankungen erkennen.

Die optimale Düngung, welche ganz allgemein für eine Kulturpflanze Gültigkeit hat, wird sich niemals in eindeutigen Zahlen ausdrücken lassen. Schon die Tatsache, daß Höhe und Form der Düngung nicht nur dem Bedarf der Pflanze gerecht werden muß, sondern auch, was die Aufgabe um ein Vielfaches kompliziert, dem Düngebedürfnis des Bodens Rechnung zu tragen hat, erklärt die Problematik einer allgemein gültigen Empfehlung. Ein Düngungsrat fußt immer auf spezifischen Verhältnissen des Ortes, an dem die Düngungsversuche durchgeführt wurden, bzw. wo anhand von langjährigen Erfahrungen der Praxis gewisse Anhaltspunkte den Aufbau eines Düngungsplanes gestatten.

6. Düngung und Ertrag

Die relativ hohen Nährstoffentzugszahlen deuten darauf hin, daß die Kontinuität regelmäßiger ertragsreicher Ernten nur durch eine dem Boden und den Nährstoffbedürfnissen der Ölpalme angepaßte Düngung gewährleistet werden kann.

Zahlreichen Versuchen, den Nährstoffbedarf der Ölpalme auf Grund von Blattanalysenwerten sowie eingehenden Untersuchungen und Feldversuchen in verschiedenen wichtigen Anbaugebieten festzulegen, waren nur zum Teil Erfolge beschieden. Die außerordentlich differierenden Bodenverhältnisse machen jeweils Feldversuche unter Berücksichtigung des individuellen Nährstoffzustandes des betreffenden Bodens erforderlich.

Schon ZELLER (1911) und später BELGRAVE (1932) sowie BUNTING (1932) und WILSHAW (1940) beschäftigten sich eingehend mit den Problemen der Ölpalmendüngung. Jedoch erst die Arbeiten der letzten Jahre auf dem Gebiete der Blattanalyse von CHAPMAN und GRAY (1949) in Malaya, von FERRAND und OLLAGNIER (1950) sowie von SCHEIDECKER und PREVOT (1954) in Westafrika und schließlich von HALE (1947) in Nigeria und von BROESHART (1954, 1955, 1957) im Kongo lassen eine Methode erkennen, die es ermöglicht, Düngungsempfehlungen auszuarbeiten. Ausschlaggebend bei der Ausschaltung von Fehlerquellen sind die richtige Auswahl repräsentativer Blattproben, die Wahl geeigneter Blatteile und die Zeit der Probenentnahme.

Ausgehend von der Annahme, daß Mangelerscheinungen weniger bedingt werden von dem absoluten Nährstoffgehalt, sondern mehr eine Folge sind des gestörten Gleichgewichts der einzelnen Ionen in der Pflanze untereinander, kommen PREVOT und OLLAGNIER (1954) bei ihren Blattuntersuchungen zu folgenden in Prozent der Trockenmasse ausgedrückten Grenzwerten:

N	2,75	CaO	0,84
P_2O_5	0,34	MgO	0,40
K_2O	1,38		

Hieraus errechnet sich beispielsweise ein K_2O/P_2O_5-Verhältnis von 4,06. Je nachdem, ob ein niedrigerer oder ein höherer Wert ausgewiesen wird, ist eine Kali- bzw. Phosphatdüngung empfehlenswert. Es liegt auf der Hand, daß unter Berücksichtigung der weiter oben erwähnten Fehlerquellen eine auf obige Daten aufbauende Düngungsempfehlung nur einen globalen Charakter haben kann und daß mit der Entfernung vom Ort der Blattprobenentnahme möglicherweise

Tabelle 277. *Gewicht und Anzahl der Fruchtbündel je Palme (Mittelwerte)*

Nährstoffgaben[1]	Gewicht in lb.						Anzahl					
	1938-40 ⌀	1941	1942	1943	1944	1945	1938-40 ⌀	1941	1942	1943	1944	1945
Asche	28,1	76,6	75,6	137,6	121,3	46,1	3,2	5,2	4,5	6,9	5,4	2,3
P_2O_5	37,2	49,6	18,7	38,1	36,4	23,3	4,1	4,4	1,8	2,8	2,3	2,1
N	33,5	30,5	16,3	21,4	17,7	12,9	3,4	4,4	1,4	1,6	1,2	0,9
ungedüngt	31,3	38,0	17,6	14,0	12,4	7,0	3,8	3,9	1,7	1,8	1,2	0,8
in % gegenüber ungedüngt												
Asche	90	202	430	983	978	659	84	133	265	383	450	288
P_2O_5	119	131	106	272	294	333	108	113	106	156	192	263
N	107	80	93	153	143	184	89	113	82	89	100	113

[1] Asche = Gemisch von verschiedenen Aschen, insgesamt 17 t/acre (entsprechend 90 lb./Palme) während der Jahre 1940, 1941 und 1942
Aschenanalyse I: 0,50% P_2O_5, 4,43% K_2O
II: 0,39% P_2O_5, 1,42% K_2O
P_2O_5 = feingemahlenes Rohphosphat, 32 cwt./acre, ausgebracht 1940 (1 cwt. = 112.0 lb. = 50,8 kg).
N = schwefelsaures Ammoniak, 10 cwt./acre, ausgebracht 1940.

weitere Proben sehr unterschiedliche Werte zeigen werden. Es besteht jedoch kein Zweifel, daß die Untersuchungen der Autoren einen wertvollen Beitrag zum Problem der Ölpalmendüngung liefern.

Auf Grund der verschiedenen ökologischen Verhältnisse ist der Nährstoffbedarf der Ölpalme von Gebiet zu Gebiet unterschiedlich. Ganz allgemein läßt

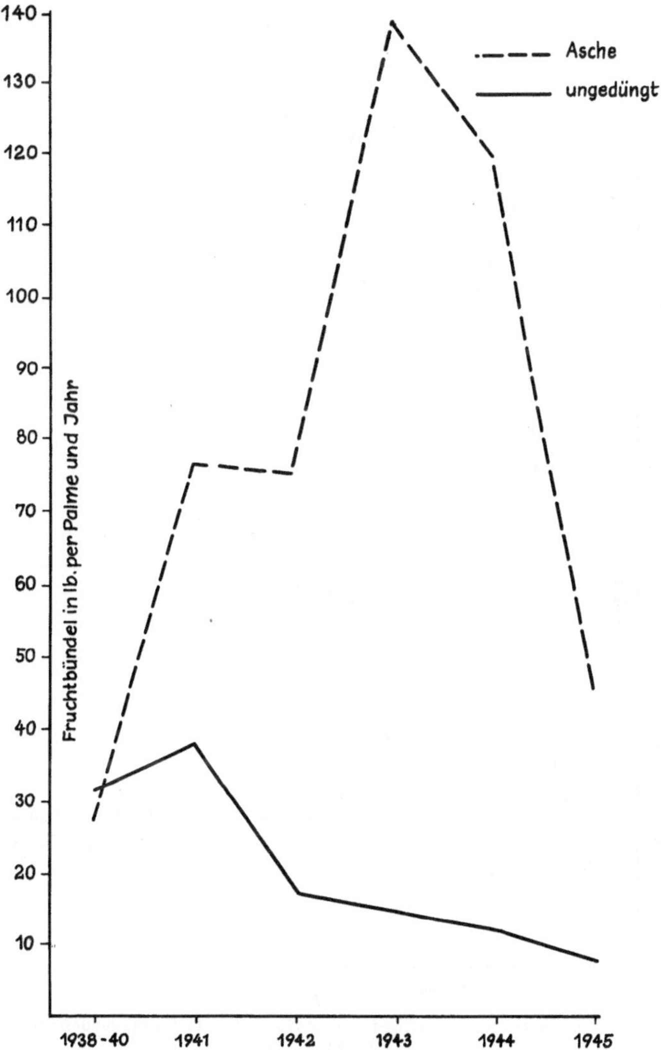

Abb. 170. Auffallender Effekt wiederholter Düngung mit Asche auf das Fruchtbündelgewicht (Aschengabe 1940, 1941 und 1942. Düngungsversuch Nkwele, Nigeria. Nach MAY 1956)

sich sagen, daß in den afrikanischen Verbreitungsgebieten — Elfenbeinküste, Dahomey, Nigeria und dem Kongogebiet — die Böden unter Kalimangel leiden und eine Kaligabe daher den wirkungsvollsten Düngeeffekt zeitigt. Versuche in Malaya hingegen lassen eine bedeutend effektvollere Wirkung der Phosphatdüngung, insbesondere in Kombination mit Stickstoff, erkennen. Auf den Ölpalmpflanzungen in Ostsumatra wurden je nach dem Ursprung der Böden in hellgefärbten, quarzreichen Liparitböden eindeutige Erfolge mit Stickstoff allein erzielt, während auf den älteren rötlichen Liparitböden erst eine NP-Kombination zu höheren Erträgen führte und schließlich auf Böden mit lateritischem Charakter, ebenfalls auf Liparit entstanden, neben Stickstoff und Phosphorsäure erst die Kalidüngung zusätzliche Mehrerträge brachte.

Der ausgesprochene Kalihunger der Ölpalmbestände der afrikanischen Westküste ist auf spezifische Bodeneigenschaften zurückzuführen. Eine besonders

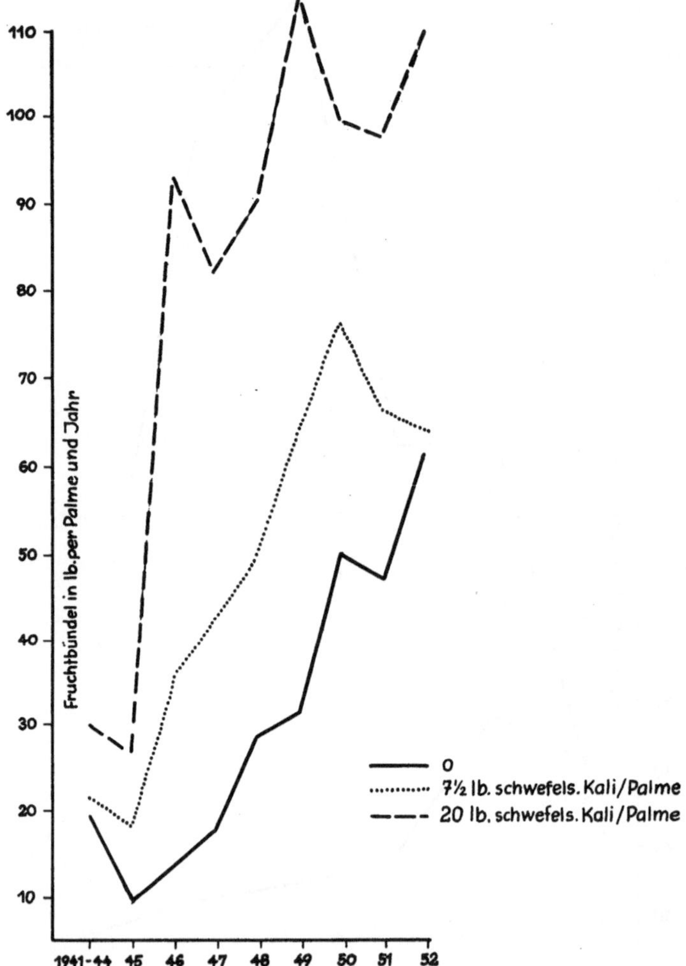

Abb. 171. Anhaltende Nachwirkung einmaliger hoher Kaligaben (Düngungsversuch Nkwele, Nigeria. Nach May 1956)

bemerkenswerte Kaliwirkung wurde in diesen Gebieten bei Ölpalmbeständen, die auf sandigen Böden mit Podsolcharakter wuchsen, beobachtet. May (1956) berichtet von Düngungsversuchen mit Asche auf leichten, sandigen Böden in Nigeria zu neunjährigen Palmen, in denen ganz erstaunliche Mehrerträge bis nahezu 900% erzielt wurden.

Wiederholungsversuche mit 36, 60 und 90 lb. zur Feststellung der optimalen Aschengabe bestätigten, daß erst 90 lb. Asche mit einem Gehalt von etwa 1.5 lb. K_2O je Palme nennenswerte Mehrerträge erzielten. Der Düngungseffekt wurde im allgemeinen erst nach 18 bis 24 Monaten deutlich. Man vermißt bei diesen Untersuchungen, die offenbar auf sehr kaliarmen Böden durchgeführt wurden, NK- und NPK-Parzellen. Die ebenfalls eindeutige Phosphatwirkung läßt bei der Aschendüngung auf einen kumulativen PK-Effekt schließen.

Es ist anzunehmen, daß außer Kali auch weitere Bestandteile der Asche, wie beispielsweise ihr Magnesiagehalt, wirksam waren. Diese Vermutung findet ihre Bestätigung bei der kritischen Beurteilung der Versuchsergebnisse, welche auf dem gleichen Versuchsgelände in Nkwele (Nigeria) mit Kaliumsulfat durchgeführt wurden.

Tabelle 278. *Durchschnittsgewicht der Fruchtbündel je Palme in lb.*

Düngergabe/ Palme[1]	1941–44 ⌀	1945	1946	1947	1948	1949	1950	1951	1952
ungedüngt	19,1	8,9	13,1	17,4	28,5	31,5	50,0	47,4	62,0
7,5 lb. K_2SO_4	20,5	18,2	35,2	42,6	49,5	64,5	76,2	66,7	64,0
20 lb. K_2SO_4	29,8	26,6	93,2	82,2	90,4	113,4	99,7	98,0	110,2
in % gegenüber ungedüngt									
7,5 lb. K_2SO_4	107	204	269	245	174	203	152	141	103
20 lb. K_2SO_4	156	299	711	472	317	360	199	207	178

[1] Die Parzellen erhielten eine Grunddüngung mit Rohphosphat.

Obgleich sehr erhebliche Mehrerträge erzielt wurden, konnten die Ergebnisse der Aschendüngung trotz bedeutend höherer Kaligaben nicht erreicht werden. Interessant ist die anhaltende Nachwirkung der in einmaliger Gabe verabreichten Kalidüngung. Auch die Düngung mit Asche zeigte dieselbe Tendenz. Bei Abbruch der Beobachtungen im Jahre 1945 (Tab. 276) war noch keinesfalls der ertragssteigernde Effekt beendet. Dieser ist allerdings in den nachfolgenden Jahren in steigendem Maße weniger einer direkten Wirkung der gegebenen Elemente als

Tabelle 279. *Steigerungsversuch mit N, P_2O_5, K_2O und Kalk eines alten 24jährigen Bestandes*

Düngergabe/acre	Fruchtbündel in lb./acre[1] Durchschnittserträge		
	1949-52	1953-56	1957
Stickstoff 0	4509	5383	5458
254 kg schwefelsaures Ammoniak	4799	5438	4992
508 kg schwefelsaures Ammoniak	4600	5142	4989
Phosphorsäure 0	4593	5468	5386
254 kg Superphosphat	4602	5251	4860
508 kg Superphosphat	4713	5243	5193
Kali 0	3285	2929	2523
254 kg Kalisalz	5271	6353	5988
508 kg Kalisalz	5353	6680	6928
Kalk 0	4805	5437	5189
508 kg Kalk	4638	5352	5311
1016 kg Kalk	4466	5174	4939

[1] lb./acre × 1,121 = kg/ha.

(Quelle: Sixth Annual Report, WAIFOR, 1959.)

vielmehr ganz allgemein der Kräftigung der Palmen als Folge der Nährstoffgaben zuzuschreiben.

Interessant sind die Ergebnisse folgender in Nigeria vom Institute for Oil Palm Research (WAIFOR) durchgeführter Steigerungsversuche mit Stickstoff, Phosphorsäure, Kali und Kalk zu einem alten Ölpalmenbestand. Die 1925 gepflanzten Palmen wurden einmalig Ende 1948 nach folgenden Richtlinien gedüngt und standen anschließend bis zum Jahre 1957 unter Beobachtung (Tab. 279).

Auch dieser Versuch läßt eine bemerkenswert anhaltende Wirkung der im Jahre 1948 verabreichten Kaligaben erkennen. Die Ergebnisse der anderen Parzellen hingegen sind nicht überzeugend ausgefallen.

Ein von JACOBY (1954) zitierter, in Malaya durchgeführter mehrjähriger Düngungsversuch läßt ebenfalls eine Nachwirkung über mehrere Jahre erkennen. Die Beobachtung der Parzellen erstreckte sich über 6 Jahre. Im ersten und dritten Jahr der Versuchsperiode wurden je Palme 1 lb. schwefelsaures Ammoniak, 3 lb. Superphosphat oder Thomasphosphat und 1 lb. schwefelsaures Kali verabreicht (Tab. 280).

Tabelle 280. *Ölpalmendüngungsversuch in Malaya*

Düngung	1930[1]	1931	1932[1]	1933	1934	1935
	relativer Ertrag					
NPK	83,6	140,1	143,1	154,6	140,4	121,1
PK	66,7	119,2	132,6	133,5	132,6	114,0
P	83,6	143,7	135,9	135,7	148,2	118,4
ungedüngt	100	100	100	100	100	100
	relatives Durchschnittsgewicht der Fruchtbündel					
NPK	101	120	118	121	122	119
PK	85	102	110	110	109	102
P	78	103	106	107	106	103
ungedüngt	100	100	100	100	100	100

[1] Düngergabe im Juli.

Auch für die Ölpalmenkultur der Elfenbeinküste hat sich, wie Versuche auf armen laterisierten Böden in Dabou zeigten, Düngungen mit den Kernnährstoffen N, P_2O_5 und K_2O bewährt. Jährliche Gaben von 0,6 kg Ammonnitrat, 1,0 kg Ammonphosphat und 1,0 kg Chlorkalium oder 1,2 kg Ammonnitrat, 4 kg Kourifos (Rohphosphat) und 1,0 kg Chlorkalium je Palme ergaben Mehrerträge bis zu 200%.

Bei den vielfach enttäuschenden Ergebnissen einer Stickstoff- und Phosphatdüngung mögen Auswaschungsverluste von Stickstoff als Folge zu hoher Einzelgaben und bei Phosphaten die in den Tropenböden häufig beobachtete Phosphorsäurefixierung eine Rolle gespielt haben. Die von FERWERDA (1955) im Kongobassin erzielten signifikanten Mehrerträge durch eine sogenannte „Schockdüngung" mit 10 kg Rohphosphat je Palme weisen in diese Richtung.

Sowohl WILSHAW (1940) als auch HAINES und BENZIAN (1956) aus Westafrika bzw. Malaya bestätigen die überlegene Düngewirkung feingemahlener Rohphosphate gegenüber wasserlöslicher Phosphorsäure in den sauren Böden regenreicher Tropengebiete. In Malaya werden daher auch regelmäßige Gaben von 4 lb. Rohphosphat je fruchttragende Palme empfohlen. Auch Thomasphosphat zeigt einen guten Effekt. Es wurden Mehrerträge von 30 bis 70% erzielt.

Die Wirkung des Phosphats erstreckt sich über 18 Monate, so daß erst nach dieser Zeitspanne eine weitere Gabe von 4 lb. Rohphosphat je Palme auszubringen ist. Die Kalidüngung zeigte hier erst in Verbindung mit Magnesia einen ertragssteigernden Effekt.

Obgleich hohe Kaligaben von 20 lb. schwefelsaurem Kali je Palme (Tab. 278) auf gewissen Böden ökonomisch berechtigt erscheinen, dürfte bei Wiederholungen dieser Gabe in Zeitabständen von weniger als zehn Jahren der K_2O–MgO-Antagonismus infolge Magnesiamangels ertragsmindernd in Erscheinung treten. IGNATIEFF und PAGE (1958) betonen die Bedeutung des K_2O-MgO-Verhältnisses im Hinblick auf die gehemmte Aufnahmefähigkeit von Magnesia bei einem zu weiten Verhältnis dieser beiden Nährstoffe. Im Boden mit niedrigem Magnesiagehalt führen hohe Kaligaben leicht zu einem ernsten Magnesiamangel. Besonders auf leichten, kaliarmen Böden sollte die Kalidosierung nicht zu hoch bemessen werden. Als optimale jährliche Gabe werden 0,4 kg K_2O je Palme empfohlen.

Die Bedeutung der Magnesiaversorgung für die Ölpalme bestätigen die Versuchsberichte von VANDERWEYEN (1952) aus dem Kongo. Signifikante zusätzliche Mehrerträge von 22% und 24% über die Leistungen der NPK-Parzellen wurden durch Gaben von schwefelsaurer Magnesia erzielt. Von der Elfenbeinküste und dem ehemaligen Französisch-Kongo liegen ähnliche Berichte vor. In diesem Gebiet wurde in Etoumbi mit einer Gabe von 250 g schwefelsaurer Magnesia je Palme, die der NPK-Mischung hinzugefügt wurde, nach zwei Jahren ein Ertragszuwachs von 48% erhalten.

In Sumatra wurde das Vergilben der Blätter, welches, von den Spitzen ausgehend, sich zur Achse ausbreitete, als Magnesiamangel erkannt (HARTLEY 1950). Empfohlen wird neben 4 lb. Rohphosphat eine Gabe von 6 lb. Kalimagnesia (Patentkali, 29% K_2O, 10% MgO) je Palme und Jahr. Nach 16 Monaten zeigten die Palmwedel wieder eine gesunde grüne Farbe. Auch eine entsprechende Düngung mit schwefelsaurer Magnesia hatte den gleichen Effekt.

Die eingangs zitierten, örtlich erzielten Erfolge des einen oder anderen Nährstoffes dürfen nicht zu der Schlußfolgerung führen, daß eine einseitige Düngung des zeitlich im Minimum befindlichen Nährstoffes eine Gewähr für kontinuierlich sich wiederholende gute Erträge bietet. Es ist selbstverständlich, daß der Ertragszuwachs, der sich auf diese Weise erzielen läßt, nur kurzfristig sein kann. Wie bei allen Kulturpflanzen gilt auch hier, daß, sobald der im Minimum befindliche Nährstoff einmal auf das Niveau, welches eine ausreichende Ernährung der Pflanze sicherstellt, gebracht worden ist, einer den lokalen Bodenverhältnissen angepaßten vollständigen Ertragsdüngung größte Aufmerksamkeit geschenkt werden muß. Erst diese sichert stetig wiederkehrende ertragsreiche Ernten.

Eine Aufzählung und Beschreibung der einzelnen kulturtechnischen Maßnahmen ertragsfördernder Art würde den Rahmen dieses Beitrages überschreiten. Von grundsätzlicher Bedeutung im Hinblick auf den in den warmen Zonen schnellen Abbau der organischen Substanz ist die Erhaltung und Anreicherung des Humusgehaltes, eine Forderung, die in der Pflanzungspraxis kaum erfüllbar ist. Bei richtiger Handhabung aller humusfördernden Methoden, wie Aussaat und Pflege von Bodenbedeckungs- und Gründüngungspflanzen, Mulchen und Einverleibung aller verfügbaren pflanzlichen Rückstände, wozu in erster Linie die der Palmölgewinnung zu zählen sind, kann unter Voraussetzung günstiger klimatischer Verhältnisse eine Verarmung an organischer Substanz weitgehend vermieden werden.

In intensiv betriebenen Pflanzungen ist, soweit es Niederschlagshöhe und Regenverteilung erlauben, der sorgfältig gepflegte, geschlossene Bestand mit Gründüngungspflanzen oder mit bodenbedeckender, gutartiger, krautiger Vegetation zwischen den Reihen der Palmen eine Selbstverständlichkeit. Die Auswahl der geeigneten Gründüngungspflanzen erfolgt unter Berücksichtigung der lokalen Klimabedingungen und in Anpassung an die Lichtverhältnisse unter den Palmen.

Ölpalmenbestände, die durch krankhaftes Aussehen ihrer Blätter und durch schlaffes Herabhängen der Palmwedel auffielen, zeigten bei der Analyse der Blätter einen außerordentlich hohen Mangangehalt von 4000 bis 5000 p.p.m. Der hohe Mangangehalt, der die Toxizitätsschwelle um ein Mehrfaches überstieg, verursachte eine empfindliche Depression des Kali- und Magnesiagehaltes im Blatt, ohne jedoch den Gehalt an Stickstoff, Phosphorsäure und Kalzium zu ändern. Nach PREVOT (1955) ist die auffallende Anreicherung von Mangan auf die Zerstörung der organischen Substanz und der damit gepaart gehenden Verminderung des Pufferungsvermögens des Bodens zurückzuführen. Um die Beweglichkeit des Mangans einzuschränken, ist neben der Erhaltung der organischen Komplexe der pH-Zustand des Bodens von maßgeblichem Einfluß. Sowohl der Verlust der puffernden Eigenschaften des Bodens durch die Zerstörung der organischen Komplexe als auch die Erhöhung des Säuregrades führten zu einer erheblichen Anreicherung an aufnehmbarem Mangan im Boden.

Eine kritische Betrachtung der Untersuchungsbefunde von PREVOT (1955) läßt im Hinblick auf die auffallende einseitige Kaliwirkung sowohl auf den stark laterisierten Böden als auch auf solchen mit Podsolcharakter der Ölpalmenbestände der Küstengebiete Westafrikas eine gestörte Nährstoffaufnahme vermuten. Eine konsequente Pflege des organischen Bodenmaterials, Auflockerung des Bodens zwecks Verhinderung der Reduktion von Mangan unter anaeroben Verhältnissen und Anhebung des pH-Wertes vorzugsweise mit Dolomitmergel wegen des Magnesiagehaltes und schließlich Vermeidung von physiologisch sauer wirkenden Mineraldüngern sind erfolgversprechende Maßnahmen zur Gesundung des Palmenbestandes.

Auch die von FERWERDA (1954, 1955) im Kongogebiet untersuchten, unter dem Namen „Budrot" (Blattfäule) und „Little Leaf" (Blattstumpfkrankheit) bekannt gewordenen Kronenerkrankungen sind physiologisch bedingt. Sie sind auf Bormangel zurückzuführen. Zweifellos läßt sich auch hier die Ernährungsstörung durch Anreicherung des Bodens mit organischem Material weitgehend beheben.

Über den Einfluß der Düngung auf die Qualität der Ölausbeute liegt noch kein verwertbares Material vor.

Literatur

Anonym: The oil palm. Agricultural Leaflet Nr. 34, Min. of Agric. Federation of Malaya, 1956. — Sixth Annual Report, WAIFOR. Benin/Nigeria 1959.

BELGRAVE, W. N. C.: Oil palm manurial experiments. Mal. Agr. J. **20**, 6, 304–306 (1932). — BLOMMENDAAL, H. N.: De Oliepalmcultuur in Nederlandsch-Indie. Haarlem 1937. — BUNTING, B.: Experiments on the manuring of coconut and oil palms. Mal. Agr. J. **20**, 3, 105–112 (1932). — BUNTING, B., C. D. V. GEORGI und J. N. MILSUM: The oil palm in Malaya. Kuala Lumpur 1934. — BROESHART, H.: The use of foliar analysis in oil palm cultivation. Trop. Agr. Trinidad **31**, 3, 251–260 (1954). — The application of foliar analysis in oil palm cultivation, S. 114. Thesis, Wageningen 1955. — The application of foliar analysis to oil palm cultivation: I. Uptake and distribution of nutrients in mineral-deficient oil palms. Trop. Agr. Trinidad **34**, 3, 238–243 (1957).

CHAPMAN, G. W., und H. M. GRAY: Leave analysis and the nutrition of the oil palm. Ann. Bot. **13**, 415 (1949).

DRUDE, O.: Über die Trennung der Palmen Amerikas von denen der Alten Welt. Bot. Ztg. **34**, 801 (1876).

FERRAND, M., und M. OLLAGNIER: Premiers résultats des essais de fumure minérale sur le palmier à huile à Dabou. Oléagineux **5**, 4, 227–233 (1950). — FERWERDA, J. D.:

Questions relevant to replanting in oil palm cultivation. Thesis. Wageningen: Veenman. 1955.

GEHLSEN, C. A.: Handbuch der tropischen und subtropischen Landwirtschaft. Ölpalme, Bd. I, S. 499. Berlin: Mittler. 1943. — GEORGI, C. D. V.: The removal of plant nutrients in oil palm cultivation. Mal. Agr. J. **19**, 10, 484 (1931).

HAINES, W. B., und B. BENZIAN: Some manuring experiments on oil palm in Africa. Empire J. Exper. Agr. **24**, 94, 137–160 (1956). — HALE, J. B.: Mineral composition of leaflets in relation to the chlorosis and bronzing of oil palm in West Africa. J. Agr. Sci. **37**, 236 (1947). — HARTLEY, C. W. S.: The effect of potassium-magnesium fertilizer on the yield of oil palms on hill quartzite soil. Mal. Agr. J. **33**, 1, 38–41 (1950). — HEURN, F. C. VAN: De Oliepalm. De Landbouw in de Indische Archipel, Bd. II A, S. 526. 's-Gravenhage: van Hoeve. 1948. — HUNGER, F. W. T.: Het oorspronkelijke vaderland van den oliepalm. Oliën, Vetten, Oliezaden. Jubiläumsausgabe, 11, 1926.

IGNATIEFF, V., und H. J. PAGE: Efficient use of fertilizers, S. 218. Rom: Food and Agriculture Organization of the United Nations. 1958.

JACOBY, TH.: Die Ölpalme — Anbau und Düngung. Schriftenreihe über tropische und subtropische Kulturpflanzen, S. 18. Bochum: Ruhr-Stickstoff A.G. 1954. — JACOB, A., und H. v. UEXKÜLL: Fertilizer use, S. 271. Hannover: Verlagsges. f. Ackerbau. 1958.

LEPLAE, E.: Le palmier à huile en Afrique. Bruxelles 1939.

MAAS, J. G. J. A.: Meded. Algem. Proefstation AVROS **15** (1923). — MAY, E. B.: Early manuring experiments on oil palms in Nigeria. J. W. Afr. Inst. Oil Palm Res. **2**, 5, 47–73 (1956).

PREVOT, P.: Fumure potassique au Dahomey. Oléagineux **10** (1955). — PREVOT, P., und M. OLLAGNIER: Peanut and oil palm foliar diagnosis. Interrelations of N, P, K, Ca, Mg. Plant. Physiol. **29**, 26 (1954). — PREVOT, P., et al.: Dégradation du sol et toxicité manganique. Oléagineux **10**, 4, 239–243 (1955).

SCHEIDECKER, D., und P. PREVOT: Nutrition minérale du palmier à huile à Pobé (Dahomey). Oléagineux **9**, 1, 13–19 (1954). — SPRECHER VON BERNEGG, A.: Tropische und subtropische Weltwirtschaftspflanzen, 2. Teil, Die Ölpalme, S. 263. Stuttgart: Enke. 1929.

TEMPANY, Sir H.: The tropics as sources of vegetable oils and fats. World Crops **6**, Nr. 2 (1954). — TRAFTON, MARK JR.: The African oil palm in Honduras. La Lima 1951.

VAGELER, P.: Grundriß der Tropischen und Subtropischen Bodenkunde, 2. Aufl. Berlin: Verlagsges. f. Ackerbau. 1938. — VANDERWEYEN, R.: Notions de culture de l'Elaeis au Congo belge, S. 228. Brussels 1952. — VENEMA, K. C. W.: Ölpalmkultur und Ölpalmböden in Indonesien, Teil I und II, 27/3 und 4. Kali-Briefe. Bern: Internationales Kali-Institut. 1951. — Über die Bedeutung des Sulfatanions bei der Ölpalmendüngung, 27/27. Kali-Briefe. Bern: Internationales Kali-Institut. 1959.

WILSHAW, R. G. H.: Manurial experiments on oil palms. Mal. Agr. J. **28**, 6, 258–275 (1940).

ZELLER, T.: Die Düngungsfrage für die Kultur des Kakao und der Ölpalme in Kamerun. Tropenpfl. **15**, 7, 345–359 (1911).

b) Die Kokospalme

(Cocos nucifera)

Von

C. Heinemann

Die Kultur der Kokosplame ist einige tausend Jahre alt. Doch erst Anfang des 19. Jahrhunderts erschienen die ersten Kokosnußprodukte auf dem europäischen Markt. Um 1820 wurde erstmalig Kokosnußöl von Ceylon nach England verschifft. Das Kokosnußöl hat seitdem einen von Jahr zu Jahr wichtigeren Platz in der Öl- und Fettversorgung der Länder der gemäßigten Zonen eingenommen. Eine noch weit bedeutendere Rolle spielt jedoch die Kokospalme in der Volkswirtschaft ihrer Anbaugebiete. Es gibt wohl keine Kulturpflanze, deren einzelne Teile so vielseitige Verwendung finden wie die der Kokospalme. Sie deckt zunächst praktisch den gesamten Fett- und Ölbedarf. Die Früchte werden zur Bereitung einer Vielzahl von Speisen gebraucht. Das Holz des Stammes findet Verwendung beim Haus- und Schiffsbau sowie beim Bau von Brücken und Wasserleitungen. Die Blätter dienen zum Abdecken der Häuser und zur Herstellung von zahlreichen Flechtwerken. Aus den harten Schalen der Nüsse werden Haushaltsgeräte hergestellt, oder sie dienen der Produktion von hochwertiger Holzkohle. Die faserige Hüllschicht der Nüsse wird zu Tauen, Fischnetzen und Matten verarbeitet. Der Saft der jungen Blütenstände schließlich wird zur Bereitung von Palmwein, Zucker, Essig und Alkohol gewonnen.

1. Heimat und Verbreitung

Die Heimat der Kokospalme ist nicht mit Sicherheit bekannt. Von Martius (1850) und später auch Cook (1910) und andere waren der Meinung, daß die Kokospalme ursprünglich aus Mittel- und Südamerika stammt, wobei als wichtigstes Argument angeführt wird, daß die übrigen Arten der Gattung *Cocos* dort heimisch sind. Nach De Candolle (1883) liegt die Heimat im Gebiet des Malaiischen Archipels, wo die Kultur der Kokospalme mit Sicherheit auf eine Vergangenheit von 3000 bis 4000 Jahren zurückblicken kann, während sie an der Ostküste von Amerika erst durch die Europäer eingeführt wurde und an der Westküste kaum jemals Bedeutung gewonnen hat. Man ist heute eher geneigt, die Heimat der Kokospalme auf den tropischen Inseln in Südostasien, auf denen sich ihr Hauptanbaugebiet befindet, zu suchen.

Die Kulturzone der Kokospalme wird begrenzt von den Wendekreisen. Sie ist im ganzen Tropengürtel heimisch. Allerdings dort auch nur, wo ihr die ökologischen Verhältnisse zusagen. Außerhalb der Tropen gedeiht sie nördlich des Wendekreises in einigen klimagünstigen Landschaften wie in Florida und weiter im Norden bei Los Angeles. Im Süden finden sich noch geschlossene Palmenbestände in Brasilien, in der Gegend von Blumenau, unter dem 27. Grad südlicher Breite, während in Europa die Palme an der Südküste von Portugal unter dem 37. Grad nördlicher Breite noch gedeiht. Eine wirtschaftliche Bedeutung hat die Kokospalme in diesen Gebieten nicht.

Nach Angaben von Reyne (1948) ist selbst im Tropengürtel über den 15. Breitengrad hinaus bereits eine merkbare Verzögerung im Wachstum der Palme festzustellen. So sind beispielsweise die Entwicklungsbedingungen auf den Fidschi-Inseln unter dem 16. bis 19. Grad südlicher Breite weniger günstig als auf den Salomon-Inseln, die nur 6 bis 8 Grad südlich vom Äquator gelegen sind.

Die Ausfuhr von Kokosprodukten, deren wichtigste Kopra, Kokosöl, Kokosfasern und Kokosraspeln sind, konzentriert sich auf die Länder Philippinen, Indonesien, Ceylon, Malaya und das Inselreich von Ozeanien. Alle übrigen Erzeugungsgebiete in Süd- und Mittelamerika sowie in Afrika sind nur mit etwa 10% am Welthandel beteiligt.

2. Entwicklung und zeitlicher Wachstumsverlauf

Zu den Monokotylen gehörend, fehlt bei der Kokospalme das sekundäre Dickenwachstum der Kambiumzellage. Der eigentliche Stamm wird erst sichtbar, wenn der durch die Blattbasen gebildete Scheinstamm 1 bis 1,5 m hoch ist. Zu diesem Zeitpunkt, etwa drei bis vier Jahre nach der Sprossung, hat der Stamm der Palme schon seine endgültige Dicke erreicht. Der Stammdurchmesser wird im Jugendstadium durch die Breite der Scheitelanlage bestimmt. Der Vegetationskegel wird von den Blattbasen schützend umgeben. Aus ihm, der einzigen Knospe während des ganzen Lebens der Palme, entsprießen die gewaltigen Blattwedel und Blütenstände. In der Knospe werden bis zu 30 und mehr Blätter schon zwei Jahre vor der endgültigen Entfaltung angelegt.

Die Kokospalme entwickelt einen schlanken, säulenförmigen, im allgemeinen unverzweigten Stamm, der je nach den Entwicklungsbedingungen während der ersten Jahre einen Durchmesser bis etwa 30 cm erreichen kann.

In den ersten Jahrzehnten bis zu einem Alter von 50 bis 60 Jahren entfalten sich jährlich 14 bis 16 fiederig zerteilte Blätter. Ihre Lebensdauer beträgt zwei bis drei Jahre. Die abgestorbenen Blattwedel hinterlassen auf dem Stamm die für die Kokospalme charakteristischen, einige Zentimeter breiten horizontalen Narben. Eine gesunde ausgewachsene Kokospalme trägt zwischen 25 und 40 gefiederte Blattwedel mit breiten, den Stamm umfassenden Blattstielen. Bei einer Länge von 5 bis 7 m und einer Breite von 1 bis 1,5 m beträgt das Gewicht eines voll ausgebildeten Blattes im Mittel 15 kg. Unter normalen Verhältnissen erreicht die Palme eine Höhe von 30 bis 35 m. Nach etwa 60 Jahren läßt die Produktivität der Palme nach, so daß in Pflanzungsbetrieben spätestens zu diesem Zeitpunkt eine Verjüngung des Bestandes vorgenommen werden muß.

Eine Hauptwurzel fehlt. Am verdickten Fuß des Stammes entwickelt sich strahlenförmig, nach allen Richtungen in den Boden eindringend, ein mit fortschreitendem Alter immer dichteres Netz von Adventivwurzeln. Nach Reyne (1948) beträgt die Zahl der primären Wurzeln 2000 bis 4000 und die Länge der einzelnen Wurzelstränge bis zu 15 m. Die Hauptmasse des Wurzelgeflechtes befindet sich in einer Tiefe bis zu 60 cm. Wenige dringen 2 bis 3 m tief, jedoch keinesfalls bis in den Horizont des stauenden Grundwassers. Das Flechtwerk der Wurzeln erhält durch die Bildung von sekundären und tertiären Wurzeln eine weitere Verdichtung, die zu einer außerordentlich festen Verankerung der Palme beitragen. Wurzelhaare, Ausstülpungen der Epidermiszellen, fehlen ganz. Die Nährstoffaufnahme aus der Bodenlösung beschränkt sich auf eine schmale Zone dicht hinter dem Vegetationspunkt der Wurzeln, wo zugleich mit dem Längenwachstum fortwährend neue Saugwürzelchen entstehen.

Die Blütenstände sprossen seitenständig aus den Blattachseln. Unter günstigen Bedingungen bilden sich entsprechend der Blattzahl 14 bis 16 im Jahr. Ausgewachsen, erreichen sie eine Länge von 1,5 m. Der voll entwickelte Blütenstand besteht aus einer kahnförmigen, nach oben spitz auslaufenden verholzten Blütenscheide (Spatha), aus der eine verzweigte Spindel herausragt. Jede der 20 bis 40 Seitenzweige trägt am unteren Drittel im allgemeinen nur eine 3 bis 3,5 cm große gelblichgrüne weibliche Blüte oder insgesamt je Blütenstand nicht mehr als 20 bis 40 Blüten. Die Zahl der männlichen Blüten ist bedeutend größer. Sie stehen dicht gedrängt bis an die Spitze der Einzelzweige des Blütenstandes. Ihre Zahl schwankt zwischen 200 und 300 je Zweig, so daß jeder Blütenstand 4000 bis 12 000 bis 1,5 cm große, gelblich gefärbte männliche Blüten hervorbringt. Im Gegensatz zu der Ölpalme, bei der die männlichen und weiblichen Blüten auf verschiedene Infloreszenzen verteilt sind, trägt die Kokospalme Blüten beiderlei Geschlechts auf einem Blütenstand. Da jedoch die Blüten zu verschiedenen Zeiten sich öffnen und die männlichen bereits verblüht sind, wenn sich die weiblichen entfalten, erfolgt eine Bestäubung stets mit Pollen eines anderen Blütenstandes desselben oder mit denen eines Nachbarbaumes. Die Bestäubung erfolgt sowohl durch Insekten als auch durch Windübertragung. Eine gesunde Palme entwickelt etwa jeden Monat einen Blütenstand, so daß auf einer Palme alle Entwicklungsstadien bis zur reifen Frucht angetroffen werden. Nur etwa $^1/_4$ bis $^1/_3$ der befruchteten Blüten reifen zur vollentwickelten Frucht aus.

Etwa 13 Monate nach der Öffnung der Blütenscheide ist die Nuß ausgereift. Der Reifezustand ist äußerlich erkennbar an der trockenen Hülle (Exokarp). Zu diesem Zeitpunkt haben die Nüsse ihr höchstes Kopragewicht erreicht. Eine reife Frucht wiegt je nach Varietät 1,5 bis 2,5 kg.

Botanisch gesehen, ist die Kokosnuß eine einsamige Steinfrucht. Sie wird bei den gewöhnlichen großfrüchtigen Sorten etwa 30 cm lang. Die eigentliche Nuß bildet der „Stein". Das „Fruchtfleisch" ist eine bei der Reife 3 bis 5 cm, an der Basis bis zu 10 cm dicke, trockene Faserhülle (Mesokarp). Sie liefert das Handelsprodukt Koir (Kokosfaser). Nach außen ist die Faserhülle von einer glatten, wasserdichten Haut (Exokarp) umgeben. Innerhalb der Faserschicht liegt die 3 bis 6 mm dicke harte Steinschale (Endokarp), in der der Samen (Endosperm), umgeben von einer dünnen, braunen, fest anhaftenden Samenhaut, heranreift. Dem Stielansatz zugekehrt, zeigt die Steinschale drei deutlich sichtbare Vertiefungen, die Keimgruben. Unter der größten entwickelt sich der Keimling während der Bildung des Endosperms. Beim Keimvorgang suchen sich der Keimling und später auch der Sprößling ihren Weg durch das Keimloch und die umgebende Faserschicht.

Das Endosperm, aus dem die Kopra des Handels bereitet wird, ist im Reifezustand 12 bis 15 mm dick. Es ist ausgereift von ölig-knorpeliger Konsistenz und wird erst spät in der reifenden Frucht ausgebildet. Nachdem die Nuß in etwa 7 Monaten ihre endgültige Größe erreicht hat, umschließt die Steinschale einen Raum, der mit etwa 500 cm³ einer fast wasserhellen, süßlich schmeckenden, kohlensäurehaltigen Flüssigkeit angefüllt ist. Aus ihr bildet sich auf Kosten des Zuckergehaltes das Endosperm, welches sich zunächst als weiche, geleeartige Masse und schließlich im Laufe des Reifungsprozesses als zähfester, ölreicher, weißer Wandbelag an der Steinschale ablagert.

Das Nährgewebe einer reifen Nuß besteht nach Boorsma (1910) im Durchschnitt aus

52,5 % Wasser
34,7 % Öl
2,96% Eiweiß
1,6 % Zucker sowie
0,85% Asche.

Das von ihm analysierte Kokoswasser enthielt etwa 4% feste Stoffe, welche zu etwa 50% aus Zucker (Saccharose, Glukose und Fruktose) bestanden.

Über die Zusammensetzung der Frucht gibt Bredemann (1943) folgende Übersicht (Tab. 281).

Tabelle 281. *Zusammensetzung der Frucht großfrüchtiger Sorten*

Gewicht einer Frucht (Kokosnuß)	1000–1500 (750–2200) g
Faserschicht Gewichtsanteil %	30–57
Steinschale Gewichtsanteil %	10–20
Nährgewebe Gewichtsanteil %	18–38
Fruchtwasser Gewichtsanteil %	9–25
Wassergehalt des frischen Nährgewebes der reifen Frucht	etwa 50%
Verlust beim Trocknen des frischen Nährgewebes zur Herstellung der Kopra	etwa 45%
Ölgehalt der Kopra, lufttrocken	etwa 60–70%

Auf einem fruchtbaren Boden beginnt die Palme nach 6 bis 7 Jahren zu tragen und erreicht im 15. bis 20. Jahr ihre volle Ertragsfähigkeit. Die ersten Blüten im 4. oder 5. Jahr führen im allgemeinen nicht zum Fruchtansatz. Bei gut gepflegten Bäumen kann bis zum 60. Jahr mit einer konstanten Produktion gerechnet werden. Darauf sinkt die Ertragskurve wieder, bis etwa im 80. Jahr keine Früchte mehr angesetzt werden.

Abb. 172. Eine Auswahl typischer Varietäten

3. Klima und Boden

Zum guten Gedeihen verlangt die Kokospalme eine gleichmäßige Wärme. Der Jahresdurchschnitt soll mindestens 25° C und das Monatsmittel des kühlsten Monats nicht unter 20° C betragen. Eine Senkung der durchschnittlichen Temperatur von nur wenigen Graden, beispielsweise in Höhenlagen der Tropen, bewirkt nicht nur eine merkliche Hinauszögerung der ersten Ernte um mehrere Jahre, sondern auch eine Verminderung der Ertragshöhe. Beobachtungen von Reyne (1948) in Indonesien ließen erkennen, daß in einer Höhenlage von 600 m die Kokospalme erst im 10. bis 12. Jahr zu tragen anfängt und daß darüber hinaus ein Viertel der Palmen überhaupt keine Früchte ansetzt. In anderen

Höhenlagen wurde ein bedeutend geringerer Ölgehalt und geringeres Gewicht der Kopra gegenüber den Nüssen der Palmenbestände in der Ebene festgestellt.

Wichtiger noch als die Temperatur ist für die Kokospalme der Regenfall und seine zeitliche Verteilung. Auf nicht zu durchlässigen Böden gilt bei guter Verteilung als Minimum eine Niederschlagshöhe von 1200 mm im Jahr. Das Optimum mag unter gleichen Verhältnissen bei 2000 mm liegen. Geringe Niederschläge oder ungünstige Verteilung mit langen zwischenzeitlichen Trockenperioden machen eine Bewässerung notwendig. Trotzdem findet man in Gegenden, wo Trockenzeiten von mehreren Monaten üblich sind, gute Kokospalmenbestände mit hohen Ertragsleistungen. Im allgemeinen stehen diese in Meeresnähe oder am Fuß von Berghängen auf Böden, die durch Zustrom von unterirdischen Quellen einen guten Feuchtigkeitsgehalt aufweisen.

Der Einfluß von Trockenperioden auf den Ertrag ist deutlich folgenden von REYNE (1948) zusammengestellten Erntezahlen zu entnehmen.

Tabelle 282. *Erträge in Abhängigkeit vom Alter der Palme*

Alter in Jahren ...	6	7	8	9	10	11	12	13	14	15	16	17	18
Anzahl reife Nüsse	0,15	16,5	23	17,6	53,5	98	96	99	109	105	71	135	137

Die recht hohen Erträge zeigen im neunten und im sechzehnten Jahr eine deutliche Depression, welche auf längere Trockenperioden zurückzuführen ist. Mehrmonatige Trockenzeiten bewirken ein frühzeitiges Abfallen der alten Blätter, wodurch gleichzeitig Fruchtbündel mit unreifen Nüssen verlorengehen. Die Entfaltung von neuen Blättern und somit auch von Blütenständen wird merklich gehemmt. Dadurch erfährt die Ernte, die auf das Jahr der Trockenheit folgt, eine starke Einbuße. Anhaltende Trockenzeit stört ebenfalls das Jugendwachstum der Nüsse. Die Größe der Nüsse ist bei der Reife bedeutend geringer als in normalen Jahren. Entsprechend unbefriedigend ist die Kopraausbeute.

Auch JAMES (1926) weist auf die Relation Niederschlagsmenge und -verteilung und Größe der Nüsse hin. Günstige Niederschläge geben im darauffolgenden Jahr große und schwere Nüsse. Unzureichende Regenmengen beeinflussen eindeutig negativ die Durchschnittsgröße der Früchte bei der nächstjährigen Ernte.

Es liegt auf der Hand, daß der ungünstige Einfluß von längeren Trockenperioden auf die Ertragshöhe durch wasserkonservierende Kulturmaßnahmen weitgehend eingeschränkt werden kann.

Mehr noch als die absolute Niederschlagshöhe ist die Bodenfeuchtigkeit bei der Kokospalme ertragsbestimmend. Aus diesem Grunde ist auch die Bestimmung der Wasserhaltefähigkeit des Bodens bei der Anlage einer Kokospalmenpflanzung von besonderer Wichtigkeit. Extrem leichte Böden können durch einen hohen Grundwasserspiegel, der jedoch nicht höher als 1 m unter der Oberfläche sein darf, noch befriegende Erträge bringen. Schwere Böden, in denen es zu stauender Nässe kommt, oder gar Sumpfböden sind ungeeignet. Durch Dränagegräben lassen sich Luft- und Wasserhaushalt des Bodens verbessern. Sehr oft werden jedoch die Kosten die Wirtschaftlichkeit der Pflanzung in Frage stellen. Am besten gedeihen die Palmen in nährstoffreichen Alluvialböden in meeresnahen Gebieten oder in angeschwemmten Böden der Flußniederungen. Allerdings sind auch hier bei zu hohem Grundwasserstand Entwässerungsgräben zu ziehen. Besonders geeignet sind auch die Böden aus verwittertem Korallenkalk. Fließendes Grundwasser, eine häufige Erscheinung in Strandnähe oder längs der Flüsse, ist den Wurzeln der Kokospalme zuträglich. Gegenüber einem

Salzgehalt des Bodenwassers bis zu 1% ist die Kokospalme unempfindlich. Auch gelegentliche Überschwemmung mit Meerwasser kann sie ohne Schaden überdauern. Diese Verträglichkeit der Kokspalme gegenüber Kochsalz wurde ursprünglich als Bedürfnis gewertet. Neuere Untersuchungen haben jedoch diese Annahme nicht bestätigt. Ganz allgemein läßt sich sagen, daß die Kokospalme auf allen Böden gedeiht, solange die physikalische Struktur eine ausreichende Durchfeuchtung und einen guten Luft- und Wasserhaushalt zuläßt.

Nach Angaben von VAGELER (1938) findet die Kokospalme ihr Optimum in einem pH-Bereich in der Umgebung des Neutralpunktes. IGNATIEFF und PAGE (1958) geben ebenfalls pH-Werte zwischen 6,3 und 7,5 als günstigste Reaktion des Bodens an.

Über den Wasserverbrauch der Kokospalme liegen nur wenige detaillierte Untersuchungen vor. REYNE (1948) berichtet über die Arbeiten von TULNER in den Jahren 1931 bis 1933 auf der Versuchsstation für Kokospalmen in Menado (Indonesien). Als Optimum erwies sich eine Wasserzuführung durch Beregnung von 5 mm täglich. Je Gramm produzierter Trockensubstanz wurden 415 g Wasser verbraucht. Unter Berücksichtigung der Wurzelsubstanz errechnete sich ein Bedarf von 320 g Wasser. Da diese Beobachtungen an Palmen im Gewächshaus unter einer um 30% geringeren Lichteinstrahlung als auf dem freien Feld gemacht wurden, kommt REYNE (1948) bei seinen Berechnungen des Wasserbedarfs je Gramm produzierter Trockenmasse auf nicht weniger als 600 bis 800 g Wasser unter natürlichen Verhältnissen auf dem freien Feld. Der gesamte jährliche Zuwachs einer ausgewachsenen Kokospalme wird auf etwa 100 kg Trockenmasse geschätzt. Die Untersuchungen von TULNER ergaben für ausgewachsene Palmen eine Transpiration von 1,8 bis 4,2 g je Gramm Blatt und Tag. Bei einem normalen durchschnittlichen Gesamtblattgewicht einer Palme von 100 kg errechnet sich ein Wasserbedarf von 180 bis 420 Liter pro Tag. Unter Zugrundelegung von 200 Liter täglich oder 73000 Liter jährlich ergibt sich bei einer Trockenmasse von 100 kg ein Verhältnis Trockenmasse zu Wasserverbrauch von 730. Zur Erzeugung von 1 kg Trockensubstanz werden demnach 730 kg Wasser benötigt. Eine recht hohe Menge, wenn man bedenkt, daß bei den hohen Verdunstungs- und Versickerungsverlusten in den Tropen kaum mehr als 20 bis 25% der Regenmenge den Pflanzen zur Verfügung stehen. Wenn daher, wie weiter oben ausgeführt, eine Niederschlagsmenge von 1200 mm als Minimum zu gelten hat, so ist nochmals zu betonen, daß weniger die absolute Regenhöhe als vielmehr der gespeicherte Wasservorrat im Boden von ausschlaggebender Bedeutung ist.

Bei der Ausnutzung des Wasservorrates im Boden steht der Kokospalme ein reichverzweigtes Wurzelnetz zur Verfügung. Die Förderung des Wurzelwachstums durch Bodenbearbeitung und Düngung sowie die Verbesserung der Wasserhaltefähigkeit des Bodens zählen daher zu den wichtigsten kulturtechnischen Maßnahmen im Pflanzungsbetrieb der Kokospalme.

Zur Regulierung der Wasserversorgung besitzt die Kokospalme Gelenk- oder Wasserzellen an der Unterseite der gefiederten Blätter. Bei einer Transpiration des Blattes, die den Zustrom von Wasser übersteigt, geben die Zellen Wasser ab, schrumpfen und bewirken ein Zusammenklappen der Blattspreiten. Umgekehrt, bei ausreichender Wasserversorgung, werden die Zellen wieder turgeszent und fest, und die Fiederhälften heben sich.

Die Kokospalme ist eine lichthungrige Pflanze. Im Schatten anderer Bäume kümmert sie. Erst wenn ihre Krone die Nachbarpflanzen überragt und im vollen Sonnenlicht steht, kann sie sich normal entwickeln. Dem Lichtbedürfnis der Palme wird am besten an Meeresküsten, wo der Konkurrenzkampf mit anderen Bäumen gering ist, und längs Flußufern entsprochen. Die Auffassung, daß die

Palme von der Seebrise umweht werden will, deutet SPRECHER VON BERNEGG (1929) einleuchtend dahingehend, daß die durch Wind verursachte erhöhte Wasserverdunstung die Saftzirkulation intensiviert und damit auch die Nährstoffzufuhr.

4. Durchschnittliche Erträge und Nährstoffentzugszahlen

In Abhängigkeit von den Varietäten und weiteren Faktoren wie Klima, Boden, Pflegemaßnahmen und Nährstoffversorgung sind die Ertragszahlen recht unterschiedlich. Eine in der Praxis bewährte Faustzahl besagt, daß eine zehnjährige Palme 50 bis 75% ihrer Ertragsfähigkeit erreicht hat. Unter günstigen Boden- und Klimaverhältnissen ist die volle Produktion im Alter von 15 bis 20 Jahren erreicht. Erst in diesem Alter werden jährlich entsprechend den entwickelten Blättern 12 bis 16 Fruchtstände ausgebildet. Da jedoch von den 20 bis 40 weiblichen Blüten nur etwa 25% fruchten, kann je Fruchtstand nur mit 5 bis 10 oder bei einer volltragenden Palme mit 60 bis 160 Nüssen gerechnet werden.

SPRECHER VON BERNEGG (1929) vermittelt auf Grund von Durchschnittsernten Ertragszahlen aus verschiedenen Ländern (Tab. 283).

Tabelle 283. *Durchschnittliche Erträge je Palme/Jahr verschiedener Anbaugebiete*

Ceylon	
bei mittlerer Nußgröße (12 Fruchtstände je 5 Nüsse)	60 Nüsse
Java	
bei kleinerer Nußgröße	80 Nüsse
Java	
bei mittlerer Nußgröße	50 Nüsse
Neu-Guinea	50—60 Nüsse
Sansibar	40 Nüsse
Indochina	
bei engem Stand (250 bis 300 Palmen/Hektar)	20— 30 Nüsse
auf schlechtem Boden	15— 20 Nüsse
auf gutem Boden oder bei reicher Düngung	80—100 Nüsse
bei einzelstehenden, gut gedüngten Palmen	200—300 Nüsse

Weitere interessante Produktionszahlen zitiert SPRECHER VON BERNEGG (1929) nach Ermittlungen von PRUDHOMME (1906) (Tab. 284).

Tabelle 284. *Verschiedene Produktionsstufen eines Pflanzungsbetriebes mit einem Bestand von 156 Palmen/Hektar*

	Nüsse je Palme	Nüsse je Hektar	Kopra kg	Öl kg	Ölkuchen kg	Koir kg
Junge Palmen (7 bis 15 Jahre)	15—20	2340—3120	425— 567	255—340	170—227	175—234
Volltragende Palmen I	40—50	6240—7800	1134—1418	680—850	454—738	468—585
Volltragende Palmen II	100	15600	2836	1700	1136	1170

In einem weiten Pflanzverband von 100 bis 120 Palmen je Hektar kann vom 15. Jahr mit einer Kopraernte von 10 kg je Baum und Jahr gerechnet werden. In gut geleiteten Pflanzungen sind Ernten von 20 kg Kopra je Palme keine Seltenheit.

Ist das Produktionsziel einer Pflanzung Kopra bzw. Öl, muß größter Wert auf den Reifezustand der Nüsse gelegt werden. Erst bei reifen Früchten hat sich das Endosperm voll entwickelt. Zu diesem Zeitpunkt ist die günstigste Kopraausbeute zu erwarten. Untersuchungen in Indonesien ergaben, daß von Nüssen, welche $12^1/_2$ bis $13^1/_2$ Monate nach dem Öffnen der Blütenscheide geerntet wurden, die größte Kopraausbeute erzielt wurde. Steht andererseits die Faserernte (Koir) im Vordergrund, wie beispielsweise sehr oft in Ceylon, so beginnt die Ernte schon nach $11^1/_2$ bis $12^1/_2$ Monaten, wenn die Frucht bzw. die äußere Hülle (Exokarp) zum Teil noch grün ist. Die Nüsse selbst werden dann noch etwa einen Monat zum Nachreifen ausgelegt und anschließend geöffnet und auf Kopra verarbeitet.

Tammes (1940) untersuchte in Indonesien den Einfluß verschiedener Faktoren auf die Kopraausbeute. Aus 235 Blütenständen erreichten 8,3% der Nüsse nach 12 Monaten, 49% nach 13 Monaten, 37,5% nach 14 Monaten und 5,2% erst 15 Monate nach dem Aufspringen der Blütenscheide die Vollreife. Als Kriterium der Reife gilt der Zeitpunkt, an dem Hülle und Faserschicht gänzlich trocken sind. Früchte, die zum Teil oder noch ganz grün sind, ergeben eine um 15% geringere Kopraausbeute. Bei einem durchschnittlichen Fruchtfleischgewicht einer großfruchtigen Kokospalme von 300 g und je Nuß einem Gewichtsverlust bei der Koprabereitung von $33^1/_3$% beträgt die Kopraausbeute je Nuß 200 g.

Eine ausgewachsene Kokospalme hat einen Kronendurchmesser von etwa 9 m. Da die Blätter nicht im Schatten der Nachbarpalmen stehen sollen, ergibt sich als bester Pflanzverband ein Abstand von 9 m voneinander, wobei dem Dreiecksverband wegen der besseren Flächenausnutzung — 143 gegenüber 123 Palmen je Hektar — der Vorzug zu geben ist. Unter normalen Verhältnissen sind von einer in vollem Ertrag stehenden Palme 60 Nüsse jährlich oder 12 kg Kopra bzw. von einer im Dreiecksverband von 9 m angelegten Pflanzung 1700 kg Kopra je Hektar zu erwarten. Bei einem Ölgehalt von 65% somit etwa 1100 kg Kokosöl je Hektar.

Galang (1955) berichtet aus ertragsreichen Gebieten in den Philippinen von einer durchschnittlichen Ernte von 64 bis 70 Nüssen je Palme und Jahr. Im Pflanzungsverband werden je nach dem vorherrschenden Typ aus 3500 bis 5600 Nüssen 1000 kg Kopra und aus etwa 7500 Nüssen 1000 kg Öl gewonnen. Für die Erzeugung von 1000 kg Kokosraspeln, einem für die Philippinen wichtigen Exportprodukt, werden 5000 Nüsse benötigt.

Reyne (1948) bezeichnet für einen geschlossenen Bestand einen Ertrag von 10 kg Kopra je Palme für die Verhältnisse in Indonesien als befriedigend. Unter Voraussetzung eines normalen Pflanzverbandes von 125 bis 150 Palmen je Hektar beträgt demnach die Ernte 1250 bis 1500 kg Kopra.

Nach Angaben von Cooke (1932) aus Ceylon konnten bei guter Bodenbearbeitung und Düngung an der Westküste von Ceylon Durchschnittserträge von 75 bis 100 Nüssen je Palme oder 2 bis 2,3 t Kopra je Hektar erzielt werden.

In Mozambique wurden nach Child (1955) von einem Pflanzungsareal von über 3 Millionen Palmen 44,2 Nüsse je Palme im Jahre geerntet. Je nach den Niederschlagsverhältnissen ergaben 5500 bis 6200 Nüsse 1000 kg Kopra.

Aus Malaya schließlich berichtet Jack (1929) von einem Mittel von 1350 kg Kopra per Hektar für gut geleitete Pflanzungsbetriebe.

Da eine vegetative Vermehrung bei der Kokospalme nicht möglich ist und die Fortpflanzung durch Kreuzungsbestäubung als der Normalfall anzusehen ist, zeigen die Palmenbestände im allgemeinen eine bunte Mischung verschiedener Typen. Eine kritische Untersuchung der zahllosen Kokospalmvarietäten fehlt.

Boldingh (1924) klassifiziert die Palmen nach ihrer Kopraproduktion und unterscheidet hierbei drei Typengruppen:

niedrige Produzenten mit 100 bis 150 g
mittlere Produzenten mit 150 bis 300 g und
hohe Produzenten mit 300 bis 500 g Kopra je Nuß.

Eine im südostasiatischen Raum häufig vorkommende Varietät „Kalapa bali" (var. *macrocarpa* Blume) gehört zur letzten Gruppe. Ihre großen Früchte zeichnen sich durch hohen Endospermgehalt aus. Der geringe Fruchtansatz dieser Varietät entsprach nicht den zunächst gehegten hohen Erwartungen, so daß seitens der Pflanzerwelt diesem Typ nur noch wenig Interesse entgegengebracht wird. Auch die zur ersten Gruppe gehörenden kleinfrüchtigen und

Abb. 173. Reichtragende frühreife Palme (Zwergtypus)

frühreifen Zwergtypen, „Kalapa gading" (Indonesien), „King coconut" (Ceylon), „Coco Niño" (Philippinen) unter anderem haben enttäuscht. Ihre bemerkenswerte Frühreife mit einem ersten Fruchtansatz im dritten oder vierten Jahr gegenüber sieben Jahren bei den hohen Palmen, die reiche Fruchttracht und die geringe Höhe des Stammes, was eine bedeutende Kostenersparnis und Erleichterung der Erntearbeiten bedeutet, wiegen die Nachteile, nämlich geringe Kopraausbeute von nur 100 bis 150 g je Nuß, frühes Altern und die Unbeständigkeit der Fruchttracht bei älteren Beständen sowie die Anfälligkeit gegenüber Krankheiten nicht auf. Sowohl aus Malaya als auch aus Indonesien berichtet die Praxis von enttäuschenden Erfahrungen. Für die Versuchsstationen eröffnen sich hier zweifellos Möglichkeiten durch Auslese von geeigneten Zwergtypen und Kreuzung mit hochstämmigen Palmen günstige Eigenschaften von Repräsentanten beider Typen zu vereinen. Es bedarf allerdings zunächst noch eingehender Studien zur Feststellung jener Eigenschaften, welche auf Erbanlagen zurückzuführen sind. Die rezenten erfolgversprechenden Arbeiten des Coconut Research Institute in Ceylon bewegen sich in dieser Richtung.

Studien von GEORGI und TEIK (1932) an 16 bis 30jährigen Palmen, die in einem relativ weiten Verband von 124 Palmen je Hektar standen, vermitteln folgende Nährstoffentzugszahlen (Tab. 285).

Tabelle 285. *Jährlicher Nährstoffentzug durch Blätter, Blütenstände und Nüsse von 124 Kokospalmen je Hektar in kg*

Nährstoffe	Blätter (14 à 8 kg/Jahr)	Blütenstände (12 à 1 kg/Jahr)	Nüsse 60 à 1,8 kg/Jahr	Total	Min.	Max.
N	36	3	35	74	62	88
P_2O_5	14	1	15	30	22	43
K_2O	39	12	86	137	97	200
CaO	15	0,6	2	17,6	5	31
MgO	24	2	6	32	9	52

JACOB und v. UEXKÜLL (1958) zitieren die Untersuchungen von ECKSTEIN und Mitarbeiter (1950), wonach mit den Ernteprodukten eines Palmenbestandes jährlich 81 lb. N, 36 lb. P_2O_5 und 117 lb. K_2O je acre bzw. 91 kg N, 40 kg P_2O_5 und 131 kg K_2O je Hektar entzogen werden.

Berechnungen von SAMPSON (1923), von SPRECHER VON BERNEGG (1929) angeführt und ergänzt, basieren auf einem jährlichen Ertrag von 128 Nüssen von 16 Fruchtbündeln zu je 8 Nüssen (Tab. 286).

Tabelle 286. *Nährstoffentzugszahlen tragender Kokospalmen*

	je Palme mit 128 Nüssen		je Hektar mit 100 Palmen à 128 Nüssen	
	jährlich in g	30jährige Palme nach 22 Erntejahren in kg	jährlich in kg	30jähriger Bestand nach 22 Erntejahren in kg
N	877,40	19,3	87,7	1129
P_2O_5	127,10	2,8	12,7	279
K_2O	627,16	13,8	62,7	1379
CaO	140,10	3,1	14,0	308
MgO	112,27	2,5	11,2	246

Ältere Angaben von WALKER (1906) vermitteln neben den Entzugszahlen der Nußernte auch den Nährstoffverbrauch der Blätter (Tab. 287).

Tabelle 287. *Jährlicher Nährstoffentzug einer in engem Verband stehenden Pflanzung*

	Je Palme in g			Je Hektar mit 173 Palmen in kg		
	40 Nüsse	16 Blätter	Total	7000 Nüsse	2768 Blätter	Total
N	343	183	526	59,43	31,69	91,12
P_2O_5	97	142	239	16,73	24,65	41,38
K_2O	350	432	782	60,55	74,82	135,37

Die verschiedenen Berechnungsgrundlagen, die den einzelnen Autoren dienten, sowie die jeweils örtlich variierenden Bedingungen führten naturgemäß zu recht unterschiedlichen Ergebnissen. Sie lassen jedoch einheitlich einen erheblichen Nährstoffbedarf der Kokospalme insbesondere an Stickstoff und Kali erkennen.

5. Düngungsmethoden

Während bei gewissen tropischen Kulturen wie Zuckerrohr, bewässerter Baumwolle, Bananen und Tee eine Düngung im allgemeinen zu erheblichen Mehrerträgen führt, ist die Reaktion anderer Kulturpflanzen der warmen Zonen auf die Düngergabe oft enttäuschend. Eine ganze Reihe von Faktoren kann hierbei

Abb. 174. Demonstration der Düngerausbringung bei der Kokospalmen-Versuchsstation in Ceylon

ursächlich zusammenwirken, ohne daß bisher im einzelnen die Gründe befriedigend geklärt werden konnten. Selbst Böden, in denen auf Grund von Untersuchungen ein Mangel an wurzellöslichen Nährstoffen festgestellt wurde, zeigen bei entsprechender Nährstoffzufuhr oft nicht den erwarteten Effekt. Andere ertragsmindernde Faktoren wie Fixierung der gegebenen Nährstoffe im Boden, Wassermangel, ungünstige Lichtverhältnisse, unzweckmäßige Kulturmethoden, Krankheiten und schließlich ein heute noch erstaunlich oft vernachlässigter Faktor bei der Beurteilung der zu erwartenden Düngerwirkung, nämlich das auf Erbanlagen beruhende begrenzte Ertragspotential, hemmen bzw. limitieren den Düngeeffekt. Komplizierend beeinflußt die mutmaßliche Wirkung der Düngung, insbesondere bei den langlebigen Baumkulturen mit ihren über Hunderte von Quadratmetern und oft in große Tiefen hinabreichenden Wurzeln, der sehr viel intensivere Verwitterungsvorgang, dem das Mineralkapital des Bodens unter tropischen Klimaverhältnissen ausgesetzt ist.

Eine Düngung der Kokospalme wird unter normalen Umständen erst nach 12 bis 18 Monaten einen sichtbaren Effekt zeigen. Die Wirkung kann bei Berücksichtigung gewisser Ausbringungsmethoden maßgeblich verstärkt werden. Entscheidend ist hierbei die Kenntnis der Wurzelverteilung. Diese ist am dichtesten im engeren Kreis bis zu 2 m Abstand vom Stamm. Die Ausbringung des Düngers erfolgt daher am besten ringförmig in nicht zu weitem Abstand von der Stammbasis. Durch die Verteilung auf eine geringe Oberfläche verengt sich das Verhältnis Boden zu Düngungsmaterial, was insbesondere bei der Düngung mit leichtlöslichen Phosphaten, im Hinblick auf die in sauren tropischen Böden häufig auftretende Fixierung der Phosphorsäure zu schwerlöslichen Eisen- und Aluminiumphosphaten, wichtig ist. Auch die Auswaschungsgefahr der Stickstoffdüngung wird durch die Ausbringung in die Nähe des Stammes verringert, da im Umkreis der Stammbasis der Boden etwas höher liegt als zwischen den Palmen. Selbstverständlich wird der Gefahr der Nährstoffverluste, sei es durch Auswaschung von Stickstoff oder durch Fixierung der Phosphorsäure, ebenfalls begegnet durch eine Dosierung der Düngergabe. Grundsätzlich werden die Mineraldünger in den oberflächlich aufgelockerten Boden eingearbeitet und dieser dann mit Mulchmaterial abgedeckt. Eine Oberflächendüngung stimuliert den nach oben gerichteten Wuchs feiner Wurzeln, was bei Trockenperioden zu einem Absterben der für die Ernährung der Palme wichtigen Würzelchen in den durch Sonneneinstrahlung erhitzten oberen wenigen Zentimetern des Bodens führt.

Die erste Düngung erhalten die jungen Palmen nach der Umpflanzung von den Keimbeeten im Alter von 6 bis 8 Monaten, wenn sich 3 bis 4 zunächst noch ungefiederte Blätter entwickelt haben. Die vorbereiteten Pflanzgruben werden mit Mutterboden, der mit gut verrottetem Stallmist (30 bis 40 Liter) angereichert ist, gefüllt. Überdies erhält jede Pflanzstelle im ersten Jahr eine Stickstoffdüngung von 60 bis 80 g N, auf vier Gaben über das Jahr verteilt. Phosphat- und Kalidüngung sowie Gaben von Kalk und Magnesium sind entsprechend den lokalen Bodenverhältnissen zu geben. Eine regelmäßige Lockerung des Bodens um die jungen Pflanzen und Abdeckung mit einer Mulchlage als Schutz gegen Austrocknung hat sich als sehr wachstumsfördernd erwiesen.

Düngungserfahrungen in Ceylon lehren, daß durch eine reichliche Nährstoffversorgung der jungen Palmen das unproduktive Jugendstadium bedeutend verkürzt werden kann. Während bei ungedüngten Palmen erst im Alter von acht Jahren die ersten Früchte ausreiften, wurden von regelmäßig gedüngten Parzellen im 6. und oft schon im 5. Jahr die ersten Nüsse geerntet. Zur Förderung des Jugendwachstums empfiehlt SALGADO (1951) eine Mischung aus 2 Teilen schwefelsaurem Ammoniak, 2 Teilen Superphosphat und 3 Teilen Chlorkalium. Von dieser Mischung erhalten die Palmen

im 2. Jahr	1,5 lb.,
im 3. Jahr	2,0 lb.,
im 4. und 5. Jahr	2,5 lb. und
in den folgenden Jahren	3,0 lb.

Zweifellos läßt sich die wachstumsfördernde Wirkung der Mischung durch einen Zusatz von Nitratstickstoff noch steigern, wobei allerdings unter Berücksichtigung der tropischen Niederschlagsverhältnisse der Nitratanteil nicht zu hoch zu bemessen ist. Bei Verwendung äquivalenter Mengen des konzentrierten Ammonsulfatsalpeters mit 26% N wird der Stickstoff zu 25% in der schnell wirkenden Form des Nitrats und zu 75% in der mehr anhaltend wirkenden Form des Ammoniaks angeboten. Zur Verringerung der Auswaschungsgefahr und des Risikos der Festlegung der Phosphorsäure ist jedenfalls eine Aufteilung der empfohlenen Mengen auf zwei bis drei Gaben im Jahr zweckmäßig.

Für volltragende Palmen zitieren Jacob und v. Uexküll (1958) Düngungsempfehlungen von Fedon und Bain zu bewässerten und unbewässerten Palmen, welche auf in Venezuela gemachten Erfahrungen fußen (Tab. 288).

Tabelle 288. *Düngungsempfehlung für tragende Palmen* (nach Fedon und Bain)

	Düngergaben je ha/Jahr in kg			Reinnährstoffe je Palme/Jahr in g	
	bewässert	unbewässert		bewässert	unbewässert
schwefelsaures Ammoniak ...	200	150	N	250	188
Superphosphat ..	75	50	P_2O_5	80	55
schwefelsaures Kali	150	200	K_2O	500	666

Die sehr niedrig gehaltenen Phosphatmengen sind zweifellos auf Grund der örtlich guten Versorgung des Bodens errechnet worden und dürften für eine weiträumigere Empfehlung zu gering sein. Bekanntlich ist die Ausnutzung der mit dem Dünger verabreichten Phosphorsäure erheblich geringer als die von Stickstoff und Kali. Sie beträgt im ersten Düngejahr ohne Berücksichtigung der oft maßgeblichen Nachwirkung für mineralische Phosphorsäure kaum mehr als 20%. Unter normalen Bodenverhältnissen, d. h. bei einem Boden, der sich nicht ausdrücklich als phosphorsäurearm ausweist, kann bei Kopraproduktion unter Voraussetzung der Rückführung der Rückstände für eine mittlere Ernte von 1000 kg Kopra je Hektar eine Düngung von 300 kg Superphosphat (18%) je Hektar für ausreichend erachtet werden.

Jacob und v. Uexküll (1958) geben als allgemeine Richtlinien für die zu bemessende Höhe der Düngergaben folgende Werte (Tab. 289).

Tabelle 289. *Jährliche Nährstoffgaben für tragende Palmen*

	je Palme in Gramm	je Hektar von 150 Palmen in kg
N	200—400	30— 60
P_2O_5	250—500	36— 72
K_2O	400—750	60—110

Während in den ersten Jahren das Jugendwachstum der Palme durch reichliche Stickstoffgaben gefördert werden kann, ist etwa vom vierten Jahr eine zu sehr betonte Stickstoffdüngung abzuraten. Diese würde die Entwicklung der vegetativen Organe der Palme auf Kosten der Blüten- und Fruchtbildung einseitig begünstigen.

Zur Förderung der generativen Phase sind entsprechende Phosphatmengen zu geben. Die Höhe der Phosphatgabe richtet sich nach dem im Boden befindlichen, für die Wurzeln nutzbaren Phosphorsäurevorrat. Unter normalen Verhältnissen wird eine Phosphorsäureersatzdüngung in gleicher Höhe wie die Stickstoffgabe, d. h. ein N/P_2O_5-Verhältnis von 1:1 ausreichend sein. Bei der häufigen lateritischen Verwitterung der Böden in feuchtwarmen Tropenzonen ist die Eigenart dieser Böden, die Phosphorsäure in schwer lösliche Phosphate festzulegen, zu beachten. Auf dergleichen Böden ist die Phosphatgabe um 25 bis 50% zu erhöhen. Ferner ist die Phosphatdüngung, soweit es sich um wasserlösliches Superphosphat handelt, in mehrere Gaben aufzuteilen und ringförmig um den Stamm 20 bis 30 cm tief bis in die Nähe der Hauptwurzelmasse unterzugraben.

Zahlreiche Versuche haben erwiesen, daß die Kokospalme für reichliche Kaligaben dankbar ist. Schon im Jugendstadium ist, den verfügbaren Kalivorräten des Bodens angepaßt, für eine ausreichende Kaliernährung zu sorgen. Sie fördert die Ausbildung der Holzzellen, was der Wasserversorgung der Palme und somit dem allgemeinen Wachstum zugute kommt. Ebenso wie die Stickstoffdüngung verkürzt sie das unproduktive Jugendstadium. Ein gewichtiges Moment ist ferner die größere Resistenz der ausreichend mit Kali versorgten Palmen gegenüber parasitären Schädlingen. Sehr oft, insbesondere in Böden, die arm an Tonkomplexen sind, in Sand- und Lateritböden, wird sich die Notwendigkeit ergeben, durch höhere, auf mehrere Teilgaben dosierte Kalizufuhren den Kalihaushalt des Bodens zu verbessern. In gesunden Beständen ist die Kaligabe um 50% höher als die Stickstoff- und Phosphorsäuremengen zu bemessen, so daß unter normalen Verhältnissen die Dosierung der Kernnährstoffe das Verhältnis 1:1:1,5 ausweisen wird.

In größeren Pflanzungsbetrieben in Ceylon wird wiederholtes Eggen während Trockenperioden und Schälen des Bodens zu Anfang der Regenzeit empfohlen. Auf anderen Betrieben, offenbar auf durchlässigen Böden mit gutem Wasserhaushalt, zeigte eine Bodenbearbeitung zwischen den Pflanzreihen keinen Effekt. Entscheidend ist bei der Frage, ob eine intensive Bearbeitung der ganzen Bodenfläche zwischen den Palmen, wobei die Vernichtung des wasserzehrenden Unkrauts ebenfalls eine günstige Nebenwirkung ausübt, erforderlich ist, der Faktor Wasser.

Über die Düngung der Kokospalme liegen zahlreiche Berichte von Düngungsversuchen vor, die zum Teil erstaunliche Mehrerträge aufweisen. Es sind vornehmlich, wie die Untersuchungen auf der Versuchsplantage Kasaragod in Indien deutlich machten, die schlechten Produzenten unter den Palmen, die günstig auf eine Düngung ansprachen (Patel 1938). Während die gut tragenden Palmen mit durchschnittlich 80 Nüssen nicht auf die Düngung reagierten, gaben die mittleren Produzenten mit 30 bis 50 Nüssen einen Mehrertrag von 26,8% und die schlechten mit weniger als 30 Nüssen einen Ertragszuwachs von 145%. Vermutlich hatten die gut tragenden Palmen mit 80 Nüssen ihre Ertragsgrenze erreicht, so daß mit einer Düngung keine weitere Steigerung zu erzielen war. Als wirtschaftlich günstigste Gabe wurden 1,35 kg schwefelsaures Ammoniak, 2,25 kg Superphosphat und 0,45 kg schwefelsaures Kali je Palme und Jahr ermittelt.

Neben Stallmist hat sich als wirtschaftlich vorteilhafte Düngung die kalireiche Asche der Faserhüllen, welche oft als Brennmaterial für die Koprabereitung benutzt werden, erwiesen. Auch bei jungen, noch nicht fruchtenden Palmen zeigte die Asche schon nach wenigen Monaten einen günstigen Effekt, welcher besonders auffallend war an den jungen, sich gerade entfaltenden Blättern. Soweit die Asche zur Verfügung steht, was selbstverständlich nur für diejenigen Betriebe gilt, in denen die Kokosfaser nicht zu Koir verarbeitet wird, kann für leichte, sandige Böden 20 bis 40 Liter trockene Asche je nach Alter der Palme empfohlen werden. Die Asche enthält neben etwa 30% K_2O noch 2% P_2O_5.

Eine interessante Methode zur Erhaltung der Bodenfruchtbarkeit wird seit Jahren mit gutem Erfolg auf Großplantagen in Portugiesisch Ostafrika, in deren Umgebung ausreichend Weideland zur Haltung von großen Rinderherden vorhanden ist, angewandt. Auf den dort überwiegenden Sand- und lehmigen Sandböden führte die Dungversorgung zu einer merklichen Verbesserung der Ertragsfähigkeit des Bodens. Bewährt haben sich hierbei das Pferchen einer Gruppe von etwa 100 Rindern für eine Nacht in einer Umzäunung, welche 6 Palmen umschließt, und das Unterpflügen der Kotmassen nach Verteilung über die ganze Fläche am nächsten Tage. Eine Art überdachten Standpferchens in der Nähe des abzudüngenden Pflanzungsabschnitts, mit täglich reicher Stroh- und Graseinstreu zur Abdeckung der Kotmassen, hat ebenfalls gute Ergebnisse erzielt. Die Strohdungmasse wird dabei von den gepferchten Rindern fest zusammengetreten. Der auf diese Weise gewonnene Pferchmist wird nach 4 bis 6 Monaten in der Plantage ausgebracht. Bei ausreichender Beschickung mit Stroh und anderem pflanzlichem Material werden je ausgewachsenes Rind 5 t Pferchmist erzeugt. Diese Menge ist ausreichend zur Abdüngung von 100 Palmen mit je 50 kg. Der Pferchmist wird entweder kreisförmig um die Palmen 15 bis 20 cm tief eingegraben oder in langen Furchen zwischen den Palmreihen eingepflügt. Es liegt auf der Hand, daß eine solche günstige Versorgung des Bodens mit organischem Material nur unter besonderen, lokal bedingten Verhältnissen möglich ist.

Ohne Zweifel läßt die Produktivität der Palmen im Laufe der Jahre nach und selbst auf besten ertragsfähigen Böden wird sich ohne Ersatzdüngung ein Nachlassen der Erträge nach 25 bis 30 Jahren bemerkbar machen. Die Entzugszahlen lassen erkennen, daß ganz bedeutende Nährstoffmengen im Boden vorhanden sein müssen, um eine gesunde Entwicklung der Kokospalmen und langjährige reiche Ernten sicherzustellen.

Bestimmend auf die Menge und Art der Düngung wirkt sich die Produktionsart aus. Wird die Kopra nicht nach außerhalb verkauft und am Ort zu Öl verarbeitet, so ist der Nährstoffverlust bei sorgfältiger Rückführung aller Rückstände, wie beispielsweise Asche von Steinschalen und Faserhüllen, Preßrückstände, kompostierte Blätter und Blütenstände, gering. Größer wird der Düngerbedarf, wenn die Preßkuchen, was im allgemeinen aus wirtschaftlichen Erwägungen anzuraten ist, als eiweißreiches Viehfutter zum Verkauf gelangen. Wird dagegen die Kopra ausgeführt oder werden selbst die ganzen Nüsse als solche verkauft, muß die Düngung entsprechend dem hiermit verbundenen Nährstoffentzug intensiver ausfallen.

Auf Grund der weiter oben aufgeführten Entzugszahlen von WALKER kommt SPRECHER VON BERNEGG (1929) zu folgender Ersatzdüngungsempfehlung (Tab. 290).

Über die Bedeutung der Mikronährstoffe für die Kokospalme liegen wenig Untersuchungen vor. Erscheinungen, die auf den Mangel von Mikronährstoffen zurückzuführen sind, konnten nicht eindeutig festgestellt werden. Die von PALTRIDGE und SANTHIRASGARAM (1957) begonnenen vielversprechenden Untersuchungen verschiedener typischer Böden in Ceylon umfassen alle für das gesunde Wachstum der Kokosplamen wichtigen Elemente. Außer einem Mangel der Kernnährstoffe N, P_2O_5, K_2O und bisweilen auch Kalzium ergaben die ersten Ergebnisse keinen Aufschluß über eine ertragsmindernde Wirkung als Folge des Mangels einer zu der Gruppe der physiologisch wichtigen Mikronährstoffe

Tabelle 290. *Düngungsempfehlung für Jungpalmen und produktive Palmen*

	je Palme in kg/Jahr		je Hektar mit 100 Palmen in kg/Jahr	
	Junge Palmen	Palmen in Produktion	Junge Palmen	Palmen in Produktion
N	0,5	1,0	50	100
P_2O_5	0,5	0,5	50	50
K_2O	1,0	1,5	100	150

gehörenden Elemente. In den Philippinen wurden nach Ignatieff und Page (1958) einem Manganmangel Ertragsdepressionen zugeschrieben. Diese Beobachtungen bedürfen jedoch einer Bestätigung durch weitere Untersuchungen.

6. Düngung und Ertrag

Die im Einzelfall zu gebenden Düngermengen sind jeweils, auf den Erfahrungsberichten der zuständigen Versuchsstationen fußend, den örtlichen Verhältnissen angepaßt, zu bemessen. Eingestreut in verschiedene Abteilungen der Pflanzung werden Versuchsparzellen mit der theoretisch für richtig befundenen Nährstoffkombination abgedüngt. Eine sorgfältige Beobachtung der Palmen sowie Kontrolle der Ernteergebnisse und der Kopraausbeute werden im Laufe der Jahre die für die lokalen Bedingungen wirtschaftlich günstigste Düngung ausweisen. Die Erträge der Versuchsparzellen sind mindestens über eine Periode von drei Jahren mit den Ergebnissen der angrenzenden Parzellen zu vergleichen. Wenn auch die Wirkung einer Düngung auf das vegetative Wachstum schon nach oft wenigen Monaten beobachtet werden kann, so ist doch der endgültige Effekt auf den Ertrag erst nach geraumer Zeit festzustellen. Wie schon eingangs beschrieben, sind in der Stammknospe gleichzeitig 30 und mehr Blütenstände in verschiedenen Entwicklungsstadien vorhanden. Von diesen kommen unter günstigen Bedingungen jährlich 15 bis 16 zur Entfaltung, was besagt, daß vom Zeitpunkt der Düngergabe bis zur Entwicklung des jüngsten Blütenstandes etwa 2 bis $2^1/_2$ Jahre vergehen. Die befruchtete Blüte schließlich benötigt bis zur Reife nochmals ein Jahr. Die Wirkung einer Düngung oder ganz allgemein der Effekt kulturtechnischer Maßnahmen zur Förderung der Ertragsfähigkeit wird sich demnach erst endgültig übersehen lassen, wenn alle zur Zeit der Düngung in der Knospe vorgebildeten Blütenstände zur Entfaltung gekommen und darüber hinaus die angesetzten Früchte der einzelnen Blütenstände ausgereift sind. Erfolg oder Mißerfolg der Düngung ist daher frühestens nach drei Jahren, vom Zeitpunkt der Düngung gerechnet, zu beurteilen. Die Tatsache, daß die Kokospalme überwiegend in kleinbäuerlichen Betrieben angebaut wird und weniger eine Kultur von Großunternehmen ist, erklärt auch, weshalb die Anwendung von Mineraldüngern in der Praxis bisher noch wenig Eingang gefunden hat. Während heute in gut geleiteten Pflanzungsbetrieben die Düngung der Palmen in der betriebswirtschaftlichen Planung festen Fuß gefaßt hat, wird die Einführung der Düngungspraxis unter den zahllosen kleinbäuerlichen Anwesen nur auf genossenschaftlicher Grundlage zu verwirklichen sein.

Daß durch eine ausgewogene Düngung ganz erhebliche Mehrerträge zu erreichen sind, beweisen Daten aus allen Anbaugebieten der Kokospalme. Aufschlußreiche Versuchsergebnisse vermitteln die Arbeiten von Salgado (1948) (Tab. 291).

Tabelle 291. *Mineraldüngereffekt in Süd-Ceylon*

		Düngergaben/Palme		
		O	NK 0,6 lb. N 1,0 lb. K_2O	NPK 0,6 lb. N 0,6 lb. P_2O_5* 1,0 lb. K_2O
1939–40	lb. Kopra/acre**	478	490	553
	in % gegenüber 0=100	100	103	116
1940–41	lb. Kopra/acre	299	562	627
	in % gegenüber 0=100	100	188	210
1941–42	lb. Kopra/acre	408	809	998
	in % gegenüber 0=100	100	199	245
1942–43	lb. Kopra/acre	508	744	1073
	in % gegenüber 0=100	100	146	211
1943–44	lb. Kopra/acre	476	774	1096
	in % gegenüber 0=100	100	162	230

* P_2O_5 als Rohphosphat.
** lb./acre × 1,121 = kg/ha.

Auffallend ist der Ertragsrückgang der O-Parzellen im zweiten Düngejahr, welcher vermutlich auf Trockenperioden zurückzuführen ist. Die gedüngten Parzellen haben demgegenüber nicht unter dem Wassermangel gelitten. Sehr deutlich ist aus der dritten Spalte die Phosphorsäurewirkung zu erkennen. Halliday und Sylvester (1955) ergänzten die Daten unter Herausstellung der Phosphatwirkung (Tab. 292).

Tabelle 292. *Wirkung der Phosphatdüngung auf den Kopraertrag in lb./acre*

Düngungsjahr	NPK	NK	Ertragsdifferenz
1939–40	553	490	63
1940–41	627	562	65
1941–42	998	809	189
1942–43	1073	744	329
1943–44	1096	774	322
1944–45	1278	828	459
1945–46	1115	763	352

Von der Elfenbeinküste berichten Fremond und Gros (1956) von niedrigen, im Durchschnitt 700 kg Kopra/ha nicht übersteigenden Erträgen. NPK-Versuche mit steigenden Kaligaben des Institut Français pour les Huiles et Oléagineux, auf Grund von Blattanalysendaten angelegt, führten zu erheblichen Mehrerträgen. Nach dreijähriger Versuchsdauer hatte sich die Ernte nahezu verdoppelt. Besonders deutlich war die Kaliwirkung, während die Stickstoffgaben einen weniger ausgeprägten Effekt zeigten. Die Phosphatdüngung hatte keinen Einfluß. Bei NK-Versuchsreihen ließ der Gewichtsvergleich der je Nuß erzeugten Kopra eine mit steigenden Kaligaben zunehmende Kopraausbeute erkennen. In Gegenwart von Stickstoff wurde ein, wenn auch geringer, jedoch deutlich erkennbarer depressiver Einfluß auf das Kopragewicht, der sich bei hohen Kaligaben verringerte, beobachtet (Tab. 293).

Tabelle 293. *Gegenseitige Beeinflussung von Stickstoff und Kali auf das Kopragewicht je Nuß in Gramm*

	K_0	K_1	K_2	K_3*
N_0**	308	325	332	334
N_1	293	304	312	327
	−15 (−5%)	−21 (−7%)	−20 (−6%)	− 7 (−2%)

* K_0—K_3 = 0,5, 1,0, 1,5 kg Chlorkalium (60%) je Palme.
** N_0—N_1 = 0 und 2 kg schwefelsaures Ammoniak je Palme.

Der depressive Effekt des Stickstoffs auf das Gewicht der Kopra findet seine Erklärung in der Konkurrenz zwischen den Ionen Kalium und Ammonium. Die Gegenwart von Ammonium-Ionen wirkt sich hemmend auf die Kaliaufnahme aus. Andererseits wird die Kaliverwertung durch die Aufnahme von Nitrat-Ionen beschleunigt. Es wäre daher interessant, die Versuche zu wiederholen, um an Hand von Vergleichsparzellen die Wirkung von nitrathaltigen Stickstoffdüngern bei gleichzeitigen Kaligaben auf das Kopragewicht zu prüfen.

Auf den positiven Einfluß der Kalidüngung auf das Kopragewicht weisen ebenfalls langjährige Versuche des Coconut Research Institute in Ceylon hin. Mit steigenden Kaligaben verringerte sich die Zahl der Nüsse, die benötigt werden, um eine bestimmte Gewichtseinheit Kopra zu erzeugen (Tab. 294).

Tabelle 294. *Einfluß der Kalidüngung auf die Kopraausbeute* (Salgado 1952)

Ohne Kalidüngung...	1281 Nüsse zur Erzeugung von 1 candy (etwa 254 kg) Kopra
0,75 lb. K_2O/Palme jedes 2. Jahr	1164 Nüsse zur Erzeugung von 1 candy (etwa 254 kg) Kopra
1,5 lb. K_2O/Palme jedes 2. Jahr	1140 Nüsse zur Erzeugung von 1 candy (etwa 254 kg) Kopra

Mehrjährige Düngungsversuche in Indien (anonym 1957) auf zahlreichen bäuerlichen Kleinbetrieben an der Westküste Südindiens lassen deutlich die ertragsfördernde Wirkung einer systematischen NPK-Düngung erkennen (Tab. 295).

Tabelle 295. *Effekt einer NPK-Düngung auf die Zahl der geernteten Nüsse*

	Düngergaben lb./acre (60 Palmen/acre)			Durchschnittliche Zahl der geernteten Nüsse je Palme		
	N	P_2O_5	K_2O	„Kontrolle“ A[1]	NPK B	B minus A
1952	55	60	90	39,0	35,1	− 3,9
1953	55	60	90	39,2	37,2	− 2,0
1954	55	60	90	38,7	44,9	+ 6,2
1955	45	45	90	43,2	53,6	+10,4

[1] Mit „Kontrolle“ wurden jene Parzellen bezeichnet, die keine Mineraldünger erhielten, jedoch eine, entsprechend den lokalen Gewohnheiten der Bauern, geringe Nährstoffgabe in Form von Holzasche, Knochenmehl, Ölkuchen oder sonstigem organischem Material.

Bezeichnenderweise lassen die Ergebnisse erst drei bis vier Jahre nach den Düngergaben eine deutliche Wirkung auf den Ertrag erkennen.

7. Düngung und Qualität

Eine eindeutig qualitätsbeeinflussende Wirkung der Düngung auf die Ernteprodukte der Kokospalme konnten Untersuchungen von MENON und NAIR (1952) nicht feststellen. Während, wie weiter oben beschrieben, die Düngung insbesondere mit Kali einen gesicherten positiven Effekt auf das Endospermgewicht der Nuß ausübt, wurden der Ölgehalt und die Qualität des Öls nicht beeinflußt. Auch CHILD (1951) bestätigt auf Grund seiner Beobachtungen in Ceylon, daß die Düngung keinen qualitativen Einfluß auf das Kopra-Öl hatte.

Literatur

Anonym: Improving coconut yields by NPK manuring. World Crops **9**, 379–381 (1957).

BOLDINGH, I.: Onderzoekingen verricht in den Cultuurtuin te Buitenzorg naar de opbrengst van copra enz. Ind. Mercuur **1924**, 315, 333, 369. — BOORSMA, W. G.: Twee afwijkende vormen van de klappervrucht (Cocos nucifera L.). Teysmannia **21**, 781–786 (1910). — BREDEMANN, G.: Kokospalme. Handb. d. tropischen und subtropischen Landwirtschaft, Bd. I, S. 532. Berlin: Mittler. 1943.

CANDOLLE, A. DE: L'origine des plantes cultivées. Paris 1883. — CHILD, R.: Research on the coconut palm. World Crops **3**, 231 (1951). — The coconut industry in Portuguese East Africa. World Crops **7**, 488–492 (1955). — COOK, O. F.: History of the coconut palm in America. U.S. Nat. Herbarium **14**, 271–342 (1910). — COOKE, F. C.: Investigations on coconuts and coconut products. Dep. of Agric., S. S. and F. M. S. General Series No. 8 (1932).

FREMOND, Y., und D. GROS: Fumure minérale du cocotier en Côte d'Ivoire. Oléagineux **11**, 45–51 (1956).

GALANG, F. G.: Fruit and nut growing in the Philippines, Malabon. Rizal 1955. — GEORGI und TEIK: Malayan Agr. J. **20**, 7 (1932).

HALLIDAY, D. J., und J. B. SYLVESTER: Phosphorus fertilisers for plantation crops. World Crops **7**, 434 (1955).

IGNATIEFF, V., und H. J. PAGE: Efficient use of fertilizers, S. 217. Rom: Food and Agriculture Organization of the United Nations. 1958.

JACK, H. W.: Variation in coconuts. Malayan Agr. J. **17**, 37–38 (1929); **18**, 80–89 (1930). — JACOB, A., und H. v. UEXKÜLL: Coconut palm. Fertilizer use, S. 254. Hannover: Verlagsges. f. Ackerbau. 1958. — JAMES, P. E.: Geography factors in the Trinidad coconut industry. Econ. Geogr. **3**, 108–125 (1926).

MENON, K. P. V., und A. P. B. NAIR: Indian Coconut J. **5**, No. 81 (1952). — MARTIUS, C. F. PH. VON: Historia naturales palmarum, I, S. CLXXXVIII, 1850.

PALTRIDGE, T. B., und K. SANTHIRASGARAM: Studies on the nutrient status of some coconut soils in Ceylon. Bull. No. 11 of the Coconut Research Institute of Ceylon. 1957. — PATEL, J. S.: The coconut, a monograph. Madras 1938. — PRUDHOME, E.: Le Cocotier, culture, industrie et commerce etc. Paris 1906.

REYNE, A.: De Cocospalm. De Landbouw in de Indische Archipel, Bd. II A, S. 427–525. 's-Gravenhage: van Hoeve. 1948.

SALGADO, M. L. M.: Recent studies on the manuring of coconuts in Ceylon. Coconut Res. Scheme, Ceylon 1948, 15. — The manuring of underplanted young palms. Ceylon Coconut Quart. **2** (4), 161–164 (1951). — Ceylon Coconut Quart. **3**, 191 (1952).— SAMPSON, H. C.: The coconut palm. The science and practice of coconut cultivation. London 1923. — SPRECHER VON BERNEGG, A.: Die Kokospalme. Tropische und subtropische Weltwirtschaftspflanzen, Bd. II, S. 170–263. Stuttgart: Enke. 1929.

TAMMES, P. M. L.: Over de ontwikkeling van de vrucht van den klapper en de factoren, welke van invloed zijn op de hoeveelheid copra per noot. Landbouw **16**, 385–395 (1940).

VAGELER, P.: Grundriß der tropischen und subtropischen Bodenkunde, 2. Aufl., S. 235. Berlin: Verlagsges. f. Ackerbau. 1938.

WALKER, H. S.: The coconut and its relations to the production of coconut oil. Phil. J. Sci. Manila 1906.

c) Der Ölbaum

(Olea europaea L.)

Von

C. Heinemann

1. Heimat und Verbreitung

Der Öl- oder Olivenbaum hat schon im Leben der alten Kulturvölker eine große Rolle gespielt. Die Anfänge der Ölbaumkultur sind vermutlich in Syrien zu suchen. Jedenfalls ist die Kulturform (*Olea europaea*) des wilden Ölbaumes (*Olea sylvestris*) in küstennahen Gebieten des östlichen Mittelmeerraumes beheimatet. Ursprünglich ein typischer Vertreter der immergrünen mediterranen Flora, hat der Ölbaum im Laufe der Jahrhunderte weite Verbreitung in anderen Gebieten mit ihm zusagenden Klimaverhältnissen erfahren. Das wichtigste Erzeugungsland der Olive ist heute Spanien. Hier erreichte die Kultur des Ölbaumes eine Ausdehnung von etwa 2,2 Millionen Hektar. Es folgen Italien, Griechenland, Portugal und weitere Randstaaten des Mittelmeeres, in denen der Ölbaumanbau schon im Altertum von entscheidender volkswirtschaftlicher Bedeutung war. In der Neuen Welt wurde die Olive in der zweiten Hälfte des 16. Jahrhunderts zunächst in Mexiko und Peru eingeführt und erst etwa zwei Jahrhunderte später in Kalifornien, wo inzwischen die Produktion, insbesondere der Eßolive, beträchtliche Ausmaße erreicht hat. Weitere Anbaugebiete des Olivenbaumes in Amerika sind Südbrasilien, Uruguay, Chile und Westargentinien. Von geringer wirtschaftlicher Bedeutung ist der Anbau in Südafrika, China, Japan sowie in Queensland in Australien.

Klimatisch kennzeichnend für die Gebiete, in denen der Ölbaum heimisch ist und später seine weitere Verbreitung erfahren hat, sind Zonen mit Winterfeuchte und trockenem, heißem Sommer.

2. Entwicklung und zeitlicher Wachstumsverlauf

Im Gegensatz zu der buschigen, 3 bis 4 m hohen Pflanze der wilden Form (*O. sylvestris*) wächst die Kulturart (*O. europaea*) zu einem Baum heran. Das Dickenwachstum erfolgt sehr langsam. Die kleinen Bäume mit knorrigem Stamm entwickeln eine stark verzweigte Krone mit je nach Varietät verschieden geformten, im allgemeinen kleinen lederartigen, lanzettförmigen Blättern, die denen der Silberweide ähneln. Die Bäume, die ein Alter von vielen Hundert Jahren erreichen können, werden selten höher als 12 m. Typisch ist eine im Alter drehwuchsartige Verformung des Stammes. Die silbrig grauen gegenständigen Blätter werden alle zwei bis drei Jahre erneuert.

Die achselständigen Blütenstände sind einfache oder zusammengesetzte Trauben mit zahlreichen gelblich-weißen glockigen Blüten. Die Blütezeit erstreckt sich im allgemeinen über 60 Tage. Die Einzelblüte öffnet sich jedoch nur für zwei bis drei Tage. Sowohl Wind- als auch Insektenbestäubung finden statt. Selbstbestäubung ist sortenbedingt und eher eine Ausnahme. Die Früchte benötigen bis zur Reife vier bis sechs Monate. Die Olive ist eine einsamige pflaumenähnliche Steinfrucht mit ölhaltigem Fruchtfleisch und Nährgewebe (Endosperm). Größe, Form und Farbe der Früchte sind bei den zahlreichen kultivierten Varietäten recht unterschiedlich. Die Formen schwanken zwischen großen, 4 bis 5 cm langen, eiförmigen, etwa 20 g schweren und kleinen, runden, nur etwa 1 g wiegenden Früchten. Entsprechend variiert der gewichtsmäßige Anteil des Fruchtfleisches und des Steinkernes. Die Farbskala der reifen Früchte reicht von weißlich-grün über rot, violett bis schwarz. Im allgemeinen sind die ölreicheren

Abb. 175. Über 1000 Jahre alter Ölbaum in Libyen mit der typischen drehwuchsartigen Verformung des Stammes. Im Hintergrund jüngere Ölbaumbestände im Plantagenverband

Ololiven kleiner als die fleischigen und ölärmeren Speiseoliven. Die Variationsbreite der Früchte vermittelt folgende Zusammenstellung von BREDEMANN (1943) (Tab. 296).

Tabelle 296. *Zusammensetzung der frischen Frucht*

Gewicht der Gesamtfrucht		1,5— 6 (1,0—20) g
Fruchtfleisch, Anteil	%	65—85 (50—92)
Steinkern, Anteil	%	18—35 (15—50)
Steinschicht, Anteil	%	13—20 (13—45)
Same, Anteil	%	2— 5
Ölgehalt des Fruchtfleisches	%	12—60 (bis 75)
Ölgehalt des Samens	%	20—33
Ölgehalt der Steinschicht	%	3— 4
Ölgehalt der ganzen Frucht	%	15—40

Sprecher von Bernegg (1929) zitiert Analysendaten von König über die stoffliche Zusammensetzung der Olive (Tab. 297).

Tabelle 297. *Zusammensetzung der Olive*

	Fruchtfleisch	Steinschale	Samen
	in %		
Wasser	30,07	9,22	10,58
Protein	5,24	3,50	18,63
Fett	51,90	2,84	31,88
N-freie Extraktstoffe und Rohfaser	10,49	83,32	36,75
Asche	2,34	1,12	2,16

Im Verhältnis zu der Blütenzahl ist der Fruchtansatz außerordentlich gering. Im allgemeinen reifen nur 5 bis 10% der befruchteten Blüten zu reifen Früchten aus. Die auffallende Tatsache, daß bevorzugt die endständigen Blüten wegen ihrer günstigeren Position in bezug auf den Nährstoffzustrom eher fruchten als die Blüten der Seitenzweige, läßt vermuten, daß durch Schaffung besserer Wachstumsbedingungen Fruchtansatz und Reifung wesentlich beeinflußt werden können. Diese Vermutung wird bestärkt durch die Beobachtung, daß ein großer Anteil der Blüten zunächst fruchtet und später, nachdem sich die jungen Früchte gebildet haben, eine Stockung der weiteren Entwicklung auftritt und zahlreiche junge, unreife Früchte abgestoßen werden. Bouat (1960) führt dieses Phänomen auf unzureichende Ernährung zurück. Es wird besonders ernst auftreten, wenn während der Zeit der Entwicklung der Früchte der erhöhte Nährstoffbedarf nicht befriedigt werden kann.

Es wurde eingangs erwähnt, daß die Entwicklung des Ölbaumes gekennzeichnet ist durch langsames Wachstum. Eine Vermehrung durch Samen erfordert 12 Jahre und länger, bis die erste Ernte erwartet werden kann. Um das lange unproduktive Jugendstadium zu verkürzen, findet vielfach die Stecklingsvermehrung Anwendung. Bei dieser Art der Vermehrung können schon nach fünf Jahren die ersten Früchte geerntet werden. Die Nachteile der aus Stecklingen gezogenen Bäume gegenüber Sämlingen sind ihre Kurzlebigkeit, ihre größere Schädlingsanfälligkeit sowie ihre geringere Dürreresistenz infolge des weniger stark ausgebildeten Wurzelsystems. Die Aufzucht von Sämlingen in Saatbeeten und später in Baumschulen, die im dritten Jahr notwendige Veredelung mit ausgewählten Edelreisern und schließlich das Verpflanzen in den endgültigen Standort im 6. Jahr nach der Aussaat ist mit sehr viel Mühe und Kosten verbunden, so daß in der Praxis die vegetative Vermehrung durch Stecklinge trotz der damit verbundenen Nachteile oder aber auch durch Wurzelschosse bevorzugt wird. Die Vermehrung aus Samen und die anschließende Selektion und Veredelung wird immer mehr eine Aufgabe der staatlichen oder genossenschaftlichen Versuchs- und Züchtungsinstitute.

Es liegt auf der Hand, daß je nach dem Produktionsziel — Ölgewinnung oder Speiseoliven — entsprechende Edelreiser bzw. Stecklinge zu wählen sind. Bei der Ölgewinnung sind Ölgehalt und die Beschaffenheit des Öls von vorrangiger Bedeutung, während bei der Verarbeitung zu Speiseoliven auf hohen Fruchtfleischanteil und Geschmack des Fruchtfleisches besonderer Wert gelegt wird. Andere Zuchtziele wie Dürreresistenz, Widerstandsfähigkeit gegen Krankheiten und Schädlinge sowie Schnellwüchsigkeit gelten für beide Produktionsrichtungen.

Zu beachten ist, daß viele Varietäten selbst unfruchtbar und daher bei Anlage einer Plantage geeignete Sorten als Pollenspender zwischenzupflanzen sind.

3. Klima und Boden

Ein ausgeglichenes warmes Klima ohne schroffe Temperaturschwankungen, wie etwa die Gleichmäßigkeit der Temperatur küstennaher Gebiete, sagt dem Ölbaum am besten zu. Eine durchschnittliche Wärme von 21 bis 22° C in den Vegetationsmonaten und ein Temperaturmittel nicht unter 6° C während des kältesten Monats werden als günstigste Temperaturen erachtet. Kurze Frostperioden während der Zeit der Winterruhe mit Spitzen bis zu –10° C überdauert der Ölbaum, ohne Schaden zu nehmen. Auch sommerliche Hitze mit Temperaturen über 40° C, wie sie im Verbreitungsgebiet des Ölbaumes häufig vorkommt, verträgt der Baum. Zur Zeit des Reifens der Früchte wirkt trockene Wärme günstig auf den Ölgehalt.

Der Ölbaum ist ein typischer Vertreter der regenarmen subtropischen Gebiete. Eine mittlere Regenmenge von 700 mm im Jahr gilt als Optimum und selbst ein jährlicher Niederschlag von nur 300 mm bei allerdings günstiger jahreszeitlicher Verteilung und gutem Wasserspeicherungsvermögen des Bodens genügt beispielsweise zur Olivenkultur in Marokko.

Eine niederschlagsreiche Zeit während der winterlichen Ruheperiode und sonnenreiche trockene Monate während der Zeit der Blüte, des Fruchtansatzes und der Reifung der Früchte entsprechen am besten den klimatischen Ansprüchen des Ölbaumes. Er ist eine ausgesprochene Sonnenpflanze mit einem während der Vegetationszeit hohen Sonnenlichtbedarf von 9 bis 12 Stunden täglich. Eine hohe Luftfeuchtigkeit wirkt ungünstig auf die Entwicklung der Frucht. Der Standort des Ölbaumes soll nicht feucht, sondern eher trocken sein und darüber hinaus gut durchlüftet und durchlässig. Auch Winde, sowohl kalte Nordwinde als auch heiße austrocknende Süd- und Westwinde, beispielsweise im mediterranen Anbaugebiet, stören den normalen Vegetationsverlauf des Ölbaumes. In windreichen Gebieten werden durch geeigneten Baumschnitt Niederstämme gezogen und durch Pflanzen von Windbrechern dem schädigenden Einfluß des Windes begegnet. Im übrigen besitzen die immergrünen lederartigen Blätter des Olivenbaumes gegen allzu große Transpirationsverluste durch austrocknende Winde einen Verdunstungsschutz in Form von feinen Sternhaaren, die die Spaltöffnungen abdecken. Diese feinen Haare an der Unterseite der Blätter bedingen die silbrig graue Farbe.

Dem ausgedehnten Wurzelsystem der aus Samen gezogenen Bäume steht ein großes Bodenvolumen, aus dem es die von den winterlichen Niederschlägen gespeicherte Feuchtigkeit schöpfen kann, zur Verfügung. Vegetativ vermehrte Bäume sind allerdings wegen ihrer geringeren Bewurzelung anspruchsvoller hinsichtlich ihres Wasserbedarfs.

Der Olivenbaum gedeiht am besten auf kalkreichen, sandigen Böden. Selbst steinige und magere Böden sagen ihm zu, solange die Hauptbedingung, eine gute Durchlüftung, erfüllt ist. Schwere Böden und solche mit schwer durchlässigen Horizonten, die zu stauender Nässe führen können oder die Wurzelentwicklung behindern, sind für den Ölbaum ungeeignet.

Nach Vageler (1938) bevorzugt der Ölbaum eine leicht alkalische Bodenreaktion. Eine Reaktion im Bereich von pH 6,5 bis 8 wird allgemein als günstig erachtet. Auf nährstoffreichen Böden beobachtet man oft eine zu üppige vegetative Entwicklung auf Kosten des Fruchtansatzes, was zu der unrichtigen Schlußfolgerung führte, daß der Olivenbaum auf nährstoffarmen Medien besser gedeihe. Richtiger muß es lauten, daß der Olivenertrag durch einseitige Nährstoffanreicherung negativ beeinflußt wird. Einem ausgeglichenen Nährstoffhaushalt wird auch der Olivenbaum auf nährstoffreichen Böden, soweit andere Wachstumsfaktoren nicht ins Minimum geraten, durch gleichmäßig hohe Erträge danken.

Bei der Pflege des Bodens ist das Hauptaugenmerk auf die gute Ausnutzung der winterlichen Niederschläge zu richten. Ein ungehindertes vollständiges Einsickern des Regens in den Boden während der Regenzeit und Einschränkung der Verdunstung auf ein Minimum sollen für die trockene Vegetationszeit die nötigen Reserven sammeln. Die Bodenoberfläche zwischen den Baumreihen ist daher ständig locker und insbesondere in regenarmen Gegenden von konkurrierendem Unkrautwuchs freizuhalten. Auch der Pflanzverband richtet sich nach der Bodeneigenschaft und den Niederschlagsverhältnissen. Je ärmer der Boden und je geringer die Regenmenge, um so weiter ist der Pflanzverband zu wählen. Im Normalfall stehen die Bäume im Abstand von 7 bis 8 m. Dieser erhöht sich jedoch unter ungünstigen Niederschlagsverhältnissen und ohne Möglichkeit einer Bewässerung auf 24 m.

4. Durchschnittliche Erträge und Nährstoffentzugszahlen

Die Fruchttracht beginnt bei Stecklingsbäumen etwa im 5. Jahr und bei den Sämlingen im Normalfall kaum vor dem 12. Jahr. Die Ernten sind, insbesondere auf unbewässertem Land, in den ersten Ertragsjahren noch gering, steigen jedoch dann schnell und erreichen im 5. Ertragsjahr schon 20 bis 30 kg Oliven je Baum. Etwa im 20. Jahr trägt ein gesunder Baum 50 kg. Die Ertragsfähigkeit bleibt dann für viele Jahrzehnte konstant. Bewässerte und gedüngte volltragende Bäume produzieren nicht selten 200 kg Oliven.

Nach Angaben von Bredemann (1943) beträgt die Durchschnittsernte in Spanien bei zusätzlicher Bewässerung 30 bis 50 kg, doch sind auch 80 bis 120 kg keineswegs selten. In Marokko rechnet man mit einem Mittel von 33 bis 40 kg und in Kleinasien mit 20 bis 25 kg je Baum (Tab. 298).

Tabelle 298. *Durchschnittliche Olivenerträge nach Alter der Bäume* (nach Sprecher von Bernegg 1929)

Alter	Ertrag kg/Baum	Ertrag kg/ha (115 Bäume)	Ölausbeute Liter/Baum
Im 8. Jahr	10—12	1150—1380	—
Im 10. Jahr	20—24	2300—2760	6 (bei 15%)
Im 15. Jahr	30—36	3450—4140	12 (bei 20%)
Im 20. Jahr	40—48	4600—5520	20 (bei 25%)

Obgleich in guten Jahren nicht selten die aufgeführten Durchschnittserträge um ein Mehrfaches höher sein können, ist zu berücksichtigen, daß die Erträge des Olivenbaumes von Jahr zu Jahr stark schwanken. Im allgemeinen folgen auf eine gute Ernte ein bis zwei mittlere bis schlechte. Dieser ständige Wechsel von guten, schlechten und mittelmäßigen Erntejahren wird vielerorts in den Anbaugebieten als eine feste, naturgegebene Tatsache hingenommen. Zweifellos lassen sich durch entsprechende Kulturmaßnahmen die Ertragsschwankungen, soweit sie nicht durch die Ungunst der Witterung bedingt sind, maßgeblich einengen.

Neben der Bodenpflege, deren Hauptziel die Konservierung des Wasservorrats für die trockenen Sommermonate ist, zählt der noch allzu oft vernachlässigte Baumschnitt zu den wichtigsten Maßnahmen, welche die Ertragsfähigkeit des Olivenbaumes fördern. Die Art des Schnittes hat sich den örtlichen Klimaverhältnissen, dem Boden, den Eigenheiten der betreffenden Varietät und der Pflanzdichte anzupassen und wird daher von Ort zu Ort variieren. Das Schneiden hat grundsätzlich gegen Ende der Winterruhe zu erfolgen. Außer der selbstverständlichen Entfernung aller toten Äste und Zweige muß die Methodik des Schneidens, eingedenk der Lichthungrigkeit des Olivenbaumes, darauf beruhen, nach Möglichkeit den Zutritt von Luft und Licht zu allen Zweigen zu fördern. Nach oben strebende Zweige sind zurückzuschneiden, um die Breitenentwicklung der Krone zu stimulieren. Nach innen zurückwachsende Zweige werden entfernt. Im Laufe der Jahre wird die Krone die Gestalt einer becherförmigen Schale annehmen. Diese und viele andere Schnittarten, bei denen die Baumkronen zu Kerzen, Kugeln, Hecken und anderem geformt werden, haben das Ziel, dem Baum die benötigten Luft- und Lichtmengen zuzuführen. Die durch den Baumschnitt angeregte Nährstoffzirkulation wird anschließend durch eine Düngung bei gleichzeitiger Lockerung des Bodens unterstützt.

Tabelle 299. *Einfluß von Bewässerung und Düngung auf den Nährstoffgehalt der Olivenblätter*

(in % Trockenmasse)

	N	P	K	Ca	Mg
unbewässert	1,31	0,086	1,39	2,38	0,220
	1,51	0,089	1,46	2,65	0,240
	1,49	0,088	1,42	2,50	0,252
bewässert, ungedüngt	0,908	0,073	1,19	2,02	0,203
	0,839	0,065	1,34	1,92	0,199
	0,876	0,067	1,34	1,95	0,182
bewässert, gedüngt	1,79	0,087	1,90	2,35	0,255
	1,70	0,092	1,57	2,51	0,255
	1,74	0,090	1,85	2,20	0,231

Eine weitere Maßnahme, die jährlichen Ertragsschwankungen auf ein Minimum zu begrenzen, besteht in der Bewässerung. Soweit hierzu die Möglichkeit vorhanden ist, können schon geringe Wassermengen, rechtzeitig vor der Blüte gegeben, zu erheblichen Mehrerträgen führen. Um die Ausnutzung des im allgemeinen nur in geringen Mengen zur Verfügung stehenden Wassers zu erhöhen, ist die Bodenoberfläche aufzurauhen, um die Oberflächenverdunstung zu verringern und durch Eindämmen der Bäume oder einer Gruppe von Bäumen ein oberflächiges Abfließen des Wassers zu verhindern. Die Oberflächenverdunstung kann ferner wirksam durch Bedeckung des Bodens mit organischem Material (Mulchen) herabgesetzt werden. Eine Bewässerung führt zwangsläufig zu erhöhtem Nährstoffverbrauch, was bei der Düngung zu berücksichtigen ist. BUCHMANN und Mitarbeiter (1959) demonstrierten den depressiven Effekt der Bewässerung auf den Nährstoffgehalt der Blätter. Ohne gleichzeitige Nährstoffzufuhr führt die Bewässerung von nährstoffarmen Böden sehr bald zu empfindlichen Ernährungsstörungen (Tab. 299).

Das auffallende Absinken im Nährstoffgehalt der Blätter der bewässerten Parzellen läßt auf eine ernste Disharmonie der Ernährung und insbesondere auf einen akuten Stickstoffmangel schließen. Nach LOIZIDES (1958) ist bei ausreichender Bodenfeuchte ein Stickstoffgehalt der Olivenblätter unter 1,5% in der Trockenmasse ein deutlicher Hinweis auf Stickstoffmangel.

Eine Bewässerung zweimal jährlich in den ersten Jugendjahren hat einen günstigen Effekt auf die Wurzelentwicklung, so daß unter Umständen nach vollständiger Ausbildung eines feinverzweigten, tiefreichenden Wurzelnetzes weitere Bewässerungen auf ausgesprochen trockene Jahre beschränkt werden können.

Die mit der Ernte entzogenen Nährstoffe untersuchte BUCHMANN (1959) an reich tragenden Bäumen (var. *Chemlali*, Tunis) (Tab. 300).

Tabelle 300. *Nährstoffentzug einer Ernte von 305 kg Oliven je Baum über 2 Jahre*

	Fruchtfleisch	Kern	Gesamt
Frische Frucht	249 kg	56 kg	305 kg
N	762 g	235 g	997 g
P	52 g	21 g	73 g
K	1788 g	282 g	2070 g
Ca	122 g	53 g	175 g
Mg	43 g	29 g	72 g

Nach BREDEMANN (1943) entzieht ein volltragender Baum mit der Ernte dem Boden jährlich 1250 g N, 250 g P_2O_5, 265 g K_2O, 1100 g CaO und 100 g MgO.

Differenziertere Angaben vermittelt SPRECHER VON BERNEGG (1929), der Analysendaten von BECCHI zitiert. Sie basierten auf einer produzierten Trockenmasse von 30 kg Holz, 30 kg Blätter und 6,66 kg Früchte je Baum und Jahr (Tab. 301).

Tabelle 301. *Durchschnittlicher jährlicher Nährstoffentzug eines volltragenden Ölbaumes in Gramm*

	N	P_2O_5	K_2O	CaO	MgO
Holz	495	49	89	165	26
Laub	633	205,9	165,6	837	79,0
Früchte	121	9,2	95,0	12,6	0,5
Insgesamt	1249	264,1	349,6	1014,6	105,5
Proz. Anteil der Früchte	9,68	3,48	27,16	1,24	0,47

Zu abweichenden Ergebnissen sowohl in der Menge der Einzelnährstoffe als auch in ihrem Verhältnis zueinander führten die Untersuchungen von MORETTINI in Mittelitalien (Tab. 302).

Tabelle 302. *Mittlerer Nährstoffentzug eines Ölbaumes in Gramm*

Nährstoff	Zweige	Laub	Früchte	Insgesamt	Proz. Anteil der Früchte
N	70,1	28,7	45,5	144,2	31,48
P_2O_5	28,1	6,7	42,4	77,2	54,92
K_2O	134,7	42,5	77,7	254,9	30,48
CaO	100,2	39,6	32,2	172,0	18,72

BONNET (1946) und PANTANELLI schließlich kommen zu folgenden, auf 1 ha bezogenen Entzugszahlen (Tab. 303).

Tabelle 303. *Nährstoffentzug mittlerer Olivenerträge in kg je ha*

	Von 100 tragenden Bäumen (nach PANTANELLI)	Von einer durchschnittlichen Ernte von 10 bis 12 kg Oliven je Baum oder 15.000 kg/ha (nach BONNET)
N	27,6	22–25
P_2O_5	14,2	15–16
K_2O	48,9	22–25

Der Entzug von Nährstoffen unterliegt naturgegeben großen Schwankungen. Selbst Wiederholungen der Untersuchungen werden je nach den Vegetationsverhältnissen und je nach der Verfügbarkeit aus dem Nährstoffvorrat eines und desselben Bodens, die in Abhängigkeit von den Klimafaktoren Wasser und Wärme sehr differieren kann, von Jahr zu Jahr unterschiedliche Ergebnisse aufweisen. Daten über den Nährstoffgehalt und der auf Grund der Ernten daraus errechnete Entzug können daher nur als ein Hinweis dienen und haben niemals allgemeine Gültigkeit.

Eindeutig ist aus den Untersuchungswerten der verschiedenen Autoren ein relativ hoher Stickstoff- und Kalibedarf des Olivenbaumes zu erkennen. Bei der Beurteilung der Höhe des Nährstoffbedarfs ist zu beachten, daß die mit dem Erntegut dem Boden entzogene Nährstoffmenge nur einen Teil darstellt. Sowohl im Stamm und in den Wurzeln als auch in den Zweigen und Blättern sind erhebliche Mengen Nährstoff enthalten, die ebenfalls dem Boden entnommen wurden.

5. Düngungsmethoden

Bei der Methodik der Düngung des Olivenbaumes muß der Wasserhaushalt des Bodens besondere Beachtung finden. Eingangs wurden schon Maßnahmen hervorgehoben, die der Herabsetzung der Verdunstungsverluste dienen. Es wurde auf die Wichtigkeit der Oberflächenlockerung im Trockenklima hingewiesen, wodurch in Trockenperioden die Aufwärtsbewegung des Bodenwassers in den Kapillaren beseitigt wird. Eine weitere Förderung kann die Wasserspeicherung durch sorgfältige Ausnutzung des verfügbaren organischen Materials erfahren. Jegliche organische Masse, wie Unkräuter, Gras, Blätter, Zweige und, soweit vorhanden, Stallmist, hat der Verbesserung der Struktur des Bodens zu dienen. Gegen Ende der winterlichen Regen wird das Material in den Boden eingebracht. Nach der Zersetzung wird es dazu beitragen, das

Wasserspeicherungsvermögen des Bodens zu erhöhen unter gleichzeitiger Abgabe der Nährstoffe bei fortschreitender Mineralisierung. Einen willkommenen Dünger bildet, soweit die Ölproduktion vorherrschend ist, der Preßkuchen. Die Preßrückstände enthalten im Mittel 1% N, 0,8% K_2O, 0,2% P_2O_5 und 0,6% CaO. Da sie außerdem noch Ölreste enthalten, ist eine vorherige Kompostierung ratsam.

Der Ölbaum gedeiht, wie bereits erwähnt, am besten in einem neutralen bis schwach alkalischen Boden. Dem Reaktionszustand des Bodens ist daher bei der Düngerplanung entsprechende Beachtung zu schenken. Physiologisch saure Düngemittel haben bei der Düngung des Ölbaumes nur unter basischen Bodenverhältnissen eine Berechtigung. In neutralen Medien kann die einseitige Anwendung zu einer Entbasung führen, die die Bodenreaktion ungünstig beeinflußt und die Sorptionskraft des Bodens schädigt. Da der Ölbaum im allgemeinen nicht auf sorptionsstarken Böden steht, ist die vorhandene Sorptionskraft unter allen Umständen zu erhalten und nach Möglichkeit, beispielsweise durch verstärkte organische Düngung, zu erhöhen. Eine Gründüngung wird daher, soweit es die Wasserverhältnisse erlauben und die Gründüngungspflanzen nicht der Hauptkultur das Wasser streitig machen, mit ihrem positiven Einfluß auf die Verbesserung der wasserhaltenden Kraft des Bodens und durch die Anreicherung des Standortes mit organisch gebundenen Nährstoffen nachhaltiger Wirkung, vornehmlich auf sorptionsschwachen Böden, einen günstigen ertragsfördernden Effekt ausüben.

In den Anbaugebieten mit geringem Jahresniederschlag von 300 bis 500 mm ist die Dosierung der Düngergabe auf mehrere Teilgaben zur Verhütung einer zu hohen Salzkonzentration der knappen Bodenlösung empfehlenswert und eine Forderung, wenn es sich außerdem um leichte Böden mit geringer Wasserhaltefähigkeit handelt. Ein Abdecken des Bodens mit Mulchmaterial nach Einbringung des Düngers erhöht den Düngeeffekt.

Reichliche Stickstoffdüngung während der ersten Jahre, nach Möglichkeit gepaart mit nährstoffreichem organischem Material wie Preßkuchenkompost und Stallmist — im natürlichen Verbreitungsgebiet des Ölbaumes wird es der stickstoffreiche Schafsmist sein — wird das unproduktive Jugendstadium verkürzen. Nach PANSIOT und REBOUR (1961) sollten dabei je Jahr des Alters, gerechnet vom Zeitpunkt des Pflanzens, 100 g Reinstickstoff je Baum, aufgeteilt in mehrere Gaben, angewendet werden. Sobald die Bäume das Produktionsalter erreichen, richtet sich die Stickstoffdüngung nach der jeweiligen Erntemenge, außerdem sind entsprechend dem wurzellöslichen Nährstoffgehalt des Bodens Phosphat-, besonders aber Kaligaben dem Düngungsplan einzugliedern.

Die erste Düngung wird nach dem Schnitt gegen Ende der Regenzeit vor der Blüte verabreicht. Ihr folgt eine zweite Düngergabe nach Beendigung der Ernte zur Kräftigung der durch die Ernte geschwächten Bäume. Eine Dosierung der Gaben im Verhältnis 2:1 der geplanten Düngermenge hat sich bewährt. Je nach Lage des Anbaugebietes werden lokale Klimabedingungen und auch Bewässerungsmöglichkeiten die Ausbringungszeiten beeinflussen.

Zweckmäßig wird der Dünger, insbesondere wo geringe Niederschläge einen weiten Pflanzverband zwingend machen, im breiten Ring bis über die Blatttraufe hinaus ausgestreut, und etwa 15 cm tief in den Boden eingebracht. In kalkreichen Böden, welche im Verbreitungsgebiet des Ölbaumes häufig sind, sollten leicht lösliche Phosphate zur Verminderung des Risikos des sogenannten „Zurückgehens" der Phosphorsäure infolge Bindung mit Calcium-Ionen zu schwerer löslichen Phosphatformen, vorzugsweise im engen Band unter der Traufe eingemischt werden und nicht breitwürfig über den ganzen von der Krone des Baumes überdachten Boden zur Verteilung gelangen.

Die Höhe der Düngung und das Verhältnis der Nährstoffe zueinander sind in Abhängigkeit von lokalen Klima- und Bodenverhältnissen und als Folge der Einwirkung weiterer die Düngung beeinflussender Faktoren wie Varietät, Alter und Ertragsklasse der Bäume, Bewässerung, um nur einige der wichtigsten aufzuzählen, großen Schwankungen unterworfen. Den in der Literatur aufgeführten Empfehlungen kann daher keinesfalls Allgemeingültigkeit zugesprochen werden.

Wenn MORETTINI für Mittelitalien 100 bis 200 kg eines 20%igen Stickstoffdüngers, 50 bis 150 kg Superphosphat und 30 bis 150 kg schwefelsaures Kali je Hektar empfiehlt, wurden zweifellos in der weiten Spanne der empfohlenen Mengen die auf die Höhe der Düngung einwirkenden Faktoren berücksichtigt. In Spanien werden im Mittel 30 kg N, 35 kg P_2O_5 und 30 kg K_2O je Hektar für ausreichend erachtet. Für die Verhältnisse in Kalifornien zitiert SPRECHER VON BERNEGG (1929) eine Düngung von 115 g N, 115 g P_2O_5 und 170 g K_2O je produzierenden Baumes. BONNET (1946) gibt als Richtlinie 1,5 kg schwefelsaures Ammoniak, 2 bis 3 kg Superphosphat und 0,8 bis 1,0 kg Chlorkalium oder schwefelsaures Kali je Baum und Jahr.

Rezente Untersuchungen von BOUAT (1960) in Frankreich, welche auf einem Nährstoffentzug durch 20 kg Trockenmasse (Schnitt- und Erntegut) je Baum und Jahr basieren, erachten als Ersatzdüngung eine jährliche Gabe von mindestens 300 g N, 60 g P_2O_5 und 200 g K_2O je Baum für notwendig. Empfohlen wird eine Erhöhung der Gabe auf 400 g N, 85 g P_2O_5 und 400 g K_2O.

Als ein richtungsgebender Hinweis über die Höhe der zu gebenden Düngermengen für mittlere Erträge mögen die Empfehlungen von JACOB und v. UEXKÜLL (1958) dienen (Tab. 304).

Tabelle 304. *Düngungsempfehlung für produzierende Bäume*

	je Baum in g	je Hektar von 150 Bäumen in kg
N	200—300	30—45
P_2O_5	250—400	40—60
K_2O	250—400	40—60

Bei ausreichender Bewässerung und der damit gegebenen Möglichkeit einer besseren Dosierung auf mehrere Teilgaben sind die Mengen um 50% zu erhöhen.

Verschiedene Autoren empfehlen, die Höhe der Düngergaben abhängig zu machen von den Werten der jeweiligen Blattanalyse (Tab. 305).

Tabelle 305. *Grenzwerte auf Grund von Blattanalysen* (nach HARTMANN und BROWN 1954)

	Gehalt der Blätter in % der Trockenmasse	
	Ausreichend versorgte Bäume	Unzureichend versorgte Bäume
N	1,2 —2,0	0,9 —1,0
P_2O_5	0,15—0,20	0,03—0,05
K_2O	0,8 —1,2	0,11—0,12
MgO	0,15—0,20	0,06—0,10

Ins Detail gehende Düngungsratschläge für einzelne Anbaugebiete lassen sich in einem Beitrag wie diesem nicht ausarbeiten, denn sie setzen umfangreiche Kenntnisse der örtlichen Boden- und Klimabedingungen voraus. In Tab. 306 sollen Düngemengen aufgezeigt werden, deren Anwendung sichere Ernten verspricht.

Tabelle 306. *Düngungsempfehlungen für produzierende Bestände*
In g Reinnährstoffe je Baum und Jahr

	Grunddüngung (etwa Oktober)				1. Nachdüngung (etwa Februar)	2. Nachdüngung (etwa August)
	Stallmist[1] in kg	N	P_2O_5	K_2O	N*	N
Mit Bewässerung, (berechnet auf eine Ernte von 100 kg/Baum)						
Böden mit pH >7	150	400	500	1000	250	250
Böden mit pH <7	125	300	500	1000	300	250
Ohne Bewässerung, (berechnet auf eine Ernte von 60 kg/Baum)						
Böden mit pH >7	100	300	300	500	100	100
Böden mit pH <7	80	200	300	500	100	100

[1] Alle 2 bis 3 Jahre.
* Eventuell borhaltige Stickstoffdünger.

Zur Grunddüngung können sowohl konventionelle Einzeldünger, als auch Misch- oder Volldünger angewendet werden, wenn deren Nährstoffgehalt den jeweiligen Anforderungen entspricht. Bei bewässerten Kulturen ist einem Ammoniakstickstoff enthaltendem, bei unbewässerten dagegen einem nitrathaltigen Stickstoffdünger der Vorzug zu geben, um Nährstoffverluste zu vermeiden und höhere Düngerwirkung zu erzielen.

6. Düngung und Ertrag

Der Düngungseffekt zeigt sich beim Ölbaum im ersten Jahr nach der Gabe zunächst am gesunden Blattwuchs und an der reichlichen Sprossung von jungem Fruchtholz. Die Auswirkung auf den Ertrag ist in der nächsten Ernte und endgültig erst an der Höhe des darauffolgenden Ertrages zu ermessen. Eine genauere Beurteilung des Düngereffektes müßte sich demnach logischerweise mindestens über zwei Ernten erstrecken. Dergleichen Untersuchungen und weitere über die Nachwirkung unterschiedlicher Düngergaben liegen kaum vor.

Saez (1932) berichtet von zahlreichen in Spanien durchgeführten Düngungsversuchen, deren Ergebnisse überzeugend die Wirtschaftlichkeit der Düngeranwendung dokumentieren. Interessant sind in diesem Zusammenhang die Arbeiten von Loizides (1958) in Zypern. Über eine Periode von fünf Jahren wurde der Effekt von N, P_2O_5 und, in Anlehnung an die lokale Praxis, Ziegendung miteinander verglichen. Während der durchschnittliche Mehrertrag auf Grund der Stickstoffdüngung in den Beobachtungsjahren deutlich signifikant war, erreichte der Ertragszuwachs der mit Phosphat gedüngten und auch der mit Stallmist versorgten Bäume keine Signifikanz. Die enttäuschenden Ergebnisse des Stallmistes sind vermutlich aber auf die unsachgemäße Konservierung des Ziegendungs zurückzuführen.

Interessant sind ferner die Wechselwirkungen zwischen Stickstoff und Phosphorsäure einerseits und Phosphorsäure und Stallmist andererseits. Der ertragsfördernde Effekt der Stallmistgabe auf die Phosphorsäurewirkung mag auf dem durch die organische Düngung verbesserten Wasserhaushalt der unbewässerten Versuchsparzellen beruhen. Hierdurch wurde die Beweglichkeit der Phosphorsäure gefördert, was ihre Aufnehmbarkeit erhöhte.

Tabelle 307. *Wirkung von N, P_2O_5 und Ziegendung auf den Olivenertrag* (nach LOIZIDES 1958)

	Oliven je Baum in lb. (Durchschnitt von 5 Jahren)
ungedüngt	34,6
mittlerer Ertragszuwachs bei Gaben von 1,1 lb. N je Baum und Jahr	+ 12,4
mittlerer Ertragszuwachs bei Gaben von 0,45 lb. P_2O_5 je Baum und Jahr	+ 1,4
mittlerer Ertragszuwachs bei Gaben von 112 lb. Ziegendung je Baum und Jahr	+ 3,7
Steigerung der N-Wirkung durch P_2O_5	+ 6,7
Depression der N-Wirkung durch Ziegendung	— 2,8
Steigerung der P_2O_5-Wirkung durch Ziegendung	+ 5,7

Einen ausgezeichneten Düngereffekt lassen die von JACOB und Mitarbeiter (1931) zitierten, ebenfalls in Spanien durchgeführten Versuche von MILLA und LUCIANO erkennen.

Tabelle 308. *Einfluß der Mineraldüngung auf den Ölertrag* (nach MILLA)

Düngung/ha[1]	Ölertrag in l/ha	In % gegenüber ungedüngt
O	426	100
NP	645	151,4
NPK	796	186,9

[1] N = 100 kg Natronsalpeter und
100 kg schwefelsaures Ammoniak,
P = 350 kg Superphosphat,
K = 100 kg schwefelsaures Kali.

Tabelle 309. *Mineraldüngerwirkung auf den Olivenertrag (je 100 Bäume)* (nach LUCIANO)

Düngung	Schwefelsaures Ammoniak kg	Superphosphat kg	Chlorkalium kg	Ertrag kg	Relativ %
O	—	—	—	1.308	100
NP	100	100	—	2.463	188,3
NPK	100	100	75	4.521	345,6

Auch BONNET (1946) berichtet aus verschiedenen Anbaugebieten Südfrankreichs von ähnlich hohen Mehrerträgen.

Tabelle 310. *Düngungseffekt auf den Ertrag in kg/Baum*

Anbaugebiet	Ungedüngt	NPK	Mehrertrag gegenüber ungedüngt
La Fare	2,325	6,850	4,525
Lédenon	5,920	19,250	13,330
Lorgues	2,370	10,010	7,640

Es wird in einer Ölmühle im allgemeinen mit einer Speiseölausbeute von 15 bis 20% und etwa 2 bis 4% Industrieöl gerechnet. Bei einem niedrigen Rendement von 15% Speiseöl werden demnach aus 100 kg Oliven 15 kg bzw. 25 Liter Speiseöl gewonnen. Nach Angaben von LUCIANO kann bei entsprechender NPK-Düngung eine Speiseölausbeute von 22,25 Liter je Baum erzielt werden. Zweifellos ist ein mittlerer Ertrag von 89 kg Oliven je Baum eine über dem Durchschnitt stehende Ernte, doch liegt sie bei ausreichenden Niederschlägen und sorgfältiger Pflege der Bäume durchaus im Rahmen.

Über den Einfluß von Mikronährstoffen auf die Ertragsbildung des Ölbaumes ist bisher wenig bekannt. Ein Umstand, der im Hinblick auf die Bevorzugung des Ölbaumes für schwach basische Böden, in denen bekanntlich die Löslichkeit für Mikronährstoffe sinkt, einen hohen Ausnutzungsgrad des Ölbaumes für Mikronährstoffe vermuten läßt. Aus Italien wird berichtet (anonym 1958), daß Fruchtansatz und Ertrag durch Borzusatz erheblich begünstigt werden. Eine Gabe von 17,5 g Borsäure, der NPK-Düngung zugefügt, hatte bei jungen Bäumen eine über drei Jahre hinausreichende ertragssteigernde Wirkung. Bei älteren, über 40jährigen Bäumen konnte ein fördernder Effekt erst bei einem Zusatz von 190 g festgestellt werden. Die auffallende Wirkung des Bors auf den Fruchtansatz bestätigt die Ansicht von SCHARRER (1958), nach welcher Bor für den normalen Ablauf der Pollenkeimung und Befruchtung unentbehrlich ist.

7. Düngung und Qualität

Über den Einfluß der Düngung auf die Qualität liegen keine eindeutigen Berichte vor. Interessant ist der Hinweis von BOUAT (1960), daß trotz der durch Mineraldüngung erzielten sehr erheblichen Mehrerträge nicht, wie zunächst zu erwarten wäre, Größe und Gewicht der einzelnen Früchte negativ beeinflußt werden, sondern im Gegenteil in jedem Fall die gedüngten Bäume trotz der höheren Erträge auch schwerere Früchte trugen. Diese Feststellung ist von besonderer Bedeutung für die Erzeugung von Speiseoliven.

Literatur

Anonym: Boron for fruit. World Crops **5**, 179 (1958).

BONNET, J., und P. BONNET: L'Olivier Encyclopédie des Connaissances Agricoles. Paris: J. Brairs, Hachette. 1946. — BREDEMANN, G.: Handbuch der tropischen und subtropischen Landwirtschaft. SCHMIDT, G. A., und A. MARKUS, Bd. I, S. 552. Berlin: Mittler. 1943. — BUCHMANN, E., et al.: Diagnostic foliaire de l'olivier irrigué en Tunisie. Oléagineux **14**, 3, 163–173 (1959). — BOUAT, A.: Fertilization of the olive-tree. Fertilité **10**, 13–25 (1960).

Hartmann, H. T., und J. G. Brown: The effect of certain mineral deficiencies on the growth, leaf appearance and mineral content of young olive trees. Hilgardia **22** (3), (1953) und Boletin informativo, V, **55**, 5 (1954).

Jacob, A., und V. Coyle: The use of fertilisers in tropical and subtropical agriculture, S. 110. London: Benn. 1931. — Jacob, A., und H. v. Uexküll: Fertilizer use, S. 146. Hannover: Verlagsges. f. Ackerbau. 1958.

Loizides, P. A.: Fertilizer experiments in Cyprus. Empire J. Exper. Agricult. **26**, 103, 233–239 (1958).

Pansiot, F. P., und H. Rebour: Improvement in olive cultivation. FAO Agricultural Studies, No. 50. Rom 1961. — Pantanelli, P.: Olivicoltura, Trattati di Agricoltura **9**, XVIII. Concimacione ordinaria o di mentenimento, 406.

Saez, L.: Ensayos de abonadura en los olivares españoles. Bol. Información Agricult. Dez. 1932. — Scharrer, K.: Aufgaben und Wirkungen der Mikronährstoffe im Leben der Pflanze. Hundert Jahre erfolgreiche Düngewirtschaft, Generalberichte des III. Weltkongresses für Düngungsfragen. 163–192 (Heidelberg, Sept. 1957). Frankfurt a. M.: Sauerländer. 1958. — Sprecher von Bernegg, A.: Der Ölbaum. Tropische und subtropische Weltwirtschaftspflanzen, Bd. II. Stuttgart: Enke. 1929.

Vageler, P.: Grundriß der tropischen und subtropischen Bodenkunde, 2. Aufl., S. 235. Berlin: Verlagsges. f. Ackerbau. 1938.

d) Raps und Rübsen[1]

(Brassica napus L. ssp. oleifera und *Brassica campestris L. ssp. oleifera)*

Von

W. Schuster

Der Raps ist die wichtigste ölliefernde Pflanze Europas. In Mitteleuropa bringt die überwinternde Form des Rapses die höchsten Fettleistungen von der Ackerfläche. Jedoch nimmt der Anbau in Deutschland nur etwa 0,3% ein, was für die Fettversorgung der Bevölkerung nicht stark ins Gewicht fällt. Nach von Boguslawski (1953) wurden in Europa 1949/50 570000 ha Raps und Rübsen angebaut.

Außer in Europa haben Raps und Rübsen in Asien eine starke Verbreitung, dort betrug die Anbaufläche 1949 8400000 ha.

Trotz der vom Standpunkt der Fettversorgung beschränkten Bedeutung hat der Raps als Pflanze, die gut zu mechanisieren ist, heute in Europa innerhalb der Fruchtfolge vielfach die Stelle einer Hackfrucht eingenommen. Hier hilft er die engen Getreidefruchtfolgen auflockern und so die Bodenfruchtbarkeit erhalten. Auch sonst bringt der Rapsanbau einige acker- und pflanzenbauliche sowie betriebswirtschaftliche Vorteile, wie frühe Ernte, Möglichkeiten des Zwischenfruchtbaues oder der Halbbrache bei Winterraps.

1. Winterraps

A. Winterraps zur Korngewinnung

Die Düngung des *Winterrapses* hängt neben einigen anderen Faktoren stark von der *Stellung in der Fruchtfolge* ab. Raps benötigt für eine kräftige Jugendentwicklung einen garen, tätigen Boden. So schreibt Wacker (1933): „Wer Raps in einen nur oberflächlich bearbeiteten unvergorenen Boden sät, wird nie einen vollen Ertrag erlangen, auch wenn er eine reichliche Düngung gibt". Früher wurde deshalb Raps meist nach Voll- oder Teilbrache gebaut. Vgl. Remy (1909), Hoffmann und Nolte (1933). In neuerer russischer Literatur (Ritus 1952) wird der Anbau des Winterrapses ebenfalls nach Schwarzbrache oder nach

[1] Vgl. auch S. 489

mehrjährigem Grasanbau (Stepanov 1959) empfohlen. Alle Veröffentlichungen aus Mitteldeutschland von Könnecke (1951), Wilamowitz (1952), Klitsch (1952), Rüther (1953), Rüther (1956), Könnecke und Friessleben (1956) stellen, meist auf Grund ihrer Versuchsergebnisse, die Blattfrüchte als gute und die Halmfrüchte als geringwertige Vorfrüchte für Winterraps heraus.

Klitsch (1952) nennt folgende Reihenfolge:

I. Beste Vorfrüchte: Frühkartoffeln, Viktoriaerbsen.

II. Gute Vorfrüchte: Überwinternde Futterpflanzen, frühjahrsgesäte Erbsen-Wicken-Gemenge, frühe Luzerne- und Kleeumbrüche.

III. Geringwertige Vorfrüchte: Die Getreidearten in der Reihenfolge: Hafer, Roggen, Winter- und Sommergerste, Weizen.

Im Durchschnitt von vier Jahren (1951 bis 1955, ohne 1954) erzielte Rüther (1956) nach verschiedenen Vorfrüchten folgende Winterrapserträge (Tab. 311).

Tabelle 311. *Vorfruchtwert verschiedener Früchte zu Winterraps* (1951 bis 1955, ohne 1954; nach Rüther 1956)

Vorfrucht	Kornertrag	
	dz/ha	relativ
Trockenspeiseerbsen	19,1	100
Pflückerbsen	19,1	100
Futtererbsen	20,4	106
Buschbohnen	18,1	94
Frühkartoffeln	18,7	98
Sommergerste	16,2	84
Hafer	15,5	81

Könnecke (1951) veröffentlicht langjährige Versuchsergebnisse des Köthener Versuchsringes, in denen die Getreidearten stärker berücksichtigt sind (Tab. 312).

Tabelle 312. *Winterrapserträge nach verschiedenen Vorfrüchten* nach Könnecke (1951)

Vorfrucht	Kornertrag	
	dz/ha	relativ
Erbsen	26,77	134
Winterroggen	24,17	121
Hafer	23,29	117
Wintergerste	22,32	112
Luzerne, Klee	20,07	101
Winterweizen	19,94	100

In Mitteldeutschland müssen Luzerne- und Kleeumbrüche wegen ihres hohen Wasserverbrauches als schlechte Vorfrüchte für Winterraps angesehen werden, während Wacker (1934) in Stuttgart-Hohenheim hohe Erträge nach Luzerneumbruch erzielte. Wenn auch die höchsten Winterrapserträge nach Blattfrüchten erreicht werden, so wird doch heute im Interesse einer Auflockerung der engen Getreidefruchtfolgen meist eine Stellung zwischen zwei Getreidearten notwendig sein.

Eng mit der Vorfrucht hängt die *organische Düngung* des Rapses zusammen. *Stallmist* wird von Winterraps gut ausgenutzt. Die langsam fließende Nährstoffquelle sowie die Aktivierung des Bodenlebens durch Stallmistdüngung kommen den Bedürfnissen des Rapses sehr entgegen. So wird gut verrotteter Stallmist in Gaben von 200 bis 300 dz/ha vielfach als die Grunddüngung für Winterraps bezeichnet (PRJANIZNIKOV 1930, ZADE 1933, BECKER 1937, TAMM 1937, HACKBARTH 1944). WALICKI (1961) betont die Notwendigkeit von hohen Stallmistgaben zu Raps auf den leichten Böden Polens. Auch unter russischen Verhältnissen werden selbst auf guten, fruchtbaren Böden große Mengen organischer Dünger für notwendig erachtet (MINKEVIC und BORKOVSKIJ 1952). Je ungünstiger die Vorfrucht, um so günstiger dürfte sich eine organische Düngung, die das Bodenleben fördert, auswirken. Deshalb empfiehlt DIEZ (1942), Raps nach Getreide, wenn irgend möglich, mit Stallmist oder Jauche zu düngen. Am deutlichsten kommt die Ertragssteigerung durch Stallmistdüngung bei Raps aus älteren Versuchen von KLEBERGER (1919) zum Ausdruck (Tab. 313).

Tabelle 313. *Düngungsversuche mit Winterraps 1915 bis 1918* nach KLEBERGER (1919)

Düngung	Kornertrag		Ölertrag relativ
	dz/ha	relativ	
Ungedüngt	14,8	63	66
Volldüngung	18,0	77	81
Stallmist	20,6	88	88
Volldüngung + Stallmist	23,2	100	100

Die Nährstoffausnutzung, die durch die kombinierte Gabe Volldüngung + Stallmist deutlich erhöht wurde, betrug hier: 76,1 kg/ha N, 45,6 kg/ha K_2O, 33,5 kg/ha P_2O_5.

In den Versuchen von GERICKE (1941) nahm die Stallmistwirkung bei einer Phosphorsäuredüngung von 90 kg/ha deutlich ab (Tab. 314). Jedoch wurde auch hier die beste Leistung bei Stallmist + Mineraldüngung erzielt.

Tabelle 314. *Wirkung von Stallmist und P_2O_5-Düngung bei Winterraps* Erträge dz/ha (Mittel von 10 Versuchen) nach GERICKE (1941)

	KN	KN + P_2O_5	
		60 kg/ha	90 kg/ha
Ohne Stallmist	20,80	24,78	27,40
Mit Stallmist	24,13	28,36	29,17
Mehrertrag durch Stallmist	3,33	3,58	1,77

Er empfiehlt, den geringen Phosphorsäuregehalt des Stallmistes durch entsprechende mineralische P_2O_5-Gaben zu ergänzen.

Als weiterer organischer Dünger für Winterraps ist der *Schafpferch* zu nennen (LIEBSCHER 1887, LEITZ 1947). Eine besonders günstige Nährstoffwirkung des Schafpferches und seinen Gehalt an organischen Wirkstoffen stellte VON BOGUSLAWSKI (1953) fest.

Auch *Jauche* wird nach den Untersuchungen von SCHAFFLER (1947) von Winterraps gut verwertet. 400 bis 600 hl/ha Jauche hatten im Frühjahr die gleiche Wirkung wie eine entsprechende Mineraldüngung. Jedoch muß die Phosphorsäureversorgung der Böden in Ordnung sein oder die der Jauche fehlende P_2O_5-Menge durch mineralischen Dünger ergänzt werden. Die Jauche soll nicht so früh im Frühjahr ausgebracht werden. Auch späte Gaben im Mai/Juni brachten den gleichen Mehrertrag wie eine späte Stickstoffdüngung. Die Art der Ausbringung — Kopfdüngung mit Tiefverteiler, Jauchedrill, sofortiges Einhacken — zeigte keine unterschiedlichen Auswirkungen auf den Rapsertrag. Für schwere Böden, bei denen die Gefahr der Bodenverschlechterung durch hohe Jauchegaben besteht, wird eine kombinierte Jauche/Mineraldüngung empfohlen.

Wurde früher eine organische Düngung als beinahe unbedingt notwendig für einen erfolgreichen Rapsanbau angesehen, so ist es bei der Stellung des Rapses in der Fruchtfolge zwischen zwei Getreidearten heute bei der späten Mähdruschernte vielfach nicht mehr möglich, Stallmist auszubringen oder zu pferchen. Abgesehen davon, daß oft infolge des geringen Viehbesatzes keine organischen Dünger mehr zur Verfügung stehen.

Auf die Schwierigkeiten der Stallmistdüngung bei späträumender Vorfrucht weist schon HENNING (1941) hin.

Wichtiger als eine organische Düngung ist die rechtzeitige Aussaat (20. bis 28. August für Westdeutschland) in ein sauberes Saatbeet für die Ertragsleistung des Winterrapses.

Deshalb empfehlen auch HEUSER für die Ausdehnung des Rapsbaues im mittleren Ostdeutschland und JANETZKI für die kontinentalen Verhältnisse Schlesiens in SCHNEIDER (1940), bei spät räumenden Vorfrüchten auf die Stallmistdüngungen zu verzichten und entsprechend höhere Mineraldüngergaben zu verabfolgen. WILAMOWITZ (1952) hält für mitteldeutsche Verhältnisse bei einer Fruchtfolgestellung des Rapses nach Blattfrüchten die Stallmistdüngung nicht mehr für angebracht. Ebenso sei der Erfolg der Jauchedüngung zweifelhaft, da im Herbst die Gefahr des Überwachsens und damit der Auswinterung bestehe.

Auch KÖNNECKE und FRIESSLEBEN (1956) empfehlen, auf Grund ihrer Versuche 1955 und 1956, auf die Stallmistgabe zu verzichten, besonders wenn Raps nach einer günstigen Vorfrucht steht.

Bei diesen zweijährigen Versuchen in Sachsen-Anhalt, die acht verschiedene Vorfrüchte berücksichtigten, betrug die Ertragszunahme durch die Stallmistdüngung im Mittel nur 5,9% (Tab. 315).

Tabelle 315. *Wirkung der Stallmistdüngung*
(Kornerträge dz/ha)
nach KÖNNECKE und FRIESSLEBEN (1956)

	1955	1956	⌀ 1955-56
Ohne Stallmist	17,46	20,64	19,05
Mit 250 dz/ha Stallmist	18,51	21,85	20,18
GD 5%	3,88	2,57	1,79

Obwohl die Ertragszunahme durch die Stallmistgabe gering war, wurden in diesen Versuchen (KÖNNECKE und FRIESSLEBEN 1956) bei allen Vorfrüchten die höchsten Erträge bei Stallmistdüngung + 120 kg/ha *Stickstoff* erzielt. Die mineralische Düngerwirkung ist also bei gleichzeitiger organischer Düngung besonders günstig.

Diese „Komplex-Wirkung" von Stallmist und Mineraldüngung geht auch aus den von Rüther (1950) veröffentlichten dreijährigen Versuchsergebnissen (1935 bis 1938) aus Lauchstädt hervor (Tab. 316).

Tabelle 316. *N-Steigerungsversuch zu Winterraps mit und ohne Stallmist*
Durchschnitt von 1935 bis 1938 in Lauchstädt
nach Rüther (1950)
(Erträge relativ)

Düngung	ohne N	40 kg/ha N	60 kg/ha N	80 kg/ha N
Ohne Stallmist	100	123,3	142,6	152,9
Mit Stallmist	113,5	137,3	153,5	168,8
Mehrertrag durch Stallmist....	13,5	14,0	10,9	15,9

Sicher kann auch eine *Gründüngung* vom Winterraps gut verwertet werden. Diese ist jedoch nur in Verbindung mit einer Halbbrache möglich und kommt lediglich für extreme Bodenverhältnisse in Betracht.

Einen guten Anhalt für das Düngungsbedürfnis gibt die Untersuchung des *Nährstoffentzuges*. In der Literatur findet sich eine ganze Reihe von Angaben, die in Tab. 317 zusammengestellt wurden. Da der Nährstoffentzug von der Höhe des unter den gegebenen Verhältnissen möglichen Ertrages abhängt, wurden alle Angaben, soweit als möglich, auf einen durchschnittlichen Ertrag von 20 dz Korn und 44 dz Stroh (Korn:Stroh = 1:2,2) umgerechnet.

Tabelle 317. *Nährstoffentzug von Winterraps in kg/ha*
bei 20 dz Korn + 44 dz Stroh nach verschiedenen Autoren

Autoren	N	K_2O	P_2O_5	CaO	MgO
Liebscher, G. (1887)	100,4	84,2	64,8	57,8	
Remy, Th. (1909)	80,6	122,8	53,2	149,4	22,6
Remy, Th. (1925)	90,8	134,2	54,4	191,4	26,8
Becker-Dillingen (1928)	108,4	83,4	70,8	141,6	
Prjaniznikov, D. N. (1930)......	135,0	94,2	70,0	82,6	
Hoffmann, M., und O. Nolte (1933)	100,0	60,0	45,0	90,0	
Wacker, J. (1934)	115,2	82,4	48,0	132,0	
Rheinwald, H. (1951)	99,6	61,2	46,4	88,8	
Boguslawski, E. v. (1953)	116,6	100,0	50,0	133,4	
Radet, E. (Frankreich) (1953) ...	136,0	134,4	52,8	139,2	15,4
Radet, E. (Frankreich) (1954) ...	124,0	148,0	50,0		
Klapp, E. (1954)	102,0	96,0	54,0		
Stebut, I. A. (Rußland) (1956) ..	97,2	68,0	50,2	59,4	21,0
Köhnlein, J., und N. Knauer (1957)		78,6	52,4		
Ruhrstickstoff (1957)	104,2	95,8	50,0	100,0	15,8
Andersson, G., R. Olered und G. Olsson (Schweden) (1958) ..	111,0	69,0	34,0	140,6	17,6

Diese Zusammenstellung läßt eine recht gute Übereinstimmung der Angaben, vor allem in den P_2O_5-Werten, erkennen. Abweichungen sind verständlich, denn die Werte wurden unter recht unterschiedlichen Wachstumsbedingungen gewonnen. Vergleicht man die älteren Untersuchungen von WOLFF (Mitteilungen aus Hohenheim V, 214) und PIERRE (Ann. de chimie et physique 60, 129), die LIEBSCHER (1887) zusammenfaßte, sowie REMY (1909, 1925) mit neueren Veröffentlichungen von RADET (1953, 1954) und ANDERSSON, OLERED und OLSSON (1958), so fällt die starke Zunahme der Stickstoffwerte bei den neueren Untersuchungen auf. Auch LEFÉVRE und LEFÉVRE (1957) fanden beim Vergleich neuerer mit älteren französischen Arbeiten, daß die Entzugswerte für N wesentlich höher liegen, für P_2O_5 etwa gleich geblieben sind und für K_2O nur etwa die Hälfte ausmachen. Sie erklären dies mit den veränderten Ansprüchen der neueren Rapssorten. Diese Unterschiede zwischen den neueren und älteren Untersuchungen dürften jedoch auch durch die insgesamt höheren Düngergaben verursacht worden sein.

Aus diesen Entzugszahlen ist zu entnehmen, daß Winterraps allgemein hohe Nährstoffgaben benötigt, vor allem an *Stickstoff*. Alle zusammenfassenden Arbeiten über die Rapsdüngung (SCHNEIDEWIND 1926, BIEREI 1931, BECKER 1937, HACKBARTH 1944, SCHMITT 1954, SCHULZE 1961) heben den hohen N-Bedarf des Rapses hervor.

Die Höhe der Stickstoffdüngung ist weitgehend von der Vorfrucht, dem Nährstoffgehalt und dem Garezustand des Bodens, von der Stallmistdüngung, der Saatzeit u. a. abhängig. Trotzdem ist mit HEUSER in SCHNEIDER (1940) festzustellen: „80 kg/ha Stickstoff ist in jedem Fall zu wenig“.

So erzielte SELKE (1950) im Mittel von zweijährigen Versuchen (1941 und 1943) ohne Stallmist eine deutliche Ertragssteigerung bis 140 kg/ha N (Tab. 318).

Tabelle 318. *Stickstoffversuch zu Winterraps ohne Stallmist* (1941 und 1943) nach SELKE (1950)

N-Düngung kg/ha	Körner		Fett	
	dz/ha	relativ	dz/ha	relativ
Ohne	18,69	100	7,38	100
40	22,64	121	9,13	124
60	24,02	129	9,37	127
80	26,27	141	10,10	137
100	26,26	141	9,95	135
120	27,78	149	10,31	140
140	29,28	157	10,70	145

Auch LAU (1958) fand anhand von 1000 schwedischen Düngungsversuchen mit Winterraps, daß eine Erhöhung der N-Gabe von 120 auf 150 kg/ha N (Kalksalpeter) noch lohnende Mehrerträge brachte. Die Wirkung der Stickstoffdüngung war nach ungünstigen Vorfrüchten höher als nach Blattfrüchten; d. h. die Vorfruchtwirkung konnte durch höhere N-Düngung weitgehend ausgeglichen werden.

RADET (1954) empfiehlt für französische Verhältnisse auf Grund seiner Untersuchungen über den Nährstoffentzug bei Winterraps nach Getreide ohne Stallmist 150 kg/ha N, bei Stallmistdüngung oder nach Leguminosen 125 kg/ha N. Ebenso wird von LANDAU (1961) für Polen 150 kg/ha Stickstoff als nicht zu viel angesehen. Nach Leguminosen sollen jedoch 100 kg/ha ausreichend sein. Für den Rapsanbau auf polnischen Sandböden werden von Walicki (1961) 160 kg/ha N vorgeschlagen.

Dagegen fanden Könnecke und Friessleben (1956) nur noch eine geringe Ertragssteigerung durch Erhöhung der N-Gabe von 120 kg/ha auf 140 kg/ha. Auch in schwedischen Versuchen von Andersson, Olsson und Lööf (1956), die bis 240 kg/ha N düngten, brachten 180 kg/ha gegenüber 120 kg/ha keine höheren Leistungen (Tab. 319).

Tabelle 319. *Einfluß steigender N-Gaben auf Ertrag und Qualität bei Winterraps 1950—1954*
nach Andersson, Olsson und Lööf (1956)

Düngung Kalksalpeter kg/ha	Kornertrag		Rohfett			Rohprotein			Winterhärte[1] 1-10	Standfestigkeit[2] 1-10	1000-Korngewicht g	Jodzahl
	kg/ha	rel.	% i. Tr.	kg/ha	rel.	% i. Tr.	kg/ha	rel.				
0	2069	100	45,4	812	100	24,6	428	100	7,3	9,2	5,13	95,6
400	2454	119	45,7	963	119	24,8	513	120	7,1	8,7	5,12	96,5
800	2640	128	45,0	1022	126	25,7	568	133	6,9	8,3	5,13	96,4
1200	2682	130	44,0	1013	125	26,4	602	141	6,5	7,9	5,14	97,4
1600	2692	130	44,0	1024	126	27,0	614	143	6,5	7,7	5,16	97,6

[1] 1 = totale Auswinterung, 10 = keine Schäden.
[2] 1 = totales Lager, 10 = aufrechter Stand.

In diesen Versuchen wurde nicht nur der Kornertrag, sondern auch der Einfluß der Stickstoffdüngung auf die Qualität untersucht.

Der *Fettgehalt* im Korn nimmt mit steigender N-Düngung ab und der *Rohproteingehalt* zu, wie dies schon aus den Versuchen von Selke (1950) in Tab. 318 und den Untersuchungen von Schmalfuss (1938), Schropp und Arenz (1940), Nicolaisen (1941), Heuser (1941), Nehring, Rzymkowski und Schütte (1945), Björklund und Wahlgren (1955) sowie Hoffmannowa und Horodyski (1956) hervorgeht. Wie auch von allen Autoren betont wird, spielt jedoch diese Abnahme des Ölgehaltes gegenüber der wesentlichen Steigerung des Ölertrages durch die erhöhte Stickstoffdüngung bis zur genannten optimalen Grenze keine Rolle. Die Erhöhung des Rohproteingehaltes ist für die Verfütterung der Preßrückstände von Vorteil.

Im Gegensatz dazu fanden Sessous und Schell (1940) bei höherer Stickstoffdüngung zwar eine Erhöhung des Rohproteingehaltes, aber keinen Abfall der Fettprozente; die Stickstoffsteigerung ging jedoch in diesen Versuchen nur von 50 auf 75 kg/ha N.

Schropp und Arenz stellten (1938, 1940) fest, daß bei trockener Witterung der Fettgehalt der Rapssamen nicht durch höhere N-Düngung gesenkt wurde. Trockenheit im Juni und höhere Niederschläge im Mai wirkten sich in dieser Beziehung besonders günstig aus.

Die *Jodzahl* nimmt in Tab. 319 mit steigender N-Gabe etwas zu. Auch Schmalfuss (1938) stellte eine leichte Zunahme der ungesättigten Fettsäuren im Rapsöl durch höhere Stickstoffdüngung fest.

Die *Standfestigkeit* wird durch die Stickstoffsteigerung beim Raps kaum herabgesetzt, wie aus Tab. 319 abzulesen ist. Die Zunahme einer geringen Lagerneigung kann für den Mähdrusch vom Halm sogar recht günstig sein, da ein leicht hängender Bestand weniger durch Wind bewegt wird und so die Gefahr des Ausfallens bei fortschreitender Reife geringer ist.

Das *Tausendkorngewicht* wurde nicht durch die höhere N-Düngung verändert (Tab. 9), was auch HOFFMANNOWA und HORODYSKI (1956) sowie SESSOUS und SCHELL (1940) feststellten. Letztere fanden, daß die Ertragserhöhung mit der N-Steigerung durch eine Erhöhung des Kornbesatzes und damit des Einzelpflanzenertrages zustande kommt. Die günstige Wirkung der Stickstoffsteigerung zeigte sich in diesen Untersuchungen auch bei den verschiedensten Standräumen (Saatstärken und Standräumen). Dies bestätigten Versuche von KNOCH (1955), in denen sogar bei engen Standräumen (20 cm) die Steigerung von 60 auf 120 kg/ha eine relativ höhere Ertragszunahme verursachte als bei weiten Standräumen (40 cm).

Auch SCHRIMPF (1953) stellte bei Stickstoffmangel einen um 40% geringeren Samenansatz fest. Die Stroh- und Wurzelgewichte lagen bei N-Mangel 30 bis 40%, die Kornerträge dagegen 70% unter denen von normal gedüngten Pflanzen; d. h. also, daß sich Stickstoffmangel in diesen Untersuchungen stärker auf die Kornleistung auswirkte als auf den Strohertrag.

Die *Winterfestigkeit* nahm in den Versuchen von ANDERSSON, OLSSON und LÖÖF (Tab. 9) mit höherer N-Düngung etwas ab. WILHELM (1935) fand ebenfalls bei Überernährung mit Stickstoff eine geringere Widerstandsfestigkeit gegen Frost, jedoch war auch bei Stickstoffunterernährung eine geringere Frosthärte gegeben. Dies wird durch eine starke Reduzierung des Phosphatidgehaltes in der Rapspflanze erklärt, die bei N-Überschuß sowie bei N-Mangel, aber auch bei P-Mangel, auftritt. LEMBKE-MALCHOW (1933), NICOLAISEN (1941), SELKE (1950) und ENGEL (1951) sehen in einer stärkeren Stickstoffdüngung im Herbst eine Gefahr für die Winterfestigkeit. Durch eine reichliche N-Versorgung im Herbst kann sich der Raps bei warmer Witterung leicht ,,überwachsen", d. h. der Raps bildet einen kurzen Stengel, der Vegetationspunkt wächst aus der Rosette heraus und ist so stärker den Frösten im Winter ausgesetzt. RADEMACHER (1939) warnt dagegen: ,,Nicht weniger als ein zu üppig in den Winter gehender ist jedoch ein schmächtiger Bestand. Jede einseitige Düngung ist zu vermeiden, und Nährstoffe sind in ausreichender Menge zur Verfügung zu stellen". Auch nach LOWIG (1941) ist die herbstliche Stickstoffdüngung oft entscheidend für den Erfolg des Winterrapsbaues.

In einer guten (optimalen) Stickstoffversorgung sehen NICOLAISEN (1941) und KAUFMANN (1942) ein Mittel, die Schäden durch den Rapsglanzkäfer zu vermeiden. Durch einseitige Stickstoffdüngung wurde in den Versuchen von WEIGERT und WEIZEL (1935) der Rüsselkäferbefall etwas begünstigt.

Über die *zeitliche Verteilung der Stickstoffdüngung* bestehen in der Literatur sehr unterschiedliche Meinungen. Lange Zeit wurden die Auffassungen über die Höhe der Herbst- und Frühjahrsdüngung mit Stickstoff durch die Veröffentlichungen von LIEBSCHER (1887) und REMY (1909, 1925) bestimmt. Deren Untersuchungen ergaben einen Schwerpunkt der Nährstoffaufnahme im Herbst. Nach REMY (1909) war im November der gesamte Stickstoff aufgenommen, nach der Veröffentlichung 1925 wurden 83% der Gesamt-N-Menge bis November benötigt. Auf Grund dieser Untersuchungen wurden von REMY selbst sowie von BIEREI (1931), WACKER (1934), BECKER (1937), WOZAK in SCHNEIDER (1940) und HACKBARTH (1944) empfohlen, die größte Menge des Stickstoffes im Herbst bei der Saat und ein wenig im zeitigen Frühjahr zu geben. Aber schon WEIGERT und WEIZEL (1935) wollen auf Grund ihrer Feldversuche $^1/_3$ des Stickstoffes im Herbst und $^2/_3$ im Frühjahr verabfolgen und KEESE (1936) empfiehlt nach

Auswertung von 34 Feldversuchen sogar, den gesamten N im Frühjahr zu streuen und nur bei ungünstiger Vorfrucht $^1/_3$ des N im Herbst bei der Saat zu verabfolgen, was auch schon Lembke-Malchow (1933) auf Grund praktischer Erfahrungen empfahl. Auch Schropp und Arenz (1938, 1940) konnten durch Kopfdüngung bzw. Teilung der N-Gabe zu Winterraps deutliche Mehrerträge erzielen, wobei die Kornerträge stärker anstiegen als die Stroherträge. Etwas später setzt sich allgemein die Ansicht durch, den größten Teil des Stickstoffes im Frühjahr bzw. nach günstigen Vorfrüchten und bei Stallmistdüngung die gesamte mineralische N-Düngung im Frühjahr zu geben (Nicolaisen, Janetzki, Laube in Schneider 1940, Nicolaisen 1941, Dannhardt 1943, Leitz 1947).

Diese Auffassung wurde durch neuere Untersuchungen über die Nährstoffaufnahme von Radet (1953), Lefévre und Lefévre (1957) in Frankreich und von Andersson, Olered und Olsson (1958) in Schweden (Tab. 320) sowie durch Feldversuche aus Schweden von Björklund und Wahlgren (1955) sowie Lau (1958) und aus Mitteldeutschland von Selke (1950, 1956, 1961), Rüther (1950, 1953, 1954), Engel (1951), Klitsch (1952), Könnecke (1953), Könnecke und Friessleben (1956), Hollstein (1957) und Wuth (1961) bekräftigt.

Tabelle 320. *Aufnahme bzw. Entzug an Stickstoff, Kali, Phosphorsäure, Kalk und Magnesia in Winterraps in verschiedenen Entwicklungsstadien*
(Mittelwerte aus drei Versuchen)
nach Andersson, Olered und Olsson (1958)

Nährstoff kg/ha	Spät im Herbst	Im zeitigen Frühjahr	Bei Beginn der Blüte	Kurz nach Abschluß der Blüte	Bei Selbstbinderreife	In den reifen Samen[1]
Stickstoff (N)	56	28	186	220	165	134
Kali (K_2O)	49	20	114	105	82	72
Phosphorsäure (P_2O_5)	15	8	49	66	58	54
Kalk (CaO)	31	13	201	281	251	18
Magnesia (MgO)	6	3	24	33	29	6

[1] Bei einem Samenertrag von 4000 kg/ha mit 15 % Wassergehalt.

Die Ergebnisse aus Schweden (Tab. 320) stimmen recht gut mit denen von Radet (1953) überein.

Das Maximum der Nährstoffaufnahme liegt nach diesen Untersuchungen im Frühjahr zur Zeit der stärksten Stoffproduktion der Rapspflanze. Dementsprechend müssen auch die Stickstoffgaben im Frühjahr eine stärkere Wirkung haben. Alle oben genannten neueren Veröffentlichungen von Feldversuchen über die Frage der zeitlichen N-Düngung zu Raps brachten gleichsinnige Ergebnisse. In Tab. 321 werden die von Selke (1961) veröffentlichten Werte wiedergegeben.

Engel (1951) sieht die günstige Wirkung der Frühjahrsdüngung darin, daß die Rapspflanze durch Weglassen des Stickstoffes im Herbst zu einer stärkeren Durchwurzelung gezwungen wird und dadurch die Nährstoffe im Frühjahr besser ausnutzt.

Nicht in allen Versuchen war die Überlegenheit der Variante „Gesamt-N im Frühjahr" so deutlich der Aufteilung „$^1/_3$ im Herbst, $^2/_3$ N im Frühjahr" überlegen. Die meisten der in Tab. 321 zusammengefaßten Versuche dürften nach günstigen Vorfrüchten gestanden haben. Nach Hack- und Blattfrüchten wird das herbstliche Stickstoffbedürfnis, das, wie aus Tab. 320 hervorgeht, nicht unerheblich ist, aus dem Boden gedeckt, da hier bis in den November bakterielle Salpeterbildung stattfindet. Nach Getreide sind, worauf schon KLITSCH (1952) hinweist, die Stickstoffmineralisierungs- und Nitrifizierungsprozesse stark herabgesetzt, so daß hier eine N-Düngung von 20 bis 40 kg/ha im Herbst erforderlich ist. Auch die Untersuchungen von LAU (1958) ergaben im Mittel geringere Kornerträge bei Unterteilung in Herbst- und Frühjahrsgaben, der Fettgehalt wurde jedoch bei hoher N-Düngung weniger gesenkt als bei Verabfolgung des gesamten Stickstoffes im Frühjahr.

Tabelle 321. *Versuchsergebnisse zur Frage: „Herbst-" oder Frühjahrsdüngung*
Mittel aus 60 Versuchen in Mitteldeutschland
nach SELKE (1961)
(N im zeitigen Frühjahr = 100)

	Korn	Fett
Ohne N	71	71
N im zeitigen Frühjahr	100	100
$^1/_3$ N im Herbst, $^2/_3$ im Frühjahr	95	96

Einige Autoren in SCHNEIDER (1940), RADET (1953, 1954) sowie PONTAILLER (1957) und SZCZUCHNIAK (1961), empfehlen eine *Dreiteilung* — Herbst, Februar/März, April — der Stickstoffdüngung. Dies verursacht höhere Kosten und dürfte nicht in allen Fällen Vorteile bringen.

RÜTHER (1954) erzielte 11% Mehrertrag, wenn die hohen Stickstoffgaben von 110 kg/ha im Frühjahr unterteilt wurden. Dagegen wirkte sich die Unterteilung der N-Gaben im Frühjahr in den schwedischen Versuchen von LAU (1958) ungünstig aus.

Auch die Versuche mit Spätdüngung — zur Blüte des Rapses — ergaben recht unterschiedliche Ergebnisse. DANNHARDT (1943) konnte in seinen Versuchen deutliche Mehrerträge — zumindest 1942 — durch Kalksalpeterdüngung zur Blüte erreichen (Tab. 322).

Tabelle 322. *N-Spätdüngung zu Winterraps*
nach DANNHARDT (1943)

im Frühjahr	zur Blüte	Ertrag dz/ha	
		1942	1943
80 kg/ha N	0 kg/ha N	36,85	37,33
120 kg/ha N	0 kg/ha N	39,75	39,52
80 kg/ha N	40 kg/ha N	42,60	40,83

NEHRING, RZYMKOWSKI und SCHÜTTE (1945) erzielten nicht in allen Versuchen eine Ertragssteigerung durch eine späte N-Düngung in der Blüte, jedoch war im Mittel von dreijährigen Versuchen eine beachtliche Wirkung zu beobachten. Sie stellten fest, daß der Samenertrag bei Spätdüngung stärker zunahm als der Strohertrag und der Fettgehalt nicht oder nur gering abnahm. Dagegen fand GISIGER (1951) eine Erniedrigung des Ölgehaltes durch die Blütendüngung und keine Ertragssteigerung. Auch KÖNNECKE und FRIESSLEBEN (1956) erhielten keine Ertragszunahme durch N-Düngung zur Blüte. OHNESORGE (1958) empfiehlt die Blütendüngung zu Raps, betont aber, daß eine Blüten- bzw. Spätdüngung nur dann Erfolg hat, wenn eine ausreichende Stickstoffgrunddüngung vorangegangen ist.

BUCHNER (1957) sowie BUCHNER und KRADEL (1962) konnten gute Erfolge durch Zusatz von 40 bis 85 kg/ha Harnstoff (=20 bis 40 kg/ha N) zur Spritzbrühe bei der Spritzung gegen Rapsglanzkäfer erzielen.

Die Wirkung der Spätdüngung mit Stickstoff bzw. der Erfolg einer Unterteilung der Frühjahrsgabe scheint stärker von den jeweiligen Witterungsbedingungen abhängig zu sein und bringt deshalb nicht immer Vorteile.

Ebenso ist die Frage nach der günstigsten *Stickstofform* nicht ohne weiteres klar. Auch hier sind die gegebenen Boden- und Klimaverhältnisse bestimmend. SCHROPP und ARENZ (1938) sowie WEIGERT und WEIZEL (1935) fanden keine unterschiedliche Wirkung der verschiedenen Stickstofformen auf Ertrag oder Fettgehalt des Winterrapses. Letztere stellten lediglich auf sauren Böden eine bessere Wirkung der kalkhaltigen N-Dünger fest. So erhielten auch HEUSER (1941), RÜTHER (1950, 1954) sowie SELKE (1950, 1961) die höchsten Erträge durch Kalkammonsalpeter, und in den schwedischen Versuchen schnitt der Kalksalpeter am besten ab.

Tabelle 323. *Stickstoffversuch (Formen und Streuzeiten) zu Winterraps 1941 bis 1943* (dreijähriger Durchschnitt) nach SELKE (1950)

	Korn dz/ha	Fett dz/ha
I. ohne N	18,56	7,38
II. Kalkammonsalpeter		
a) ganze Gabe im Herbst	24,24	9,44
b) $^1/_3$ im Herbst + $^2/_3$ im Frühjahr	25,26	9,59
c) ganze Gabe im Frühjahr	25,69	9,77
III. Schwefelsaures Ammoniak		
a) ganze Gabe im Herbst	22,98	8,95
b) ganze Gabe im Frühjahr	24,45	9,30
c) $^1/_3$ als schwefelsaures Ammoniak im Herbst + $^2/_3$ als Kalkammonsalpeter im Frühjahr	25,32	9,73
IV. Kalkstickstoff		
a) ganze Gabe im Herbst	22,50	8,87
b) $^1/_2$ als Kalkstickstoff im Herbst + $^1/_2$ als Kalkammonsalpeter im Frühjahr	23,78	9,47
c) $^1/_3$ als Kalkstickstoff im Herbst + $^2/_3$ als Kalkammonsalpeter im Frühjahr	24,67	9,44

Aus Tab. 323 geht hervor, daß die Düngungsvariante „$^1/_3$ als schwefelsaures Ammoniak im Herbst + $^2/_3$ als Kalkammonsalpeter im Frühjahr" gleich hohe Erträge wie die ganze Kalkammonsalpetergabe im Frühjahr und $^1/_3$ im Herbst + $^2/_3$ im Frühjahr brachte.

Die Düngung von schwefelsaurem Ammoniak im Herbst wird schon von SCHNEIDEWIND (1926) und TAMM (1937) empfohlen. Auch RADET (1953, 1954) und PONTAILLER (1957) schlagen eine herbstliche Stickstoffdüngung in Form von schwefelsaurem Ammoniak vor, um den nicht unerheblichen Schwefelbedarf des Rapses zu decken.

Die von Janetzki in Schneider (1940), Henning (1941), Hackbarth (1944) und Schmitt (1954) empfohlene Kalkstickstoffdüngung im Herbst dürfte schon allein wegen der zeitlichen Schwierigkeiten bei der Ausbringung zu Raps nur in seltenen Fällen durchführbar sein, zumal sie keine Vorteile bringt, wie auch aus Tab. 323 zu ersehen.

Neben Stickstoff hat der Winterraps auch ein erhebliches Bedürfnis an *Kali*, wie aus Tab. 317 hervorgeht. Becker (1941) erreichte im Durchschnitt von 52 Versuchen folgende Ertragszunahmen durch Kalidüngung:

Tabelle 324

nach Becker (1941)

Mehrertrag durch 80 kg ha K_2O	1,45 dz/ha	7,4%[1]
Mehrertrag durch 120 kg/ha K_2O	1,87 dz/ha	9,5%
Mehrertrag durch 160 kg/ha K_2O	2,19 dz/ha	11,1%

[1] Ohne K_2O = 19,7 dz/ha.

Radet (1954) empfiehlt auf Grund seiner Untersuchungen über die Nährstoffaufnahme bei Raps in Frankreich 187 kg/ha K_2O bei Leguminosenvorfrucht, bei Stallmistdüngung 250 kg/ha K_2O und 300 kg/ha K_2O bei Getreidevorfrucht ohne Stallmist. Der Kalibedarf der Rapspflanzen steigt mit höherer Stickstoffdüngung, wie Radet (1935) sowie Lefévre und Lefévre (1957) zeigen konnten.

Die schwedischen Entzugszahlen an Kali in Tab. 320 entsprechen etwa 140 kg/ha K_2O.

Kalimangel äußert sich nach Jaenichen (1935), Weigert und Weizel (1935) und Wilhelm (1935) bei Raps in einer dunkleren Blattfarbe, bräunlichen Flecken auf den Blättern, niedrigem Wuchs und geringerer Wurzelausbildung.

Eine reichliche Kalidüngung vermindert nach Weigert und Weizel (1935) den Schädlingsbefall sowie Bruch und Lager.

Die Kaliversorgung hat nach Wilhelm (1935) einen entscheidenden Einfluß auf die *Frosthärte* des Winterrapses. In den Versuchen hatten die unter Kalimangel leidenden Pflanzen die geringste und die mit überschüssigem Kali versorgten die höchste Frostwiderstandsfähigkeit. Dies wird darauf zurückgeführt, daß steigende Kaligaben erstens die Zellsaftkonzentration erhöhen und zweitens Kalium die Zellkolloide gegen Entquellungsvorgänge widerstandsfähiger macht. Ebenso fand Jaenichen (1935), daß Wasseraufnahme und Wasserspeicherung bei optimaler Kalidüngung stark zunehmen.

Die günstige Beeinflussung des Wasserhaushaltes der Pflanze durch Kalium wirkt sich auch auf die *Jodzahl* des Rapsöles aus. Da die Jodzahl bei hohem Wassergehalt der Pflanze während der Samenreife erhöht wird, wirkt nach Schmalfuss (1939) Kalium über den Wasserhaushalt jodzahlerhöhend.

Gleichfalls werden nach Jaenichen (1935) die Zellteilungsvorgänge und die Nitrataufnahme durch Kalium gefördert.

Becker (1937) gibt an, daß der Ölgehalt durch Kalimangel herabgesetzt wird.

Nach Schrimpf (1953) hat ein geringer Kaligehalt des Bodens die Blütenzahl des Rapses verringert. Aber nicht nur mehr Blüten werden durch eine optimale Kaliversorgung ausgebildet, sondern nach Ewert (1928) auch ein besserer Samenansatz erzielt, da die Nektarausscheidung durch Kalidüngung gefördert wurde und somit ein reichlicher Bienenflug die Befruchtung erhöhte.

Die gesamte Kaligabe von 140 bis 200 kg/ha, je nach Bodenvorrat und Stallmistdüngung, wird am zweckmäßigsten im Herbst vor der Aussaat gegeben. Becker (1941) empfiehlt, die Kalidüngung 8 Tage vor der Saat auszustreuen.

SCHROPP und ARENZ (1940) erhielten einen geringen Mehrertrag, wenn sie die Kalidüngung in zwei Gaben aufteilten.

Im allgemeinen wird man zu Raps chlorhaltige Kalisalze geben. HACKBARTH (1944) empfiehlt, zur Deckung des Mg-Bedarfes Kalimagnesia auszustreuen.

Der Entzug an *Phosphorsäure* liegt bei einer Ernte von 25 bis 30 dz/ha Korn und entsprechendem Stroh nach den Angaben der Tab. 317 etwa zwischen 40 und 80 kg/ha P_2O_5. ANDERSSON, OLERED und OLSSON (1958) fanden maximal 74 kg/ha P_2O_5 bei einer Ernte von etwa 40 dz/ha Korn. Für französische Verhältnisse empfehlen RADET (1954) 160 bis 200 kg/ha und PONTAILLER (1957) 100 bis 150 kg/ha P_2O_5. Die deutschen Empfehlungen für die Phosphorsäuredüngung bewegen sich zwischen 40 und 90 kg/ha P_2O_5.

Polnische Autoren, MICHALSKI (1961), SZCZUCHNIAK (1961), WALICKI (1961), MACKOVIAK (1962) schlagen ebenfalls 40 bis 60 bis 80 kg/ha P_2O_5 zur Düngung des Rapses vor.

MINKEVIČ und BORKOVSKIJ (1952) berichten, daß der Raps auch auf den ukrainischen Böden gut auf Phosphorsäuredüngung reagiert.

Schon KLEBERGER (1918) stellte beim Raps eine gute ertragssteigernde Wirkung durch P-Düngung fest. GERICKE (1941, 1942) erzielte bis 90 kg/ha P_2O_5 deutliche Ertragssteigerungen (Tab. 325).

Tabelle 325. *Ergebnisse von 10-P-Steigerungsversuchen mit Thomasmehl zu Winterraps* nach GERICKE (1941)

Düngung	Kornerträge dz/ha	relativ
KN	23,14	100
KN + 30 kg/ha P_2O_5	24,59	107
KN + 50 kg/ha P_2O_5	24,81	108
KN + 70 kg/ha P_2O_5	27,52	119
KN + 90 kg/ha P_2O_5	29,18	126
KN + 100 kg/ha P_2O_5	28,70	124

Ganz ähnliche Ergebnisse erhielt nach dieser Veröffentlichung GERICKE auf besten, kalkhaltigen, humosen Lehmböden ohne Phosphorsäuremangel.

AMBERGER, WOLF und HUNNIUS (1957) errechneten bei der Auswertung eines 20jährigen P-Düngungsversuches einen Mehrertrag durch die mineralische P_2O_5-Düngung von 18 bis 25% zu Winterraps.

LAU (1959) fand bei der Auswertung einer großen Zahl von schwedischen Düngungsversuchen, daß auf schwach mit P_2O_5 versorgten Böden 160 kg/ha P_2O_5 gegenüber 80 kg/ha P_2O_5 einen wirtschaftlichen Mehrertrag von 1,20 dz/ha Rapssaat brachten. Der Mehrertrag durch eine Phosphorsäuredüngung war um so größer, je geringer der Humusgehalt des Bodens war. Die Phosphorsäure konnte allerdings nicht den Ertragsunterschied zwischen humusarmen und humusreichen Böden ausgleichen.

NICOLAISEN (1941) und RÜTHER (1954) betonen die günstige Wirkung der Phosphorsäure auf die Kornausbildung, die Lagerfestigkeit und die Reifezeit.

Phosphorsäuremangel äußert sich bei Winterraps nach SCHROPP (1937) in schmutziggrüner Verfärbung der Blätter, Zurückbleiben des gesamten Wuchses und einer Blühverzögerung von 3 bis 7 Tagen. Der Kornertrag war etwas stärker geschädigt als der Strohertrag. Bei den Winterhärteprüfungen von WILHELM (1935) wurden bei P-Mangel besonders die Wurzeln geschädigt. Der Phosphatidgehalt war stark reduziert, so daß die P-Mangel-Pflanzen nur eine geringe Frosthärte zeigten.

Besonders reich an Phosphorsäure sind die Rapssamen, wie auch aus Tab. 320 hervorgeht. Nach GERICKE (1941) sind in den reifen Samen 1,8% P_2O_5 enthalten.

Die Phosphorsäuredüngung wird am zweckmäßigsten mit der Kali-Gabe zur Aussaat mitgegeben. Kopfdüngungsversuche von SCHROPP und ARENZ (1940) zeigten keine deutliche Wirkung. In einem Versuch wurde bei P-Kopfdüngung der Stickstoff etwas besser ausgenutzt.

In dem Phosphorsäureformen-Dauerdüngungsversuch von AMBERGER, WOLF und HUNNIUS (1957) schnitt das Superphosphat teilweise etwas besser ab.

Auch RADET (1954) empfiehlt für Frankreich Superphosphat, um den hohen Schwefelbedarf des Rapses zu decken. Ebenso erzielte WILKINSON (1960) in langjährigen Feldversuchen (1941 bis 1957) in Nordengland auf phosphorsäurearmen Böden mit Superphosphat höhere Erträge, was hier auf den „Start-Effekt" des leichter löslichen Superphosphates zurückgeführt wird.

Die meisten Düngerempfehlungen lassen die Frage nach der Phosphorsäureform offen, einige empfehlen Thomasphosphat wegen seines Kalkgehaltes.

Die Form des Phosphorsäuredüngers muß sich letztlich wie bei der Stickstoffdüngung danach richten, ob Kalk oder Schwefel im Boden fehlen.

Der *Kalkbedarf* des Rapses ist sehr hoch, wie wir aus Tab. 317 und 320 ersehen können. Die meisten Autoren geben höhere Werte für Kalzium als für Stickstoff an. Diesem hohen Kalkbedarf muß durch eine entsprechende Düngung oder Schaffung eines hohen Kalkvorrates im Boden Rechnung getragen werden. 10 bis 20 dz/ha Ätz- oder Branntkalk werden für bindigere Böden empfohlen. (LEMBKE-MALCHOW 1933, JANETZKI und NICOLAISEN in SCHNEIDER 1940). LEITZ (1947) betont die Notwendigkeit der Kalkung für den Rapsbau auf leichten Böden. Hier sind 20 bis 25 dz/ha kohlensaurer Kalk (KOCH 1935) oder Kalkmergel (HACKBARTH 1944) angebracht. In den Versuchen von GISIGER (1951) auf Rodungsböden wirkte Mergel günstiger als Kohlensaurer Kalk, da durch letzteren Bor im Boden festgelegt wurde und es so zu Bormangelschäden kam.

Der Kalk muß bei Stallmistdüngung vorher ausgestreut werden (TAMM 1937), was vielfach auf Zeitschwierigkeiten stoßen wird. Deshalb ist es besser, den Kalk zur Vorfrucht zu geben.

Der Kalk soll ja nicht nur als Nährstoff dienen, sondern auch einen optimalen pH-Wert im Boden schaffen. Nach VON BOGUSLAWSKI (1953) verlangt Raps mindestens ein pH von 6,0 bis 6,5, RÜTHER (1954) gibt pH 6 bis 7 an, und HACKBARTH (1944) hält größer als 6,5 für notwendig, während KAPPEN (1929) das Wachstumsoptimum für Raps bei pH 7 bis 8 sieht und HENNING (1941) schreibt: „Bei pH unter 7 ist von vornherein eine Mißernte sicher." Er empfiehlt deshalb, nur Düngemittel auszustreuen, die Kalk enthalten.

HOFFMANN und NOLTE (1933) weisen noch auf die indirekte Wirkung der Kalkung hin, da Kalk die Struktur verbessert und die Tätigkeit der Lebewesen im Boden fördert, was für einen erfolgreichen Rapsbau unentbehrlich ist.

Nach HACKBARTH (1944) zeigt Raps auf sauren Böden rote Verfärbungen und ein starkes Zurückbleiben im Wachstum.

SCHMALFUSS (1938) fand, wie auch schon KLEBERGER (1919), eine direkte Düngerwirkung durch steigende Kalkgaben, selbst bei einem pH über 7,4 (Tab. 326). Dies soll zum Teil aber auch auf der besseren Mineralisierung des Stickstoffes im Stallmist bei Kalkung beruhen.

Neben dem Ertrag steigt aber auch noch der Fettgehalt der Samen durch die Kalkdüngung an und wirkt so dem fallenden Fettgehalt bei steigender Stickstoffdüngung entgegen. Der Rohproteingehalt in den Samen fällt bei steigenden

Kalkgaben. Durch die Kalkung trat weiter eine Senkung der Jodzahl, also eine Sättigung des Öls ein, was durch die dehydratisierende Wirkung des Ca-Ions erklärt wird (Schmalfuss 1939).

Schropp und Arenz (1940) fanden im Gegensatz zu obigen Ergebnissen einen leicht nachteiligen Einfluß der Kalkdüngung auf Ertrag und Fettleistung des Winterrapses.

Tabelle 326. *Kalk- und Stickstoffsteigerung zu Winterraps* nach K. Schmalfuss (1938)

pH-Wert (H_2O) vor Kalkung	CaO dz/ha	N kg/ha	Gesamt-ertrag dz/ha	Kornertrag dz/ha	N-Gehalt der Samen %	Fettgehalt der Samen %	Fettertrag dz/ha	Jodzahl
7,38	0	0	27,5	7,6	3,63	43,00	3,27	101,6
	0	50	42,6	12,1	3,78	47,41	5,01	102,1
	0	100	48,7	12,8	3,89	41,05	5,25	103,2
7,40	20	0	32,3	9,3	3,53	43,77	4,07	100,8
	20	50	48,3	13,9	3,59	43,36	6,03	102,8
	20	100	57,7	15,8	3,74	41,84	6,61	100,7
7,64	40	0	38,1	11,7	3,16	43,90	5,14	99,2
	40	50	52,8	15,3	3,45	43,04	6,59	100,5
	40	100	59,3	17,2	3,04	43,26	7,44	101,0
	Saatgut		—	—	3,04	48,43	—	104,1

Der Entzug einer durchschnittlichen Winterrapsernte an *Magnesium* beträgt nach den Angaben der Tab. 317 30 bis 35 kg/ha. Der größte Bedarf an Mg besteht nach Radet (1953) und Andersson, Olered und Olsson (1958) während der Blüte und zur Kornausbildung. Für die Ölbildung ist Magnesium unbedingt erforderlich (Becker 1937). Der relativ hohe Magnesiumbedarf von Raps läßt nach Jakob (1955) und Schachtschabel (1956) leicht Mangelerscheinungen auftreten. Mg-Mangel äußert sich in gelben Verfärbungen und fleckigen Aufhellungen sowie Nekrosen, die zuerst auf älteren Blättern sichtbar werden. Auf Böden mit Magnesiummangel kann man den Bedarf des Rapses meist durch Anwendung von Kalimagnesia decken (Hackbarth 1944).

Yamasaki (1958) berichtet von Ertragssteigerungen um 271% durch Zugabe von Mg zur NPK-Düngung bei Raps in Japan.

Von den übrigen für die Rapspflanze lebensnotwendigen Nährstoffen muß noch der *Schwefel* hervorgehoben werden. Den hohen Schwefelbedarf stellt besonders Radet (1953, 1954) heraus. Er fand zur Zeit der Ernte bei einer Stickstoffdüngung von 200 kg/ha einen Trockenmasseertrag von 120,7 dz/ha mit 226 kg SO_3. Der Schwefelgehalt in den Pflanzen war damit fast so hoch wie der Kalkgehalt. Der Schwefelanteil nahm mit steigender N-Düngung zu, wobei das Verhältnis P zu S zur Zeit der Kornausbildung (maximale Aufnahme) mit steigender N-Gabe abnahm (von 1:2,6 auf 1:1,9), während es bei der Reife zwischen den Stickstoffstufen (100 bis 200 kg/ha N) konstant 1:2,6 blieb. Die Samen enthielten bei der Reife 47,3% des insgesamt aufgenommenen Schwefels. Radet empfiehlt diesen hohen Schwefelbedarf des Rapses durch Düngung mit schwefelhaltigen Düngemitteln, wie schwefelsaures Ammoniak und Superphosphat zu decken.

Schwefelmangel tritt nach Lobb und Reynolds (1956) auf den Rendzinen Neuseelands besonders stark auf. Er äußert sich beim Raps durch Vergilben der Blätter vom Rande her. Durch Düngen mit Superphosphat, Gips und Ammonsulfat konnte der Mangel beseitigt werden. Auch mit elementarem Schwefel wurden gute Ergebnisse erzielt. Ebenso stellten in Neuseeland WALKER, ADAMS und ORCHISTON (1954) günstige Wirkungen des Superphosphates auf den Ertrag und den Eiweißgehalt des Rapses fest. In dreijährigen Gefäßdüngungsversuchen mit vier verschiedenen Böden konnten KRINGEL, DREYSPRING und HEINRICH (1938) Ertragssteigerungen bei Winterraps von 7,3 bis 14,8% durch Schwefeldüngung mit Natriumsulfat und Gips erzielen. Am besten war die Wirkung, wenn der Schwefel schon im Herbst gegeben wurde. Sie fanden, daß der Schwefel im Boden vielfach durch Barium festgelegt wurde und dann nicht mehr von den Pflanzen aufgenommen werden konnte.

Nach SCHMALFUSS (1939) wirkt SO_4 als dehydratisierendes Ion u. a. auch beim Raps jodzahlerniedrigend.

Von den *Spurenelementen* ist beim Raps die Wirkung des *Bors* am besten untersucht. GISIGER (1951) sowie HIRAI und TAMAI (1957) beschreiben folgende Bormangelerscheinungen beim Raps: Mißbildungen der Blätter, mangelnder Fruchtansatz, Absterben des Vegetationspunktes und des Hypokotyls, Degeneration des Kambiums. GISIGER (1951) fand auf Rodungsböden, auf denen das Bor durch Düngung mit kohlensaurem Kalk festgelegt wurde, ein Aufplatzen und späteres Faulen der Stengel sowie starke Auswinterungsschäden bei Bormangel.

Tabelle 327. *Gefäßversuche mit Bordüngung auf borarmem Boden mit Winterraps* nach GISIGER (1951)

Borsäure je Hektar/kg	0	1	3,5	6	12
Rapskörner pro Gefäß/gr	16,2	18,7	28,6	34,9	37,0

Diese Ertragssteigerungen wurden durch einen höheren Fruchtansatz bei Bordüngung erzielt. Nach SCHMUCKER in SCHRIMPF (1953) wird durch Bormangel des Narbensekretes ein normales Auskeimen des Pollens verhindert und dadurch ein schlechter Fruchtansatz verursacht. HASLER und MAURIZIO (1949) stellten fest: Bor ist für die Befruchtung unentbehrlich; die Narbe muß genügend mit Bor versorgt sein; Bordüngung hat keinen Einfluß auf die Menge und die Zuckerkonzentration des abgesonderten Nektars; Bormangel beeinflußt den Samenertrag, jedoch nicht den Strohertrag. Auch LUNDBLAD, JOHANSSON und PHILIPSON (1956) erhielten bei Bormangel deutliche Mindererträge.

Nach ROHDE (1951) entzieht eine Rapsernte dem Boden 100 bis 1000 g Bor je Hektar. JONES (1959) fand im Mittel von 7 Rapssorten 30,1 p.p.m. Bor in der Trockenmasse der ganzen Pflanze.

HOLLIDAY, HODGSON, TOWNSEND und WOOD (1958) konnten feststellen, daß sich Raps mäßig tolerant gegenüber dem hohen Borgehalt von Flugaschen verhielt.

Nach KLINE (1954) geraten die Spurenelemente bei steigender Anwendung der Kernnährstoffe immer häufiger ins Minimum. Dies gelte vor allem für *Molybdän*. Molybdänmangel, der auf sauren Böden auftritt, äußert sich bei Raps in einem schwächeren Wuchs und Gelbverfärbungen der Blätter. Es kommt zu einer Anhäufung von Nitrat in den Blättern und einer geringeren Chlorophyllausbildung. Durch 3 kg/ha Natriummolybdat konnte der Mangel bei Raps behoben werden. Auch PFAFF und ROTH (1959) empfehlen auf Grund ihrer Gefäßversuche 1 bis 5 kg/ha Mo-Salz zur Beseitigung von Molybdänmangelerkrankungen bei Raps.

Manganmangel konnte von JOHANSSON und EKMAN (1956) durch eine Düngung von 50 kg/ha Mangansulfat bei Raps beseitigt werden.

Im Zusammenhang mit der Düngung des Winterrapses ist noch eine Untersuchung von HÄRLE (1942) interessant, der feststellte, daß der häufig zu beobachtende Abfall von Knospen nicht durch die Düngung zu beeinflussen ist. Als Ursache für diese Erscheinung stellte er physiologische Einflüsse durch Schwankungen in der Wasserversorgung, Kälteschocks u. a. fest.

B. Winterraps als Grünfutterpflanze

Neben die Nutzung als Ölpflanze tritt bei Winterraps auch eine solche als Winterzwischenfrucht zur Grünfuttergewinnung im Frühjahr. Wenn auch grundsätzlich für die Düngung des Grünfutterrapses ähnliches Gültigkeit hat wie das für die Kornnutzung Gesagte, so ist doch zu berücksichtigen, daß der Grünfutterraps schon bei Blühbeginn geerntet wird. Nach RADET (1953) und ANDERSSON, OLERED und OLSSON (1958) (Tab. 320) ist die Nährstoffaufnahme während der Blüte und bei Beginn der Samenreife noch recht hoch. Diese Nährstoffe werden für den Grünfutterraps nicht mehr benötigt.

Aus der Literatur liegen einige Angaben über den *Nährstoffentzug* bei Grünfutternutzung vor (Tab. 328).

Tabelle 328. *Nährstoffentzug bei Grünfutterraps (Winterraps)*

Autor	Grünmasseertrag dz/ha	N	K_2O	P_2O_5	CaO	MgO
TITZK, W. (1942)	350		180	40		
RADET, E. (1953)[2]	58[1]	164	250	9	66	18
KOCH, V. (1955)			90—160	20—25	35—55	
Ruhrstickstoff A.G. (1957)	180	100	110	40	120	12
ANDERSSON, G., R. OLERED und G. OLSSON (1958)[2]		186	114	49	201	24

[1] Trockenmasse.
[2] Gehalt bis zum Beginn der Blüte.

Erstaunlich sind die hohen Kali- und die niedrigen P_2O_5-Werte bei den französischen Untersuchungen (RADET 1953). Phosphorsäure wird danach erst bei Blühende und während der Kornbildung in größeren Mengen in der Pflanze gefunden.

Entsprechend den hohen Entzugszahlen an *Stickstoff* zeigen alle Stickstoffsteigerungsversuche zu Winterraps für Grünfutternutzung die Wirtschaftlichkeit einer hohen N-Düngung. Ältere Versuche (HILLER 1936, DEICHMANN 1939, STRUVE 1939) erhielten mit einer Stickstoffsteigerung bis 80 kg/ha N starke Ertragszunahmen an Grünmasse und Rohprotein. AMEDIEK (1942) konnte mit 100 kg/ha N noch nicht den Höchstertrag erreichen. SIEBERT (1939), TITZK (1942) und NICOLAISEN (1943) erzielten durch Erhöhung der Stickstoffgabe auf 120 kg/ha N wirtschaftliche Ertragszunahmen an Masse und Eiweiß.

Aus Tab. 329 ist zu ersehen: Die höhere N-Düngung senkt allgemein den Trockenmassegehalt, erhöht jedoch den Trockenmasseertrag sowie den Rohproteingehalt und den Eiweißertrag. Der Amidgehalt wird durch die N-Düngung erhöht, Nitratstickstoff tritt aber selbst bei späterer Schnittzeit nicht in schädigendem Ausmaß auf, worauf auch BERKNER (1939) hinweist.

Tabelle 329. *Stickstoffsteigerungsversuch zu Winterraps als Zwischenfrucht bei zwei Schnittzeiten*
nach SIEBERT 1939

N Düngung kg/ha	Schnittzeit	Grünmasse dz/ha	Trockenmasse		Rohprotein		Amide % d. Trm.
			%	dz/ha	% d. Trm.	dz/ha	
0	I	36	14,63	5,27	17,12	0,90	3,15
	II	106	16,35	17,33	14,18	2,46	3,13
40	I	136	12,00	16,32	23,73	3,87	3,05
	II	158	11,98	18,93	19,19	3,63	4,29
80	I	125	11,14	13,93	24,11	3,36	3,34
	II	221	10,69	23,63	20,89	4,93	4,82
120	I	175	10,53	18,43	27,36	5,04	3,47
	II	230	11,44	26,31	21,14	5,56	4,34

Der Rohfasergehalt wurde nicht durch die Stickstoffdüngung verändert. Dagegen nahm der Rohaschegehalt mit höherer N-Düngung von 12,28% auf 15,67% beim ersten und von 11,83 auf 13,61% beim zweiten Schnitt zu. Dabei war die Kalkaufnahme stark, die Kaliaufnahme geringer und am wenigsten die P_2O_5-Aufnahme durch die N-Steigerung gefördert.

Auch TITZK (1942) fand bei Stickstoffsteigerung einen wesentlich höheren Kali- und einen geringeren Phosphorsäureentzug. Mit dem höheren Kaligehalt traf, wie auch SIEBERT (1939) feststellte, ein höherer Wassergehalt der Pflanzen zusammen.

TITZK (1942), AMEDIEK (1942) und NICOLAISEN (1943) untersuchten die Auswirkung einer Stickstoffaufteilung. Sie fanden übereinstimmend, daß $^1/_3$ N im Herbst und $^2/_3$ im Frühjahr gegeben, etwas höhere Erträge brachten als beim Streuen des gesamten Stickstoffes im Frühjahr. Letztere Variante hatte aber den höchsten Rohproteingehalt. 80 kg/ha im Herbst und 40 kg/ha N im Frühjahr war den beiden anderen Verteilungsvarianten unterlegen.

LORENZ (1956) untersuchte die Wirkung der *Jauchedüngung* zu Raps als Winterzwischenfrucht. 300 hl Jauche brachten eine höhere Ertragssteigerung an Trockenmasse und Eiweiß als 80 kg/ha N. Die höchsten Erträge wurden mit 40 kg/ha N als Kalkammonsalpeter + 150 hl Jauche im Frühjahr gegeben erreicht.

2. Sommerraps

A. Sommerraps als Ölpflanze

Nach LEMBKE (1951) stellt Sommerraps etwa die gleichen Ansprüche wie der Winterraps. Auch Sommerraps benötigt einen garen, biologisch aktiven Boden. Deshalb wird von den meisten Autoren (DIEZ 1942, PEHL 1942, HACKBARTH 1944, KRESS 1951) eine Stallmistdüngung von 250 bis 300 dz/ha, die im Herbst eingebracht werden soll, empfohlen. Auch Jauche wird nach DIEZ (1942) vom Sommerraps gut verwertet.

Daneben hat Sommerraps ein hohes Nährstoffbedürfnis, vor allem an *Stickstoff*. Steigende N-Gaben brachten hohe Ertragszunahmen an Korn, Fett und Eiweiß, wie aus Versuchen von NEHRING aus KRESS (1951) zu ersehen ist (Tab. 330).

Tabelle 330. *N-Düngungsversuch zu Sommerraps 1949* nach NEHRING aus KRESS (1951)

N-Gabe kg/ha	Korn dz/ha	Rohfett		Rohprotein	
		°/₀	dz/ha	°/₀	dz/ha
0	10,9	41,79	4,56	17,83	1,94
20	13,6	42,92	5,84	17,85	2,43
40	15,8	42,21	6,67	18,66	2,95
60	16,1	42,30	6,81	18,95	3,05
80	20,6	39,48	8,13	20,10	4,35

Der Fettgehalt nahm durch die höchste Stickstoffgabe etwas ab, der Fettertrag stieg jedoch noch deutlich an. Rohproteingehalt und -ertrag nahmen mit steigender N-Düngung zu.

PEHL (1942) erhielt bei einer N-Düngung von 120 kg/ha gegenüber 80 kg/ha N eine deutliche Ertragssteigerung um 26% beim Korn- und um 22% beim Fettertrag.

PEHL (1942), DIEZ (1942), KRESS (1951), FISCHER (1958) empfehlen, die Stickstoffgabe zu teilen, die Hälfte vor oder bei der Saat und den Rest als Kopfdüngung 2 bis 3 Wochen später oder beim Schließen der Reihen. Auch nach NEHRING, RZYMKOWSKI und SCHÜTTE (1945) werden späte Stickstoffgaben von Sommerraps gut verwertet. Sie wirkten sich in erster Linie günstig auf den Samenertrag aus, während die Strohentwicklung und die Zusammensetzung des Samens nicht beeinflußt wurden.

Im Gegensatz zu diesen Feststellungen konnte VAN ROON (1959) keinen Einfluß der Teilung der Stickstoffgaben auf Ertrag, Standfestigkeit oder die Qualität des Saatgutes beobachten.

SCHRIMPF (1953) fand bei Stickstoffmangel einen um 40% niedrigeren Samenansatz. Das Stroh- und Wurzelgewicht war um 30 bis 40%, das Korngewicht um 70% geringer als bei normaler N-Versorgung. Die Stickstoffaufnahme war etwa 3 Wochen vor der Blüte abgeschlossen.

Als Düngerform für die Stickstoffversorgung empfiehlt FISCHER (1958) schwefelsaures Ammoniak zur Saat und Kalkammonsalpeter als Kopfdünger. KRESS (1951) hält dagegen nur kalkhaltige Düngemittel für geeignet.

Für die *Kali*-Düngung werden neben Stallmist 80 bis 100 bis 120 kg/ha K_2O als ausreichend angesehen (DIEZ-GURZENHAUSEN 1942, PEHL 1942, HACKBARTH 1944, KRESS 1951, LEMBKE 1951).

Kalimangel verursacht nach HASLER und MAURIZIO (1950) ein deutliches Absinken der Nektarsekretion. Dadurch bilden Kalimangelpflanzen trotz reichlicher Blüte weniger Samen.

SCHARRER und SCHREIBER (1943) erhielten in ihren Gefäßversuchen mit Sommerraps keine Ertragssteigerung durch Kalidüngung, jedoch eine Erhöhung der Jodzahl mit steigenden Kaligaben.

Phosphorsäure-Mangel zeigt sich nach SCHRIMPF (1953) meist nach dem Schossen. Durch P-Mangel sinken die Samen- und Fruchtansätze um 27 bis 35% und die Kornerträge um 70%.

Untersuchungen über steigende Phosphorsäuredüngung liegen von JESSEN (1949) vor. Er konnte jedoch bei Gaben von 40 bis 120 kg/ha P_2O_5 keine feststellbare Wirkung auf den Samenertrag oder den Ölgehalt des Sommerrapses finden. Es werden neben Stallmist Gaben von 40 bis 60 kg/ha P_2O_5 vorgeschlagen

(DIEZ-GURZENHAUSEN 1942, PEHL 1942, HACKBARTH 1944, KRESS 1951, LEMBKE 1951).

Wie der Winterraps verlangt auch der Sommerraps einen hohen *Kalk*-Gehalt des Bodens, der gegebenenfalls durch 10 bis 15 dz/ha Branntkalk ergänzt werden muß.

Kalzium-Mangel zeigt sich nach SCHROPP und ARENZ (1938) in violetter Färbung des Stengels und der Blattränder. Bei totalem Mangel kommt der Sommerraps nicht über das Keimpflanzenstadium hinaus, die Keimblätter färben sich giftgrün, Sproß- und Wurzelwachstum sind eingestellt und die Pflanzen sterben nach einigen Tagen ab.

Magnesium-Mangel wirkte sich dagegen nicht so stark aus. Die Pflanzen blieben im Höhenwachstum zurück, die Blätter waren etwas dunkler gefärbt, und auf den Blattspreiten der älteren Blätter traten große, chlorophyllfreie, weißgraue Flecken auf (SCHROPP und ARENZ 1938). Auch SCHARRER und SCHREIBER (1943) stellten fest, daß Sommerraps nicht zu den stark magnesiumbedürftigen Pflanzen gehört. Sie erhielten bei Düngung mit Magnesia keine Zunahme der Korn- und Stroherträge. Ebenso veränderte sich nicht der Eiweißgehalt der Samen, während der Fettgehalt mit steigenden Mg-Gaben abnahm.

Bei *Bor*-Mangel war auch bei Sommerraps nach Untersuchungen von SCHRIMPF (1953) der Frucht- und Samenansatz geringer. Auch blieb das Wurzelwachstum zurück, während der Strohertrag nicht beeinflußt wurde. Bormangel zeigte sich in rot-violetten Verfärbungen, durch Vertrocknen der Blätter vom Rande her und im Absterben des Vegetationspunktes. Totaler Mangel führt nach SCHROPP und ARENZ (1938) zu frühzeitigem Absterben der Pflanzen. Die Keimblätter zeigten eine uhrglasartige Wölbung und gelbweiße bis braune Verfärbungen, das Gewebe war verdickt, die Wurzeln braungefärbt und der Vegetationspunkt starb ab.

B. Sommerraps zur Futtergewinnung

Eine wesentlich größere Bedeutung hat der Sommerraps als Zwischenfruchtpflanze.

Folgende *Nährstoffentzugswerte* werden genannt:

	N	K_2O	P_2O_5	CaO	MgO
REICHELT, G. (1955)	80—100	100—150	30—35	30—60	
Ruhrstickstoff (1957)	100	70	30	60	10

Entsprechend der Nutzungsrichtung steht die *Stickstoffdüngung* bei Sommerraps als Zwischenfrucht im Vordergrund. Es wird über hohe Ertragssteigerungen an Masse und Rohprotein bei steigenden Stickstoffgaben bis 80 kg/ha N von PATUSCHKA (1954) und SCHUSTER (1957) und bis 100 kg/ha N von NOELL (1961) und REICHELT (1955) berichtet (Tab. 331).

Tabelle 331. *Stickstoffsteigerung zu Sommerraps als Zwischenfrucht auf Lößlehm in mittlerer Lage 1953 bis 1954*
nach REICHELT (1955)

N-Düngung kg/ha	Frischmasse dz/ha	Trockenmasse		Rohprotein	
		%	dz/ha	%	dz/ha
0	113	16,0	17,3	16,2	2,86
50	181	15,2	26,6	17,2	4,59
75	204	14,4	29,1	18,4	5,31
100	216	13,7	29,4	19,8	5,70

Der Trockenmassegehalt nahm in all diesen Versuchen mit steigender N-Düngung ab, während der Ertrag an Grün- und auch noch an Trockenmasse sowie an Rohprotein zunahm.

SAALBACH (1962) erzielte im Mittel von 96 Feldversuchen noch eine deutliche Ertragssteigerung bis 120 kg/ha N. Er weist in diesem Zusammenhang auf die Erhöhung der Ernterückstände durch eine stärkere Stickstoffdüngung und deren Bedeutung für die Humusversorgung und damit der Gesunderhaltung der Böden hin (Tab. 332).

Tabelle 332. *Stickstoffsteigerung zu Sommerraps* (Mittel von 96 Feldversuchen) nach SAALBACH (1962)

N kg/ha	Frischmasse dz/ha	Trockenmasse dz/ha	Ernterückstände dz/ha Trockenmasse
0	66	9,2	4,6
40	118	15,6	—
80	167	20,9	—
120	203	23,4	6,3

Nach österreichischen Versuchen von PRIMOST (1959) in Steyr brachten Stickstoffgaben von 160 bis 240 kg/ha einen wirtschaftlich optimalen Gewinn. Der Rohproteingehalt nahm mit steigender N-Düngung zu, während der Rohfasergehalt und die Stärkeeinheiten nicht beeinflußt wurden.

Durch steigende N-Düngung erhöht sich im Grünfutterraps der Nitratgehalt, der Erkrankungen beim Tier verursachen kann oder zumindest tierphysiologisch wertlos ist, wie SCHARRER und SEIBEL (1956) und OTTER (1957) feststellten. Estere fanden eine starke Abhängigkeit des Nitratgehaltes im Sommerraps von der Sonneneinstrahlung. Im Schatten gestandene Pflanzen hatten einen 1,5 bis 3fach höheren Nitratanteil als in der Sonne gewachsene. Durch eine höhere P_2O_5-Düngung wurde bei mittlerer und geringer N-Versorgung der Nitratgehalt etwas gesenkt. In den Untersuchungen von OTTER stieg bei hoher N-Düngung der Nitratgehalt bis auf 1,4%. Die Tiere mußten sich erst an solch hohe Nitratmengen gewöhnen, dann reagierten sie aber mit hohen Leistungen und einer guten Gesundheit.

Da der Sommerraps als Zwischenfruchtfutterpflanze nur eine kurze Vegetationszeit hat, müssen die Nährstoffe in einer schnell wirksamen Form gegeben werden. Es wird am zweckmäßigsten Kalksalpeter oder Kalkammonsalpeter zur Aussaat gegeben.

Der *Kali*-Bedarf des Stoppelfruchtrapses ist trotz der Kurzlebigkeit hoch, wie REICHELT (1955) feststellte. JONES (1959) fand 2,31 bis 2,70% K_2O in Blättern und Stengeln. Dieser Tatsache muß durch eine entsprechende Kali-Düngung zur Vorfrucht oder bei der Aussaat (80 bis 120 kg/ha K_2O) Rechnung getragen werden.

MENGEL (1960) konnte feststellen, daß mit Kaliumsulfat versorgter Sommerraps ein wesentlich besseres Wachstum zeigte als mit Kaliumchlorid gedüngter. Da der Cl-Gehalt bei Düngung mit Kaliumchlorid bis aufs zehnfache der Werte bei Kaliumsulfatgabe anstieg, wird angenommen, daß der Sommerraps bevorzugt Cl-Ionen aufnimmt, was hier zu Ertragseinbußen führte.

SAALBACH, KESSEN und JUDEL (1961) stellten eine günstige Wirkung von steigenden *Schwefel*-Gaben auf den Ertrag und den Blattreichtum sowie die biologische Wertigkeit des Eiweißes fest (Tab. 333). Als Ursache für letzteres wird die Erhöhung der schwefelhaltigen Aminosäuren durch die Schwefeldüngung angesehen.

Tabelle 333. *Wirkung von steigender Schwefelzufuhr bei Sommerraps als Grünfutter* nach SAALBACH, KESSEN und JUDEL (1961)

Düngung		Ertrag (luft. Trockenmasse) relativ
NH_4Cl	$(NH_4)_2SO_4$	
1,5	0,0	100
1,2	0,3	110
0,9	0,6	117
0,6	0,9	120
0,3	1,2	127
0,0	1,5	132
1,3 als Kalkammonsalpeter		110

Die *Magnesium*-Düngung verbesserte in den Versuchen von MENGEL (1960) die Phosphataufnahme.

Der *Phosphorsäure*-Bedarf des Stoppelrapses ist gering. 30 bis 35 kg/ha werden nach REICHELT (1955) durch eine gute Ernte entzogen. Man wird unter den meisten Verhältnissen auf eine Düngung der Stoppelfrucht verzichten können. Bei stark verarmten Böden oder bei festgelegter Phosphorsäure empfiehlt es sich, 30 bis 40 kg/ha P_2O_5 als Superphosphat zu düngen.

Nach BRANDENBURG (1960) tritt auf Böden mit Ablagerung von Raseneisenstein im Emsland und auf sauren Lehm- und Lößböden nicht selten *Molybdän*-Mangel auch bei Futtersommerraps auf. Er äußert sich in Erscheinungen ähnlich wie bei Stickstoffmangel, da die Reduktion des aufgenommenen Stickstoffs bei Mo-Mangel unterbleibt. 3 kg/ha Natriummolybdat beseitigen die Mangelerkrankungen.

JONES (1959) untersuchte den Gehalt von 4 bzw. 7 Rapssorten an verschiedenen *Spurenelementen*. Die Werte sind in Tab. 334 aufgeführt.

Tabelle 334. *Gehalt an Spurenelementen in p.p.m. der Trockenmasse* nach JONES (1959)

Bor	30,1
Molybdän	0,4
Mangan	44,0
Eisen	99,9
Kupfer	4,4
Zink	23,7
Blei	0,5

KIDSON und MAUNSELL (1939) fanden 0,21 p. p. m. *Cobalt* in Sommerrapspflanzen, die mit cobalthaltigem Superphosphat gedüngt waren, gegen nur 0,05 p. p. m. bei den nicht mit Cobalt gedüngten Kontrollpflanzen.

3. Winterrübsen

A. Winterrübsen als Ölpflanze

Der *Winterrübsen* bleibt in Europa zur Korngewinnung, infolge geringerer Erträge, wohl immer ein Lückenbüßer, der nur dann zur Aussaat kommt, wenn es für den Winterraps zu spät wird.

Über die Nährstoffaufnahme des Winterrübsens sagt REMY (1925): „Vom Raps unterscheidet sich der Rübsen in der Nährstoffaufnahme nur dadurch, daß er sie der späten Aussaatzeit entsprechend (im Herbst) später beginnt und (infolge der frühen Reife) früher abschließt."

Entsprechend der kürzeren Vegetationszeit sind die Leistungen und der Nährstoffbedarf geringer. So findet man in vielen Empfehlungen für die Rübsendüngung: „... wie Raps, nur $^1/_4$ bis $^1/_3$ weniger." (SCHNEIDEWIND 1926, HOFFMANN und NOLTE 1933, WACKER 1933, KLITSCH 1952.)

Nach WERTHER in SCHNEIDER (1940) betrug der *Entzug* einer Rübsenernte von 24 dz/ha Korn + 50 dz/ha Stroh: 100 kg/ha N, 100 kg/ha K_2O, 60 kg ha P_2O_5 und 120 kg/ha CaO.

In seinen Ansprüchen an die *Vorfrucht* und die *Gare* sowie der Versorgung mit *organischem Dünger* steht Winterrübsen dem Raps nicht nach. SCHROPP und ARENZ (1940) konnten durch Stallmistdüngung einen um 24% höheren Ertrag erzielen. So wird auch zu Winterrübsen allgemein eine Stallmistdüngung empfohlen. Diese ist aber, genauso wenig wie bei Raps, unbedingte Voraussetzung für hohe Erträge.

Der *Kalk*-Bedarf des Rübsens ist ebenfalls hoch. Auch Rübsen gedeiht nach HACKBARTH (1944) am besten auf neutralem Boden, jedoch ist er gegen Versäuerung nicht ganz so empfindlich wie der Raps.

Eine reichliche *Stickstoff*-Düngung ist zur Erzeugung hoher Erträge unbedingt notwendig. Jedoch ist der N-Bedarf etwas niedriger als bei Raps, wie dies auch aus einem Versuch von KÖNNECKE und FRIESSLEBEN (1956) hervorgeht (Tab. 335). Hier stieg der Kornertrag bei Erhöhung der N-Düngung von 80 auf 120 kg/ha nur noch gering an, während in dem gleichen Versuch der Raps einen um 22% höheren Ertrag bei 120 kg/ha N gegenüber 80 kg/ha brachte.

Tabelle 335. *Stickstoffsteigerungsversuch zu Winterrübsen 1954* nach KÖNNECKE und FRIESSLEBEN (1956)

Düngung[1] kg/ha N	Ertrag		
	Korn		Stroh relativ
	dz/ha	relativ	
Ohne N	15,1	100	100
40	16,7	111	101
80	18,2	121	108
120	19,5	129	115
140	19,4	128	118

[1] Im Frühjahr.

In diesem Versuch wurde auch gleichzeitig die Wirkung einer Aufteilung im Frühjahr und die Blütendüngung untersucht. Dies brachte selbst bei 140 kg/ha N keine Mehrerträge gegenüber der Variante „ganze Gabe im zeitigen Frühjahr".

Ebenso brachte auch die Unterteilung in Herbst- und Frühjahrsgabe bei den Untersuchungen von KEESE (1936) keine Vorteile, die Frühjahrsdüngung war im Mittel von 34 Versuchen überlegen (Tab. 336).

Tabelle 336
nach KEESE (1936)

	dz/ha Korn
Ganze Gabe N im Herbst	16,12
1/2 im Herbst, 1/2 im Frühjahr	17,62
ganze Gabe N im Frühjahr	18,14

Deshalb empfehlen KEESE (1936) und KLITSCH (1952) nur bei Getreide als Vorfrucht, und wenn kein Stallmist gegeben wird, 1/3 des Stickstoffes im Herbst zu streuen. MUTH und KÖSTLIN, beide in SCHNEIDER (1940), schlagen vor, neben einer Stallmistdüngung 60 bis 80 kg/ha N im zeitigen Frühjahr zu Winterrübsen auszustreuen.

Der *Kali*-Bedarf des Rübsens ist nach BECKER (1941) genauso hoch wie beim Raps. Gaben bis 160 kg/ha K_2O brachten wirtschaftliche Mehrerträge. Von den Praktikern in SCHNEIDER (1940) wurden Gaben von 80 bis 100 kg/ha K_2O neben Stallmist empfohlen.

AMBERGER, WOLF und HUNNIUS (1957) erhielten in 20jährigen Versuchen durch *Phosphorsäure*-Düngung bei Rübsen wie bei Raps Mehrerträge von 18 bis 25%.

Auch GERICKE (1941) konnte eine deutliche Ertragszunahme bis 90 kg/ha P_2O_5 bei Rübsen auf den verschiedensten Böden feststellen (Tab. 337).

Tabelle 337. *P-Steigerungsversuche zu Winterrübsen*
nach GERICKE (1941)

Düngung	Korn	
	dz/ha	relativ
KN	13,31	100
KN + 30 kg/ha P_2O_5	14,76	111
KN + 60 kg/ha P_2O_5	15,83	119
KN + 90 kg/ha P_2O_5	18,35	138

GERICKE (1943) fand bei Rübsen, daß bei P-Mangel die Salpeter-Düngung geringere Erträge brachte als die Ammoniak-Düngung, bei ausreichender P_2O_5-Versorgung steigerte der Salpeter die Erträge jedoch bedeutend mehr als Ammoniak.

Eine *Kalk*- und *Magnesium*-Düngung beeinflußte in diesen Versuchen die Phosphorsäureausnutzung günstig, vor allem bei niedrigen P_2O_5-Gaben.

B. Winterrübsen als Grünfutterpflanze

Eine größere Bedeutung hat der Winterrübsen zur Grünfuttergewinnung im Winterzwischenfruchtbau. Hier ist er wegen seiner Spätsaatverträglichkeit und des schnelleren Wachstums im Frühjahr dem Winterraps oft überlegen.

Entsprechend der andersgearteten Nutzung muß die Düngung von Grünfutterrübsen etwas anders aussehen als bei einer Kornnutzung.

Nach LÜDDECKE (1958) ist auch Futterrübsen für eine mittlere *Stallmistgabe* dankbar.

NICOLAISEN (1943) empfiehlt für Grünfutterrübsen eine *Jauchedüngung* im Herbst vorm Pflügen auf die Stoppeln.

In allen Versuchen mit *Stickstoff*-Steigerungen wird der hohe N-Bedarf des Grünfutterrübsens sichtbar. So erhielt STRUVE (1939) im Mittel von 119 Versuchen

Ertragssteigerungen von 151,1 dz/ha Grünmasse bei 0 kg/ha N auf 264,5 dz/ha bei 90 kg/ha N.

Schnee (1956) sowie Steikhardt (1957, 1960) untersuchten die Wirkung einer Stickstoffsteigerung von 60 auf 100 kg/ha N bei früher und später Schnittzeit. Sie erhielten bei beiden Schnittzeiten gute Ertragssteigerungen an Grün- und Trockenmasse sowie Rohprotein. Beim späten Schnitt nahm der Rohproteingehalt durch die höhere Stickstoffdüngung nur noch gering oder überhaupt nicht mehr zu.

Amediek (1942) erreichte, wie beim Raps, mit 100 kg/ha N noch nicht den Höchstertrag. Die Aufteilung in $^1/_3$ des Stickstoffes im Herbst und $^2/_3$ im zeitigen Frühjahr brachte die höchsten Erträge. Die Versuche von Titzk (1942) und Nicolaisen (1943) ergaben bis 120 kg/ha N deutliche Ertragssteigerungen (Tab. 338). Der Rohfasergehalt wurde durch die Stickstoffdüngung nicht beeinflußt (Amediek 1941/42). Dagegen fand Lüddecke (1958) eine deutliche Abnahme des Rohfasergehaltes bei höherer Stickstoffdüngung (100 bis 120 kg/ha N), besonders bei früher Schnittzeit.

Tabelle 338. *Stickstoffdüngung zu Winterzwischenfrüchten (Winterrübsen) 1939—1941* nach Nicolaisen (1943)

Düngung kg/ha		Grünmasse dz/ha	Trockenmasse dz/ha	Rohprotein	
Herbst	Frühjahr			%	dz/ha
0	0	105,8	16,8	13,49	2,27
0	40	141,1	21,4	14,77	3,18
0	80	191,8	27,3	16,20	4,41
0	120	228,3	31,3	19,18	5,86
40	80	251,5	35,3	16,35	5,77
80	40	216,4	32,2	14,54	4,60

Der höchste Rohproteingehalt wurde hier bei 120 kg/ha N, im Frühjahr ausgestreut, erzielt.

Auch Klapp (1945) und Tiemann (1953) weisen auf den hohen Stickstoffbedarf des Futterrübsens hin und empfehlen, $^1/_4$ bis $^1/_3$ der N-Gabe im Herbst und den Rest im zeitigen Frühjahr zu streuen.

Titzk (1942) betont, daß bei höherer Stickstoffdüngung entsprechend mehr *Kali* und *Phosphorsäure* benötigt werden. Über den Nährstoffentzug finden sich einige Angaben, die in Tab. 339 zusammengestellt werden.

Tabelle 339. *Nährstoffentzug von Grünfutterrübsen einer durchschnittlichen Ernte in kg/ha*

Autor	K_2O	P_2O_5	CaO
Könekamp, A. (1937)	70	20	45
Titzk, W. (1942)	135—180	32—40	
Koch, V. (1955)	75—100	18—36	25—76
Köhnlein, J., und N. Knauer (1957)	130	28,5	
Lüddecke, F. (1958)	88	34	

Entsprechend diesen Entzugszahlen sind zu empfehlen:

ohne Stallmist 100 bis 140 kg/ha K_2O, 20 bis 40 kg/ha P_2O_5
mit Stallmist 80 bis 120 kg/ha K_2O, 18 bis 36 kg/ha P_2O_5

LÜDDECKE (1958) schlägt vor, die Kali- und Phosphorsäuredüngung der Nachfrucht schon im Herbst mit zum Rübsen auszustreuen.

Selbstverständlich soll genauso wie bei einer Kornnutzung der *Kalk*-Gehalt des Bodens in Ordnung sein. Ein pH von höher als 6 muß für Grünfutterrübsen nach LÜDDECKE (1958) verlangt werden.

4. Sommerrübsen

Der Anbau des Sommerrübsens ist sehr beschränkt. Wir finden ihn sowohl zur Korn- wie auch zur Futternutzung nur dort, wo seine kurze Vegetationszeit von Vorteil ist. Deshalb liegt auch verhältnismäßig wenig Literatur vor.

Nach HACKBARTH (1944) benötigt der Sommerrübsen wegen seiner kurzen Vegetationszeit alle Nährstoffe in leicht aufnehmbarer Form. Dabei soll auch Stallmist gut ausgenutzt werden.

Nach KLEBERGER (1920) ist der Nährstoffbedarf durchaus nicht gering. Er empfiehlt neben 400 dz/ha Stallmist 40 kg/ha N, 80 kg/ha K_2O und 80 kg/ha P_2O_5. Von den verschiedenen *Stickstoffdüngern* war nach dem gleichen Autor schwefelsaures Ammoniak den übrigen überlegen.

Durch Volldüngung wurde nach KAYSER (1925) bei Sommerrübsen der Ölgehalt um 1% erhöht. Die Kornerträge wurden gegenüber ungedüngt verdoppelt. Auch nahm der Rohproteingehalt im Samen zu. Mit höherer Düngung stieg die Verseifungszahl und das mittlere Molekulargewicht der Fettsäuren. Gleichzeitig nahm die Erucasäure ab. Die Säurezahl erhöhte sich besonders bei N- und K-Düngung, d. h. der Gehalt an freien, ungebundenen Säuren hat zugenommen. Die Veränderung der Jodzahl durch die Düngung war nicht sicher nachzuweisen.

SCHARRER und SCHREIBER (1941) untersuchten die Wirkung von verschiedenen *Kalidüngesalzen* auf den Samenertrag von Sommerrübsen. Eine Kalisteigerung erhöhte den Eiweißgehalt sowie die ungesättigten Fettsäuren (Jodzahl) im Samen. Gleichzeitig nahm der Fettgehalt ab. Durch *Magnesium* enthaltende Kalidünger wurde der Samenertrag erhöht. Eine Düngung mit Kainit wirkte sich ungünstig aus.

Tabelle 340. *Erträge von Mangelversuchen mit Sommerrübsen*
Erträge relativ (Volldüngung = 100)
nach SCHROPP (1937)

Boden	ungedüngt		N+K		N+K+P	
	Korn	Stroh	Korn	Stroh	Korn	Stroh
Miozänsand 1927	5,53	7,19	50,69	52,50	100	100
Miozänsand 1927	—	—	1,49	21,37	100	100
Lehm 1929	9,87	11,68	6,44	12,26	100	100
Lehm 1931	41,97	49,20	49,85	70,04	100	100
Miozänsand 1934	12,57	8,18	9,99	18,01	100	100
Lehm 1934	—	—	22,56	35,85	100	100
Basalt 1935	12,43	10,03	1,27	4,42	100	100

KLEBERGER (1920) berichtete von einer günstigen Beeinflussung des Ölgehaltes durch Kalimagnesia. Nach SCHROPP und ARENZ (1938) macht sich Magnesiummangel durch Marmorierungen und weißgelbe Flecken bemerkbar. Das Wachstum der oberirdischen Pflanzenteile war jedoch nicht beeinflußt.

Der Bedarf an *Phosphorsäure* ist nach GERICKE (1941) auch bei Sommerrübsen hoch. Es konnte im Mittel von 3 Versuchen eine Ertragssteigerung von 10% durch 85 kg/ha P_2O_5 zu 400 dz/ha Stallmist erzielt werden.

Phosphorsäuremangel zeigt sich nach SCHROPP (1937) in einer schmutziggrünen Verfärbung der Blätter, Zurückbleiben des gesamten Wuchses und einer Verspätung der Blüte um 3 bis 7 Tage. Wie stark sich P-Mangel auf verschiedene Böden für Sommerrübsen auswirkt, zeigt Tab. 340.

Der Kornertrag wird also durch P-Mangel etwas stärker geschädigt als der Strohertrag.

Kalzium-Mangel äußert sich nach SCHROPP und ARENZ (1938) in den gleichen Symptomen wie beim Raps: violette Verfärbung des Stengels und des Blattrandes, die Keimblätter sind giftgrün gefärbt und die Pflanzen sterben nach einigen Tagen vollständig ab.

Ebenso zeigte der Sommerrübsen ähnliche Erscheinungen wie Sommerraps bei *Bor*-Mangel. Jedoch wurden bei Rübsen vereinzelt Blütenstände ausgebildet, die unter gelbweißen Verfärbungen bald abstarben. Bei Untersuchung der Nachwirkung einer Bordüngung zu Rüben (8,8 kg/ha Borax) reagierte Sommerrübsen jedoch nicht auf die bessere Borversorgung (SCHROPP und ARENZ 1940).

Literatur

AMBERGER, A., E. WOLF und W. HUNNIUS: Über die Wirkung einer langjährigen Phosphorsäuredüngung mit Handelsdüngern und Stallmist auf Boden und Pflanze. Bayer. landwirtsch. Jb. **34**, 229–248 (1957). — AMEDIEK, J.: Der Einfluß der N-Düngung auf die Entwicklung verschiedener Winterzwischenfrüchte. Pflanzenbau **17**, 359–390 (1941) und **18**, 9–32 (1942). — ANDERSSON, G., G. OLSSON und B. LÖÖF: Kombinerade sort- och krävegödslingsförsök med höstraps. Sveriges Utsädesförenings Tidskr. **66**, 39–54 (1956). — ANDERSSON, G., R. OLERED und G. OLSSON: Zur Nährstoffaufnahme des Winterraps. Z. Acker- u. Pflanzenbau **107**, 171–179 (1958).

BECKER, A.: Anbau und Nährstoffbedarf von Raps und Rübsen. Ernährung d. Pflanze **33**, 97–103 (1937). — Kalidüngung zu Raps und Rübsen. Mitt. Landwirtsch. **56**, 642 (1941). — BECKER-DILLINGEN, J.: Handbuch des Hackfruchtbaues und Handelspflanzenanbaues. Berlin: Parey. 1928. — BERKNER, F.: Möglichkeiten der Eiweißgewinnung und der Steigerung der Eiweißleistung unserer Kulturpflanzen mit Hilfe starker Stickstoffdüngung im Zwischenfruchtbau. Dtsch. landwirtsch. Presse **62**, 41–42, 59–60, 71–72 (1939). — BIEREI, E.: Die Düngung der Ölfrüchte und Gespinstpflanzen. In: HONCAMP, Handbuch der Pflanzenernährung und Düngerlehre II, 725 (1931). — BJÖRKLUND, C. M., und A. WAHLGREN: Erfarenheter och resultat från försök med oljeväxter. Medd. Sveriges Oljevaxtodl. Försökskommitté 1955. — BOGUSLAWSKI, E. v.: Ölfruchtbau. In: Handbuch der Landwirtschaft II, 318–387. Berlin: Parey. 1953. — BRANDENBURG, E.: Neue Untersuchungen über die Bedeutung des Molybdänmangels bei landwirtschaftlichen Kulturpflanzen. Vortrag Hochschultagung Gießen, 24. VI. 1960. — BUCHNER, A.: Möglichkeiten und Grenzen der Blattdüngung mit Stickstoff. Mitt. DLG **72**, 439–441 (1957). — Neue Wege der Düngung im Intensivbetrieb. Arb. DLG **46**, 29 (1957). — BUCHNER, A., und J. KRADEL: Die Anwendung von Harnstoff als Düngemittel. Z. Acker u. Pflanzenbau **114**, 1–22 (1961/62).

DANNHARDT, H.: Ergebnisse neuerer Rapsversuche. Mitt. Landwirtsch. **58**, 1033–1034 (1943). — DEICHMANN, E.: Mehr wirtschaftseigenes Futter durch Zwischenfruchtfutterbau. Limburgerhof-Ludwigshafen 1939. — DIEZ-GURZENHAUSEN: Der Anbau von Sommerraps. Mitt. Landwirtsch. **57**, 83–84 (1942).

ENGEL, H.: Ertragssteigerung bei Winterung durch ungeteilte Stickstoffgabe im Frühjahr. Dtsch. Landwirtsch. **2**, 493–496 (1951). — EWERT: Rapsbau und Bienenzucht. Arch. Bienenkde. **9**, 57–65 (1928).

FISCHER, H.: Ist der Sommerraps anbauwürdig? Dtsch. Landwirtsch. **9**, 18–20 (1958).

GERICKE, S.: Die Phosphorsäuredüngung der Ölfrüchte. Phosphorsäure **10**, 150–184 (1941). — Die Phosphorsäuredüngung der Ölpflanzen. Forschungsdienst **13**, 117–124 (1942). — Die Düngerwirkung der Phosphorsäure bei verschiedener Stickstoffernährung der Pflanze. Bodenkde. u. Pflanzenernähr. **32**, 223–243 (1943). — GISIGER, L.: Anbau und Düngungsversuche mit Winterraps. Landwirtsch. Jb. d. Schweiz **65**, 652–667 (1951).

HACKBARTH, J.: Ölpflanzen Mitteleuropas, Stuttgart: Wissenschaftl. Verlagsges. 1944. — HASLER, A., und A. MAURIZIO: Die Wirkung von Bor auf Samenansatz und

Nektarsekretionen bei Raps (Br. napus). Phytopatholog. Z. **15**, 193–207 (1949). — Über den Einfluß verschiedener Nährstoffe auf Blütenansatz, Nektarsekretion und Samenertrag von honigenden Pflanzen, speziell von Sommerraps (Br. napus L.). Schweiz. landwirtsch. Mh. **28**, 201–211 (1950). —Härle, A.: Untersuchungen zur Frage des physiologischen Knospenabfalles bei Raps und Rübsen. Angew. Bot. **24**, 334–352 (1942). — Henning, G.: Praktische Erfahrungen im Rapsanbau. Phosphorsäure **10**, 140–149 (1941). — Heuser, W.: Wieviel Stickstoff braucht der Raps? Wien. landwirtsch. Ztg. **91**, 94–95 (1941). — Hiller, W.: Zwischenfruchtbau in Ostdeutschland. Landbau u. Technik **12**, 8–9 (1936). — Hirai, K., und M. Tamai: Studies in the boron deficiency in field crops, I, Boron deficiency symptoms in rape plants. Soil Plant Food (Tokio) **2**, 201–203 (1957). — Hoffmann, M., und O. Nolte: Düngerfibel der DLG. Berlin 1933. — Hoffmannowa, A., und A. Horodyski: Wplyw ilości wysiewu rzepaku ozimego na plon w zależnosci od intensywności nawozenia azotowego i przerzedzania przy gestszym wysiewie. (Der Einfluß der Saatdichte von Winterraps auf die Erträge im Zusammenhang mit der Intensität der Stickstoffdüngung und dem Ausdünnen dichter Bestände.) Roczniki Nauk rolniczych, Ser. A **73**, 603–621 (1956). — Holliday, R., D. R. Hodgson, W. Townsend und J. W. Wood: Plant growth on "Fly Ash". Nature (London) **181**, 1079–1080 (1958). — Hollstein, H.: Stickstoff-Steigerung und Stickstoffzeitenversuch zu Winterraps 1955 und 1956. Bericht über die Versuche der Jahre 1955 und 1956, 191–231. Institut für landwirtsch. Versuchs- und Untersuchungswesen, Jena 1957.

Jakob, A.: Magnesia, der fünfte Pflanzenhauptnährstoff. Stuttgart: Enke. 1955. — Jaenichen, H.: Untersuchungen über die Wirkung des Kaliums auf den Stickstoffhaushalt etiolierter und grüner Keimpflanzen. Angew. Bot. **17**, 374 (1935). —Jessen, W.: Die Wirkung der Phosphorsäuredüngung bei verschiedenen Aussaatzeiten von Sommerraps. Z. Pflanzenernähr., Düng., Bodenkde. **47**, 161–164 (1949). — Johansson, O., und P. Ekman: Resultat av de senaste åren svenska mikroelementförsök, II, Försök med mangan. Kungl. Lantbrukshögskolan Statens Lantbruksförsök, Statens Jordbruksförsök. Medd. **62**, 91–138 (1956). — Jones, D. J. C.: Studies of the chemical composition of kales and rapes, II, The rapes. J. Agricult. Sci. **52**, 238–243 (1959). — Studies of the chemical composition of kales and rapes, III, The minor elements. J. Agricult. Sci. **53**, 151–155 (1959).

Kappen, H.: Die Bodenazidität. Berlin: Springer. 1929. — Kaufmann, O.: Die Gesunderhaltung der Rapspflanze als Mittel zur Vermeidung starker Rapsglanzkäferschäden. Mitt. Biolog. Reichsanst. H. 66 (1942). — Kayser, R.: Hat eine Mineraldüngung Einfluß auf die wertbestimmenden Eigenschaften von Ölpflanzen, und ändert sich durch die Düngung das Öl in seiner Zusammensetzung? Bot. Arch., Berlin-Dahlem **10**, 349–386 (1925). — Keese: Stickstoffdüngung zu Winterraps und Winterrübsen. Mitt. Landwirtsch. **51**, 917–919 (1936). — Kidson, E. B., und P. W. Maunsell: The effect of cobalt compounds on the cobalt content of supplementary fodder crops. New Zealand J. Sci. Technol. **21** A, 125–128 (1939). — Klapp, E.: Der Feldfutter-. bau. Berlin: Parey. 1945. — Lehrbuch des Acker- und Pflanzenbaues. Hamburg und Berlin: Parey. 1954. — Kleberger, W.: Düngungsversuche zu Raps. Mitt. DLG **31**, 601–603 (1916). — Düngungsversuche zu Raps. Mitt. DLG **33**, 96 (1918). — Düngungsversuche mit Raps in den Jahren 1915/18. Mitt. DLG **34**, 29–33 (1919). — Welche Leistungen können wir von unseren heimischen Sommerölfrüchten erwarten. Mitt. DLG **35**, 705–713 (1920). — Kline, C. H.: Molybdenum. Sonderdruck Agricult. Chem., Sept. 1954. — Klitsch, Cl.: Fragen um die Winterölfrucht, namentlich ihre Vorfruchtstellung. Dtsch. Landwirtsch. **3**, 402–407 (1952). — Knoch, G.: Standweiten- und N-Steigerungsversuch zu Winterraps 1954. Bericht über die Versuche der Jahre 1952–1954, 121–135. Institut für landwirtsch. Versuchs- und Untersuchungswesen, Jena 1955. — Koch, H.: Der Anbau von Öl- und Spinnpflanzen. Berlin: Reichsnährstandverlag. 1935. — Koch, V.: Feldfutter- und Zwischenfruchtpflanzen. Landwirtschaft Angewandte Wissenschaft. Schriftenreihe AID **44**, Bad Godesberg. 1955. — Köhnlein, J., und N. Knauer: Die Entzugszahl als Hilfsmittel zur richtigen Bemessung der P_2O_5- und K_2O-Gabe. Z. Acker- u. Pflanzenbau **104**, 329–370 (1957). — Könekamp, A.: Zwischenfruchtbau verlangt bessere Düngung. Mitt. Landwirtsch. **52**, 349–350 (1937). — Könnecke, G.: Der Einfluß verschiedener Vorfrüchte auf die Ertragsleistung der Blattfrüchte. Dtsch. Landwirtsch. **2**, 619–622 (1951). — Versuchsbericht 1950–1952. Institut für Acker- und Pflanzenbau der Martin-Luther-Universität, Halle-Wittenberg. 1953. — Könnecke, G., und G. Friessleben: Winterraps. Forschungsaufgaben und Feldversuche 1953–1955, 315–320. Institut für Acker- und Pflanzenbau der Martin-Luther-Universität, Halle-Wittenberg, 1956. — Kress, H.: Zur Frage des Sommerrapsanbaues. Dtsch. Landwirtsch. **2**,

22–24 (1951). — Kringel, C., C. Dreyspring und F. Heinrich: Gefäßdüngungsversuche mit Sulfaten. Bodenkde. u. Pflanzenernähr. **9**, 10, 625–636 (1938).

Landau, T.: Nawozy mineralne. (Mineraldüngung.) Nowe rolnistwo Nr. 16, 8 (1961). — Lau, G.: Erfahrungen bei der Rapsdüngung. Dtsch. landwirtsch. Presse **81**, 96–97 (1958). — Schwedische Erfahrungen bei der Rapsdüngung. Mitt. DLG **74**, 398–399 (1959). — Lefèvre, G., und P. Lefèvre: Observations sur l'absorption des éléments nutritifs par le colza d'hiver. Inst. nat. Rech. agronom. sér. A. Ann. Agron. 8, 125–144 (1957). — Leitz, F.: Der Anbau von Ölfrüchten. Stuttgart: Ulmer. 1947. — Lembke-Malchow: Anbauerfahrungen mit Raps und Rübsen. Mitt. DLG **48**, 518–520 (1933). — Lembke, H.: Zum Anbau der Sommerölfrüchte. Dtsch. Landwirtsch. **2**, 208–211 (1951). — Liebscher, G.: Der Verlauf der Nährstoffaufnahme und seine Bedeutung für die Düngerlehre. J. Landwirtsch. **35**, 335–518 (1887). — Lobb, W. R., und D. G. Reynolds: Further investigations in the use of sulphur in North Otago. New Zealand J. Agricult. **92**, 17 (1956). — Lorenz, E.: Die Wirkung der Jauche als Stickstoffdünger bei verschiedenen Fruchtarten. Z. landwirtsch. Vers. Unters.-Wesen **2**, 125–135 (1956). — Lowig, E.: Sicherung des Ölfruchtbaues (Raps und Rübsen). Forschungsdienst, Sonderheft 14, 186–193 (1941). — Lundblad, K., O. Johansson und T. Philipson: Resultat av de senaste årens svenska mikroelementförsök, III, Försök med bor. Kungl. Lantbrukskhögskolan Stanes Lantbruksförsök, Statens Jordbruksförsök Medd. **63**, 139–174 (1956). — Lüddecke, F.: Versuchs- und Untersuchungsergebnisse zum Anbau der Winterzwischenfrüchte und der nachfolgenden Zweitfrucht. Z. landwirtsch. Vers. Unters.-Wesen **4**, 101–250 (1958).

Mackoviak, W.: Wysokie plony rzepaku osiagnac i na glebach piaskowych. (Hohe Erträge von Raps auf Sandboden.) Plon (Warschau) Nr. 5, 6 (1962). — Mengel, K.: Der Einfluß einer variierten K- und Mg-Düngung auf die Mg-Versorgung und den Mineralstoffgehalt von Lihoraps. Landwirtsch. Forsch. **13**, 253–261 (1960). — Michalski, T.: Wysokie plony rzepaku ozimego. (Hohe Erträge bei Winterraps.) Nowe rolnistwo Nr. 15, 36–37 (1961). — Minkevic, I. A., und V. E. Borkovskij: Maslicnye kul'tury. (Ölkulturen.) Moskau 1952.

Nehring, K., P. Rzymkowski und J. Schütte: Über den Einfluß der Stickstoffdüngung, insbesondere zusätzlicher später N-Gabe auf den Ertrag und die Zusammensetzung von Ölsaaten. Z. Pflanzenernähr., Düng., Bodenkde. **35**, 247–270 (1945). — Nicolaisen, W.: Probleme des Anbaues und der Züchtung von Raps und Rübsen. Forschungsdienst **11**, 286–299 (1941). — Untersuchungen über den Einfluß der Stickstoffdüngung auf den Ertrag bei Winterzwischenfrüchten und ihr Einfluß auf die nachfolgende Frucht. Kühn-Arch. **60**, 129–149 (1943). — Wichtige Grunsätze für den Anbau von Winterzwischenfrüchten. Mitt. Landwirtsch. **58**, 727–730 (1943). — Noell: Stickstoffdüngungsversuch zu „Liho-Futterraps". Versuchsbericht 1958–1960 der Landwirtschaftsschule und Wirtschaftsberatungsstelle, Marburg/Lahn 1961.

Ohnesorge, M.: Zur Stickstoff-Blütendüngung. Mitt. DLG **73**, 446–447 (1958). — Otter: Zur Frage gesundheitlicher Störungen bei erhöhtem Nitratgehalt von Futterpflanzen. Wasser u. Nahrung **1957**, 14–16.

Patuschka, W.: Stickstoffdüngung und Ertragsleistung bei Zwischenfrüchten. Mitt. DLG **69**, 474 (1954). — Pehl, P.: Der Anbau von Sommerraps zur Ölgewinnung. Mitt. Landwirtsch. **57**, 155 (1942). — Zum Anbau der Ölfrucht Sommerraps. Landbau u. Technik **18**, 3 (1942). — Pfaff, C., und H. Roth: Zur Düngung mit Mikronährstoffen. Landwirtsch. Forsch. **12**, 231–239 (1959). — Pontailler, S.: La fumure du colza. Potasse **31**, 105–107 (1957). — Primost, E.: Die Futterqualität von Lihoraps und Ölrettich bei gesteigerter Stickstoffdüngung und variiertem Saattermin. Qualitas Plantarum Mater vegetabiles (Den Haag) **6**, 97–113 (1959). — Prjaniznikov, D. N.: Spezieller Pflanzenbau. Berlin: Springer. 1930.

Rademacher, B.: Das Auswintern der Ölfrüchte und seine Verhütung. Mitt. Landwirtsch. **54**, 749–750 (1939). — Radet, E.: La fumure des oléagineux. Bull. Techn. d'Information 81, 623–629 (1953). — La fumure du colza. Potasse **28**, 129–131 (1954). — Reichelt, G.: Ökologische Anbauversuche mit Neuzüchtungen für den Stoppelfruchtbau unter besonderer Berücksichtigung der Stickstoffdüngung. Dissertation, Gießen, 1955. — Remy, Th.: Beiträge zur Kultur des Rapses. Frühlings landwirtsch. Ztg. **58**, 81–92 (1909). — Der Verlauf der Nahrungsaufnahme und das Düngebedürfnis der Kulturgewächse. Pflanzenbau **2**, 22–23 (1925). — Rheinwald, H.: Nährstoffgehalt der Erntemasse bei verschiedenen Pflanzen. In: Mentzel, O., und A. v. Lengerke, Landwirtsch. Kalender 1951. — Ritus, I. G.: Rastenievodstvo. (Pflanzenbau.) Moskau 1952. — Rohde, G.: Bor und Wuchsstoffe. Dtsch. Landwirtsch. **2**, 208–211 (1951). — Roon, E. van: The application of divided nitrogen dressings to some seed crops. Thesis, Wageningen. Netherlands J. Agric. Sci. **7**, 346 (1959). — *Ruhrstickstoff AG.*: Faustzahlen für die Landwirtschaft, 4. Aufl.

Bochum 1957. — RÜTHER, H.: Wege zur Schließung der Fett-Eiweiß-Lücke. Berlin: Deutscher Bauernverlag. 1950. — Rapsanbau, eine Frage der Anbautechnik. Dtsch. Landwirtsch. 4, 356–359 (1953). — Pflanzenbauliche Möglichkeiten zur Steigerung der Fett- und Eiweißerträge. Berlin: Deutscher Bauernverlag. 1954. — Der Anbau von Ölfrüchten. Dtsch. Landwirtsch. 7, 376–379 (1956).

SAALBACH, E., G. KESSEN und G. K. JUDEL: Über den Einfluß von Schwefel auf den Ertrag und die Eiweißqualität von Futterpflanzen. Z. Pflanzenernähr., Düng., Bodenkde. 93, 17–26 (1961). — SAALBACH, E.: Wege zur Strukturverbesserung unserer Böden. Sonderdruck Hanninghof, Dülmen 1962. — SCHACHTSCHABEL, P.: Magnesium in Boden und Pflanze. Z. landwirtsch. Vers. Unters.-Wesen 2, 507–523 (1956). — SCHAEFFLER, H.: Über die Düngerwirkung der Jauche bei Winter- und Sommerraps (Körnerraps). Z. Pflanzenernähr., Düng., Bodenkde. 38, 167 (1947). — SCHARRER, K., und R. SCHREIBER: Über die Wirkung magnesiumarmer und magnesiumreicher Kalidüngemittel auf den Eiweiß- und Fettertrag von Sommerrübsen. Z. Bodenkde. u. Pflanzenernähr. 25, 228–239 (1941). — Gefäßversuche über die Wirkung kombinierter Kalium- und Magnesiumgaben auf den Ertrag an Eiweiß und Fett von Sommerraps, Leindotter und Weißem Senf. Z. Bodenkde. u. Pflanzenernähr. 32, 204–223 (1943). — SCHARRER, K., und W. SEIBEL: Über den Einfluß der Ernährung und Belichtung auf den Nitratgehalt von Futterpflanzen. Landwirtsch. Forsch. 9, 168–178. (1956) — SCHMALFUSS, K.: Über die Wirkung von Stickstoff- und Kalkdüngung zu Winterraps. Z. Bodenkde. u. Pflanzenernähr. 6, 254–258 (1938). — Düngung und Qualität der Fett- und Ölpflanzen. (VI. Congr. int. techn. chim. Ind. agric., Budapest, C.R. 1939, 581–583.) Chem. Zbl. 110, II, 4613 (1939). — SCHMITT, L.: Vom Segen der Düngung. Frankfurt a. M.: DLG-Verlag. 1954. — SCHNEE, M.: N-Düngung und Schnittzeit bei Winterzwischenfrüchten. Bericht über die Feldversuche in der Praxis 1954–1956. Institut für landwirtsch. Versuchs- und Untersuchungswesen, Leipzig 1956. — SCHNEIDER, E.: Raps- und Rübsenanbau im Urteil der Praxis. Berlin 1940. — SCHNEIDEWIND, W.: Die Ernährung der landwirtschaftlichen Kulturpflanzen, 6. Aufl. Berlin: Parey. 1926. — SCHRIMPF, D.: Untersuchungen über den Blüten- und Schotenansatz bei Raps, Rübsen und Senf. Z. Acker- u. Pflanzenbau 97, 305–336 (1953). — SCHROPP, W.: Beiträge zur Kenntnis des Phosphorsäuremangels bei einigen Ölfrüchten. Superphosphat 13, 131–138 (1937). — SCHROPP, W., und B. ARENZ: Über den Kalium- und Magnesiummangel bei einigen Öl- und Gespinstpflanzen. Z. Bodenkde. u. Pflanzenernähr. 12, 32–45 (1938). — Stickstoff- und Kopfdüngungsversuche zu Winterölfrüchten. Z. Bodenkde. u. Pflanzenernähr. 12, 52–71 (1938). — Über die Wirkung des Bors auf das Wachstum einiger Öl- und Gespinstpflanzen. Forschungsdienst 6, 564–574 (1938). — Über die Nachwirkung des Bors. Z. Bodenkde. u. Pflanzenernähr. 16, 205–209 (1940). — Düngungsversuche zu Winterölfrüchten. Z. Bodenkde. u. Pflanzenernähr. 18, 315–330 (1940). — SCHULZE, E.: Anwendung und Wirkung der Stickstoffdünger bei Feldfrüchten und Dauergrünland. „Stickstoff", Düsseldorf, 1961, 211–295. — SCHUSTER, W.: Ergebnisse von mehrjährigen Landessortenversuchen mit Zwischenfrüchten in Hessen 1951–1954. Hessisches Ministerium für Landwirtschaft und Forsten, Wiesbaden 1957. — SELKE, W.: Die Düngung. Berlin: Deutscher Bauernverlag. 1950. — Fragen der Düngung. Z. landwirtsch. Vers. Unters.-Wesen 1, 556–581 (1956). — Kopfdüngung der Winterung. Dtsch. Landwirtsch. 12, 126–129 (1961). — SESSOUS, G., und H. SCHELL: Ergebnisse mehrjähriger Rapskulturversuche. Pflanzenbau 16, 161–182 (1940). — SIEBERT, H.: Der Einfluß von steigenden N-Gaben auf Ertrag und Güte einiger Zwischenfrüchte. Landwirtsch. Jb. 87, 112–158 (1939). — STEBUT, I. A.: Izbrannye soyinenija. (Gesammelte Werke.) Moskau 1956. — STEIKHARDT, HG.: Feldfutter und Zwischenfruchtbau. Bericht über die Versuche der Jahre 1955 und 1956. Institut für landwirtsch. Versuchs- und Untersuchungswesen, Jena, 1957. — Zwischenfruchtbau. Bericht über die Versuche der Jahre 1957–1959. Institut für landwirtsch. Versuchs- und Untersuchungswesen, Jena 1960. — STEPANOV, V. N.: Rastenievodstvo. (Pflanzenbau.) Moskau 1959. — STRUVE, A.: Anbau- und Düngungsversuche zu Winterzwischenfrüchten. Mitt. Landwirtsch. 54, 489–491 (1939). — SZCZUCHNIAK, D.: Uprawa rzpeaku ozimego. (Anbau von Winterraps.) Plon (Warschau) Nr. 32/33, 29 (1961).

TAMM, E.: Die Ansprüche von Winterraps und Winterrübsen an Klima, Boden, Fruchtfolge und Düngung. Superphosphat 13, 73–76 (1937). — TIEMANN, A.: Feldfutter- und Zwischenfruchtbau. In: Handbuch der Landwirtschaft II, 388–476. Berlin und Hamburg: Parey. 1953. — TITZK, W.: Über den P- und K-Haushalt bei Winter- und Zwischenfrüchten. Landwirtsch. Jb. 92, 318–393 (1942).

WACKER, J.: Der Anbau der wichtigsten deutschen Ölfrüchte und Gespinstpflanzen. Mitt. DLG 48, 650–652 (1933). — Die Ölfrüchte. Landwirtschaftliche Hefte 32/33, 3. Aufl. Berlin: Parey. 1934. — WALKER, T. W., A. F. R. ADAMS und

H. D. ORCHISTON: Some effects of sulphur and phosphorus on the yield and composition of rape (Br. napus). New Zealand J. Sci. Technol. **36**, 103–110 (1954). — WALICKI, J.: Rzepak na glebie piaszcystej (Raps auf Sandböden). Mykanova, Katowic. Plon (Warschau) Nr. **43**, 3–5 (1961). — WEIGERT, J., und H. WEIZEL: Erfahrungen mit Rapsbau auf der oberbayerischen Schotterebene. Prakt. Bl. Pflanzenbau u. Pflanzenschutz **13**, 121–133 (1935). — WILAMOWITZ, T. V.: Lehren aus dem Rapsanbaujahr 1951–52. Dtsch. Landwirtsch. **3**, 349–353 (1952). — WILHELM, A. F.: Untersuchungen über die Kälteresistenz winterfester Kulturpflanzen unter besonderer Berücksichtigung des Einflusses verschiedener Mineralsalzernährung und des N-Stoffwechsels. Phytopathol. Z. **8**, 111–156 (1935). — WILKINSON, B.: Responses to phosphorus of swedes and rape under the conditions prevailing in the North of England. J. Sci. Food Agric. **11**, 79–87 (1960). — WUTH, E.: Zeitlich variierte Stickstoffdüngungsversuche zu Winterraps. Bericht über die Versuche der Jahre 1957–1959, 69–93. Institut für landwirtsch. Versuchs- und Untersuchungswesen, Jena 1961.

YAMASAKI, T.: Trend of the study on the manurial effect of potassium in Japan in recent years. Jap. Potassium Symposium 1957, Takada, 1958.

ZADE, A.: Pflanzenbaulehre für Landwirte. Berlin: Parey. 1933.

e) Ölrettich

(Raphanus sativus L. Var. oleiferus)

Von

E. von Boguslawski

Der Ölrettich ist eine Sommerölpflanze aus der Familie der Cruciferen, welche Samen guter Ölqualität liefert. Ihr Anbau und Kulturwert ist alt und bereits aus dem alten Ägypten, aus einer Zeit von über 4000 Jahren, bekannt. In Europa hat ihr Anbau bisher keine größere Bedeutung erlangt. Die Ursache liegt nicht zuletzt darin, daß erst seit einigen Jahren ökologisch angepaßte Zuchtsorten vorhanden sind[1]. An besonderen Eigenschaften dieser Ölpflanze sind gegenüber dem Raps ein schnelleres Jugendwachstum und die Platzfestigkeit der Schoten sowie die verhältnismäßig geringen Ansprüche an den Standort und den Fruchtbarkeitszustand des Bodens zu nennen. Dies gilt sowohl hinsichtlich der Bodenart, der chemischen Eigenschaften und des Wasserhaushaltes des Bodens. Allen genannten Wachstumsfaktoren ebenso wie der Saatzeit gegenüber zeigt der Ölrettich eine größere *Anpassungsfähigkeit* als der Sommerraps und teilweise als der Senf und der Mohn. Die Kornerträge liegen etwa in der gleichen Größenordnung wie bei den zuletzt genannten Arten. Diese Eigenschaften machen den Ölrettich für gewisse Gebiete Europas interessant, in welchen diese Pflanze bisher kaum bekannt war.

Die genannte Anspruchslosigkeit läßt auch begrenzte Ansprüche an den Nährstoffzustand des Bodens und die Düngung erwarten. Wenn für die Gebiete des gemäßigten und halbkontinentalen Klimas mit einem *mittleren Kornertrag von 14 dz/ha* mit einer Schwankung von 10 bis 18 dz/ha und einem Strohertrag von 30 bis 50 dz/ha Trockenmasse gerechnet werden kann, so ergeben sich auf Grund unserer Untersuchungen die in Tab. 341 zusammengestellten Werte für den Nährstoffentzug. Unter Berücksichtigung der begrenzten Ertragsfähigkeit sowie im Vergleich mit ähnlichen So-Ölpflanzen kann das *Aneignungsvermögen für Nährstoffe* als gut bezeichnet werden.

Diese Feststellung macht sich bei dem erforderlichen Düngeraufwand bemerkbar. Wie bei anderen So-Ölpflanzen kommt im allgemeinen keine organische Düngung zur Anwendung. Auch braucht dem Ölrettich keine bezüglich der Nähr-

[1] Zur Kenntnis und Beschreibung des Ölrettichs wird auf die Darstellung „Der Ölfruchtbau" im Handbuch der Landwirtschaft, 2. Aufl., Bd. II, Berlin-Hamburg: Parey, 1953, verwiesen; ferner s. KÜRTEN 1952, HÜBNER und WAGNER 1960.

stoffe günstige Stellung in der Fruchtfolge eingeräumt zu werden. Für die *Mineraldüngung* sind die folgenden *Mittelwerte* bzw. Schwankungen vorzusehen:

80 (50 bis 120) kg/ha N
100 (80 bis 130) kg/ha K = 120 (100 bis 160) kg/ha K_2O
25 (20 bis 30) kg/ha P = 60 (45 bis 70) kg/ha P_2O_5

Somit ergibt sich das folgende *Nährstoffverhältnis* für die Düngung:

N	: K	: P	= N	: K_2O	: P_2O_5
1	1,25	0,31	1	1,5	0,75
	(1,0 bis 1,62)	(0,25 bis 0,38)		(1,25 bis 2,0)	(0,55 bis 0,90)

In den Schwankungen finden die verschiedene, standortbedingte Höhe des Ertrages und der jeweilige Nährstoffzustand des Bodens Berücksichtigung. Auf nicht ausreichend versorgten Böden sind die Werte selbstverständlich zu erhöhen. Auffallend ist die gute Ausnutzung des Faktors Stickstoff, wobei der vom Boden jeweils mineralisierte Stickstoff mit ins Gewicht fallen muß.

Die Düngung erfolgt im allgemeinen im *Frühjahr*, und zwar möglichst frühzeitig vor der Aussaat auf den Schleppenstrich, so daß die Düngung noch ausreichend tief und intensiv in den Boden eingearbeitet werden kann. Die Durchschnittsmenge von 80 kg/ha N kann in einer Gabe verabfolgt werden, Höchstgaben über 100 oder 120 kg/ha N sollten in zwei Teilgaben gegeben werden, so daß die zweite Gabe bei einer Bestandshöhe von 30 bis 40 cm, aber noch vor der Blüte erfolgt. Über die Salzform, in welcher die Nährstoffe zu verabfolgen sind, liegen keine speziellen Untersuchungen vor. Bei Stickstoff hat sich Kalkammonsalpeter — auch bei Teilgaben — gut bewährt; bei Kali 40%iges Kalisalz. Für die P-Düngung kommen vornehmlich Superphosphat und Rhenaniaphosphat in Betracht. Bei Stickstoff hat sich auch die Düngung in Form von schwefelsaurem Ammoniak bewährt.

Trotz des beachtlichen Entzugs von Kalk, welcher in ähnlicher Höhe wie bei Raps liegt, ist eine direkte Kalkung zu Ölrettich nur dann erforderlich, wenn die Reaktion auch unter Berücksichtigung der Bodenart und der anderen in der Fruchtfolge angebauten Pflanzenarten zu niedrig ist. Auf allen mittleren Löß-Lehmböden des gemäßigten Klimas ist ein pH (in KCl) um 6,5 zugrunde zu legen.

Da der Anbau von Ölpflanzen derzeitig nur eine recht begrenzte Fläche einnimmt, ist es verständlich, daß für den Anbau des durch Züchtung verbesserten Ölrettichs nur in besonderen Gebieten zunehmendes Interesse besteht. Dagegen hat der Ölrettich während des letzten Jahrzehntes zunehmende Bedeutung im *Zwischenfruchtbau*, und zwar im *Stoppelfruchtbau* erlangt. Bei geringen Ansprüchen und großer Anpassung an die sehr wechselnden ökologischen Gegebenheiten ist der Ölrettich als schnellwachsende Nichtleguminose sowohl für den Zwischenfruchtbau zur Erzeugung von zusätzlichem *Futter* als auch zur Gewinnung von *Gründündung* hervorragend geeignet (KÜRTEN 1952, SCHUSTER 1957). Im Falle der Gründüngung beschränken wir uns auf eine Mineraldüngung mit Stickstoff. Die im Pflanzenbestand der Gründüngung aufgenommenen Nährstoffe verbleiben ja im Boden, so daß eine Düngung mit anderen Elementen nicht erforderlich ist. Im Gegenteil soll der Ölrettich mit seiner ausgeprägten Pfahlwurzel und dem entsprechenden Nebenwurzelsystem Nährstoffe aus tieferen Horizonten mobilisieren. Dies wird verstärkt, wenn vor der Aussaat 40 bis 60 kg/ha N in Form von Kalkammonsalpeter verabfolgt werden. Im Falle der Futtererzeugung werden dem Boden mit der Zwischenfrucht erhebliche Nährstoffmengen entzogen. Diese sind, gemessen an der produzierten Masse, schon

Tabelle 341. *Nährstoff*
(Mittel

	dz/ha	% in der ATM				
		N	K	P	Ca	Na
Stroh	52,5	1,34	2,57	0,278	1,75	0,17
Korn	14,0	3,75	1,02	0,99	0,47	0,02
Gesamt	66,5					

deshalb hoch, weil die Zwischenfrucht im allgemeinen in einem physiologisch „jungen" Zustand geerntet wird, so daß der Entzug der Nährstoffe weitgehend mit der höchsten Aufnahme identisch ist. Ältere Entzugswerte liegen aus Schlesien vor (von Boguslawski 1937). In neuerer Zeit wurden entsprechende Untersuchungen von verschiedenen Autoren durchgeführt. Wir haben in den Jahren 1950 bis 1952 einschlägige Daten auf verschiedenen Standorten gesammelt, welche in Tab. 342 mitgeteilt werden. Bei den Zahlen finden zwei Aussaatzeiten Berücksichtigung, und zwar jeweils nach der Ernte einer Hauptfrucht. Deshalb ist es verständlich, daß die Zahlen auf den noch dazu stark voneinander abweichenden Standorten erhebliche Unterschiede zeigen. Entsprechend sind auch die Werte über den Nährstoffentzug sehr voneinander verschieden. Dennoch erscheint es angängig, den angegebenen *Durchschnittswerten* aus 12 Erträgen bzw. Analysen entsprechendes Gewicht zuzumessen. Unter Einbeziehung aller

Tabelle 342. *Nährstoffentzug von Ölrettich im*

Standort	Jahr	Saatzeit	Ertrag dz/ha		
			frisch	% Tr.-S.	T.-M.
Guntershausen	1950	2.	337,0	11,3	38,1
	1951	1.	133,0	14,2	28,9
	1951	2.	136,8	14,8	20,2
	1952	1.	348,8	15,7	54,8
	1952	2,	395,0	9,0	35,6
Gießen	1950	1.	211,2	12,2	25,8
	1950	2.	276,6	10,5	29,0
	1951	1.	283,0	16,1	45,6
	1951	2.	158,8	16,2	25,7
	1952	2.	82,0	14,3	11,7
Haina	1952	1.	165,5	13,5	22,3
Giebelrain	1952	1.	89,6	12,6	11,3
Mittel:			218,1	13,4	29,1

entzug von Ölrettich
werte)

Entzug in kg/ha					Entzug in kg/ha				
N	K	P	Ca	Na	N	K_2O	P_2O_5	CaO	Na_2O
70,3	135	14,6	91,8	8,9	70,3	162	33,6	129	12,0
52,5	14,2	13,9	6,5	0,3	52,5	17,1	32,0	9,1	0,4
122,8	149,2	28,5	98,3	9,2	122,8	179,1	65,6	138,1	12,4

Nährstoffverhältnis	N : K : P : Ca : Na	N : K_2O : P_2O_5 : CaO : Na_2O
Stroh	1 : 1,92 : 0,21 : 1,31 : 0,13	1 : 2,30 : 0,48 : 1,83 : 0,17
Korn	1 : 0,27 : 0,27 : 0,12 : 0,06	1 : 0,33 : 0,61 : 0,17 : 0,08
Gesamt	1 : 1,21 : 0,23 : 0,80 : 0,07	1 : 1,46 : 0,53 : 1,12 : 0,10

Werte kann geschlossen werden, daß der Nährstoffentzug etwa demjenigen einer mittleren *Getreideernte* entspricht.

Diese Feststellungen finden eine Ergänzung und weitgehende Bestätigung durch die von G. REICHELT (1955) gesammelten und in Tab. 343 wiedergegebenen Ergebnisse. Bei den zugrunde liegenden Versuchen wurden die Faktoren „Standort" und „N-Düngung" berücksichtigt. Erwartungsgemäß steigen mit der Stickstoffdüngung und den Erträgen auch die Nährstoffentzüge aller untersuchten Faktoren. Das durchschnittliche Nährstoffverhältnis stimmt mit den Durchschnittswerten in Tab. 342 weitgehend überein, wenn man aus den Versuchen von G. REICHELT nur die höheren Stickstoffstufen berücksichtigt.

Durch die in Tab. 344 wiedergegebenen Untersuchungsbefunde von R. HÜBNER und F. WAGNER (1960) sowie E. PRIMOST (1963) wurden die bisherigen Daten weitgehend bestätigt. Abgesehen davon, daß die Autoren mit relativ hohen

Zwischenfruchtbau auf verschiedenen Standorten

Entzug in kg/ha					Nährstoffverhältnis N : K : P : Ca : Na
N	K	P	Ca	Na	
94,9	197,3	22,2	89,5	25,5	1 : 2,08 : 0,23 : 0,94 : 0,27
71,4	78,0	11,0	65,9	12,4	1 : 1,09 : 0,15 : 0,92 : 0,17
70,9	54,5	9,04	57,0	8,10	1 : 0,77 : 0,13 : 0,80 : 0,11
245,5	208,8	34,0	142,5	77,3	1 : 0,85 : 0,14 : 0,58 : 0,31
136,3	106,4	18,0	70,8	43,8	1 : 0,78 : 0,13 : 0,52 : 0,32
63,4	112,7	16,9	56,8	9,73	1 : 1,78 : 0,27 : 0,90 : 0,15
86,4	149,3	19,4	78,9	7,48	1 : 1,73 : 0,22 : 0,91 : 0,09
139,0	207,5	24,2	95,3	9,03	1 : 1,50 : 0,17 : 0,69 : 0,07
56,8	79,9	9,84	47,5	5,55	1 : 1,41 : 0,17 : 0,84 : 0,09
33,1	34,2	5,28	21,2	4,39	1 : 1,03 : 0,16 : 0,64 : 0,13
57,8	83,4	10,9	45,0	3,50	1 : 1,44 : 0,19 : 0,78 : 0,06
40,0	39,7	5,60	26,0	2,52	1 : 1,00 : 0,14 : 0,65 : 0,06
91,3	112,6	15,5	66,4	17,4	1 : 1,23 : 0,17 : 0,73 : 0,19

mittlerer Entzug in kg/ha
umgerechnet auf Oxyde:

	K_2O	P_2O_5	CaO	Na_2O	
91,3	135,0	35,7	93,0	23,5	1 : 1,48 : 0,39 : 1,02 : 0,26

Tabelle 343. *N-Steigerungsversuch* (nach G.

N-Düngung kg/ha	T.-M. dz/ha	Entzug in kg/ha			
		N	K	P	Ca
1. *Versuch Rodgau*, humoser Sand					
0	8,8	21	29,0	3,92	12,2
50	23,0	56	86,3	10,4	22,9
75	28,8	77	118	14,4	23,6
100	30,4	97	125	15,2	25,7
2. *Versuch Amöneburger Becken*, Lößlehm					
0	17,0	39	58,9	7,40	27,9
50	29,6	73	113	13,9	40,0
75	34,7	99	142	17,0	57,2
100	33,6	119	146	17,4	66,5

Stickstoffgaben arbeiteten, wurden für die Hauptnährstoffe ähnliche Entzüge festgestellt. Nur in Linz wurden bei allerdings hohen Erträgen wesentlich höhere K-Werte gefunden! Unter Berücksichtigung der optimalen Düngung können als mittlere Nährstoffverhältnisse gefolgert werden:

N : K : P
1:1,3 bis 1,5:0,14 bis 0,34

Der Einfachheit halber werden in den Tabellen alle K- und P-Werte auch in der Oxyd-Form angegeben. In keinem Fall sind bisher so hohe P_2O_5-Entzüge

Tabelle 344. *Nährstoffentzug von*

Düngung kg/ha N	Ertrag T.-M. dz/ha	Entzug in kg/ha		
		N	K	P
a) nach R. HÜBNER und F. WAGNER	1959: 1. Saatzeit			
60	35,1	91,0	154	16,2
80	37,3	102	156	16,2
100	38,2	112	179	17,6
120	36,4	117	159	16,4
140	40,4	126	202	19,0
160	41,4	135	180	18,4
b) nach E. PRIMOST	1958: 2. Saatzeit Grünmasse dz/ha			
ohne	163,2	58,4	89,6	11,9
80	363,5	117	202	18,9
160	445,9	201	259	25,1
240	493,8	154	225	20,0
320	484,1	213	262	22,3

Standort	Grunddüngung K_2O	P_2O_5
a) lehmiger Sand	150	80
b) lehmiger Sand	140	85

mit Ölrettich auf zwei Standorten 1952
REICHELT)

Nährstoffverhältnis N : K : P : Ca	Entzug in kg/ha				Nährstoffverhältnis N : K_2O : P_2O_5 : CaO
	N	K_2O	P_2O_5	CaO	
1 : 1,38 : 0,19 : 0,58	21	35	9	17	1 : 1,67 : 0,43 : 0,81
1 : 1,54 : 0,19 : 0,41	56	104	24	32	1 : 1,86 : 0,43 : 0,57
1 : 1,53 : 0,19 : 0,31	77	142	33	33	1 : 1,84 : 0,43 : 0,43
1 : 1,29 : 0,16 : 0,27	97	151	35	36	1 : 1,56 : 0,36 : 0,37
1 : 1,51 : 0,19 : 0,72	39	71	17	39	1 : 1,82 : 0,44 : 1,00
1 : 1,55 : 0,19 : 0,55	73	136	32	56	1 : 1,86 : 0,44 : 0,77
1 : 1,44 : 0,17 : 0,58	99	171	39	80	1 : 1,73 : 0,39 : 0,81
1 : 1,23 : 0,15 : 0,56	119	176	40	93	1 : 1,48 : 0,34 : 0,78

ermittelt worden wie von V. KOCH (1955), der Werte von 50 bis 130 kg/ha P_2O_5 fand. Der genannte Autor führte Zwischenfruchtversuche auf verschiedenen Standorten unter Berücksichtigung der Höhenlage durch. Dabei stellte V. KOCH bei Ölrettich einen P-Gehalt von im Mittel 1,76% fest, während die anderen Autoren Werte von 0,60 bis 0,83% fanden. Allerdings arbeitete V. KOCH mit früheren Aussaatzeiten, welche für die sogenannten Zweitfrüchte zutreffen, so daß er auch für Kali Werte bis zu 300 kg/ha K_2O fand.

In den Versuchen der Tab. 343 und 344 wird zugleich die Frage nach der *optimalen Stickstoffdüngung* behandelt. Dieselbe verdient beim Anbau zur Futter-

Ölrettich bei verschiedener Düngung

Nährstoffverhältnis N : K : P	Entzug in kg/ha			Nährstoffverhältnis N : K_2O : P_2O_5
	N	K_2O	P_2O_5	
1 : 1,69 : 0,18	91,0	185	37,2	1 : 2,03 : 0,41
1 : 1,53 : 0,16	102	188	37,2	1 : 1,85 : 0,37
1 : 1,60 : 0,16	112	216	41,3	1 : 1,93 : 0,37
1 : 1,36 : 0,14	117	192	37,8	1 : 1,64 : 0,32
1 : 1,60 : 0,15	126	243	43,7	1 : 1,93 : 0,35
1 : 1,33 : 0,14	135	217	42,3	1 : 1,61 : 0,31
1 : 1,53 : 0,20	58,4	108	27,4	1 : 1,85 : 0,47
1 : 1,73 : 0,16	117	243	43,5	1 : 2,08 : 0,37
1 : 1,29 : 0,13	201	312	57,7	1 : 1,55 : 0,29
1 : 1,46 : 0,13	154	271	45,9	1 : 1,76 : 0,30
1 : 1,23 : 0,10	213	316	51,3	1 : 1,48 : 0,24

gewinnung naturgemäß eine größere Beachtung als bei der Erzeugung von Gründüngung. Für die Beantwortung der Frage ergibt sich kein einheitliches Bild, indem in Oberösterreich wesentlich höhere Gaben positiv zu beurteilen sind. Abgesehen davon ,daß in beiden Fällen der Tab. 344 die Abstufungen groß waren, erscheint die Differenz berechtigt zu sein. Durch die Ergebnisse von R. Hübner und F. Wagner werden die früheren Ergebnisse aus dreijährigen Versuchen von G .Reichelt bestätigt, welche in Tab. 345 zusammengefaßt wer-

Tabelle 345. *N-Steigerungsversuch mit Ölrettich auf zwei Standorten im Mittel von drei Jahren (1950 bis 1952)* (nach G. Reichelt)

N-Düngung kg/ha	Rodgau		Amöneburg	
	T.-M. dz/ha	N-Entzug kg/ha	T.-M. dz/ha	N-Entzug kg/ha
0	11,1	30,4	20,5	51,4
50	23,6	68,6	29,4	77,1
75	27,7	91,4	33,5	96,2
100	27,7	95,3	31,4	101

den; die Werte des Jahres 1952 entstammen der in Tab. 343 bereits genannten Versuchsreihe. Danach werden mit 75 kg/ha N bereits die Maxima an Trockenmasse erreicht. Die oben festgestellte gute Ausnutzung der Nährstoffe durch Ölrettich wird hier ergänzt durch die starke Reaktion auf verhältnismäßig kleine Abstufungen in den Stickstoffgaben. Dies kommt besonders in den Erträgen auf dem leichten Sandboden zum Ausdruck, „ohne N“ standen hier nur 30 (im Jahre 1952 laut Tab. 343 nur 21) kg/ha N zur Verfügung, während auf dem Lößlehm 51 (1952 39) kg/ha N ohne jegliche N-Düngung aufgenommen wurden. Dennoch wird im Mittel von drei Jahren entweder schon bei 75 kg N-Düngung oder höchstens zwischen der 75- und 100-kg-Gabe das Maximum erreicht. Darüber hinaus ist aus allen drei Versuchsjahren ersichtlich, daß eine weitere Steigerung der N-Düngung zu weiteren Aufnahmen und damit zu einer Anreicherung von Stickstoff in die Pflanzensubstanz führt, die in erster Annäherung identisch ist mit einer Anreicherung von Rohprotein. Eine weitere Ergänzung erhält das Material durch eine Versuchsreihe, die H. J. Möller in Grabau (Schleswig-Holstein) durchgeführt hat (Möller 1954). Die Ergebnisse sind in Abb. 176 wiedergegeben. Die graphische Wiedergabe läßt vor allem sehr gut erkennen, daß durch steigende Stickstoffgaben die Unterschiede in der Substanzbildung, welche durch verspätete Saatzeiten hervorgerufen wurden, bis zu einem gewissen Grade kompensiert werden. Bei N_0 sind die Unterschiede in den Erträgen an Trockenmasse am größten. Diese Versuchsreihe, welche in zwei Jahren gleichzeitig den für den Zwischenfruchtbau so wichtigen Faktor Saatzeit mit einschließt, führt zu der Feststellung, daß das Optimum der Düngung wiederum zwischen *75 und 100 kg/ha* N liegt. Nur bei der 1. Saatzeit des Jahres 1951 ist nicht zu entscheiden, ob eine über 100 kg/ha N hinausgehende Gabe noch einen Ertragsanstieg gebracht hätte.

Die *Stickstoffdüngung* wird in jedem Fall vor der Aussaat der Zwischenfrucht ausgebracht. Dagegen wird die Düngung von *Kali und Phosphorsäure* im Stoppelfruchtbau verschieden gehandhabt. Seltener werden diese Nährstoffe zusammen mit Stickstoff zur Stoppelfrucht direkt gegeben; vielmehr ist es üblich, diese Faktoren entweder zur nachfolgenden Hauptfrucht oder zur Vorfrucht zu düngen.

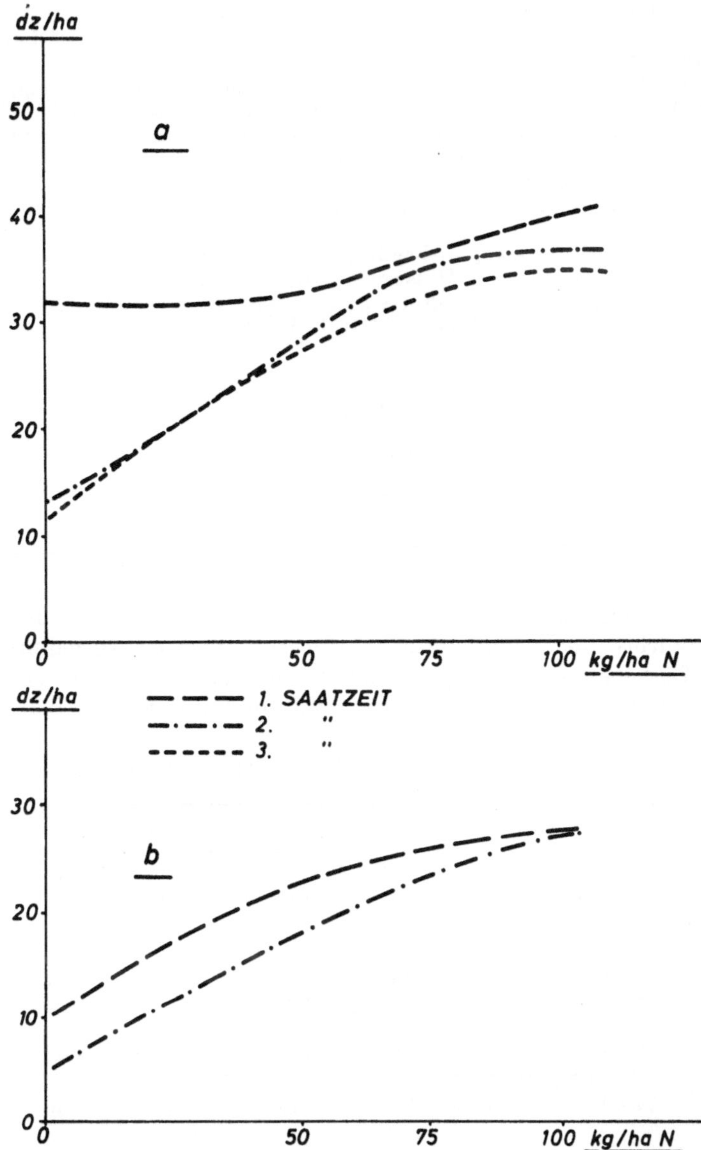

Abb. 176. N-Steigerungsversuch zu Ölrettich im Stoppelfruchtbau; Grabau, Schleswig-Holstein. a) 1951, b) 1952

Letzteres Verfahren erscheint problematisch, wenn die Vorfrucht eine Hackfrucht ist, was jedoch selten der Fall sein wird. Entscheidend ist, daß der Nährstoffentzug der Zwischenfrucht innerhalb der Fruchtfolge Berücksichtigung findet.

Literatur

Boguslawski, E. von: Der Nährstoffentzug durch Sommerzwischenfrüchte. Mitt. Landwirtsch. (1937).

Hübner, R., und F. Wagner: Anbauversuche mit Ölrettich. Z. Acker- u. Pflanzenbau **111**, 258–278 (1960).

Koch, V.: Feldfutter- und Zwischenfruchtpflanzen — Ertragsökologische Untersuchungen in Niederungs- und Höhengebieten des mittelhessischen Raumes. A.I.D.-

Schriftenreihe, „Landwirtschaft — Angewandte Wissenschaft", Nr. 44, S. 68 (1955). — Kürten, P. W.: Der Ölrettich — eine neue Futterpflanze. Dtsch. Landwirtsch. Presse 75, 143 (1952).

Möller, H. J.: Untersuchungen über die Eignung von Neuzüchtungen für den Sommer-Zwischenfruchtbau in Schleswig-Holstein. Dissertation, Gießen 1954.

Primost, E.: Die Leistung einiger Ackerfutterpflanzen in Abhängigkeit von der Stickstoffdüngung. Bodenkultur 14 (1), 43–60 (1963).

Reichelt, G.: Ökologische Anbauversuche mit Neuzüchtungen für den Stoppelfruchtfutterbau unter besonderer Berücksichtigung der Stickstoffdüngung. Dissertation, Gießen 1955.

Schuster, W.: Ergebnisse von mehrjährigen Landessortenversuchen mit Zwischenfrüchten in Hessen 1951–1954. Hessisches Ministerium für Landwirtschaft und Forsten, Wiesbaden 1957. — Der Ölrettich, eine leistungsstarke Futter- und Gründüngungspflanze. Landwirtsch. Wochenblatt f. Westfalen u. Lippe, Juli 1963.

f) Ölkürbis

(Cucurbita pepo L.)

Von

E. von Boguslawski

Der Ölkürbis unterscheidet sich von den bekannten Formen des Gemüse- oder Küchenkürbis (auch Zentnerkürbis) *Cucurbita maxima* vornehmlich durch die Samen. Dieselben sind *schalenlos* mit einem dünnen Perigon geschützt in das Parenchym der Früchte eingebettet, während die Samen bei Cucurbita

Tabelle 346. *Erträge und Nährstoffentzug*

Jahr	Ertrag dz/ha		Entzug in kg/ha				
	Frischmasse	T.-M.	N	K	P	Ca	Na
1. *Rauisch-Holzhausen*							
1958	742,0	66,8	134	306	40,5	39,5	1,27
1959	619,5	52,1	108	204	17,4	37,4	1,25
1960	972,5	87,5	167	320	47,4	30,6	2,19
1961							
1962	662,9	59,7	115	222	30,7	30,5	0,83
Mittel	749,2	66,5	131	263	34,0	34,5	1,39
2. *Gießen*							
1959	454,0	50,4	138	200	22,9	22,4	
1960	600,0	54,0	127	215	28,8	21,3	
1961	336,4	30,3	60	142	19,6	12,5	
1962	514,5	45,8	84,3	133	20,3	15,0	
Mittel	476,2	45,1	102	173	22,9	17,8	
3. *Groß-Gerau*							
1959	564,7	50,8	64,0	296,7	9,5	25,3	1,22
1960	714,7	64,3	112,5	276,9	37,7	26,7	1,16
1962	624,6	56,2	123,6	275,4	13,2	32,0	2,02
Mittel	634,6	57,1	100	283	20,1	28,0	1,47

maxima mit einer hartrandigen, lederartigen Schale umgeben sind. Aus den Samen des schalenlosen Kürbis ist deshalb das *Öl* leichter zu gewinnen, gewöhnlich ist auch der Ölgehalt höher, er liegt bei den Zuchtformen um 50%. Das Öl ist von hervorragender Qualität, welche in dem hohen Linolsäuregehalt erkennbar ist. Abgesehen davon, daß der Anbau als Ölpflanze in begrenzten Gebieten wie der Steiermark seit langer Zeit bekannt ist, erhielten Züchtung und Anbau durch die von E. VON TSCHERMAK-SEYSENEGG zuerst durchgeführte Kreuzung mit einer kurztriebigen Form einen neuen Impuls. Der Ölkürbis wurde damit eine ackerfähige Hackfrucht[1]. Dennoch bleibt der Ölkürbis eine Ölpflanze begrenzter Gebiete und Verwendungszwecke. In neuerer Zeit wird der gleiche Ölkürbis auch als *futterliefernde* Pflanze angebaut, welche Nutzungsrichtung im Ansteigen begriffen ist. Dabei wird die ganze Frucht genutzt, welche neben den schon genannten Körnern die mehr oder weniger dicke Fruchtschale und das Parenchym enthält, in welches die Samen eingebettet sind.

Als eine Pflanze der warm-trockenen Standorte kann auf diesen der Ölkürbis als Futterpflanze als Ersatz für andere arbeitsaufwendigere Pflanzenarten, wie die Futterrüben, in Betracht gezogen werden. Da der Anbau von Ölkürbis sowohl als Ölpflanze als auch Futterpflanze als Hauptkultur unter gleichen Anbaumaßnahmen erfolgt, kann die Behandlung der Düngung bei beiden Nutzungsrichtungen gemeinsam erfolgen.

---

[1] Eine eingehende Darstellung über den Ölkürbis als Kulturpflanze einschließlich Angaben über Anbau und Sorten s. E. VON BOGUSLAWSKI, Handbuch der Landwirtschaft, 2. Aufl., Bd. II, Berlin-Hamburg: Parey, 1953.

von Ölkürbis auf drei Standorten

Nährstoffverhältnis N : K : P	Entzug in kg/ha					Nährstoffverhältnis N : K_2O : P_2O_5
	N	K_2O	P_2O_5	CaO	Na_2O	
1 : 2,28 : 0,30	134	367	93,2	55,3	1,72	1 : 2,74 : 0,70
1 : 1,89 : 0,16	108	245	40,0	52,4	1,69	1 : 2,27 : 0,37
1 : 1,92 : 0,28	167	384	109	42,9	2,96	1 : 2,30 : 0,65
1 : 1,93 : 0,27	115	266	70,6	42,7	1,12	1 : 2,31 : 0,61
1 : 2,01 : 0,26	131	316	78,2	48,3	1,87	1 : 2,41 : 0,60
1 : 1,45 : 0,17	138	240	52,7	31,4		1 : 1,74 : 0,38
1 : 1,69 : 0,23	127	258	66,2	29,8		1 : 2,03 : 0,52
1 : 2,37 : 0,33	60,0	170	45,1	17,5		1 : 2,83 : 0,75
1 : 1,58 : 0,24	84,3	160	46,7	21,0		1 : 1,90 : 0,55
1 : 1,70 : 0,22	102	207	52,7	24,9		1 : 2,03 : 0,52
1 : 4,64 : 0,15	64,0	356	21,9	35,4	1,65	1 : 5,56 : 0,34
1 : 2,46 : 0,34	112,5	332	86,7	37,4	1,57	1 : 2,95 : 0,77
1 : 2,23 : 0,11	123,6	330	30,4	44,8	2,73	1 : 2,67 : 0,25
1 : 2,83 : 0,20	100	339	46,3	39,2	1,98	1 : 3,39 : 0,46

Die Beantwortung unserer Fragestellung soll wiederum von der Betrachtung der Nährstoffaufnahme oder des *Nährstoffentzuges* ausgehen. Dieser schließt zugleich die Ertragshöhe und die Komponenten des Ertrages ein. Die Tab. 346 enthält eine Übersicht über drei Standorte mit vierjährigen Ergebnissen. Sowohl der Einfluß der *Standorte* als auch der des *Jahres* bzw. des Klimas treten stark in Erscheinung. Die höchsten Erträge werden 1960 in Rauisch-Holzhausen geerntet, wo trotz der kühleren Temperaturen allgemein die höchsten Erträge an Frisch- und Trockenmasse gewonnen wurden. Die niedrigsten Erträge wurden auf dem schweren Tonboden in Gießen geerntet. Die Unterschiede werden durch das Jahr 1961 besonders groß. Indessen können die Unterschiede zwischen den Standorten nicht in allen Jahren als gesichert bezeichnet werden. Der *Entzug an Stickstoff* folgt weitgehend den Erträgen an Trockenmasse. Daß die Werte von Groß-Gerau relativ niedriger liegen, dürfte durch den Sandboden und durch die besonders tiefen Werte des Trockenjahres 1959 verursacht sein. Dagegen wurden in Groß-Gerau *hohe Werte für den Kalientzug* festgestellt. Aus den beiden genannten Befunden (niedrige N- und hohe K-Werte) ist das *N/K-Verhältnis* in Groß-Gerau weiter als auf den beiden anderen Standorten. Der *P-Anteil* am Entzug erweist sich als ziemlich konstant. Das Nährstoffverhältnis ist unter Auslassung des einen Extremwertes in Groß-Gerau etwa mit den folgenden Werten einzusetzen:

$$N : K : P$$
$$1 : 2{,}0 : 0{,}23$$
$$N : K_2O : P_2O_5$$
$$1 : 2{,}4 : 0{,}55$$

Der Kalkentzug ist verhältnismäßig niedrig, dasselbe gilt für Natrium. Diese Feststellungen können aber nur für die erfaßten Ertragsspannen von 336 bis 972 dz/ha Frischmasse bzw. 30 bis 88 dz/ha Trockenmasse zur Anwendung kommen. Außerdem werden mit den Werten nur die Entzüge durch die Früchte am Vegetationsende erfaßt. Die Gegenüberstellung der höchsten Aufnahme während der Vegetation muß deshalb früher erfolgen, wenn die Blätter bzw. die Pflanze noch in Funktion sind. Diese ist vor der Reife so weit abgestorben, daß sie schon deshalb auf dem Acker verbleibt und im Nährstoffentzug am Ende der Vegetation nicht erscheint. Der auf die Kornernte entfallende Anteil ist gering, was schon aus der in Tab. 347 zu ersehen den Tatsache des Kornanteils am Gesamtgewicht hervorgeht, der zwischen 1,13 und 2,60% liegt. Die mittleren Entzugswerte für den Gesamtertrag und ihre Aufteilung auf den Korn- und

Tabelle 347. *Nährstoffentzug von Ölkürbis*
(Mittelwerte, Standort Groß-Gerau)

	dz/ha		%					Entzug kg/ha				
	frisch	ATM	N	K	P	Ca	Na	N	K	P	Ca	Na
Fleisch	621,7	45,4	1,06	5,99	0,145	0,597	0,03	48,0	272	6,6	27,1	1,37
Korn	13,0	11,7	5,99	0,94	1,15	0,08	0,009	70,1	11,0	13,5	0,94	0,10
Gesamt	634,7	57,1	2,07	4,95	0,352	0,490	0,03	118,1	283	20,1	28,0	1,47

Nährstoffverhältnis	N : K : P : Ca : Na	$N : K_2O : P_2O_5 : CaO : Na_2O$
Fleisch	1 : 5,66 : 0,14 : 0,57 : 0,03	1 : 6,80 : 0,32 : 0,79 : 0,04
Korn	1 : 0,16 : 0,19 : 0,01 : 0,001	1 : 0,19 : 0,44 : 0,01 : 0,001
Gesamt	1 : 2,40 : 0,17 : 0,24 : 0,01	1 : 2,88 : 0,39 : 0,33 : 0,02

Fleischertrag — letzteres als Differenz von „Gesamt" und „Korn" — sind in der Tabelle angegeben. Die Kornerträge und folglich die zugehörigen Entzugswerte schwanken naturgemäß weniger als die Fleischerträge.

Allgemein fällt aus den mitgeteilten Entzugswerten und dem oben genannten Nährstoffverhältnis der gegenüber K und P sowie dem hohen Massenertrag relativ geringe Entzug von Stickstoff auf! Abgesehen davon, daß der vegetative Teil der Pflanze wie gesagt in den Entzugswerten nicht enthalten ist, spricht aus diesem Befund ein *geringes Aneignungsvermögen* des Ölkürbis für *Stickstoff*. Zur Beurteilung dieser Frage sind nur Versuche mit steigenden Stickstoffgaben geeignet. Die in Tab. 346 und 347 enthaltenen Werte wurden mit einer Stickstoffgabe von 80 kg/ha N erzielt. In Tab. 348 sind nun Ergebnisse von Stickstoffsteigerungs-

Tabelle 348. *N-Düngungsversuch mit Ölkürbis*

Variante	Frischerträge dz/ha	± m	Trockenmasse-Erträge dz/ha	± m	Ekl.
a) *Standort Groß-Gerau 1959*					
0 kg/ha N	227,3	25,2	21,7	2,22	III
40 kg/ha N	310,7	25,2	27,3	2,22	III
80 kg/ha N	398,7	25,2	35,8	2,22	IV
120 kg/ha N	490,0	25,2	42,6	2,22	V
150 kg/ha N	416,7	25,2	35,4	2,22	IV
1960					
0 kg/ha N	213,0	23,47	19,2	2,11	II
40 kg/ha N	366,7	23,47	33,0	2,11	III
80 kg/ha N	433,3	23,47	39,0	2,11	IV
120 kg/ha N	439,3	23,47	39,5	2,11	IV
150 kg/ha N	520,0	23,47	46,8	2,11	V
b) *Rauisch-Holzhausen 1961*					
30 kg/ha N	458,2	29,2	41,2	2,62	III
60 kg/ha N	552,3	10,5	49,7	0,94	IV
90 kg/ha N	611,4	16,9	55,0	1,52	V
120 kg/ha N	673,9	22,6	60,6	2,04	V

versuchen zu Ölkürbis wiedergegeben, welche auf Sandboden in Groß-Gerau und auf Lößboden in Rauisch-Holzhausen durchgeführt wurden. Im Trockenjahr 1959 wurden in Groß-Gerau die höchsten Erträge mit 120 kg/ha N erzielt. 1960 wurden annähernd gleiche Erträge mit einer Düngung von 150 kg/ha N erreicht. In beiden Jahren war eine mittlere Stallmistdüngung von 300 dz/ha erfolgt, für welche eine Wirkung von rund 50 kg/ha N einzusetzen ist. Zusammen mit dem aus dem N-Kreislauf des Bodens mobilisierten Stickstoff, hat der Stallmiststickstoff rund den halben Ertrag erbracht. In Rauisch-Holzhausen war 1961 kein Stallmist gedüngt worden, die Erträge steigen bis zur Höchstgabe von 120 kg/ha N an, so daß das Maximumgebiet nicht abgegrenzt ist.

Somit ist auf entsprechend armen Böden — wie in Groß-Gerau — mit einer Stickstoffgabe von *120 bis 150 kg/ha N neben Stallmist* und auf besseren Standorten — wie auf milden Lößböden im Typ der Parabraunerde — mit mindestens *120 kg/ha N ohne Stallmist* zu rechnen. Als Salzform kommt vornehmlich Kalkammonsalpeter oder Ammonsulfatsalpeter in Betracht. Als Kalidünger kann 40- oder 50%iges Kali benutzt werden, während die Phosphorsäurein allen Formen der löslichen P-Dünger zur Anwendung gelangen kann.

Besonders auf Sandböden hat sich die *Stallmistdüngung* ebenso wie das Pferchen mit *Schafpferch* erfahrungsgemäß gut bewährt. Die genannten Düngerarten werden zweckmäßig mit der Winterfurche verabfolgt; es ist in Anbetracht der späten Aussaat des wärmebedürftigen Ölkürbis auch möglich, die Stallmistdüngung mit einer entsprechenden Pflugfurche im Frühjahr vorzunehmen. Über die ebenfalls vorteilhafte Anwendung von Gründüngung zu Ölkürbis liegen keine speziellen Versuche vor. Die Mineraldüngung von K und P kann auf schweren Böden im Herbst im Zusammenhang mit der Winterfurche eingepflügt werden, während die N-Düngung im Frühjahr erfolgt. Auf durchlässigen Sandböden sollte die gesamte Mineraldüngung im Frühjahr gegeben werden.

g) Erdnuß

(Arachis hypogea L.)

Von

Mirza Gökgöl

1. Allgemeines

Unter den Ölpflanzen ist die Erdnuß eine der wichtigsten Kulturen der Tropen und Subtropen. Man schätzt sie nicht nur wegen ihres hohen Ölgehaltes, welcher je nach der Sorte 40 bis 58% ausmacht, sowie des wertvollen Proteingehaltes, der zwischen 20 und 36% liegt, sondern auch wegen der vorzüglichen Qualität dieses Öles, die der des Oliven- und Sonnenblumenöles durchaus gleichwertig ist (Raoult 1960).

Das Erdnußöl wird gern in der Margarine-, Konserven- und Seifenindustrie verarbeitet. Ebenso findet es in der Pharmazie vielfache Verwendung. Schließlich ist es auch im Konditoreigewerbe wie im Haushalt recht beliebt.

Die Früchte der großkörnigen Sorten mit verhältnismäßig wenig Ölgehalt werden entweder in konzentrierte Salzlösung getaucht und anschließend geröstet oder mit einer Zuckerglasur überzogen. Beide Zubereitungsarten finden als Näscherei in den südlichen Ländern starken Absatz. Gehackte Erdnüsse werden bei der Herstellung von Konfekt und Kuchen verwendet.

Um einen besseren Begriff über die Verwendung der Erdnuß zu haben, geben wir hier ein Beispiel aus den Vereinigten Staaten von Amerika:

Es wurden von der Gesamternte des Jahres 1957 insgesamt 764000 Tonnen kommerzialisiert, wovon 77,2%, d. h. 590000 Tonnen Zwecken menschlicher Ernährung zugeführt wurden (Guyot 1960).

Davon entfielen:

123000 Tonnen auf die Süßwarenbranche	= 20,9 %
148000 Tonnen auf den Verzehr von Salznüssen	= 25,0 %
9900 Tonnen auf die Herstellung anderer Nahrungsmittel	= 1,7 %
309000 Tonnen auf die Erzeugung von Erdnußöl	= 52,4 %
	100,0 %

Nur 22,8% der Ernte wurden in die Industrie abgeführt.

Der Preßkuchen liefert nicht nur ein ausgezeichnetes Viehfutter, sondern er wird auch in der Süßwarenbranche genutzt: bei der Zubereitung verschiedener Süßigkeiten, minderwertiger Schokolade, Keks, Biskuits, Kuchen usw., ja er dient auch bei der Herstellung von Ersatzkaffee (Bahteev 1960).

Nach der Dekortikation werden aus den Schalen der Nüsse Duralitplatten gefertigt, die in der Möbelindustrie und beim Hausbau Verbrauch finden.

Die Erdnuß ist eine ausgesprochen wärmeliebende Pflanze und wird daher in den Tropen und Subtropen kultiviert.

Als Entstehungsort sieht man Brasilien an, wo man elf wilde Arten fand, obgleich die Erdnuß seit uralten Zeiten auch in China, Indien und Afrika angebaut wird.

Nach den Schätzungen des landwirtschaftlichen Departements der Vereinigten Staaten von Amerika belief sich der Jahresertrag der Erdnuß im Jahre 1958 auf 14249990 metrische Tonnen. Man glaubt, daß Indien der erste Produzent

Abb. 177. Erstes Entwicklungsstadium der Erdnußpflanze

der Erde ist, wo etwa 3 Millionen Hektar angebaut werden. An zweiter Stelle steht China, an dritter Stelle die ehemaligen französischen Kolonien in Westafrika, dann folgt Nigeria. Aber auch in den Vereinigten Staaten von Amerika liegt großer Erdnußanbau vor. So wurden hier im Jahre 1958 insgesamt 932400 T.c. erzeugt, die 856687 metrischen Tonnen entsprechen. Das macht ungefähr 6% der Welterzeugung aus.

2. Entwicklung und zeitlicher Wachstumsverlauf

Zunächst sei einiges über die Besonderheiten der Erdnußpflanze gesagt. Die Blüten öffnen sich morgens bald nach Sonnenaufgang und beginnen am Mittag desselben Tages zu verwelken. Die Besonderheit dieser Pflanze besteht darin, daß, nachdem die Befruchtung stattgefunden hat, sich die Basis der Fruchtknoten zu einem stielförmig herunterwachsenden Organ verlängert, welches langsam in das Erdreich eindringt und dort in 7 bis 10 cm Tiefe die Frucht entwickelt.

Weiterhin muß erwähnt werden, daß man die Erdnußvarietäten in zwei große Gruppen einteilen kann, nämlich in eine solche mit aufrecht stehenden Stengeln und in eine andere mit kriechenden Stengeln. Bei der kriechenden Sorte erreichen fast alle befruchteten Fruchtknoten den Boden und können zur Fruchtbildung kommen. Doch ist die Ernte dieser Sorten sehr schwer. Es können nicht alle Früchte gesammelt werden, da sich bei diesen Pflanzen die Früchte den ganzen

Stengel entlang entwickeln; sie wachsen also weit auseinander und reifen zu verschiedenen Zeiten.

Dagegen erreicht bei den Sorten mit den aufrecht stehenden Stengeln der größte Teil der befruchteten Fruchtknoten den Boden nicht, sondern bleibt an kürzeren oder längeren Stielen in kleinerer oder größerer Distanz vom Boden entfernt und entwickelt sich nicht weiter. Um daher den prozentualen Anteil der nicht zur Fruchtbildung kommenden Fruchtknoten zu vermindern, lockert man in dieser Zeit mit der Hacke den Boden und häufelt dabei die Pflanze an, damit die obenstehenden Fruchtknoten den Boden erreichen.

Abb. 178. Aufrechte Erdnußpflanze nach der Ernte

Man kann die Erdnuß mit großem Erfolg auf gut dränierten und gelüfteten Böden kultivieren. Am besten gedeiht sie auf sandigen Lehm- bis lehmigen Sandböden mit neutralem oder leicht alkalischem Charakter und gutem Wasserspeicherungsvermögen.

Trotz großer botanischer Unterschiede in Form und Art der Frucht ähneln die Bearbeitung des Bodens und die Erntemethode dieser Pflanze derjenigen einer anderen Hackfrucht, näm-

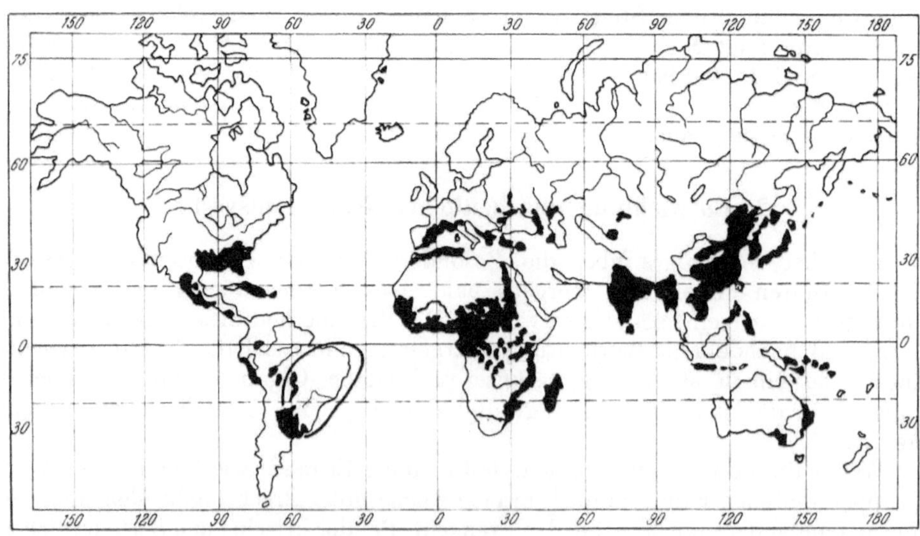

Abb. 179. Verbreitungszonen der Wildarten Arachis und Kulturformen der A. hypogea L. ○ Verbreitungsgebiet der Wildarten der Arachis; ■ Verbreitungsgebiet der Kulturart A. Hypogea L. (nach Bahteev)

lich der Kartoffel. Deshalb gedeiht auch die Erdnuß nicht gut auf bindigen, schweren und nassen Tonböden. Die nach dem Regen krustenbildenden Böden sind für den Erdnußanbau auch nicht geeignet, da die Gynophoren die Krustenschicht nicht durchbrechen können.

Wie schon oben erwähnt, liebt die Erdnuß große Wärme, ist aber in trockenen Gegenden für Regenfall oder Bewässerung dankbar, während sie dauernde Nässe nicht vertragen kann, ja bei anhaltender Nässe direkt eingeht.

Die Karte (Abb. 179) gibt Anhaltspunkte über die klimatischen Lagen, in welchen die Erdnuß am besten gedeiht. Daraus ersieht man, daß ihr Anbaugebiet in den Tropen und warmen Subtropen liegt.

Die Erdnuß kann mit und ohne Bewässerung kultiviert werden. Eine durchschnittliche Niederschlagsmenge von 500 Millimeter genügt, um eine mittlere Ernte zu erzielen, vorausgesetzt, daß die Wassermenge gut verteilt ist.

In den Gegenden, wo während der Vegetationsperiode wenig Niederschläge stattfinden, muß man je nach dem Wasserspeicherungsvermögen des Bodens zwei- bis viermal während der Vegetationszeit bewässern.

Eine sehr wichtige Frage ist die Wahl der richtigen Saatzeit. Gewöhnlich sät man die Erdnuß aus, wenn die mittlere Temperatur 13 bis 14° C erreicht. Dieser Zeitpunkt tritt in unseren klimatischen Verhältnissen im allgemeinen Mitte bis Ende April ein. Um sicher zu sein, ist es besser, bis Anfang Mai zu warten. Unter diesen Bedingungen können die jungen Pflanzen in 10 bis 15 Tagen nach dem Aussäen bereits auflaufen. Der Boden darf jedoch nicht zu naß sein, da bei anhaltender Nässe und eventuell noch einsetzender Kälte die Samen in der Erde verfaulen können.

Wir haben in zehn verschiedenen klimatischen Gebieten der Türkei mit Erdnuß drei Jahre lang (1958 bis 1960) Saatzeitversuche angestellt. Gleiche Versuche führte man auch schon in vielen anderen Ländern durch. Besonders hervorgehoben seien hier die Versuche aus den Jahren 1932 und 1933 von Radjabli (1933) und Efendiev (1935) in Zakatali (Aserbeidschan = Südkaukasus). Tab. 349 veranschaulicht die Abhängigkeit des Auflaufens der Pflanze von der Temperatur.

Aus Tab. 349 ersieht man, daß die Pflanze bei 12,9° C und 14,2° C durchschnittlicher Temperatur von der Aussaat bis zum Auflaufen mehr als 20 Tage braucht, während bei einer durchschnittlichen Temperatur von 18,7° C dieses Intervall

Tabelle 349.
Temperaturhöhe und Zahl der Tage zwischen Aussaat und Auflauf der Pflanze

Saatzeit	1932			1933		
	75% Auflauf	Zahl der Tage zwischen Saat und Auflauf	Durchschnittliche Tagestemperatur von Saat bis Auflauf	75% Auflauf	Zahl der Tage zwischen Saat und Auflauf	Durchschnittliche Tagestemperatur von Saat bis Auflauf
10. IV.	10. V.	31	14,2° C	3. V.	24	12,9° C
20. IV.	10. V.	21	14,9° C	5. V.	16	16,7° C
30. IV.	11. V.	12	16,0° C	13. V.	14	15,2° C
10. V.	20. V.	11	18,7° C	21. V.	12	18,8° C
20. V.	31. V.	12	17,4° C	1. VI.	13	17,8° C
31. V.	8. VI.	9	24,1° C	15. VI.	14	17,9° C

auf 11 bis 12 Tage sinkt; wenn aber die durchschnittliche Temperatur 20° C übersteigt, verkürzt sich dieses Intervall bis auf 9 Tage.

Das gleiche Bild erhält man auch, wenn man die Intervalle zwischen Auflaufzeit und Blütezeit betrachtet (Tab. 350).

Tabelle 350. *Die Zeitdauer zwischen Auflauf und Blüte*

Saatzeit	1932				1933			
	75% Auflauf	75 % in Blüte	Zahl der Tage zwischen Auflauf und Blüte	Durchschnittliche Tagestemperatur, Auflauf/Blüte	75% Auflauf	75% in Blüte	Zahl der Tage zwischen Auflauf und Blüte	Durchschnittliche Tagestemperatur, Auflauf/Blüte
10. IV.	10. V.	5. VI.	26	19,9° C	3. V.	20. VI.	49	14,5° C
20. IV.	10. V.	6. VI.	26	19,9° C	5. V.	20. VI.	45	17,5° C
30. IV.	11. V.	6. VI.	26	20,0° C	13. V.	22. VI.	41	18,1° C
10. V.	20. V.	17. VI.	28	20,5° C	21. V.	24. VI.	35	18,0° C
20. V.	31. V.	25. VI.	25	23,0° C	1. VI.	9. VII.	39	16,9° C
31. V.	8. VI.	30. VI.	22	23,4° C	15. VI.	13. VII.	29	20,9° C

Auch aus Tab. 350 ist zu ersehen, daß in dem warmen Jahre von 1932 die Anzahl der Tage vom Auflauf der Pflanzen bis zu ihrer Blüte zwischen 22 und 28 schwankte, während in dem kühleren Jahre 1933 diese Zeitdauer bis auf 49 Tage anstieg.

Diese und ähnliche Versuche in der Türkei und anderen Ländern veranschaulichen deutlich, daß sich die Pflanze, je wärmer die Temperatur bei der Aussaat ist, desto besser und sicherer entwickelt. Daraus könnte man zu dem Schluß kommen, daß man sich mit der Aussaat nicht zu beeilen braucht. Andererseits hat die späte Aussaat auch ihre Nachteile: Bei Verzögerung der Aussaat läuft man leicht Gefahr, die Reife der Pflanze in die Regenperiode zu bringen, was die Erntemenge und Qualität der Ernte sehr beeinträchtigen kann. Außerdem hat man in Spanien Fälle beobachtet, in denen bei später Aussaat sich nicht nur die Reife verzögerte, was sich auf die Erntemenge und Qualität der Früchte ungünstig auswirkte, sondern außerdem die Ernte selbst erschwerte. Infolge der Nässe keimte bereits ein Teil der reifen Früchte aus (Lachover und Mitarbeiter 1962). Aus diesem Grunde muß man die Saatzeit so auswählen, daß die Reife nicht in die Regenperiode fällt.

Um die weitere Entwicklung und den zeitlichen Wachstumsverlauf der Erdnuß in Abhängigkeit von der Saatzeit bzw. von der Jahrestemperatur zu verfolgen, hat Efendiev in Zakatali, Aserbeidschan (Efendiev 1935) bei den oben genannten Saatzeitversuchen die Pflanzen nach Verlauf von je zehn Tagen gemessen. Tab. 351 gibt Aufschluß hierüber.

Wenn man die Entwicklungsstadien der frühen und späten Aussaaten miteinander vergleicht, so muß man feststellen, daß sich die Pflanzen bei späteren Aussaaten schneller entwickeln und die versäumte Zeit einholen. So erreichen z. B. die am 10. Mai ausgesäten Pflanzen am 10. August eine Höhe von 31,8 cm, während die einen Monat früher ausgesäten Pflanzen am gleichen Tage nur eine Wachstumslänge von 26,6 cm erreichen.

Obgleich nun der oberirdische Teil der Pflanzen bei späterer Aussaat sich besser bzw. verhältnismäßig schnell entwickelt als von Pflanzen aus einem früher liegenden Aussaattermin, so steht das doch in keinem Vergleich zum

Tabelle 351. *Zeitliche Entwicklung der Erdnuß in Abhängigkeit von der Saatzeit bzw. der Temperatur*

Saatzeit	Datum der Messungen in cm							
	10. VI.	20. VI.	30. VI.	10. VII.	20. VII.	30. VII.	10. VIII.	Vor der Ernte
10. IV.	5,6	7,9	11,5	11,7	16,7	23,9	26,6	32,7
20. IV.	5,3	7,2	12,2	12,4	15,4	25,5	28,5	36,8
30. IV.	4,7	6,6	11,8	12,3	16,3	27,0	30,6	35,4
10. V.	3,8	5,0	8,3	8,8	13,2	25,2	31,8	33,5
20. V.	2,8	3,5	7,2	7,9	10,3	18,8	26,5	32,5
31. V.	—	2,6	5,5	6,4	7,7	15,8	26,9	29,2

Ertrag, da die Frucht eine längere Zeit zur Ausreife benötigt. So gaben in Zakatali in drei Jahren den höchsten Ertrag die Saaten vom 30. April bzw. Anfang Mai.

Tab. 352 gibt die Erträge der verschiedenen Saatzeiten von drei Jahren an:

Tabelle 352. *Erdnußerträge in den Jahren 1931 bis 1933 in Abhängigkeit von der Saatzeit*

Saatzeit	Ertrag in dz/ha			Durchschnitt	in %	Ölgehalt %
	1931	1932	1933			
10. IV.	12,28	8,28	11,4	10,8	100	53,75
20. IV.	12,28	7,16	11,1	10,1	93,5	51,15
30. IV.	18,59	9,33	14,8	14,2	131,4	52,93
10. V.	15,27	7,92	12,1	11,7	108,3	52,19
20. V.	15,43	7,38	12,1	11,7	108,3	53,53
30. V.	14,27	6,35	12,1	11,0	101,8	54,25

Aus den obigen Zeilen ist zu ersehen, daß weder sehr frühe noch sehr späte Saaten ein befriedigendes Resultat zeigen: In allen drei Jahren brachten die frühen Aussaaten vom 10. und 20. April die niedrigsten Erträge. Auch der Ölgehalt der Ernte vom 20. April war am niedrigsten.

Um nun die Frage der Entwicklung und des zeitlichen Wachstumsverlaufs der Erdnuß zu ergänzen, seien noch einige Worte über den Einfluß der Erntezeit auf den Ertrag und dessen Qualität gesagt.

Zur Klärung dieser Frage hat in den Jahren 1932 bis 1934 Efendiev (1935) Erntezeitversuche durchgeführt. Im ersten Jahr nahm er vom 1. September bis zum 1. Dezember in zehntägigen Intervallen eine Ernte vor. Dabei stellte er fest, daß sowohl der erste als auch der letzte Termin gar nicht geeignet war, die Erdnuß zu ernten, so daß er in den darauf folgenden zwei Jahren nur an den acht dazwischen liegenden Terminen die Ernte vornahm, also in der Zeit vom 10. September bis 20. November. Als Versuchsmaterial benutzte er die spanische Sorte 19.

Tab. 353 bringt die Ergebnisse der hier zuletzt besprochenen zweijährigen Versuche.

Wie Tab. 353 zeigt, geht die Reife der Erdnuß sehr langsam vor sich; die Hülsen wie die Kerne nehmen nur langsam an Gewicht zu. In einer Zeit vom 10. September bis 20. November nahm das Gewicht der Hülsen um mehr als 50% und das

Tabelle 353. *Einfluß der Erntezeit auf den Ertrag und dessen Qualität*

Erntezeit	Durchschnittlicher Ertrag		Anzahl der Hülsen pro Pflanze	Gewicht von 100 Hülsen	100-Korngewicht
	1933 in dz	1934 in dz			
10. IX.	5,3	2,9	12	90	31
20. IX.	6,1	2,7	15	107	38
30. IX.	8,7	6,4	15	127	49
10. X.	8,0	5,7	14	127	48
20. X.	7,4	5,2	14	121	49
30. X.	9,2	8,4	18	134	54
10. XI.	9,3	6,0	18	140	57
20. XI.	8,9	6,8	20	141	57

der Kerne um 84% zu. Das beweist, daß man sich mit der Ernte gar nicht zu beeilen braucht. Obwohl die Erntemenge im November noch beträchtlich ansteigt und Hülsen- sowie Korngewicht sich erhöhen, empfiehlt es sich im Mittelmeergebiet, den Erntetermin nicht allzuweit hinauszuschieben, da hier bereits im November Niederschläge einsetzen, die eine Erschwerung der Ernte und Qualitätsminderung zur Folge haben.

3. Durchschnittliche Erträge und Nährstoffentzugszahlen

Die Erdnußerträge wechseln je nach den Anbauverhältnissen enorm. Während bei ungünstigen Klima- und Bodenverhältnissen kaum 9 bis 10 dz/ha erzielt werden, erntet man bei besonders zusagenden Anbauverhältnissen 40 bis 45 dz/ha, sogar noch mehr. Dabei sind nicht nur die Klima- und Bodenverhältnisse dafür verantwortlich zu machen, sondern es spielt auch die Vegetationsdauer der Erdnußsorten, besonders in den Anbaugrenzgebieten, eine sehr wichtige Rolle. Die frühreifsten Sorten brauchen bis zur Reife in diesen Gebieten mindestens 5 Monate, während die meisten Sorten 6 bis 7 Monate benötigen, obwohl die Vegetationsdauer in den Tropen nur 4 Monate ausmacht. Anfangs wurde erwähnt, daß die Erdnuß eine wärmeliebende Pflanze ist und erst bei 13 bis 14° C durchschnittlicher Temperatur ausgesät werden kann. Das ist in unseren klimatischen Verhältnissen erst Anfang Mai der Fall. Andererseits soll die Ernte vor Beginn der Regenperiode vorgenommen werden, obgleich bis zu dieser Zeit nur 70 bis 80% der Kerne ausreifen.

Aus diesem Grunde ist es begreiflich, daß die Erträge der Erdnuß in den verschiedenen Gegenden sehr unterschiedlich sind. So variiert z. B. je nach den Witterungsverhältnissen der Ertrag ohne Bewässerung in Thrazien (Türkei) um 9 bis 10 dz/ha und mit Bewässerung um 20 bis 21 dz/ha, während im Südwesten und im Süden der Türkei diese Zahlen bei Bewässerung zwischen 20 und 40 dz/ha liegen.

Ebenso schwanken die Erträge entsprechend den Anbaubedingungen in Spanien. In den Küstengebieten von Spanien bringt der Boden im Jahr zwei Ernten, und zwar eine Winterfrucht und eine Sommerfrucht. Zur ersten gehören Weizen, Frühkartoffeln, Pferdebohnen, Erbsen, Blumenkohl, Kohl, Futterpflanzen usw. Zur zweiten Gruppe gehören Erdnüsse, Mais, Tabak, Spätkartoffeln usw. Am ungünstigsten ist der Anbau der Erdnuß in Spanien nach Wintergetreide, da dieses den Boden erst später freiläßt, was die Verspätung der Bestellung der Erdnuß mit sich bringt. In diesen Fällen erzielt man bei einer zusätzlichen Stickstoffanwendung etwa 15 bis 20 dz/ha. Wenn aber die Erdnuß den Kulturen, wie Pferdebohnen, Erbsen, Kohl und Futterpflanzen folgt, bekommt man ohne Düngung eine Ernte von 25 dz/ha. Baut man aber die Erdnuß nach Frühkartoffeln, kann man ohne weiteres 30 bis 35 dz/ha ernten, ja in besonders günstigen Jahren sogar bis 45 dz/ha (CORNEJO 1961).

Man kann also die durchschnittlichen Erdnußerträge auf 1500 bis 2000 kg pro ha schätzen.

Auch die Grünmasse (Blätter, Stengel) der Erdnuß ändert sich nicht nur entsprechend der verschiedenen Anbaubedingungen, sondern auch enorm nach den Sorten. So betrug z. B. im Jahre 1959 in Tekirdag (Thrazien) das Gewicht der Grünmasse der Sorte „Anamur" 1500 kg, der Sorte „Natal" 2910 kg und der Sorte „Afrika 7C" 3260 kg.

Der Nährstoffentzug der Erdnuß aus dem Boden, ist im Vergleich zu anderen Kulturpflanzen, wie z. B. der Kartoffel oder des Weizens, nicht groß. Nach BOUGER (vgl. JACOB und UEXKÜLL 1958) macht der Nährstoffentzug bei einer Ernte von 1500 kg pro ha folgende Mengen aus:

Tabelle 354. *Nährstoffentzug der Erdnuß aus dem Boden*

N	105 kg/ha	94 lbs/ac
P_2O_5	15 kg/ha	13 lbs/ac
K_2O	42 kg/ha	37 lbs/ac
CaO	27 kg/ha	24 lbs/ac
Mg	18 kg/ha	16 lbs/ac

Nach DE SORAY enthalten die Erdnußkerne folgende prozentuale Mengen von Nährstoffen:

Tabelle 355. *Prozentuale Mengen von Nährstoffen in der Erdnuß*

N	4,5%
P_2O_5	1,2%
K_2O	1,3%
CaO	1,3%
Mg	0.6%

Obwohl die mit der Erdnußernte aus dem Boden entzogenen Nährstoffmengen nicht groß sind, wirkt der Anbau doch erschöpfend auf den Boden, da die Erdnuß gewöhnlich auf den leichten Böden angebaut wird, welche verhältnismäßig geringe Mengen an Nährstoffen enthalten.

4. Wasserbedarf der Erdnußkultur

Aus der Praxis lernt jeder Erdnußanbauer, daß diese Pflanze anhaltende Nässe sowie Trockenheit nicht vertragen kann, sie verlangt für gutes Gedeihen Wärme, kann aber eine gewisse Bodenfeuchtigkeit nicht entbehren. Um die Ansprüche der Erdnußpflanze in den verschiedenen Wachstumsstadien festzustellen, wurden einige Versuche durchgeführt. So haben vor allem PREVOT und OLLAGNIER (1957) sowie FOURNIER und PREVOT (1958) Feldversuche angestellt, bei welchen die entsprechenden Parzellen nicht bewässert, sondern nur dem natürlichen Niederschlag überlassen wurden. Um aber in den bestimmten Wachstumsperioden die entsprechenden Parzellen vor Regenfall zu schützen, bedeckte man in dieser Zeit die Parzellen.

Diese Versuche zeigten große Empfindlichkeit der Pflanze nach der Aussaat in der Periode vom 35. bis 60. Tag, ferner vom 60. bis 85. Tag und vom 85. bis 110. Tag.

Weiter haben u. a. auch Ilyina sowie Ochs und Wormer (1957) und Billaz und Ochs (1958) Gefäßversuche angestellt.

Ilyina berichtete, daß die Erdnußpflanze im ersten Vegetationsstadium, sogar bis zur Pollenbildung, unempfindlich gegen Trockenheit ist. In diesem Intervall wirkte die Verzögerung des Wachstums nicht nachteilig auf den Ertrag und bei einer normalen Wasserzufuhr in späteren Wachstumsstadien erholte sich die Pflanze so, daß sie sogar normalen Ertrag gab.

Billaz und Ochs (1958) haben in Senegal in zehnfacher Wiederholung einen Gefäßversuch angestellt. Die Versuchspflanzen wurden in folgenden Wachstumsstadien der Trockenheit ausgesetzt:

Tabelle 356. *Einfluß der Trockenheit in verschiedenen Entwicklungsstadien*

Versuch	Periode der Trockenheit	Wachstumsstadien
1.	vom 10. bis 30. Tag nach Aussaat	Auflauf bis Blühbeginn
2.	vom 30. bis 50. Tag nach Aussaat	erste Blütezeit
3.	vom 50. bis 80. Tag nach Aussaat	volle Blüte bis Abblühen (40 Tage vor Ernte)
4.	vom 80. bis 120. Tag nach Aussaat	Fruchtbildung und Reifezeit
5.	Standard, normale Bewässerung während der ganzen Vegetationsperiode	

Die Versuche ergaben folgende Resultate:

A. Im Hinblick auf die Entwicklung der Blätter:

1. Die zu der ersten Gruppe gehörenden Pflanzen, d. h. die in dem ersten Entwicklungsstadium der Trockenheit ausgesetzten Pflanzen verzögerten die Entwicklung im Vergleich zu den Standardpflanzen um 35%.

2. Die zu der zweiten Gruppe gehörenden Pflanzen zeigten auch eine Verzögerung der Entwicklung, und zwar etwa um 8%.

3. Die zu der dritten Gruppe gehörenden Pflanzen zeigten zu Ende der Trockenheitsperiode eine kleine Verzögerung, etwa 15%. Nach einer anschließend vorgenommenen Bewässerung holten die Pflanzen so gewaltig auf, daß sie zur Erntezeit die Standardpflanzen sogar um 28% überholten.

4. Die zu der letzten Gruppe gehörenden Pflanzen zeigten nicht nur eine starke Verzögerung (25%), sondern auch eine allgemeine Stagnierung der Blätter.

B. Im Hinblick auf die Blütezeit:

1. Die Pflanzen der ersten Gruppe verzögerten zwar den Blühbeginn, holten aber am 80. Tag die Standardpflanzen ein.

2. Auch die Pflanzen der zweiten Gruppe verzögerten den Blühbeginn, gingen aber in der Entwicklung so schnell voran, daß sie am 80. Tag die Standardpflanzen einholten und in der letzten Periode bereits überholten.

3. In der dritten Gruppe schob sich die Verzögerung am 80. Tage noch weiter hinaus (45%), aber in der letzten Vegetationsperiode überrundeten sie die Standardpflanzen um ein beträchtliches.

4. Auch die Pflanzen der letzten Gruppe standen in der Frage der Blütezeit um etwa 13% hinter dem Standard zurück.

C. Im Hinblick auf den Ertrag:

Tab. 357 bringt Angaben über das Trockengewicht der der Trockenheitausgesetzten Pflanzen während der einzelnen Entwicklungsstadien. Beim Trockengewicht unterscheiden wir folgendes:

a ist das Trockengewicht der oberirdischen Teile
b ist das Trockengewicht der unterirdischen Teile
c ist das Trockengewicht der Gynophoren
d ist das Trockengewicht der Hülsen
e ist das Gesamttrockengewicht

Tabelle 357. *Trockengewicht der Ernte*

Nr.	Wachstumsstadien		Durchschnittliches Trockengewicht
1.	Vom Auflauf bis Blühbeginn	a	67,52
		b	11,29
		c	8,44
		d	61,62
		e	148,87
2.	Erste Blütezeit	a	64,54
		b	5,48
		c	7,36
		d	64,57
		e	141,95
3.	Vollblüte bis Abblühen	a	73,93
		b	14,58
		c	6,72
		d	42,12
		e	137,35
4.	Fruchtbildung und Reife	a	54,94
		b	9,20
		c	5,43
		d	57,53
		e	127,10
5.	Standard, normal bewässert	a	74,16
		b	14,12
		c	8,47
		d	78,53
		e	175,28

Aus Tab. 357 ist zu ersehen, daß in allen Wachstumsstadien bei den der Trockenheit ausgesetzten Pflanzen eine Verminderung des Ertrages einsetzte, so daß der Ertrag hinter dem des Standards zurückstand. Besonders nachteilig wirkte die Trockenheit in der Periode der Vollblüte bis zum Abblühen. Wenn man die verschiedenen Stadien miteinander vergleicht, so findet man, daß das achttägige Trockenlegen in allen vier Stadien in absteigender Reihe nachteilig auf den Ertrag wirkte:

31% in der Periode der Vollblüte (Nr. 3)
22% in der Periode des Auflaufs bis Blühbeginn (Nr. 1)
18% in der Periode des Anfangsstadiums der Blüte (Nr. 2)
13% in der Periode der Fruchtbildung und Reife (Nr. 4)

In der letzten Periode wirkte sich die Trockenheit nur in den ersten 20 Tagen nachteilig aus, während die Trockenheit in den letzten 20 Tagen des Reifens ohne Wirkung blieb.

Obwohl die Pflanzen auch im Anfangsstadium, d. h. vom 10. bis 50. Tag nach der Aussaat, sehr empfindlich gegen Trockenheit sind, ist der Bedarf an Wasser in den ersten Tagen viel geringer als in den letzten Tagen. So verbrauchen z. B. von 30 mm Wasser die Pflanzen in der Periode vom 10. bis 30. Tag nur 5 mm, während sie vom 30. bis 50. Tag die restlichen 25 mm benötigen.

5. Ansprüche an die Lichtperiodik

Die Erdnuß ist eine ausgesprochene Kurztagspflanze. In den Tropen, im Äquatorgebiet, reift sie in 4 Monaten, während die Vegetationsdauer derselben Sorten beim Anbau in den Subtropen, insbesondere in den Grenzgebieten des

Anbaus, sich auf 5 bis 6 Monate und darüber hinaus verlängert. Soweit mir bekannt ist, sind bis jetzt keine speziellen Versuche angestellt worden, um die Abhängigkeit der Erdnußpflanze von der Lichtperiodik festzustellen, wie dies bei Sojabohnen, Kartoffeln, Tomaten, bei einigen Weizensorten usw. der Fall ist.

Wir wissen aber, daß einige Erdnußsorten aus den Tropen von Afrika im Vergleich mit spanischen und sonstigen Sorten anderer Herkunft in verschiedenen klimatischen Gebieten in den USA, Südeuropa, Südrußland, in der Türkei und anderen Ländern geprüft wurden. So wurden z. B. in der Türkei in Yesilköy bei Istanbul, an einigen Stellen in Thrazien, in der West- und Südtürkei vergleichende Sortenanbauversuche mit zehn verschiedenen Erdnußsorten durchgeführt, woran auch die afrikanische Sorte „Natal" und eine Sorte aus Senegal unter dem Namen „Afrikanische 76" beteiligt waren. Obwohl die Sorte aus Senegal in ihrem Heimatgebiet in 4 Monaten reif war, verlängerte sich die Vegetationsdauer derselben Sorte bei Istanbul auf 6, in vielen Jahren sogar auf 7 Monate. So wurden im Jahre 1959 die beiden hier genannten Sorten in Yesilköy bei Istanbul am 21. April ausgesät, am 18. Mai zum Auflauf gekommen, mit einem Blühtermin vom 9. Juni, am 25. Oktober geerntet. Obwohl die Wachstumsperiode 187 Tage dauerte, d. h. mehr als 6 Monate, waren bei der Ernte kaum 80 bis 85% der Kerne reif.

6. Zeitpunkt des Anbaus und charakteristische Wachstumsstadien sowie Erntedaten in verschiedenen Ländern

Unter Punkt 2 haben wir gesehen, daß der Zeitpunkt des Anbaus völlig von der durchschnittlichen Temperatur abhängig ist: Es genügt nicht, daß die Spätfrostgefahr im Frühjahr vorüber ist, sondern es muß eine durchschnittliche Temperatur von 12 bis 13° C vorhanden sein. Die Erdnuß muß also noch später als Baumwolle ausgesät werden.

Es ist begreiflich, daß für einen erfolgreichen Anbau der Erdnuß nicht nur der Zeitpunkt der Aussaat maßgeblich ist, sondern daß auch während der Wachstums- und Ernteperiode günstige klimatische Bedingungen vorliegen müssen. So dürfen außer zusagenden Bodenverhältnissen die nötige Wärme und Feuchtigkeit nicht fehlen, außerdem verlangt die Erdnuß innerhalb der Reife- und Erntezeit trockenes Wetter.

Der Zeitpunkt des Anbaus der Erdnuß ist in den verschiedenen Ländern sehr unterschiedlich. So baut man sie in den Tropen vor Einsatz der Regenperiode, damit die Reife und Ernte in die Trockenperiode fällt. In Afrika, in der Republik Dahomey, baut man die Erdnuß zweimal im Jahr, und zwar erstens während der großen Regenperiode und zweitens vor dem Beginn der zweiten Regenperiode. Im Gebiete von Tsad erfolgt die Aussaat im Mai. Im Sudan soll die Aussaat zwischen dem 1. und 20. Juli beendet sein, da eine spätere Aussaat eine Verminderung des Ertrages mit sich bringt. In den Vereinigten Staaten von Amerika, in Südtexas, baut man sie bis zum 15. Mai, dagegen in Nordtexas viel später; in den Küstengebieten des Golfs nicht später als am 1. Juli. In Australien, in Queensland, erfolgt die Aussaat von Oktober bis Januar, während in Altherton Tableland sich die Aussaat auf die Monate Dezember und Januar beschränkt.

Auch die Wachstumsstadien sind je nach den klimatischen Bedingungen des Anbauortes sehr verschieden. So ist, wie bereits gesagt, für die Aussaatzeit die durchschnittliche Temperatur besonders wichtig. In den Tropen kann man die Erdnuß in jeder Jahreszeit aussäen, da hier immer genügend Wärme vorhanden ist, vorausgesetzt, daß während der Vegetationszeit auch die entsprechende Feuchtigkeit gegeben ist. In den Subtropen dagegen muß man die erforderliche Durchschnittstemperatur abwarten.

In den Tropen braucht die Pflanze von der Aussaat bis zum Auflauf etwa 9 bis 10 Tage (BILLAZ und OCHS 1961), während sie in den Subtropen, wie wir oben gesehen haben (EFENDIEN 1935), je nach den Witterungsverhältnissen 9 bis 31 Tage benötigt. Wenn man die Erdnuß bei einer Durchschnittstemperatur unter 12° C in den nassen Boden bringt, keimt der Samen nicht aus und verfault.

Die Zeitdauer zwischen Auflauf und Blüte ist in den Tropen viel kürzer als in den Subtropen. So beträgt z. B. in Senegal (BILLAZ und OCHS 1961) dieses Intervall 20 Tage, während in Tekirdag (Thrazien) oder in Yesilköy bei Istanbul oder in Zakatala (Aserbeidschan — Südkaukasus) diese Zahl je nach den Witterungsverhältnissen bei 22 bis 41 Tagen liegt. In Tekirdag z. B. betrug dieses Intervall im Jahre 1958 34 Tage, im Jahre 1959 bei der gleichen Sorte Natal 30 Tage. Die Dauer der Blütezeit beträgt in Senegal 30 Tage, in Tekirdag 35 bis 40 Tage.

Auch die Vegetationsdauer der Erdnuß ist unter den einzelnen klimatischen Bedingungen sehr unterschiedlich. Während sie in Senegal in 120 Tagen reif wird, kommt sie in Istanbul, Thrazien oder dem Südkaukasus in 6 Monaten zur Reife und dabei kommen hier noch nicht alle Kerne zur Ausreife. Dieses veranschaulicht Tab. 353: Die Erdnuß wurde in den beiden Jahren am 30. April ausgesät. Mit der Ernte begann man am 10. September und setzte diese in zehntägigen Intervallen bis zum 20. November fort, d. h. nach 134, 144, 154, 164, 174, 184, 195 und 205 Tagen nach der Aussaat. Man sieht daraus, daß erst nach 184 bzw. 195 Tagen nach der Aussaat der höchste Ertrag erzielt werden konnte: Im Jahre 1933 erntete man nach 134 Tagen nur 5,3 dz/ha, während bei einer Ernte am 10. November, d. h. 195 Tage nach der Aussaat der Ertrag auf 9,3 dz/ha anstieg. In dem ungünstigsten Jahre 1934 konnte man am ersten Termin nur 2,9 dz/ha ernten, während am 30. Oktober diese Zahl auf 8,4 dz/ha anstieg. Auch die durchschnittliche Anzahl der Hülsen pro Pflanze stieg von 12 auf 20. Zu den gleichen Terminen stieg langsam das Gewicht von 100 Hülsen von 90 auf 141 g und das 100-Korngewicht von 31 auf 57.

Wenn man auch die Saatzeitversuche von diesem Standpunkt aus betrachtet, gelangt man zu der gleichen Schlußfolgerung. Die Saatzeitversuche in Yesilköy bei Istanbul (Tab. 358) geben darüber Aufschluß.

Tabelle 358. *Erdnußerträge in Abhängigkeit von der Saatzeit bzw. Vegetationsdauer*

Saatzeit	Zahl der Tage bis zur Ernte	Ertrag in dz/ha			Durchschnitt
		1957	1958	1959	
25. IV.	183	31,9	26,8	93,6	50,9
5. V.	173	70,2	141,0	141,3	117,4
15. V.	163	85,5	75,0	113,0	89,8
25. V.	153	41,9	89,5	97,7	76,4
5. VI.	142	30,0	32,6	73,6	45,4

Unter Punkt 2 zeigten uns die Tabellen, daß sich die Erdnußpflanzen, je wärmer die Saatzeit, d. h. je später in den Subtropen die Aussaat erfolgt, desto schneller entwickeln. Die am 10. Mai ausgesäten Pflanzen erreichten am 10. August, d. h. 92 Tage nach der Aussaat, eine Höhe von 31,8 cm, während die einen Monat früher ausgesäten Pflanzen, d. h. 122 Tage nach der Aussaat, am gleichen Datum eine Wachstumslänge von nur 26,6 cm erreichten. Obwohl sich der oberirdische Teil der Pflanzen bei späterer Aussaat schneller entwickelte als bei den früher ausgesäten, so steht jedoch fest, daß in den Anbaugrenzgebieten die letzteren Pflanzen bis zur Ausreife nicht genügend Zeit hatten und im Ertrag den früher ausgesäten nachstanden.

So sieht man auch aus Tab. 358, daß mit dem Ansteigen der Anzahl der Tage von der Aussaat bis zur Ernte von 142 bis 173 in allen drei Jahren auch die Erträge stiegen. Eine Ausnahme machten die sehr früh ausgesäten (25. April) Pflanzen. In diesem Falle fehlte bei der Aussaat die nötige Wärme.

Wie wir bereits gesagt haben, spielt in den Tropen und sehr heißen Gegenden die Regenperiode oder die Bewässerungsmöglichkeit eine sehr große Rolle: Der Erdnußanbauer soll beachten, daß seine Erdnußkultur während der Vegetationszeit die nötige Feuchtigkeit hat, andererseits während der Reife- und Erntezeit der Boden und das Wetter trocken bleiben. Der Anbauer in den Subtropen, besonders in den Anbaugrenzgebieten, muß dafür Sorge tragen, daß bei der Aussaat die Durchschnittstemperatur möglichst nicht unter 14° C liegt, dazu während der Vegetationszeit die nötige Wärme und Feuchtigkeit gegeben sind.

7. Düngungsmethoden

Um die Nährstoffbedürfnisse einer Kulturpflanze in einem Gebiet festzustellen, ist es notwendig, in dem betreffenden Anbaugebiet dieser Pflanze Düngungsversuche anzustellen. Die Ergebnisse solcher Versuche sind dann den Anbauern in ähnlichen Klima- und Bodenverhältnissen zur Verfügung zu stellen.

Dieses Vorgehen ist gut für ein Gebiet mit homogenen Formationen, wo der Boden gleichmäßige Eigenschaften besitzt. Arbeitet man dagegen in einer Region, wo der Boden nicht gleichmäßig ist, können solche Düngungsversuche kein zuverlässiges Resultat geben. Man könnte hier eine Bodenanalyse durchführen, doch verlangt diese eine gewisse Vorsicht. Zunächst ist die Entnahme der Bodenprobe sehr wichtig; vor allem soll die Probe tatsächlich die Böden der Gegend repräsentieren. In den Tropen und den trockenen Gebieten der Subtropen wechseln die Bodeneigenschaften schon bei kleinen Entfernungen viel mehr als in den gemäßigten Zonen. Obwohl es durch Bodenanalyse möglich ist, den Mangel an verschiedenen Nährstoffen festzustellen, kann man jedoch durch diese Methode die Nährstoffbedürfnisse der einzelnen Pflanzenarten nicht exakt festlegen.

Aus diesem Grunde versuchte man die Nährstoffbedürfnisse der Pflanze durch eine Blattdiagnose festzustellen. Die Grundlage dieser Methode besteht darin, daß man in einem bestimmten Wachstumsstadium der Pflanze gewisse Blätter abnimmt und diese untersucht. Da uns hier die Erdnuß interessiert, können wir die von I.R.H.O. (Institut de Recherches pour les Huiles et Oléagineux, Paris) in Senegal durchgeführte Versuche nennen (Giller 1960, Giller und Prevot 1960). Man hat an vielen Stellen in dem Bezirk Thiès in Senegal acht Jahre lang Düngungsversuche angestellt und zu gleicher Zeit, um die Übereinstimmung des Nährstoffgehaltes der Blätter mit den Ergebnissen der Düngungsversuchen festzustellen, die Blätter analysiert. Zu diesem Zweck hat man folgende Methode ausgearbeitet: Man nahm von jeder Parzelle 50 Blätter, und zwar pro Pflanze je ein Blatt und speziell von dem Hauptsproß von unten das 6. Blatt, zwischen dem 40. und 45. Tag nach der Aussaat, trocknete diese sorgfältig, stellte das Trockengewicht fest und analysierte dann dieselben.

Die Auswertung Tausender von Analysen gestattete die Festsetzung von Ernährungsnormen für jedes Element; man hat sich geeinigt, diese Normen als „kritisches Niveau“ anzuerkennen, d. h. als das Niveau der Nährstoffe, über dessen Grenze hinaus weitere Gaben von Stickstoff, Phosphorsäure, Kali usw. keine Reaktion mehr zeigten.

Bevor wir die Ergebnisse dieser Untersuchungen besprechen, sei hier noch bemerkt, daß die Blattanalysen nach den üblichen Methoden vorgenommen wurden, nämlich Stickstoffbestimmung nach der Kjeldahlmethode, Phosphorsäure nach der photokolorimetrischen Methode (Vanadomolybdat), Kali, Kalzium und Magnesium nach der spektrophotometrischen Pflanzmethode.

Man hat für die wichtigen Elemente theoretisch folgendes kritische Niveau festgestellt:

3,5	für Stickstoff
0,225	für Phosphorsäure
0,8 bis 1,0	für Kali
1,2	für Kalzium

Diese Zahlen sind optimal und gültig, wenn die hier genannten Verhältnisse miteinander übereinstimmen; wenn sich aber dieses Verhältnis ändert, so verändert sich auch das kritische Niveau für die einzelnen Elemente. So hängt z. B. das kritische Niveau für Stickstoff vor allem von dem Trockengewicht der zur Untersuchung stehenden Blätter ab, man sieht, daß die hier angegebene Zahl 3,5% genügt, wenn das Trockengewicht der Blätter zwischen 2,6 und 6 g liegt und N% × Trockengewicht zwischen 9 und 21 g ausmachen soll.

Auch für den P-Gehalt gibt es keine bestimmten Grenzzahlen, über welche hinaus P-Düngung den Ertrag nicht mehr erhöht; vielmehr hängt dieses insbesondere vom Stickstoffgehalt der Blätter ab. So wurde z. B. festgestellt, daß bei einem Stickstoffgehalt von 3% das genügende Niveau für Phosphorsäure 0,200% ist; für 3,5% N — 0,225% P, für einen 4,0% N-Gehalt 0,250% P sein soll.

Wenn der P-Gehalt des Blattes 50% über dem kritischen Niveau steht, wirkt eine weitere Zufuhr von Phosphorsäure in den Boden nicht toxisch ein, wie dieses bei Magnesium der Fall ist. In solchen Fällen kann man beobachten, daß eine starke Reaktion der N- und Kalidüngung eintritt. Ein Überschuß von P über den Bedarf der Pflanze hinaus verursacht luxuriösen Verbrauch von P und Defizit an K.

Was aber Kali anbetrifft, so zeigen die zahlreichen Versuche, daß vor allem die Stufenfolge der zur Untersuchung bestimmten Blätter ausschlaggebend ist. So stellte man fest, daß für die Blätter der 4. bis 6. Stufe ein K-Gehalt von 0,6% ein Defizit für Kali bedeuten, während für die Blätter der 8. Stufe erst 0,8% des K-Gehaltes ein Defizit sind.

I.R.H.O. verglich die Ergebnisse der Bodenanalysen mit dem Nährstoffgehalt der Blätter (Prevot und Ollagnier 1957) und fand, daß für die extremen Fälle beide Methoden gut übereinstimmen, für die intermediären Fälle aber die Blattanalyse noch mehr Sicherheiten bietet.

Aus dem hier Gesagten geht hervor, daß die systematische Blattdiagnose uns die Möglichkeit gibt, die Aktionen und die Wirksamkeit der mineralischen Düngung besser zu verstehen: Die gewöhnlichen Düngungsversuche allein gestatten nicht, manche Resultate richtig zu erfassen, während diese Versuche, unterstützt durch Blattanalysen, uns einen guten Aufschluß geben.

Zum Schluß wollen wir noch einige Worte über die Anwendung der flüssigen Düngemittel sagen, da diese in letzter Zeit beim Anbau der Erdnuß immer mehr Verbrauch finden.

Mit der Anwendung der flüssigen Düngemittel begann man in den Vereinigten Staaten von Amerika erst im Jahre 1929. Das Interesse an diesen Düngemitteln wurde erst nach dem Zweiten Weltkrieg geweckt. Der Grund hierfür ist in der Ausdehnung der bewässerbaren Landwirtschaft und insbesondere in der Verbreitung der chemischen Industrie zu suchen. Die Technologie und Herstellung von flüssigem Dünger hat sich dermaßen vergrößert, daß in den USA in der letzten Zeit eine ganze Reihe von neuen flüssigen Düngemitteln im Handel erschien, die in ihrem Gehalt sehr unterschiedlich sind. Die rasche Verbreitung der flüssigen Düngemittel hat folgende Ursachen:

1. Die Preise der flüssigen Stickstoffdünger sind niedriger.

2. Die Unterbringung und Aufbewahrung flüssiger Düngemittel ist praktisch und verursacht weniger Kosten. Ebenso ist ein Verlust durch Zerreißen der Säcke sowie Verkrustung und Hygroskopizität ausgeschlossen.

3. Bei Anwendung flüssiger Düngemittel spielt Windeinfluß keine Rolle.

4. Die Zufuhr von flüssigen Düngemitteln in den Boden benötigt wenig Zeit: mit der Maschine etwa 12 bis 15 ha pro Tag.

5. Die Anwendung flüssiger Düngemittel gewährt eine exakte Arbeit. Von den verschiedenen Fabriken angebotene Maschinen geben die Möglichkeit, auch nach der Aussaat den Dünger in die gewünschte Tiefe zu bringen.

6. Die flüssige Form der Düngemittel gestattet, die drei wichtigsten Nährstoffmittel N, P und K viel leichter und sicherer in einer homogenen Lösung zu verabreichen.

Die flüssigen Phosphorsäuredüngemittel geben unter den verschiedensten Bedingungen und für zahlreiche Kulturen die gleichen Ergebnisse wie feste Phosphorsäuredüngemittel. Bei der Wahl der Art des Düngers ist der Preis entscheidend.

Aber auch die flüssigen Düngemittel haben einige Nachteile:

1. Flüssiger Dünger wirkt auf einige Metalle, wie Kupfer, Bronze und Messing, schädigend ein; daher muß man bei der Wahl der Behälter (Fässer, Tanks) sowie bei Streuapparaten vorsichtig sein.

2. Bei einer gleichzeitigen Aussaat und Düngung können die Düngemittel die Keimfähigkeit der Samen beeinträchtigen, wenn sie miteinander in Berührung kommen. Der Schaden kann sich in einer Verspätung oder Vernichtung der Keimung äußern. Es sei hier bemerkt, daß der gleiche Schaden auch bei Anwendung von festen Düngemitteln auftreten kann.

Sonst sind die Düngungsmethoden bei der Erdnuß dieselben wie bei anderen Kulturpflanzen.

Obwohl mit der Ernte verhältnismäßig kleine Mengen von Phosphorsäure entzogen werden, ist doch in vielen Böden der wichtigste Dünger die Phosphorsäure. Das ist hauptsächlich damit zu erklären, daß die für den Erdnußanbau bevorzugten leichten Böden sowieso niedrigen Phosphorgehalt haben und in diesen Böden die Phosphorsäure unter den klimatischen und PH-Bedingungen fest fixiert werden. Daher verwendet man von den kombinierten Düngemitteln diejenigen mit der Formel 3:13:3 oder 5:10:5. Aber, wie wir im nächsten Abschnitt sehen werden, sind manche Böden der Kalidüngung, andere wieder der N-Düngung und einige für alle drei ebenso dankbar.

8. Düngung und Ertrag

Die Erdnuß stellt große Ansprüche auf mineralische Nährstoffe des Bodens, insbesondere auf Kali, Kalzium und Phosphorsäure. Obwohl die Erdnuß als eine zur Familie der Leguminose gehörende Pflanze, den atmosphärischen Stickstoff ausnutzen kann, zeigen zahlreiche Versuche, daß unter gewissen Bedingungen durch die Anwendung von Stickstoffdünger der Ertrag zu erhöhen ist. Eine Stickstoffdüngung macht sich besonders bezahlt, wenn diese bei bewässerbaren Kulturen genutzt wird (JACOB und UEXKÜLL 1958). Immerhin sind aber die mit dem Anbau der Erdnuß vom Boden entführten Nährstoffmengen im Vergleich zu denen vieler anderer Kulturpflanzen gering. Die Erdnuß gehört zu der Klasse der Früchte, die keine klare Reaktion auf die Düngung zeigt. Aus diesem Grunde gibt man in vielen Fällen die Düngung nicht direkt der Erdnuß, sondern der Vorfrucht. Das unter Punkt 3 angeführte Beispiel von Spanien beweist dieses zur Genüge: Dort erzielt man von der Erdnuß nach Wintergetreide, welches nicht gedüngt war, sogar bei einer zusätzlichen Stickstoffdüngung, 15 bis 20 dz/ha, während man nach der Frühkartoffel, die 60 Tonnen organischen Dünger oder 600 Kilo Superphosphat, 1200 Kilo Ammoniumsulfat und 200 bis 300 Kilo Kaliumsulfat bekommen hat, ohne jegliche Düngung 25 bis 35, in besonders günstigen Jahren sogar bis 45 dz/ha (CORNEJO 1961) erhielt.

Trotzdem zeigen zahlreiche Versuche in verschiedenen Ländern, daß bei richtiger Anwendung der Düngemittel die Düngung doch eine positive Wirkung auf den Erdnußertrag ausüben kann. Hierfür kann man die Ergebnisse der Düngungsversuche anführen, die von dem Institut de Recherches pour les Huiles et Oléagineux in Bambey (1952) durchgeführt worden sind. Dabei wurden folgende Düngemittel verwendet (Tab. 359):

Ammoniumsulfat mit einem N-Gehalt von 20,5% .... 50 kg/ha
Dikalziumphosphat mit einem P_2O_5-Gehalt von 40% .... 100 kg/ha
Chlorkalium mit einem K_2O-Gehalt von 60% .... 40,8 kg/ha

Tabelle 359. *Die Wirkung der verschiedenen Nährstoffe auf den Erdnußertrag*

Gedüngt mit	Ertrag kg/ha	Mehrertrag kg/ha	Relativzahlen
Ungedüngt	1429	—	100
N	1757	328	123
P	2186	757	153
NP	1978	549	138
K	1581	152	111
NK	1605	176	112
PK	2084	655	146
NPK	2754	1325	193

Aus Tab. 359 ersieht man, daß durch die Volldüngung der Ertrag fast verdoppelt wurde. Von den Düngemitteln ist hier die P-Düngung am wirksamsten: Durch P-Zugabe kann man den Erdnußertrag um 53% erhöhen.

Es ist begreiflich, daß nicht überall beim Erdnußanbau die Phosphorsäuredüngung am wichtigsten ist, denn dieses Bedürfnis ändert sich entsprechend der verschiedenen Bodenverhältnisse. Daß in verschiedenen, sogar nahe beieinander liegenden Bezirken, jeweils andere Düngeelemente am wirksamsten sein können, zeigen die in Senegal, im Bezirk von Thiès vom Institut I.R.H.O. durchgeführten Düngeversuche, welche man durch Blattdiagnose unterstützte (GILLER 1960).

Die Ergebnisse dieser Versuche sind in Tab. 360 angegeben:

Tabelle 360. *Einfluß der N-, P- und K-Düngung auf den Erdnußertrag im Bezirk von Thiès (Senegal)*

A Versuche mit P_2O_5-Wirkung				B Versuche mit K_2O-Wirkung				C Versuche mit Unwirksamkeit der P_2O_5- und K_2O-Düngung			
Orte	N	P	K	Orte	N	P	K	Orte	N	P	K
Kelle	+ 15	+ 332	+ 97	K. Sadaro	+ 219	+ 19	+ 545				
Mecke 1	+ 76	+ 148	+ 27	K. Fr. Gueye D	+ 146	—152	+ 404	Merina Dakar	393	—171	—234
Mecke 2	+ 154	+ 254	+ 61	K. Fr. R.	—26	—22	+ 272	Taiba N'Diaye	240	—80	—110
Doukou mane	—29	+ 84	+ 22	Meumou	+ 350	+ 70	+ 275	Diagniao	—60	—210	—190
Tiavaré	+ 60	+ 670	+ 350	Tilmakha	+ 220	—20	+ 260	M Bouhr	—10	+ 30	+ 21
Baraglou	+ 189	+ 651	—136	Tiaoun	+ 90	—260	+ 110				
Baraglou R	+ 163	+ 644	—73	K. Demba Anta	+ 140	+ 100	+ 395				
Tassette	—120	+ 210	+ 130								
Zusammen	+ 508	+ 2993	+ 478	S.A.	+ 949	—365	+ 2307	S.A.	+ 850	—540	—557
Durchschnitt	+ 63	+ 374	+ 59		+ 118	—44	+ 273		+ 170	—109	—111

Aus Tab. 360 geht hervor, daß in allen in der Gruppe A angegebenen Orten besonders die Phosphordüngung wirksam ist, während in den Orten der Gruppe B und C dieser Dünger keinen Einfluß auf den Erdnußertrag hat. In den Orten der Gruppe B ist die K-Düngung und in der Gruppe C die Stickstoffdüngung am wirksamsten.

In einigen Anbaugebieten von Afrika wurde neuerdings auch der Schwefel als von ökonomischer Bedeutung für den Erdnußanbau erkannt. Eine hohe C/N-Reaktion sowie eine unzureichende Dränage scheinen Mangel an Schwefel hervorzurufen. Die Versuche von dem Institut de Recherches pour les Huiles et Oléagineux (1956) in Senegal zeigten, daß schwefelhaltige Düngemittel (wie Ammoniumsulphat, Superphosphat und Kaliumphosphat) oder eine direkte Verabreichung von Schwefelpulver auf die Erdnuß- und Baumwollerträge positiv wirken.

Von besonderen Interesse sind die Versuche von Bolchuis und Stubbs sowie anderen Forschern, die den Einfluß verschiedener Nährelemente auf die Befruchtung der Erdnuß in Verbindung mit der Absorption der Gynophoren festzustellen versuchten.

Wie schon erwähnt, gehört die Erdnuß zu den wenigen Pflanzen, die die Eigenschaften der Geokarpie besitzen: diese Pflanzen bilden die Blüten oberhalb der Erde, nach deren Befruchtung sich die Basis der Fruchtknoten zu einem stielförmigen herunterwachsenden Organ verlängert, das langsam in das Erdreich eindringt, um sich dann zur Frucht zu entwickeln.

Pettit (1895) machte auf die kleinen Haare auf den Gynophoren aufmerksam und brachte zum erstenmal den indirekten Beweis dafür, daß die Gynophoren Wasser und andere Nährstoffe aufnehmen können. Bladsoe und andere Forscher fanden ebenfalls diesen Auswuchs auf den Gynophoren. Jacobs (1947) zeigte, daß die Gynophoren eine Halmen ähnliche Konstruktion haben, die sich jedoch wie Wurzeln verhalten (Bolchuis znd Stubbs 1955).

Burkhart und Collins (1942) brachten den ersten Beweis dafür, daß die Gynophoren Nährstoffe absorbieren. Diese Forscher trennten die Zone der Gynophoren von denjenigen des Wurzelsystems. Es war Ihnen gelungen, mit Hilfe der spektrographischen Methode das Vorhandensein von Lithin zu demonstrieren, welches von den Gynophoren assimiliert wurde.

Nach den obengenannten beiden Forschern haben außerdem Brady und Colwell (1945), Mehlich und Reed (1947), Thornton und Broadbent (1948), Brady (1949) und andere durch die Absorptionsmöglichkeit der Gynophoren den Einfluß verschiedener Nährelemente auf die Fruchtbildung der Erdnuß festgestellt.

Besonders interessant und lehrreich sind die Versuche von Bolchuis und Stubbs, welche in den Jahren 1951 bis 1953 im Laboratory of Tropical Agriculture, Agricultural University, Wageningen, durchgeführt wurden. Die hierbei von diesen Forschern angewandte Methode unterscheidet sich von derjenigen von Bladsoe folgendermaßen: Während Bladsoe für alle Gynophoren einer Pflanze nur einen mit Quarzsand gefüllten Behälter benutzte, nahmen Bolchuis und Stubbs für jedes Gynophor je ein Reagenzglas, je 12 cm lang und mit einem Durchmesser von 2 cm. Sie füllten diese mit Quarzsand. Vermiculit oder Erde und gaben als Dünger Kalzium, Kali, Ammonium und Magnesium jeweils allein und in verschiedenen Kombinationen. Im ersten Jahre (1951) wurden die Versuche sowohl feucht als auch trocken durchgeführt.

Diese Versuche ergaben folgende Resultate:

1. Die Entwicklung der Gynophoren und die Fruchtbildung zeigten in den Reagenzgläsern keine Schwierigkeiten, die Früchte setzten normal an.

2. Unabhängig von der Art und dem Charakter des Fruchtbeetes ist das Vorhandensein von Feuchtigkeit notwendig. Nichtvorhandensein von Feuchtigkeit verursacht keinen Ansatz der Früchte.

Von den verschiedenen Fruchtbeeten zeigten die mit Erde und Vermiculit gefüllten Gläser eine bessere Fruchtbildung und Entwicklung der Früchte als die mit Quarzsand gefüllten Gläser. Das ist dadurch zu erklären, daß sich in der Erde und in Vermiculit gewisse Substanzen befinden, welche im Quarzsand fehlen.

3. Von den Elementen Kalzium, Kali, Magnesium, Natrium und Ammonium ist Kalzium das einzige, welches einen günstigen Einfluß auf die Fruchtbildung ausübt; deshalb ist sein Vorhandensein für die Fruchtbildung unbedingt notwendig.

4. Kali, Magnesium sowie Ammonium üben einen schädlichen Einfluß aus, wenn diese allein im Fruchtbeet vorkommen. Dieser Einfluß äußerst sich in der Weise, daß zunächst die Gynophoren anfangen, schleimig zu werden und dann zugrunde gehen. Immerhin scheint Magnesium weniger schädlich zu sein als Kali.

5. Die schädliche Wirkung von Kali, Magnesium und Ammonium wird neutralisiert, sobald im Fruchtbeet reichlich Kalzium vertreten ist. In solchen Fällen wirken auch die anderen Elemente günstig auf die Fruchtbildung ein. Der Fruchtbildungsgrad ist in den Versuchen mit Ca/K- oder Ca/Mg-Rationen höher als bei Ca-H/Rationen. Dagegen erfolgt eine Verminderung der Fruchtbildung, wenn Kali oder Magnesium im Vergleich zu Kalzium im Überschuß vorkommen.

6. Natrium zeigte immer einen schädlichen Einfluß auf die Gynophoren.

7. Die schädliche Einwirkung von Kali und Magnesium auf die Fruchtbildung wird durch Kalzium dadurch ausgeglichen, daß dieses als Konstituent der mittleren Lamelle der Zellwand auftritt.

9. Düngung und Qualität

Es gibt sehr wenige Versuche, welche sich speziell mit dem Einfluß der Düngung auf die Qualität der Erdnuß befassen. Fast alle Düngungsversuche beschäftigen sich mit der Frage des Einflusses der Düngung auf den Ertrag.

Im allgemeinen ist es bekannt, daß die Phosphorsäuredüngung die Fruchtbildung fördert und den prozentualen Anteil der leeren Hülsen reduziert. Kaliumdüngung erhöht den Ölgehalt der Kerne und die Widerstandsfähigkeit der Pflanze gegen Krankheiten (Jacob und Uexküll 1958). Auch Kalzium spielt eine wichtige Rolle in der Erdnußproduktion. Um eine gute Ernte zu erhalten, ist es notwendig, den Boden mit der nötigen Menge von Kalzium zu versorgen. Besonders großkörnige Eßsorten, wie Virginia Brunch, verlangen mehr Kalzium in der Zeit der Fruchtbildung, während Mangel daran den Anteil der leeren Hülsen vermehrt. Die kleinkörnigen spanischen Ölsorten werden offenbar von dem niedrigen Kalziumgehalt des Bodens nicht wesentlich beeinträchtigt, wie die großkörnigen Sorten (Kerr und Cartmill 1951). Wenn, während der Zeit der Reife, eine genügende Kalziummenge im Boden vorhanden ist, so begünstigt das jedenfalls eine gute Entwicklung der Kerne.

Um den Einfluß der flüssigen und festen Stickstoffdüngemittel auf den Ertrag und die Qualität der Erdnuß festzustellen, wurden in den Jahren 1959 und 1960 in Rehovoth, Israel, auf den Feldern des Instituts National et Universitaire d'Agriculture spezielle Versuche angestellt. Hier versuchten Lachover, Goldin und Beresky (1962) den Einfluß der Stickstoffdüngemittel auf das 1000-Hülsen-

und -Korngewicht und den prozentualen Anteil der Kerne zu dem Gewicht der Hülsen festzustellen. Tab. 361 veranschaulicht dieErgebnisse der genannten Versuche.

1959 verwendete man als Düngemittel Ammoniumsulfat in fester Form, Ammoniumnitrat in flüssiger Form und außerdem noch Ammoniakallösung. Dabei gab man einmal die volle Dose vor der Aussaat und das andere Mal zwei Drittel vor der Aussaat und ein Drittel als Kopfdüngung. 1960 nahm man außer den genannten Düngeformen kombinierte flüssige Düngemittel, wovon eine Hälfte aus N und die andere Hälfte aus P_2O_5 in flüssiger Form bestand.

Tabelle 361. *Einfluß der flüssigen und festen Stickstoffdüngemittel auf die Qualität des 1000-Hülsen- und -Korngewichtes (Durchschnitt von vier Jahren)*

Düngemittel	1000-Hülsengewicht in g		1000-Korngewicht in g		% der Kerne zu Hülsen	
	1959	1960	1959	1960	1959	1960
1a — Ammoniumsulfat a) vor der Aussaat	2640	2958	926	1111	64,7	68,7
1b — Ammoniumsulfat $^2/_3$ vor der Aussaat, $^1/_3$ Kopfdüngung	2650	2958	930	1096	65,4	68,0
2a — Ammoniumnitrat a) vor der Aussaat	2640	2762	952	1016	65,7	68,2
2b — Ammoniumnitrat $^2/_3$ vor der Aussaat, $^1/_3$ Kopfdüngung	2620	2702	927	982	65,6	67,3
3a — Ammoniakallösung vor der Aussaat	2620	2898	924	1086	64,7	67,5
3b — Ammoniakallösung $^2/_3$ vor der Aussaat, $^1/_3$ Kopfdüngung	2600	2900	929	1088	65,0	67,7
4a — Kombinierter flüssiger Dünger vor der Aussaat	—	2785	—	1015	—	67,1
5 — Standard ohne Düngung	2490	2427	898	899	64,8	67,5
P.P.D.S. 5%	84,0	289	37,2	34,0	1,12	1,34

Aus Tab. 361 ist ersichtlich, daß die Form der Stickstoffdüngemittel sowie die Zeit der Verabreichung keinen Einfluß auf das 100-Hülsen- wie -Korngewicht und den prozentualen Anteil der Kerne zu den Hülsen hatten:

Alle Unterschiede befanden sich im Bereich der Fehlergrößen. Das Ausstreuen der Stickstoffdüngemittel in zwei Raten bot keine Vorteile, weder für den Ertrag noch für dessen Qualität. Außer dem flüssigen Kombinationsdünger verursachten die verschiedenen Düngerformen keine signifikanten Unterschiede im Hülsenertrag oder dessen Qualität. Der kombinierte flüssige Dünger, der nur in einem Jahr versucht wurde, gab im Vergleich zu anderen Düngerformen ein ungünstiges Resultat.

Es wäre verfrüht, aus diesen wenigen Versuchen endgültige Schlüsse zu ziehen. Obwohl die Ammoniakallösung und flüssiges Ammoniumnitrat günstige Ergebnisse zeitigten, ist es doch erforderlich, weitere Erfahrungen bei anderen Bodenverhältnissen zu gewinnen.

Literatur

Bahteev, F.: Otscherki po istorii i geografii vajneyschich kulturnich rasteniy. Moskau 1960. — Billaz, R., und R. Ochs: Stades de sensibilité de l'arachide à la sécheresse. Oléagineux X, Paris 1961. — Bledsoe, R. O., und H. C. Harris: The influence of mineral deficiency on vegetative growth, flower and fruit production and mineral composition of the peanut plant. Plant Physiol. **25**, 63–77 (1950). —

Bockelée, A. Morvan: Recherches de l'I.R.H.O. sur l'utilisation des phosphates du Sénégal, en fumure de fond pour l'arachide. Oléagineux XI, Paris 1961. — Bolhuis und Stubbs: The influence of calcium and other elements on fructification of the peanut in connection with the absorbtion capacity of its Gynophores. Netherland J. Agric. Sci. **3** (3), 222 (1955). — Bouyer, S.: Croissance et nutrition minérale de l'arachide. L'Agronomie Tropicale **4**, Nr. 5–6 (1949). — Brady, N. C., et al.: The affect of certain mineral elements peanut fruit filling. J. Amer. Soc. Agr. **40**, 155–167 (1945). — Burkhart, L., und E. R. Collins: Mineral nutrients in peanut plant growth. Soil Sci. Soc. Amer. Proc. **6** (1941).

Cornejo, J.: La culture de l'arachide en Espagne. Oléagineux I, Paris 1961.

Efendiev, B.: Resultati opitov po agrotechnike araschita 1931–1934, Baku 1935.

Fournier, P., und P. Prevot: Influence sur l'arachide de la pluviosité, de la fumure minérale et du trempage des graines. Oléagineux, S. 805–809, Paris 1958.

Giller, P.: Utilisation du diagnostic foliaire pour la cartographie des besoins en engrais de l'arachide au Sénégal. Oléagineux, Paris, März 1960. — Giller, P., und P. Prevot: Fumures minérales de l'arachide au Sénégal. Oléagineux XI, Paris 1960. — Guyot, St.: L'arachide de bouche au Etats-Unis. Oléagineux II, Paris 1960.

Institut de Recherches pour les Huiles. Rapport Annuel, Depart. Arachide-Karite, S. 94 (1952). — Institut de Recherches pour les Huilles et Oléagineux. Rapport Annuel 1956, S. 53–57. Paris 1956. — I.R.H.O.: L'arachide au Sénégal: Résultats obtenus par l'I.R.H.O. et perspectives nouvelles. Oléagineux XI, Paris 1959.

Jakob, K. D.: Fertilizers technology and resours of phosphorus. New York: Academic Press. 1947. — Jacob und von Uexküll: Fertilizer use. Hannover 1958.

Kerr und Cartmill: Peanut growing in Queensland. Queensland Agricult. J., Febr. 1951.

Lachover, D., E. Goldin und A. Beresky: Influence d'engrais azotés liquides sur le rendement et la qualité des arachides. Oléagineux, Paris, Febr. 1962.

Prevot, P., und M. Ollagnier: Le problème de l'eau dans l'arachide. Oléagineux, S. 215–223, Paris 1957.

Raoult, A.: La farined Arachide. Oléagineux VII, Paris 1960. — Redjebli, A.: Arachis. Zakatala 1933.

Ter Horst, K., und J. J. Mastenbroek: The selection of pulses in Suriname, II. Arachis Hypogaea, Groundnut. Euphytica, Netherlands J. of Plant Breeding. Wageningen, Mai 1961.

D. Zucker und Stärke produzierende Pflanzen

a) Sugar Cane

(Saccharum officinarum Linn.)

By

L. D. Baver

1. Development and Pattern of Growth

Sugar cane (*Saccharum officinarum* Linn.) is a sweet grass with its origin in New Guinea. Commercial hybrids have been developed through an intensive program of plant breeding from these original wild grasses. The sugar-cane plants consist of roots, stalks, leaves and tassels (sometimes referred to as arrows). Tassels are normally formed in the fall. The feathery panicles contain both the pistils and the stamens. New varieties are produced by pollinating the tassel of one variety, used as the female, with pollen from the male parent. Seedlings are germinated from the seeds produced from such crosses. Each seedling is a potential new variety. From this point, sugar cane is propagated commercially by the use of seed pieces or cuttings which consist of segments of the cane stalk, each containing several nodes and internodes with a germinating bud at each node.

When a cutting is germinated in the soil, it produces a primary shoot from the buds and roots from the root primordia located at each node of the stalk used in the cutting. Secondary shoots are then attached to the primaries. Shoot roots are formed from the root primordia of these shoots. These stages are shown in Fig. 180. Since each cutting has more than one germinating bud, each of which produces several stalks of cane, the resultant composite growth forms a "stool" of cane. As the shoots grow, they produce the stem or stalk. The stalk is almost

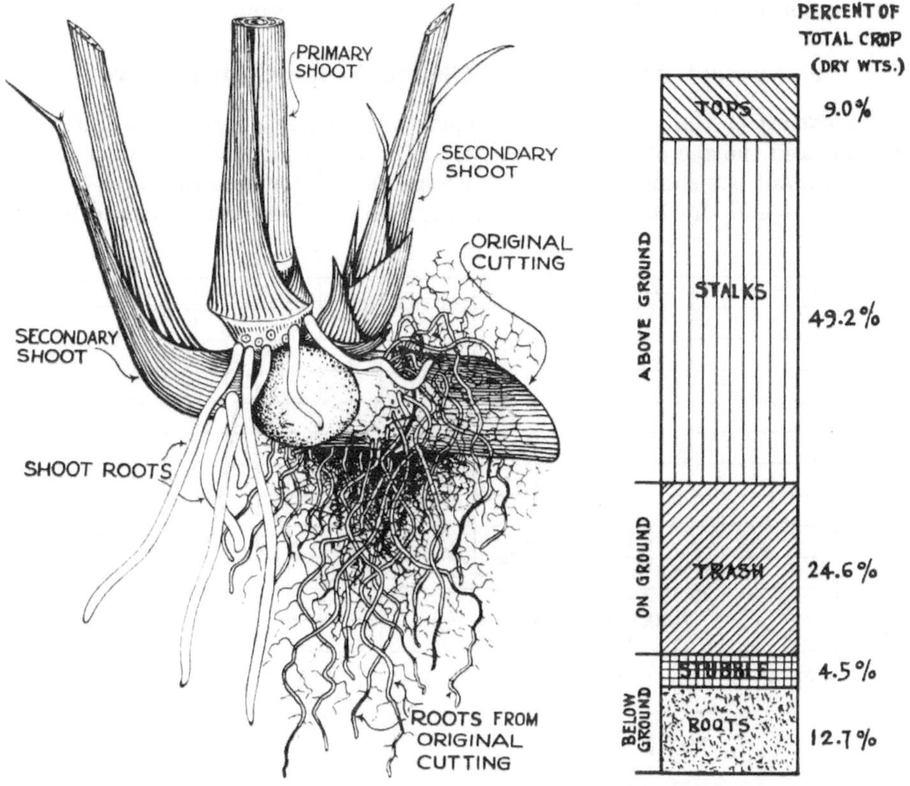

Fig. 180. Young cane plant showing shoots and roots developing from original cane seedpiece (after J. P. MARTIN)

Fig. 181. Physical composition of a 12-month-old cane crop (after R. J. BORDEN)

cylindrical in nature and is made up of a series of nodes and internodes. The lateral buds occur at the nodes alternately on opposite sides of the stalks. They are protected by leaf sheaths which are attached tightly around the internode. The blade of the leaf is attached to the sheath in a continuous manner. Sugar is manufactured within the leaf and stored in the stalk of the cane plant.

The normal growth pattern of sugar cane consists of the germination of the seedpiece or cutting, the formation of the stool through tillering (the production of primaries and secondaries), the elongation of the stalks into millable cane, and the ripening of these millable canes to produce sugar. As the stalk elongates, the leaves that were first formed become dead and are shed as trash. The cane crop at harvest consists of roots, stubble, trash, stalks or millable cane, and tops. The distribution of these various parts in a 12-month crop of the Hawaiian variety, 37—1933, is shown in Fig. 181. The time required to produce cane ready for harvest varies from one year to two or more years, depending upon the climate and the methods of culture used in the various sugar-producing countries.

The original crop of cane produced from the cane cuttings is known as the "plant crop". When it is harvested, the stalks are severed from the stool at the surface of the soil. A new crop sprouts from these stools to produce what is known as a "ratoon". The number of ratoon crops vary from one country to another depending upon the methods of culture. The root system of the plant crop ceases to function after a short period of time and a completely new root system is formed from the new shoots of the ratoon crop.

2. Nutrient Absorption in Relation to the Growth Curve

The nature of the growth curve depends primarily on seasonal differences in climate and the age of the crop. Growth is rapid during warm summer months with abundant sunshine, and slow during the winter months with reduced temperatures and sunshine. Asshown in Fig. 182, there are maxima and minima

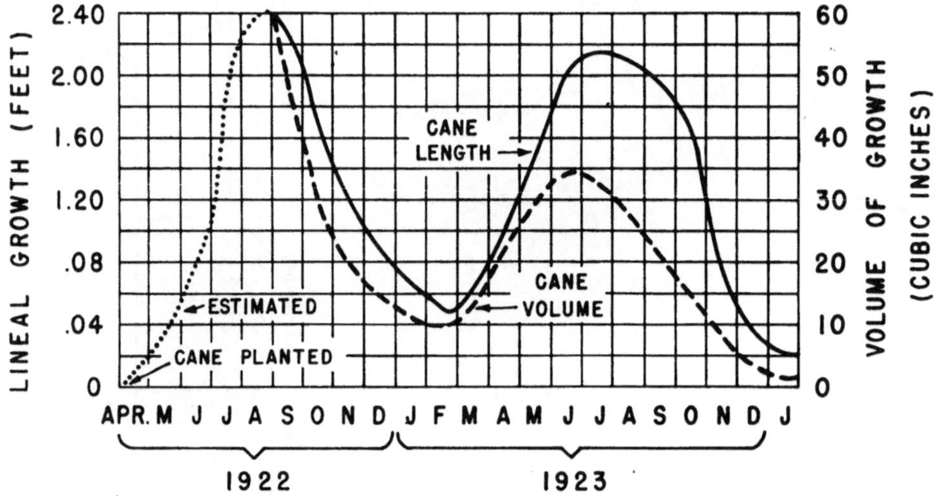

Fig. 182. Growth pattern of sugar cane in Hawaii (after H. K. STENDER)

in the growth curve. One-year crops would have one maxima; two-year crops, as in Hawaii, have two peaks. The plant responds greatest to temperature and sunlight, water and fertilizers, during its first so-called "boom" or rapid-growth period.

The absorption of nutrients from the soil is relatively slow until the stool is formed from the new shoots and roots. Then the rate of absorption increases rapidly with maximum absorption taking place during the early stages of growth, which is usually three to six months after planting. This is particularly true of nitrogen and potash.

These effects are well illustrated in Fig. 183. The rate of uptake in this two-year Hawaiian crop begins to level off after nine months of age. There is luxury consumption during the early stages of growth as the plant exhibits high demands for nutrients. In comparing Fig. 182 and 183, it becomes obvious that ample plant nutrients must be available during the early stages of the crop cycle, particularly as the plant enters a period of maximum growth potential from a climatic point of view.

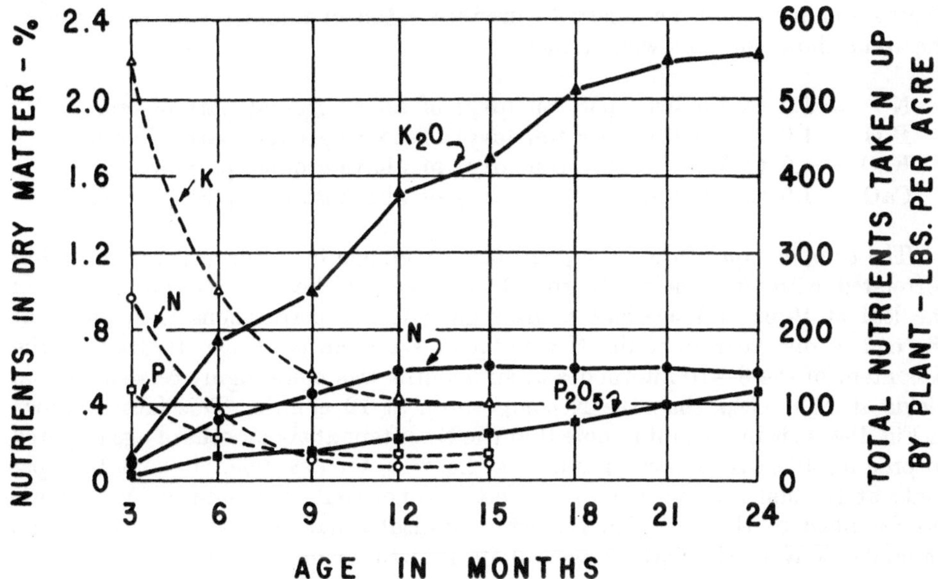

Fig. 183. Nutrient extraction by cane in relation to age. Solid lines represent total nutrients; dotted lines show percentage composition (after A. S. AYRES)

3. Average Yields and Nutrient Extraction

Due to the wide variations in cane tonnages as affected by climate, soil and methods of culture, it is difficult to relate average yields to the amount of nutrients extracted. Generally speaking, when the quantity of nitrogen, phos-

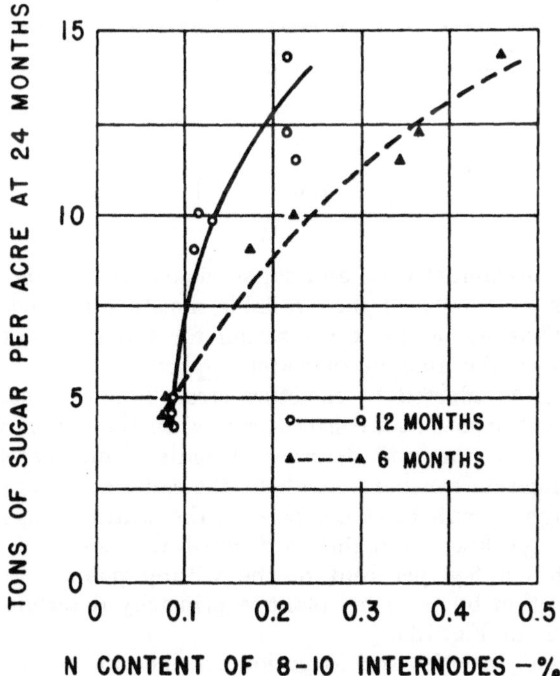

Fig. 184. Relationship between nitrogen composition and yield of sugar

phorus and potassium necessary to produce a ton of millabe cane is calculaed, the data show the following ranges:

N $= 1.0$ to 2.0 lbs. per ton (dry) of above-ground part of crop
$P_2O_5 = 1.0$ to 2.0 lbs. per ton (dry) of above-ground part of crop
$K_2O = 4.0$ to 11.0 lbs. per ton (dry) of above-ground part of crop
CaO $= 1.0$ to 4.0 lbs. per ton (dry) of above-ground part of crop

The composition of the cane plant at a given age in nitrogen is rather highly correlated with final yields. In the British West Indies, the N composition of the leaf at three and one-half months gave higher correlations with yields at the end of one year than the N content at six months of age. In Hawaii, the N content of the 8—10 internodes at six months was more highly related to final yields at 24 months than the N composition at 12 months. This fact is shown in Fig. 184. It is important to note that the N content at six months of age required to produce 10 tons of sugar per acre at harvest, for example, is about 0.25 per cent; at 12 months, this value is about 0.13 per cent. The data in Fig. 184 are closely allied to those in Fig. 183 which indicate that the plant extracts high amounts of N in the early stages of its growth to produce good yields.

4. Water Requirements of the Cane Plant

Experiments conducted in various sugar-producing countries have indicated that from 200 to 300 parts of water are needed to produce one part of cane dry matter. The average is about 250. Data in the following table from Hawaii illustrate the relation of cane and sugar production to water extraction prior to irrigation.

Table 362. *Water requirement*

% of available water extracted before irrigation	Tons cane per acre	Lbs. water required to produce 1 lb. cane	Tons sugar per acre	Lbs. water required to produce 1 lb. sugar
60	88.0	204	12.2	1900
69	82.1	240	11.4	1724
75	75.2	226	10.3	1654

It is seen that maximum cane and sugar yields are obtained when the soil was irrigated after only 60% of the available moisture had been extracted by the plant. The efficiency of water utilization for the production of cane and sugar decreased with the amount of water applied.

Cane elongation as affected by moisture stress follows a pattern similar to other crops. Leaves elongate at a constant rate until the region of high moisture stress is reached, then the rate decreases rapidly. Immediately following an irrigation, the elongation continues at about the same rate as prior to imposing the stress. Although growth rates decrease as the wilting range is approached, the rate of photosynthesis is maintained until the soil moisture content is decreased to within a few per cent of the wilting point.

Water consumption by the cane plant is primarily determined by the solar radiation as shown in Fig. 185.

Drought-resistant varieties and irrigation are the two major practical means to counteract water deficiencies in the production of cane.

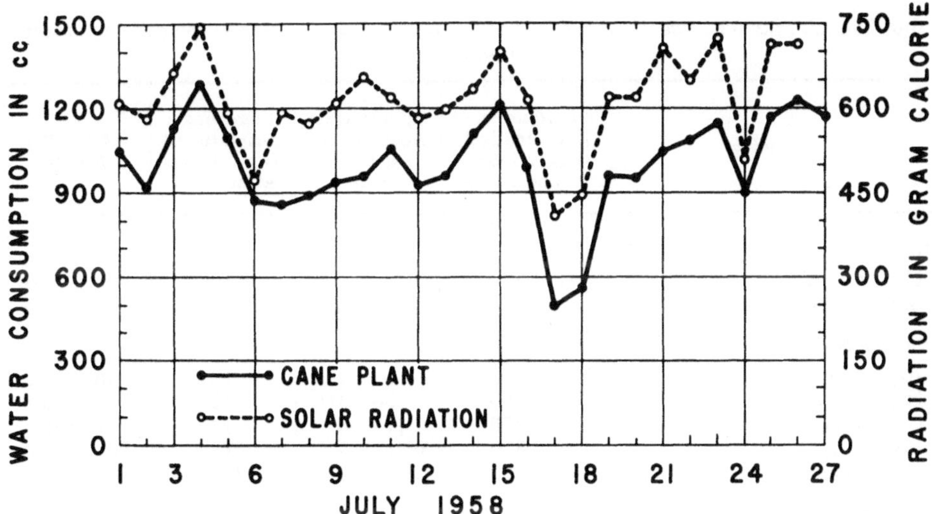

Fig. 185. Relation of water consumption to sunlight energy (after H. BRODIE)

5. Light Requirements

Sugar cane is one of the most efficient plants for converting sunlight energy into carbonaceous material. Inadequate sunlight causes long, slender stalks with poor tillering as compared with thicker and shorter stalks and broader and greener leaves under full sunlight.

The importance of sunlight on cane and sugar production can best be pointed out by comparing the relative yields in the following table (Table 363):

Table 363. *Light requirement*

Hours of Sunshine			Relative Yields	
Total		*Relative*	*Cane*	*Sugar*
3035	—	100	100	100
1590	—	52	42	38

A decrease of slightly over 50 per cent in the amount of sunshine produced about 60 per cent decreases in both cane and sugar from plants growing in the same soil. Temperature differences, of course, are associated with the amount of sunshine. At high light intensities, growth is proportional to temperature, at temperatures ranging from 56° F. to 75° F. Light becomes a principal limiting factor at temperatures above 65° F.

Length of day has a profound effect upon certain varieties of cane that tassel or flower heavily. These varieties differentiate a flower bud in the fall as the day length shortens, resulting in considerable decreases in yields. Experiments in Hawaii have shown that the cane plant is photoperiodic and flowering can be prevented by night lighting during early September.

6. Sugar-Cane Production in Different Lands

Sugar cane is primarily a tropical crop which is grown between the latitudes of 30° North and 30° South with very few exceptions. The age of crop varies from a low of nine months in Louisiana to as high as three to four years at the higher elevations in Hawaii.

Table 364. *Production, age of crop and harvesting period of major sugar-cane producing countries*

Country	Production of centrifugal sugar 1958-59 Short tons	Approximate yields – tons sugar per acre	Growing period (mos.) (Age of crop at harvest)	Harvesting period
Africa				
Egypt	330	$3^1/_2$— 4	12	Jan.-June
South Africa	1,027	$3^1/_2$— 4	24	May-April
America-South				
Argentina	1,000	1— $1^1/_2$	12	June-Oct.
Brazil	3,380	1— $1^1/_2$	12	June-May
Colombia	255	$7^1/_2$— 8	18	Oct.-June
Peru	870	$6^1/_2$— 7	18	Jan.-Dec.
Venezuela	210	$3^1/_2$— 4	12—18	Jan.-May
America-North				
Mexico	1,455	2— $2^1/_2$	12—15	Dec.-June
United-States-Continental	620	2— 4	9—18	Oct.-Jan.
Hawaii	1,000	$9^1/_2$—$10^1/_2$	21—36	Jan.-Dec.
Puerto Rico	1,200	3— $3^1/_2$	13—18	Jan.-June
Asia				
China-Taiwan	990	4— $4^1/_2$	12—18	Nov.-June
India	2,500	1— $1^1/_2$	12	Oct.-July
Indonesia	838	5— $5^1/_2$	12—14	May-Nov.
Philippines	1,289	$2^1/_2$— 3	12—15	Nov.-June
Australia and Fiji	1,672	$3^1/_2$— 4	12—15	June-Nov.
British West Indies	1,216	$3^1/_2$— 4	12—15	Jan.-June
Cuba	6,600	2— $2^1/_2$	12	Jan.-June
Dominican Republic	900	$1^1/_2$— 2	12	Jan.-July
Mauritius and Reunion	819	$2^1/_2$— 3	12—20	Aug.-Jan.

The data in Table 364 show the production of centrifugal sugar, approximate average yields, age of crop and harvesting period in countries having more than 200,000 short tons annual production. Non-centrifugal sugars are not included.

7. Quality Requirements

There are no specific quality requirements for the production of centrifugal raw sugars. It is the objective of the producers of cane to obtain as high a percentage of sucrose in the cane juices as possible without sacrificing too much on the tonnage of cane produced.

8. Methods of Fertilization

Methods of applying fertilizers vary not only between countries but also with respect to the kind of fertilizer used, whether the crop is plant or ratoon, the age of the crop and whether the crop is irrigated or unirrigated.

A. Type of Fertilizer

The kind of fertilizer affects fertilization techniques dependent upon its adsorption or fixation by the soil, its leachability, its mobility within the soil and its physical nature (solid or liquid, concentrated or bulky).

Nitrogen Fertilizers. Nitrogen fertilizers fall into two main categories—the very soluble, non-adsorbable, easily leachable nitrates, such as sodium, potassium, calcium and ammonium nitrate, and the ammonia-type products such as aqueous ammonia, ammonium nitrate, ammonium sulfate, ammonium phosphates and urea. Ammonium compounds, with the exception of ammonium salts on very acid soils, are adsorbed on the soil until nitrification changes them into nitrates. All nitrogen fertilizers may be considered as being mobile in the soil.

Potassium Fertilizers. Muriate of potash is the most widely used form of potassium fertilizers. Potassium sulfate is also employed in some areas. Both forms are readily soluble. Potassium is adsorbed on the soil except on very acid soils where the degree of adsorption is very low. Both forms of potash are subject to leaching under acid soil conditions, with muriate of potash being more readily leached than the sulfate.

In considering leachability of either potassium or nitrogen, experiments have shown that it is only in the absence of a root system that appreciable losses occur. In the presence of an actively growing plant with an established root system, there is little or no leaching of applied potash or nitrogen fertilizers.

Phosphorus Fertilizers. There are a wide variety of phosphorus carriers available for agricultural purposes. The more important forms consist of the superphosphates, raw rock phosphate, the ammonium phosphates and bone meal in some areas. Phosphorus is highly adsorbed on the soil and in many instances is fixed into a less available form. This means that phosphorus is not mobile within the soil and is not subject to leaching. In this respect, it differs markedly from nitrogen and potassium fertilizers. Therefore, it must be placed in the vicinity of the root zone for maximum effectiveness. Raw rock phosphate is rather insoluble and can only be used with effectiveness on acid soils.

B. Fertilizing the Plant Crop

There are several phases to consider in applying fertilizer to the plant crop. They are fertilization before planting, at planting time, and subsequent top- or side-dressings of additional fertilizers.

Broadcasting Fertilizers. Some fertilizing materials, such as molasses, filter cake or mud press, compost and raw rock phosphate, are scattered on the field by machine or by hand prior to planting. Often these materials are applied and plowed under. Sometimes they are distributed onto the plowed surface and disked or harrowed into the immediate surface area. Such procedures result in a mixing of the materials with the plowed layer.

Fertilizing at Planting Time. Previous statements have shown the necessity of having adequate plant food available during the early stages of growth of the plant. This requires a certain amount of fertilization at planting time. Since phosphorus is not mobile within the soil, it is essential that phosphate fertilizers be applied with the seedpiece at planting. The amount of nitrogen and potash to apply will vary with the climate and the nature of the soil as they affect leachability before the root system is established.

There are many methods being used to fertilize the crop at planting time. Solid fertilizers are either applied by hand into the furrow prior to dropping the seedpieces, or are added concurrently with planting the seedpiece through fertilizer attachments on a special planting machine. When aqua ammonia is applied at planting time, it is injected into the soil by special equipment attached to the planting machine. Irrigated plantations frequently apply aqua ammonia in the water during the first irrigation following planting. The aqua ammonia is discharged from special tanks that are placed adjacent to the irrigation supply ditches into the water with specific metering devices. Under irrigated conditions, dry fertilizers, such as soluble nitrogen and potash compounds, are often dissolved in water, placed in small barrels or tanks of varying description, and applied at the first irrigation through the water similarly as aqua ammonia.

Top- or Side-Dressings of Supplemental Fertilizer. The standard practice throughout the sugar-cane world is to split fertilizer dosages into several applications. There are many variations in top-dressing procedures. Hand scattering of dry fertilizer onto or closely adjacent to the row is probably the most widely used procedure. Machines are also employed for such top- or side-dressings. In Australia, for example, small units apply the fertilizer to each side of the row and cover up the added material in one operation. In Hawaii, multi-rowed equipment is used that places the soluble nitrogen or potassium fertilizers on the surface of the soil without any attempt at covering the material. Such fertilizers soon dissolve in the rain or dew and are carried into the root zone of the plant. Liquid fertilizers, such as aqua ammonia, are injected into the soil with specialized equipment.

After the cane has grown too large to permit the use of machines or even men for applying further dosages of fertilizer, the airplane is used. Such a plane has a specially constructed distribution unit and carries from 1,000 to 1,200 pounds of fertilizer per flight. It can cover 100 or more acres per day. It cannot be used successfully under windy conditions because of a poor distribution pattern of the fertilizer. Under satisfactory wind conditions, the distribution pattern is superior to other forms of application. In Hawaii, several million pounds of urea and granular potash are applied annually to both plant and ratoon crops.

C. Fertilizing the Ratoon Crop

The major difference between fertilizing plant and ratoon crops is associated with the greater difficulty of placement of fertilizers within the proximity of the newly developed root zone. Soluble fertilizers, such as nitrogen and potash salts, are applied either by hand or machine on the stubble of the ratoon. In irrigated areas, such fertilizers are applied in the water at the first irrigation. Due to the volatility of aqua ammonia and the immobility of phosphorus, these fertilizing materials are applied by special machines that accomplish subsoil placement. In the case of aqua ammonia, the injection tubes are attached directly to the subsoiler points. With phosphates, the dry fertilizer is dropped from the hoppers of the fertilizing machine to a spot just back of the subsoiler point as it makes a groove in the soil. Top- and side-dressing of the ratoon crop is accomplished similarly as for the plant crop.

9. Fertilization and Yields

The general statement can be made that the average yields of cane and sugar per acre for a given sugar-producing country are fairly highly correlated, with few exceptions, to the amount of fertilizers applied. It is also important to note that the yield of cane increases more rapidly with fertilization than the yield of sugar because of the tendency of heavier fertilization to decrease the quality of the sugar-cane juices.

In order to evaluate the effect of fertilizers upon yields, one must consider the status of the available nutrients in the soil. As a general rule, most cane soils are deficient in nitrogen to a greater or lesser degree. Soils vary between countries and between areas within countries with respect to the amounts of available

Table 365. *The effects of nitrogen and potash on yields of sugar per acre*

Plantation	Nitrogen Applied Lbs. per acre	Potash Applied—Pounds per Acre			
		0	200	400	
A (high available K_2O in soil)	0	7.1	5.7	5.8	Tons sugar per acre in 24 months.
	150	12.2	10.3	13.8	
	300	14.9	14.5	15.2	
B (low available K_2O in soil)	0	4.5	6.1	6.7	Tons sugar per acre in 24 months
	150	9.8	13.5	13.7	
	300	14.8	16.8	18.4	

phosphorus and potassium they contain. Consequently, in establishing the response of a given soil to phosphorus or potassium, one must evaluate the ability of the soil to provide these nutrients.

Furthermore, it is essential in field experiments to determine the response to nitrogen, for example, when potash, phosphorus or any other nutrient is not limiting. The significance of the value of understanding the soil and plant nutrient status of a given experimental setup in interpreting fertilizer response is indicated in Table 365 and Fig. 186. The soils of Plantation A are well supplied with available potassium and deficient in nitrogen. In Table 365 it is observed that the response to both 150 and 300 pounds of nitrogen is clear-cut and high. There was a significant response to potash at each nitrogen level at Plantation B, which is low in available potash as well as nitrogen. There has been a marked response to nitrogen fertilization at all levels of potash fertilization. Highest yields were obtained when both nitrogen and potash were added in adequate amounts. The response to potash, however, is determined by the amount of nitrogen present. There was no significant response to the second 200-pound application of potash at the two lower levels of nitrogen. Only when sufficient nitrogen was added did the crop respond to 400 pounds of potash.

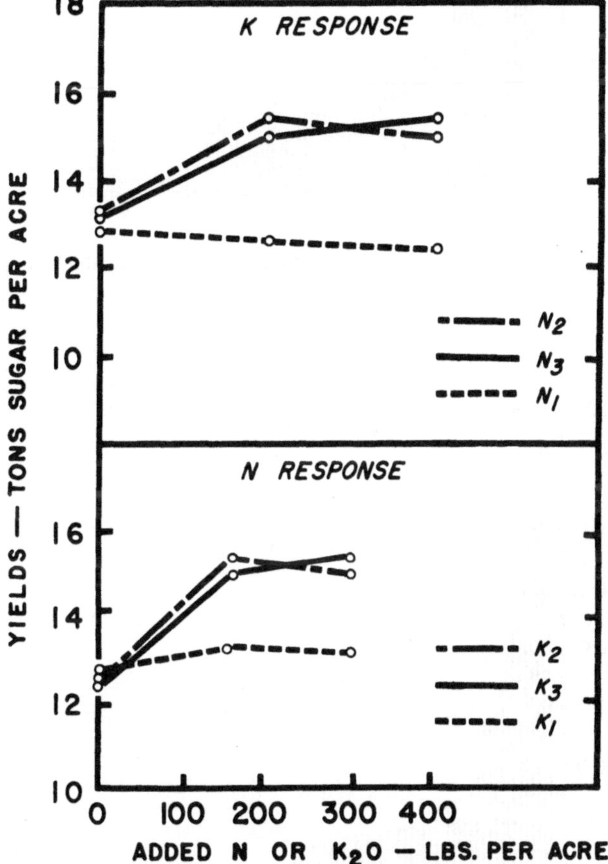

Fig. 186. Nitrogen and potash response interrelationships

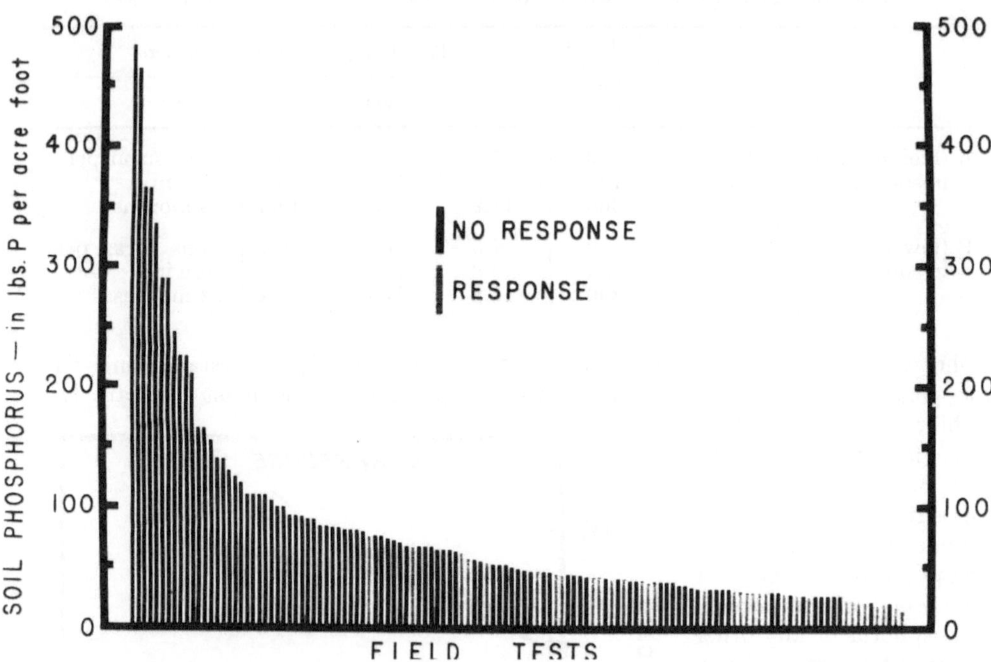

Fig. 187. Field tests relate phosphate response to available soil phosphorus (after A. S. AYRES)

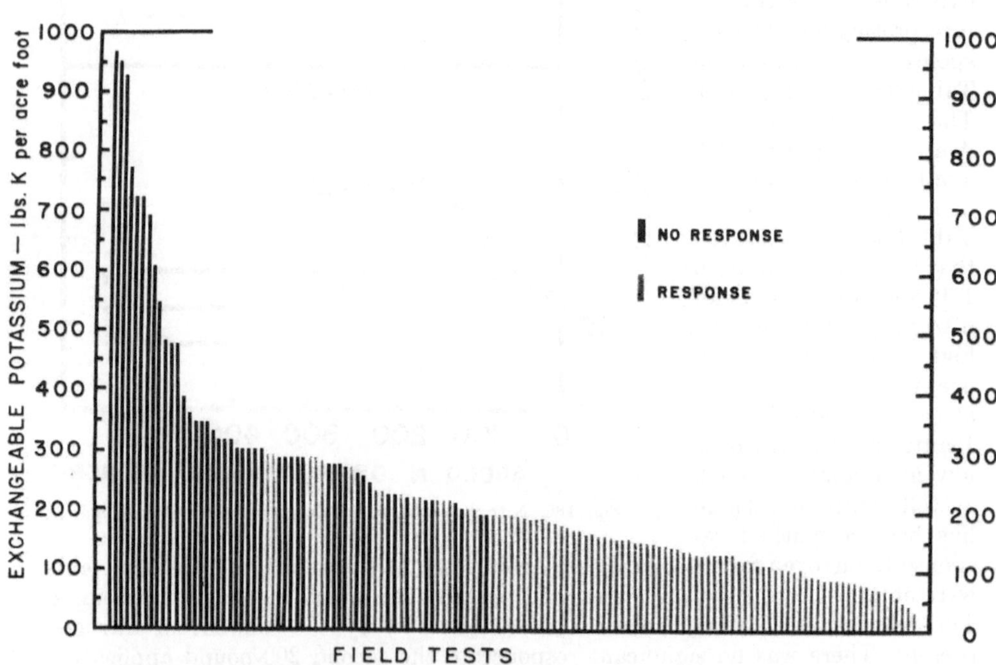

Fig. 188. Field tests relate potash response to available soil potassium (after A. S. AYRES)

The results in Fig. 186 obtained at Plantation C, where the soil contains moderate amounts of nitrogen and available potassium, show that there is a response from 150 pounds of nitrogen when 200 or 400 pounds of potash are added. Likewise, there is a response from 200 pounds of potash when 150 or 300 pounds of nitrogen are added. There is no response for the second increment of nitrogen or potash on this soil.

The variations that occur in the behavior of the cane plant to fertilization practices have brought about numerous researches to estimate the amount of plant nutrients to apply through the use of soil and plant analyses. Soil analyses are used extensively in Hawaii for available phosphorus, potassium and calcium. Available K and Ca are determined by means of the N-ammonium acetate base exchange technique. Available P is extracted by means of the modified Truog method using .02N H_2SO_4. Other sugar-producing areas also use soil analyses to some extent. The relation of available P and K to response obtained from phosphate and potash fertilizers is shown in Fig. 187 and 188, respectively. The correlation of response to soil analyses within a given country must be accomplished through replicated field experiments.

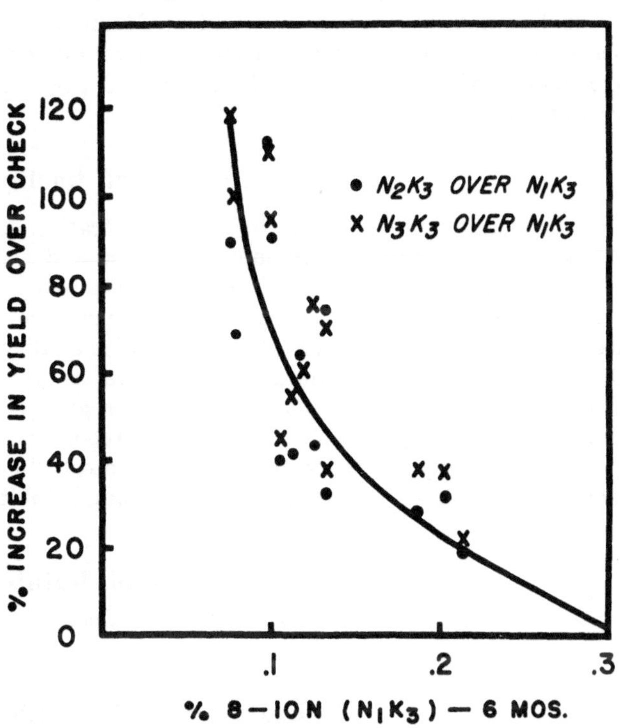

Fig. 189. The relation of nitrogen response to plant analysis

Plant analyses are being used rather extensively to evaluate the nutrient needs of the plant in relation to fertilization. There are many variations in techniques throughout the sugar-cane world to achieve this objective. In Hawaii, there are two systems in practical use. The so-called Clements crop log was first developed. It consists of sampling the cane plant every 35 days and determining nitrogen in the leaf as well as potassium, phosphorus, moisture, and total sugars in the leaf sheath. Critical composition limits have been set up. Fertilization recommendations are based both on the specific chemical composition at a given time, and the nature of the curve of change in composition with time. The sugar experiment station has developed an improved method of plant analysis, known locally as "stalk logging". The 8-10 internodes of the stalk (counting from the top down) are analyzed for all constituents. Three to four samplings from six to 12 months of age are used. Critical limits have been established through replicated field experiments. The stalk has proved more reliable and sensitive to nitrogen and phosphorus evaluations.

In Jamaica and Mauritius, small plots are placed in each field to which differential nitrogen applications are made. The nitrogen fertilization is not based upon a given critical limit but is determined from the relative response of the plant to the extra nitrogen as measured by changes in composition and leaf weight. If there has been no relative response to the added nitrogen, no additional fertilizer is applied. This approach compensates for the variations in composition due to variety, meteorological conditions and other disturbing factors.

The relationship of the nitrogen composition of the plant to yield increases from nitrogen fertilization is shown in Fig. 189. It is significant to note than 1) there is such a close correlation between the nitrogen composition of the 8-10 internodes of the no-nitrogen plots at six months of age and the response to 150 and 300 pounds of nitrogen on yield at 24 months, 2) the amount of response increases rapidly at the lower levels of plant nitrogen, and 3) there is little or no response when the nitrogen levels are 0.3 per cent or larger. Similar curves are obtained with potash.

10. Fertilizers and Quality

Juice quality in cane refers to the concentration of sucrose in the juice which is determined by both the amount of sucrose and water present. High nitrogen fertilization, particularly if the last application is too soon before harvest, causes a decrease in juice quality. Yields of cane per acre are increased much higher than yields of sugar (sucrose). This poorer juice quality is associated with a higher ash and reducing sugar content of the juices, as well as a higher percentage of unsound cane at harvest. The effect of nitrogen fertilizers on cane quality is similar in many ways to the impact of nitrogen on the quality of sugar beets. Excessive nitrogen appears to be the greatest "man-made" contribution to poorer juice quality. Other fertilizers do not exhibit such pronounced effects.

b) Maniok und Batate

(Manihot esculenta und *Ipomoea batatas)*

Von

H. Lüdecke und **A. v. Müller**

Maniok, Mandioka, Kassave = Euphorbiaceen-Strauch; zahlreiche Arten: *Manihot utilissima Pohl* = bitterer Maniok; *Manihot Aipi Pohl*, *M. palmata Müll-Arg.* = süßer Maniok, Tapioka; *M. esculenta Crantz* u. a. Am weitesten verbreitete Knollenpflanze der Tropen und Subtropen; bevorzugt geschützte Niederungen.

Batate, Süßkartoffel, Knollenwinde = *Ipomoea Batatas Lam.*, *Batatas edulis Choisy* (Concolvulacee). Subtropisch, in gemäßigte Zonen vordringend.

1. Entwicklung und zeitlicher Wachstumsverlauf

Gepflanzt werden Stecklinge, bei Bataten auch Knollen. Bataten bewurzeln sich sehr schnell, so daß der Bestand nach einigen Wochen geschlossen ist und nach 5 bis 6 Monaten geerntet werden kann. Die Maniokpflanzung braucht eine längere Wachstumsdauer, und zwar mindestens 8, im Mittel 12, aber auch bis zu 24 Monaten. Da der Maniokstrauch perennierend ist, kann bei vorsichtiger Entnahme der Knollen noch eine zweite Ernte gemacht werden. Im allgemeinen wird jedoch für jede Ernte neu gepflanzt.

2. Die Nährstoffaufnahme in Abhängigkeit vom Wachstumsverlauf

ist an der Batate von Scott und Ogle 1952 untersucht worden. Für die schnelle Entwicklung der Ranken und Blätter wird in der Jugend viel N und K aufgenommen. Etwa einen Monat vor der Ernte — in Maryland ab Anfang September — kennzeichnet sich die beginnende Reife durch den Abbau dieser Nährstoffe aus den oberirdischen Pflanzenteilen.

3. Durchschnittliche Erträge und Nährstoffentzugszahlen

Die Maniok-Erträge liegen je nach Fruchtbarkeit des Standortes zwischen 100 und 650 dz/ha, im Mittel bei 200 dz/ha. Die Höchsterträge sind von Java bekannt, die niedrigsten aus der zentralafrikanischen Savanne. — Die Erträge der Batate liegen entsprechend ihrer kürzeren Wachstumsdauer niedriger, und zwar bei 50 bis 250 dz/ha (Kongo, Antillen, Kalifornien um 100, Maryland um 200 dz/ha). Der Nährstoffentzug geht aus Tab. 366 hervor.

Tabelle 366. *Nährstoffentzug in kg/ha je 100 dz/ha Knollen*
(aus Jacob und v. Uexküll)

	N	P_2O_5	K_2O	CaO	MgO
Maniok	25—30	20—30	60—100	40	15
Batate	40—50	15	70— 80	15	7

Wie bei allen stärkeproduzierenden Pflanzen ist der Kalientzug hoch. Außer N ist auch die Aufnahme der anderen Nährstoffe bei Maniok relativ stark, während die Batate insgesamt mit weniger Nährstoffen auskommt, ja mit Rücksicht auf ihre Qualität (s. später) bevorzugt in etwas ärmeren Lagen gebaut wird.

4. Der Wasserbedarf

ist bei beiden Kulturen in der Jugend groß, d. h. bei ungenügenden Niederschlägen muß in den ersten zwei Monaten bewässert werden (Marcus 1943). Bei der Batate führt jedoch zuviel Wasser nach dem Schließen des Bestandes zu einem ungünstigen Kraut: Knolle-Verhältnis. — Stauende Nässe ist für beide Pflanzen unvorteilhaft. Maniok bevorzugt während der ganzen Wachstumszeit ungestörte Wasserversorgung, da Dürre zum Verholzen der Knollen führt. Die Luftfeuchtigkeit in Küstenlagen kann jedoch in Argentinien den Regen weitgehend ersetzen und zu gutem Wachstum beitragen (Bravo 1957). Bei Feuchtigkeits-Überschuß werden die Maniok-Knollen wässerig und neigen zu Zersetzung.

5. Ansprüche an die Lichtperiodik

Spezielle Untersuchungen über die photoperiodische Abhängigkeit der beiden Pflanzen sind nicht bekannt. Eine gewisse Anpassung an den Kurztag ist durch die Verbreitung des Maniok bis zum 30. und die der Batate bis zum 40. Breitengrad annehmbar.

Für das vegetative Wachstum ist der Sonnenscheinbedarf nach den meisten Autoren hoch. — Betont wird die Windempfindlichkeit des Maniok.

6. Zeitpunkte des Anbaues und charakteristische Wachstumsstadien sowie Erntedaten der verschiedenen Länder

Aus der überwiegenden Verbreitung der Früchte auf Gebiete mit Regenzeiten oder Monsunregen ohne starke Temperaturschwankungen ergibt sich nur eine lockere Anpassung des Anbaues an Kalenderdaten. Nach Möglichkeit legt man die Ernte in die trockenen Perioden, das Pflanzen in die feuchten, jedoch ist diese Einteilung dort nicht möglich, wo die Wachstumszeit genau 12 Monate beträgt, wie im Hauptursprungs- und -anbauland Brasilien. Auf Madagaskar, in Malaya und am Kongo läßt man den Maniok 15 bis 18 oder bis zu 24 Monaten stehen. Das Kriterium für die Wachstumszeit ist außer dem Ertrag das Einzelgewicht der Knollen, das 2 bis 4 kg betragen soll, und ihre Konsistenz, denn bei allzulanger Verzögerung (ebenso wie bei Dürre) verholzen die Knollen.

Die Batate macht die beginnende Reife durch Vergilben der Blätter kenntlich. Zwar erfolgt das Ausreifen der Knollen nicht ganz gleichmäßig, doch verbietet die Neigung der weitestentwickelten Knollen zum Auskeimen einen längeren Aufschub (v. D. ABEELE und VANDENPUT 1956). Auf Java wird im April-Mai gepflanzt. Die Ernte erfolgt von August bis Januar (v. HALL und v. D. KOPPEL 1948).

7. Qualitätsanforderungen

Der Stärkegehalt soll bei beiden Früchten etwa 30% erreichen.

Die Verwendbarkeit als Futter- und Nahrungsmittel hängt bei Maniok mit dem wechselnden HCN-Gehalt zusammen. Die Säure ist glykosidisch gebunden (Linamarin); ihre Abspaltung durch das Ferment Linase kann ökologisch bedingt sein (JACOB und v. UEXKÜLL 1958; s. auch später).

8. Düngungsmethoden

Die pflanzenbaulichen Maßstäbe einer sachgerechten Intensivfrucht-Düngung wie in der gemäßigten Zone werden im Maniok- und Batate-Anbau der breiten Praxis in den seltensten Fällen und nur dann angelegt, wenn die ökonomischen Voraussetzungen dies erlauben. So betonen v. HALL und v. D. KOPPEL (1948), daß angesichts des niedrigen Erzeugerpreises eine mineralische

Tabelle 367. *Düngermengen in kg/ha*
(aus JACOB und v. UEXKÜLL)

	N	P_2O	K_2O
für *Batate:*			
USA	35—70	80—160	100—200
Porto Rico	55	40	110
Hawaii	30	90	250
Ägypten	10	45	110 (nach Klee als Vorfrucht)
Formosa	70	85	100
Madeira	25	90	125
für *Maniok:*			
Costa Rica	100—150	150	200—300

Düngung in Niederländisch Indien meistens unrentabel war. Auch für einen engeren Bezirk wie Nordargentinien sind noch keine festen Düngerregeln aufzustellen; BRAVO (1957) erwähnt die wechselnde Verwendung von Holzasche (K), Knochenmehl (P) und Ölkuchen (N). — Empfohlen wird allgemein Mist- und Gründüngung, wobei eine Spanne von einem Monat zum Verrotten bleiben soll. —

Bei Versuchen mit mineralischer Düngung bewährte sich in Guinea und auf Madagaskar die Verwendung schwefelhaltiger Dünger wie schwefelsaures Ammoniak, Superphosphat und K_2SO_4. Als optimal angesehene Mengengaben liegen aus folgenden Ländern vor (Tab. 367).

Über vorteilhafte Placierung liegen Versuche aus New Jersey vor: 1/3 in die Furche vor dem Pflanzen, und zweimal nacheinander 1/3 als seitliche Reihendüngung im Bestand. Die Wurzelentwicklung richtet sich teilweise nach der Einbringungstiefe (JACOB und v. UEXKÜLL 1958).

9. Düngung und Ertrag

Besonderheiten der Ertragsgestaltung durch die Düngung ergeben sich aus komplizierten Zusammenhängen; z. B. wenn bei Maniok ein Nährstoff fehlt, wird er aus älteren Pflanzenteilen abgebaut, die daraufhin austrocknen oder durch Schwächeparasiten angegriffen werden und absterben. Der Erfolg ist eine intensive Verzweigung der Stengel auf Kosten des Wurzelertrages. Gesunde Pflanzen haben gerade oder nur leicht verzweigte Stengel (JACOB und v. UEXKÜLL 1958).

Wo der Bestand für eine zweite Ernte stehenbleibt wie in Malaya, ließ sich der Ertrag durch mineralische Volldüngung besonders steigern.

Versuche über die Wechselwirkung der Düngernährstoffe zeigten in Costa Rica deutlich, daß eine erhöhte P-Gabe nur bei ausreichender Anwesenheit von N nützte (Abb. 190):

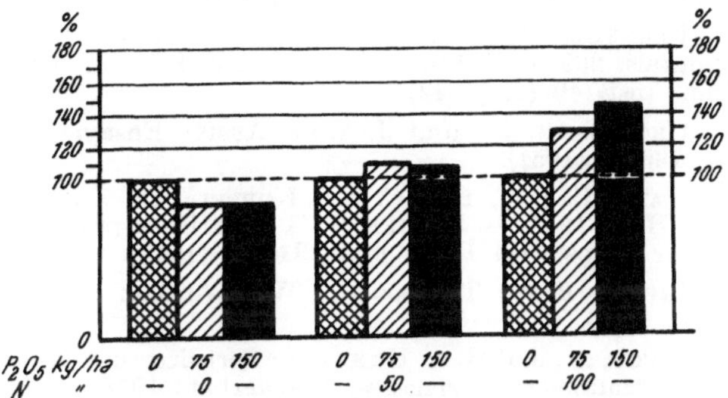

Abb. 190. Relative Steigerung der Maniok-Erträge durch P- und N-Düngung (nach ACOSTA und PÉREZ 1954)

In der Batate-Düngung herrscht Übereinstimmung, daß die Entwicklung der oberirdischen Pflanzenteile durch N-Überschuß auf Kosten des Knollenertrages gefördert werden kann.

10. Düngung und Qualität

Ebenso vielseitig wie die Einflüsse der Düngung auf den Ertrag sind diejenigen auf die Qualität.

Die HCN-Bildung des Maniok wird besonders durch Trockenheit und K-Mangel hervorgerufen (BOLHUIS 1954). Der Stärkegehalt erreichte nach Versuchen in Brasilien (MALAVOLTA 1955) durch P-Mangel statt 32 nur 25%.

Batate ist in verschiedener Hinsicht empfindlich gegen falsche Düngung. Zu große Alkalität führt zu Schorfbildung. Außerdem ist das Abwägen der

Düngermenge von Wichtigkeit für die Knollenform (Marcus, Cochran und Collins): relativer N-Überschuß begünstigt die Bildung von langen dünnen Knollen. Weiterhin kann durch die N-Düngung die Zahl der Knollen pro Pflanze gesteuert werden; zu wenige und gleichzeitig zu große Knollen können die Folge einseitiger N-Düngung sein und sind nicht erwünscht.

Richtungweisend für die Untersuchungen der Zukunft ist der Befund von Samuels und Landrau (1952), daß unter bestimmten Bedingungen zwar das Ertragsniveau der Batate durch alleinige Kali-Düngung gehalten werden kann, daß aber der Karotingehalt auf gleichzeitige NP-Düngung angewiesen ist.

Literatur

Abeele, M. v. d., und R. Vandenput: Les principales cultures du Congo Belge. Brüssel 1956. — Acosta, J. R., und G. J. Pérez: Abonamiento en Yuca. Suelo Tico **7**, 31, 300–309 (1954).

Bandet et al.: Étude sur la patate douce. Rabat, Serv. Hortic., Publ. (6) 79 p. (1951). — Bolhuis, G. G.: The toxicity of cassava roots. Netherl. J. Agric. Sci. **2**, Nr. 3, 176 (1954). — Boswell, V. R.: Commercial growing and harvesting of sweet potatoes. Washington, U.S. Rep. Agric. Farmers Bull. 2020, 38 p. (1950). — Bravo, A. F.: La mandioca. Buenos Aires 1957.

Cochran, F. D., E. R. Collins et al.: Grow quality sweet potatoes. North Carolina Ext. Serv. Circ. 353 (1950). — Cours, G.: Cassava fertilizing. Rech. Agron. Madagascar **1**, 52 (1952); **2**, 78–88 (1953).

Den Doop, J. E. A.: Green manuring, artificial manure and other factors in sisal and cassava production. Bergcultures **11** (9), 264–278 (1937).

Ferreira Filho, J. C., et al.: Manual da Mandioca, São Paulo, Characas e Quintais. 299 p. (1942). — Furlong, J. R.: Nigerian cassava starch. London, Bull. Imp. Inst. **40** (4) (1942).

Grossmann, J., und J. A. de Assis: Ensayos de Adubação. Rev. Agron. **15**, Nr. 169/73 (1951).

Hall, C. J. v., und C. v. d. Koppel: De Landbouw in de Indische Archipel. Den Haag 1948. — Hester, J. B.: Fertilizer practice for the Ranger Sweet Potato. Better Crops with Plant Food **31**, 11 (1947).

Irvine, F. R.: Textbook of West African agricultures, 2. Ausg. Oxford: Univ. Press. 1953.

Jacob, A., und H. v. Uexküll: Fertilizer use. Nutrition and manuring of tropical crops. Hannover: Verlagsges. f. Ackerbau. 1958. — Jacquot, R., und R. Nataf: Le manioc et son utilisation alimentaire. Actual. Sci. et Indust., No. 364, 56 p. Paris: Hermann & Cie. 1936.

Landrau, D., und G. Samuels: The influence of fertilizers on the yield and quality of sweet potatoes. J. Agric. Univ. P. R. **35**, 71–87 (1951).

Malavolta, E., E. A. Graner und T. Coury: Studies on the mineral nutrition of Cassava. Plant Physiol. **30**, 81–82 (1955). — Marcus, A.: Batate und Maniok. In: Schmidt-Marcus, Handbuch der tropischen und subtropischen Landwirtschaft. Berlin: Mittler. 1943. — Martin, F.: Le manioc dans la France d'Outre-mer. Rev. Intern. Prod. Col. **26**, No. 257, 45–47 (1951); **26**, No. 267, 232–233 (1951).

Nijholt, J. A.: Opname van voedingstoffen uit den bodem bij cassava. Landbouw **10**, 9 (1935).

Opsomer, J. E.: Technique et premiers résultats de l'amélioration du manioc à Yangambi. Paris, VIIe Congr. Intern. Agr. Trop., 107 p. (1937).

Pynaert, L.: Le manioc. Ministère des Colonies Bruxelles, 2e éd., 166 p. (1951).

Samuels, G., und D. Landrau: The influence of fertilizers on the carotene contents of sweet potatoes. Agron. J. **44**, 348–352 (1952). — Scott, E. L., und W. L. Ogle: The mineral uptake by the sweet potato. Better Crops with Plant Food **36** (1952). — Stino, K. R., und M. E. Lashin: Effect of fertilizers on the yield and vegetative growth of sweet potatoes. Proc. Amer. Soc. Hort. Sci. **61**, 367–372 (1953).

c) Topinambur

(Helianthus tuberosus L.)

Von

H. Lüdecke und A. v. Müller

Die Topinambur, botanisch ein Formengemisch ausdauernder Helianthus-Arten, die sich noch heute zum Teil als Wildformen in Nordamerika finden, gehört zu den ertragreichsten Futter- und industriellen Nutzpflanzen. Trotzdem hat sie sich im Rahmen der Kulturpflanzen keine kontinuierliche Anbaufläche erobern können, sondern diente in vielen Ländern nur als Aushilfe in Notzeiten. Die Ursache dafür mag einerseits in der schwierigen Eingliederung in die Fruchtfolge liegen: der Bestand läßt sich nur mühsam ohne Wuchsstoffe wieder löschen; andererseits verlangt er im planmäßigen mehrjährigen Anbau ein Nachpflanzen, um Verunkrauten der Lücken und Ertragseinbußen zu verhindern. Ein anderer Grund für die immer wieder nach Notzeiten zurückgehende Anbaufläche von Topinambur kann im Mißverständnis liegen, die Topinambur sei in ihrem Nährstoff- und Wasserbedarf völlig anspruchslos. Verständlicherweise kann eine pflanzliche Produktion von 100 dz/ha Trockensubstanz und mehr nicht ohne die Gewährleistung ausreichender ökologischer Bedingungen erfolgen, wenn auch die Topinambur schon auf leichten Böden bei (besonders im Herbst) ausreichender Wasserversorgung befriedigende Knollenerträge liefert. Die Hauptverbreitungsländer sind: Frankreich (etwa 150.000 ha), weiterhin mit geringen Anbauflächen: übriges Europa außer England und Skandinavien
Südamerika (außer tropischem Bereich)
Nordamerika
Ostasien
Australien, Neuseeland, Philippinen.

1. Entwicklung und zeitlicher Wachstumsverlauf

In der gemäßigten Zone steht einer Knollenpflanzung im Herbst nichts entgegen, da die Knollen frosthart sind (v. WELTZIEN 1955). Sie verlangen sogar

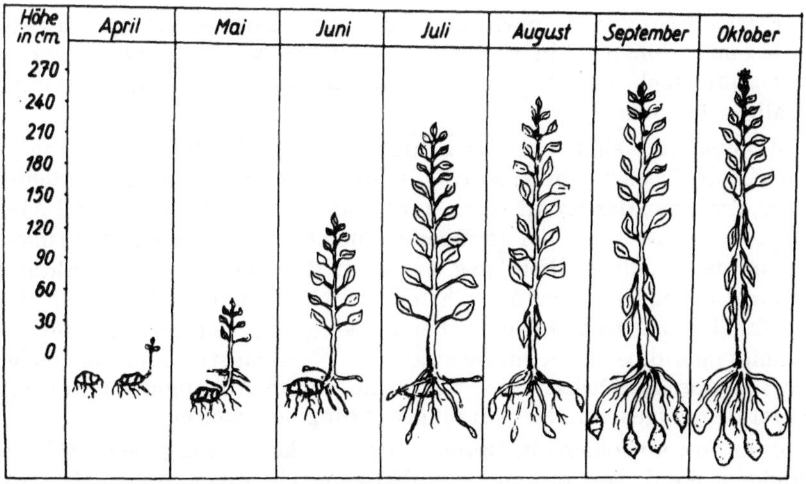

Abb. 191. Schematische Darstellung der Kraut- und Knollenentwicklung im Laufe der Vegetationsperiode (aus CONTI 1955)

eine Beseitigung der Schoßhemmung durch kühle Temperaturen, was normalerweise schon mit der Erntezeit im Herbst erreicht wird (STEINBAUER 1933, STELZNER 1941). Wenn trotzdem in der praktischen Handhabung die Frühjahrspflanzung überwiegt, so liegt das am Vorteil der besseren Lockerungsmöglichkeit des Bodens im Frühjahr vor dem Austreiben. Das Auflaufen erfolgt in Deutschland etwa im April, sobald die Bodenwärme ausreicht. Der weitere Wachstumsverlauf ist durch Abb. 191 skizziert:

Das Jugendwachstum beginnt nur zögernd. Im Juni erreicht der Stengel die Höhe von 1 m; auf günstigen Standorten kann er dann in jedem folgenden Monat einen weiteren Meter bis zur Gesamthöhe von 4 m erreichen. Erst im August fängt ein merklicher Knollenansatz an. Der stärkste Knollenzuwachs erfolgt ab Ende September, sobald die unteren Blätter abwelken. Gleichzeitig beginnt die Blütenknospenbildung und die Verzweigung des Stengels (s. später unter Photoperiodismus).

2. Die Nährstoffaufnahme in Abhängigkeit vom Wachstumsverlauf

Diese erfolgt etwa parallel zur Trockensubstanzbildung, d. h. die stärkste Aufnahme findet von Juli bis September und bis in den Oktober hinein statt. — Spezielle Untersuchungen an der Gesamt-Pflanze über die Phasen der Nährstoffaufnahme sind nicht bekannt, obgleich in der Arbeit von PÄTZOLD (1957) mehr als 1300 Literaturangaben über Topinambur herangezogen wurden.

3. Durchschnittliche Erträge und Nährstoffentzugszahlen

Die Knollenerträge können sich auf leichtem Standort mit Kartoffelerträgen messen (KÜPPERS 1950 und 1952, VON HAGEN 1951, DRIVER et al. 1948). Aus Frankreich berichten GRIESBECK und HORNUNG (1952) über einen Topinambur-Ertrag in den Hauptanbaugebieten von durchschnittlich 170 dz/ha gegenüber einem Kartoffelertrag von 150 dz/ha im Jahre 1948.

Berücksichtigt man auch die hohen Trockensubstanzmengen des Topinamburkrautes, so kann die Gesamtleistung der Zuckerrübe (Rübe + Kraut) übertroffen werden (PÄTZOLD 1957).

Der Ertrag richtet sich nach der Erntezeit, denn es erfolgt Zuwachs bis in den Dezember hinein. Ein weiterer angeblicher Knollenertragszuwachs über Winter beruht nach CONTIS Untersuchungen (1955) nur auf Quellung der dünnschaligen Knollen.

Die Krauterträge sind von der Schnittzeit und -häufigkeit abhängig. Den höchsten Kraut-Trockensubstanzertrag erntet man bei einmaligem Schnitt im September, doch hat das Kraut dann durch Zunahme an Rohfaser und Abnahme von Rohprotein einen sehr viel geringeren Futterwert als bei einem Frühschnitt. Wählt man jedoch einen Mittelweg zwischen Krautertrag und -qualität durch einen Schnitt im August, so wird der Knollenzuwachs unverhältnismäßig stark geschädigt (analog zu Hagelschäden bei anderen Wurzelfrüchten). Bei frühem Krautschnitt im Juli ist noch ein rechtzeitiger Wiederaustrieb mit ausreichendem Knollenwachstum gewährleistet. — So ist die starke Abhängigkeit des Ertrages und Nährstoffentzuges von der Nutzungsrichtung zu erklären.

PÄTZOLDS Sortenversuche in Braunschweig-Völkenrode ergaben 1950 bis 1952 auf lehmigem Sand bei kombinierter Nutzung (Krautschnitt Mitte Juli und Ende Oktober, Knollenernte Ende Oktober) die in Tab. 368 angegebenen Werte.

Tabelle 368. *Durchschnittliche Erträge der Topinambur-Sorte Schweigers Münchner in Völkenrode 1950—1952*
(aus PÄTZOLD 1957) in dz/ha

Erntezeit	Kraut				Knollen				Zusammen		
			davon				davon			davon	
	frisch	Trocken-substanz	Asche	Roh-protein	frisch	Trocken-substanz	Asche	Roh-protein	Trocken-substanz	Asche	Roh-protein
Juli	318	56	6,5	4,4	—	—	—	—	187	16,5	11,9
Oktober	273	77	6,9	3,6	243	54	3,1	3,9			

Die Asche setzt sich nach KÜPPERS (1952) etwa folgendermaßen zusammen: $P_2O_5=8\%$, $K_2O=33\%$, $CaO=34\%$, $MgO=9\%$, Rest Si u. a. Demnach ergäbe obiger Versuch unter Umrechnung des Rohproteins auf Stickstoff (Rohprotein × 1/6) folgende überschlägige Entzugszahlen:

	N	P_2O_5	K_2O	CaO	MgO
kg/ha:	200	130	540	560	150

Für niedrigere Erträge unter Bedingungen der breiten Praxis müßte man schätzungsweise gut die Hälfte davon ansetzen. Zu beachten ist der relativ hohe Kali-Entzug.

4. Wasserbedarf

Die Topinambur ist trotz angeblicher Anspruchslosigkeit nicht dürrefest. Bei Dürre im Juli-August erfolgt ungenügende Nährstoffaufnahme und bei Trockenheit im September-Oktober leidet das Knollenwachstum (SPRAGUE et al. 1935, PÄTZOLD 1957). Allerdings besteht wie bei anderen Pflanzen die Gefahr der Verwöhnung bei frühzeitig feuchter Witterung.

Die hohen Aufwuchsmengen der Topinambur bedingen einen physiologischen Mindestbedarf an Wasser, der schon bei der Annahme eines niedrigen Transpirationskoeffizienten von 400 für Erträge wie in Tab. 368 in Höhe von 700 mm Gesamt-Wasserverbrauch liegt. Oft reichen deshalb die Wintervorräte des Bodens zusammen mit den Niederschlägen der Vegetationszeit nicht für einen Höchstertrag aus. Zu den günstigsten Ertragslagen gehören Gebiete mit hohen Niederschlägen im September-Oktober.

Hinsichtlich des quantitativen Feuchtigkeitsbedarfes liegt nur die Angabe von NALIVAIKO (1938) vor, daß nach dreijährigen Versuchen die besten Knollenerträge durch 80%ige Bodenfeuchte (bezogen auf maximale Kapazität) erzielt wurden. — Über guten Erfolg mit Beregnung in Müncheberg 1938 berichtet v. WETTSTEIN (zit. bei PÄTZOLD 1957). — Die Möglichkeiten der Grundwasserausnutzung sind mangels Pfahlwurzel bei der Topinambur gering. Überflutung während des Wachstums wird vertragen, jedoch keine langanhaltende stauende Nässe nach Ausbildung der Knollen; daher empfiehlt sich auf winternassen Flächen die Knollenernte im Herbst.

5. Lichtperiodik

Die in Deutschland angebauten Sorten sind überwiegend Kurztagstypen, d. h. sie kommen während der Hauptwachstumszeit kaum oder gar nicht zur Blüte, so daß ihr vegetatives Wachstum der Krautnutzung dienlich ist (TINKER 1928,

Garner et al. 1931, Tietjen 1955). Gleichzeitig wird auch ohne Blüte das Knollenwachstum nicht unmöglich gemacht durch den Umstand, daß kein ausgesprochener Antagonismus zwischen Blüten- und Knollenbildung zu bestehen scheint, wie z. B. bei Kartoffeln. Andererseits erfolgt der Knollenansatz bei Kurztagstypen im Langtag so spät, daß für ausgesprochene Knollennutzung eher tagneutrale oder Langtagstypen in Frage kommen. Bei Kurztagstypen kann die Knollenbildung mit künstlicher Kurztagsbeeinflussung vorverlegt werden (Zimmermann et al. 1936, v. d. Sande-Bakhuyzen und Wittenrood 1951). Sobald dadurch auch die Blütenentwicklung induziert ist, wird die „Apikaldominanz" der Spitze aufgehoben, so daß Seitentriebe zu schneller Entwicklung kommen und die Pflanze sich verzweigt (Scheibe und Müller 1955).

6. Zeitpunkt des Anbaues und charakteristische Wachstumsstadien sowie Erntedaten in verschiedenen Ländern

Die Anbauzeiten in den einzelnen Anbaugebieten sind weniger als bei anderen Kulturpflanzen an den jahreszeitlichen Rhythmus gebunden, da die Knollen bis zu —30° C Frost aushalten. Sie können im Herbst gepflanzt werden, wie unter Punkt 1 erwähnt, doch hat nach Versuchen in Nordamerika und Ostasien die frühe Pflanzung im Frühjahr die besten Erträge gebracht (Anderson und Kiesselbach 1929, Ogasa und Arao 1944); vor allem spart man dadurch Mehrarbeit an Bodenlockerung. Versuche in Deutschland (Pätzold 1957) zeigten, daß Februar- und Märzpflanzungen gleichzeitig aufliefen, da das Auskeimen nicht vor Erreichen einer Mindesttemperatur erfolgt. Andererseits holten späte Pflanzungen den Vorsprung nicht mehr ein; so muß z. B. in Westdeutschland Mitte April als spätester Pflanztermin gelten, wenn es auf höchsten Gesamtertrag ankommt. Soll dagegen im Laufe des Sommers mehrfach junges Kraut zur Verfügung stehen, so lohnen sich auch spätere Pflanzzeiten, sofern es möglich ist, die Knollen lange genug in Keimruhe zu halten.

Die Erntedaten richten sich nach der Nutzungsrichtung, d. h. danach, ob die Topinambur mehr als Grünfutterpflanze oder als Knollenfrucht angebaut wird. Man unterscheidet folgende Nutzungsrichtungen:

1. reine Krautnutzung mit einmaliger oder wiederholter Ernte,
2. reine Knollennutzung ohne Berücksichtigung des Krautes,
3. Nutzung von Knollen bei frühem oder spätem Krautschnitt.

Bei Versuchen zu 1. erreichte Pätzold (1957) den höchsten Kraut-Frischertrag durch Julischnitt mit nachfolgendem zweiten Schnitt im Herbst, den höchsten Trockensubstanzertrag jedoch durch einmaligen Schnitt im September. Zu 3. muß das Kraut spätestens Ende Juni geschnitten werden, damit bis zum Knollenansatz im August wieder genügend Assimilationsfläche ausgetrieben ist, oder man erntet das Kraut im Herbst, Ende Oktober, nach der Ausbildung der Knollen. Zu 2. ist zu sagen, daß die Knollenerntezeit gestaffelt nach dem unmittelbaren Bedarf über die frostfreien Perioden des Winters verteilt werden sollte, da es nicht möglich ist, die gegen Verderb empfindlichen Knollen in Kellern oder Mieten zu lagern.

7. Qualitätsanforderungen

Der Wassergehalt der *Knolle* schwankt sehr in Anlehnung an die Bodenfeuchte, da die Knolle dünnschalig ist. Bei Sortenversuchen fand Pätzold (1957) Ende Oktober einen Trockensubstanzgehalt von 22 bis 25%. Die Trockensubstanz setzte sich nach der Weender Analyse folgendermaßen zusammen:

N-freie Extraktstoffe	82 bis 84%
Rohprotein	7%
Rohfaser	4%
Asche	5 bis 6%

Die Kohlenhydrate bestehen im Herbst zur guten Hälfte aus der „Kompositenstärke“ Inulin, einem Polyfruktosan. An für die Ernährung wichtigen Stoffen finden sich noch Vitamine; nach CHATFIELD (1954) hat Topinambur im Vergleich zur Kartoffel weniger Vitamin C, dagegen mehr A, B_1 und B_2.

Das *Kraut* kann sich folgendermaßen zusammensetzen (PÄTZOLD 1957):

		einmaliger Schnitt im	
		Juli	Oktober
Trockensubstanz %		17—18	28—30
in der Trockensubstanz	N-freie Extraktstoffe	55—57%	59—62%
	Rohprotein	8—10%	4— 6%
	Rohfaser	20—23%	23—26%
	Asche	12—13%	9—11%

Wie ersichtlich, nimmt die Rohfaser des Krautes im Laufe der Vegetation auf Kosten des Rohproteins zu.

Für die Gehaltszahlen eines zweiten Schnittes im Herbst nach einem Frühschnitt im Juni oder Juli liegen keine Angaben vor, außer daß der Trockensubstanzgehalt wesentlich niedriger ist (PÄTZOLD 1957).

8. Düngungsmethoden, Düngung und Ertrag

Die Methoden der Kartoffeldüngung können im allgemeinen unbedenklich übernommen werden. Auch Jauche kann Verwendung finden (HONIG 1951). Gute Erfolge wurden in Völkenrode mit Kalkammonsalpeter, Superphosphat, Patentkali und Branntkalk erzielt (PÄTZOLD 1957).

Dabei ergaben sich folgende Zusammenhänge zwischen Nährstoffsteigerung und Ertrag:

	Krauterträge in dz/ha	
Düngungsstufen:	frisch	Trockensubstanz
ungedüngt	414	48,6
kg/ha 25 N, 50 P_2O_5, 100 K_2O	523	59,2
kg/ha 25 N, 50 P_2O_5, 100 K_2O, 900 CaO	511	61,5
kg/ha 75 N, 50 P_2O_5, 100 K_2O, 900 CaO	600	73,7

Die gute Wirkung relativ niedriger N-Gaben ist ersichtlich. LÖHRKE (1957) betont allerdings, daß nicht alle Sorten auf gesteigerte Düngergaben so gut wie andere Kulturpflanzen ansprechen und schiebt dies auf mangelnde Selektion hinsichtlich der Eigenschaft Nährstoffverwertung. Seinem Befund liegen folgende Werte zugrunde:

	Relativertrag	
Düngungsstufen:	Kraut	Knollen
ungedüngt (Boden: lehmiger Sand)	100	100
kg/ha 56 N, 32 P_2O_5, 80 K_2O	134	—
kg/ha 88 N, 32 P_2O_5, 80 K_2O	159	167

PÄTZOLD (1957) betont, daß vermeintliche Mißerfolge mit der Düngung durch den Witterungsverlauf im Sommer und Herbst zu erklären sein können. Während man bei einem frühen Krautschnitt im Juli noch gute Erfolge der Düngung sieht, können durch N gut entwickelte Pflanzen danach unter Dürre stärker leiden als andere und einen größeren Teil ihrer Blätter vertrocknen lassen. Auch ungenügende Durchlüftung des Ackers scheint die Düngewirkung zu beeinträchtigen. Die Kenntnis der jeweiligen Versuchsbedingungen sei von großer Wichtigkeit für die Interpretation des Düngungserfolges.

9. Düngung und Qualität

Auch die Düngungsabhängigkeit der Qualität steht in enger Wechselwirkung zum Witterungsverlauf: „Während unter günstigen Wachstumsbedingungen der unerwünschte Rohfaseranteil des Krautes durch stärkere N-Düngung herabgesetzt werden konnte, ergab sich nach langanhaltender Trockenheit umgekehrt eine Erhöhung" (PÄTZOLD 1957). — In Frankreich wurde beobachtet, daß Pflanzenknollen, die in nassen Jahren mit frischem Stalldünger in Berührung kamen, leicht faulten (RAVAULT 1952). Außerdem begünstigte Stalldünger die für die Topinambur gefährliche Pilzkrankheit Sclerotinia sclerotiorum, wenn damit befallene Stengel zur Einstreu verwendet worden waren. PÄTZOLD (1957) beobachtete außerdem 1950 und 1951 stärkeren Sclerotinia-Befall in gut mit N versorgten Versuchsparzellen, obgleich das Gegenteil zu erwarten gewesen wäre. Die Erklärung liegt in der Trockenheit des August in beiden Jahren nach vorheriger reichlicher Wasserversorgung: die zunächst üppig gewachsenen N-Parzellen zeigten stärkere Dürrewirkung und in der Folge davon stärkeren sekundären Krankheitsbefall. Der Befall kann wiederum durch Kalkgaben gemildert werden (RAVAULT 1952), da der Pilz am besten bei pH 3,5 bis 4 gedeiht.

Literatur

ANDERSON, A., und T. A. KIESSELBACH: Anbauversuche mit Topinambur. J. Amer. Soc. Agr. **21**, 1001 (1929).

BAILLARGE, E.: Le topinambur. Ses usages multiples, sa culture. 187 S. Paris: Flammarion. 1942. — BOINOT, F.: Experimente mit Topinambur. Feldversuche und Analysen. Ref. Chem. Abstr. 2574 (1946).

CHATFIELD, C.: Food composition tables—minerals and vitamins. FAO Nutrit. Studies Nr. 11, S. 34. Rom 1954. — CONTI, F. W.: Das Glukose-Fruktose-Verhältnis in den Knollen der Topinambur. Diss. T. H. Braunschweig 1955. — CRAILSHEIM, K. FRHR. v.: Allgemeines über die Topinambur. Diplomarbeit T. H. München 1948.

DEPARDON, L., und P. BURON: Über das besondere Kali-Aneignungsvermögen der Topinambur. C. R. Acad. Agr. Fr. **30**, 363 (1944). — DIEHL, R., G. DUPUIS und V. TSVETOUKHINE: Vergleichende Anbauversuche mit Topinambur, Rüben und Kartoffeln. Ann. Inst. Rech. Agron. **1**, 336 (1951). — DRIVER, MEYER-GMELIN und VERVELDE: Erträge verschiedener Topinambur-Rassen. Maandblad Landbouwvoorl. dienst 316 (1948).

GARNER, W. W., und H. H. ALLARD: Die Wirkung abnorm langer und kurzer Wechsel von Licht und Dunkelheit auf das Wachstum und die Entwicklung von Pflanzen. J. Agr. Res. **42**, 629 (1931). — GRIESBECK, A.: Anbau und Verwendung der Topinambur. Schr. Reichsnährstand 72, 1943. — Die Topinambur. Flugschrift der DLG Nr. 10, 1949. — GRIESBECK, A., und M. HORNUNG: Anbau und Verwertung von Topinambur. Bericht über eine Studienreise durch Frankreich. AID-Heft Nr. 40, 1952.

HACKBARTH, J.: Versuche über Photoperiodismus. — Verhalten einiger Topinamburklone. Züchter **9**, 113 (1937). — HAGEN, W. v.: Die Erträge der zugelassenen deutschen Topinambur-Sorten. DLP **74** (4), 45 und (5), 63 (1951). — HONIG, H.: Die vielseitige Topinambur. Neue Mitt. Landw. **66**, 180 (1951).

KÜPPERS, G. A.: Topinambur in Zahlen. DLP **73** (22), 6 (1950). — Nährstoffansprüche der Topinambur. Zucker **5**, 91 (1952). — Topinambur und Zuckerrübe in Frankreich. Z. Zuckerind. **7**, 364 (1956).

LECHNER, L.: Die Topinambur als Grünfutterpflanze. Z. Pflanzenbau u. Pflanzenschutz **2**, 85 (1951). — LÖHRKE, L.: Über die Wirkung verschiedener Standweiten, Düngung und Erntetermine auf den Ertrag und die Bestockung von Topinambur-Sorten und -stämmen. II, Beiträge zur Züchtung und zum Anbau der Topinambur. Z. Acker- u. Pflanzenbau **102**, 101 (1957).

Nalivaiko, G.: Einfluß der Bodenfeuchtigkeit auf Wachstum und Entwicklung der Topinambur. Ukrainisch, engl. Zusammenfassung. Z. bot. Inst. Akad. Wiss. U.S.S.R. **203**, 197 (1938). — Niehaus, H., und K. Stute: Versuche über den Einfluß einer Stickstoffdüngung auf den Ertrag und die Zusammensetzung von Topinambur. Kleintierzucht in Forschung und Lehre. Celler Jahrbuch 1952, S. 232. Reutlingen 1953.

Ogasa, T., und Y. Arao: Über den Anbau von Topinambur in der Mandschurei. Ref. Chem. Abstr. 4538 (1944).

Pätzold, C.: Forschungsarbeiten an der Topinambur. Landbauforsch. Völkenrode **3**, 44 (1953). — Die Topinambur als landwirtschaftliche Kulturpflanze. AID-Heft, 161 S., 1957.

Ravault, L.: Über Topinambur-Anbau und Nutzung in Frankreich. F.N.T. Paris, S. 1, 1952. — Reestman, J.: Topinambur-Sortenvergleiche. Versl. C.I.L.O. (1948), S. 65. Wageningen 1949.

Sande-Bakhuyzen, H. L. v. d., und H. G. Wittenrood: Faktoren, welche Blüten- und Knollenbildung bei der Topinambur bestimmen. Versl. C.I.L.O. (1951), S. 135. Wageningen 1952. — Scheibe, A., und M. Müller: Untersuchungen über Blühauslösung und Blühförderung an Helianthus tuberosus L. durch Pfropfung und photoperiodische Maßnahmen. Beitr. Biol. Pfl. **31**, 431 (1955). — Sprague, H. B., N. F. Farris und W. G. Colby: Die Wirkung von Bodenbeschaffenheit und Behandlung auf den Ertrag an Knollen und Zucker bei Topinambur. J. Amer. Soc. Agr. **27**, 392 (1935). — Steinbauer, C.: Wirkung von Temperatur und Feuchtigkeit auf die Länge der Keimruhe von Topinamburknollen. Proc. Amer. Soc. Hort. Sci. **29**, 403 (1933). — Stelzner, G.: Entwicklungsphysiologische Untersuchungen über die Schoßhemmung an Knollen von Topinambur. Pflanzenbau, Leipzig **18**, 150 (1941).

Tietjen, U.: Licht und Pflanze. Landbauforsch. Völkenrode **5**, 8 (1955). — Tinker, M. A. H.: Die Wirkung der Tageslänge auf das Wachstum und die chemische Zusammensetzung der Gewebe einiger Kulturpflanzen. Ann. Botany **42**, 101 (1928).

Wandel, G.: Züchtung, Anbau und Verwertung von Topinambur. Mitt. DLG **3**, 282 (1950). — Weltzien, W. L. v.: Über Topinamburanbau. DLP **78**, 235 (1955). — Wettstein, W. v., und A. Meyle: Topinambur als Futterpflanze. Züchter **4**, 66 (1932).

Zimmermann, P. W., und A. E. Hitchcock: Knollenbildung bei Topinambur, reguliert durch Überdecken der Stengelspitzen mit schwarzem Tuch. Contr. Boyce Thompson Inst. **8**, 311 (1936).

VII. Die Düngung der Wiesen und Weiden[1]

Von

E. Klapp

A. Allgemeines

Das Dauergrünland stellt uns vor andere, zum Teil sogar grundsätzlich andere Düngungsprobleme als etwa die Marktfrucht auf dem Ackerland (Klapp 1938, 1954).

a) Ertrag, Nutzungsweise, Nährstoffentzug und Düngebedürfnis

Marktfrüchte werden bei einem bestimmten, physiologischen oder technischen Reifegrad geerntet; im gewogenen Ernteergebnis sehen wir ihren Ertrag, aus seinem Stoffgehalt berechnen wir den Nährstoffentzug.

Dauergrünland kann in der Vegetationszeit praktisch an jedem Tag, es kann selten oder häufig, durch Mahd oder Weidegang abgeerntet werden, und mit der Nutzungsweise ändern sich Ertrag, Nährstoffentzug und Düngebedürfnis; diese drei Größen können also auch auf ein- und derselben Fläche, in ein- und demselben Jahr sehr verschieden sein; auch kann der ,,Ertrag" oft nur mittelbar, über die tierische Nutzleistung gemessen oder geschätzt werden. Der Ertrag einer Grünlandfläche ist also unbestimmt.

Gerade die Einschaltung des Weidetieres macht das besonders klar. Wird eine Grünlandfläche jährlich zweimal zur Heuwerbung geschnitten, so ergibt sich natürlich ein wägbarer Heuertrag und sein Nährstoffgehalt läßt einen bestimmten Nährstoffentzug erkennen. Wird dieselbe Fläche aber ohne Unterbrechung als Mastweide genutzt, dann läßt sich der ,,Ertrag" nur in Gestalt des Erhaltungsfutterbedarfs und des Lebendgewichtszuwachses errechnen; der Nährstoffentzug muß dabei äußerst gering sein, da ja die Exkremente der Tiere zum Boden zurückkehren.

In Urin und Kot einer Großvieheinheit (GVE) fallen in 180 Vollweidetagen durchschnittlich etwa 38 kg N, 11 kg P_2O_5, 50 kg K_2O und 23 kg CaO an, bei einem Weidebesatz von 2 GVE je ha also die doppelte Menge. In Ländern mit ganzjährigem Weidegang und starkem Viehbesatz fand man das Mehrfache davon (Sears 1950, zit. Whyte 1959). Und mit der Ertragsfähigkeit der Weide-

[1] Da das Grünland in vielen Ländern mehr Raum einnimmt als die wichtigsten Ackerfrüchte und überdies sehr verschiedene Nutzungsformen erlaubt, ist der Umfang der einschlägigen Literatur ausserordentlich. Im Rahmen eines relativ kurzen Beitrages kann sie nur zum geringeren Teil und in ihren wichtigsten Quellen berücksichtigt werden. Weitere Hinweise finden sich in einigen der im folgenden zitierten Arbeiten.

fläche wächst auch der Anfall von Exkrementen. Zahlreiche Versuche (SEARS u. a. 1953, HOLMES 1956 zit. WHYTE 1959, seither viele weitere) zeigen, daß die Exkremente den Ertrag wesentlich steigern gegenüber dem Ertrag von Flächen, auf denen Kot und Urin aufgefangen werden. Der Entzug ist bei reiner Weidemast sehr gering, er dürfte für alle Hauptnährstoffe unter je 10 kg/ha liegen (so bereits WEBER 1905). Höher ist der N-Entzug durch Milchvieh (ebenda); immerhin bleibt er weit hinter dem Entzug durch Heuwerbung zurück.

Ein Milchertrag von 5000 kg/ha und ein Heuertrag von 80 dz/ha bedeuten etwa folgenden Entzug in kg/ha:

	Milch	Heu		Milch	Heu
N	27,0	136,0	CaO	8,5	76,0
K_2O	8,5	144,0	MgO	1,0	32,8
Na_2O	2,0	17,6	P_2O_5	10,0	56,0

Der Entzug durch reine Mähenutzung beträgt also das Vielfache des Entzuges durch reine Weidenutzung.

Der Unterschied gleicht sich natürlich umsomehr aus, je häufiger Weiden gemäht werden; und das Düngebedürfnis von Weiden muß um so größer werden, je kürzer der tägliche Aufenthalt der Tiere auf der Weide wird, je mehr Exkremente sie also im Stall und unterwegs absetzen.

Theoretisch müßte eine Weidefläche auf gut mit Nährstoffen versehenem Boden bei reiner Weidenutzung ohne Düngung auskommen und Ersatz für den geringen Entzug aus Bodenreserven und N-Sammlung der Kleearten finden. Tatsächlich ist das Düngebedürfnis intensiv genutzter Weiden oft sehr hoch, namentlich für N[1], u. a. aus folgenden Gründen:

a) Die Nährstoffe der Exkremente werden nur unvollständig ausgenutzt (Ammoniakverdunstung, Auswaschung von N und K_2O, Festlegung von P_2O_5),

b) die Exkremente fallen sehr ungleichmäßig und fleckenweise an; zwischen den Geilstellen kann sehr wohl ausgesprochener Mangel eintreten, während es unter Schattenbäumen und an Weideeingängen zur Nährstoffanreicherung kommt,

c) mit dem raschen Nachwuchs, den die moderne Weidenutzung verlangt und der weitgehend von der N-Versorgung abhängt, hält die Mineralisation des N aus dem Boden (Humus, Bakterienknöllchen) offenbar nicht Schritt (z. B. NIESCHLAG, MÜLLER 1955),

d) eine moderne Weidenutzung ohne Silogras- und Heuschnitte ist undenkbar. Trotzdem sprechen niederländische Erfahrungen bei sehr hohen N-Gaben dafür, daß das P- und K-Düngebedürfnis reichlich versorgter Flächen auch bei höchsten Weideerträgen von einem gewissen Punkt an nicht mehr wesentlich ansteigt ('T.HART 1956).

Abgesehen von regelmäßig und reichlich gedüngten Flächen besteht im ganzen gemäßigten Klimabereich ein ausgesprochenes P-Düngebedürfnis, leichtere und besonders moorige Böden bedürfen meist der K-Düngung; Ca-Düngung s. S. 768.

Das N-Düngebedürfnis wird von der Zusammensetzung der Grasnarbe, von der Düngungsweise und von der Nutzungsintensität so entscheidend beeinflußt, daß man praktisch zwei grundsätzlich verschiedene Düngungssysteme (ohne und mit N) unterscheiden kann. Der wesentliche Faktor ist das Vorhandensein oder Fehlen von Leguminosen.

Unter optimalen Verhältnissen ($\pm$ humides Klima, ganzjährige Weide) wurde in umfangreichen Untersuchungen von SEARS und Mitarbeitern (zit. WHYTE

[1] S. das Schema des N-Kreislaufes bei WHYTE 1959, S. 103.

1959) eine N-Sammlung von 500 bis 600 kg N/ha ermittelt; selbst wenn nur 25% davon aus Exkrementen wieder genutzt werden könnten, wäre die N-Versorgung auch bei hohen Leistungen gesichert. Aber auch in Ländern mit Winterruhe kann die N-Lieferung durch Leguminosen sehr hoch sein. DAVIES und WILLIAMS (1958) geben folgende Erträge ohne jegliche N-Düngung an:

Reine Grasbestände	10 bis 37 dz Trockensubstanz/ha	(Ansaaten)
Kleegras	44 bis 85 dz Trockensubstanz/ha	

Vorhandensein von dauernden Kleearten in altem Grasland erhöhte die Lebendgewichtszunahme von Weideschafen um 23 bis 52% gegenüber kleefreien Grasnarben.

In einigen west- und nordeuropäischen Ländern wurde und wird daher die N-Versorgung des Grünlandes über eine bewußte Förderung der Kleearten durch PK-Düngung angestrebt (seither neigt die Auffassung jedoch mehr zur Stickstoffverwendung). Auch in Dauerwiesen, die vielfach reicher an Leguminosenarten sind als Weiden, ist eine N-freie Düngung mit befriedigendem Erfolg durchaus möglich und seit zwei Menschenaltern verbreitet.

Gedeihen Leguminosen aus standörtlich oder wirtschaftlich bedingten Gründen weniger gut, und allgemein dann, wenn Höchstleistungen angestrebt werden, ist ein Verzicht auf N-Düngung unmöglich, besonders natürlich dann, wenn Leguminosen gänzlich fehlen. N-Düngung neigt besonders in Wiesen zur Kleeverdrängung (KLAPP 1926, 1931, 1938); je mehr diese vor sich geht, umsomehr N wird als Ersatz für die abnehmende Sammlung von Leguminosen-N gebraucht.

b) Botanische Zusammensetzung der Grasnarbe

Der gemischte Pflanzenbestand von Wiesen und Weiden ist in mehrfacher Hinsicht wichtig für den Düngungserfolg.

a) Jede Grünlandpflanze reagiert auf Nährstoffzufuhr spezifisch. Dies und die starke Konkurrenz (KLAPP 1959) in der Grasnarbe führt dazu, daß jede Düngungsweise selektiv, d. h. fördernd, erhaltend oder verdrängend, auf einzelne Pflanzenarten wirkt: Die Grasnarbe ist sehr wandlungsfähig, plastisch (PLÖTZE 1935, KLAPP 1957/58).

b) Der Gehalt der Grünlandpflanzen an organischen Stoffen und an Mineralbestandteilen ist von Art zu Art verschieden, besonders deutlich im Vergleich der drei Gruppen Gräser, Leguminosen, sonstige Kräuter. Bei getrennter Untersuchung dieser Gruppen aus Wiesenernten fanden wir (KLAPP 1938) folgendes in % der Trockensubstanz:

	Roh-protein	Roh-faser	Roh-asche	P_2O_5	K_2O	CaO	MgO	Na_2O
Gräser	9,4	35,6	6,9	0,44	2,43	0,68	0,33	0,09
Leguminosen	19,9	25,1	7,9	0,51	1,85	2,23	0,69	0,11
Sonstige Kräuter	13,3	22,1	11,2	0,62	3,27	2,64	0,93	0,21

Dieser Befund ist seither in zahlreichen Untersuchungen prinzipiell bestätigt worden (BENDER 1940, BRÜNNER 1954, KAUTER 1935, SCHULZE 1953, WÖHLBIER-KIRCHGESSNER 1957, ZÜRN 1951,) wenngleich die Unterschiede des P_2O_5- und K_2O-Gehalts von Gräsern und Leguminosen zuweilen gering sind. Stets aber sind die Kräuter im CaO- und MgO-Gehalt, in Alkali- und Erdalkali-Alkalität den Gräsern weit überlegen, auch im Gehalt an einigen Spurenelementen.

Der durchschnittliche Stoffgehalt von Grünlandernten muß sich daher in dem Maße ändern, in dem das Massenverhältnis der Arten und Gruppen verschoben wird, z. B. durch die Jahreswitterung, durch die Nutzung, vor allem aber durch die Düngung. Grünlanddüngung wirkt also nicht nur — wie bei den Marktfrüchten — direkt auf den Stoffgehalt der Ernte, sondern auch – oft in viel höherem Maße — indirekt durch Verschiebung des Artenverhältnisses. Die selektive Wirkung der Düngung ist je nach den Umständen auf arteigentümliche Unterschiede des Nährstoffbedarfs, des Aneignungsvermögens, der Wuchsform (Beschattung), der Wurzelkonkurrenz zurückzuführen.

Insgesamt führt zweckmäßige Düngung fast ausnahmslos zu einer qualitativ besseren Zusammensetzung der Grasnarbe, selbst dann, wenn eine Kleeverdrängung unvermeidlich ist; in diesem Fall beruht die Verbesserung vornehmlich auf dem Ersatz minderwertiger Gräser durch hochwertige.

c) Die Dauer der Grasnarbe

Die den Boden ständig bedeckende Grasnarbe macht eine Bodenbearbeitung und eine Vermischung der Düngemittel mit dem Boden in der Regel unmöglich. Die nicht selten geäußerte Annahme, daß die Düngerausnutzung durch diese Tatsache beeinträchtigt würde, ist irrig. Die großen Wiesendüngungsversuchsreihen von AHR 1919, WAGNER 1921, KÖNIG 1950 u. a. zeigen für P_2O_5 und K_2O der Düngemittel eine wesentlich bessere Ausnutzung als bei Ackerfrüchten. Die N-Ausnutzung ist allerdings sehr verschieden; sie dürfte mit der Nutzungsintensität sehr stark zunehmen (z. B. RAUM 1927), kann aber auch sehr gering erscheinen, wenn nämlich der Zuschuß von Boden-N durch Leguminosenverdrängung infolge hoher Stickstoffgaben ausfällt.

Erklärungen für die gute Nährstoffausnutzung können gesehen werden in der Summierung von Nachwirkungen und in der während der ganzen Vegetationszeit andauernden Aufnahmebereitschaft der Grasnarbe. Daß insbesondere die reine Oberflächendüngung so wirkungsvoll ist, dürfte mit der sehr seichten, aber überaus dichten Bodendurchwurzelung zusammenhängen. 80 bis 90% der gesamten Wurzelmasse finden sich in den oberen 5 cm des Bodens (KLAPP 1951, KMOCH 1952, TROUGHTON 1957), und für das stark entwickelte Tierleben des Bodens gilt dasselbe (FRANZ 1950). (Das rasche „Einwachsen“ von Stallmist geschieht wohl vornehmlich durch die Tätigkeit der Bodentiere.) Alle Düngernährstoffe kommen schon dicht unter der Bodenoberfläche mit aktiven Wurzeln in Berührung. Diese flache Durchwurzelung des Bodens bleibt auch dann bestehen, wenn die tieferen Bodenschichten überreich an pflanzenlöslichen Nährstoffen sind. Es überrascht daher nicht, daß alle bisher bekannten Erfahrungen mit „Tiefendüngung“ auf Grünland Enttäuschungen brachten (KLAPP 1944a, KÖNIG 1950, SCHULZE 1952).

Mit der Dauer der Grasnarbe ist noch eine weitere wichtige Tatsache verbunden. Unter jeder älteren Grasnarbe finden sich gewaltige Wurzelmengen in der Größenordnung von 60 bis 200 dz Trockensubstanz/ha und hiervon wird ein sehr hoher Prozentsatz jährlich umgesetzt (GOEDEWAGEN und SCHUURMANN 1950, KMOCH 1952). Mit anderen Worten, es herrscht im Grünlandboden, verglichen mit Ackerland, meist Überschuß an organischer Substanz, zumal humuszehrende Brachezeiten und Bodenbearbeitungen jeder Art fehlen. Der Boden der Grünlandes befindet sich in Dauergare, er ist nicht wie die meisten Ackerböden auf Humuszufuhr angewiesen. Die Beurteilung organischer Düngemittel muß daher beim Grünland anders ausfallen als beim Ackerland.

d) Düngung als Meliorationsmaßnahme

Der Begriff „Grünland" umfaßt außerordentlich Verschiedenes, vom völlig verarmten und versauerten Ödlandrasen bis zu schon langjährig gedüngten und neuzeitlich genutzten Kulturrasen. Auf mageren Ödlandrasen führt angemessene Düngung zu umwälzenden Veränderungen im Bodenzustand und im Pflanzenbestand (Bredemann 1912, Schneider 1926, Klapp 1929, 1944b, 1959b, Koblet, Frei, Marschall 1953, Zürn 1953). Anreicherung, Entsäuerung, Belebung des Bodens, Mineralisation von Rohhumus, Freisetzung festgelegter Nährstoffe einerseits, Förderung anspruchsvoller, bisher kümmernder Pflanzen, Ermöglichung des Aufgangs von im Boden ruhenden Samen anderseits veranlassen stürmische Umschichtungen der Vegetation. Hier wirkt die Düngung als Meliorationsmaßnahme, es gelangen auch solche Düngemittel, die in der laufenden Düngung von Kulturrasen nur geringe Bedeutung zu haben scheinen, zu durchschlagendem Erfolg, wie etwa die Kalkdünger. Der wesentlichste Schritt dieser Meliorationsdüngung ist die Förderung der Leguminosen, besonders des Weißklees, die nächst dem Kalk vornehmlich basenreichen Phosphatdüngern zu danken ist (Stapledon 1934).

In Kulturrasen mit ausreichendem Reaktions-, Phosphat- und Kalizustand kommt die Düngewirkung weniger in Bestandsumwandlungen als in Ertragssteigerungen zum Ausdruck.

Diese recht verschiedenen Wirkungsrichtungen der Düngung sind bei der Beurteilung der Düngemittel zu beachten.

B. Die Handels- (Mineral-) Dünger

a) Kalkdüngung

Die Bedeutung des Kalkes für den Kleewuchs wie für den Futterwert des Aufwuchses ist unbestritten. Gleichwohl schwankt die Beurteilung quantitativer und qualitativer Kalkwirkungen auf dem Grünland vom höchsten Lob (namentlich im populären Schrifttum!) bis zur Skepsis oder Ablehnung. Die Hauptursache hierfür besteht darin, daß die standörtlich außerordentlich verschiedene Boden- und Meliorationswirkung nicht leicht von der reinen Nährwirkung des Kalkes zu trennen ist. Auch wird zu oft die Tatsache verkannt, daß die Grasnarbe bei sonst guter Nährstoffversorgung innerhalb eines sehr weiten pH-Bereiches hohe Leistungen zu erbringen vermag. Erst bei pH-Werten unter 5,0 bis 4,5 pflegen auf Mineralböden deutlich reaktionsbedingte Schäden aufzutreten.

In Hochmoorkulturen ist Aufkalkung eine absolute Vorbedingung guten Grünlandwuchses. Die umfangreichen, jahrzehntelangen Untersuchungen der Moorversuchsstation Bremen (z. B. Brüne 1952, Baden 1957) zeigen ganz eindeutig, daß eine Anfangskalkung von etwa 50 dz/ha CaO notwendig ist, aber auch für Jahrzehnte ausreicht, und daß vor Nachkalkungen gewarnt werden muß; bei pH-Werten über 4,2 (in KCl) ist nicht einmal die Meliorationskalkung notwendig. Auf den meist kalkreichen Niedermoorböden ist eine Kalkung namentlich bei fortgeschrittener Zersetzung eher schädlich für die Bodenphysik und die Nährstoffverfügbarkeit; hier ist oft eine Ansäuerung erwünscht (Kreil und Koriath 1958). Auf kalkarmen, stärker sauren Mineralböden pflegt eine anfängliche Meliorationskalkung erfolgreich zu sein, namentlich, wenn sie festgelegte Phosphate pflanzenzugänglich macht, auf schweren Böden auch durch eine Strukturverbesserung.

1. Bodenwirkungen

Wenn der Düngekalk nicht, wie bei der „Deutschen Hochmoorkultur", in den Boden eingemischt wird, bewirkt er trotz seiner Schwerbeweglichkeit eine allmählich tiefer dringende Entsäuerung (DE VRIES 1934). In den staunassen, lehmigen Böden (Pseudogleye) des Versuchsgutes Rengen (KLAPP 1959) fanden wir nach fünfjährigen Gaben von je 10 dz/ha CaO folgende pH-Werte:

Bodenschicht	ohne CaO	mit CaO
0— 5 cm	4,0	6,1
5—10 cm	4,2	5,5
10—15 cm	4,4	4,8
15—20 cm	4,4	4,5

Diese Entsäuerung ermöglicht oft erst eine genügende Bodendurchwurzelung, sie erhöht die Aufnehmbarkeit von Boden-Nährstoffen, fördert die Mineralisierung von Humus-N; kurz, die von Ackerböden bekannten Wirkungen treten auch hier ein, wenn auch langsamer.

Die durch Kalkung erzielte Bodenlockerung wird nicht stets als günstig angesehen (VAN DAALEN 1928, 1934). WEHSARG (1935) befürchtet von ihr auch Störung des Wasserhaushalts und des Kleinlebens im Boden.

2. Ertragsleistung

Auf stark verarmten und versauerten Grünlandflächen ist Kalkung zunächst meist sehr wirksam. Wir erzielten bei einseitiger Kalkung auf den genannten Rengener Böden (KLAPP 1959) in den ersten Jahren Ertragssteigerungen um 40 bis 100%; diese Mehrerträge nehmen aber nach einigen Jahren stark ab, vor allem in Zusammenwirken mit anderen Düngemitteln. Im Mittel unserer Versuche wurden durch Kalkung erzielt im

1. und 2. Jahr........................ 5,7 dz/ha Trockensubstanz mehr
5,. 6. und 7. Jahr...................... 1,0 dz/ha Trockensubstanz mehr

Die mittelbaren Wirkungen der Kalkung (Umstellung des Pflanzenbestandes, Freisetzung von Bodennährstoffen) stellen sich zuweilen erst nach längerer Zeit ein. Die Kalkwirkung wird aber selbst auf Ödland nicht selten durch reichliche (N)PK-Düngung ersetzt oder doch sehr gemindert. Wir ernteten in Rengen durch

Ca	gegenüber	„ungedüngt"	96%	mehr	Trockensubstanz
CaPK	gegenüber	PK	56%	mehr	Trockensubstanz
CaNPK	gegenüber	NPK	6%	mehr	Trockensubstanz

ZÜRN (1953) erzielte sogar auf stark sauren Borstgrasrasen und sonstigen Almflächen durch Kalkung nur sehr geringe und ganz unwirtschaftliche Erfolge. Auch die von MÜCKENBERGER (1956) auf stark saurem Sand und anmoorigem Sand erreichten Mehrerträge sind bescheiden; s. ferner KÖNIG (1950), BRÜNNER (1953a).

Auf Grünland in besserem Reaktions- und Nährstoffzustand bleiben ertragssteigernde Kalkwirkungen oft ganz aus oder doch sehr gering, es kommen auch Mindererträge vor; die Mehrzahl der Autoren kommt zu der Feststellung, daß der Ca-Nährstoffbedarf der Grünlandpflanzen durch kalkhaltige Düngemittel wie Thomasphosphat ausreichend gedeckt wird.

Das bisher Bekannte deutet darauf hin, daß eine angemessene Aufkalkung auf stark sauren Flächen, insbesondere auf rohhumusreichem Ödland, Voraussetzung für einen befriedigenden Grünlandwuchs ist und sich im Ertrag stark auswirkt, daß aber die Aussicht auf Mehrerträge um so mehr schwindet, je mehr die Mängel eines stark sauren Bodens behoben werden.

3. Kalkung und Pflanzenbestand

Erwartungsgemäß ruft Kalkung auf Ödlandrasen beträchtliche, meist günstige Änderungen des Pflanzenbestandes hervor. Die Förderung von Leguminosen erinnert oft an eine Phosphatwirkung; vermutlich spielt die Freisetzung festgelegter P_2O_5 dabei eine wesentliche Rolle. Minderwertige Gräser werden zurückgedrängt. Die „*Wertzahl*“ des Bestandes (10 Stufen von —1 bis +8, s. KLAPP, BOEKER, KÖNIG, STÄHLIN 1953) steigt infolgedessen an.

MÜCKENBERGER (1956) fand z. B. in einem Versuch auf anmoorigem Sand folgende Wertzahlen:

Ohne Kalk	2,3
60 dz/ha Mergel	3,9
90 dz/ha Mergel	5,0
120 dz/ha Mergel	5,1

Diese Wertverbesserung steigert die Bedeutung des Ertragszuwachses noch wesentlich.

Bei einseitiger Kalkung geht die Bestandsverbesserung nach einer Reihe von Jahren wieder zurück, vermutlich infolge starken Verbrauches der übrigen Nährstoffe („Ausmergelung“). In Rengen ergaben sich folgende Änderungen der Wertzahlen (KLAPP 1959):

Düngung	Wertzahl	1942	1943/44	1952/53	1958
Ca		5,8	6,1	3,9	3,7
CaNPK		5,8	6,5	5,9	6,5

Auf Böden mit geordnetem Reaktionszustand sind wesentliche Bestandverschiebungen nach einer Kalkung nicht zu erwarten (so auch KOBLET, FREI, MARSCHALL 1953).

4. Kalkung und Kalkgehalt des Aufwuchses

Die bisherigen Befunde stimmen wenig überein. Neben Angaben über einen erhöhten CaO-Gehalt finden sich gegenteilige (s. z. B. KAUTER 1943, ZÜRN 1951b, ferner die Tabelle bei KLAPP 1954, S. 153). Dabei ist allerdings zu berücksichtigen, daß jede stark wachstumsfördernde Düngung zur Senkung des Kalkgehaltes tendiert. Anderseits führt eine erhebliche Förderung des Leguminosenwuchses durch Kalkung zur Erhöhung des Kalkgehaltes im Futter. Die Wechselwirkung von Bodenzustand, Beidüngung und Pflanzenbestand erklärt die sehr verschiedenen Befunde weitgehend. — Eine Überkalkung kann durchaus nachteilig wirken, wenn sie die Aufnehmbarkeit von Haupt- und Spurennährstoffen herabsetzt.

Zusammenfassend ist zu sagen: Auf stark sauren Flächen, namentlich auf rohhumusreichem Ödland, ist eine angemessene Aufkalkung (die aber nicht zur Neutralisierung führen sollte), die Voraussetzung für einen quantitativ und qualitativ befriedigenden Grünlandwuchs. Die Aussicht auf Ertrags- und Qualitätssteigerungen schwindet aber um so mehr, je besser die Beseitigung der Bodenmängel gelingt. Auf nur noch schwach sauren, ausreichend mit P und K versorgten Böden genügt offenbar der Kalkgehalt anderer Handelsdünger zur Deckung des Kalkbedarfs der Grünlandpflanzen.

5. Mengen, Formen, Zeitpunkt der Kalkung

Stärkere Kalkung sollte nur nach Feststellung der zur Bodenverbesserung wirklich notwendigen Ca-Mengen stattfinden. Leider sind erprobte Richtsätze wie die der Moorversuchsstation Bremen nicht für weitere Bodentypen bekannt,

Vorsicht ist aber stets am Platze. Bei der Ödlandkultur in Rengen erzielten wir (Ursprungs-pH=3,9 bis 4,2) mit mehrfach wiederholten kleinen Gaben von 4 bis 8 dz/CaO/ha bessere Erfolge als mit massiven Vorratsgaben von 20 bis 36 dz/ha (KLAPP 1959).

Bei guter Verteilbarkeit können praktisch alle Kalkdüngerformen auf dem Grünland Verwendung finden, Branntkalk allerdings nur mit Vorsicht während der Vegetationsruhe; er wirkt bei der Ödlandverbesserung besonders energisch, zumal hier noch keine Rücksicht auf empfindliche Pflanzen zu nehmen ist. Alle nicht gebrannten Düngekalke können zur Not auch in der Vegetationszeit verabreicht werden.

In der Praxis werden vielfach kleinere Kalkmengen in regelmäßigen Abständen namentlich auf Weiden verwendet. Man erwartet dabei je nachdem höhere Schmackhaftigkeit des Futters, Erhaltung des Kleeanteils, Freisetzung von Bodennährstoffen. Schlüssige Beweise für oder wider sind bisher nicht erbracht worden.

b) Phosphorsäuredüngung

Die Phosphorsäure spielt eine einzigartige Rolle in der Grünlanddüngung. Sie stellt in der Mehrzahl aller Fälle den entscheidenden Minimumfaktor in der Nährstoffversorgung der Grasnarbe dar, und das kann sich in schweren Ernährungsmängeln der Weidetiere auswirken. Namentlich auf ödlandartigen Grasnarben hat P noch mehr als Ca den Charakter eines Meliorationsfaktors im Hinblick auf Bodenzustand, Ertrag, Pflanzenbestand und Futterqualität.

Ein drastisches Beispiel für die Wirkung der P-Düngung bringt TRUMBLE (für Australien, zit. SEMPLE 1952); mit drei Jahresgaben von je 250 kg/ha erhöhte sich

der Gesamtertrag auf das	8fache
die N-Sammlung auf das	10fache
die Zahl der Bodenbakterien auf das	11fache
der Phosphorertrag auf das........	16fache
der Weidetierbesatz auf das	10fache

Die Pflanzenzugänglichkeit von Boden-P hängt sehr stark von der Bodenreaktion ab, in stärker sauren wie in alkalischen Böden wird P stark festgelegt. Beste Verfügbarkeit findet sich zwischen pH 5 und 6.

Trotz ihrer Schwerbeweglichkeit (EHRENBERG 1939, VALKANOV 1943) wandert die Dünger-P_2O_5 langsam auch in tiefere Bodenschichten ein, d. h. bestenfalls bis 15 oder 20 cm (z. B. GISIGER 1933). Auf dem an verfügbarer P_2O_5 sehr armen Boden des Versuchsgutes Rengen (KLAPP 1959) ergab sich in langjährigen Versuchen folgende Änderung der Neubauerwerte (mg P_2O_5/100 g Boden):

	ohne P	mit P
0— 5 cm	1,8	3,3
5—10 cm	1,5	2,4
10—15 cm	1,1	1,5
15—20 cm	0,3	0,5

Die Werte sind sehr niedrig, lassen aber trotzdem hohe, P-reiche Erträge zu.

1. P und Ertrag

Die Fülle älterer und neuerer Versuchsergebnisse läßt folgende Spannen des Ertragszuwachses im Vergleich von P-freier und P-haltiger Düngung erkennen:

Wiesen	8—32 kg Heu	je kg P_2O_5
Weiden	2—15 kStE	je kg P_2O_5

Für die Höhe der Mehrleistung ist die Düngungsvorgeschichte wichtig. Wir erzielten (Klapp 1959) auf

bisher ungedüngten	Flächen	11,7 kg Trockensubstanz je kg P_2O_5
altgedüngten	Flächen	5,6 kg Trockensubstanz je kg P_2O_5

Hier spielte auch die Begleitdüngung eine wichtige Rolle:

Ohne Kalk :	mit Kalk	5,7 :	11,3 kg Trockensubstanz je kg P_2O_5
Im Vergleich von „Ungedüngt":	P		1,7 kg Trockensubstanz je kg P_2O_5
N	: NP		13,3 kg Trockensubstanz je kg P_2O_5
NK	: NPK		9,0 kg Trockensubstanz je kg P_2O_5

Die Ausnutzung der P-Düngung, zunächst gering, nimmt bei regelmäßiger Düngung mit den Jahren bis zu sehr befriedigender Höhe (30 bis 45%) zu. Die Dauerversuche von P. Wagner (1921) und F. König (1950) lassen im Durchschnitt folgendes erkennen:

	1.—2.	3.—4.	5.—6.	7.—8. Jahr
Ausnutzung %	11,8	27,5	33,2	43,8

Dem entspricht ein Stetigbleiben, oft auch ein Anwachsen der Mehrerträge. König (1950) fand im

1.—2.	3.—4.	5.—6.	7.—9. Jahr
15,0	22,3	22,2	35,6 kg Heu je kg P_2O_5

Aber auch die Nachwirkung hoher Gaben ist ausgezeichnet. Wagner (1921) erhielt nach einmaliger Gabe von 144 kg P_2O_5/ha in neun folgenden Jahren: 7,5 — 23,0 — 26,0 — 14,4 — 29,3 — 13,1 — 10,6 — 9,2 — 5,7 dz Heu-Mehrertrag und eine Ausnutzung von 42,5%.

2. P-Düngung und P-Gehalt des Futters

Gericke (1957) fand unter 1270 Heuproben nur rund 11% mit einem für die Tierernährung etwa ausreichenden P-Gehalt. Die dringend notwendige Erhöhung des P-Gehaltes im Futter schreitet auch bei regelmäßiger P-Düngung zunächst nur langsam fort, ist aber mit Geduld und hohen P-Gaben wohl stets zu erreichen. Gehalte über 0,65% P_2O_5 im Heu verlangen jedenfalls eine erhebliche Vermehrung der verfügbaren P_2O_5. Eine „Luxus"-Aufnahme findet kaum statt, wenngleich holländische Autoren auch von nachteiligen Wirkungen zu hoher P-Gehalte im Futter sprechen ('t Hart 1956).

Die P-Anreicherung des Futters geschieht bei P-Düngung sowohl direkt wie mittelbar durch Erhöhung des Leguminosenanteils. Bei sehr hohen Bodenvorräten an verfügbaren P_2O_5 steigt der P-Gehalt auch mit wachsenden N-Gaben (Mulder 1949).

3. Mengen, Formen, Zeitpunkt der P-Düngung

Die Empfehlung P. Wagners (1921), mit hohen Anfangsgaben (80 bis 140 kg P_2O_5/ha) bis zur „Sättigung des Heues" (auf 0,65 bis 0,70% P_2O_5) zu arbeiten und weiterhin regelmäßig zu düngen, hat noch heute ihre Berechtigung; hohe Vorratsgaben kommen durch tieferes Eindringen von P in den Boden sowie durch rascheres Erreichen hoher Erträge und Gehalte zur Wirkung, Verluste sind ebensowenig zu befürchten wie Luxuskonsum. In Ländern mit intensiver Grünlandnutzung ist man bestrebt, den Bodenvorrat an verfügbarer P_2O_5 so anzureichern, daß der P-Gehalt des Futters auch bei höchsten N-Gaben befriedigend bleibt.

Mehr als bisher muß bei der laufenden Düngung die Nutzungsweise berücksichtigt werden. VAN DER MOLEN und Mitarbeiter (1959) nennen als erfahrungsgemäßes Düngungsbedürfnis in den Niederlanden:

bei reiner Weidenutzung	20 kg P_2O_5/ha
bei intensiver Weidenutzung	30 kg P_2O_5/ha
bei 1 Schnitt, sonst Weidenutzung	45 kg P_2O_5/ha
bei 2 Schnitten, sonst Weidenutzung	75 kg P_2O_5/ha
bei reiner Mähenutzung	150 kg P_2O_5/ha

Das entspricht weitgehend dem Entzugsverhältnis (s. S. 764)[1].

Der verbreitetste Phosphatdünger dürfte das Thomasphosphat sein, namentlich auf kalkarmen Böden, wo sein Kalk- und Spurenelementgehalt den Kleewuchs besonders auffällig fördert. Auf kalkhaltigen oder mit Kalk gedüngten Böden leistet Superphosphat in der Ertragssteigerung Ähnliches; auf sauren Böden und besonders auf Hochmoor sollte man es vermeiden. Bei Beachtung des Bodenzustandes läßt sich jeder Phosphatdünger verwenden. Rohphosphate haben sich auf Hochmoor und Sandheide bewährt (EHRENBERG, BUCHNER 1951, FINCKH 1958); die heutigen Handelsformen wie Reno-Phosphat eigenen sich für weniger kalkreiche Böden im regenreichen Klima und auch darüber hinaus; bei gleichzeitiger Kalkverwendung kann die Wirkung leiden.

Die Anwendungszeit ist nahezu beliebig, wenigstens für Thomasphosphat (GERICKE 1956); das „Zurückgehen" der Superphosphat-P_2O_5 legt jedoch Verabreichung zu Vegetationsbeginn (ZÜRN 1951a) nahe. Für stark festlegende Böden gilt dasselbe, hier werden sogar gelegentlich Teilgaben während der Vegetationszeit empfohlen; die Versuchsergebnisse sind allerdings nicht eindeutig (z. B. NORMAN 1956).

c) Kalidüngung

Die Bedeutung der K-Düngung ist stark vom natürlichen K-Vorrat des Bodens abhängig und deswegen nicht so allgemeingültig wie die der P-Düngung. Länder mit vorherrschend schweren Böden beschränken sich bei der Weidedüngung seit Jahrzehnten auf K-freie Düngung. Ob das auch bei vorherrschender Mähenutzung möglich wäre, ist angesichts des dabei sehr hohen K-Entzuges zu bezweifeln. So ist heute K-Düngebedürfnis mit wachsender Schnittnutzung in Großbritannien viel häufiger geworden. Auf den durch geringe Beimengung vulkanischen Materials relativ kalireichen, lehmigen Böden in Rengen (KLAPP 1959) bleibt eine K-Wirkung 9 bis 10 Jahre lang aus; im zweiten Jahrzehnt wurden bei Mahd aber bereits 6 bis 7 kg Trockensubstanz je kg Dünger-K_2O mehr geerntet.

Beim Vorherrschen leichter und mooriger Böden erhält die K-Düngung ähnliche Bedeutung wie die P-Düngung, d. h. auch sie kann dann geradezu Meliorationswirkung entfalten. Die Bodenanreicherung mit K ist leichter als diejenige mit P zu erreichen, die Verarmung bei K-Vorenthaltung verläuft aber auch schnell.

In Rengener Dauerversuchen fanden wir (1959) folgende Neubauerwerte (mg K_2O je 100 g Boden):

	Ungedüngt	nur K	nur P
0— 5 cm	24	34	13
5—10 cm	16	24	8
10—15 cm	14	16	8
15—20 cm	12	13	7

[1] Die absolute Höhe der vorgeschlagenen Gaben kann nicht allgemeingültig sein; sie wird hier weitgehend von dem Streben nach höchsten Erträgen und nach Erhaltung eines hohen Bodenvorrates bei sehr hohen N-Gaben bestimmt.

Nahezu die Hälfte des ursprünglichen Bodenvorrats war also bei fünfjähriger K-Vorenthaltung verbraucht worden.

1. Ertragsleistung

Der Mehrertrag je kg K_2O zeigt in der großen Zahl vorliegender Untersuchungen bei

Wiesen eine Spanne von 5 bis 17 kg Heu
Weiden eine Spanne von 4 bis 12 kStE

Die Wirkung der K-Düngung wird natürlich stark vom Bodenvorrat, von der Düngungsvorgeschichte, von der Begleitdüngung, der Nutzungsweise und anderen Faktoren mehr beeinflußt.

Mit der P-Düngung gemeinsam hat die K-Düngung die stetige und mit der Dauer sogar oft ansteigende Wirkung und eine ausgezeichnete Ausnutzung (in F. KÖNIGS Versuchen (1950) im Mittel 57%, im Höchstfall 85%).

ZÜRN (1952) fand in zehn Jahren ein Ansteigen des Heu-Mehrertrages von 10 auf 40% gegenüber ungedüngt, GEITH und ZÜRN (1941) erzielten in fünf Jahren ein Anwachsen der Weide-Mehrleistung von 4,3 auf 19,2 kStE je kg Dünger-K_2O.

Im Gegensatz zur P- ist bei der K-Düngung jedoch nicht mit einer wesentlichen Nachwirkung zu rechnen; namentlich auf Moor- und Sandböden wirkt sich K-Vorenthaltung oder auch nur unzureichende K-Versorgung rasch in Mindererträgen aus (BRÜNE 1936, 1952).

2. K-Düngung und Pflanzenbestand

Immer dann, wenn K-Armut des Standorts den Minimumfaktor des Bodens darstellt, wirkt K in ähnlicher Weise wie P verbessernd auf den Pflanzenbestand, d. h. fördernd auf den Leguminosenwuchs und das Gedeihen wertvoller Gräser (s. besonders KÖNIG 1950). Ein Übermaß an einseitiger K-Zufuhr (namentlich in Jauche und Gülle) kann anderseits zu starker Verunkrautung führen. K-Mangel schädigt den Kleeanteil ähnlich wie P-Mangel.

3. K-Düngung und Stoffgehalt der Ernte

Der K-Gehalt des Grünlandaufwuchses spricht in der Regel rasch und sicher auf K-Zufuhr an, wobei es auch zu unerwünscht hohen Gehalten, vielfach unter Senkung des Ca-, Mg- und Na-Gehaltes, kommen kann. Auch hier spielt die mittelbare Wirkung durch Förderung besonders K-reicher Pflanzen eine erhebliche Rolle.

4. Mengen, Formen, Zeitpunkt der K-Düngung

Hohe Vorratsgaben sind bei der K-Düngung nicht zweckmäßig, einmal der Auswaschungsgefahr, zweitens des „Luxuskonsums", endlich möglicher Ätzschäden wegen.

Noch mehr als bei der P- ist bei der K-Düngung Rücksicht auf die Nutzungsweise zu nehmen, Mähenutzung entzieht die 10- bis 20-fache K-Menge wie reine Weidenutzung. VAN DER MOLEN und Mitarbeiter (1959) rechnen unter niederländischen Verhältnissen bei mäßigem Bodenvorrat mit folgendem Düngebedürfnis (s. Anmerkung S. 773):

Reine Weidenutzung	20 kg/ha
Intensivste Weidenutzung	30—40 kg/ha
1 Schnitt, sonst Weidenutzung	120 kg/ha
2 Schnitte, sonst Weidenutzung	200 kg/ha
Reine Mähnutzung	300—400 kg/ha

Bei gutem Bodenvorrat wird natürlich weniger gebraucht, bei starker K-Fixierung in manchen schweren Böden mindestens anfänglich noch mehr.

In Deutschland sind ähnlich hohe K-Gaben auch bei reiner Mähenutzung bisher nicht üblich; P. WAGNER (1921) fand bei Gaben von über 290 kg K_2O/ha bereits nachteilige Wirkungen.

Während Kainit im vorigen Jahrhundert mit Recht als der beste K-Dünger für Wiesen galt, hat der heutige, in Begriff und Zusammensetzung wesentlich veränderte „Kainit" den Anspruch auf Bevorzugung verloren. Die meisten seitherigen Versuche lassen in der Reihenfolge: Schwefelsaures Kali, Patentkali, 40er Salz, Kainit einen deutlichen Leistungsabfall erkennen. Die Leistungsunterschiede der erstgenannten drei Formen sind im Mittel gering. Doch kann der Mg-Gehalt des „Patentkalis" ähnlich wichtig sein wie — wenigstens in industriearmen Gebieten — der S-Gehalt. Der S-Umsatz des Grünlandes ist beträchtlich und S-Mangel der Eiweißbildung der Leguminosen sehr abträglich.

Wie bei der P- so ist auch bei der K-Düngung in Deutschland die Herbst- oder Wintergabe üblich, namentlich aus arbeitswirtschaftlichen Gründen. Mit dem Ansteigen der K-Verwendung wird jedoch die Verteilung der K-Düngung auf mehrere Termine vordringlich, nicht nur im Hinblick auf Auswaschungsmöglichkeiten, sondern zur Vermeidung jahreszeitlich sehr verschiedener K-Anreicherung des Futters. Bei einer hohen Wintergabe pflegt der K-Gehalt des Weideaufwuchses beim ersten Auftrieb sehr viel höher zu sein, als beim letzten. Leider ist die Zahl schlüssiger Versuchergebnisse sehr gering. F. KÖNIG (1950) fand folgendes:

Zeit der K-Gabe	Gesamtheuertrag dz/ha	K_2O-Gehalt in % 1. Schnitt	2. Schnitt
Herbst	73,5	2,58	2,13
1/2 Herbst, 1/2 Sommer	77,0	2,39	2,51
Sommer	73,3	2,44	2,86

S. auch ZÜRN (1951 a)

Die geteilte Gabe bringt nicht nur den höchsten Ertrag, sondern auch einen ausgeglichenen K-Gehalt. Bei einigermaßen gutem K-Zustand des Bodens wird man bei Vegetationsbeginn praktisch nie K-Mangel haben, so daß namentlich bei Weiden einer noch stärkeren Unterteilung der K-Gabe nichts im Wege steht.

d) Phosphat-Kali-Düngung

In der Mehrzahl aller Fälle stellt PK-Düngung nicht nur die unerläßliche Grundlage sicherer, hochwertiger Grünlanderträge dar, sondern unter bestimmten Voraussetzungen auch ein vollwertiges Düngungssystem. Nur bei nachweislich hoher Lieferung von Boden-K kann K_2O fortbleiben. Jedenfalls ist PK-Düngung eine Maßnahme von einer sonst im Pflanzenbau kaum erreichten Treffsicherheit. Ausnahmen finden sich vornehmlich auf bindigen Böden ohne K-Fixierung, auf leguminosenfreien Flächen (in manchen Stromtalwiesen) oder auf Böden jungvulkanischer Herkunft.

Bei ausreichender Kleewüchsigkeit ergänzt die Stickstoffsammlung der durch PK-Düngung stark geförderten Leguminosen diese zur Volldüngung, die durch Jahrzehnte hindurch wie eine solche wirken kann (S. 766), allerdings nur bis zu einer beschränkten Höhe.

Auf bisher nicht regelmäßig gedüngten Wiesen wird durch PK im großen Durchschnitt eine Ertragszunahme um 50% erreicht, natürlich bei einer erheblichen Spanne je nach Standort und Düngungsvorgeschichte. Von Weiden liegen wenig Vergleiche mit „Ungedüngt" vor, in den Niederlanden rechnet man mit 20% Mehrleistung ('t Hart — de Vries 1949).

Der Verlauf der Düngewirkung entspricht dem bei P und K Gesagten, d. h. die Mehrerträge zeigen wenigstens in den ersten Jahren ansteigende Tendenz. Nachwirkungen nach Einstellen der Düngung sind solange deutlich, bis K-Mangel eintritt.

Die Wirkungen auf den Pflanzenbestand sind fast ausnahmslos günstig. Im Mittel zahlreicher Versuche verschiedener Autoren ergeben sich folgende Ertragsanteile in %:

	Ungedüngt	PK
Gräser	54	50
Leguminosen	17	31
Sonstige Kräuter	29	19

Bei sehr hohem Leguminosenanteil können allerdings (bisher nicht voll erklärbare) Rückschläge eintreten (Schulze 1956).

Der Stoffgehalt der Ernte wird ebenfalls günstig beeinflußt, in der Regel werden namentlich Eiweiß-, P-, und Ca-Gehalt mehr oder minder deutlich erhöht.

Der Gesamterfolg ist natürlich umso höher, je schlechter der Ausgangszustand des Grünlandes. König (1950) fand folgenden Ertragszuwachs durch PK-Düngung:

auf Glatthaferwiesen	15%
auf Goldhaferwiesen	75%
auf Borstgrasheiden	161%

Übliche Düngungszeit ist der Spätwinter, doch sei namentlich für Weiden auf das Wünschenswerte geteilter Gaben hingewiesen.

e) Stickstoffdüngung

Auch auf dem Grünland ist N der wirksamste Düngernährstoff und namentlich aus der heutigen Weidewirtschaft der meisten Länder nicht mehr wegzudenken. Er beschleunigt — abgesehen von der Ertragssteigerung — Austrieb und Nachwuchs des Grases, läßt eine merkliche Ausdehnung der Weidezeit zu; das alles bedeutet eine wesentliche Einschränkung der Futterfläche — oder eine entsprechende Erhöhung des Viehbestandes.

Daß die N-Düngung jahrzehntelang umstritten war (z. B. Wagner 1921, Raum 1927, 1932) und oft auch heute noch ist, hat seine Ursache in Rückschlägen bei der *Wiesen*düngung oder vielmehr im Übersehen der dabei zu beachtenden Zusammenhänge.

1. N in der Wiesendüngung

Die Heuertragsleistung schwankt nach der umfangreichen Literatur[1] zwischen Mindererträgen und erstaunlichen Mehrerträgen um ein ungefähres Mittel von 25 kg Heu je kg Dünger-N. Manche Dauerversuche lassen, ganz im Gegensatz zur P- und K-Wirkung, eine unstetige, d. h. zuweilen abnehmende N-Leistung erkennen. Eine Nachwirkung ist nicht zu erwarten, schon bei einmaligen Aus-

[1] Genannt seien außer weiterhin angeführten Quellen als Beispiele Neubauer 1921, Remy-Vasters 1931, Nuding 1931/32 (Literaturübersicht), Frankena 1934 f., Sperber 1938.

setzen können starke Rückschläge eintreten. Die N-Ausnutzung ist oft ausgesprochen schlecht (König 1950). Die Auswirkung auf den Pflanzenbestand durchschnittlicher Wiesen ist durch mehr oder weniger starke Unterdrückung der Leguminosen, bei fortgesetzter N-Düngung nicht selten durch starke Verunkrautung gekennzeichnet. Die Futterqualität wird durch Abnahme des Eiweiß- und Kalk-, durch Zunahme des Rohfasergehaltes beeinträchtigt.

Hauptursache dieser Erscheinung liegt in dem üblichen späten Wiesenschnitt. N fördert den Wuchs der Gräser, besonders den der Obergräser und ebenso den Wuchs mancher Hochstauden. Die Leguminosen haben unter Beschattung, Einengung des Standraumes und Wurzelkonkurrenz bis zur völligen Verdrängung zu leiden. Dadurch fällt die eiweiß- und kalkreichste Komponente des Pflanzenbestandes ebenso fort wie eine N-Quelle für die Gräser. Der Aufwuchs wirkt in der Zusammensetzung oft überständig, d. h. biologisch älter als auf nur PK-gedüngten Wiesen. Der Obergrasbestand wird an hohe N-Zufuhr durch Düngung gewöhnt und erleidet Rückschläge, sobald diese aufhört oder auch nur schlecht zur Wirkung kommt.

Es ist ausdrücklich zu betonen, daß der Rückgang des Eiweißgehaltes vornehmlich nach niedrigen N-Gaben zu beobachten ist. Bei N-Gaben über 40 bis 50 kg beginnt er anzusteigen, wenn der N-Bedarf für reine Wachstumsvorgänge überschritten ist und weiterer N zur Eiweißbildung benutzt wird.

Bei der entscheidenden Bedeutung des Nutzungszeitpunktes überrascht es nicht, daß früher, häufiger Schnitt die genannten Nachteile weitgehend verschwinden läßt. Während König (1950) bei normalem Zweischnitt eine mittlere N-Ausnutzung von nur 7,6%, bei viermaligem Schnitt von 22 bis 23% erreichte, fand Raum (1927) schon bei viermaligem Schnitt eine solche von fast 100%. Dieser Ausweg — Vielschnitt — ist gewöhnlich aus arbeitswirtschaftlichen Gründen nicht gangbar.

Von Natur leguminosenfreie Wiesen bedürfen natürlich keiner Rücksicht auf den Kleewuchs, wohl aber auf das Überständigwerden bei spätem Schnitt. Bei ursprünglich kleereichen Wiesen kann man entweder bei *ständig* hohen N-Gaben auf den Klee verzichten oder aber seine Erhaltung durch „*Wechseldüngung*" (S. 781) anstreben, oder sich auf N-Gaben nur zu einem frühen Schnitt beschränken. Prinzipiell wird die N-Düngung der Wiesen solange ein schwieriges Problem bleiben, solange die bisher üblichen Schnittermine beibehalten werden.

2. N in der Weidedüngung

Auf richtig bewirtschafteten Weiden sind Nachteile der genannten Art praktisch nicht zu beobachten [an die begrenzte Möglichkeit, ihren N-Bedarf durch Förderung der Leguminosen zu decken (S. 766) sei erinnert]. Die regelmäßige Frühnutzung schränkt die Konkurrenz von Gräsern und Hochstauden weitgehend ein, so daß ein gewisser Kleeanteil auch noch bei relativ hohen N-Gaben erhalten bleibt; aber selbst, wenn der Klee völlig verschwindet, läßt sich, gute Ca-P-K-Versorgung vorausgesetzt, hoher Futterwert des Aufwuchses sichern. Es braucht nie zu einer Überalterung des Futters zu kommen. Jedenfalls sind Ertragsleistung und Ausnutzung des Dünger-N gut, eine abnehmende Tendenz der N-Leistung ist unwahrscheinlich. Aus der großen Zahl vorliegender Ergebnisse aus Versuch und Praxis ergeben sich Leistungen von etwa 4 bis 27 kStE je kg Dünger-N. Werden heute in manchen Fällen schon N-Mengen über 200 bis 300 kg/ha verabreicht, so ist die rein *wirtschaftliche* Höchstgrenze damit offenbar noch nicht erreicht. Direkte Nachwirkungen der N-Düngung sind allerdings auch auf Weiden nicht zu erwarten, wohl aber mittelbare (Wurzelspeicherung).

3. Allgemeine Voraussetzungen der N-Wirkung

A. Nutzungsweise und N-Bedarf

Wie erwähnt, sind unmittelbare Nachwirkungen von einer N-Gabe nicht zu erwarten, die Wirkung ist in der Regel mit der auf die Gabe folgenden Nutzung erschöpft, bei einer Frühjahrsgabe z. B. mit dem ersten Wiesenschnitt oder mit der ersten Weidenutzung. Das N-Düngebedürfnis steigt dabei mit der angestrebten Wuchssteigerung und Nutzungsbeschleunigung. Van der Molen und Mitarbeiter (1959) nennen als übliche Mengen für *jede einzelne* Nutzung in guten niederländischen Grünlandbetrieben:

Mähenutzung:	Normale Heuschnitte	40 bis 50 kg N/ha
	Reuterheuschnitte	50 bis 60 kg N/ha
	Silograsschnitte	60 bis 80 kg N/ha
	Schnitte zur Trocknung ...	70 bis 90 kg N/ha
Weidenutzung:	30 bis 60 kg N/ha, beim Anstreben frühesten Weidebeginns jedoch 100 bis 120 kg N/ha.	

Dies Beispiel ist sicher nicht allgemeingültig; wesentlich ist die Tatsache, daß häufig wiederholte Schnittnutzung ebenso wie eine gewollte Beschleunigung der Weidenutzung sehr hohe Ansprüche stellt.

B. Wachstumsrhythmus und N-Zuteilung

Der Verlauf des Graszuwachses erreicht im Vorsommer, je nach den Klimaverhältnissen zwischen Ende April und Anfang Juni, einen Höhepunkt, um dann je nach der Jahreswitterung langsamer oder schneller abzusinken. Dabei kann eine starke Sommerdepression und eine besonders im maritimen Klima deutliche Erholung, meist im August, eintreten. Prinzipiell ist dieser Verlauf unvermeidlich und sowohl im endogenen Rhythmus der Pflanzen begründet wie im Verlauf der N-Mineralisation im Boden (Nieschlag-Müller 1955); mildernd oder verschärfend wirken die Wärmeverhältnisse im Frühjahr und die Wasserversorgung im Hochsommer.

Die Ausnutzung des Dünger-N verhält sich entsprechend, d. h. 40 kg/N ha wirken bei Frühjahrsgabe wesentlich stärker als bei Sommergabe. Ausgesprochene Dürreeinflüsse lähmen die N-Wirkung vorübergehend fast vollständig, ein voller Ausgleich des Abfalls der Zuwachskurve ist auch durch sehr hohe N-Gaben selbst bei künstlicher Beregnung in Trockenzeiten nicht zu erreichen, wohl aber eine gewisse Abschwächung der Gegensätze.

Auf Zweischnittwiesen wird der höchste Gesamtheuertrag in der Regel dann erreicht, wenn der größere Teil der geplanten N-Menge zum ersten Schnitt verabreicht wird, der kleinere zum zweiten.

Auf Weiden würde das gleiche Vorgehen zu einer nicht immer erwünschten Übertreibung der Wachstumsspitze im Frühsommer und zu einem besonders starken Leistungsabfall im Spätsommer führen. Der Gedanke liegt daher nahe, hier das Schwergewicht der N-Gaben auf den Sommer zu verlegen, da Stetigkeit des Nachwuchses wichtiger als höchste N-Ausnutzung ist. Das dreijährige Mittel eines entsprechenden Weideversuches in der Kölner Bucht lautet (Klapp 1952/56)

Verteilung von 240 kg N/ha

	a	b	c
März	240	60	—
Mai	—	60	40
Juli	—	60	80
August	—	60	120

Erträge in dz. Trockensubstanz/ha			
1. und. 2 Auftrieb	27,0	23,0	19,2
3. und 4. .... Auftrieb	17,0	21,1	19,3
5. und 6. .... Auftrieb	8,6	16,7	15,8
7. und 8. .... Auftrieb	8,5	15,3	15,2
9. Auftrieb	1,5	3,2	3,8
Gesamt	62,6	79,3	73,3

Durch die N-Verteilungen b und c ist der Abfall der Weideleistung gegenüber der einmaligen Gesamtgabe (a) wesentlich verlangsamt worden. Der Verzicht auf jegliche Frühjahrsgabe (c) hat den Ertrag beim ersten und zweiten Auftrieb allerdings beeinträchtigt, ein voller Ausgleich durch hohe Augustgaben konnte nicht erreicht werden. Am besten bewährte sich hier und in weiteren Versuchen die gleichmäßige N-Verteilung (b).

Die Notwendigkeit einer starken Unterteilung der vorgesehenen N-Menge auf mindestens vier Teilgaben ist unbestritten, hohe Sommergaben werden vielfach befürwortet, selbst auf die Gefahr schlechter Ausnutzung in Trockenzeiten hin. Da eine Auswaschung dann nicht zu befürchten ist, kann mit relativ guter Wirkung beim Einsetzen größerer Niederschläge gerechnet werden, da eine stark mit N versorgte Grasnarbe in Dürrezeiten weniger unter „Ausbrennen" leidet.

Es bestehen jedenfalls gewisse Möglichkeiten für eine zeitliche Ausdehnung des Weidewuchses, einmal durch *sehr zeitige*, der dann schlechten Ausnutzung wegen hohe N-Gaben im Vorfrühjahr (Februar-März), zum anderen durch hohe N-Gaben etwa im August.

Die Beobachtung, daß der nach einem Abtrieb gegebene N beim Nachwuchs oft verspätet zur Wirkung kommt, veranlasste Vorschläge zur Düngung „ins hohe Gras", d. h. noch vor dem Abtrieb. Dabei besteht jedoch die Gefahr, daß diese N-Gabe noch von dem gerade vorhandenen Gras in Anspruch genommen wird, dem Nachwuchs also nicht mehr voll zur Verfügung steht. Bisher fehlt es an schlüssigen Versuchsergebnissen; neben Erfolgen stehen auch Mißerfolge.

C. Boden und N-Wirkung

Geringes N-Düngebedürfnis kann auf besonders tätigen und durchlüfteten Niedermoorböden vorliegen; in der Mehrzahl der Fälle wirkt N jedoch auch auf Niedermoor, wenn auch weniger stark als auf bindigen Mineralböden. Tonige Böden zeigen oft besonders gute Wirkungen sowohl bei geringer Tätigkeit wie bei Reichtum an anderen Nährstoffen. Sehr gute Ergebnisse wurden entgegen früherer Auffassung (Brüne-Igel 1935) auf Hochmoor erzielt (Nicolaisen-Seelbach 1943, Köhnlein-Knauer 1957).

D. N und Begleitdüngung

Die N-Wirkung sinkt, wie verständlich, bei gleichzeitiger Verabreichung N-haltiger Wirtschaftsdünger. Gross (1954) fand in drei Betrieben folgende Leistungen in kStE je kg Dünger-N:

Stallmist auf Ackerland beschränkt	17,2 bis 24,3
Stallmist zum Teil auf Grünland	16,7 bis 20,4
Güllebetrieb	7,5 bis 14,2

E. N-Düngerformen

Aus der Literatur ergeben sich nur geringe Wirkungsunterschiede der gebräuchlichsten N-Düngerformen, abgesehen von Kalkstickstoff, der namentlich bei fehlerhafter Anwendung Narbenschäden verursachen kann.

Salpeterformen zeigen oft eine gewisse Überlegenheit, Ammoniakdünger auf neutralen und alkalischen Böden (bei Daueranwendung auf sauren Böden nachteilig, BRENCHLEY-WEBER 1926). Besonderer Wertschätzung erfreut sich der vielseitige Kalkammonsalpeter.

In der Regel ist die N-Wirkung um so höher, je dürftiger bisher Düngung, Pflanzenbestand und Leistung der Fläche waren. Aber auch auf schon langjährig gut gedüngten Flächen können volle Leistungen erreicht werden.

f) Allgemeines zur mineralischen (NPKCa-)Volldüngung

Die meisten Wirkungsvoraussetzungen wurden bereits erwähnt, so daß hier eine kurze Zusammenfassung genügt. Der relative Düngungserfolg hängt weitgehend vom Ursprungszustand der Grünlandfläche ab; aus den großen Versuchsreihen von WAGNER (1921), KÖNIG (1950) u. a. ergeben sich folgende Daten für Wiesen verschiedener Ertragsfähigkeit:

Ungedüngt Heu dz/ha	PK	NPK
	relativ	
14,7	228	302
34,3	154	174
49,0	125	141

Auch die absoluten Mehrerträge sinken vielfach mit steigender Leistungsfähigkeit der Fläche, wenn auch nicht ausnahmslos. Hinsichtlich des Bodens läßt sich nur wenig Allgemeingültiges sagen. Schwere, untätige Böden zeigen meist recht gute N- und P-, oft aber geringe K-Wirkungen. Stärker saure, rohhumusreiche Böden leiden unter P-Festlegung und sind für Meliorationskalkung und regelmäßige hohe P-Gaben besonders dankbar. Auf sehr kalkreichen Niedermooren kann Ansäuerung Voraussetzung hoher Nährstoffausnutzung sein. Hier wie auf Sandböden ist besonders auf das hohe K-Düngebedürfnis hinzuweisen. Kultivierte Hochmoore sind sehr düngerdankbar.

Nutzungsweise und Betrieb sind von einschneidender Bedeutung für Düngebedürfnis und Düngungserfolg. Namentlich im P-K-Entzug unterscheiden sich Mähe- und Weidenutzung grundsätzlich (S. 765), reine Grünlandbetriebe mit voller Rückkehr aller Wirtschaftsdünger zum Grünland zeigen geringeres Düngebedürfnis als Gemischt-Betriebe mit starker Beanspruchung der Wirtschaftsdünger durch Ackerland. Der auch bei großen Bodenvorräten hohe Dünger-, namentlich N-Bedarf intensiver Weidenutzung wurde S. 765 besprochen.

Extreme Trockenheit wie Nässe beeinträchtigen die Düngerwirkung. Anderseits wirkt reichliche Düngung den Einflüssen starker Trockenheit erfolgreich entgegen insofern, als die erzielten Mehrerträge trotz sinkender Gesamterträge nicht zu sinken brauchen.

KÖNIG (1950) erhielt bei gleicher Düngung an Heu

in feuchten Jahren 19,4 dz Mehrertrag
in trockenen Jahren 21,9 dz Mehrertrag

Während P, K, Ca innerhalb des Jahres nahezu stetig wirken. nimmt die Mehrertragsleistung von N mit fortschreitender Jahreszeit stark ab, zumal die bei P und K deutliche Nachwirkung bei N fortfällt.

Die Stetigkeit der Düngerwirkung über längere Jahre ist bei PK-Düngung ausgezeichnet, sie zeigt in der Regel steigende Tendenz. Bei Volldüngung sind Unstetigkeiten und sogar Rückschläge bei völliger Kleeverdrängung auf Wiesen nicht selten, von Weiden jedoch nicht bekannt. Die besondere Wirkungsweise von N verlangt eine dem Zuwachsrhythmus angepaßte Gabenteilung; mindestens für K ist sie wegen der Vermeidung starker Gehaltsschwankungen im Futter erwünscht.

Zur Praxis der Düngung

Die Erhaltung des Pflanzenbestandes und der Futterqualität legen es nahe, stets für einen geordneten Kalkzustand und einen auch für höchste Erträge ausreichenden P- und K-Vorrat zu sorgen. Hierbei sind namentlich von P anfangs oft hohe Gaben nötig.

A. Düngung der Mähewiesen

Mähenutzung entzieht beträchtliche P-, K- und Ca-Mengen, die einen entsprechenden Ersatz verlangen. N-Düngung ist bei den üblichen Schnittzeiten, sofern ein angemessener Leguminosenbesatz erhalten bleiben soll, nur in begrenzter Menge anzuraten, der größere Teil zum ersten Schnitt. Ständig hohe N-Gaben setzen zur befriedigenden Ausnutzung Frühschnitt und Vermehrung der Schnittzeiten voraus.

Schonung des Kleeanteils ist in beschränktem Maße durch Begrenzung der N-Gabe auf nur einen Schnitt möglich. Verlegung der N-Gaben auf den ersten Schnitt bedeutet gute N-Ausnutzung bei allerdings meist nur geringer Erholung des Klees im zweiten Schnitt; N-Gabe nur zum zweiten Schnitt wirkt weniger kleeverdrängend, bedeutet aber schlechte N-Ausnutzung.

Eine gute Kompromißlösung stellt eine „*Wechseldüngung*", d. h. der Wechsel von Jahren mit und ohne N-Gaben dar. In einem 1938 bis 1943 durchgeführten Versuch (KLAPP-MORGENWECK-SCHULZE 1951) fanden wir folgendes (N=60 kg, P=60 kg P_2O_5- K=100 kg K_2O/ha):

	Mittelertrag dz Trockensubstanz/ha	Ertragsanteile Gras	Klee
Ungedüngt	58,7	60	25
jährlich PK	66,5	59	30
jährlich NPK	73,3	74	15
wechselnd PK-NPK-PK	71,0	67	22

Die Wechseldüngung brachte gegenüber ständigen NPK-Gaben eine wesentlich bessere Erhaltung des Kleeanteils bei nur wenig geringerem Ertrag. Ähnliche Wirkungen bei LORCH (1942), ZÜRN (1957).

Unter Wechseldüngung im weiteren Sinne versteht man Einbeziehung von Wirtschaftsdüngern in geregeltem Turnus, bei Jauche mit Ergänzung durch P, ferner Wechsel in den verwendeten Handelsdüngerformen. Das Verfahren entspricht der Tatsache, daß keine Art der Düngung allen Pflanzen in gleicher Weise gerecht wird.

Früh- und Vielschnittwiesen (zur Gewinnung von hochwertigem Silo- und Trockengras) stellen wesentlich höhere Anforderungen namentlich an die N-Düngung als Zweischnittwiesen.

B. Düngung der Weiden

Der P-, K-Entzug bei reiner Weidenutzung beträgt nur Bruchteile des Entzugs bei reiner Mähenutzung (S. 765) und bedarf bei gutem PK-Zustand des Bodens nur geringer Ergänzung; dies gilt um so mehr, je intensiver der Weidegang, d. h. je höher der Ertrag, der Tierbesatz und je häufiger der Auftrieb. Mit hohen Besatzdichten, häufigem Auftrieb, Dehnung der Weidezeit, insgesamt mit der abverlangten Leistung steigt das N-Düngebedürfnis stark an. N-Gaben von 200 kg N/ha und mehr in 4 bis 5 Teilgaben sind auch in Deutschland keine Seltenheit mehr, aus anderen Ländern sind solche bis 500 kg bekannt geworden. Auf Böden in bestem PK-Zustand brauchen die PK-Gaben damit nicht wesentlich gesteigert zu werden, doch ist die Mehrzahl der Flächen heute noch weit entfernt von dieser Voraussetzung.

g) Spuren-(Mikro-)Elemente[1]

Wie in der Tierernährung sind viele Spurenelemente auch für die Grasnarbe unentbehrlich, Kobalt (Co) aber offenbar nicht. Mängel an fast allen Mikroelementen sind vornehmlich aus Australien bekannt geworden, doch tritt auch in Europa nicht selten Mangel an einzelnen dieser Elemente auf. In der Grasnarbe werden Symptome des Mangels oft erst nach merklichen Ertragsschäden deutlich. Besonders empfindlich sind die Leguminosen.

Es bestehen wesentliche Unterschiede im Aufnahmevermögen verschiedener Pflanzenarten. Leguminosen sind reicher an Cu, B, Mo, Co, viele Kräuter mindestens an Cu, B, Co, doch sind die Unterschiede gerade innerhalb der Kräutergruppe erheblich. Förderung der krautartigen Pflanzen allgemein bedeutet eine Erhöhung der Spurenelementgehalte, sehr starke N-Verwendung kann den Gehalt beeinträchtigen.

Eine Diagnose der Versorgung der Grasnarbe ist außerordentlich schwierig, weil sich gesamter und pflanzenverfügbarer Gehalt des Bodens meist stark unterscheiden und verwickelte Wechselwirkungen mit der Bodenreaktion und anderen Elementen bestehen. (Ein umfangreicher Überblick findet sich bei Dorrington Williams 1959.) Die Beziehungen zwischen dem Gehalt des Bodens, dem der Pflanzen und dem Ertrag sind vielfach nicht einfacher Natur.

In Westeuropa spielen bisher vornehmlich Cu- und Mn-Mangel eine Rolle, ersterer auf Moor, Anmoor, humosem Sand, namentlich nach zu starker Trockenlegung. Mn-Mangel wird u. a. von kalkreichem Niedermoor berichtet, aber auch von anderen humusreichen Böden. Die Abhilfe bei Cu-Mangel kann durch Gaben von $CuSO_4$ oder entsprechend höhere Mengen von Kupferschlackenmehlen geschehen, bei Mn-Mangel durch $MnSO_4$-Gaben. Vieles spricht dafür, daß die Spurenelementbilanz auf normalen Böden durch reichliche Verwendung des an Mikroelementen reichen Thomasphosphats, aber auch mit Stalldünger positiv gehalten werden kann.

Ahrens (1957) erhielt in Wiesenversuchen in der Regel durch PK, NPK und Stalldünger höhere, durch Jauchedüngung sinkende Gehalte, wenngleich Ausnahmen besonders bei Mo vorkamen.

Einzel- und Mehrnährstoffdünger mit Zusatz von Spurenelementen sind im Handel.

Hier ist nur von den Ansprüchen der Grasnarbe die Rede, für die Tierernährung

[1] Einschlägige Literatur u. a. Svanberg 1949, Laatsch 1954, Kurmies 1955, van der Kley 1956, Gericke 1957, Kirchgessner 1957 a, b, Wöhlbier-Kirchgessner 1957 a, b.

sehen die Dinge zum Teil anders aus; der Gehalt des Futters ist nicht allein entscheidend für die tierische Versorgung, und auch abgesehen z. B. von dem für die Pflanze nicht notwendigen Co ist Beifütterung fehlender Mikroelemente vielfach zweckmäßiger als der Umweg über die Düngung.

Ferner ist zu betonen, daß auch Überschußschäden bei der Pflanze vorkommen, z. B. bei starker Versauerung Mn-reicher Böden, nach übertriebener Cu- und B-Düngung. Vor einer allgemeinen, regelmäßigen Spurenelementzufuhr kann nur gewarnt werden.

Allerdings ist die Feststellung des tatsächlichen Düngebedürfnisses der Grasnarbe für Spurenelemente ausgesprochen schwierig.

h) Feststellung des Düngebedürfnisses

P. Wagner (1921) betrachtete den Nährstoffbedarf der Wiese als „gesättigt", wenn das Heu 2,0% K_2O und 0,65 bis 0,70% P_2O_5 enthielt. Nachprüfung durch Liechti-Ritter (1917) und eigene Erfahrungen zeigen, daß der Gehalt des Heues an P_2O_5 und K_2O tatsächlich in der Mehrzahl der Fälle, namentlich bei den Extremen, gewisse Schlüsse auf die Nährstoffversorgung der Wiese zuläßt, in anderen Fällen aber nicht. Der Gehalt des Heues ist in starkem Maße von seiner botanischen Zusammensetzung abhängig (S. 766), krautreiches Heu muß höhere Gehalte anzeigen als das Heu von Graswiesen. Die Beschränkung der Untersuchung auf eine bestimmte Pflanzengruppe – auf den gewöhnlich vorherrschenden Grasanteil – wird vermutlich weiterführen. Ein Ausbau der Methode wäre auch angesichts der hohen futterwirtschaftlichen Bedeutung des Mineralstoffgehalts durchaus erwünscht. Dabei ist zu berücksichtigen, daß sich der Vorschlag Wagners nur auf Wiesenheu bei üblichem Zweischnitt bezieht; bei jungem Weidefutter müßten die „Sättigungswerte" wesentlich höher angesetzt werden.

Die Nutzbarmachung der Methoden Neubauer und Egnér-Riehm begegnet auf dem Grünland noch größeren Schwierigkeiten als auf dem Ackerlande. Die Probenahme hat Rücksicht auf die ganz flache Durchwurzelung des Grünlandbodens und seinen hohen Gehalt an organischer Substanz zu nehmen.

In Tausenden von Untersuchungen (Brünner 1953b, Klapp 1953, Boeker 1954, Gericke 1956) wurde festgestellt, daß zwischen „Versorgungsgrad" des Bodens mit P_2O_5 und K_2O und dem Ertrag keine Beziehungen bestehen. Der Grünlandertrag wird viel stärker durch Wasser- und Düngerversorgung der Grasnarbe bestimmt als durch den Bodenvorrat. Gerade hochertragreiche Wiesen zeigen daher vielfach niedrigere Bodenwerte als ertragsarme Flächen. Das seichte, überaus dichte und fast ganzjährig wirksame Wurzelnetz der Grasnarbe ist offenbar in der Lage, Düngernährstoffe sozusagen unter Umgehung des Bodens zu verwerten. Auf intensiv bewirtschafteten Weiden kommt es im Gegensatz zu Wiesen (S. 765) eher zu einer starken Anreicherung mit P_2O_5 und K_2O. Aber auch hier bleibt die Unsicherheit der Beziehung zwischen Bodenvorrat, Ertragsleistung und Düngebedürfnis bestehen, zumal die horizontale Verteilung der Bodenvorräte sehr stark wechselt (Geilstellen!) und eine repräsentative Probenahme daher noch schwieriger als bei Wiesen ist (Schmitt 1936, Kertscher 1937). Dabei soll nicht bestritten werden, daß extreme Bodenwerte brauchbare Hinweise geben können, namentlich dann, wenn große Untersuchungsreihen von standörtlich vergleichbaren Grünlandflächen zur Verfügung stehen ('t Hart — de Vries 1949). Bei den so überaus verschiedenen Standortverhältnissen des mitteleuropäischen Grünlandes ist eine zuverlässige Aussage der bisherigen Bodenuntersuchungsmethoden namentlich über das quantitative Düngungsbedürfnis im Einzelfall kaum zu erwarten.

Deutlicher als im Ertrag können Unterschiede des Bodenvorrats wenigstens auf Weiden in der botanischen Zusammensetzung des Pflanzenbestandes zum Ausdruck kommen; Beispiele bei DE VRIES (1949). Extreme der bodengebundenen Versorgung können mit pflanzensoziologischen Methoden recht deutlich erkannt werden. Insgesamt stellt jedoch die quantitative Beurteilung des Düngungsbedürfnisses auf Grünland ein offenes Problem dar.

C. Die Wirtschaftsdünger

Namentlich Stallmist und Gülle sind hochwertige Grünlanddünger. Der bessere Zustand des Grünlands in Landschaften und Betrieben, die seit altersher diese Dünger ganz oder vorwiegend auf dem Grünland verwenden, gegenüber solchen, in denen der Acker den Wirtschaftsdünger beansprucht, ist unbestritten. Daraus wird oft geschlossen, daß die Wirtschaftsdünger auf Grünland wirksamer als Handelsdünger und daß sie auf dem Grünland unentbehrlich seien. Tatsächlich liegt jedoch die Ursache darin, daß in den erstgenannten Lagen eben seit Jahrzehnten überhaupt regelmäßig gedüngt wurde, während in den Lagen mit vorherrschendem Ackerbau bis zum Ende des vorigen Jahrhunderts gar nicht oder nur sehr sparsam gedüngt wurde und eine wirklich ausreichende und vielseitige Düngung hier auch heute noch nicht zur Regel gehört.

Die festen Wirtschaftsdünger (Stall-, Pferchdünger, Kompost) wirken zunächst durch ihren Nährstoffgehalt, und dieser umschließt alle im Kreislauf Boden-Pflanze-Tier-Boden umlaufenden Stoffe einschließlich der Spurenelemente. Daneben spielen die Trägerstoffe (Einstreu beim Mist, Erde beim Kompost) eine gewisse, allerdings nicht ausnahsmlos günstige Rolle für den Wasser- und Wärmehaushalt der Grasnarbe; eine Stallmistdecke verhindert den Kahlfraß von Weiden. Auch die Übertragung nicht verdauter Klee- und Grassamen ist von Bedeutung. Schutzwirkungen gehen aber kaum über diejenigen von nährstoffarmen Deckstoffen (Stroh, Spreu, Kartoffelkraut u.a.m.) hinaus. Ein gerechter versuchsmäßiger Vergleich zwischen Wirtschafts- und Handelsdüngern setzt mindestens Nährstoffgleichheit auf beiden Seiten voraus, möglichst aber auch eine Ergänzung der Handelsdünger durch Deckstoffe.

a) Stallmistdüngung

Angesichts der großen Unterschiede in Menge und Qualität des in Versuchen verwendeten Stallmistes schwanken die auf sonst ungedüngten Wiesen erzielten *Mehrerträge* stark, etwa von 5 bis 32 dz Heu/ha oder 20 bis 30, auch bis 50% des Ausgangsertrages[1]. Je dz Stallmistgabe finden sich Angaben von 4 bis 20 kg Heumehrertrag, Mittelwert etwa 8 kg. Noch stärker schwanken die Ergebnisse auf Weiden, besonders bei intensiver Bewirtschaftung.

Auch die *Nachwirkung* wird verschieden beurteilt; in größeren Versuchsreihen entfallen etwa 50 bis 65% der Gesamtwirkung auf das Düngejahr, 25 bis 35% auf das Jahr nach der Düngung, 0 bis 15% auf das dritte Jahr.

Bei einem mittleren Gehalt von 0,5% N, 0,23% P_2O_5, 0,61% K_2O ähnelt die *Ausnutzung* von P und K derjenigen der Handelsdünger; die des N ist im Düngejahr gering, summiert sich aber mit den Jahren. BRÜNNER (1960) rechnet mit gleichwertiger Ausnutzung bei Berücksichtigung von drei Nachwirkungsjahren.

[1] S. außer den weiterhin genannten Quellen: AHR-MAYR 1919, WAGNER 1921, KLAPP 1937/38, FRANKENA 1938, GEITH-ZÜRN 1941, GISIGER 1949, KÖNIG 1950, SCHULZE 1956, ARENS-STUCKMANN 1959, SCHECHTNER 1959.

Der Wirkung des Stallmistes auf den *Pflanzenbestand* fehlen die von Handelsdüngern bekannten Extreme, sie sind vorwiegend günstig, namentlich auf ärmlichen Grasnarben; vielfach wurde Zunahme wertvoller Gräser beobachtet, doch kann auch stärkere Verunkrautung eintreten.

Die Wirkungen auf den *Stoffgehalt* des Futters ähneln denjenigen einer mäßigen NPK-Handelsdüngergabe.

Voraussetzungen der Stallmistwirkung. Hohe Leistungen werden erreicht auf verarmtem Grünland und Ödland, allgemein auf untätigen Mineralböden, auch auf Hochmoor, geringere auf tätigem Niedermoor. Starke Einflüsse gehen von der *Jahreswitterung* zusammen mit der Zeit der Stallmistgabe aus, sie kann in Trockenzeiten Wirkungslosigkeit und sogar „Verbrennen“ der Grasnarbe, bei genügender Feuchte aber besonders gute Erfolge zeitigen.

Erhebliche Bedeutung kommt der Leistungsfähigkeit der Grasnarbe zu. Brünner (1960) erhielt in 339 Jahresernten folgende Leistungen:

Ertrag der ungedüngten Wiese dz/ha	kg Heumehrertrag je dz Mist
unter 50	11,17
50—65	10,31
65—80	9,49
80—95	6,98
über 95	4,94

Entscheidend ist ferner die *Begleitdüngung*. In Versuchen von Zürn (1957) und Gericke (1956) ergeben sich folgende Stallmistleistungen gegenüber:

„Ungedüngt“	13,7—20,0 dz Mehrertrag
PK	5,7— 9,5 dz Mehrertrag
NPK	(0,4) 3,3— 5,4 dz Mehrertrag

Werden andererseits Stallmistdüngung und nährstoffgleiche NPK-Volldüngung verglichen, dann bleiben Mehrleistungen des Stallmistes oft völlig aus, selbst wenn die zunächst geringere Ausnutzung des Stallmist-N berücksichtigt wird.

Für die Bedeutung von Menge, Form und Zeitpunkt der Stallmistgabe sei als Beispiel das Ergebnis eines großen Versuchsserie von Brünner (1960) genannt. In neun dreijährigen Perioden ergab sich auf einer Wiese von 73,2 dz Heuertrag (auf „Ungedüngt“) folgendes:

	relativ	kg Heu/dz Mist
Ungedüngt	100	
200 dz/ha Mist	109,00	10,7
400 dz/ha Mist	111,85	7,1
NPK entsprechend 200 dz Mist	110,90	
NPK entsprechend 400 dz Mist	112,30	
Langer Mist	110,70	9,35
Kurz-(Häcksel)-Mist	110,15	8,45
200 dz Kurzmist vor Wuchsbeginn	108,2	9,60
200 dz Kurzmist nach dem ersten Schnitt	109,8	11,70

Im Mehrertrag je dz Mist war die geringere Gabe deutlich überlegen; Langmist wirkte etwas besser als Kurzmist; die beste Wirkung erreichte die Sommergabe. In keinem Fall aber wurde die nährstoffgleiche Mineraldüngung übertroffen.

Über die bessere Ausnutzung kleiner Gaben herrscht weitgehend Übereinstimmung. In der Mehrzahl der Fälle (s. besonders Zürn 1957, Brünner 1960) wird strohigem Mist ohne fortgeschrittene Verrottung der Vorzug gegeben. Der günstigste Zeitpunkt der Stallmistgabe hängt sehr stark vom Witterungsverlauf ab. Gute Wirkung von Frühjahrsgaben ist auf reichliche Niederschläge angewiesen. Bei trockenem Frühjahr sind Vorwintergaben überlegen; im obigen Beispiel bewährte sich im langjährigen Durchschnitt auch die Gabe nach dem ersten Schnitt, so auch in eigenen Versuchen (KLAPP 1959).

Nebenwirkungen. Eine Stallmistdecke im Frühjahr kann in kalten Lagen einen Wärmeschutz, bei Trockenheit einen Verdunstungsschutz bedeuten, ebenso oft aber auch rechtzeitige Erwärmung und Abtrocknung des Bodens hindern. Sommergaben wirken auf Weiden als Schutz gegen Ausbrennen und Kahlfraß, beeinträchtigen aber die Freßlust der Weidetiere. Ungleichmäßig gestreuter und nur langsam verrottender Mist ruft Narbenschäden und Erschwerung der Mahd hervor. Ein allgemeingültiges Urteil über die Nebenwirkungen des Stallmistes läßt sich nicht fällen, auch nicht über die Belebung der Bodentätigkeit. Versuche von BRÜNNER (1960) und KÖHNLEIN-VETTER (1960) zeigen, daß gleiche Deck- und Schutzwirkungen auch durch Stroh zu erreichen sind.

Eine vielfach angenommene Humusvermehrung ist unwahrscheinlich, auch nicht erforderlich. Jeder Grünlandboden ist humusreich und durch einen gewaltigen Humusumsatz ausgezeichnet. Wie besonders ZÜRN (1957) nachwies, erhöht Stallmist den Humusvorrat nicht stärker als eine PK-Gabe. Auch andere Autoren (GERICKE 1956, KÖHNLEIN-VETTER 1960) verzeichnen keine oder nur sehr geringe Humuswirkungen.

Zusammenfassend ist zu sagen: Stallmist ist ein vollwertiger, nachhaltig wirkender Grünlanddünger, der in erster Linie durch seinen Nährstoffgehalt wirkt, wobei auch die in Handelsdüngern nicht verabreichten Makro- und Mikroelemente von Bedeutung sein können. Seine nicht seltene Überschätzung beruht gewöhnlich auf dem Vergleich mit stallmistfreier, an Nährstoffen unterlegener Düngung. Auf besserem Grünland ist die Stallmistdüngung einer nährstoffgleichen Mineraldüngung schwach unterlegen oder gleichwertig, selten überlegen. Auf sterilen Böden, auf Hungergrasland können Stallmistgaben anfangs Hervorragendes leisten (Meliorationswirkung, ARENS-STUCKMANN 1959). Günstigen Nebenwirkungen einer Stallmistdecke stehen nicht selten Nachteile gegenüber. Die immer wieder behauptete Unentbehrlichkeit des Stallmistes für Grünland, insbesondere für Intensivweiden, findet keine Stütze in dem bisher vorgelegten Versuchsmaterial. Nur in holländischen Versuchen zeichnet sich nach langjähriger Unterlegenheit der Mistdüngung erst nach Jahrzehnten eine deutliche Überlegenheit besonders der Kombination Stallmist + Handelsdünger deutlich ab (Rijkslandb.-Consulentschap Leeuwarden 1952).

b) Pferchdüngung

Das Abpferchen von Grünland mit Schafen erzielt eine weit über die Nährstoffzufuhr hinausgehende Wirkung, an der intensiver Biß und Tritt der Tiere durch Unkrautvernichtung und Narbenverdichtung stark beteiligt sind (FENSE 1938, SALVADORI 1952). Verständlicherweise ist die Meliorationswirkung um so stärker, je mehr die gepferchte Fläche vom Zustand einer intensiv bewirtschafteten, dichtrasigen Weidenarbe abweicht, am stärksten auf Ödland und Hungergrasland, wo zugleich erstaunlich anhaltende Nachwirkungen festzustellen sind. Die Ergebnisse sind ferner von der Besatzdichte und vom Tempo des Umschlages abhängig. Leider sind exakte Feststellungen sehr selten.

HOFFMANN und JUNGHANS (1955) stellten im Mittel von drei Jahren auf einer schlechten Jungviehstandweide folgendes fest:

	nicht gepfercht	gepfercht (hohe Besatzdichte)
Ungedüngt (17,2 dz Heu/ha) = ...	100	184,5
PK	130	201
Stallmist	162	230
NPK	174	234,5

SALVADORI (1952) nennt eine Steigerung des Rohproteingehalts im Weidefutter durch Pferchen von 7,6 auf 15,45%, ebenfalls auf einer schlechten Hutung.

c) Kompostdüngung

Zweckmäßig bereiteter, mit guter Erde, Kalk und Exkrementen angereicherter Kompost (STÖCKLI 1942) ist als Nährstoffträger in der Regel nicht besonders wirksam, wohl aber als Mittel der Bodenverbesserung und Bodenergänzung (Mikroerosion, Beerdung flachliegender Bestockungsknoten und Rhizome, Keimbettschaffung für Samenanfall usw.); deutlichste Dauererfolge beobachtet man auf mineralarmen (Roh-)Humusböden.

Die außerordentlich verschiedene Zusammensetzung gewöhnlicher Komposte, die ähnlich verschiedene Gabenhöhe und die Seltenheit exakter Feststellungen erschweren eine Kennzeichnung des Wirkungsgrades sehr.

Als Mehrerträge werden 1 bis 19 dz Heu/ha angegeben, doch können auch Mindererträge eintreten, so daß der Mittelwert sehr niedrig liegen dürfte.

Eigene Versuche (KLAPP 1937/38, 1959) sowie solche von WAGNER (1921), ZÜRN (1953,) SCHECHTNER (1959) lassen Heumehrerträge je dz Kompost von 1 bis 4 kg erkennen.

Obwohl wesentlich höhere Kompost- als Stallmistgaben verabreicht werden, dürfte die Düngewirkung kaum die Hälfte derjenigen von normalen Stallmistgaben erreichen.

Die Nachwirkung ist meist deutlich und auf humusreichen Böden anhaltend. Im Pflanzenbestand und im Stoffgehalt verursacht Kompost auf besserem Grünland nur geringe Veränderungen, auf Ödland zuweilen deutlich verbessernde.

d) Deckstoffe

Die düngende Wirkung tritt bei den hier verwendeten Materialien (Stroh, Spreu, Kartoffelkraut u. a. m.) stark hinter physikalisch-biologische Wirkungen zurück (BALTZER 1952/53). Die Ertragsbeeinflussung ist ungemein verschieden, vor allem in Abhängigkeit von der Witterung. Kälteschutz im Frühjahr kann sehr wirksam sein, wenn noch Fröste folgen (KLAPP 1937/38), aber auch unwirksam, wenn die Decke Erwärmung und Verdunstung hindert (BRÜNE 1941). So schwanken die Erfolgsangaben in weiten Grenzen. Die ganze Frage hat deswegen Interesse, weil dem Streuanteil im Stallmist eine Sonderwirkung zugeschrieben wird. KÖHNLEIN-VETTER (1960) und BRÜNNER (1960) habe versucht, diese Schutzwirkung zu isolieren, fanden aber nur geringe Ausschläge. In der S. 785 erwähnten Versuchsreihe fand BRÜNNER (1960) folgende relative Erträge gegenüber „Ungedüngt“:

Strohmenge entsprechend 200 dz Mist	101,3
Strohmenge entsprechend 400 dz Mist	98,6
Stroh entsprechend 200 dz Mist nach dem ersten Schnitt	104,3
Handelsdünger allein entsprechend 200 dz Mist	110,0
Handelsdünger und Stroh entsprechend 200 dz Mist	111,9

Die Leistung der Strohdecke ist sehr bescheiden, bei großer Strohmenge eher nachteilig; am besten hat die Strohgabe nach dem ersten Schnitt gewirkt, und zwar auch in feuchten Jahren.

e) Jauchedüngung

Gut gewonnene Jauche stellt einen sehr wirksamen, treibenden, aber auch sehr einseitigen Grünlanddünger dar (Verhältnis $N:P_2O_5:K_2O:CaO$ etwa = = 100:5:220:9). Ihre Anwendung erfordert daher Vorsicht.

Die Wirkung auf den Grünlandertrag erreicht und überschreitet bei richtiger Anwendung diejenige des Handelsdünger-N, die Ausnutzung des Jauche-N ist offenbar sehr gut (Wagner 1921, Klapp 1937/38, König 1950, Schechtner 1959). Die Nachwirkung ist in der Regel gering.

Die Wirkung regelmäßiger, einseitiger Jauchegaben auf den Pflanzenbestand von *Wiesen* ist sehr ungünstig durch die Förderung massiger Hochstauden (vor allem Doldenblüter) bis zur völligen Herrschaft. In einem Versuch (H. Wagener 1931) entwickelte sich der Umbelliferen-Ertragsanteil wie folgt:

Düngung	PK	Jauche
1928	6,8%	6,8%
1929	7,0%	3,5%
1930	4,5%	12,5%
1931	6,8%	40,0%

Auch der Stoffgehalt des Futters wird vorwiegend ungünstig beeinflußt, es kommt zur Verarmung an Ca, Mg, P, zur Anreicherung von K und Cl. Mit zunehmender Dauer der Jauchedüngung wird das Futter zur üblichen Wiesenschnittzeit immer ballastreicher.

Alle diese Nachteile lassen sich durch reichliche P-Gaben mildern und durch Weidenutzung weitgehend ausschalten, wenngleich ein Übermaß auch hier unerwünschte Pflanzen, besonders nitrophile Gräser, stark fördern kann. Vor allem auf Wiesen sollte Jauche nicht regelmäßig, sondern im Rahmen einer P-reichen Wechseldüngung nur in mehrjährigem Abstand und in nicht allzuhohen Mengen verabreicht werden; auf Weiden läßt sich Jauche öfter verwenden.

Die Jauchewirkung ist stark von Jahreszeit und Witterung abhängig. Unverdünnte Jauche schädigt bei Trockenheit die Grasnarbe, auch sind die N-Verluste dann besonders hoch. Verdünnung empfiehlt sich deshalb auch im Hinblick auf Minderung der N-Verluste und das Ausfahren sollte immer nur an trüben, regnerischen Tagen stattfinden. Wintergaben scheiden aus. Auf Wiesen sind Frühjahrsgaben am meisten zu empfehlen, mit geringerer Wirkung Gaben nach dem ersten Schnitt. Auf Weiden eigenen sich Frühjahrsgaben nur für Mähekoppeln, weil die Weidetiere auf gejauchten Flächen nicht fressen wollen. Im Sommer hält die abschreckende Wirkung nicht lange an, so daß hier Nachdüngungen durchaus möglich sind.

f) Gülledüngung

Unter Gülle versteht man ein Gemisch von Kot und Harn mit oder ohne Wasserzusatz, je nach den Umständen mit Streubeimengungen. Sie stellt den spezifischen Dünger regenreicher Grünlandgebiete ohne (oder doch mit geringem) Ackerbau dar. Gülleverwendung ist keine bloße Düngungsmaßnahme, sie ist Kernstück eines eigenen Wirtschaftssystems, auf das im einzelnen hier nicht eingegangen werden kann[1]; wir müssen uns auf das Wesen der Gülle, ihre Wirkung und Wirkungsvoraussetzungen beschränken.

Der Nährstoffgehalt der Gülle schwankt außerordentlich, besonders mit dem Verdünnungsgrad, aber auch aus anderen bei Wirtschaftsdüngern allgemeingültigen Ursachen. Unverdünnte Vollgülle enthält nach zahlreichen Angaben im Mittel je 1 etwa 4 g N, 1 g P_2O_5, 8 g K_2O, 2 g CaO, daneben um 100 g organische Substanz. Das Nährstoffverhältnis ist zwar nicht so extrem wie bei Jauche, weist aber dringend auf eine Ergänzung durch P und Ca hin. Anderseits bedeutet Güllerei einen fast lückenlosen Kreislauf *aller* Nähr- und Wirkstoffe.

Wesentlich ist bei der Güllerei vor allem das bei keiner anderen Düngungsweise erreichte Tempo des Nährstoffumsatzes. Die in einer Frühjahrsgabe enthaltenen Nährstoffe fallen schon im Vorsommer im Stall wieder an und gelangen einige Wochen später erneut auf das Grünland. Wesentlich ist ferner die übliche Verdünnung mit Wasser, die gleichzeitig eine Anfeuchtung des Grünlandes bedeutet. Die Ausnutzung der Güllenährstoffe ist recht gut.

Die ertragssteigernde Wirkung entspricht der großen Menge der je ha ausgebrachten Nährstoffe. Die Angaben über Mehrerträge gehen stark auseinander, namentlich bei Wiesenland. Kennzeichnend sind die hohen Leistungen der Mähweidenutzung begüllter Flächen, die mit 3500 bis 4500 kStE/ha weit über dem Durchschnitt liegen (Brünner 1954, Schöllhorn 1955).

Bei ständiger einseitiger Gülleverwendung auf hofnahen Wiesenflächen erleidet der Pflanzenbestand sehr ungünstige Veränderungen durch extreme Förderung von Doldenblütern, Löwenzahn und anderen nitrophilen Kräutern. Die Wiesen des Voralpengebietes sind durch wahre Wälder von Umbelliferen gekennzeichnet, dort, wo Weidenutzung nicht üblich ist. Diese Art der Verunkrautung führt auch zu erheblicher Futterentwertung durch Abnahme des Eiweiß-, P- und Ca-Gehalts einerseits, durch Ballastzunahme und eine übermäßige K-Anreicherung anderseits. Auch der Boden wird bei übermäßiger Güllerei biologisch und chemisch geschädigt.

Alle diese Nachteile lassen sich durch Weide- bzw. Mähweidenutzung und Ergänzungsdüngung mit P und Ca beheben. Frühnutzung schließt die völlige Unterdrückung von Gras und Klee durch Hochstauden aus, bei letzteren macht sich nun ihr hoher Mineralstoffgehalt geltend. Brünner (1954) nennt als durchschnittliches Artenverhältnis 43% Gras, 20,5% Leguminosen, 36,5% andere Kräuter, weist auf den hohen Ca-Gehalt des Futters und auf das Fehlen von Tetaniefällen hin. Eine restlose Unkrautverdrängung würde reine Weidenutzung voraussetzen.

Voraussetzungen der Güllewirkung. Die je Flächeneinheit verfügbare *Güllemenge* wird vom Verhältnis von Weidegang und Stallfütterung bestimmt.

Weidedauer	unter 1300	über 1500 Stunden im Jahr
Anfall von Gülle-N/ha	115 kg	76 kg
Ertrag kStE/ha	4172 kg	3487 kg

Vorstehende Daten (Brünner 1954) lassen die Zusammenhänge gut erkennen.

Die Leistung der Güllerei steigt im allgemeinen mit der *Häufigkeit* der Güllegaben und diese setzt *Verdünnung*, erhöhte Menge der Gülle und verkürzte Lagerungszeit voraus.

---

[1] Aus der umfangreichen Literatur seien hier nur genannt Beutl 1926, Amschler 1952, Brünner 1954, 1955, Bruckner 1957; weitere Quellen bei Voigtländer 1951, Schöllhorn 1955.

Der Wasserzusatz mindert darüber hinaus die N-Verluste erheblich. Nach den Daten von BRÜNNER (1954) und SCHÖLLHORN (1955) liegt das Optimum zwischen 3 und 4 Teilen Wasser auf 1 Teil Gülle, wobei sich der Verdünnungsgrad u. a. nach der Jahreszeit richtet, d. h. im heißen Sommer und bei trockenem Boden am höchsten sein muß.

SCHÖLLHORN (1955) fand bei 70 Betrieben folgendes:

Durchschnittliche Häufigkeit der Güllegaben	0,67	1,3	1,8	2,4
Verdünnungsgrad	1:1,9	2,3	2,5	3,4
Gülleanfall/ha m³	42,9	73,3	102,1	127,3
Lagerungsdauer in Tagen	76	35	30	28
kStE-Ertrag/ha	3026	3595	4245	4697

Gute Betriebe erreichen bis zu vier Gaben auf derselben Fläche. — Beachtenswert ist die Tatsache, daß die Leistung bei gleichbleibender Nährstoffmenge mit steigender Verdünnung und Häufigkeit zunimmt, wobei auch die wachsende Wasserzufuhr eine Rolle spielt. Seltene Gaben hoher Konzentration sind jedenfalls unzweckmäßig. Ausreichende Wasserreserven stellen eine der wichtigsten Voraussetzungen der Güllerei dar.

Die mit Gülle in einer Wachstumsperiode ausgebrachten Nährstoffmengen schwanken je nach den Umständen sehr stark, es werden N-Mengen zwischen 80 und 190 kg/ha angegeben.

Trotzdem hat sich gezeigt, daß sie auch bei hohem Viehbesatz nicht für Höchstleistungen im wüchsigen Voralpenklima ausreichen. VOIGTLÄNDER (1951) und andere fanden, daß selbst bei hohen Gülle-N-Gaben zusätzlich noch 60 und mehr kg/ha Handelsdünger-N nutzbringend verwertet werden. Grundsätzlich wichtig ist die Beigabe von P und Ca, erwünscht auch diejenige von festen Wirtschaftsdüngern.

BRÜNNER (1955) fand in der Praxis folgende Gliederung der Nährstoffzufuhr (kg/ha):

	N	P_2O_5	K_2O	CaO
In Handelsdüngern	7	44	15	209
In Stallmist	29	13	32	25
In Gülle	95	27	167	67
	131	84	214	301

Das Nährstoffverhältnis ist hierbei sehr viel günstiger als bei Gülle allein; das Düngerkonto wird im wesentlichen durch P-Zukauf belastet.

g) Abwässer als Düngemittel

Die Abwässerverwertung zwingt zu besonderen, hier nicht näher zu erörternden Wirtschaftsformen[1]. Wiesen und Weiden werden gern als Entlastungsflächen namentlich im Winterhalbjahr benutzt, zumal die Grasnarbe mögliche Bodenschäden wenigstens abschwächt.

Neben der anfeuchtenden, oft auch erwärmenden Wasserwirkung und der merklichen Zufuhr organischer Substanz spielt der Nährstoffgehalt der Stadtabwässer eine allerdings oft überschätzte Rolle. Bei großen Unterschieden von Ort zu Ort mögen bei 100 mm Riesel- oder Regenhöhe anfallen etwa 55 kg N, 12 kg P_2O_5, 35 kg K_2O, 150 kg CaO, 150 kg Na_2O, und 110 kg Cl je ha, bei 300 bis 400 mm Wassergabe also sehr beträchtliche Mengen. Abgesehen von ihrem

[1] Einschlägige Literatur s. BROUWER 1959, ferner VON BOGUSLAWSKI-NEWRZELLA 1939, KLEMM 1940, FEHRENDT 1942, BAUMANN 1951, KREUZ 1958, VOLLMER 1960, SCHÖNHERR 1960.

ungünstigen Verhältnis werden die Nährstoffe jedoch großenteils sehr schlecht, insbesondere P fast gar nicht ausgenutzt, am besten noch K.

Im Boden kommt es zu einer starken Na- und Cl-Anreicherung, aber zu einer weitgehenden K-Auswaschung; Ca verhält sich verschieden, P ist fast unzugänglich. Störungen der Bodenstruktur, der Sorptionsverhältnisse und des Kleinlebens sind häufig, wobei natürlich Bodenart und Bodenprofil erhebliche Unterschiede bedingen.

Die durch Abwässer erzielten Mehrerträge sind sehr hoch. Bei einseitiger Anwendung und großen Gaben sind auf Wiesen ungünstige Änderungen des Pflanzenbestandes (Schwinden guter Gräser, Förderung von Hochstauden) auf die Dauer nicht zu vermeiden; Vielschnitt (Silofutter) und besonders Weidegang stellen eine wirksame Abhilfe dar. Verunkrautung, ungünstige Nährstoff- und Ausnutzungsverhältnisse können den Futterwert stark beeinträchtigen.

Abwasser allein deckt das Düngebedürfnis der durch die Wasserzufuhr möglichen Erträge bei den zulässigen Mengen (möglichst nicht über 400 mm) nie, zumal der Boden wenig beisteuert. Deshalb ist in allen Fällen eine Ergänzungsdüngung notwendig; sie muß den vollen P-Bedarf decken, aber auch N, K, Ca zuführen.

Der Erfolg der Abwasserzufuhr beruht zum größeren Teil auf der anfeuchtenden Wirkung, kann aber durch angemessene Beidüngung noch wesentlich gesteigert werden. Nähere Einzelheiten mögen in der Spezialliteratur nachgelesen werden.

Literatur

AHR, F., und CH. MAYR: Grundlagen der Wiesendüngung nach Ergebnissen von Dauerversuchen in Weihenstephan, 159 S. Freising: Datterer. 1919. — AHRENS, E.: Über den Spurenelementgehalt einiger Grünlandpflanzen und des Heues bei verschiedener Wiesenbehandlung. Diss. Bonn 1957. — AMSCHLER, L.: Die moderne Güllerei, 110 S. München: Bayer. Landwirtschaftsverlag. 1952. — ARENS, R., und J. STUCKMANN: Zur Frage der Wirkung organischer Dünger auf Grünland. Z. Acker- u. Pflanzenbau **107**, 357–370 (1959).

BADEN, W.: Der Einfluß verschieden hoher Kalkgaben und ihrer verschieden tiefen Einarbeitung auf Hochmoorgrünland. Grünld. **6**, 20–24 (1957). — BALTZER, H.: Untersuchungen über die mikroklimatischen Wirkungen der winterlichen Weideabdeckung. Wiss. Z. Friedr.-Schiller-Univ. Jena, 49–60 (1952/53). — BAUMANN, H.: Landwirtschaftliche Abwasserverwertung, 92 S. Berlin: Deutscher Bauernverlag. 1951. — BAUMANN, H., und H. KORIATH: Die Verbesserung von Niedermoorwiesen durch Düngung und Walzarbeit. Z. Acker- u. Pflanzenbau **108**, 503–517 (1939). — BENDER, H.: Der Nährstoffertrag des Dauergrünlandes, 102 S. Berlin: Verlagsges. f. Ackerbau. 1940. — BERKNER, F.: Kritische Beiträge zu verschiedenen wiesenwirtschaftlichen Fragen der Gegenwart. Mitt. d. Landw. Inst. d. Kgl. Univ. Breslau **7** (2), 235–370 (1914). — BEUTL, R.: Die Güllewirtschaft. Arb. d. Dtsch. Sekt. d. Landeskulturrates f. Böhmen, Nr. 38, Prag, 271 S. 1926. — BOEKER, P.: Bodenreaktion, Nährstoffversorgung und Erträge von Grünlandgesellschaften des Rheinlandes. Z. Pflanzenernähr., Düng., Bodenkde. **66** (111), 54–64 (1954). — BOGUSLAWSKI, E. VON, und B. NEWRZELLA: Ökologische Untersuchungen zur Abwasserverwertung auf Grünland. Landw. Jb. **88**, 623–651 (1939). — BOMMER, D.: Über den Einfluß verschiedener Kalidünger auf den Mineralstoffgehalt im Heu von Goldhaferwiesen. Landw. Forsch. **10** (2), 133–145 (1957). — BOSCH, S.: Einfluß der N-Düngung auf die botanische Zusammensetzung von Grünland und auf die Mineralgehalte des Bestandes. Infelder Reihe 1: Weideführung, S. 46–49. Weser-Ems, Oldenburg: Landw. Verl. 1956. — BREDEMANN, G.: Der Einfluß der Düngung und Bearbeitung der Wiesen auf Ertrag, Pflanzenbestand und chemische Zusammensetzung des Heues. Fühlings Landw. Ztg. **61**, 166–191 (1912). — BRENCHLEY, W. E.: Die Rothamsteder Wiesendüngungsversuche von 1856 bis 1919 (übersetzt von C. A. WEBER), 205 S. Berlin: Reher. 1926. — BROUWER, W.: Die Feldberegnung, 4. Aufl., 248 S. Frankfurt: DLG Verlag. 1959. — BRUCKNER, A.: Durch Güllerei zu hohem Betriebserfolg. Alm u. Weide **7**, 161–171 (1957). — BRÜNE, F.: Die Kultur der Hochmoore, 105 S.

Berlin: Parey. 1931. — Bericht über die Tätigkeit der Preußischen Moorversuchsstation zu Bremen im Jahre 1935. Landw. Jb. **83**, 869–901 (1936). — Preußische Moorversuchsstation zu Bremen. Wiss. Jber. 1938/39. Landw. Jb. **90**, 133–175 (1941). — Fortschritte in der Bewirtschaftung von Hochmoor- und Heidesandböden. Z. Pflanzenernähr., Düng., Bodenkde. **58**, 245–257 (1952). — Brüne, F., und H. Igel: Über die Ergebnisse von Stickstoffdüngungsversuchen auf Hochmoorweiden. Landw. Jb. **81**, 251–271 (1935). — Brünner, F.: Ergebnisse von Nährstoffmangelversuchen unter Berücksichtigung der Kalkfrage. Württ. Wochenbl. f. Landw. Nr. 2/3, 7 S. (1953). — Der Einfluß der Düngung und der Nährstoffe des Bodens auf Ertrag und Güte des Wiesenheues. Z. Acker- u. Pflanzenbau **96**, 309–332 (1953). — Nährstoff- und Mineralstoffgehalt einiger Grünlandpflanzen. Phosphorsäure **14**, 131–144 (1954a). — Die Rolle der Wirtschaftsdünger bei der Grünlanddüngung mit besonderer Berücksichtigung der Güllewirtschaft. Eur. Wirtsch.rat. Arb.Tag. 74–83 (1954b). — Die Güllewirtschaft im Grünlandbetrieb (1955a). — Der Einfluß der Phosphorsäuredüngung auf Gesundheit und Fruchtbarkeit unserer Tierbestände. Phosphorsäure **15** (5/6), 278–291 (1955b). — Stallmistwirkung auf dem Grünland. Grünld. **9**, 55–56 (1960).

Camp, M.: Wie wirken sich hohe Stickstoffgaben auf verschiedenen Grasnarben und in verschiedenen Lagen auf Ertrag, Eiweißgehalt und Mineralstoffgehalt des Futters aus? Diss. Bonn, Rotaprint, 71 S. 1959.

Daalen, C. R. van: Bijdrage tot de kennis van de chemische en botanische Samenstelling van het hooi en van den invloed, welke enkele meststoffen daarop uitoefenen. 187 S. Utrecht: den Boer. 1928. — Die Düngung des Grünlandes mit Kalk. Verhdlber. III. Int. Grünld. Kongr., Zürich, 34–53 (1934). — Davies, W., und T. E. Williams: Fertilizers and grassland, 28 S. London: Fertilizer Soc. 1958. — Deichmann, E.: Wirtschaftsversuch zur Frage der Stickstoffdüngung auf Dauerweiden. Landw. Jb. **74**, 123–179 (1931).

Ehrenberg, P.: Die Löslichkeitsverhältnisse der Phosphorsäure im Erdboden und die damit in Beziehung stehenden Düngungsmengen. Superphosphat **4**, 73–83 (1939). — Ehrenberg, P., und A. Buchner: Zur Wirkung von neuen Rohphosphaten auf saurem Mineralboden zu Gras. Z. Pflanzenernähr., Düng., Bodenkde. **52**, 211–225 (1951).

Fehrendt, W.: Untersuchungen über die Verregnung von Abwässern auf Grünland. Landw. Jb. **91**, 449–476 (1942). — Fense, H.: Das Pferchen der Schafe. Landesbauernschaft Thüringen, Weimar **24**, 1–32 (1938). — Finckh, B.: Die Phosphorsäuredüngung der Wiesen. Prakt. Bl. Pflanzenbau u. Pflanzenschutz, 135–144 (1958). — Umbruchlose Verbesserung ertragsarmer Streuwiesen. Bayer. Landw. Jb. **37**, 91–119 (1960). — Frankena, H. J.: Over stikstoffbemesting op Grasland. Versl. van Landbouwk. Onderzoek, 's Gravenhage **40**, 23–49 (1934). **41**, 29–45 (1935), **42**, 669–733 (1936). — Over Stalmestbemesting op Grasland. Versl. van Landbouwk. Onderzoek, 's Gravenhage **44** (5) A, 299–311 (1938). — Franz, H.: Bodenzoologie als Grundlage der Bodenpflege, 316 S. Berlin: Akademie-Verlag. 1950.

Geith, R., und F. Zürn: Die Leistungen der deutschen Weiden und nachhaltige Verbesserung ihrer Erträge. Ber. ü. Landw. 152. Sdh. 120 S. Berlin 1941. — Gericke, S.: Zehn Fragen der Wiesendüngung, 3. Aufl., 62 S. Essen: Tellus. 1956. — Die Versorgung von Pflanze und Tier mit Mikronährstoffen, 15 S. Essen: Tellus. 1957. — Gisiger, L.: Die Wanderung der Düngerphosphorsäure im Wiesenboden. Landw. Jb. Schweiz **47**, 491–518 (1933). — Die organische Düngung des Grünlandes. Verh. Ber. 5. Int. Grünland-Kongr. Den Haag, 18–39 (1949). — Goedewagen, M. A., und E. Schuurmann: Wortelproductie op bouw — en grassland als bron van organische Stof in de grond. Landbouwk. T. **52** (1950). — Gross, F.: Ergebnisse eines mehrjährigen Stickstoffsteigerungsversuches auf südbayerischen Mähweiden. Grünld. **3**, 53–55 (1954).

't Hart, M. L.: Die richtigen Phosphor- und Kaligaben bei starker Stickstoffdüngung. Infelder Reihe 1: Weideführung, S. 65–68. Weser-Ems, Oldenburg: Landw.-Verl. 1956. — 't Hart, M. L., und D. M. De Vries: Grassland and grassland husbandry in the Netherlands. Verhdl. Ber. 5. Intern. Grünld. Kongr. (Appendix), 24 S. 1949. — Hoffmann, E., und K. H. Junghans: Die Wirkung des Schafpferches auf Grünland. Mitt. DLG. 951–953 (1955).

Kauter, A.: Der Aschengehalt des Heugrases in seiner Abhängigkeit von Pflanzenbestand und Bodenreaktion. Landw. Jb. Schweiz **49**, 69–86 (1935). — Untersuchungen über den Einfluß der Kalkdüngung auf den Mineralstoffgehalt einiger Wiesenpflanzen. Ber. Schweiz. Bot. Ges. **53 A**, 246–276 (1943). — Kertscher, F.: Welche neuen Erkenntnisse haben die Bodenuntersuchungen für die Düngerwirtschaft gebracht? Forschungsdienst, Sdh. **6**, 71–80 (1937). — Kirchgessner, M.: Der Einfluß der botanischen Zusammensetzung, Erntezeit und -art auf den Mengen- und Spurenelementgehalt des Wiesenheus. Z. Tierernähr. Futtermittelkde. **12**, 304–314 (1957a). — Der Einfluß verschiedener Wachstumsstadien auf den Makro- und Mikronährstoffgehalt von Wiesengras. Landw. Forsch. **10**, 45–50 (1957b). — KLAPP, E.: Die Veränderung von Wiesenbeständen unter dem Einfluß verschiedener Stickstoffgaben. Mitt. Dtsch. Landw.-Ges. **41**, 141–144, 230 (1926). — Thüringische Rhönhuten. Wiss. Arch. Landw. A **2**, 704–786 (1929). — Über den allgemeinen Düngungserfolg auf Wiesenland. Ernähr. d. Pflanze **27**, 321–329 (1931). — Bearbeitungs-, Nachsaat-, Umbruchs- und Düngungsversuche auf Grünland. Pflanzenbau **14**, 241–264 (1937/38). — Wiesen und Weiden, 338 S. Berlin: Parey. 1938. — Zur Ein- oder Unterbringung von Düngernährstoffen (Tiefendüngung) auf Dauergrünland. Z. Bodenkde. u. Pflanzenernähr. **33** (78), 285–325 (1944a). — Überlegungen zur Borstgrasfrage. J. Landw. **90**, 32–42 (1944b). — Leistung, Bewurzelung und Nachwuchs einer Grasnarbe unter verschieden häufiger Mahd und Beweidung. Z. Acker- u. Pflanzenbau **93**, 269–286 (1951). — Über den zeitlichen Verlauf des Graszuwachses auf Weiden und seine Beeinflussung durch Stickstoffdüngung. Z. Acker u. Pflanzenbau **95**, 69–72 (1952); **101**, 95–113 (1956). — Bodennährstoffe, Düngung, Pflanzengesellschaft. Mitt. Florist.-soziol. Arb. Gem. Stolzenau, N.F.H. **4**, 177–180 (1953). — Wiesen und Weiden, 2. Aufl., 519 S. Berlin: Parey. 1954. — Grundzüge einer Grünlandlehre. Wiss. Z. d. Friedr.-Schiller-Univ. Jena (Math.-nat.) **7**, 67–81 (1957/58). — Konkurrenz und selektive Nutzungswirkungen in der Formung der Grasnarbe. Tag. Ber. Dtsch. Akad. d. Landw. Wissensch. (16) 49–54 (1959a). — Wege zur Verbesserung des Grünlandes. Forsch. u. Berat. B, 2, 155 S. Hiltrup: Landw. Verl. 1959b. — KLAPP, E., G. MOGRENWECK und E. SCHULZE: Vergleich einer gleichbleibenden und einer in verschiedenen Zeitabständen wechselnden Düngungsweise auf Wiesenland. Z. Pflanzenernähr., Düng., Bodenkde. **55** (100), 111–124 (1951). — KLAPP, E., P. BOEKER, F. KÖNIG und A. STÄHLIN: Wertzahlen der Grünlandpflanzen. Grünld. **2**, 38–40 (1953). — KLEMM, G.: Über die Verregnung von Abwässern auf Weideflächen unter besonderer Berücksichtigung der auf dem Universitäts-Lehrhof Jena-Zwätzen errichteten Abwasser-Verregnungsanlage. Landw. Jb. **89**, 754–771 (1940). — KLEY, F. R. VAN DER: On the variations in contents and in interrelations of Minerals in dandelion (Taraxacum off. Neb.) and pasture grass. Netherlands J. Agric. Sci. **4**, 314–332 (1956). — KMOCH, H. G.: Über den Umfang und einige Gesetzmäßigkeiten der Wurzelmassenbildung unter Grasnarben. Z. Acker- u. Pflanzenbau **95**, 363–380 (1952). — KOBLET, R., E. FREI und F. MARSCHALL: Untersuchungen über die Wirkung der Düngung auf Boden- und Pflanzenbestand von Alpweiden. Landw. Jb. Schweiz **67**, 597–658 (1953). — KÖHNLEIN, J., und N. KNAUER: Zur Stickstoffdüngung auf Hochmoorweiden. Grünld. **6**, 17–19 (1957). — KÖHNLEIN, J., und H. VETTER: Stallmistdüngung auf Grünland. Grünld. **9**, 34–36, 37–42 (1960). — KÖNIG, F.: Der Einfluß der Kalisalzdüngung auf Wert und Wirkung des Wirtschaftsfutters, 2. Aufl., 60 S. Berlin: Parey. 1935. — Die Rolle der Nährstoffversorgung bei der Leistungssteigerung der Wiese. Landw. Jb. Bayern **27** (Sdh.), 209 S. 1950. — KREIL, W., und H. KORITAH: Phosphorsäure- und Kalkgehalt des Futters einer brandenburgischen Niederungsweide. Phosphorsäure **18**, 115–122 (1958). — KREUZ, E.: Untersuchungen über die Zusatzdüngung bei der landw. Abwasserverwertung auf Grünland. Wiss. Z. d. Martin-Luther-Univ. Halle-Wittenberg (Math.-Nat.) **7** (2), 315–322 (1958). — KURMIES, B.: Mangan im Wiesenheu. Phosphorsäure **15** (3), 146–161 (1955).

LAATSCH, W.: Die Schwermetallernährung der Weidepflanzen in Schleswig-Holstein. Schriftenreihe d. Landw. Fak. d. Univ. Kiel, H. 10, 57–74 (1954). — LIECHTI, P., und E. RITTER: Ermittlung des Phosphorsäure- und Kalibedürfnisses der Wiesenböden aus dem Gehalt der Erntesubstanzen. Landw. Jb. Schweiz **32**, 533–553 (1917). — LORCH, M.: N-Wechseldüngung auf Mähwiesen. DLP**69**, 279/80, 288 (1942).

MOLEN, H., VAN DER, J. KOELSTRA und A. DE WINTER: Die moderne Grünlandwirtschaft in den Niederlanden, 124 S. Bochum: Ruhrstickstoff A.G. 1959. — MÜCKENBERGER, K.: Verbesserung der Heuqualität durch Kalkdüngung. Grünld. **5**, 52–55 (1956). — MULDER, E. G.: Effect of fertilizers on the chemical composition of herbage. Verhdlber. V. Int. Grünld. Kongr., Den Haag, 61–72 (1949).

NEUBAUER, H.: Die starke Stickstoffdüngung der Weiden und Wiesen als Mittel zur Gewinnung proteinreichen Kraftfutters. Mitt. DLG. **36**, 695–699 (1921). — NICOLAISEN, W., und M. SEELBACH: Untersuchungen über Stickstoffdüngung auf Hochmoormähweiden. Landw. Jb. **92**, 712–747 (1943). — NIESCHLAG, F., und M. MÜLLER: Der Einfluß einer Stickstoffdüngung auf die Nährstofferzeugung von Dauerweiden. Praxis u. Forsch. **7**, 170–177 (1955). — NORMAN, M. I. T.: Intervals of superphosphate application to downland permanent pasture. J. Agric. Sci. **47** (2), 157–171 (1956). —

Nuding, J.: Ertrag und Pflanzenbestand der Wiesen bei Stickstoffdüngungsversuchen. Pflanzenbau 8, 33–49 (1931/32).

Plötze, K.: Der Einfluß der Düngung auf den Pflanzenbestand des Dauergrünlandes, 79 S. Berlin: Verl.-Ges. f. Ackerbau. 1935.

Raum, H.: Versuche über die Beziehungen zwischen Düngung, Schnittzeiten, Pflanzenbestand und Ertrag der Dauerfutterflächen. Jb. Weidew. u. Futterb. 9, 1–34 (1927). — Raum, R.: Fünfjährige Beobachtungen über den Einfluß der Düngung auf Ertrag- und Pflanzenbestand einer Naturwiese. Z. Pflanzenernähr., Düng., Bodenkde. 11, 537–552 (1932). — Remy, Th., und J. Vasters: Untersuchungen über die Wirkung steigender Stickstoffgaben auf Rein- und Mischbestände von Wiesen- und Weidepflanzen. Landw. Jb. 73, 521–602 (1931). — *Rijkslandbouw-Consulentschap te Leeuwarden*: Verslag van het Landbouwkundig Onderzoek in Noordelijk Friesland, 148 S. 1952.

Salvadori, C.: Schafpferch und Grünland. DLP 75, 160 (1952). — Wirkungen der Wiesendüngung unter verschiedenen Wachstums- und Standortsfaktoren. Grünld. 11, 44–48 (1954). — Sandkühler, W.: Lehren und Ergebnisse aus 45 Weidebeispielsbetrieben in Südbaden. Mitt. DLG. 58, 567–569 (1943). — Schechtner, G.: Ergebnisse eines Wiesendüngungsversuches mit verschiedenen Wirtschaftsdüngern. Grünld. 8 (3), 14–17 (1959). — Schmitt, L.: Beiträge zur Frage der Bodenprobenahme auf Wiesen und Weiden. Landw. Jb. 83, 435–455 (1936). — Schneider, K.: Die Anlage von Dauerweiden. 3. Aufl., 132 S. Breslau 1926. — Schöllhorn, J.: Untersuchungen über den Einfluß der Gülle bei verschiedener Lagerung und Verdünnung auf das Grünland. Z. Acker- u. Pflanzenbau 100, 211–238 (1955). — Schönherr, W.: Die Wirkung mehrjähriger Abwasserberegnung in Verbindung mit einer zusätzlichen organischen und mineralischen Düngung auf Pflanzenbestand und Leistung einer Wiese (Arrhenatheretum). Albrecht-Thaer-Arch. 1, 44–74 (1960). — Schulze, E.: Versuche über Oberflächen- und Tiefendüngung sowie über Düngereinarbeitung auf Ödlandboden. Z. Pflanzenernähr., Düng., Bodenkde. 57 (102), 29–42 (1952). — Über Rohprotein- und Mineralstoffgehalt von Wiesenpflanzen. Grünld. 2, 12–14 (1953). — Besondere Düngerwirkungen auf Ertrag und Pflanzenbestand (im Wiesenversuch Röttgen 1950/56). Grünld. 5, 91–93 (1956). — Semple, A. T.: Improving the world's grasslands (FAO-Study), 147 S. London: Leonard Hill. 1952. — Siebold, M.: Der Einfluß langjähriger statischer Düngung auf Pflanzenbestand, Ertrag und Futterwert von Dauerwiesen. Bayer. Landw. Jb. 35, Sdh. 3, 66 (1958). — Sperber. K.: Die Steigerung des Eiweißertrages der Wiesen durch reiche Stickstoffdüngung und oftmaligen Schnitt (unter besonderer Berücksichtigung der gesenkten Stickstoffpreise). Z. Bodenkde. u. Pflanzenernähr. 7, 223–251 (1938). — Stapledon, R. G.: White clover as a factor in the improvement of grassland and in its relation to the feeding properties of the sward. Verh. Ber. d. III. Grünld. Kongr. Zürich, 186–192 (1934). — Stebler, F. G., und C. Schroeter.: Beiträge zur Kenntnis der Matten und Weiden der Schweiz, II. Untersuchungen über den Einfluß der Düngung auf die Zusammensetzung der Grasnarbe. Landw. Jb. Schweiz 1, 93–148 (1887). — Stöckli, A.: Die Bedeutung des Kompostes zur Erhaltung und Steigerung der Bodenfruchtbarkeit. Schweiz. Landw. Mh. 20, 23 (1942). — Svanberg, O.: Mineral deficiencies and mineral intoxications with special reference to trace elements. Verh. Ber. 5. Intern. Grünld. Kongr., Den Haag, 249–257 (1949).

Troughton, A.: The underground organs of herbage grasses. Commonw. Bur. of Past. and Field Crops, Bull. 44, Farnham Royal, Bucks., 163 S. 1957. — Truninger, E. und F. von Grünigen: Über den Mineralstoffgehalt einiger unserer wichtigsten Wiesenpflanzen. Landw. Jb. Schweiz 49, 101–127 (1935).

Valkanov, V.: Untersuchungen über das Vorhandensein von aufnehmbarer Phosphorsäure auf Wiesenland. Z. Bodenkde. u. Pflanzenernähr. 31 (76), 11–55 (1943). — Voigtländer, G.: Untersuchungen über Gülleanwendung auf Weiden. Z. Acker- u. Pflanzenbau 94, 190–229 (1951). — Vollmer, F. J.: Über den Einfluß des Abwassers auf den Boden und die Pflanzengesellschaften des Ackers und des Grünlandes. Diss. Bonn, Rotaprint, 136 S. 1960. — Vorhauer, H. F.: Über das Verhalten der Pflanzenbestände und die Entwicklung von Wiesen und Mähweiden in der Eifel und im Bergischen Land bei steigender Düngungsintensität. Z. Acker- u. Pflanzenbau 105, 193–210 (1958). — De Vries, O.: Einige Beiträge zur Kalkfrage auf Grasland. Verh. Ber. III. Int. Grünld. Kongr., Zürich, 53–64 (1934). — De Vries, D. M.: Botanical composition and ecological factors. Verh. Ber. 5. Int. Grünld. Kongr., Den Haag, 133–140 (1949).

Wagener, H.: Beiträge zur Kenntnis von Heracleum sphondylium und Anthriscus silvestris als Wiesenunkräutern. Diss. Jena 1931. — Wagner, P.: Versuche über Wiesendüngung. Arb. DLG. 162, 102 S. (1909). — Die Düngung der Wiesen nach den

Ergebnissen von 4—14-jährigen Versuchen. Arb. DLG. H. 308, Dtsch. Landw. Ges. Berlin, 141 S. 1921. — WEBER, C. A.: Der Fleisch-, Milch- und Futterertrag einiger Dauerweiden. Arb. DLG. **105**, 1–26 (1905). — WEHSARG, O.: Wiesenunkräuter, 349 S. Berlin: Reichsnährstandverl. 1935. — WHYTE, R. O., T. R. G. MOIR und I. P. COOPER: Grasses in Agriculture. FAO Agric. Stud. Nr. 42, 416 S. Rom: FAO, 1959. — WILLIAMS, R. DORRINGTON: Minor elements and their effects on the growth and chemical composition of herbage plants. Commonw. Publ. Nr. 1, Comm. Bur. of Past. and Fieldcrops, Hurley. 68 S. 1959. — WÖHLBIER, W., und M. KIRCHGESSNER: Der Gehalt von einzelnen Gräsern, Leguminosen und Kräutern an Mengen- und Spurenelementen. Landw. Forsch. **10**, 240–256 (1957a). — Kobaltmangel-Erscheinungen im Schwarzwald? Landw. Forsch. **10**, 222–234 (1957b).

ZÜRN, F.: Düngungszeitenversuche auf Wiesen im Alpengebiete. Bodenkultur **5**, 467–481 (1951a). — Der Nährstoff- und Mineralstoffgehalt von Gräsern, Leguminosen und Kräutern auf Wiesen. Z. Acker- u. Pflanzenbau **93**, 444–463 (1951b). — Die Düngung der Mäh- und Dauerweiden. Landw. Jb. Bayern **29**, 544–570 (1952). — Mittel und Wege zur Steigerung der Almerträge. Veröff. Bundesanst. Alpine Landw. Admont, Nr. 7. Admont, 113 S. (1953a). — Zur organischen Düngung des Dauergrünlandes. Landw. Jb. Bayern **30**, 444–462 (1953b). — Düngung und Humusgehalt von Grünlandböden. Grünld. **6**, 62–66 (1957a). — Zwölfjährige Wechseldüngungsversuche auf Dauerwiesen. Bodenkult. **9** (3), 298–315 (1957b).

VIII. Die Düngung im Gemüsebau

Von

F. Mappes und H. Will

A. Nährstoffentzug und Nährstoffbedarf

Der Nährstoffentzug der Gemüsearten, der bereits häufig ermittelt wurde, kann im Vergleich zu landwirtschaftlichen Kulturen als sehr hoch angesprochen werden. Er schwankt jedoch außerordentlich zwischen den verschiedenen Gemüsearten, im wesentlichen durch die sehr unterschiedlichen Flächenerträge bedingt. In Tab. 369 sind die Entzugswerte bei mittleren Erträgen angegeben, die in intensiv wirtschaftenden Betrieben jedoch häufig erheblich überschritten werden.

Die Zahlen lassen deutlich erkennen, daß ein relativ hoher Entzug an Stickstoff bei den Kohlgemüsen vorliegt. Beim Kalientzug stehen die Kohlgewächse ebenfalls an der Spitze, gefolgt von Tomaten, Wurzelgemüsen (Möhren, Rote Rüben, Sellerie). Hinsichtlich des Entzugs an Phosphorsäure vermag man, absolut gesehen, keine eindeutigen Unterschiede zwischen den einzelnen Kulturen zu erkennen. Dem Entzug von Kalk ist im allgemeinen geringere Beachtung zu schenken, da in einem richtig kultivierten Boden der Bedarf immer gedeckt werden kann; dagegen muß dem Entzug an Magnesium heute größere Bedeutung beigemessen werden.

Über den Entzug an Spurennährstoffen liegt im Gemüsebau noch wenig exaktes Material vor. Die Werte schwanken auch hier außerordentlich zwischen den einzelnen Gemüsearten. So konnte z. B. bei Sellerie ein besonders hoher Entzug für Eisen, Mangan, Bor und Kupfer ermittelt werden. Dies geht aus nachstehender Tabelle mit ganz verschiedenartigen Gemüsepflanzen bei mittleren Erträgen hervor:

	Entzug in kg/ha			
	Eisen	Mangan	Bor	Kupfer
Rotkohl	5,69	0,68	0,87	—
Gurke	2,67	1,13	—	—
Endivie	5,51	0,59	—	—
Sellerie	8,66	2,55	5,60	8,10

Im allgemeinen rechnet man mit einem Entzug an Eisen zwischen 2 und 5 kg pro ha und Jahr. Im Mittel enthalten 100 g Frischsubstanz etwa 3 mg Eisen, wobei allerdings starke Abweichungen möglich sind. So wurde bei Petersilie ein Eisengehalt von 3 mg, bei Kopfsalat und Porree von 5 bis 6 mg, bei Brunnenkresse von 7 bis 8 mg in 100 g Frischsubstanz ermittelt.

Bei Mangan muß man mit einem durchschnittlichen Jahresentzug von 500 g bis 1,0 kg je ha rechnen. Sellerie macht hierbei nach der obigen Tabelle eine Ausnahme.

Tabelle 369. *Entzug der Gemüsekulturen an Kernnährstoffen in kg/ha*

Fruchtart	Ernte dz/ha	N	P_2O_5	K_2O	CaO	MgO
Weißkohl	700	250	90	300	300	60
Rotkohl	500	300	85	350	300	60
Wirsingkohl	350	250	85	250	200	25
Blumenkohl	500	200	80	250	150	25
Rosenkohl	60	200	60	180	130	20
Grünkohl, hoch	500	200	100	200	130	40
Grünkohl, niedrig	250	130	40	180	150	20
Kohlrabi	200	100	80	160	60	70
Gurken	300	50	40	80	30	25
Kürbis	1000	50	60	40	20	25
Tomaten	400	110	30	145	135	15
Karotten	300	120	50	200	120	30
Rote Rüben	600	150	50	275	100	50
Schwarzwurzeln	200	115	40	145	55	15
Sellerie	200	130	50	200	150	40
Petersilienwurzel	250	55	20	120	35	20
Radies	150	80	40	80	25	25
Rettich	200	110	60	100	50	30
Zwiebeln	300	80	40	120	70	30
Porree	300	100	60	120	70	30
Kopfsalat	250	55	20	120	35	10
Feldsalat	60	30	20	50	15	15
Winterendivie	300	90	30	160	45	10
Spinat	200	95	35	100	30	30
Mangold	400	100	50	90	90	50
Buschbohnen	80	60	15	50	70	15
Stangenbohnen	120	110	25	84	130	25
Puffbohnen	125	200	60	130	250	25
Erbsen	100	125	45	90	150	18
Rhabarber	700	255	165	450	330	60
Spargel 1. Jahr	—	50	16	45	30	10
2. Jahr	—	70	18	55	40	10
3. Jahr	20	85	23	75	50	10
4. Jahr	40	100	28	90	65	15
5. Jahr	60	120	33	105	75	15
6. Jahr	70	110	29	95	75	10
7. bis 10. Jahr	80	95	25	80	75	10

Der Borentzug ist mit 100 g pro ha und Jahr außerordentlich gering. In 1 kg Trockensubstanz sind enthalten:

	nach Knickmann	nach Wallace	nach Knickmann	nach Wallace	nach Wallace
	mg Mangan		mg Bor		mg Eisen
Salat	bis 200	—	—	—	—
Spinat	80—90	52	10,4	28	110
Blumenkohl	60	60	36	36	145
Rosenkohl	—	85	—	70	160
Wirsing	40	40	60	60	110
Erbsen	12—30	—	21,7	—	—
Bohnen	12—30	68	43	—	—
Möhren	4—15	—	25	—	—
Tomaten	46	46	46	46	269

Von den verschiedenen Spurennährstoffen haben einige für bestimmte Gemüsesorten eine außerordentlich große Bedeutung. So wurde z. B. die Unentbehrlichkeit von Bor für Kohlarten, Sellerie, Möhren, Steckzwiebel und Tomaten festgestellt. Ein hoher Manganbedarf besteht bei Bohnen, Erbsen und Tomaten. Für Blumenkohl ist die Versorgung mit Molybdän besonders wichtig und bei Tomaten spielt die Kupferzufuhr eine besondere Rolle. Eine gesunde Versorgung der Pflanzen mit Molybdän liegt vor, wenn 1 bis 4 ppm in der Trockenmasse gefunden werden. Für Bor beträgt dieser Wert 10 bis 30 ppm, bei Werten über 40 ppm ist mit toxischen Erscheinungen zu rechnen.

Die Düngung mit Spurennährstoffen ist nicht grundsätzlich erforderlich. Der zusätzliche Bedarf, der durch eine Düngung gedeckt werden muß, hängt bekanntlich nicht nur von dem Gehalt im Boden und dem Bedarf der Pflanzen, sondern auch von der Witterungsbedingung, der Bodenreaktion, der Art der organischen Düngung und weiteren Faktoren ab. Hierüber wird jedoch in einem gesonderten Kapitel berichtet.

Große Aufmerksamkeit erfordert außer der absoluten Höhe des Nährstoffentzuges auch die Feststellung der Nährstoffverhältnisse. Dabei ergeben sich für den Entzug an Kernnährstoffen bei den Gemüsearten folgende Zahlen:

	N	P_2O_5	K_2O	CaO	MgO
Gemüse insgesamt	1	0,42	1,25	0,88	0,30
Gruppe der Kohlgemüse ..	1	0,30	1,13	0,85	0,20
Gruppe der Fruchtgemüse	1	0,60	1,20	0,75	0,30
Gruppe der Wurzelgemüse	1	0,37	1,66	0,81	0,27
Gruppe der Blattgemüse .	1	0,22	1,40	0,58	0,30
Gruppe der Leguminosen .	1	0,30	0,92	1,20	0,16

Am Nährstoffverhältnis sehen wir, daß bezüglich der Phosphorsäure die Fruchtgemüse herausragen; bei Kali sind es die Wurzelgemüse. Der Kalkentzug ist verhältnismäßig hoch bei den Gemüsen der Gruppe Leguminosen. Der Magnesiumbedarf schwankt zwischen den verschiedenen Gemüsearten nur wenig. Von der Entzugsseite her kann man daher im Mittel ein Nährstoffverhältnis von 1 N : 0,4 P_2O_5 : 1,3 K_2O : 0,9 CaO : 0,3 MgO annehmen.

Die Entzugszahlen sind jedoch keineswegs ein entscheidender Maßstab für den Nährstoffbedarf. Der Nährstoffbedarf wird nämlich unterschiedlich beeinflußt, und zwar von

1. der Bodenart und dem Bodenzustand
2. der Größe der Auswaschung
3. dem Aneignungsvermögen der Gemüsearten
4. der Kulturdauer (Frühsorten, Spätsorten)
5. dem Zeitpunkt des Anbaues (Frühjahr, Sommer oder Herbst)
6. dem zeitlichen Verlauf der Nährstoffaufnahme
7. der Anbauart (Freiland- und Unterglasanbau)
8. den Temperatur-, Licht- und Niederschlagsverhältnissen
9. der Intensität der Nutzung.

Die Düngung muß um so höher sein, je leichter der Boden ist. Außerdem bestimmen Humusgehalt und biologische Aktivität des Bodens die Höhe der Nährstoffversorgung. Bei geringem Humusgehalt und schlechtem Garezustand des Bodens sind höhere Düngergaben erforderlich, wogegen ein stark humushaltiger, tätiger und gut gelockerter Boden in erhöhtem Maße Nährstoffe frei macht. Dies geschieht teilweise durch Nachschub aus dem Bodenvorrat, durch schnelleren Abbau organischer Substanz und beim Stickstoff durch die Tätigkeit der Bodenbakterien. Der hieraus resultierende Stickstoffgewinn im Gemüsebau beträgt je nach Bodenzustand 30 bis 50 kg N/ha und Jahr. Bei schweren Böden und in nassen Jahren ist er höher als auf leichten Böden und in trockenen Jahren.

Die Auswaschung ist selbstverständlich auf leichten Böden wesentlich größer als auf schweren, bindigen Böden. Sie wird durch hohen Humusgehalt des Bodens deutlich verringert. Unter Glas findet keine Auswaschung statt, wenn sie nicht durch besondere Maßnahmen künstlich herbeigeführt wird. Im allgemeinen rechnen wir im Gemüsebau mit folgenden Auswaschungsverlusten je ha:

N = 30 bis 60 kg, P_2O_5 = 1 bis 2,5 kg, K_2O = 20 bis 50 kg, MgO = 20 bis 40 kg, CaO = 300 bis 400 kg, Bor = 150 bis 250 g, Mangan = 150 bis 300 g, Kupfer = = 15 bis 50 g. In einer gemüsebaulich genutzten Lysimeteranlage in Limburgerhof mit leichtem humosem Sandboden betrug die Auswaschung für N = 23 kg, P_2O_5 = 2 kg, K_2O = 15 kg, Kalk = 240 kg/ha.

Die Auswaschung ist weiterhin abhängig von der Intensität der Nutzung. Sie ist kleiner bei sehr intensiver Nutzung, größer bei extensiver Nutzung der Felder. Sie ist aber auch abhängig von der Düngung. Bei intensiver Nutzung werden z. B. auf den ungedüngten Parzellen mehr Nährstoffe ausgewaschen als bei normaler Düngung, während bei sehr hoher Düngung die Auswaschungsverluste wieder ansteigen. Das hängt im wesentlichen mit der Summe des Wassers, das in den Untergrund abgeführt wird, zusammen.

Außerdem besitzen unsere Gemüsearten ein recht unterschiedliches Aneignungsvermögen für Nährstoffe. Als Beispiele seien das gute Aufschließungsvermögen der Leguminosen und die hohen Ansprüche der Kohlgemüse, die Nährstoffe in leicht aufnehmbarer Form vorzufinden, angegeben.

Die Höhe der Nährstoffgabe wird darüber hinaus durch die Kulturdauer einer Sorte beeinflußt. Je kürzer die Entwicklung verschiedener Sorten der gleichen Gemüseart währt, um so höher ist ihr Nährstoffbedarf. Daraus ergibt sich, daß alle Frühsorten mit kurzer Entwicklungszeit größere Mengen an Nährstoffen erhalten müssen als sogenannte Spätsorten mit langer Entwicklungsdauer. Diese Tatsache geht aus einer Reihe von Düngungsversuchen hervor, die immer wieder zeigen, daß die Wirkung steigender Nährstoffgaben bei Kulturen mit kurzer Wachstumszeit wesentlich größer ist als bei solchen mit langer Entwicklungsdauer.

Beeinflußt wird die Höhe der Düngergabe aber auch durch den Zeitpunkt des Anbaues. Alle Frühkulturen brauchen höhere Nährstoffgaben als Sommer- und Herbstkulturen. Dies trifft besonders für den Stickstoffbedarf zu. Bei den niederen Bodentemperaturen im zeitigen Frühjahr ist die Tätigkeit der Bodenlebewesen noch gering und daher der Anteil der Nährstoffversorgung aus dem Bodenvorrat klein. Hinsichtlich des Stickstoffes muß deshalb ein Unterschied zwischen Frühkulturen und Sommeranbau gemacht werden. Sehr häufig steigt der Bedarf im Herbst, besonders an Stickstoff, wieder an. Bei Kali und Phosphorsäure finden wir dagegen in der Regel eine gute Versorgung aus dem Bodenvorrat durch gute Bodenaufschließung im Frühjahr, eine geringere Versorgung bei einer Zweit- und Drittbestellung im Sommer und Herbst. In dieser Zeit ist die Versorgung mit Phosphorsäure und Kali schwieriger, wenn nicht die Bodenvorräte besonders optimal sind und daher die Düngerphosphorsäure und das Düngerkali in vielen Fällen besonders wirksam.

Die Nährstoffaufnahme unserer Gemüsepflanzen verläuft bekanntlich während der gesamten Kulturdauer nicht gleichmäßig. Es treten Zeiten mit besonderem Spitzenbedarf auf, häufig im zweiten Drittel des Entwicklungsstadiums. Die angebotenen Nährstoffe müssen zu diesem Zeitpunkt so hoch liegen, daß die Spitze voll gedeckt werden kann. Alle Gemüsekulturen mit besonderen Bedarfsspitzen benötigen deshalb eine höhere Nährstoffversorgung als die Gemüsearten mit ziemlich gleichlaufender, wenn auch ansteigender Aufnahmekurve. Starke Bedarfsspitzen haben z. B. die Kohlgemüse, geringe die sogenannten Saatgemüse, wie Möhren, Schwarzwurzeln, Zwiebeln.

Die Abhängigkeit der Nährstoffgabe von der Anbauart wird am eindeutigsten durch den Unterschied zwischen Freiland- und Unterglasanbau herausgestellt. Die Nährstoffgaben unter Glas müssen in der Regel, entsprechend den höheren Erträgen, größer sein als im Freiland, obwohl unter Glas die Auswaschungsverluste geringer und die Tätigkeit der Bodenbakterien größer ist. Die intensive Nutzungsform unter Glas erfordert ein optimales Angebot an Nährstoffen, verlangt aber auch eine absolut gleichmäßige Versorgung des Bodens mit Wasser.

Höhere Nährstoffgaben sind auch erforderlich bei sehr hohen Temperaturen, vorausgesetzt, daß das erforderliche Wasser zur Verfügung steht. In verschiedenen Versuchen war häufig und eindeutig zu erkennen, daß in lichtreichen Jahren mit ausreichender Beregnung Höchsterträge zu erzielen und demnach höhere Nährstoffgaben erforderlich sind. Höhere Nährstoffgaben sind aber auch bei hohen Niederschlägen nötig, ganz besonders dann, wenn diese während der Vegetationszeit fallen. Das trifft vor allem für leichte Böden zu.

Die Höhe der Nährstoffgabe wird ferner beeinflußt durch die Intensität der Nutzung. Die Intensität der Nutzung übt darüber hinaus auch einen Einfluß auf das optimale Nährstoffverhältnis aus. Bei extensiver Nutzung muß das Verhältnis zu Gunsten der Phosphorsäure und des Kalis verstärkt werden, bei intensiver Nutzung zu Gunsten des Stickstoffs. Mit zunehmender Intensität des Anbaues ist also eine Verengung des Nährstoffverhältnisses möglich.

Entsprechend diesen Unterschieden seien für die einzelnen Gemüsearten nachfolgende Nährstoffstaffelungen angegeben (Tab. 370).

Tabelle 370. *Düngung verschiedener Gemüsearten*[1]
(Reinnährstoffgaben je ha)

Gemüseart	Stickstoff	Phosphorsäure	Kali
Rotkraut, Blumenkohl, Weißkraut, Wirsing, Grünkohl, Rosenkohl, späte Kohlrabi	100–150–200	60–90–120	150–200–250
Sellerie, Rote Rüben, Tomaten, Lauch, frühe Kohlrabi (frühe)	80–120–160	60–90–120	120–160–200
Karotten, Möhren, Schwarzwurzel	60– 90–120	40–60– 80	100–140–180
Zwiebel	40– 60– 80	30–50– 70	60– 90–120
Spinat, Mangold, Endivie	60– 80–100	30–50– 70	60– 90–120
Gurken	50– 70– 90	40–60– 80	60– 90–120
Kopfsalat	30– 50– 70	30–50– 70	60– 80–100
Rhabarber	100–150–200	60–90–120	150–200–250
Spargel	60– 80–100	40–60– 80	80–120–160
Feldsalat	20– 40– 60	20–40– 60	40– 60– 80
Rettich	60– 80–100	40–60– 80	80–120–160
Erbsen, Buschbohnen	10– 20– 30	40–60– 80	60– 90–120
Stangenbohnen, Puffbohnen	20– 30– 40	50–70– 90	80–120–160
Frühkartoffel	40– 60– 80	30–50– 70	60– 90–120

[1] Wo mehrere Kulturen aufgeführt, geschah das in der Reihenfolge des Bedarfs.

Anhand dieser Nährstoffstaffelung können unter Berücksichtigung der vorher gemachten Richtlinien für die Düngung die niederen, die mittleren oder die höheren Gaben gewählt werden. Der Düngung nach dieser Empfehlung liegt ein Nährstoffverhältnis von 1 Stickstoff:0,7 Phosphorsäure:1,4 Kali zu Grunde. Dieses Verhältnis gilt jedoch nur unter der Voraussetzung, daß die Böden hinsichtlich Kali und Phosphorsäure optimal versorgt sind. Wird eine Erhöhung des Kali- und Phosphorsäuregehaltes des Bodens angestrebt, dann muß dieses Verhältnis auf 1:1:1,75 erweitert werden. Das aufgezeigte Nährstoffverhältnis deckt sich auch mit dem üblichen Nährstoffverbrauch in verschiedenen vorbildlichen intensiven Gemüsebaubetrieben. Dazu zwei Beispiele aus pfälzischen Betrieben mit 5 und 10 ha gemüsebaulich genutzter Fläche:

1. Durchschnittsverbrauch in kg im Mittel je ha und Jahr
   N = 311, P_2O_5 = 141, K_2O = 319
   Verhältnis: 1:0.45:1.02.
2. N = 280, P_2O_5 = 142, K_2O = 305
   Verhältnis: 1:0,5:1,1.

Aus Arbeiten von PENNINGSFELD hat sich als Standardrelation für N:P:K das Verhältnis von 1:0,8:1,6 ergeben. Zugunsten der Phosphorsäure verlagerte sich in diesen Versuchen einige Male das Verhältnis bei Gurken, Kopfsalat, Möhren, Tomaten, Rettich, zugunsten des Kalis nur bei Sellerie, einer Kultur mit besonders hohem Salzbedarf, zugunsten des Stickstoffs bei Rotkohl und den übrigen Kohlarten. Für das Nährstoffverhältnis bei Tomaten unter Glas liegen nähere Angaben vor. So rechnet SPITKOST mit einem Verhältnis von 1 N:0,34 P_2O_5:1,87 K_2O:0,38 MgO. Dieses Ergebnis wird durch die Zahlen von REINHOLD mit 1:0,33:1,78:0,28 bestätigt.

Literatur: BARBIER 1957, BECKER-DILLINGEN 1943, BROUWER 1945, GEISSLER 1961, HARTMANN 1959, 1961, HEUKESHOVEN 1936, KNICKMANN 1958, LIESEGANG 1928, MAPPES 1958, PENNINGSFELD und FORCHTHAMMER 1961, PFAFF 1957, REINHOLD und MARSCHKE 1936, SCHULTZE-GROBLEBEN 1954, VOGEL 1938, WALLACE 1951, WITTE 1956, 1957; 7, 9, 15.

B. Bodenreaktion und Kalkbedarf

Die Bemühungen, den günstigsten pH-Bereich für die einzelnen Gemüsearten zu ermitteln, ergaben wenig übereinstimmende Erkenntnisse, da die Versuche in unterschiedlichen Böden oder Substraten durchgeführt wurden. In Tab. 371 stehen die Ergebnisse von drei Autoren nebeneinander. Hierbei fällt auf, daß die Zahlen von KELLER-MÖHRING in der Regel tiefer liegen als die von VOGEL und REINHOLD. Weiterhin ist zu erkennen, daß die optimale Bodenreaktion für die Leguminosen, Meerrettich und Möhren etwas über dem Mittel, für Kartoffeln, Tomaten und Rhabarber etwas darunter liegt.

Vergleicht man hiermit nun die Entzugszahlen der einzelnen Kulturen für Kalk, so findet man nur wenige Parallelen.

Mit Recht schenkt man heute dem optimalen pH-Bereich für die einzelnen Kulturen weniger Beachtung als dem optimalen Bereich für die verschiedenen Bodenarten. In den Gemüsebaubetrieben sind daher folgende pH-Werte für die Bodenreaktion anzustreben:

bei schweren Böden	6,5—7,0
bei mittleren Böden	6,0—6,5
bei leichten Böden	5,5—6,0
bei Heidesandböden	4,5—5,0
bei Hochmoorböden	4,0—4,5

Tabelle 371. *Günstige pH-Bereiche für Gemüsepflanzen*
(Quelle: Tabellenbuch der gärtnerischen Produktion, I und II. Deutscher Bauernverlag.)

	nach Reinhold	nach Vogel	nach Keller-Möhring
Blumenkohl	6,4—7,5	6,5—7,5	6,5—7,0
Bohne	6,5—7,8	6,5—8,0	5,0—6,0
Erbse	6,6—7,7	6,5—7,5	5,5—6,5
Feldsalat	6,2—7,5	6,5—8,0	6,3—7,2
Grünkohl	—	6,5—7,5	5,5—6,0
Gurke	6,0—7,2	6,0—7,3	5,5—6,5
Kartoffel	6,0—7,0	5,0—6,5	5,0—5,8
Knoblauch	—	—	6,0—7,0
Kohlrabi	—	6,5—7,5	6,0—7,2
Kohlrübe	5,9—7,0	—	5,5—6,5
Kopfkohl	6,2—7,8	6,0—7,0	6,0—7,0
Kopfsalat	6,0—7,5	5,5—7,0	5,5—7,0
Kürbis	6,0—7,0	6,0—7,5	5,5—6,6
Mangold	—	—	6,0—6,8
Meerrettich	6,7—7,5	6,0—7,5	—
Möhre	6,5—7,5	6,5—7,5	6,2—6,8
Petersilie	—	—	6,0—7,0
Porree	6,0—7,5	6,5—7,5	6,0—6,7
Radies	6,0—7,4	6,0—7,5	5,5—6,5
Rettich	—	6,0—7,5	5,5—6,5
Rhabarber	5,5—7,0	5,5—7,0	5,5—6,3
Rosenkohl	6,5—7,5	6,5—7,5	6,0—7,0
Rote Rübe	6,5—7,5	6,5—7,5	6,7—7,0
Schnittlauch	—	—	6,0—6,7
Schwarzwurzel	6,4—7,5	6,5—7,5	6,2—7,0
Sellerie	6,5—7,5	6,0—7,5	6,5—7,0
Spargel	6,0—7,5	5,5—7,0	5,5—6,4
Spinat	6,0—7,5	6,0—7,5	6,2—7,0
Tomate	5,5—7,0	5,5—7,0	5,0—6,0
Winterendivie	6,5—7,5	—	6,0—7,3
Zwiebel	6,5—7,8	6,5—7,5	6,5—7,0

Je mehr Humus ein Boden enthält, um so tiefer kann die pH-Zahl liegen. Andere Autoren nehmen als Einteilung an:

Ton- und Lehmböden	um 7,0
sandige Lehmböden	um 6,5
lehmige Sandböden	um 6,0
Sandböden unter 5% Humus	5,5—6,0
Sandböden über 5% Humus	5,0—5,5
anmoorige Böden	5,5

Liegen die pH-Werte höher, ist besonders der Kalkgehalt des Bodens sehr hoch, besteht die Gefahr der Festlegung von Phosphorsäure und Spurennährstoffen sowie einer übermäßigen Beanspruchung des Humusvorrates. Bei zu tiefer Bodenreaktion entstehen gegebenenfalls erhebliche Ertragseinbußen, die sich meistens zuerst nesterweise bemerkbar machen. In einer Reihe von Versuchen wurde der Spinat als beste Leitpflanze für saure Bodenreaktion ermittelt. Er reagiert von allen Gemüsearten am raschesten auf einen zu niederen pH-Wert durch mangelhafte Entwicklung. In den intensiven Gemüsebaubetrieben gilt der Spinat daher als Testpflanze für eine erforderliche Kalkung. So stellte Niemann auf saurem, lehmigem Sandboden mit einem ph-Wert von 4,0 ein völliges Versagen des Spinats fest. Bei einer Aufkalkung auf pH 5,9 entwickelte sich der Bestand sehr gut; er stieg bei einer weiteren Erhöhung der Bodenreaktion auf pH 6,6 allerdings nochmals um 22% an.

Wie aus den Entzugstabellen hervorgeht, beträgt der jährliche Basenverlust durch Ernteentzug bei Gemüse im Mittel etwa 120 kg CaO/ha und etwa 30 kg MgO/ha. Zu diesem Basenverlust kommt noch eine mittlere Auswaschung, die zwischen 300 und 400 kg CaO und rund 20 bis 40 MgO/ha schwankt. Es ist selbstverständlich, daß dieser Basenverlust zur Erhaltung eines genügenden Kalkvorrates im Boden und zur Einstellung einer optimalen Bodenreaktion durch die Düngung ausgeglichen und ergänzt werden muß; mit Ausnahme der Fälle, in denen der Boden auf Grund eines hohen Gehalts laufend Kalk nachliefern kann. Die Auswaschungsverluste lassen sich allerdings durch eine richtige Bodenbearbeitung beachtlich vermindern. Besonders zu erwähnen ist hierbei das jährlich mindestens einmal durchzuführende tiefe Pflügen, wobei der nach unten gewaschene Kalk wieder nach oben gebracht wird.

Bodenreaktion und Kalkgehalt des Bodens beeinflussen entscheidend die Art der Düngung und bestimmen, ob sogenannte kalkmehrende, kalkschonende oder kalkzehrende Düngemittel zur Anwendung kommen. Muß die Bodenreaktion durch zusätzliche Kalkgaben angehoben werden, so kann als Richtlinie gelten, daß zur Erhöhung der Bodenreaktion um 1 pH in schweren Böden 20 dz, in mittelschweren Böden 17 dz Brannt- oder Löschkalk je ha erforderlich sind, in leichten Böden dagegen 30 dz kohlensaurer Kalk. Auf die gute Wirkung des Hüttenkalks sei in diesem Zusammenhang besonders hingewiesen. Soll gleichzeitig mit der Kalkgabe der Magnesiumgehalt des Bodens erhöht werden, verwendet man am besten dolomitische Kalke. Ist eine laufende Kalkdüngung erforderlich, dann sollten möglichst kleine Gaben verabreicht und nicht durch eine einmalig hohe Düngung ein rascher Umschlag der Bodenreaktion herbeigeführt werden. Die Deckung des Kalkbedarfs und die Erhaltung der günstigsten Bodenreaktion stehen in engem Zusammenhang mit der richtigen Bodenpflege. Eine Kalkdüngung sollte stets im Spätwinter auf den bereits gepflügten Acker flach eingeeggt werden. Die Kalkung ist am besten vor dem Anbau von Leguminosen (Bohne, Erbse), Zwiebeln und eventuell Wurzelgemüsen (Möhre) einzuschalten. Ferner ist darauf zu achten, daß die Kalkgabe nicht mit der Humusdüngung zusammen im selben Jahr verabreicht wird.

Bei zu hoher Bodenreaktion bzw. zu hohem Kalkgehalt ist zweckmäßig neben der Düngung mit physiologisch sauren Düngemitteln auch eine verstärkte Humusdüngung in Form von Torf durchzuführen.

Hoher Kalkbedarf der einzelnen Gemüsekulturen bedeutet nicht gleichzeitig günstige Reaktion auf frische Kalkdüngung. Zu erwähnen ist hier besonders die Gurke, die zwar einen relativ hohen Kalkbedarf besitzt, auf frische Kalkdüngung jedoch recht empfindlich reagiert. Aber auch andere Gemüsearten, z. B. Tomaten, Sellerie, vertragen eine frische Kalkdüngung schlecht, im Gegensatz zu den Leguminosen, Zwiebeln und Möhren.

Kalkmangelerscheinungen treten außerordentlich selten auf. Bei Unterglaskulturen kann in einzelnen Fällen bei Tomaten die ungenügende Aufnahme von Kalzium zur Blütenendfäule führen. Behebung durch Spritzen mit 0,5%iger Kalziumchloridlösung. In Gefäßversuchen trat Kalziummangel stets zuerst an den jungen Blättern und in der Nähe des Vegetationspunktes auf. Er ist gekennzeichnet durch Deformierungen und bandartige Verfärbungen der Blätter und führt meist zu einer empfindlichen Störung in der Gesamtentwicklung.

Literatur: Balkes 1960, Berge 1948, Geissler 1960, Jung 1958, Knickmann 1958, Laske 1958, Merker 1953, Nicolaisen und Mitarbeiter 1958, Niemann 1959, 1960, 1961, Penningsfeld 1957, Reeker 1957, Stindt 1956; 15, 19.

C. Beurteilung der Bodenuntersuchungsergebnisse

Die regelmäßige Untersuchung auf Bodenreaktion und Nährstoffgehalt, mindestens in einem Abstand von drei Jahren, ist im Gemüsebau unerläßlich. Sie muß immer zur gleichen Jahreszeit und möglichst nach derselben Frucht vorgenommen werden. Besonders vorteilhaft ist es, wenn die Bodenproben nicht nur aus dem Ober- und Untergrund genommen werden, sondern schichtweise von 0 bis 10, von 10 bis 20, von 20 bis 30 und eventuell von 30 bis 40 cm. Die Ergebnisse solcher Schichtuntersuchungen können wichtige Hinweise für die richtige Bodenpflege, d. h. für die Tiefe und Art der Bodenbearbeitung ergeben. Die Untersuchungen sollten sich auf den Reaktionszustand, den Gehalt an Phosphorsäure, Kali und Magnesium erstrecken. Die Nährstoffgehalte müssen in gemüsebaulich genutzten Böden höher liegen als bei landwirtschaftlichen Feldfrüchten. Das trifft in besonderem Maße bei intensiver Anbaumethode mit Vor-, Nach- und Zwischenfrüchten und bei regelmäßiger künstlicher Beregnung zu. Die systematischen Bodenuntersuchungen sollen helfen, den Nährstoffvorrat des Bodens konstant und auf optimaler Höhe zu halten. Die Schwankungen der Ergebnisse geben Hinweise für die Höhe der Grunddüngung im Betrieb. Die für das Freiland anzustrebenden Gehalte nach der Lactat-Methode bzw. nach SCHACHTSCHABEL sollen je 100 g Boden betragen:

Phosphorsäure in Sand- und leichteren Böden	20—30 mg
in schweren Böden	25—30 mg
Kali in Sandböden	15—20 mg
in Lehmböden mit geringem Feinanteil	20—25 mg
in Lehmböden mit höherem Feinanteil	25—35 mg
in schweren tonigen Böden	35—45 mg

Der Magnesiumgehalt in unseren Böden soll zwischen 6 und 12 mg betragen, ansteigend ebenfalls entsprechend der Schwere der Böden und entsprechend der Höhe der Kaligehalte. Bei Böden mit einem hohen $CaCO_3$-Gehalt, etwa über 4%, müssen die Nährstoffgehalte allgemein etwas höher liegen.

Beim Unterglasgemüsebau sind noch höhere Nährstoffgehalte anzustreben. Die hier unerläßlichen, besonders hohen Humusgehalte gleichen die Böden stärker aus, so daß die angestrebten Optimalwerte nicht so stark differenziert zu werden brauchen. Bei Gewächshausböden mit leichterem Bodencharakter sind Werte von 30 bis 40 mg P_2O_5 und 40 bis 50 mg K_2O, bei Gewächshausböden mit schwererem Bodencharakter solche von 40 bis 50 mg P_2O_5 und 50 bis 60 mg K_2O anzustreben.

Es ist grundsätzlich falsch, anzunehmen, daß höhere Werte für die Ernährung unserer Gemüsepflanzen am besten sind. Bei der im Gemüsebau üblichen hohen Düngung finden wir sehr häufig Nährstoffgehalte, meist in guten Betrieben, die weit über die genannten Zahlen hinausgehen. Das trifft besonders für den Unterglasanbau zu, wo sie oft eine Höhe erreichten, die zu Mängel in der Pflanzenentwicklung führen. Als Beispiele seien genannt: Versalzungsschäden und Spurenelementmangelerscheinungen als Folge von Festlegung, besonders bei Mangan und Bor, ferner Chlorose infolge Eisenmangel und nicht zuletzt verstärkter Magnesiummangel bei sehr hohen Kaligehalten. Es gibt also auch eine obere Grenze der Nährstoffversorgung unserer Böden. Wenn diese überschritten wird, ist die Düngung mit den genannten Nährstoffen zeitweise zu unterbrechen bzw. der Boden stärker mit Torf zu verbessern.

Das Dämpfen bewirkt häufig einen Aufschluß von Bodennährstoffen, insbesondere an Phosphorsäure und Kali, so daß als Folgeerscheinung in der Praxis

Überdüngungssymptome festzustellen sind. HARTMANN berichtet von Stickstoff-Überdüngungsschäden an Kopfsalat nach dem Dämpfen einer Blockerde, die sich als sogenannter Blattbrand äußerten.

Unter Glas ist es häufig notwendig, die Salzkonzentrationen im Boden zu messen. Es wird der wasserlösliche Salzgehalt im Boden bestimmt. Hierfür können folgende Richtwerte nach PENNINGSFELD gelten (Tab. 372):

Tabelle 372. *Salztoleranz einiger Gemüsepflanzen*

Pflanze	Optimalbereich		Osmotischer Wert der Bodenlösung bei 100% Wasser-sättigung (atm)	Überdüngungsschäden sind zu erwarten		
	% Salz	Leitfähigkeit (mA)		% Salz	Leitfähigkeit mA	atm
Kopfsalat, Radies, Rettich	0,18—0,37	18,0—31,0	0,64—1,33	>0,37	>31,0	>1,33
Buschbohne, Gurke	0,37—0,53	31,0—41,0	1,33—1,97	>0,53	>41,0	>1,97
Endivie, Sellerie, Tomate	0,53—0,76	41,0—50,0	1,97—2,45	>0,76	>50,0	>2,45
Rotkohl, Rote Rübe	0,76—0,83	50,0—54,0	2,45—2,81	>0,83	>54,0	>2,81

Die Salzverträglichkeit nimmt beispielsweise in folgender Reihenfolge zu: Kopfsalat, Radies, Rettich, Buschbohnen, Gurke, Endivie, Sellerie, Tomaten, Kohl, Rote Rübe. Wie entscheidend der Humusgehalt die Salzverträglichkeit mitbeeinflußt, geht aus einer Untersuchung von SCHNEIDER hervor. Mit Zunahme des Humusgehaltes um 5% kann der Gesamtsalzgehalt um 0,1% ansteigen.

Die Untersuchung unserer Böden auf Gehalt an Spurennährstoffen ergab bisher noch keine eindeutigen Hinweise. Die vorliegenden Werte, bei deren Unterschreitung mit Mangelerscheinungen zu rechnen ist, sind für den Gemüsebau noch wenig verbindlich. So liegen die Grenzwerte für Bor bei leichten Böden zwischen 0,3 und 0,6 ppm, bei schweren Böden zwischen 0,6 und 0,9 ppm. Für Molybdän haben sich Gehalte von 0,2 ppm nach GRIGG in fast allen Fällen als ausreichend erwiesen. Allerdings sind diese Zahlen stark durch die Bodenreaktion beeinflußt. Bei pH 6,0 genügen bereits 0,10 ppm für die Versorgung der Pflanze, während bei pH 5,5 etwa 0,15 ppm und bei pH 5,0 die genannten 0,20 erforderlich sind. Für Mangan sind die Grenzwerte ebenfalls durch die Bodenreaktion gestaffelt, allerdings in umgekehrten Sinn. Mit Manganmangel ist besonders in trockenen Jahren zu rechnen, wenn der Mn-Gehalt <7,0 ppm ist und die Bodenreaktion über pH 5,9 beträgt. In normalen Jahren dagegen reichen diese Werte für die Ernährung der Pflanzen aus.

Die Kupfergehalte wechseln im allgemeinen sehr stark, um 20 ppm gilt als normale Versorgung. Bei einer Versorgung mit 4 bis 5 ppm sind Mangelerscheinungen zu befürchten. Liegen die Werte höher als 100 ppm, so treten bereits Überdüngungssymptome auf.

In der Regel ist die Krume stets besser mit Spurennährstoffen versorgt als der Untergrund. Der Grund liegt in der laufenden Zufuhr durch Düngung, Beregnung und der Zersetzung organischer Substanz.

Literatur: EYSINGA 1961, FINGER und SCHACHTSCHABEL 1962, GRIGG 1953, HARTMANN 1961, HÖSSLIN und PENNINGSFELD 1949, JEHN 1956, KNICKMANN 1958, LINDEMANN 1957, LUCAS, WITTWER und TEUBNER 1960, NIEMANN 1960, PENNINGSFELD 1957, SCHNEIDER, TEPE 1956, ZEZSCHWITZ 1958.

D. Die organische Düngung

Der Humusgehalt eines gemüsebaulich genutzten Bodens muß besonders hoch sein und laufend ergänzt werden. Der Boden soll gut durchlüftet sein und eine hohe biologische Aktivität aufweisen, den besonders hohen Ansprüchen unserer meisten Gemüsearten entsprechend. Hoher Humusgehalt erweist sich auch wegen der besonderen Bewirtschaftungsmethoden als notwendig. So ist es vor allem die sehr häufige künstliche Beregnung, die, so vorsichtig sie auch eingesetzt wird, strukturverschlechternd wirkt und daher nach einer beständigen Bodengare verlangt. Darüber hinaus führt die optimale Bodenfeuchtigkeit während der Kulturperiode und die besonders intensive Bodenbearbeitung, so lange der Pflanzenbestand keine geschlossene Decke bildet, einen schnelleren Abbau der Humussubstanz herbei. Auf mineralischen Böden rechnet man deshalb mit einem Humusgehalt zwischen 2 und 4%. Die erforderliche Humusdüngung liegt also über der in der Landwirtschaft üblichen Menge. Besonders in Trockenjahren zeigt sich, daß zwischen Ertrag und Humusgehalt des Bodens ein deutlicher Zusammenhang besteht, auch dann, wenn zusätzlich optimal beregnet wird. Das gleichmäßigere Wasserangebot in einem Boden mit hoher wasserhaltender Kraft infolge hohen Humusgehaltes führt zu besseren Erträgen und besseren Qualitäten. Die vermehrte Humusdüngung in gärtnerisch genutzten Böden hat in vielen Böden auch eine verstärkte Bildung von Dauerhumus zur Folge, so daß alte gärtnerisch genutzte Böden oft Schwarzerde-ähnlichen Charakter zeigen, mit besonders günstigen Voraussetzungen für den Gemüsebau. Die vorzügliche Eignung anmooriger Böden für den Gemüsebau erklärt sich ebenfalls aus dieser Tatsache. Hohe Humusgehalte des Bodens erleichtern und ermöglichen erst die im Gemüsebau erforderlichen hohen Mineraldüngergaben und verhindern Schäden durch zu hohe Salzkonzentrationen. Aus dem bisher Gesagten geht auch hervor, daß im Gemüsebau grundsätzlich eine flache Einbringung der Humusdünger anzuraten ist, ja daß sogar Methoden des Mulchens im Gemüsebau Beachtung verdienen.

Beim Gemüsebau unter Glas spielen bei der Betrachtung des Humusgehalts des Bodens noch weitere Gesichtspunkte eine Rolle. Unter Glas haben wir es, im Gegenteil zum Freiland, mit ariden Verhältnissen zu tun. Der Humusgehalt muß hier besonders hoch sein und über das für Struktur und biologische Aktivität notwendige Maß hinausgehen. Hier sind Humusgehalte von 5 bis 8% durchaus keine Seltenheit und auf alle Fälle anzustreben. Da unter Glas keine Auswaschung auftritt, besteht hier die Gefahr der Versalzung der Böden. Sie müssen daher durch verstärkte Humuszufuhr und Verbesserung der wasserhaltenden Kraft salzverträglicher gemacht werden. Dies ist um so mehr notwendig, als durch die intensive Nutzung unter Glas die jährlich erforderlichen Mineraldüngergaben wesentlich höher liegen als im Freiland. Der hohe Humusbedarf der Gewächshausböden kann auch nicht durch starke Auswaschung durch Beregnung ersetzt werden, wobei also einmal humide Verhältnisse entstehen. Durch die Auswaschung werden die Schäden zwar gemildert, jedoch nicht aufgehoben. Ungünstig für die Pflanzenentwicklung unter Glas wirken sich stets starke Schwankungen im Wassergehalt des Bodens aus. Diese Schwankungen können nicht durch häufigeres Beregnen, sondern nur durch hohen Humusgehalt ausgeglichen werden. Der starke Humusabbau im Boden unter Glas ist durch die gleichmäßigere Wärme und die optimale Bodenfeuchtigkeit bedingt. Die unter Glas erforderliche Humusdüngung ist deshalb rund doppelt so groß als im Freilandgemüsebau. Eine weitere Tatsache führt zu einer besonderen Beachtung der Humusversorgung unter Glas. Aus betriebswirtschaftlichen Gründen haben wir hier eine sehr enge Fruchtfolge. Nur wenige Gemüsekulturen (zwei Hauptkulturen und etwa drei Vor- und Nachkulturen) haben sich unter Glas als wirtschaftlich erwiesen. Fruchtfolgeschäden können durch besonders hohe Humusgehalte aber gemildert werden. Sie machen sogar diese enge Fruchtfolge erst möglich. Die Humusversorgung sollte dabei grundsätzlich über die Bodenbedeckung führen. Mulchen und Humusversorgung sind zweckmäßigerweise zu kombinieren.

Für die Anwendung des Stallmistes gelten im Gemüsebau folgende Richtlinien: Kleinere Gaben öfters gegeben sind besser als große Gaben in weiten Abständen. Stallmistgaben von 400 bis 500 dz je ha in zweijährigem Turnus haben sich als optimal erwiesen. Wesentlich höhere Gaben können sich besonders in leichten Böden bei der ersten Kultur sogar nachteilig durch zu lockere Lagerung des Bodens und dadurch gestörte Kapillarität auswirken, ganz abgesehen von der Unwirtschaftlichkeit. In einem langjährigen Versuch in Limburgerhof mit steigenden Stallmistgaben, alle zwei Jahre verabreicht, ergaben sich z. B. nachstehende relative Werte:

300 dz/ha = 100,0
400 dz/ha = 107,9
500 dz/ha = 110,3

In einem weiteren Versuch mit noch höheren Stallmistgaben, in dreijährigem Turnus gegeben, wurden im Vergleich zu ohne Stallmist folgende relativen Ergebnisse im Jahre 1956 und 1957 beim Anbau von vier Kulturen ermittelt:

		1956		1957	
		1. Anbau Weißkohl	2. Anbau Lauch	1. Anbau Kohlrabi	2. Anbau Sellerie
Ohne Stallmist	=	100	100	100	100
450 dz/ha	=	108,8	111,0	99,6	112,0
600 dz/ha	=	105,2	113,6	89,2	115,0
750 dz/ha	=	98,2	100,9	82,0	118,0

Die frische organische Düngung wird zweckmäßig zu den Kohlgemüsen in den Düngungsplan eingeschoben. Je nach Kulturplan kann sie noch zu Gurken und Sellerie verabreicht werden. Die Wurzelgemüse, Tomaten, Zwiebel, Porree und Leguminosen erhalten keine Stallmistdüngung. Die Hauptkultur eines Jahres bestimmt die Stallmistdüngung. Salat, Spinat und andere Blattgemüse können als Vorkultur gegebenenfalls in Stallmist stehen. In leichten Böden sind verrottete, noch besser sogar kompostierte Stallmiste am besten. Sie bauen sich langsamer ab und verhindern ein zu lockeres Gefüge, sie beeinflussen außerdem die Bildung von Dauerhumus günstig; dies trifft besonders für kompostierte Stallmiste zu. In schwereren Böden wirken sich frische Stallmiste wegen der Lockerung günstig aus und sollten bevorzugt werden. Für die Zeit der Anwendung galt bisher der Spätherbst oder Frühwinter vor der Winterfurche als der richtige Termin, also die Einbringung mit dem Pflug. Dieser Auffassung kann man für schwere Böden und für frische Stallmiste auch jetzt noch beipflichten. Bei der Verwendung eines verrotteten Stallmistes ist die Aufbringung ausgangs des Winters auf den gepflügten Boden mit sofortigem Einkrümeln günstiger. Das gilt nicht nur für schwere Böden, sondern auch für leichte, hier sogar dann, wenn es sich um die Verwendung eines frischen Stallmistes handelt. Die anfänglich nur flache Unterbringung hält die Bodenoberfläche locker und verhindert ein Verkrustung. Geringe Stickstoffverluste bei dieser Art der Einbringung von frischen Stallmisten spielen gegenüber den genannten Vorzügen keine Rolle. Stallmistgaben in der genannten optimalen Höhe lassen in der Regel im intensiven Gemüsebau nur eine Nachwirkung im darauffolgenden Jahr erkennen. Allerdings darf man die nachhaltige Verbesserung des Bodens durch regelmäßige Stallmistdüngung nicht verkennen. Im Unterglasgemüsebau können grundsätzlich keine frischen Stallmiste wegen der Gefahr von Ammoniakschäden zur Anwendung kommen. Dies ist vor allem deshalb zu beachten, weil hier Gaben von 500 bis 600 dz je ha und Jahr zu verabreichen sind. Stark verrotteter Stallmist wird grundsätzlich zunächst zur Bodenbedeckung benützt. Flache Vermischung mit der alleroberstcn Bodenschicht mit Hilfe der Hackfräse ist dabei vorteilhaft.

Reine Strohdüngung (Häckselstroh) ist im Gemüsebau mit Vorsicht anzuwenden, obwohl diese in sehr tätigen humosen Böden besser wirkt als bei geringerer Bodenqualität. Wenn sie angewandt werden soll, dann mit der zusätzlich erforderlichen mineralischen N-Gabe von 40 bis 60 kg/ha. Strohkomposte bzw. Kunstmiste (befeuchtetes Häckselstroh + Kalkstickstoff oder Harnstoff) haben schon größere Bedeutung, besonders zur Bodenbedeckung bei Gewächshauskulturen (Tomaten, Gurken) aber auch im Freiland. Voraussetzung ist, daß die stürmische Rotte auf dem Stapel bereits beendet war. Die Einbringung in den Boden soll erst erfolgen, wenn das Material brüchig, d. h. gut angerottet ist. Abgeerntete Champignonmiste wirken, wenn sie nicht vorher kompostiert werden, sehr häufig hemmend auf die Pflanzenentwicklung.

Im intensiven Gemüsebau tritt heute wegen des Mangels an Stallmist der Torf immer mehr in den Vordergrund. Torf ist eine ausgezeichnete Humusquelle, allerdings ohne nennenswerten Nährstoffgehalt. Da sich Torf im Boden viel langsamer abbaut als Stallmist, darf man ihn nicht in den Mengen der organischen Substanz einer Stallmistdüngung entsprechend geben, sondern nach dem Grundsatz, große Mengen in weiteren Abständen. Die Empfehlung 1 Ballen je Ar alle 2 Jahre — was etwa von der organischen Substanz her gesehen der Stallmistdüngung entsprechen würde — ist falsch. Richtiger ist es, mit Torf in fünf- bis zehnjährigem Turnus und entsprechend hohen Gaben zu düngen. Nach verschiedenen Versuchen scheint im intensiven Gemüsebau die richtige Gabe zu sein 1 Ballen je Ar und Jahr, umgerechnet also 5 Ballen alle 5 Jahre oder die entsprechende Menge bis zu 10 Ballen alle 10 Jahre. Torf befeuchtet sich schwer. Er darf daher nicht trocken in trockene oder nur mäßig feuchte Böden eingebracht werden. Grundsätzlich wird er im Nachwinter auf gepflügte Böden aufgebracht und nur mit der Fräse oder dem Krümler in den Boden oberflächlich eingearbeitet. Zur Befeuchtung kann der ausgebreitete trockene Torf vor der Einbringung beregnet werden, bei feuchtem Boden erübrigt sich das. Eine Befeuchtung sofort bei dem Zerkleinern ist günstig, jedoch nur in besonders intensiv wirtschaftenden Betrieben möglich. In diesem Fall wird man zweckmäßigerweise auch Nährstoffe in Form von Mineraldüngern zusetzen, wir kommen dann zu den sogenannten Torfschnellkomposten. Befeuchtung mit Jauche verbessert die Benetzungsfähigkeit des Torfes. Besonders wertvoll ist Torf als Streckungsmittel bei der Kompostierung und als Zusatz zur Stallmistkompostierung. Selbst bei der häufigen Anwendung sehr großer Mengen wird die Bodenreaktion nur unwesentlich beeinflußt. Die Furcht, mit starken Torfgaben eine Bodenversauerung herbeizuführen, ist unbegründet, zumal im Gemüsebau ausgesprochen saure Böden kaum in Nutzung sind. In einem in Limburgerhof im Jahre 1939 angelegten Dauerversuch auf einem Boden mit pH 6,8 betrug nach 13 Jahren im Jahre 1952 bei nur mineralischer Düngung der pH-Wert 6,60, bei Mineraldüngung + Torf lag er bei 6,52. Neben den im Handel befindlichen Ballen sind auch Naßtorfe bei kürzeren Transportwegen geeignet. Im Gemüsebau unter Glas kann die Kulturerde in fast beliebiger Höhe mit Torf verbessert werden, bei der Pflanzenanzucht bis zur reinen Torfkultur. Letztere ist wirtschaftlich nur in der Pflanzenanzucht vertretbar, bei Zusätzen von 2 bis 3 g kohlensaurem Kalk und 2 bis 3 g eines möglichst spurenelementhaltigen Volldüngers je Liter Torf und späterer flüssiger Nachdüngung. Der Torf wird mit dem Kalk und dem Dünger in einer Erdaufbereitungsanlage gemischt. Kulturen in reinem Torf erfordern häufigeres Gießen. Torf ist im übrigen häufig Ausgangsstoff für die Herstellung sogenannter Handelshumusdünger, die allerdings auch aus anderen organischen Abfallstoffen bestehen können.

Mit Handelshumusdünger bezeichnen wir in diesem Zusammenhang nur die organischen Dünger, die in erster Linie wegen ihres Humusgehaltes zur Anwendung kommen, wie z. B. Huminal, Nettolin, Biohum, TKS, sonstige Torfmischdünger und Abfalldünger. Sie sind an anderer Stelle alle beschrieben, so daß sich das hier erübrigt. Für sie alle gilt, daß sie mit mineralischen oder organischen Nährstoffen in unterschiedlicher Höhe und in unterschiedlichem Verhältnis angereichert sind und daher nicht in der Weise wie für Torf beschrieben angewandt werden können. Sehr häufig bestimmt der leichtaufnehmbare Nährstoffgehalt die Höhe der Gabe. Man wird sich weitgehend an die Anwendungsrezepte halten müssen. Alle sollten erst kurz vor der Bestellung gegeben und nur flach eingebracht werden. Bei der Beurteilung der Wirkung muß man unterscheiden zwischen der reinen Nährstoffwirkung und der Wirkung der organischen Substanz; durch erstere wird sehr häufig eine besonders gute Wirkung des Humusdüngers vorgetäuscht. Im erwerbsmäßigen Gemüseanbau muß ein Preisvergleich zu den vorgenannten klassischen Humusdüngern unter Berücksichtigung organischer Substanz und Nährstoffgehalt, über die Anwendung entscheiden. Ihre Bedeutung ist im Erwerbsgemüsebau daher meist gering, sie gelten mehr als Gartendünger, wo andere Gründe für die Anwendung sprechen.

Eine größere Bedeutung haben in neuerer Zeit der Müll- bzw. Müllklärschlammkompost, die in einer Anzahl von Großstädten in beachtlichen Mengen anfallen, erlangt. Müll aus Stadtteilen, die stark mit Industrie durchsetzt sind, ist weniger wertvoll als aus reichen Wohnbezirken, wo in der Regel mehr Vegetabilien verbraucht werden. Normaler Sommermüll schwankt in seinem Gehalt an organischer Substanz zwischen 26 und 36%. Wintermüll ist weniger günstig. Der Gehalt an Makronährstoffen entspricht etwa jenem von Stallmist. Die Phosphorsäure ist jedoch wegen des hohen Kalkgehaltes stark festgelegt, aber auch die übrigen Nährstoffe sind nur zum geringen Teil pflanzenverfügbar. Der hohe Gehalt an Mikronährstoffen (B, Mn, Cu, Mo, Zn) wirkt sich zwar auf Mangelböden günstig aus, kann aber auch die Toxiditätsgrenze übersteigen und schädigen. Müll und Müllkomposte sind im Gemüsebau wohl verwendbar, jedoch nicht regelmäßig, sondern nur in weiten Abständen. Sie sollen mehr der einmaligen Bodenverbesserung und nicht der regelmäßigen Humusversorgung dienen. In allen Fällen ist zu empfehlen, vor der Anwendung sich über die Zusammensetzung zu orientieren. Z. B. ist Müllkompost mit Torf oder Schlick gemischt günstiger zu beurteilen, aber auch hier ist eine Daueranwendung abzulehnen.

Rohmüll bzw. Raspelgut kann sogar zur Packung von Frühbeetkästen (Warmbeetpackung) und im Anschluß daran zur Bodenverbesserung verwendet werden. Mülliebende Kulturen sind Kohl, Tomaten, Kartoffeln, müllempfindliche Kulturen Möhren, Zwiebeln, Bohnen. Die Anwendungsmenge an Müllkompost beträgt 500 bis 600 dz je ha. Die beste Wirkung ist bei der Anwendungs als Bodenbedeckung (mulchen) zu erwarten.

Für die Humusversorgung der gemüsebaulich genutzten Böden spielen die Ernterückstände und die Gründüngung eine besondere Rolle. Frische Ernterückstände, wenn möglich, durch Bodenbearbeitungsgeräte zerkleinert in den Boden gebracht, erhöhen die Leistungsfähigkeit der Böden sehr beachtlich. Es gilt also, diese Ernterückstände möglichst auf dem Feld zu belassen. Durch die modernen prophylaktischen Pflanzenschutzmaßnahmen können wir es uns heute leisten, hier großzügiger zu verfahren. Nur bei verhältnismäßig wenigen Krankheiten und Schädlingen ist ein Abräumen der Rückstände von den Feldern aus hygienischen Gründen noch angebracht. Bei den Ernterückständen ist die Wurzelmasse wirkungsvoller als die zurückgebliebenen oberirdischen Pflanzenteile. Nach Untersuchungen von HÖSSLIN fallen nachstehende Mengen an lufttrockenen Wurzelrückständen bei Gemüse im Freiland an:

Sellerie	12,24 dz/ha
Wurzelpetersilie	1,73 dz/ha
Kohlrabi	2,06 dz/ha
Winterendivie	3,79 dz/ha
Steckzwiebel	9,12 dz/ha
Porree (Lauch)	11,69 dz/ha
Erbse	6,03 dz/ha
Tomate	7,76 dz/ha

Aus Versuchen geht eindeutig hervor, daß der aus Ernterückständen produzierte Kompost einen viel geringeren Einfluß auf den Boden ausübt als die gleiche Menge frischer organischer Substanz.

Im Mittel von sechs Jahren brachte nämlich ein Feld in Limburgerhof mit belassenen Ernterückständen einen Mehrertrag von 15% im Vergleich zum Zurückbringen von fertigem Kompost aus derselben Menge organischer Substanz. Ganz abgesehen davon, ergeben sich hieraus auch bedeutende arbeitswirtschaftliche Vorteile. Wenn irgend möglich, sollte deshalb dem Belassen der Ernterückstände auf dem Felde stärkere Beachtung geschenkt werden.

Die Kompostbereitung beschränkt sich auf die Abfälle des Betriebes, die nicht auf dem Feld anfallen. Für die Kompostanwendung gilt das Prinzip: möglichst frische und keine stark verrotteten Komposte verwenden.

Im Hinblick auf die Humusversorgung unserer Gemüsefelder verdient auch der Vorfruchtwert der einzelnen Gemüsearten Beachtung. Wir kennen bekanntlich Gemüsearten mit hohem und solche mit geringem Vorfruchtwert. Der Vorfruchtwert läuft parallel mit der Summe der Ernterückstände, in erster Linie aber mit der Wurzelmasse. Besonders wichtig ist der Vorfruchtwert für die Stellung in der Fruchtfolge. Höchsten Vorfruchtwert haben z. B. Porree und Zwiebel mit besonders hoher Menge an Wurzelrückständen, geringen z. B. die Möhre. Zur Einhaltung einer genügend weiten Fruchtfolge zwingt natürlich auch das Belassen der Ernterückstände auf dem Feld. Bei der Zweit- und Drittbestellung im Jahr gibt man zweckmäßig keine Pflugfurche, sondern wühlt die Ernterückstände mit Scheibenegge oder Krümler oberflächlich in den Boden ein.

Da wir gesehen haben, wie günstig sich verrottende Pflanzensubstanz auf die Humusversorgung und Bodenfruchtbarkeit auswirkt, ist in diesem Zusammenhang auch auf die Bedeutung der Gründüngung hinzuweisen. Eine gelungene Gründüngung kommt der Wirkung einer Stallmistgabe von 200 bis 300 dz je ha gleich. Aus rein wirtschaftlichen Überlegungen erfolgt der Anbau der Gründüngung im Gemüsebau meist nur als abtragende Frucht im Spätsommer und Herbst. Die Auswahl wird außerdem dadurch eingeschränkt, daß Gründüngungspflanzen aus der Familie der Cruciferen nur vorsichtig eingesetzt werden können. Im allgemeinen sind nämlich aus derselben Familie die Kohlarten bereits stark in der Fruchtfolge vertreten. Aus diesem Grunde kommen in erster Linie die Leguminosen, wie Wicken, Peluschken oder in besonderen Fällen auch die verschiedenen Kleearten als Gründüngungspflanzen in der gemüsebaulichen Fruchtfolge in Frage. Von den Nichtleguminosen verdient vor allem die Phacelia

Beachtung. Der Wert der Gründüngung beruht nicht nur auf der Zufuhr an organischer Substanz, sondern auch in der langen Bodenbeschattung. Sie ist deshalb so spät wie möglich einzubringen.

Literatur: Barbier 1957, Csatari-Szützs 1957, Dhar 1961, Gericke 1947, Haut 1959, Hösslin 1961, Jürgens-Gschwind 1960, 161, Kick, Voss und Sappock 1959, Klein 1956, Laske 1960, Mappes 1951, 1954, Marx 1957, Nicolaisen 1958, Oberwestberg 1958, Penningsfeld 1961, Rademacher 1948, Reeker 1957, Schmalfuss und Kolbe 1959, Schupp 1957, Springer 1957, Steigerwald 1956, Werminghausen 1961, Will 1962; 3.

E. Die Düngung mit Stickstoff

Der Stickstoff übt einen entscheidenden Einfluß auf das Wachstum, den Ertrag und die Qualität aller Gemüsearten aus. Charakteristisch für Stickstoffmangel sind schwaches Wurzel- und Sproßwachstum, die in der Regel zu einer verzögerten Entwicklung führen. Die schmalen, kleinen Blätter zeigen in vielen Fällen ein gelbgrünes Aussehen, häufig verfärben sie sich auch orange, rot oder purpur. Diese Veränderung geht stets von den älteren Blättern aus und greift erst in fortgeschrittenem Stadium auf die jungen Spitzenblätter über. Schon bei geringem Stickstoffmangel weisen die Kohlarten eine graugrüne Blattfarbe auf, rote Gemüse, wie Rotkohl und Rote Rüben bekommen ein tief-dunkelrotes Aussehen, bei Möhren, Sellerie und Spinat schlägt die dunkelgrüne Farbe in ein auffallendes Gelbgrün um. Durch Stickstoffmangel wird außerdem die Kopfbildung, z. B. bei den Kohlarten oder Kopfsalat, verzögert. Ferner beeinflußt das Fehlen von Stickstoff den Ansatz bzw. die Ausbildung der Früchte bei Tomaten, Gurken und Bohnen. Ganz entscheidend ist die Auswirkung des Stickstoffmangels auf die Qualität der Gemüsearten, bei denen es auf Zartheit und Frische ankommt. Aus diesen äußeren Erscheinungen sind die entsprechenden Rückschlüsse für die Düngung zu ziehen.

Eine ausreichende Stickstoffdüngung ist demnach im Gemüsebau eine wesentliche Voraussetzung zur Erzielung von hohen Erträgen, sie übt darüber hinaus auch einen nachhaltigen Einfluß auf die Qualität durch Erhöhen des Eiweißgehaltes der Gemüse aus und beeinflußt den Erntetermin günstig.

Ebenso ungünstige Auswirkungen auf das Pflanzenwachstum wie das Fehlen hat aber auch die Überdüngung mit Stickstoff. Entscheidend hierfür ist zunächst das Verhältnis zu den anderen Nährstoffen, in erster Linie Phosphat und Kali. Einseitig mit Stickstoff versorgtes Gemüse hat ein lockeres, schwammiges Gewebe, geringeren Trockensubstanzgehalt und ist daher für die Lagerung oder Konservierung wenig geeignet. Außerdem leiden vor allem durch einseitige Stickstoffüberdüngung Standfestigkeit und Widerstandsfähigkeit gegen Witterungseinflüsse, ferner wird die Anfälligkeit gegen Krankheiten und Schädlinge erhöht. Darüber hinaus verzögert zuviel Stickstoff bei einigen Gemüsearten, besonders den Fruchtgemüsen, den Reifebeginn.

Die Anwendung der verschiedenen Stickstofformen wird im Gemüsebau in entscheidendem Maße von der Gemüseart, der Bodenreaktion, dem Boden und den Niederschlagsverhältnissen bestimmt. Außerdem hängt sie von der Art und dem Zeitpunkt des Anbaues ab.

Die Salpeterdünger finden auf Grund ihrer schnellen Wirkung bevorzugte Anwendung im Jugendstadium der Gemüsepflanzen, also in besonderem Maße bei der Pflanzenanzucht. Aus demselben Grunde haben sie auch im Frühgemüsebau und den dabei häufig herrschenden ungünstigen Witterungsverhältnissen große Bedeutung. Als Kopfdünger kommen sie bei Möhren, Kohlgewächsen, Spinat, Rote Beete, verstärkt zum Einsatz. Rettich, Radies, Kopfsalat und Möhren lieben die Salpeterform besonders. Mit Rücksicht auf die Bodenreaktion verdient der Nitratstickstoff bevorzugte Anwendung auf sauren Böden. Der Einsatz des Salpeterdüngers ist unabhängig von der Bodenart, soweit es sich um Kalksalpeter handelt. Natronsalpeter muß bei leicht verschlämmbaren Böden ausscheiden. Die Anwendung reiner Salpeterstickstoffdünger geschieht vorwiegend als Kopfdünger, zumal auch die meisten Pflanzen im Keimlings- und Jugendstadium auf Ammoniumüberschuß empfindlich reagieren.

Wegen der geringeren Auswaschungsgefahr zeichnet sich die Ammoniakform durch eine nachhaltige Wirkung aus. Sie wird grundsätzlich von Sellerie, Gurke, Tomate und Zwiebel bevorzugt. Die Düngung mit reinen Ammoniakformen hat außerdem auf alkalischen Böden Bedeutung.

Bei dem größten Teil der Gemüsearten wurden die besten Ergebnisse bei der Düngung vor der Bestellung mit Salpeter-Ammoniakdüngern (Kalkammonsalpeter, Ammonsulfatsalpeter, Volldünger) erzielt. Bei den schwankenden äußeren Bedingungen, die nicht alle vorauszusehen sind, kann hier immer eine der beiden N-Formen zur Wirkung kommen. Ammoniak-Salpeterdünger sind ähnlich wie Ammoniakdünger in erster Linie als Krumendünger geeignet. Als Kopfdünger kommen sie zum Einsatz bei den Gemüsearten Sellerie, Gurke, Tomate, Zwiebel, bei den übrigen Gemüsearten, soweit diese nicht ausgesprochene Salpeterpflanzen sind und in der wärmeren Jahreszeit; hier am besten im Wechsel mit reinen Salpeterdüngern.

Der Amidstickstoff (Kalkstickstoff) nimmt im Gemüsebau auf Grund seiner Nebenwirkungen (Unkrautbekämpfung, Fungizidwirkung) eine Sonderstellung ein. Da die Zwischenstufen pflanzenschädlich sind, muß Kalkstickstoff in der Regel zwei bis drei Wochen vor der Bestellung ausgestreut werden. Sein hoher Kalkgehalt ist vor allem auf sauren Böden von Bedeutung. In schwereren Böden spielt er im Gemüsebau als Krumendünger eine Rolle, in leichten sandigen Böden sollte er nicht angewandt werden.

Auf sehr tätigen Böden und im Unterglasanbau kommt auch der Anwendung von Harnstoff eine gewisse Bedeutung zu. Größere Gaben unter Glas können allerdings, wenn sofort nach der Anwendung gepflanzt wird und entsprechend hohe Temperaturen herrschen, Schäden durch frei werdendes Ammoniak verursachen. Auf Grund seines hohen N-Gehaltes erfordert das Ausbringen von Harnstoff auf dem Feld erhöhte Sorgfalt, damit die gewünschte gleichmäßige Verteilung erreicht wird. Vorteilhaft ist der Einsatz zur Blattdüngung oder düngenden Beregnung. Hierfür kommen nur Formen mit geringem Biuretgehalt in Frage.

In der Regel gelangen die Stickstoffdünger heute im intensiven Gemüsebau in mehreren Teilgaben zur Anwendung. Die Unterteilung in Krumen- und Kopfdüngung ist erforderlich, um bei dem hohen Bedarf der Gemüse Übersalzungsschäden an den jungen Saaten bzw. Pflanzen zu vermeiden. Darüber hinaus führt starke Unterteilung der N-Gaben zu einer besseren Ausnutzung. Es werden dadurch Verluste durch Auswaschung vermieden. Oft wird der Stickstoff bei stärkerem Regen auch nur tiefer gewaschen, er ist dadurch für die noch kleinen Pflanzen nicht meht erreichbar, so daß ohne Kopfdüngung die gleichmäßig gute Stickstoffversorgung gestört wäre. Die Stickstoffgaben müssen daher im Feldanbau stärker differenziert werden als im Unterglasanbau. So brachte ein Sellerieversuch im Jahre 1948 auf Limburgerhof folgendes Ergebnis:

Stickstoff in einer Gabe	216,2 dz/ha
Stickstoff in drei Gaben	298,4 dz/ha.

Eine große Bedeutung im Frühkohlanbau hat das Füttern der ersten und zweiten Stickstoffgabe. Man versteht darunter das lokalisierte Ausstreuen um die Einzelpflanze mit anschließender Beregnung. Besonders in Jahren mit kalter Frühjahrswitterung macht sich dieser zusätzliche Arbeitsaufwand besonders günstig bemerkbar, wie einige Ergebnisse zu Blumenkohl auf dem Limburgerhof zeigen. Es wurden in den Qualitäten AI und AII geerntet bei:

	Kalkammonsalpeter	Kalksalpeter
gefüttert	64,6%	63,7%
breitwürfig	55,4%	54,6%

Im Frühkohlanbau übt eine relativ späte Kopfdüngung stets einen sehr günstigen Einfluß auf den Ernteverlauf aus. So hat sich z. B. im Blumenkohlanbau eine Kopfdüngung noch kurz vor dem Ansatz der Blume gut bewährt. Diese Düngung verhindert vor allem ein Absinken der Qualität während der länger anhaltenden Ernteperiode. Die Gabe in Form von Kalksalpeter darf jedoch nicht hoch sein (40 kg N/ha), da sonst die Gefahr des Grießigwerdens des Blumenkohls besteht.

Die späte Kopfdüngung ist aber auch bei den frühen Kopfkohlarten angebracht, sie verfrüht nämlich nicht nur die Ernte, sondern erleichtert sie durch Verminderung der Anzahl von Erntetagen. Bei Karotten, die als Frühkarotten mit Laub geerntet werden sollen, sind nicht nur mehr Kopfdüngungen, sondern auch höhere Stickstoffgaben erforderlich. In leichten Böden und bei Saatgemüsen, besonders bei denen, die eine längere Keimdauer haben (Möhren, Petersilie, Schwarzwurzel, Zwiebel), ist es meist sogar vorteilhaft, den gesamten Stickstoff als Kopfdüngung zu geben; die erste Gabe wird dabei sofort beim Auflaufen verabreicht. Auch bei der Bohne hat sich diese Methode bewährt, hier kann unter besonders günstigen Anbaubedingungen die Stickstoffdüngung überhaupt von der Witterung beim Auflaufen abhängig gemacht werden, d. h. sie wird in Form von Kalksalpeter nur bei kühler und feuchter Witterung gegeben.

Die Kopfdüngung soll im intensiven Gemüsebaubetrieb nur in Verbindung mit einer gründlichen Beregnung ausgebracht werden; dadurch erzielt man eine bessere Wirkung und vermeidet Verbrennungsschäden. Trotzdem soll man die Kopfdüngung breitwürfig möglichst nur auf trockene Pflanzen ausstreuen, da sie von diesen gut abrollt. Größere Gefahr des Liegenbleibens besteht bei Gemüsen mit behaarten Blättern, wie Gurken, Tomaten, Rettich, so daß hier das gründliche Abregnen besonders wichtig ist. Zur Kopfdüngung sind möglichst nur gekörnte Dünger zu verwenden. Mit feinen Düngemitteln können z. B. bei Porree dadurch Schäden entstehen, daß sie in den Schaft hineingewaschen werden. Bei der modernen Geräteausstattung unserer Betriebe wird es immer mehr möglich, den Kopfdünger zwischen die Reihen oder an die Pflanzen zu bringen.

Die Krumendüngung mit Stickstoff wird zweckmäßig mit der Kaliphosphat-Grunddüngung verabreicht und nur flach, z. B. mit der Saategge, in den Boden gebracht.

Eine moderne Anwendungsmethode stellt die düngende Beregnung dar. Sie hat vor allem für die Kopfdüngung mit Stickstoff Bedeutung und setzt entsprechende Düngermischgeräte voraus. Im Unterglasanbau, bei der dort gleichmäßigeren und häufigeren Beregnung, wird sie schon seit Jahren mit Erfolg durchgeführt. Die ausgebrachte Düngermenge ist in erster Linie von der Löslichkeit des Düngers abhängig, sie kann bei modernen Geräten reguliert werden. Im Freilandanbau hat sich diese Methode noch wenig durchgesetzt, weil durch die

Einwirkung des Windes und die Arbeitsweise der hier verwendeten Regner die Verteilung noch beachtliche Ungleichheiten aufweist, die sich auf den verregneten Dünger überträgt und daher zu einer ungleichen Nährstoffversorgung führt. Ausstreuen des Kopfdüngers und sofortiges Beregnen ist daher in den meisten Fällen günstiger. Zweckmäßigerweise erfolgt die düngende Beregnung im Freiland in kleinen und häufigeren Gaben. Die Anwendung wird außerdem öfters durch die natürlichen Niederschläge gestört.

Im Unterglasanbau verdient außerdem die flüssige Düngung als sogenannte Tropfenbewässerung Beachtung. Hierbei sind vollwasserlösliche Dünger (auch Volldünger) einzusetzen, die kontinuierlich in schwach konzentrierten Lösungen ausgebracht werden. Die Konzentrationen betragen hier 0,1 bis 0,2%.

Gewisse Bedeutung hat ferner die Blattdüngung, besonders dann, wenn die Ernährung über den Boden Schwierigkeiten bereitet oder eine sehr schnelle Nährstoffaufnahme erforderlich ist.

Der Stickstoffbedarf der einzelnen Gemüsearten ist aus der Tabelle im Kapitel Nährstoffentzug und Nährstoffbedarf zu entnehmen. Die Angaben in der Literatur hierfür schwanken allerdings beachtlich. Reinhold kommt z. B. zu folgender Einteilung:

Starker Bedarf: Blumenkohl, Chinakohl, Kürbis, Mangold, Meerrettich, Porree, Rhabarber, Rotkohl, Sellerie, Spargel, Weißkohl, Wirsing.

Mittlerer Bedarf: Grünkohl, Gurke, Kohlrabi, Kopfsalat, Möhre, Pastinake, Petersilie, Puffbohne, Rettich, Rosenkohl, Rote Rübe, Schwarzwurzel, Spinat, Tomate, Stangenbohne, Winterendivie, Zwiebel.

Schwacher Bedarf: Buschbohne, Erbse, Feldsalat, Herbstrübe, Radies.

Er hat die Gemüse in den einzelnen Gruppen nach dem Alphabet aufgeführt, nicht nach der Reihenfolge des Bedarfs wie in der oben genannten Tabelle. Die hohe Stickstoffempfehlung für Spargel ist zwar etwas umstritten. Die teilweise guten Ergebnisse bei hohen Gaben erklären sich dadurch, daß der Spargel eine sehr kurze Vegetationszeit hat, während der er aus dem Überfluß schöpfen muß. Abweichend von dem bisher Gesagten über den Zeitpunkt der Stickstoffdüngung wird bei ertragsfähigen Spargelanlagen der gesamte Stickstoff sofort bei Beendigung der Ernte gegeben, das ist Ende Juni. Junganlagen erhalten eine Gabe im April und eine weitere im Juni.

Bei den Leguminosen hat sich die Auffassung zur Stickstoffdüngung in den letzten Jahren geändert. Man hält heute z. B. für Buschbohnen eine Stickstoffdüngung immer für vorteilhaft, am besten als Kopfdünger beim Auflaufen. Nur dadurch ist auch in kühlen, feuchten Jahren mit schlechten Entwicklungsbedingungen für die Knöllchenbakterien die Ertragssicherheit gewährleistet.

Bei Erbsen geht man in geringen Böden über eine Düngungshöhe von 30 kg N/ha nicht hinaus, in sehr tätigen Böden kann die Stickstoffzufuhr ganz unterbleiben. Starke mineralische Stickstoffgaben können ungünstige Auswirkungen auf die Qualität des Korns und die Haltbarkeit konservierter Erbsen haben.

Die Höhe der N-Gaben wird auch durch die Wasserversorgung bestimmt. Aus Untersuchungen von Nicolaisen und Fritz zu Tomaten geht deutlich hervor, daß hohe Stickstoffgaben den Wasserverbrauch der Pflanzen beachtlich steigern. Andererseits erfolgt bei ausreichender Wasserzufuhr eine wesentlich höhere Pflanzenproduktion. Steigende N-Gaben senken den Wasserbedarf für die Erzeugung von 1 kg Trockensubstanz.

Von allen Nährstoffen übt der Stickstoff den größten Einfluß auf die Ertragshöhe aus. Hohe N-Gaben sind zur Erzielung guter Flächenleistungen unerläßlich und immer lohnend, wenn die übrigen Nährstoffe ausreichend vorhanden und die übrigen Wachstumsbedingungen optimal gestaltet sind. Als Beispiel sei eine Zusammenfassung relativer Erträge aus mehreren Versuchen zu Frühkohl (nach MAPPES) angeführt:

Frührotkohl	150 kg N/ha = 100
	200 kg N/ha = 122
	250 kg N/ha = 128
Frühweißkohl	160 kg N/ha = 100
	200 kg N/ha = 109
	240 kg N/ha = 117
Frühwirsing	120 kg N/ha = 100
	160 kg N/ha = 108
	200 kg N/ha = 132
Tomaten	120 kg N/ha = 100
	160 kg N/ha = 155
	200 kg N/ha = 173
Lauch	120 kg N/ha = 100
	160 kg N/ha = 105
	200 kg N/ha = 114

Entgegen der landläufigen Meinung üben hohe Stickstoffgaben einen günstigen Einfluß auf den Erntezeitpunkt der meisten Gemüsearten aus. Selbst bei den Fruchtgemüsen, wie Tomaten und Gurken, ist es durch entsprechende Anbaumethoden möglich, die nachteilige Wirkung hoher Stickstoffgaben auf den Erntezeitpunkt auszugleichen oder gar umzukehren. Wenn auch der prozentuale Verlauf der Ernte hier eine gewisse Verspätung aufzeigt, sind die tatsächlichen Erträge auch an den ersten Erntetagen bei hohen Stickstoffgaben in der Regel größer als bei niederer N-Düngung. Das sei an einem Beispiel aus Versuchen von MAPPES für Tomaten gezeigt:

Von der Gesamternte wurde gepflückt bis:

	29. Juli		4. August		12. August		18. August		27. August	
	%	dz/ha	%	dz/ha	%	dz/ha	%	dz/ha	%	dz/ha
PK ohne N	2,1	7,1	6,2	20,9	8,1	27,3	11,9	40,1	28,7	96,7
NPK (70 kg N/ha)	1,4	7,2	4,7	23,7	6,3	31,8	9,5	48,0	29,1	147,0
NPK (120 kg N/ha) ...	1,7	8,9	5,0	26,1	6,7	35,0	10,1	52,8	31,7	165,8
NKP (180 kg N/ha) ...	1,5	8,5	4,6	26,1	6,3	35,7	9,9	56,2	32,5	184,4

Unerläßlich sind hohe Stickstoffgaben außerdem bei allen Frühgemüsearten, die bis zur Ernte aus dem Vollen schöpfen müssen; man gibt hier mehr, als die Kultur verbraucht. Der im Überschuß verabreichte Stickstoff kann bei der nachfolgenden Zweitkultur in Anrechnung gebracht werden. Durch diese Düngungsmethode wird eine besondere Verfrühung der Ernte erreicht. Dazu ein Beispiel mit Frührotkohl:

Es waren geerntet bis	16. Juni	19. Juni	26. Juni
bei 250 kg N/ha	3,8%	8,1%	23,7%
bei 300 kg N/ha	4,9%	8,9%	26,0%
bei 350 kg N/ha	4,9%	9,3%	30,0%

Ebenso günstig beeinflussen hohe N-Gaben die Ernte der Wurzelgemüse, die für den frühen Frischmarkt bestimmt sind. Das trifft z. B. für frühe Möhren und für Frührettiche zu.

Sehr wesentlich ist auch der Einfluß des Stickstoffs auf die äußere Qualität der Gemüsearten, die am besten in der Marktsortierung zum Ausdruck kommt, auch hierfür ein Beispiel:

Tomaten „Rheinlands Ruhm“ brachten folgendes Sortierungsergebnis:

Sortierung	A	B	C
120 kg N/ha	69,1%	26,5%	4,4%
160 kg N/ha	72,2%	23,4%	4,4%

Die optimale Stickstoffdüngung übt keinen Einfluß auf das Platzen der Tomatenfrüchte aus. Der Anteil an geplatzten Früchten betrug in Versuchen von MAPPES

bei 70 kg N/ha = 2,2%
bei 150 kg N/ha = 2,6%.

Abschließend sei darauf hingewiesen, daß hohe Stickstoffgaben bei guter Kaliphosphatversorgung und sachgemäßer Anwendung keine Verschlechterung der Lagerfähigkeit bewirken, das wurde in vielen Versuchen festgestellt. MAPPES berichtet aus einem exakten Versuch mit Möhren, Sorte „Lange rote Stumpfe" von folgenden Gesamtverlusten aus Mietenlagerung:

40 kg N/ha	23,8%
80 kg N/ha	14,1%
120 kg N/ha	14,6%
160 kg N/ha	17,0%
200 kg N/ha	21,2%

Literatur: BECKER-DILLINGEN 1943, BLOES 1954, BUCHNER und KRADEL 1961, CSATARI-SZÜTZS 1957, GRÜTZ 1951, HARTMANN 1961, HÖSSLIN 1959, HUPPERT und BUCHNER 1953, KOBEL, KRAPF und SCHÜTZ 1958, 1962, LASKE 1958, MÄRTIN 1959, MAPPES 1951, 1954, MULDER 1956, 1958, 1959, NEHRING 1959, NICOLAISEN 1940, NICOLAISEN und FRITZ 1955, PENNINGSFELD 1954, PENNINGSFELD und FORCHTHAMMER 1961, RAUTERBERG 1949, REINHOLD und MARSCHKE 1936, REINHOLD, MERTEN und GROSS 1937, VOGEL 1938, WILL 1962; 1, 6, 8.

F. Die Düngung mit Phosphorsäure

Da es kaum gemüsebaulich genutzte Böden mit sehr schlechter Phosphorsäureversorgung gibt, ist die Feststellung von Phosphorsäuremangelsymptomen in der Praxis außerordentlich selten. Aus Vegetationsversuchen wissen wir, daß Phosphorsäuremangel bei den meisten Gemüsearten eine starke Wachstumsdepression hervorruft und in der Regel eine dunkelgrüne Blattfärbung verursacht. In Humusböden können sich die Blätter hellgrün verfärben. Bei vielen Gemüsen, wie Kohl, Tomaten, äußert sich Phosphorsäuremangel in der Regel durch einen rötlichen Schimmer, besonders auf der Blattunterseite. Bei anderen Gemüsearten fällt eine starke Deformierung und sogar Kräuselung der Blätter auf. In ganz schweren Fällen von Phosphorsäuremangel entstehen dann Nekrosen bzw. Verfärbungen bis zur braunroten Farbe. Bei gemüsebaulichen Freiland- und Unterglaskulturen kommen, wie gesagt, diese Erscheinungen nicht vor, hier zeigen sich in der Regel nur Ertragseinbußen, Veränderungen des Verhältnisses zwischen Grünmasse und Fruchtgewicht (Erbsen und Tomaten) bzw. auch Verspätungen des Erntetermines.

Wie bereits in einem anderen Kapitel festgestellt, sind im Gemüsebau höhere Phosphorsäuregehalte des Bodens anzustreben als in der Landwirtschaft. Die Phosphorsäure im Boden hat über ihre Wirkung als Nährstoff hinaus auch die Aufgabe, den Boden physikalisch zu verbessern. Mit Phosphationen beladene Tonteilchen neigen zur Kolloidverklebung, zu geringerer Quellung bei Wasserzufuhr und zu schwächerer Schrumpfung bei Wasserentzug. Das Phosphation festigt die Bodenkrümel, vermehrt den Krümelanteil. Die Krümel werden stabiler, vor allem in tonreichen, phosphatarmen Böden. Die Zufuhr von Phosphorsäure gewährleistet also eine Verbesserung des Bodens in physikalischer, in chemischer und in biologischer Hinsicht. Ihr ist also besondere Beachtung, auch aus dem Blickwinkel der Bodenpflege, beizumessen. Die Phosphorsäuredüngemittel sind dadurch, neben den Kalkdüngern, in die Klasse der strukturverbessernden Düngemittel einzureihen. Ausreichende Phosphorsäuredüngung vermehrt das Wurzelwachstum und bewirkt damit eine vermehrte Humusbildung. Im allgemeinen wird durch Phosphorsäuredüngung keine Erhöhung der Salzkonzentration des Bodens hervorgerufen.

Die Wirkung der Phosphorsäure ist bekanntlich stark abhängig vom Boden, vom Klima und von der Pflanzenart. Bei den intensiven Bewirtschaftungsmethoden im Gemüsebau ist die Ausnutzung der Phosphorsäuredüngung im Schnitt gesehen höher als bei landwirtschaftlichen Kulturen, sie schwankt allerdings zwischen 34 und etwa 73%. Je aktiver und lebendiger der Boden, je höher der Humusgehalt, um so besser die Ausnutzung der Dünger- und Bodenphosphorsäure. Darüber hinaus wird die Phosphorsäure mit zunehmender Bodenfeuchtigkeit relativ stärker aufgenommen, was bei der laufenden künstlichen Beregnung der gemüsebaulichen Kulturen sowohl im Freiland und unter Glas sich günstig auswirkt. Geringere Ausnutzung ist bei extrem trockener Witterung zu befürchten. Eine besonders gute Ausnutzung der Phosphorsäuredüngung erfolgt, wenn sie in Kombination mit organischer Düngung, in erster Linie mit Stallmist, gegeben wird. Zunehmende Bodentemperaturen führen ebenfalls zu erhöhter Phosphataufnahme. Das trifft vor allem für den Gemüsebau unter Glas zu. So wurde bei einer Bodentemperatur von 18° C durch Tomaten achtmal mehr Phosphorsäure aufgenommen als bei 12° C. Interessant ist ferner noch die Feststellung, daß Kulturen, die zusätzliche Belichtung erhalten, einen besonders hohen Phosphorsäurebedarf haben. Indirekt wird durch hohe Gehalte an Phosphorsäure im Boden, bei gleichzeitiger guter Versorgung mit organischer Substanz, die Stickstoffproduktion des Bodens und damit die Bodenfruchtbarkeit erhöht.

Von der Pflanzenart aus betrachtet, haben alle Kulturen mit schwachem Wurzelwerk, z. B. Salat und die sogenannten Fruchtgemüse (Tomate), einen hohen P_2O_5-Bedarf. Besondere Beachtung muß der Phosphorsäuredüngung und der Erhöhung des Phosphorsäuregehaltes des Bodens im Gemüsesamenbau geschenkt werden. In zahlreichen Versuchen hat sich auch gezeigt, daß eine reichliche Phosphorsäureaufnahme vor allem während der Jugendentwicklung erfolgt. Als Beispiel sei wieder auf die Tomate verwiesen, die während der Jungpflanzenanzucht auf eine hohe Phosphorsäureernährung angewiesen ist und Mangel an Phosphorsäure nicht nur durch starke Wuchsdepressionen, sondern auch durch die Veränderung der Blattstellung anzeigt.

Bei der Anwendung der Phosphorsäure sei zunächst auf die sogenannten Standardphosphorsäuredüngemittel Superphosphat und Thomasphosphat verwiesen. Gewisse Bedeutung hat im Gemüsebau auch das Rhenaniaphosphat, geringere dagegen die sogenannten Rohphosphate, auch dann, wenn sie teilweise aufgeschlossen sind. Thomasphosphat und eventuell auch die schwerer löslichen Rohphosphate kommen in erster Linie auf sauren Böden oder auf gut durchlüfteten, humusreichen Moorböden zur Anwendung. Sie eignen sich auch für die Überschuß- und Vorratsdüngung, so lange die Böden nicht alkalisch sind. Das vorwiegend wasserlösliche Superphosphat, zum Teil aber auch das ammonzitratlösliche Rhenaniaphosphat, stehen bei den meisten Betrieben zweckmäßig im Vordergrund. Es ist außerdem bekannt, daß in rauheren Lagen Superphosphat, in wärmeren Thomasphosphat bevorzugt wird. Für Unterglaskulturen kommt Thomasphosphat allerdings nicht in Frage, da dort die Notwendigkeit besteht, die Böden in neutraler oder schwach saurer Reaktion zu halten. Für die Anwendung der Phosphordüngung gelten im allgemeinen folgende Grundsätze:

Bei Böden, in denen ein optimaler Gehalt an Phosphorsäure erreicht ist

(Klasse I), soll die Phosphorsäuredüngung möglichst auf der Grundlage des Ernteentzuges bemessen werden. Bei Böden in Klasse II wird zweckmäßig die Hälfte mehr gegeben, als dem Entzug entspricht, während Böden in Klasse III die doppelte Menge erhalten sollen. In vielen Fällen ist es aber ratsamer, Böden mit zu geringen Gehalten an Phosphorsäure durch einmalig hohe Phosphatgaben auf den optimalen Gehalt aufzudüngen.

In zahlreichen Gemüsebetrieben führt man bei 30 mg Phosphorsäure in 100 g Boden (Lactatmethode) die Standarddüngung durch, bei Gehalten darunter wird eine Zulage und bei Gehalten darüber Abstriche an der Phosphorsäuredüngung gemacht. Es hat sich als richtig erwiesen, Böden mit Gehalten über 100 mg Phosphorsäure vorübergehend nicht mit Phosphorsäure zu düngen, sondern damit erst wieder einzusetzen, wenn die Gehaltszahlen abgesunken sind. In holländischen Versuchen mit Kopfsalat unter Glas lag die Grenze bei 120 mg P_2O_5 in 100 g Boden. Die Phosphorsäuredüngung ist also nach dem Prinzip durchzuführen, optimale Gehalte anzustreben und diese zu erhalten.

Der Bedarf an Phosphorsäure ist bei den einzelnen Gemüsearten recht unterschiedlich. Stärkerer Bedarf besteht bei Blumenkohl, Bohnen, Gurken, Möhre, Rhabarber, Rotkohl, Endivie, Weißkohl, Wirsing, mittleren Bedarf haben Erbsen, Kohlrabi, Kopfsalat, Mangold, Petersilie, Porree, Schwarzwurzel, Sellerie, Spinat, Tomaten, Zwiebel. Schwachen Bedarf zeigen Feldsalat, Radies, Rettich, Rote Rüben. Diese Einteilung wird allerdings durch einige andere Autoren wieder eingeschränkt, die den Bedarf bei Sellerie und Tomaten für besonders hoch halten. Auch die Zwiebel soll einen ausgesprochen hohen Phosphorsäurebedarf aufweisen. Bei Kopfsalat beschleunigt ein optimales Angebot an Phosphorsäure die Kopfbildung, ein zu hohes Angebot dagegen vergrößert die Schoßneigung. Außerdem ist das Aufschlußvermögen der einzelnen Gemüsearten für die Phosphorsäure im Boden unterschiedlich; am besten bei den Leguminosen.

Aus dem bisher Gesagten geht eindeutig hervor, daß die Phosphorsäureversorgung im Gemüsebau zweckmäßig gar nicht nach der einzelnen Kultur bemessen wird, sondern als eine einheitliche Standarddüngung zur Anwendung kommt. Die in gewissen Zeitabständen durchzuführende Bodenuntersuchung zeigt dann, ob diese Standarddüngung erhöht oder vermindert werden muß.

Viele Versuchsergebnisse sprechen dafür, die Phosphorsäuredüngung für eine Vegetationsperiode in einer Gabe vor der Bestellung zu verabreichen. Die in der Landwirtschaft im Herbst oder Winter übliche Düngung hat sich im Gemüsebau nicht bewährt; man gibt hier die Phosphorsäure erst im zeitigsten Frühjahr vor der Bestellung. Das trifft besonders für die Anwendung von Superphosphat und Rhenaniaphosphat zu. Bei Versuchen mit markierter Phosphorsäure hat sich gezeigt, daß die Pflanze die Düngerphosphorsäure der Bodenphosphorsäure vorzieht. Häufig wurde die Frage untersucht, ob die Phosphorsäure ähnlich wie der Stickstoff in Teilgaben verabreicht werden soll. In der Regel brachte diese Unterteilung jedoch keine Verbesserung der Ergebnisse. In einzelnen Versuchen hat sich jedoch die sogenannte Spätdüngung mit Phosphorsäure in Form von Superphosphat als günstig erwiesen, z. B. bei Sellerie (Salzliebe). In diesem Fall in erster Linie dann, wenn Borsuperphosphat zur Anwendung kam. In den übrigen Fällen hat die Spätdüngung (Kopfdüngung) mit Phosphorsäure nur dann Erfolge gezeigt, wenn es sich um phosphatarme Böden handelte.

Eine weitere Anwendungsmethode besteht in der sogenannten Banddüngung bzw. der nesterweisen Anwendung der Phosphorsäuredüngemittel. Im Vergleich zur üblichen gleichmäßigen Aus- und Einbringung der Phosphorsäure zeigte sich ein Vorteil nur bei Böden mit geringem Phosphatgehalt und bei verhältnismäßig hohen Gaben. In diesem Falle verdienen das wasserlösliche Superphosphat, teilweise aber auch Rhenaniaphosphat, den Vorzug. Besonders günstig wirkten Granulate.

Die Unterschiede in der Wirkung bei lokalisierter und breitwürfiger Anwendung sind in erster Linie von Boden und Klima abhängig. Die Banddüngung ist besonders günstig auf Böden, bei denen eine starke Festlegung der Phosphorsäure erfolgt, in diesem Falle sind auch die Granulate den mehligen, vor allem feinmehligen Düngemitteln überlegen. Die Banddüngung bringt demzufolge in sehr schweren Böden Vorteile. Günstige Ergebnisse mit der Banddüngung wurden bei den Leguminosen erzielt. Die beste Ausnutzung der Phosphorsäure erfolgte bei einer Einbringungstiefe von etwa 5 cm, bei tieferer Einbringung geht der Wirkungswert sehr stark zurück. Bei der Banddüngung mit granulierten, wasserlöslichen Phosphaten werden innerhalb eines Tages 50 bis 80% des Düngers aus den Körnern herausgelöst, die Fortbewegung im Boden erfolgt jedoch nur sehr langsam. In einem Boden mit ziemlich ungestörter Lagerung wird sich demzufolge das Phosphat in einer konzentrierten Hülle um das Korn anreichern. Die Festlegung ist dabei geringer.

Ausreichende Phosphorsäureversorgung unserer Gemüsepflanzen verbessert nicht nur den Ertrag, sondern auch ihre Qualität. Der Einfluß auf Qualität und Marktsortierung ist auch dann noch gegeben, wenn keine Auswirkung mehr auf die Ertragshöhe erfolgt. Das trifft jedoch nur dann zu, wenn die Phosphorsäuregehalte des Bodens nicht zu hoch liegen, da sonst andere Nachteile auftreten. Die Phosphorsäuredüngung in Böden mit guter Versorgung wirkt sich in erster Linie auf die Sicherheit der Erträge aus, in mehrjährigen Versuchen zeigten sich jedenfalls geringere Ernteschwankungen. Über die besondere Wirkung der Phosphorsäure in den Mehrnährstoff- bzw. Volldüngern wird an anderer Stelle noch berichtet.

Abschließend sei nochmals auf den hohen Phosphatbedarf zahlreicher Gemüsearten während der Jungpflanzenentwicklung hingewiesen. Mangelnde Phosphorsäureernährung während der Anzucht von Tomatenpflanzen ließ sich in den meisten Fällen nach dem Auspflanzen, auch in bestversorgten Böden, nicht mehr ganz beheben. Bei der Anzucht von Jungpflanzen in reinen Torfsubstraten verdient die Phosphorsäureversorgung erhöhte Beachtung. Rohphosphate (Hyperphosphat) können in ihrer Wirkung durch eine mindestens dreimonatige Kompostierung mit Torf erheblich verbessert werden.

Literatur: Becker-Dillingen 1943, Bloes 1954, Cook 1958, Dhar 1961, Flachs 1948, Fruhstorfer 1955, Geissler 1958, Gericke 1959, Gessel 1958, Hannemann 1960, Hartmann 1959, Jürgens-Gschwind 1960, Kobel, Krapf und Schütz 1959, 1962, Koot und Racestiyn 1959, Nicolaisen und Mitarbeiter 1940, Penningsfeld 1954, Penningsfeld und Forchthammer 1961, Rauterberg 1949, Schlottmann 1960, Vogel 1938.

G. Die Düngung mit Kali

Kalimangelerscheinungen an Gemüse zeigen sich am häufigsten durch blaugrüne Verfärbung der Blätter. Bei Erbsen und Bohnen sind die Blätter in der Regel heller gefärbt. Bei Roten Rüben wurde z. B. neben dem natürlichen Zurückbleiben im Wuchs eine Neigung zum Längenwachstum festgestellt. Kohlrabi läßt eine mangelhafte Blattbildung erkennen. Blumenkohl zeigt bei Kalimangel gekrümmte Blätter mit heller Färbung der Interkostalfelder. Alle Kohlarten reagieren auf Kalimangel mit Gelbwerden vom Blattrand her und anschließendem Eintrocknen. Salat zeigt ausgesprochen mangelhafte Kopfbildung und gewelltes Blatt. Kalimangelpflanzen sind spätfrostgefährdeter und anfälliger gegen pilzliche Erkrankungen, eindeutig ist dies für den Septoriabefall bei Sellerie nachgewiesen. Bei Lagergemüsen führt Kalimangel zu einer Verringerung der Haltbarkeit. Die Kaliversorgung unserer Pflanzen beeinträchtigt auch den Wasserverbrauch erheblich. Gute Kaliversorgung mindert den Wasserverbrauch, hilft also Wasser sparen. Dies trifft sowohl für die Kaliversorgung mit chloridhaltigen, als auch mit sulfathaltigen Kalidüngemittel zu. Im allgemeinen bedeutet ausreichende Kaliversorgung eine Qualitätsverbesserung sowohl für Frischgemüse als auch für Konservengemüse. Die Bedürftigkeit unserer Gemüsearten an Kali ist natürlich unterschiedlich, wie schon aus den Entzugstabellen hervorgeht. Die Meinungen der Autoren gehen dabei allerdings auseinander. Reinhold stellt nach Ergebnissen von Düngungsversuchen folgende Gruppierung in der Düngerbedürftigkeit auf:

Stark:
Blumenkohl, Bohne, Erbse, Kartoffel, Pastinake, Rhabarber, Spinat, Wirsing.
Mittel:
Gurke, Herbstrübe, Kohlrabi, Kopfsalat, Mangold, Möhre, Rettich, Rosenkohl, Rotkohl, Schwarzwurzel, Sellerie, Spargel, Tomate, Weißkohl, Zwiebel.
Schwach:
Feldsalat, Grünkohl, Petersilie, Porree, Radies, Rote Rübe, Sommerendivie, Winterendivie.

Die Austauschbereitschaft des Kalis im Boden wird durch hohe organische Substanz im Boden, wie sie im Gemüsebau in der Regel gegeben ist, deutlich erhöht. Bei der Erstbestellung im Frühjahr wird in der Regel das Kali der Pflanze aus dem Bodenvorrat angeboten. Bei den Nachkulturen im Sommer fließt diese Quelle knapper. Im Gemüsebau rechnen wir mit einer Ausnutzung des Düngerkalis durch Vor- und Nachkultur von etwa 60%.

Wichtig ist im Gemüsebau die Entscheidung, bei welchen Gemüsearten chloridhaltige und bei welchen sulfathaltige Kalidüngemittel zum Einsatz kommen sollen. Chloride werden bevorzugt von Sellerie, Spargel, Mangold, Spinat, Salat, Endivie, Möhren; chloridfeindlich sind Bohnen, Erbsen, Gurken, Melonen, Tomaten, Zwiebel, Porree, Radies. Als indifferent können unsere Kohlarten angesehen werden. Geissler macht folgende Einteilung:

Gruppe 1 = Chloride bevorzugt
Sellerie, Spargel, Spinat, Mangold
Gruppe 2 = Chloride günstiger
Möhre, Rettich, Rote Rübe, Kopfkohl, Porree, Erbse, Kohlrübe
Gruppe 3 = Sulfate günstiger
Kohlrabi, Radies, Tomate, Zwiebel, Kartoffel
Gruppe 4 = Sulfate bevorzugt
Bohne, Gurke, Melone.

Die Chloridliebe von Pflanzen ist in der Regel auch mit einer Nitratliebe verbunden. Die Frage der chloridhaltigen Düngung ist jedoch in erster Linie von ihrem Einfluß auf die Qualität der Pflanzen zu beurteilen. Diese wiederum ist stark von der Gestaltung der Umweltsfaktoren abhängig. Aus diesem Grund ist eine scharfe Trennung in chloridempfindliche und chloridliebende Pflanzen gar nicht eindeutig möglich. In der Regel wird nämlich der Blattertrag durch Chloride günstig beeinflußt, der Knollen-, Wurzel- oder Fruchtanteil sowie wichtige Inhaltsstoffe, insbesondere der Zuckergehalt, dagegen verringert. Gerade die Auswirkung des Chloridgehaltes auf die Fruchtqualität muß besonders berücksichtigt werden. Für die praktische Anwendung läßt sich daraus schließen, daß chloridempfindliche Kulturen nach Möglichkeit chloridfrei gedüngt werden sollten. Das ist um so wichtiger, je intensiver die Düngung erfolgt, da die ungünstige Wirkung der Chloride vornehmlich bei höheren Düngergaben zu Tage tritt.

Die Anwendung chloridhaltiger Kalidüngemittel ist unter Glas bei allen angebauten Kulturen grundsätzlich zu unterlassen. Da wir unter Glas keine Auswaschung haben, würde sich Chlorid im Boden so stark anreichern, daß nach einigen Jahren eine Schädigung, besonders auch eine Beeinträchtigung der Qualität, eintritt. Untersuchungen auf dem Limburgerhof zeigten nach sechsjähriger Versuchsdauer in einem Gewächshaus nach chloridhaltiger Düngung 0,028% Chlor, nach sulfathaltiger Düngung 0,017% Chlor im Boden. Der Ertrag im ersteren Fall gleich 100 gesetzt, war er im zweiten Fall 117,4. Es scheint, daß auch die Lichtverhältnisse einen gewissen Einfluß auf die Chloridverträglichkeit ausüben. Bei viel Licht ist kaum eine ungünstige Chloridwirkung zu beobachten, während bei ungenügenden Lichtverhältnissen die Chloridzufuhr bei empfindlichen Pflanzen zu größeren Ertragsminderungen führen kann.

Auch aus diesem Grund sind im Gemüsebau unter Glas, bei dem sehr häufig das Licht in Minimum gerät, chloridfreie Düngemittel zu bevorzugen. Bei günstigen Bedingungen im Freiland mit relativ wenig Wasser und viel Licht bei gleichzeitiger Anwendung von Salpeterdüngern sind in den meisten Fällen chloridhaltige Kalidünger sulfathaltigen gleichwertig, manchmal sogar überlegen.

Die Entscheidung über die Anwendung magnesiumhaltiger Kalidüngemittel hängt vom natürlichen Vorrat des Bodens an Magnesium ab. Dem Magnesium ist als Baustein für das Blattgrün ein großer Einfluß auf die Qualität der erzeugten Früchte zuzumessen. Daß ein bestimmtes Gleichgewicht in der Aufnahme zwischen Kali, Magnesium und Kalzium bestehen muß, damit der Stoffwechsel richtig abläuft, kann als bekannt vorausgesetzt werden. Bei Gemüsen wird die Kaliaufnahme durch magnesiumhaltige Dünger allerdings unterschiedlich beeinflußt, teils steigt sie, teils geht sie zurück. Für praktische Verhältnisse kann also ein Antagonismus zwischen Kali und Magnesium in der Düngung nicht nachgewiesen werden. Wenn Magnesiummangel durch zu hohe Kaligehalte des Bodens auftritt, dann kann dieser nicht mit magnesiumhaltigen Kalisalzen behoben werden. In diesem Fall ist die Kalidüngung zu unterlassen und ausschließlich Magnesium zuzuführen. Ob Kalimagnesia (Patentkali) zur Anwendung kommt, wird ebenfalls durch den Magnesiumgehalt des Bodens bestimmt und von der Frage, ob die Gemüseart chloridfeindlich oder chloridverträglich ist. Für den letzteren Fall gibt es das magnesiumhaltige 40er Kalisalz. In Versuchen von Amberger hat sich dies für die Magnesiumversorgung bei chloridfeindlichen Pflanzen nicht bewährt. Bei genügender Versorgung des Bodens mit Magnesium stehen im Gemüsebau das schwefelsaure Kali sowie das 40er und 50er Kalisalz im Vordergrund.

Manche Kalidüngemittel enthalten darüber hinaus Natrium, dieses unterstützt bei einigen Pflanzen das Kali in seiner Wirkung (Rote Rüben), außerdem kann es das Kali im Boden in erhöhtem Maße Pflanzen verfügbar machen. Nachteilig ist der ungünstige Einfluß des Natriums auf die Krümelstruktur des Bodens. Besonders humusärmere, schwerere Böden neigen bei starkem Natriumgehalt leicht zur Verschlämmung, auf leichten Böden mit hohem Humusgehalt ist diese Gefahr geringer. In den meisten sehr tätigen und humosen, gärtnerisch genutzten Böden braucht dieser Frage allerdings weniger Beachtung geschenkt zu werden.

Bei einer genügenden Überwachung des Bodens durch Bodenuntersuchungen und bei optimalen Gehalten des Bodens an aufnahmefähigem Kali braucht die Höhe der Kalidüngung im praktischen Betrieb nicht nach den Bedürfnissen der einzelnen Kultur bemessen zu werden. In diesem Fall ist es ratsam, eine gleichmäßige Kalidüngung im gesamten Betrieb zu geben und diese in Abständen verschiedener Jahre entsprechend den Ergebnissen der Bodenuntersuchung zu korrigieren. Da die gleiche Empfehlung für die Phosphorsäure gilt, kann also bei der Anwendung von Einzelnährstoffen grundsätzlich eine einheitliche Kali- und Phosphorsäuregabe im Frühjahr vor Beginn der Bestellung verabreicht werden. Diese sogenannte Grunddüngung ist grundsätzlich nur flach mit Egge oder Krümler in den Boden einzubringen. Es gilt hierbei, den bereits erwähnten Optimalbereich einzuhalten. Eine große Anzahl von Versuchen hat deutlich gezeigt, daß in gut versorgten Böden eine Kalisteigerung über den Optimalbereich hinaus keine Mehrerträge brachte, ja im Gegenteil sogar nachteilig wirkte. Es wurden daher einige Versuche angestellt, die eine Jahresstandarddüngung mit Kali im intensiven Gemüsebau auf Grund der Bodenuntersuchungsergebnisse klären sollten. In diesem Zusammenhang interessiert auch, daß eine zu frühe Verabreichung der Kalidüngung, ähnlich wie bei der Phosphorsäure, ungünstiger wirkt, als das Ausstreuen kurz vor der Bestellung. Ein früherer Zeitpunkt ist nur dann angebracht, wenn die Gaben besonders hoch sind, der Boden also wegen seines geringen Vorrates aufgedüngt werden soll. In diesem Fall vermeidet man dadurch Ertragsdepressionen infolge zu hohem Salzgehalt. So entstanden z. B. auf dem leichten, humosen Sandboden in Limburgerhof bei einer Steigerung der Kalidüngung kurz vor der Bestellung über den Optimalbereich hieraus folgende Ertragsrückgänge:

Sellerie	von 220 auf 280 kg K_2O/ha	von 300 auf 263 dz Ertrag/ha
Möhren	von 140 auf 220 kg K_2O/ha	von 766 auf 723 dz Ertrag/ha
Zwiebel	von 90 auf 120 kg K_2O/ha	von 257 auf 230 dz Ertrag/ha
Tomaten	von 160 auf 240 kg K_2O/ha	von 822 auf 786 dz Ertrag/ha.

Beim Auflaufen der Pflanzen gelten Sellerie, Zwiebel, Möhren, ferner Kopfsalat, Radies, Rettich als besonders salzempfindlich. Bei der ausschließlichen Anwendung von Volldüngemitteln erfolgte eine individuelle Kaliversorgung der Kulturen. Das ist wichtig, wenn die Kaligehalte des Bodens angehoben werden sollen. Sehr zweckmäßig ist es, bei der Düngung Einzeldünger und Volldünger in der Anwendung miteinander zu kombinieren, z. B. einheitliche Grunddüngung mit Kali und Phosphorsäure vor Beginn der Bestellung und genaue Bemessung der Stickstoffdüngung. Bei jeder weiteren Bestellung im Jahr wird dann die Krumendüngung als Volldünger verabreicht und der Stickstoff als Kopfdüngung zusätzlich gegeben. Bei besonders gut versorgten Böden hat es sich auch bewährt, keine Kali- und Phosphorsäuregrunddüngung zu geben, sondern mit Volldüngern und Stickstoffdüngern in der Anwendung abzuwechseln. Diese Kalikopfdüngung in Form von Volldüngern hatte in besonderen Fällen sehr günstige Auswirkungen. Die Regel ist aber die Anwendung des Kalis vor der Bestellung. In Sonderfällen kommt auch eine Kopfdüngung mit reinen Kalidüngemitteln in Frage. Als Beispiel sei hier die Kopfdüngung mit chloridhaltigen Kalidüngersalzen bei Sellerie erwähnt. Diese Kalikopfdüngung ist jedoch nur in sehr intensiv wirtschaftenden Betrieben mit zusätzlicher Beregnung möglich. Kalikopfdüngung über Einzeldünger oder Volldünger hat sich auch bei Tomaten unter Glas als vorteilhaft erwiesen, verschiedentlich auch bei Zwiebel und ganz allgemein bei kaliarmen Böden. Die Kopfdüngungen sollen aber nicht zu hoch sein, etwa 40 bis 60 kg K_2O/ha, und individuell gegeben werden.

Literatur: AMBERGER 1956, BECKER-DILLINGEN 1943, BLOES 1954, BUCHNER 1958, FLACHS 1948, GEISSLER 1959, 1953, 1961, GEISSLER 1960, HOFMANN, BUCHNER und SCHULZ-SCHOMBURGK 1950, KOBEL, KRAPF und SCHÜTZ 1959, 1962, MAPPES 1951, NICOLAISEN und Mitarbeiter 1940, PENNINGSFELD 1954, 1957, PENNINGSFELD und FORCHTHAMMER 1961, RAUTERBERG 1949, SCHUPHAN 1951, VOGEL 1937; 4, 19.

H. Die Düngung mit Magnesium

Die Magnesiumversorgung im Gemüsebau hat erst in neuerer Zeit Bedeutung erlangt. Magnesiummangel ist besonders häufig auf sauren Sandböden anzutreffen, auf neutralen oder alkalischen Böden spielt er dagegen nur selten eine Rolle.

Rein äußerlich ist Magnesiummangel durch eine Verfärbung der Blätter gekennzeichnet, die bei den älteren beginnt und im fortgeschrittenen Stadium auch die jüngeren befällt. Neben einer Gelbfärbung mit anschließender Nekrose äußert sich das Fehlen von Mg in roter, purpurner und oranger Blattverfärbung. Bei den Kohlarten zeigen sich häufig marmorierte Blätter. Besonders anfällig gegen Mg-Mangel ist die Tomate, vor allem im Unterglasanbau. Auch hier zeigen sich zuerst an den unteren Blättern chlorotische und später braune Flecken, die leicht mit Virusbefall verwechselt werden können. Mit fortschreitender Erkrankung verändert sich die Blattstellung, die Pflanzen machen einen welken Eindruck. Auf Grund der verringerten Assimilationsleistung geht außerdem der Ertrag zurück. In der Mehrzahl der Fälle treten jedoch Ertragseinbußen ohne sichtbare Mangelsymptome auf.

Bei der Betrachtung des Magnesiumbedarfs ist darauf zu achten, daß die Aufnahmefähigkeit durch die Pflanze in starkem Umfang durch den Ionen-Antagonismus beeinflußt wird. Starke Kalidüngung kann Mg-Mangel induzieren, besonders in der Treiberei. Dagegen ist es für die Höhe der Kaliaufnahme gleichgültig, ob man magnesiumhaltige oder -freie Dünger verwendet. Aus diesem Grunde sollte man der Zufuhr von Magnesium erhöhte Aufmerksamkeit schenken, zumal der Anteil des Magnesiums bei der Aufnahme in allen Fällen bei magnesiumhaltiger Düngung ansteigt. Dieser Anstieg erfolgt allerdings auf Kosten der Kalkaufnahme, mit Ausnahme bei den Fruchtgemüsen, hier nehmen Magnesium- und Kalziumaufnahme gleichmäßig zu.

Weiterhin ist bei der Düngung darauf zu achten, daß das Magnesium zu einem bestimmten Prozentsatz der Auswaschung unterliegt und ohne weitere Mg-Zufuhr nach längerer Gemüsenutzung eine starke Verarmung des Bodens eintreten kann. Dies soll (nach GEISSLER) bei einer Versorgung von 10 mg je 100 g Boden = 300 kg MgO/ha in der Ackerkrume bereits nach zehn Jahren der Fall sein. Nach NIEMANN (1960) beträgt der jährliche Verlust pro Jahr und Hektar etwa 10 bis 20 kg MgO. Andererseits ist ein ausreichender Mg-Gehalt des Bodens Voraussetzung für eine verstärkte Ausnutzung der übrigen Pflanzennährstoffe.

Die Aufnahme des Magnesiums wird außerdem durch die Stickstoff-Form beeinflußt. Ammoniakdünger fördern den Mg-Mangel, Nitratdünger verzögern ihn. Harnstoff nimmt eine Zwischenstellung ein. Auf Mg-armen Böden hatte (nach MULDER 1956, 1958) die Düngung von Magnesiumsulfat zusammen mit Kalksalpeter z. B. einen besseren Erfolg, als die Verbindung mit schwefelsaurem Ammoniak. Bei reichlicher Nitratdüngung reichen bereits niedere Mg-Gaben zu einer befriedigenden Pflanzenentwicklung aus. Diese Wirkung hält allerdings nur ein Jahr an. Der nachteilige Einfluß durch die Bodenreaktion: Bei niederem pH-Wert wird mehr Magnesium ausgewaschen und außerdem die Mg-Aufnahme negativ beeinflußt.

Im entgegengesetzten Sinn wirken sich Kalkgaben auf die Mg-Aufnahme aus. Bei gleichem Mg-Angebot fördern mäßige Kalkgaben die Magnesiumaufnahme durch die Pflanze. Darüber hinaus scheint auch die Leistung des Magnesiums in der Pflanze besser zu sein, wenn ausreichend Kalk zur Verfügung steht. Auf Mg-armen Böden ergänzen sich Kalkung und Magnesiumdüngung.

Der Anteil an leicht pflanzenaufnehmbarem Mg wird ferner durch den Feuchtigkeitsgehalt des Bodens beeinflußt. Aus diesem Grunde befürchtete man, daß die zusätzliche Beregnung zu verstärktem Mangel führt. Diese Gefahr ist in der Regel jedoch nicht gegeben, da mit dem Beregnungswasser häufig auch beachtliche Mg-Mengen zugeführt werden. Mit 100 mm künstlichem Niederschlag kommen z. B. auf dem Limburgerhof 15 bis 20 kg MgO/ha auf das Feld.

Nach dem bisher Gesagten ist eine Behebung von Magnesiummangel bzw. eine Versorgung auf bedürftigen Böden auf verschiedene Weise möglich. Die größte Bedeutung kommt der Magnesiumdüngung zu.

Die hierfür erforderlichen Gaben bewegen sich zwischen 50 und 100 kg MgO/ha. Die Anwendung erfolgt entweder allein als Kieserit oder in Verbindung mit Kali als Patentkali. NIEMANN (1960) berichtet z. B. von günstigen Ergebnissen zu Spinat und Sellerie bei steigenden Patentkaligaben:

	relativer Ertrag	
	Spinat	Sellerie
ohne Mg	92,1	89,3
32,5 kg MgO/ha	95,7	95,3
65,0 kg MgO/ha	100	100
97,5 kg MgO/ha	97,9	109,8

In Dänemark brachten steigende Magnesiumsulfatgaben bis zu 10 dz/ha bei Sellerie, Weißkohl und Zwiebel einen deutlichen Ertragsanstieg.

Bei Tomaten im Unterglasanbau hat sich das Spritzen von 2%igen Magnesiumsulfatlösungen (Bittersalz) am besten bewährt. Bei Vernebeln ist die Konzentration auf 10% zu erhöhen. Das Gießen war dagegen wesentlich weniger wirksam. Auch die Vorratsdüngung reichte in ihrer Wirksamkeit nicht an das Spritzen heran.

Auf sauren, Mg-bedürftigen Böden kommt der Düngung mit Magnesiummergel oder Magnesium-Branntkalk zur Bodenverbesserung eine entscheidende Bedeutung zu.

Literatur: BECKER-DILLINGEN 1943, BLOES 1954, GEISSLER 1961, GEISSLER 1960, KOBEL, KRAPF und SCHÜTZ 1959, 1962, MULDER 1956, 1958, NIEMANN 1960, PFAFF und BUCHNER 1958; 8.

J. Die Düngung mit Spurennährstoffen

Der Anwendung von Spurenelementen wird in letzter Zeit auch im Gemüsebau erhöhte Aufmerksamkeit geschenkt, da auf Grund der höheren Erträge mit einem vermehrten Entzug zu rechnen ist. Prophylaktisch können spurenelementhaltige Volldünger, wie an anderer Stelle besprochen, gegeben werden. Ihre Gehalte reichen aber zur Behebung auftretenden Mangels in der Regel nicht aus. Es sind dann Sondermaßnahmen erforderlich. Für die gesonderte Düngung mit Spurennährstoffen sollten stets die Mangelerscheinungen als Ausgangspunkte dienen. Dabei ist ein absoluter Mangel in der Praxis nur selten anzutreffen. Wesentlich häufiger treten Mangelsymptome als Folge von Festlegung bzw. gestörter Nährstoffaufnahme auf. Einen großen Einfluß auf die Löslichkeit der Spurennährstoffe üben die Reaktion und der Kalkgehalt des Bodens aus. Im allgemeinen nimmt die Löslichkeit mit fallendem ph-Wert zu, mit Ausnahme bei Molybdän, das auf sauren Böden festgelegt wird. Die Veränderung der Bodenreaktion, sei es durch Verabreichen von Torf oder Stallmist, durch Kalken oder durch entsprechende Mineraldüngung, kann daher in vielen Fällen bereits zu einer Besserung von Mangelerscheinungen führen. Außerdem gibt es Anzeichen dafür, daß die Löslichkeit von Spurenelementen auch von der Art, der Menge und dem Zersetzungsgrad der organischen Substanz im Boden abhängt. Durch intensive

Bodenbearbeitung und Nutzung erreicht man eine bessere Verwitterung, wobei Spurennährstoffe aus dem Bodenvorrat schneller frei werden. Bei regelmäßiger Stallmistdüngung werden dem Boden beachtliche Mengen an Spurennährstoffen zugeführt.

Besondere Bedeutung kommt der Zufuhr von Spurennährstoffen bei der Anzucht von Gemüsepflanzen in Torf zu. Selbst bei der Verwendung von spurenelementhaltigen Volldüngern ist in der Regel ein Zusatz von 15 mg Fetrilon, 5 bis 10 mg Kupfersulfat und 2 mg Natriummolybdat pro Liter Torf erforderlich, um das Auftreten von Mangelerscheinungen zu verhindern.

Die besondere Schwierigkeit bei der Erkennung von Mangelerscheinungen an Spurennährstoffen beruht darin, daß die Symptome häufig mit parasitären Erkrankungen verwechselt werden können. In vielen Fällen ist deshalb die chemische Analyse ein wertvolles Hilfsmittel zur Deutung der Symptome.

Die Behebung von Mangelerscheinungen kann in unterschiedlicher Weise erfolgen. Zunächst ist eine Düngung über dem Boden möglich. Hierbei ist besonders zu berücksichtigen, daß die Ausnutzung von Spurennährstoffen durch die Pflanze deutlich geringer ist als bei den Kernnährstoffen. Andererseits werden kleinere Gaben, z. B. bei Kupfer, Bor und Mangan, wesentlich besser ausgenutzt als hohe. Dagegen beeinflußte die Felddüngung mit Spurennährstoffen weder die Höhe noch die Qualität des Gemüseertrages, solange kein ausgesprochener Mangel vorlag. Einen sehr guten Effekt bringt die Behandlung der Jungpflanze, sei es durch Gießen oder Spritzen während der Anzucht, durch Einmischen von entsprechenden Düngern in die Anzuchterde oder durch Anquellen des Saatgutes in spurenelementhaltigen Lösungen. Auch das Spritzen von Feldbeständen bringt in zahlreichen Fällen schnellere und sicherere Abhilfe als die Düngung.

Für die Entwicklung der Gemüsepflanzen sind in erster Linie Molybdän, Bor, Eisen, Mangan und Kupfer von Bedeutung. In den letzten Jahren wurde man vor allem auf Molybdänmangel bei Blumenkohl aufmerksam. Im Frühstadium zeigt sich dabei ein ähnliches Erscheinungsbild, wie bei Befall durch Drehherzmücke. Später äußert sich das Fehlen von Molybdän in Aufhellen der Blattspreiten, nekrotischen Flecken und einer Reduktion der Blattspreite, während die Mittelrippe allein weiterwächst. Schließlich stirbt der Vegetationspunkt ab, so daß die Ausbildung der Blume unterbleibt. Daher rührt auch die Bezeichnung Klemmherzen. Außer Blumenkohl reagieren noch andere Cruciferen, wie Rettich, Weißkohl, Kohlrabi, sowie Leguminosen empfindlich auf das Fehlen von Molybdän. Einen besonderen Einfluß auf die Stärke des Schadens üben die Witterungsverhältnisse aus, bei ungünstigen Wachstumsbedingungen ist er besonders ausgeprägt. Ferner verstärken hohe Gaben an Nitratstickstoff den Mangel. Außerdem konnte z. B. bei Blumenkohl eine unterschiedliche Sortenempfindlichkeit festgestellt werden, die Alpha-Typen waren besonders anfällig. Eine Bindung an bestimmte Bodentypen war dagegen nicht zu ermitteln, allerdings sind saure und leichtsaure Böden besonders gefährdet. Zur Verhütung von Molybdänmangel ist es angebracht, bei neutraler Reaktion der Anzuchterde 8 bis 10 g Natriummolybdat pro m^3 bzw. 0,8 bis 1,0 g/m^2 Anzuchtfläche beizumischen. Denselben Erfolg erzielt man durch zweimaliges Spritzen oder Abgießen der Jungpflanzen vor dem Aussetzen mit 0,01- bis 0,015%igen Molybdatlösungen. Als weitere Maßnahmen sind das Düngen mit 2 bis 4 kg Molybdat pro ha und die Verschiebung der Bodenreaktion zum Neutralpunkt zu nennen.

Bormangelerscheinungen treten besonders an Sellerie, Rote Rübe und Kohlarten, insbesondere Blumenkohl und Kohlrabi, zutage; sie werden durch Trockenheit und Alkalität des Bodens begünstigt. Auf stark sauren Böden unterliegt das Bor sehr leicht der Auswaschung, was zu akutem Mangel führen kann. Äußerlich ist Bormangel durch Korkflecken, Aufreißen von Gewebepartien, z. B. von Stengel oder Knollen, Verdrehungen der Herzblätter, Absterben der Terminalknospen und des Vegetationspunktes, die zum Braun- und Schwarzwerden führen, gekennzeichnet. Verschiedene Pflanzen (Kohlrabi, Blumenkohl) reagieren auf die fehlende Borversorgung durch Glasigwerden. Da Bor einen starken Einfluß auf das Längenwachstum ausübt, schoßten Kohlrabisamenträger auf Grund von Bormangel nicht. Kopfsalat, Spinat, Tomaten zeigen bei Bormangel Aufhellungen der Herzblätter und Blattrollen.

Die gesonderte Bordüngung soll auf borliebende Pflanzen beschränkt bleiben, da Mangel und toxische Wirkung sehr nahe beieinanderliegen. Im Gegensatz zu anderen Spurennährstoffen ist bei Bor auch von einer Bevorratung im Boden abzuraten. In verschiedenen Fällen erweist es sich allerdings als notwendig, gleichzeitig mit einer Kalkung eine Bordüngung vorzunehmen und dadurch auftretende Ertragsminderungen zu verhindern. Die Düngungshöhe beträgt 10 bis 20 kg Borax pro ha. Außerdem empfiehlt es sich, bei borbedürftigen Pflanzen borhaltige Düngemittel, wie Bor-Superphosphat, Bor-Nitrophoska blau u. a. anzuwenden. Eine weitere Möglichkeit der Borzufuhr besteht im Spritzen der Feldbestände mit 0,2- bis 0,3%igen Boraxlösungen. Bei stärkerem Bormangel wirkt allerdings die Bordüngung erfahrungsgemäß sicherer und günstiger als die Borspritzung. Ferner sind die meisten Pflanzen auf eine laufende Zufuhr von Bor angewiesen, die nur über die Wurzeln oder durch mehrmaliges Spritzen zu erzielen ist.

Mangan steht im Verhältnis zu den geringen Mengen, die von den Pflanzen benötigt werden, im Boden meist reichlich zur Verfügung. Seine Aufnehmbarkeit hängt jedoch in starkem Umfang von der Bodenreaktion ab. Besonders auf leichten humosen Sandböden ist bei pH-Werten über 6,0 mit einer Festlegung zu rechnen. Außerdem kann die Manganaufnahme auch durch ein unharmonisches Nährstoffangebot und Überwiegen der Phosphorsäure empfindlich gestört werden. Ebenso übt die Art der Stickstoffdüngung einen Einfluß auf die Manganaufnahme aus, besonders günstig schneidet Schwefelsaures Ammoniak wegen seiner physiologisch sauren Wirkung ab. Einen sehr hohen Manganbedarf besitzt der Spinat.

Äußerlich ist Manganmangel an dem netzartigen Ausbleichen der Blätter zu erkennen, während alle Adern dagegen grün bleiben. Zur Unterscheidung von Eisenmangel sind die bei Fehlen von Mangan entstehenden grünen Streifen längs der Blattadern breiter und weniger scharf abgegrenzt. Mit fortschreitendem Mangel treten verteilt abgestorbene, graubraune Flecken auf den Blättern auf. Außerdem beeinflußt Mangan die Fruchtbildung, Tomaten kamen z. B. in manganfreien Nährlösungen nicht zum Blühen. Ferner besteht ein Zusammenhang zwischen Mangan und Vitamin-C-Gehalt der Pflanzen.

Die Zufuhr von Mangan erfolgt entweder durch Düngung mit 50 bis 100 kg Mangansulfat pro ha oder durch Spritzen der bereits gut entwickelten Kulturen mit 1,0- bis 2,0%igen Lösungen von Mangansulfat. Wirkungsmäßig übertrifft das Spritzen die Düngung wesentlich, da sie bereits nach drei bis fünf Tagen zu einer Gesundung von mangelkranken Pflanzen führt. Ferner ist sie weniger kostspielig, denn hier reichen nämlich bereits 15 kg Mangansulfat/ha aus.

Die Versorgung des Bodens mit Kupfer spielt vor allem auf anmoorigen und humosen Böden eine Rolle. Aber auch zahlreiche leichte Sandböden haben sich in den letzten Jahren als kupferbedürftig erwiesen. Ferner wird die Aufnehmbarkeit mit zunehmender Bodenversauerung erschwert, allerdings ist die Löslichkeit nicht in dem Maße von der Bodenreaktion abhängig wie bei Mangan und Bor.

Charakteristisch für das Fehlen von Kupfer sind Weißspitzigkeit und Weißfleckigkeit, junge Pflanzen zeigen starke Welkeerscheinungen, vor allem Leguminosen reagieren auf Kupfermangel empfindlich. Zur Vermeidung von Mangelerscheinungen ist in den kritischen Fällen anzuraten, den Boden mit Kupfer zu bevorraten und nur gelegentlich nachzudüngen. Hierzu verwendet man häufig Kupferschlackenmehl (300 bis 600 kg/ha), Kupfersulfat (50 kg/ha) oder auch Spezialdünger. Die erforderliche Düngermenge beträgt 2 bis 5 kg Kupfer pro ha. Zur Blattspritzung benutzt man 0,5- bis 1,0%-Kupfersulfatlösung.

Der Versorgung mit Eisen ist vor allem im Unterglasbau Beachtung zu schenken. Hier kommt es häufiger zur Festlegung auf Grund erhöhter Alkalität oder zu gestörter Aufnahme infolge zu hohen Phosphatgehaltes.

Typisch für Eisenmangel sind chlorotische fast gelbe Blätter mit grünen Adern. Bei Tomaten konzentriert sich das Erscheinungsbild auf die Spitzenblätter, wobei vor allem die jüngsten Fiederblätter von der Mitte her chlorotische Aufhellungen zeigen. Bei Kohlarten entstehen marmorierte und ausgebleichte Blätter, die von manganmangelkranken nur schwer zu unterscheiden sind.

Die Behebung von Eisenmangel ist durch Gießen oder Spritzen möglich; am besten eignen sich hierfür organische Eisenverbindungen. Gute Erfahrungen werden z. B. bei Treibtomaten mit dem Spritzen von 0,025%igen Fetrilonlösungen gemacht, die nach zehntägiger Anwendung zu einer vollständigen Gesundung der Pflanzen führten.

Im Gemüsebau mit intensiver Zusatzbewässerung ist die Zufuhr von Spurennährstoffen über das Beregnungswasser nicht zu unterschätzen. So werden z. B. in Limburgerhof mit 300 mm künstlichem Niederschlag pro Jahr und ha 50 g Bor, 50 g Mangan, 6 g Kupfer, 120 g Zink zugeführt.

Literatur: Balkes 1960, Brandenburg 1954, Buhl 1954, Grigg 1953, Jungermann 1960, Keiner 1955, Kotte 1949, Knauth 1949, Maier 1951, Mappes 1951, Nieschlag 1956, Oertli 1961, Partsch 1955, Penningsfeld 1960, Pfaff, Roth und Buchner 1954, Post-Bakker 1958, Reeker 1957, Roth 1960, Schachtschabel 1954, Scharrer 1957, Schultze-Grobleben 1954, Staalduine 1954, Stindt 1957, Wadle 1949, Wallace 1950; 117, 12, 13, 18.

K. Die Düngung mit Volldünger

Auf Grund der einfachen Handhabung und der großen Arbeitserleichterung haben die Volldünger im Gemüsebau weite Verbreitung gefunden. Besonders in den letzten Jahren, bei der zunehmenden Abwanderung von Arbeitskräften, ergaben sich hieraus bedeutende arbeitswirtschaftliche Vorteile. Darüber hinaus zeichnen sich die Volldünger durch Ballastarmut aus, was vor allem für Unterglaskulturen Bedeutung hat. Aber auch im Feldanbau ergibt sich unter besonderen Verhältnissen und bei bestimmten Kulturen durch die übliche Unterteilung der Düngergaben eine günstige Verteilung der Phosphorsäure- und Kalimengen, wodurch Konzentrationsschäden an jungen Saaten und Pflanzen vermieden werden. Ferner weisen die Volldünger eine Vielzahl an Nährstoffverhältnissen auf, so daß man die entsprechende Auswahl treffen kann und grobe Mischungs- und Düngungsfehler vermeidet. Jede Einseitigkeit der Düngung wird bei ihrer Anwendung ausgeschaltet. Es sei ferner darauf hingewiesen, daß die Verwendung von Volldüngern, bei denen die Nährstoffe meist in leichtlöslicher Form vorliegen, in der Regel eine zeitlich spätere Anwendung erlaubt, als dies bei Einzeldüngern möglich ist.

Bei Vergleichsversuchen mit Voll- und Einzeldüngern waren weder auf schweren noch auf leichten Böden bei guter Phosphorsäure- und Kaliversorgung der Böden unterschiedliche Auswirkungen auf den Ertrag festzustellen. Dies beruht wohl in erster Linie darauf, daß unter diesen Voraussetzungen bei hohen Düngergaben die Ertragshöhe im wesentlichen durch die N-Düngung bestimmt wird. Die PK-Versorgung muß sich deshalb an die N-Düngung anpassen, wobei die Volldünger dieser Forderung weitgehend gerecht werden. In 33 Versuchen erbrachten nach Mappes Einzeldünger = 100, Volldünger = 104. Es waren darin 16mal die Volldünger, 7mal die Einzeldünger überlegen, während in 10 Versuchen die Leistung gleich war. Die Anwendung von Volldüngern als Kopfdüngung hat sich bei den Gemüsearten besonders bewährt, die während der Vegetation eine bestimmte Bedarfssptize für schnellaufnehmbare Phosphorsäure und Kali aufweisen. Besonders günstige Wirkung hat die Kopfdüngung mit Volldünger auch in den Böden, die zu einer schnellen Phosphorsäurefestlegung neigen. Über diese Fälle hinaus ergeben sich noch folgende Grundsätze für den Einsatz der Volldüngemittel:

1. Felder, deren Versorgung mit Phosphorsäure und Kali verbessert werden soll, können laufende Volldüngergaben, sowohl zur Krumen- als auch zur Kopfdüngung, erhalten.
2. Besteht ein besonderer Nachholbedarf für einen bestimmten Nährstoff, so erfolgt außer der Volldüngung eine Zulage mit Phosphat oder Kali als Einzeldünger; diese Zusatzdüngung wird am besten im Laufe des Winters ausgebracht.
3. Bei guter PK-Versorgung des Bodens setzt man die Volldünger zur Krumendüngung ein und sichert damit die PK-Versorgung für die jeweilige Kultur. Die notwendige Stickstoffergänzung gibt man als Einzeldünger auf den Kopf.

Handelsmäßig unterscheidet man zwischen spurenelementfreien und spurenelementhaltigen sowie chloridfreien bzw. -armen und chloridhaltigen Volldüngern. Auf die damit zusammenhängenden Überlegungen ist bereits an anderer Stelle eingegangen worden, sie sind bei der Auswahl der Dünger zu berücksichtigen.

Bei regelmäßiger Stallmistversorgung und in allen Fällen, in denen keinerlei Mangelerscheinungen zu beobachten sind, kann man sich für die spurenelementfreien Volldünger entscheiden. Erfolgt jedoch die Humusdüngung ausschließlich in Form von Torf und treten vereinzelt Mangelerscheinungen auf, dann hat die Verwendung von Volldüngern mit Spurenelementen Bedeutung. Bei deutlich auftretenden Mangelerscheinungen sind diese zusätzlich gesondert zu bekämpfen. In der Regel bevorzugt man für die Düngung im Gemüsebau chloridfreie Volldünger, mit den im Kapitel „Kali“ genannten Ausnahmen. Unter Glas wird in allen Fällen chloridfrei gedüngt.

Literatur: Buchner 1957, Cook 1958, Keller 1952, Mappes 1951;

L. Jungpflanzen- und Startdüngung

Besondere Aufmerksamkeit ist im Gemüsebau der Anzucht und Vorkultur der Jungpflanzen zu schenken, da sie einen wesentlichen Einfluß auf Erntezeitpunkt, Höhe und Qualität des Ertrages ausüben. Kräftige und gesunde Jungpflanzen erzielt man nur bei richtiger Ernährung im Anzuchtstadium. Hierzu gehören sowohl die Jungpflanzendüngung als auch die Startdüngung. Die Jungpflanzendüngung stellt die Nährstoffversorgung während der Anzuchtzeit sicher, sie erfolgt entweder durch Beimischung des Düngers in die Anzuchterde, durch mehrmalige flüssige Düngung oder aber bei Tontopfpflanzen über die Einfütter-erde. Grundsätzlich nimmt man in der Pflanzenanzucht Volldünger; wurde der Anzuchterde viel Torf beigemischt, solchen mit Spurenelementen. Für die flüssige Düngung haben sich schon aus technischen Gründen die wasserlöslichen Dünger besonders bewährt. Bei sehr gut mit Phosphorsäure und Kali versorgten Erden kommt auch Kalksalpeter zur flüssigen Düngung in Frage. Als Beimischung gibt man 2 bis 3 g eines Volldünger auf 1 Liter Erde, bei der Verwendung reiner Torfe zur Pflanzenanzucht 3 bis 4 g je Liter. Torf und zusätzliche Gaben von Fe, Cu, Mo (z. B. je Liter Torf 15 mg Fetrilon, 10 mg Kupfersulfat, 2 mg Natriummolybdat). Beimischungen organischer bzw. langsamwirkender N-Dünger, wie Hornmehl (4 bis 6 g je Liter) oder Floranid (2 bis 3 g je Liter) haben sich ebenfalls bewährt, besonders in mit Phosphorsäure und Kali gut versorgten Böden oder auch in Kombination mit Volldüngern, halbe Normalgabe. Die Düngung der Erde erübrigt in der Regel nicht eine laufende flüssige Düngung. Grundsätzlich werden alle Pflanzenbestände in Abständen von zwei bis drei Wochen mit Volldünger- oder Kalksalpeterlösungen (3 bis 4 g je Liter Wasser) flüssig nachgedüngt. Diese Düngung kann auch mit Düngemischgeräten ausgebracht werden.

Selbst wenn sich der Auspflanztermin verzögert, ist es falsch, die Pflanzen hungern zu lassen, um dadurch die Entwicklung zu verzögern. Besonders bei den Frühkohlarten (Blumenkohl und Kohlrabi) wirken sich Wachstumsstockungen während der Jugendentwicklung stets nachteilig aus. Sie sind also flott weiter zu kultivieren, selbst wenn sie dadurch etwas groß werden.

Eine Ausnahme bilden lediglich Tomaten, bei denen die Jungpflanzen nur sparsam mit Stickstoff, dafür aber reichlich mit Kali und Phosphorsäure versorgt werden sollen. Auf diese Weise erzielt man nämlich einen frühen Blütenansatz. Hier hat sich z. B. eine flüssige Düngung mit Ammonphosphat bei gleichzeitiger Erhöhung der Bodenwärme gut bewährt.

Bei der Düngung über die Einfüttererde werden pro m² Anzuchtfläche 100 bis 150 g Volldünger bzw. bei sehr guter PK-Versorgung der Einfüttererden 50 bis 100 g Stickstoffdünger pro m² oberflächig eingearbeitet. Danach werden die Tontopfpflanzen bis zum Topfrand eingesenkt. Bei den laufenden Gießarbeiten diffundieren die Nährstoffe durch die poröse Topfwand hindurch und gewährleisten dadurch eine gleichmäßige Nährstoffzufuhr. Der günstige Einfluß dieser Düngungsmethode ist z. B. aus dem Ernteergebnis eines Versuchs zu Blumenkohl (Mappes) deutlich zu ersehen.

	Anteil der Sortierung in %			
	A I	A II	A III	B + Ausfall
ohne Düngung	24	28	16	32
100 g Nitrophoska blau/m²	33	38	8	21
200 g Nitrophoska blau/m²	43	26	13	18
300 g Nitrophoska blau/m²	47	26	16	11

Unter Startdüngung versteht man das Verabreichen einer konzentrierten Düngerlösung bei allen Topfpflanzen (Tontöpfe, Jiffy Pots, Erdtöpfe) kurz vor dem Auspflanzen. Diese soll die Topfballen so stark mit Nährstoffen anreichern, daß eine sofortige flotte Weiterentwicklung nach dem Auspflanzen auf dem Felde gesichert ist. Aus diesem Grunde kommen hierfür in erster Linie Salpeterdünger in Frage, aber auch mit Volldüngern liegen gute Erfahrungen vor. Das Ausbringen der Startdüngung kann in flüssiger Form oder durch Ausstreuen und nachfolgendes gründliches Einwässern erfolgen. Bei der flüssigen Startdüngung wird zweimal im Abstand von einem bis höchstens zwei Tagen mit einer Lösung von 12 g Kalksalpeter bzw. 16 g Volldünger je Liter Wasser gearbeitet. Je m² Pflanzenbestand rechnet man etwa 4 Liter Lösung; Nachgießen mit reinem Wasser ist erforderlich. Wird gestreut, dann benötigt man etwa 40 bis 50 g Kalksalpeter oder 50 bis 60 g Volldünger je m². Die so behandelten Jungpflanzen sind allerdings gegen Trockenwerden sehr empfindlich und müssen im Anschluß an diese Düngung sofort gepflanzt und auch auf dem Felde zur Vermeidung von Plasmolyse gut bewässert werden. Sollte sich aus unvorhergesehenen Gründen die Pflanzarbeit etwas verzögern, sind die Pflanzen gut feucht zu halten. Mit der Startdüngung können Maßnahmen des Pflanzenschutzes kombiniert werden.

Der Einfluß der Jungpflanzen- und Startdüngung auf den Ertrag geht aus den Ergebnissen eines Versuchs zu Frühblumenkohl Sorte „Mechelner" der Versuchsstation Limburgerhof hervor:

	relativer Ertrag
ohne Jungpflanzendüngung ohne Startdüngung	= 100
mit Jungpflanzendüngung ohne Startdüngung	= 139,5
mit Jungpflanzendüngung mit Startdüngung	= 156,3

Literatur: GEISSLER 1960, MAPPES 1951, 1954, PENNINGSFELD 1960, WILL 1959; 152.

M. Die Blattdüngung

(Vergleiche hierzu S. 128.)

Gemüsepflanzen besitzen, wie andere Pflanzenarten, die Fähigkeit, Nährstoffe in Wasser gelöst über das Blatt aufzunehmen. Diese Eigenschaft macht man sich in erster Linie bei der Behebung von Spurenelement-Mangelerscheinungen zunutze. Die Versorgung mit den Hauptnährstoffen Stickstoff, Phosphorsäure und Kali ist grundsätzlich ebenfalls über das Blatt möglich, doch setzt das hohe Nährstoffbedürfnis der meisten Gemüsearten eine so häufige Verabreichung voraus, daß die Wirtschaftlichkeit dieser Maßnahme nur sehr selten gegeben ist. Die Blattdüngung im Gemüsebau bleibt also auf Sonderfälle beschränkt.

Auf Grund zahlreicher Untersuchungen dürfen die Spritzlösungen nur eine geringe Konzentration zwischen 0,3 und 0,6% aufweisen, andernfalls sind Verbrennungserscheinungen zu befürchten. Aus Holland wird allerdings von guten Erfahrungen beim Nebeln von 10%igen Kaliumsulfatlösungen zu Tomaten berichtet. Außerdem beeinflußt die begrenzt haftende Flüssigkeitsmenge die aufgenommene Nährstoffhöhe. Sehr wesentlich ist die Tatsache, daß Einzelnährstoffe besser aufgenommen und verwertet werden, als Volldünger.

Das spezifische Verhalten der einzelnen Gemüsearten gegenüber der Blattdüngung beruht auf verschiedenen Ursachen. Zunächst spielt die Benetzbarkeit der Kutikula eine Rolle. Als Gegensätze seien hier Gurken und Kohlgewächse angeführt. Ferner muß die Diffusion in das Blatt von morphologisch und stoffwechselphysiologisch bedingten Eigenarten abhängig sein, wodurch eine unterschiedliche Verwertung erfolgt. In verschiedenen Fällen kann deshalb durch Zusatz von Netzmitteln eine bessere Ausnutzung der Blattdüngung herbeigeführt werden. Ganz allgemein ist die Ausnutzung der über das Blatt zugeführten Nährstoffe besser als bei der Bodendüngung; trotzdem stellt die optimale Versorgung über den Boden die Grundlage der Düngung dar.

Einen großen Einfluß auf die Nährstoffaufnahme durch das Blatt übt der Nährstoffgehalt des Bodens aus. Eine gewisse Menge an Startnährstoffen muß im Boden vorhanden sein. Dies gilt in erster Linie für die Stickstoff-Blattdüngung, dann aber auch für die Kaliversorgung über das Blatt. Buschbohnen reagierten nur bei sehr schlechter Kaliversorgung des Bodens auf die Kali-Blattdüngung. Für die Phosphatdüngung hat sich eine frühe und reichliche Gabe über das Blatt als günstig erwiesen; die über den Boden benötigte Startmenge ist hier relativ klein. Diese Tatsache macht man sich z. B. bei der Startdüngung von

Tomaten auf P_2O_5 festlegenden Böden zunutze. Ebenso liegen günstige Ergebnisse von KRZYSCH zu Buschbohnen bei Anwendung von 0,25%igen P_2O_5-Lösungen vor.

Die Frage nach der günstigsten Düngerform für die Blattdüngung ergibt bei Kali eine Bevorzugung der magnesium- und chloridhaltigen Formen; KRZYSCH berichtet von guten Erfahrungen mit Kalisalpeter. Von den Phosphatdüngern wirken das primäre Magnesiumphosphat sowie die reinen Kalziumphosphatformen besser als Superphosphat. Bei Buschbohnen riefen das primäre Natrium- und Kalziumphosphat Verbrennungen hervor. Bei den Stickstoffdüngern kommen Harnstoff, Ammonnitrat, eventuell noch Kalisalpeter in Frage, mit Schwefelsaurem Ammoniak wurden schlechte Erfahrungen gemacht. Bei Ammonnitrat soll nach THONN die geringste Verbrennungsgefahr bestehen. Besonders Treibgurken mit relativ schwachem Wurzelwerk sollen auf die Blattdüngung mit Stickstoff günstig reagieren. Eine besonders gute physiologische Wirkung und Verwertung durch die Pflanze ist bei einer Anwendung im letzten Vegetationsabschnitt der Kulturen zu erzielen. Die Anwendungskonzentration schwankt zwischen 0,4 und 0,6% bei Tomaten, Salat, Gurken und Bohnen. Sellerie verträgt 0,8 bis 1,0%ige Lösungen, während Kohlpflanzen 1,0 bis 4,0%ig gespritzt werden können. Vergleicht man die durch die Blattspritzung verabreichten Stickstoffmengen mit dem hohen Gesamtbedarf bei den verschiedenen Gemüsearten, dann erscheint der Erfolg dieser Behandlungen in vielen Fällen fraglich.

Grundsätzlich sei zum Abschluß nochmals herausgestellt, daß die Blattdüngung im Gemüsebau keinen Ersatz für die allgemeine Bodendüngung darstellen kann. Ihr Einsatz bleibt auf Ausnahmen beschränkt, wenn z. B. durch bestimmte Bedingungen eine Bodendüngung nicht zur Ausnutzung kommen kann oder nicht möglich ist oder ein besonderer zusätzlicher Effekt erzielt werden soll. Sie ermöglicht die Milderung plötzlich auftretender Mangelerkrankungen, vermag jedoch nicht, diese auf Dauer befriedigend zu bekämpfen. Die Kombination von Nährstoffen mit verschiedenen Pflanzenschutzmitteln ist möglich, nachteilige Einflüsse auf die Wirksamkeit der Pflanzenschutzmittel entstehen nicht. Gerade die Kombination der Stickstoffspritzung mit Pflanzenschutzmaßnahmen hat noch die meiste praktische Bedeutung und zwar vorwiegend bei Tomaten und Sellerie. So berichten einige Autoren von 8 bis 20%igen Mehrerträgen durch diese Kombinationsspritzung.

Literatur: GEISSLER 1960, KRZYSCH 1958, PENNINGSFELD 1954, THONN 1957, WILL 1962, 147.

N. Düngung und Beregnung

(Vergleiche hierzu S. 154.)

Die Einführung der künstlichen Beregnung im Gemüsebau brachte für die Düngung einige sehr wichtige Folgerungen. In Beregnungsbetrieben sind höhere Düngergaben erforderlich und außerdem sind diese stärker zu unterteilen. Dies gilt in erster Linie für die Nährstoffe Stickstoff und teilweise auch Kali.

Die Erhöhung der Nährstoffgaben ist nicht nur zur Deckung eines höheren Nährstoffbedarfs auf Grund von erhöhten Erträgen erforderlich, sondern auch deshalb, weil das relativ teure Betriebsmittel Wasser zu allen Zeiten optimal ausgenutzt werden soll. Der Nährstoffvorrat im Boden muß größer sein, die Pflanzen müssen zu allen Zeiten aus dem Vollen schöpfen können. In Beregnungsbetrieben ergeben sich außerdem zusätzliche Auswaschungsverluste, besonders bei Stickstoff und auch bei Kali.

In einem gleichmäßig beregneten Boden können, ohne Gefahr von plasmolytischen Schäden, etwa 20 bis 30% höhere Mineraldüngergaben verabreicht werden. In Versuchen hat sich gezeigt, daß mit 1 mm künstlicher Beregnung bei Stallmistdüngung ohne mineralischen Stickstoff 0,7 dz Frischgemüse erzeugt werden, gegenüber 1,5 dz bei Stallmist + mineralischer Volldüngung. Die Leistung des beregneten Wassers hat sich also durch die Mineraldünger verdoppelt. Gleichmäßige Stallmistdüngung vorausgesetzt, können die Mehrerträge durch Beregnung ohne mineralische Düngung 30%, mit mineralischer Düngung 175% betragen, während die mineralische Düngung allein ohne Beregnung im Mittel einen Mehrertrag von 77% ergab. In zehnjährigen Beregnungsversuchen auf dem Limburgerhof zu Gemüse wurde durch 1 mm künstlicher Niederschlag der Rohertrag erhöht, bei niederer N-Gabe um DM 22,50, bei mittlerer N-Gabe um DM 25,50 und bei hoher N-Gabe um DM 35,—. Besonders bei hohen Nährstoffgaben ist der Mehrertrag durch Beregnung auffallend.

In weiteren langjährigen Versuchen auf dem Limburgerhof waren z. B. bei Frühkohl folgende Mehrerträge durch N-Steigerung von 120 auf 180 kg/ha zu erzielen: Bei Unberegnet 29%, bei Beregnet 49%. Eine weitere Steigerung von 180 auf 220 kg N/ha ergab bei Unberegnet einen Mehrertrag von 36%, bei Beregnet von 73%. Auf Grund der Literaturangaben ist im Beregnungsbetrieb die Mineraldüngung durchschnittlich um 50% zu erhöhen. Es wird ferner festgestellt, daß im Beregnungsbetrieb auch ein höherer Wirkungswert der Humusdüngung und eine bessere Ausnützung der Nährstoffe in den Humusdüngern erfolgt. Nach Versuchen von Kleine ergab sich folgendes Bild:

Ohne Beregnung, ohne Stallmist, ohne Mineraldüngung	= 100
ohne Beregnung, mit Mineraldüngung, ohne Stallmist	= 204
ohne Beregnung, mit Stallmist, mit Mineraldüngung	= 215
mit Beregnung, ohne Stallmist, ohne Mineraldüngung	= 134
mit Beregnung, mit Stallmist, ohne Mineraldüngung	= 146
mit Beregnung, ohne Stallmist, mit Mineraldüngung	= 264
mit Beregnung, mit Stallmist, mit Mineraldüngung	= 280

Allerdings ist die kombinierte Wirkung von Mineraldüngung + Beregnung ohne Stallmist wesentlich größer als das Zusammenwirken von Mineraldüngung + Stallmist ohne Beregnung.

Zwischen dem Wasserverbrauch und dem Nährstoffbedarf der Gemüsearten besteht eine gewisse Parallele. Das Wachstum verläuft nach der Keimung zunächst langsam, nimmt von Woche zu Woche bis zur Periode des Massenwachstums zu und geht von da an langsam wieder zurück. Dem zeitlichen Verlauf der Nährstoffaufnahme muß die Wassergabe im wesentlichen angeglichen sein. Die Deckung des Spitzenbedarfs an Nährstoffen während der Entwicklung der einzelnen Kulturen ist nur bei der Möglichkeit der künstlichen Beregnung gewährleistet. Die Wirksamkeit der Kopfdüngung wird durch die Beregnung entscheidend beeinflußt. Im allgemeinen kann man sagen, daß die häufige Unterteilung der Stickstoffdüngung zu einer besseren Ausnutzung der verabreichten Menge führt. Pfaff stellt in Lysimeter-Versuchen fest, daß bei Unberegnet die durchschnittliche Stickstoffausnutzung 55%, bei Beregnet 63% beträgt. Ähnlich liegen die Verhältnisse auch bei Kali. Selbst die Aufnahme der Phosphorsäure wird in Beregnungsbetrieben durch die gleichmäßige Feuchtigkeit begünstigt.

Die Unterteilung der Stickstoffdüngung, teilweise auch der Kalidüngung beugt zeitweiligen Auswaschungsverlusten vor. Das trifft besonders dann zu, wenn starke sommerliche Niederschläge unmittelbar auf starke künstliche Beregnung folgen. Hier kann es, ganz besonders in leichten Böden, notwendig werden, so schnell als möglich eine Kopfdüngung zu verabreichen. Pfaff stellte in Lysimeter-Versuchen in diesen Fällen größere Stickstoffverluste fest, allerdings keine Erhöhung der Gesamtstickstoffauswaschung. Oft ist es bei den geschilderten Verhältnissen ja so, daß leicht lösliche Nährstoffe aus dem Bereich der noch kleinen Pflanze tiefer gewaschen werden, zu einem späteren Zeitpunkt jedoch der Pflanze wieder zur Verfügung stehen.

Im Beregnungsbetrieb ist die Kopfdüngung grundsätzlich mit einer künstlichen Beregnung zu koppeln, damit der Dünger schnell gelöst wird und in den Wurzelbereich gelangt. Die Kombination Kopfdüngung und Beregnung gleicht Nachteile der Kopfdüngung, die ohne Beregnung erfolgt, aus. So bleiben nämlich Düngerkörnchen gern auf behaarten Blättern (Gurken, Tomaten, Rettich) liegen und verursachen Brennschäden. In diesem Zusammenhang ist auch ein Hinweis auf die flüssige Düngung bzw. auf das Verregnen von Nährstoffen angebracht. Die oft bessere Wirkung bei verregneten Düngergaben wird häufig damit erklärt, daß die Nährstoffe auf dieselbe Weise unmittelbar in den Wurzelbereich gelangen. Dies geschieht allerdings auch bei der trockenen Ausbringung der Düngung mit unmittelbar nachfolgender Beregnung. Im allgemeinen ist keine unterschiedliche Wirkung der beiden genannten Anwendungsmethoden für die Kopfdüngung erzielt worden. Die Verregnung von Nährstoffen kann andererseits allerdings eine beachtliche Arbeitsersparnis bringen. Im Freiland wird sie dadurch erschwert, daß die Ausbringung oft recht ungleichmäßig erfolgt. Daher ist es meist günstiger, das Streuen mit nachfolgender Beregnung zu wählen. Größere Bedeutung hat das Verregnen von Nährstoffen dagegen bei Kulturen unter Glas. Hier ist durch die Ausschaltung des Windes eine gleichmäßigere Beregnung und damit auch eine gleichmäßigere Düngung möglich. Zu beachten ist, daß bei der düngenden Beregnung eine Nachberegnung mit reinem Wasser sich immer als günstig erwiesen hat.

Zusammenfassend kann man sagen, daß in Beregnungsbetrieben um 30 bis 50% mehr Mineraldünger, und zwar sowohl Stickstoff als auch Phosphorsäure und Kali verabreicht werden sollen. Der Stickstoff wird in solchen Fällen mindestens in zwei, besser sogar in drei Teilgaben zugeführt.

Literatur: Brouwer 1945, Fröhlich, Blasse und Vogel 1960, Gürtler 1957, Hartmann 1961, Kick und Hellwig 1960, Klein 1956, Königs 1956, Kopetz 1955, Lauche 1943, Mappes 1954, 1958, Marx 1957, Penningsfeld 1954, Pfaff 1957, Witte 1956/57, Witte 1957; 7.

O. Einfluß der Düngung auf die Qualität

(Vergleiche hierzu S. 1260 ff. und 1355 ff.)

Wenn wir bei Gemüse von Qualität sprechen, dann denken wir zunächst an den Zucker- und Eiweißgehalt, an die Vitamine und schließlich auch an den Trockensubstanzgehalt. Daneben interessieren uns geschmackliche Stoffe, ätherische Öle, Säuren. Wichtig ist außerdem der Gehalt an Inhaltsstoffen, die im allgemeinen als ungünstig zu beurteilen sind, wie z. B. der Gehalt an Nitrat und Oxalsäure. All diese Faktoren fassen wir unter dem Begriff „innere Qualität“ zusammen. Sie sind in der Regel auch für die Haltbarkeit der Gemüsearten entscheidend. Durch die äußere Qualität beurteilen wir das Aussehen und die Marktsortierung auf Grund von Größe, Durchmesser und Reifegrad.

Eine außerordentlich große Anzahl von Untersuchungen des früheren Arbeitskreises Düngung im Forschungsdienst hat gezeigt, daß die Düngung keinen negativen Einfluß auf die Qualität ausübt, wenn sie in harmonischer Weise durchgeführt wird und wenn der Boden hinsichtlich des Humusgehaltes, der biologischen Aktivität, der Bodenreaktion und der Struktur als günstig zu bezeichnen ist. Man kann sogar (SCHUPHAN) feststellen, daß eine kombinierte Düngung mit Stallmist und NPK in den Versuchen Großbeeren und Weihenstephan nicht nur hohe Erträge gebracht hat, sondern bei der biochemischen Auswertung in den meisten Fällen auch höhere Eiweiß-, Karotin-, Vitamin-C- und Mineralstoffgehalte bei etwas verringertem Zuckergehalt. Die ausschließliche Anwendung organischer Düngung und der Verzicht auf die mineralische Düngung hat in der Pflanzenernährung bisher keine wissenschaftliche Begründung gefunden. Die einzelnen Nährstoffe können allerdings auch eine ungünstige Auswirkung haben, die sich jedoch nur bei einseitiger Anwendung, bei zu hohen Gaben und bei Vernachlässigung der Bodenpflege bemerkbar macht.

Im allgemeinen kann man feststellen, daß bei guter Ernährung, infolge des flotteren Wachstums, der Trockensubstanzgehalt der Gemüse zurückgeht. Ein niederer Trockensubstanzgehalt liegt in der Regel auch bei den Gemüsearten, die unter Glas heranwachsen, vor. Oft findet man auch eine Parallele zwischen Trockensubstanz und Zuckergehalt; der Zuckergehalt unserer Gemüsearten hängt jedoch viel mehr von der Summe des Lichtes, das der Kultur zur Verfügung stand, ab. Der geringere Zuckergehalt bei sehr üppigen, daher dichten Gemüsebeständen steht damit in Zusammenhang. Zweifellos besitzen auch die Treibgemüse einen geringeren Zuckergehalt, im wesentlichen ebenfalls durch das geringere Angebot an Licht bedingt. Zu hohe einseitige Stickstoffgaben können außerdem einen ungünstigen Einfluß ausüben. Ganz allgemein führen hohe Stickstoffgaben zu einer Erhöhung des Eiweißgehaltes, zu hohe einseitige Gaben allerdings auch zu einem Abfall der Eiweißqualität. Ob dieser Abfall der Eiweißqualität sich allerdings stärker auswirkt als der höhere Rohprotein- und Reineiweißgehalt, steht noch nicht fest. Keiner der Hauptnährstoffe gleicht oder ähnelt in seinem physiologischen Verhalten dem Stickstoff; Unter- oder Überschreitungen der optimalen Gabe können zu Störungen und zu Minderungen der Qualität führen. In gewissen Grenzen werden stickstoffbedingte Qualitätsminderungen durch gute Phosphorsäure- und Kaliversorgung wieder aufgehoben oder gemildert. Bei steigenden Kaligaben gehen die Eiweißgehalte zurück, der Gehalt an Gesamtzucker steigt jedoch an, so daß man das Kali als besonderen Gegenspieler des Stickstoffs ansprechen kann. Bei optimaler N-Versorgung laufen Höchstertrag und höchster biologischer Wert nicht bei allen Gemüsearten parallel (Spinat, Rettich, Sellerie). Es sei nur an hohle Knollen und Rostflecken in der Sellerieknolle erinnert, die beim Zusammentreffen von nasser Witterung und hohen N-Gaben auftreten können. Da der Gemüsebauer den Faktor Witterung jedoch nicht in der Hand hat, wird es ihm nicht immer gelingen, die Höhe der N-Gabe im Hinblick auf die Qualität immer richtig zu bemessen. Weniger eindeutig ist der Einfluß von Phosphorsäure, Kalk, Magnesium und Spurenelemente auf die genannten Inhaltsstoffe. Es liegen darüber allerdings auch noch keine eindeutigen Befunde vor, da sie nur selten in die Untersuchungen miteinbezogen wurden. Eine besondere Rolle spielt die Düngung bei der Betrachtung der Vitaminbildung in der Pflanze. So verbessert eine ausreichende Stickstoffdüngung die Karotinbildung. Häufig erfolgt mit steigenden N-Gaben gleichzeitig ein Anstieg des Karotingehaltes. Es bestehen sehr enge Beziehungen zwischen dem Gehalt an Gesamtstickstoff und Chlorophyll, das Stickstoff als Baustein enthält, zum anderen zwischen Chlorophyll und Karotin. Häufig machen sich hier steigende Düngergaben sogar noch bemerkbar, wenn eine Ertragssteigerung nicht mehr zu verzeichnen ist. Nicht nur bei den Gemüsearten, deren vegetativen Teile verwertet werden (z. B. Spinat), sondern auch bei Fruchtgemüsen (Tomaten) und bei Gemüsen, deren Speicherorgane (Karotten) genossen werden, war eine eindeutige Erhöhung des Karotingehaltes durch eine reichliche Stickstoffernährung festzustellen. Das gleiche trifft außerdem für die Vitamine B1 und B2 zu. Auch hier bestehen enge Beziehungen zwischen der Stickstoffernährung, dem Gehalt an Chlorophyll und dem Vitamingehalt. Der Einfluß des Stickstoffs auf den Vitamin-C-Gehalt ist nicht ganz so eindeutig wie bei den bisher genannten Vitaminen. Bei den meisten Untersuchungen erfuhr der Vitamin-C-Gehalt auf Grund zunehmender Stickstoffgaben keine wesentliche Änderung. Das hängt wohl damit zusammen, daß die Vitamin-C-Bildung wiederum von einem ausreichenden Lichtgenuß abhängt, der bei sehr üppigen Beständen und großer Pflanzenmasse oft etwas eingeschränkt ist. Man kann andererseits aber auch keinen eindeutig ungünstigen Einfluß des Stickstoffs auf die Vitamin-C-Bildung feststellen. Als günstig kann der Einfluß reichlicher Stickstoffernährung auf den Vitamin-E-Gehalt beurteilt werden, besonders mit zunehmender Reife der einzelnen Gemüse.

Für die Phosphorsäuredüngung ist festzustellen, daß der Karotingehalt bei Mangel an Phosphorsäure stark zurückgeht. Allerdings genügen dann bereits verhältnismäßig geringe Phosphorsäuremengen für die Bildung von Karotin, während ein weiter ansteigendes Angebot von Phosphorsäure wieder eine Minderung der Karotinbildung mit sich bringt. Dies kann andererseits durch gleichzeitig steigende N-Gaben wieder ausgeglichen werden. Der Gehalt an Vitamin B1 und Vitamin B2 wird durch die Phosphorsäuredüngung auf phosphorsäurearmen Böden ausnahmslos gefördert, bei guter Versorgung der Böden mit Phosphorsäure tritt jedoch weder eine günstige noch eine ungünstige Beeinflussung auf. Bei steigender Phosphorsäureernährung ist auch mit einem steigenden Ascorbinsäuregehalt zu rechnen.

Das Kali hat auf den Karotingehalt der Gemüse nur wenig Einfluß; mit sehr starker Kaliaufnahme läuft jedoch ein Rückgang des Karotingehaltes parallel. Bei normaler Kaliversorgung kann man von einer Verbesserung des Karotingehaltes sprechen. Dieselbe Feststellung trifft auch für die Vitamin-B-Gruppe zu. Einen besonderen Einfluß hat das Kali jedoch auf die Vitamin-C-Bildung. Ein günstiger Einfluß des Kalis auf die Ascorbinsäurebildung ist deutlich bei den Blattgemüsen, aber auch bei Wurzel- und Fruchtgemüsen. Die Karotin- und Vitamin-C-Gehalte werden bei der Anwendung von schwefelsaurem Kali begünstigt, bei der Anwendung von Chlorkali jedoch ungünstig beeinflußt. Sehr hohe Kaliaufnahme kann aber auch zu einem Rückgang der Ascorbinsäure, ferner des Chlorophylls und der Gesamtsäure führen. Bei zu starker Kaliernährung nehmen die Kaligehalte in allen Pflanzenteilen stark zu. Verschiedentlich hat man z. B. bei Spinat dies als Ursache für den Durchfall bei Kleinkindern angesehen, in exakten Versuchen ist aber bisher kein Beweis für diese Annahme gefunden worden.

Auf sauren Böden wirkte sich mäßige Kalkdüngung, unter gleichzeitiger Ertragsförderung, meist günstig auf die Vitaminbildung der Pflanzen aus. Bei einer Überkalkung des Bodens deuten zahlreiche Anzeichen darauf hin, daß diese zu einer Senkung des Gehaltes an Karotin und Vitamin C führt. Im Gegensatz dazu wurde durch eine Senkung der pH-Werte in kalkreichen Böden stets eine Förderung der Vitaminbildung erreicht. Auch ein zu starkes Zurückdrängen des Magnesiums beeinflußt die Vitaminbildung ungünstig. Steigendes Magnesiumangebot kann Chlorosen und verringerte Karotinbildung, durch reichliche Kalkversorgung verursacht, bessern.

Auch ein hoher Gehalt des Bodens an organischer Substanz bzw. die Verabreichung regelmäßiger organischer Düngung führte im allgemeinen zu einer Verbesserung der Vitamingehalte in der Pflanze.

Sehr wesentlich ist der Einfluß der mit den Düngern verabreichten Ballaststoffe auf die Qualität. So übt das Chlor einen speziellen Einfluß auf die Pflanzenenzyme aus, die den Kohlenhydrathaushalt regulieren. Praktisch führt diese Tatsache dahin, daß die leicht löslichen und transportablen Kohlenhydrate im Pflanzengewebe stark verringert werden, während sich die zusammengesetzten, schwer löslichen und daher untransportablen Kohlenhydrate im Verhältnis dazu beträchtlich anreichern. Die Ableitung der in den Blättern gebildeten Kohlenhydrate in die Reserveorgane oder Früchte wird durch diese Wirkung der Chloride erschwert, ganz besonders bei Pflanzen mit langen Leitungswegen (Tomaten). Bei Chloridüberschuß kommt es zu den bekannten Stauungen in den Blättern, die z. B. bei Tomaten leicht zu erkennen sind und die die Hauptursache für den verringerten Trockensubstanzgehalt darstellen. Die leicht löslichen, abbaufähigen Kohlenhydrate bilden außerdem die Baustoffe für den Eiweiß- und Fettstoffwechsel. Es ist deshalb naheliegend, daß auch diese durch Chloridzufuhr in Mitleidenschaft gezogen werden. Das trifft besonders dann zu, wenn ungünstige Witterung, schlechte Licht- und Wärmeverhältnisse herrschen, zu wenig Kalk im Boden vorhanden ist und den Pflanzen zu viel Stickstoff in Ammoniakform zur Verfügung steht. Die ungünstige Wirkung der Chloride kann durch Salpeterdüngung gemildert oder aufgehoben werden, da der Salpeter-Stickstoff die Chloridaufnahme hemmt und verringert. Eine hohe Chloridaufnahme hat eine höhere Wasseraufnahme und damit einen höheren Wassergehalt in den Blättern und in den Reserveorganen zur Folge. Die Wasserabgabe durch die Blätter ist dagegen verringert, was bei den günstigen Feuchtigkeitsverhältnissen im Gemüsebau und in besonderem Maße unter Glas, als sehr nachteilig zu betrachten ist. Unter diesen Verhältnissen nimmt der Wassergehalt der ohnehin trockensubstanzärmeren Pflanzen noch zu. Die Qualität der meisten Gemüsearten wird also durch eine zu große Chloridaufnahme ungünstig beeinflußt. Das trifft allerdings nicht für die sogenannten chloridliebenden Pflanzen zu. Diese haben nämlich zumeist auch eine Vorliebe für Nitrat, wodurch die ungünstige Auswirkung des Chlorids größtenteils wieder aufgehoben wird. Das Chlorid führt in diesen Pflanzen eine Verringerung des Nitratstickstoffgehaltes herbei.

Sehr häufig steht der Nitratgehalt der Gemüse zur Diskussion, da bekanntlich zu hohe Gehalte zu einer gesundheitlichen Schädigung führen können. Typische Nitratspeicherpflanzen sind Spinat, Rote Rüben, die Kohlarten. Parallel mit einer steigenden Düngung als Nitratstickstoff steigt auch der Nitratgehalt der Gemüse, allerdings geht mit zunehmender Lichtstärke der Nitratgehalt der Pflanzen wieder zurück. Der Nitratfrage kommt in der Tierernährung eine entscheidende Bedeutung zu, braucht bei der menschlichen Ernährung jedoch weniger beachtet zu werden, da im Verhältnis nur geringe Mengen an Gemüse zu den einzelnen Mahlzeiten verzehrt werden und daher die Nitratgaben so gut wie niemals die schädigende Grenze erreichen. Gewisse Bedenken bestehen lediglich bei der Ernährung des Kleinkindes mit Gemüsen, die Nitrat speichern, besonders Spinat. Aber auch hier ist die Gefahr dadurch abgeschwächt, daß ein Teil des Nitrats mit dem Kochwasser entfernt wird. Trotzdem sollte man bei sehr hoher Stickstoffdüngung im Spinatanbau darauf achten, daß diese nicht ausschließlich mit Salpeter-Stickstoff erfolgt. Auf Grund von Untersuchungen ist bei der Düngung mit Ammoniak-Stickstoff in der Regel mit deutlich verringerten Nitratgehalten zu rechnen. Wenn gleichzeitig, wie im vorhergehenden Abschnitt erwähnt, genügend Chloride angeboten werden, kann die Gefahr eines zu hohen Nitratgehaltes in den Gemüsen ohne weiteres gebannt werden. Selbst in ungünstigen Fällen besteht für Erwachsene keine Gefahr, da, um die schädigende Grenze zu erreichen, viele Kilo eines Blattgemüses auf einmal verzehrt werden müßten. Auch mit steigenden Kaligaben nehmen die prozentualen Gehalte an Nitrat in der Pflanze ab. Durch KÜBLER wurde inzwischen jedoch der Nachweis erbracht, daß der Säugling und wahrscheinlich auch der erwachsene Mensch über einen Regulationsmechanismus verfügt, der es ermöglicht, überschüssige Nitratmengen, die mit pflanzlicher Nahrung aufgenommen werden, mit dem Harn auszuscheiden. Er hat keine Nachteile durch höhere Nitratgehalte in der Nahrung feststellen können.

Bei Spinat beeinflußt bekanntlich auch die Oxalsäure die innere Qualität. Die Oxalsäure erfährt durch die Nitratdüngung, im Vergleich zur Düngung mit Ammoniak-Stickstoff, eine Erhöhung. Chloridfreie und chloridhaltige Düngung haben auf den Oxalsäuregehalt keinen wesentlichen Einfluß. Kalksalpeter drückt den physiologisch schädlichen Oxalsäuregehalt stärker als Natronsalpeter. Die unerwünschten hohen Oxalsäuregehalte werden außerdem durch steigende Kali- und Phosphorsäuregaben zurückgedrängt. Der Oxalsäuregehalt nimmt mit dem Alter der Blätter zu, so daß bei der Verwendung junger Spinatblätter die Gefahr eines zu hohen Gehaltes wesentlich geringer ist. Durch gute Stickstoffversorgung wird auch der Saponingehalt im Spinat zurückgedrängt. Einen ebenso günstigen Einfluß hat in dieser Beziehung eine gute Kaliversorgung.

SCHUPHAN ermittelte in seinen Untersuchungen durch steigende Kaligaben einen Anstieg des Gehaltes an ätherischen Ölen, durch hohe Stickstoffgaben jedoch eine Senkung. Diese Feststellung trifft auch für Rettich zu. Auf sonstige Qualitätsfehler bei Gemüsen, wie z. B. das Schwarzkochen von Sellerie, das Bitterwerden von Gurken, hat die Düngung keinen Einfluß.

Bei fast allen Kostproben mit unterschiedlich gedüngten Gemüsearten schneiden in der Regel die Proben am besten ab, die eine harmonische Düngung erhalten haben. Jede einseitige Düngung, so auch übertrieben hohe Mineralgaben, können die geschmackliche Qualität beeinträchtigen.

Übereinstimmung besteht in allen Fachkreisen darüber, daß vom Standpunkt der Qualität und der Hygiene Fäkaldünger und Jauche für Gemüse abgelehnt werden müssen, ganz besonders für die Gemüsearten, die auch ungekocht genossen werden. Es sei nur an die Übertragung von Krankheiten (Cholera, Typhus, Paratyphus), von Viruserkrankungen (Gelbsucht, Kinderlähmung) und von Wurmeiern erinnert. Eine genügende Aufbereitung von Fäkaldünger erfolgt nur in einer Heißkompostierung.

Zum Einfluß der Düngung auf die Haltbarkeit sei erwähnt, daß bei Gemüsen, die zur Lagerung bestimmt sind, die Düngung darauf Rücksicht zu nehmen hat. Besonders in schweren, feuchten Böden kann eine zu hohe Düngung die Haltbarkeit auf dem Lager ungünstug beeinflussen. Die Lagerfähigkeit wird durch eine normale Düngung jedoch eher verbessert als verschlechtert. Von größerem Einfluß auf die Lagerfähigkeit als die Düngung sind die Witterung, die Sortenwahl und die Reife der Gemüse. Bei der Sauerkrautherstellung wurde eine hohe Kaliversorgung in der Regel als günstig beurteilt. Kalimangel und einseitig überhöhte Stickstoffdüngung wirken sich nachteilig aus und begünstigen bei Sauerkohl das Weichwerden durch die Vermehrung abbauender Enzyme.

Literatur: BOEK 1958, BREMER 1956, BUCHNER 1958, FLIEG 1936, JÜRGENS-GSCHWIND 1960, JUNG 1958, JUNGERMANN 1960, KEINER 1955, KOPETZ 1960, MAPPES 1951, NEHRING 1959, OTT 1937, PENNINGSFELD und FORCHTHAMMER 1961, REINHOLD, MERTEN und GROSS 1937, SCHLOTTMANN 1960, SCHMITT 1937, SCHUPHAN 1936, 1936/37, 1961, SIEGEL und BJARSCH 1962, VOGEL 1937, 1938; 1, 5, 16.

Literatur

AMBERGER, A.: Zur Wirkung von 40%igem Kalisalz mit 25% Kalimagnesiumanteil. Kalibriefe 3, 2 (1956).

BALKES, R.: Bodenreaktion und Spurenelemente. Landwirtsch. Wochenbl. Münster, S. 2105/36/60 (1960). — BARBIER, G.: Mineraldüngung und Humusgehalt des Bodens. Vortrag, gehalten auf dem III. Weltkongreß für Düngungsfragen am 9. Sept. 1957 in Heidelberg. — BECKER-DILLINGEN, J.: Handbuch der Ernährung der Gärtnerischen Kulturpflanzen. Berlin: Parey. 1943. — BEEKOM, C. W. C. VAN: Uien en sjalotten. Med. Tuinbouwvoorlichtingsdienst Nr. 49, 132 (1952). — BERGE, H.: Grenzen der Kalkdüngung. Gartenwelt 49, Nr. 3, 35–36 (1948). — BERGMANN, W.: Schlüssel zur Bestimmung von Nährstoffmangelanzeichen. Berlin: 1960. Deutscher Landwirtschaftsverlag. – BLOES, VAN DEN: Düngungsversuch mit N/P/K/Mg bei Tomaten. Tuinbouwkundig Onderzoek Jaarsverslag, 1954, 212. — BOEK, N.: Die Bedeutung der art- und umweltbedingten Nitratgehalte der Gemüse für die Qualitätswertung. Vortrag anläßlich der Jahreshauptversammlung des Verbandes Deutscher Landwirtschaftlicher Untersuchungs- und Forschungsanstalten vom 15. bis 19. Sept. 1958 in Münster. — BRANDENBURG, E.: Phytopathologische Bedeutung von Spurenelementen. Aus den Vorträgen bei der 30. deutschen Pflanzenschutztagung in Bad Neuenahr vom 12. bis 16. Okt. 1954. — BREMER, H.: Gemüsedüngung und Gemüsekrankheiten. Rhein. Mschr. Gemüse-, Obst- u. Gartenbau 44 (14), 224–225 (1956). — BROUWER, W. : Die Steigerung der Erträge der Hülsenfrüchte durch Beregnung sowie Fragen der Bodenuntersuchungen und Düngung. Z. Acker- u. Pflanzenbau 91 (3), 319 (1945). — BUCHNER, A.: Neue Wege der Düngung im Intensivbetrieb. DLG-Schriften, Bd. 46 (1957). — Der Stand des Chlorid-Sulfatproblems. Rhein. Mschr. Gemüse-, Obst- u. Gartenbau 48 (4), 91 (1958). — BUCHNER, A., und J. KRADEL: Die Anwendung von Harnstoff als Düngemittel. Aus der Landwirtschaftlichen Versuchsstation Limburgerhof der BASF (1961). — BUHL, C.: Molybdänmangel bei Blumenkohl. Gartenwelt 54 (7), 116 (1954).

COOK, L. R.: Ertragssteigerung durch Banddüngung. Kali-Briefe, Fachgebiet 8, 3 (1958). — CSATARI-SZÜTZS, K.: Die Nährstoffansprüche im Bohnenanbau. Kertészeti Kutató intézet Evkönye 2, 3–8 (1957).

DHAR, SH.: Die Wirkung von organischen Düngern und Phosphaten auf die Bodenfruchtbarkeit. Phosphorsäure 21 (5/6), 233–247 (1961).

EYSINGA, R. VAN: Beurteilung des Phosphatgehaltes von diluvischen Sandböden für die Kultur von Kopfsalat unter Glas. Landbauuntersuchung Nr. 67.6, Wageningen (1961). — Voeding van vroege sla. Verslag van de Proeftuinen Venlo, Maastricht, Beesel, S. 4–11 (1959).

FINGER, O., und P. SCHACHTSCHABEL: Auswertung der chemischen Bodenuntersuchung. Mitt. DLG, Ausg. A, H. 4 (1962). — FLACHS, K.: Nährstoffmangelerscheinungen an Garten- und Obstgewächsen. Süddtsch. Erwerbsgärtner 2, Nr. 4, 26–27 (1948). — FLIEG, O.: Über die Erfassung der Qualität von Gemüse. Forschungsdienst 2, 268–274 (1936). — FRÖHLICH, H., W. BLASSE und G. VOGEL: Bewässerung im Gemüse-, Obst- und Zierpflanzenbau. Berlin: Deutscher Landwirtschaftsverlag. 1960. — FRUHSTORFER, A.: Wissenschaftliches und Technisches zur Reihendüngung. Mitt. DLG 70, 75 (1955).

GEISSLER, T.: Der Wirkungswert der Phosphorsäure der Superphosphate bei unterschiedlicher Form der Einbringung. Z. Acker- u. Pflanzenbau 106, 75 (1958). — Die mineralischen Kalidünger, ihre Anwendung im Gemüsebau. Deutscher Export, März 1959, S. 21–27. — Der Nährstoffentzug einer frühen Treibgurkenkultur. Arch. Gartenbau 5, 431–495 (1957). — Über die Wirkung chlorid- und sulfathaltiger Düngemittel auf den Ertrag einiger Gemüsearten unter verschiedenen Umweltsverhältnissen. Arch. Gartenbau 1, 233 (1953). — Der Nährstoffbedarf einer Tomatenfrühkultur unter Glas. Dtsch. Gartenbau 8, 31–33 (1961). — Magnesiumentzug der Gemüsearten. Rhein. Mschr. Gemüse-, Obst- u. Gartenbau 1961, Nr. 2, S. 35. — Die Nährstoffaufnahme der Gemüsepflanzen über die Blätter. Mineraldüngung im Gemüsebau. Berlin: Verlag Bergbau-Handel. 1960. — GEISSLER, KURNOTH: Die Nährstoffaufnahme der wichtigsten Gemüsearten an Kalium, Calcium und Magnesium und ihre Abhängigkeit vom Magnesiagehalt der Düngung. Mineraldüngung im Gemüsebau. Berlin: Verlag Bergbau-Handel. 1960. — GERICKE, S.: Einfluß der Humusdüngung im Gemüsebau. Land, Wald u. Garten 2, 87 (1947). — GERICKE, S., und C. BÄRMANN: Düngungsversuche zu Tomaten. Phosphorsäure 19, 108–119 (1959). — GESSEL, T. P. VAN, JR.: Düngung der Tomate. Phosphorsäure 18, 265–275 (1958). — GRIGG, J. L.: Bestimmung der verfügbaren Boden-Mo-Gehalte. Z. Pflanzenernähr., Düng., Bodenkde. 76, 187 (1957); New Zealand Soil News 3, 37–40 (1953). — GRÜTZ, W.: Zur Stickstoffdüngung der Buschbohnen. Gartenwelt 51, 166 (1951). — GÜRTLER, H.: Erfahrungen mit Blumenkohl-Bewässerung und -Düngung. Rhein. Mschr. Gemüse-, Obst- u. Gartenbau **45**, 6 (1957).

HANNEMANN, W.: Zweijährige Gefäßversuche über Nährstoffgehalte von Böden in ihrer Wirkung und Nachwirkung auf die Ertragsgestaltung bei Tomaten. Phosphorsäure **20**, 62–86 (1960). — HARTMANN, W.: Zur Bekämpfung der Blütenendfäule bei Tomaten. Rhein. Mschr. Gemüse-, Obst- und Gartenbau **47**, 7 (1959). — Über den Wasserverbrauch der Tomaten während einer Vegetationsperiode im Gewächshaus und Freiland. Gartenbauwiss. **26** (8), 331 (1961. — Beobachtungen bei Gewächshausböden nach dem Dämpfen. Rhein. Mschr. Gemüse-, Obst- u. Gartenbau Nr. 12, 2 (1961). — HAUT, HANS VAN: Über die Weiterverwendung abgeernteter Champignonkomposte. Z. Pflanzenernähr., Düng., Bodenkde. 85 (130), 201–214 (1959). — HEUKESHOVEN, W.: Der zeitliche Verlauf der Nährstoffaufnahme. Forschungsdienst **2**, 290–292 (1936). Neudamm und Berlin: Neumann. — HÖSSLIN, R. VON: Schnelle Wirkung der Stickstoffdüngung durch Füttern der Pflanzen. Rhein. Mschr. Gemüse-, Obst- u. Gartenbau **47**, 207–208 (1959). — Feldversuch über den Vorfruchtwert verschiedener Gemüsearten. Gartenbauwiss. 26 (8), H 4 (1961). — HÖSSLIN, R. VON, und F. PENNINGSFELD: Salzkonzentrationsschäden in einem Gefäßversuch in ihrer Abhängigkeit von Düngung und Bodenart. Z. Pflanzenernähr., Düng., Bodenkde. **47** (92), 145–161 (1949). — HOFMAN, E., A. BUCHNER und E. SCHULZ-SCHOMBURGK: Die Wirkung der Kalidüngung auf Boden und Pflanze nach den Ergebnissen eines 35jährigen Feldversuches. Z. Pflanzenbau u. Pflanzenschutz **1**, H. 5 (1950). — HUPPERT, V., und A. BUCHNER: Neue Versuchsergebnisse über die Wirkung der Stickstofformen unter besonderer Berücksichtigung der Umweltverhältnisse. Z. Pflanzenernähr., Düng., Bodenkde. **60** (105), 62–92 (1953).

JEHN, A.: Bodenuntersuchungsergebnisse, Düngung und Erträge im Spargelbau. Rhein. Mschr. Gemüse-, Obst- u. Gartenbau **44**, 39–41 (1956). — Lehren aus Düngungsversuchen zu Treibsalat. Rhein. Mschr. Gemüse-, Obst- u. Gartenbau **46**, 5 (1958). — JÜRGENS-GSCHWIND, S.: Die Auswirkungen der Phosphatdüngung auf die Qualität landwirtschaftlicher Nutzpflanzen. Phosphorsäure **20**, 197 (1960). — JUNG, J.: Beziehungen zwischen pH-Wert, Stickstofform, Natrium, Kalium und Magnesium. Vortrag anläßlich der Jahreshauptversammlung des Verbandes Deutscher Landwirtschaftlicher Untersuchungs- und Forschungsanstalten vom 5. bis 9. Sept. 1958 in Münster (1958). — Der Einfluß der Düngung auf die Vitaminbildung der Pflanzen. Ernährungsumschau 101 (1957). — JUNGERMANN, K.: Beiträge zur Mikronährstofffrage. Landwirtsch. Forsch. **13**, 153 (1960).

KEINER, N.: Untersuchungen über den Einfluß von Spurenelementen auf Ertrag und Qualität einiger Gemüsearten. Kühn-Arch. **69**, 223 (1955). — KELLER, K.: Was spricht für die Verwendung von Misch- und Volldüngern? Zbl. Nr. 9, 1 (1952). — KICK, H., und D. HELLWIG: Vegetations- und Feldversuche zur düngenden Beregnung. Z. Acker- u. Pflanzenbau **111**, 151–175 (1960). — KICK, H., N. VOSS und B. SAPPOK: Untersuchungen über die Verfügbarkeit der Pflanzennährstoffe N, P und K in Müll- und Müllklärschlammkomposten. Landwirtsch. Forsch. **12**, 97–109 (1959). — KLEIN, F.: Mehrjährige Wirkungen der Mineral- und Stallmistdüngung auf Ertrag und Marktgüte von acht Gemüsekulturen unter dem Einfluß zusätzlicher Beregnung. (Diss. Bonn, 1956.) Forschung u. Beratung H.**6**, 136 (1957). — KOBEL, F., B. KRAPF und F. SCHÜTZ: Düngungsversuche mit Gemüsearten, II. Teil. Schweiz. Gartenbaubl. Solothurn **79**, 1216–17, 1239–40 (1958); **80**, 7–9 (1959). — Düngungsversuche mit Gemüsearten, IV. Schweiz. Gartenbaubl. Solothurn **79**, 953, 954 (1958); **83**, 977 bis 980 (1962). — KÖNIGS, J.: Beregnung und Düngung. Dtsch. Gartenbauwirtsch. **4**, 136–137 (1956). — KOOT, Y. VAN, und W. VAN RACESTIYN: Radioaktivität, ein Hilfsmittel bei der Untersuchung der Phosphoraufnahme durch junge Tomatenpflanzen. Landbouw-Documentatien **47**, 656 (1957); Ref. KUB **12**, Nr. 11 (1959). — KOPETZ, L. M.: Warum Beregnungsdüngung. Gartenbaunachr. 1. Juli 1955, Beilage Gartenbauwirtschaft, Nr. 18, 6–9 (1955). — Düngung und Qualität. Phosphorsäure **20**, 1–11 (1960). — KOTTE, W.: Eine als Bormangel zu deutende Schädigung an Kohlrabi-Samenträgern. Z. Pflanzenkrankheiten u. Pflanzenschutz **56**, 6–9 (1949). — KNAUTH, A.: Kupfererzmehl als Düngestoff. Taspo **78**, Nr. 32, 2 (1949). — KNICKMANN, E.: Bodenpflege und Düngung im Gartenbau, Bd. IV. Stuttgart: Ulmer. 1958. — KRZYSCH, G.: Die Wirkungen verschiedener N-, P- und K-Verbindungen bei Anwendung als Blattdüngemittel. Z. Pflanzenernähr., Düng., Bodenkde. **82**, 107 (1958). —

LANGE, H. J.: Ergebnisse eines fünfjährigen Spargeldüngungsversuches. Rhein. Mschr. Gemüse-, Obst- u. Gartenbau **46**, 197–199 (1958). — LASKE, P.: Kalkstickstoff, ein N-Dünger besonderer Art. Süddtsch. Erwerbsgärtner **12**, Nr. 51/52 (1958). — Die Bedeutung des Kalkes für Pflanze und Boden, insbesondere im Gartenbau. Süddtsch. Erwerbsgärtner **14**, 1280–3 (1960). — Wissenswertes über organische Handelsdünger. Süddtsch. Erwerbsgärtner **14**, 27–29 (1960). — LAUCHE, N.: Gemüse unter Glas und im Freien. Über den Wasser- und Nährstoffbedarf der Tomaten. Blumen- u. Pflanzenbau **47**, 206 (1943). — LIESENGANG, N.: Untersuchungen über Nährstoffverbrauch und den Verlauf der Nahrungsaufnahme verschiedener Gemüsearten. Gartenbauwiss. **2**, 415–455 (1928). — LINDEMANN, A.: Folgerungen aus den Bodenuntersuchungen im Erwerbsgartenbau. Gartenbauwirtsch. (Österr.) **12**, 236 (1957). — LUCAS, R. E., S. H. WITTWER und F. G. TEUBNER: Erhaltung hoher Nährstoffspiegel im Boden für Gewächshaustomaten ohne übermäßige Salzanreicherung. Proc. Soil Sci. Soc. Amer. **24**, 214–218 (1960).

MÄRTIN, B.: Die Stickstoffdüngung der Buschbohne. Arch. Gartenbau **7**, 304–7 (1959). — MAIER, W.: Bormangelkrankheiten an Blumenkohl und Kohlrabi. Angew. Bot. **26**, 3–12 (1951). — MAPPES, F.: Düngung und Beregnung. Mitt. DLG **69**, 320–322 (1954). — Beregnung und Düngung im Gemüsebau auf leichten Böden. Dtsch. Gartenbauwirtsch. **5**, 69–70 (1957). — Fragen der Düngung im Freiland und Unterglasgemüsebau. Zbl. Dtsch. Erwerbsgartenbau **10**, 21 (1958). — Ratschläge für den Bauernhof. Neue Versuchsergebnisse und Erfahrungen aus dem Gemüsebau. Landwirtschaftliche Versuchsstation Limburgerhof, H. 6, 1951. — Versuchsergebnisse und Erfahrungen aus dem Gemüsebau, II. Teil. Landwirtschaftliche Versuchsstation Limburgerhof, H. 11, 1954. — MARX, K. H.: Beregnung und Humusdüngung. (Diss. Bonn, 1956.) Forschung u. Beratung, H. 6, 138 (1957). — Humusdüngung, ein Mittel zur Verhütung von Bodenschäden durch Beregnung. Dtsch. Gartenbauwirtsch. **5**, 68–69 (1957). — MERKER, H.: Noch einiges zum Möhrenanbau. Saatgut-Wirtschaft **5**, 303 (1953). — MULDER, E. G.: Stickstoff-Magnesium-Verhältnis bei Getreidepflanzen. Stikstoff Dutsch Nitrogenous Fertiliser Rev. Nr. 2, 39 (1958). — Die Wechselbeziehungen von Stickstoff und Magnesium bei Kulturpflanzen. Plant a. Soil **7**, 341 (1956).

NEHRING, P.: Über die Wirkung der Kalkstickstoffdüngung auf die Qualität der Erbsen. Ind. Obst- u. Gemüseverwertung **44**, 23–26 (1959). — NICOLAISEN, N., und Mitarbeiter: Ergebnisse deutscher Versuchsarbeit zu Spargel. Landwirtsch. Jb. **90**, 430–492 (1940). — NICOLAISEN, W.: Untersuchungen über den Umsatz verschiedener organischer Substanzen im Boden. Gartenbauwiss. **23**, 275 (1958). — NICOLAISEN, W., und D. FRITZ: Untersuchungen über den Wasserverbrauch von Tomaten bei verschiedenen Wachstumsbedingungen. Gartenbauwiss. **2** (20), 415 (1955). — Untersuchungen über den Wasserverbrauch unserer Gemüsearten. Gartenbauwiss. **19**, 36–58 (1954). — NIEMANN, J.: Vorläufige Ergebnisse eines mehrjährigen Feldversuches mit Hüttenkalk zu Gemüsen. Süddtsch. Erwerbsgärtner **15**, Nr. 2 (1961). — Kalkversorgung der Gemüse. Taspo 88, 3 (1959). — Düngungsversuche und Bodenuntersuchungen im Gemüsebau. Rhein. Mschr. Gemüse-, Obst- u. Gartenbau **48**, 93–95 (1960). — Düngungsversuche und Bodenuntersuchungen im Gemüsebau. Rhein. Mschr. Gemüse-, Obst- u. Gartenbau Nr. 5 und 6 (1960). — NIESCHLAG, F.: Allseitig auftretender Spurenelementmangel. Landwirtsch. Blatt Weser Ems, 403, 23, 776 (1956).

OBERWESTBERG, H.: Bodenverbesserung durch Torf im Unterglasgemüsebau. Rhein. Mschr. Gemüse-, Obst- u. Gartenbau **46**, 221 (1958). — OERTLI, J. J.: Der Einfluß von Kalium und Calcium (sowie anderer Erdalkaliionen) auf die Borernährung von Pflanzen. Z. Pflanzenernähr., Düng., Bodenkde. **94** (39), 1–8 (1961). — OTT, N.: Einfluß der Düngung auf Vitaminbildung. Forschungsdienst **4**, 13–18 (1937).

PARTSCH, N.: Molybdänmangel an Blumenkohl in Deutschland. Diss., Institut für Phytopathologie der Justus-Liebig-Hochschule Gießen ,1955. — PENNINGSFELD, F.: Nährstoffbedarf marktwichtiger Gemüsearten im Auflauf- und Jungpflanzenstadium. Jahresbericht 1959/60 der Staatl. Lehr- und Forschungsanstalt für Gartenbau in Weihenstephan 1960, S. 40–61. — Bedeutung von Bodenzustand und Düngungsmaßnahmen für die Ertragsbildung im Gemüsebau. Rhein. Mschr. Gemüse-, Obst- u. Gartenbau **45**, 187–188 (1957). — Forschungsbericht des Instituts für Bodenkunde und Pflanzenernährung 1946–1953; Festschrift Weihenstephan 1804–1954, 1954. — PENNINGSFELD, F., und L. FORCHTHAMMER: Reaktion der wichtigsten Gemüsearten auf variiertes Nährstoffverhältnis der Düngung. Bericht über zweijährige Gefäßversuche mit neun Gemüsearten. Gartenbauwiss. **26**, H. 3 (1961). — Reaktion der wichtigsten Gemüsearten auf gestaffelte Düngungshöhe. Gartenbauwiss. **22**, 208–235 (1957). — PFAFF, C.: Die Vitaminbildung der höheren Pflanze in Abhängigkeit von ihrer Ernährung (Separatabdruck). Versuchsstation BASF, Limburgerhof, 1952. — Einfluß der Beregnung auf die Nährstoffauswaschung bei mehrjährigem Gemüseanbau. Bericht aus der Landwirtschaftlichen Versuchsstation Limburgerhof der BASF vom 1. Nov. 1957. — PFAFF, C., und A. BUCHNER: Die Abhängigkeit der Magnesiumwirkung vom Kalkzustand und von der Form der Stickstoffernährung.

Z. Pflanzenernähr., Düng., Bodenkde. 81, 102 (1958). — PFAFF, C., H. ROTH und A. BUCHNER: Zur Düngung mit Mikronährstoffen. Landwirtsch. Forsch. 7, H. 2 (1954). — POST-BAKKER, M.: Boriumgebrek bij witlof. Med. Directeur van de Tuinbouw 21, 162–169 (1958).

RADEMACHER, H.: Zur Düngung mit strohreichen Frischmisten im Gemüsebau. Land, Wald u. Garten 3, 222–224 (1948). — RAUTERBERG, E.: Einfluß steigender Stickstoff-, Phosphorsäure- und Kaligaben auf die Entwicklung und den Ertrag von Bohnen und die Bedeutung des Nährstoffverhältnisses. Z. Pflanzenernähr., Düng., Bodenkde. 47 (92), 167–179 (1949). — REEKER, R.: Torfkultursubstrat und einheitliche Kalkmenge. Torfnachr. 8, Nr. 11/12, 23–24 (1957). — Die Bedeutung des Molybdäns bei der Torfkultur. Torfnachr. 8, Nr. 9/10, 18–19 (1957). — REINHOLD, J., und G. MARSCHKE: Bericht über Düngung im Gemüsebau. Forschungsdienst 1, 47–57 (1936). — REINHOLD, J., O. MERTEN und M. GROSS: Versuche über den Einfluß der Düngung auf Ertrag und Qualität der Einlegegurken. Bodenkde. u. Pflanzenernähr. 4 (49), 188–210 (1937). — ROTH, H.: Über Manganmangelkrankheiten bei Pflanze und Tier. Biochem. Z. 333, 361–369 (1960).

SCHACHTSCHABEL, P.: Manganmangelbekämpfung durch Spritzung. Hann. Land- u. Forstwirtsch. Ztg. 107, 622 (1954). — SCHARRER, K.: Aufgaben und Wirkungen der Mikronährstoffe im Leben der Pflanze. Vortrag gehalten auf dem III. Weltkongreß für Düngungsfragen am 10. Sept. 1957 in Heidelberg (1957). — SCHIE, J. J. VAN: Bemesting via beregening. Jaarverslag Naaldwijk, S.39–40 (1959). — SCHLOTTMANN, H.: Experimentelle Ergebnisse zur Frage Phosphorsäuredüngung und Qualität. Phosphorsäure 20, 107–125 (1960). — SCHMALFUSS, K., und G. KOLBE: Feldversuche mit Strohdüngung. Dtsch. Landwirtsch., H. 7, 343 (1959). — SCHMITT, L.: Der Stand der Vitaminforschungen unter besonderer Berücksichtigung des Düngungseinflusses. Forschungsdienst 4, 177–181 (1937). — SCHNEIDER: Salzgehalt in gärtnerischen Erden. — SCHULTZE-GROBLEBEN, W.: Zur Frage der Borbestimmung im Boden. Landwirtsch. Forsch. 6, 106 (1954). — SCHUPHAN, W.: Zur Qualität der Nahrungspflanzen. Gartenbauwiss. 1961, 78–101. — Die Bedeutung der Chloridernährung für die Pflanze, insbesondere für Gemüse. Forschungsdienst 11, 161–176 (1941). — Untersuchungen über die wichtigsten Qualitätsfehler des Knollenselleries. Bodenkde. u. Pflanzenernähr. 2 (47), 255–304 (1936/37). — Der Knollensellerie und seine Ernährung. Forschungsdienst 2, 310–316 (1936). — SCHUPP, N.: Fünfjähriger Dauerversuch mit Müllkompost und Müllklärschlammkompost zu verschiedenen Gemüsearten. Jahresber. Heidelberg, 33–35 (1957). — SIEGEL, O., und H. J. BJARSCH: Der Einfluß auf den Gehalt an Chlorophyll a und b, Xantophyll und Karotin. Gartenbauwiss. 27 (9), H. 1 (1962). — SPRINGER, U.: Zur Wirkung von Müllkompost und Müllklärschlammkompost auf Pflanze und Boden. Prakt. Bl. Pflanzenbau u. Pflanzenschutz 52, 252–257 (1957). — STAALDUINE, D. VAN: Klemmherzen bei Blumenkohl. Groenten en Fruit Nr. 45 (1954). — STEIGERWAND, E.: Humus und Mineraldünger im Gartenbau. Prakt. Ratgeber 64, 223–224 (1956). — STINDT, H. W.: Der Einfluß der Kalkung auf die Löslichkeit und Pflanzenverfügbarkeit des Bors in sauren Böden. (Diss. Bonn, 1956.) Forschung u. Beratung, H. 6, 105 (1957).

TEPE, W.: Probleme der Nährstoffuntersuchung. Gartenwelt 56, 224–225 (1956). — THONN, G. N.: Nährstoffgaben als Blattspritzungen. Agricult. Rev. 2, 42 (1957).

VOGEL, F.: Die Bedeutung der Kalidüngung für den Gemüsebau auf Grund der Untersuchungen Weihenstephans. Ernährung d. Pflanze 33, 229–234 (1937). — Gemüsedüngung. Forschungsdienst, Sonderh. 8, 347–352 (1938). — Einfluß der Düngung auf die Qualität der Gemüse. Forschungsdienst, Sonderh. 8, 353–359 (1938); Forschungsdienst 4, 477–495 (1937). — Gartenbauwiss. 2, 287 (1929). — Vom Bitterwerden der Gurken. Obst- u. Gemüsebau 134 (80), 49–52 (1934).

WADLE, N.: Düngen mit Spurenelementen. Taspo Nr. 3, 2 (78), 11 (1949). — WALLACE, T.: The diagnosis of mineral deficiencies in plants by visual symptoms. London: His Majesty's Stationery Office. 1951.—WERMINGHAUSEN, B., und H. WILL: Soll man die Ernterückstände auf dem Feld belassen oder kompostieren? Rhein. Mschr. Gemüse-, Obst- u. Gartenbau Nr. 7, 210 (1961); Nr. 8, 238 (1961).—WILL, H.: Zweckmäßige Anzucht der Gemüsejungpflanzen. Gartenbauwirtsch. (Österr.) Nr. 1, 4 (1959). — Düngungsfragen im Treibgemüsebau. Dtsch. Gartenbauwirtsch., Nr. 10, 188 (1959). — Harnstoffanwendung bei Sellerie und Tomaten. Rhein. Mschr. Gemüse-, Obst- u. Gartenbau Nr. 4, 103 (1962). — WITTE, K.: Die Kultur des Knollensellerie. Wasser u. Nahrung, H. 2, 51–54 (1956/7). — Düngung und Beregnung im Gemüsebau. Rhein. Mschr. Gemüse-, Obst- u. Gartenbau 45, 227–232 (1957). — WOOLLEY, J. T., und T. C. BROYER: Foliar symptoms of deficiencies of inorganic elements in tomatoes. Plant Physiol. 32, 148–151 (1957).

Zezschwitz, E. v.: Beitrag zur Frage der Aufhebung von Salzschäden. Landwirtsch. Forsch. **11**, 1 (1958).

1. Arbeiten der Landwirtschaftlichen Versuchsstation Limburgerhof. Eine Rückschau auf Entwicklung und Tätigkeit in den Jahren 1914–1939. — 2. Bundesernährungsministerium: Ergebnisse gartenbaulicher Versuche 1957–1960. München: BLV. — 3. Bundesernährungsministerium: Schlick-Klärschlamm-Müll im Gemüse-, Obst- und Zierpflanzenbau. Auszug aus einer Beratung dieser Frage durch den Forschungsrat für Ernährung, Landwirtschaft und Forsten vom 23. Febr. 1960. — 4. Institut für Gemüsebau der Technischen Hochschule Hannover: Einfluß der Kalidüngung auf den Wasserverbrauch der Knollensellerie. Dtsch. Gartenbauwirtsch. **6**, 97 (1958); Taspo 88, Nr. 14, 9 (1959). — 5. Der Einfluß der Stickstoffdüngung auf die Lagerfähigkeit des Gemüses. Der Stickstoff, herausgegeben vom Fachverband Stickstoffindustrie Düsseldorf, S. 312 (1961). — 6. Der Stickstoff, seine Bedeutung für die Landwirtschaft und die Ernährung der Welt. Fachverband Stickstoffindustrie e.V., Düsseldorf, 1961. — 7. Erfolge eines Beregnungsbetriebes. Dtsch. Landwirtsch. Presse, Nr. 4 vom 23. Jan. 1960. Hamburg-Berlin: Parey. — 8. Forsøg med kvælstof og magnesium. Arbog f. Gartneri, S. 109–124 (1957). — 9. GBW 1 — TH Hannover. Magnesiumgehalt des Bodens. Dtsch. Gartenbauwirtsch. **3**, 20–21 (1955). — 10. Gemüsebauversuche und Vergleichsanbauten LK Schleswig-Holstein. — 11. ID 1, Day, D. F.: Minor and Trace Elements, Tomato and Cucumber Marketing Board J. **7**, 175–177 (1958). — 12. Klemhart bij bloemkool in de vollegrond. Jaarverslag Naaldwijk, 129 und 130 (1959). — 13. Löslichkeit von Mikronährstoffen hängt vom pH-Wert des Bodens ab. Ber. Landwirtsch. Hochsch. **1**, 12, 2 (1954). — 14. Pflanzenernährung durch Blattdüngung. Landwirt **11** (12), 313 (1957). — 15. Proeven met tomaten i.v.m. de verhoudingen van voedingstoffen. Jaarverslag Naaldwijk, 50 (1958). — 16. Qualitätsabweichungen bei Blumenkohl. Groenten en Fruit Nr. 45, 1954; Zbl. **6** (27), 3 (1954). — 17. Schweiz. Gärtnerztg. **50**, **51**, 1216, 1217, 1239, 1240 (1958). — 18. Spurenelementversuch zu Gemüsejungpflanzen. Ergebnisse gartenbaulicher Versuche 1957, S. 165 und 166. Institut für Bodenkunde und Pflanzenernährung der Staatl. Lehr- und Forschungsanstalt für Gartenbau in Weihenstephan. — 19. Tabellenbuch der gärtnerischen Produktion, I und II. Berlin: Bauernverlag. 1955.